U0285695

住房和城乡建设部“十四五”规划教材
高等学校土木工程专业线上线下精品课程建设系列教材

结构设计原理

（第二版）

熊　峰　李碧雄　主　编
史庆轩　主　审

中国建筑工业出版社

图书在版编目（CIP）数据

结构设计原理 / 熊峰，李碧雄主编 . -- 2 版.
北京 ：中国建筑工业出版社，2024. 6. --（住房和城
乡建设部“十四五”规划教材）（高等学校土木工程专业
线上线下精品课程建设系列教材）. -- ISBN 978-7-112
-29963-8

Ⅰ. TU318

中国国家版本馆 CIP 数据核字第 2024K3C518 号

全书分为四篇，共 19 章。第 1 篇为结构设计原理基础，包括绪论、结构上的作用与荷载和结构设计方法；第 2 篇为混凝土结构，包括混凝土结构材料的性能，混凝土结构受弯构件、混凝土结构受压构件性能与计算、混凝土结构受拉构件、混凝土结构受扭构件性能与计算、混凝土构件变形与裂缝验算、预应力混凝土构件；第 3 篇为钢结构，包括钢材的性能、钢结构的连接，以及钢结构受弯构件、钢结构轴心受力构件、钢结构拉弯和压弯构件；第 4 篇为钢-混凝土组合结构，包括钢-混凝土组合结构概述、压型钢板-混凝土组合板、型钢混凝土受弯构件、型钢混凝土受压构件。

本书可作为高等院校土木工程专业师生的教材，也可供相关领域工程技术人员参阅。

为支持教学，本书作者制作了多媒体教学课件，选用此教材的教师可通过以下方式获取：1. 邮箱：jckj@cabp.com.cn；2. 电话：（010） 58337285。

责任编辑：赵　莉　吉万旺　王　跃　牛　松
责任校对：赵　力

住房和城乡建设部“十四五”规划教材
高等学校土木工程专业线上线下精品课程建设系列教材
结构设计原理
（第二版）
熊　峰　李碧雄　主　编
史庆轩　主　审

*

中国建筑工业出版社出版、发行（北京海淀三里河路 9 号）
各地新华书店、建筑书店经销
北京鸿文瀚海文化传媒有限公司制版
北京市密东印刷有限公司印刷

*

开本：787 毫米×1092 毫米　1/16　印张：45　字数：1092 千字
2024 年 8 月第二版　　2024 年 8 月第一次印刷
定价：**128.00** 元（赠教师课件）
ISBN 978-7-112-29963-8
（42719）

出版说明

党和国家高度重视教材建设。2016年，中办国办印发了《关于加强和改进新形势下大中小学教材建设的意见》，提出要健全国家教材制度。2019年12月，教育部牵头制定了《普通高等学校教材管理办法》和《职业院校教材管理办法》，旨在全面加强党的领导，切实提高教材建设的科学化水平，打造精品教材。住房和城乡建设部历来重视土建类学科专业教材建设，从“九五”开始组织部级规划教材立项工作，经过近30年的不断建设，规划教材提升了住房和城乡建设行业教材质量和认可度，出版了一系列精品教材，有效促进了行业部门引导专业教育，推动了行业高质量发展。

为进一步加强高等教育、职业教育住房和城乡建设领域学科专业教材建设工作，提高住房和城乡建设行业人才培养质量，2020年12月，住房和城乡建设部办公厅印发《关于申报高等教育职业教育住房和城乡建设领域学科专业“十四五”规划教材的通知》（建办人函〔2020〕656号），开展了住房和城乡建设部“十四五”规划教材选题的申报工作。经过专家评审和部人事司审核，512项选题列入住房和城乡建设领域学科专业“十四五”规划教材（简称规划教材）。2021年9月，住房和城乡建设部印发了《高等教育职业教育住房和城乡建设领域学科专业“十四五”规划教材选题的通知》（建人函〔2021〕36号）（简称《通知》）。为做好“十四五”规划教材的编写、审核、出版等工作，《通知》要求：(1) 规划教材的编著者应依据《住房和城乡建设领域学科专业“十四五”规划教材申请书》（简称《申请书》）中的立项目标、申报依据、工作安排及进度，按时编写出高质量的教材；(2) 规划教材编著者所在单位应履行《申请书》中的学校保证计划实施的主要条件，支持编著者按计划完成书稿编写工作；(3) 高等学校土建类专业课程教材与教学资源专家委员会、全国住房和城乡建设职业教育教学指导委员会、住房和城乡建设部中等职业教育专业指导委员会应做好规划教材的指导、协调和审稿等工作，保证编写质量；(4) 规划教材出版单位应积极配合，做好编辑、出版、发行等工作；(5) 规划教材封面和书脊应标注“住房和城乡建设部‘十四五’规划教材”字样和统一标识；(6) 规划教材应在“十四五”期间完成出版，逾期不能完成的，不再作为“住房和城乡建设领域学科专业‘十四五’规划教材”。

住房和城乡建设领域学科专业“十四五”规划教材的特点：一是重点以修订教育部、住房和城乡建设部“十二五”“十三五”规划教材为主；二是严格按照专业标准规范要求编写，体现新发展理念；三是系列教材具有明显特点，满足不同层次和类型的学校专业教学要求；四是配备了数字资源，适应现代化教学的要求。规划教材的出版凝聚了作者、主审及编辑的心血，得到了有关院校、出版单位的大力支持，教材建设管理过程有严格保障。希望广大院校及各专业师生在选用、使用过程中，对规划教材的编写、出版质量进行反馈，以促进规划教材建设质量不断提高。

住房和城乡建设部“十四五”规划教材办公室

2021年11月

第二版前言

随着时代的发展，国内土木工程专业走入拓宽口径、专业整合的新时代。许多高校开始探索以大土木基本建设为背景，覆盖基础设施各类工程结构的宽口径专业发展道路，并结合工程建设绿色可持续发展需求，创建自身特色。

宽口径土木人才培养需要新的教学体系，强基础、厚通识的课程体系是共识。针对土木工程专业最重要的结构类课程，需打破过去以建筑结构设计为主的瓶颈，内容上不仅包括建筑结构，还必须考虑覆盖至其他工程结构领域，因此加强结构设计原理教学体系的改革是拓宽学生培养面的重要支撑。

结构设计原理作为大土木专业的必修专业基础课，主要讲授不同材料各种受力构件的设计理论，使学生理解结构特点，掌握设计方法。长久以来结构类课程被分为单独的多门课程："混凝土结构""钢结构""砌体结构""组合结构"等，主要以建筑结构为对象，并且不乏重复和交叉的内容，不适宜作为现在大土木类多个专业方向并存的专业基础课。从2000年开始，本书编者致力于结构类课程体系和内容的改革，将结构课程的构件设计理论整合，形成"结构设计原理"，作为专业基础课，而将不同结构设计内容作为不同专业方向的后续课程，如"建筑结构设计""桥梁工程"等。通过20多年的教学实践，逐渐完善了结构设计原理课程体系。2023年"结构设计原理"获批为国家级一流本科课程。为衔接既有的课程，结构设计原理在介绍结构统一设计理论的基础上，按材料分类：钢筋混凝土结构设计原理、钢结构设计原理、组合结构设计原理，在每类结构中按不同受力构件讲述设计原理与方法，既自成体系又相互呼应，形成完整的工程结构设计理论基础。

本书正是在这样的背景下编写而成，具有如下特点：

（1）融会贯通的编排体系。本书在介绍结构设计统一理论的基础上，按照材料分类，包含钢筋混凝土结构、钢结构和组合结构设计原理。全书分为4篇：第1篇为结构设计原理基础，讲述结构概述、结构上的荷载和结构设计方法；第2篇为混凝土结构，首先为混凝土材料性能，接下来叙述各类混凝土构件及预应力混凝土；第3篇为钢结构，首先介绍建筑钢材性能和钢结构连接，然后为钢结构各类构件；第4篇为钢-混凝土组合结构，首先阐述钢-混凝土组合结构的工作原理，接下来介绍了压型钢板-混凝土组合板、型钢混凝土受弯构件、型钢混凝土受压构件等典型的钢-混凝土组合构件。全书体系强调融会贯通，既加强结构设计统一方法的贯通，又突出不同材料构件的特性，便于与传统体系融合。

（2）强化结构设计理论。考虑大土木专业背景，本书强调结构概念与设计理论，以作为不同专业方向学生的基础课程。借鉴国外相关教材，以构件受力特点为导引，突出理论性，首先讲述该类构件设计理论，然后结合规范介绍设计方法和构造要求，为学生建立系统的结构理论体系，以适应新结构的发展和行业规范的变化。

（3）强调设计的迭代分析。设计是一项假设截面、分析试算与修改迭代的过程，每个项目都包含不同的解决方案，一般没有标准答案，因此教材突出设计流程，采用框图方式，清晰呈现设计的逻辑关系，帮助学生形成工程思维。

（4）更新和拓宽课程内容。本书结合新版规范进行了内容更新，反映了最新设计方法的发展。为适应组合结构的广泛应用，本书增加了第4篇组合结构，介绍常见的组合结构构件的组合方式与设计方法；为适应装配式结构的发展，在混凝土受剪性能方面，增加牛腿、搭接支座的设计理论，加强对非连续整浇结构的理解；针对高性能钢筋混凝土的发展，加强了钢筋黏结应力的讲述，为钢筋锚固概念的建立打下基础。

（5）强化课程思政元素。结合课程知识点，增加工程案例分析，强化大国建设、专业自豪、科技探索、实践创新等元素，培养爱国情怀，弘扬工程师精神。

编者长期从事土木工程专业的教学、科研和工程项目咨询，对传授结构设计原理知识有一定的体会，集多年的思考编写了该教材。作为课程体系改革的一种探索，本书不可避免地存在着缺点和不足，恳请读者提出宝贵意见，在此致以衷心的谢意！

编者

2023年10月于四川大学

第一版前言

国内基本建设快速发展，人才需求持续旺盛，使高校土木工程专业充满活力。随着科技进步以及人才培养目标的变化，土木工程课程体系和教学内容不断与时俱进。“结构设计原理”是土木工程专业最重要的课程之一，它研究工程结构的构成规律和承载能力，讲述不同材料构件的设计方法和构造要求。长久以来它被分为三门课程：“混凝土结构”“钢结构”和“砌体结构”，其中不乏重复和交叉的内容，课时要求特别长。随着改革的不断深入，多数院校的土木工程专业都在向强基础、宽专业方向发展，压缩课时已是一种趋势；同时由于土木工程专业下设多个专业方向，使得结构设计原理课程成为各方向的共同基础课，需要改变过去以建筑结构设计为主的格局。因此从2000年开始，本书编者致力于结构类课程体系和内容的改革，将三门结构课程的构件设计部分合并，形成“结构设计原理”；将结构设计部分分离作为后续课程“建筑结构设计”。通过近10年的教学实践，慢慢完善了“结构设计原理”课程体系。

本书正是在这样的背景下编写而成，具有如下特点：

（1）融会贯通的编排体系。全书分为3篇：第1篇为结构设计原理基础，讲述结构概述、结构上的荷载和结构设计统一方法；第2篇为混凝土结构，首先为混凝土材料性能，接下来叙述各类混凝土构件及预应力混凝土和桥涵混凝土；第3篇为钢结构，首先介绍建筑钢材性能和钢结构连接，然后为钢结构各类构件。全书体系既互相呼应以加强结构设计统一方法的贯通，又突出不同材料的特点，讲述各种构件。由于砌体结构设计原理内容较少，同时在非建筑工程方向应用不多，为了减少学时，本书没有包括砌体结构设计原理，而将其合并至后续的“建筑结构设计课程”中的砌体结构章节。

（2）基础理论与规范应用结合。“结构设计原理”在土木工程专业知识体系中是一门承上启下的课程，相对数学、力学等基础课程，它有强烈的专业背景，而对后续的专业课程它又承担着理论基础的角色。因此本书既强调基础性，从基础理论出发讲述设计方法；又强调专业性，结合规范要求讲述实用公式和构造要求。

（3）更新和拓宽的课程内容。本书混凝土结构部分结合2010年出版的新规范《混凝土结构设计规范》GB 50010—2010进行了更新，反映了最新设计理论的变化。为适应行业特点，同时考虑到桥梁工程专业方向的后续课程，本书增加了“公路桥涵混凝土结构”一章，系统讲述桥涵混凝土设计方法，也使读者了解设计理论在不同结构类型中的变化。

编者长期从事土木工程专业的教学、科研和工程项目咨询，对传授结构设计原理知识有一定的体会，集多年的思考编写了此教材。作为课程体系改革的一种探索，本书不可避免地存在着缺点和不足，恳请读者提出宝贵意见，在此致以衷心的谢意！

编　者

2012年8月于四川大学

目　　录

第1篇　结构设计原理基础

第1章　绪论 …… 2
1.1　工程结构及其发展 …… 2
1.1.1　工程结构概念 …… 2
1.1.2　工程结构发展 …… 2
1.2　工程结构的类型和特点 …… 4
1.2.1　工程结构按功能分类 …… 4
1.2.2　工程结构按材料分类 …… 6
1.3　工程结构基本构件 …… 8
1.3.1　结构构件按功能分类 …… 8
1.3.2　结构构件按受力性能分类 …… 9
1.4　结构设计理论的发展过程 …… 10
1.4.1　容许应力法 …… 10
1.4.2　极限状态设计方法 …… 11
1.5　课程特点 …… 12
1.5.1　结构设计过程 …… 12
1.5.2　结构设计原理课程特点 …… 12
1.5.3　本书编排体系 …… 13
第2章　结构上的作用与荷载 …… 14
2.1　作用与荷载的概念 …… 14
2.1.1　作用的分类 …… 14
2.1.2　建筑结构上的荷载 …… 16
2.2　重力 …… 23
2.2.1　结构自重 …… 23
2.2.2　土的自重应力 …… 23
2.2.3　楼面活荷载 …… 24
2.3　侧向压力 …… 26
2.3.1　土的侧向压力 …… 26
2.3.2　水压力及流水压力 …… 29
2.3.3　波浪荷载 …… 31
2.3.4　冻胀力 …… 32

2.3.5 冰压力 …… 33
2.4 其他作用 …… 33
2.4.1 温度作用 …… 33
2.4.2 爆炸作用 …… 34
2.5 荷载的统计分析 …… 34
2.5.1 荷载的概率模型 …… 34
2.5.2 荷载的代表值 …… 36
2.5.3 荷载效应及荷载效应组合 …… 38
思考题 …… 38
练习题 …… 38
第3章 结构设计方法 …… 39
3.1 引言 …… 39
3.2 结构设计基本要求 …… 39
3.2.1 结构的功能要求 …… 39
3.2.2 结构设计的基本内容和基本措施 …… 40
3.2.3 构件设计内容的基本要求 …… 41
3.2.4 设计工作年限 …… 41
3.2.5 设计基准期 …… 43
3.2.6 结构的安全等级及其相应的重要性系数 …… 43
3.3 极限状态设计原则 …… 44
3.3.1 极限状态 …… 44
3.3.2 设计状况和极限状态设计要求 …… 46
3.3.3 结构的功能函数和极限状态方程 …… 47
3.4 结构可靠性的基本理论 …… 47
3.4.1 结构可靠性理论的发展历史 …… 47
3.4.2 结构设计中的随机变量 …… 48
3.4.3 结构的可靠度 …… 49
3.4.4 结构的可靠指标和失效概率 …… 49
3.5 极限状态的分项系数设计方法 …… 51
3.5.1 一般规定 …… 51
3.5.2 承载能力极限状态计算基本规定 …… 51
3.5.3 承载能力极限状态实用设计表达式 …… 52
3.5.4 承载能力极限状态设计表达式中的作用组合 …… 53
3.5.5 正常使用极限状态的基本要求和实用设计表达式 …… 55
3.5.6 正常使用极限状态表达式中的作用组合 …… 55
3.5.7 基本变量的设计值及分项系数 …… 56
3.6 耐久性极限状态设计 …… 57
3.6.1 混凝土结构的耐久性 …… 58

3.6.2 耐久性极限状态设计的方法和措施 …… 58
3.6.3 混凝土结构的环境类别 …… 59
3.6.4 结构混凝土材料的耐久性基本要求 …… 60
3.6.5 混凝土结构构件的耐久性技术措施 …… 61
思考题 …… 62

第2篇 混凝土结构

第4章 混凝土结构材料的性能 …… 64
4.1 混凝土的力学性能 …… 64
4.1.1 混凝土强度等级 …… 64
4.1.2 混凝土强度试验方法 …… 65
4.1.3 混凝土变形性能 …… 69
4.2 混凝土的力学性能指标取值 …… 72
4.2.1 混凝土的强度标准值 …… 72
4.2.2 混凝土的强度设计值 …… 74
4.2.3 混凝土的弹性模量 …… 74
4.3 钢筋的种类及其性能 …… 75
4.3.1 钢筋的种类 …… 75
4.3.2 钢筋的力学性能 …… 77
4.4 钢筋的性能指标取值 …… 80
4.4.1 钢筋强度标准值 …… 80
4.4.2 钢筋强度设计值 …… 80
4.5 钢筋与混凝土的黏结 …… 81
4.5.1 黏结作用与黏结机理 …… 81
4.5.2 钢筋与混凝土间的黏结强度 …… 82
4.5.3 钢筋在混凝土中的锚固 …… 83
思考题 …… 86
第5章 混凝土结构受弯构件 …… 87
5.1 概述 …… 87
5.2 受弯构件正截面抗弯性能 …… 90
5.2.1 适筋梁的纯弯曲实验 …… 90
5.2.2 配筋率对梁受弯正截面破坏形态的影响 …… 94
5.3 受弯构件的截面内力分析 …… 96
5.3.1 开裂前截面内力分析 …… 96
5.3.2 开裂弯矩 …… 97
5.3.3 开裂后截面应力分析 …… 99
5.3.4 极限弯矩计算 …… 100
5.4 受弯构件正截面承载力计算 …… 102
5.4.1 基本假定 …… 102

5.4.2 单筋矩形截面正截面承载力计算 …… 104
5.4.3 双筋矩形截面正截面承载力计算 …… 118
5.4.4 T形截面正截面承载力计算 …… 127
5.5 均匀配筋的矩形、圆形和环形截面受弯构件正截面承载力计算 …… 137
5.5.1 均匀配筋的矩形截面受弯构件正截面承载力计算 …… 137
5.5.2 均匀配筋的圆形和环形截面受弯构件正截面承载力计算 …… 140
5.6 受弯构件斜截面受剪性能 …… 142
5.6.1 受弯构件斜截面受力与破坏分析 …… 143
5.6.2 斜截面破坏的主要形态及影响受剪承载力的因素 …… 144
5.6.3 斜截面抗剪计算理论与模型 …… 147
5.7 受弯构件斜截面承载力计算 …… 148
5.7.1 受弯构件斜截面抗剪承载力 …… 148
5.7.2 受弯构件斜截面抗弯承载力 …… 158
5.8 深受弯构件的承载力计算 …… 163
5.8.1 深受弯构件的定义及工程应用 …… 163
5.8.2 深受弯构件的受力特点和破坏形态 …… 164
5.8.3 深受弯构件的承载力计算 …… 165
5.9 受弯构件的一般构造要求 …… 167
5.9.1 梁的构造要求 …… 167
5.9.2 板的构造要求 …… 174
5.9.3 钢筋的锚固 …… 176
5.9.4 钢筋的连接 …… 178
思考题 …… 179
练习题 …… 180
第6章 混凝土结构受压构件性能与计算 …… 182
6.1 概述 …… 182
6.2 轴心受压构件正截面承载力计算 …… 183
6.2.1 普通箍筋柱 …… 183
6.2.2 螺旋（焊接环式）箍筋柱 …… 188
6.3 偏心受压构件正截面承载力计算 …… 191
6.3.1 偏心受压构件的受力特点和破坏特征 …… 191
6.3.2 偏心受压构件的二阶效应 …… 194
6.3.3 矩形截面偏心受压构件正截面承载力计算公式及适用条件 …… 196
6.3.4 矩形截面不对称配筋计算方法 …… 198
6.3.5 矩形截面对称配筋计算方法 …… 210
6.3.6 T、I形截面偏心受压构件正截面承载力计算 …… 213
6.4 双向偏心受力构件正截面承载力计算 …… 218
6.4.1 一般计算方法 …… 218
6.4.2 近似计算方法 …… 220

6.5 偏心受压构件斜截面受剪承载力计算 …… 222
6.6 均匀配筋、圆形和环形偏心受压构件承载力计算* …… 224
6.6.1 均匀配筋偏心受压构件承载力计算 …… 224
6.6.2 环形截面偏心受压构件承载力计算 …… 225
6.6.3 圆形截面偏心受压构件承载力计算 …… 226
6.7 构造要求 …… 227
思考题 …… 231
练习题 …… 231
第7章 混凝土结构受拉构件 …… 233
7.1 概述 …… 233
7.2 轴心受拉构件正截面承载力计算 …… 233
7.2.1 轴心受拉构件受力破坏过程 …… 233
7.2.2 各阶段的应力和变形分析 …… 234
7.2.3 轴心受拉构件正截面承载力计算 …… 238
7.3 偏心受拉构件正截面承载力计算 …… 238
7.3.1 大小偏心受拉构件破坏形态 …… 238
7.3.2 大偏心受拉构件正截面承载力计算 …… 240
7.3.3 小偏心受拉构件正截面承载力计算 …… 241
7.3.4 偏心受拉构件正截面承载力计算的截面设计与复核 …… 242
7.4 偏心受拉构件斜截面承载力计算 …… 244
7.5 受拉构件的构造要求 …… 245
思考题 …… 246
练习题 …… 246
第8章 混凝土结构受扭构件性能与计算 …… 247
8.1 概述 …… 247
8.2 矩形截面纯扭构件承载力计算 …… 248
8.2.1 素混凝土纯扭构件破坏状态和承载力 …… 248
8.2.2 钢筋混凝土纯扭构件破坏状态 …… 251
8.2.3 空间桁架模型 …… 253
8.2.4 承载力计算和构造要求 …… 255
8.2.5 矩形截面纯扭构件承载力设计流程 …… 256
8.3 矩形截面弯剪扭构件承载力计算 …… 258
8.3.1 弯剪扭构件的受力特点和破坏形态 …… 258
8.3.2 弯剪扭构件承载力计算 …… 259
8.4 T形和I形截面受扭承载力计算方法 …… 266
8.4.1 计算原则 …… 266
8.4.2 T形和I形截面受扭承载力设计与流程 …… 267
8.5 受扭构件计算公式的适用条件及构造要求 …… 272
思考题 …… 274

练习题 …… 274
第 9 章　混凝土构件变形与裂缝验算 …… 275
9.1　概述 …… 275
9.1.1　变形验算必要性 …… 275
9.1.2　裂缝验算必要性 …… 275
9.1.3　正常使用极限状态验算的基本要求 …… 276
9.2　混凝土构件变形验算 …… 277
9.2.1　变形特点 …… 277
9.2.2　基本假定 …… 278
9.2.3　短期刚度 B_s …… 279
9.2.4　考虑荷载长期作用影响的刚度 B …… 281
9.2.5　最小刚度原则 …… 283
9.2.6　验算流程 …… 284
9.2.7　控制挠度的措施 …… 284
9.3　混凝土构件裂缝宽度验算 …… 285
9.3.1　裂缝出现和分布特点 …… 285
9.3.2　平均裂缝间距 …… 288
9.3.3　平均裂缝宽度 …… 289
9.3.4　最大裂缝宽度 …… 290
9.3.5　裂缝截面钢筋应力 …… 291
9.3.6　验算流程 …… 293
9.3.7　减少裂缝宽度的措施 …… 293
思考题 …… 296
练习题 …… 296
第 10 章　预应力混凝土构件 …… 297
10.1　概述 …… 297
10.2　预应力混凝土施工工艺 …… 303
10.2.1　先张法 …… 303
10.2.2　后张法 …… 304
10.2.3　施工设备 …… 306
10.3　张拉控制应力和预应力损失 …… 313
10.3.1　张拉控制应力 …… 313
10.3.2　预应力损失 …… 314
10.3.3　预应力损失值组合 …… 322
10.4　预应力混凝土构件的构造 …… 324
10.4.1　先张法预应力混凝土构件的构造措施 …… 324
10.4.2　后张法预应力混凝土构件的构造措施 …… 325
10.5　预应力筋锚固区传力特性及验算 …… 325
10.6　预应力混凝土轴心受拉构件设计 …… 330

10.6.1 先张法构件各阶段应力分析 …… 330
10.6.2 后张法构件各阶段应力分析 …… 332
10.6.3 先张法和后张法各阶段应力对比 …… 334
10.6.4 预应力混凝土轴心受拉构件设计及流程 …… 335
10.7 预应力混凝土受弯构件设计 …… 338
10.7.1 各阶段应力分析 …… 340
10.7.2 正截面承载力 …… 345
10.7.3 斜截面承载力 …… 347
10.7.4 裂缝控制 …… 348
10.7.5 挠度验算 …… 350
10.7.6 预应力混凝土受弯构件施工验算 …… 351
10.7.7 设计及流程 …… 352
思考题 …… 359
练习题 …… 359

第3篇 钢结构

第11章 钢材的性能 …… 362
11.1 钢材种类和规格 …… 362
11.1.1 钢材的种类和牌号 …… 362
11.1.2 钢材的品种和规格 …… 365
11.2 钢材主要性能 …… 369
11.2.1 钢材的静态力学性能 …… 370
11.2.2 钢材的冷弯性能和冲击韧性 …… 372
11.2.3 钢材的可焊性能和特种性能 …… 373
11.3 影响钢材性能的主要因素 …… 375
11.3.1 化学成分的影响 …… 375
11.3.2 冶炼和轧制过程的影响 …… 378
11.3.3 钢材硬化的影响 …… 379
11.3.4 温度影响 …… 380
11.3.5 应力集中的影响 …… 381
11.3.6 荷载类型的影响 …… 382
11.4 钢材的疲劳 …… 384
11.4.1 疲劳破坏的概念及特征 …… 384
11.4.2 影响疲劳破坏的因素 …… 386
11.4.3 容许应力幅 …… 387
11.4.4 疲劳计算 …… 388
11.5 钢结构选材要求 …… 392
11.5.1 钢结构对力学性能的要求 …… 392
11.5.2 钢材选用原则 …… 393

11.5.3　钢材选用的一般规定 …… 394
11.6　钢材及连接的强度取值 …… 395
11.6.1　材料强度的取值方法 …… 395
11.6.2　钢材及连接的设计指标及设计参数 …… 397
思考题 …… 398
练习题 …… 399
第 12 章　钢结构的连接 …… 400
12.1　钢结构的连接方法 …… 400
12.1.1　焊缝连接 …… 400
12.1.2　螺栓连接 …… 402
12.1.3　铆钉连接 …… 403
12.1.4　轻钢结构的紧固件连接 …… 403
12.2　焊缝连接 …… 404
12.2.1　焊缝连接形式和焊缝形式 …… 404
12.2.2　焊缝质量等级及构造 …… 406
12.2.3　对接焊缝 …… 408
12.2.4　角焊缝 …… 413
12.3　螺栓连接 …… 428
12.3.1　构造要求 …… 428
12.3.2　普通螺栓 …… 431
12.3.3　高强度螺栓 …… 441
12.4　轻钢结构紧固件连接 …… 450
12.4.1　紧固件连接的构造要求 …… 450
12.4.2　紧固件的强度计算 …… 451
思考题 …… 453
练习题 …… 453
第 13 章　钢结构受弯构件 …… 456
13.1　概述 …… 456
13.1.1　工程应用 …… 456
13.1.2　钢梁的类型 …… 456
13.1.3　钢桁架的类型 …… 458
13.2　受弯构件的强度和刚度 …… 459
13.2.1　受弯构件的强度 …… 459
13.2.2　受弯构件的刚度 …… 465
13.3　受弯构件的扭转 …… 465
13.3.1　钢梁的扭转形式 …… 465
13.3.2　钢梁的自由扭转 …… 466
13.3.3　钢梁的约束扭转 …… 467
13.4　受弯构件的整体稳定 …… 468

13.4.1 钢梁的整体失稳现象 …… 468
13.4.2 整体稳定理论及钢梁的临界弯矩 …… 469
13.4.3 钢梁的整体稳定系数 …… 472
13.4.4 提高钢梁的整体稳定性的措施 …… 474
13.4.5 计算实例 …… 476
13.5 受弯构件的局部稳定和腹板加劲肋 …… 478
13.5.1 钢梁的局部失稳现象 …… 478
13.5.2 受压翼缘的局部失稳 …… 478
13.5.3 腹板的局部失稳 …… 482
13.5.4 腹板加劲肋的设置与构造 …… 489
13.5.5 支承加劲肋的计算 …… 491
13.5.6 考虑腹板屈曲后强度的设计 …… 492
13.6 受弯构件设计 …… 496
13.6.1 型钢梁设计 …… 496
13.6.2 焊接组合梁设计 …… 500
13.7 钢梁的拼接和连接 …… 505
13.7.1 钢梁的拼接 …… 505
13.7.2 次梁与主梁的连接 …… 506
13.7.3 钢梁的支座 …… 508
练习题 …… 513
第14章 钢结构轴心受力构件 …… 515
14.1 轴心受力构件的工程应用 …… 515
14.1.1 受力特点 …… 515
14.1.2 常用截面形式 …… 515
14.2 轴心受力构件的强度和刚度 …… 517
14.2.1 强度计算 …… 517
14.2.2 刚度计算 …… 520
14.3 轴心受压构件的整体稳定 …… 523
14.3.1 轴心受压构件的整体失稳形式 …… 523
14.3.2 轴心受压构件稳定极限承载力 …… 524
14.3.3 轴心受压构件整体稳定的实用计算方法 …… 534
14.4 实腹式轴心受压构件的局部稳定 …… 539
14.5 实腹式轴心受压构件的设计 …… 543
14.5.1 实腹式轴心受压构件的截面形式 …… 543
14.5.2 实腹式轴心受压构件的截面设计 …… 544
14.6 格构式轴心受压柱的设计 …… 546
14.6.1 格构式轴心受压构件的截面组成 …… 546
14.6.2 轴心受压格构式柱的整体稳定性 …… 547
14.6.3 格构式柱分肢的稳定计算 …… 550

14.6.4 格构式轴心受压构件的横向剪力 …… 550
14.6.5 轴心受压格构式柱的截面设计 …… 553
14.7 柱头和柱脚 …… 557
14.7.1 柱头 …… 557
14.7.2 柱脚 …… 559
思考题 …… 563
练习题 …… 563
第 15 章 钢结构拉弯和压弯构件 …… 566
15.1 拉弯和压弯构件的工程特点 …… 566
15.2 拉弯和压弯构件的强度和刚度 …… 567
15.2.1 强度计算 …… 567
15.2.2 刚度计算 …… 570
15.3 实腹式压弯构件的稳定 …… 571
15.3.1 实腹式压弯构件的平面内的稳定 …… 572
15.3.2 实腹式压弯构件的平面外稳定 …… 577
15.3.3 双向弯曲实腹式压弯构件的稳定 …… 578
15.4 实腹式压弯构件的局部稳定性 …… 578
15.4.1 压弯构件的局部翼缘稳定 …… 578
15.4.2 压弯构件的腹板稳定 …… 579
15.5 格构式压弯构件的整体稳定性 …… 582
15.5.1 弯矩绕实轴作用的格构式压弯构件稳定性 …… 582
15.5.2 弯矩绕虚轴作用的格构式压弯构件稳定性 …… 582
15.5.3 双向受弯的格构式压弯构件稳定性 …… 583
15.6 压弯构件的设计 …… 583
15.6.1 框架柱的计算长度 …… 583
15.6.2 实腹式框架柱截面设计 …… 587
15.6.3 格构式框架柱截面设计 …… 588
15.7 压弯构件的连接和柱脚设计 …… 591
15.7.1 框架柱的连接 …… 591
15.7.2 框架柱的柱脚设计 …… 592
思考题 …… 596
练习题 …… 596

第 4 篇 钢-混凝土组合结构

第 16 章 钢-混凝土组合结构概述 …… 600
16.1 钢-混凝土组合结构的发展 …… 600
16.2 钢-混凝土组合结构的构件分类 …… 601
16.2.1 钢-混凝土组合梁 …… 601
16.2.2 钢-混凝土组合楼板 …… 601

16.2.3 钢管混凝土构件 …… 602
16.2.4 型钢混凝土构件 …… 602
16.3 组合作用的基本原理 …… 603
16.3.1 钢-混凝土组合梁 …… 603
16.3.2 钢-混凝土组合楼板 …… 604
16.3.3 钢管混凝土构件 …… 604
16.3.4 型钢混凝土构件 …… 604
第17章 压型钢板-混凝土组合板 …… 605
17.1 截面形式及构造要求 …… 605
17.1.1 常见结构形式 …… 605
17.1.2 一般构造要求 …… 605
17.1.3 压型钢板计算参数 …… 607
17.2 施工阶段承载力及变形计算 …… 608
17.2.1 荷载效应计算原则 …… 608
17.2.2 承载力验算 …… 609
17.2.3 变形验算 …… 609
17.2.4 例题 …… 609
17.3 使用阶段承载力及变形计算 …… 610
17.3.1 破坏形态 …… 610
17.3.2 正截面受弯承载力计算 …… 611
17.3.3 斜截面的受剪承载力计算 …… 613
17.3.4 纵向剪切黏结承载力计算 …… 613
17.3.5 受冲切承载力计算 …… 613
17.3.6 例题 …… 614
17.4 使用阶段组合楼板的挠度及裂缝验算 …… 615
17.4.1 刚度计算 …… 615
17.4.2 挠度验算 …… 617
17.4.3 裂缝验算 …… 617
17.4.4 例题 …… 618
思考题 …… 620
练习题 …… 620
第18章 型钢混凝土受弯构件 …… 621
18.1 截面形式及构造要求 …… 621
18.1.1 常见截面形式 …… 621
18.1.2 一般构造要求 …… 621
18.2 正截面抗弯承载力计算 …… 623
18.2.1 正截面抗弯性能 …… 623
18.2.2 正截面抗弯承载力计算 …… 623
18.2.3 例题 …… 625

18.3 斜截面抗剪承载力计算 …… 626
18.3.1 斜截面抗剪性能 …… 626
18.3.2 斜截面抗剪承载力计算 …… 627
18.3.3 例题 …… 628
18.4 挠度及裂缝验算 …… 629
18.4.1 挠度验算 …… 629
18.4.2 裂缝验算 …… 630
18.4.3 例题 …… 632
思考题 …… 634
练习题 …… 634
第19章 型钢混凝土受压构件 …… 635
19.1 截面形式及构造要求 …… 635
19.1.1 常见截面形式 …… 635
19.1.2 一般构造要求 …… 635
19.2 轴心受压构件正截面承载力 …… 636
19.2.1 受力性能 …… 636
19.2.2 正截面承载力计算 …… 636
19.2.3 例题 …… 637
19.3 偏心受压构件正截面承载力 …… 638
19.3.1 受力性能 …… 638
19.3.2 正截面承载力计算 …… 638
19.3.3 例题 …… 642
19.4 斜截面抗剪承载力 …… 643
19.4.1 抗剪性能 …… 643
19.4.2 斜截面抗剪承载力计算 …… 644
19.4.3 例题 …… 645
思考题 …… 646
练习题 …… 646
附表 …… 647
参考文献 …… 700

第1篇

结构设计原理基础

第1章　绪论

1.1　工程结构及其发展

1.1.1　工程结构概念

工程结构是指用各种材料（砖、石、钢筋、混凝土、钢材、木材或其组合）建造的建筑物和构筑物的受力骨架体系。它承受各种荷载，保证建筑物、构筑物的安全，同时也影响其使用功能。无论房屋建筑、桥梁体系，还是其他人类修建的构筑空间，都需要结构支撑体系，否则不能正常工作。

结构设计原理是利用力学、材料学等基本知识，研究保证各种结构安全可靠的理论和设计方法的专业课。尽管结构类型众多，材料也不尽相同，但是组成结构的基本构件的受力性能是相同的，设计方法也有共同的规律。因此，结构设计原理主要研究结构的构成规律、不同材料构件的基本性能和设计方法，是各类工程结构设计的基础知识。

1.1.2　工程结构发展

人类的工程建造有着悠久的历史，工程结构大致经历了古代、近代和现代三个时期的发展。

古代工程结构跨越了漫长的历史，从公元前5000年至17世纪，延绵数千年。我国黄河流域的仰韶文化遗址就发现了公元前5000～前3000年的房屋结构痕迹。古埃及金字塔建于公元前2700～前2600年，也是人类早期历史上最辉煌的构筑物。这一时期工程结构的主要材料为木、砖、石等自然材料。随着冶炼术的进步，铁、青铜也逐步用于结构中。我国古代房屋结构多采用木框架、木楼盖及砖砌墙壁，形式类似现代建筑结构。例如山西应县木塔，为我国现存最高木结构之一，它建于1056年，塔高67.3m，呈八角形，共9层。用木柱支顶，形成内外环状柱网，为双层套筒式结构。它经历了多次大地震，至今保持完好。同期国外建筑则多采用砖柱承重，砖砌拱券（穹顶）屋盖。比较有代表性的是建于公元532～537年间的伊斯坦布尔的索菲亚大教堂，该教堂的砖砌穹顶直径达30余米，支承在巨型砖柱上（截面约为7m×10m），柱间采用大跨度的砖拱替代梁，为典型的砖结构房屋。古代桥梁结构最早形式是石拱桥。公元590～608年建造的河北赵县安济桥（赵州桥）净跨达37.02m，桥宽约10m，采用28条并列的石条砌成拱券承重，为世界上最早的敞肩式拱桥。它外形美观、受力合理，显示了我国古代建桥史上的辉煌成就。除此之外，由于我国冶炼技术发展较早，早在公元六七十年间，就成功地将熟铁用于结构中，建造了铁链桥、铁塔等。古代结构工程没有理论指导，主要凭经验建造，靠大截面构件堆砌，因此材料利用率低，使用空间狭窄。

近代工程结构从17世纪开始至20世纪中叶跨越了约300年。这一时期，随着科技的进步，新材料不断出现，结构设计理论逐步形成，结构发展突飞猛进。19世纪中期水泥的产生，使混凝土开始应用；转炉炼钢术的发明，使钢产量大幅增加，为钢筋混凝土结构打下了基础。1886年发明了预应力技术，解决了混凝土开裂等问题，出现了大跨度结构、高层建筑结构。截至20世纪初，钢筋混凝土已广泛地用在房屋结构、桥梁结构、地下工程及水工结构等中。钢结构在这一时期也得到了长足的发展。1883年美国芝加哥建造了11层的保险公司大楼，采用铸铁框架承重，外墙起维护作用，标志着现代高层建筑结构的诞生。1889年法国巴黎建成了300m高的埃菲尔铁塔。1894年美国工程界提出了组合结构概念，开始是基于防火需求形成钢结构外包混凝土，后逐渐发展成为钢与混凝土共同作用的现代组合结构。我国著名的高层建筑——上海浦东的金茂大厦，88层，421m，就是混凝土与钢材的组合结构。1931年美国建造了著名的帝国大厦，102层，381m高，保持世界最高建筑长达40年之久。桥梁结构也在快速发展，不仅跨度增大，结构体系也发生了变化，出现了钢（铁）拱桥、悬索桥和预应力钢筋混凝土梁桥，形成了现代桥梁结构的三种基本形式。这一时期砌体结构由于水泥砂浆的出现，提高了砌体墙的承载能力，逐步形成了砖墙承重，钢筋混凝土楼盖的混合结构体系，使房屋高度不断增大。1891年美国建造了16层的砌体结构大楼，尽管下部楼层的墙厚达到1.8m。

现代工程结构始于20世纪中叶。“二战”以后，各国经济复苏，土木工程快速发展。世界各地兴建了许多超高层建筑、大跨度桥梁、特长的跨海隧道、高耸结构等大型工程。随着结构理论提高和施工技术的进步，工程结构自重明显减轻，材料耗费不断下降，经济效益显著提高。

钢筋混凝土结构的发展依赖于材料的轻质高强化。目前超高性能混凝土的强度可达100～200N/mm^2，我国已广泛应用60N/mm^{2}的混凝土。同时轻质混凝土（重度一般不大于18N/mm^3），如陶粒混凝土、浮石混凝土、火山渣混凝土、膨胀混凝土不断出现等，使混凝土结构的高度、跨度都在不断增大，钢筋混凝土已成为应用最广泛的建筑材料。

钢结构的发展主要是由于生产技术的提高，钢产量的不断增加，使得钢结构在结构工程中的比例越来越大。美国在近年来的工业建筑中，钢结构占到60%～70%，我国过去钢结构主要应用于大型重工业建筑及大跨度的房屋，改革开放以后逐渐应用到高层建筑、大跨度的桥梁等。同时钢网架结构的兴起，使大跨度屋盖结构也被钢结构占领。

组合结构的发展得益于将多种材料或构件通过某种方式组合在一起共同工作，组合后的整体工作性能要明显优于各自性能的简单叠加。钢-混凝土组合梁、钢-混凝土组合楼板、钢管混凝土构件、型钢混凝土构件、钢-混凝土组合剪力墙、钢-混凝土组合桥面系、木材组合结构构件、复合材料组合构件均为典型的组合结构。随着压型钢板、玻璃、FRP（Fiber Reinforced Polymer）等新型材料以及高强度合金、高性能混凝土的开发应用，组合结构的类型还在不断扩大。

现代砌体结构发展主要表现在两方面，一是砌体结构大量使用。中华人民共和国成立后多层房屋，特别是住宅建筑，几乎都采用了混合结构形式，即砖墙承重、楼屋盖采用钢筋混凝土预制（现浇）体系。这种体系施工方便，造价低，适合我国国情。二是砌体结构体系的改进和配筋砌体的应用。由于抗震要求，砌体结构中增设构造柱、圈梁，大大提高了房屋的抗震能力，同时配筋砌体不仅提高了砌体的承载能力，还改善了砌体的延性性能，使砌体结构能在地震区广泛应用。

1.2　工程结构的类型和特点

1.2.1　工程结构按功能分类

土木工程结构按其使用功能可分为：建筑结构、桥梁结构、岩土工程结构、水利工程结构、特种结构等。根据不同使用功能和荷载特点，各种结构具有不同的体系。

1. 建筑结构

建筑结构是房屋建筑的骨架系统，它除承担房屋自身的重量外，还需承受楼面/屋面使用活载以及抵御环境荷载（风、地震作用等）。根据建筑的高度、空间跨度等要求，建筑结构可有如下体系：

混合结构　一般用于多层房屋，它的墙、柱、基础等竖向构件由砌体材料砌筑，承担楼屋盖传来的竖向荷载；楼、屋盖水平体系则由钢筋混凝土材料修建。

排架结构　排架结构多用于单层工业厂房，由排架柱、屋盖系统以及各种支撑组成。排架柱和屋架构成平面排架，承受结构竖向荷载和水平荷载。各榀排架由屋盖支撑和柱间支撑连接形成空间结构，保证结构构件在安装和使用阶段的稳定和安全。

框架结构　框架结构由梁柱杆系构件组成，既承受楼盖传来的竖向荷载也抵御风、地震等水平作用。框架结构可以形成大空间，建筑平面布置灵活，适应性强、用途广泛。但是框架结构侧向刚度小，在水平荷载作用下，容易产生较大的侧向变形，因此限制了框架结构的使用高度，通常用于10层左右的建筑体系。

剪力墙结构　利用建筑物的墙体作为承担垂直荷载和抵抗水平荷载的结构称为剪力墙结构。剪力墙既是承重构件、抗侧力构件又是维护和分隔构件。剪力墙结构的空间整体性强，侧向刚度大，在水平荷载作用下产生的变形小，有利于结构抗震，适合于建造更高层的建筑。但剪力墙间距不能太大，使得建筑平面布置不够灵活，通常用于旅馆、办公室等小开间建筑，另外，剪力墙结构的自重也比较大。

框架-剪力墙结构　在框架结构中增设部分剪力墙形成的体系称为框架-剪力墙结构。框架-剪力墙结构将框架与剪力墙结构结合起来，取长补短，既保留了框架结构大空间的优点，又发挥了剪力墙结构侧向刚度好的特长，因而应用十分广泛，目前常用于20层左右的高层建筑。

筒体结构　筒体结构是一种空间盒状体系，整体性强、空间刚度大，适合于修建超高层建筑。筒体有三种基本形式：由剪力墙围成的实腹筒、由密柱深梁框架围成的框筒以及四周由桁架围成的桁架筒，并且可以互相组合成筒中筒体系和成束筒体系。筒中筒体系由实腹筒作为内核心筒，框筒或者桁架筒作为外筒，两者共同抵抗外力。成束筒则将框筒组合起来，形成更强劲的空间体系。

2. 桥梁结构

桥梁按其使用功能可分为铁路桥、公路桥、铁路公路两用桥、城市道路桥（含立交桥）、农村道路桥、人行桥、管线桥和渡槽桥等；按桥身材料可分为木桥、圬工桥（砖、石和钢筋混凝土砌块）、钢筋混凝土桥、预应力混凝土桥、钢桥、钢-混凝土组合结构桥等；按桥跨结构可分为梁式桥、桁架桥、拱桥、刚架桥、斜拉桥、悬索桥等。桥梁结构所受荷载除了有结构自重，人流活载外，还要考虑车辆活载，并且需要计算由车辆活载带来的动力效应。桥梁结构由三部分组成：桥跨结构（上部结构），桥墩、桥台结构（下部结构）和墩台基础。

梁式桥 以墩台为支承形成的连续梁结构，它在竖向荷载作用下不产生水平反力。梁式桥结构简单，但跨越能力有限，普通钢筋混凝土每跨跨度一般为 5～25m，预应力混凝土可达 10～70m。梁截面形式有实心板式、空心板式，当跨度较大时梁截面可做成 T 形或箱形以增加结构的抗弯能力，减轻自重。

拱桥 是最古老的桥梁结构形式，它的主要受力结构是拱圈，承受竖向荷载作用。拱以受压为主，两端支承处有水平反力产生，使得拱圈内的弯矩大大减少，适合于抗拉性能差而抗压性能好的圬工材料。拱桥的跨越能力通常比普通的钢筋混凝土梁桥大得多，加上拱桥造型丰富、曲线优美，在桥梁工程中得到了广泛的应用。

刚架桥 是将桥面梁与支承柱整体连接形成刚架的桥梁结构。它在竖向荷载作用下，梁主要受弯，柱脚有推力产生，受力状态介于拱桥与梁桥之间。刚架桥有 T 形刚架桥（刚构桥）、斜腿刚架桥和连续刚架桥。T 形刚构便于施加预应力，在两个伸臂端上挂梁后，能形成很大跨度的刚架，通常在大跨度桥梁中应用；斜腿刚架桥造型美观，经常用在跨越陡峭河岸和深邃峡谷的桥梁中；连续刚架桥整体性强，具有很好的抗震性能。

斜拉桥 是一种多次超静定结构，利用索塔用若干斜向拉索将桥面梁吊起。由于梁跨内增加了弹性支点，从而减少了梁内弯矩，使梁的截面尺寸减小，跨越能力增大。斜拉桥的抗风稳定性比悬索桥好，并且不需要设集中锚碇，还可用无支架施工，因此目前应用广泛。斜拉桥的拉索可布置成辐射式、平行式、扇式和星式；主梁可分为连续梁、单悬臂梁、T 形刚架和连续刚架；索塔有单柱式、A 形和倒 Y 形。

悬索桥 是一种古老的悬吊体系，它通过两个主塔将缆索架起，缆索上固定一定数量的吊杆承受桥面系荷载，桥面上的竖向荷载通过吊杆、缆索传给主塔，缆索由两岸桥台后巨大的锚碇平衡。悬索桥中的吊杆、缆索受拉，主塔受压，这样可以充分利用不同性能的材料建造，如缆索利用高强钢丝编制而成，主塔则可用钢筋混凝土建造，因此整个结构轻巧，可以跨越很大的跨度，同时施工时可用无支架悬吊拼装，适合在大江、湖海或深沟、深谷时采用。

3. 岩土工程结构

岩土工程结构是指与岩土体相接触的结构物，用来支挡岩体或者传递荷载至地基，它除了承受一般结构的荷载如自重、使用活载等外，还受有土体的作用，有时还要考虑土体与结构的共同作用。岩土工程结构包括基础、挡土墙（支挡式结构）、隧道、地下洞室等，通常分为两大类：工程结构基础和砌衬结构（挡土结构）。

基础 工程结构的荷载最终将通过基础传给地基，根据上部结构的形式，基础的类型可分为两大类：天然浅基础和桩基础。天然浅基础包括墙下条形基础、柱下单独基础、柱下条形基础、柱下交梁基础、片筏基础、箱形基础等；桩基础由承台和桩构成，桩按材料分有钢桩和钢筋混凝土桩；按施工工艺分有预制桩和灌注桩，按受力状态分有挤土桩、部分挤土桩和非挤土桩。

衬砌结构 在地下工程、隧道工程结构中与岩土层接触处必须要有衬砌结构，其作用是承受岩土层和爆炸等静力和动力荷载，并防止地下水和潮气的进入。衬砌结构的材料一般为钢筋混凝土或砖、石等圬工材料。为充分利用材料的抗压性能，衬砌结构的断面形式一般为圆形、拱形、矩形等。

4. 水利工程结构

水利工程结构主要是挡水建筑物，包括水坝和河堤，其作用是阻挡或拦束水流，壅高或调节上游水位。水坝主要承受上游水作用，除了有足够强度外，还要有较好的抗渗性能。水坝的材料主要是圬工材料，类型有土坝、石坝、混凝土重力坝、混凝土拱坝及溢洪坝等。

5. 特种结构

特种结构是指上述结构以外的具有特殊用途的工程结构。如电视塔、水池和水塔、烟囱和筒仓等。电视塔一般为空间筒体悬臂结构或空间框架结构，由塔基、塔座、塔身、塔楼及桅杆组成，材料通常用钢筋混凝土或钢结构；水池、水塔是给水排水工程的构筑物，用于储存液体，主要用钢筋混凝土材料修建；烟囱是工业常用构筑物，可用砖、钢筋混凝土或型钢制造，由筒身、内衬、隔热层、基础组成。其形式有单筒、多筒和筒中筒；筒仓是储存粒状和粉状松散物体（如粮食、水泥等）的立式容器，材料多为钢筋混凝土或钢结构，平面形状可为圆形、矩形、多边形等。

1.2.2 工程结构按材料分类

工程结构按材料形式可分为四类：钢筋混凝土结构、砌体结构、钢结构和组合结构。

1. 钢筋混凝土结构

钢筋混凝土是我国目前最常用的结构形式，它广泛地应用在建筑结构、桥梁结构、地下工程结构、水工结构和各式各样的特种结构中。

混凝土结构有如下优点：

（1）强度高。与砖木结构相比，强度较高，特别是抗压强度高，与钢筋组合后也大幅提升了抗拉强度。

（2）耐久性好。混凝土包裹着钢筋，钢筋不易锈蚀，与钢结构相比，钢筋混凝土结构保养和维修成本低。

（3）耐火性好。混凝土是不良导体，传热慢，只要钢筋有足够的保护层厚度，遭受火灾时，钢筋在1～2h内不会达到软化的温度而导致结构破坏。

（4）可模性好。可根据设计需要浇成各种形状的构件和结构，适合用作复杂的结构，如空心楼板、空间薄壳等。

（5）整体性好。现浇钢筋混凝土结构在空间浇筑成整体，没有因连接造成的薄弱部位，具有较好的抗震、抗爆性能。

（6）易于就地取材。混凝土中的砂、石等材料分布广泛，能就地取材，不需要长途运输，因而造价低。

混凝土结构也有以下缺点：

（1）自重大。结构比较笨重，不利于修建大跨度、超高层等结构。

（2）抗裂性差。钢筋混凝土构件受拉时容易开裂，不适合于抗裂要求高的结构。

（3）施工周期长。混凝土结构施工工序多，养护周期长，雨期或冬期施工困难。

随着技术的进步，以上的缺点正在逐渐被克服，如采用轻质高强混凝土以减轻结构自重、采用超高性能混凝土以减小构件截面尺寸、采用预应力技术以改善抗裂性能，采用装配式混凝土结构以加快施工速度。

2. 砌体结构

砌体结构在我国目前大量地用于多层住宅结构中，桥梁方面，仍有少量的石拱桥存在。砌体结构有着如下优点：

（1）易于就地取材，造价低。砌体结构中的材料几乎都是天然材料，来源方便，比较经济。

（2）耐久性好。砌体结构耐火性好，还有较好的化学稳定性和空气稳定性，使用年限长，不需特殊的维护。

（3）保温隔热性好。适宜作为墙体材料。

砌体结构的主要缺点是：

（1）强度低。砂浆和砖石之间的黏结力较弱，因此无筋砌体的抗拉、抗弯和抗剪性能都较差。

（2）自重大。由于砌体材料强度低，必须采用大截面的构件，因此结构的体积大、自重大。

（3）砌筑量大。需要人工砌筑，施工进度缓慢。

3. 钢结构

随着我国钢产量的增加，钢结构在我国的应用日趋普遍。除了用于重型工业厂房、大跨度屋盖体系等中高层外，高耸结构也应用全钢结构，同时在小型的轻钢住宅和多层房屋得到广泛应用。与其他材料的结构相比，钢结构有如下优点：

（1）重量轻、强度高。钢材虽然自身重度很大，但由于钢材强度高，在相同的承重条件下，钢结构构件截面小，因而比其他结构轻得多。

（2）塑性和韧性好。有利于结构承受动力荷载，避免结构发生脆性破坏。

（3）材性均匀，可靠性好。钢材的内部组织均匀，非常接近匀质体，与力学计算中的一些基本假定相符合，计算结果精确。

（4）制造与施工方便。钢结构在工厂里加工，制作简便、精度高。构件在现场拼装，施工方便，工期短。

钢结构的主要缺点是：

（1）耐火性差。钢材在温度超过 150℃就需采取防护措施，在 500℃以上时，结构就会丧失承载能力。

（2）易于锈蚀。钢材在潮湿、强紫外线、氯化物等腐蚀环境下极易锈蚀，维修费用高。

4. 组合结构

由两种或两种以上不同物理力学性质的材料结合而形成的构件，在荷载作用下，构件中不同力学性质的材料能共同工作，这种构件称为组合构件。由组合构件组成的结构即为组合结构。目前比较常用的组合结构是钢与混凝土结合而成的结构，也称为钢与混凝土组合结构。其常见的组合方式有外包混凝土型，如工字钢、槽钢混凝土柱与梁（也称劲性混凝土）；内填混凝土型，如圆钢管混凝土、方钢管混凝土；叠合型，如压型钢板楼盖、型钢-混凝土组合梁等。组合结构由于兼有钢结构和混凝土结构的优点，在超高层建筑、大跨度桥等大型结构中应用广泛。

组合结构有如下主要优点：

（1）强度高。由于用型钢代替钢筋混凝土中的钢筋，使得组合结构构件的强度大幅度提高。另外钢管混凝土一类的组合结构，还由于外钢管的套箍效应，使得混凝土强度提高，即组合后的钢管混凝土的强度高于混凝土与钢管的强度之和。

(2) 施工快。组合结构一般比钢筋混凝土结构施工快捷，特别是钢管混凝土、压型钢板楼盖等组合结构由于省掉了模板施工更为迅速。

(3) 耐火性好。对于外包混凝土，耐火性能明显优于钢结构。即使是钢结构外露的组合结构如钢管混凝土结构，也由于里面混凝土能够吸收一定的热量，使其耐火时间延长，耐火性能增强。

但组合结构也存在节点复杂等缺点，有时需要特定的剪力连接件和专门焊接设备。对压型钢板在施工期间，当混凝土在初凝时，如果混凝土厚度不够，易使混凝土出现临时裂缝，特别使用高强度等级混凝土时，原因是压型钢板会阻止混凝土收缩，从而产生裂缝。

1.3 工程结构基本构件

1.3.1 结构构件按功能分类

工程结构无论复杂与否，都是由一系列的构件组成，构件是结构的基本元素。图 1-1 显示了一个框架结构房屋的构成，既包含有结构构件如梁、板、柱、雨篷等等，也包含有非结构构件如内隔墙、外墙、女儿墙等。

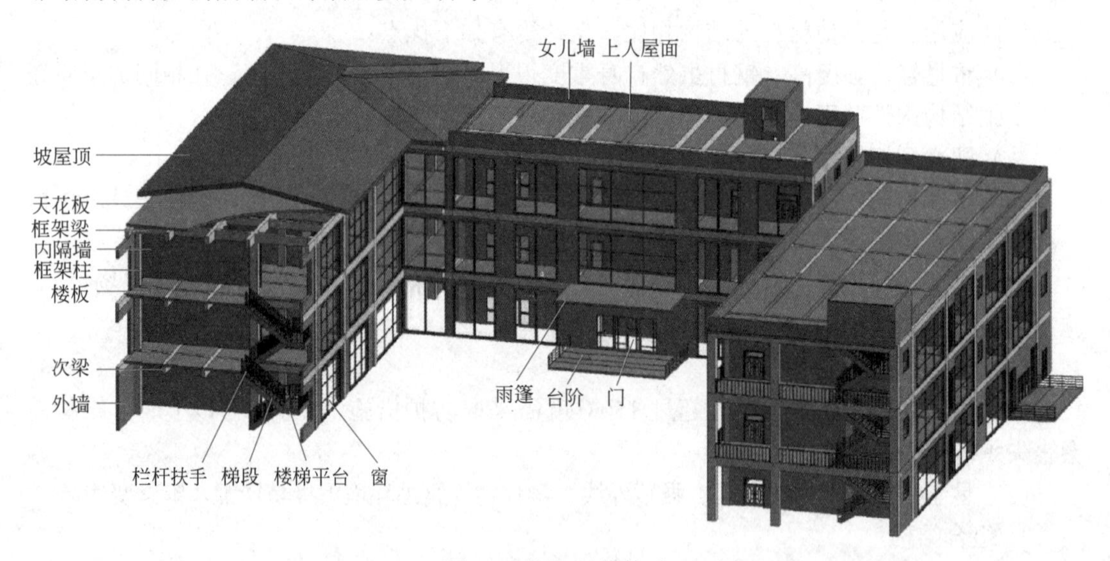

图 1-1　框架结构体系

可以看出，工程结构就是各种结构构件集合而成的具有某类特征（例如仅由梁柱组成）的有机体，目的是形成具有某种使用功能的空间，去承受各种荷载并传递给地基。通常称这个有机体为结构体系，结构设计首先需要根据工程结构的特性去组合基本构件从而确定结构体系，在此基础上通过结构分析确定结构的力学行为和构件的受力特征，再对每个构件进行截面设计。本课程结构设计原理正是讲述构件设计所需要的基本知识，为结构设计奠定基础。

构件种类多样，按其对结构体系的贡献可分为结构构件和非结构构件，结构构件承受荷载作用，是结构体系的组成元素；而非结构构件指结构承重骨架以外的固定构件和部件，主要包括非承重墙体，以及附着于结构上的其他构架、装饰构件等，它们不承受外部荷载作用，只是作为荷载施加在结构上。因此本课程主要研究的是结构构件。结构构件按其在结构体系中的功能分为如下几类：

（1）板。是一种平面尺寸较大但厚度较小的平面形构件，它通常水平设置（也可斜向设置），用来承受垂直板面方向的荷载（面外荷载），例如建筑中的楼面板、屋面板，桥梁中的桥面板等。板通常支撑在四周的梁、墙或柱上，形成四边支撑、三边支撑、两边支撑、一边支撑和四角点支撑等多种板。

（2）梁。是一种水平跨越的线形构件，承受垂直于其纵轴方向的荷载，以受弯剪为主，它的截面尺寸远小于跨度。梁可支撑在柱、梁、墙等结构上，形成单跨梁、多跨梁、悬挑梁，将梁上的荷载传递给支撑结构。梁的几何形状很丰富，有水平直梁、斜直梁、曲梁、空间曲梁等。

（3）柱。是一种垂直方向的线形构件，承受平行于其纵轴方向的荷载，以受压弯为主，它的截面尺寸远小于高度。柱一般作为水平构件或结构的支撑体，将上部荷载传至下方或基础。

（4）墙。也是一种竖向的但为面形的构件，高宽尺寸远大于厚度尺寸，承受平行于墙面方向（面内）的荷载，这是与板构件最大的区别。墙作为承重构件主要承受压力，但在风、地震等水平荷载作用下也承受弯矩和剪力。

（5）杆。是一种仅承受轴向拉力或压力的线形构件，通常用来构成桁架或网架，由节点连接。杆以钢材制作的为多，也有混凝土杆、木结构杆以及组合结构杆。

（6）索。是一种柔性钢构件，仅承受拉力，用于悬索结构（由柔性拉索及其边缘构件组成的结构）或悬挂结构（将楼屋盖荷载通过吊索或吊杆悬挂在主体结构上的结构）。索一般由钢丝束、钢绞线等材料制成，具有很强的抗拉能力。

（7）壳体。是一种曲面形的构件，可与边缘构件（如梁、拱或桁架）一道构成空间壳体结构，跨越很大的空间。壳体结构空间传力性能强，能以较小的构件厚度覆盖大跨度空间，经济效益高。壳体结构在壳面荷载作用下通常双向受压，因此可以做得很薄，但在与边缘构件连接处还会受弯和受剪，因而需局部加厚。

（8）薄膜构件。是一种用薄膜材料制成的构件，它可以由空心封闭式薄膜充入空气后形成，也可能是将薄膜张拉后形成。它具有重量轻、跨度大、构造简单、造型灵巧、施工简便等优势，但也有隔热、防火性差等劣势，且充气薄膜容易漏气，需持续加气，因此一般用于流动性或半永久性建筑。

（9）基础。用来支撑上部结构，并将荷载传递给地基。基础的受力特性取决于其宽度与厚度的比值，当宽厚比较大时为柔性基础，主要受弯矩和剪力作用；当宽厚比较小时为刚性基础，以受压为主。

1.3.2 结构构件按受力性能分类

虽然结构的基本构件种类很多，在结构体系中的作用也不相同，但是从受力性能来分，仅有以下几类：

（1）受弯构件。主要包括梁和板，通常承受垂直于纵向轴线的横向荷载，内力形式为弯矩和剪力。利用不同的材料可建造各种受弯构件，如钢筋混凝土板、钢梁、组合结构梁等。梁设计主要考虑弯矩引起的正截面破坏、剪力引起的斜截面破坏，钢梁还须考虑整体稳定和局部稳定问题，除此之外梁还要验算刚度，以保证梁在正常使用时不会变形过大，对于钢筋混凝土梁还必须限制裂缝的出现或宽度。

（2）受压构件。分为轴心受压构件和偏心受压构件，主要承受竖向荷载，内力形式有轴向压力、弯矩以及剪力。除了建筑中的柱属于受压构件外，房屋中的墙体、桥梁中的桥墩、索塔、拱肋（圈）、岩土工程中的挡土墙、衬砌结构等都属于受压构件。受压构件通常利用受压性能好的材料如砖石、混凝土修建，钢结构中也有钢柱。受压构件设计除考虑由于材料强度不足引起的受压破坏外，还要考虑稳定问题，构件必须要有足够的长细比或高厚比，以避免发生失稳破坏。

（3）受拉构件。分为轴心受拉构件和偏心受拉构件，主要承受轴向拉力、弯矩及剪力。杆、索都是典型的受拉构件，如屋架中的下弦杆、受拉腹杆；圆形水池的环向池壁；桥梁中的拉索等都属于受拉构件。受拉构件常用的材料为钢，也可用钢筋混凝土。受拉构件设计需要考虑正截面承载能力，斜截面承载能力，对于钢筋混凝土受拉构件还须根据使用要求，作抗裂度或裂缝宽度验算。

（4）受扭构件。可分为纯受扭构件和弯剪扭构件，前者仅受扭矩作用，后者除扭矩外，还受有弯矩和剪力共同作用。扭矩在构件截面上主要产生剪应力，因此构件设计要验算斜截面的抗扭承载能力，对于钢结构受扭构件，还要验算整体稳定性。

1.4 结构设计理论的发展过程

古代结构设计没有理论指导，仅凭工匠经验建造，修建的结构类型比较简单，而且构件截面很大。直到近代随着科学的发展，结构设计理论才逐渐建立，成为指导工程结构设计的基础。最早的设计理论称为容许应力法，始于19世纪，应用了上百年。随后在20世纪40年代发展了极限状态设计方法，一直应用至今。

1.4.1 容许应力法

17世纪某一天，意大利学者伽利略在院子里和朋友聊天时，发现屋檐处伸出一块断木，上面挂着篮子，激发了他研究悬臂梁能承受多重物体的兴趣。于是他开展了最早的悬臂梁结构试验（图1-2），发现了悬臂梁强度与梁截面之间的关系，也开创了实验与数学相结合的科学方法。1638年伽利略出版了专著《关于力学和定域运动两门新科学的谈话和数学证明》，系统总结了他一生关于力学和物理学方面所有的实验和理论研究成果，其中就包括了材料断裂与其强度问题。在伽利略的研究基础上，牛顿提出了力学的三大定律，为土木工程设计奠定了基础。1744年欧拉建立了柱的压屈理论，解决了工程结构的稳定问题。正是由于数学、力学的不断发展，结构设计理论逐渐从无到有，从粗略到精确，形成了一门完善的学科。

1826年法国工程师纳维出版了《材料力学》，提出了容许应力法，创立了早期结构设计方法。容许应力法以弹性理论为基础，确定结构特定部位的应力，使其不超过材料的极限应力，其表达式为：

$$\sigma \leqslant [\sigma] = \frac{\sigma^0}{k}$$

图 1-2　伽利略关于悬臂梁强度与截面关系的插图

式中，k 为安全系数，主要以经验而定；σ^0 是通过实验确定的材料极限应力。

容许应力法计算简单，概念清楚，至今仍在材料力学中使用，作为材性均匀构件的设计方法。但该方法的量值都是确定值，无法定量估算结构的安全可靠度，并且仅用单一的安全系数 k，不能反映结构的各种变异，同时安全系数的制定缺乏依据，往往由经验或者实验确定。对于混凝土、砖等非线性材料，由于材性离散，需要高安全系数保证，造成设计不经济，材料利用不充分。

1.4.2　极限状态设计方法

20 世纪 40 年代，为满足非线性材料的设计，学者们开始研究按破损阶段计算的设计方法，即极限状态设计方法。极限状态设计方法考虑了结构的塑性发展，以结构满足功能要求的特定状态为计算依据，将概率分析引入结构设计中，用结构的失效概率衡量结构的可靠性，这样不仅充分利用了材料，更重要的是对结构可靠度有了较精确的描述，使结构设计更加安全合理。

极限状态设计方法发展至今经历了三个阶段，多系数的极限状态计算方法、单一系数的极限状态设计方法以及分项系数的极限状态法。早期的设计方法采用多系数制，如我国 1966 年颁布的《钢筋混凝土结构设计暂行规范》GBJ 21—66 就属于此类方法。由于缺乏统计资料，只有少量设计参数如钢材的设计强度、风雪荷载等，采用了概率分析确定取值，其余参数则采用经验值；同时未进行结构构件的可靠度综合分析，不能使各种构件得到相同的安全度。20 世纪 70 年代随着可靠度设计理论的建立，更多的概率分析应用到影响结构可靠度的各种因素的确定中，但即使是目前，将所有的影响因素视为随机变量进行统计分析也是困难的，因此 20 世纪 70 年代规范采用多系数分析、单系数表达的设计方法，其安全系数依半统计、半经验的方法确定。在设计资料不全的情况下，依统计与经验确定安全系数有其合理性，同时也使得计算简单。20 世纪 80 年代，我国颁布了《建筑结构设计统一标准》GBJ 68—84，进入 21 世纪后，相继颁布了《建筑结构可靠度设计统一标准》GB 50068—2001 和《工程结构可靠性设计统一标准》GB 50153—2008，都采用了分项系数形式的以近似概率为基础的极限状态设计方法，其特点是以结构功能的失效概率作为结构可靠度的度量，由定值的极限状态概念转变到非定值的极限状态概念上。荷载、抗力分项系数采用校准法确定，根据不同的可靠度要求，调整分项系数，使各种情况下结构设计达到同样的可靠度要求，这样对提高结构设计的理论水平具有深刻的意义。2018年颁布的《建筑结构可靠性设计统一标准》GB 50068—2018 仍然采用以概率理论为基础、以分项系数表达的极限状态设计方法。随着研究的进一步深入，结构设计将达到全概率极限状态设计方法的水准。

1.5 课 程 特 点

1.5.1 结构设计过程

结构设计是工程设计的重要组成部分，它通过荷载分析、力学计算以及构造措施等确定结构的体系和构件尺寸，以保证工程的安全建造和运营。对任何工程结构都必须进行结构设计，结构工程师肩负着结构安全的重任。

结构设计主要内容及步骤包括：(1) 根据建筑设计或工艺设计确定结构体系；(2) 进行结构平面布置；(3) 初步选用材料，根据经验初步确定构件的截面尺寸；(4) 结构荷载计算及各种荷载作用下结构的内力分析；(5) 构件的截面设计，确定截面配筋或验算截面尺寸；(6) 构造措施设计，决定结构连接方式或其他细部要求。

结构设计主要知识依赖力学分析和结构设计理论，同时需要遵循结构专业相关规范，参考各种标准图集，经验的累积也在结构设计中占据着重要的地位。前述结构设计的 6 大步骤，前 3 步主要依靠工程师的经验，第 4 步是力学知识的应用，第 5 步和第 6 步则来自结构设计原理和各类专业结构设计理论，本课程和后续结构设计课程将讲授相关理论与知识。

1.5.2 结构设计原理课程特点

结构设计原理课程主要讲述组成结构的各种构件，包括其材料性能、受力特点、设计方法和构造要求，属于土木工程专业基础课。它的先修课程为高等数学、理论力学、材料力学、建筑材料等，后续课程则为各类结构，根据专业方向可为建筑结构设计、基础工程、建筑结构抗震、桥梁工程、隧道工程等。由此可见，结构设计原理课程在土木工程专业的知识结构中起着承上启下的作用，为重要的专业基础之一。

结构设计原理课程介于基础课和专业课之间，兼具理论性和实践性的特点，它既有以数学、力学为基础的严谨理论，也包含来自工程实践的经验，归纳起来有以下几大特点：

(1) 材料的多样性。混凝土、钢材、砌体是三种基本的结构材料，不同材料差异带来结构特点的变化，使得各类结构设计方法不尽相同，但又都基于统一的结构设计理论框架下，因此学习时既要抓住结构设计的共同理论，也要理解不同材料结构的区别。

(2) 公式的实验性。实际的材料并非理想的均质弹性，混凝土、砖石都具有典型的非线性特征，即使钢材也需要考虑初始缺陷，因此不能照搬材料力学中的构件验算公式。为考虑这一特性，结构设计原理中的计算公式一般都是以力学为基础，依赖试验结果建立，属于经验公式或半理论半经验公式，使用时要特别注意适用范围和限制条件。

(3) 设计的规范性。结构构件设计除了依据理论公式，还要遵循现行的国家标准或规范，例如《混凝土结构设计标准》GB/T 50010—2010（2024 年版）、《钢结构设计标准》GB 50017—2017、《组合结构设计规范》JGJ 138—2016 等。所谓规范是现有的理论和经验的总结，是结构设计的法规，必须给予充分的重视。规范条文用词严谨，依照执行时严格的程度，表述为“必须”“应”“宜”等术语，因此学习时要正确地理解、严格地应用。

（4）解答的非唯一性。构件设计没有标准答案，同样的内力条件，设计构件的截面形式、截面尺寸、配筋方式可以有多种答案，没有对错之分，只有合理性之别。这就是设计的魅力，在保证安全的前提下，设计可以有多种选择，有时需要通过重复迭代计算，以达到优化和经济的目的。

1.5.3 本书编排体系

土木工程专业是 1999 年专业调整时整合多个专业，如工业与民用建筑、建筑工程、道路与桥梁工程、地下工程、隧道工程、铁道工程等，形成的大专业。它是土建学科中综合性最强、覆盖面最宽的专业。随着社会经济的发展，越来越多的大学实施大土木宽口径培养，要求学生具有坚实的工程基础知识以及宽广的专业领域，能胜任基本建设过程中多个环节的工作，因此要求课程体系也能充分体现宽口径的特点，并处理好深与广的关系；同时在有限的教学时间内，提高教学效率，适应宽专业的要求。

本教材正是顺应这一思路，通过整合原来的“钢筋混凝土结构”“钢结构”“砌体结构”三大结构课程，并融入“组合结构”课程，将上述课程中的构件设计理论分离出来，作为大土木专业的基础，使其成为土木工程专业中各专业方向共同学习的专业基础课。而对原有三大结构课程中的结构设计内容则重新组合，形成“建筑结构设计”后续课程，作为建筑工程专业方向的主干专业课。对于桥梁工程、岩土工程等专业方向的学生来说，在学习了结构设计原理的基础上，可以继续学习桥梁结构设计、地下工程结构设计等课程。

以前的三大结构课程按材料分类，不乏重复和交叉的内容，学时要求特别长。本书将其共有的内容如结构构成、荷载作用以及结构设计统一方法集中在前面编写，一方面避免重复、节约课时，更重要的是帮助学生首先建立结构设计的初步概念，使学生了解不同材料结构设计的共性。在此基础上将钢筋混凝土结构构件和钢结构构件设计原理独立成篇，从材料性能入手，再叙述各类构件设计方法，同时新增了钢-混凝土组合结构设计原理，以适应组合结构工程实践的发展。全书分为 4 篇：第 1 篇为结构设计原理基础，包括结构概述、结构上的荷载和结构设计方法；第 2 篇为混凝土结构，首先为混凝土材料性能，接下来叙述混凝土受弯构件、受压构件、受扭构件以及预应力混凝土；第 3 篇为钢结构，前面 2 章为建筑钢材性能和钢结构连接，然后为钢结构受弯构件、轴心受力构件，以及拉弯和压弯构件。第 4 篇为钢-混凝土组合结构，首先介绍了组合结构形式，然后分 3 章介绍了型钢混凝土受弯构件、型钢混凝土受压构件和压型钢板-混凝土组合板等 3 种最常见的组合结构构件。全书体系既互相呼应以加强结构设计方法的贯通，又突出不同材料的特点，便于工程应用。由于砌体结构设计原理内容较少，同时在非建筑工程方向应用不多，为了减少学时，本书没有包括砌体结构设计，而将其合并至建筑结构设计课程中的砌体结构一章，结合具体砌体房屋设计，讲述砌体结构的基本构件。

第2章　结构上的作用与荷载

导读：本章内容为混凝土结构上常见作用与荷载的介绍，主要了解各种作用与荷载的定义和分类，通过学习达到以下要求：(1) 理解作用及荷载的概念、荷载的分类；(2) 了解常见荷载的定义和基本原理；(3) 理解掌握不同荷载代表值的含义；(4) 了解荷载概率模型，理解荷载效应的含义。

2.1　作用与荷载的概念

2.1.1　作用的分类

使结构产生效应（结构或构件的内力、应力、位移、应变、裂缝等）的各种原因称为**作用**。直接施加在结构上的集中力或分布力为**直接作用**，引起结构外加变形或约束变形的原因（如地基变形、混凝土收缩、焊接变形、温度变化或地震等）为**间接作用**。通常将直接作用称为荷载，间接作用称为作用（如地震作用、温度作用、基础变位作用等）。由此可知，作用包含了荷载，而荷载只是众多作用中的一部分。

作用可按随时间、空间的变异和结构反应特点进行分类。

1. 按随时间的变异分类

作用（或荷载）按随时间的变异分类，是对作用的基本分类，各类极限状态设计时所采用的代表值与其出现的持续时间长短有关。现行国家标准《工程结构可靠性设计统一标准》GB 50153 将作用分为永久作用、可变作用和偶然作用三类。

(1) 永久作用

永久作用是指在设计基准期内始终存在，其量值不随时间变化或其变化与平均值相比可以忽略不计的作用，或其变化是单调的并趋于某个限值的作用。

永久作用的特点是其统计规律与时间参数无关（图 2-1），故可采用随机变量概率模型来描述。例如结构自重（材料自身重量产生的荷载——重力），其量值在整个设计基准期内基本保持不变或单调变化而趋于限值，其随机性只是表现在空间位置的变异上。结构自重，习惯上称为恒荷载，简称恒载。

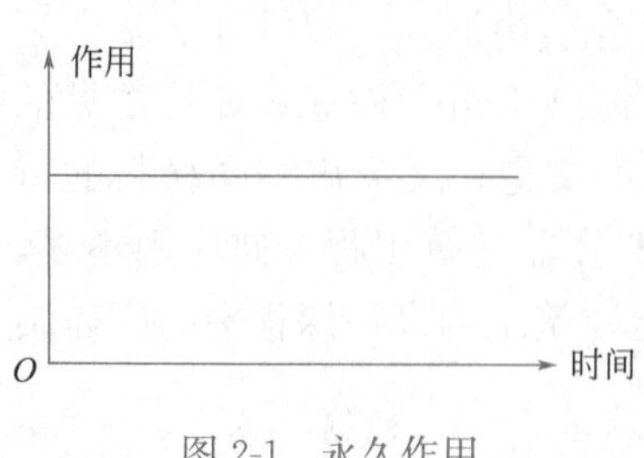

图 2-1　永久作用

结构上的永久作用除结构自重外，还包括土压力、预应力等。当水位不变时，水压力也可按永久作用考虑。

(2) 可变作用

可变作用是指在设计基准期内其量值随时间变化，且其变化与平均值相比不可以忽略不计的作用，例如楼面活荷载，主要代表人流、家具等作用，随时都可能在发生变化。

可变作用的特点是其统计规律与时间参数有关（图 2-2），故必须采用随机过程概率模型来描述。

建筑结构上的可变作用除楼面活荷载外，还包括屋面活荷载和积灰荷载、吊车荷载、风荷载、雪荷载等。水位变化时，水压力按可变作用考虑。桥梁结构上的可变作用主要有汽车荷载（或列车荷载）、温度作用、基础变位作用等。

（3）偶然作用

偶然作用是指在设计基准期内不一定出现，而一旦出现，其值很大且持续时间很短的作用，如图 2-3 所示。结构上的偶然作用包括爆炸力、撞击力、地震作用等。

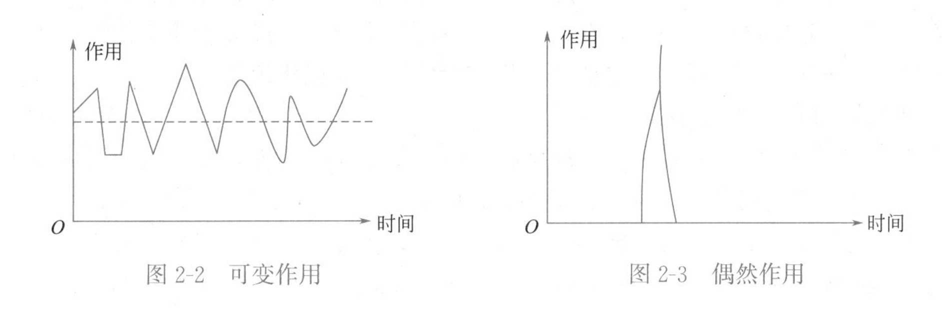

图 2-2　可变作用　　　图 2-3　偶然作用

2. 按空间位置的变异分类

作用按空间位置的变异分类，是由于进行作用效应（荷载效应）组合时，必须考虑作用在空间的位置及其所占面积大小。根据空间位置的变异，作用可分为固定作用和自由作用两类。

（1）固定作用

固定作用是指在结构上具有固定分布的作用。其特点是作用出现的空间位置固定不变，但其量值可能具有随机性。例如，房屋建筑楼面上固定的设备荷载，屋面上的水箱重力等，都属于固定作用。

（2）自由作用

自由作用是指在结构上一定范围内可以任意分布的作用。其特点是可以在结构的一定空间上任意分布，出现的位置和量值都可能是随机的。例如，厂房的吊车荷载、教室内的人员荷载就是自由作用，铁路桥梁上的列车荷载、公路桥梁上的汽车荷载等也是自由作用。楼面上、屋面上的自由作用（荷载）又称为活荷载，简称活载。

3. 按结构的反应特点分类

作用按结构的反应特点分类，主要是因为进行结构分析时，对某些出现在结构上的作用需要考虑其动力效应（加速度反应）。由此可分为静态作用和动态作用两类，其依据不在于作用本身是否具有动力特性，主要在于它是否引起结构不可忽略的加速度。

（1）静态作用

静态作用是指使结构产生的加速度可以忽略不计的作用。楼面上的活荷载，本身可能具有一定的动力特性，但使结构产生的动力效应可以忽略不计，即归类为静态作用。

（2）动态作用

动态作用是指使结构产生的加速度不可以忽略不计的作用。对于动态作用，在进行结构分析时一般均应考虑其动力效应。有一部分动态作用，例如对于吊车荷载，设计时可采用增大量值（乘以动力系数）的方法按静态作用处理。再如预制构件的搬运、吊装受力分析也可作如此处理。另一部分动态作用，例如地震作用、大型动力设备的作用等，则必须采用结构动力学方法进行结构分析。

2.1.2 建筑结构上的荷载

荷载是随机变量，任何一种荷载的大小都有一定的变异性。结构设计所采用的作用（荷载）统计参数（如平均值、标准差、变异系数、最大值、最小值等）需要一个时间参数，该时间参数称为**设计基准期**。建筑结构设计基准期为 50 年，桥梁结构设计基准期为 100 年。在建筑结构设计中，不可能直接引用反映荷载变异性的各种统计参数，通过复杂的概率运算进行具体设计。因此，在设计时，除了采用能便于设计者使用的设计表达式以外，对荷载仍应赋予一个规定的量值，该规定量值称为**荷载代表值**。

1. 建筑结构上的永久荷载

永久荷载以标准值为其代表值。所谓标准值，就是在结构设计基准期内可能出现的最大荷载值。永久荷载标准值，对于分布线荷载用 g_k 表示，集中荷载用 G_k 表示。

永久荷载主要是结构自重及粉刷、装修、固定设备等的重量。变异来源于单位体积重量的变异和结构（构件）尺寸的不定性，经过研究发现永久荷载的变异性不大，而且多为正态分布，所以一般以其分布的均值作为荷载标准值，即可按结构设计规定的尺寸和材料或构件单位体积的自重（或单位面积的自重）平均值确定。对于自重变异性较大的材料，例如制作屋面的轻质材料，考虑到结构的可靠性，在设计中应根据荷载对结构的有利或不利，分别取其自重的下限值或上限值。

选自现行国家标准《建筑结构荷载规范》GB 50009 附录 A 的部分常用材料和构件的单位自重见表 2-1。表中对某些自重变异较大的材料，分别给出了自重的上限值和下限值。

构件线荷载标准值（kN/m）：g_k＝单位体积自重×截面面积＝单位面积自重×截面宽度

构件总自重标准值（kN）：G_k＝单位体积自重×截面面积×构件长度＝单位面积自重×截面宽度×构件长度

构件自重面积荷载标准值（kN/m^2）＝单位体积自重×截面高度（厚度）

【例题 2-1】 钢筋混凝土矩形梁截面尺寸 300mm×500mm，梁的底面和侧面用 20mm 厚混合砂浆抹灰，试求梁的自重标准值 g_k（线荷载）。

【解】 自重线荷载为重度（即单位体积自重＝重力密度）乘以截面面积。

由表 2-1 可知，钢筋混凝土自重介于 $24kN/m^3$～$25kN/m^3$ 之间，该荷载对梁的承载力不利，取上限值 $25kN/m^3$；混合砂浆自重 $17kN/m^3$。

$$\begin{aligned} g_k &= 25\times0.3\times0.5+17\times(0.3+0.5\times2+0.02\times2)\times0.02 \\ &= 3.75+0.46 \\ &= 4.21\text{kN/m} \end{aligned}$$

【例题 2-2】 浆砌机制砖内墙厚 240mm，双面用石灰粗砂粉刷，试确定每平方米墙面自重标准值。

【解】 由表 2-1 得到浆砌机制砖砌体自重 $19kN/m^3$，石灰粗砂粉刷自重 $0.34kN/m^2$。每平方米墙体重为砌体单位体积自重乘以墙厚，再加上粉刷层重量（内墙双面粉刷），即：

$$19\times0.24+0.34\times2=5.24\ \text{kN/m}^2$$

部分常用材料和构件自重　　表 2-1

名称	自重	备注
1. 单位体积自重(kN/m³)		
钢	78.5	
花岗石、大理石	28	
普通砖	18(19)	240mm×115mm×53mm(684 块/m³)(机器制)
灰砂砖	18	砂：白灰＝92：8
水泥空心砖	9.8	290mm×290mm×140mm(85 块/m³)
水泥空心砖	10.3	300mm×250mm×110mm(121 块/m³)
水泥空心砖	9.6	300mm×250mm×160mm(83 块/m³)
蒸压粉煤灰砖	14.0～16.0	干重度
混凝土空心小砌块	11.8	390mm×390mm×190mm
瓷面砖	19.8	150mm×150mm×8mm(5556 块/m³)
水泥砂浆	20	
石灰砂浆、混合砂浆	17	
石膏砂浆	12	
纸筋石灰泥	16	振捣或不振捣
素混凝土	22～24	
钢筋混凝土	24～25	
浆砌普通砖	18	
浆砌机砖	19	
2. 单位面积自重(kN/m²)		
贴瓷砖墙面	0.5	包括水泥砂浆打底，共厚 25mm
水泥粉刷墙面	0.36	20mm 厚，水泥粗砂
水磨石墙面	0.55	25mm 厚，包括打底
水刷石墙面	0.5	25mm 厚，包括打底
石灰粗砂粉刷	0.34	20mm 厚
外墙拉毛墙面	0.7	包括 25mm 水泥砂浆打底
钢丝网抹灰吊顶	0.45	
麻刀灰板条顶棚	0.45	吊木在内，平均灰厚 20mm
砂子灰板条顶棚	0.55	吊木在内，平均灰厚 25mm
松木板顶棚	0.25	吊木在内
三夹板顶棚	0.18	吊木在内
硬木地板	0.2	厚 25mm，剪刀撑、钉子等自重在内
松木地板	0.18	—
小瓷砖地面	0.55	包括水泥粗砂打底
水磨石地面	0.65	10mm 面层，20mm 水泥砂浆打底

2. 可变荷载代表值的概念

可变荷载应根据设计要求采用标准值、组合值、频遇值或准永久值作为代表值。

(1) 可变荷载标准值

可变荷载标准值是可变荷载的基本代表值，其他代表值都是由标准值来计算。可变荷载标准值为设计基准期内最大荷载统计分布的特征值。

由于荷载本身的随机性，最大荷载值也是随机变量，原则上也可用它的统计分布来描述。对某类荷载，当有足够资料而有可能对其统计分布做出合理估计时，可取最大荷载分布的特征值为标准值。对大部分自然荷载，包括风荷载、雪荷载，习惯上都以其规定的平均重现期来定义标准值；对资料不充分的可变荷载，根据已有工程实践经验，通过分析判断，可以一个公称值作为标准值。

可变荷载标准值，对分布线荷载用 q_k 表示，对集中荷载用 Q_k 表示。

(2) 可变荷载组合值

可变荷载组合值是指使组合后的荷载效应在设计基准期内的超越概率，能与该荷载单独出现时的相应概率趋于一致的荷载；或使组合后的结构具有统一规定的可靠指标的荷载。可变荷载组合值可作如下理解：两种或两种以上的可变荷载同时作用于结构上时，所有可变荷载都达到其单独出现时可能达到的最大值的概率极小，因此除主导荷载（产生最大效应的荷载）仍可以其标准值为代表值以外，其他伴随荷载均应以小于标准值的荷载为代表值，此值即为可变荷载组合值。

可变荷载组合值为可变荷载标准值乘以小于 1 的组合值系数 ψ_c，即 $\psi_c q_k$，或 $\psi_c Q_k$。

(3) 可变荷载频遇值

可变荷载频遇值是指在设计基准期内，其超越的总时间为规定的较小比率或超越频率为规定频率的荷载值。也就是说，可变荷载频遇值是指在设计基准期（50 年）内被超越的总时间占设计基准期很小部分的荷载，多数时间不超过这个量值。

很明显，可变荷载频遇值低于标准值，取值为可变荷载标准值乘以小于 1 的频遇值系数 ψ_f，即 $\psi_f q_k$，或 $\psi_f Q_k$。

(4) 可变荷载准永久值

可变荷载准永久值是指在设计基准期内，其超越的总时间约为设计基准期一半的荷载值。这是设计基准期内经常可达到或被超过的荷载，它对结构的影响类似于永久荷载。

可变荷载准永久值为可变荷载标准值乘以小于 1 的准永久值系数 ψ_q，即 $\psi_q q_k$，或 $\psi_q Q_k$。

3. 可变荷载取值

(1) 民用建筑楼面均布活荷载

民用住宅、商店、办公楼等楼面人群荷载，家具、办公桌椅、商品柜台等活荷载具有时间和空间变异，按均匀分布荷载建立统计模型，经过大量调查，并进行统计分析确定取值。

民用建筑楼面均布活荷载标准值及其组合值、频遇值和准永久值系数，应按表 2-2 的规定采用。设计楼面梁、墙、柱及基础时，表 2-2 中的楼面活荷载标准值在下列情况下应乘以规定的折减系数，折减系数应按表 2-3 取值。

民用建筑楼面均布活荷载标准值及其组合值、频遇值和准永久值系数　　表 2-2

<table>
<tr><th>项次</th><th colspan="3">类别</th><th>标准值 (kN/m²)</th><th>组合值系数 ψ_c</th><th>频遇值系数 ψ_f</th><th>准永久值系数 ψ_q</th></tr>
<tr><td rowspan="2">1</td><td colspan="3">(1)住宅、宿舍、旅馆、办公楼、医院病房、托儿所、幼儿园</td><td>2.0</td><td>0.7</td><td>0.5</td><td>0.4</td></tr>
<tr><td colspan="3">(2)试验室、阅览室、会议室、医院门诊室</td><td>2.0</td><td>0.7</td><td>0.6</td><td>0.5</td></tr>
<tr><td>2</td><td colspan="3">教室、食堂、餐厅、一般资料档案室</td><td>2.5</td><td>0.7</td><td>0.6</td><td>0.5</td></tr>
<tr><td rowspan="2">3</td><td colspan="3">(1)礼堂、剧场、影院、有固定座位的看台</td><td>3.0</td><td>0.7</td><td>0.5</td><td>0.3</td></tr>
<tr><td colspan="3">(2)公共洗衣房</td><td>3.0</td><td>0.7</td><td>0.6</td><td>0.5</td></tr>
<tr><td rowspan="2">4</td><td colspan="3">(1)商店、展览厅、车站、港口、机场大厅及其旅客等候室</td><td>3.5</td><td>0.7</td><td>0.6</td><td>0.5</td></tr>
<tr><td colspan="3">(2)无固定座位的看台</td><td>3.5</td><td>0.7</td><td>0.5</td><td>0.3</td></tr>
<tr><td rowspan="2">5</td><td colspan="3">(1)健身房、演出舞台</td><td>4.0</td><td>0.7</td><td>0.6</td><td>0.5</td></tr>
<tr><td colspan="3">(2)运动场、舞厅</td><td>4.0</td><td>0.7</td><td>0.6</td><td>0.3</td></tr>
<tr><td rowspan="2">6</td><td colspan="3">(1)书库、档案库、贮藏室</td><td>5.0</td><td>0.9</td><td>0.9</td><td>0.8</td></tr>
<tr><td colspan="3">(2)密集柜书库</td><td>12.0</td><td>0.9</td><td>0.9</td><td>0.8</td></tr>
<tr><td>7</td><td colspan="3">通风机房、电梯机房</td><td>7.0</td><td>0.9</td><td>0.9</td><td>0.8</td></tr>
<tr><td rowspan="4">8</td><td rowspan="4">汽车通道及客车停车库</td><td rowspan="2">(1)单向板楼盖(板跨不小于 2m)和双向板楼盖(板跨不小于 3m×3m)</td><td>客车</td><td>4.0</td><td>0.7</td><td>0.7</td><td>0.6</td></tr>
<tr><td>消防车</td><td>35.0</td><td>0.7</td><td>0.5</td><td>0.0</td></tr>
<tr><td rowspan="2">(2)双向板楼盖(板跨不小于 6m×6m)和无梁楼盖(柱网不小于 6m×6m)</td><td>客车</td><td>2.5</td><td>0.7</td><td>0.7</td><td>0.6</td></tr>
<tr><td>消防车</td><td>20.0</td><td>0.7</td><td>0.5</td><td>0.0</td></tr>
<tr><td rowspan="2">9</td><td rowspan="2">厨房</td><td colspan="2">(1)餐厅</td><td>4.0</td><td>0.7</td><td>0.7</td><td>0.7</td></tr>
<tr><td colspan="2">(2)其他</td><td>2.0</td><td>0.7</td><td>0.6</td><td>0.5</td></tr>
<tr><td>10</td><td colspan="3">浴室、卫生间、盥洗室</td><td>2.5</td><td>0.7</td><td>0.6</td><td>0.5</td></tr>
<tr><td rowspan="3">11</td><td rowspan="3">走廊、门厅</td><td colspan="2">(1)宿舍、旅馆、医院病房、托儿所、幼儿园、住宅</td><td>2.0</td><td>0.7</td><td>0.5</td><td>0.4</td></tr>
<tr><td colspan="2">(2)办公楼、餐厅、医院门诊部</td><td>2.5</td><td>0.7</td><td>0.6</td><td>0.5</td></tr>
<tr><td colspan="2">(3)教学楼及其他可能出现人员密集的情况</td><td>3.5</td><td>0.7</td><td>0.5</td><td>0.3</td></tr>
<tr><td rowspan="2">12</td><td rowspan="2">楼梯</td><td colspan="2">(1)多层住宅</td><td>2.0</td><td>0.7</td><td>0.5</td><td>0.4</td></tr>
<tr><td colspan="2">(2)其他</td><td>3.5</td><td>0.7</td><td>0.5</td><td>0.3</td></tr>
<tr><td rowspan="2">13</td><td rowspan="2">阳台</td><td colspan="2">(1)可能出现人员密集的情况</td><td>3.5</td><td>0.7</td><td>0.6</td><td>0.5</td></tr>
<tr><td colspan="2">(2)其他</td><td>2.5</td><td>0.7</td><td>0.6</td><td>0.5</td></tr>
</table>

注：1. 本表所给各项活荷载适用于一般使用条件，当使用荷载较大、情况特殊或有专门要求时，应按实际情况采用；

2. 第 6 项书库活荷载当书架高度大于 2m 时，书库活荷载尚应按每米书架高度不小于 2.5kN/m² 确定；

3. 第 8 项中的客车活荷载仅适用于停放载人少于 9 人的客车；消防车活荷载适用于满载总重为 300kN 的大型车辆；当不符合本表的要求时，应将车轮的局部荷载按结构效应的等效原则，换算为等效均布荷载；

4. 第 8 项消防车活荷载，当双向板楼盖板跨介于（3m×3m）～（6m×6m）之间时，应按跨度线性插值确定；

5. 第 12 项楼梯活荷载，对预制楼梯踏步平板，尚应按 1.5kN 集中荷载验算；

6. 本表各项荷载不包括隔墙自重和二次装修荷载；对固定隔墙的自重应按永久荷载考虑，当隔墙位置可灵活自由布置时，非固定隔墙的自重应取不小于 1/3 的每延米长墙重（kN/m）作为楼面活荷载的附加值（kN/m²）计入，且附加值不应小于 1.0kN/m²。

活荷载按楼层的折减系数　　表 2-3

墙、柱、基础计算截面以上的层数	1	2～3	4～5	6～8	9～20	>20
计算截面以上各楼层活荷载总和的折减系数	1.00(0.90)	0.85	0.70	0.65	0.60	0.55

注：当楼面梁的从属面积超过 $25m^2$ 时，应采用括号内的系数。

对于表 2-2，折减系数应遵从以下原则：

1）设计楼面梁时的折减系数

① 第 1（1）项当楼面梁从属面积[1]超过 $25m^2$ 时，应取 0.9；

② 第 1（2）～7 项当楼面梁从属面积超过 $50m^2$ 时，应取 0.9；

③ 第 8 项对单向板楼盖的次梁和槽形板的纵肋应取 0.8；对单向板楼盖的主梁应取 0.6；对双向板楼盖的梁应取 0.8；

④ 第 9～12 项应采用与所属房屋类别相同的折减系数。

2）设计墙、柱和基础时的折减系数

① 第 1（1）项应按表 2-3 规定采用；

② 第 1（2）～7 项应采用与其楼面梁相同的折减系数；

③ 第 8 项对单向板楼盖应取 0.5；对双向板楼盖和无梁楼盖应取 0.8；

④ 第 9～12 项应采用与所属房屋类别相同的折减系数。

（2）屋面活荷载

房屋建筑的屋面按使用不同，分为不上人屋面，上人屋面和屋顶花园三类，其中不上人屋面的活荷载主要是施工荷载、检修荷载。房屋建筑的屋面，其水平投影面上的屋面均布活荷载，应按表 2-4 采用。如屋顶为运动场，活载标准值可取 $4.0kN/m^2$，相应系数同项次 2。

屋面均布活荷载，不应与雪荷载同时组合。

屋面均布活荷载　　表 2-4

项次	类别	标准值(kN/m^2)	组合值系数 ψ_c	频遇值系数 ψ_f	准永久值系数 ψ_q
1	不上人屋面	0.5	0.7	0.5	0
2	上人屋面	2.0	0.7	0.5	0.4
3	屋顶花园	3.0	0.7	0.6	0.5

注：1. 不上人的屋面，当施工或维修荷载较大时，应按实际情况采用；对不同结构应按有关设计规范的规定，将标准值作 $0.2kN/m^2$ 的增减；

2. 上人的屋面，当兼作其他用途时，应按相应楼面活荷载采用；

3. 对于因屋面排水不畅、堵塞等引起的积水荷载，应采取构造措施加以防止；必要时，应按积水的可能深度确定屋面活荷载；

4. 屋顶花园活荷载不包括花圃土石等材料自重。

屋面直升机停机坪荷载应根据直升机总质量按局部荷载考虑，同时其等效均布荷载不低于 $5.0kN/m^2$。

局部荷载应按直升机实际最大起飞质量确定，当没有机型技术资料时，一般可依据轻、中、重三种类型的不同要求，按下述规定选用荷载标准值及作用面积：

1）轻型，最大起飞质量 2t，局部荷载标准值取 20kN，作用面积 0.20m×0.20m；

2）中型，最大起飞质量 4t，局部荷载标准值取 40kN，作用面积 0.25m×0.25m；

[1] 楼面梁的从属面积应按梁两侧各延伸二分之一梁间距的范围内的实际面积确定。

3）重型，最大起飞质量 6t，局部荷载标准值取 60kN，作用面积 0.30m×0.30m。

荷载的组合值系数 $\psi_c=0.7$，频遇系数 $\psi_f=0.6$，准永久值系数 $\psi_q=0$。

（3）吊车荷载

吊车有手动吊车、电动葫芦和桥式吊车等类型。如图 2-4 所示为桥式吊车，由小车和桥架（大车）组成，小车在桥架上作横向移动，而桥架或大车可沿吊车梁作纵向移动。吊车荷载是单层工业厂房中主要的可变荷载。

图 2-4 厂房桥式吊车

1）吊车竖向荷载标准值

吊车竖向荷载标准值，应采用吊车的最大轮压或最小轮压。吊车轮压取决于吊车自重和额定起吊质量。实践表明，由各工厂设计生产的相同型号的起重机械，参数和尺寸不完全一样，所以，结构设计时应直接参照制造厂商的产品规格作为确定轮压的依据。

2）吊车水平荷载标准值

吊车的水平荷载分纵向和横向两种，分别由吊车的大车和小车的运行机构在启动或制动时引起的惯性力产生，惯性力为运行质量与运行加速度的乘积，但必须通过制动轮与钢轨间的摩擦传递给厂房结构。因此，吊车的水平荷载取决于制动时的轮压和它与钢轨间的滑动摩擦系数。

吊车纵向水平荷载标准值，应按作用在一边轨道上所有刹车轮的最大轮压之和的 10% 采用；该项荷载的作用点位于刹车轮与轨道的接触点，其方向与轨道方向一致。

吊车横向水平荷载标准值，应取横行小车质量与额定起吊质量之和的下列百分数，并乘以重力加速度：

① 软钩吊车：

a. 当额定起吊质量不大于 10t 时，应取 12%；

b. 当额定起吊质量为 16～50t 时，应取 10%；

c. 当额定起吊质量不小于 75t 时，应取 8%。

② 硬钩吊车：应取 20%。

横向水平荷载应等分于桥架的两端，分别由轨道上的车轮平均传至轨道，其方向与轨道垂直，并考虑正反两个方向的刹车情况。

悬挂吊车的水平荷载应由支撑系统承受，可不计算；手动吊车及电动葫芦可不考虑水平荷载。

3）吊车荷载的组合值、频遇值和准永久值

吊车荷载的组合值、频遇值和准永久值系数可按表 2-5 采用。

吊车荷载的组合值、频遇值和准永久值系数 表 2-5

吊车工作级别		组合值系数 ψ_c	频遇值系数 ψ_f	准永久值系数 ψ_q
软钩吊车	工作级别 A1～A3	0.7	0.6	0.5
	工作级别 A4、A5	0.7	0.7	0.6
	工作级别 A6、A7	0.7	0.7	0.7
硬钩吊车及工作级别 A8 的软钩吊车		0.95	0.95	0.95

多台吊车同时满载的可能性较小，小车又同时出现在最不利位置的可能性更小，因此对多台吊车荷载可以折减。

（4）雪荷载

雪荷载属于屋面荷载，按屋面水平投影面积计算。雪荷载标准值（面积荷载）应按下式计算：

$$s_k = \mu_r s_0 \tag{2-1}$$

式中 s_k——雪荷载标准值（kN/m^2）；

μ_r——屋面积雪分布系数，与屋面形式有关；如单跨单坡屋面，坡度不超过25°时，$\mu_r=1.0$；坡度为30°时，$\mu_r=0.85$；坡度为40°时，$\mu_r=0.55$；坡度为50°时，$\mu_r=0.25$；坡度为55°时，$\mu_r=0.10$；坡度≥60°时，$\mu_r=0$；

s_0——基本雪压（kN/m^2）。

基本雪压是根据全国672个地点的气象台站自建站以来记录到的最大雪压或积雪深度资料，经统计得出的50年一遇最大雪压，即重现期为50年的最大雪压，以此规定当地的基本雪压。作为例子，给出几个城市的基本雪压如下：北京0.40，天津0.40，上海0.20，沈阳0.50，南京0.65，西安0.25，兰州0.15，乌鲁木齐0.80，济南0.30，郑州0.40，武汉0.50，杭州0.45，成都0.10。

雪荷载组合值系数可取0.7；频遇值系数可取0.6；准永久值系数按雪荷载分区Ⅰ、Ⅱ和Ⅲ的不同，分别取0.5、0.2和0。准永久值雪荷载分区和融化速度有关，南方积雪容易融化为Ⅲ区，北方多数地区为Ⅱ区，内蒙古、黑龙江、吉林、青海、新疆的大部分地区为Ⅰ区。

（5）风荷载

风荷载属于动态荷载，设计中乘以系数后按静态荷载对待。在结构的风振计算中发现，一般是第1振型起主要作用，所以采用平均风压乘以风振系数作为风压标准值。而垂直于建筑物表面的风荷载标准值，应按下述公式计算：

$$w_k = \beta_z \mu_s \mu_z w_0 \tag{2-2}$$

式中 w_k——风荷载标准值（kN/m^2）；

β_z——高度 z 处的风振系数；

μ_s——风荷载体型系数；

μ_z——风压高度变化系数；

w_0——基本风压（kN/m^2）。

基本风压 w_0 是根据全国各气象台站历年来的最大风速记录，按照基本风压要求，将不同风仪高度和时次时距的年最大风速，统一换算为离地10m高，自记10min平均年最大风速（m/s）。根据该风速数据，再经过统计计算而确定出来的50年一遇的最大风速，作为当地的基本风速 v_0，再按贝努利公式：

$$w_0 = \frac{1}{2}\rho v_0^2 \tag{2-3}$$

确定基本风压，但不得小于$0.3kN/m^2$。ρ 为标准空气密度，采用自记式风速仪时可取 $\rho=1.25kg/m^3$；使用风杯式测风仪时，应考虑空气密度受温度、气压影响的修正，可根据所在地的海拔高度 z（m）按下式近似估算空气密度（t/m^3）：

$$\rho = 0.00125e^{-0.0001z} \tag{2-4}$$

对于高层建筑、高耸结构以及对风荷载比较敏感的其他结构，基本风压应适当提高。全国各城市的基本风压值应按现行国家标准《建筑结构荷载规范》GB 50009 附录 E 中表 E.5 重现期 R 为 50 年的值采用。作为例子，下面给出几个城市的基本风压值：北京 0.45，石家庄 0.35，太原 0.40，长春 0.65，上海 0.55，重庆 0.40，昆明 0.30，成都 0.30，福州 0.70，深圳 0.75，香港 0.90，吐鲁番 0.85，阿拉山口 1.35，厦门 0.80，青岛 0.60。风荷载的组合值系数、频遇值系数和准永久值系数可分别取 0.6、0.4 和 0。

2.2 重　　力

2.2.1 结构自重

结构的自重是由地球引力产生的组成结构的材料重力，一般而言，只要知道结构各部件或构件尺寸及所使用的材料资料，就可根据材料的重度，算出构件的自重：

$$G_b = \gamma V \tag{2-5}$$

式中　G_b——构件的自重（kN）；

γ——构件材料的重度（kN/m^3）；

V——构件的体积，一般按设计尺寸确定（m^3）。

式（2-5）适用于一般建筑结构、桥梁结构以及地下结构等各构件自重计算，但必须注意土木工程中结构各构件的材料重度可能不同，计算结构总自重时可将结构人为地划分为许多容易计算的基本构件，先计算基本构件的重量，然后叠加即得到结构总自重，计算公式为：

$$G = \sum_{i=1}^{n} \gamma_i V_i \tag{2-6}$$

式中　G——结构总自重（kN）；

n——组成构件的基本构件数；

γ_i——第 i 个基本构件的重度（kN/m^3）；

V_i——第 i 个基本构件的体积（m^3）。

在进行建筑结构设计时，为了工程上应用方便，有时把建筑物看成一个整体，将结构自重转化为平均楼面恒载。作为近似估算，对一般的木结构建筑，其平均楼面恒载可取为 1.98～2.48kN/m^2；对于钢结构建筑，平均恒载大约为 2.48～3.96kN/m^2；对于钢筋混凝土结构的建筑，其值在 4.95～7.43kN/m^2 之间；而对预应力混凝土建筑，建议可取普通钢筋混凝土建筑恒载的 70%～80%。

2.2.2 土的自重应力

土是由土颗粒、水和气所组成的三相非连续介质。若把土体简化为连续体，应用连续介质力学（例如弹性力学）来研究土中应力的分布时，应注意到土中任意截面上都包含有骨架和空隙的面积在内，所以在地基应力计算时都考虑土中某单位面积上的平均应力。必须指出，只有通过土粒接触点传递的粒间应力才能使土粒彼此挤紧，从而引起土体的变形，而且粒间应力又是影响土体强度的一个重要因素，所以粒间应力又称为**有效应力**。因此，土的自重应力即为土自身有效重力在土体中所引起的应力。

在计算土的自重应力时，假设天然地面是一个无限大的水平面，因此在任意竖直面和水平面上均无剪应力存在，如果地面下土质均匀，土层的天然重度为 γ，则在天然地面下任意深度 z 处 $a-a$ 水平面上的竖直自重应力 σ_{cz}，可取作用于该水平面上任意一单位面积的土柱体自重 $\gamma z\times 1$ 计算，即：

$$\sigma_{cz}=\gamma z \tag{2-7}$$

σ_{cz} 沿水平面均匀分布，且与 z 呈正比，即随深度按直线规律分布，如图 2-5 所示。

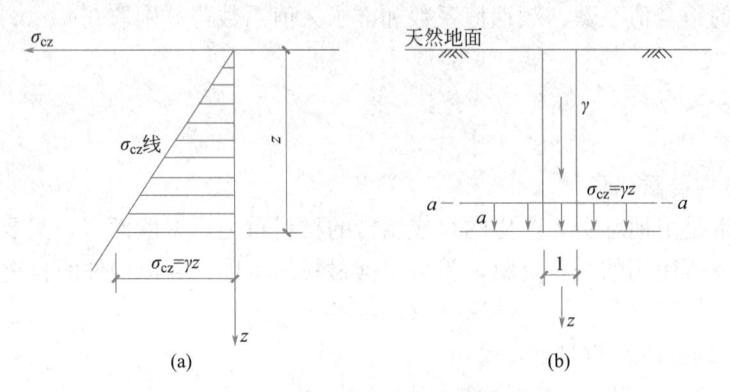

图 2-5　均质土中竖向自重应力

(a) 沿深度的分布；(b) 任意水平面的分布

一般情况下，地基土是由不同重度的土层所组成。天然地面下深度 z 范围内各土层的厚度自上而下分别为 h_1、h_2、…、h_i、…、h_n，则成土层深度 z 处的竖直有效自重应力的计算公式为：

$$\sigma_{cz}=\gamma_1 h_1+\gamma_2 h_2+\cdots+\gamma_n h_n=\sum_{i=1}^{n}\gamma_i h_i \tag{2-8}$$

式中　n ——从天然地面到深度 z 处的土层数；

h_i ——第 i 层土的厚度；

γ_i ——第 i 层土的天然重度，若土层位于地下水位以下，由于受到水的浮力作用，在单位体积里，土颗粒所受的重力扣除浮力后的重度成为土的有效重度 γ_i'，它是土的有效密度与重力加速度的乘积。此时计算土的自重应力应用土的有效重度 γ_i' 代替天然重度 γ_i，对一般土，常见变化范围为 8.0～13.0kN/m^3。

计算土中竖向自重应力在划分土层时，一般以每层土为原则，但需考虑地下水位，若地下水位位于某一层土体中，则需要将该土层划分为二层。图 2-6 为一典型成层土中竖向自重应力沿深度变化的分布。

2.2.3　楼面活荷载

楼面活荷载指房屋中生活或工作的人群、家具、用品、设施等产生的重力荷载。由于这些荷载的量值随时间而变化，且位置也是可移动的，因此国际上通用活荷载（Live Load）这一名词表示房屋中的可变荷载。

考虑到楼面活荷载在楼面位置上的任意性，为工程设计应用上方便，一般将楼面活荷载处理为楼面均布荷载。均布活荷载的量值与建筑物的功能有关，如公共建筑（如商店、展览馆、车站、电影院等）的均布活荷载值一般比住宅、办公楼的均布活荷载值大。

各个国家的生活、工作设施有差异，且设计的安全度水准也不一样，因此，即使同一

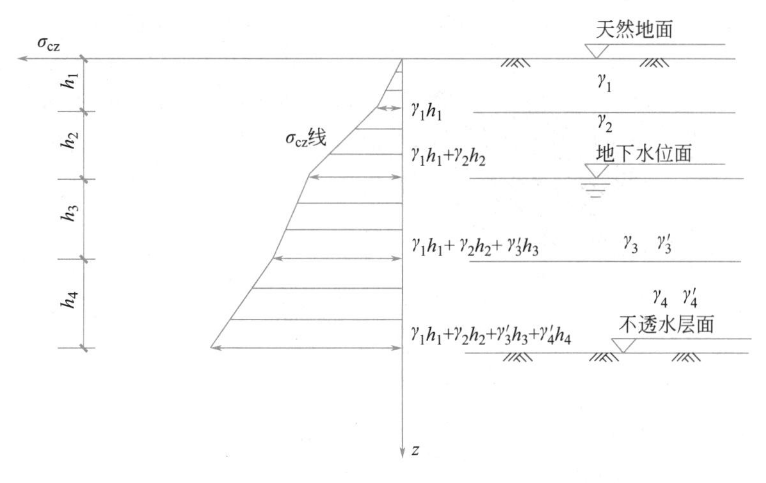

图 2-6 成层土中竖向自重应力沿深度的分布

功能的建筑物，不同国家关于楼面均布活荷载的取值也不尽相同。表 2-6 是一些国家常见建筑的楼面均布活荷载取值。

一些国家常见建筑的楼面均布活荷载取值（kN/m^2） 表 2-6

	中国	美国	日本	苏联	英国
住宅	2.0	1.92	1.8	1.5	2.0
办公楼	2.0	2.40	3.0	2.0	2.5
旅馆	2.0	1.92	1.8	1.5	2.0
医院	2.0	1.92	1.8	1.5	2.0
教室	2.5	1.92	2.3	2.0	3.0
商店	3.5	≥3.60	3.0	≥4.0	4.0

由于楼面均布活荷载可理解为楼面总活荷载按楼面面积平均，因此一般情况下，所考虑的楼面面积越大，实际平摊的楼面活荷载越小。计算结构或构件楼面活荷载效应时，如引起效应的楼面活荷载面积超过一定的数值，则应对楼面均布荷载折减。例如，国际标准 ISO 2103 规定：

① 在计算梁的楼面活荷载效应时，楼面均布活荷载应乘以折减系数 λ_b。对住宅、办公楼：

$$\lambda_b = 0.3 + \frac{3}{\sqrt{A}},\ A \geqslant 18\text{m}^2 \tag{2-9}$$

对公共建筑：

$$\lambda_b = 0.5 + \frac{3}{\sqrt{A}},\ A \geqslant 36\text{m}^2 \tag{2-10}$$

式中 A ——梁的从属面积，见图 2-7。

② 在计算多层或高层建筑柱、墙或基础的楼面活荷载效应时，应对楼面均布活荷载乘以折减系数 λ_c。

对住宅、办公楼：

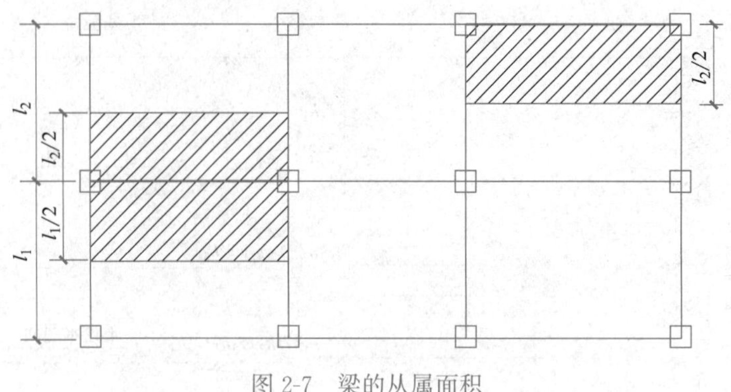

图 2-7　梁的从属面积

$$\lambda_c = 0.3 + \frac{0.6}{\sqrt{n}} \tag{2-11}$$

对公共建筑：

$$\lambda_c = 0.5 + \frac{0.6}{\sqrt{n}} \tag{2-12}$$

式中　n ——所计算截面以上的楼层数。

2.3　侧　向　压　力

2.3.1　土的侧向压力

1. 基本概念及土压力分类

土的侧向压力是指挡土墙后的填土因自重或外荷载作用对墙背产生的土压力。由于土压力是挡土墙的主要外荷载，因此，设计挡土墙时首先要确定土压力的性质、大小、方向和作用点。土压力的计算是一个比较复杂的问题。土压力的大小及分布规律受到墙体可能的移动方向、墙后填土的性质、填土面的形式、墙体所处的应力状态等的影响，土压力可分为静止土压力、主动土压力和被动土压力。

(1) 静止土压力

如果挡土墙在土压力作用下，不产生任何方向的位移或转动而保持原有位置，如图 2-8 (a) 所示，则墙后土体处于弹性平衡状态，此时墙背所受的土压力称为静止土压力，E_0 称为静止土压力合力。例如地下室结构的外侧墙，由于内部楼面或梁的支撑作用，几乎没有位移发生，因此作用在外墙上的回填土侧压力可按静止土压力计算。

(2) 主动土压力

如果挡土墙在土压力作用下，背离墙背方向移动或转动时，如图 2-8 (b) 所示，墙后土体开始下滑，作用在挡土墙上的土压力达到最小值，滑动楔体内应力处于主动极限平衡状态，此时作用在墙背上的土压力称为主动土压力，E_a 称为主动土压力合力。例如基础开挖中的围护结构，由于土体开挖的卸载，围护墙体向坑内产生一定的位移，这时作用在墙体外侧的土压力可按主动土压力计算。

(3) 被动土压力

如果挡土墙在外力作用下向墙背方向移动或转动时，如图 2-8 (c) 所示，墙体挤压土

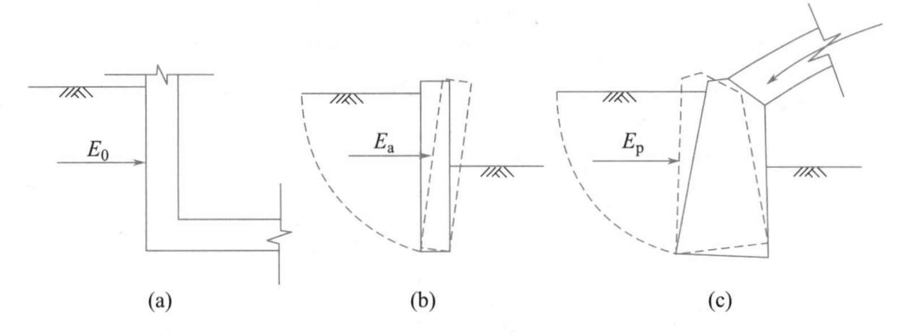

图 2-8　挡土墙的三种土压力

（a）静止土压力；（b）主动土压力；（c）被动土压力

体，墙后土压力逐渐增大，当达到某一位移时，墙后土体开始上隆，作用在挡土墙上的土压力达到最大值，滑动楔体内应力处于被动极限平衡状态，此时作用在墙背的土压力称为被动土压力，E_p 称为被动土压力合力。例如桥梁中拱桥桥台，在拱体传递的水平推力作用下，将挤压土体产生一定量的位移，因此作用在桥台背后的侧向土压力可按被动土压力计算。

一般情况下，在相同的墙高和回填土条件下，主动土压力小于静止土压力，而静止土压力又小于被动土压力，即：

$$E_a < E_0 < E_p$$

2. 土压力的计算

（1）静止土压力

静止土压力可按下述方法计算。在填土表面下任意深度 z 处取一微小单元体，其上作用着竖向的土体自重应力 γz，则该处的静止土压力 σ_0 为：

$$\sigma_0 = K_0 \gamma z \tag{2-13}$$

式中　K_0——土的侧压力系数或称为静止土压力系数，可近似按 $K_0 = 1 - \sin\varphi'$（φ' 为土的有效内摩擦角）计算；

γ——墙后填土的重度，地下水位以下采用有效重度（kN/m^3）。

由式（2-13）可以知道，对于均匀土层，静止土压力沿墙高为三角形分布。如图 2-9 所示，如取单位墙长计算，则作用在墙上的静止土压力合力为：

$$E_0 = \frac{1}{2}\gamma H^2 K_0 \tag{2-14}$$

式中　H——挡土墙高度（m）；其余符号同前。

E_0 作用在距离墙底 $H/3$ 处。

（2）主动土压力

土体达到主动状态，土体某点处于极限平衡状态时，根据基本原理及强度理论得到主动土压力强度 α_a 为：

无黏性土：

$$\alpha_a = \gamma z K_a \tag{2-15}$$

黏性土：

$$\alpha_a = \gamma z K_a - 2c\sqrt{K_a} \tag{2-16}$$

上式各式中　K_a——主动土压力系数：

$$K_a = \tan^2\left(45° - \frac{\varphi}{2}\right) \tag{2-17}$$

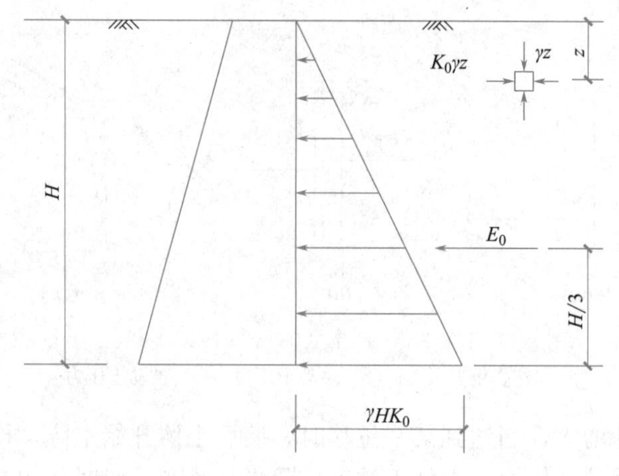

图 2-9 静止土压力分布图

γ ——墙后填土的重度，地下水位以下采用有效重度（kN/m^3）；

c ——填土的黏聚力（kPa）；

φ ——填土的内摩擦角；

z ——计算的点离填土面的深度（m）。

由式（2-15）可知：均匀无黏性土的主动土压力与深度 z 呈正比，沿墙高的压力分布为三角形，如图 2-10 所示，如取单位墙长计算，则主动土压力合力为：

$$E_a = \frac{1}{2}\gamma H^2 K_a \tag{2-18}$$

E_a 通过三角形的形心，即作用在离墙底 $H/3$ 处。

由式（2-16）可知，黏性土的主动土压力包括两部分：一部分是由土自重引起的土压力 $\gamma z K_a$，另一部分是由黏聚力 c 引起的负侧压力 $2c\sqrt{K_a}$，这部分土压力叠加的结果如图 2-10（c）所示，其中 ade 部分对墙体是拉力，计算时可略去不计，因此黏性土的土压力分布仅是 abc 部分。

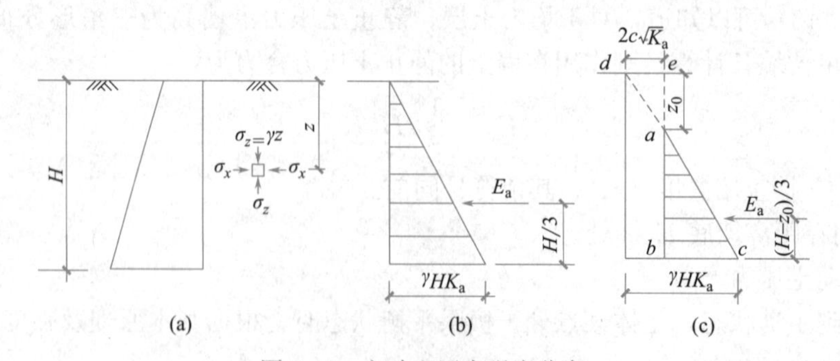

图 2-10 主动土压力强度分布

（a）主动土压力的计算；（b）无黏性土；（c）黏性土

a 点离填土面的深度 z_0 常称为临界深度：

$$z_0 = \frac{2c}{\gamma\sqrt{K_a}} \tag{2-19}$$

如取单位墙长计算，则主动土压力合力 E_a 为：

$$E_a = \frac{1}{2}\gamma H^2 K_a - 2cH\sqrt{K_a} + \frac{2c^2}{\gamma} \tag{2-20}$$

E_a 通过三角形压力分布图 abc 的形心，即作用在离墙底 $(H - z_0)/3$ 处。

（3）被动土压力

土体达到被动状态时，土体某点处于极限平衡状态，根据基本原理可得到被动土压力强度 α_p 为：

无黏性土：

$$\alpha_p = \gamma z K_p \tag{2-21}$$

黏性土：

$$\alpha_p = \gamma z K_p + 2c\sqrt{K_p} \tag{2-22}$$

式中　K_p——被动土压力系数：

$$K_p = \tan^2\left(45° + \frac{\varphi}{2}\right) \tag{2-23}$$

其余符号同前。

由式（2-21）、式（2-22）可知，均匀无黏性土的被动土压力强度呈三角形分布，黏性土的被动土压力强度呈梯形分布，如图 2-11 所示。如取单位墙长计算，则被动土压力合力为：

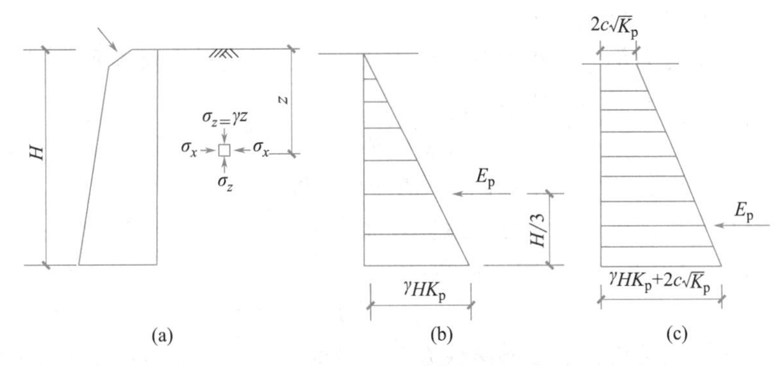

图 2-11　被动土压力强度分布

（a）被动土压力的计算；（b）无黏性土；（c）黏性土

无黏性土：

$$E_p = \frac{1}{2}\gamma H^2 K_p \tag{2-24}$$

黏性土：

$$E_p = \frac{1}{2}\gamma H^2 K_p + 2cH\sqrt{K_p} \tag{2-25}$$

被动土压力合力 E_p 通过三角形或梯形压力分布图的形心。

2.3.2　水压力及流水压力

修建在河流、湖泊或在地下水和溶洞的地层中的结构物常受到水流的作用，水对结构物既有物理作用又有化学作用，化学作用表现在水对结构物的腐蚀或侵蚀作用中，物理作用表现在水对结构物的力学作用，即水对结构物表面产生的静压力和动压力。

1. 水压力

水对结构物的力学作用表现在对结构物表面产生静水压力和动水压力。静水压力指静止的液体对其接触面产生的压力，作用在结构物侧面的静水压力有其特别重要的意义，它可能导致结构物的滑动或倾覆。

静水压力的分布符合阿基米德定律，为了合理地确定静水压力，将静水压力分成水平及竖向分力，竖向分力等于结构物承压面和经过承压面底部的母线到自由水面所做的竖向面之间的“压力体”体积的水重，如图 2-12（a）中 abc、$a'b'c'$ 所示。根据定义，其单位厚度上的水压力计算公式为：

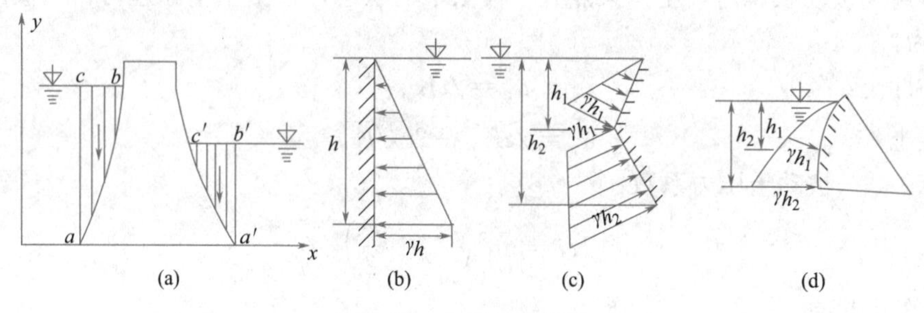

图 2-12　水压力分布图

（a）水压力的竖向分力；（b）、（c）、（d）其他几种水压力在结构物上的分布模式

$$W=\int 1\cdot\gamma\mathrm{d}s=\iint\gamma\mathrm{d}x\mathrm{d}y \tag{2-26}$$

式中　γ——水的重度（$\mathrm{kN/m^3}$）。

静水压力的水平分力仍然是水深的直线函数关系，当质量力仅为重力时，在自由液面下作用在结构物上任意一点 A 的压强为：

$$p_{\mathrm{A}}=\gamma h_{\mathrm{A}} \tag{2-27}$$

式中　h_{A}——结构物上的计算点在水面下的掩埋深度（m）。

如果液体不具有自由表面，而是在液体表面作用有压强 p_0，根据帕斯卡（Pascal）定律，则液面下结构物任意一点 A 的压强为：

$$p_{\mathrm{A}}=p_0+\gamma h_{\mathrm{A}} \tag{2-28}$$

水压力总是作用在结构物表面的法线方向，因此水压力在结构物表面上的分布跟受压面的形状有关，受压面为平面的情况下，水压分布图的外包线为直线；当受压面为曲面时，曲面的长度与水深不呈直线函数关系，所以水压力分布图的外包线亦为曲线。

2. 流水压力

在水流过结构物表面时，会对结构物产生切应力和正应力，水的切应力与水流的方向一致，切应力只有在水高速流动时才表现出来；正应力是由于水的重量和水的流速方向发生改变而产生的，当水流过结构物时，水流的方向会被结构物的构件改变。在一般的荷载计算中，考虑较多的是水流对结构物产生的正应力。

在确定结构物表面上的某点压力时，用静水压力和流水引起的动水压力和来表示：

$$p=p_{静}+p_{动} \tag{2-29}$$

瞬时的动水压力为时段平均动压力和脉动压力之和，因此式（2-29）可写成：

$$p=p_{静}+\overline{p}_{动}+p' \tag{2-30}$$

式中　p'——脉动压力（Pa）；

$\overline{p}_{动}$——时段平均动压力（Pa）。

平均动压力 $\overline{p}_{动}$ 和脉动压力 p' 可以用流速来计算：

$$\overline{p}_{动} = C_0 \rho \frac{v^2}{2} \tag{2-31}$$

$$p' = \delta \rho \frac{v^2}{2} \tag{2-32}$$

式中　C_0——压力系数，可按分析方法或用半经验公式或直接由室内试验确定；

δ——脉动系数；

ρ——水的密度（kg/m^3）；

v——水的平均流速。

脉动压力是随时间变化的随机变量，因而要用统计学方法来描述脉动过程。脉动压力的均方差 σ（脉动标准）是其主要统计特征。

如果按面积取平均值，总动压力可表示为：

$$W = \overline{W}_{动} \pm W' = F(\overline{p}_{动} \pm p') \tag{2-33}$$

式中　F——力的作用面积（m^2）。

在实际计算中 p' 采用较大的可能值，一般取 3～5 倍的脉动标准。

动水压力的作用还可能引起结构物的振动，甚至使结构物产生自激振动或共振，而这种振动对结构物是非常有害的，在结构设计时必须加以考虑，以确保设计的安全性。

2.3.3　波浪荷载

具有自由表面的液体的局部质点受到扰动后离开原来的平衡位置，而做周期性的起伏运动并向四周传播的现象即为波浪。

当风持续地作用在水面上时，就会产生波浪。在有波浪时，水质点做复杂的旋转、前进运动。在有波浪时水对结构物产生的附加应力称为波浪压力，又称波浪荷载。

波浪作为一种波，它具有波的一切特性，如波长 λ、周期 τ、波幅 h（波浪力学中称为浪高），如图 2-13 所示。图中平均波浪线高于计算水位 h_0，h_0 称为超高。计算水位即静止水位，平均波浪线产生的压力，要大于由计算水位产生的压力。影响波浪的形状和各参数值的因素有：风速 v、风的持续时间 t、水深 H 和吹程 D（吹程等于岸边到构筑物的直线距离）。风速和风的持续时间都是随机变量，很难准确测定，因此在计算浪高时按暴风的风速和吹程的最不利组合来确定。

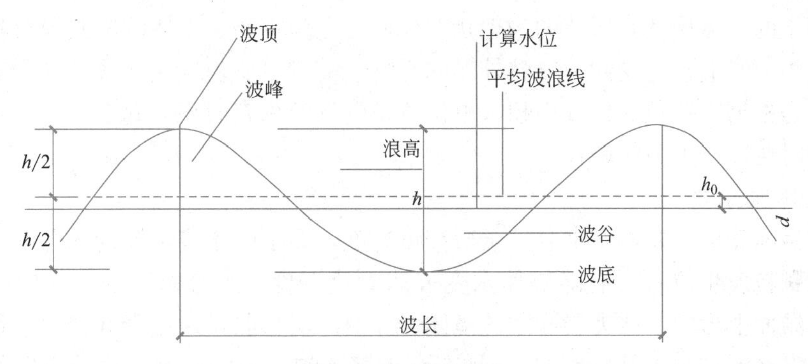

图 2-13　波浪参数

影响波浪性质的因素多种多样且多为不确定因素，波浪大小不一，形态各异。按波发生的位置不同，可分为表面波和内波。现行波的分类方法如下：

第一种是海洋表面的海浪按频率（或周期）排列来分类。

第二种是根据干扰力来分类的，如风波、潮汐波等。

第三种是把波分成自由波和强迫波，自由波是指波动与干扰力无关而只受水性质的影响，当干扰力消失后，波的传播和演变照常进行；强迫波的传播既受干扰力的影响又受水性质的影响。

第四种是根据波浪前进时是否有流量产生把波分为输移波和振动波。输移波是指波浪传播时伴随有流量，而振动波传播时则没有流量产生。振动波根据波前进的方向又可分为推进波和立波，推进波有水平方向的运动，立波没有水平方向的运动。

2.3.4 冻胀力

1. 冻土的概念、性质与结构物的关系

凡含有水的松散岩石和土体，当温度降低到0℃和0℃以下时，土中孔隙水便冻结成冰，并且伴随着析冰（晶）体的产生，胶结了土的颗粒，使土体抵抗外力的强度提高，因此把具有负温度或零温度，其中含有冰且胶结着松散固体颗粒的土，称为**冻土**。

根据冻土存在的时间，可将其分为以下三类：

多年冻土（或称永冻土）——冻结状态持续三年以上的土层；

季节冻土——每年冬季冻结，夏季全部融化的土层；

瞬时冻土——冬季冻结状态仅持续几小时至数日的土层。

每年冬季冻结，夏季融化的地表（浅层土体），在多年冻土地区称为季节融化层；在季节冻土地区称为季节冻结层（即季节冻土层）。

我国冻土分布较广，特别是季节冻土分布，从长江两岸开始，经黄河上下遍及北方十余省市，约占全国总面积的75%（季节冻土深度小于50cm除外），其中多年冻土为21.5%。季节冻土与结构物的关系非常密切，在季节冻土区修建的结构物由于土的冻胀作用而造成各种不同程度的冻胀破坏，主要表现在冬季低温时结构物开裂、断裂，严重者造成结构物倾覆等；春融期间地基沉降对结构产生形变作用的附加荷载。

冻土的基本成分有四种：固态的土颗粒、冰、液态水、气体和水汽。冻土是一种复杂的多相天然复合体，结构构造也是一种非均质、各向异性的多孔介质。其中，冰与土颗粒之间的胶结程度及其性质是评价冻土性质的重要因素，尤其是冻土被作为结构物的地基或材料时，动土的含冰量及其所处的物理状态就显得尤为重要。土体的冻胀及其特性既受到土颗粒的大小的影响，也受到土颗粒外形的影响，前者主要表现在土颗粒粒子表面的物理化学性质，是根据土颗粒的比表面积（单位体积的颗粒总表面积）确定的；后者主要表现在外力作用时可以产生力的转移。

2. 土的冻胀原理

土体产生冻胀的三要素是水分、土质和负温度，即土中含有足够的水分、水结晶成冰后能导致土颗粒发生位移、有能够使水变成冰的负温度。水分由下部土体向冻结锋面迁移，使在冻结面上形成了冰夹层和冰透镜体，导致冻层膨胀，地层隆起。含水量越大，地下水位越高（在毛细管上升高度内），越有利于聚冰和水分的迁移。这种现象通常发生在颗粒较细的土中，如粉性土最为强烈，其冻胀程度最大。

土体冻结时，土颗粒之间相互隔离，产生位移，使土体体积产生不均匀膨胀。在封闭体系中，由于土体初始含水量冻结，体积膨胀产生向四面扩张的内应力，这个力称为**冻胀**

力，冻胀力随着土地温度的变化而变化。在开放体系中，冰分凝的劈裂作用使地下水源不断地补给孔隙水而侵入到土颗粒中间，使土颗粒被迫移动而产生冻胀力。当冻胀力使土颗粒扩展受到束缚时，这种反束缚的冻胀力就表现出来，束缚力越大，冻胀力也就越大，当冻胀力达到一定界限时，就不产生冻胀，这时的冻胀力就是最大冻胀力。

在冻胀土上的结构物，使地基上的冻胀变形受到约束，导致地基的冻结条件发生改变，进而影响基础周围土体温度，并且将外部荷载传递到地基土中，改变了地基土冻结时的束缚力。另一方面，地基土冻结时产生的冻胀力将反映在对结构物的作用上，引起结构物的位移、变形。

2.3.5 冰压力

位于冰凌河流和水库的结构物，如桥梁墩台，由于冰层的作用对结构产生一定的压力，称此压力为**冰压力**。在具体工程设计中，应根据工程所处地区冰凌的具体条件及结构形式考虑有关冰荷载。一般来说，冰荷载分为：

① 河流流冰产生的冲击动压力。在河流及流动的湖泊及水库中，由于冰块的流动对结构物产生流动的冲击动压力，可根据湖泊及水库中冰块的流动及流动速度，按一般力学原理予以计算。

② 冰堆整体推移产生的静压力。当大面积冰层以缓慢的速度接触结构物时，受阻于结构而停滞，形成冰层或冰堆现象，结构物受到挤压，并在冰层破碎前的一瞬间对结构物产生最大压力。其值按极限冰压合力公式计算。

③ 由于风和水流作用于大面积冰层而产生的静压力。风和水流会推动大面积冰层移动对结构物产生静压力，可根据水流方向及风向，考虑冰层面积来计算。

④ 冰覆盖层受温度影响膨胀时产生的静压力。

⑤ 冰层因水位升降产生的竖向作用力。当冰覆层与结构物冻结在一起时，若水位升高，水通过冻结在结构物上的冰盖对结构物产生竖向上拔力。

2.4 其他作用

2.4.1 温度作用

固体的温度发生变化时，体内任一点（微小单元体）的热变形（膨胀或收缩）由于受到周围相邻单元体的约束或固体的边界受其他构件的约束，会在该点形成一定的应力，这个应力称为温度应力，也叫热应力。因此，从广义上说，温度变化也是一种荷载作用。

在土木工程领域中，会遇到大量温度作用的问题，因而对它的研究具有十分重要的意义。例如，工业建筑的生产车间，由于外界温度的变化，直接影响到屋面板混凝土内部的温度分布，产生不同温度应力和温度变形；各类结构物温度伸缩缝的设置方法以及大小和间距等的优化设计，也必须建立在对温度应力和变形的准确计算上；还有诸如板壳的热应力和热应变，相应的翘曲和稳定问题；地基低温变形引起的基础的破裂问题；构件热残余应力的计算；温度变化下断裂问题的分析计算；热应力下构件的合理设计问题；浇筑大体积混凝土，例如，高层建筑筏板基础的浇捣，水化热温升和散热阶段的温降引起贯穿裂缝；对混合结构的房屋，因屋面温度应力引起开裂渗漏；浅埋结构土的温度梯度影响等。

以混凝土梁板结构为例，梁板结构的板常出现贯穿裂缝，这种裂缝往往是由降温及收缩引起的。当结构周围的气温及湿度变化时，梁板都要产生温度变形及收缩变形。由于板的厚度远远小于梁，所以全截面仅随温度变化而变化，水分蒸发也较快，当环境温度降低时，收缩变形将较大。但是梁较厚（一般大于板厚10倍），故其温度变化滞后于板，特别是在急冷变化时更为明显。因此产生的两种结构（梁与板）不一致的变形，将引起约束应力。由于板的收缩变形大于梁的收缩变形，梁将约束板的变形，则板内呈拉应力，梁内呈压应力，在拉应力的作用下，混凝土板出现开裂。

2.4.2 爆炸作用

爆炸作用是一种比较复杂的荷载。一般来说，如果在足够小的容积内以极短的时间突然释放出能量，以致产生一个从爆源向有限空间传播出去的一定幅度的压力波，即在该环境内发生了爆炸。这种能量可以是原来就以各种形式储存于该系统中，可以是核能、化学能、电能和压缩能等。然而，不能把一般的能量释放都认为是爆炸，只有足够快和足够强以致产生人们能够听见的冲击压力波，才成为爆炸。这里所指的爆炸具有广泛的范围，诸如核爆炸以及普通炸药爆炸和生活中耳闻的油罐、煤气罐、天然气罐爆炸等。非核爆炸产生的空气冲击波的作用时间非常短促，一般仅几毫秒，在传播过程中强度减小得很快，也比较容易削弱，其对结构物的作用比核爆炸冲击波要小得多。因此，在设计可能遭遇类似爆炸作用的结构物时，必须考虑爆炸的空气冲击波荷载。

2.5 荷载的统计分析

2.5.1 荷载的概率模型

按荷载随时间变化的情况，可将荷载分为以下三类：

（1）永久荷载。如结构自重，这类荷载随时间的变化很小，近似保持恒定的量值。

（2）持久荷载。如建筑楼面活荷载，这类荷载在一定的时段内可能是近似恒定的，但各个时段的量值可能完全不等，还可能在某个时段内完全不出现。

（3）短时荷载。如最大风压及地震作用，这类荷载不经常出现，即使出现其时间也很短，各个时刻出现的量值也可能不等。

如对相同条件下的同类结构上作用的以上各类荷载在任一确定时刻的量值进行统计，发现该量值为随机变量，记为Q，也将其称为任一时点荷载。由于不同时刻任意时点荷载将不同，因此荷载实际上是一个随时间变化的随机变量，在数学上可采用随机过程概率模型来描述。

对结构设计来说，最有意义的是结构设计基准期T内的荷载最大值Q_T，不同的T时间内统计得到的Q_T值可能不同，即Q_T为一随机变量。为便于Q_T的统计分析，通常将荷载处理成平稳二项随机过程，如图2-14所示。

平稳二项随机过程荷载模型的假定为：

（1）根据荷载每变动一次作用在结构上的时间长短，将设计基准期T等分为r个相等的时段t，或认为设计基准期T内荷载均匀变动$r=T/t$次；

（2）在每个时段t内，荷载Q出现（即$Q>0$）的概率为p，不出现（即$Q=0$）的概率为$q=1-p$；

（3）在每一段时间t内，荷载出现时，其幅值是非负的随机变量，且在不同时段上的

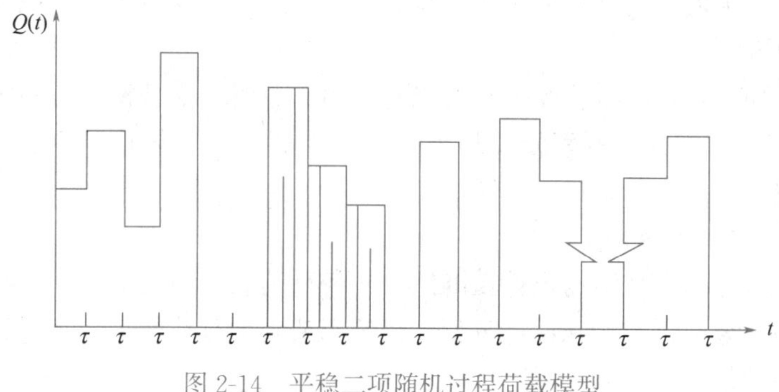

图 2-14　平稳二项随机过程荷载模型

概率分布是相同的，记时段 t 内的荷载概率分布（也称为任意时点荷载分布）为 $F_i(x) = P[Q(x) \leqslant x,\ t \in \tau]$；

（4）不同时段 t 上的荷载幅值随机变量相互独立，且与在时段 t 上是否出现荷载无关。

由上述假定，可由荷载的任意时点分布，导得荷载在设计基准期 T 内最大值 Q_T 的概率分布 $F_T(x)$。为此先确定任一时段 t 内的荷载概率分布 $F_t(x)$：

$$
\begin{aligned}
F_t(x) &= P[Q(x) \leqslant x,\ t \in \tau] \\
&= p \cdot F_i(x) + q \cdot 1 = p \cdot F_i(x) + (1-p)
\end{aligned}
\tag{2-34}
$$

则：

$$
\begin{aligned}
F_T(x) &= P[Q_T \leqslant x] = P[\max Q(t) \leqslant x,\ t \in T] \\
&= \prod_{j=1}^{r} P[Q(t_j) \leqslant x,\ t_j \in \tau] = \prod_{j=1}^{r} \{1 - p[1 - F_i(x)]\} \\
&= \{1 - p[1 - F_i(x)]\}^r
\end{aligned}
\tag{2-35}
$$

设荷载在 T 年内出现的平均次数为 N，则：

$$N = pr \tag{2-36}$$

显然当 $p=1$ 时，$N=r$，此时，由式（2-35）得：

$$F_T(x) = [F_i(x)]^N \tag{2-37}$$

当 $p<1$ 时，利用近似关系式：

$$e^{-x} = 1 - x(x\ 为小数) \tag{2-38}$$

如果式（2-35）中 $p[1-F_i(x)]$ 项充分小，则：

$$F_T(x) \approx \{e^{-p[1-F_i(x)]}\}^r = \{e^{-[1-F_i(x)]}\}^{pr} \approx \{1 - [1 - F_i(x)]\}^{pr}$$

由此：

$$F_T(x) \approx [F_i(x)]^N \tag{2-39}$$

由以上讨论知，采用平稳二项随机过程模型确定设计基准期 T 内的荷载最大值的概率分布 $F_T(x)$ 需已知三个量：即荷载在 T 内变动次数 r 或变动一次的时间 t；在每个时段 τ 内荷载出现的概率 p；以及荷载任意时点概率分布 $F_i(x)$。对于永久荷载，$p=1$，$t=T$，则 $F_T=F_i(x)$。对于持久荷载，可根据荷载保持基本不变的平均时间确定 τ，如对于建筑楼面活荷载，调查统计表明一般约 10 年变动一次，若 $T=50$ 年，则可取 $r=5$；对于持久荷载，很多情况下，$p=1$，且一般均可由统计资料确定 $F_i(x)$。对于短时荷载，显然平稳二项随机过程模型与其不符，但为了利用该模型确定 $F_T(x)$ 的简便性，可人为地假定一 τ 值，此时 $F_i(x)$ 按 τ 时段内出现的短时荷载的最大值统计确定（参见图 2-14）；

例如，对于风载，为便于统计可取 τ 为 1 年，此时 t 按一年内风载的最大值统计确定，而 $p=1$；当 T 为 50 年，$r=50$。

按照上述平稳二项随机过程模型，可以直接由任意时点荷载概率分布 $F_i(x)$ 的统计参数推求设计基准期 T 内荷载概率分布 $F_T(x)$ 的统计参数。具体推求方法可由荷载概率统计相关知识习得。

2.5.2 荷载的代表值

由前一节的讨论知，在结构设计基准期内，各种荷载的最大值 Q_T 一般为一随机变量，但在结构设计的规范中，为实际设计方便，仍采用荷载的具体数值，这些确定的荷载值可理解为荷载的各种代表值。

一般可变荷载有如下代表值：标准值、准永久值、频遇值和组合值。而永久荷载（恒载）仅有一个代表值，即标准值。

1. 标准值

标准值是荷载的基本代表值，其他代表值可以在标准值的基础上换算得到。

荷载标准值 Q_k 可以定义为在结构设计基准期 T 中具有不被超越的概率 p_k，即：

$$F_T(Q_k)=p_k \tag{2-40}$$

如何规定 p_k，目前世界各国没有统一规定。即使在我国，对于各种不同荷载的标准值，其相应的 p_k 也不一致。表 2-7 列出了我国现行各种荷载标准值的 p_k 值。

我国现行各种荷载标准值的 p_k　　表 2-7

荷载类型	p_k
恒荷载	0.21
住宅楼面活荷载	0.80
办公楼面活荷载	0.92
风荷载	0.57
屋面雪荷载	0.36

荷载的标准值 Q_k 也可采用重现期 T_k 来定义，重现期为 T_k 的荷载值，也称为“T_k 年一遇”的值，即在年分布中可能出现大于此值的概率为 $\frac{1}{T_k}$。因此：

$$F_i(Q_k)=1-\frac{1}{T_k} \tag{2-40a}$$

或

$$[F_i(Q_k)]^{\frac{1}{T}}=\left(1-\frac{1}{T_k}\right) \tag{2-40b}$$

则：

$$T_k=\frac{1}{1-[F_i(Q_k)]^{\frac{1}{T}}}=\frac{1}{1-p_k^{\frac{1}{T}}} \tag{2-40c}$$

上列公式给出了重现期 T_k 与 p_k 间的关系。如当 $T_k=50$ 时（即 Q_k 为 50 年一遇荷载值），$p_k=0.346$；而当 Q_k 的不被超越概率为 $p_k=0.95$ 时，$T_k=975$（即 Q_k 为 975 年一遇）；而如果取 $p_k=0.5$，即取 Q_k 为 Q_T 分布的中位值，则 $T_k=72.6$，相当于 Q_k 为 72.6 年一遇。

2. 准永久值

图 2-15 表示可变荷载随机过程的一个样本函数，假设荷载超过 Q_x 的总持续时间为 $T_x=\sum_{i=1}^{n}t_i$，其与设计基准期 T 的比值 T_x/T 用 μ_x 来表示，则荷载的准永久值可用 μ_x 来定义。

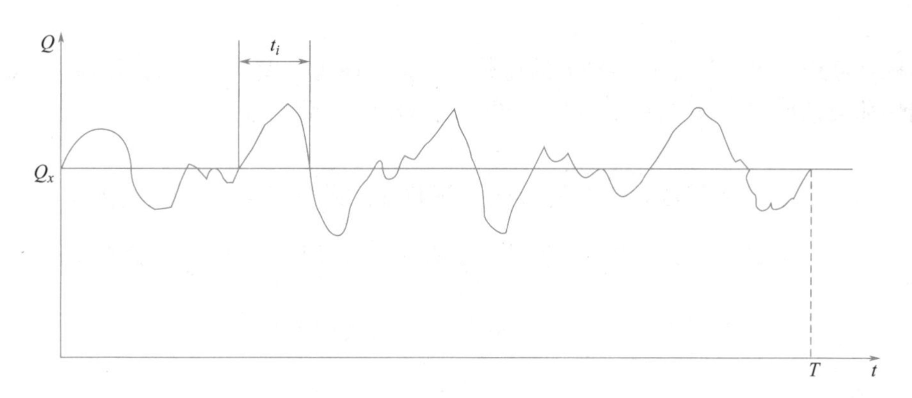

图 2-15　可变荷载的一个样本

荷载的准永久值系指在结构上经常作用的可变荷载值，它在设计基准期内具有较长的持续时间 T_x，其对结构的影响类似于永久荷载，如进行混凝土结构有关徐变影响的计算时，应采用可变荷载的准永久值。

确定荷载准永久值 Q_x 时，一般取 $\mu_x\geqslant0.5$。若 $\mu_x=0.5$，则准永久值大约相当于任意时点荷载概率分布 $F_i(x)$ 的中位值，即：

$$F_i(Q_k)=0.5 \tag{2-41}$$

令

$$\varphi_x=\frac{Q_x}{Q_k} \tag{2-42}$$

称 φ_x 为荷载准永久系数。我国目前按 $\mu_x=0.5$ 确定各种可变荷载准永久值系数如表 2-8 所示。

荷载准永久值系数　　表 2-8

可变荷载种类	使用地区	φ_x
办公楼、住宅楼面活荷载	全国	0.40
风荷载	全国	0
雪荷载	东北 新疆北部 其他有雪地区	0.20 0.15 0

3. 频遇值

对可变荷载，频遇值是在设计基准期内被超越的总时间仅为设计基准期一小部分（<50%）的荷载值，或在设计基准期内其超越频率为某一给定频率（<50%）的荷载值。显然，由于可变荷载的频遇值发生的概率小于准永久值，故频遇值的数值大于准永久值。

4. 组合值

当作用在结构上有两种或两种以上的可变荷载时，荷载不可能同时以其最大值出现，此时荷载的代表值可采用其组合值，通常可表达为荷载组合系数与标准值的乘积，即ψQ_k。

2.5.3 荷载效应及荷载效应组合

1. 荷载效应

结构荷载效应是指作用在结构上的荷载所产生的内力、变形、应变等。对于线弹性结构，结构荷载效应S与荷载Q之间有简单的线形比例关系，即：

$$S = CQ \tag{2-43}$$

式中 C——荷载效应系数，与结构形式、荷载形式及效应类型有关。例如，对于简支梁，在跨中集中力P作用下，跨中弯矩$M=\frac{l}{4}P$，则荷载效应系数$C=\frac{l}{4}$，而跨中挠度$f=\frac{l^3}{48EI}P$，则荷载效应系数$C=\frac{l^3}{48EI}$。

2. 荷载效应组合

结构在设计基准期内，可能承受恒荷载及两种以上的可变荷载，如活荷载、风荷载、雪荷载等。这几种可变荷载在设计基准期内以其最大值相遇的概率很小。例如，最大风荷载与最大雪荷载同时发生的概率很少。因此，为确保结构安全，除了单一荷载效应的概率分布外，还必须研究多个荷载效应组合的概率分布问题，该部分内容将在第3章作具体讲解。

思 考 题

2-1 何谓设计基准期？建筑结构和桥梁结构取值有何不同？

2-2 作用的分类有哪些？

2-3 雪荷载基本值如何确定？

2-4 土的侧压力的分类和计算方法分别是什么？

2-5 影响风荷载标准值的因素有哪些？基本风压的取值依据是什么？

2-6 什么是荷载代表值？

练 习 题

请依据本章荷载分类和荷载取值，列出学生寝室需要考虑的荷载。用尽量可靠的手段，计量各自寝室的均布活荷载值（kN/m^2），寝室面积可按净面积考虑。建议考虑的荷载项，包括：居住人群、家具、床上用品、学习用品、服装及日用品、电器设备、其他物品。

第3章　结构设计方法

导读：本章内容包括结构设计基本要求、极限状态设计原则、结构可靠性基本理论、分项系数设计方法和耐久性设计要求。通过学习，希望达到以下要求：(1) 理解结构的功能要求、结构设计的基本内容及其基本要求，掌握设计工作年限、设计基准期、结构安全等级、重要性系数等基本概念；(2) 理解和熟练掌握极限状态的概念，理解四类设计状况的含义及设计要求，掌握结构的功能函数及极限状态方程；(3) 了解结构可靠性的发展历史和基本理论，理解结构可靠度和可靠指标；(4) 理解承载能力极限状态计算和正常使用极限状态验算的基本规定，掌握极限状态分项系数设计方法和作用组合要求；(5) 了解混凝土结构耐久性。

3.1　引　　言

结构设计的目的是保证所设计的结构在规定的时间内和规定的条件下能完成设计预定的各项功能，同时还应尽量控制结构的建造、使用和维修费用。各种类型的结构设计均存在以下几方面共性的问题需要解决：确定作用于结构构件上的荷载的大小，确定结构的抗力，以及建立衡量结构安全可靠的标准等，以期达到安全可靠、耐久适用、经济合理、保证质量、技术先进的要求。本章主要遵循住房和城乡建设部印发的《关于深化工程建设标准化工作改革的意见》等“技术法规”体系文件编写建筑结构设计方法所涉及的内容。现行国家标准《工程结构通用规范》GB 55001、《工程结构可靠性设计统一标准》GB 50153、《建筑结构可靠性设计统一标准》GB 50068（以下简称《统一标准》）规定：房屋建筑、铁路、公路、港口、水利水电等各类工程结构设计宜采用以概率理论为基础、以分项系数表达的极限状态设计方法；当缺乏统计资料时，工程结构设计可根据可靠的工程经验或必要的试验研究进行，也可采用容许应力或单一安全系数等经验方法进行。现行国家标准《混凝土结构设计标准》GB/T 50010 规定，采用概率理论为基础的极限状态设计方法，以可靠指标度量结构构件的可靠度，采用分项系数的设计表达式进行设计。

3.2　结构设计基本要求

3.2.1　结构的功能要求

现行国家标准《工程结构通用规范》GB 55001 规定，结构的设计、施工和维护应使结构在规定的设计工作年限内以规定的可靠度满足规定的各项功能要求，结构的功能要求包括安全性、适用性和耐久性，这三个方面构成了工程结构可靠性的基本内容，具体应满足下列各项功能要求：

(1) 应能承受在正常施工和正常使用期间预计可能出现的各种作用，即安全性要求；

(2) 应保障结构和结构构件的预定使用要求，能满足设计要求的各项使用功能，即适用性要求；

（3）应保障足够的耐久性要求，具有不需要过多维护而能保持其自身工作性能的能力，即耐久性要求；

（4）当发生火灾时，结构应能在规定的时间内保持承载力和整体稳固性；

（5）当发生爆炸、撞击、罕遇地震等偶然事件及人为失误时，结构能保持整体稳固性，不应出现与起因不相称的破坏后果。

结构的整体稳固性是指结构应当具有完整性和一定的容错能力，避免因为局部构件的失效导致结构整体失效。在某些偶然事件发生时，通常会造成结构局部构件失效，但如果结构设计不当，则可能因为局部的失效导致结构发生连续倒塌、整体破坏，造成重大损失。人为失误是指由于设计、施工和使用者在认知、行为和意图等方面的局限性，忽视了某些潜在的可能影响结构安全的因素。

火灾是直接威胁到公众生命财产安全的重要风险因素。发生火灾时，结构特性与一般使用条件下有很大差异，故结构设计时，还必须考虑在突发火灾的情况下，结构能够在规定时间内提供足够承载力和整体稳固性，为现场人员疏散、消防人员施救创造条件，并避免因为结构失效导致火灾在更大范围的蔓延。

为防止结构出现与起因不相称的破坏，可以采取各种适当的方法或技术措施，主要包括：

（1）减少结构可能遭遇的危险因素；

（2）采用对可能存在的危险因素不敏感的结构类型；

（3）采用局部构件被移除或损坏时仍能继续承载的结构体系；

（4）避免采用无破坏预兆的结构体系；

（5）采取增强结构整体性的构造措施。

减少危险因素，是指在结构设计阶段采取各种预防措施，如设置防撞保护、管道燃气系统合理布局、通过质量管理减少人为失误等；对危险因素不敏感的结构类型，主要是指通过合理的结构布局和受力路径，使结构在可能的危险因素作用下，不致出现过大的不利作用效应；局部构件被移除或损坏时仍能继续承载的结构体系，可通过主要受力构件移除后的轮次计算加以判别；结构发生垮塌前会出现肉眼可见的位移变形或损坏的结构体系称为有破坏预兆的结构体系，反之则是无破坏预兆的结构体系。此外，通过采取适当的构造措施增强结构整体性，例如：可设置圈梁等构造措施，增强砌体结构的整体性，提高其整体稳固性。

需进一步说明的是，对重要的结构，应采取必要的措施，防止出现结构的连续倒塌；对一般的结构，宜采取适当的措施，防止出现结构的连续倒塌。对于港口工程结构，“撞击”指非正常撞击。结构的整体稳固性设计，可根据《统一标准》附录 B 中的相关规定进行。

3.2.2 结构设计的基本内容和基本措施

结构设计应包括下列基本内容：

（1）确定结构方案，包括结构选型和构件布置等；

（2）材料选用及截面选择；

（3）作用的确定及作用效应分析；

（4）结构的极限状态验算，包括结构、构件及连接的设计和验算；
（5）结构及构件的构造、连接措施；
（6）结构耐久性的设计；
（7）施工可行性论证。

结构设计时，应根据下列要求采取适当的措施，使结构不出现或少出现可能的损坏：
（1）避免、消除或减少结构可能受到的危害；
（2）采用对可能受到的危害反应不敏感的结构类型；
（3）采用当单个构件或结构的有限部分被意外移除或结构出现可接受的局部损坏时，结构的其他部分仍能保持的结构类型；
（4）不宜采用无破坏预兆的结构体系；
（5）使结构具有整体稳固性。

宜采取下列措施满足对结构的基本要求：
（1）采用适当的材料；
（2）采用合理的设计和构造；
（3）对结构的设计、制作、施工和使用等制定相应的控制措施。

根据环境条件对耐久性的影响，结构材料应采取相应的防护措施；结构应按设计规定的用途使用，并应定期检查结构状况，进行必要的维护和维修。

在房屋建筑使用阶段，严禁下列影响结构使用安全的行为：
（1）未经技术鉴定或设计许可，擅自改变结构用途和使用环境；
（2）损坏或者擅自变动结构体系及抗震设施；
（3）擅自增加结构使用荷载；
（4）损坏地基基础；
（5）违规存放爆炸性、毒害性、放射性、腐蚀性等危险物品；
（6）影响毗邻结构使用安全的结构改造与施工。

对结构或其部件进行拆除前，应制定详细的拆除计划和方案，并对拆除过程可能发生的意外情况制定应急预案。结构拆除应遵循减量化、资源化和再生利用的原则。

3.2.3 构件设计内容的基本要求

混凝土结构构件应根据受力状态分别进行正截面、斜截面、扭曲截面、受冲切和局部受压承载力计算，对于承受动力循环作用的混凝土结构或构件，尚应进行构件的疲劳承载力验算，除此之外构件设计还包含变形与裂缝宽度验算。

钢结构构件除进行截面强度验算外，还需考虑构件的整体稳定与局部稳定验算，以及变形与刚度验算，对于承受动力循环作用的钢结构构件，也应进行疲劳承载力验算。

3.2.4 设计工作年限

设计工作年限是指设计规定的结构或结构构件不需进行大修即可达到预定目的的使用年限，也称设计使用年限，主要指设计预定的结构或结构构件在正常维护条件下的服役期限，但并不意味着结构超过该期限就不能使用了。因此，现行国家标准《混凝土结构通用规范》GB 55008 和《钢结构通用规范》GB 55006 将原“设计使用年限”统一改为“设计工作年限”以更准确表达其含义。工程结构设计时，应根据工程的使用功能、建造和使用维护成本以及环境影响等因素规定结构的设计工作年限。

房屋建筑结构的设计工作年限应分别符合表 3-1 的要求，从表中可以看出一般建筑结构的设计工作年限可为 50 年，业主可对设计工作年限提出要求，经报主管部门批准，也可按业主的要求确定。设计工作年限是结构设计的重要参数，不仅影响可变作用的量值大小，也影响着结构主材的选择。对于业主而言，只有确定了设计工作年限，才能对不同的结构方案和主材选择进行比较，优化结构全生命周期的成本，获得最佳解决方案。

房屋建筑的结构设计工作年限 表 3-1

类别	设计工作年限(年)
临时性建筑结构	5
易于替换的结构构件	25
普通房屋和构筑物	50
标志性建筑和特别重要的建筑结构	100

公路工程的设计基准期为 100 年，其设计工作年限不低于表 3-2 的规定。

公路工程的设计工作年限（年） 表 3-2

结构类别 \ 公路等级			高速公路、一级公路	二级公路	三级公路	四级公路
路面	沥青混凝土路面		15	12	10	8
	水泥混凝土路面		30	20	15	10
桥涵	主体结构	特大桥、大桥	100	100	100	100
		中桥	100	50	50	50
		小桥、涵洞	50	30	30	30
	可更换构件	斜拉索、吊索、系杆等	20	20	20	20
		栏杆、伸缩装置、支座等	15	15	15	15
隧道	主体结构	特长隧道	100	100	100	100
		长隧道	100	100	100	50
		中隧道	100	100	100	50
		短隧道	100	100	50	50
	可更换、修复构件	特长、长、中、短隧道	30	30	30	30

永久性港口建筑物的结构设计工作年限不应低于 50 年。

各类工程结构的设计工作年限是不应统一的。例如，一般情况下，公路桥梁应比房屋建筑的设计工作年限长，铁路桥梁比公路桥梁的设计工作年限长，大坝的设计工作年限更长。此外，应注意结构的设计工作年限虽与其使用寿命有联系，但并不等同，超过设计工作年限的结构是指其可靠度降低了，并非完全丧失使用功能。

结构的防水层、电气和管道等附属设施的设计工作年限，应根据主体结构的设计工作年限和附属设施的材料、构造和使用要求等因素确定。需指出的是，并非结构的所有部件都满足相同的设计工作年限要求，结构中某些需要定期更换的组成部分，可根据实际情况确定设计工作年限，结构部件与结构的设计工作年限不一致的，应在设计文件中明确标明。比如，必须定期涂刷的防腐性涂层等结构的设计工作年限可为 20～30 年。

3.2.5 设计基准期

设计基准期是为确定可变作用代表值而选用的时间参数，即确定结构设计所采用的作用统计参数（如平均值、标准差、变异系数、最大值、最小值等）时需要明确一个时间参数，该时间参数为设计基准期。

房屋建筑结构和港口工程结构的设计基准期为 50 年，如以 50 年内的一定高度的最大风速确定基本风压力、以 50 年内空旷地带的最大积雪深度确定基本雪压力。

铁路桥涵结构和公路桥涵结构的设计基准期均为 100 年，以此作为统计时间确定汽车荷载、人群荷载、风荷载等的统计参数。

3.2.6 结构的安全等级及其相应的重要性系数

工程结构设计时，应根据结构破坏可能产生的后果的严重性，采用不同的安全等级，这些后果包括危及人的生命、造成经济损失、对社会或环境产生影响等，工程结构安全等级的划分应符合表 3-3 的规定。房屋建筑结构的安全等级按表 3-4 来划分。比如，对人员比较集中使用频繁的影剧院、体育馆等，其安全等级宜为一级。对特殊的建筑物，其安全等级应根据具体情况另行确定。地基基础设计安全等级及按抗震要求设计时建筑结构的安全等级，尚应符合国家现行有关规范的规定。此外，房屋建筑结构抗震设计中的甲类建筑和乙类建筑，其安全等级宜规定为一级；丙类建筑，其安全等级宜规定为二级；丁类建筑，其安全等级宜规定为三级。公路桥涵结构的安全等级按表 3-5 来划分，港口工程结构的安全等级按表 3-6 来划分。在近似概率理论的极限状态设计法中，结构的安全等级是用结构重要性系数 γ_0 来体现的，见表 3-4～表 3-6。

工程结构的安全等级　　表 3-3

安全等级	一级	二级	三级
破坏后果	很严重	严重	不严重

注：对重要的结构，其安全等级应取为一级；对一般的结构，其安全等级宜取为二级；对次要的结构，其安全等级可取为三级。

房屋建筑结构的安全等级　　表 3-4

<table>
<tr><th rowspan="2">安全等级</th><th rowspan="2">破坏后果</th><th rowspan="2">示例</th><th colspan="2">结构重要性系数 γ_0</th></tr>
<tr><th>对持久设计状况和短暂设计状况</th><th>对偶然设计状况和地震设计状况</th></tr>
<tr><td>一级</td><td>很严重：对人的生命、经济、社会或环境影响很大</td><td>大型公共建筑</td><td>1.1</td><td rowspan="3">1.0</td></tr>
<tr><td>二级</td><td>严重：对人的生命、经济、社会或环境影响较大</td><td>普通的住宅和办公楼等</td><td>1.0</td></tr>
<tr><td>三级</td><td>不严重：对人的生命、经济、社会或环境影响较小</td><td>小型的或临时性储存建筑等</td><td>0.9</td></tr>
</table>

公路桥涵结构的安全等级　　表 3-5

安全等级	破坏后果	示例	结构重要性系数 γ_0
一级	重要结构	特大桥、大桥、中桥、重要小桥	1.1
二级	一般结构	小桥、重要涵洞、重要挡土墙	1.0
三级	次要结构	涵洞、挡土墙、防撞护栏	0.9

港口工程结构的安全等级　　表 3-6

安全等级	破坏后果	示例	结构重要性系数 γ_0
一级	很严重	有特殊安全要求的结构	1.1
二级	严重	一般港口工程结构	1.0
三级	不严重	临时性港口工程结构	0.9

工程结构中各类结构构件的安全等级，宜与结构的安全等级相同。对其中部分结构构件的安全等级可根据其重要程度进行适当调整，结构及其部件的安全等级不得低于三级。对于结构中重要构件和关键传力部位，宜适当提高其安全等级。结构部件与结构的安全等级不一致的，应在设计文件中明确标明。

工程结构可靠度水平的设置应根据结构构件的安全等级、失效模式和经济因素等确定。对结构的安全性和适用性可采用不同可靠度水平。

3.3　极限状态设计原则

3.3.1　极限状态

除疲劳计算和抗震设计外，应采用以概率理论为基础的极限状态设计方法，用分项系数设计表达式进行计算。

在结构的施工和使用过程中，结构是以可靠（安全、适用、耐久）和失效（不安全、不适用、不耐久）两种状态存在的。而在结构可靠度分析和设计中，为了正确描述结构的工作状态，就必须明确规定结构可靠和失效的界限，这样的界限称为结构的极限状态。《统一标准》规定，整个结构或结构的一部分超过某一特定状态就不能满足设计规定的某一功能要求，此特定状态为该功能的极限状态，例如，构件即将开裂、倾覆、滑移、压屈、失稳等。结构的极限状态实质上是结构工作状态的一个阈值，若超过这一阈值，结构就处于不安全、不耐久或不适用的状态。此极限状态可分为承载能力极限状态、正常使用极限状态和耐久性极限状态。

（1）承载能力极限状态

涉及人身安全以及结构安全的极限状态应作为承载能力极限状态，对应于结构或构件达到最大承载力或不适于继续承载的变形的状态。超过承载能力极限状态后，结构或构件就不能满足安全性的要求。当结构或构件出现下列状态之一时，应认为超过了承载能力极限状态：

1）结构构件或连接因超过材料强度而破坏，或因过度变形而不适于继续承载，此时结构的材料强度起控制作用；

2）整个结构或某一部分作为刚体失去静力平衡，此时结构材料或地基的强度不起控制作用；

3）结构转变为机动体系；

4）结构或结构构件丧失稳定；

5）结构因局部破坏而发生连续倒塌；

6）地基丧失承载力而破坏，即地基破坏或过度变形，此时岩土的强度起控制作用；

7）结构或结构构件的疲劳破坏，此时结构材料的疲劳强度起控制作用。

（2）正常使用极限状态

涉及结构或结构单元的正常使用功能、人员舒适性、建筑外观的极限状态应作为正常使用极限状态，对应于结构或结构构件达到正常使用的某项规定限值的状态。超过了正常使用极限状态，结构或构件就不能保证适用性的功能要求，例如，某些构件必须控制变形、裂缝才能满足使用要求，因过大的变形会造成房屋内粉刷层剥落、填充墙和隔断墙开裂及屋面积水等严重后果；过大裂缝、变形也会造成用户心理上的不安全感。当结构或结构构件出现下列状态之一时，应认为超过了正常使用极限状态：

1）影响外观、使用舒适性或结构使用功能的变形；

2）影响外观、耐久性或结构使用功能的局部损坏；

3）造成人员不舒适或结构使用功能受限的振动。

承载能力极限状态与正常使用极限状态有显著的差异，超过了结构的承载能力极限状态，导致的结果是结构失效，需要拆除或大修；而超过了正常使用极限状态，通常不会导致结构的破坏，在消除外部不利因素之后，结构一般还能继续使用，故需要区分可逆和不可逆的正常使用极限状态。不可逆正常使用极限状态为当产生超过正常使用极限状态的作用卸除后，该作用产生的超越状态不可恢复的正常使用极限状态；可逆正常使用极限状态为当产生超过正常使用极限状态的作用卸除后，该作用产生的超越状态可恢复的正常使用极限状态。

（3）耐久性极限状态

耐久性极限状态对应于结构或结构构件在环境影响下出现的劣化达到耐久性能的某项规定限值或标志的状态。结构耐久性是指在服役环境作用和正常使用维护条件下，结构抵御结构性能劣化（或退化）的能力，因此，在结构全寿命性能变化过程中，原则上结构劣化过程的各个阶段均可以选作耐久性极限状态的基准。理论上讲，足够的耐久性要求已包含在一段时间内的安全性和适用性要求中，当结构或结构构件出现下列状态之一时，应认定为超过了耐久性极限状态：

1）影响承载能力和正常使用的材料性能劣化；

2）影响耐久性能的裂缝、变形、缺口、外观、材料削弱等；

3）影响耐久性能的其他特定状态。

对于不同类型结构构件及其连接，应依据环境侵蚀和材料的特点来确定耐久性极限状态的标志和限值。

对于砌筑和混凝土等无机非金属材料的结构构件，宜以出现下列现象之一作为达到耐久性极限状态的标志或限值：

1）构件表面出现冻融损伤；

2）构件表面出现介质侵蚀造成的损伤；

3）构件表面出现风沙和人为作用造成的磨损；

4）表面出现高速流体造成的空蚀损伤；

5）因撞击等造成的表面损伤；

6）出现生物性作用损伤。

对于钢结构、钢管混凝土结构的外包钢管和组合钢结构的型钢构件等，宜以出现下列现象之一作为达到耐久性极限状态的标志：

1）构件出现锈蚀迹象；

2）防腐涂层丧失作用；

3）构件出现应力腐蚀裂纹；

4）特殊防腐保护措施失去作用。

对于混凝土结构的配筋和金属连接件，宜以出现下列状况之一作为达到耐久性极限状态的标志或限值：

1）预应力钢筋和直径较细的受力主筋具备锈蚀条件；

2）构件的金属连接件出现锈蚀；

3）混凝土构件表面出现锈蚀裂缝；

4）阴极或阳极保护措施失去作用。

结构的各种极限状态，均应规定明确的标志或限值。结构设计时，应针对各种设计状况和相关的承载能力极限状态、正常使用极限状态、耐久性极限状态进行分析，以验证在作用、材料特性、几何性质等各种内外部因素条件下，结构不会超过极限状态。结构设计应对起控制作用的极限状态进行计算或验算，当有充分依据表明，结构满足其中一种极限状况，另一种极限状态自然满足时，可只对起控制作用的极限状态进行计算或验算；当不能确定起控制作用的极限状态时，结构设计应对不同的极限状态分别计算或验算。

3.3.2　设计状况和极限状态设计要求

设计状况是表征一定时段内实际情况的一组物理设计条件，设计应做到结构在该时段内该组条件下不超越有关的极限状态。工程结构设计时，应根据结构在施工和使用中的环境条件和影响，区分下列设计状况：

（1）持久设计状况，适用于结构使用时的正常情况，在结构使用过程中一定出现，且持续期很长的状况，持续期一般与设计工作年限为同一数量级，例如房屋结构承受家具和正常人员荷载的状况属于持久状况；

（2）短暂设计状况，适用于结构出现的临时情况，包括结构的施工和维修时的情况，例如，结构施工时承受堆料荷载的状况属于短暂状况，在结构施工和使用过程中出现概率较大，而与设计工作年限相比，持续期很短的状况；

（3）偶然设计状况，适用于结构出现的异常情况，包括结构遭受火灾、爆炸、撞击时的情况等，在结构使用过程中出现概率很小，且持续期很短的状况；

（4）地震设计状况，适用于结构遭受地震时的情况，在抗震设防地区必须考虑地震设计状况。

工程结构设计应对起控制作用的极限状态进行计算或验算，当不能确定起控制作用的极限状态时，结构设计应对不同极限状态分别进行计算或验算。对不同的设计状况，应采用相应的结构体系、可靠度水平、基本变量和作用组合等。对四种工程结构设计状况应分别进行下列极限状态设计：

（1）对四种设计状况，均应进行承载能力极限状态设计；

（2）对持久设计状况，尚应进行正常使用极限状态设计；

（3）对短暂设计状况和地震设计状况，当考虑偶然事件产生的作用时，主要承重结构可仅按承载能力极限状态进行设计，此时采用的结构可靠指标可适当降低，根据需要进行正常使用极限状态设计；

（4）对偶然设计状况，可不进行正常使用极限状态设计。

3.3.3 结构的功能函数和极限状态方程

若用 X_1，X_2，…，X_n 表示结构的基本随机变量，用 $Z=g(X_1, X_2, \cdots, X_n)$ 表示描述结构工作状态的函数，$g(\cdot)$ 称为结构功能函数，则结构的工作状态可用下式表示：

$$Z=g(X_1, X_2, \cdots, X_n)\begin{cases} <0 & \text{失效状态} \\ =0 & \text{极限状态} \\ >0 & \text{可靠状态} \end{cases} \tag{3-1}$$

极限状态时，方程 $Z=g(X_1, X_2, \cdots, X_n)=0$ 称为极限状态方程。基本变量 $X_i(i=1, 2, \cdots, n)$ 指极限状态方程中所包含的影响结构可靠度的各种物理量，包括：引起结构作用效应 S（内力等）的各种作用和环境影响，如恒荷载、活荷载、地震、温度变化等；构成结构抗力 R（强度等）的各种因素，如材料和岩土的性能、几何参数等。分析结构可靠度时，也可将作用效应或结构抗力作为综合的基本变量考虑。基本变量一般可认为是相互独立的随机变量。

如前所述，极限状态方程是描述结构处于极限状态时各有关基本变量的关系式。当结构设计问题中仅包含两个基本变量时，在以基本变量为坐标的平面上，极限状态方程为直线（线性问题）或曲线（非线性问题）；当结构设计问题中包含多个基本变量时，在以基本变量为坐标的空间中，极限状态方程为平面（线性问题）或曲面（非线性问题）。

结构极限状态设计应符合下列规定：

$$g(X_1, X_2, \cdots, X_n) \geqslant 0 \tag{3-2}$$

当采用结构的作用效应和结构的抗力作为综合基本变量时，结构按极限状态设计应符合下列规定：

$$R-S \geqslant 0 \tag{3-3}$$

式中，R 为结构的抗力，即结构或结构构件承受作用效应和环境影响的能力；S 为结构的作用效应，即由作用引起的结构或结构构件的反应。

3.4 结构可靠性的基本理论

3.4.1 结构可靠性理论的发展历史

结构可靠性通常定义为：结构在规定的时间内，在规定的条件下，完成预定功能的能力。结构可靠性的数量指标通常用概率表示，称为结构可靠度，即完成预定功能的概率。结构可靠度是一个广义概念，通常包含结构的安全性和耐久性两个方面。静载和瞬态动载作用下结构可靠性研究的重点是结构的安全性问题，循环荷载作用下结构可靠性研究的重点则通常是结构的耐久性问题。

结构可靠性理论分为结构元部件可靠性理论和结构系统可靠性理论两个层次。结构元部件可靠性理论的研究起步于20世纪20年代，20世纪50年代前后开始引起广泛关注，结构系统可靠性理论是20世纪80年代前后发展起来的一门新兴边缘学科，主要数学基础是概率论、随机过程理论、决策论、博弈论和组合数学，主要计算手段是有限元法、边界元法和随机网络分析技术。

结构系统可靠性理论中的系统有两个含义：第一，系统是由结构单元构成的具有一定功能关系的组合体；第二，系统失效有明确的演化历程，对于随机结构系统，如果在整个分析过程中假定其拓扑结构不发生演化和进化，则其可靠性分析和元件的可靠性分析之间没有本质的区别。结构系统可靠性理论的研究之所以在20世纪80年代前后才开始出现，在很大程度上是因为系统失效过程中，其拓扑结构发生了变化，拓扑结构的变化使结构失效模式的识别和分析变得十分困难。

3.4.2 结构设计中的随机变量

结构设计参数主要分为两大类：一类是施加在结构上的直接作用或引起结构外加变形或约束变形的间接作用，如结构承受的人群、设备、车辆以及施加于结构的风、雪、冰、土压力、水压力、温度作用等，由这些作用引起的结构或构件的内力、变形等称为作用效应，一般用 S 来表示，如弯矩、剪力、扭矩、应力、变形等，作用于结构上的各种作用或作用效应的大小具有波动性或随机性，均为随机变量；另一类则是结构或构件及其材料承受作用效应的能力，称为抗力，如承载能力、刚度、抗裂度、强度等，一般用 R 表示，抗力取决于材料强度、截面尺寸、连接条件等。影响结构抗力大小的因素主要是：结构构件的几何尺寸、所用材料的性能（如强度、弹性模量、变形模量等）。所采用的计算模式对结构抗力也有一定的影响。考虑到材料的变异性、构件几何特征的不定性以及计算模式的不定性，所有由这些因素综合确定的结构抗力也是一个随机变量。

在以往的半经验半概率法中，结构设计参数中的荷载及材料强度是通过统计取值而确定的，再取用适当的、定值的、由经验确定的单一安全系数或分项系数来保证结构的安全性或可靠性，通常称为水准Ⅰ的设计方法。目前的概率极限状态设计法是将荷载和材料强度都看作随机变量，对于结构的可靠性与否，则以结构在一定条件下完成预定功能的概率来表达。人们能够得到和使用的信息是这些随机设计参数的统计规律。它们的统计规律，构成了结构可靠性分析和设计的基本条件和内容。通常，将结构中的随机变量表示为 X_1，X_2，…，X_n，其中 X_i 为第 i 个随机变量。一般情况下，X_i 的概率分布函数和概率密度函数通过概率分布的拟合优度检验后，认为是已知的，如正态分布、对数正态分布、极值Ⅰ型分布等。将设计中的各参数视为随机变量，利用近似的可靠度方法按照规定的目标可靠指标确定设计表达式中的分项系数，由此形成的设计方法称为水准Ⅱ方法。

水准Ⅰ方法的特点是以经验为主确定单一安全系数或分项系数，而水准Ⅱ方法中各分项系数和参数的代表值则是通过客观数据的调查和统计分析，考虑有关参数变异性的大小，通过可靠度的分析方法来确定的，从而明显减少了水准Ⅰ方法中对安全系数确定的主观经验性，使安全系数或分项系数的确定建立在客观数据分析与工程经验相结合的基础上，并且对结构极限状态设计的可靠性给出近似的概率（可靠度）度量，便于决策者对不同条件下结构的可靠度进行数量上的对比。但由于当前技术条件下，事物的模糊性和知识的不完善性，很难找到工程中适用的数学方法来表达，因此在水准Ⅱ的方法中仍然需要利用专家经验适当处理，但这种经验处理的范围比水准Ⅰ方法明显缩小。

3.4.3 结构的可靠度

与荷载及材料强度的取值一样，结构的可靠性同样具有一定的随机性。当结构构件完成其预定功能的概率达到一定程度，或不能完成其预定功能的概率（失效概率）小到某一公认的、大家可以接受的程度，就可认为结构构件是安全可靠的。结构的可靠性反映了结构在规定的时间内、在规定的条件下，完成预定功能的能力。所谓规定的时间，即指结构的设计工作寿命；规定的条件，是指设计、施工、使用、维护均属正常的情况。结构的可靠性用可靠度来度量，结构可靠度定义为在规定的时间内和规定的条件下结构完成预定功能的概率，表示为 p_s。相反，结构不能完成预定功能的概率称为失效概率，表示为 p_f。显然，结构的可靠和失效为两个互不相容事件，结构的可靠概率和失效概率是互补的，即：

$$p_s + p_f = 1 \tag{3-4}$$

结构随机可靠度分析的核心问题是根据随机变量的统计特性和结构的极限状态方程计算结构的失效概率。先用一个随机变量 S 来表示荷载效应，用另一个随机变量 R 来表示结构抗力。根据极限状态方程，$Z=R-S$，显然，Z 也是随机变量。Z 值可能出现的三种情况如图 3-1 所示。

3.4.4 结构的可靠指标和失效概率

假设 S、R 的平均值分别为 μ_S、μ_R，标准差分别 σ_S、σ_R，其概率密度分布曲线如图 3-2 所示。从图中可看出，大多数情况下构件的抗力 R 大于荷载效应 S。但由于离散性，在两条概率密度分布曲线相重叠的范围内，仍有可能出现荷载效应大于结构抗力的情况。重叠范围的大小（图中阴影部分的面积），反映了结构抗力小于荷载效应（结构失效）的概率的高低。μ_S 比 μ_R 小得多，或 σ_S 和 σ_R 越小时，均可使重叠范围减小，从而降低结构的失效概率。

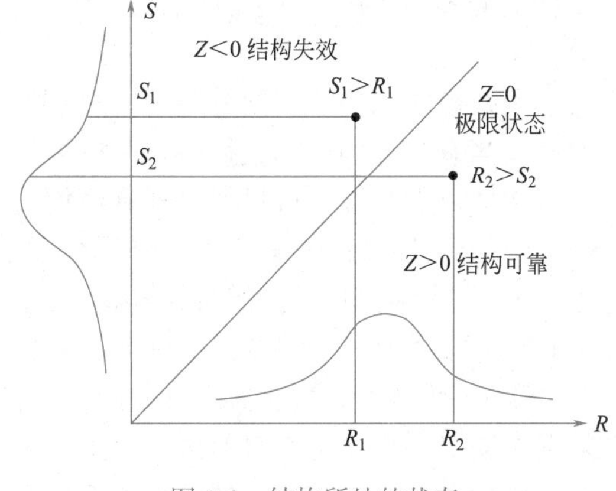

图 3-1 结构所处的状态

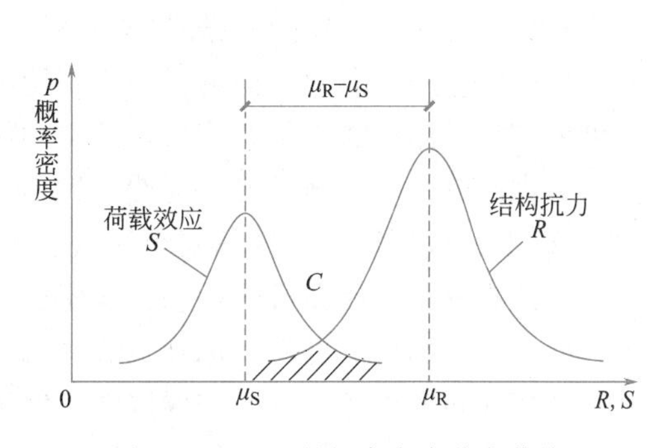

图 3-2 S、R 的概率密度分布曲线

Z 的概率密度分布曲线如图 3-3 所示，$Z<0$ 的事件（结构失效）出现的概率（失效概率）为图中阴影部分的面积，其值为：

$$p_f = p(Z < 0) = \int_{-\infty}^{0} f(Z)\,dz \tag{3-5}$$

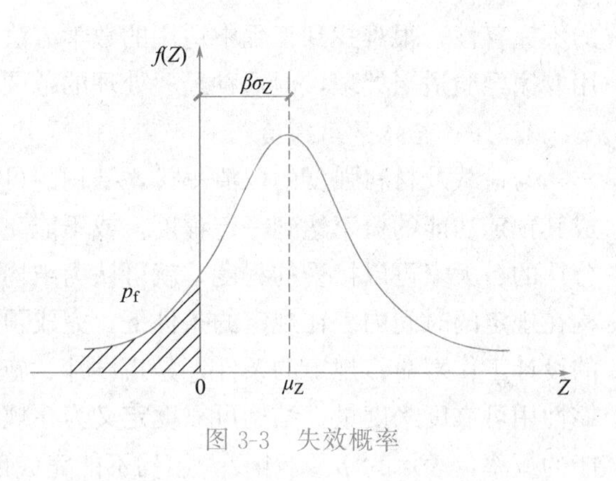

图 3-3 失效概率

失效概率的计算由于要用到积分，比较麻烦，不便于设计，故通常采用一种比较简便的方法。由图 3-3 可看出，阴影部分的面积与μ_Z和σ_Z的大小有关，增大μ_Z，曲线右移，阴影部分的面积将减少；减小σ_Z，曲线变高变窄，阴影部分的面积亦将减少。令：

$$\mu_Z = \beta\sigma_Z \tag{3-6}$$

则有：

$$\beta = \frac{\mu_Z}{\sigma_Z} = \frac{\mu_R - \mu_S}{\sqrt{\sigma_R^2 + \sigma_S^2}} \tag{3-7}$$

β越大，失效概率越小。因此，β和失效概率一样可作为度量结构可靠度的一个指标，称为可靠指标。由式（3-5）可知，若随机变量R、S服从正态分布，则只需要知道μ_R、μ_S、σ_R、σ_S就可以求出可靠指标β。β和失效概率p_f之间有一一对应的关系。现将部分值的关系列于表 3-7。

可靠指标β和失效概率p_f的对应关系　　表 3-7

β	p_f	β	p_f	β	p_f
1.0	1.59×10^{-1}	2.7	3.47×10^{-3}	3.7	1.08×10^{-5}
1.5	6.68×10^{-2}	3.0	1.35×10^{-3}	4.0	3.17×10^{-5}
2.0	2.28×10^{-2}	3.2	6.87×10^{-4}	4.2	1.33×10^{-6}
2.5	6.21×10^{-3}	3.5	2.33×10^{-4}	4.5	3.40×10^{-6}

结构构件的可靠指标应根据基本变量（系指结构上的各种作用和材料性能、几何参数等）的平均值、标准差及其概率分布类型进行计算。

可靠度水平的设置应根据结构构件的安全等级、失效模式和经济因素等确定，对结构的安全性、适用性和耐久性可采用不同的可靠度水平。当有充分的统计数据时，结构构件的可靠度宜采用可靠指标β度量，结构构件设计时采用的可靠指标，可根据对现有结构构件的可靠度分析，并结合使用经验和经济因素等确定。为了使设计安全可靠，经济合理，《统一标准》根据结构构件的安全等级、破坏类型，确定了结构构件的可靠指标值。对于持久设计状况承载能力极限状态，房屋建筑结构构件的可靠指标值β不应小于表 3-8 的要求，港口工程结构的可靠指标β见表 3-9。由结构构件实际的破坏情况可知，破坏状态有延性破坏和脆性破坏之分。结构构件发生延性破坏前有明显的预兆可观察，可及时采取补救措施，故可靠指标值定得稍低。反之，若构件发生脆性破坏，因破坏突然发生，故可靠指标值定得高些。

对于正常使用极限状态，结构构件的可靠指标值应根据结构构件的特点和工程经验确定。结构构件持久设计状况正常使用极限状态设计的可靠指标，宜根据其可逆程度取 0～

1.5；结构构件持久设计状况耐久性极限状态设计的可靠指标，宜根据其可逆程度取1.0～2.0。

房屋建筑结构构件的可靠指标 β　　表3-8

破坏类型	安全等级		
	一级	二级	三级
延性破坏	3.7	3.2	2.7
脆性破坏	4.2	3.7	3.2

港口工程结构的可靠指标 β　　表3-9

破坏类型	安全等级		
	一级	二级	三级
一般港口工程结构	4.0	3.5	3.0

3.5 极限状态的分项系数设计方法

3.5.1 一般规定

结构设计中需要考虑的不仅是结构对荷载的承载力，有时还要考虑结构对变形或裂缝开展等的抵抗能力，即不仅需要考虑安全性的要求而且包括结构功能要求中关于适用性和耐久性的要求。如前所述，结构抗力是一个广义的概念，包括抵抗荷载产生的内力、变形、裂缝的开展等能力。因此，按极限状态进行设计时，应考虑承载能力极限状态和正常使用极限状态两种情况。

《统一标准》提出了便于实际使用的设计表达式，以符合设计人员的习惯，使设计能按传统的方式进行。实用设计表达式采用了以作用代表值和材料强度标准值及相应的分项系数来表达的方式，即分项系数设计方法。实用设计表达式中所包含的各种分项系数，宜根据有关基本变量的概率分布类型和统计参数及规定的可靠指标，通过计算分析，并结合工程经验，经优化确定。因此，设计表达式中隐含了结构的失效概率，设计出来的构件已经具有某一可靠概率的保证。当缺乏统计数据时，可根据传统的或经验的设计方法，由有关标准规定各种分项系数。

3.5.2 承载能力极限状态计算基本规定

混凝土和砌体结构构件宜根据规定的可靠指标，采用由作用的代表值、材料性能的标准值、几何参数的标准值和各相应的分项系数构成的极限状态设计表达式进行设计；有条件时也可根据《统一标准》附录E的规定直接采用基于可靠指标的方法进行设计。对于钢结构，除疲劳计算外，也采用以概率理论为基础的极限状态设计方法，用分项系数设计表达式进行计算。

1. 计算内容

结构构件的承载能力极限状态计算应包括下列内容：

(1) 结构构件应进行承载力（包括失稳）计算；

(2) 直接承受重复荷载的构件应进行疲劳验算；

(3) 有抗震设防要求时，应进行抗震承载力计算；

(4) 必要时尚应进行结构的抗倾覆、滑移、漂浮验算；

(5) 对于可能遭受偶然作用，且倒塌可能引起严重后果的重要结构，宜进行防连续倒塌设计。

2. 应考虑的状态

结构或结构构件按承载能力极限状态设计时，应考虑下列状态：

(1) 结构或结构构件（包括基础等）的破坏或过度变形，此时结构的材料强度起控制作用；

(2) 整个结构或其一部分作为刚体失去静力平衡，此时结构材料或地基的强度不起控制作用；

(3) 地基的破坏或过度变形，此时岩土的强度起控制作用；

(4) 结构或结构构件的疲劳破坏，此时结构的材料疲劳强度起控制作用。

3. 设计要求

结构或结构构件按承载能力极限状态设计，且由材料的强度起控制作用时，应符合下列要求：

(1) 结构或结构构件（包括基础等）的破坏或过度变形的承载能力极限状态设计，应符合下列要求：

$$\gamma_0 S_d \leqslant R_d \tag{3-8}$$

式中 γ_0——结构重要性系数，见表 3-4～表 3-6；

S_d——作用组合的效应（如轴力、弯矩或表示几个轴力、弯矩的向量）设计值；

R_d——结构或结构构件的抗力设计值。

(2) 整个结构或其一部分作为刚体失去静力平衡的承载能力极限状态设计，应符合下式要求：

$$\gamma_0 S_{d,dst} \leqslant R_{d,stb} \tag{3-9}$$

式中 $S_{d,dst}$——不平衡作用效应的设计值；

$R_{d,stb}$——平衡作用效应的设计值。

(3) 地基的破坏或过度变形的承载能力极限状态设计，可采用分项系数法进行，但其分项系数的取值与式 (3-8) 中所包含的分项系数的取值有区别。地基的破坏或过度变形的承载力设计，也可采用容许应力法等进行。

(4) 结构或结构构件的疲劳破坏的承载能力极限状态设计，可按《统一标准》附录 F 规定的方法进行。

3.5.3 承载能力极限状态实用设计表达式

对于持久设计状况、短暂设计状况和地震设计状况，当采用内力的形式表达时，建筑结构应采用下列承载能力极限状态实用设计表达式：

$$\gamma_0 S \leqslant R \tag{3-10}$$

$$R = R(\gamma_M, f_k, \alpha_k, \cdots)/\gamma_{Rd} \tag{3-11}$$

对于不同材料结构，式 (3-11) 可分别表示为：对于混凝土结构，$R = R(f_c, f_s, \alpha_k, \cdots)/\gamma_{Rd}$；对于砌体结构，$R = R(f_d, \alpha_k, \cdots)/\gamma_{Rd}$；对于钢结构，$R = R(f, \alpha_k, \cdots)/\gamma_{Rd}$。

式中 γ_0——结构的重要性系数；

S——承载能力极限状态下作用组合效应值，对于持久设计状况和短暂设计状况应按作用的基本组合计算，对地震设计状况应按作用的地震组合计算；

R（···）——结构构件的抗力函数；

γ_M——材料性能分项系数，其值按 3.5.7 节的规定采用。

γ_{Rd}——结构构件的抗力模型不定性系数：静力设计取 1.0，对不确定性较大的结构构件根据具体情况取大于 1.0 的数值；抗震设计应用承载力抗震调整系数 γ_{RE} 代替 γ_{Rd}；

f_c，f_s——混凝土、钢筋的强度设计值；

f_d——砌体材料的强度设计值；

f——钢材的强度设计值；

α_k——几何参数的标准值，当几何参数的变异性对结构性能有明显的不利影响时，应增减一个附加值。

$\gamma_0 S$ 为内力设计值，在本书后续各章中用 N、M、V、T 等表达。

对于二维、三维混凝土结构构件，当按弹性或弹塑性方法分析并以应力形式表达时，可将混凝土应力按区域等代成内力设计值，按上述实用设计表达式进行设计；也可直接采用多轴强度准则进行设计验算。

3.5.4 承载能力极限状态设计表达式中的作用组合

1. 承载能力极限状态作用组合的基本原则

承载能力极限状态设计表达式中的作用组合，应符合下列规定：

（1）作用组合应为可能同时出现的作用的组合；

（2）每个作用组合中应包括一个主导可变作用或一个偶然作用或一个地震作用；

（3）当结构中永久作用位置的变异，对静力平衡或类似的极限状态设计结果很敏感时，该永久作用的有利部分和不利部分应分别作为单个作用；

（4）当一种作用产生的几种效应非全相关时，对产生有利效应的作用，其分项系数的取值应予以降低；

（5）对不同的设计状况应采用不同的作用组合。

2. 承载能力极限状态作用组合表达式

对持久设计状况和短暂设计状况，应采用作用的基本组合，并应符合下列规定：

（1）基本组合效应值按下式中最不利值确定：

$$S_d = S\left(\sum_{i\geq 1}\gamma_{G_i}G_{ik} + \gamma_P P + \gamma_{Q_1}\gamma_{L_1}Q_{1k} + \sum_{j>1}\gamma_{Q_j}\psi_{cj}\gamma_{L_j}Q_{jk}\right) \tag{3-12}$$

式中 $S(\cdot)$——作用组合的效应函数；

G_{ik}——第 i 个永久作用的标准值；

P——预应力作用的有关代表值；

Q_{1k}——第 1 个可变作用的标准值；

Q_{jk}——第 j 个可变作用的标准值；

γ_{G_i}——第 i 个永久作用的分项系数；

γ_P——预应力作用的分项系数；

γ_{Q_1} ——第1个可变作用的分项系数；

γ_{Q_j} ——第 j 个可变作用的分项系数；

γ_{L_1}、γ_{L_j} ——第1个和第 j 个考虑结构设计工作年限的荷载调整系数，应按《统一标准》第8.2.10条的有关规定采用；

ψ_{cj} ——第 j 个可变作用的组合值系数，应按第2章相关内容采用。

（2）当作用与作用效应按线性关系考虑时，基本组合效应值按下式中最不利值计算：

$$S_d=\sum_{i\geqslant1}\gamma_{G_i}S_{G_{ik}}+\gamma_P S_P+\gamma_{Q_1}\gamma_{L_1}S_{Q_{1k}}+\sum_{j>1}\gamma_{Q_j}\psi_{cj}\gamma_{L_j}S_{Q_{jk}} \tag{3-13}$$

式中 $S_{G_{ik}}$ ——第 i 个永久作用标准值的效应；

S_P ——预应力作用有关代表值的效应；

$S_{Q_{1k}}$ ——第1个可变作用标准值的效应；

$S_{Q_{jk}}$ ——第 j 个可变作用标准值的效应。

对偶然设计状况，应采用作用的偶然组合，并应符合下列规定：

（1）偶然组合效应值按下式确定：

$$S_d=S\left(\sum_{i\geqslant1}G_{ik}+P+A_d+(\psi_{f1}\text{ 或 }\psi_{q1})Q_{1k}+\sum_{j>1}\psi_{qj}Q_{jk}\right) \tag{3-14}$$

式中 A_d ——偶然作用的设计值；

ψ_{f1} ——第1个可变作用的频遇值系数，应按第2章相关内容采用；

ψ_{q1}、ψ_{qj} ——第1个和第 j 个可变作用的准永久值系数，应按第2章相关内容采用。

（2）当作用与作用效应按线性关系考虑时，偶然组合效应值按下式计算：

$$S_d=\sum_{i\geqslant1}S_{G_{ik}}+S_P+S_{A_d}+(\psi_{f1}\text{ 或 }\psi_{q1})S_{Q_{1k}}+\sum_{j>1}\psi_{qj}S_{Q_{jk}} \tag{3-15}$$

式中 S_{A_d} ——偶然作用设计值的效应。

3. 考虑结构设计工作年限的荷载调整系数 γ_L

房屋建筑的可变荷载考虑设计工作年限的荷载调整系数 γ_L 应按下列规定采用：

（1）对于荷载标准值随时间变化的楼面和屋面活荷载，考虑设计工作年限的调整系数 γ_L 应按表3-10采用。当设计工作年限不为表中数值时，调整系数 γ_L 不应小于按线性内插确定的值。

（2）对雪荷载和风荷载，调整系数应按重现期与设计工作年限相同的原则确定。

建筑结构楼面和屋面活荷载考虑设计工作年限的调整系数 γ_L　　表3-10

结构设计工作年限（年）	5	50	100
γ_L	0.9	1.0	1.1

注：对设计工作年限为25年的结构构件，应按各种材料结构设计规范的规定采用。

【例题3-1】 一钢筋混凝土简支梁，安全等级为二级，设计工作年限为50年，计算跨度 $l_0=3$m，其上作用永久荷载标准值（包括梁自重）$g_k=4$kN/m，均布可变荷载标准值 $q_k=8$kN/m，集中可变荷载标准值（作用于跨中）$P_k=16$kN，可变作用的组合值系数 $\psi_c=0.7$。试计算基本组合的跨中截面弯矩设计值。

【解】 各荷载作用下的跨中截面弯矩标准值：

$$M_{gk}=\frac{1}{8}g_k l_0^2=\frac{1}{8}\times4\times3^2=4.5\text{kN}\cdot\text{m}$$

$$M_{qk}=\frac{1}{8}q_k l_0^2=\frac{1}{8}\times 8\times 3^2=9\text{kN}\cdot\text{m}$$

$$M_{Pk}=\frac{1}{4}P_k l_0=\frac{1}{4}\times 16\times 3=12\text{kN}\cdot\text{m}$$

可见可变荷载中，集中可变荷载起主导作用。取 $\gamma_0=1.0$，$\gamma_L=1.0$，$\gamma_G=1.3$，$\gamma_Q=1.5$，基本组合的跨中截面弯矩设计值：

$$\begin{aligned}M&=\gamma_0(\gamma_G M_{gk}+\gamma_Q\gamma_L M_{Pk}+\gamma_Q\psi_c\gamma_L M_{qk})\\&=1.0\times(1.3\times 4.5+1.5\times 1.0\times 12+1.5\times 0.7\times 1.0\times 9)\\&=33.3\text{kN}\cdot\text{m}\end{aligned}$$

3.5.5 正常使用极限状态的基本要求和实用设计表达式

混凝土结构构件、钢结构构件应根据其使用功能及外观要求，按下列规定进行正常使用极限状态验算：

（1）对需要控制变形的构件，应进行变形验算；

（2）对不允许出现裂缝的构件，应进行混凝土拉应力验算；

（3）对允许出现裂缝的构件，应进行受力裂缝宽度验算；

（4）对舒适度有要求的楼盖结构，应进行竖向自振频率验算。

按正常使用极限状态设计时，钢筋混凝土构件、预应力混凝土构件应分别按荷载的准永久组合并考虑长期作用的影响或标准组合并考虑长期作用的影响；钢结构构件应考虑荷载效应的标准组合、钢与混凝土组合梁尚应考虑准永久组合，采用下列极限状态设计表达式进行验算：

$$S\leqslant C \tag{3-16}$$

式中 S——正常使用极限状态的荷载组合效应值（如变形、裂缝等）；

C——结构构件达到正常使用要求所规定的变形、应力、裂缝宽度和自振频率等的限值，应按有关结构设计规范的规定采用。

砌体结构正常使用极限状态的要求，一般情况下可由相应的构造措施保证。

3.5.6 正常使用极限状态表达式中的作用组合

按正常使用极限状态设计时，宜根据不同情况采用作用的标准组合、频遇组合或准永久组合，并应符合下列规定：

1. 标准组合应符合下列规定：

（1）标准组合效应值按下式确定：

$$S_d=S\left(\sum_{i\geqslant 1}G_{ik}+P+Q_{1k}+\sum_{j>1}\psi_{cj}Q_{jk}\right) \tag{3-17}$$

（2）当作用与作用效应按线性关系考虑时，标准组合效应值按下式计算：

$$S_d=\sum_{i\geqslant 1}S_{G_{ik}}+S_P+S_{Q_{1k}}+\sum_{j>1}\psi_{cj}S_{Q_{jk}} \tag{3-18}$$

2. 频遇组合应符合下列规定：

（1）频遇组合效应值按下式确定：

$$S_d=S\left(\sum_{i\geqslant 1}G_{ik}+P+\psi_{f1}Q_{1k}+\sum_{j>1}\psi_{qj}Q_{jk}\right) \tag{3-19}$$

（2）当作用与作用效应按线性关系考虑时，频遇组合效应值按下式计算：

$$S_d = \sum_{i \geqslant 1} S_{G_{ik}} + S_P + \psi_{f1} S_{Q_{1k}} + \sum_{j>1} \psi_{qj} S_{Q_{jk}} \tag{3-20}$$

3. 准永久组合应符合下列规定：

（1）准永久组合效应值按下式确定：

$$S_d = S(\sum_{i \geqslant 1} G_{ik} + P + \sum_{j \geqslant 1} \psi_{qj} Q_{jk}) \tag{3-21}$$

（2）当作用与作用效应按线性关系考虑时，准永久组合效应值按下式计算：

$$S_d = \sum_{i \geqslant 1} S_{G_{ik}} + S_P + \sum_{j \geqslant 1} \psi_{qj} S_{Q_{jk}} \tag{3-22}$$

【例题 3-2】其余条件同例题 3-1，准永久值系数 $\psi_q = 0.5$，试计算标准组合和准永久组合的跨中截面弯矩设计值。

【解】标准组合的跨中截面弯矩设计值：

$$\begin{aligned} M_k &= M_{gk} + M_{Pk} + \psi_c M_{qk} \\ &= 4.5 + 12 + 0.7 \times 9 \\ &= 22.8\text{kN} \cdot \text{m} \end{aligned}$$

准永久组合的跨中截面弯矩设计值：

$$\begin{aligned} M_q &= M_{gk} + \psi_q (M_{Pk} + M_{qk}) \\ &= 4.5 + 0.5 \times (12 + 9) \\ &= 15\text{kN} \cdot \text{m} \end{aligned}$$

3.5.7 基本变量的设计值及分项系数

工程结构按不同极限状态设计时，在相应的作用组合中对可能同时出现的各种作用，应采用不同的作用代表值。作用的代表值即为极限状态设计或验算所采用的作用量值，它可以是作用的标准值或可变作用的伴随值。作用的标准值为作用的主要代表值或称基本代表值，为设计基准期内最大作用统计分布的特征值，例如均值、众值、中值或某个分位值，可根据对观测数据的统计、作用的自然界限或工程经验确定。对于永久作用应采用标准值作为代表值。对可变作用，其代表值包括标准值和伴随值，伴随值即为在作用组合中，伴随主导作用的可变作用值，可以是组合值、频遇值或准永久值。组合值、频遇值和准永久值可通过对可变作用的标准值分别乘以不大于 1 的组合值系数、频遇值系数 ψ_f 和准永久值系数 ψ_q 等折减系数来表示。对偶然荷载应按建筑结构使用的特点确定其代表值。作用的标准值可按第 2 章的有关方法来确定。

正常使用极限状态按标准组合设计时，对可变荷载应按组合规定采用标准值或组合值作为代表值。正常使用极限状态按频遇组合设计时，应采用频遇值或准永久值作为可变荷载的代表值；按准永久组合设计时，应采用准永久值作为可变荷载的代表值。

基本变量的设计值可按下列规定确定：

（1）作用的设计值 F_d 可按下式确定：

$$F_d = \gamma_F F_r \tag{3-23}$$

式中 F_r——作用的代表值；

γ_F——作用的分项系数，一般地，包括永久作用的分项系数 γ_G、可变作用的分项系数 γ_Q、预应力作用的分项系数 γ_P。建筑结构的作用分项系数，应按表 3-11 采用。

建筑结构的作用分项系数　　表 3-11

作用分项系数 \ 适应情况	当作用效应对承载力不利时	当作用效应对承载力有利时
γ_G	1.3	≤1.0
γ_P	1.3	≤1.0
γ_Q	1.5	0

建筑结构按不同极限状态设计时，在相应的作用组合中对可能同时出现的各种作用，应采用不同的作用设计值 F_d，见表 3-12。

作用的设计值　　表 3-12

极限状态	作用组合	永久作用	主导作用	伴随可变作用	公式
承载能力极限状态	基本组合	$\gamma_{G_i} G_{ik}$	$\gamma_{Q_1} \gamma_{L_1} Q_{1k}$	$\gamma_{Q_j} \psi_{cj} \gamma_{L_j} Q_{jk}$	式(3-12)或式(3-13)
	偶然组合	G_{ik}	A_d	(ψ_{f1} 或 ψ_{q1})Q_{1k} 和 $\psi_{qj} Q_{jk}$	式(3-14)或式(3-15)
正常使用极限状态	标准组合	G_{ik}	Q_{1k}	$\psi_{cj} Q_{jk}$	式(3-17)或式(3-18)
	频遇组合	G_{ik}	$\psi_{f1} Q_{1k}$	$\psi_{qj} Q_{jk}$	式(3-19)或式(3-20)
	准永久组合	G_{ik}	$\psi_{q1} Q_{1k}$	$\psi_{qj} Q_{jk}$	式(3-21)或式(3-22)

（2）材料性能的设计值 f_d 可按下式确定：

$$f_d = \frac{f_k}{\gamma_M} \tag{3-24}$$

式中　f_k ——材料性能的标准值；

γ_M ——材料性能的分项系数，对混凝土、钢筋、砌体、钢材分别表示为 γ_c、γ_s、γ_f、γ_R，其取值分别参见现行国家标准《混凝土结构设计标准》GB/T 50010 条文说明 4.1.4 条和 4.2.3 条、《砌体结构通用规范》GB 55007 2.0.4 条、《钢结构设计标准》GB 50017 条文说明 5.4.1 条；对正常使用极限状态，材料性能的分项系数 γ_M，除各种材料的结构设计标准有专门规定外，应取为 1.0。

（3）几何参数的设计值 a_d 可采用几何参数的标准值 a_k。当几何参数的变异性对结构性能有明显影响时，几何参数的设计值可按下式确定：

$$a_d = a_k \pm \Delta_a \tag{3-25}$$

式中　Δ_a ——几何参数的附加值。

（4）结构抗力的设计值 R_d 可按下式确定：

$$R_d = R(f_k/\gamma_M, a_d) \tag{3-26}$$

根据需要，也可从材料性能的分项系数中将反映抗力模型不定性的系数分离出来。

3.6 耐久性极限状态设计

结构的耐久性极限状态设计，首先应确定结构的设计工作年限，结构的设计工作年限应根据建筑的用途和环境的侵蚀性确定，详见 3.2.4 节所述。构件耐久性设计的目标是使其在设计工作年限内不达到有关的耐久性极限状态，即应使结构构件出现耐久性极限状态标志或限值的年限不小于其设计工作年限。结构构件的耐久性极限状态设计的措施包括保证构件质量的预防性处理措施、减小侵蚀作用的局部环境改善措施、延缓构件出现损伤的表面防护措施和延缓材料性能劣化速度的保护措施等四项，比如，木材的干燥等措施是典型的保证构件质量的预防性处理措施，构件的涂层等是典型的表面防护措施，特殊环境下可采用阴极保护措施。各种耐久性措施所应采取的依据，可参见 3.3.1 节所述的结构构件耐久性极限状态的标志或限制及其损伤机理。

3.6.1 混凝土结构的耐久性

混凝土结构的耐久性问题表现为随时间发展因材料性能劣化而引起的性能衰减，如钢筋混凝土构件表面出现锈胀裂缝，预应力筋开始锈蚀，结构表面混凝土出现可见的酥裂、粉化等耐久性损伤，材料劣化的发展可能引起构件的承载力问题，甚至于导致结构构件发生破坏。

混凝土结构的耐久性按正常使用极限状态控制，且不应考虑损害到结构的承载力和可修复性要求。混凝土结构的耐久性极限状态可分为以下三种：

（1）钢筋开始发生锈蚀的极限状态，该状态为混凝土碳化发展到钢筋表面，或氯离子侵入混凝土内部并在钢筋表面积累的浓度达到临界浓度；

（2）钢筋发生适量锈蚀的极限状态，该状态应为钢筋锈蚀发展导致混凝土构件表面出现顺筋裂缝，或钢筋截面的径向锈蚀深度达到 0.1mm；

（3）混凝土表面发生轻微损伤的极限状态，该状态应为不影响结构外观、不明显损害构件的承载力和表层混凝土对钢筋的保护。

由于影响混凝土结构材料性能劣化的因素较为复杂，其规律不确定性很大，故更多地依赖经验方法来进行混凝土结构耐久性设计。混凝土结构的耐久性设计应根据结构的设计工作年限、结构所处的环境类别及作用等级来进行，耐久性设计包括下列内容：

（1）确定结构的设计工作年限、所处的环境类别；

（2）有利于减轻环境作用的结构形式、布置和构造；

（3）提出对混凝土材料的耐久性基本要求；

（4）确定构件中钢筋的混凝土保护层厚度；

（5）不同环境条件下的耐久性技术措施；

（6）提出结构使用阶段的检测与维护要求。

混凝土结构应根据结构的用途、结构暴露的环境和结构设计工作年限采取保障混凝土结构耐久性能的措施。当结构所处的环境对其耐久性有较大影响时，应根据不同的环境类别采用相应的结构材料、设计构造、防护措施、施工质量要求等，并应制定结构在使用期间的定期检修和维护制度，使结构在设计工作年限内不致因材料的劣化而影响其安全或正常使用。

3.6.2 耐久性极限状态设计的方法和措施

耐久性的作用效应与构件承载力的作用效应不同，其作用效应是环境影响强度和作用时间跨度与构件抵抗环境影响能力的结合体，有些构件缺少或不存在这种定量的规律，故无从采用定量的设计方法。建筑结构耐久性设计可采用的方法包括经验的方法、半定量的方法和定量控制耐久失效概率的方法。

对于缺乏侵蚀作用或作用效应统计规律的结构或结构构件，宜采取经验方法确定耐久性的系列措施。采取经验方法保障的结构构件耐久性宜包括下列技术措施：

（1）保障结构构件质量的杀虫、灭菌和干燥等技术措施；

（2）避免物理性作用的表面抹灰和涂层等技术措施；

（3）避免雨水等冲淋和浸泡的遮挡及排水等技术措施；

（4）保证结构构件处于干燥状态的通风和防潮等技术措施；

（5）推迟电化学反应的镀膜和防腐涂层等技术措施以及阴极保护等技术措施；

（6）做出定期检查规定的技术措施等。

具有一定侵蚀作用和作用效应统计规律的结构构件，如海洋氯化物环境下桥梁、码头等构件的耐久性设计，可采取半定量的耐久性极限状态设计方法，混凝土结构耐久性设计标准基本采用半定量设计方法。半定量的耐久性极限状态设计方法宜按下列步骤先确定环境的侵蚀性：环境等级宜按侵蚀性种类划分；环境等级之内，可按度量侵蚀性强度的指标分成若干个级别。半定量耐久性设计方法的耐久性措施宜按下列方式确定：

（1）结构构件抵抗环境影响能力的参数或指标，宜结合环境级别和设计工作年限确定；

（2）结构构件抵抗环境影响能力的参数或指标，应考虑施工偏差等不定性的影响；

（3）结构构件表面防护层对构件抵抗环境影响能力的实际作用，可结合具体情况确定。

对于具有相对完善的侵蚀作用和作用效应相应统计规律的结构构件且具有快速检验方法予以验证时，可采取定量的耐久性极限状态设计方法。

每一固定的时间段内环境影响的强度会存在差异，称为环境影响的不定性；由于材料性能的离散性和截面尺寸的施工偏差等原因，构件抵抗环境影响能力也存在不定性。当充分考虑环境影响的不定性和结构抵抗环境影响能力的不定性时，应选取强度最强时间段环境影响的强度作为基准，定量的设计应使预期出现的耐久性极限状态标志的时间不小于结构的设计工作年限。

3.6.3 混凝土结构的环境类别

结构所处的环境是影响其耐久性的外因。环境对结构耐久性的影响，可通过工程经验、试验研究、计算、检验或综合分析等方法进行评估。环境类别是指混凝土暴露表面所处的环境条件，设计可根据实际情况确定适当的环境类别。混凝土结构的环境类别应按表 3-13 的要求来划分。

混凝土结构的环境类别　　表 3-13

环境类别	条件
一	室内干燥环境； 无侵蚀性静水浸没环境
二 a	室内潮湿环境； 非严寒和非寒冷地区的露天环境； 非严寒和非寒冷地区与无侵蚀性的水及土壤直接接触的环境； 严寒和寒冷地区的冰冻线以下与无侵蚀性的水或土壤直接接触的环境
二 b	干湿交替环境； 水位频繁变动环境； 严寒和寒冷地区的露天环境； 严寒和寒冷地区冰冻线以上与无侵蚀性的水或土壤直接接触的环境

续表

环境类别	条件
三 a	严寒和寒冷地区冬季水位变动区环境； 受除冰盐影响环境； 海风环境
三 b	盐渍土环境； 受除冰盐作用环境； 海岸环境
四	海水环境
五	受人为和自然的化学侵蚀性物质影响的环境

注：1. 室内潮湿环境是指构件表面经常处于结露或湿润状态的环境；
2. 严寒和寒冷地区的划分应符合现行国家标准《民用建筑热工设计规范》GB 50176 的有关规定；
3. 海岸环境和海风环境宜根据当地情况，考虑主导风向及结构所处迎风、背风部位等因素的影响，由调查研究和工程经验确定；
4. 受除冰盐影响环境是指受到除冰盐盐雾影响的环境；受除冰盐作用环境是指被除冰盐溶液溅射的环境以及使用除冰盐地区的洗车房、停车楼等建筑；
5. 暴露的环境是指混凝土结构表面所处的环境。

表 3-13 中干湿交替主要指室内潮湿、室外露天、地下水浸润、水位变动的环境。由于水和氧的反复作用，容易引起钢筋锈蚀和混凝土材料劣化。非严寒和非寒冷地区与严寒和寒冷地区的区别主要在于冰冻及冻融循环现象。三类环境中，滨海室外环境与盐渍土地区的地下结构、北方城市冬季依靠喷洒盐水消除冰雪的立交桥、周边结构及停车楼，都可能造成钢筋腐蚀。

3.6.4 结构混凝土材料的耐久性基本要求

耐久性的混凝土结构靠设计、施工、使用和维护各方面共同实现。混凝土材料的质量是影响结构耐久性的内因。根据对既有混凝土结构耐久性状态的调查结果和混凝土材料性能的研究，从材料抵抗性能退化的角度，对于使用年限为 50 年的结构混凝土，其混凝土材料宜符合表 3-14 的规定。

结构混凝土材料的耐久性基本要求 表 3-14

环境类别	最大水胶比	最低强度等级	最大氯离子含量(%)	最大碱含量(kg/m^3)
一	0.60	C20	0.30	不限制
二 a	0.55	C25	0.20	3.0
二 b	0.50(0.55)	C30(C25)	0.15	
三 a	0.45(0.50)	C35(C30)	0.15	
三 b	0.40	C40	0.10	

注：1. 氯离子含量系指其占胶凝材料总量的百分比；
2. 预应力混凝土构件混凝土中的最大氯离子含量为 0.06%；其最低混凝土强度等级宜按表中的规定提高两个等级；
3. 素混凝土构件的水胶比及最低强度等级的要求可适当放松；
4. 有可靠工程经验时，二类环境中的最低混凝土强度等级可降低一个等级；
5. 处于严寒和寒冷地区二 b、三 a 类环境中的混凝土应使用引气剂，并可采用括号中的有关参数；
6. 当使用非碱活性骨料时，对混凝土中的碱含量可不作限制。

影响耐久性的主要因素是：混凝土的水胶比、强度等级、氯离子含量和碱含量。近年来水泥中多加入不同的掺合料，有效胶凝材料含量不确定性较大，故按配合比设计的水灰比难以反映有效成分的影响，现行国家标准《混凝土结构设计标准》GB/T 50010 改用胶凝材料总量作水胶比及各种含量的控制。混凝土的强度反映了其密实度而影响耐久性，故也提出了相应的要求。试验研究及工程实践均表明，在冻融循环环境中采用引气剂的混凝土抗冻性能可显著改善，故对采用引气剂抗冻的混凝土，可适当降低强度等级的要求，采用括号内的数值。混凝土的碱性可使钢筋表面钝化，免遭锈蚀；而氯离子则引起钢筋脱钝和电化学腐蚀，严重影响混凝土结构的耐久性，故应严格限制使用含功能性氯化物的外加剂。除了一类环境以外，其他环境下应考虑碱含量的影响。

3.6.5 混凝土结构构件的耐久性技术措施

对处于不良环境及对耐久性有特殊要求的混凝土结构及构件，尚应采取下列耐久性技术措施：

（1）预应力混凝土结构中的预应力筋存在应力腐蚀、氢脆等不利于耐久性的特点，且其直径一般较细，对腐蚀比较敏感，破坏后果严重，为此，对预应力筋应根据具体情况采取表面防护、孔道灌浆、加大混凝土保护层厚度等措施，外露的锚固端应采取封锚和混凝土表面处理等有效措施，以形成有利的混凝土表面小环境；

（2）有抗渗要求的混凝土结构，混凝土的抗渗等级应符合有关规范的要求；

（3）严寒及寒冷地区的潮湿环境中，混凝土结构应满足抗冻要求，混凝土抗冻等级应符合有关标准的要求；

（4）处于二、三类环境中的悬臂构件宜采用悬臂梁-板的结构形式，或在其表面上增设防护层；

（5）处于二、三类环境中的结构构件，其表面的预埋件、吊钩、连接件等金属部件应采取可靠的防锈措施，对于后张法预应力混凝土外露金属锚具，其防护要求见现行国家标准《混凝土结构设计标准》GB/T 50010 第 10.3.13 条规定；

（6）处在三类环境中的混凝土结构构件，可采用阻锈剂、环氧树脂涂层钢筋或其他具有耐腐蚀性能的钢筋、采取阴极保护或采用可更换的构件等措施。

此外，一类环境中，设计工作年限为 100 年的混凝土结构应符合下列规定：

（1）钢筋混凝土结构的最低强度等级为 C30，预应力混凝土结构的最低强度等级为 C40；

（2）混凝土中的最大氯离子含量为 0.06%；

（3）宜使用非碱活性骨料，当使用碱活性骨料时，混凝土中的最大碱含量为 3.0kg/m^3；

（4）混凝土保护层厚度应符合现行国家标准《混凝土结构设计标准》GB/T 50010 第 8.2.2 条的规定，当采取有效的表面防护措施时，混凝土保护层厚度可适当减小。

二、三类环境中，设计工作年限 100 年的混凝土结构应采取专门的有效措施。耐久性环境类别为四类和五类的混凝土结构，其耐久性要求应符合有关标准的规定。

混凝土结构在设计工作年限内尚应遵守下列规定：

（1）建立定期检测、维修制度；

（2）设计中可更换的混凝土构件应按规定更换；

（3）构件表面的防护层，应按规定维护或更换；

（4）结构出现可见的耐久性缺陷时，应及时进行处理。

思 考 题

3-1 工程结构有哪些功能要求？

3-2 何谓结构的安全等级？

3-3 什么是结构抗力？影响结构抗力的因素有哪些？

3-4 什么是结构的极限状态？极限状态有哪些类型？

3-5 什么是可靠度和可靠指标？

3-6 何谓结构的失效概率？

3-7 解释下列名词：设计状况、设计基准期、设计工作年限、目标可靠指标、结构的重要性系数。

3-8 如何进行结构的耐久性设计？

3-9 什么是极限状态设计方法？

第2篇

混凝土结构

第4章　混凝土结构材料的性能

导读：在混凝土结构设计中，选择合适的材料是建筑结构设计的基本前提，混凝土结构设计需要清楚地了解所使用的材料的力学性能及取值。本章主要介绍混凝土结构中使用最广泛的建筑材料——混凝土和钢筋，包括混凝土材料的力学性能取值的依据及其相互关系；钢筋种类及其性能，以及钢筋与混凝土之间的黏结性能。达到以下学习目标：(1) 掌握混凝土强度及变形性能概念及试验方法；(2) 掌握混凝土的性能指标取值；(3) 熟悉钢筋种类及分类；(4) 掌握钢筋的性能指标取值；(5) 了解钢筋与混凝土的黏结机理。

4.1　混凝土的力学性能

4.1.1　混凝土强度等级

混凝土在成形过程中，由于水泥石的收缩作用，在骨料和水泥石的黏结处以及水泥石内部都不可避免地存在着微细裂缝。混凝土试样受压破坏的根本原因是在外加压力作用下，试样纵向缩短的同时，横向发生膨胀变形，引起部分微细裂缝扩展与贯通。其破坏模式，与试样的尺寸、端面条件及应力状态等因素有关。

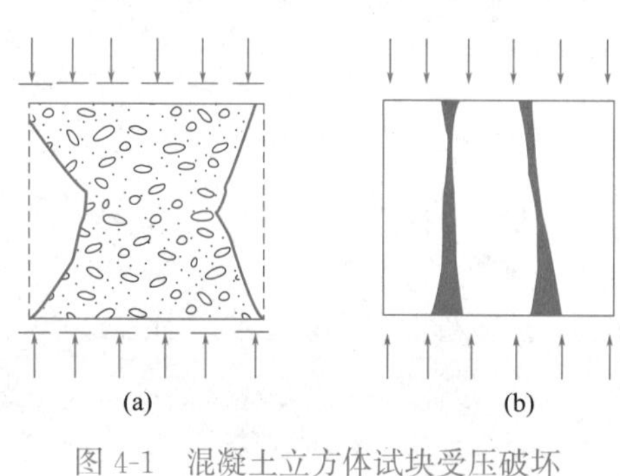

图4-1　混凝土立方体试块受压破坏
(a) 不涂润滑剂；(b) 涂润滑剂

如图4-1所示为混凝土立方体试块的受压破坏形式。图4-1 (a) 为试验机压板与试块端面之间存在摩擦力，该摩擦力约束了试块的横向变形，起“箍”的作用。试件中部，“箍”的效应降低，随着压力的增大，试件中部外围混凝土不断剥落，形成两个相连的截锥体。如果在压板和混凝土端面之间抹上润滑剂，摩擦力减小甚至趋于零，试样横向变形自由，在压力作用下纵向裂缝逐步扩展、贯通，产生纵向开裂破坏，如图4-1 (b) 所示。这种受压出现纵向裂缝的现象，可用材料力学中的第二强度理论或最大拉应变理论来解释。试样在纵向压应力作用下，由广义胡克定律可知，纵向产生压应变，但同时横向会产生拉应变，当该拉应变达到混凝土的极限拉应变时，混凝土便会纵向开裂。

因为摩擦力对混凝土横向变形的约束，内部裂缝不能自由发展，所以压板与混凝土之间不加润滑剂时混凝土的抗压强度值大于横向自由膨胀时的抗压强度。试块上距压板越远，“箍”的作用越小，破坏形成截锥体。

试验还发现，立方体尺寸越小，抗压强度越高。一种观点认为，试样尺寸越小，混凝土内部缺陷（微细裂缝）越少、内部与表面硬化的差异也越小，故小试样强度大于大试样。另一种解释是试验方法上的影响，认为试样尺寸小，端部“箍”的作用强，抗压强度高。这方面的机理还在探索之中，目前尚无统一定论。

我国混凝土试块制作标准按照现行国家标准《普通混凝土拌合物性能试验方法标准》GB/T 50080进行，国家标准规定以150mm×150mm×150mm立方体、在温度为20±3℃、相对湿度大于90%的环境下养护28天、端面不加润滑剂的抗压试验作为参照标准。取具有95%保证率的立方体抗压强度作为立方抗压强度标准值 $f_{cu,k}$，以此作为确定混凝土强度等级的依据。同时，立方体抗压强度标准值也是混凝土各种力学指标的基本代表值。

现行规范将混凝土的强度等级分为C20、C25、C30、C35、C40、C45、C50、C55、C60、C65、C70、C75和C80共十三级，其中C代表混凝土（Concrete），C后数值为立方体抗压强度标准值 $f_{cu,k}$。强度等级C50及其以下的混凝土称为普通混凝土，C55及其以上的混凝土为高强度混凝土。桥梁结构广泛采用C50、C60混凝土，建筑结构中的预应力混凝土管桩（PC）和预应力混凝土空心方桩（PS）采用C60混凝土，而预应力高强度混凝土管桩（PHC）和预应力高强度混凝土空心方桩（PHS）则采用C80混凝土。目前工程上使用的高强度混凝土强度等级已经超过规范所规定的最高强度等级C80，C100以上的混凝土也有应用。

建筑结构中使用的混凝土强度等级最低为C20。基础垫层和地坪以及素混凝土结构可采用C20；钢筋混凝土结构的混凝土强度等级不应低于C25；预应力混凝土结构的混凝土强度等级不宜低于C40，且不应低于C30；采用强度等级500MPa及以上的钢筋时，混凝土强度等级不应低于C30；承受重复荷载的钢筋混凝土构件，混凝土强度等级不应低于C30。

4.1.2 混凝土强度试验方法

1. 混凝土棱柱体抗压强度试验

混凝土实际受压构件，并不是立方体，而是棱柱体（高度 h 大于边长 b），且端面并不存在约束侧向变形的摩擦力。如图4-2所示为混凝土棱柱体抗压试验简图。根据圣维南原理，要消除试样端部摩擦力的影响，试样就必须具有一定高度 h，才能保证中部处于纯受压应力状态；但若 h 过大，在试样破坏前又会产生附加偏心（纵向弯曲）而使抗压强度降低。实践中人们一般认为，试样高度为边长的2～4倍（$h=2b\sim4b$）时最适宜。常用150mm×150mm×300mm，150mm×150mm×450mm，150mm×150mm×600mm的棱柱试样进行抗压试验。现行国家标准《混凝土物理力学性能试验方法标准》GB/T 50081规定以150mm×150mm×300mm的棱柱体作为混凝土轴心抗压强度试验的标准试样。棱柱体破坏时，中部处于纯压应力状态，故中部出现数条纵向裂缝或独立存在、或与端部附近的斜裂缝连通，使混凝土彼此分离。

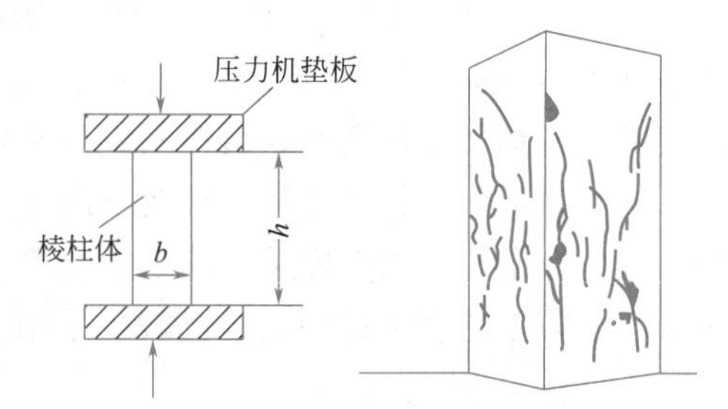

图4-2 混凝土棱柱体抗压试验

混凝土棱柱体抗压试验强度值称为轴心抗压强度 f_c，它与混凝土的立方体抗压强度大致呈线性关系。混凝土轴心抗压强度很少直接测试，实际中利用其与立方体抗压强度的关系通过计算确定。

国内进行了大量的相同强度等级的混凝土棱柱体试样与立方体试样的抗压强度试验，

得到抗压强度平均值之间的关系曲线如图 4-3 所示。由图可知，两者之间大致呈直线关系，统计平均值之间可回归成如下的经验公式：

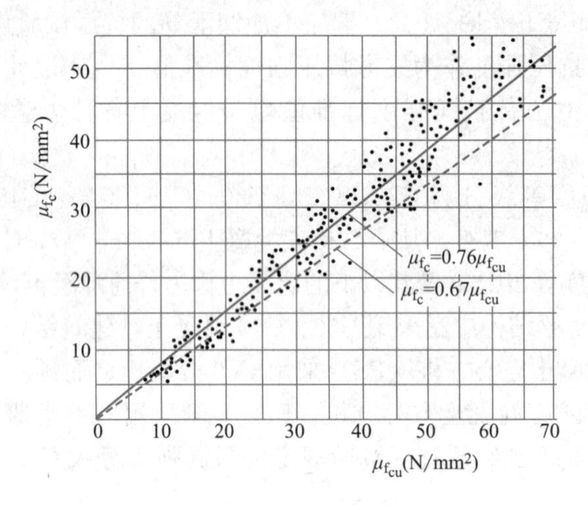

图 4-3　混凝土轴心抗压强度平均值与立方体抗压强度平均值的关系

$$\mu_{f_c}=0.76\mu_{f_{cu}} \tag{4-1}$$

考虑到实际构件制作、养护、受力等情况与实验室中试样的差异，并根据多年的工程经验，现行国家标准《混凝土结构设计标准》GB/T 50010 中实际采用式（4-1）计算结果的 0.88 倍（图 4-3 中的虚直线）。

2. 混凝土轴心抗拉强度试验

抗拉强度是混凝土的基本力学性能指标，可采用直接拉伸试验法和劈裂试验法来测定，亦可根据与立方体抗压强度的关系进行计算。

(1) 直接拉伸试验

直接拉伸试验的混凝土标准试样如图 4-4 所示，尺寸为 100mm×100mm×500mm，两端各预埋一根直径为 16mm 的钢筋，埋入混凝土内深度 150mm，并置于试样轴线上。试验机的夹具夹紧钢筋后，缓慢对钢筋施加拉力，破坏时试样在没有钢筋的中部截面被拉断。拉断时截面上的平均应力即为混凝土的轴心抗拉强度。该拉伸试验的缺点在于预埋钢筋位置存在误差，难以保证试样真正的轴心受力。拉力偏心，对结果将会产生较大影响。所以，混凝土的直接拉伸试验已较少采用。

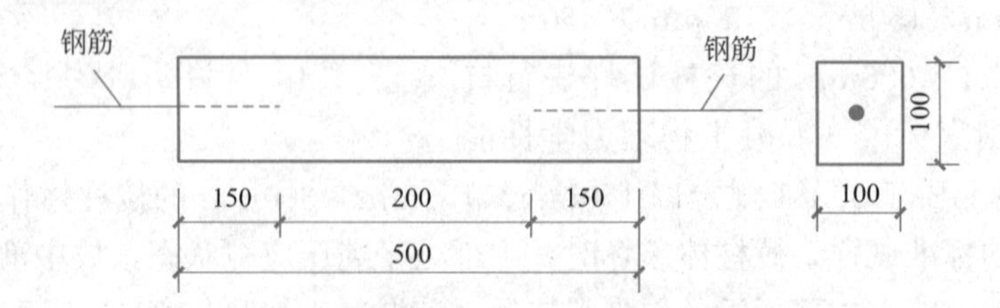

图 4-4　混凝土抗拉强度试验标准试样（单位：mm）

(2) 劈裂试验

目前，国内外都广泛采用劈裂试验法来测定混凝土的抗拉强度，试验原理如图 4-5 所示。在圆柱体试样上通过弧形垫条及垫层施加压力线荷载，在中间垂直截面上中部产生均

匀的水平向拉应力 σ_1。当该拉应力达到混凝土的抗拉强度时，试样沿中间垂直截面劈裂拉断。根据弹性理论分析结果，劈裂抗拉强度为：

$$f_{ts}=\sigma_1=\frac{2F}{\pi A}=\frac{2F}{\pi dl} \tag{4-2}$$

式中 F——劈裂破坏荷载；

d——圆柱直径；

l——圆柱长度。

试验表明：混凝土的劈裂抗拉强度 f_{ts} 略大于直接抗拉强度 f_t，劈裂抗拉试样的尺寸大小对试验结果有一定影响。标准圆柱试样的尺寸为直径 $d=150$mm，长度 $l=150$mm。除了圆柱试样外，还可采用 150mm×150mm×150mm 的标准立方体试样进行劈裂试验。若采用 100mm×100mm×100mm 的试样，测得的劈裂抗拉强度值应乘以尺寸换算系数 0.85。

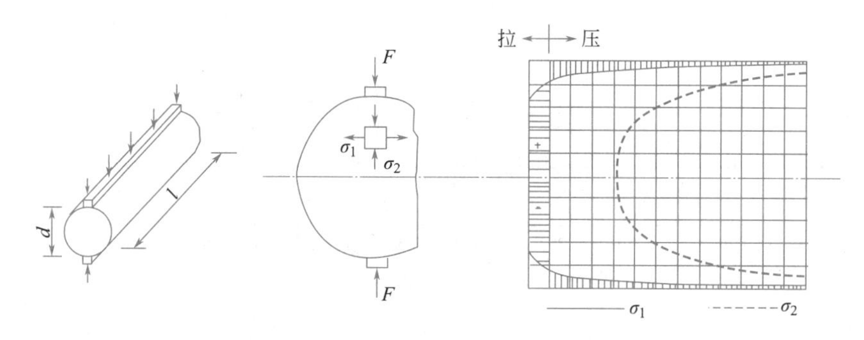

图 4-5　劈裂试验

3. 混凝土复合受力时的强度

混凝土结构构件除单向受力外，还有可能承受轴力、弯矩、剪力和扭矩的共同作用，形成双向或三向受力。单向应力状态称为简单应力状态，双向应力状态和三向应力状态称为复合（或复杂）应力状态，复合应力状态下混凝土的强度有明显变化。

(1) 双向应力状态

对于由主应力 σ_1、σ_2 表示的双向应力状态，混凝土强度试验曲线如图 4-6 所示。从图中可以看出强度变化的特点为：双向受压（第Ⅲ象限）时，一向的混凝土强度随另一向压应力的增加而增加；双向受拉（第Ⅰ象限）时，一向的抗拉强度与另一向的拉应力无关，混凝土抗拉强度接近于单向抗拉强度；一向受拉、一向受压（第Ⅱ、Ⅳ象限）时，混凝土的强度均低于单向受力时的强度。

对于由法向正应力 σ 和切向剪应力 τ 表示的拉（压）剪复合受力，它是双向应力状态的一种特例，其强度曲线如图 4-7 所示。图中曲线表明，由于剪应力的存在，混凝土的抗压强度、抗拉强度下降；当 $\sigma/f_c<0.6$ 时，抗剪强度随压应力的增大而增大；而当 $\sigma/f_c>0.6$ 时，抗剪强度随压应力的增大而减小；抗剪强度总是随拉应力的增大而减小。

(2) 三向应力状态

三向应力状态下混凝土的强度比双向应力状态时更加复杂，这里不作一般讨论。考虑混凝土圆柱体三向受压的情况，轴向压应力 $\sigma_1=\sigma$，另外两个方向的侧向压应力相等，设

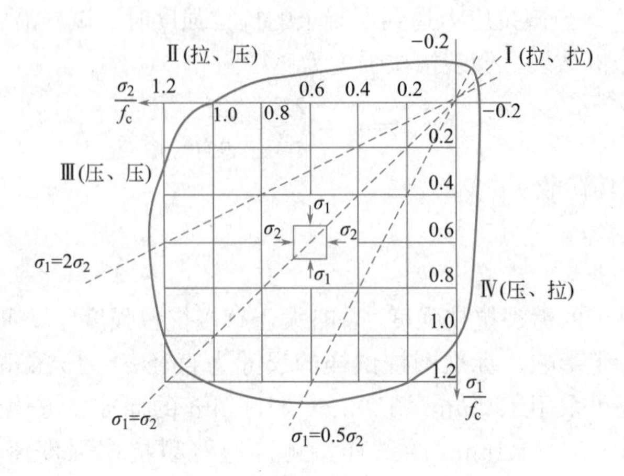

图 4-6　双向应力状态下混凝土的强度

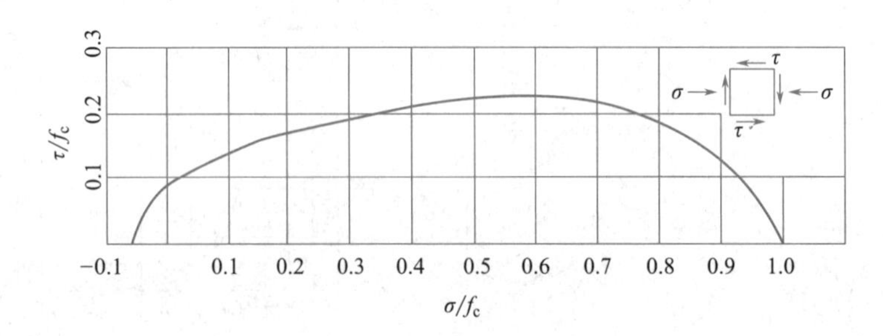

图 4-7　拉（压）剪复合受力时混凝土的强度

为 σ_2。有侧向压力约束的混凝土的轴心抗压强度 $f_{cc}=\sigma_1=\sigma$，它随另外两个方向的压应力 σ_2 的增加而增加，如图 4-8 所示。试验证实，在一定范围内，三向受压时轴心抗压强度提高值与 σ_2 呈正比：

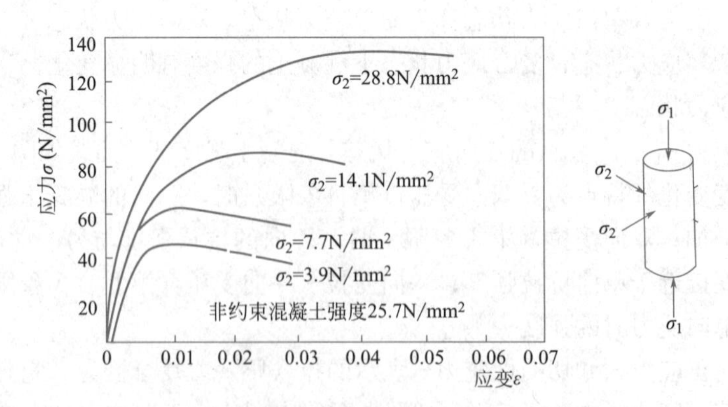

图 4-8　三向受压时混凝土的强度随侧向应力的变化

$$f_{cc}=f_c+k\sigma_2 \tag{4-3}$$

式中　f_{cc}——有侧向压力约束的试样的轴心抗压强度；

f_c——无侧向压力约束的试样的轴心抗压强度；

σ_2——侧向约束压应力；

k——侧向应力系数，试验测定大约为 4.5～7.0。

利用三向受压可使混凝土强度得以提高的这一特性，工程上的混凝土受压构件可做成侧向受限的所谓“约束混凝土”。实现侧向约束的方式有多种，但以螺旋箍筋柱和钢管混凝土柱最为常见。当柱内压应力达到使混凝土内部裂缝扩展而致体积膨胀挤压螺旋箍筋或钢管壁时，螺旋箍筋或钢管便起限制混凝土横向变形的作用，使混凝土三向受压，从而达到提高抗压强度的目的。因为 σ_2 的存在，构件的横向变形受到约束，所以不仅使竖向抗压强度得到提高，而且纵向变形的能力也增大了。现行国家标准《混凝土结构设计标准》GB/T 50010 对螺旋箍筋柱，取 $k=4.0$。

4.1.3 混凝土变形性能

混凝土的变形，分为两种：一种变形是由外荷载引起的，另一种变形则是由非外力因素引起的。荷载可产生短期变形——弹塑性变形、长期变形——徐变，非荷载因素引起的变形以材料的收缩变形为代表。

1. 荷载产生的短期变形

(1) 应力-应变关系

混凝土棱柱体试样轴心受压完整的应力-应变曲线如图 4-9 所示，总体上可分成上升 OC 和下降 CF 两部分，包含如下几个阶段：

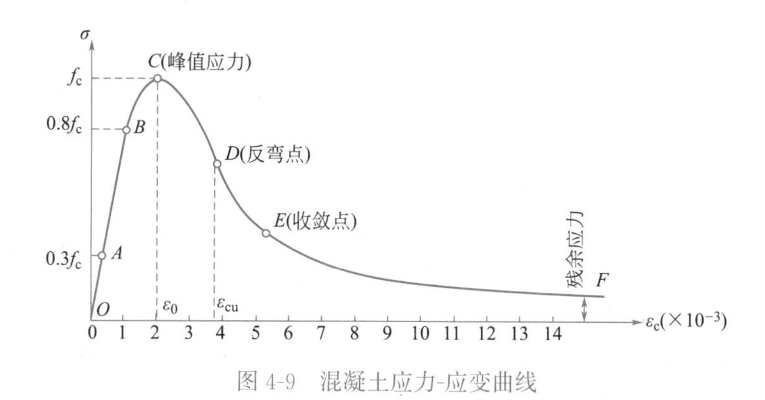

图 4-9 混凝土应力-应变曲线

① 线弹性阶段 OA：当压应力较小时，混凝土的变形主要是由骨料和水泥石中的水泥结晶体在压力作用下产生的弹性变形，水泥石中水泥胶凝体的塑性变形和初始微裂缝变化的影响都很小，材料表现出弹性性质。OA 段近似为一条直线，材料力学中的胡克定律可以应用。A 点的应力称为比例极限，其值大约为 $0.3f_c$～$0.4f_c$。

② 裂缝稳定扩展阶段 AB：应力超过 A 点以后，出现塑性变形，裂缝开始缓慢发展。若应力不再继续增加，则裂缝停止扩展。B 点称为临界点，其应力大约为 $0.8f_c$，它是混凝土长期抗压强度的依据。

③ 裂缝不稳定扩展阶段 BC：这一阶段内，试样所积蓄的弹性变形能大于裂缝发展所需要的能量，造成裂缝的快速扩展。这时即使荷载不再增加，裂缝也会继续发展。该阶段裂缝的扩展已处于不稳定状态。

最高点 C 的应力 σ_{max} 称为峰值应力，它作为棱柱体试样的抗压强度 f_c。C 点对应的应变 ε_0 称为峰值应变，其值与混凝土的强度等级有关，大约在 0.0015～0.0025 之间波动，平均值为 $\varepsilon_0=0.002$。

④ 下降段 CF：应力到达峰值以后，裂缝迅速扩展，结构内部的整体性遭到严重破坏，传力路径不断减少，平均应力下降，形成曲线的下降段。其中 D 为曲线的拐点（工程上称为反弯点），此时试样在宏观上已完全破碎，压应变 ε_{cu} 为 0.003～0.005，称为混凝土的极限压应变，其值与混凝土的强度等级有关，它是混凝土非均匀受压时设计压应变的限值；E 处曲率最大，称为收敛点。从收敛点开始以后的曲线（EF）称为收敛段，变形到此时，贯通的主裂缝已经很宽，对无侧向约束的混凝土已失去结构意义。

加压至 BC 段的某点时卸载，则卸载曲线与加载曲线并不重合，出现一个环，称为滞后环。滞后环的面积代表一次加载、卸载材料内部消耗的能量。但随着加载-卸载循环次数 n 的增多，滞后环逐渐减小。当 $n=5$～10 时，加载-卸载曲线几乎重合，而且接近于一条直线。

混凝土轴心受拉时的应力-应变曲线与轴心受压的曲线相似，拉应力越大，弹塑性性质越明显。峰值应力为抗拉强度 f_t，此时对应的应变 ε_{tmax} 在 0.005%～0.027%之间波动。

（2）混凝土的模量

由图 4-9 可知，混凝土的应力-应变关系为曲线，不能像材料力学那样简单地定义弹性模量 E。弹性模量是直线的斜率，可以用斜率来定义混凝土的模量，有切线模量和割线模量之分，如图 4-10 所示。

① 弹性模量 E_c

将混凝土受压时的 σ-ε 曲线的切线斜率 $\tan\alpha$ 定义为混凝土的切线模量，它和应力水平有关，不同的应力点上切线模量不同，不便于应用。人们将原点的切线斜率定义为混凝土的初始弹性模量，简称弹性模量，用 E_c 表示，即：

$$E_c=\left.\frac{d\sigma}{d\varepsilon}\right|_{\varepsilon=0}=\tan\alpha_0 \tag{4-4}$$

原点切线斜率不易准确测定，现行国家标准《混凝土物理力学性能试验方法标准》GB/T 50081 规定 E_c 用下述方法测定：棱柱体试样，应力上限为 $0.5f_c$，下限为 0，反复加载-卸载 5～10 次，应力-应变曲线接近于直线，如图 4-11 所示，取该直线的斜率为弹性模量 E_c。E_c 的量值和混凝土的强度等级有关，科研人员找到了它们之间的定量关系，所以实用中不必测试，直接计算就可以了。

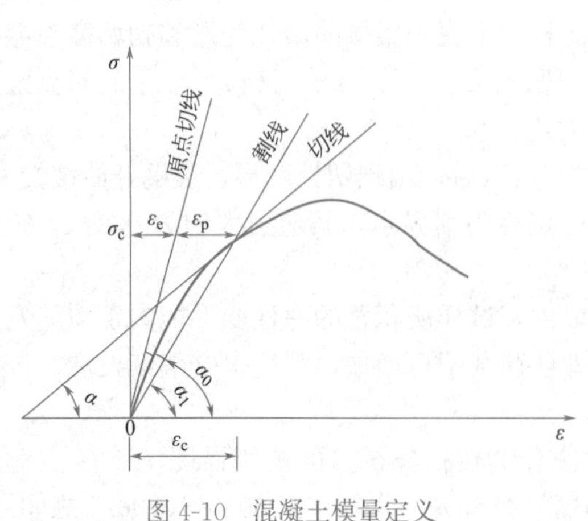

图 4-10　混凝土模量定义

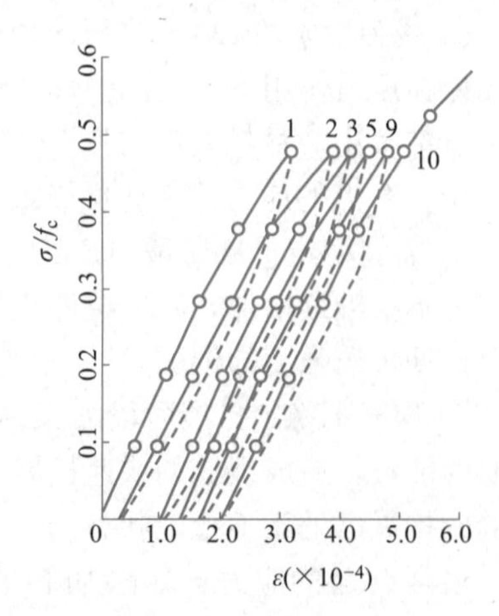

图 4-11　混凝土弹性模量测定

② 变形模量 E_c'

当应力较大时，作为原点切线斜率的弹性模量不能准确反映混凝土的实际情况。为此，将任一点的割线斜率（即割线模量）定义为变形模量，用 E_c'表示。设任意点的应力为 σ_c，应变 ε_c 由弹性应变 ε_e 和塑性应变 ε_p 组成，如图 4-10 所示。按定义有：

$$
\begin{aligned}
E_c' &= \tan\alpha_1 = \frac{\sigma_c}{\varepsilon_c} = \frac{\varepsilon_e}{\varepsilon_c}\frac{\sigma_c}{\varepsilon_e} \\
&= \nu \cdot \tan\alpha_0 = \nu E_c
\end{aligned}
\tag{4-5}
$$

式中 $\nu=\varepsilon_e/\varepsilon_c$ 是混凝土受压时的弹性应变和总压应变的比值，称为混凝土的弹性系数，它与压应力水平有关。当 $\sigma_c \leqslant 0.3f_c$ 时，$\nu=1$；ν 随着应力的增大而减小，当应力接近 f_c 时，$\nu=0.4 \sim 0.7$。

混凝土受拉时的弹性模量与受压弹性模量取值相同；受拉变形模量可按式（4-5）计算，此时取 $\nu=0.5$。

2. 荷载产生的长期变形

荷载产生的长期变形随时间的增长而增长，称为徐变。徐变是混凝土黏弹性、黏塑性特性的表现，也是材料在长期荷载作用下的变形性能。

棱柱体受压时典型的徐变曲线如图 4-12 所示，它具有以下一些特点：

加载：在荷载作用期间，应变由两部分构成，即加载瞬时产生的瞬时弹性应变和随时间增长的徐变应变。徐变应变开始增加较快，以后逐渐减小并趋于稳定。徐变应变值大约为瞬时弹性应变的 1～4 倍。

卸载：卸载后，弹性应变的大部分瞬时恢复，另一部分为弹性后效，经历一段时间得以恢复；剩下不能恢复的部分为遗留在混凝土中的残余应变。

影响徐变的主要因素包括：

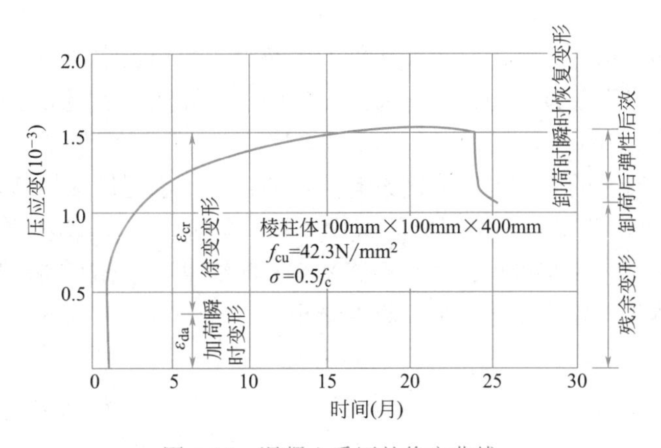

图 4-12　混凝土受压的徐变曲线

① 应力水平。应力越大，徐变越大。当 $\sigma_c < 0.5f_c$ 时，徐变与应力呈比例，称为线性徐变。线性徐变一年后趋于稳定，一般经历三年左右而终止。当 $\sigma_c > 0.5f_c$ 时，徐变增长大于应力增长，出现非线性徐变。当应力过高时，非线性徐变将会不收敛，它可直接引起构件破坏。

② 混凝土龄期。施加荷载时混凝土龄期越小，徐变越大。

③ 材料配比。水泥用量越多，徐变越大；水灰比越大，徐变也越大；而骨料的强度、弹性模量越高，则徐变越小。

④ 温度、湿度。养护温度高、湿度大，水泥水化作用充分，徐变就小。构件工作温度越高，湿度越低，徐变就越大。

混凝土的徐变可使构件的变形增加，对结构有不利的影响，主要表现在：它使受弯构件挠度增大、使柱的附加偏心距增大、增大预应力混凝土的预应力损失，还可使截面上的应力重分布等。

3. 非荷载引起的变形

收缩变形是非荷载因素引起变形的代表。混凝土在结硬过程中，体积会发生变化。当在水中结硬时，体积要增大——膨胀；当在空气中结硬时，体积要缩小——收缩。混凝土的收缩应变比膨胀应变大得多，有试验数据说明收缩应变可达 $0.2\times10^{-3}\sim0.5\times10^{-3}$。收缩变形可分为凝缩变形和干缩变形两部分，前一部分是水泥胶凝体在结硬过程中本身的体积收缩，后一部分是自由水分蒸发引起的收缩。收缩应变与时间的关系曲线如图 4-13 所示。

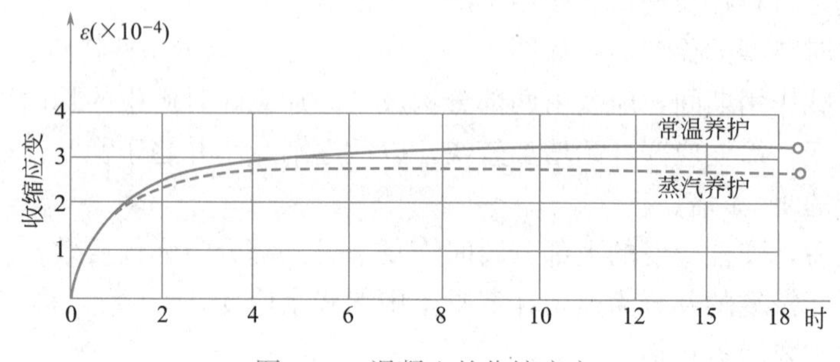

图 4-13 混凝土的收缩应变

混凝土的收缩对构件有害。它可使构件产生裂缝，影响正常使用；在预应力混凝土结构中，混凝土收缩可引起预应力损失。实际工程中，应设法减小混凝土的收缩，避免其不利影响。

试验表明，混凝土的收缩与很多因素有关，如：(1) 水泥用量越多，水灰比越大，收缩越大；(2) 强度等级高的水泥制成的试样，收缩量大；(3) 养护条件好，收缩量小；(4) 骨料弹性模量大，收缩量小；(5) 振捣密实，收缩量小；(6) 使用环境湿度大，收缩量小；(7) 构件体积与表面积之比大，收缩量小。

4.2 混凝土的力学性能指标取值

4.2.1 混凝土的强度标准值

混凝土的强度指轴心抗压强度和轴心抗拉强度，它们都是随机变量，强度统计参数有平均值、标准差或变异系数，其基本指标就是具有 95%保证率的强度标准值，详见本书附表 1。下面介绍混凝土强度标准值的取值依据。

1. 混凝土轴心抗压强度标准值

混凝土棱柱体抗压强度称为混凝土的轴心抗压强度，它是混凝土最基本的强度指标。

工程上很少直接测定混凝土轴心抗压强度，而是通过立方体抗压强度进行换算。现行国家标准《混凝土结构设计标准》GB/T 50010 采用的混凝土轴心抗压强度标准值是由如下公式计算得到的：

$$f_{ck}=0.88\alpha_{c1}\alpha_{c2}f_{cu,k} \tag{4-6}$$

式中 α_{c1}——混凝土棱柱体抗压强度与立方体抗压强度之比；对 C50 及以下取 $\alpha_{c1}=0.76$，对 C80 取 $\alpha_{c1}=0.82$，中间按线性规律变化；

α_{c2}——对 C40 以上混凝土考虑脆性折减系数；对 C40 取 $\alpha_{c2}=1.0$，对 C80 取 $\alpha_{c2}=0.87$，中间按线性规律变化。

考虑到结构中混凝土强度与试样混凝土强度之间的差异，根据实践经验并结合统计数据分析，对试样混凝土的结果予以修正，取修正系数为 0.88。

由式（4-6）计算的结果，修约到 0.1N/mm^2。

【例题 4-1】求 C30、C65 混凝土的轴心抗压强度标准值。

【解】（1）C30 混凝土

已知：$\alpha_{c1}=0.76$，$\alpha_{c2}=1.0$，$f_{cu,k}=30\text{N/mm}^2$

代入式（4-6）得：

$$f_{ck}=0.88\alpha_{c1}\alpha_{c2}f_{cu,k}=0.88\times0.76\times1.0\times30=20.1\ \text{N/mm}^2$$

（2）C65 混凝土

$$\alpha_{c1}=0.76+\frac{0.82-0.76}{6}\times3=0.79$$

$$\alpha_{c2}=1.0-\frac{1.0-0.87}{8}\times5=0.919$$

$$f_{cu,k}=65\ \text{N/mm}^2$$

由式（4-6）得：

$$f_{ck}=0.88\alpha_{c1}\alpha_{c2}f_{cu,k}=0.88\times0.79\times0.919\times65=41.5\ \text{N/mm}^2$$

对照附表 1 可以发现，计算结果与表值完全一致。其实，表中数据就是根据式（4-6）计算得到的。

2. 混凝土轴心抗拉强度标准值

混凝土是典型的脆性材料，其抗拉性能很差。抗拉强度标准值 f_{tk} 大约是抗压强度标准值 f_{ck} 的 1/10～1/6，强度等级越高，这种差别就越大。设计中 f_{tk} 按下式计算：

$$f_{tk}=0.88\times0.395\alpha_{c2}f_{cu,k}^{0.55}(1-1.645\delta)^{0.45} \tag{4-7}$$

式中 δ——混凝土立方体抗压强度变异系数，按表 4-1 取值。

由式（4-7）计算得到的抗拉强度标准值，修约到 0.01N/mm^2。

混凝土立方体抗压强度变异系数　　表 4-1

$f_{cu,k}$	C15	C20	C25	C30	C35	C40	C45	C50	C55	C60～C80
δ	0.21	0.18	0.16	0.14	0.13	0.12	0.12	0.11	0.11	0.10

【例题 4-2】试确定 C40、C75 混凝土的轴心抗拉强度标准值。

【解】（1）C40 混凝土

已知：$\alpha_{c2}=1.0$，$\delta=0.12$，$f_{cu,k}=40\text{N/mm}^2$

代入式（4-7）得：

$$f_{tk}=0.88\times0.395\alpha_{c2}f_{cu,k}^{0.55}(1-1.645\delta)^{0.45}$$
$$=0.88\times0.395\times1.0\times40^{0.55}\times(1-1.645\times0.12)^{0.45}=2.39\ \text{N/mm}^2$$

（2）C75 混凝土

$$\alpha_{c2}=1.0-\frac{1.0-0.87}{8}\times7=0.886$$

$$\delta=0.10\text{N/mm}^2，f_{cu,k}=75\text{N/mm}^2$$

代入式（4-7）得：

$$f_{tk}=0.88\times0.395\alpha_{c2}f_{cu,k}^{0.55}(1-1.645\delta)^{0.45}$$
$$=0.88\times0.395\times0.886\times75^{0.55}\times(1-1.645\times0.10)^{0.45}=3.05\ \text{N/mm}^2$$

4.2.2 混凝土的强度设计值

材料强度属于结构抗力的组成部分，材料强度设计值由材料强度标准值除以材料分项系数而得。按可靠指标要求，混凝土材料分项系数取 $\gamma_c=1.4$，所以混凝土轴心抗压强度设计值 f_c、轴心抗拉强度设计值 f_t 分别为：

$$f_c=\frac{f_{ck}}{\gamma_c}=\frac{f_{ck}}{1.4} \tag{4-8}$$

$$f_t=\frac{f_{tk}}{\gamma_c}=\frac{f_{tk}}{1.4} \tag{4-9}$$

其中 f_c 值修约到 0.1N/mm²，f_t 值修约到 0.01N/mm²。计算得到的不同强度等级混凝土的强度设计值，见附表 2。

【例题 4-3】 由附表 1 已知 C50 混凝土的轴心抗压强度、抗拉强度标准值分别为 32.4N/mm² 和 2.64N/mm²，试确定强度设计值。

【解】 由式（4-8）、式（4-9）计算可得抗压强度、抗拉强度设计值：

$$f_c=\frac{f_{ck}}{1.4}=\frac{32.4}{1.4}=23.1\ \text{N/mm}^2$$

$$f_t=\frac{f_{tk}}{1.4}=\frac{2.64}{1.4}=1.89\ \text{N/mm}^2$$

4.2.3 混凝土的弹性模量

混凝土的弹性模量即原点切线模量，与混凝土强度等级有关，强度等级越高，弹性模量越大。根据大量的试验结果，拟合得到由立方体抗压强度标准值 $f_{cu,k}$ 计算 E_c 的经验公式，作为设计时采用：

$$E_c=\frac{10^5}{2.2+\dfrac{34.7}{f_{cu,k}}}\ \text{N/mm}^2 \tag{4-10}$$

上式计算的结果修约到 0.05×10^4N/mm²，见附表 3。

【例题 4-4】 试求 C55 混凝土的弹性模量。

【解】

$$E_c=\frac{10^5}{2.2+\dfrac{34.7}{f_{cu,k}}}=\frac{10^5}{2.2+\dfrac{34.7}{55}}=3.5324\times10^4\ \text{N/mm}^2$$

修约结果为：$E_c = 3.55 \times 10^4 \text{N/mm}^2$

4.3 钢筋的种类及其性能

4.3.1 钢筋的种类

钢筋外形有光圆、螺纹、人字纹及月牙纹等形式，如图 4-14 所示。除了光圆钢筋以外，其他形式的钢筋统称为变形钢筋或带肋钢筋。因螺纹钢筋曾在工地上广泛应用，所以带肋钢筋俗称“螺纹钢筋或螺纹钢”。带肋钢筋表面有两条与钢筋轴线平行的均匀纵肋和沿长度方向均匀分布的横肋，横肋的肋纹形式过去主要为螺纹和人字纹，近年出现了月牙纹。月牙纹钢筋的横肋呈月牙形且不与纵肋相交，可以避免两肋相交处的应力集中，改善了钢筋的疲劳和冷弯性能，而且轧制方便。

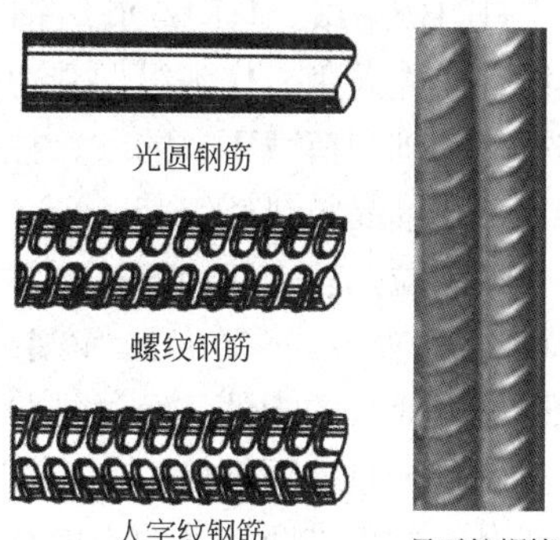

图 4-14 钢筋外形

光圆钢筋表面光滑，横截面面积就是圆截面面积。带肋钢筋是在基圆的基础上附加了突起的肋，表面凹凸不平，横截面面积并不是圆的面积，而是基圆的面积加上纵肋和横肋的截面面积。将钢筋的横截面换算成一个圆截面，使两者面积相等，该换算圆的直径称为带肋钢筋的公称直径。显而易见，光圆钢筋的公称直径 d 就等于钢筋直径，而带肋钢筋的公称直径 d 小于钢筋表面外接圆的直径（外径）d'，大于基圆直径（内径）d_i。带肋钢筋公称直径、内径、横肋高度和外径的对应关系见表 4-2。

带肋钢筋公称直径 d 与内径 d_i、横肋高度 h 和外径 d' 之间的对应关系（mm）　表 4-2

d	6	8	10	12	14	16	18	20	22	25	28	32	36	40	50
d_i	5.8	7.7	9.6	11.5	13.4	15.4	17.3	19.3	21.3	24.2	27.2	31.0	35.0	38.7	48.5
h	0.6	0.8	1.0	1.2	1.4	1.5	1.6	1.7	1.9	2.1	2.2	2.4	2.6	2.9	3.2
d'	7.0	9.3	11.6	13.9	16.2	18.4	20.5	22.7	25.1	28.4	31.6	35.8	40.2	44.5	54.9

为了解决粗钢筋及配筋密集引起设计、施工的困难，构件中的钢筋可以采用并筋（钢筋束）的配置形式。直径 28mm 及以下的钢筋并筋数量不应超过 3 根；直径 32mm 的钢筋并筋数量宜为 2 根；直径 36mm 以上的钢筋不应采用并筋。并筋应按单根等效钢筋进行计算，等效钢筋的直径应按截面面积相等的原则换算确定。相同直径的二并筋等效直径可取为 1.41 倍单根钢筋直径；三并筋等效直径可取为 1.73 倍单根钢筋直径。二并筋可按纵向或横向的方式布置；三并筋宜按品字形布置，并均按并筋的截面形心作为等效钢筋的形心。

钢筋根据使用上的不同，可分为普通钢筋和预应力筋两类。

1. 普通钢筋

用于钢筋混凝土结构中的钢筋和预应力混凝土结构中的非预应力钢筋，称为普通钢筋。普通钢筋由碳素钢、低合金钢热轧而成，又称热轧钢筋。经热轧成型并自然冷却的成品钢筋称为普通热轧钢筋，在轧制过程中通过控轧控冷工艺形成的细晶粒钢筋称为细晶粒热轧钢筋，轧制成型后经高温淬火、再余热处理的钢筋称为余热处理钢筋。

（1）普通热轧钢筋

建筑结构中采用的普通热轧钢筋，按屈服强度标准值大小分为以下三个级别。

HPB300 级（符号φ）。热轧光圆钢筋，由碳素钢经热轧而成，公称直径 6～22mm，规范推荐直径 6、8、10、12、16、20mm。

HRB400 级（符号Φ）、HRB500 级（符号Φ）。热轧带肋钢筋，由低合金钢经热轧而成，公称直径 6～50mm，规范推荐直径 6、8、10、12、16、20、25、32、40、50mm。

HRB400 级、HRB500 级钢筋强度高、延性好、锚固性能好，混凝土结构中纵向受力钢筋宜优先采用，作为纵向受力的主导钢筋；HPB300 级钢筋强度低、锚固性能差，只用作板、基础和荷载不大的梁、柱受力钢筋，可用作箍筋和其他构造钢筋。

（2）细晶粒热轧钢筋

细晶粒热轧带肋钢筋按强度大小有：HRBF400 级（符号$Φ^F$）和 HRBF500 级（符号$Φ^F$），公称直径 6～50mm。该系列的钢筋在结构中应用不多，积累的经验有限，一般用于承受静力荷载的构件，经过试验验证后，方可用于疲劳荷载作用的构件。

（3）余热处理钢筋

余热处理带肋钢筋的强度级别为 RRB400 级（符号$Φ^R$），公称直径为 6～50mm。其强度虽然较高，但延性、可焊性、机械连接性能及施工适应性降低，其应用受到一定限制。RRB400 级钢筋一般可用于对变形性能及加工性能要求不高的构件中，如基础、大体积混凝土、楼板、墙体以及次要的中小结构构件。这种钢筋不宜用于直接承受疲劳荷载的构件。

2. 预应力筋

预应力混凝土结构或构件中的预应力筋包括钢绞线、钢丝和预应力螺纹钢筋等种类。

（1）钢绞线（符号$φ^S$）

钢绞线是由多根高强度钢丝扭结而成并经消除应力（低温回火）后的盘卷状钢丝束，如图 4-15 所示。常用的钢绞线有三股、七股等，截面以公称直径（钢绞线外接圆直径）度量。

钢绞线具有截面集中、比较柔软、盘弯后运输方便、与混凝土黏结性能良好等特点，可大大简化现场成束工序，是一种较理想的预应力筋，广泛应用于后张法大型构件。

（2）钢丝

根据表面不同，用作预应力筋的钢丝有光面钢丝、螺旋肋钢丝两种，如图 4-16 所示。钢丝的公称直径为 5mm、7mm、9mm，强度高，塑性好，但光面钢丝与混凝土的黏结力不如螺旋肋钢丝强。根据强度不同，预应力钢丝分中强度预应力钢丝和消除应力钢丝两类。

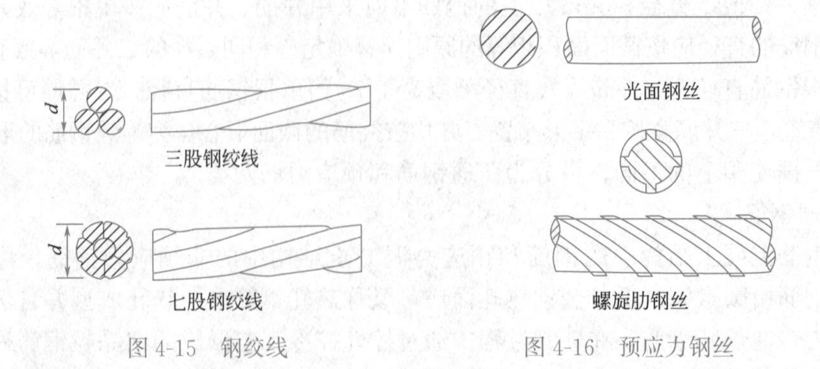

图 4-15　钢绞线　　图 4-16　预应力钢丝

① 中强度预应力钢丝

抗拉强度介于 800～1200MPa 之间的预应力钢丝称为中强度预应力钢丝，抗拉强度大于 1470MPa 的预应力钢丝称为高强度预应力钢丝。光面中强度预应力钢丝用符号ϕ^{PM}表示，螺旋肋中强度预应力钢丝则用符号ϕ^{HM}表示。

② 消除应力钢丝

由高碳镇静钢光圆盘条钢筋经冷拔（用强力拉过比自身直径小的硬质合金拔丝模）制成的钢丝，经回火处理以消除残余应力。消除应力钢丝属于高强度预应力钢丝，其中光面消除应力钢丝用符号ϕ^{P}表示，螺旋肋消除应力钢丝用符号ϕ^{H}表示。

预应力筋还采用低松弛钢丝（或钢绞线）。与普通松弛钢丝不同的是，钢丝冷拔后在一定拉力条件下进行回火处理，以消除残余应力。经过这种工艺处理的钢丝，弹性极限和屈服强度提高，应力松弛率大大降低，故称为低松弛钢丝。在预应力混凝土结构中，低松弛钢丝（或钢绞线）可使预应力损失降低，提高构件的抗裂度，综合经济效益较好，目前国际上已大量采用这种钢丝（或钢绞线）。

（3）预应力螺纹钢筋（符号ϕ^{T}）

预应力螺纹钢筋又称为精轧螺纹钢筋，是一种热轧成带有不连续的外螺纹的直条钢筋。该钢筋在任意截面处，均可用带有匹配形状的内螺纹的连接器或锚具进行连接或锚固。这是一种粗的预应力钢筋，公称直径范围为 18～50mm。

4.3.2 钢筋的力学性能

将钢筋试样在材料试验机上进行拉伸试验，得到应力-应变曲线如图 4-17 所示。根据拉伸试验的数据，可以测定其强度和变形参数。

1. 材料强度

（1）比例极限 f_p。应力、应变之间满足线性关系的最大应力，即图示直线段的最高点 P 的应力，称为比例极限，用 f_p 表示。当应力不超过比例极限时，胡克定律成立：$\sigma=E\varepsilon$，其中比例系数 E 称为弹性模量或杨氏模量。弹性变形的上限应力，即图中 A 点的应力，称为弹性极限。弹性极限和比例极限靠得很近，一般试验很难区分开，不作单独测定。

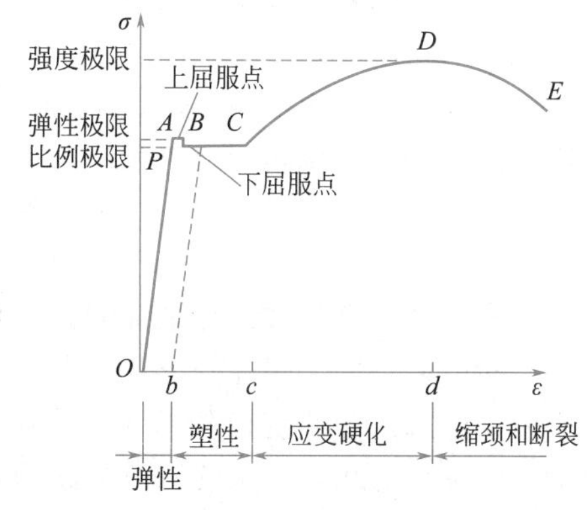

图 4-17 钢筋的应力-应变曲线

（2）屈服点 f_y。当应力达到一定水平以后，应力不再增加或略有下降（小范围内波动）而应变急剧增大的现象，称为屈服。这一阶段 ABC 称为屈服阶段，又称流动阶段。流动阶段的最大应力称为上屈服点，最小应力称为下屈服点。大量试验证实，下屈服点比较稳定，通常以此作为材料的屈服点，又称屈服极限或屈服强度，用 f_y 表示。屈服点是钢筋重要的力学指标，因为进入屈服阶段，表明材料已失去对变形的抵抗能力，所以应力达到屈服就认为材料已破坏或失效。热轧钢筋（普通钢筋）都存在屈服现象，以屈服点作为材料强度的代表。

（3）强度极限 f_u。试样（试件）所能承受的最大名义应力即极限荷载或最大拉力除以截面初始面积，定义为材料的强度极限，用 f_u 表示。强度极限对于单向拉伸，又称为抗拉强度（对于单向压缩又称为抗压强度），它就是图 4-17 中最高点 D 所对应的应力。当

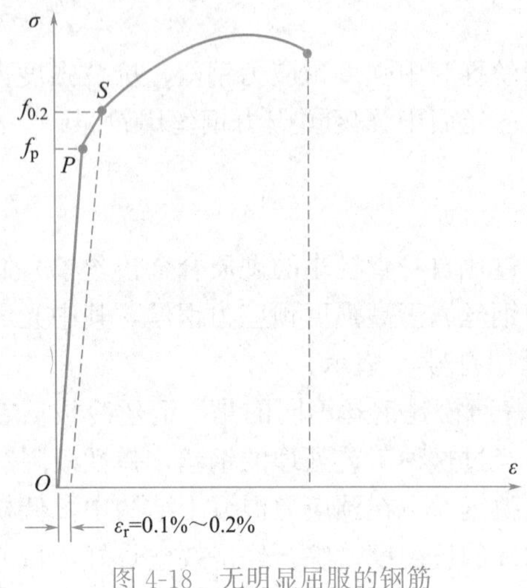

图 4-18　无明显屈服的钢筋应力-应变曲线

以屈服点作为强度计算的限值时，f_u 与 f_y 的差值可作为钢筋强度储备。强度储备的大小常用 f_y/f_u 表示，该比值称为屈强比。

对于无明显屈服现象的钢筋，应力-应变曲线如图 4-18 所示。一般取使试样产生 0.2%残余应变所对应的应力作为名义屈服点或条件屈服点，用 $f_{0.2}$ 表示（对应于材料力学的 $\sigma_{0.2}$）。预应力筋强度高，无明显屈服现象。为了取值统一起见，现行国家标准《混凝土结构设计标准》GB/T 50010 规定，对预应力筋取条件屈服强度为极限抗拉强度的 0.85 倍。

2. 材料伸长率

伸长率是材料变形能力或塑性好坏的指标，是决定结构或构件是否安全可靠的主要因素之一。

（1）最大力下总伸长率

最大拉应力 f_u 所对应的应变，即图 4-17 中曲线的最高点 D 所对应的横坐标 Od 值，称为材料在最大拉力下的总伸长率，用 δ_{gt} 表示。最大拉力下的总伸长率反映了材料拉断前达到最大力（或抗拉强度）时的均匀拉应变，故又称为均匀伸长率。它是控制钢筋延性的指标，预应力筋要求 $\delta_{gt} \geqslant 3.5\%$，普通钢筋的 δ_{gt} 值也有相应的规定，见表 4-3。

（2）断后伸长率

断后伸长率或延伸率是以拉断试样后的残余变形量来定义的。设试样初始标距长 l_0、断后标距长 l_1，则可定义伸长率或延伸率 δ：

$$\delta=\frac{l_1-l_0}{l_0}\times 100\% \tag{4-11}$$

断后伸长率的大小与试样的长短有关，分别用 δ_{10} 和 δ_5 表示用标准长试样和短试样测定的断后伸长率。塑性变形主要发生于试样的颈缩区域，而其他部位的塑性变形较小，拉断后试样总的塑性变形相差不大，但原始长度不同，所以断后伸长率不同。标距长度越大，塑性变形相对值越低，故表现为 $\delta_5>\delta_{10}$。金属材料通常以 δ_5 作为出厂参数。

断后伸长率越大，标志着钢筋的塑性性能越好。这样的钢筋不致突然发生危险的脆性破坏，因为断裂前钢筋有相当大的变形，所以它是有预兆的破坏，损失较小。强度和塑性这两个方面对钢筋都有要求。热轧钢筋的强度指标和塑性指标取值，详见表 4-3。

热轧钢筋的强度指标和塑性指标　　**表 4-3**

强度等级	屈服极限（N/mm^2）	抗拉强度（N/mm^2）	断后伸长率（%）	最大力下总伸长率（%）
HPB300	300	420	25	10.0
HRB400,HRBF400,RRB400	400	540	16	7.5
HRB500,HRBF500	500	630	15	

注：直径 28～40mm 断后伸长率可降低 1%，直径大于 40mm 断后伸长率可降低 2%。

3. 冷弯性能

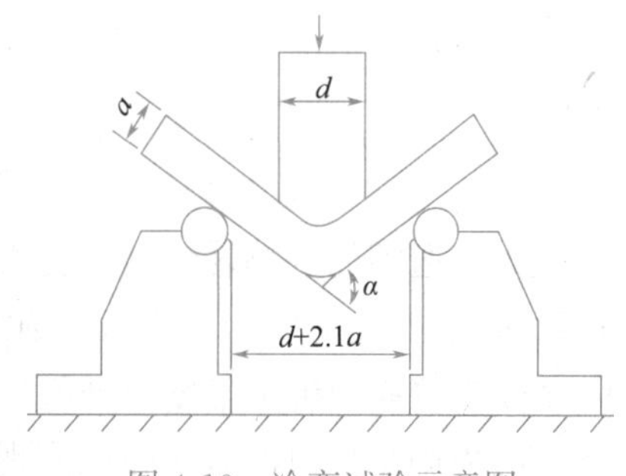

图 4-19　冷弯试验示意图

拉伸试验所得到的力学性能指标是单一的指标，而且还是静力指标；钢筋的冷弯性能是综合指标。冷弯性能由冷弯试验确定，如图 4-19 所示。在材料试验机上按照规定的弯心直径用冲头加压，将钢筋弯曲 180°后，再用放大镜检查钢筋表面，如果无裂纹、分层等现象出现，则认为钢筋的冷弯性能合格。

冷弯试验不仅能直接检验钢筋的弯曲变形能力或塑性性能，而且还能暴露钢筋内部的冶金缺陷，如硫、磷偏析和硫化物与氧化物的掺杂情况。这些内部冶金缺陷，将降低冷弯性能。所以，冷弯性能合格与否是鉴定钢筋在弯曲状态下的塑性应变能力和钢筋（钢材）质量的综合指标。

4. 钢筋的应力-应变关系

实际计算时将有屈服点钢筋的应力-应变曲线简化为三折线，无屈服点钢筋的应力-应变曲线简化为双折线，如图 4-20 所示。由图中折线关系，可以写出如下的数量关系：

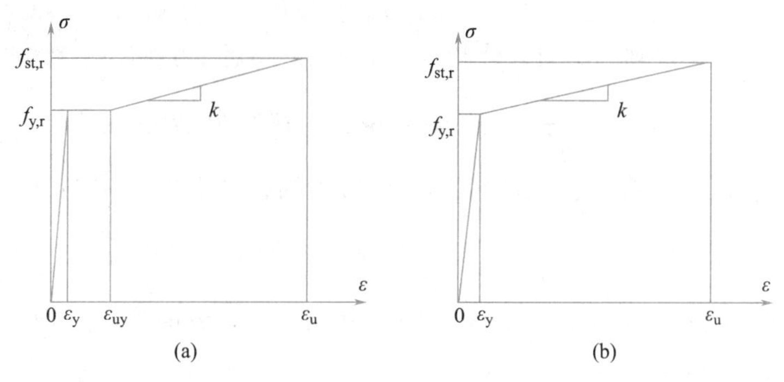

图 4-20　钢筋的应力-应变曲线简化图

（a）有屈服点钢筋；（b）无屈服点钢筋

对于有屈服点钢筋：

当 $\varepsilon_s \leqslant \varepsilon_y$ 时，$\sigma_s = E_s \varepsilon_s$；

当 $\varepsilon_y < \varepsilon_s \leqslant \varepsilon_{uy}$ 时，$\sigma_s = f_{y,r}$；

当 $\varepsilon_{uy} < \varepsilon_s \leqslant \varepsilon_u$ 时，$\sigma_s = f_{y,r} + k\ (\varepsilon_s - \varepsilon_{uy})$；

当 $\varepsilon_s > \varepsilon_u$ 时，$\sigma_s = 0$。

对于无屈服点钢筋：

当 $\varepsilon_s \leqslant \varepsilon_y$ 时，$\sigma_s = E_s \varepsilon_s$；

当 $\varepsilon_y < \varepsilon_s \leqslant \varepsilon_u$ 时，$\sigma_s = f_{y,r} + k\ (\varepsilon_s - \varepsilon_y)$；

当 $\varepsilon_s > \varepsilon_u$ 时，$\sigma_s = 0$。

其中，$f_{y,r}$ 为钢筋的屈服强度代表值，其值可根据实际结构分析需要分别取钢筋的屈服强度设计值、标准值、平均值；ε_y 为与 $f_{y,r}$ 相应的钢筋屈服应变；ε_{uy} 为钢筋硬化起点的应变；而 $f_{st,r}$ 则为钢筋极限强度代表值；ε_u 为与 $f_{st,r}$ 相应的钢筋峰值应变；k 为钢筋硬化段的斜率。

4.4 钢筋的性能指标取值

4.4.1 钢筋强度标准值

因为普通钢筋（热轧钢筋）受力时有明显的屈服现象，所以强度标准值直接根据屈服强度确定，用 f_{yk} 表示。钢筋级别后面的数值就是强度标准值（单位：N/mm^2），如 HRB400 级钢筋，抗拉强度标准值为 $400N/mm^2$，见附表 4。

预应力筋受拉时没有明显屈服现象出现，强度标准值由极限抗拉强度确定，而极限抗拉强度标准值 f_{ptk} 的取值见附表 5。

4.4.2 钢筋强度设计值

1. 钢筋强度设计值

（1）普通钢筋强度设计值

对强度等级为 400MPa 及其以下的普通钢筋，材料分项系数 $\gamma_s=1.10$，抗拉强度设计值 f_y 和抗压强度设计值 f'_y 取值相同，即：

$$f_y=f'_y=\frac{f_{yk}}{\gamma_s}=\frac{f_{yk}}{1.10} \tag{4-12}$$

按式（4-12）计算得到的结果，修约到 $10N/mm^2$。对于 HPB300 级钢筋，就有：

$$f_y=f'_y=\frac{300}{1.10}=272.7\ N/mm^2\text{，修约为 }270N/mm^2$$

对 HRB400、HRBF400 级钢筋和 RRB400 级钢筋，应用式（4-12）得：

$$f_y=f'_y=\frac{400}{1.10}=363.6\ N/mm^2\text{，修约为 }360N/mm^2$$

但对于强度 500MPa 级钢筋，即 HRB500、HRBF500 级钢筋，γ_s 取值为 1.15，且计算结果修约到 $5N/mm^2$，所以：

$$f_y=\frac{500}{1.15}=434.8\ N/mm^2\text{，修约为 }435N/mm^2$$

并取：

$$f'_y=410\ N/mm^2$$

以上结果列于附表 6，可直接查用。当构件中配有不同种类的钢筋时，每种钢筋应采用各自的强度设计值。横向钢筋的抗拉强度设计值 f_{yv} 应按附表 6 中 f_y 的数值采用；当用作受剪、受扭、受冲切承载力计算时，其数值大于 $360N/mm^2$ 时应取 $360N/mm^2$。

（2）预应力筋强度设计值

预应力筋的应力-应变曲线没有明显流幅，按规定应以产生 0.2%残余应变所对应的应力 $f_{0.2}$（或 $\sigma_{0.2}$）作为条件屈服强度。但为统一起见，现行国家标准《混凝土结构设计标准》GB/T 50010 规定取条件屈服强度为极限抗拉强度的 0.85 倍，预应力筋的材料分项系数取为 $\gamma_s=1.20$，抗拉强度设计值的计算公式为：

$$f_{py}=\frac{0.85f_{ptk}}{\gamma_s}=\frac{0.85f_{ptk}}{1.20} \tag{4-13}$$

将计算所得数值修约到 $10N/mm^2$ 作为最后结果。但对于中强度预应力钢丝和螺纹钢筋，除按上述原则计算外，还考虑到工程经验，对抗拉强度设计值进行了适当调整。

虽然说钢筋的抗拉性能和抗压性能相同，但预应力筋的抗拉强度很高，当用于受压时抗压强度达不到这个数值。构件受压过程中，混凝土达到最大压应力时，高强度钢筋的应力并没有达到屈服或条件屈服，工程设计以构件压应变 0.002（普通混凝土的峰值应变）作为钢筋抗压强度设计值的限制条件。所以，确定预应力筋抗压强度设计值的公式为：

$$f'_{py}=f_{py} \tag{4-14}$$

$$f'_{py}\leqslant E_s\varepsilon'_s=0.002E_s \tag{4-15}$$

式中　E_s——预应力筋的弹性模量，按附表 8 取值。

预应力筋的强度设计值详见附表 7。

4.5　钢筋与混凝土的黏结

4.5.1　黏结作用与黏结机理

在钢筋混凝土结构构件中，钢筋受力后会产生与混凝土之间的相对滑动趋势，这将导致在钢筋与混凝土接触界面上产生沿钢筋纵向方向的分布应力，以阻止滑动。这种纵向分布力的集度即剪应力称为黏结应力，纵向分布力的合力称为黏结力。黏结力简称为黏结，它是钢筋和混凝土这两种材料共同工作的基础。

1. 黏结机理及黏结破坏形态

光圆钢筋和带肋钢筋具有不同的黏结机理。

光圆钢筋与混凝土的黏结作用由三部分组成：①混凝土中水泥胶体与钢筋表面的化学胶着力；②钢筋与混凝土接触面上的摩擦力；③钢筋表面粗糙不平产生的机械咬合作用。其中，胶着力所占比例很小，发生相对滑移后，黏结力主要由摩擦力和机械咬合力所提供。但当钢筋受拉时，由于泊松效应所引起的钢筋直径减少会导致摩擦力和机械咬合力很快消失。光圆钢筋拔出试验的破坏形态是钢筋自混凝土被拔出的剪切破坏（滑移可达数毫米），如图 4-21 所示。

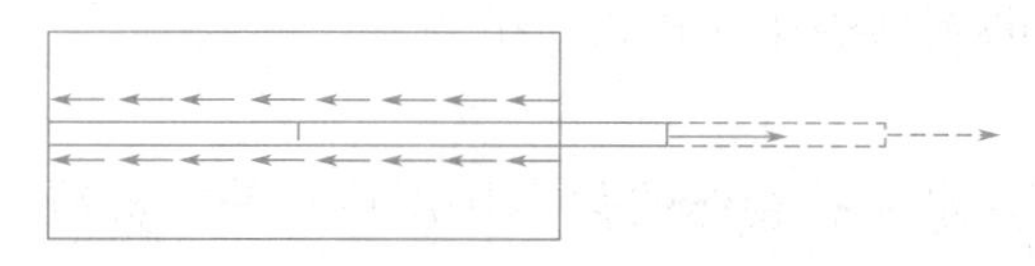

图 4-21　光圆钢筋的拔出破坏

带肋钢筋改变了钢筋与混凝土之间相互作用方式，显著提高了黏结强度。带肋钢筋和混凝土之间的黏结作用除了水泥胶体与钢筋表面的化学胶着力以及钢筋与混凝土接触面上的摩擦力外，主要表现为钢筋表面凸出的肋与混凝土的机械咬合作用，肋对混凝土的斜向挤压力形成滑动阻力（图 4-22a）。斜向挤压力的径向分量使外围混凝土犹如受内力的管壁，产生环向拉力（图 4-22b）。斜向挤压力沿钢筋轴向的分离使肋与肋之间混凝土犹如一悬臂梁受弯、受剪（图 4-22a）。因此带肋钢筋的外围混凝土处于极其复杂的三向应力状态。实际混凝土结构构件中，当由径向分量引起的混凝土的环向拉力增加至一定量值时，便会在最薄弱的部位沿钢筋的纵轴方向产生劈裂裂缝，出现黏结破坏，如图 4-22（c）及（d）所示。斜向挤压力的纵向分量会在肋间混凝土的接触面上因斜向挤压力的纵向分量产生较大的局部压应力，使混凝土局部被挤碎（图 4-22f），从而使钢筋有可能沿挤碎后粉末堆积物形成新的滑移面，产生较大的相对滑移；当混凝土的强度较低时，带肋钢筋有可能被整体拔出，发生图 4-22（g）所示的刮出式的破坏。

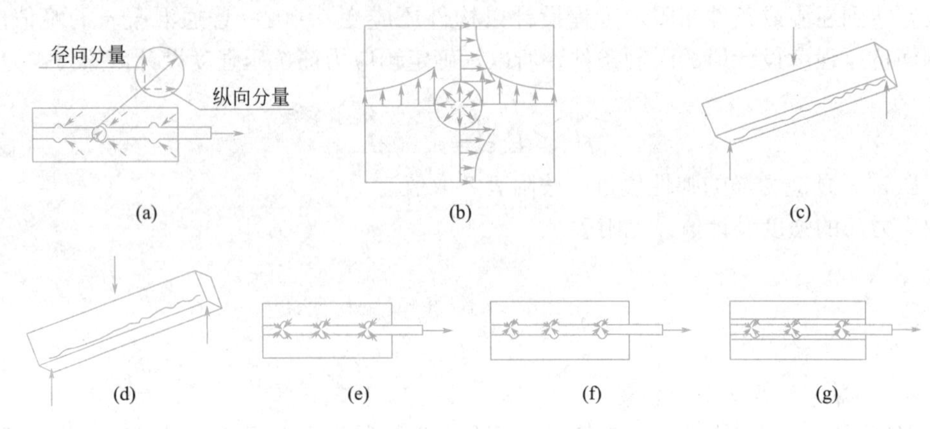

图 4-22　带肋钢筋的黏结机理及黏结破坏形态

（a）带肋钢筋拔出试验中的机械咬合作用；（b）径向分量引起的混凝土中的拉应力；（c）径向分量引起梁底的纵向裂缝；（d）径向分量引起梁侧的纵向裂缝；（e）纵向分量引起的混凝土撕裂；（f）纵向分量引起的混凝土局部挤碎；（g）纵向分量引起的刮出式破坏

钢筋受压时，钢筋与混凝土间的黏结作用除具有上述基本特征外，钢筋与其端部混凝土间的局部挤压以及由于泊松效应使得钢筋的直径变大，还会明显地延缓黏结破坏。

2. 搭接的工作机理

搭接区一端的钢筋通过与混凝土之间的黏结将其所受的力传给另一端的钢筋。其传力机理如图 4-23 所示。同理，受压钢筋与受拉钢筋的搭接工作机理不完全相同。

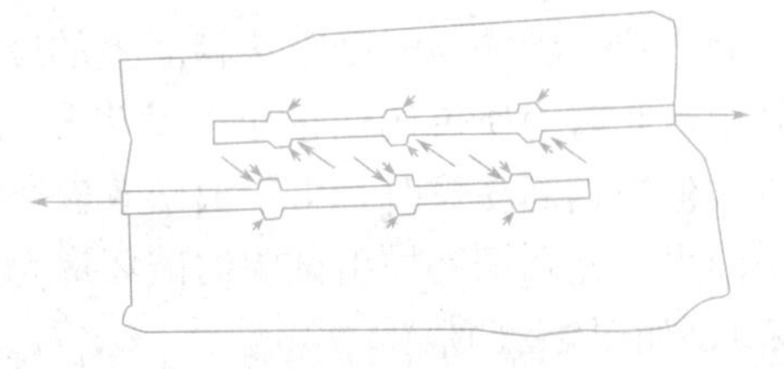

图 4-23　钢筋搭接区的传力机理

4.5.2　钢筋与混凝土间的黏结强度

钢筋和混凝土之间的黏结力主要由以下几部分组成：

（1）混凝土凝结时，水泥胶凝体的化学作用使钢筋和混凝土在接触面上产生的胶结力；

（2）混凝土凝结收缩将钢筋紧紧握裹，形成正压力，在发生相对滑移趋势时产生的摩擦力；

（3）钢筋表面粗糙不平或变形钢筋表面凸起的肋与混凝土之间的机械咬合力；

（4）当采用锚固措施后所造成的机械锚固力。

锚固是通过在钢筋一定长度上黏结应力的积累，或某种构造措施，将钢筋“固定”在混凝土中，以保证钢筋和混凝土共同工作，使两种材料各自正常、充分地发挥作用。

黏结强度就是钢筋单位表面积所能承担的最大纵向剪应力，可通过拔出试验测定。图 4-24 所示为拔出试验示意图。试验时将钢筋的一端埋置在混凝土中，在伸出的一端施加拉拔力 F，将钢筋拔出。黏结应力沿钢筋长度方向呈曲线形分布，应力不容易精确计算，一般按式（4-16）计算平均黏结应力：

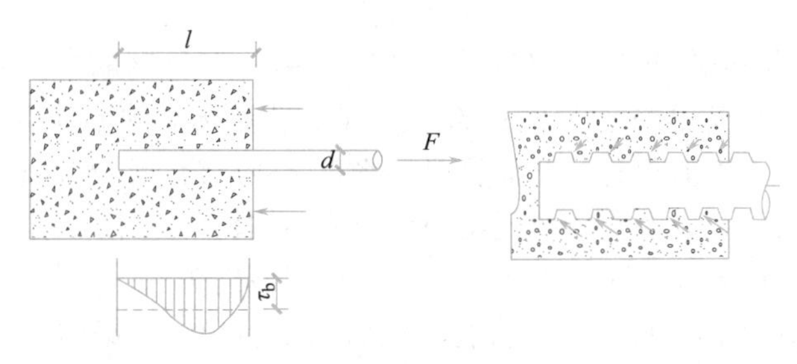

图 4-24　光圆钢筋和变形钢筋拔出试验

$$\tau=\frac{F}{\pi dl} \tag{4-16}$$

式中　d——钢筋直径；

l——钢筋埋置长度。

试验中，以钢筋拔出或混凝土劈裂作为黏结破坏的标志，此时的平均黏结应力代表钢筋与混凝土的黏结强度 τ_u。

由拔出试验可得到如下所述的几点结论：

（1）最大黏结应力在离开混凝土端面某一位置出现，且随拔出力的大小而变化，黏结应力沿钢筋长度是曲线分布的。

（2）钢筋埋入长度越长，拔出力越大；但埋入长度过长时，则其尾部的黏结应力很小，基本上不起作用。

（3）黏结强度随混凝土强度等级的提高而增大。

（4）带肋钢筋（变形钢筋）的黏结强度高于光圆钢筋。

（5）钢筋末端做弯钩可大大提高拔出力。

4.5.3　钢筋在混凝土中的锚固

影响钢筋与混凝土之间黏结强度的因素很多，其中主要有钢筋表面形状、埋置长度、混凝土强度、浇筑位置、保护层厚度及钢筋净间距等，提高黏结力的措施就是从这些因素入手，工程设计和施工中有以下的一些措施可提高黏结力。

1. 足够的锚固长度

受拉钢筋必须在支座内有足够的锚固长度，以便通过该长度上黏结应力的积累，使钢筋在靠近支座处能够充分发挥作用。

（1）基本锚固长度

受拉钢筋的基本锚固长度 l_{ab} 可由下式计算：

$$l_{ab}=\alpha\frac{f_y}{f_t}d \tag{4-17}$$

式中　f_y——普通钢筋的抗拉强度设计值；

f_t——混凝土轴心抗拉强度设计值，当混凝土的强度等级高于 C60 时，按 C60 取值；

d——锚固钢筋的直径；

α——钢筋的外形系数，光圆钢筋取 0.16，带肋钢筋取 0.14。

（2）受拉钢筋的锚固长度

受拉钢筋的锚固长度应根据锚固条件，按式（4-18）计算，且不应小于 200mm：

$$l_a = \zeta_a l_{ab} \tag{4-18}$$

式中 ζ_a 为锚固长度修正系数，按下列规定采用：带肋钢筋的直径大于 25mm 时取 1.10；环氧树脂涂层带肋钢筋取 1.25；施工过程中易受扰动的钢筋取 1.10；当纵向受力钢筋的实际配筋面积大于其设计计算面积时，修正系数取设计计算面积与实际配筋面积的比值，但对有抗震设防要求及直接承受动力荷载的结构构件，不应考虑此项修正；锚固钢筋的保护层厚度为 $3d$ 时修正系数可取 0.80，保护层厚度为 $5d$ 时修正系数可取 0.70，中间按内插取值，此处 d 为锚固钢筋的直径。同时满足多项时，锚固长度修正系数应连乘，但不应小于 0.6。

纵向受拉普通钢筋可采用末端弯钩和机械锚固，如图 4-25 所示。包括弯钩或锚固端头在内的锚固长度（投影长度）可取为基本锚固长度 l_{ab} 的 60%。

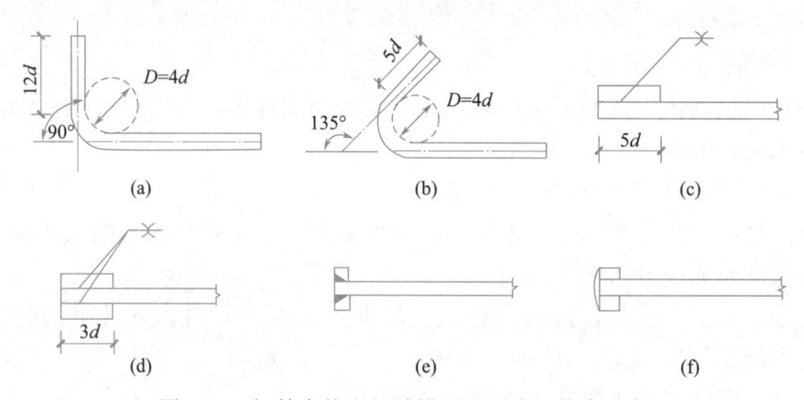

图 4-25 钢筋弯钩和机械锚固的形式和技术要求

(a) 90°弯钩；(b) 135°弯钩；(c) 一侧贴焊锚筋；(d) 两侧贴焊锚筋；(e) 穿孔塞焊锚板；(f) 螺栓锚头

(3) 受压钢筋锚固长度

混凝土结构构件中的纵向受压钢筋，当计算中充分利用其抗压强度时，锚固长度不应小于相应受拉锚固长度的 70%。

受压钢筋不应采用末端弯钩和一侧贴焊锚筋的锚固措施。

2. 一定的搭接长度

受力钢筋绑扎搭接时，通过钢筋与混凝土之间的黏结应力来传递钢筋与钢筋之间的内力，如图 4-26 所示。必须有一定的搭接长度，才能保证内力的传递和钢筋强度的充分利用。

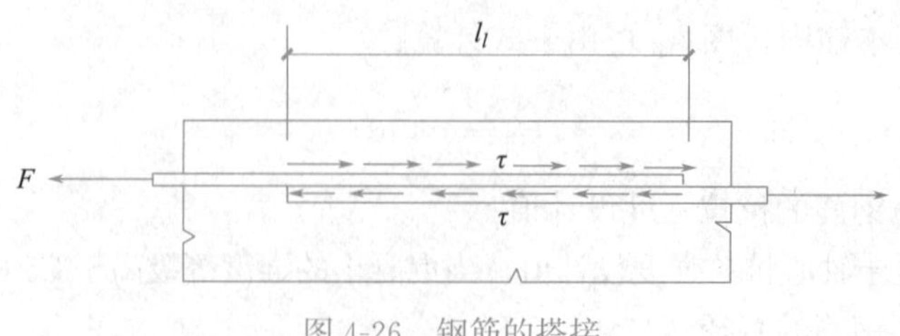

图 4-26 钢筋的搭接

同一构件中相邻纵向受力钢筋的绑扎搭接接头宜相互错开。钢筋绑扎搭接接头连接区段的长度为 1.3 倍搭接长度，凡搭接接头中点位于该连接区段长度内的搭接接头均属于同一连接区段，如图 4-27 所示。同一连接区段内纵向受力钢筋搭接接头面积百分率为该区段内有搭接接头的纵向受力钢筋与全部纵向受力钢筋截面面积的比值。当直径不同的钢筋搭接时，按直径较小的钢筋计算。

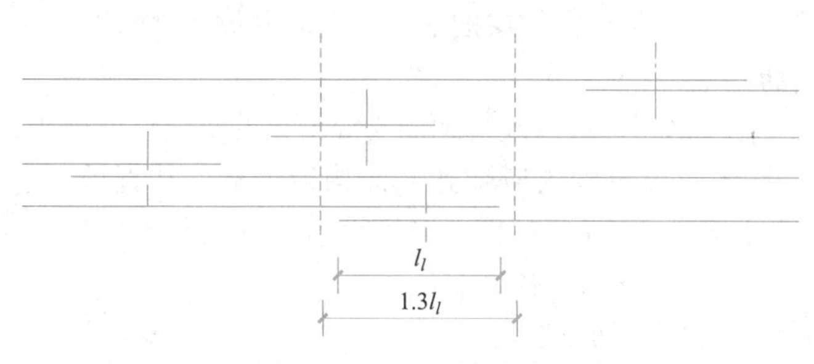

图 4-27　同一连接区段内纵向受拉钢筋的绑扎搭接接头

位于同一连接区段内的受拉钢筋搭接接头面积百分率：对梁类、板类构件，不宜大于 25％；对柱类构件，不宜大于 50％。当工程中确有必要增大受拉钢筋搭接接头面积百分率时，对梁类构件，不宜大于 50％；对板、墙、柱及预制构件的拼接处，可根据实际情况放宽。

并筋采用绑扎连接时，应按每根单筋错开搭接的方式连接。接头面积百分率按同一连接区段内所有的单根钢筋计算。并筋中钢筋的搭接长度应按单筋分别计算。

纵向受拉钢筋绑扎搭接接头的搭接长度 l_l 按式（4-19）计算，且不应小于 300mm：

$$l_l = \zeta_l l_a \tag{4-19}$$

式中 ζ_l 为纵向受拉钢筋搭接长度修正系数，按表 4-4 取值。当纵向搭接钢筋接头面积百分率为表的中间值时，修正系数可按内插取值。

纵向受拉钢筋搭接长度修正系数　　表 4-4

纵向搭接钢筋接头面积百分率(％)	≤25	50	100
ζ_l	1.2	1.4	1.6

构件中纵向受压钢筋当采用搭接连接时，其受压搭接长度不应小于纵向受拉钢筋搭接长度的 70％，且不应小于 200mm。

轴心受拉、小偏心受拉构件的纵向受力钢筋不得采用绑扎搭接接头；其他构件中的钢筋采用绑扎搭接时，受拉钢筋直径不宜大于 25mm，受压钢筋直径不宜大于 28mm。

钢筋连接除绑扎搭接以外，还可以采用机械连接和焊接。钢筋接头的传力性能不如直接传力的整根钢筋，因此应在受力较小处接头，避开关键受力部位，并需限制接头面积百分率。

3. 光圆钢筋末端应做弯钩

光圆钢筋的黏结性能较差，故除轴心受压构件中的光圆钢筋及焊接钢筋网、焊接骨架中的光圆钢筋外，其余光圆钢筋的末端应做 180°标准弯钩，弯后平直段长度不小于 $3d$，如图 4-28 所示。

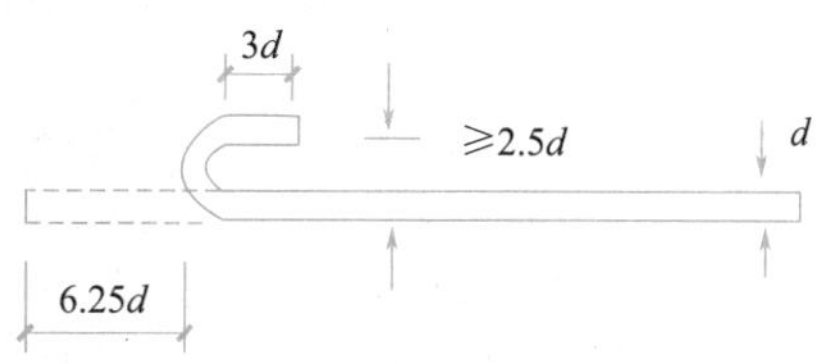

图 4-28　光圆钢筋的弯钩

4. 混凝土应有足够的厚度

钢筋周围的混凝土应有足够的厚度（混凝土保护层厚度和钢筋间的净距），以保证黏结力的传递；同时为了减小使用时的裂缝宽度，在钢筋截面面积不变的前提下，尽量选择直径较小的钢筋以及带肋钢筋。混凝土保护层定义为结构构件中钢筋外边缘至构件表面范围用于保护钢筋的混凝土，简称保护层。受力钢筋的保护层厚度不应小于钢筋的公称直径 d，不应小于最小厚度 c。混凝土保护层的最小厚度的取值，见附表 9。

5. 配置横向钢筋

锚固区配置横向构造钢筋，可以改善钢筋与混凝土的黏结性能。当锚固钢筋的保护层厚度不大于 $5d$ 时，锚固长度范围内应配置横向构造钢筋，其直径不应小于 $d/4$；对梁、柱、斜撑等构件间距不应大于 $5d$，对板、墙等平面构件间距不应大于 $10d$，且均不应大于 100mm，此处 d 为锚固钢筋的直径。

6. 注意浇筑混凝土时钢筋的位置

黏结强度与浇筑混凝土时的钢筋位置有关。在浇筑深度超过 300mm 以上的上部水平钢筋底面，由于混凝土的泌水使骨料下沉和水分气泡逸出，形成一层强度较低的混凝土层，它将削弱钢筋与混凝土的黏结作用。所以，对高度较大的梁应分层浇筑和采用二次振捣工艺。

思 考 题

4-1 混凝土的基本强度指标有哪些？各用什么符号表示？它们之间有什么关系？

4-2 混凝土的收缩和徐变有什么不同？是由什么原因引起的？变形特点是什么？混凝土的收缩和徐变对钢筋混凝土结构各有什么影响？减少收缩和徐变的措施有哪些？

4-3 我国混凝土结构中使用的钢筋有几种？普通热轧钢筋的强度分哪几个等级，分别用什么符号表示？细晶粒热轧钢筋的强度分哪几个等级，分别用什么符号表示？

4-4 为使钢筋在混凝土中有可靠的锚固，可采取哪些措施？

4-5 请查阅课外文献及资料，列举新型混凝土材料名称及概念，列表对比不同种类混凝土材料的性能特点及应用场景。

第 5 章　混凝土结构受弯构件

【导读】

本章主要介绍混凝土结构受弯构件正截面和斜截面承载力设计的原理和方法。介绍受弯构件正截面破坏特征、机理和适筋梁正截面受力的三个阶段。重点讲述单筋、双筋和 T 形截面的正截面承载力设计方法。介绍均匀配筋的矩形、圆形和环形截面受弯构件正截面承载力计算，深受弯构件的定义、工程应用、受力特点、破坏形态和承载力计算。讲述受弯构件斜截面受剪性能，斜截面受力、破坏分析、破坏主要形态、影响受剪承载力的主要因素，以及斜截面抗剪计算理论与模型，介绍斜截面受剪与受弯承载力计算。介绍受弯构件正截面和斜截面的基本构造要求。基本要求如下：

（1）掌握受弯构件沿正截面破坏及受力性能，受弯构件开裂前后截面内力分析；（2）掌握斜截面受力特点、受剪破坏形态、影响斜截面受剪承载力的主要因素；（3）掌握适筋梁破坏的全过程和少筋破坏、超筋破坏的破坏特点；（4）理解正截面承载力设计的 4 个基本假定，掌握正截面和斜截面承载力的计算公式、适用条件、计算截面和计算方法；（5）掌握单筋矩形、双筋矩形和 T 形截面受弯构件正截面承载力计算；（6）材料抵抗弯矩图的做法、弯起钢筋弯起点及纵向钢筋截断位置的确定；（7）了解受弯构件的一般构造要求。

5.1　概　　述

混凝土受弯构件通常是指截面上有弯矩和剪力共同作用而轴力可以忽略不计的构件。实际工程中各种类型的梁和板是典型的受弯构件，是土木工程中数量最多、使用面最广泛的一类构件。梁一般是指承受垂直于其纵轴方向荷载的线形构件，它的截面高度一般大于其宽度，截面形式一般有矩形、T 形、十字形、I 形、双 T 形、槽形和箱形等。板是一个具有较大平面尺寸、相对较小厚度的面形构件，板的截面高度则远小于其宽度，有实心板、空心板、槽形板和 T 形板等。工程中常用的截面形式和常见的受弯构件如图 5-1、图 5-2 所示。

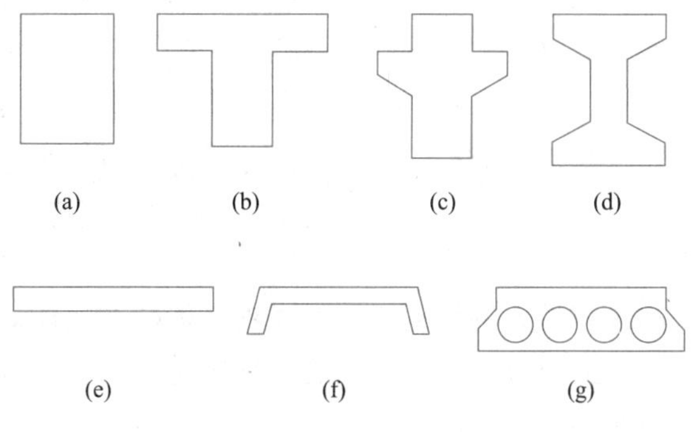

图 5-1　受弯构件截面形式

图 5-2　实际工程常见的受弯构件

(a) 预制槽形板；(b) 预制空心板；(c) 装配式混凝土楼板；(d) I 形梁；
(e) 现浇混凝土框架梁；(f) 混凝土肋梁楼盖

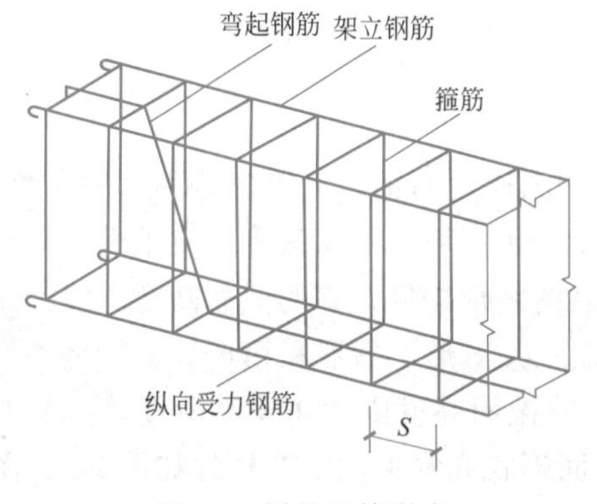

图 5-3　梁的配筋形式

梁中通常配置有如下几种钢筋：纵向受力钢筋、箍筋、弯起钢筋及架立钢筋，如图 5-3 所示。

(1) 纵向受力钢筋

钢筋沿梁跨方向位于受拉区底部，承受弯矩在梁内产生的拉应力，此时的截面称为单筋截面；有时由于弯矩较大，在受压区亦布置钢筋和混凝土一起承受压应力，这时的截面称为双筋截面。

(2) 箍筋

一般为封闭形状，沿梁长按一定间距放置。箍筋主要承受剪力，并连接梁内的受拉及受压纵向受力钢筋使其形成骨架，也起到固定纵向受力钢筋位置的作用，利于浇筑混凝土。

(3) 弯起钢筋

纵向受拉钢筋在梁支座附近向上弯起。弯起部分承担剪力作用，弯起后的水平段可以承担梁支座附近的负弯矩。

(4) 架立钢筋

设在梁的受压区，和纵向受力钢筋平行。架立钢筋依构造而设，一般只布置两根且直径较细，所以不考虑其分担的压应力。架立钢筋的作用是固定箍筋的正确位置，并能承受因温度变化和混凝土收缩所产生的内应力。

板中一般配置两种钢筋：受力钢筋和分布钢筋，如图 5-4 所示。对于四边支承的板，其长边与短边的比值大于或等于 3 时，由于受力以短边为主，称为单向板，反之则为双向板。单向板中受力钢筋沿板的宽度方向布置在板的受拉区，分布钢筋则与受力钢筋相互垂直，布置在受力钢筋的内侧。双向板中由于板的两个方向同时承受弯矩，所以两个方向均应布置受力钢筋。

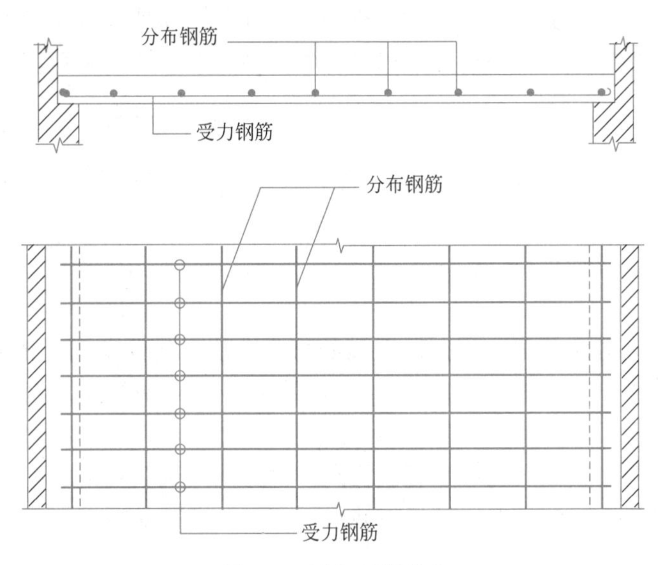

图 5-4　板中配筋形式

（1）受力钢筋

沿板的跨度方向布置在受拉区，承担弯矩产生的拉应力。

（2）分布钢筋

又称为温度筋，垂直于受力钢筋的方向布置。分布钢筋的作用是将板上的荷载传递到受力钢筋，并固定受力钢筋的位置；同时也防止由于温度变化或混凝土收缩等原因引起的裂缝。

受弯构件在荷载作用下可能发生两种破坏形式：一种是由于弯矩作用导致的破坏，发生在弯矩最大的截面，破坏截面与构件的纵向轴线垂直，称之为正截面破坏（图 5-5a）；另一种是由于弯矩和剪力共同作用导致的破坏，发生在剪力较大截面或者弯矩、剪力都较大的截面，破坏截面与构件的纵向轴线斜交，称之为斜截面破坏（图 5-5b）。在钢筋混凝土受弯构件中，为防止正截面破坏，需要配置纵向钢筋，为防止斜截面破坏，则需要配置箍筋或弯起钢筋。

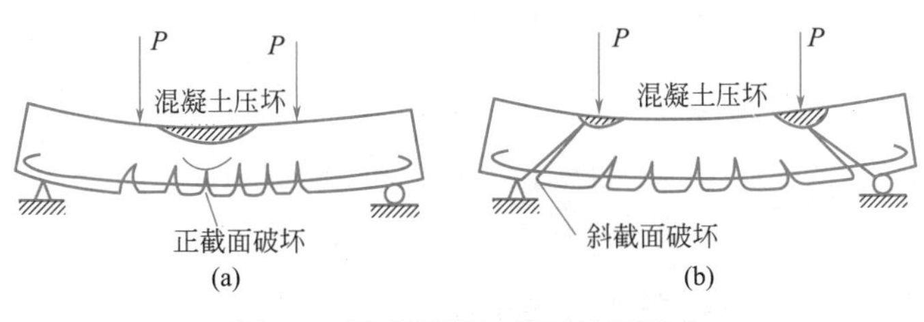

图 5-5　受弯构件的截面破坏形式

（a）正截面破坏；（b）斜截面破坏

受弯构件的设计既要保证构件不发生正截面破坏，也要保证构件不发生斜截面破坏，因此需要进行正截面承载力和斜截面承载力计算，这是承载能力极限状态的要求。受弯构件除需进行上述承载力计算外，一般还需满足正常使用极限状态要求，进行构件的变形和裂缝宽度验算，这部分有关内容将在第 9 章中讨论。除进行上述计算和验算外，还必须对受弯构件进行一系列构造设计，以确保受弯构件的各个部位都具有足够的抗力，并使构件具有必要的实用性和耐久性。本章内容包括正截面承载力计算、斜截面承载力计算、构造要求。

5.2 受弯构件正截面抗弯性能

5.2.1 适筋梁的纯弯曲实验

1. 试验情况

为了使梁发生正截面破坏，并在研究梁的弯曲性能时排除剪力的影响，采用如图 5-6 所示的四点加载试验方案，即两端简支，中间部位的三分点对称施加两个集中荷载 F。忽略梁自重，梁的中间区段仅受弯矩的作用，产生纯弯曲变形，没有剪力的影响，且该区段内各截面的弯矩相同，其截面受弯性能也相同，称为纯弯段。在梁的纯弯段内，为了消除架立钢筋对截面受弯性能的影响，可仅在截面下部配置纵向受拉钢筋，而在截面上部不设置架立钢筋，这样在该区段就形成了理想的单筋受弯截面。

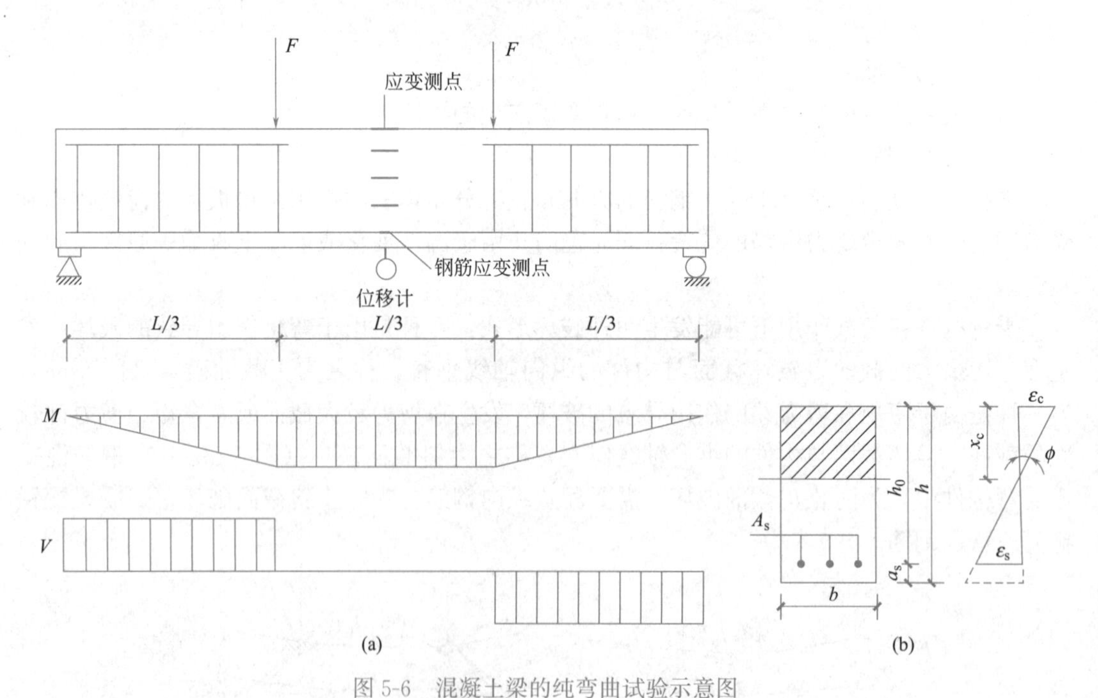

图 5-6 混凝土梁的纯弯曲试验示意图

(a) 试验装置及测点布置简图；(b) 截面和应变分布

试验时在梁的纯弯段侧面沿截面高度方向布置若干个应变片，用于测量正应变沿梁高的变化；在跨中受拉钢筋表面布置应变片，用于测量钢筋的拉应变；在梁的跨中布置位移计，用于测量梁的挠度。为避免支座沉降对跨中挠度的影响，在支座处也安装位移计，测量沉降值，以修正跨中挠度。

试验时采用荷载值由小到大的逐级加载试验方法，每对应一级荷载，记录相应的挠度、仪表和应变片的读数，并根据加载计算跨中的弯矩，获得弯矩-挠度曲线（M-v 曲线）、弯矩-截面曲率曲线（M-ϕ 曲线）、弯矩-受拉钢筋应变曲线（M-ε_s 曲线）及纵向应变沿截面高度分布实测图，如图 5-7 所示。

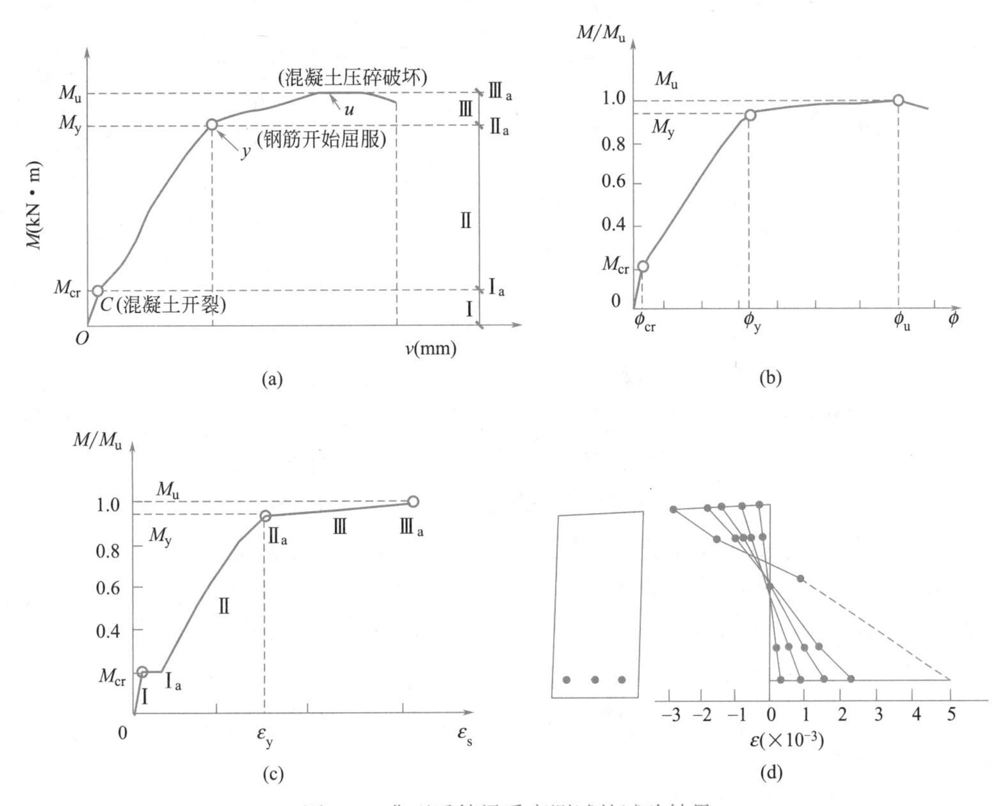

图 5-7　典型适筋梁受弯测试的试验结果

（a）M-v 关系曲线；（b）M-ϕ 关系曲线；（c）M-ε_s 关系曲线；（d）纵向应变沿截面高度分布实测图

2. 适筋梁正截面受力的三个阶段

根据图 5-7 所示，当弯矩较小时，弯矩-挠度曲线接近直线，梁未出现裂缝，保持弹性工作。当弯矩继续增加达到 $M=M_{cr}$ 时，梁截面开裂，曲线开始转折，刚度下降，挠度的增长大于弯矩的增长。随着弯矩不断增大，挠度增长速度加快，直至受拉钢筋屈服，弯矩对应 M_y，梁进入到屈服阶段。此时曲线再次发生转折，裂缝急剧开展，挠度急剧增加，而弯矩增长较小，预示着梁即将破坏。当弯矩达到极限弯矩 M_u 时，梁发生破坏。根据弯矩-挠度曲线特征，纯弯曲梁受力过程可以划分为以下三个阶段，其截面应力和应变图如图 5-8 所示。

（1）第Ⅰ阶段——弹性阶段

当弯矩较小时，梁受拉区边缘的纵向应变小于混凝土的极限拉应变，混凝土受拉区未出现裂缝，梁基本处于弹性工作状态。混凝土全截面工作，应力与应变呈正比，混凝土的截面应力应变分布符合材料力学规律，沿高度呈直线变化，即截面应变分布符合平截面假定，如图 5-8（a）所示。受拉区混凝土和受压区混凝土的应力分布图形均为三角形，梁的

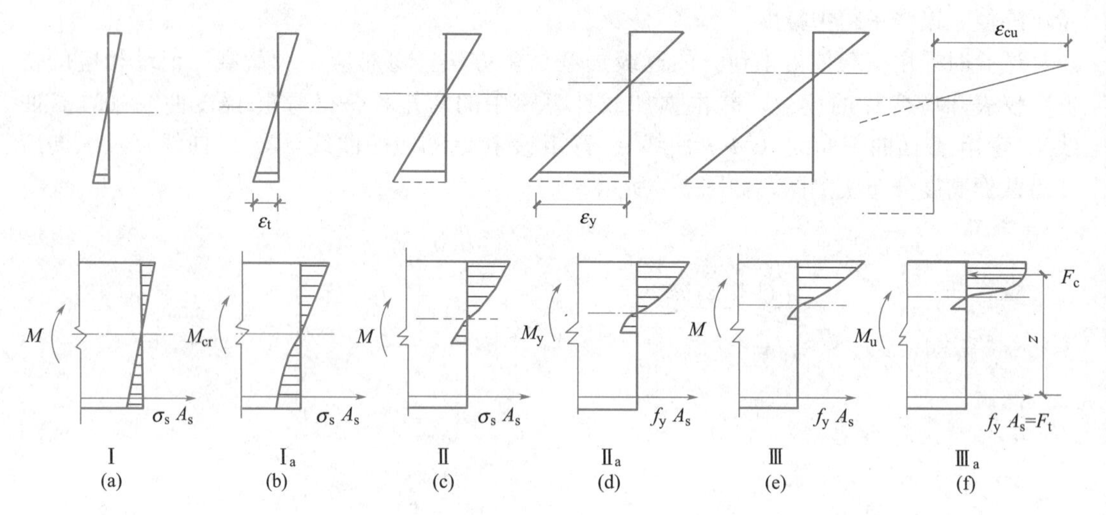

图 5-8　纯弯曲梁受力过程的三个阶段

荷载-扰度曲线接近于直线变化。这个阶段称为第Ⅰ阶段，其特点是梁处于弹性工作阶段。

随着弯矩不断增大，上下部位的拉、压应力也不断增大，由于受拉区混凝土出现塑性变形，受拉区混凝土的应力图形呈曲线。当弯矩增大到某一数值时，受拉区混凝土拉应力达到混凝土抗拉强度即 $\sigma_{ct}=f_t$，截面处于将裂未裂的极限状态，应力分布如图 5-8（b）所示，标志着第一阶段结束，称为Ⅰ$_a$ 状态，此时的弯矩称为开裂弯矩，用 M_{cr} 表示。

在第Ⅰ阶段和Ⅰ$_a$ 状态中，梁受压区的压力由混凝土承担，梁受拉区的拉力由混凝土和钢筋共同承担。随着受拉区混凝土塑性的发展，Ⅰ$_a$ 状态时中和轴的位置比第Ⅰ阶段初期略有上升。由于黏结力的存在，受拉钢筋的应变与其周围同一水平处混凝土的拉应变相等，而钢筋弹性模量较大，因此受拉钢筋的应力 σ_s 较低，约为 20～30N/mm^2。Ⅰ$_a$ 状态是混凝土受弯构件抗裂验算的依据。

（2）第Ⅱ阶段——带裂缝工作阶段

梁的截面受力达到Ⅰ$_a$ 状态后，只要荷载有稍许增加，混凝土立即开裂，截面上应力发生重分布，裂缝处混凝土不再承受拉力，混凝土释放的拉力全部由钢筋承受，钢筋的拉应力急剧增大，受压区混凝土出现明显的塑性变形，截面进入第Ⅱ阶段，称为带裂缝工作阶段。

混凝土开裂后，受拉区混凝土逐渐退出工作，受拉区面积不断减小，拉应力主要由钢筋承担。随着荷载继续增加，已有裂缝的宽度越来越大，同时在纯弯段可能出现新的竖向裂缝或剪弯段出现斜裂缝。钢筋和混凝土的应力不断增大，受拉钢筋应变和梁挠度的增长速度明显加快，梁的中和轴不断上移，如图 5-8（c）所示，此时混凝土受压区逐渐进入塑性状态，压应力-应变呈曲线分布。此阶段已开裂截面的应变分布并不满足平截面假定，但平均应变仍符合平截面假定。

从受拉区混凝土开裂到受拉钢筋屈服，称为梁受力的第Ⅱ阶段。当弯矩继续增加使受拉钢筋达到屈服强度 f_y 时，截面所承担的弯矩称为屈服弯矩 M_y，如图 5-8（d）所示，此时标志着第Ⅱ阶段结束，称为Ⅱ$_a$ 状态。这一阶段的特点是梁带裂缝工作，普通钢筋混凝土梁正常使用状态即处于该阶段，因此第Ⅱ阶段是混凝土梁受弯构件在正常使用阶段裂缝宽度验算和变形验算的依据。

(3) 第Ⅲ阶段——破坏阶段

在受拉区纵向受力钢筋屈服后，梁即进入第Ⅲ阶段工作，如图 5-8 (e) 所示。随着弯矩继续增大，钢筋屈服应力保持不变，但塑性变形急速发展，裂缝迅速开展，并向受压区延伸，中和轴快速上移，受压区面积迅速减小，受压区混凝土压应力迅速增大。构件挠度快速增加，形成破坏的前兆。

在荷载几乎保持不变的情况下，裂缝进一步急剧开展，当受压区混凝土达到极限应变 ε_{cu} (一般取 0.0033) 时，受压区边缘混凝土被压碎并向外鼓出，梁受压区两侧混凝土出现纵向裂缝，受压区混凝土即将被完全压溃，梁即将发生破坏，如图 5-8 (f) 所示，压区混凝土达到极限压应变为第Ⅲ阶段结束的标志，称为 $Ⅲ_a$ 状态。此时，梁截面所承受的弯矩为极限弯矩 M_u，即梁的正截面受弯承载力。

第Ⅲ阶段是梁的破坏阶段，$Ⅲ_a$ 状态是梁的正截面承载能力的极限状态。因此，$Ⅲ_a$ 状态可作为混凝土受弯构件正截面承载能力计算的依据。同时，试验表明，从开始加载到构件破坏的整个受力过程中，变形前的平面，变形后仍保持平面，即满足平截面假定。

梁达到极限承载力 M_u 后，一般试验梁虽仍可以继续变形，但所能承受的弯矩将有所下降，最后在破坏区段上受压区混凝土被压碎甚至崩落而宣告完全破坏。

3. 钢筋混凝土适筋梁的受力特点

上述三个阶段是适量配筋情况下的钢筋混凝土梁从加载开始到破坏的全过程，表 5-1 简要地列出了三个受力阶段的主要特点。由适筋梁的受力过程可知，其受力特点明显不同于连续均质弹性材料梁，主要表现在以下几个方面：

(1) 连续均质弹性材料梁的截面应力为线性分布，其与截面弯矩呈正比。钢筋混凝土梁的截面应力随弯矩的增大不仅为非线性，而且有性质上的变化，表现为混凝土开裂、钢筋屈服及应力分布图形的改变，且钢筋和混凝土的应力均不与弯矩呈线性关系。

(2) 连续均质弹性材料梁的中和轴位置保持不变。钢筋混凝土梁在不同的受力阶段，中和轴的位置是不同的，随着截面弯矩的增大而不断上移，内力臂也随着截面弯矩的增大而增大。

(3) 梁在大部分工作阶段中，受拉区混凝土已开裂。随着裂缝的开展、受压区混凝土塑性变形的发展以及黏结力的逐渐破坏，均使梁的刚度不断降低。因此，梁的挠度、转角及曲率与弯矩的关系为曲线，不同于连续均质弹性材料梁的直线关系，截面刚度随着弯矩的增大而逐渐减小。

受力特点不同主要是由钢筋和混凝土两种材料的基本力学性能所决定的，即混凝土的抗拉强度比抗压强度小很多，在不大的拉伸变形下即出现裂缝；混凝土是弹塑性材料，当应力超过一定限度时，将出现塑性变形。所以混凝土开裂、钢筋屈服和混凝土受压塑性性能的影响最为显著。混凝土开裂引起了钢筋应力的突变，使钢筋应力与弯矩增长的关系不再符合线性变化；钢筋屈服后的力学性能则集中反映了钢筋和混凝土的塑性性能；同时，混凝土的开裂和受压塑性性能致使截面的应力分布图形发生变化，要保持截面的受力平衡，必然是中和轴的位置发生变化。这些特点都是钢筋和混凝土的力学性能及其相互作用所决定的。

适筋梁正截面受弯三个受力阶段的主要特点　　表 5-1

<table>
<tr><th colspan="2">受力阶段
主要特点</th><th>第Ⅰ阶段</th><th>第Ⅱ阶段</th><th>第Ⅲ阶段</th></tr>
<tr><td colspan="2">名称</td><td>弹性阶段</td><td>带裂缝工作阶段</td><td>破坏阶段</td></tr>
<tr><td colspan="2">外观特征</td><td>没有裂缝，挠度很小</td><td>有裂缝，挠度还不明显</td><td>钢筋屈服，裂缝宽，挠度大</td></tr>
<tr><td colspan="2">弯矩-挠度关系</td><td>大致呈直线</td><td>曲线</td><td>接近水平的曲线</td></tr>
<tr><td rowspan="2">混凝土
应力图形</td><td>受压区</td><td>直线</td><td>受压区高度减小，混凝土压应力图形为上升段的曲线，应力峰值在受压区边缘</td><td>受压区高度进一步减小，混凝土压应力图形为较丰满的曲线，后期为有上升段和下降段的曲线，应力峰值不在受压区边缘而在边缘的内侧</td></tr>
<tr><td>受拉区</td><td>前期为直线，后期为有上升段和下降段的曲线，应力峰值不在受拉区边缘</td><td>大部分退出工作</td><td>绝大部分退出工作</td></tr>
<tr><td colspan="2">受拉钢筋应力</td><td>$\sigma_s \leqslant 20 \sim 30\text{N/mm}^2$</td><td>$20 \sim 30\text{N/mm}^2 < \sigma_s \leqslant f_y$</td><td>$\sigma_s = f_y$</td></tr>
<tr><td colspan="2">在设计计算中的作用</td><td>用于抗裂验算</td><td>用于裂缝宽度及挠度验算</td><td>用于正截面受弯承载力计算</td></tr>
</table>

5.2.2 配筋率对梁受弯正截面破坏形态的影响

钢筋混凝土受弯构件有两种破坏性质；一种是塑性破坏（延性破坏），指的是结构或构件在破坏前有明显变形或其他预兆的破坏类型；另一种是脆性破坏，指的是结构或构件在破坏前无明显变形或其他预兆的破坏类型。

上述梁的破坏过程仅发生在当梁的钢筋配置合适时。试验表明：如果梁的钢筋用量变化，梁的破坏特征也会随之改变。受弯构件中纵向受拉钢筋配筋量对其正截面的受力性能特别是受弯破坏形态有很大的影响。通常用配筋率 ρ 表示梁的纵向受拉钢筋的配筋量。

假设截面宽度为 b，截面有效高度为 h_0，纵向受力钢筋截面面积为 A_s，对于单筋矩形截面，配筋率 ρ 定义为纵向受力钢筋截面面积与截面有效面积之比，即：

$$\rho = \frac{A_s}{bh_0} \tag{5-1}$$

式中　b——矩形截面的宽度；

h_0——纵向受拉钢筋合力点至截面受压区边缘的距离，称为截面有效高度。

试验研究表明，钢筋混凝土受弯构件的破坏性质与纵向钢筋配筋率 ρ、钢筋强度等级、混凝土强度等级有关。对常用的热轧钢筋和普通强度混凝土，破坏形态主要受到截面配筋率的影响。当梁的截面尺寸和材料强度一定时，若改变配筋率 ρ，不仅梁的受弯承载力会发生变化，而且梁在破坏阶段的受力性质也会发生明显变化。当配筋率过大或过小时，甚至会使梁的破坏形态发生实质性的变化。根据正截面破坏特征的不同，可将钢筋混凝土受弯构件正截面破坏形态分为适筋破坏、超筋破坏和少筋破坏三种，与之相应的梁分别称为适筋梁、超筋梁和少筋梁。

1. 适筋梁破坏——延性破坏

配筋率 ρ 适中（$\rho_{\min} \leqslant \rho \leqslant \rho_{\max}$）的梁，称为适筋梁。梁的破坏特征为：纵向受拉钢筋

首先达到屈服强度，其应力保持不变而产生显著的塑性伸长，然后受压区混凝土应变达到混凝土的极限压应变，受压区出现纵向水平裂缝，随之受压区混凝土被压碎，钢筋和混凝土的强度都得到充分利用。这种梁的破坏是钢筋首先屈服，裂缝开展很大，然后受压混凝土达到极限应变而压碎，梁破坏前，裂缝急剧开展，挠度较大，梁截面产生较大的塑性变形，因为有明显的破坏预兆，属于延性破坏，实际工程中的受弯构件都应设计成适筋梁。图 5-9（a）为钢筋混凝土梁的适筋梁破坏形态。

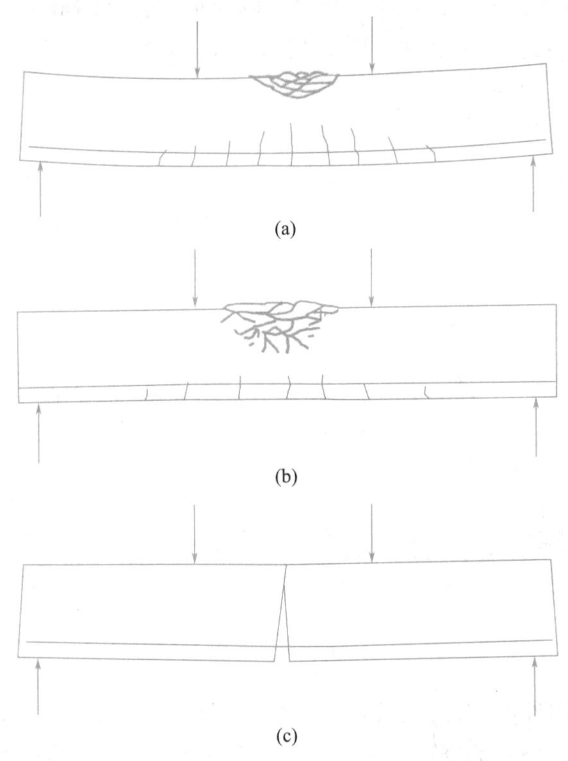

图 5-9　钢筋混凝土梁受弯破坏形态

（a）适筋梁；（b）超筋梁；（c）少筋梁

2. 超筋梁破坏——脆性破坏

当梁截面配筋率 ρ 增大，钢筋应力增加缓慢，受压区混凝土应力有较快的增长。ρ 越大，则纵向钢筋屈服时的弯矩 M_y 越趋近梁破坏时的弯矩 M_u，这意味着第Ⅲ阶段缩短。当 ρ 增大到 $M_y=M_u$ 时，受拉钢筋屈服与受压区混凝土压碎几乎同时发生，相应的 ρ 值被称为最大配筋率 ρ_{max}。

配筋率过大（$\rho>\rho_{max}$）的梁，称为超筋梁。由于受拉钢筋配置过多，钢筋应力较小，当受压区混凝土被压碎破坏时，钢筋拉应力尚未达到屈服强度。梁破坏时钢筋受力处于弹性阶段，裂缝宽度小，挠度也较小，无明显预兆，属于“脆性破坏”。破坏时钢筋应力没有被充分利用，不经济。图 5-9（b）为钢筋混凝土梁的超筋梁破坏形态。

适筋梁破坏与超筋梁破坏的分界称为界限破坏，其特征是钢筋屈服和混凝土压碎同时发生。此时配筋率 $\rho=\rho_{max}$，为适筋梁的最大配筋率。超筋梁的破坏是由于受压区混凝土的压碎，破坏时的弯矩 M_u 不取决于钢筋强度，仅取决于混凝土的抗压强度。

3. 少筋梁破坏——脆性破坏

配筋率过小（$\rho \leqslant \rho_{min}$）的梁，称为少筋梁。由于钢筋配置过少，梁截面一旦开裂，受拉钢筋应力迅速增加，立即达到屈服强度，随即进入强化阶段。此时受压区混凝土还未压坏，而裂缝宽度已很大，挠度较大，甚至钢筋可能被拉断。少筋梁的破坏仍然属于“脆性破坏”，破坏时梁受压区混凝土未达到强度极限。少筋梁的受弯承载力取决于混凝土的抗拉强度，在工程中不允许采用。图 5-9（c）为钢筋混凝土梁的少筋梁破坏形态。

$\rho = \rho_{min}$ 为少筋梁与适筋梁的界限配筋率，也即是适筋梁的最小配筋率。

不同配筋率受弯梁的 M-ϕ 曲线如图 5-10 所示，结合此图，读者可更好地理解受弯梁的正截面破坏形态和截面的延性。

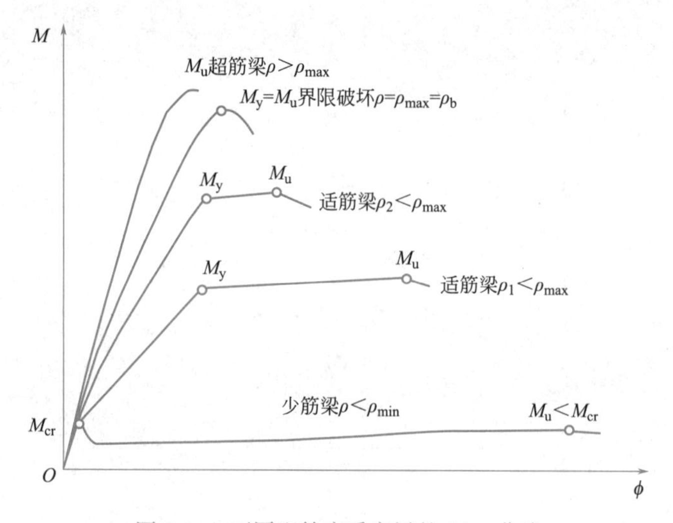

图 5-10　不同配筋率受弯梁的 M-ϕ 曲线

综上所述，受弯构件的破坏形式取决于受拉钢筋与受压混凝土的相互抗衡。当受拉钢筋承载力小于受压区混凝土的受压能力时，钢筋先屈服，发生少筋梁破坏；反之，当受拉钢筋的承载力大于受压区混凝土的受压能力时，受压区混凝土先破坏，即发生超筋梁破坏。无论少筋梁破坏还是超筋梁破坏，破坏都是突然的脆性破坏，没有预兆，容易造成严重后果，因此工程中都应该避免；同时由于破坏发生在梁的一侧——受拉区或者受压区，使得材料不能充分利用，也不经济。因此梁的正截面强度设计需要控制在适筋梁的范围，即配筋率不超过最大配筋率 ρ_{max}，也不小于最小配筋率 ρ_{min}。

5.3　受弯构件的截面内力分析

5.3.1　开裂前截面内力分析

受弯构件开裂前，混凝土及钢筋均处于弹性受力阶段，混凝土与钢筋一起承受荷载。此时钢筋混凝土受弯梁的截面应力应变分布与弹性材料梁的分布相似，可采用材料力学的方法分析其截面内力，不同之处在于钢筋混凝土梁由钢筋和混凝土两种不同的材料组成，可以采用换算截面的方法，将钢筋截面面积换算成混凝土面积，然后按照混凝土总面积分析截面内力，如图 5-11 所示。采用换算后的总面积表示钢筋和混凝土的总面积，前提条件是保持整个截面的形心位置不变。换算后的总截面面积 A_0 可表示为：

$$A_0 = A_c + \alpha_E A_s = A_c + \alpha_E A_s - A_s + A_s = A + (\alpha_E - 1)A_s \tag{5-2}$$

式中 α_E——钢筋与混凝土弹性模量的比值，$\alpha_E = E_s / E_c$；

A——截面总面积；

A_c——混凝土总面积；

A_s——钢筋总面积。

根据钢筋和混凝土的变形协调，钢筋和外围的混凝土具有相同的应变，则钢筋的应力可表示为：

$$\sigma_s = \frac{E_s}{E_c}\sigma_c = \alpha_E \sigma_c \tag{5-3}$$

根据材料力学应力计算公式 $\sigma = \frac{My_0}{I_0}$ 计算梁截面上任意一点的应力，其中 I_0 为换算截面到其形心轴的惯性矩，y_0 为换算截面任意一点应力 σ 所在点至中和轴的距离，如图 5-11（b）所示。

当 $y_0 = (h - x_c)$ 时，$\sigma_t = \frac{M(h - x_c)}{I_0}$，其中 σ_t 为混凝土受拉边缘的应力；

当 $y_0 = (h_0 - x_c)$ 时，$\sigma_t = \frac{M(h_0 - x_c)}{I_0}$，其中 σ_t 为钢筋合力作用点处混凝土的拉应力。

根据式（5-3），受拉钢筋的应力按下式计算：

$$\sigma_s = \alpha_E \sigma_c = \alpha_E \frac{M(h_0 - x_c)}{I_0} \tag{5-4}$$

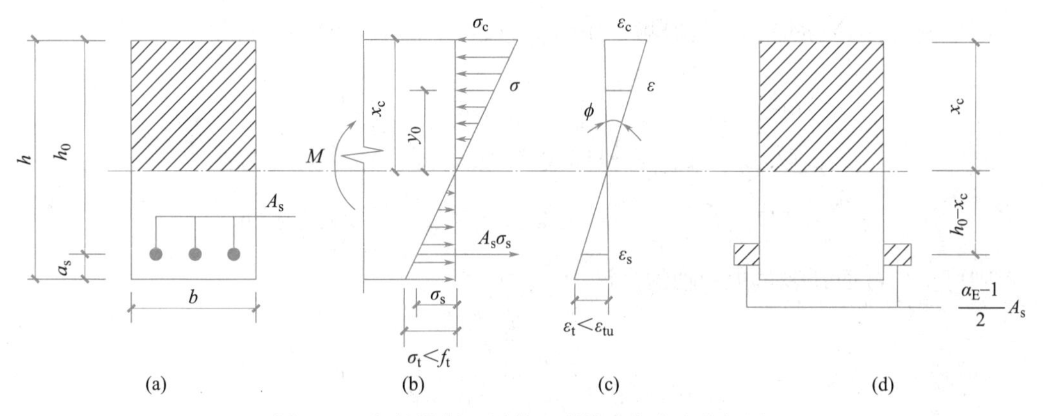

图 5-11　钢筋混凝土梁截面弹性阶段应力分析图

（a）截面；（b）应力；（c）应变；（d）换算截面

5.3.2　开裂弯矩

当截面受拉边缘应变达到混凝土的极限拉应变 ε_{tu} 时，混凝土即将开裂，此时的弯矩即为开裂弯矩 M_{cr}，此时的截面应力分布如图 5-12 所示。由于受拉区混凝土发生了塑性变形，此时实际应力分布为曲线，但为了简化计算，近似取为矩形应力分布图，抗拉强度为 f_t。

开裂时截面曲率 ϕ_{cr} 为：

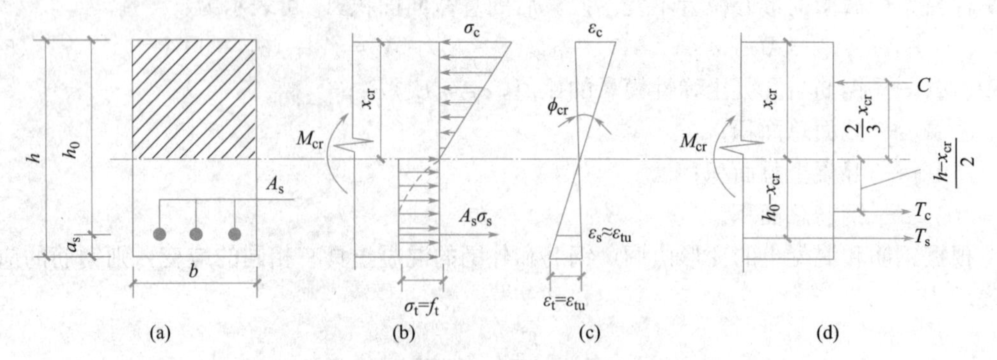

图 5-12 钢筋混凝土梁截面开裂时应力分析图

(a) 截面；(b) 应力；(c) 应变；(d) 内力

$$\phi_{cr}=\frac{\varepsilon_{tu}}{h-x_{cr}}=\frac{\varepsilon_c}{x_{cr}}=\frac{\varepsilon_s}{h_0-x_{cr}} \tag{5-5}$$

由图 5-12 的内力图，可得受压区混凝土的合力 C、受拉区混凝土的合力 T_c 和受拉区钢筋的合力 T_s 分别为：

$$C=\frac{1}{2}\sigma_c b x_{cr} \tag{5-6}$$

$$T_c=f_t b(h-x_{cr}) \tag{5-7}$$

$$T_s=\sigma_s A_s=2\alpha_E f_t A_s \tag{5-8}$$

式（5-7）中计算 T_s 时钢筋的应力取值相应于混凝土变形模型 $E'_s=0.5E_c$ 时的 f_t。

由平衡条件 $\sum X=0$，即 $C=T_c+T_s$，可得：

$$0.5\sigma_c b x_{cr}=f_t b(h-x_{cr})+2\alpha_E f_t A_s \tag{5-9}$$

由平衡条件 $\sum M=0$（对混凝土压力合力 C 的作用点取矩），可得：

$$M_{cr}=f_t b(h-x_{cr})\left[\frac{(h-x_{cr})}{2}+\frac{2x_{cr}}{3}\right]+2\alpha_E f_t A_s\left(h_0-\frac{x_{cr}}{3}\right) \tag{5-10}$$

$\sigma_c=E_c\varepsilon_s$，近似取 $\varepsilon_s=\varepsilon_{tu}$，再根据式（5-4），式（5-8）可写为：

$$0.5E_c\frac{\varepsilon_{tu}}{h-x_{cr}}bx_{cr}^2=E_c\varepsilon_{tu}b(h-x_{cr})+2\alpha_E E_c\varepsilon_{tu}A_s$$

则可求出截面开裂时中和轴的高度为：

$$x_{cr}=\frac{1+\frac{2\alpha_E A_s}{bh}}{1+\frac{\alpha_E A_s}{bh}}\cdot\frac{h}{2} \tag{5-11}$$

一般情况下梁的配筋率在（0.5～1.5）%，$\alpha_E=E_s/E_c=6\sim8$，$\frac{\alpha_E A_s}{bh}$ 的值远小于 1，可以忽略上式分子分母中的 $\frac{\alpha_E A_s}{bh}$，因此可取 $x_{cr}\approx0.5h$。再近似取 $h=1.1h_0$，代入式（5-9）得到开裂弯矩 M_{cr} 计算式如下：

$$M_{cr}=\frac{7}{24}f_t bh^2+\frac{49}{33}\alpha_E f_t A_s h=0.292\times\left(1+5.0\frac{\alpha_E A_s}{bh}\right)f_t bh^2 \tag{5-12}$$

5.3.3 开裂后截面应力分析

受拉区混凝土开裂后，裂缝处的混凝土退出工作，受拉区未开裂的部分混凝土仍然参与部分工作。设距中和轴为 y 处的任意点混凝土应变为 ε，如图 5-13 所示，则截面应变的几何关系为：

$$\varphi=\frac{\varepsilon}{y}=\frac{\varepsilon_c}{x_n}=\frac{\varepsilon_s}{h_0-x_n} \tag{5-13}$$

式中 x_n——中和轴高度；

ε_c——受压区边缘的混凝土应变。

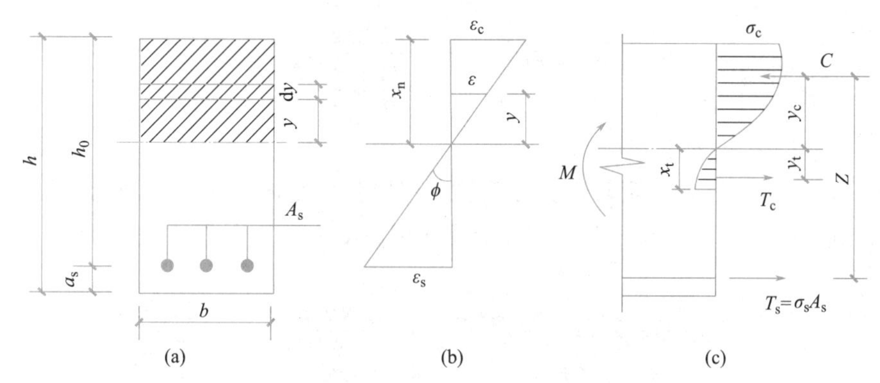

图 5-13 钢筋混凝土梁截面开裂后应力分析图

(a) 截面；(b) 应变；(c) 应力

根据已知的应力应变关系，受压区混凝土的合力 C 和受拉区混凝土的合力 T_c 可由下列积分式计算：

$$C=\int_0^{x_n}\sigma_c(\varepsilon)b\,dy \tag{5-14}$$

$$T_c=\int_0^{x_t}\sigma_t(\varepsilon)b\,dy \tag{5-15}$$

受拉钢筋的内力为：

$$T_s=\sigma_s A_s \tag{5-16}$$

由平衡条件 $\sum X=0$，即 $C=T_c+T_s$；

混凝土压力合力 C 及拉力合力的作用点至中和轴的距离 y_c 和 y_t 用下式计算：

$$y_c=\int_0^{x_n}\sigma_c(\varepsilon)by\,dy/C \tag{5-17}$$

$$y_t=\int_0^{x_t}\sigma_t(\varepsilon)by\,dy/T_c \tag{5-18}$$

由力矩平衡关系 $\sum M=0$，对中和轴取矩，可写出截面弯矩的计算公式为：

$$M=Cy_c+T_c y_t+T_s(h_0-x_n) \tag{5-19}$$

式（5-12）～式（5-18）为开裂后截面内力分析的一般表达式，随采用的应变函数 $\sigma(\varepsilon)$ 的不同，可应用于梁从开裂到破坏的各种受力状态。受拉区混凝土的合力 T_c 较小，通常情况下不考虑受拉区混凝土的作用。我国规范给定的混凝土受压的应力应变关系为抛物线和直线段，需分段积分。

设 $\varepsilon=\varepsilon_0$ 的点距中和轴的距离为 y_0，则：

$$C=\int_0^{y_0} f_c\left[\frac{2\varepsilon}{\varepsilon_0}-\left(\frac{\varepsilon}{\varepsilon_0}\right)^2\right] b\,dy+\int_{y_0}^{x_n} f_c b\,dy$$

因 $\frac{\varepsilon}{\varepsilon_0}=\frac{y}{y_0}$ 和 $y_0=\frac{\varepsilon_0}{\varepsilon_c}x_n$，积分后，可得：

$$C=f_c b x_n\left[1-\frac{1}{3}\cdot\frac{\varepsilon_0}{\varepsilon_c}^2\right] \tag{5-20}$$

混凝土压力合力 C 的作用点至中和轴的距离 y_c 为：

$$y_c=x_n\left[1-\frac{\frac{1}{2}-\frac{1}{12}\cdot\frac{\varepsilon_0}{\varepsilon_c}^2}{1-\frac{1}{3}\cdot\frac{\varepsilon_0}{\varepsilon_c}}\right] \tag{5-21}$$

5.3.4 极限弯矩计算

对于适筋梁达到极限弯矩时，受拉钢筋达到屈服强度 $\sigma_s=f_y$，截面受压边缘混凝土达到极限压应变 $\varepsilon_c=\varepsilon_{cu}$，$\sigma_c=f_c$，混凝土受压区高度为 x_c，如图 5-14 所示。

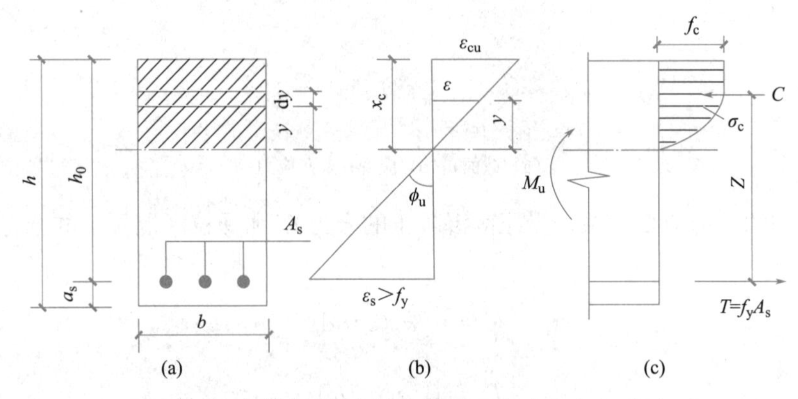

图 5-14 钢筋混凝土梁截面极限承载力应力分析图

(a) 截面；(b) 应变；(c) 应力

根据我国规范给定的混凝土受压的应力应变关系，此时可取 $\varepsilon_0=0.002$，$\varepsilon_{cu}=0.0033$，$n=2$（C50 以下混凝土），代入式（5-19）和式（5-20），则有：

受压区混凝土的压力：

$$C=0.798 f_c b x_c$$

混凝土压力合力 C 的作用点至中和轴的距离为：

$$y_c=x_c\left[1-\frac{\frac{1}{2}-\frac{1}{12}\cdot\left(\frac{\varepsilon_0}{\varepsilon_c}\right)^2}{1-\frac{1}{3}\cdot\frac{\varepsilon_0}{\varepsilon_c}}\right]=x_c\left[1-\frac{\frac{1}{2}-\frac{1}{12}\cdot\left(\frac{0.002}{0.0033}\right)^2}{1-\frac{1}{3}\cdot\frac{0.002}{0.0033}}\right]0.588x_c$$

受拉钢筋的总拉力：

$$T=f_y A_s$$

根据平衡条件 $\sum X=0$，即 $C=T$，可求得受压区高度 x_c 为：

$$x_c=\frac{f_yA_s}{0.798f_cb}=1.253\frac{A_s}{bh_0}\frac{f_y}{f_c}h_0=1.253\rho\frac{f_y}{f_c}h_0$$

根据平衡条件 $\sum M=0$，对受拉钢筋合力作用点取矩或受压混凝土合力作用点取矩，可求得极限弯矩 M_u 为：

$$M_u=C\cdot Z=0.798f_cbx_c[(h_0-x_c)+y_c]=0.798f_cbx_c(h_0-0.412x_c)$$

$$M_u=T\cdot Z=f_yA_s\left(h_0-0.412\times1.253\rho\frac{f_y}{f_c}h_0\right)=f_yA_s\left(1-0.516\rho\frac{f_y}{f_c}\right)h_0$$

【例题 5-1】 已知梁截面尺寸 $b=250\text{mm}$，$h=600\text{mm}$，如图 5-15 所示，取 $h_0=560\text{mm}$，配置 4 Φ 20 的受拉钢筋，$A_s=1256\text{mm}^2$，$f_c=21\text{N/mm}^2$，$f_t=2.1\text{N/mm}^2$，$f_y=360\text{N/mm}^2$，$E_s=2\times10^5\text{MPa}$，$E_c=2.43\times10^4\text{MPa}$。按照我国现行规范给定的混凝土的应力应变关系，试计算：

（1）当 $M=30\text{kN}\cdot\text{m}$ 时，受拉钢筋应力 σ_s 及截面曲率 ϕ。

（2）开裂弯矩 M_{cr} 及相应的受拉钢筋的 $\sigma_{s,cr}$ 和截面曲率 ϕ_{cr}。

（3）极限弯矩 M_u。

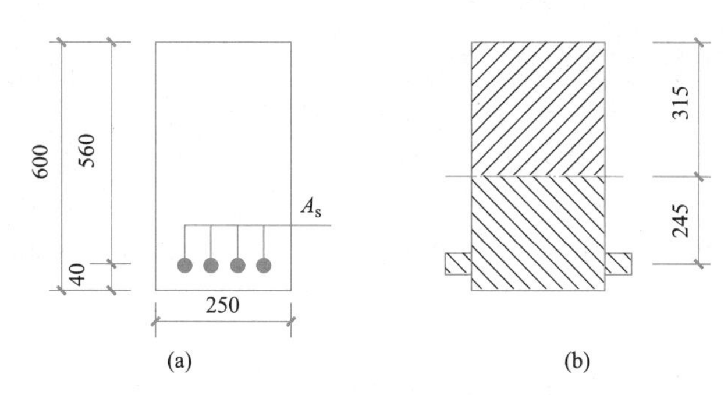

图 5-15 例题 5-1 截面尺寸图（单位：mm）

（a）截面；（b）换算截面

【解】（1）当 $M=30\text{kN}\cdot\text{m}$ 时，受拉钢筋应力 σ_s 及截面曲率 ϕ 的计算。

① 求换算截面惯性矩 I_0。

$$\alpha_E=E_s/E_c=2\times10^5/2.43\times10^4=8.23$$

换算截面如图 5-15（b）所示，计算中和轴高度 x_c 为：

$$x_c=\frac{0.5bh^2+(\alpha_E-1)A_sh_0}{bh+(\alpha_E-1)A_s}=\frac{0.5\times250\times600^2+(8.23-1)\times1256\times560}{250\times600+(8.23-1)\times1256}=315\text{mm}$$

换算截面对中和轴的惯性矩为：

$$I_0=\frac{1}{3}bx_c^3+\frac{1}{3}b(h-x_c)^3+(\alpha_E-1)A_s(h_0-x_c)^2$$

$$=\frac{1}{3}\times250\times315^3+\frac{1}{3}\times250\times(600-315)^3+(8.23-1)\times1256\times(560-315)^2$$

$$=5.08\times10^9\text{mm}^4$$

② 计算钢筋应力 σ_s。

$$\sigma_s=\alpha_E\frac{M(h_0-x_c)}{I_0}=8.23\times\frac{30\times10^6\times(560-315)}{5.08\times10^9}=11.9\text{N/mm}^2$$

③ 计算截面曲率 ϕ。

$$\phi = \frac{\sigma_s}{E_s(h_0 - x_c)} = \frac{11.9}{2 \times 10^5 \times (560 - 315)} = 0.24 \times 10^{-6} \text{mm}^{-1}$$

（2）开裂弯矩 M_{cr}、$\sigma_{s,cr}$ 和截面曲率 ϕ_{cr}。

① 开裂弯矩计算。

按近似计算式（5-11）计算：

$$M_{cr} = 0.292 \times \left(1 + 5.0 \frac{\alpha_E A_s}{bh}\right) f_t bh^2 = 0.292 \times \left(1 + 5.0 \times \frac{8.23 \times 1256}{250 \times 600}\right) \times 2.1 \times 250 \times 600^2$$
$$= 74.2 \text{kN} \cdot \text{m}$$

② 求钢筋应力。

$$\sigma_{s,cr} = 2\alpha_E f_t = 2 \times 8.23 \times 2.1 = 34.6 \text{N/mm}^2$$

③ 计算截面曲率。近似取 $x_{cr} \approx 0.5h$，则：

$$\phi_{cr} = \frac{f_t}{0.5E_c(h - x_{cr})} = \frac{2.1}{0.5 \times 2.1 \times 10^4 \times (600 - 300)} = 0.667 \times 10^{-6} \text{mm}^{-1}$$

（3）极限弯矩 M_u。

达到极限承载力时的中和轴高度为：

$$x_c = \frac{f_y A_s}{0.798 f_c b} = \frac{360 \times 1256}{0.798 \times 21 \times 250} = 107.9 \text{mm}$$

极限弯矩为

$$M_u = 0.798 f_c b x_c (h_0 - 0.412 x_c) = 0.798 \times 21 \times 250 \times 107.9 \times (560 - 0.412 \times 107.9)$$
$$= 233.1 \text{kN} \cdot \text{m}$$

5.4 受弯构件正截面承载力计算

5.4.1 基本假定

钢筋混凝土受弯构件正截面承载力计算以Ⅲ$_a$ 为极限状态，由于截面应力和应变分布较为复杂，为便于实际工程应用，钢筋混凝土受弯构件的正截面承载力计算采用以下基本假定：

（1）平截面假定

截面应变沿高度分布保持线性，即符合平截面假定。受弯构件正截面弯曲变形后，截面平均应变保持为平面。试验表明，在受压区，混凝土的压应变基本符合平截面假定，压应变呈直线分布；在受拉区，裂缝所在截面钢筋与混凝土之间发生滑移，开裂前为同一个截面，开裂后则劈裂为两个截面，理论上不符合平截面假定。但是，在裂缝之间的区段，各截面平均拉应变基本符合平截面假定。

（2）不考虑混凝土的抗拉强度

截面受拉区的拉力全部由钢筋承担，不考虑混凝土的抗拉强度。混凝土开裂后，裂缝不断发展，中和轴逐渐上移，受拉区混凝土大部分已退出工作，只有开裂截面中和轴以下的一小部分混凝土承担着拉应力。由于所承担的拉应力很小，且该部分混凝土拉力的力臂也不大，因此对截面受弯承载力的影响很小，忽略其作用偏于安全。

（3）混凝土受压应力-应变关系采用抛物线上升段加直线水平段形式

简化混凝土受压的本构关系。混凝土受压区各点的应力与应变的关系十分复杂，为简化计算，根据大量的试验结果，假设应力-应变关系分为两段，由抛物线上升段和水平直线段组成，如图 5-16（a）所示。

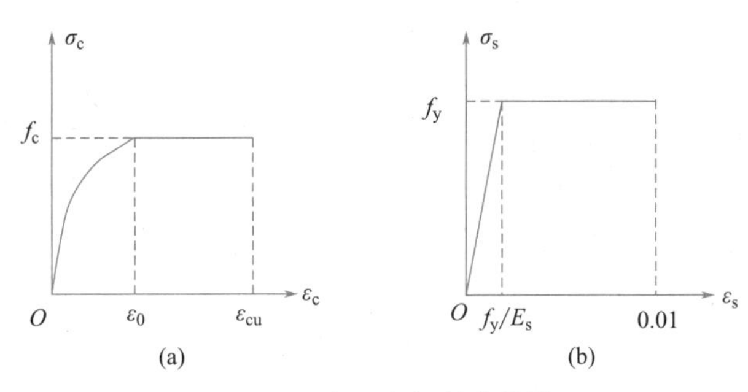

图 5-16　混凝土与钢筋本构模型

（a）受压混凝土；（b）受拉钢筋

当 $\varepsilon_c \leqslant \varepsilon_0$ 时：

$$\sigma_c = f_c\left[1-\left(1-\frac{\varepsilon_c}{\varepsilon_0}\right)^n\right] \tag{5-22}$$

当 $\varepsilon_0 < \varepsilon_c \leqslant \varepsilon_{cu}$ 时：

$$\sigma_c = f_c \tag{5-23}$$

$$n = 2-\frac{1}{60}(f_{cu,k}-50) \tag{5-24}$$

$$\varepsilon_0 = 0.002+0.5(f_{cu,k}-50)\times 10^{-5} \tag{5-25}$$

$$\varepsilon_{cu} = 0.0033-(f_{cu,k}-50)\times 10^{-5} \tag{5-26}$$

式中　σ_c——对应于混凝土应变为 ε_c 时的混凝土压应力；

ε_0——对应于混凝土压应力刚达到 f_c 时的混凝土压应变，当计算的 ε_0 值小于 0.002 时，应取为 0.002；

ε_{cu}——正截面的混凝土极限压应变，当处于非均匀受压且按式（5-25）计算的值大于 0.0033 时应取为 0.0033，当处于轴心受压时取为 ε_0；

f_c——混凝土轴心抗压强度设计值，按附表 2 采用；

$f_{cu,k}$——混凝土立方体抗压强度标准值，按附表 1 采用；

n——系数，当计算的 n 大于 2.0 时，应取为 2.0。

n，ε_0，ε_{cu} 的取值见表 5-2。

n，ε_0，ε_{cu} 的取值　　　　表 5-2

	≤C50	C55	C60	C65	C70	C75	C80
n	2	1.917	1.833	1.750	1.667	1.583	1.500
ε_0	0.002000	0.002025	0.002050	0.002075	0.002100	0.002125	0.002150
ε_{cu}	0.00330	0.00325	0.00320	0.00315	0.00310	0.00305	0.00300

(4) 钢筋采用理想弹塑性应力-应变曲线

受拉钢筋应力-应变曲线采用简化的理想弹塑性模型，如图 5-16 (b) 所示，由斜直线和水平直线两段构成，屈服应变为 f_y/E_s，极限拉应变为 0.01。

当 $\varepsilon_s \leqslant f_y/E_s$ 时：

$$\sigma_s = E_s \varepsilon_s \tag{5-27}$$

当 $f_y/E_s < \varepsilon_s \leqslant 0.01$ 时：

$$\sigma_s = f_y \tag{5-28}$$

5.4.2 单筋矩形截面正截面承载力计算

正截面承载力计算是保证受弯构件在弯矩作用下，不发生正截面破坏，即要求最大弯矩截面的设计弯矩 M 小于截面极限弯矩 M_u。实际应用中分为配筋计算（截面设计）和承载力验算（截面复核）两类问题，是受弯构件计算的重点。

1. 计算简图

如前所述，正截面计算将以Ⅲ$_a$ 状态为极限状态，此时截面受拉区混凝土退出工作，拉应力全部由钢筋承担；截面受压区混凝土应力呈曲线分布，其合力应与钢筋拉力平衡。为了建立计算平衡方程，需要求出受压区混凝土合力，为简化计算，受压区混凝土的应力图形可用一个等效的矩形应力图形代替。

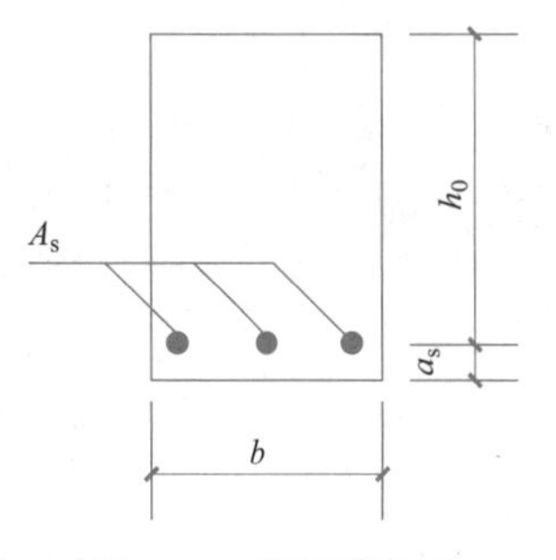

图 5-17 梁矩形截面

(1) 截面有效高度

受拉钢筋合力中心到受压区混凝土边缘的距离，定义为截面有效高度。假设图 5-17 截面宽度为 b，高度为 h，设受拉钢筋合力中心到受拉区边缘的距离为 a_s，则截面有效高度为 $h_0 = h - a_s$。

a_s 与混凝土保护层厚度 c 和钢筋的直径有关。由几何关系可知，单排钢筋 $a_s = c + d' + d/2$；若两层钢筋根数、直径相同，则双排钢筋 $a_s = c + d' + d +$ (25/2 或 $d/2$)，其中 d 为纵向钢筋直径，d' 为箍筋直径。如多排钢筋直径、根数不相同时，需要按力学方法计算钢筋重心，然后求 a_s。但是，在配筋计算时钢筋直径和根数都不知道，所以只能近似估算 a_s：取钢筋直径的中间值 $d \approx 20$mm，箍筋常用直径 $d' = 8$mm，对于一类环境下，混凝土强度等级不大于 C25 的梁，单排钢筋 $a_s = 25 + 8 + 20/2 = 43$mm≈ 45mm，双排钢筋 $a_s = 25 + 8 + 20 + 25/2 \approx 65$mm；混凝土强度等级大于 C25 的梁，混凝土保护层厚度为 20mm，因此单排钢筋可取 $a_s = 40$mm，双排钢筋可取 $a_s = 60$mm。一类环境下的板，当混凝土强度等级不大于 C25 时，可取 $a_s = 25$mm；混凝土强度等级大于 C25 时，可取 $a_s = 20$mm。

(2) 受压区混凝土等效矩形应力图

当梁达到Ⅲ$_a$ 状态时，截面应力与应变如图 5-18 (a) 所示，可作为承载能力极限状态计算简图。此时受压区混凝土的压应力为曲线分布，比较复杂。为了简化计算，可以将受压区混凝土应力图形以一个等效矩形代替（图 5-18b）。等效的原则是保证二者的抵抗弯矩的能力相同，即：受压区混凝土压应力的合力大小和合力的作用点位置不变。

矩形图形的受压区高度 $x = \beta_1 x_c$ 称为计算受压区高度，简称受压区高度，矩形分布的应力大小为 $\alpha_1 f_c$。由等效关系可确定矩形图形中的两个系数 β_1 和 α_1。

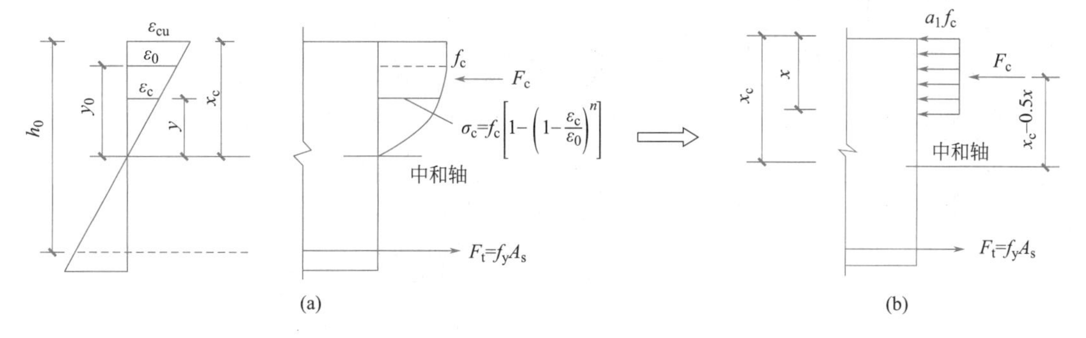

图 5-18　正截面承载力计算简图

图 5-18（a）中，根据基本假定中的混凝土本构关系，可得出混凝土任一点压应力与其到中和轴的距离 y 之间的关系如下：

当 $0 \leqslant y < y_0$ 时：

$$\sigma_c = f_c\left[1-\left(1-\frac{\varepsilon_c}{\varepsilon_0}\right)^n\right] = f_c\left[1-\left(1-\frac{y}{y_0}\right)^n\right] \tag{5-29}$$

当 $y_0 \leqslant y \leqslant x_c$ 时：

$$\sigma_c = f_c \tag{5-30}$$

由此可求出混凝土压力合力的大小 F_c 为：

$$\begin{aligned} F_c &= \int_0^{x_c} \sigma_c b \mathrm{d}y = b\int_0^{y_0} \sigma_c \mathrm{d}y + b\int_{y_0}^{x_c} \sigma_c \mathrm{d}y \\ &= b\int_0^{y_0} f_c [1-(1-y/y_0)^n]\, \mathrm{d}y + b\int_{y_0}^{x_c} f_c \mathrm{d}y \\ &= f_c b x_c\left[1-\frac{1}{n+1}\frac{y_0}{x_c}\right] \end{aligned} \tag{5-31}$$

将 $y_0/x_c=\varepsilon_0/\varepsilon_{cu}$ 代入上式，得：

$$F_c = f_c b x_c\left[1-\frac{\varepsilon_0}{(n+1)\varepsilon_{cu}}\right] \tag{5-32}$$

再将混凝土压力合力对中和轴取矩得：

$$\begin{aligned} M_F &= \int_0^{x_c} \sigma_c y b \mathrm{d}y = b\int_0^{y_0} \sigma_c y \mathrm{d}y + b\int_{y_0}^{x_c} \sigma_c y \mathrm{d}y \\ &= b\int_0^{y_0} f_c [1-(1-y/y_0)^n] y \mathrm{d}y + b\int_{y_0}^{x_c} f_c y \mathrm{d}y \\ &= f_c b x_c^2\left[\frac{1}{2}-\frac{1}{(n+1)(n+2)}\left(\frac{y_0}{x_c}\right)^2\right] \end{aligned} \tag{5-33}$$

将 $y_0/x_c=\varepsilon_0/\varepsilon_{cu}$ 代入上式，得：

$$M_F = f_c b x_c^2\left[\frac{1}{2}-\frac{1}{(n+1)(n+2)}\left(\frac{\varepsilon_0}{\varepsilon_{cu}}\right)^2\right] \tag{5-34}$$

根据静力等效条件，矩形应力图形的合力为：

$$F_c = f_c b x_c\left[1-\frac{\varepsilon_0}{(n+1)\varepsilon_{cu}}\right] = \alpha_1 f_c b x \tag{5-35}$$

对中和轴力矩为：

$$M_{\mathrm{F}}=f_{\mathrm{c}}bx_{\mathrm{c}}^{2}\left[\frac{1}{2}-\frac{1}{(n+1)(n+2)}\left(\frac{\varepsilon_{0}}{\varepsilon_{\mathrm{cu}}}\right)^{2}\right]=\alpha_{1}f_{\mathrm{c}}bx(x_{\mathrm{c}}-0.5x) \tag{5-36}$$

联立解以上二式，得：

$$\beta_{1}=\frac{x}{x_{\mathrm{c}}}=2-\frac{1-\dfrac{2}{(n+1)(n+2)}\left(\dfrac{\varepsilon_{0}}{\varepsilon_{\mathrm{cu}}}\right)^{2}}{1-\dfrac{1}{n+1}\left(\dfrac{\varepsilon_{0}}{\varepsilon_{\mathrm{cu}}}\right)} \tag{5-37}$$

$$\alpha_{1}=\left(1-\frac{1}{n+1}\frac{\varepsilon_{0}}{\varepsilon_{\mathrm{cu}}}\right)\times\frac{1}{\beta_{1}} \tag{5-38}$$

对于C50以下普通混凝土：$n=2.0$，$\varepsilon_0=0.002$，$\varepsilon_{cu}=0.0033$，代入式（5-36）、式（5-37）得到$\beta_1=0.824$、$\alpha_1=0.968$，可取为$\beta_1=0.8$、$\alpha_1=1.0$；对C80混凝土，$\beta_1=0.74$、$\alpha_1=0.94$；其余按线性内插法确定。β_1、α_1可依混凝土的强度等级按表5-3取值。

β_1、α_1 的取值 **表 5-3**

混凝土强度等级	≤C50	C55	C60	C65	C70	C75	C80
β_1	0.8	0.79	0.78	0.77	0.76	0.75	0.74
α_1	1.0	0.99	0.98	0.97	0.96	0.95	0.94

2. 基本计算公式

受弯构件正截面计算简图如图5-18（b）所示，根据截面的静力平衡条件，可建立单筋矩形截面受弯构件正截面承载力计算的基本公式如下：

由截面上轴线方向水平内力之和为零的平衡条件，可得到：

$$\sum X=0: \quad \alpha_{1}f_{\mathrm{c}}bx=f_{\mathrm{y}}A_{\mathrm{s}} \tag{5-39}$$

截面力对任一点力矩平衡 $\sum M=0$：

当对钢筋拉应力合力作用点取矩： $$\gamma_{0}M\leqslant M_{\mathrm{u}}=\alpha_{1}f_{\mathrm{c}}bx\left(h_{0}-\frac{x}{2}\right) \tag{5-40}$$

当对混凝土压应力合力作用点取矩： $$\gamma_{0}M\leqslant M_{\mathrm{u}}=f_{\mathrm{y}}A_{\mathrm{s}}\left(h_{0}-\frac{x}{2}\right) \tag{5-41}$$

式中 f_y——钢筋抗拉强度设计值；

A_s——纵向受拉钢筋截面面积；

f_c——混凝土轴心抗压强度设计值；

b——梁截面宽度；

x——混凝土受压区高度；

h_0——截面有效高度；

γ_0——结构重要性系数；

M_u——正截面极限抵抗弯矩。

3. 基本公式适用条件

上述公式只适用于适筋梁，对于少筋梁和超筋梁，由于其脆性破坏性质，工程中要避免使用，因此任何受弯构件设计必须满足以下两个适用条件：

（1）适筋梁与少筋梁的界限——最小配筋率

为防止发生少筋梁破坏，

$$\rho \geqslant \rho_{\min}\frac{h}{h_0} \quad 或者 \quad A_s \geqslant \rho_{\min}bh \tag{5-42}$$

式中，$\rho_{\min}$ 为最小配筋率，最小配筋率是适筋梁与少筋梁的界限。因为少筋梁开裂即告破坏，因此 $\rho_{\min}$ 可根据截面的开裂弯矩与极限弯矩相等的条件确定。矩形截面素混凝土梁的开裂弯矩 M_{cr} 可根据图 5-19 所示截面应力分布计算，受拉区混凝土的应力图可简化为矩形，并取中和轴高度为 $h/2$，则可得：

$$M_{cr}=\frac{h}{2}f_t b\left(\frac{h}{4}+\frac{h}{3}\right)=\frac{7}{24}f_t bh^2 \tag{5-43}$$

此时配置较少的钢筋混凝土梁的极限弯矩 M_u 为：

$$M_u=f_y A_s h_0(1-0.5\xi) \tag{5-44}$$

若用 $\rho=A_s/bh$ 表示，则上式可写成：

$$M_u=\frac{A_s}{bh}f_y bhh_0(1-0.5\xi)=\rho f_y bhh_0(1-0.5\xi) \tag{5-45}$$

令 $M_{cr}=M_u$，取 $1-0.5\xi\approx0.98$，$h\approx1.1h_0$，可求得最小配筋率为：

$$\rho_{\min}=\frac{A_s}{bh}=0.327\frac{f_t}{f_y} \tag{5-46}$$

同时钢筋混凝土梁还需要配有一定的钢筋抵抗混凝土收缩和温度变化等因素的影响，以及考虑实际工程经验，综合起来，规范规定最小配筋率 $\rho_{\min}$ 取值为：

$$\rho_{\min}=45\frac{f_t}{f_y}\%，且\geqslant0.2\% \tag{5-47}$$

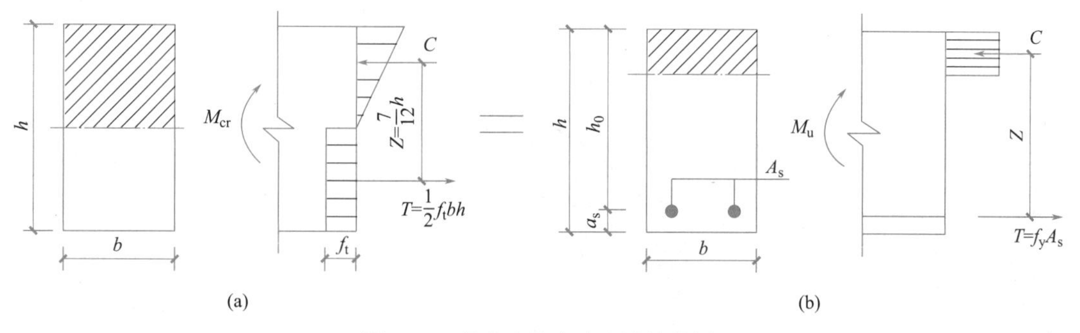

图 5-19　最小配筋率确定计算简图

（a）素混凝土梁开裂弯矩；（b）少量配筋梁极限弯矩

（2）适筋梁与超筋梁的界限——最大配筋率

为防止发生超筋梁破坏，

$$\rho \leqslant \rho_{\max} \tag{5-48}$$

式中，$\rho_{\max}$ 为界限破坏时的配筋率。界限破坏时截面的应变如图 5-20 所示。此时混凝土压应变达到极限应变 ε_{cu}，钢筋应变为屈服时应变 ε_s，受压区高度为 x_b。从图 5-20 可以看出，当受压区高度 $x_c<x_b$ 时，梁为适筋梁；当 $x_c=x_b$ 时，为界限破坏；当 $x_c>x_b$ 时，则为超筋梁。此处 x_c 为梁截面受压区实际高度。

$$\xi=\frac{x}{h_0} \tag{5-49}$$

ξ 称为受压区相对高度。界限破坏时的相对受压区高度为 x_b/h_0，用 ξ_b 表示。由相似比例关系得到：

$$\frac{x_c}{h_0}=\frac{\varepsilon_{cu}}{\varepsilon_{cu}+\varepsilon_s} \tag{5-50}$$

将 $x=\beta_1 x_c$ 代入式（5-48），并利用上式得：

$$\xi=\frac{x}{h_0}=\frac{\beta_1 x_c}{h_0}=\frac{\beta_1\varepsilon_{cu}}{\varepsilon_{cu}+\varepsilon_s}=\frac{\beta_1}{1+\dfrac{\varepsilon_s}{\varepsilon_{cu}}} \tag{5-51}$$

界限破坏时，$\xi=\xi_b$，$x_c=x_b$，$\varepsilon_s=\varepsilon_y=f_y/E_s$，所以有：

$$\xi_b=\frac{\beta_1}{1+\dfrac{f_y}{E_s\varepsilon_{cu}}} \tag{5-52}$$

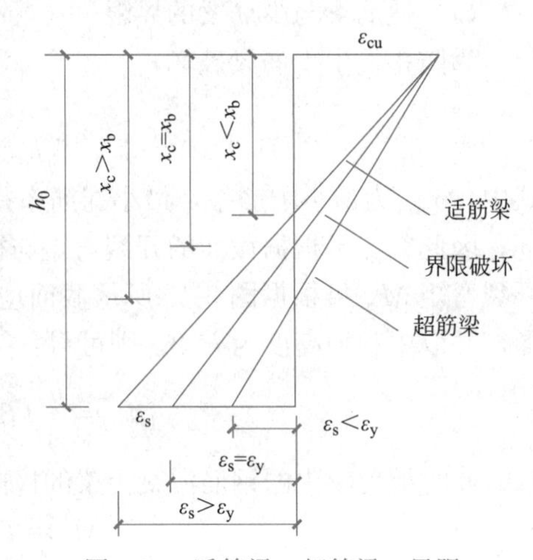

图 5-20　适筋梁、超筋梁、界限破坏时的截面平均应变

上式只适用于有明显屈服的热轧钢筋。ξ_b 仅与钢筋种类和混凝土的强度等级有关，不同级别热轧钢筋和混凝土的 ξ_b 值见表 5-4。

对于无明显屈服点钢筋（钢绞线、钢丝、热处理钢筋），取对应于残余应变为 0.2%时的应力 $\sigma_{0.2}$ 作为条件屈服点，并将此作为无明显屈服点钢筋的抗拉强度设计值。对应于条件屈服点时钢筋的应变为（图 5-21）：

$$\varepsilon_s=0.002+\varepsilon_y=0.002+\frac{f_y}{E_s}$$

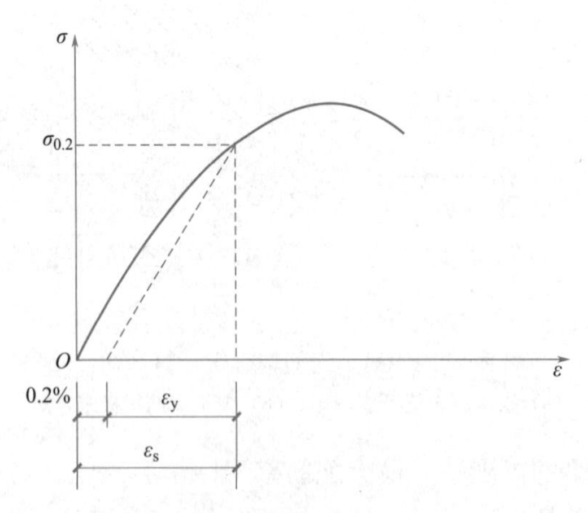

图 5-21　无明显屈服点钢筋应力应变曲线

将上式带入式（5-51），得无明显屈服点钢筋界限破坏时的相对受压区高度为：

$$\xi_b=\frac{\beta_1}{1+\dfrac{0.002E_s+f_y}{E_s\varepsilon_{cu}}} \tag{5-53}$$

ξ_b 的取值 表 5-4

混凝土强度等级		≤C50	C55	C60	C65	C70	C75	C80
ξ_b	HPB300	0.575	0.566	0.556	0.546	0.537	0.527	0.518
	HRB 400 HRBF 400 RRB 400	0.518	0.508	0.499	0.490	0.481	0.472	0.463
	HRB 500 HRBF 500	0.482	0.473	0.464	0.455	0.446	0.437	0.429

由式（5-38）和式（5-48）得：

$$\xi = \frac{f_y A_s}{\alpha_1 f_c b h_0} \tag{5-54}$$

取 $\xi=\xi_b$，则相应的配筋率为最大配筋率 ρ_{max}：

$$\rho_{max} = \frac{A_{s,max}}{bh_0} = \frac{1}{bh_0}\frac{\alpha_1 f_c b x_b}{f_y} = \frac{x_b}{h_0}\frac{\alpha_1 f_c}{f_y} = \xi_b \frac{\alpha_1 f_c}{f_y} \tag{5-55}$$

上式即为适筋梁最大配筋率的计算公式，注意：此时配筋率为钢筋面积与截面有效面积（$b\times h_0$）之比。

当 $\xi=\xi_b$ 时，由式（5-39）可以求出适筋梁所能承受的最大弯矩为：

$$M_{max} = \alpha_1 f_c b \xi_b h_0 \left(h_0 - \frac{\xi_b h_0}{2}\right) = \xi_b \left(1 - \frac{\xi_b}{2}\right) b h_0^2 \alpha_1 f_c \tag{5-56}$$

式（5-51）可作为截面复合时限制条件。

因此，为了防止超筋梁，可以用下列公式控制：

$$\xi \leqslant \xi_b，或者\ x \leqslant \xi_b h_0，\ 或者\ M \leqslant M_{max}$$

4. 计算方法

(1) 公式计算法

已知截面弯矩设计值 M、截面尺寸和材料参数时，在式（5-38）～式（5-40）中，只有 x 和 A_s 两个未知数，可联立求解 x 和 A_s。

由式（5-39）得：

$$x^2 - 2h_0 x + \frac{2M}{\alpha_1 f_c b} = 0$$

求解上述 x 的二次方程，得：

$$x = h_0 - \sqrt{h_0^2 - \frac{2M}{\alpha_1 f_c b}} \tag{5-57}$$

若 $x \leqslant \xi_b h_0$，将 x 代入式（5-38）或式（5-40），可得：

$$A_s = \frac{\alpha_1 f_c b x}{f_y} \tag{5-58}$$

$$或\ A_s = \frac{M}{f_y (h_0 - x/2)} \tag{5-59}$$

$$且\ A_s \geqslant \rho_{min} bh$$

(2) 计算系数法

用基本公式进行配筋设计时，需要解一个 x 的一元二次方程，比较麻烦，为了简化计算可采用计算系数法进行计算。

将式（5-39）改写为：

$$M=\alpha_1 f_c bx\left(h_0-\frac{x}{2}\right)=\alpha_1 f_c bh_0^2\frac{x}{h_0}\left(1-0.5\frac{x}{h_0}\right)=\alpha_1 f_c bh_0^2\xi(1-0.5\xi)$$

或

$$M=f_y A_s h_0\left(1-0.5\frac{x}{h_0}\right)=f_y A_s h_0(1-0.5\xi)$$

其中 $\xi=\frac{x}{h_0}$，令：

$$\alpha_s=\xi(1-0.5\xi) \tag{5-60}$$

$$\gamma_s=1-0.5\xi \tag{5-61}$$

式中　α_s ——截面抵抗矩系数；

　　γ_s ——内力臂系数。

则：

$$M=\alpha_1\alpha_s f_c bh_0^2 \tag{5-62}$$

或：

$$M=f_y A_s\gamma_s h_0 \tag{5-63}$$

由式（5-59）和式（5-60）可得：

$$\xi=1-\sqrt{1-2\alpha_s} \tag{5-64}$$

$$\gamma_s=\frac{1+\sqrt{1-2\alpha_s}}{2} \tag{5-65}$$

截面抵抗矩系数 α_s 和内力臂系数 γ_s 都与相对受压区高度 ξ 有关，根据 ξ、α_s 和 γ_s 的关系，可预先算出，制成表格以便使用，见本书附表 10、附表 11。具体计算时，可直接使用上式进行计算，不必查表。

当 $\xi=\xi_b$，可求得适筋梁正截面承载力的上限值 $M_{u,max}$：

$$M_{u,max}=\alpha_1 f_c b\xi_b h_0^2\left(1-\frac{\xi_b}{2}\right)=\alpha_{s,max}\alpha_1 f_c bh_0^2 \tag{5-66}$$

式中　$\alpha_{s,max}$ —— $\alpha_{s,max}=\xi_b(1-0.5\xi_b)$，为截面的最大抵抗矩系数。

5. 截面设计与流程

已知截面弯矩设计值 M、截面尺寸和材料参数，求纵向受拉钢筋截面面积，然后根据构造要求，选定钢筋规格和数量，基本设计步骤如下。

（1）确定基本设计参数

根据环境类别及混凝土强度等级，由本书附表 9 查得混凝土保护层最小厚度，再假定 a_s，计算 h_0；根据材料强度等级查出其强度设计值 f_y、f_c、f_t 及系数 α_1、ξ_b、ρ_{min} 等；

（2）计算截面有效高度 $h_0=h-a_s$；

（3）计算截面抵抗矩系数 α_s 和截面相对受压区高度 ξ；

由式（5-61）和式（5-63）分别计算截面抵抗矩系数 α_s 和截面相对受压区高度 ξ，即：

$$\alpha_s=\frac{M}{\alpha_1 f_c bh_0^2},\ \xi=1-\sqrt{1-2\alpha_s}$$

(4) 如果 $\xi>\xi_b$，则不满足适筋梁条件，防止发生超筋梁的脆性破坏，需增大截面尺寸或提高混凝土强度等级或采用双筋矩形截面重新计算，重新按照步骤（1）～（3）进行计算；

(5) 如果 $\xi\leqslant\xi_b$，将 ξ 值代入下式计算所需的钢筋截面面积 A_s，即：

$$A_s=\frac{\alpha_1 f_c bx}{f_y}=\frac{\alpha_1 f_c b\xi h_0}{f_y}$$

或由式（5-64）和式（5-60）分别计算截面内力臂系数 γ_s 和钢筋截面面积 A_s，即：

$$\gamma_s=\frac{1+\sqrt{1-2\alpha_s}}{2} \text{ 或 } \gamma_s=1-0.5\xi,\ A_s=\frac{M}{f_y\gamma_s h_0}$$

(6) 验算适用条件；

验算上述适用条件（1），验算是否满足最小配筋率的规定，即避免发生少筋梁的脆性破坏；

若 $\rho\geqslant\rho_{min}$，或者 $A_s\geqslant\rho_{min}bh$，则满足要求；若不满足，则纵向受拉钢筋应按照最小配筋率配置，即 $A_s=\rho_{min}bh$；

(7) 选配钢筋，按 A_s 值选用钢筋直径和根数，按构造要求布置并绘制截面配筋图，并验算实际配筋率 $\rho=A_s/bh_0>\rho_{min}$。

求得受拉钢筋截面面积 A_s 后，从本书附表 13 中选用钢筋直径和根数，并应满足有关构造要求。实际选用的钢筋截面面积与计算所得 A_s 值，两者相差不宜超过±5%，并检查实际的 a_s 值与假定的 a_s 值是否大致相符，如果相差太大，则需要重新计算。计算最小配筋率时，应按实际选用的钢筋截面面积。此外，还要验算钢筋的净间距是否满足要求。

单筋矩形截面受弯构件截面设计流程图如图 5-22 所示。

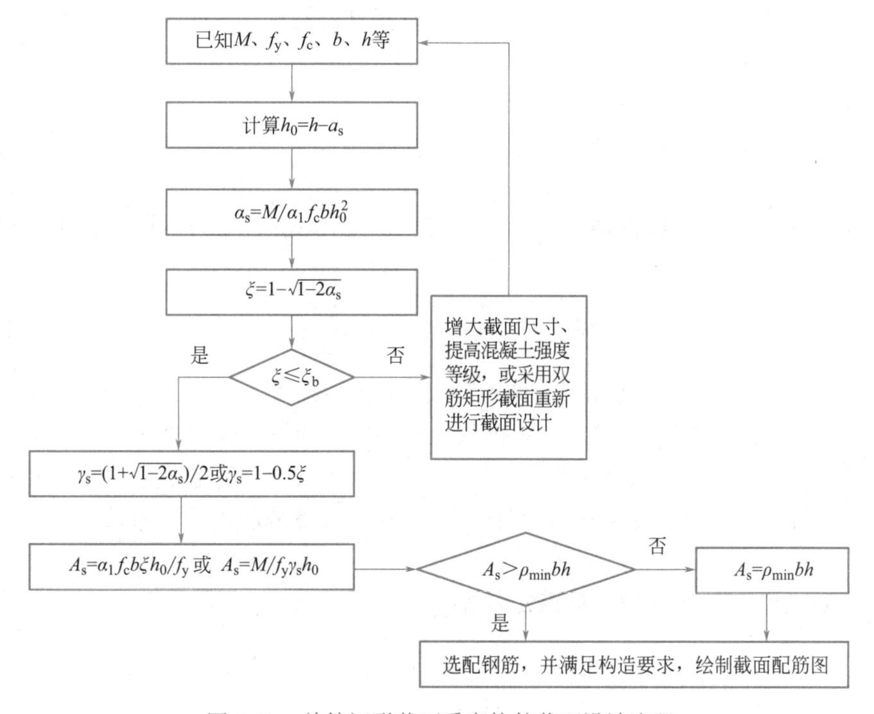

图 5-22　单筋矩形截面受弯构件截面设计流程

问题讨论：

（1）**截面设计问题没有唯一解**。由于截面尺寸、材料强度等级等由设计人员初步选定，会出现各种不同的组合，所以截面设计问题没有唯一的解答。可根据高跨比条件、构造及施工的要求等确定受弯构件的截面高度，按照高宽比确定截面宽度。当计算中出现配筋率偏大或偏小等不合理情况时，可适当调整初选的截面尺寸后重新计算。

（2）**经济配筋率**。受弯构件设计时，除了满足适筋梁外，还需考虑经济性。当弯矩设计值 M 一定时，截面尺寸 $b\times h$ 越大，则所需受拉钢筋截面面积 A_s 就越小，钢筋费用就少，但截面尺寸的加大会使混凝土及模板费用增加，同时减小房屋的净高。反之，截面选择偏小，受拉钢筋截面面积 A_s 就要增加。显然，合理的选择应该是在满足承载力和使用要求的前提下，选用经济配筋率。根据我国工程设计经验，一般梁板的经济配筋率：矩形截面梁为 0.6%～1.5%，T 形截面梁为 0.9%～1.8%，板为 0.4%～0.8%。经济配筋率与材料单价、结构形式、施工条件等诸多方面有关，是一个综合复杂的问题，因各区域具体环境条件不同，材料及施工等费用的单价不同，经济配筋率会有所变化，所以也不能一概而论，绝对化。当配筋率在经济配筋率范围内变动时，对构件造价的影响并不很敏感，应根据具体情况具体分析。

6. 截面复核与流程

已知截面弯矩设计值 M、截面尺寸、材料参数、纵向受拉钢筋截面面积 A_s，求该截面所能负担的极限弯矩 M_u，并判断其安全性，然后根据构造要求，选定钢筋规格和数量，基本计算步骤如下。

（1）确定基本设计参数：

根据环境类别及混凝土强度等级，由本书附表 9 查得混凝土保护层最小厚度，再假定 a_s，计算 h_0；根据材料强度等级查出其强度设计值 f_y、f_c、f_t 及系数 α_1、ξ_b、ρ_{min} 等；

（2）计算截面有效高度 $h_0=h-a_s$；

（3）由下式计算截面配筋率：

$$\rho=\frac{A_s}{bh_0}$$

（4）由式（5-38）计算混凝土受压区高度 x 或由式（5-53）计算相对受压区高度 ξ，即：

$$x=\frac{f_yA_s}{\alpha_1 f_c b},\ \xi=\frac{f_yA_s}{\alpha_1 f_c bh_0}$$

（5）若 $\rho<\rho_{min}h/h_0$，则说明受拉钢筋截面面积 A_s 太小，属于少筋梁，不安全；在实际工程中，不允许采用少筋梁，如果出现这种情况，应进行加固处理；

（6）若 $\rho_{min}h/h_0\leqslant\rho\leqslant\rho_{max}$，或 $x\leqslant\xi_b h_0$，或 $\xi\leqslant\xi_b$，则说明构件属于适筋梁范围，由式（5-59）计算截面抵抗矩系数 α_s 或由式（5-60）计算截面内力臂系数 γ_s：

$$\alpha_s=\xi(1-0.5\xi),\ \gamma_s=1-0.5\xi$$

（7）计算该截面所能负担的极限弯矩 M_u：

$M_u=\alpha_1 f_c bx\left(h_0-\dfrac{x}{2}\right)$，或 $M_u=f_yA_s\left(h_0-\dfrac{x}{2}\right)$，或 $M_u=\alpha_s\alpha_1 f_c bh_0^2$，或 $M_u=f_yA_s\gamma_s h_0$；

（8）若 $\rho > \rho_{\max} = \xi_b \dfrac{\alpha_1 f_c}{f_y}$，或 $x > \xi_b h_0$，或 $\xi > \xi_b$，则说明受拉钢筋截面面积 A_s 太大，钢筋达不到屈服，属于超筋梁，则取 $\rho = \rho_{\max} = \xi_b \dfrac{\alpha_1 f_c}{f_y}$，或 $x = \xi_b h_0$，或 $\xi = \xi_b$，则按式（5-55）计算 M_u，即：

$$M_{\max} = \alpha_1 f_c b \xi_b h_0^2 \left(1 - \frac{\xi_b}{2}\right) = \alpha_{s,\max} \alpha_1 f_c b h_0^2$$

（9）判断安全性：比较极限弯矩值 M_u 和弯矩设计值 M，当 $M_u \geqslant M$ 时，截面受弯承载力满足要求，是安全的，否则不安全。

单筋矩形截面受弯构件截面复核流程如图 5-23 所示。

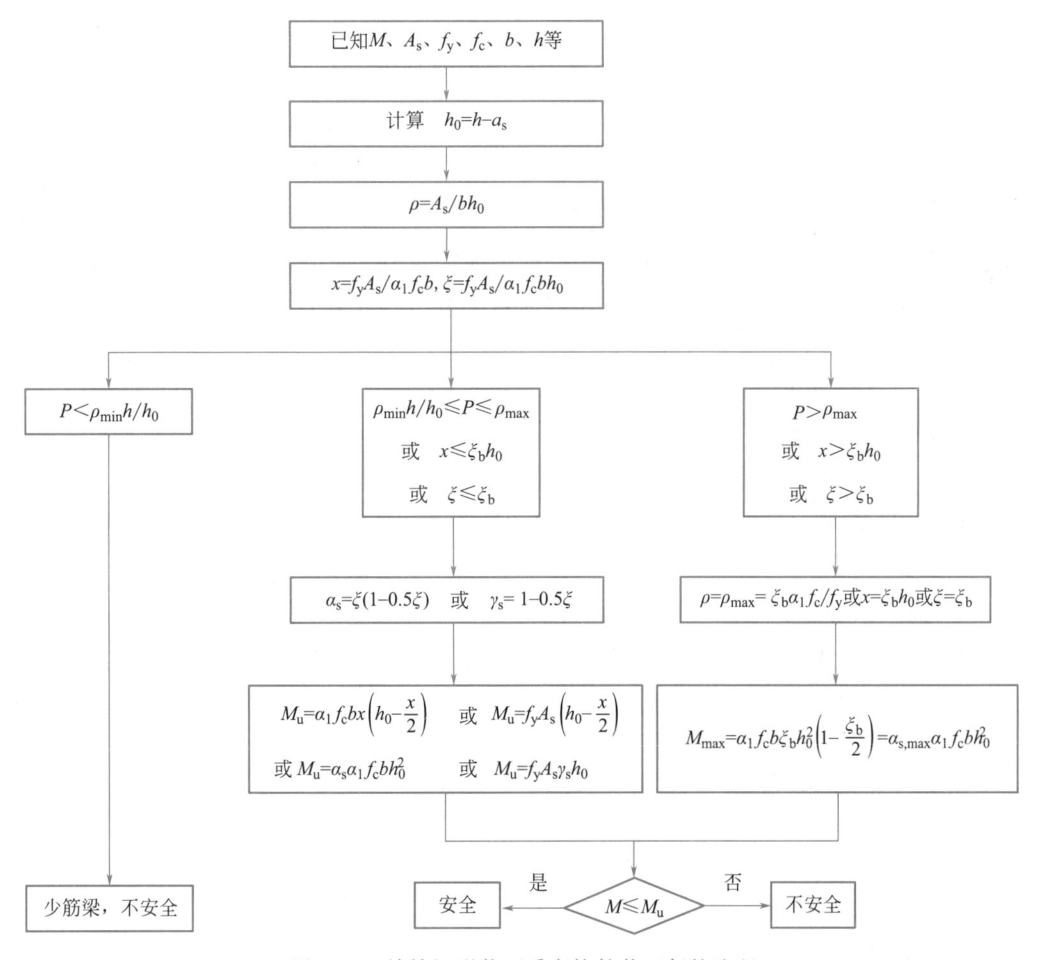

图 5-23 单筋矩形截面受弯构件截面复核流程

7. 算例

【例题 5-2】某钢筋混凝土简支梁计算跨度 6m，环境类别一类，设计使用年限为 50 年，板传来的永久荷载标准值（包含梁自重）为 $g_k = 15.6\text{kN/m}$，板传来的楼面活荷载标准值为 $q_k = 10.7\text{kN/m}$。梁的截面尺寸为 200mm×500mm（图 5-24），混凝土的强度等级为 C30，钢筋为 HRB400。试求所需的纵向钢筋。

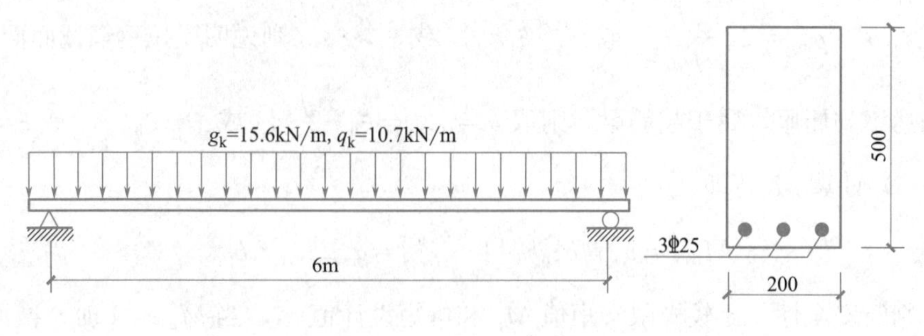

图 5-24　例题 5-2 图

【解】 采用公式计算法

(1) 求最大弯矩设计值

永久荷载和活荷载产生的跨中截面弯矩标准值分别为：

$$M_{Gk}=\frac{1}{8}g_k l_0^2=\frac{1}{8}\times 15.6\times 6^2=70.2\text{kN}\cdot\text{m}$$

$$M_{Qk}=\frac{1}{8}q_k l_0^2=\frac{1}{8}\times 10.7\times 6^2=48.15\text{kN}\cdot\text{m}$$

取永久荷载分项系数为 1.3，楼面活荷载分项系数为 1.5，结构重要性系数为 1.0，使用年限荷载调整系数 $\gamma_L=1.0$，可得跨中截面最大弯矩设计值为：

$$M=\gamma_0(\gamma_G M_{Gk}+\gamma_Q\gamma_L M_{Qk})=1.0\times(1.3\times 70.2+1.5\times 1.0\times 48.15)$$
$$\approx 163.49\text{kN}\cdot\text{m}$$

(2) 基本设计参数

环境类别为一类，混凝土强度等级为 C30，梁的混凝土保护层最小厚度 $c=20\text{mm}$。

由附表 2 查得 C30 混凝土 $f_c=14.3\text{N/mm}^2$，$\alpha_1=1.0$，HRB400 钢筋 $f_y=360\text{N/mm}^2$。

(3) 计算有效高度 h_0

假定钢筋按一排布置，则：

$$h_0=500-40=460\text{mm}$$

(4) 计算混凝土受压区高度 x

根据式 (5-56) 求出 x：

$$x=h_0-\sqrt{h_0^2-\frac{2M}{\alpha_1 f_c b}}=460-\sqrt{460^2-\frac{2\times 163.49\times 10^6}{1.0\times 14.3\times 200}}$$
$$=148.1\text{mm}$$

(5) 计算受拉钢筋截面面积 A_s

代入式 (5-57) 得：

$$A_s=\frac{\alpha_1 f_c bx}{f_y}=\frac{1.0\times 14.3\times 200\times 148.1}{360}=1177\text{mm}^2$$

(6) 验算适用条件

验算最小配筋率：$\rho_{min}=45\frac{f_t}{f_y}\%=0.179\%<0.2\%$，取 0.2%。

$$A_s = 1177\text{mm}^2 > \rho_{min} bh = 0.2\% \times 200 \times 500 = 200\text{mm}^2$$

不属于少筋构件。

验算最大相对受压区高度：由表 5-4 查得 $\xi_b = 0.518$：

$$\xi = \frac{x}{h_0} = \frac{148.1}{460} = 0.322 < \xi_b = 0.518$$

也不属于超筋构件。

（7）根据计算结果选钢筋直径和根数。

查附表 13 选用 3Φ25，$A_s = 1473\text{mm}^2$。

【例题 5-3】 一简支的单向板，一类环境，厚 80mm，采用 C20 混凝土，选配 HRB400 级热轧钢筋：Φ8@140（沿板宽方向以间距 140mm 布置Φ8 的钢筋），每米板宽跨中弯矩设计值 $M = 4.05\text{kN} \cdot \text{m/m}$。试验算该板的承载力。

【解】 采用公式计算法。

取 1m 板宽计算。查附表 14 得配筋Φ8@140 的面积为 $A_s = 359\text{mm}^2$。

（1）基本数据

$b = 1000\text{mm}$，　$h = 80\text{mm}$，　$A_s = 359\text{mm}^2$，$M = 4.05\text{kN} \cdot \text{m/m}$

$f_c = 9.6\text{N/mm}^2$，　$f_t = 1.1\text{N/mm}^2$　$f_y = 360\text{N/mm}^2$，$\alpha_1 = 1.0$

查表得：$\xi_b = 0.550$，

最小配筋率 $\rho_{min} = 45 \times \frac{1.1}{360}\% = 0.138\% < 0.20\%$，取 $\rho_{min} = 0.2\%$

由于本例已给出钢筋直径，截面有效高度可通过计算直接求出：

$$h_0 = h - c - \frac{d}{2} = 80 - 20 - \frac{8}{2} = 56\text{mm}$$

（2）验算最小配筋率

$$A_s = 359\text{mm}^2 > \rho_{min} bh = 0.20\% \times 1000 \times 80 = 160\text{mm}^2$$

满足最小配筋率要求。

（3）计算混凝土受压区高度 x

根据式（5-38），求解 x：

$$x = \frac{f_y A_s}{\alpha_1 f_c b} = \frac{360 \times 359}{1.0 \times 9.6 \times 1000} = 13.46\text{mm} < \xi_b h_0 = 0.550 \times 56 = 30.8\text{mm}$$

（4）承载力验算

由式（5-40），求极限弯矩 M_u

$$M_u = f_y A_s \left(h_0 - \frac{x}{2}\right) = 360 \times 359 \times \left(56 - \frac{13.46}{2}\right)$$

$$= 6.37\text{kN} \cdot \text{m} > M = 4.05\text{kN} \cdot \text{m}$$，承载力满足要求。

【例题 5-4】 已知矩形截面梁尺寸为 $b \times h = 300\text{mm} \times 600\text{mm}$，由荷载设计值产生的弯矩 $M = 212.3\text{kN} \cdot \text{m}$；混凝土强度等级为 C30，一类环境，采用 HRB400 级热轧钢筋。试确定该梁的纵向受力钢筋。

【解】 采用计算系数法。

（1）确定基本参数：

$f_c = 14.3\text{N/mm}^2$，$f_t = 1.43\text{N/mm}^2$，$\alpha_1 = 1.0$，$f_y = 360\text{N/mm}^2$，$\xi_b = 0.518$

（2）计算截面有效高度 h_0：

$$h_0 = h - a_s = 600 - 40 = 560\text{mm}（设钢筋单层放置）$$

（3）截面抵抗矩系数 α_s 和截面相对受压区高度 ξ：

$$\alpha_s = \frac{M}{\alpha_1 f_c b h_0^2} = \frac{212.3 \times 10^6}{1.0 \times 14.3 \times 300 \times 560^2} = 0.158$$

$$\xi = 1 - \sqrt{1 - 2\alpha_s} = 1 - \sqrt{1 - 2 \times 0.158} = 0.173 < \xi_b = 0.518$$

（4）计算受拉钢筋截面面积 A_s：

$$A_s = \xi \frac{\alpha_1 f_c b h_0}{f_y} = 0.173 \times \frac{1.0 \times 14.3 \times 300 \times 560}{360} = 1154.5\text{mm}^2$$

选配 4Φ20，$A_s = 1256\text{mm}^2$，钢筋布置见图 5-25。

（5）验算最小配筋率

$$\rho_{min} = 45 \frac{f_t}{f_y}\% = 45 \times \frac{1.43}{360}\% = 0.18\% < 0.2\%$$

取 $\rho_{min} = 0.2\%$。

$$A_s = 1256\text{mm}^2 > \rho_{min} bh = 0.2\% \times 300 \times 600 = 360\text{mm}^2$$

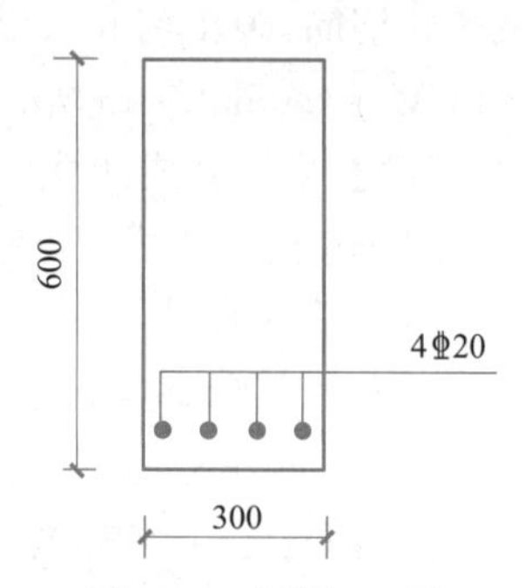

图 5-25　例题 5-4 图（单位：mm）

【例题 5-5】 如图 5-26 所示的钢筋混凝土人行道板，计算跨径为 2.05m，承受人群荷载标准值为 3.5kN/m²，板厚为 80mm。采用 C30 混凝土，受力钢筋及箍筋均为 HRB400 级，箍筋直径为 8mm，其混凝土保护层厚度为 20mm，Ⅰ类环境条

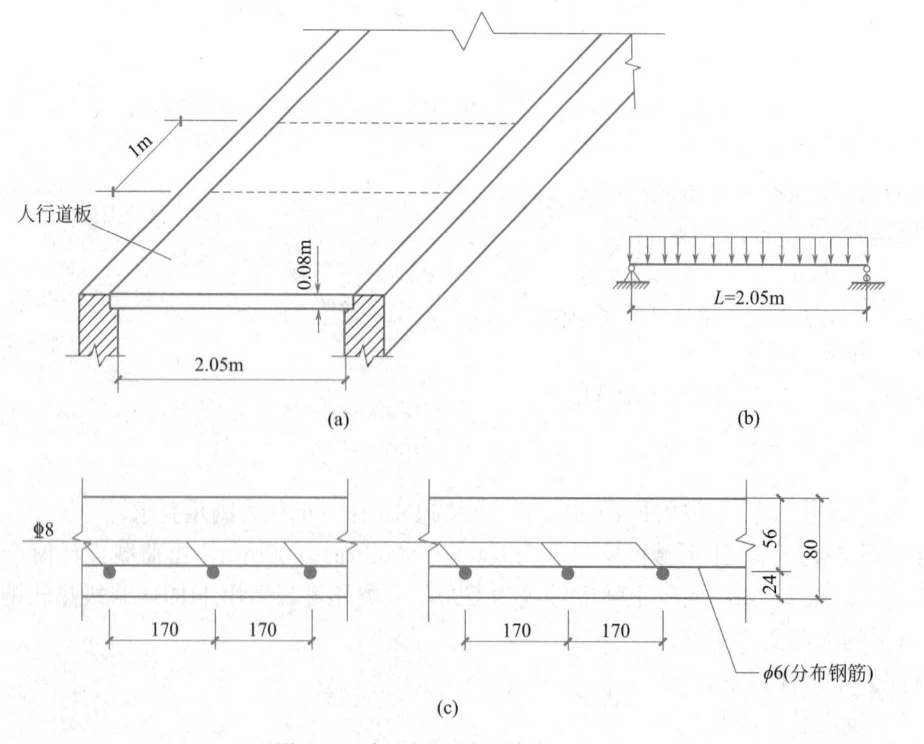

图 5-26　例题 5-5 图（单位：mm）

件，安全等级为二级。试进行配筋计算。

【解】 $f_c=13.8\text{MPa}$，$f_t=1.39\text{MPa}$，$f_y=360\text{MPa}$，$\xi_b=0.58$，ρ_{min} 取 0.2% 和 $0.45\times\dfrac{f_t}{f_y}=0.45\times\dfrac{1.39}{360}=0.17\%$ 二者较大值。

（1）确定计算简图

沿垂直于板跨度方向取宽度为1m的板带作为计算单元。因此板的计算简图为一承受均布荷载的简支梁（板）。计算跨径 $L=2.05\text{m}$，板上作用的荷载为板重 g_1 和人群荷载 g_2，其中 g_1 为钢筋混凝土重度（取为 25kN/m^3）与截面面积乘积，即为 $g_1=25\times0.08\times1=2\text{kN/m}$。$g_2=3.5\times1=3.5\text{kN/m}$。

（2）求跨中截面的最大弯矩设计值

自重弯矩标准值 $M_{G1}=\dfrac{1}{8}g_1L^2=\dfrac{1}{8}\times2\times2.05^2=1.051\text{kN}\cdot\text{m}$

人群荷载的弯矩标准值 $M_{G2}=\dfrac{1}{8}g_2L^2=\dfrac{1}{8}\times3.5\times2.05^2=1.839\text{kN}\cdot\text{m}$

由基本组合，得到板跨中截面的弯矩组合设计值：

$M_d=\gamma_{G1}M_{G1}+\gamma_{Q2}M_{G2}=1.2\times1.051+1.4\times1.839=3.836\text{kN}\cdot\text{m}$

取 $\gamma_0=1.0$，则计算弯矩值 $M=\gamma_0M_d=3.836\text{kN}\cdot\text{m}$

（3）求截面受压区高度 x

设 $a_s=25\text{mm}$，板的有效高度 $h_0=h-a_s=80-25=55\text{mm}$。

由式（5-39）得：$3.836\times10^6=13.8\times1000\times x\times\left(55-\dfrac{x}{2}\right)$

整理上式后可得 $x^2-110x+556=0$

解以上一元二次方程，得截面受压区高度：

$$x=5.3\text{mm}<\xi_bh_0=0.58\times55=32\text{mm}$$

（4）求受拉钢筋面积 A_s

将 x 代入式（5-38），得受拉纵向钢筋截面面积为：

$$A_s=\frac{f_cbx}{f_y}=\frac{13.8\times1000\times5.3}{360}=203.2\text{mm}^2$$

（5）选择钢筋直径和根数

查钢筋表并结合构造要求，选用Φ 8@170。单位板宽的钢筋截面面积 $A_s=296\text{mm}^2>243.8\text{mm}^2$。

（6）验算基本公式适用条件并控制截面配筋图

$$x=\frac{f_yA_s}{f_cb}=\frac{360\times296}{13.8\times1000}=7.7\text{mm}<\xi_bh_0=0.58\times(80-20-8/2)=32\text{mm}$$

$\rho=\dfrac{A_s}{bh_0}=\dfrac{296}{1000\times56}=0.53\%>\rho_{min}=0.25\%$，且 ρ 处在板的经济配筋率 0.3%～0.8% 之内。

说明截面设计符合经济合理的要求。根据上述计算结果，绘制的截面配筋图如图 5-26（c）所示。

5.4.3 双筋矩形截面正截面承载力计算

1. 双筋截面梁的适用情况

在单筋矩形截面梁中，受拉区配置纵向受拉钢筋，受压区配置构造钢筋，如果仅配置构造钢筋不满足正截面受弯承载力要求，则在受压区需要按照计算配置纵向受压钢筋，形成双筋截面梁。双筋矩形截面梁的用钢量比单筋矩形截面梁的多，一般不够经济，因此，考虑经济性，应尽可能地不要将截面设计成双筋截面。但在下列几种情况下，应将截面设计成双筋截面：

(1) 结构或构件承受某种交变的作用（如风荷载和地震作用下的框架梁），使截面上的弯矩改变方向，截面承受正、负弯矩作用，需要配置受拉和受压钢筋，形成双筋截面构件；

(2) 截面承受的弯矩设计值大于单筋截面所能承担的最大弯矩设计值，即出现 $\xi > \xi_b$ 的情况，若设计成单筋截面构件肯定会发生超筋破坏，而截面尺寸和混凝土强度等级等由于某些原因又不能改变，可采用双筋截面构件；

(3) 结构或构件的截面由于某种原因，在截面的受压区已存在大面积的纵向受力钢筋时（如连续梁的某些支座截面），为考虑经济，按双筋截面构件计算；

(4) 双筋截面梁不仅能够提高构件的受弯承载力，而且能够提高梁的截面延性，因此某一些情况下，为了提高梁的截面延性，改善梁的受弯性能，按照双筋截面构件设计。

2. 基本公式

双筋梁截面极限状态时的计算简图如图 5-27 所示。设受压钢筋面积为 A'_s，钢筋压力合力作用点到混凝土压区外边缘的距离为 a'_s。由于受压钢筋靠近受压区边缘，一般应变较大，只要受压区高度 x 不太小，受压钢筋可以达到屈服强度。双筋梁截面受弯构件正截面承载力设计中，除了引入单筋矩形截面受弯构件承载力计算中的各项基本假定以外，由于受压纵筋一般都可以充分利用，因此假定双筋梁中受压钢筋能达到屈服强度，同时假定当 $x \geqslant 2a'_s$ 时，受压钢筋的应力等于其抗压强度设计值 f'_y。

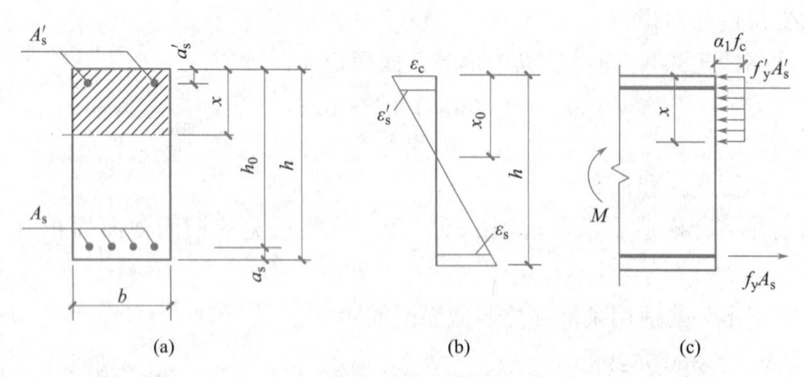

图 5-27 双筋矩形梁正截面承载力计算简图

由静力平衡条件 $\sum X = 0$，得：

$$\alpha_1 f_c bx + f'_y A'_s = f_y A_s \tag{5-67}$$

再由力矩平衡 $\sum M = 0$，对受拉钢筋合力作用点取矩：

$$M \leqslant M_u = \alpha_1 f_c bx\left(h_0 - \frac{x}{2}\right) + f'_y A'_s (h_0 - a'_s) \tag{5-68}$$

在上述公式中引入 $x=\xi h_0$，则可将基本公式写成：

$$\alpha_1 f_c b\xi h_0 + f'_y A'_s = f_y A_s \tag{5-69}$$

$$M \leqslant M_u = \alpha_s \alpha_1 f_c bh_0^2 + f'_y A'_s (h_0 - a'_s) \tag{5-70}$$

为了方便计算，可将双筋截面受弯构件承载力分解为单筋截面与纯钢筋截面两个部分，如图 5-28 所示。第一部分为受压区混凝土与部分纵向受拉钢筋 A_{s1} 组成的单筋矩形截面承担的弯矩 M_{u1}；第二部分为纵向受压钢筋 A'_s 与其余部分的纵向受拉钢筋 A_{s2} 组成的纯钢筋截面承担的弯矩 M_{u2}。

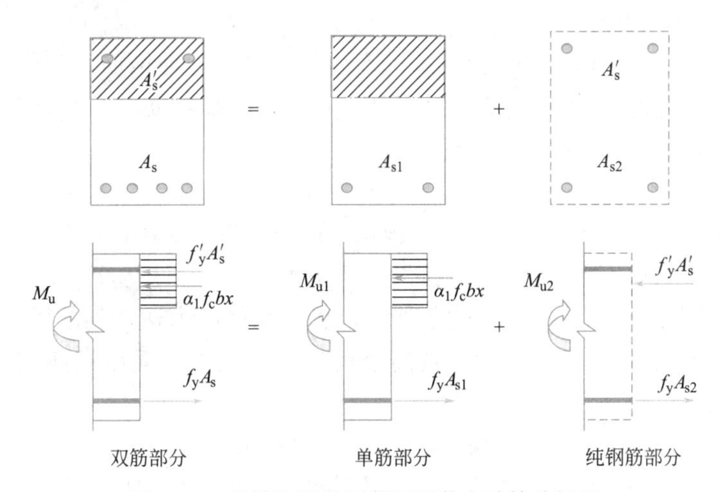

图 5-28　双筋矩形梁正截面承载力计算分解图

则基本公式可分解为：

$$M_u = M_{u1} + M_{u2} \tag{5-71}$$

$$A_s = A_{s1} + A_{s2} \tag{5-72}$$

单筋矩形截面部分：

$$\alpha_1 f_c bx = f_y A_{s1} \tag{5-73}$$

$$M_{u1} = \alpha_1 f_c bx\left(h_0 - \frac{x}{2}\right) \tag{5-74}$$

纯钢筋矩形截面部分：

$$f'_y A'_s = f_y A_{s2} \tag{5-75}$$

$$M_{u2} = f'_y A'_s (h_0 - a'_s) \tag{5-76}$$

双筋截面梁破坏时，受压钢筋达到了屈服强度，其应变达到了屈服压应变 ε'_y，根据平截面假定，当截面受压区边缘混凝土的应变达到极限压应变 ε_{cu} 时，受压钢筋的应变 ε'_s 可由图 5-29 计算得出，压区边缘混凝土达到极限应变 ε_{cu} 而压碎时，受压钢筋压应力 σ'_s 由压应变 ε'_s 确定。

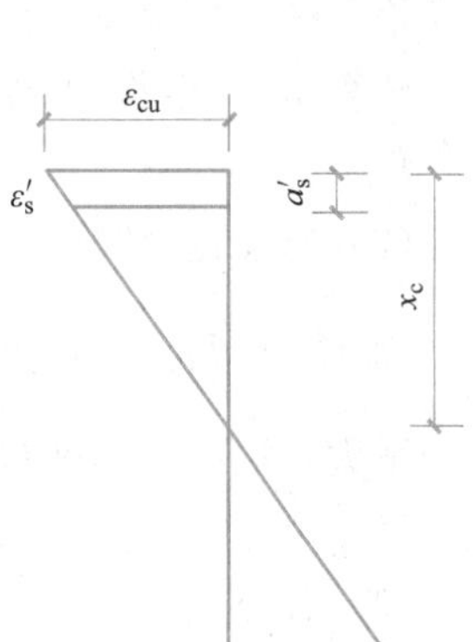

由图可得：

$$\frac{\varepsilon'_s}{x_c - a'_s} = \frac{\varepsilon_{cu}}{x_c} \tag{5-77}$$

图 5-29　双筋截面应变图

则：

$$\varepsilon'_s=\frac{x_c-a'_s}{x_c}\varepsilon_{cu}=\left(1-\frac{a'_s}{x_c}\right)\varepsilon_{cu}=\left(1-\frac{a'_s}{x/\beta_1}\right)\varepsilon_{cu}=\left(1-\frac{\beta_1 a'_s}{x}\right)\varepsilon_{cu} \tag{5-78}$$

$$\varepsilon'_s=\frac{x_c-a'_s}{x_c}\varepsilon_{cu}=\left(1-\frac{a'_s}{x_c}\right)\varepsilon_{cu}=\left(1-\frac{a'_s}{x/\beta_1}\right)\varepsilon_{cu}=\left(1-\frac{\beta_1 a'_s}{x}\right)\varepsilon_{cu} \tag{5-79}$$

$$\sigma'_s=\varepsilon'_s E_s=\left(1-\frac{\beta_1 a'_s}{x}\right)E_s \tag{5-80}$$

3. 适用条件

与单筋截面一样，上述平衡公式也有一定的适用条件。为了防止超筋，双筋梁仍需满足条件 $x\leqslant\xi_b h_0$（或 $\xi\leqslant\xi_b$）。

若取 $\beta_1=0.8$，$\varepsilon_{cu}=0.0033$，$\varepsilon'_s=0.002$，则 $x=2a'_s$，即钢筋达到受压屈服应变时，受压区高度为 $2a'_s$。据此，在保证混凝土压碎的同时，受压钢筋应力达到设计值 f'_y 的条件是 $x\geqslant 2a'_s$。所以上述公式的适用条件为：

$$2a'_s\leqslant x\leqslant\xi_b h_0 \tag{5-81}$$

在双筋截面中，由于受压钢筋存在，根据平衡条件一般受拉钢筋不会太少，因此单筋截面中最小配筋率的适用条件在双筋截面时一般都可满足，不用验算。

当受压区高度 x 不满足 $x\geqslant 2a'_s$ 的条件时，受压钢筋应力达不到屈服值，精确计算比较复杂，可取 $x=2a'_s$ 进行计算。此时混凝土的压力作用点与受压钢筋压力作用点重合，对该点取矩平衡，得到：

$$M_u=f_y A_s(h_0-a'_s) \tag{5-82}$$

纵向受压钢筋因为受压可能发生屈曲而向外凸出，引起保护层混凝土剥落甚至使压区混凝土过早发生脆性破坏，所以规范规定需要设置封闭箍筋，约束受压钢筋。具体要求后面构造措施中详细叙述。

4. 双筋矩形截面设计

已知截面尺寸 b、h，混凝土的强度等级，钢筋级别和弯矩设计值 M，求钢筋面积。仍然取 $M_u=M$，由于受拉钢筋、受压钢筋均为未知，所以分两种情况讨论。

情况 1：A'_s 和 A_s 均为未知

（1）确定基本设计参数：

根据环境类别及混凝土强度等级，由本书附表 9 查得混凝土保护层最小厚度，再假定 a_s，计算 h_0；根据材料强度等级查出其强度设计值 f_y、f_c、f_t 及系数 α_1、ξ_b、β_1、ρ_{min} 等；

（2）验算是否需要配置受压钢筋 A'_s：

当 $M>M_{u,max}=\alpha_1 f_c b\xi_b h_0\left(h_0-\dfrac{\xi_b h_0}{2}\right)$ 或 $\alpha_s=\dfrac{M}{\alpha_1 f_c b h_0^2}>\alpha_{s,max}$，且截面尺寸受到限制不能增大，混凝土强度也不能提高时，需要配置受压钢筋，按照双筋矩形截面进行配筋设计。

（3）补充条件：

在平衡方程式（5-66）和式（5-67）中，未知量有 x、A'_s 和 A_s 三个，需要补充一个条件才能得到求解。在截面尺寸和材料强度已知的情况下，补充条件应充分考虑经济性使总用钢量（A'_s+A_s）最小。

$$A'_s+A_s=\frac{\alpha_1 f_c bx}{f_y}+\frac{M-\alpha_1 f_c bx(h_0-0.5x)}{f'(h_0-a'_s)}$$

将上式对 x 求导，令 $\frac{d(A'_s+A_s)}{dx}=0$，得：

$$\frac{x}{h_0}=\xi=\frac{1}{2}\left(1+\frac{a'}{h_0}\right)$$

当混凝土强度等级不大于 C50 时，对应 HRB400 级钢筋，并取 $a'_s/h_0\approx0.1$，则 $\xi=\frac{1}{2}\left(1+\frac{a'}{h_0}\right)=0.55=\xi_b$。上式还必须符合 $\xi\leqslant\xi_b$ 的条件，如果出现 $\xi>\xi_b$ 的情况，则取 $\xi=\xi_b$。因此实际计算中，为了便于计算，直接取 $\xi=\xi_b$、$x=\xi_b h_0$ 作为补充条件。

（4）计算受压区纵向受压钢筋面积 A'_s：

将上述补充条件 $x=\xi_b h_0$ 代入式（5-67），解得：

$$A'_s=\frac{M-\alpha_1 f_c bh_0^2\xi_b(1-0.5\xi_b)}{f'_y(h_0-a'_s)} \tag{5-83}$$

（5）计算受拉区纵向受拉钢筋面积 A_s：

将上述补充条件 $x=\xi_b h_0$ 代入式（5-66），解得：

$$A_s=\frac{f'_y}{f_y}A'_s+\xi_b\frac{\alpha_1 f_c bh_0}{f_y} \tag{5-84}$$

对于 HRB400 以下的热轧钢筋，$f'_y=f_y$，上式简化为：

$$A_s=A'_s+\xi_b\frac{\alpha_1 f_c bh_0}{f_y} \tag{5-85}$$

（6）验算适用条件：

① 防止梁发生超筋脆性破坏，必须满足 $\xi\leqslant\xi_b$ 或 $x\leqslant\xi_b h_0$。

② 为了保证受压钢筋在构件破坏时能达到屈服强度，必须满足 $x\geqslant2a'_s$。对于情况 1，因取 $\xi=\xi_b$，故一般能够满足此条件，可不必验算。

（7）选配钢筋，按 A'_s和 A_s 值选用钢筋直径和根数，按构造要求布置并绘制截面配筋图。

情况 1 也按照双筋截面受弯构件承载力分解为单筋截面与纯钢筋截面两个部分分别进行计算，然后进行叠加得到，验算是否需要配置受压钢筋和补充条件同上，其他计算步骤如下。

（1）计算单筋截面承担的弯矩 M_{u1} 和所需受拉钢筋截面面积 A_{s1}；

根据式（5-72）和式（5-73）进行计算，如下：

$$M_{u1}=\alpha_1 f_c bx\left(h_0-\frac{x}{2}\right)=\alpha_1 f_c bh_0^2\xi_b(1-0.5\xi_b)$$

$$A_{s1}=\xi_b bh_0\frac{\alpha_1 f_c}{f_y}$$

（2）计算纯钢筋截面承担的弯矩 M_{u2} 和所需受拉钢筋截面面积 A_{s2}：

根据式（5-70）、式（5-74）和式（5-75）进行计算，如下：

$$M_{u2}=M_u-M_{u1}$$

$$A'_s=\frac{M_{u2}}{f'_y(h_0-a'_s)}=\frac{M_u-M_{u1}}{f'_y(h_0-a'_s)}=\frac{M_u-\alpha_1 f_c bh_0^2\xi_b(1-0.5\xi_b)}{f'_y(h_0-a'_s)}$$

$$A_{s2}=\frac{f'_y}{f_y}A'_s$$

当 $f'_y=f_y$ 时：

$$A_{s2}=A'_s$$

（3）计算双筋截面的钢筋总截面面积 A_s：

$$A_s=\xi_b bh_0\frac{\alpha_1 f_c}{f_y}+\frac{f'_y}{f_y}A'_s$$

当 $f'_y=f_y$ 时：

$$A_s=\xi_b bh_0\frac{\alpha_1 f_c}{f_y}+A'_s$$

情况 2：已知截面尺寸 b、h，混凝土的强度等级，钢筋级别，弯矩设计值 M 和受压钢筋截面面积 A'_s。计算受拉钢筋截面面积 A_s。

（1）确定基本设计参数：

根据环境类别及混凝土强度等级，由本书附表 9 查得混凝土保护层最小厚度，再假定 a_s，计算 h_0；根据材料强度等级查出其强度设计值 f_y、f_c、f_t 及系数 α_1、ξ_b、β_1、ρ_{min} 等；

（2）由式（5-75）计算纯钢筋截面承担的弯矩 M_{u2}；

$$M_{u2}=f'_yA'_s(h_0-a'_s)$$

（3）由式（5-70）计算单筋截面承担的弯矩 M_{u1}；

$$M_{u1}=M_u-M_{u2}$$

（4）计算单筋截面所需受拉钢筋截面面积 A_{s1}；

具体计算步骤同单筋矩形截面，在此不再重复。

（5）计算双筋截面的钢筋总截面面积 A_s：$A_s=A_{s1}+A_{s2}$。

（6）验算适用条件：

① 必须满足 $\xi\leqslant\xi_b$ 和 $x\geqslant 2a'_s$。

② 如果 $\xi>\xi_b$，则说明原有的受压钢筋截面面积 A'_s 不够，此时需重新按照 A'_s 和 A_s 未知进行配筋计算。

③ 如果 $x<2a'_s$，则说明受压钢筋 A'_s 不能达到其抗压屈服强度设计值，此时需计算其应力 σ'_s，但如此计算比较烦琐，为了方便计算，设计时一般可近似取 $x=2a'_s$，由式（5-81）计算钢筋总截面面积 A_s，即

$$A_s=\frac{M}{f_y(h_0-a'_s)}$$

双筋矩形截面受弯构件截面设计流程如图 5-30 所示。

5. 双筋矩形截面复核

已知截面尺寸 b、h，混凝土的强度等级，钢筋级别，受压钢筋截面面积 A'_s 和受拉钢筋截面面积 A_s，弯矩设计值 M。计算正截面受弯承载力 M_u，并与弯矩设计值 M 进行比较，验算构件安全性。基本公式中只有两个未知数 x 和 M_u，可直接联立求解得到，主要计算步骤如下。

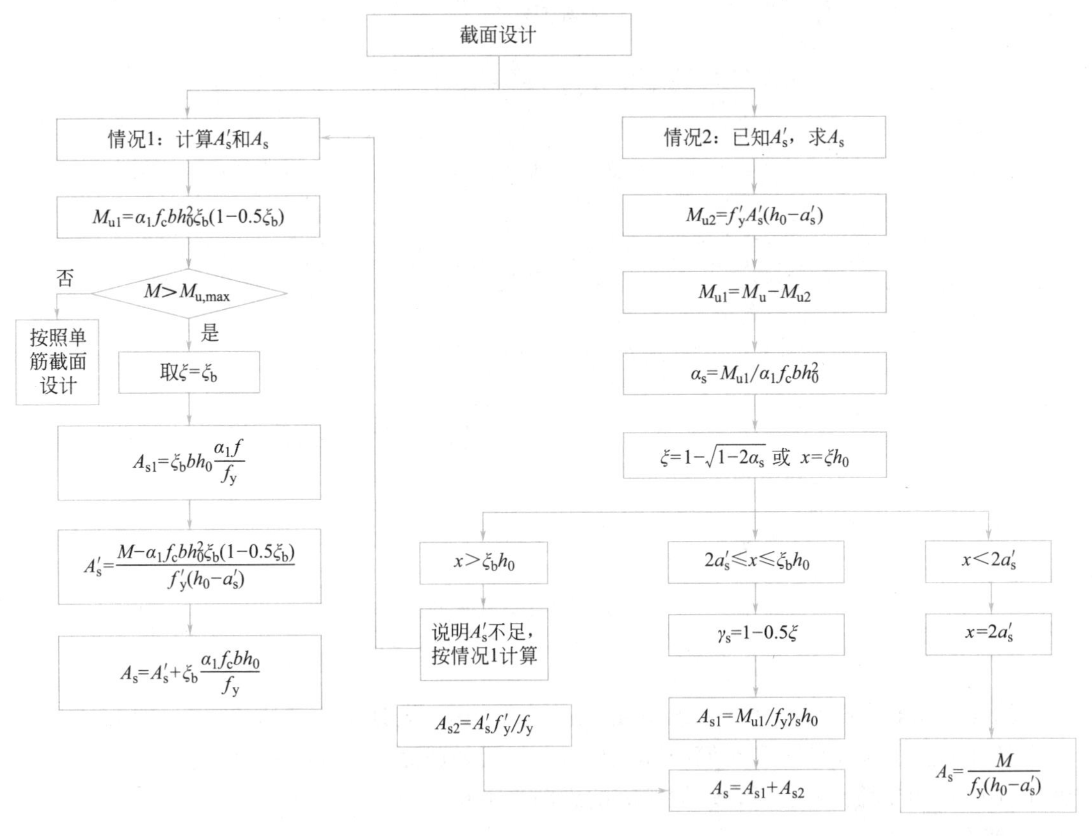

图5-30　双筋矩形截面受弯构件截面设计流程

（1）计算截面受压区高度 x：

由式（5-66）计算截面受压区高度 x，即：

$$x=\frac{f_y A_s-f'_y A'_s}{\alpha_1 f_c b}$$

（2）计算正截面受弯承载力 M_u，根据 x 值按下列三种情况进行计算：

① 如果 $2a'_s\leqslant x\leqslant\xi_b h_0$，代入式（5-67）计算 M_u，即：

$$M_u=\alpha_1 f_c bx\left(h_0-\frac{x}{2}\right)+f'_y A'_s(h_0-a'_s)$$

② 如果 $x>\xi_b h_0$，则说明原设计为不合理的超筋破坏，单筋截面部分可能发生超筋破坏，可取 $\xi=\xi_b$ 计算单筋矩形截面的受弯承载力 M_{u1}，即：

$$M_{u1}=\alpha_1 f_c bx\left(h_0-\frac{x}{2}\right)=\alpha_1 f_c b h_0^2\xi_b(1-0.5\xi_b)$$

③ 如果 $x<2a'_s$，则说明受压钢筋 A'_s不能达到其抗压屈服强度设计值，由式（5-81）计算正截面受弯承载力 M_u，即：

$$M_u=f_y A_s(h_0-a'_s)$$

（3）比较正截面受弯承载力 M_u 与弯矩设计值 M，判断构件安全性。

双筋矩形截面受弯构件截面复核流程如图 5-31 所示。

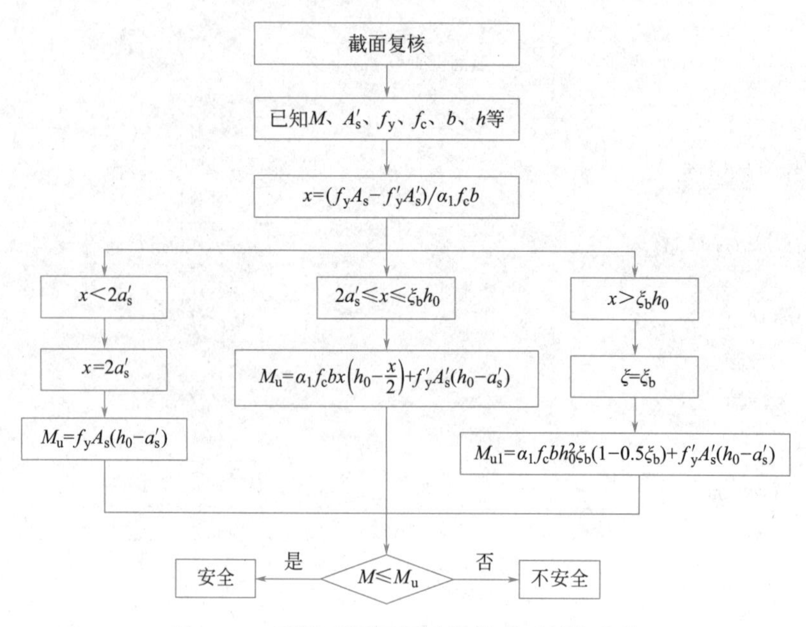

图 5-31　双筋矩形截面受弯构件截面复核流程

6. 算例

【例题 5-6】 梁截面尺寸 $b=250\text{mm}$、$h=450\text{mm}$，设计工作年限 50 年，环境类别一类，混凝土强度等级 C35 和钢筋级别 HRB400。假如截面尺寸和材料均不能改变，当弯矩设计值 $M=305.4\text{kN}\cdot\text{m}$ 时，求梁所需的纵向受力钢筋。

【解】（1）基本数据

$$f_c=16.7\text{N/mm}^2,\ f_y=f'_y=360\text{N/mm}^2,\ \alpha_1=1.0,\ \xi_b=0.518$$

由于弯矩较大，设受拉钢筋双层布置：$a_s=60\text{mm}$

则：$h_0=h-a_s=450-60=390\text{mm}$

（2）验算是否需要采用双筋截面

$$\alpha_s=\frac{M}{\alpha_1f_cbh_0^2}=\frac{305.4\times10^6}{1.0\times16.7\times250\times390^2}=0.481$$

$$\xi=1-\sqrt{1-2\alpha_s}=0.805>\xi_b=0.518$$

由于不能加大截面尺寸或提高材料强度等级，需采用双筋截面。设受压钢筋单层布置：$a'_s=40\text{mm}$。

（3）配筋计算

按情况 1，A_s 和 A'_s均未知，因此需设 $\xi=\xi_b$。由式（5-82）：

$$A'_s=\frac{M-\alpha_1f_cbh_0^2\xi_b(1-0.5\xi_b)}{f'_y(h_0-a'_s)}$$

$$=\frac{305.4\times10^6-1.0\times16.7\times250\times390^2\times0.518\times(1-0.5\times0.518)}{360\times(390-40)}$$

$$=489.3\text{mm}^2$$

$$A_s=A'_s+\xi_b\frac{\alpha_1f_cbh_0}{f_y}=489.3+0.518\times\frac{1.0\times16.7\times250\times390}{360}=2832\text{mm}^2$$

实配钢筋如下：受压钢筋 2Φ18，$A_s'=509\text{mm}^2$

受拉钢筋 8Φ22，$A_s=3041\text{mm}^2$

钢筋布置如图 5-32 所示，钢筋的净间距及保护层厚度需满足构造要求。

【例题 5-7】截面尺寸为 250mm×500mm 的矩形梁，设计使用年限为 50 年，环境类别为一类，采用 C30 混凝土现浇，钢筋为热轧 HRB400 级，弯矩设计值为 168.2kN·m。受压区已配有 2Φ18 的钢筋（$A_s'=509\text{mm}^2$），求受拉钢筋截面面积。

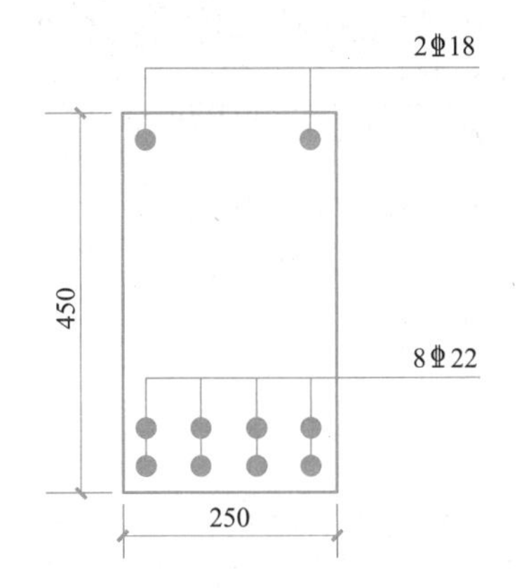

图 5-32 例题 5-6 图（单位：mm）

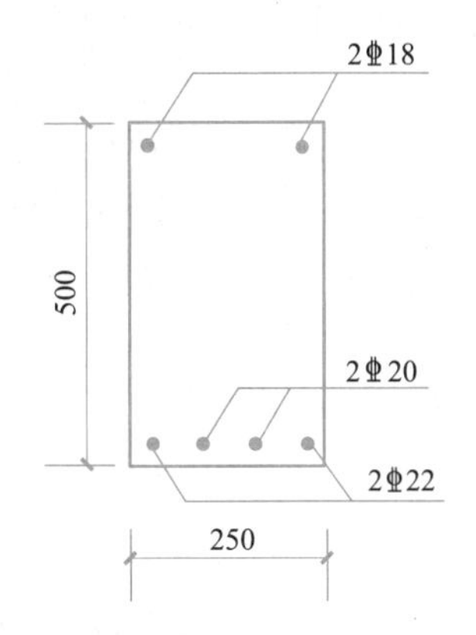

图 5-33 例题 5-7 图（单位：mm）

【解】（1）基本参数

$f_c=14.3\text{N/mm}^2$，$\alpha_1=1.0$，$\xi_b=0.550$

$f_y=f_y'=360\text{N/mm}^2$，$A_s'=509\text{mm}^2$

考虑一排钢筋 $a_s=a_s'=40\text{mm}$，$h_0=h-a_s=500-40=460\text{mm}$

（2）配筋计算

受压钢筋已知，因此按情况 2 考虑：

$$M_{u2}=f'_yA'_s(h_0-a'_s)=360\times509\times(460-40)=76.96\times10^6\text{N}\cdot\text{mm}$$

$$M_{u1}=M-M_{u2}=168.2\times10^6-76.96\times10^6=91.24\times10^6\text{N}\cdot\text{mm}$$

$$\alpha_s=\frac{M_{u1}}{\alpha_1f_cbh_0^2}=\frac{91.24\times10^6}{1.0\times14.3\times250\times460^2}=0.121$$

$$\xi=1-\sqrt{1-2\alpha_s}=1-\sqrt{1-2\times0.121}=0.129$$

$$x=\xi h_0=0.129\times460=59.34\text{mm}<2a_s'=80\text{mm}$$

取 $x=2a_s'$：

$$A_s=\frac{M}{f_y(h_0-a'_s)}=\frac{168.2\times10^6}{360\times(460-40)}=1112\text{mm}^2$$

实配钢筋 2Φ20+2Φ22，$A_s=1388\text{mm}^2$，布置如图 5-33 所示。

【例题 5-8】已知梁截面尺寸 $b=200\text{mm}$，$h=500\text{mm}$，混凝土的强度等级为 C20，采用 HRB400 级钢筋，弯矩设计值 $M=189\text{kN}\cdot\text{m}$，已配受压钢筋 2Φ16（$A_s'=402\text{mm}^2$），求受拉钢筋面积。环境类别一类，设计年限 50 年。

【解】（1）基本参数

$f_c=9.6\text{N/mm}^2$，$\alpha_1=1.0$，$\xi_b=0.550$

$f_y = f'_y = 360\text{N/mm}^2$，$A'_s = 402\text{mm}^2$

$a'_s = 25 + 8 + 16/2 \approx 40\text{mm}$，$a_s = 65\text{mm}$（设受拉钢筋双层布置）

$h_0 = h - a_s = 500 - 65 = 435\text{mm}$

（2）配筋计算

按情况2，首先求 x：

$$M_{u2} = f'_y A'_s (h_0 - a'_s) = 360 \times 402 \times (435 - 40) = 57.16 \times 10^6 \text{ N} \cdot \text{mm}$$

$$M_{u1} = M - M_{u2} = (189 - 57.16) \times 10^6 = 131.84 \times 10^6 \text{ N} \cdot \text{mm}$$

$$\alpha_s = \frac{M_{u1}}{\alpha_1 f_c b h_0^2} = \frac{131.84 \times 10^6}{1.0 \times 9.6 \times 200 \times 435^2} = 0.363$$

$$\xi = 1 - \sqrt{1 - 2\alpha_s} = 0.477 < \xi_b = 0.550$$

$$x = \xi h_0 = 0.477 \times 435 = 207.50 \text{ mm}$$

$$> 2a'_s = 80\text{mm}$$

满足 $2a'_s \leqslant x \leqslant \xi_b h_0$ 的条件，所以有：

$$\gamma_s = 0.5(1 + \sqrt{1 - 2\alpha_s})$$

$$= 0.5(1 + \sqrt{1 - 2 \times 0.363}) = 0.762$$

$$A_s = \frac{f'_y}{f_y} A'_s + \frac{M_{u1}}{f_y \gamma_s h_0}$$

$$= \frac{360}{360} \times 402 + \frac{131.84 \times 10^6}{360 \times 0.762 \times 435} = 1507 \text{ mm}^2$$

实配受拉钢筋 6Φ18，$A_s = 1527\text{mm}^2$。

【例题 5-9】已知混凝土的强度等级为 C20，采用 HRB400 级热轧钢筋，截面尺寸为 200mm×400mm，受拉钢筋采用 3Φ25（$A_s = 1473\text{mm}^2$），受压钢筋为 2Φ16（$A'_s = 402\text{mm}^2$），承受弯矩设计值 $M = 92.7\text{kN} \cdot \text{m}$，验算截面的承载力。

【解】（1）基本数据

$f_c = 9.6\text{N/mm}^2$，$\alpha_1 = 1.0$

$\xi_b = 0.578$，$f_y = f'_y = 360\text{N/mm}^2$

由于钢筋已知（设箍筋直径为 6mm）：

$a'_s = 25 + 6 + 16/2 = 39\text{mm}$，$a_s = 25 + 6 + 25/2 = 44\text{mm}$

$h_0 = h - a_s = 400 - 44 = 356\text{mm}$

（2）计算 x

由式（5-66）得：

$$x = \frac{f_y A_s - f'_y A'_s}{\alpha_1 f_c b} = \frac{360 \times 1473 - 360 \times 402}{1.0 \times 9.6 \times 200} = 200.8 \text{ mm}$$

$x = 200.8\text{mm} > 2a'_s = 72\text{mm}$，且 $x < \xi_b h_0 = 0.578 \times 356 = 205.8\text{mm}$

（3）承载力复核

计算极限弯矩 M_u：

$$M_u = \alpha_1 f_c b x (h_0 - 0.5x) + f'_y A'_s (h_0 - a'_s)$$

$$= 1.0 \times 9.6 \times 200 \times 200.8 \times (356 - 0.5 \times 200.8) + 360 \times 402 \times (356 - 39)$$

$$= 144.4 \times 10^6 \text{N} \cdot \text{mm} = 144.4\text{kN} \cdot \text{m}$$

$>M=92.7\mathrm{kN\cdot m}$，承载力满足要求。

5.4.4 T形截面正截面承载力计算

在前面的受弯构件正截面承载力计算中，受拉区混凝土已开裂退出工作，计算中并没有考虑混凝土的抗拉强度。因此可将矩形截面的受拉区混凝土去掉一部分，形成图 5-34 所示的 T 形截面梁，以减轻结构自重，节省混凝土，达到经济的目的。

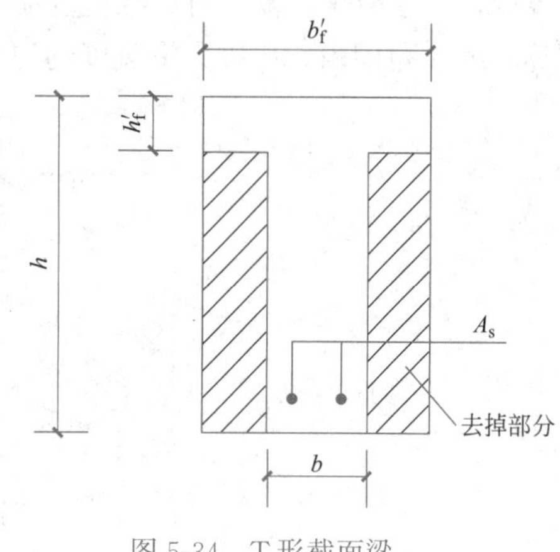

图 5-34　T 形截面梁

T 形截面由梁肋（$b\times h$）及挑出翼缘［$(b_f'-b)\times h_f'$］两部分组成。纵向受力钢筋集中布置在梁肋（或腹板）下部，承担拉力；翼缘混凝土位于受压区，承担压力；梁肋部分连接压区混凝土和受拉钢筋，并承担剪力。

T 形截面梁在工程上应用广泛。除独立 T 形梁以外，槽形板、圆孔板、箱形截面等都属于 T 形截面。工字形梁由于不考虑受拉翼缘混凝土，也可按 T 形截面计算，图 5-35 显示了实际工程中的一些 T 形截面。

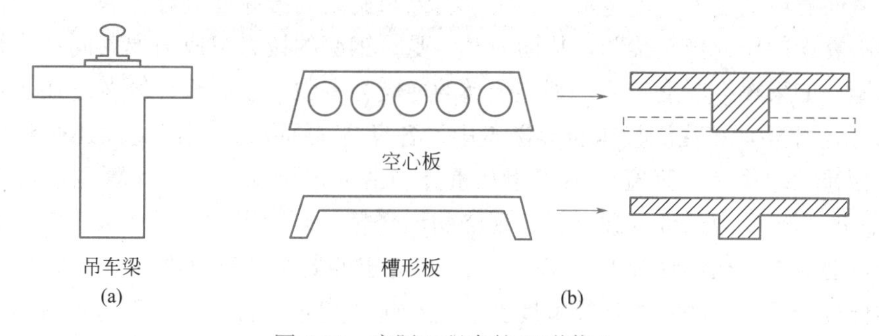

图 5-35　实际工程中的 T 形截面

另外现浇楼盖的连续梁（图 5-36），由于梁板整浇，板实际上也作为梁的翼缘。但要注意，在连续梁的支座处（2-2 剖面），由于承受负弯矩，上部受拉，下部受压，翼缘处于受拉区，因此按矩形截面计算，而跨中 1-1 截面处则按 T 形截面计算。

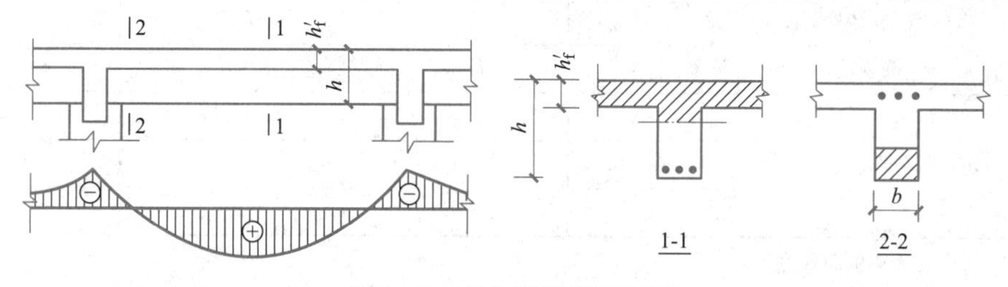

图 5-36　现浇楼盖的连续梁

1. 受压区翼缘计算宽度

理论上，T 形截面梁翼缘宽度 b_f'越大，截面承载力越高，但实际上，翼缘中同一高度的压应力沿宽度方向的分布并不均匀，离开梁肋部越远，压应力越小，如图 5-37（a）所示。当翼缘较宽时，远离梁肋处的翼缘压应力已很小，基本不发挥作用，故在实际设计计算中，为了简化计算，对翼缘宽度加以限制，称为翼缘的计算宽度。即认为在截面翼缘计算宽度 b_f' 范围内，压应力沿宽度均匀分布，形成等效的压应力图形（图 5-37b）。

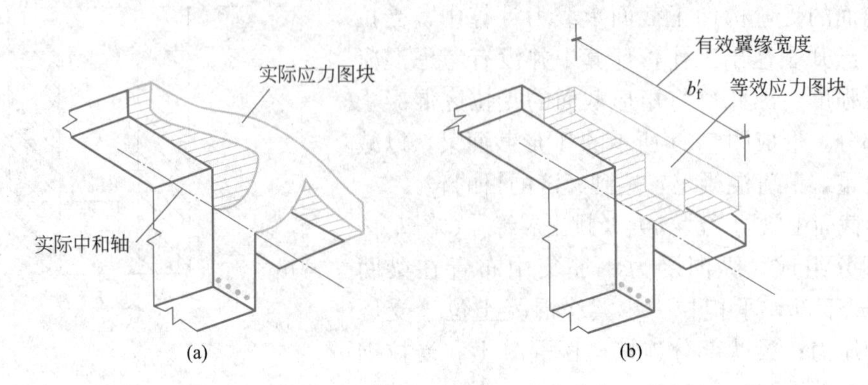

图 5-37　T 形截面翼缘压应力分布

根据试验及理论分析结果可知，沿梁纵向方向，梁各截面在翼缘的应力分布是不相同的。应力分布范围在梁跨中截面处最大，越靠近梁端则分布范围越小。因此，跨度大的梁，跨中截面翼缘的受力宽度也就大。由于翼缘与梁肋的接触面处存在着剪应力，依靠这种剪应力将翼缘的压力传至梁肋，从而使其与受拉钢筋的拉力组成力偶共同抵抗外荷载所引起的弯矩。如果翼缘厚度较薄，则能传递的剪应力有限，故翼缘计算宽度还受到翼缘高度 h_f' 的限制。此外，在现浇整体肋形楼盖中，各 T 形截面梁的翼缘宽度还受到梁间距的限制，即相邻梁的翼缘计算宽度不能相互重叠。由上述可知，翼缘计算宽度与梁的跨度 l_0、翼缘高度 h_f'、受力条件（独立梁、现浇肋形楼盖梁）等因素有关。表 5-5 列出了现行国家标准《混凝土结构设计标准》GB/T 50010 规定的翼缘计算宽度 b_f'，T 形及倒 L 形截面受弯构件位于受压区的翼缘计算宽度 b_f'，现行规范规定应按表 5-5 所列各项中的最小值取用。

T 形及倒 L 形截面受弯构件位于受压区的翼缘计算宽度 b_f'　　　　**表 5-5**

考虑情况			T 形截面		倒 L 形截面
			肋形梁(板)	独立梁	肋形梁(板)
1	按计算跨度 l_0 考虑		$l_0/3$	$l_0/3$	$l_0/6$
2	按梁(肋)净距 s_n 考虑		$b+s_n$	—	$b+s_n/2$
3	按翼缘高度 h_f' 考虑	$h_f'/h_0 \geqslant 0.1$	—	$b+12h_f'$	—
		$0.1>h_f'/h_0 \geqslant 0.05$	$b+12h_f'$	$b+6h_f'$	$b+5h_f'$
		$h_f'/h_0<0.05$	$b+12h_f'$	b	$b+5h_f'$

注：1. 表中 b 为梁的腹板宽度；
2. 如肋形梁在梁跨内设有间距小于纵肋间距的横肋时，则可不遵守表列第 3 种情况之规定；
3. 对有加腋的 T 形、I 形和倒 L 形截面，当受压区加腋的高度 $h_h \geqslant h_f'$ 且加腋的宽度 $b_h \leqslant 3h_h$ 时，则其翼缘计算宽度可按表列第 3 种情况分别增加 $2b_h$（T 形、I 形截面）和 b_h（倒 L 形截面）；
4. 独立梁受压区的翼缘板在荷载作用下经验算沿纵肋方向可能产生裂缝时，其计算宽度应取用腹板宽度 b。

2. 截面类型及其判别

根据受压区高度不同，T 形截面分成两类：

第一类T形截面：受压区在翼缘板内，即 $x \leqslant h'_f$，如图5-38（a）所示；

第二类T形截面：受压区已由翼缘板深入到腹板，$x > h'_f$，如图5-38（b）所示。

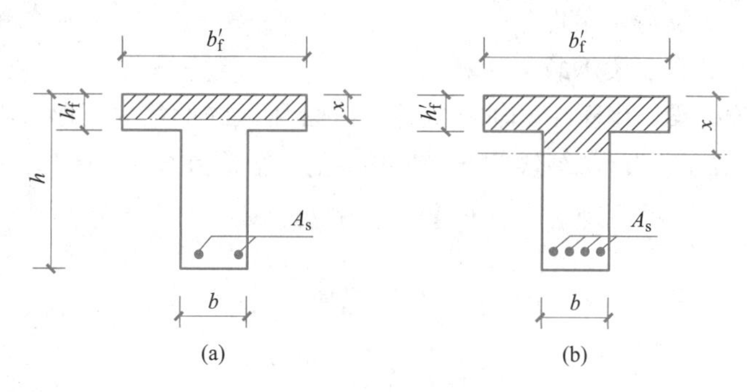

图5-38　两类T形截面梁

T形截面类型不同，受压区面积不同，则计算公式不同。所以，首先要判定其类型，然后才能进行承载力计算。两类T形截面的界限是当中和轴刚好位于翼缘边缘时（图5-39），即 $x = h'_f$。

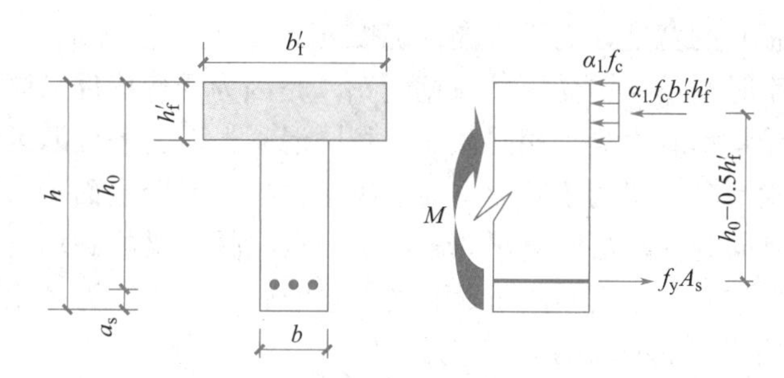

图5-39　两类T形截面界限计算简图

由 $\sum X = 0$，得：

$$f_y A_s = \alpha_1 f_c b'_f h'_f \tag{5-86}$$

由 $\sum M = 0$，对受拉钢筋合力中心取矩，得：

$$M = \alpha_1 f_c b'_f h'_f (h_0 - 0.5h'_f) \tag{5-87}$$

上面两式为 $x = h'_f$ 时的平衡关系。显然，如果等式的左边小于或等于右边，则有 $x \leqslant h'_f$，即属于第一类T形截面，否则为第二类T形截面。所以有以下判定式：

截面设计时，若：

$$M \leqslant \alpha_1 f_c b'_f h'_f (h_0 - 0.5h'_f) \tag{5-88}$$

则为第一类T形截面

截面设计时，若：

$$M > \alpha_1 f_c b'_f h'_f (h_0 - 0.5h'_f) \tag{5-89}$$

则为第二类T形截面。

承载力验算时，若：

$$f_y A_s \leqslant \alpha_1 f_c b'_f h'_f \tag{5-90}$$

则为第一类T形截面

承载力验算时，若：

$$f_y A_s > \alpha_1 f_c b'_f h'_f \tag{5-91}$$

则为第二类T形截面。

3. 基本计算公式及适用条件

（1）第一类T形截面梁承载力计算

第一类T形截面梁，由于中和轴在翼缘内，受压区的形状为矩形，因此可利用单筋矩形截面的公式和方法。只需以b'_f代替b，即可得基本平衡方程：

$\sum X=0$：
$$f_y A_s = \alpha_1 f_c b'_f x \tag{5-92}$$

$\sum M=0$：
$$M_u = \alpha_1 f_c b'_f x\left(h_0 - \frac{x}{2}\right) \tag{5-93}$$

或者
$$M_u = f_y A_s\left(h_0 - \frac{x}{2}\right) \tag{5-94}$$

因为$x \leqslant h'_f$，所以$x \leqslant \xi_b h_0$的条件一般都能满足，不会出现超筋破坏，可不必验算。但为了防止少筋破坏，需要满足最小配筋率的要求，或受拉钢筋截面面积满足最小配筋截面面积要求，即：

$$\rho \geqslant \rho_{min} h/h_0 \quad 或 \quad A_s \geqslant \rho_{min} bh$$

这里b为梁肋（腹板）的宽度，而不用翼缘宽度b'_f。

计算最小配筋率时，不使用受压翼缘宽度b'_f，是因为受弯构件纵筋的最小配筋率是根据钢筋混凝土梁的受弯承载力等于相同截面、相同混凝土强度等级的素混凝土的承载力这一条件确定的，而素混凝土梁的承载力主要取决于受拉区混凝土面积。T形截面素混凝土梁的破坏弯矩比高度同为h，宽度为b'_f的矩形截面素混凝土梁的破坏弯矩小很多，而接近于高度为h，宽度为肋宽b的矩形截面素混凝土梁的破坏弯矩。为简化计算并考虑以往设计经验，此处ρ_{min}仍按矩形截面的数值采用。

对I形和倒T形等存在着受拉翼缘的截面，需要考虑受拉翼缘的影响，受拉钢筋截面面积应满足：

$$A_s \geqslant \rho_{min}[bh + (b_f - b)h_f] \tag{5-95}$$

（2）第二类T形截面梁承载力计算

第二类截面，中和轴已进入腹板，受压区形状为T形，如图5-40所示。根据截面的静力平衡条件，可得基本计算公式如下：

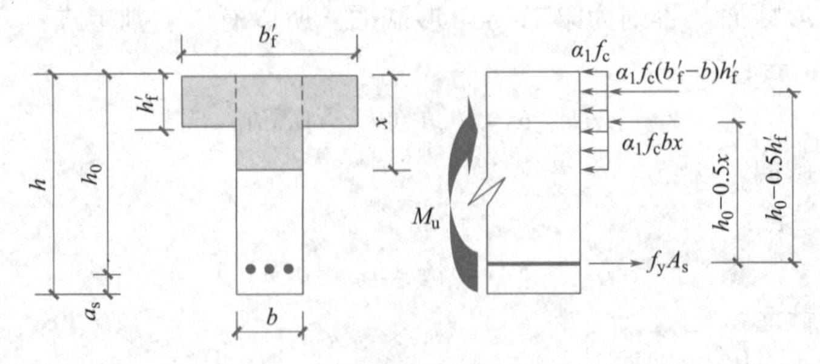

图5-40 第二类T形梁计算简图

由$\sum X=0$，得：

$$\alpha_1 f_c(b'_f - b)h'_f + \alpha_1 f_c bx = f_y A_s \tag{5-96}$$

由 $\sum M=0$，对钢筋合力中心取矩，得：

$$M \leqslant M_u = \alpha_1 f_c bx(h_0 - 0.5x) + \alpha_1 f_c(b'_f - b)h'_f(h_0 - 0.5h'_f) \tag{5-97}$$

类似于前面双筋矩形截面的计算，为方便计算，上述基本计算公式也可分解为两个部分，如图 5-41 所示。混凝土压应力的合力可分解为两部分：翼缘悬挑部分承担的压力 $\alpha_1 f_c$ $(b'_f - b)$ h'_f，作用点距钢筋合力中心 $(h_0 - 0.5h'_f)$；梁肋部分承担的压力合力 $\alpha_1 f_c bx$，作用点距钢筋合力中心 $(h_0 - 0.5x)$。其计算公式为：

$$\alpha_1 f_c(b'_f - b)h'_f = f_y A_{s1} \tag{5-98}$$

$$M_{u1} = \alpha_1 f_c(b'_f - b)h'_f\left(h_0 - \frac{h'_f}{2}\right) \tag{5-99}$$

$$\alpha_1 f_c bx = f_y A_{s2} \tag{5-100}$$

$$M_{u2} = \alpha_1 f_c bx\left(h_0 - \frac{x}{2}\right) \tag{5-101}$$

$$M_u = M_{u1} + M_{u2} \tag{5-102}$$

$$A_s = A_{s1} + A_{s2} \tag{5-103}$$

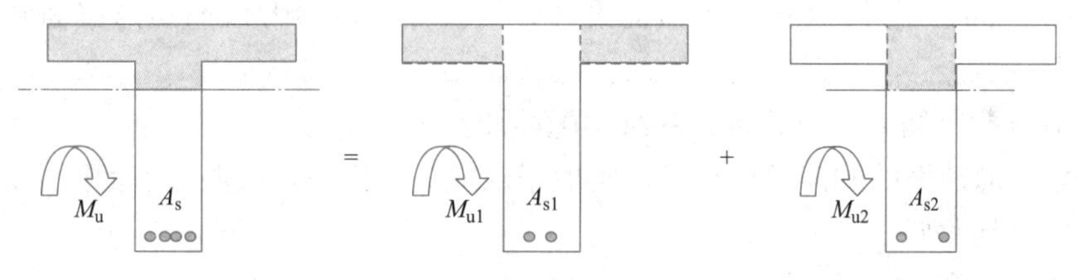

图 5-41　截面分解示意图

适用条件仍然为 $x \leqslant \xi_b h_0$ 和 $A_s \geqslant \rho_{min} bh$。因第二类 T 形截面梁受压区面积较大，故所需的受拉钢筋面积亦较多，因此第二个条件一般能满足，可不作验算。

4. 截面设计

已知截面尺寸 b、h，混凝土的强度等级，钢筋级别和弯矩设计值 M，求所需的受拉钢筋截面面积 A_s。

(1) 根据已知条件，根据公式 (5-87) 和公式 (5-88) 判别 T 形截面的类别。

如果 $M \leqslant \alpha_1 f_c b'_f h'_f(h_0 - 0.5h'_f)$，则属于第一类 T 形截面；

如果 $M > \alpha_1 f_c b'_f h'_f(h_0 - 0.5h'_f)$，则属于第二类 T 形截面。

(2) 如果属于第一类 T 形截面，则按照截面高度为 b'_f、高度为 h 的矩形截面计算梁的方法计算钢筋截面面积 A_s。

① 计算 α_s

$$\alpha_s = \frac{M}{\alpha_1 f_c b'_f h_0^2}$$

② 计算 ξ

根据 α_s 值由下式计算 ξ：

$$\xi = 1 - \sqrt{1 - 2\alpha_s}$$

③ 计算 A_s

将计算 ξ 值代入基本计算公式 (5-91)，得：

$$A_s = \alpha_1 f_c b'_f \xi h_0 / f_y$$

④ 验算适用条件

按照 $\rho \geqslant \rho_{min} h/h_0$ 或 $A_s \geqslant \rho_{min} bh$ 验算适用条件。

⑤ 选配钢筋

最后选配钢筋直径及数量，并绘制配筋图。

(3) 如果属于第二类 T 形截面，按照以下步骤计算：

① 计算截面抵抗矩系数 α_s 和 ξ

可根据基本计算公式（5-96）计算截面抵抗矩系数 α_s，然后再计算 ξ 值，即：

$$\alpha_s = \frac{M - \alpha_1 f_c (b'_f - b) h'_f (h_0 - 0.5 h'_f)}{\alpha_1 f_c b h_0^2}, \quad \xi = 1 - \sqrt{1 - 2\alpha_s}$$

② 计算 A_s

若 $\xi \leqslant \xi_b$，则将 ξ 值代入基本计算公式（5-95），得所需的钢筋截面面积 A_s 为：

$$A_s = \alpha_1 f_c (b'_f - b) h'_f / f_y + \alpha_1 f_c b \xi h_0 / f_y$$

若 $\xi > \xi_b$，则为超筋梁，说明截面弯矩太大，在混凝土强度和截面尺寸均受到限制，不能提高和增加时，可按双筋 T 形截面设计，具体计算可参考双筋矩形截面和单筋 T 形截面设计。

③ 最后选配钢筋直径及数量，并绘制配筋图。

第二类 T 形截面的配筋设计也可以类似于双筋矩形截面，按照分解的两个部分进行计算，基本设计步骤如下。

① 计算 A_{s1} 和 M_{u1}

由公式（5-97）和公式（5-98）计算 A_{s1} 和 M_{u1}，即：

$$A_{s1} = \frac{\alpha_1 f_c (b'_f - b) h'_f}{f_y}$$

$$M_{u1} = \alpha_1 f_c (b'_f - b) h'_f \left(h_0 - \frac{h'_f}{2}\right)$$

② 计算 M_{u2}

由公式（5-101）计算 M_{u2}，即：

$$M_{u2} = M_u - M_{u1}$$

③ 计算 x

由公式（5-100）计算 x，并验算 $x \leqslant \xi_b h_0$，计算方法同单筋矩形截面梁。

④ 计算 A_{s2}

由公式（5-99）计算 A_{s2}，即：

$$A_{s2} = \alpha_1 f_c b x / f_y$$

⑤ 计算 A_s

由公式（5-102）计算 A_s，即：

$$A_s = A_{s1} + A_{s2}$$

T 形截面受弯构件截面设计流程如图 5-42 所示。

5. 截面复核

已知截面尺寸 b、h，钢筋截面面积 A_s，混凝土的强度等级，钢筋级别和弯矩设计值

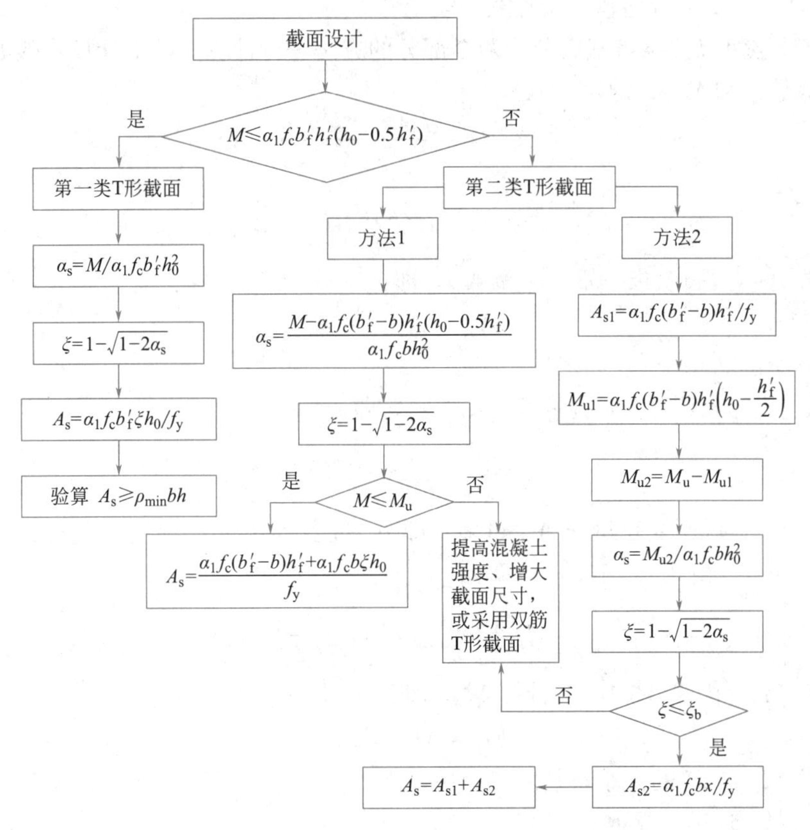

图 5-42　T 形截面受弯构件截面设计流程

M，求截面所能承担的极限弯矩 M_u，并将 M_u 与 M 进行比较，以验算截面是否安全。

（1）根据已知条件，根据公式（5-87）和公式（5-88）判别 T 形截面的类别。

如果 $f_y A_s\leqslant\alpha_1 f_c b'_f h'_f$，则属于第一类 T 形截面；

如果 $f_y A_s>\alpha_1 f_c b'_f h'_f$，则属于第二类 T 形截面。

（2）如果属于第一类 T 形截面，则按照截面高度为 b'_f、高度为 h 的矩形截面计算梁的方法计算极限弯矩 M_u，方法同单筋矩形截面梁的计算。

（3）如果属于第二类 T 形截面，按照以下步骤计算：

① 计算 ξ：

由基本公式（5-95），计算 ξ，即：

$$\xi=\frac{f_y A_s-\alpha_1 f_c(b'_f-b)h'_f}{\alpha_1 f_c b\xi h_0^2}$$

② 计算 M_u：

若 $\xi\leqslant\xi_b$，取 $\alpha_s=\xi(1-0.5\xi)$，由式（5-96）计算截面的受弯极限承载力 M_u，即：

$$M_u=\alpha_s\alpha_1 f_c bh_0^2+\alpha_1 f_c(b'_f-b)h'_f(h_0-0.5h'_f)$$

若 $\xi>\xi_b$，则属于超筋截面梁。此时取 $\alpha_{sb}=\xi_b(1-0.5\xi_b)$，可由下式计算截面的受弯极限承载力 M_u，即：

$$M_u=\alpha_{sb}\alpha_1 f_c bh_0^2+\alpha_1 f_c(b'_f-b)h'_f(h_0-0.5h'_f)$$

③ 将 M_u 与 M 进行比较，验算截面安全性。

截面复核也可以按照将截面分为两个部分的方法进行计算，基本计算步骤如下：

① 计算 A_{s1} 和 M_{u1}，即：

$$A_{s1}=\frac{\alpha_1 f_c(b'_f-b)h'_f}{f_y}$$

$$M_{u1}=\alpha_1 f_c(b'_f-b)h'_f\left(h_0-\frac{h'_f}{2}\right)$$

② 计算 A_{s2}，由式（5-102）计算 A_{s2}，即：

$$A_{s2}=A_s-A_{s1}$$

③ 计算 x：

由公式（5-99）计算 x，并验算 $x\leqslant\xi_b h_0$，即：

$$x=\frac{f_y A_{s2}}{\alpha_1 f_c b},\ x\leqslant\xi_b h_0$$

当 $x>\xi_b h_0$，说明受拉钢筋 A_{s2} 过多（即 A_s 过多），可取 $x=\xi_b h_0$ 进行计算。

④ 计算 M_{u2}，由式（5-100）计算 M_{u2}，即：

$$M_{u2}=\alpha_1 f_c bx\left(h_0-\frac{x}{2}\right)$$

⑤ 计算 M_u，由式（5-101）计算 M_u，即：

$$M_u=M_{u1}+M_{u2}$$

⑥ 比较 M_u 与 M 的大小，判断安全性。

计算流程如图 5-43 所示。

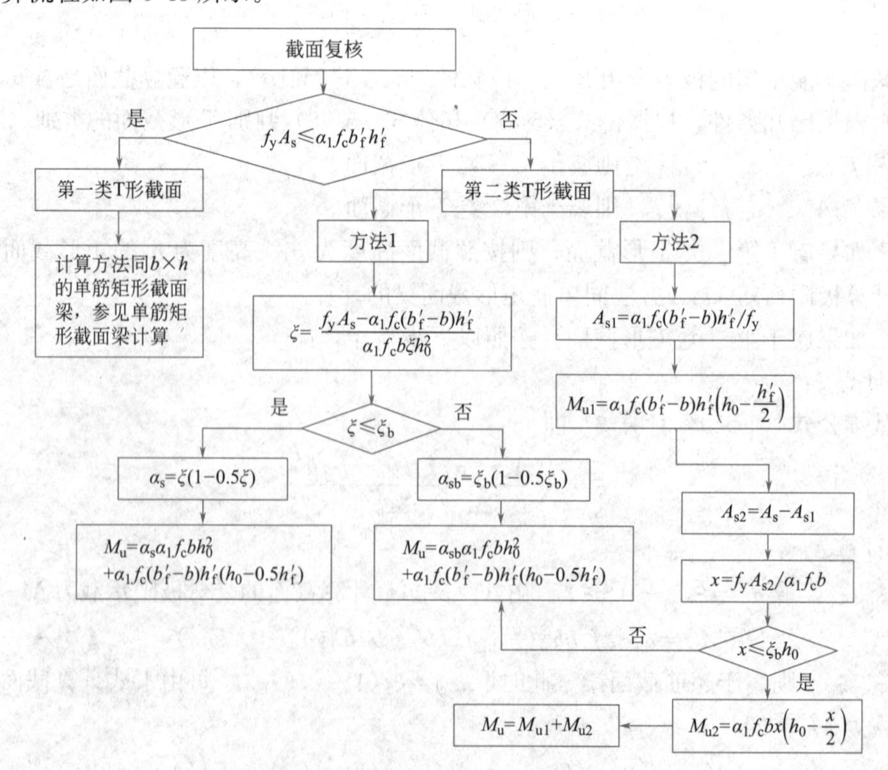

图 5-43　T 形截面受弯构件截面复核流程

6. 算例

【例题 5-10】 某现浇肋形楼盖次梁，计算跨度 l_0＝6m，间距 2.4m，截面尺寸如图 5-44 所示。已知梁跨中截面弯矩设计值 M＝160kN·m，混凝土的强度等级为 C30，HRB400 级钢筋，试确定梁所需纵向受拉钢筋 A_s。设计年限 50 年，一类环境类别。

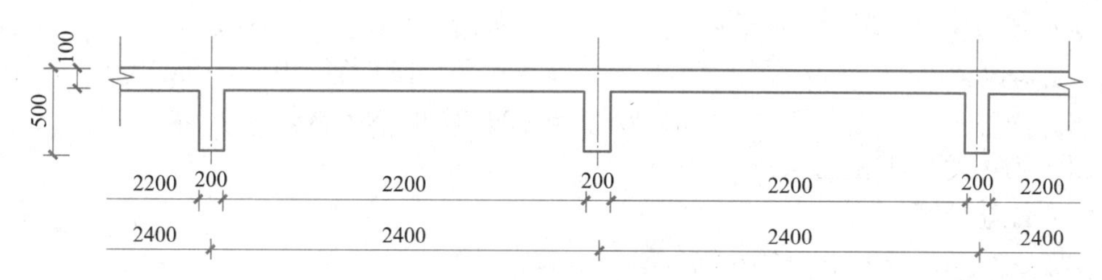

图 5-44　例题 5-9 图（单位：mm）

【解】（1）确定基本参数

$f_c=14.3\text{N/mm}^2$，$\alpha_1=1.0$，$\xi_b=0.518$

$f_y=360\text{N/mm}^2$，$b=200\text{mm}$，$h'_f=100\text{mm}$，$h=500\text{mm}$

按一排钢筋考虑：$a_s=40\text{mm}$，$h_0=h-a_s=500-40=460\text{mm}$

（2）确定翼缘计算宽度 b'_f

查表 5-5：

按梁的计算跨度考虑：$b'_f=l_0/3=2\text{m}=2000\text{mm}$

按梁肋净距 s_n 考虑：$b'_f=b+s_n=200+2200=2400\text{mm}$

按翼缘高度 h'_f考虑：$b'_f=b+12h'_f=200+12\times100=1400\text{mm}$

上述三项中，取最小值作为 b'_f，即：

$$b'_f=1400\text{mm}$$

（3）判断截面类型

$$\begin{aligned}\alpha_1 f_c b'_f h'_f(h_0-0.5h'_f)&=1.0\times14.3\times1400\times100\times(460-0.5\times100)\\&=820.8\text{kN}\cdot\text{m}>M=156\text{kN}\cdot\text{m}\end{aligned}$$

为第一类 T 形截面。

（4）配筋计算

$$\alpha_s=\frac{M}{\alpha_1 f_c b'_f h_0^2}=\frac{160\times10^6}{1.0\times14.3\times1400\times460^2}=0.0378$$

$$\gamma_s=0.5(1+\sqrt{1-2\alpha_s})=0.5(1+\sqrt{1-2\times0.0378})$$
$$=0.981$$

$$A_s=\frac{M}{f_y\gamma_s h_0}=\frac{160\times10^6}{360\times0.981\times460}=984.9\text{mm}^2$$

选配 3 ⌀ 22，$A_s=1140\text{mm}^2$，布置如图 5-45 所示。

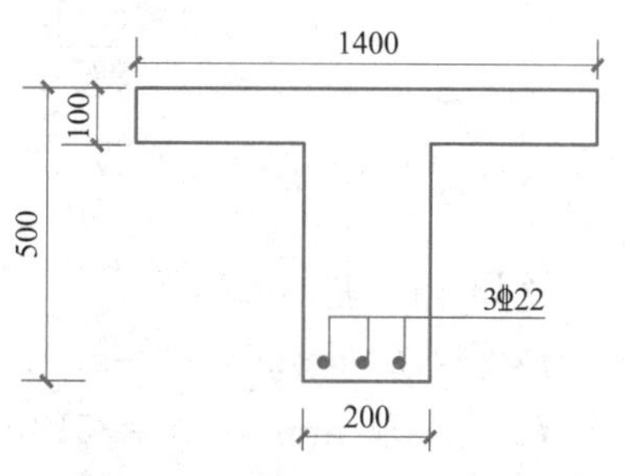

图 5-45　例题 5-10 图配筋（单位：mm）

【例题 5-11】 T 形截面独立梁，b'_f＝600mm，b＝300mm，h'_f＝100mm，h＝800mm，承受弯矩设计值 M＝703kN·m，混凝土的强度等级为 C30，采用 HRB400 级热轧钢筋。试求纵向受拉钢筋面积。设计

年限 50 年，环境类别一类。

【解】（1）基本信息

$f_c=14.3\text{N/mm}^2$，$\alpha_1=1.0$，$f_y=360\text{N/mm}^2$，$\xi_b=0.550$

假设钢筋双排布置：$a_s=60\text{mm}$，$h_0=h-a_s=800-60=740\text{mm}$

（2）判定截面类型

$$\alpha_1 f_c b'_f h'_f(h_0-0.5h'_f)=1.0\times14.3\times600\times100\times(740-0.5\times100)$$
$$=592\text{kN}\cdot\text{m}<M=703\text{kN}\cdot\text{m}$$

属于第二类 T 形截面。

（3）配筋计算

$$M_{u1}=\alpha_1 f_c(b'_f-b)h'_f(h_0-0.5h'_f)$$
$$=1.0\times14.3\times(600-300)\times100\times(740-0.5\times100)$$
$$=296\times10^6\text{N}\cdot\text{mm}$$
$$M_{u2}=M_u-M_{u1}=(703-296)\times10^6=407\times10^6\ \text{N}\cdot\text{mm}$$
$$\alpha_s=\frac{M_{u2}}{\alpha_1 f_c bh_0^2}=\frac{407\times10^6}{1.0\times14.3\times300\times740^2}=0.173$$
$$\xi=1-\sqrt{1-2\alpha_s}=0.191<\xi_b=0.550$$
$$A_s=\frac{\alpha_1 f_c}{f_y}[(b'_f-b)h'_f+\xi bh_0]$$
$$=\frac{1.0\times14.3}{360}[(600-300)\times100+0.191\times300\times740]=2876\text{mm}^2$$

选配 4⌽20+4⌽25，$A_s=1257+1963=3220\text{mm}^2$，布置如图 5-46 所示。

【例题 5-12】 截面尺寸和配筋如图 5-47 所示，混凝土的强度等级为 C25，试求所能承受的最大弯矩设计值。设计使用年限为 50 年，环境类别为一类。

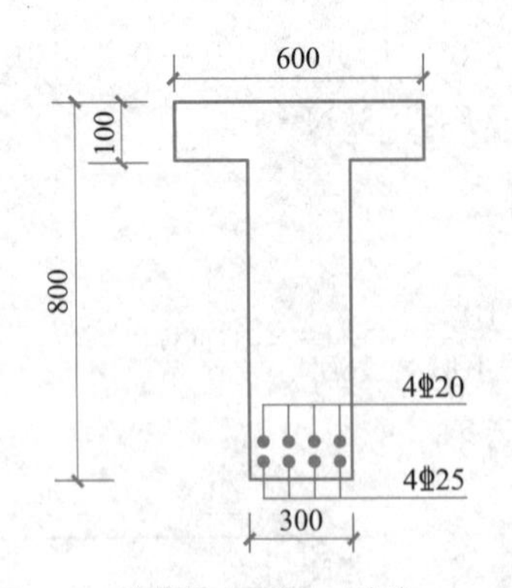

图 5-46　例题 5-11 图（单位：mm）

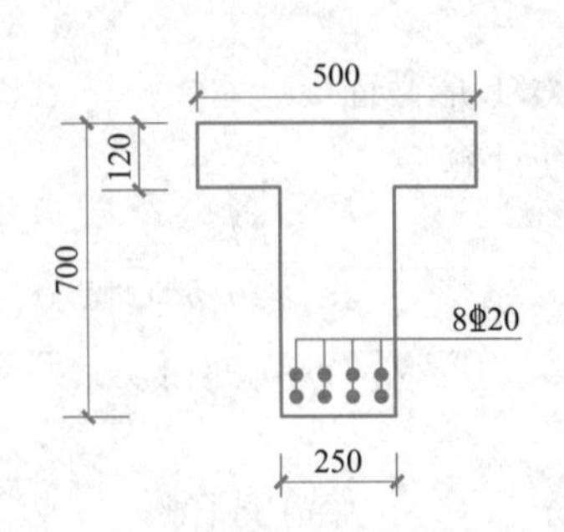

图 5-47　例题 5-12 图（单位：mm）

【解】（1）基本数据

$f_c=11.9\text{N/mm}^2$，$\alpha_1=1.0$，

$f_y=360\text{N/mm}^2$，$A_s=2513\text{mm}^2$，$\xi_b=0.550$

$b=250\text{mm}$，$b'_f=500\text{mm}$，$h'_f=120\text{mm}$

二排钢筋：$h_0=h-a_s=700-65=635\text{mm}$

（2）确定截面类型

$$\alpha_1 f_c b'_f h'_f = 1.0 \times 11.9 \times 500 \times 120 = 714\text{kN}$$

$$f_y A_s = 360 \times 2513 = 904.7\text{kN}$$

$> \alpha_1 f_c b'_f h'_f$ 属于第二类 T 形截面。

（3）计算承载能力

受压区高度 x

$$x = \frac{f_y A_s - \alpha_1 f_c (b'_f - b) h'_f}{\alpha_1 f_c b} = \frac{360 \times 2513 - 1.0 \times 11.9 \times (500 - 250) \times 120}{1.0 \times 11.9 \times 250}$$

$= 184.1\text{mm}$

$< \xi_b h_0 = 0.550 \times 635 = 349\text{mm}$，满足。

所能承担的最大弯矩：

$$\begin{aligned} M_{max} = M_u &= \alpha_1 f_c (b'_f - b) h'_f (h_0 - 0.5h'_f) + \alpha_1 f_c bx (h_0 - 0.5x) \\ &= 1.0 \times 11.9 \times (500 - 250) \times 120 \times (635 - 0.5 \times 120) \\ &\quad + 1.0 \times 11.9 \times 250 \times 184.1 \times (635 - 0.5 \times 184.1) \\ &= 502.6 \times 10^6 \text{ N} \cdot \text{mm} \end{aligned}$$

5.5 均匀配筋的矩形、圆形和环形截面受弯构件正截面承载力计算

5.5.1 均匀配筋的矩形截面受弯构件正截面承载力计算

在钢筋混凝土结构中，部分构件为在腹部也大体均匀配筋的受弯构件，这时在梁的底部或顶部还会集中分配一些钢筋。均匀配筋的矩形截面受弯构件也符合受弯构件正截面计算的基本假定。

图 5-48 为典型的均匀布置钢筋的矩形截面。从下到上，给每排钢筋编号 $i = 1, 2, 3, 4$，根据平截面假定，应变分布为直线，在达到极限状态时，受压外边缘混凝土应变达到极限应变 $\varepsilon_{cu} = 0.0033$，截面变形后，各钢筋的应变应有下列关系：

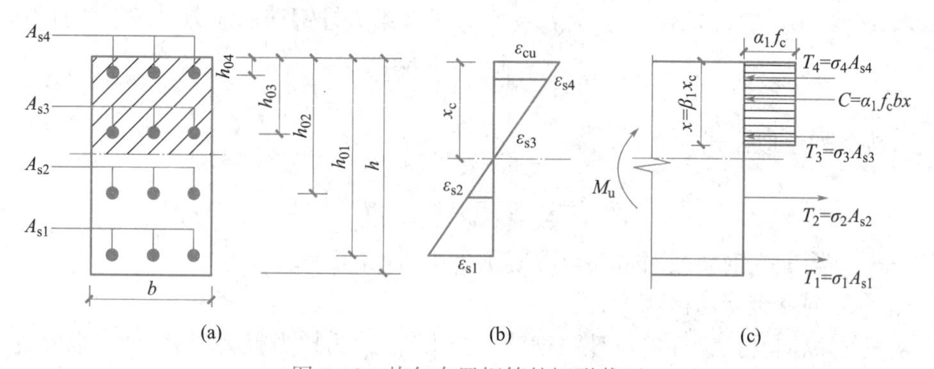

图 5-48　均匀布置钢筋的矩形截面

（a）截面；（b）截面应变分布；（c）截面应力分布

$$\frac{0.0033}{x_c} = \frac{\varepsilon_{s1}}{x_c - h_{01}} = \frac{\varepsilon_{s2}}{x_c - h_{02}} = \frac{\varepsilon_{s3}}{h_{03} - x_c} = \frac{\varepsilon_{s4}}{h_{04} - x_c} \tag{5-104}$$

则：
$$\varepsilon_{s1}=0.0033\frac{x_c-h_{01}}{x_c} \tag{5-105a}$$
$$\varepsilon_{s2}=0.0033\frac{x_c-h_{02}}{x_c} \tag{5-105b}$$
$$\varepsilon_{s3}=0.0033\frac{h_{03}-x_c}{x_c} \tag{5-105c}$$
$$\varepsilon_{s4}=0.0033\frac{h_{04}-x_c}{x_c} \tag{5-105d}$$

根据混凝土受压应力图形等效的矩形应力图，由平衡关系可得：
$$\sum X=0，T_1+T_2+T_3+T_4+C=0 \tag{5-106}$$

即：
$$\alpha_1 f_c b\beta_1 x_c+A_{s3}\sigma_{s3}+A_{s4}\sigma_{s4}=A_{s1}\sigma_{s1}+A_{s2}\sigma_{s2} \tag{5-107}$$

上式中，以拉为正，压为负。

为求极限弯矩 M_u，可用下述迭代方法进行分析。

（1）选用一个中和轴高度 x_c 的值。

（2）由式（5-104a）～式（5-104d）计算 ε_{s1}、ε_{s2}、ε_{s3}、ε_{s4}，并由钢筋的应力应变关系确定 σ_{s1}、σ_{s2}、σ_{s3}、σ_{s4}。

（3）验算是否满足平衡条件式（5-106）。

（4）重复上述（1）～（3）步骤，直到求得满足式（5-106）的 x_c 值在容许误差范围内为止。

由 $\sum M=0$，各力对受压区混凝土重心取矩，求得极限弯矩为：
$$M_u=A_{s1}\sigma_{s1}\left(h_{01}-\frac{\beta_1 x_c}{2}\right)+A_{s2}\sigma_{s2}\left(h_{02}-\frac{\beta_1 x_c}{2}\right)-A_{s3}\sigma_{s3}\left(h_{03}-\frac{\beta_1 x_c}{2}\right)-A_{s4}\sigma_{s4}\left(h_{04}-\frac{\beta_1 x_c}{2}\right) \tag{5-108}$$

上述计算方法过于烦琐，可适用于计算机编程计算，实际计算中可采用下列实用计算方法，取 $\alpha_1=1.0$，$\beta_1=0.8$，即，$\alpha_1 f_c=f_c$，于是第 i 排钢筋的应力可按下式计算：
$$\sigma_{si}=0.0033E_s\left(\frac{0.8h_{0i}}{x}-1\right) \tag{5-109}$$

也可按下列近似公式计算：
$$\sigma_{si}=\frac{f_y}{\xi_b-0.8}\left(\frac{x}{h_{0i}}-0.8\right) \tag{5-110}$$

式中 h_{0i}——第 i 排钢筋截面重心至混凝土受压边缘的距离；

x——混凝土受压区高度；

f_y——纵向受拉钢筋的设计强度值。当求得 σ_{si} 为拉力且大于 f_y 时，矩形截面钢筋沿腹部均匀分布的受弯承载力可按以下公式计算：

$$f_c bx=\sum_{i=1}^{n}A_{si}\sigma_{si} \tag{5-111}$$
$$M\leqslant f_c bx\left(h_0-\frac{x}{2}\right)-\sum_{i=1}^{n}A_{si}\sigma_{si}(h_0-h_{0i}) \tag{5-112}$$

【例题 5-13】已知一矩形截面梁，混凝土的强度等级为C30，采用HRB400级热轧钢筋，截面尺寸为250mm×600mm，截面配筋如图5-49所示。取 $a_s=a_s'=40$mm。求该截面能承受的弯矩设计值 M_u。

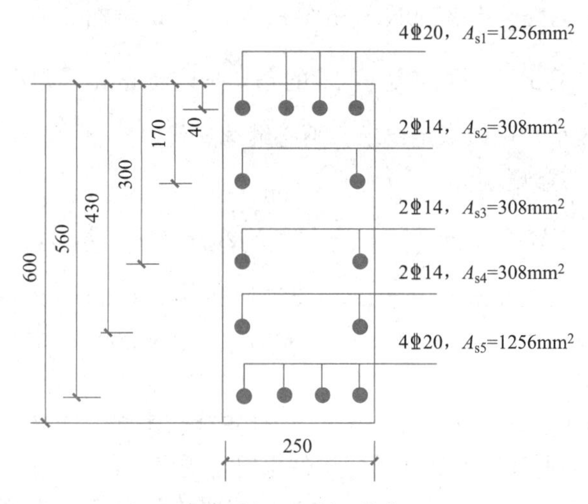

图5-49 例题5-13图（单位：mm）

【解】（1）确定材料强度及参数。

C30混凝土，$f_c=14.3\text{N/mm}^2$；HRB400级钢筋，$f_y=360\text{N/mm}^2$；$\xi_b=0.518$。

（2）求各排钢筋截面重心至混凝土受压边缘的距离。

$a_s=a_s'=40$mm，梁腹部钢筋沿梁高均匀布置，则从上到下各排钢筋截面重心至混凝土受压边缘的距离为：

$h_{01}=40$mm，$h_{02}=170$mm，$h_{03}=300$mm，$h_{04}=430$mm，$h_{05}=560$mm

（3）求各排钢筋应力。

假设混凝土受压区高度 $x=80$mm，代入近似计算公式 $\sigma_{si}=\dfrac{f_y}{\xi_b-0.8}\left(\dfrac{x}{h_{0i}}-0.8\right)$，求出各排钢筋的应力：

$\sigma_{s1}=-1531.9\text{N/mm}^2$，$\sigma_{s2}=420.5\text{N/mm}^2$，$\sigma_{s3}=680.9\text{N/mm}^2$，$\sigma_{s4}=783.8\text{N/mm}^2$，$\sigma_{s5}=838.9\text{N/mm}^2$。

计算表明 $\sigma_{s1}<-360\text{N/mm}^2$，$\sigma_{si}(i=2\sim5)>360\text{N/mm}^2$，均能达到屈服，故取：

$\sigma_{s1}=-360\text{N/mm}^2$，$\sigma_{s2}=\sigma_{s3}=\sigma_{s4}=\sigma_{s5}=360\text{N/mm}^2$。

（4）复核受压区高度 x。

由公式 $f_c bx=\sum\limits_{i=1}^{n}A_{si}\sigma_{si}$ 可知：

$$14.3\times250\times x=-360\times1256+360\times308+360\times308+360\times308+360\times1256$$

求得：$x=93$mm，与假设的 $x=80$mm误差为（93-80）/80=16.25%，误差较大。

（5）取 $x=93$mm，再求钢筋应力。

由公式 $\sigma_{si}=\dfrac{f_y}{\xi_b-0.8}\left(\dfrac{93}{h_{0i}}-0.8\right)$ 求得：

$\sigma_{s1}=-1946.8\text{N/mm}^2$，$\sigma_{s2}=322.9\text{N/mm}^2$，$\sigma_{s3}=625.5\text{N/mm}^2$，$\sigma_{s4}=745.2\text{N/mm}^2$，$\sigma_{s5}=809.3\text{N/mm}^2$。

计算表明 $\sigma_{s2}<360\text{N/mm}^2$，没有屈服，故取：

$\sigma_{s1}=-360\text{N/mm}^2$，$\sigma_{s2}=322.9\text{N/mm}^2$，$\sigma_{s3}=\sigma_{s4}=\sigma_{s5}=360\text{N/mm}^2$，

代入 $f_c bx=\sum_{i=1}^{n}A_{si}\sigma_{si}$，再次复核 x 的值，$x=90\text{mm}$，误差为 $(93-90)/90=3.25\%<5\%$，误差较小，可以满足要求，不必继续迭代。

(6) 截面能承担的弯矩。

将各参数代入公式 $M\leqslant f_c bx\left(h_0-\dfrac{x}{2}\right)-\sum_{i=1}^{n}A_{si}\sigma_{si}(h_0-h_{0i})$，得：

$$\begin{aligned}M_u&=14.3\times250\times90\times(560-90/2)+360\times1256\times(560-40)-322.9\times308\times\\&\quad(560-170)-360\times308\times(560-300)-360\times308\times(560-430)\\&=318.79\text{kN}\cdot\text{m}\end{aligned}$$

5.5.2 均匀配筋的圆形和环形截面受弯构件正截面承载力计算

对于均匀配筋的圆形和环形截面受弯构件也符合受弯构件正截面计算的基本假定，因此也可按照均匀配筋矩形截面受弯构件的方法进行计算。规范中为了简化计算，给出了以下计算方法。

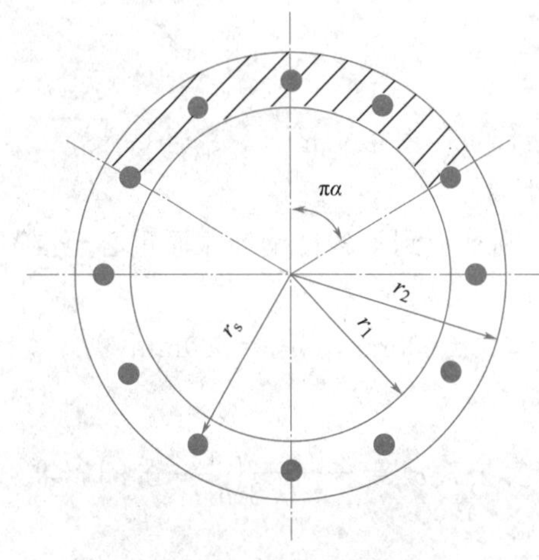

图 5-50 沿周边均匀配置纵向钢筋的环形截面受弯构件

1. 环形截面受弯构件的正截面受弯承载力计算

沿周边均匀配置纵向钢筋的环形截面受弯构件，如图 5-50 所示。当截面纵向钢筋数量不小于 6 根且 r_1/r_2 不小于 0.5 时，其正截面受弯承载力公式为：

$$\alpha\alpha_1 f_c A=(\alpha_t-\alpha)f_y A_s \tag{5-113}$$

$$M\leqslant\alpha_1 f_c A(r_1+r_2)\frac{\sin\pi\alpha}{2\pi}+f_y A_s r_s\frac{\sin\pi\alpha+\sin\pi\alpha_t}{\pi} \tag{5-114}$$

式中 A——环形截面面积；

A_s——全部纵向普通钢筋的截面面积；

r_1，r_2——环形截面的内、外半径；

r_s——纵向普通钢筋重心所在圆周的半径；

α——受压区混凝土截面面积与全截面面积的比值；

α_t——纵向受拉钢筋截面面积与全部纵向钢筋截面面积的比值，$\alpha_t=1-1.5\alpha$，当 α 大于 2/3 时，取 α_t 为 0。

当 $\alpha<\arccos\dfrac{\left(\dfrac{2r_1}{r_1+r_2}\right)}{\pi}$ 时，环形截面受弯构件可按圆形截面受弯构件正截面受弯承载力公式计算。

2. 圆形截面受弯构件的正截面受弯承载力计算

沿周边均匀配置纵向普通钢筋的圆形截面受弯构件，如图 5-51 所示。当截面纵向钢筋数量不小于 6 根时，其正截面受弯承载力公式为：

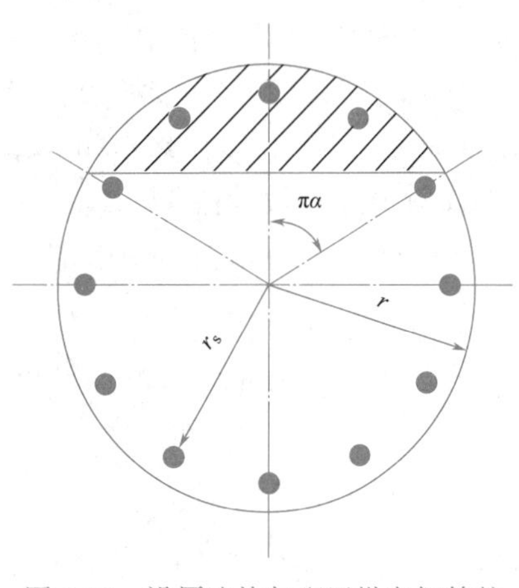

图 5-51 沿周边均匀配置纵向钢筋的圆形截面钢筋混凝土受弯构件

$$\alpha\alpha_1 f_c A\left(1-\frac{\sin\pi\alpha}{2\pi}\right)=(\alpha_t-\alpha)f_y A_s \quad (5\text{-}115)$$

$$M\leqslant\frac{2}{3}\alpha_1 f_c A r\frac{\sin^3\pi\alpha}{2\pi}+f_y A_s r_s\frac{\sin\pi\alpha+\sin\pi\alpha_t}{\pi} \quad (5\text{-}116)$$

式中 A——圆形截面面积；

A_s——全部纵向普通钢筋的截面面积；

r——圆形截面半径；

r_s——纵向普通钢筋重心所在圆周的半径；

α——受压区混凝土截面面积的圆心角（rad）与 2π 的比值；

α_t——纵向受拉钢筋截面面积与全部纵向钢筋截面面积的比值，$\alpha_t=1.25-2\alpha$，当 α 大于 0.625 时，取 α_t 为 0。

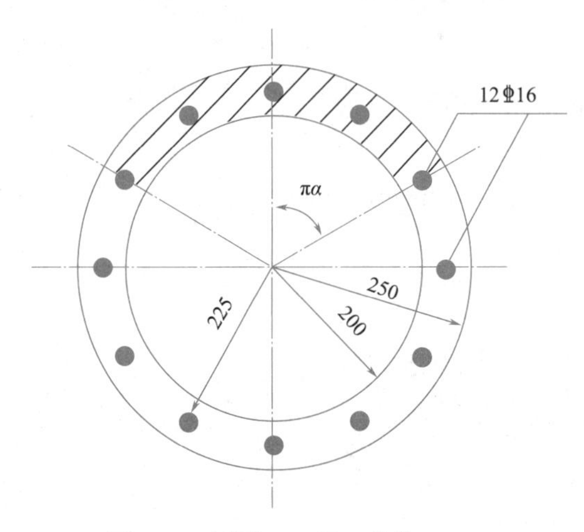

图 5-52 例题 5-14 图（单位：mm）

【例题 5-14】 已知一环形截面梁，其内径 $r_1=200$mm，外径 $r_2=250$mm，混凝土的强度等级为 C30，沿环形截面周边均匀布置 12 根直径为 16mm 的 HRB400 级热轧钢筋，纵向钢筋配置在环形截面中间位置。截面配筋如图 5-52 所示。

试求：（1）该环形截面所能承担的弯矩设计值 M_u。

（2）若该截面为圆形截面，其他条件不变，所能承担的弯矩设计值 M_u。

【解】（1）环形截面所能承担的弯矩设计值 M_u。

① 判断该截面配筋是否满足规范简化计算条件。

截面纵向钢筋数量为 12 根，不小于 6 根，且 $r_1/r_2=200/250=0.8>0.5$，满足规范简化计算的条件。

② 基本参数计算。

C30 混凝土，$f_c=14.3\text{N/mm}^2$；HRB400 级钢筋，$f_y=360\text{N/mm}^2$；

环形截面面积 $A=\pi(r_2^2-r_1^2)=\pi\times(250^2-200^2)=22500\text{mm}^2$；

全部纵向钢筋的截面面积 $A_s=2412\text{mm}^2$；

纵向钢筋重心所在圆周的半径 $r_s=(200+250)/2=225$mm

③ 计算 α 的值。

根据平衡方程 $\alpha\alpha_1 f_c A=(\alpha_t-\alpha)f_y A_s$，计算 α 的值，其中纵向受拉钢筋截面面积与全

部纵向钢筋截面面积的比值 $\alpha_t=1-1.5\alpha$。

由 $\alpha\times1.0\times14.3\times22500=(1-1.5\alpha-\alpha)\times360\times2412$，得：$\alpha=0.3483$

由此 $\alpha_t=1-1.5\alpha=1-1.5\times0.3483=0.4776$

④ 计算弯矩设计值 M_u。

$$\sin\pi\alpha+\sin\pi\alpha_t=\sin(0.3483\pi)+\sin(0.4776\pi)=0.8883+0.9975=1.8858$$

$$r_1+r_2=200+250=450\text{mm}$$

$$M=\alpha_1f_cA(r_1+r_2)\frac{\sin\pi\alpha}{2\pi}+f_yA_sr_s\frac{\sin\pi\alpha+\sin\pi\alpha_t}{\pi}$$

$$=1.0\times14.3\times22500\times450\times\frac{0.8883}{2\pi}+360\times2412\times225\times\frac{1.8858}{\pi}$$

$$=137.8\text{kN}\cdot\text{m}$$

(2) 圆形截面所能承担的弯矩设计值 M_u。

① 基本参数。

C30 混凝土，$f_c=14.3\text{N/mm}^2$；HRB400 级钢筋，$f_y=360\text{N/mm}^2$；

圆形截面面积 $A=\pi r_2^2=\pi\times250^2=196250\text{mm}^2$

② 计算 α 的值。

将 A 代入平衡方程 $\alpha\alpha_1f_cA\left(1-\frac{\sin\pi\alpha}{2\pi}\right)=(\alpha_t-\alpha)f_yA_s$，有 $\alpha_t=1.25-2\alpha$，计算 α。可采用试算法计算，具体计算过程略。计算得 $\alpha=0.2815$。

③ 计算弯矩设计值 M_u。

将所有参数代入 $M\leqslant\frac{2}{3}\alpha_1f_cAr\frac{\sin^3\pi\alpha}{2\pi}+f_yA_sr_s\frac{\sin\pi\alpha+\sin\pi\alpha_t}{\pi}$，可得：

$$M=\frac{2}{3}\alpha_1f_cAr\frac{\sin^3\pi\alpha}{2\pi}+f_yA_sr_s\frac{\sin\pi\alpha+\sin\pi\alpha_t}{\pi}$$

$$=\frac{2}{3}\times1.0\times14.3\times196250\times250\times\frac{\sin^3(0.2815\pi)}{2\pi}+360\times2412\times225$$

$$\times\frac{\sin(0.2815\pi)+\sin(0.687\pi)}{\pi}$$

$$=134.3\text{kN}\cdot\text{m}$$

5.6 受弯构件斜截面受剪性能

工程中常见的梁、柱、抗震墙等构件，其截面上除作用有弯矩（梁）或弯矩和轴力（柱和抗震墙）外，通常还作用有剪力。钢筋混凝土受弯构件在最大弯矩作用下，产生垂直于轴线的裂缝，引起正截面破坏。除此之外，在弯矩和剪力或弯矩、轴力、剪力共同作用的区段，会产生斜裂缝，造成斜截面破坏（图 5-53）。斜截面破坏与正截面破坏相比，普遍具有脆性性质。因此，对梁、柱、抗震墙等构件除应保证正截面承载力外，还必须保证构件的斜截面承载力。

为了保证受弯构件的斜截面抗剪承载力，应使构件具有合适的截面尺寸和适宜的混凝土强度等级，并配置必要的箍筋。箍筋除能增强斜截面的受剪承载力外，还与纵筋（包括梁中的架立钢筋）绑扎在一起，形成劲性钢筋骨架，使各种钢筋在施工时保持正确的位置。同时还能对核心混凝土形成一定的约束作用，改善梁的受力性能。当梁承受的剪力较大时，还可增设弯起钢筋。弯起钢筋又称斜钢筋，一般多利用弯矩减少后多余的纵向钢筋弯起形成（图 5-54）。箍筋和弯起钢筋统称腹筋或横向钢筋。

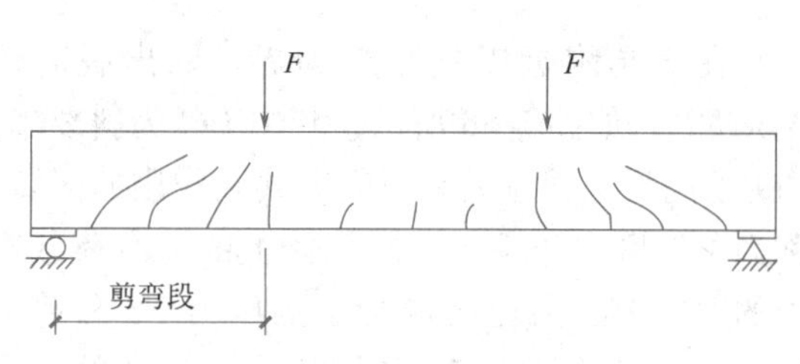

图 5-53　梁剪弯段的斜裂缝

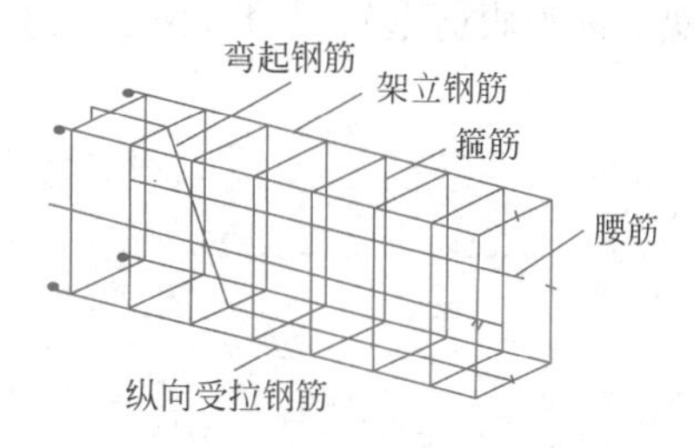

图 5-54　梁的箍筋和弯起钢筋

斜截面的受剪性能及破坏机理比正截面的受弯性能及破坏机理复杂得多。受弯构件斜截面承载力计算，包括斜截面受剪承载力和斜截面受弯承载力两个部分内容，但是，一般情况下，斜截面的抗弯承载能力只需通过构造要求来保证，不必进行验算。

5.6.1　受弯构件斜截面受力与破坏分析

图 5-55 所示简支梁，在剪弯区段，M 引起正应力 σ，V 引起剪应力 τ。根据材料力学应力分析，该梁的主应力轨迹如图 5-55（a）所示，其中实线为主拉应力轨迹，虚线为主压应力轨迹。从截面 1-1 的中和轴、受压区和受拉区各取一个微单元，其应力状况和主应力方向如图 5-55（b）所示，在中和轴上，由于仅有剪应力，主拉应力与梁轴心呈 45°角；在受压区，由于压应力的存在，主拉应力减少，主压应力增加，使得主拉应力与梁轴线夹角增大；在受拉区，则由于拉应力存在，使得主拉应力与梁轴线夹角减少。因此主应力轨迹并非精确沿着 45°线。

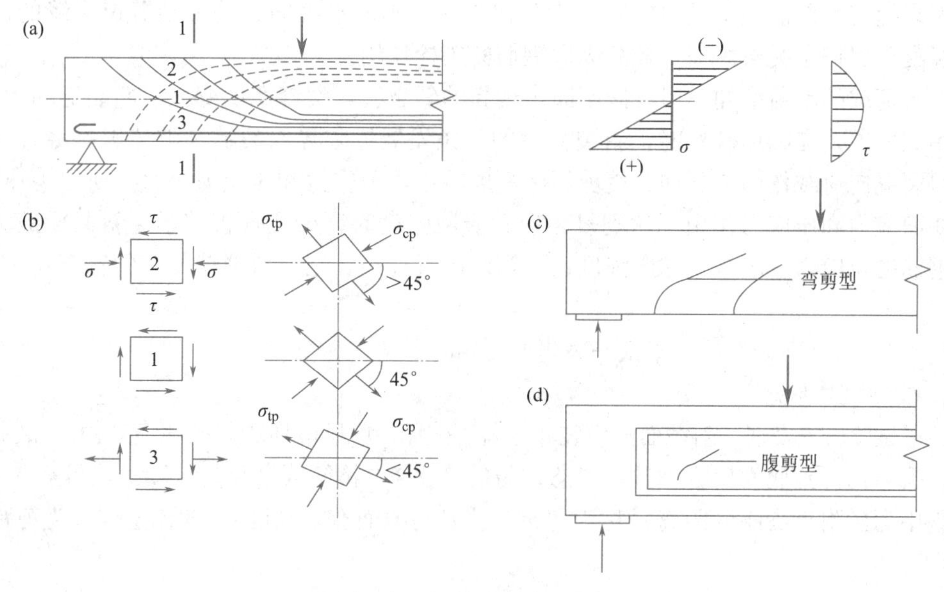

图 5-55　梁剪弯段应力分布

由于混凝土的抗拉强度远低于抗压强度，当主拉应力 σ_{tp} 超过混凝土的抗拉强度 f_t 时，构件便会沿着垂直主拉应力的方向开裂，形成斜裂缝，进而有可能引发斜截面破坏。在通常的情况下，斜裂缝是由梁底的弯曲裂缝发展而成的，称为弯剪型斜裂缝（图 5-55c）；当梁的腹板很薄或集中荷载至梁支座的距离很小时，斜裂缝可能首先在梁腹板内出现，称为腹剪型斜裂缝（图 5-55d）。

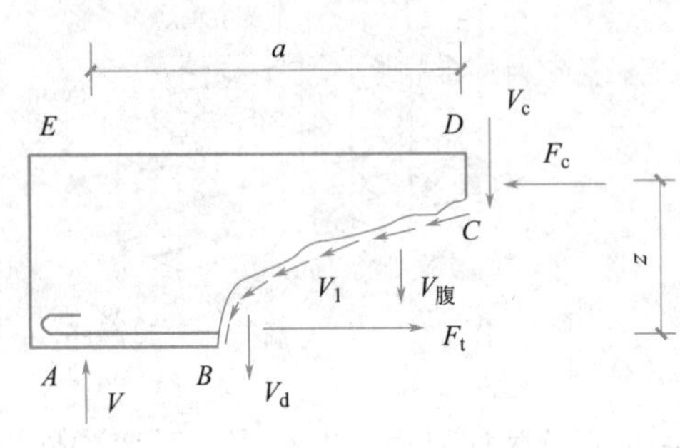

图 5-56 梁端斜裂缝脱离体

在梁端附近以斜裂缝为界，取出脱离体 $ABCDE$，如图 5-56 所示。其中 BC 为斜裂缝，CD 是混凝土剪应力和压应力共同作用的区域，称为剪压区。作用于该脱离体上的力有荷载产生的剪力 V、剪压区混凝土的压力 F_c 和剪力 V_c、纵向钢筋拉力 F_t 和销栓作用传递的剪力 V_d、斜裂缝交界面骨料的咬合与摩擦作用传递的剪力 V_1、与斜裂缝相交的腹筋拉力 $V_{腹}$。随着裂缝的开展，V_1 和 V_d 逐渐减小，极限状态下不予考虑。分析该脱离体可知：

（1）斜裂缝的出现，使混凝土剪压区减小，导致压应力和剪应力增加，应力分布规律不同于材料力学理论上的分布。

（2）与斜裂缝相交的纵向钢筋的拉力 F_t 大大增加。开裂前该拉力取决于 B 截面的弯矩，开裂后不考虑 V_d、V_1 和 $V_{腹}$ 的影响，平衡关系变为：

$$F_t z = Va = M_c$$

说明纵筋拉力取决于裂缝端点 C 处的弯矩，而 C 处弯矩大于 B 点弯矩。

（3）斜裂缝出现后，腹筋直接承担部分剪力，与斜裂缝相交的箍筋和弯起钢筋的应力显著增大。腹筋能限制斜裂缝的开展和延伸，使梁的受剪承载能力有较大提高；箍筋还将提高斜裂缝交界面混凝土骨料的咬合和摩擦作用，延缓沿纵向钢筋黏结劈裂裂缝的发展，防止混凝土保护层突然撕裂，提高纵向钢筋的销栓作用。

随着荷载的不断增加，剪弯段不断出现新的斜裂缝，裂缝宽度变大，斜裂缝向集中荷载作用点发展。在临近破坏时，斜裂缝中的一条发展成临界斜裂缝（破坏斜裂缝）。由于临界斜裂缝向荷载作用点延伸，使剪压区高度减小，剪应力和压应力增大，所以剪压区混凝土在剪应力和压应力作用下达到复合应力极限强度时，梁便宣告破坏。斜截面破坏时，纵向钢筋的拉应力一般低于屈服强度；若箍筋配置适当，则与斜裂缝相交的箍筋往往受拉屈服。

5.6.2 斜截面破坏的主要形态及影响受剪承载力的因素

1. 受剪破坏形态

经过试验研究发现，斜截面剪切破坏分斜压破坏、剪压破坏和斜拉破坏三种，如图 5-57 所示。受弯构件到底发生哪种破坏形态，与剪跨比 λ、箍筋数量和截面尺寸等因素有关。

集中力到附近支座的距离 a 称为剪跨，将其与截面有效高度 h_0 的比值定义为剪跨比：

$$\lambda = \frac{a}{h_0} \tag{5-117}$$

有时还定义广义剪跨比：

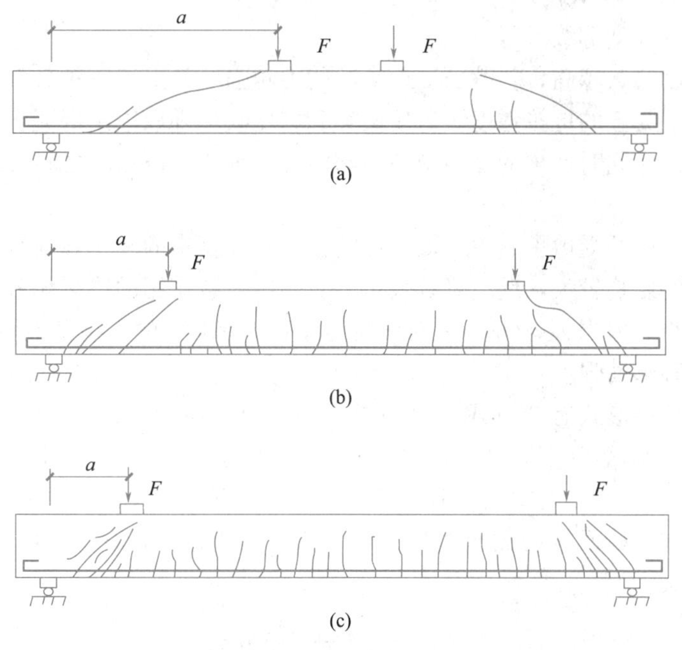

图 5-57　钢筋混凝土梁斜截面破坏形态

（a）斜拉破坏；（b）剪压破坏；（c）斜压破坏

$$\lambda = \frac{M}{Vh_0} \tag{5-118}$$

剪跨比反映了截面上弯矩与剪力的相对比值，也即正应力和剪应力的关系，它对截面受剪性能影响较大。

（1）斜压破坏

剪跨比较小（$\lambda<1$）或箍筋配置过多，而截面尺寸又过小时，构件发生斜压破坏。破坏时斜裂缝比较密集，将集中力作用点和支座之间的梁腹分割成一些倾斜的小短柱，随着荷载的增加，短柱混凝土压应力达到 f_c 而被压碎。破坏时箍筋没有达到屈服，钢筋强度不能充分利用。斜压破坏的破坏荷载很高，但变形很小，是无预兆的脆性破坏，设计中应该避免。

（2）剪压破坏

剪跨比适中（$1\leqslant\lambda\leqslant3$），且箍筋配置量适中时构件发生剪压破坏。当加载到一定程度，第一条斜裂缝出现，此时荷载仍可有较大增长。随着荷载的增加，其他斜裂缝出现，其中一条最终发展成又宽又长的主要裂缝，称作临界斜裂缝。破坏时与临界斜裂缝相交的箍筋应力达到抗拉屈服强度，临界斜裂缝上端未开裂混凝土在剪应力和正应力的共同作用下达到极限。剪压破坏有一定的预兆，属于塑性剪切破坏，但与适筋梁正截面破坏相比，破坏仍然偏脆性。剪压破坏是斜截面承载力计算的依据。

（3）斜拉破坏

剪跨比较大（$\lambda>3$）或箍筋配置过少时，发生斜拉破坏。其特点是斜裂缝一旦出现，就迅速向集中荷载作用点延伸，很快形成一条临界裂缝，并延伸到梁顶，将梁斜劈成两半而宣告破坏。斜拉破坏也是没有预兆的脆性破坏，且承载力极低，故设计中必须避免。

2. 影响斜截面受剪承载力的主要因素

（1）混凝土的强度等级

混凝土的强度等级越高，斜截面受剪承载能力越强。从上述三种破坏形态可知，斜拉破坏主要取决于混凝土的抗拉强度；剪压破坏和斜压破坏则取决于混凝土的抗压强度。试验表明，其他条件相同时，梁的受剪承载力与混凝土轴心抗压强度之间大致呈线性关系。

（2）剪跨比 λ

剪跨比越大，梁的受剪承载力越低。影响程度与配箍率的大小和荷载种类有关。配箍率小时，剪跨比的影响较大，反之影响较小；对集中荷载作用的梁影响较大，对分布荷载作用的梁影响较小。但当 $\lambda \geqslant 3$ 时，λ 对无腹筋梁受剪承载力的影响已不明显。

（3）配箍率和箍筋强度

梁截面上的箍筋形式有开口式和封闭式两种，如图 5-58 所示。同一截面箍筋肢数有单肢（较少采用）、双肢和多肢之分，图 5-58（a）为封闭式双肢箍、图 5-58（b）为开口式双肢箍，图 5-58（c）为封闭式多肢（四肢）箍。设箍筋肢数为 n，每一肢箍筋的截面面积为 A_{sv1}，则同一截面箍筋截面面积 $A_{sv}=nA_{sv1}$。箍筋配筋率，又称为配箍率，用 ρ_{sv} 表示，按下式定义：

$$\rho_{sv}=\frac{A_{sv}}{bs}=\frac{nA_{sv1}}{bs} \tag{5-119}$$

式中 $A_{sv}=nA_{sv1}$——配置在同一截面内箍筋各肢的全部截面面积；

n——同一截面内箍筋的肢数；

A_{sv1}——单肢箍筋的截面面积；

s——沿构件长度方向的箍筋间距；

b——梁截面宽度，T 形、I 形截面取腹板宽度。

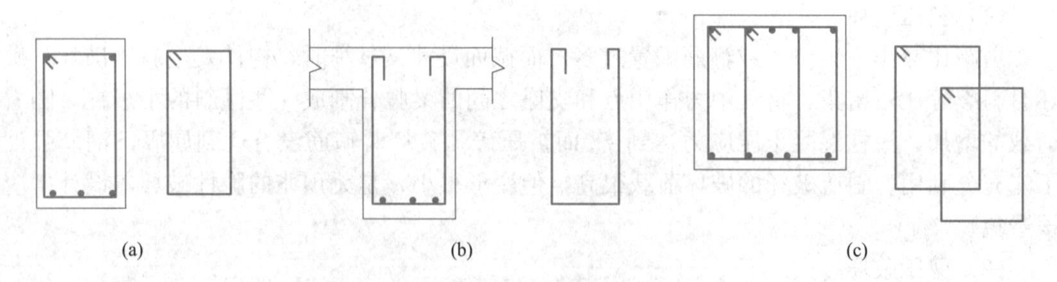

图 5-58 常用箍筋的形式

斜裂缝出现前，箍筋应力很小。斜裂缝出现以后，混凝土不再承受主拉应力，与斜裂缝相交的箍筋承担混凝土退出的这部分拉力。试验表明，配箍率对梁的受剪承载力影响明显，配箍率越高截面受剪承载力越高，两者呈线性关系；箍筋强度提高，也能提高梁的受剪承载力。

（4）弯起钢筋

穿过斜裂缝的弯起钢筋，能承担拉力。因此，增大弯起钢筋的截面面积，提高弯起钢筋的强度等级，都可以增强梁的受剪承载力。

（5）纵向钢筋配筋率

纵向钢筋也能抑制斜裂缝的开展，使剪压区增大，间接地提高梁的受剪承载能力；纵筋自身通过销栓作用也能承受一定的剪力。由试验分析可知，在纵筋配筋率ρ>1.5%时，纵筋对梁受剪承载能力的影响才明显。因为梁的经济配筋率为0.6%～1.5%，所以规范在受剪承载能力计算公式中未考虑纵筋的有利影响。

（6）截面形式和尺寸

T形、I形截面有受压翼缘，增加了剪压区的面积，对斜拉破坏和剪压破坏的受剪承载能力可提高10%～30%。忽略翼缘的作用，只取腹板宽度作为计算宽度，其结果偏于安全。

截面尺寸对无腹筋梁的受剪承载能力有较大影响，尺寸大的构件，破坏时的平均剪应力比尺寸小的构件破坏时的平均剪应力低。对于有腹筋梁，因腹筋可抑制斜裂缝的开展，故尺寸效应的影响减小。规范在受剪承载能力计算公式中未考虑截面形式的影响。

5.6.3 斜截面抗剪计算理论与模型

1. 拱-桁架模型

有腹筋梁的受剪可比拟成拱-桁架模型的复合，在斜裂缝出现之后，箍筋可以将被斜裂缝分割的混凝土块体连接在一起，形成拱-桁架模型，如图5-59所示。图中曲线形的压杆既起桁架上弦压杆的作用，又起拱腹的作用，既可与梁底受拉钢筋一起平衡荷载产生的弯矩，又可将斜向压力直接传递到支座；垂直腹筋可视为竖向受拉腹杆；腹筋间的混凝土可视为斜腹杆；在梁底的纵筋则可视为受拉下弦杆。

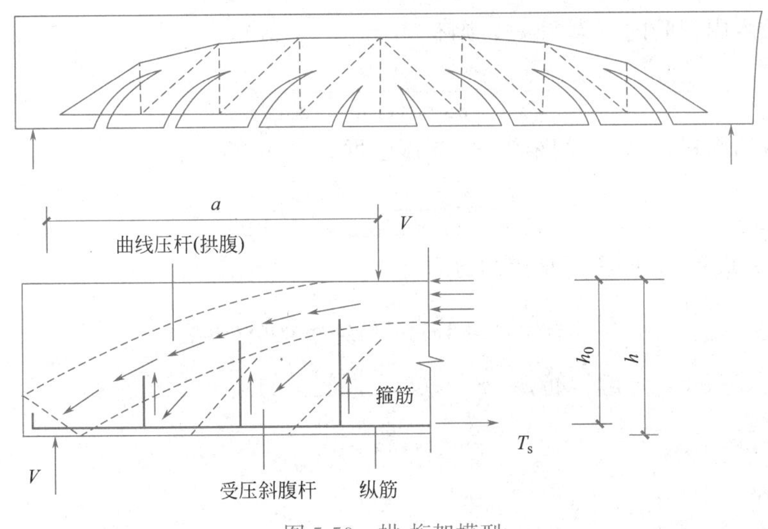

图5-59 拱-桁架模型

该模型既考虑了桁架的作用，也考虑了拱的作用；既考虑了箍筋的受拉作用，又考虑了斜裂缝间混凝土的受压作用。用该模型推导的无腹筋梁和有腹筋梁的承载力的计算公式与试验结果较为接近，能较好地反映出梁的受剪性能。

2. 变角度桁架模型

对于有腹筋梁的抗剪性能，可将有斜裂缝的钢筋混凝土梁比拟为一个铰接平面桁架，腹筋为竖拉杆，斜裂缝间的混凝土为斜压杆，受压区混凝土为上弦杆，受拉纵筋为下弦杆。假定斜腹杆倾角为45°，故又称为45°桁架模型，如图5-60（a）所示。此后，又有许多学者进行了研究，认为斜压杆倾角未必一定是45°，而是在一定范围内变化的，故称为

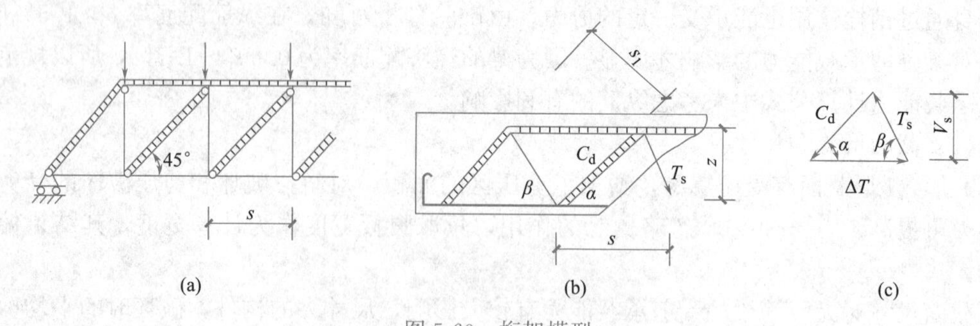

图 5-60　桁架模型

(a) 45°桁架模型；(b) 变角度桁架模型；(c) 内力

变角度桁架模型，如图 5-60（b）所示。

现以变角度桁架模型来分析其抗剪能力。如图 5-60（b）所示，设混凝土斜压杆的倾角为 α，腹筋与梁纵轴的夹角为 β，C_d 为斜压杆的内力，T_s 为与斜截面相交的箍筋内力的合力。由节点的静力平衡条件可得：

$$V_s = C_d \sin\alpha = T_s \sin\beta \tag{5-120}$$

由几何关系得：

$$s = z(\cot\alpha + \cot\beta) \tag{5-121}$$

式中　z——内力臂高度。

设单位长度内箍筋内力为 T_s/s，则有：

$$\frac{T_s}{s} = \frac{V_s}{z\sin\beta(\cot\alpha + \cot\beta)} \tag{5-122}$$

若箍筋截面面积为 A_{sv}，间距为 s，屈服强度为 f_{yv}，则有：

$$\frac{A_{sv} f_{yv}}{s} = \frac{V_s}{z\sin\beta(\cot\alpha + \cot\beta)} \tag{5-123}$$

近似取 $z = 0.9h_0$，则箍筋承担的剪力为：

$$V_s = \frac{A_{sv}}{s} 0.9 h_0 f_{yv} (\cot\alpha + \cot\beta)\sin\beta \tag{5-124}$$

一般箍筋 $\beta = 90°$，弯起钢筋 $\beta = 45° \sim 60°$，混凝土的倾角变化范围为：

$$\frac{3}{5} \leqslant \cot\alpha \leqslant \frac{5}{3} \tag{5-125}$$

即 $\alpha = 30° \sim 60°$。

按此模型推导的受剪承载力计算公式，当配箍率等于零时，$V_u = 0$，这与实际情况不符。当配箍率小于一定值时，桁架作用减小，剪力传递机制趋向于无腹筋梁的拉杆拱机构。也就是说，桁架模型只有在配置一定箍筋的情况下才成立。国外有些国家据此模型建立受剪承载力计算公式。

5.7　受弯构件斜截面承载力计算

5.7.1　受弯构件斜截面受剪承载力

前面讨论的梁斜截面受剪时的三种破坏形态，设计时均应设法避免。斜压破坏和斜拉破坏具有明显的脆性特征，主要采取构造措施来避免。通常控制截面的最小尺寸来防止斜压破坏；通过控制箍筋的最小配箍率及对箍筋的构造要求来防止斜拉破坏。由于梁的受剪承载力变化幅度较大，必须通过计算来防止剪压破坏。斜截面受剪承载力是以剪压破坏模式作为计算模型，以大量的试验数据为依据，得到的经验计算公式。计算图式如图 5-61 所示。

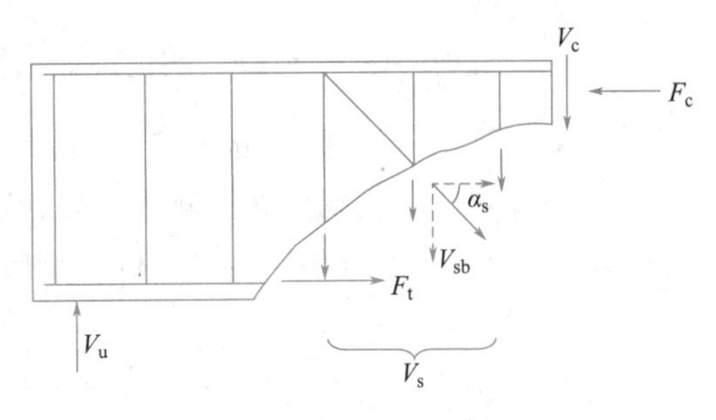

图 5-61 斜截面受剪承载力计算简图

1. 受剪承载力公式

设混凝土的受剪承载力为 V_c，与斜裂缝相交的箍筋受剪承载力为 V_s、弯起钢筋的受剪承载力为 V_{sb}，则斜截面受剪承载力 V_u 为：

$$V_u = V_c + V_s + V_{sb} \tag{5-126}$$

实际上，混凝土与箍筋的受剪承载力 V_c 和 V_s 无法精确分开，在有腹筋梁中，它们的影响是关联的。因此：

当仅配有箍筋不配弯起钢筋时，构件的受剪承载力为：

$$V_u = V_c + V_s = V_{cs} \tag{5-127}$$

当斜截面上既有箍筋，又有弯起钢筋时，构件的受剪承载力为：

$$V_u = V_c + V_s + V_{sb} = V_{cs} + V_{sb} \tag{5-128}$$

由于梁受剪问题的复杂性，比如裂缝的随机性，上式中的各因素无法精确计算，因此目前一般依赖试验统计结果给定，即所谓的经验公式。

（1）不配置腹筋的一般板类受弯构件

板类构件通常承受的荷载不大，截面剪力较小，一般不必进行斜截面受剪承载力的计算，也不配箍筋和弯起钢筋等腹筋。但对承受荷载较大的一类板，还是需要按下式进行斜截面承载力的计算：

$$V \leqslant V_c = 0.7\beta_h f_t b h_0 \tag{5-129}$$

$$\beta_h = \left(\frac{800}{h_0}\right)^{1/4}$$

式中 f_t——混凝土抗拉强度设计值；

β_h——截面高度影响系数：当 h_0 小于 800mm 时，取 800mm；当 h_0 大于 2000mm 时，取 2000mm。

（2）矩形、T 形和 I 形截面的一般受弯构件

当仅配置箍筋时：

$$V_c = \alpha_{cv} f_t b h_0 \tag{5-130}$$

$$V \leqslant V_{cs} = \alpha_{cv} f_t b h_0 + f_{yv}\frac{A_{sv}}{s}h_0 \tag{5-131}$$

式中 V_{cs}——构件斜截面上混凝土和箍筋的受剪承载力设计值；

α_{cv}——斜截面受剪承载力系数，对于一般受弯构件取 0.7；对于集中荷载作用下（包括有多种荷载，其中集中荷载对支座截面或节点边缘所产生的剪力值占

总剪力的75%以上的情况）的独立梁，取 α_{cv} 为 $\frac{1.75}{\lambda+1.0}$，λ 为计算截面的剪跨比，可取 $\lambda=a/h_0$，当 λ 小于1.5时，取1.5，当 λ 大于3时，取3，a 为集中荷载至支座截面或节点边缘的距离；

f_{yv}——箍筋的抗拉强度设计值，按附表6取值，但不应大于 $360N/mm^2$。

当配置箍筋和弯起钢筋时：

$$V \leqslant V_{cs} + 0.8 f_y A_{sb} \sin\alpha_s \tag{5-132}$$

式中 V——配置弯起钢筋处的剪力设计值，当计算第一排弯起钢筋时，取支座边缘处的剪力值；当计算以后的每一排弯起钢筋时，取前一排（对支座而言）弯起钢筋弯起点处的剪力值；

A_{sb}——同一平面内弯起钢筋的截面面积；

α_s——斜截面上弯起钢筋的切线与构件纵向轴线的夹角；

0.8——弯起钢筋强度降低系数，因为弯起钢筋与斜裂缝的交点靠近剪压区时，该弯起钢筋的应力可能达不到屈服强度。

2. 受剪承载力公式适用条件

以上经验公式，不适用于斜压破坏与斜拉破坏的情况。为防止出现这两种破坏情况，必须对以下因素加以限制。

（1）截面尺寸

为防止斜压破坏，截面尺寸不能过小或者说配筋率不能太大。故现行规范以截面最小尺寸作为限制条件。

当 $\frac{h_w}{b} \leqslant 4$ 时，

$$V \leqslant 0.25\beta_c f_c b h_0 \tag{5-133}$$

对T形或I形截面简支受弯构件，当有实践经验时，系数0.25可改用0.3。

当 $\frac{h_w}{b} \geqslant 6$ 时，

$$V \leqslant 0.2\beta_c f_c b h_0 \tag{5-134}$$

当 $4<\frac{h_w}{b}<6$ 时，按直线内插取用。

式中 β_c——混凝土强度影响系数：当混凝土强度等级不超过C50时，取 $\beta_c=1.0$；当混凝土强度等级为C80时，取 $\beta_c=0.8$；其间按直线内插法取用。

b——矩形截面的宽度，T形或I形截面的腹板宽度。

h_w——截面腹板高度。矩形截面取有效高度，T形截面取有效高度减去翼缘高度，I形截面取腹板净高。

（2）最小配箍率

当配箍率过小时，会发生斜拉破坏。为避免这种破坏发生，现行规范规定了最小配箍率和最大钢筋间距。对配箍率要求满足：

$$\rho_{sv}=\frac{A_{sv}}{bs} \geqslant \rho_{sv,min}=0.24\frac{f_t}{f_{yv}} \tag{5-135}$$

(3) 箍筋最大间距

箍筋的最大间距 s_{max} 见表 5-6。如果箍筋间距过大，破坏的斜裂缝无箍筋相交，虽然满足了最小配箍率的要求，但箍筋起不到抗剪作用，避免不了斜拉破坏的发生，所以还要求 $s \leqslant s_{max}$。

梁中箍筋的最大间距 s_{max} (mm)　　表 5-6

梁高 h	$V > 0.7f_t bh_0$	$V \leqslant 0.7f_t bh_0$
$150 < h \leqslant 300$	150	200
$300 < h \leqslant 500$	200	300
$500 < h \leqslant 800$	250	350
$h > 800$	300	400

3. 斜截面受剪承载力计算方法

承载力条件要求剪力 V 不超过受剪承载力 V_u，即：$V \leqslant V_u$。若实际剪力 $V \leqslant V_c$，则可不进行受剪承载力计算，仅需按构造要求配置钢筋。

在计算斜截面受剪承载力时，需首先确定计算截面位置，一般为剪力设计值 V 最大截面，但还要注意截面改变处和钢筋改变处也有可能为危险截面。

(1) 支座边缘处截面。支座边缘处截面剪力最大，故作为计算截面，如图 5-62 所示的 1-1 截面为计算斜截面。

(2) 受拉区弯起钢筋弯起点处的截面。当计算第一排（对支座而言）弯起钢筋时，取用支座边缘处的剪力设计值，如图 5-62 所示的 1-1 截面为其斜截面；当计算以后每排弯起钢筋时，取用前一层弯起钢筋弯起点处的剪力设计值，图 5-62 (a) 所示的 2-2、3-3 截面为相应斜截面。

(3) 箍筋截面面积或间距改变处的截面。图 5-62 (b) 所示的 4-4 截面为其斜截面。

(4) 截面尺寸改变处的截面。

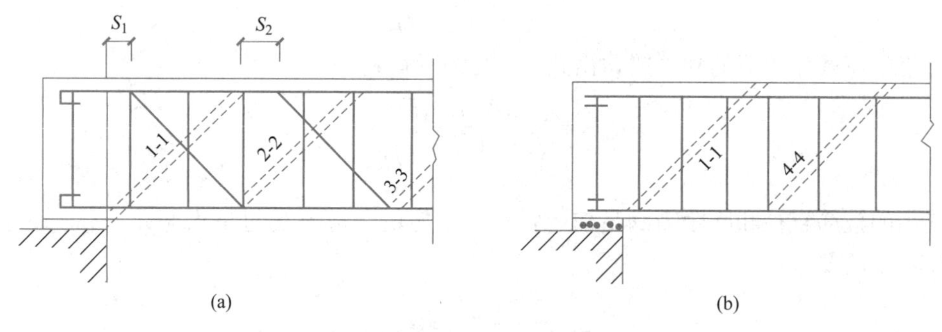

图 5-62　剪力设计值计算截面

在计算弯起钢筋时，剪力设计值按下述方法选用：

(1) 当计算支座边第一排弯起钢筋时，取支座边缘处的剪力设计值。

(2) 当计算下一排弯起钢筋时，取前一排弯起钢筋弯起点处的剪力设计值。

4. 斜截面受剪承载力设计

受弯构件通常先进行正截面受弯承载力设计计算，初步确定截面尺寸、材料强度等级、纵筋配置后，再进行斜截面受剪承载力的设计。

已知受弯构件的截面尺寸 b、h_0，材料强度设计值 f_t、f_{yv}，荷载设计值，跨度等，要求确定箍筋和弯起钢筋的数量。

(1) 计算斜截面的剪力设计值，必要时作梁的剪力图。

(2) 验算截面尺寸：

根据构件斜截面上的最大剪力设计值，采用式（5-132）或式（5-133）验算截面尺寸限制条件，如不满足条件，则应增大截面尺寸或提高混凝土强度等级，重新进行正截面设计。

(3) 验算是否需要按照计算配置腹筋：

由式（5-128）或式（5-129）计算 V_c。

当 $V \leqslant V_c$ 时，不必进行斜截面受剪承载力计算，按构造要求（最大间距、最小配箍率）配置箍筋。

当 $V > V_c$ 时，需按计算配置腹筋。

(4) 当需按计算配置腹筋时，计算腹筋数量：

① 只配箍筋

因为 $A_{sv}=nA_{sv1}$ 中 n 和 A_{sv1} 均为未知量，箍筋间距 s 也未知，所以设计时可先根据构造要求确定箍筋肢数 n 和箍筋直径 d（n 和 A_{sv1} 已知)，然后再计算间距 s。当然，也可以先确定 n、s，后计算 A_{sv1}，从而确定箍筋直径。

对矩形、I形、T形截面的一般受弯构件，由式（5-130）可得：

$$\frac{A_{sv}}{s} \geqslant \frac{V-\alpha_{cv} f_t b h_0}{f_{yv} h_0}$$

据上式计算出 A_{sv}/s 值后，可先选定箍筋肢数 n，单肢箍筋截面面积 A_{sv1}，然后求出箍筋的间距 s。

对一般受弯构件，由式（5-130）解得：

$$s=\frac{nA_{sv1} f_{yv} h_0}{V-0.7 f_t b h_0}$$

对集中荷载作用下的独立梁，由式（5-130）解得：

$$s=\frac{nA_{sv1} f_{yv} h_0}{V-\dfrac{1.75}{\lambda+1} f_t b h_0}$$

选用的箍筋直径和间距需满足构造要求。选定的 s 应不超过最大间距 s_{max}，还应满足最小配箍率的要求：

$$\rho_{sv}=\frac{nA_{sv1}}{bs} \geqslant \rho_{sv,min}$$

② 既配箍筋又配弯起钢筋

方法一：首先按构造要求和最小配箍率选定箍筋，由式（5-130）计算 V_{cs}，即：

$$V_{cs}=\alpha_{cv} f_t b h_0+f_{yv} \frac{A_{sv}}{s} h_0$$

取 $V=V_u$，由式（5-127）得：

$$V_{sb}=V-V_{cs}$$

再由式（5-131）解得：

$$A_{sb}=\frac{V_{sb}}{0.8f_y\sin\alpha_s}$$

式中，α_s 一般可取 45°，当 $h>800$mm 时，可取 60°。

弯起钢筋还应满足构造要求。当弯起一排不够时，可根据纵筋配置情况，再弯起一排。当纵向受力钢筋不能弯起时，可增大箍筋直径或减小箍筋间距，然后重新进行计算。

方法二：确定弯起钢筋面积 A_{sb}，再确定箍筋配置。

首先根据正截面承载力设计计算确定纵向钢筋，选择弯起钢筋直径，确定 A_{sb}，再确定箍筋数量和间距。

对矩形、I 形、T 形截面的一般受弯构件，由式（5-130）、式（5-131）可得：

$$\frac{A_{sv}}{s}\geqslant\frac{V-\alpha_{cv}f_tbh_0-0.8f_yA_{sb}\sin\alpha_s}{f_{yv}h_0}$$

据上式计算出 A_{sv}/s 值后，确定箍筋数量、间距等配置的方法与上述只配置箍筋的情况相同，在此不再赘述。

受弯构件斜截面抗剪设计计算流程如图 5-63 所示。

5. 斜截面受剪承载力复核

已知受弯构件的截面尺寸 b、h，材料强度设计值 f_t、f_c、f_y、f_{yv}，荷载设计值，配箍量（n、A_{sv1}、s）、弯起钢筋数量（V_{sb}、弯起排数和根数）等，计算受弯构件能够承受的最大剪力 V_v，判断构件安全性。

① 验算截面尺寸

根据构件斜截面上的最大剪力设计值，采用式（5-132）或式（5-133）验算截面尺寸限制条件，如不满足条件，则应增大截面尺寸或提高混凝土强度等级，重新进行正截面设计。

② 验算配箍率

用下式计算配箍率，并进行验算：

$$\rho_{sv}=\frac{nA_{sv1}}{bs}\geqslant\rho_{sv,min}$$

③ 计算 V_u

将已知条件带入到式（5-126）或式（5-127）进行计算。

④ 判断：$V\leqslant V_u$，承载力足够；

$V>V_u$，承载力不足。

6. 例题

【例题 5-15】 某钢筋混凝土矩形截面简支梁，设计使用年限 50 年，环境类别一类，截面尺寸 $b=200$mm，$h=500$mm，净跨 $l_n=6000$mm，承受均布荷载设计值 $p=38$kN/m（含自重），混凝土的强度等级为 C30，经正截面承载力计算，已配有 4Φ20 纵向受力钢筋在受拉区，2Φ10 纵向受力钢筋在受压区，箍筋采用 HRB 400 级钢筋。试确定箍筋数量。

【解】（1）已知材料强度值

$$f_c=14.3\text{N/mm}^2,\ f_t=1.43\text{N/mm}^2,\ f_{yv}=360\text{N/mm}^2$$

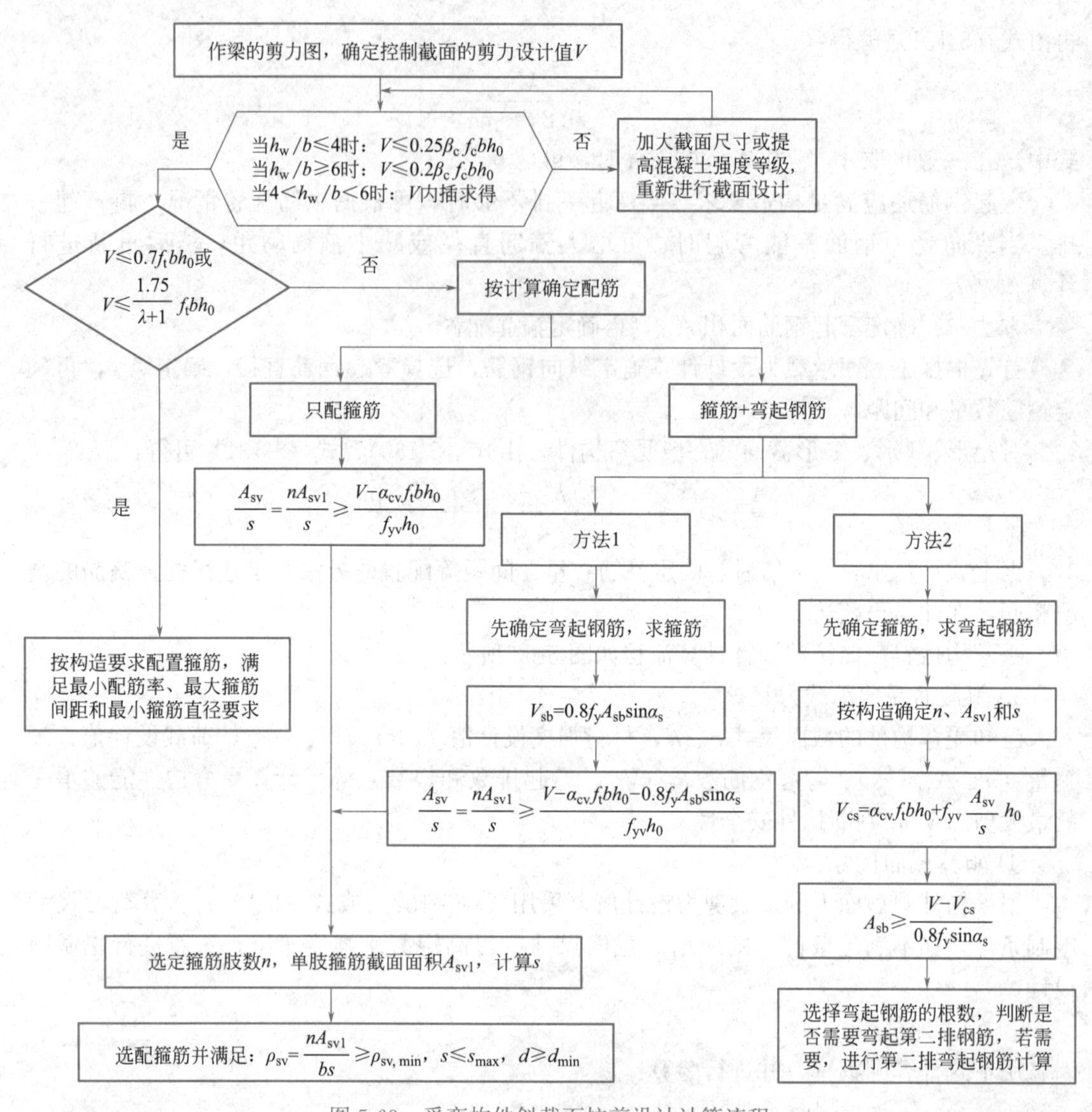

图 5-63　受弯构件斜截面抗剪设计计算流程

（2）计算剪力设计值

支座边缘　　$V=\frac{1}{2}pl_n=\frac{1}{2}\times38\times6=114\text{kN}$

（3）验算截面尺寸

$$\beta_c=1.0$$

$$\frac{h_w}{b}=\frac{h_0}{b}=\frac{460}{200}=2.3<4$$

$$0.25\beta_c f_c bh_0=0.25\times1.0\times14.3\times200\times460$$
$$=328.9\times10^3\text{N}=328.9\text{kN}>V\text{，满足}$$

（4）验算是否需要计算配箍

$$V_c=0.7f_t bh_0=0.7\times1.43\times200\times460$$
$$=92.1\times10^3\text{N}=92.1\text{kN}<V=114\text{kN}$$

需要计算配箍。

（5）计算配箍

选直径为 6mm 的双肢箍：$n=2$，$A_{sv1}=28.3\text{mm}^2$

$$s=\frac{nA_{sv1}f_{yv}h_0}{V-0.7f_tbh_0}=\frac{2\times28.3\times360\times460}{114\times10^3-0.7\times1.43\times200\times460}$$

$$=427.83\text{mm}$$

因为 $s_{max}=200\text{mm}$，所以取 $s=200\text{mm}$，即Φ 6@200，沿梁长布置。

（6）验算配箍率

$$\rho_{sv,min}=0.24\frac{f_t}{f_{yv}}=0.24\times\frac{1.43}{360}=0.095\%$$

$$\rho_{sv}=\frac{nA_{sv1}}{bs}=\frac{2\times28.3}{200\times200}=0.14\%>\rho_{sv,min}=0.095\%\text{，满足。}$$

2Φ10

Φ6@200

500

4Φ20

200

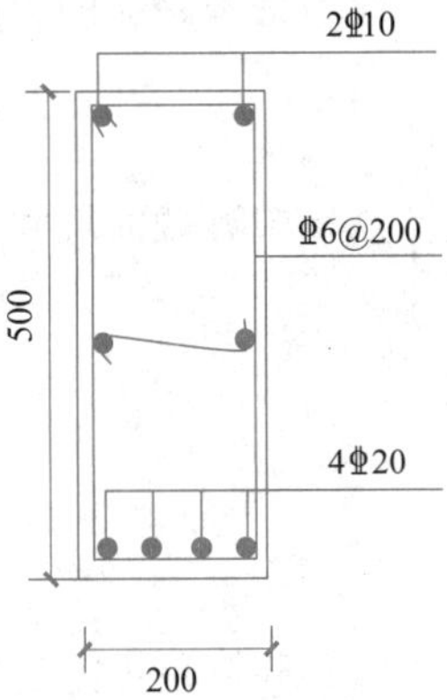

图 5-64　例题 5-15 图

（单位：mm）

截面配筋图如图 5-64 所示，其中纵向构造钢筋（腰筋）和拉筋的要求见 5.9 节，图上没有详细标注。

【例题 5-16】 矩形截面简支梁 250mm×600mm，梁的计算简图和承受的荷载设计值如图 5-65 所示。纵向受力钢筋按两层考虑，$h_0=540\text{mm}$。混凝土的强度等级为 C30，箍筋选用 HRB400 级钢筋。试确定箍筋数量。设计使用年限 50 年，环境类别一类。

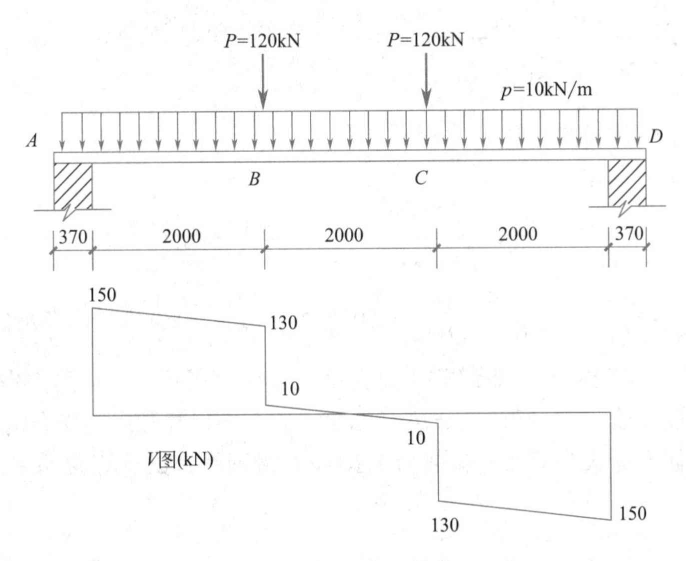

图 5-65　例题 5-16 图（单位：mm）

【解】（1）已知材料强度值

$$f_c=14.3\text{N/mm}^2,\ f_t=1.43\text{N/mm}^2,\ f_{yv}=360\text{N/mm}^2$$

（2）验算是否考虑剪跨比的影响

均布荷载的贡献　　$V_{p1}=\frac{1}{2}pl_n=\frac{1}{2}\times10\times6=30\text{kN}$

集中荷载的贡献　　$V_{p2}=P=120\text{kN}$

支座总剪力　　$V=V_{p1}+V_{p2}=30+120=150\text{kN}$

集中荷载剪力值占总剪力的百分数：

$$\frac{V_{p2}}{V}=\frac{120}{150}=80\%>75\%$$

应考虑剪跨比的影响计算 V_c 和 V_s：

$$\lambda=\frac{a}{h_0}=\frac{2000}{540}=3.70>3，取\ \lambda=3。$$

（3）验算截面尺寸

$$\beta_c=1.0$$

$$\frac{h_w}{b}=\frac{h_0}{b}=\frac{540}{250}=2.16<4$$

$$\begin{aligned}0.25\beta_c f_c bh_0&=0.25\times1.0\times14.3\times250\times540\\&=482.6\text{kN}>V=150\text{kN}，满足\end{aligned}$$

（4）验算是否需要按计算配箍

$$\begin{aligned}V_c&=\frac{1.75}{\lambda+1.0}f_t bh_0=\frac{1.75}{3+1.0}\times1.43\times250\times540\\&=84.5\times10^3\text{N}=84.5\text{kN}<V，需要计算配箍\end{aligned}$$

（5）计算配箍

采用直径为 8mm 的双肢箍：$n=2$，$A_{sv1}=50.3\text{mm}^2$

$$s=\frac{nA_{sv1}f_{yv}h_0}{V-\frac{1.75}{\lambda+1}f_t bh_0}=\frac{2\times50.3\times360\times540}{(150-84.5)\times10^3}=298.8\text{mm}$$

取 $s=200\text{mm}=s_{max}$，即Φ 8@200，沿梁长布置。

（6）验算最小配箍率

$$\rho_{sv,min}=0.24\frac{f_t}{f_{yv}}=0.24\times\frac{1.43}{360}=0.095\%$$

$$\rho_{sv}=\frac{nA_{sv1}}{bs}=\frac{2\times50.3}{250\times200}=0.20\%>\rho_{sv,min}=0.095\%，满足。$$

【例题 5-17】一钢筋混凝土矩形截面简支梁，设计使用年限 50 年，环境类别一类。承受均匀分布荷载设计值（含自重）$g+q=90\text{kN/m}$，截面尺寸和纵向受力钢筋数量如图 5-66 所示。混凝土的强度等级为 C25，箍筋为 HRB400 级钢筋。试计算腹筋用量。

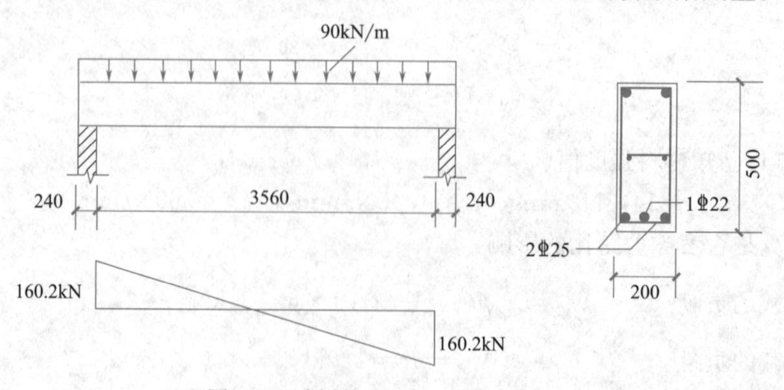

图 5-66　例题 5-17 图（单位：mm）

【解】第一种方案：配箍筋和弯起钢筋。

(1) 材料强度值

$f_c=11.9\text{N/mm}^2$，$f_t=1.27\text{N/mm}^2$，$f_{yv}=360\text{N/mm}^2$，纵向受力筋 $f_y=360\text{N/mm}^2$

(2) 剪力设计值

支座边缘：
$$V=\frac{1}{2}ql_n=\frac{1}{2}\times 90\times 3.56=160.2\text{kN}$$

(3) 验算截面尺寸

$$\beta_c=1.0,\ h_0=500-25-8-12.5\approx 455\text{mm}$$
$$\frac{h_w}{b}=\frac{h_0}{b}=\frac{455}{200}=2.28<4$$
$$\begin{aligned}0.25\beta_c f_c bh_0&=0.25\times 1.0\times 11.9\times 200\times 455\\&=270.7\text{kN}>V=160.2\text{kN}，满足\end{aligned}$$

(4) 按构造配箍

选双肢箍Φ 6@180：$n=2$，$A_{sv1}=28.3\text{mm}^2$
$$\rho_{sv,min}=0.24\frac{f_t}{f_{yv}}=0.24\times\frac{1.27}{360}=0.085\%$$
$$\rho_{sv}=\frac{nA_{sv1}}{bs}=\frac{2\times 28.3}{200\times 180}=0.157\%>\rho_{sv,min}，满足$$
$$\begin{aligned}V_{cs}&=V_c+V_s=0.7f_tbh_0+f_{yv}\frac{A_{sv}}{s}h_0\\&=0.7\times 1.27\times 200\times 455+360\times\frac{2\times 28.3}{180}\times 455\\&=132.4\times 10^3\text{N}=132.4\text{kN}\end{aligned}$$

(5) 计算弯起钢筋

$V_{sb}=V-V_{cs}=160.2-132.4=27.8\text{kN}$

取 $\alpha_s=45°$，则有：
$$A_{sb}=\frac{V_{sb}}{0.8f_y\sin\alpha_s}=\frac{27.8\times 10^3}{0.8\times 360\times \sin 45°}=136.5\text{mm}^2$$

可将纵筋 1Φ22 弯起，$A_{sb}=380.1\text{mm}^2$。

(6) 验算第一排弯起点处的斜截面（图 5-67）

该处剪力：
$$V=160.2\times\frac{1780-480}{1780}=117\text{kN}<V_{cs}=132.4\text{kN}$$

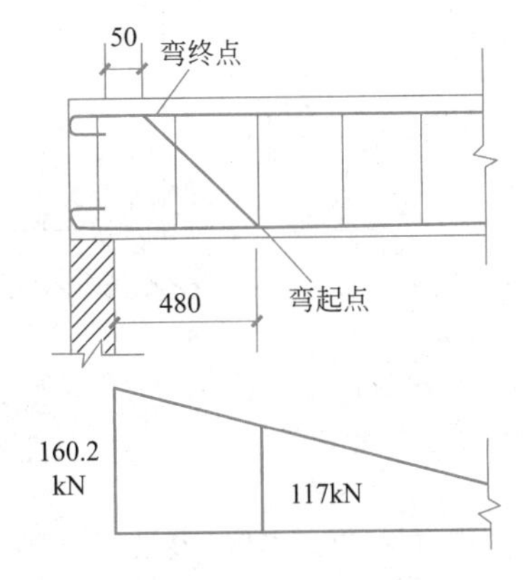

图 5-67　弯起点处斜截面承载力验算

故不必再弯起，只需将箍筋Φ 6@180 沿梁全长布置，即可满足要求。此处若 $V>V_{cs}$，则需调整箍筋间距，因为纵向受力钢筋至少需要两根，已无钢筋可供弯起。

第二种方案：只配箍筋。

选直径为 8mm 的双肢箍：$n=2$，$A_{sv1}=50.3\text{mm}^2$
$$s=\frac{nA_{sv1}f_{yv}h_0}{V-0.7f_tbh_0}=\frac{2\times 50.3\times 360\times 455}{160.2\times 10^3-0.7\times 1.27\times 200\times 455}=207.84\text{mm}$$

所以取 $s=150\text{mm}<s_{\max}=200\text{mm}$，即Φ 8@150，沿梁全长布置。

验算配箍率：

$$\rho_{\mathrm{sv}}=\frac{nA_{\mathrm{sv1}}}{bs}=\frac{2\times50.3}{200\times150}=0.335\%>\rho_{\mathrm{sv,min}}=0.085\%\text{，满足。}$$

5.7.2 受弯构件斜截面受弯承载力

1. 斜截面的受弯承载力的概念

如前所述，混凝土受弯构件斜截面除可能发生剪切破坏外，还可能因为斜裂缝导致与之相交的纵向钢筋拉力增大发生弯曲破坏，或者纵向钢筋的锚固不足而引发的锚固破坏。图 5-68 所示为斜截面受弯计算的简图。斜截面受弯承载能力要求斜截面受压区末端（图中 I-I 截面）弯矩设计值 M 不超过斜截面的极限弯矩，斜截面的极限弯矩可由纵筋、腹筋承受的拉力对混凝土剪压区合力点 A 取矩求得，即：

$$M\leqslant M_{\mathrm{u}}=f_{\mathrm{y}}A_{\mathrm{s}}z+\sum f_{\mathrm{y}}A_{\mathrm{sb}}z_{\mathrm{sb}}+\sum f_{\mathrm{yv}}A_{\mathrm{sv}}z_{\mathrm{zv}} \tag{5-136}$$

式中 z——纵向受拉钢筋的合力至混凝土受压区合力点的距离，可取 $z=0.9h_0$；

z_{sb}——与斜截面相交的同一弯起平面内弯起钢筋的合力至斜截面受压区合力点的距离；

z_{sv}——同一斜截面上箍筋的合力至斜截面受压区合力点的距离。

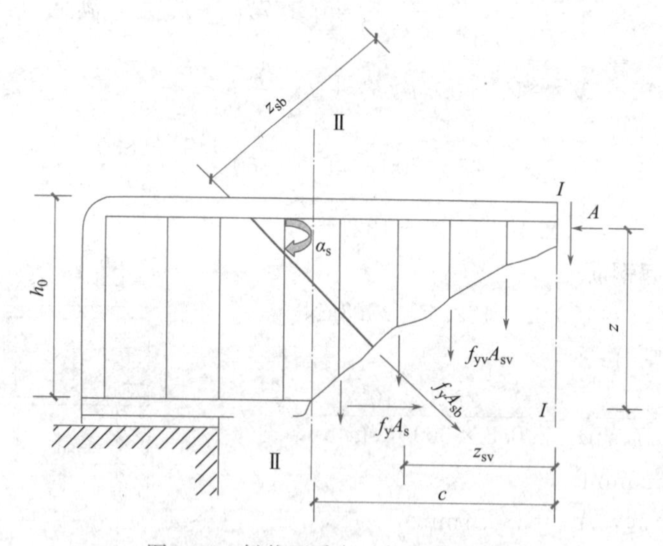

图 5-68　斜截面受弯承载力计算简图

式（5-136）中右边第二、第三项分别为弯起钢筋和箍筋的受弯承载力，它们与斜截面的长度有关。这一长度的精确计算比较困难，规范规定斜截面的水平投影长度 c 全部由腹筋的抗剪来决定，即由下式确定 c 的取值：

$$V=\sum f_{\mathrm{y}}A_{\mathrm{sb}}\sin\alpha_{\mathrm{s}}+\sum f_{\mathrm{yv}}A_{\mathrm{sv}} \tag{5-137}$$

式中 V 为斜截面受压区末端（图中 I-I 截面）的剪力设计值。

分析式（5-136），如果在 I-I 截面按正截面受弯承载力计算得出的纵向钢筋保持到斜裂缝始端（Ⅱ-Ⅱ截面）不改变，则公式（5-136）自然满足。因此可以通过对纵向钢筋弯起、截断与锚固等方面作一些规定来保证斜截面受弯承载力，而不需要进行计算。

2. 材料抵抗弯矩图

材料抵抗弯矩图简称抵抗矩图，就是按实际配置的纵向受力钢筋计算的沿梁长各正截面所能承受的弯矩图，即 M_u 图，它反映了正截面上材料的抵抗弯矩。图 5-69 为矩形截面简支梁承受均布荷载时的配筋图、弯矩图和 M_u 图。该梁配有 4 根纵向受力钢筋 2Φ22+2Φ20；M 图为抛物线 $a4b$；设钢筋总面积 A_s 刚好为计算值，则 M_u 图的外围线与 M 图的最大值相切于 4 点。如果 A_s 略大于计算值，则 M_u 图在 M 图的外侧，其竖向坐标由下式确定：

$$M_u = f_y A_s \left(h_0 - \frac{f_y A_s}{2\alpha_1 f_c b} \right) \tag{5-138}$$

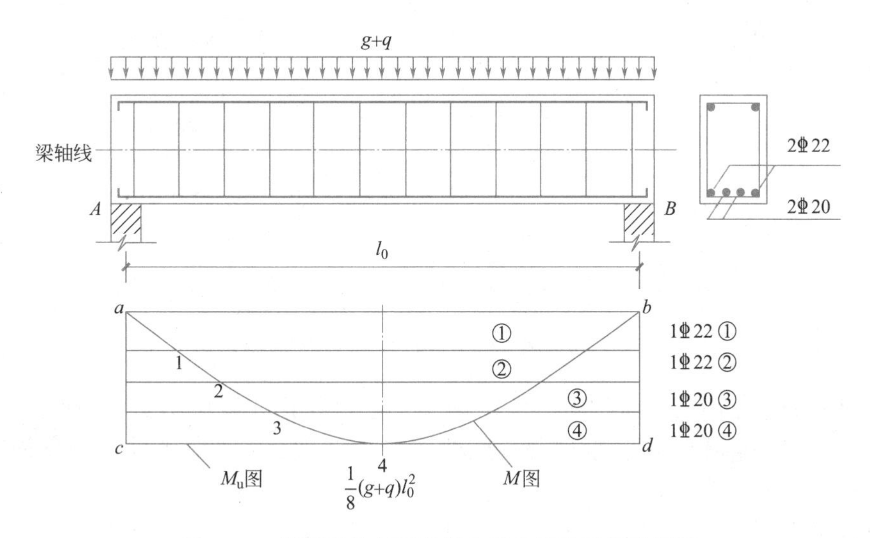

图 5-69 配置通长直钢筋简支梁的材料抵抗弯矩图

每根钢筋所分担的抵抗矩数值，可近似地按该根钢筋的面积 A_{si} 占总面积 A_s 的比例来分配 M_u，即：

$$M_{ui} = \frac{A_{si}}{A_s} M_u \tag{5-139}$$

如果所有纵向受力钢筋都伸入支座，则 $acdb$ 为 M_u 图，各钢筋的 M_{ui} 值用水平线示于图 5-69。此时，沿梁长每个正截面都是安全的，因为每个正截面都满足 $M < M_u$。因此只要 M_u 图包住 M 图就能保证受弯构件正截面承载力足够。下面讨论如果有纵向钢筋弯起后，抵抗弯矩图的画法。

图 5-69 中，4 点处 4 根钢筋的强度利用充分，但到了 3 点处，①、②、③号钢筋的强度充分利用，而④号钢筋在 3 点以外（向支座方向）就不需要了，因此将 4 点称为④号钢筋的“充分利用点（截面）”，3 点则为④号钢筋的“不需要点（截面）”或者“理论断点”，余类推，1、2、3 三个点分别为①、②、③号钢筋的充分利用点，而 a、1、2 点则分别为①、②、③号钢筋的理论断点。

如图 5-70 所示，设④号钢筋左侧在充分利用点以外的某点 E 向上弯起，在右侧的不需要点 F 处截断。钢筋弯起后，内力臂逐渐减小，抵抗弯矩也随之减小，直至越过梁轴线进入受压区，则抵抗弯矩消失。因此抵抗矩图的做法为：弯起点 E 向下作垂线交抵抗矩图于e点；弯起钢筋与梁轴线的交点为G，从G向下作垂线交①、②、③号钢筋抵抗矩图于g点（此点后弯起钢筋退出抗弯工作），连接eg形成斜坡状图形，梁左侧抵抗矩图为$aige4$。在梁右侧，钢筋一经截断，抵抗矩便不复存在，所以④号钢筋在F点截断后，抵抗矩图形成台阶fh，梁右侧的抵抗矩图为$4fhjb$。

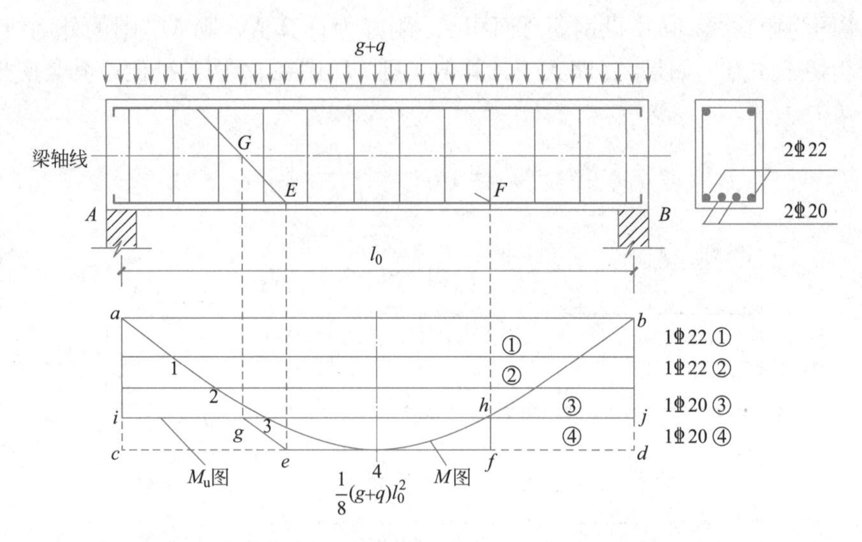

图 5-70　纵筋弯起和截断时简支梁的材料抵抗弯矩图

不管是钢筋弯起还是钢筋截断，只要M_u图包住M图，就说明受弯构件正截面承载力足够。因此通过绘制材料抵抗弯矩图可以检查每个正截面的受弯承载力是否安全，以及确定纵向钢筋弯起和截断的位置。

3. 纵向钢筋的弯起位置

纵筋弯起首先应保证正截面受弯承载力，其次还需保证斜截面受弯承载力，这可以通过控制弯起点和弯终点的位置来实现。

（1）弯起点的位置

在受拉区中，弯起钢筋的弯起点可设在按正截面受弯承载力计算不需要该钢筋的截面之前（充分利用点和不需要点之间）；但弯起钢筋与梁中心线的交点，应在不需要该钢筋的截面之外，否则M_u图将包不住M图；同时，弯起点与该钢筋的充分利用点截面之间的距离s，不应小于$0.5h_0$，如图 5-71 所示。

如图 5-72 所示，设受拉钢筋的总面积为A_s，弯起钢筋的面积为A_{sb}，伸入支座的纵向钢筋面积为A_{s1}，则有：

$$A_s = A_{s1} + A_{sb} \tag{5-140}$$

沿正截面B-B取隔离体（图 5-72b），将各力对受压区混凝土应力合力点取矩有：

$$Va = f_y A_s z \tag{5-141}$$

沿斜截面C-C取隔离体（图 5-72c），将各力对受压区混凝土应力合力点取矩有：

$$Va = f_y A_{s1} z + f_y A_{sb} z_b \tag{5-142}$$

要使斜截面的受弯承载力大于正截面的受弯承载力，必须满足：

$$f_y A_{s1} z + f_y A_{sb} z_b > f_y A_s z \tag{5-143}$$

因此，$z_b > z$。由图 5-72（b）有如下关系：

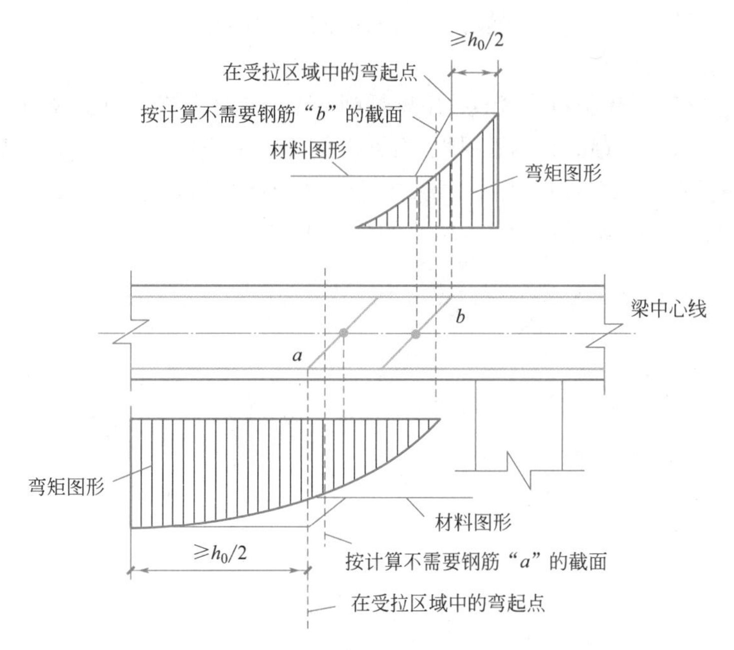

图 5-71　弯起钢筋弯起点与弯矩图的关系

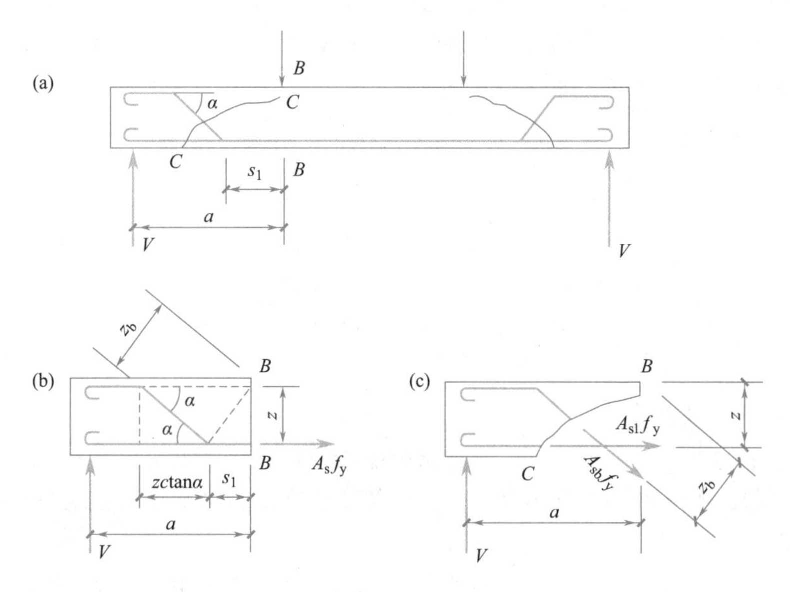

图 5-72　斜截面抗弯能力分析图

$$\frac{z_{\mathrm{b}}}{\sin\alpha}=s+z\cot\alpha\text{，即：}z_{\mathrm{b}}=s\sin\alpha+z\cos\alpha \tag{5-144}$$

要使 $z_{\mathrm{b}}>z$，则要求 $z_b=s\sin\alpha+z\cos\alpha\geqslant z$

即：

$$s\geqslant\frac{(1-\cos\alpha)z}{\sin\alpha} \tag{5-145}$$

当 $z=0.9h_0$ 和 $\alpha=45°$时，$s\geqslant0.37h_0$；

当 $z=0.9h_0$ 和 $\alpha=60°$时，$s\geqslant0.52h_0$；

综合起来，可取 $s \geqslant h_0/2$，即能保证斜截面的受弯承载力。

(2) 弯终点的位置

为防止弯起钢筋因间距过大无法与斜裂缝相交，当按计算需要设置受剪弯起钢筋时，前一排（对支座而言）弯起点至后一排的弯终点的距离 s 应满足 $s \leqslant s_{max}$ 的条件（图 5-73）。同时第一排弯起钢筋弯终点距支座边缘的距离也要满足该条件。s_{max} 由表 5-6 按 $V > 0.7f_t bh_0$ 一栏取用。对需要进行疲劳验算的梁，尚应满足 $s \leqslant h_0/2$。

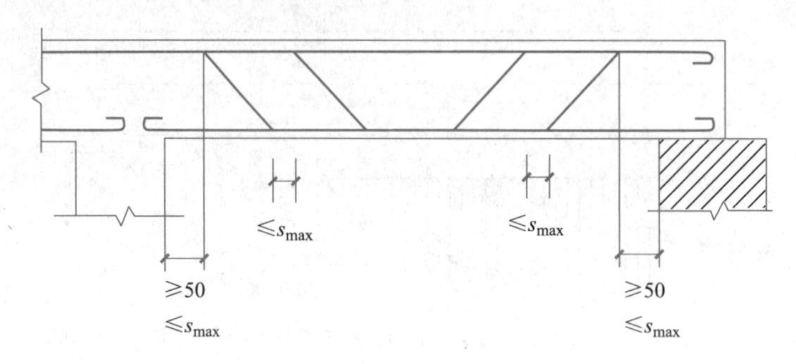

图 5-73 弯起钢筋的布置

当设置弯起钢筋时，弯起钢筋的弯终点外应留有锚固长度，其长度在受拉区不应小于 $20d$、在受压区不应小于 $10d$。位于梁底两侧的钢筋不应弯起。

弯起钢筋除利用纵向受力钢筋弯起外，还可单独设置。单独设置的弯起钢筋只能采用鸭筋形式，而不能采用浮筋，如图 5-74 所示。

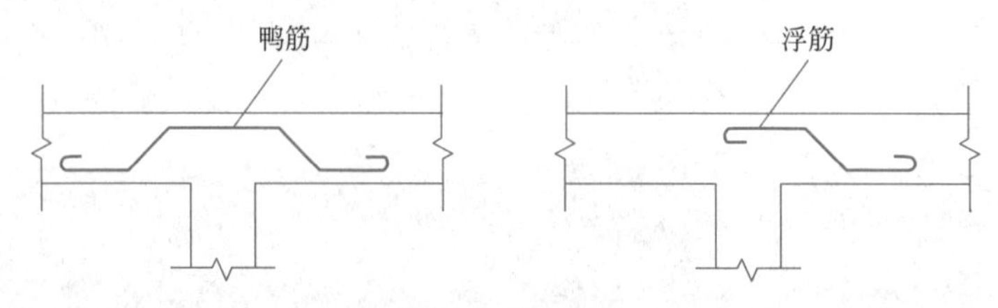

图 5-74 鸭筋和浮筋

4. 纵向钢筋的截断位置

承受正弯矩的纵向受力钢筋一般不在跨内截断，可以将一部分（或全部）伸入支座锚固，一部分弯起；支座截面负弯矩纵向受拉钢筋不宜在受拉区截断，当必须截断时应符合下述规定（图 5-75）：

(1) 当 $V \leqslant 0.7f_t bh_0$ 时，应延伸至按正截面受弯承载力计算不需要该钢筋的截面以外不小于 $20d$ 处截断，且从该钢筋强度充分利用截面伸出的长度不应小于 $1.2l_a$。

(2) 当 $V > 0.7f_t bh_0$ 时，应延伸至按正截面受弯承载力计算不需要该钢筋的截面以外不小于 h_0 且不小于 $20d$ 处截断，且从该钢筋强度充分利用截面伸出的长度不应小于 $1.2l_a + h_0$。

(3) 若按上述规定的截断点仍位于负弯矩受拉区内，则应延伸至按正截面受弯承载力计算不需要该钢筋的截面以外 $1.3h_0$ 且不小于 $20d$ 处截断，且从该钢筋强度充分利用截面伸出的长度不应小于 $1.2l_a + 1.7h_0$。

这里 l_a 为受拉钢筋的锚固长度。

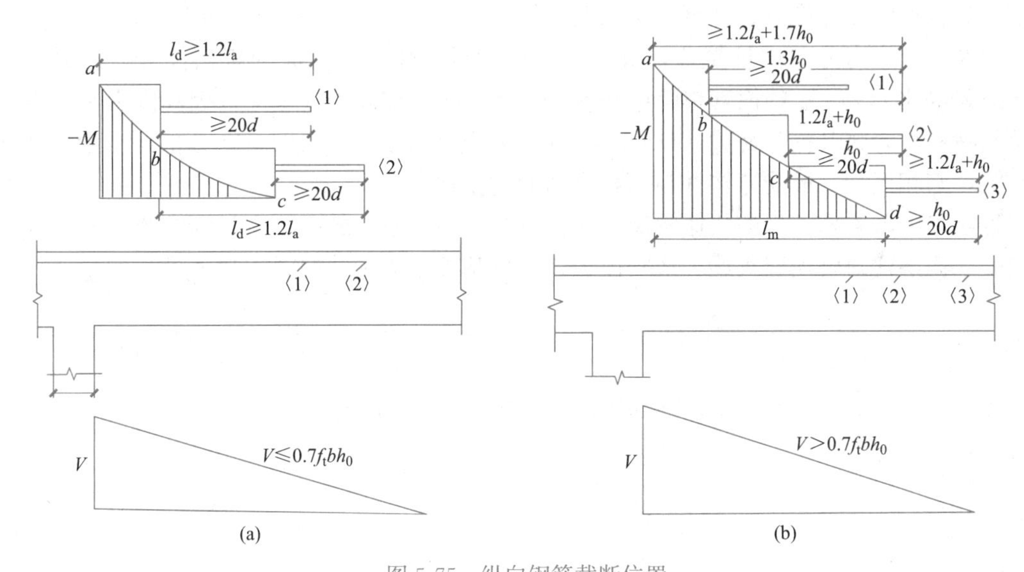

图 5-75 纵向钢筋截断位置

(a) $V \leqslant 0.7f_t bh_0$ 时截断钢筋的规定；(b) $V > 0.7f_t bh_0$ 时截断钢筋的规定

5. 纵向钢筋的锚固

(1) 梁内纵筋锚固

① 伸入梁支座范围内的纵向受力钢筋数量不应少于 2 根；

② 钢筋混凝土简支梁和连续梁简支的下部纵向受力钢筋伸入梁支座范围内的锚固长度 l_{as}（图 5-76）应满足如下条件：

当 $V \leqslant 0.7f_t bh_0$ 时，$l_{as} \geqslant 5d$；

当 $V > 0.7f_t bh_0$ 时，

带肋钢筋　$l_{as} \geqslant 12d$

光圆钢筋　$l_{as} \geqslant 15d$

此处，d 为纵向受力钢筋的直径。

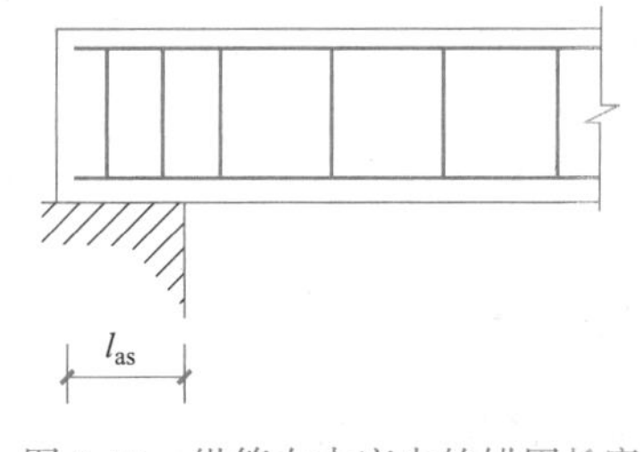

图 5-76 纵筋在支座内的锚固长度

如纵向受力钢筋伸入梁支座范围内的锚固长度不符合上述要求时，应采取在钢筋上加焊锚固钢板或将钢筋端部焊接在梁端的预埋件上等有效锚固措施。

(2) 板内纵筋锚固

简支板或连续板下部纵向受力钢筋伸入支座的锚固长度不应小于 $5d$，d 为下部纵向受力钢筋的直径。当连续板内温度、收缩应力较大时，伸入支座的锚固长度宜适当增加。

5.8 深受弯构件的承载力计算

5.8.1 深受弯构件的定义及工程应用

受弯构件的计算跨度 l_0 与截面高度 h 之比称为跨高比。一般混凝土受弯构件的跨高比 $l_0/h > 5$，称为浅梁。在实际工程中还会遇到 $l_0/h < 5$ 的受弯构件。由于这类构件的跨高比较小，且在弯矩作用下梁正截面上的应变分布和开裂后的平均应变分布不符合平截面

假定，故构件的破坏形态、计算方法与普通梁（跨高比 $l/h>5$ 的受弯构件）有较大差异。其内力及截面应力分布比较复杂，故将其统称为深受弯构件。深受弯构件包括深梁和短梁：对跨高比 $l_0/h<2$ 的简支单跨梁和 $l_0/h<2.5$ 的简支多跨连续梁，因其内力和应力分布更具特殊性，将其称为深梁（Deep Beam）：将跨高比 $l_0/h=2(2.5)\sim5$ 的深受弯构件称为短梁，它相当于一般受弯构件与深梁之间的过渡状态。

近年来随着土木工程的快速发展，深受弯构件在工程中的应用也日渐广泛。例如双肢柱肩梁、高层建筑转换层大梁、浅仓侧板、箱形基础箱梁等，如图 5-77 所示。

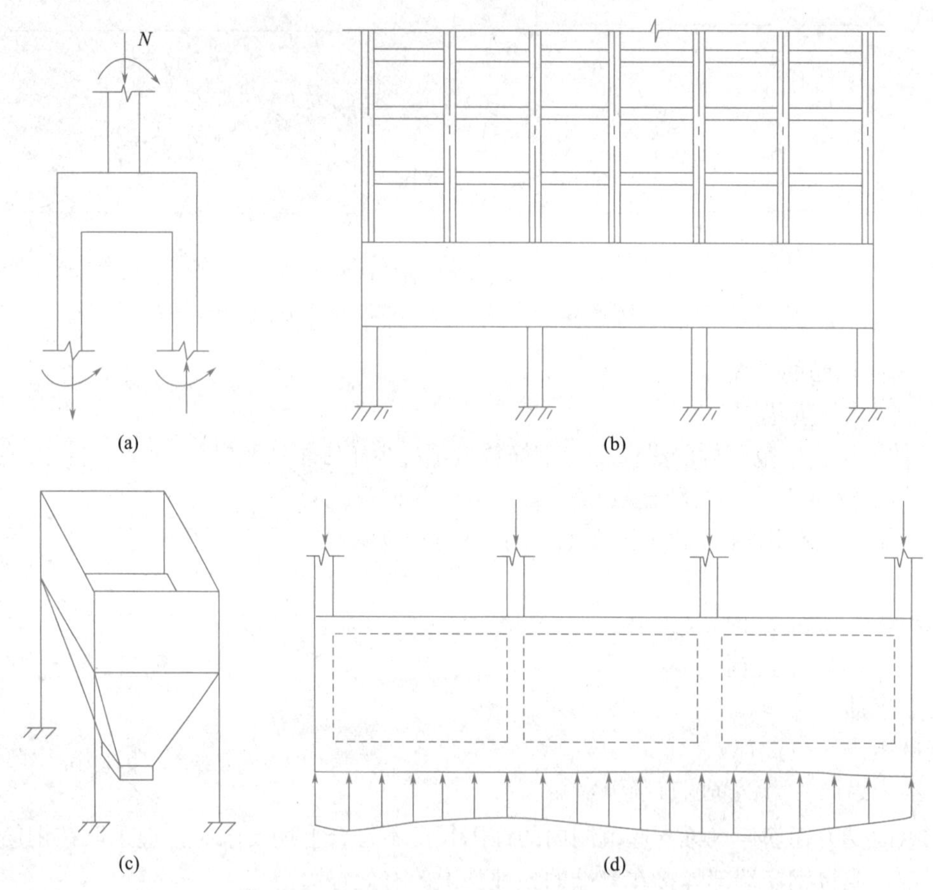

图 5-77 深受弯构件实际工程应用

（a）双肢柱肩梁；（b）高层建筑转换层大梁；（c）浅仓侧板；（d）箱形基础箱梁

5.8.2 深受弯构件的受力特点和破坏形态

从加荷至破坏，深受弯构件的工作状态可分为弹性工作阶段、带裂缝工作阶段和破坏阶段等三个阶段。

从加荷至出现裂缝前，深受弯构件处于弹性工作阶段。深受弯构件因其跨度与高度相近，在荷载作用下同时兼有受压、受弯和受剪状态，其正截面应变不再符合平截面假定。跨高比 $l_0/h<2$ 时，弹性阶段的截面应力呈曲线分布，甚至在支座截面处还会出现两个中和轴的现象；跨高比 $2<l_0/h<5$ 时，其截面应变将逐渐由曲线分布接近于平截面假定，如图 5-78 所示。

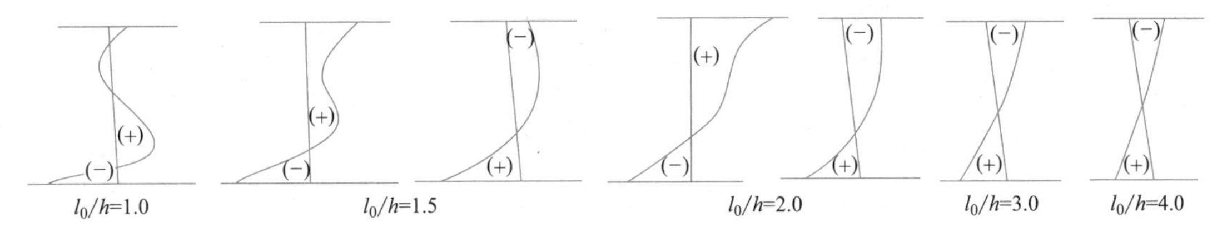

图 5-78　深受弯构件的截面应力分布

当荷载约为破坏荷载的 20%～30%时，深受弯构件一般先在跨中出现垂直裂缝，但先出现的垂直裂缝对其受力性能的影响不甚明显，而随后在剪弯段迅速出现的斜裂缝将使其受力性能发生重大变化，即斜裂缝的出现和发展将使深受弯构件的拱作用不断增强，梁作用随之减弱，并且还将产生明显的内力重分布现象。此后，随着受拉钢筋的逐渐屈服，深受弯构件在达到屈服状态时，形成了所谓的“拉杆拱”受力模型，如图 5-79 所示。图中的纵向受拉钢筋即为拱的拉杆，而两虚线中间部分的斜向受压混凝土短柱即形成拱肋。这样，在荷载作用下深受弯构件中不仅要产生弯、剪作用效应，而且还会通过斜裂缝间的斜向受压短柱将部分荷载直接传至其支座。

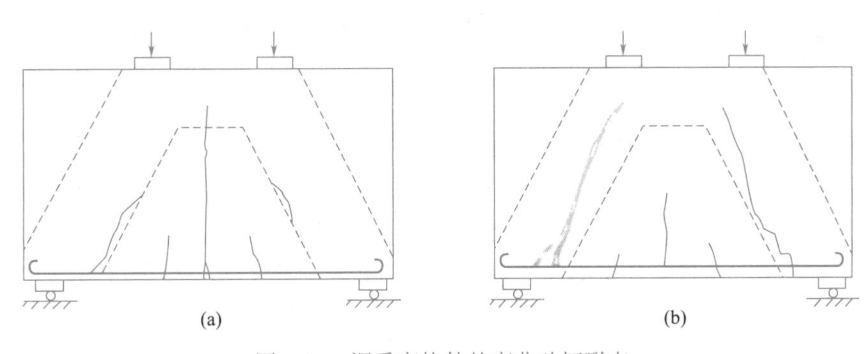

图 5-79　深受弯构件的弯曲破坏形态

(a) 正截面弯曲破坏；(b) 斜截面弯曲破坏

5.8.3　深受弯构件的承载力计算

简支钢筋混凝土单跨深梁可采用由一般方法计算的内力进行截面设计；钢筋混凝土多跨连续深梁应采用由二维弹性分析求得的内力进行截面设计。

钢筋混凝土深受弯构件的正截面受弯承载力应符合下列规定：

$$\alpha_1 f_c bx = f_y A_s \tag{5-146}$$

$$M \leqslant f_y A_s z \tag{5-147}$$

$$z = \alpha_d (h_0 - 0.5x) \tag{5-148}$$

$$\alpha_d = 0.80 + 0.04\frac{l_0}{h} \tag{5-149}$$

式中　x——截面受压区高度；当 $x<0.2h_0$ 时，取 $x=0.2h_0$；

z——截面内力臂，当 $l_0<h_0$ 时，取 $z=0.6l_0$；

h_0——截面有效高度：$h_0=h-a_s$，其中 h 为截面高度；当 $l_0/h\leqslant 2$ 时，跨中截面 a_s 取 $0.1h$，支座截面 a_s 取 $0.2h$；当 $l_0/h>2$ 时，a_s 按受拉区纵向钢筋截面重心至受拉边缘的实际距离取用；

α_d——深受弯构件内力臂修正系数。

对于有水平分布钢筋的深梁，水平分布钢筋对受弯承载力的贡献约占10%～30%，为简化计算，不考虑水平分布钢筋对受弯承载力的作用，而是作为安全储备。

与一般受弯构件相同，为防止单纯依靠抗剪钢筋来提高深受弯构件的受剪承载力，造成混凝土截面过小，引起斜压破坏及使用阶段过大的斜裂缝宽度，现行国家标准《混凝土结构设计标准》GB/T 50010规定深受弯构件的受剪截面应符合下列条件：

当h_w/b不大于4时：

$$V \leqslant \frac{1}{60}(10+l_0/h)\beta_c f_c b h_0 \tag{5-150}$$

当h_w/b不小于6时：

$$V \leqslant \frac{1}{60}(7+l_0/h)\beta_c f_c b h_0 \tag{5-151}$$

当h_w/b大于4且小于6时，按线性内插法取用。

式中　V——剪力设计值；

l_0——计算跨度，当l_0小于$2h$时，取$2h$；

b——矩形截面的宽度以及T形、I形截面的腹板厚度；

h、h_0——截面高度、截面有效高度；

h_w——截面的腹板高度：矩形截面，取有效高度h_0；T形截面，取有效高度减去翼缘高度；I形和箱形截面，取腹板净高；

β_c——混凝土强度影响系数。

试验研究结果表明，深受弯构件的受剪承载力主要取决于截面尺寸、混凝土强度等级、剪跨比、跨高比、竖向分布钢筋和水平分布钢筋的配筋率等。根据试验研究结果和工程经验，现行国家标准《混凝土结构设计标准》GB/T 50010分下列两种情况给出受剪承载力计算公式。

（1）矩形、T形和I形截面的深受弯构件，在均布荷载作用下，当配有竖向分布钢筋和水平分布钢筋时，其斜截面的受剪承载力应符合下列规定：

$$V \leqslant 0.7\frac{(8-l_0/h)}{3}f_t b h_0 + \frac{(l_0/h-2)}{3}f_{yv}\frac{A_{sv}}{s_h}h_0 + \frac{(5-l_0/h)}{6}f_{yh}\frac{A_{sv}}{s_v}h_0 \tag{5-152}$$

（2）对集中荷载作用下的深受弯构件（包括作用有多种荷载，且其中集中荷载对支座截面所产生的剪力值占总剪力值的75%以上的情况），其斜截面的受剪承载力应符合下列规定：

$$V \leqslant \frac{1.75}{\lambda+1}f_t b h_0 + \frac{(l_0/h-2)}{3}f_{yv}\frac{A_{sv}}{s_h}h_0 + \frac{(5-l_0/h)}{6}f_{yh}\frac{A_{sh}}{s_v}h_0 \tag{5-153}$$

式中　λ——计算剪跨比：当l_0/h不大于2.0时，取$\lambda=0.25$；当l_0/h大于2且小于5时，取$\lambda=a/h_0$，其中，a为集中荷载到深受弯构件支座的水平距离；λ的上限值为$(0.92l_0/h-1.58)$，下限值为$(0.42l_0/h-0.58)$；

l_0/h——跨高比，当l_0/h小于2时，取2.0。

f_{yv}、f_{yh}——竖向、水平分布钢筋的抗拉强度设计值；

A_{sv}、A_{sh}——同一截面内各肢竖向、水平分布钢筋的全部截面面积；

s_h、s_v——竖向、水平分布钢筋的间距。

应当指出，由于深受弯构件中水平及竖向分布钢筋对受剪承载力的作用有限，当其受剪承载力不足时，应主要通过调整截面尺寸或提高混凝土强度等级来满足受剪承载力要求。

深梁因截面高度较大，故一旦出现斜裂缝，则裂缝宽度和长度均较大。而要控制斜裂缝宽度，需要配置较多的水平和竖向分布钢筋。因此，深梁宜按一般要求不出现斜裂缝的构件进行设计。一般要求不出现斜裂缝的钢筋混凝土深梁，应符合下列条件：

$$V_k \leqslant 0.5 f_{tk} b h_0 \tag{5-154}$$

式中　V_k——按荷载效应的标准组合计算的剪力值。

在进行深梁设计时，如果满足上式要求，深梁一般不会出现斜裂缝，这自然保证了深梁不会发生剪切破坏，因此可不进行斜截面受剪承载力计算，但应按构造的规定配置分布钢筋。

5.9　受弯构件的一般构造要求

5.9.1　梁的构造要求

1. 截面尺寸及混凝土强度等级

梁的截面尺寸取决于构件的支承条件、跨度及荷载大小等因素。根据工程经验，为满足正常使用极限状态的要求，梁的截面高度一般取 $h=(1/16\sim1/10)l_0$，其中 l_0 为梁的计算跨度；截面宽度一般取 $b=(1/3\sim1/2)h$（矩形截面）和 $b=(1/4\sim1/2.5)h$（T形截面）。为了便于施工，统一模板尺寸，通常梁截面宽度 b 取为 120，150，180，200，220，250，300，350mm 等尺寸，截面高度 h 取为 250，300，500，…，750，800，900，1000mm 等尺寸。

梁常用的混凝土强度等级为 C25、C30、C35、C40 等。

2. 纵向受力钢筋

纵向受力钢筋的直径一般不小于 10mm，常用值为 12～28mm。伸入梁支座范围内的纵向受力钢筋不应少于 2 根。当梁截面高度 h 不小于 300mm 时，纵向受拉钢筋直径不应小于 10mm；当梁截面高度 h 小于 300mm 时，纵向受拉钢筋直径不应小于 8mm。梁上部钢筋水平方向的净间距不应小于 30mm 和 $1.5d$；梁下部钢筋水平方向的净间距不应小于 25mm 和 d。当下部钢筋多于 2 层时，2 层以上钢筋水平方向的中距应比下面 2 层的中距增大一倍；各层钢筋之间的净间距不应小于 25mm 和 d，d 为钢筋的最大直径。

宜优先选用较小直径的钢筋，以利于抗裂。当采用两种不同直径的钢筋时，其直径至少相差 2mm，以便施工识别，但也不宜大于 6mm。纵向受拉钢筋的根数不应少于 2 根，最好 3～4 根。尽量布置成一层，当一层排不下时，可布置成两层，应尽量避免出现三层、四层的情况。在梁的配筋密集区域，纵向受拉钢筋宜采用并筋（钢筋束）的配筋形式。

钢筋混凝土简支梁和连续梁简支端的下部纵向受力钢筋，从支座边缘算起伸入支座内的锚固长度应符合下列规定：

（1）当 V 不大于 $0.7f_t bh_0$ 时，不小于 $5d$；当 V 大于 $0.7f_t bh_0$ 时，对带肋钢筋不小于 $12d$，对光圆钢筋不小于 $15d$，d 为钢筋的最大直径；

（2）如纵向受力钢筋伸入梁支座范围内的锚固长度不符合第（1）条要求时，可采取弯钩或机械锚固措施，并应满足现行国家标准《混凝土结构设计标准》GB/T 50010 第 8.3.3 条的规定；

（3）支承在砌体结构上的钢筋混凝土独立梁，在纵向受力钢筋的锚固长度范围内应配置不少于 2 个箍筋，其直径不宜小于 $d/4$，d 为纵向受力钢筋的最大直径；间距不宜大于 $10d$，当采取机械锚固措施时箍筋间距尚不宜大于 $5d$，d 为纵向受力钢筋的最小直径。

注：混凝土强度等级为 C25 及以下的简支梁和连续梁的简支端，当距支座边 $1.5h$ 范围内作用有集中荷载，且 V 大于 $f_t bh_0$ 时，对带肋钢筋宜采取有效的锚固措施，或取锚固长度不小于 $15d$，d 为锚固钢筋的直径。

钢筋混凝土梁支座截面负弯矩纵向受拉钢筋不宜在受拉区截断，当需要截断时，应符合 5.7.2 节的规定。

在钢筋混凝土悬臂梁中，应有不少于 2 根上部钢筋伸至悬臂梁外端，并向下弯折不小于 $12d$；其余钢筋不应在梁的上部截断，而应按现行国家标准《混凝土结构设计标准》GB/T 50010 第 9.2.8 条规定的弯起点位置向下弯折，并按现行国家标准《混凝土结构设计标准》GB/T 50010 第 9.2.7 条的规定在梁的下边锚固。

3. 架立钢筋

架立钢筋设置在梁截面的受压区内，其作用是固定箍筋，并与纵向受拉钢筋形成钢筋骨架，同时还能防止混凝土收缩及温度变化等引起的裂缝。

对架立钢筋，当梁的跨度小于 4m 时，直径不宜小于 8mm；当梁的跨度为 4～6m 时，直径不应小于 10mm；当梁的跨度大于 6m 时，直径不宜小于 12mm。

4. 箍筋

箍筋由抗剪计算和构造要求确定。混凝土梁宜采用箍筋作为承受剪力的钢筋。当采用弯起钢筋时，弯起角宜取 45°或 60°；在弯终点外应留有平行于梁轴线方向的锚固长度，且在受拉区不应小于 $20d$，在受压区不应小于 $10d$，d 为弯起钢筋的直径；梁底层钢筋中的角部钢筋不应弯起，顶层钢筋中的角部钢筋不应弯下。在混凝土梁的受拉区中，弯起钢筋的弯起点可设在按正截面受弯承载力计算不需要该钢筋的截面之前，但弯起钢筋与梁中心线的交点应位于不需要该钢筋的截面之外（图 5-80）；同时弯起点与按计算充分利用该钢筋的截面之间的距离不应小于 $h_0/2$。当按计算需要设置弯起钢筋时，从支座起前一排的弯起点至后一排的弯终点的距离不应大于表 5-6 中 $V>0.7f_t bh_0$ 时的箍筋最大间距。弯起钢筋不得采用浮筋。

对截面高度大于 800mm 的梁，箍筋直径不宜小于 8mm；对截面高度为 800mm 及以下的梁，箍筋直径不宜小于 6mm；对梁中配有计算需要的纵向受压钢筋时，箍筋直径尚不应小于 $d/4$（d 为纵向受压钢筋的最大直径）。梁中箍筋的最大间距 s_{max} 应符合表 5-6 的规定，当 $V>0.7f_t bh_0$ 时，箍筋的配筋率 $\rho_{sv}[\rho_{sv}=A_{sv}/(bs)]$ 尚不应小于 $0.24f_t/f_w$。

当梁中配有计算需要的纵向受压钢筋时，箍筋应做成封闭式，且弯钩直线段长度不应小于 $5d$，d 为箍筋直径；箍筋的间距在绑扎骨架中不应大于 $15d$，在焊接骨架中不应大于 $20d$（d 为纵向受压钢筋的最小直径），同时在任何情况下均不应大于 400mm，当一层内的纵向受压钢筋多于 5 根且直径大于 18mm 时，箍筋间距不应大于 $10d$，d 为纵向受压钢筋的最小直径；当梁的宽度大于 400mm 且一层内的纵向受压钢筋多于 3 根时，或当梁的

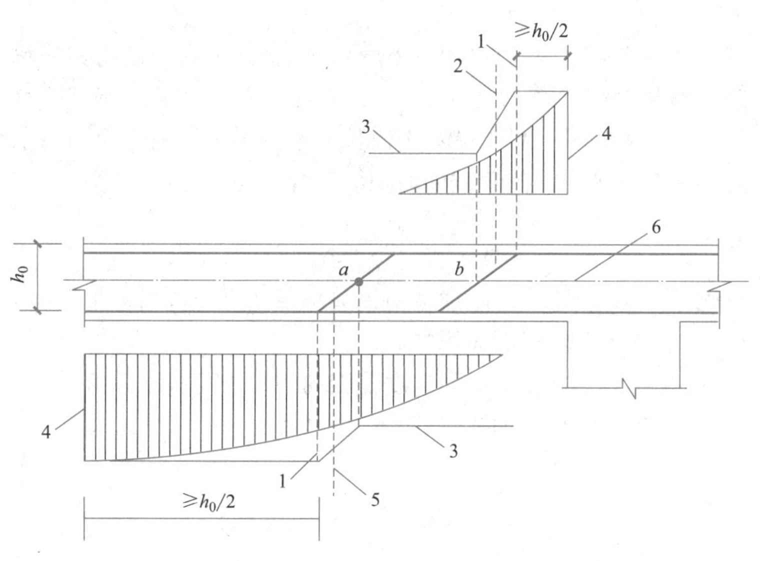

图 5-80 弯起钢筋弯起点与弯矩图的关系

1—受拉区的弯起点；2—按计算不需要钢筋“b”的截面；3—正截面受弯承载力图；4—按计算充分利用钢筋“a”或“b”强度的截面；5—按计算不需要钢筋“a”的截面；6—梁中心线

宽度不大于 400mm 但一层内的纵向受压钢筋多于 4 根时，应设置复合箍筋；当梁的宽度不大于 400mm，且一层内的纵向受压钢筋不多于 4 根时，可不设置复合箍筋。

按承载力计算不需要箍筋的梁，当截面高度大于 300mm 时，应沿梁全长设置构造箍筋；当截面高度 h=150～300mm 时，可仅在构件端部 $l_0/4$ 范围内设置构造箍筋，l_0 为跨度。但当在构件中部 $l_0/2$ 范围内有集中荷载作用时，则应沿梁全长设置箍筋。当截面高度小于 150mm 时，可以不设置箍筋。

5. 纵向构造钢筋

当梁截面较高时，为了防止在梁的侧面产生垂直于梁轴线的收缩裂缝，增强钢筋骨架的刚度，增强梁的抗扭作用，需在梁高的中部两侧沿纵向设置水平构造钢筋。规范规定，当梁的腹板高度 h_w≥450mm 时，每侧纵向构造钢筋（不包括梁上、下部受力钢筋及架立钢筋）的截面面积不应小于腹板截面面积 bh_w 的 0.1%，且其间距不宜大于 200mm，如图 5-81 所示。这种水平构造钢筋又称为腰筋。同一高度两侧的腰筋用拉筋予以固定，拉筋直径与箍筋直径相同，间距是箍筋间距的 2 倍。截面的腹板高度 h_w 取值为：对矩形截面，取有效高度；对 T 形截面，取有效高度减去翼缘厚度；对 I 形截面，取腹板净高。

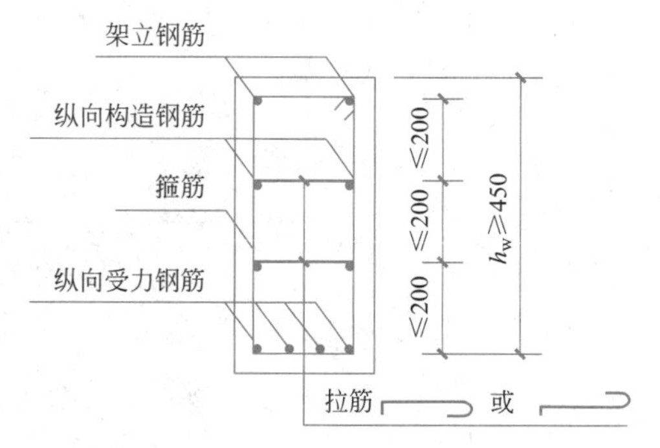

图 5-81 纵向构造钢筋的设置（单位：mm）

当梁端按简支计算但实际受到部分约束时，应在支座区上部设置纵向构造钢筋。其截面面积不应小于梁跨中下部纵向受力钢筋计算所需截面面积的 1/4，且不应少于 2 根。该纵向构造钢筋自支座边缘向跨内伸出的长度不应小于 $l_0/5$，l_0 为梁的计算跨度。

6. 局部钢筋

位于梁下部或梁截面高度范围内的集中荷载，应全部由附加横向钢筋承担；附加横向钢筋宜采用箍筋。箍筋应布置在长度为 $2h_1$ 与 $3b$ 之和的范围内（图 5-82）。当采用吊筋时，弯起段应伸至梁的上边缘，且末端水平段长度不应小于采用弯起钢筋承受剪力的相关要求的规定。附加横向钢筋所需的总截面面积应符合下列规定：

$$A_{sv} \geqslant \frac{F}{f_{yv}\sin\alpha} \tag{5-155}$$

式中 A_{sv}——承受集中荷载所需的附加横向钢筋总截面面积；当采用附加吊筋时，A_{sv} 应为左、右弯起段截面面积之和；

F——作用在梁的下部或梁截面高度范围内的集中荷载设计值；

α——附加横向钢筋与梁轴线间的夹角。

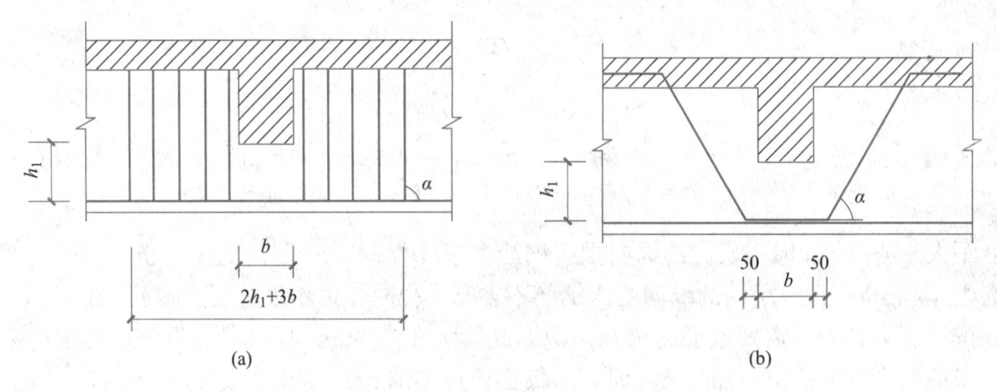

图 5-82 梁截面高度范围内有集中荷载作用时附加横向钢筋的布置

折梁的内折角处应增设箍筋（图 5-83）。箍筋应能承受未在受压区锚固的纵向受拉钢筋的合力，且在任何情况下不应小于全部纵向钢筋合力的 35%。由箍筋承受的纵向受拉钢筋的合力按下列公式计算。

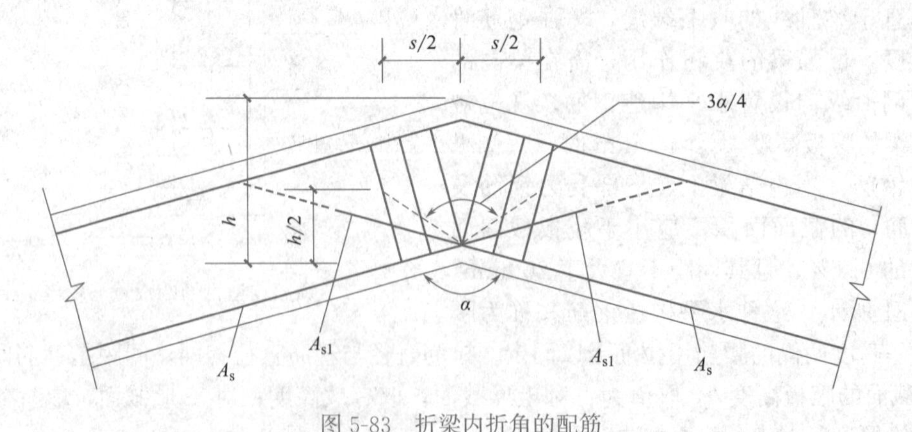

图 5-83 折梁内折角的配筋

未在受压区锚固的纵向受拉钢筋的合力为：

$$N_{s1} = 2f_y A_{s1}\cos\frac{\alpha}{2} \tag{5-156}$$

全部纵向受拉钢筋合力的35%为：

$$N_{s1}=0.7f_yA_s\cos\frac{\alpha}{2} \tag{5-157}$$

式中 A_s——全部纵向受拉钢筋的截面面积；

A_{s1}——未在受压区锚固的纵向受拉钢筋的截面面积；

α——构件的内折角。

按上述条件求得的箍筋应设置在长度 s 等于 $h\tan(3\alpha/8)$ 的范围内。

薄腹梁或需作疲劳验算的钢筋混凝土梁，应在下部1/2梁高的腹板内沿两侧配置直径8～14mm的纵向构造钢筋，其间距为100～150mm并按下密上疏的方式布置。在上部1/2梁高的腹板内，纵向构造钢筋可按上述纵向构造钢筋的规定配置。

当梁的混凝土保护层厚度大于50mm且配置表层钢筋网片时，应符合下列规定：

（1）表层钢筋宜采用焊接网片，其直径不宜大于8mm，间距不应大于150mm；网片应配置在梁底和梁侧，梁侧的网片钢筋应延伸至梁高的2/3处。

（2）两个方向上表层钢筋网片的截面面积均不应小于相应混凝土保护层（图5-84阴影部分）面积的1%。

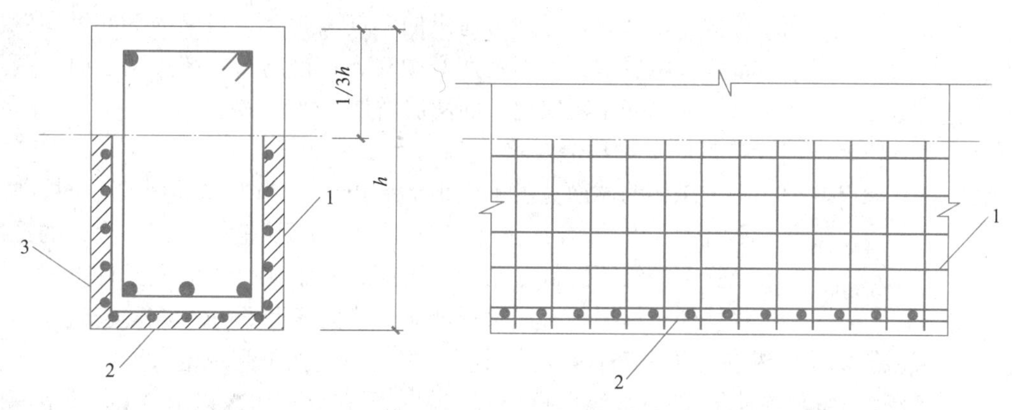

图5-84　配置表层钢筋网片的构造要求

1—梁侧表层钢筋网片；2—梁底表层钢筋网片；3—配置钢筋网片区域

7. 混凝土保护层厚度

混凝土的保护层厚度 c，是指钢筋（箍筋）边缘至构件截面表面之间的距离，如图5-85所示。保护层的作用，一是保护钢筋不直接受到大气的侵蚀，防止生锈，保证构件的耐久性；二是在发生火灾时避免钢筋过早软化，提高耐火极限；三是保证钢筋和混凝土有良好的黏结性能，共同工作。

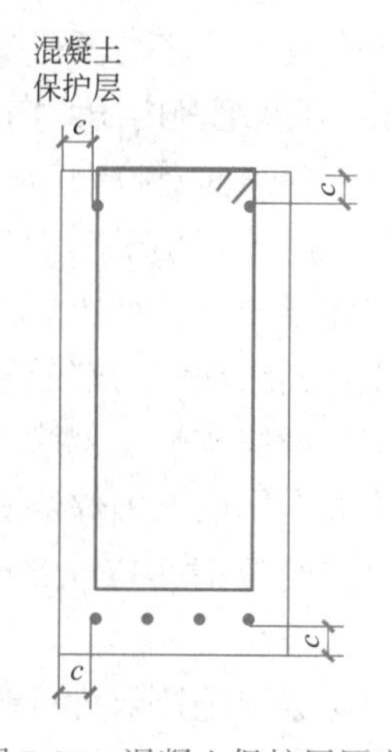

图5-85　混凝土保护层厚度

纵向受力钢筋的混凝土保护层厚度不应小于钢筋的公称直径，且不应小于规范规定的最小厚度。梁的纵向受力钢筋混凝土保护层最小厚度规定值见附表9，例如在一类环境下的梁，当混凝土强度等级不大于C30时，$c=25$mm，当混凝土强度等级大于C30时，$c=20$mm。

对于有防火要求的建筑物、处于四类和五类环境中的建筑物，其混凝土保护层厚度尚应符合国家现行有关标准的要求。

当有充分依据并采取下列措施时，可适当减小混凝土保护层厚度：

（1）构件表面有可靠的防护层；

（2）采用工厂化生产的预制构件；

（3）在混凝土中掺加阻锈剂或采用阴极保护处理等防锈措施；

（4）当对地下室墙体采取可靠的建筑防水做法或防护措施时，与土层接触一侧钢筋的保护层厚度可适当减少，但不应小于 25mm。

当梁中纵向受力钢筋的保护层厚度大于 50mm 时，宜对保护层采取有效的构造措施。当在保护层内配置防裂、防剥落的钢筋网片时，网片钢筋的保护层厚度不应小于 25mm。

8. 钢筋间净距

为了保证钢筋周围混凝土的浇筑质量，避免因钢筋锈蚀而影响结构的耐久性，增强钢筋和混凝土之间的黏结能力，梁的纵向受力钢筋间必须留有足够的净间距，如图 5-86 所示。下部钢筋的净距离不小于 25mm 且不小于受力钢筋最大直径；上部钢筋净距离不小于 30mm 且不小于受力钢筋最大直径的 1.5 倍。因此当进行截面设计时，必须考虑纵向钢筋的布置。当梁的下部纵向钢筋布置成两层时，上下钢筋必须对齐；钢筋布置超过两层时，两层以上的钢筋中距应比下面两层增加一倍。

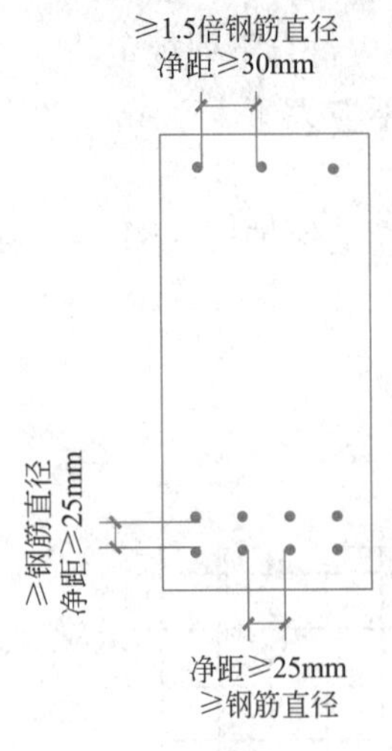

图 5-86　钢筋净间距

9. 深梁构造要求

深梁的截面宽度不应小于 140mm。当 l_0/h 不小于 1 时，h/b 不宜大于 25；当 l_0/h 小于 1 时，l_0/b 不宜大于 25。深梁的混凝土强度等级不应低于 C20。当深梁支承在钢筋混凝土柱上时，宜将柱伸至深梁顶。深梁顶部应与楼板等水平构件可靠连接。

钢筋混凝土深梁的纵向受拉钢筋宜采用较小的直径，且宜按下列规定布置：

（1）单跨深梁和连续深梁的下部纵向钢筋宜均匀布置在梁下边缘以上 $0.2h$ 的范围内（图 5-87 和图 5-88）。

（2）连续深梁中间支座截面的纵向受拉钢筋宜按图 5-88 规定的高度范围和配筋比例均匀布置在相应高度范围内。对于 l_0/h 小于 1 的连续深梁，在中间支座底面以上 $0.2l_0$～$0.6l_0$ 高度范围内的纵向受拉钢筋配筋率尚不宜小于 0.5%。水平分布钢筋可用作支座部位的上部纵向受拉钢筋，不足部分可由附加水平钢筋补足，附加水平钢筋自支座向跨中延伸的长度不宜小于 $0.4l_0$（图 5-88）。

深梁的下部纵向受拉钢筋应全部伸入支座，不应在跨中弯起或截断。在简支单跨深梁支座及连续深梁梁端的简支支座处，纵向受拉钢筋应沿水平方向弯折锚固（图 5-87），其锚固长度应按受拉钢筋锚固长度 l_a 乘以系数 1.1 采用；当不能满足上述锚固长度要求时，应采取在钢筋上加焊锚固钢板或将钢筋末端焊成封闭式等有效的锚固措施。连续深梁的下部纵向受拉钢筋应全部伸过中间支座的中心线，其自支座边缘算起的锚固长度不应小于 l_a。

深梁应配置双排钢筋网，水平和竖向分布钢筋直径均不应小于 8mm，间距不应大于 200mm。当沿深梁端部竖向边缘设柱时，水平分布钢筋应锚入柱内。在深梁上、下边缘

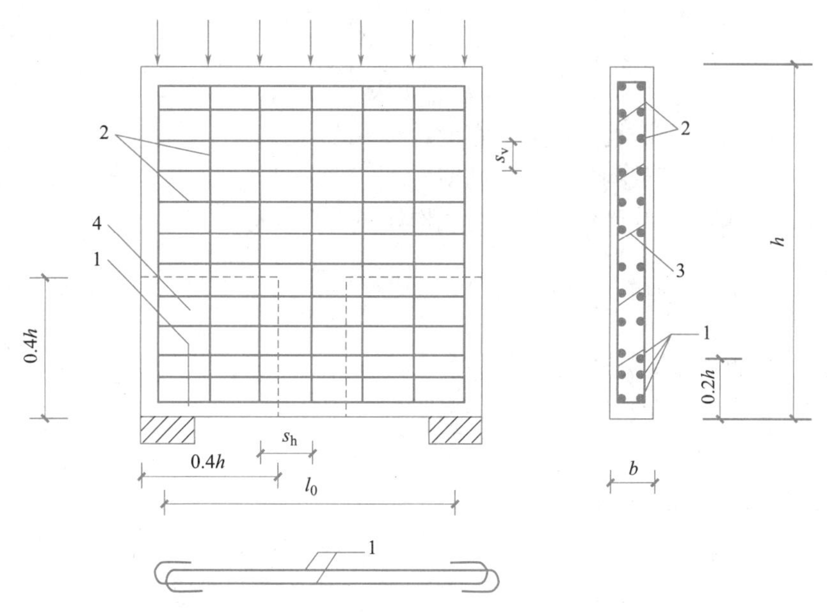

图 5-87　单跨深梁的钢筋配置

1—下部纵向受拉钢筋及弯折锚固；2—水平及竖向分布钢筋；3—拉筋；4—拉筋加密区

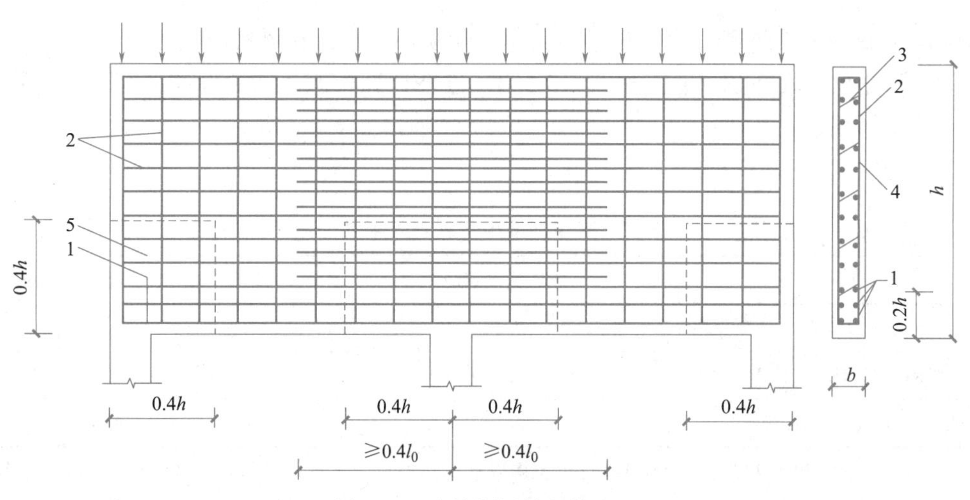

图 5-88　连续深梁的钢筋配置

1—下部纵向受拉钢筋及弯折锚固；2—水平及竖向分布钢筋；3—拉筋；4—箍筋；5—拉筋加密区

处，竖向分布钢筋宜做成封闭式。在深梁双排钢筋之间应设置拉筋，拉筋沿纵横两个方向的间距均不宜大于 600mm，在支座区高度为 $0.4h$，宽度为从支座伸出 $0.4h$ 的范围内（图 5-87 和图 5-88 中的虚线部分），尚应适当增加拉筋的数量。

当深梁全跨沿下边缘作用有均布荷载时，应沿梁全跨均匀布置附加竖向吊筋，吊筋间距不宜大于 200mm。当有集中荷载作用于深梁下部 3/4 高度范围内时，该集中荷载应全部由附加吊筋承受，吊筋应采用竖向吊筋或斜向吊筋。竖向吊筋的水平分布长度 s 应按下列公式确定（图 5-89）：

当 h_1 不大于 $h_b/2$ 时：

$$s = b_b + h_b \tag{5-158}$$

当 h_1 大于 $h_b/2$ 时：

$$s = b_b + 2h_1 \tag{5-159}$$

式中 b_b——传递集中荷载构件的截面宽度；

h_b——传递集中荷载构件的截面高度；

h_1——从深梁下边缘到传递集中荷载构件底边的高度。

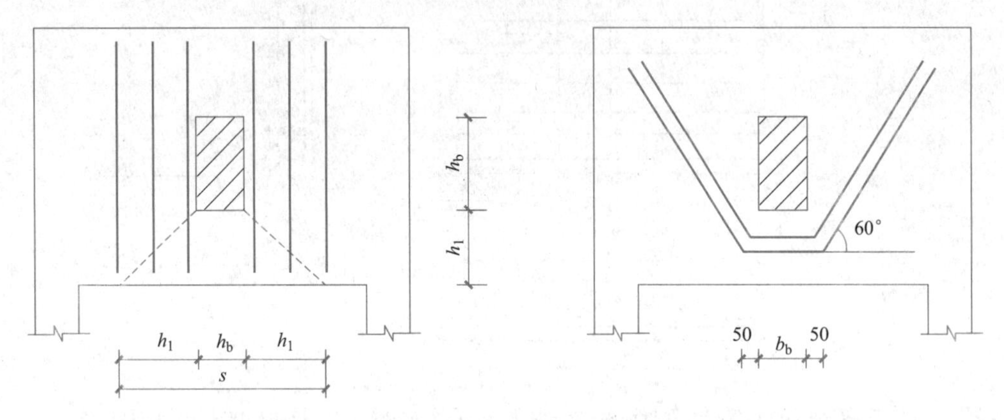

图 5-89 深梁承受集中荷载作用时的附加吊筋

竖向吊筋应沿梁两侧布置，并从梁底伸到梁顶，在梁顶和梁底应做成封闭式。

附加吊筋总截面面积 A_{sv} 应按式（5-154）进行计算，但吊筋的设计强度 f_{yv} 应乘以承载力计算附加系数 0.8。

深梁的配筋率不小于表 5-7 的要求。

深梁中钢筋的最小配筋百分率（%） **表 5-7**

钢筋牌号	纵向受拉钢筋	水平分布钢筋	竖向分布钢筋
HPB300	0.25	0.25	0.20
HRB400、HRBF400、RRB400	0.20	0.20	0.15
HRB500、HRBF500	0.15	0.15	0.10

注：当集中荷载作用于连续深梁上部 1/4 高度范围内且 l_0/h 大于 1.5 时，竖向分布钢筋最小配筋百分率应增加 0.05。

除深梁以外的深受弯构件，其纵向受力钢筋、箍筋及纵向构造钢筋的构造规定与一般梁相同，但其截面下部 1/2 高度范围内和中间支座上部 1/2 高度范围内布置的纵向构造钢筋宜较一般梁适当加强。

5.9.2 板的构造要求

1. 板厚度及混凝土强度等级

为了满足结构安全及舒适度（刚度）的要求，根据工程经验，钢筋混凝土板的跨厚比，单向板不大于 30，双向板不大于 40，无梁支承的有柱帽板不大于 35，无梁支承的无柱帽板不大于 30；当板的荷载、跨度较大时宜适当减小，预应力板可适当增加。现浇钢筋混凝土板的厚度不应小于表 5-8 和表 5-9 所规定的数值。

现浇钢筋混凝土单向板的最小厚度（mm） 表 5-8

板的类别		最小厚度
单向板	屋面板	60
	民用建筑楼板	60
	工业建筑楼板	70
	行车道下的楼板	80

现浇钢筋混凝土双向板及其他类型板的最小厚度（mm） 表 5-9

板的类别		最小厚度
双向板		80
密肋楼盖	面板	50
	肋高	250
悬臂板(根部)	悬臂长度不大于 500mm	60
	悬臂长度大于 1200mm	100
无梁楼盖		150
现浇空心楼盖		200

板常用的混凝土强度等级为 C25、C30、C35、C40 等。

2. 板受力钢筋

受力钢筋沿板的跨度方向，在截面受拉一侧布置，其截面面积由计算确定。现浇整体板内受力钢筋的配置，通常是按每米板宽所需钢筋面积 A_s 值选用钢筋的直径和间距。

板内受力钢筋通常采用 HPB300、HRB400、HRBF400、RRB400 钢筋，直径通常采用 8～14mm；当板厚较大时，钢筋直径可用 14～18mm。为了便于浇筑混凝土，保证钢筋周围混凝土的密实性，板内钢筋间距不宜过密；为了使板内钢筋能够正常地分担内力，钢筋间距也不宜过稀。板内受力钢筋间距一般为 70～200mm。当板厚 h 不大于 150mm 时，钢筋间距不宜大于 200mm；当板厚 h 大于 150mm 时，钢筋间距不宜大于 $1.5h$，且不宜大于 250mm。当按单向板设计时，应在垂直于受力的方向布置分布钢筋，其作用是将板面上的荷载更均匀地分布给受力钢筋；与受力钢筋绑扎在一起形成钢筋网片，保证施工时受力钢筋位置正确；同时还能承受由于温度变化、混凝土收缩等在板内所引起的拉应力。

采用分离式配筋的多跨板，板底钢筋宜全部伸入支座；支座负弯矩钢筋向跨内延伸的长度应根据负弯矩图确定，并满足钢筋锚固的要求。

简支板或连续板下部纵向受力钢筋伸入支座的锚固长度不应小于钢筋直径的 5 倍，且宜伸过支座中心线。当连续板内温度、收缩应力较大时，伸入支座的长度宜适当增加。

现浇混凝土空心楼板的体积空心率不宜大于 50%。

采用箱形内孔时，顶板厚度不应小于肋间净距的 1/15 且不应小于 50mm。当底板配置受力钢筋时，其厚度不应小于 50mm。内孔间肋宽与内孔高度比不宜小于 1/4，且肋宽不应小于 60mm，对预应力板不应小于 80mm。

采用管形内孔时，孔顶、孔底板厚均不应小于 40mm，肋宽与内孔径之比不宜小于 1/5，且肋宽不应小于 50mm，对预应力板不应小于 60mm。

3. 板分布钢筋

分布钢筋垂直于板的受力钢筋方向并在受力钢筋的内侧按构造要求配置。分布钢筋宜采用 HPB300 钢筋，常用直径是 6mm 和 8mm。分布钢筋单位宽度上的配筋不宜小于单位宽度上的受力钢筋的 15%，且配筋率不宜小于 0.15%，其直径不宜小于 6mm，间距不宜大于 250mm；当集中荷载较大时，分布钢筋的配筋面积尚应增加，且间距不宜大于 200mm。在温度、收缩应力较大的现浇板区域，应在板的表面双向配置防裂构造钢筋，其配筋率均不宜小于 0.10%，间距不宜大于 200mm。防裂构造钢筋可利用原有钢筋贯通布置，也可另行设置钢筋并与原有钢筋按受拉钢筋的要求搭接或在周边构件中锚固。楼板平面的瓶颈部位宜适当增加板厚和配筋。沿板的洞边、凹角部位宜加配防裂构造钢筋，并采取可靠的锚固措施。

钢筋混凝土板内一般不配置箍筋。因为设计计算和实际经验表明，板内剪力很小，不需依靠箍筋抗剪，同时板厚较小也难以设置箍筋。

按简支边或非受力边设计的现浇混凝土板，当与混凝土梁、墙整体浇筑或嵌固在砌体墙内时，应设置板面构造钢筋，并符合下列要求：

(1) 钢筋直径不宜小于 8mm，间距不宜大于 200mm，且单位宽度内的配筋面积不宜小于跨中相应方向板底钢筋截面面积的 1/3。与混凝土梁、混凝土墙整体浇筑单向板的非受力方向，钢筋截面面积尚不宜小于受力方向跨中板底钢筋截面面积的 1/3。

(2) 钢筋从混凝土梁边、柱边、墙边伸入板内的长度不宜小于 $l_0/4$，砌体墙支座处钢筋伸入板内的长度不宜小于 $l_0/7$，其中计算跨度 l_0 对单向板按受力方向考虑，对双向板按短边方向考虑。

(3) 在楼板角部，宜沿两个方向正交、斜向平行或放射状布置附加钢筋。

(4) 钢筋应在梁内、墙内或柱内可靠锚固。

混凝土厚板及卧置于地基上的基础筏板，当板的厚度大于 2m 时，除应沿板的上、下表面布置的纵、横方向钢筋外，尚宜在板厚度不超过 1m 范围内设置与板面平行的构造钢筋网片，钢筋网片直径不宜小于 12mm，纵横方向的间距不宜大于 300mm。

当混凝土板的厚度不小于 150mm 时，对板的无支承边的端部，宜设置 U 形构造钢筋并与板顶、板底的钢筋搭接，搭接长度不宜小于 U 形构造钢筋直径的 15 倍且不宜小于 200mm；也可采用板面、板底钢筋分别向下、上弯折搭接的形式。

5.9.3 钢筋的锚固

当计算中充分利用钢筋的抗拉强度时，受拉钢筋的锚固应符合下列公式：

普通钢筋：

$$l_{ab}=\alpha\frac{f_y}{f_t}d \tag{5-160}$$

预应力钢筋：

$$l_{ab}=\alpha\frac{f_{py}}{f_t}d \tag{5-161}$$

式中 l_{ab}——受拉钢筋的基本锚固长度；

f_y、f_{py}——普通钢筋、预应力筋的抗拉强度设计值；

f_t——混凝土轴心抗拉强度设计值，当混凝土强度等级高于 C60 时，按 C60 取值；

d——锚固钢筋的直径；

α——锚固钢筋的外形系数，按表 5-10 取用。

锚固钢筋的外形系数 α 　　表 5-10

钢筋类型	光圆钢筋	带肋钢筋	螺旋肋钢丝	三股钢绞线	七股钢绞线
α	0.16	0.14	0.13	0.16	0.17

注：光圆钢筋末端应做 180°弯钩，弯后平直段长度不应小于 $3d$，但作受压钢筋时可不做弯钩。

受拉钢筋的锚固长度应根据锚固条件按下列公式计算，且不应小于 200mm：

$$l_a = \zeta_a l_{ab} \tag{5-162}$$

式中　l_a——受拉钢筋的锚固长度；

ζ_a——锚固长度修正系数，对普通钢筋按以下要求取用，当多于一项时，可按连乘计算，但不应小于 0.6；对预应力筋，可取 1.0。

纵向受拉普通钢筋的锚固长度修正系数 ζ_a 应按下列规定取用：

（1）当带肋钢筋的公称直径大于 25mm 时取 1.10。

（2）环氧树脂涂层带肋钢筋取 1.25。

（3）施工过程中易受扰动的钢筋取 1.10。

（4）当纵向受力钢筋的实际配筋面积大于其设计计算面积时，修正系数取设计计算面积与实际配筋面积的比值，但对有抗震设防要求及直接承受动力荷载的结构构件，不应考虑此项修正。

（5）锚固钢筋的保护层厚度为 $3d$ 时修正系数可取 0.80，保护层厚度不小于 $5d$ 时修正系数可取 0.70，中间按内插取值，此处 d 为锚固钢筋的直径。

当锚固钢筋的保护层厚度不大于 $5d$ 时，锚固长度范围内应配置横向构造钢筋，其直径不应小于 $d/4$；对梁、柱、斜撑等构件间距不应大于 $5d$，对板、墙等平面构件间距不应大于 $10d$，且均不应大于 100mm，此处 d 为锚固钢筋的直径。

当纵向受拉普通钢筋末端采用弯钩或机械锚固措施时，包括弯钩或锚固端头在内的锚固长度（投影长度）可取为基本锚固长度 l_{ab} 的 60%。弯钩和机械锚固的形式（图 4-25）和技术要求应符合表 5-11 的规定。

钢筋弯钩和机械锚固的形式和技术要求 　　表 5-11

锚固形式	技术要求
90°弯钩	末端 90°弯钩，弯钩内径 $4d$，弯后直段长度 $12d$
135°弯钩	末端 135°弯钩，弯钩内径 $4d$，弯后直段长度 $5d$
一侧贴焊锚筋	末端一侧贴焊长 $5d$ 同直径钢筋
两侧贴焊锚筋	末端两侧贴焊长 $3d$ 同直径钢筋
焊端锚板	末端与厚度 d 的锚板穿孔塞焊
螺栓锚头	末端旋入螺栓锚头

注：1. 焊缝和螺纹长度应满足承载力要求；
2. 螺栓锚头和焊接锚板的承压净面积不应小于锚固钢筋截面面积的 4 倍；
3. 螺栓锚头的规格应符合相关标准的要求；
4. 螺栓锚头和焊接锚板的钢筋净间距不宜小于 $4d$，否则应考虑群锚效应的不利影响；
5. 截面角部的弯钩和一侧贴焊锚筋的布筋方向宜向截面内侧偏置。

混凝土结构中的纵向受压钢筋，当计算中充分利用其抗压强度时，锚固长度不应小于相应受拉锚固长度的70%。受压钢筋不应采用末端弯钩和一侧贴焊锚筋的锚固措施。受压钢筋锚固长度范围内的横向构造钢筋应符合以上锚固长度的有关规定。

承受动力荷载的预制构件，应将纵向受力普通钢筋末端焊接在钢板或角钢上，钢板或角钢应可靠地锚固在混凝土中。钢板或角钢的尺寸应按计算确定，其厚度不宜小于10mm。

其他构件中受力普通钢筋的末端也可通过焊接钢板或型钢实现锚固。

5.9.4 钢筋的连接

钢筋连接可采用绑扎搭接、机械连接或焊接。机械连接接头及焊接接头的类型及质量应符合国家现行有关标准的规定。混凝土结构中受力钢筋的连接接头宜设置在受力较小处。在同一根受力钢筋上宜少设接头。在结构的重要构件和关键传力部位，纵向受力钢筋不宜设置连接接头。

同一构件中相邻纵向受力钢筋的绑扎搭接接头宜互相错开。钢筋绑扎搭接接头连接区段的长度为1.3倍搭接长度，凡搭接接头中点位于该连接区段长度内的搭接接头均属于同一连接区段（图4-27）。同一连接区段内纵向受力钢筋搭接接头面积百分率为该区段内有搭接接头的纵向受力钢筋与全部纵向受力钢筋截面面积的比值。当直径不同的钢筋搭接时，按直径较小的钢筋计算。

位于同一连接区段内的受拉钢筋搭接接头面积百分率：对梁类、板类及墙类构件，不宜大于25%；对柱类构件，不宜大于50%。当工程中确有必要增大受拉钢筋搭接接头面积百分率时，对梁类构件，不宜大于50%；对板、墙、柱及预制构件的拼接处，可根据实际情况放宽。并筋采用绑扎搭接连接时，应按每根单筋错开搭接的方式连接。接头面积百分率应按同一连接区段内所有的单根钢筋计算。并筋中钢筋的搭接长度应按单筋分别计算。

纵向受拉钢筋绑扎搭接接头的搭接长度，应根据位于同一连接区段内的钢筋搭接接头面积百分率按下列公式计算，且不应小于300mm。

$$l_l = \zeta_l l_a \tag{5-163}$$

式中 l_l——纵向受拉钢筋的搭接长度；

ζ_l——纵向受拉钢筋搭接长度修正系数，按表5-12取用。当纵向搭接钢筋接头面积百分率为表的中间值时，修正系数可按内插取值。

纵向受拉钢筋搭接长度修正系数 表5-12

纵向搭接钢筋接头面积百分率(%)	≤25	50	100
ζ_l	1.2	1.4	1.6

纵向受力钢筋的机械连接接头宜相互错开。钢筋机械连接区段的长度为35d，d为连接钢筋的较小直径。凡接头中点位于该连接区段长度内的机械连接接头均属于同一连接区段。位于同一连接区段内的纵向受拉钢筋接头面积百分率不宜大于50%。机械连接套筒的保护层厚度宜满足有关钢筋最小保护层厚度的规定。机械连接套筒的横向净间距不宜小于25mm；套筒处箍筋的间距仍应满足相应的构造要求。直接承受动力荷载结构构件中的机械连接接头，除应满足设计要求的抗疲劳性能外，位于同一连接区段内的纵向受力钢筋接

头面积百分率不应大于50%。

细晶粒热轧带肋钢筋以及直径大于28mm的带肋钢筋，其焊接应经试验确定；余热处理钢筋不宜焊接。纵向受力钢筋的焊接接头应相互错开。钢筋焊接接头连接区段的长度为$35d$且不小于500mm，d为连接钢筋的较小直径，凡接头中点位于该连接区段长度内的焊接接头均属于同一连接区段。纵向受拉钢筋的接头面积百分率不宜大于50%，但对预制构件的拼接处，可根据实际情况放宽。纵向受压钢筋的接头百分率可不受限制。

需进行疲劳验算的构件，其纵向受拉钢筋不得采用绑扎搭接接头，也不宜采用焊接接头，除端部锚固外不得在钢筋上焊有附件。当直接承受吊车荷载的钢筋混凝土吊车梁、屋面梁及屋架下弦的纵向受拉钢筋采用焊接接头时，应符合下列规定：

（1）应采用闪光接触对焊，并去掉接头的毛刺及卷边；

（2）同一连接区段内纵向受拉钢筋焊接接头面积百分率不应大于25%，焊接接头连接区段的长度应取为$45d$，d为纵向受力钢筋的较大直径；

（3）疲劳验算时，焊接接头应符合现行国家标准《混凝土结构设计标准》GB/T 50010第4.2.6条疲劳应力幅限值的规定。

思　考　题

5-1　钢筋混凝土矩形截面梁的高宽比一般为多少？现浇板的最小厚度取多少？

5-2　什么叫配筋率？适筋梁，超筋梁和少筋梁的破坏特征有什么不同？

5-3　适筋梁从开始加载到破坏，经历了哪几个阶段，各阶段截面上应力应变分布、裂缝开展、中和轴位置、梁跨中挠度等变化的规律如何？

5-4　在什么情况下梁需要设置腰筋（纵向构造钢筋）？如何设置？

5-5　矩形截面应力图中的高度x的含义是什么？它是否是截面实际的受压区高度？

5-6　什么叫“界限”破坏？“界限”破坏时ε_{cu}及ε_s各等于多少？何谓相对界限受压区高度ξ_b？它在受弯承载力计算中起什么作用？

5-7　适筋梁的适用条件是什么？其限制目的何在？

5-8　梁、板中应配置哪几种钢筋，各种钢筋起何作用？在构造上有什么要求？

5-9　混凝土保护层起什么作用？梁内纵向受拉钢筋的根数、直径及间距有何规定，与梁宽b之间的关系如何？

5-10　什么情况下可采用双筋截面？受压钢筋起什么作用，为什么说在一般情况下采用受压钢筋是不经济的？

5-11　双筋矩形截面受弯构件，当受压区混凝土压碎时，受压钢筋的抗压强度设计值如何确定？

5-12　双筋矩形截面受弯构件不满足适用条件$x \geqslant 2a'_s$时，应按什么公式计算正截面受弯承载力？并解释理由。

5-13　设计双筋梁时，当A_s和A'_s均未知时，则有三个未知数A_s，A'_s和x，这个问题应如何解决？若A'_s已知时，如何求A_s？

5-14　为什么需要确定T形截面梁的翼缘计算宽度？如何确定？

5-15　如何对T形截面梁进行分类？

5-16　T形截面梁正截面受弯承载力计算公式与单筋及双筋矩形截面梁的正截面受弯承载力计算公式有何异同？

5-17　钢筋混凝土梁在荷载作用下，为什么会出现斜裂缝？

5-18 有腹筋梁沿斜裂缝破坏的主要形态有哪几种？它们的破坏特征是怎样的？满足什么条件才能避免这些破坏发生？

5-19 影响有腹筋梁斜截面承载力的主要因素有哪些？剪跨比的定义是什么？

5-20 配箍率 ρ_{sv} 的表达式是怎样的？它与斜截面受剪承载力有何关系？

5-21 斜截面受剪承载力计算时，应考虑哪些截面位置？

5-22 斜截面受剪承载力计算时，为什么要对梁的最小截面尺寸加以限制？

5-23 在一般情况下，限制箍筋最大间距的目的是什么？满足最大间距时，是不是一定就能满足最小配箍率 $\rho_{sv,min}$ 的规定？如果有矛盾，该怎样处理？

5-24 设计板时为何一般不进行斜截面承载力计算，不配置箍筋？

5-25 何谓材料的抵抗弯矩图，它与设计弯矩图应有怎样的关系？

5-26 为什么会发生斜截面受弯破坏？应采取哪些措施来保证不发生这些破坏？

5-27 纵向受拉钢筋一般不宜在受拉区截断，如必须截断时，应从不需要点外延伸一段长度，试解释其理由。

5-28 对钢筋混凝土受弯构件，为什么要控制裂缝宽度？

5-29 钢筋混凝土梁截面抗弯刚度有何特点？什么是最小刚度原则？

练 习 题

（注：练习题中构件的使用环境均为一类环境，设计使用年限 50 年。）

5-1 已知一钢筋混凝土矩形截面简支梁 $b\times h=200\text{mm}\times450\text{mm}$，混凝土强度等级为 C20，HRB400 级钢筋，承受弯矩设计值 $M=51.3\text{kN}\cdot\text{m}$，试求 A_s。

5-2 已知矩形截面梁 $b\times h=200\text{mm}\times500\text{mm}$，荷载产生的弯矩设计值为 $M=168.9\text{kN}\cdot\text{m}$，混凝土强度等级 C25，HRB400 级钢筋，试选配受拉钢筋。

5-3 已知一钢筋混凝土简支梁，截面尺寸 $b\times h=250\text{mm}\times450\text{mm}$，计算跨度 $l_0=5.2\text{m}$，承受均布活荷载标准值 12kN/m，永久荷载标准值 3.2kN/m，安全等级为二级，试确定梁的纵向受力钢筋（采用 C25 混凝土，HRB400 级钢筋）。

5-4 已知单跨简支板，板厚 100mm，板宽 900mm，混凝土强度等级 C25，HRB400 级钢筋，跨中截面弯矩设计值为 13.28kN・m，试配受力钢筋。

5-5 钢筋混凝土梁 $b\times h=200\text{mm}\times450\text{mm}$，C20 混凝土，受拉区配 3⌀18 纵向受力钢筋，试求该梁能承受的最大弯矩设计值。

5-6 一矩形梁 $b\times h=250\text{mm}\times400\text{mm}$，C30 混凝土，受拉区配有 4⌀20 的纵向受力钢筋，外荷载作用下的弯矩设计值 $M=150\text{kN}\cdot\text{m}$，试验算该梁是否安全。

5-7 T 形截面梁，$b=300\text{mm}$，$b_f'=600\text{mm}$，$h=700\text{mm}$，$h_f'=120\text{mm}$，C30 混凝土，HRB400 级钢筋，已知弯矩设计值 $M=540\text{kN}\cdot\text{m}$，取 $a_s=60\text{mm}$，试求受拉钢筋 A_s。

5-8 T 形截面梁，$b=300\text{mm}$，$b_f'=600\text{mm}$，$h=800\text{mm}$，$h_f'=100\text{mm}$，C30 混凝土，HRB400 级钢筋，弯矩设计值 $M=691\text{kN}\cdot\text{m}$，取 $a_s=65\text{mm}$，试求受拉钢筋 A_s。

5-9 某 T 形截面梁，$b=200\text{mm}$，$b_f'=400\text{mm}$，$h=400\text{mm}$，$h_f'=100\text{mm}$，C30 混凝土，HRB400 级钢筋，弯矩设计值 $M=260\text{kN}\cdot\text{m}$，取 $a_s=60\text{mm}$，求纵向受力钢筋 A_s。

5-10 T 形截面梁，$b=200\text{mm}$，$b_f'=400\text{mm}$，$h=600\text{mm}$，$h_f'=100\text{mm}$，C20 级混凝土，受拉钢筋 3⌀22，承受弯矩设计值 $M=232\text{kN}\cdot\text{m}$，试验算截面是否安全。

5-11 一钢筋混凝土矩形截面梁 $b\times h=250\text{mm}\times500\text{mm}$，混凝土强度等级为 C25，HRB400 级钢筋，若梁承受的弯矩设计值 $M=280\text{kN}\cdot\text{m}$，试按双筋梁进行截面配筋。

5-12 已知某梁截面 $b\times h=200\text{mm}\times500\text{mm}$，C30 混凝土，HRB400 级钢筋，弯矩设计值 $M=$

310kN·m，试按双筋梁进行截面配筋。

5-13 某矩形梁 $b\times h=200\text{mm}\times 500\text{mm}$，混凝土强度等级为 C25，HRB400 级钢筋，弯矩设计值 $M=290\text{kN}\cdot\text{m}$，受压区已配置 2Φ20 受力纵筋，取 $a_s=60\text{mm}$，试求截面所需的受拉钢筋面积 A_s。

5-14 钢筋混凝土梁 $b\times h=200\text{mm}\times 400\text{mm}$，C20 混凝土，HRB400 级钢筋，已配受拉钢筋 3Φ20，受压钢筋 2Φ16，弯矩设计值 $M=103.5\text{kN}\cdot\text{m}$，验算该截面是否安全。

5-15 矩形截面简支梁 $b\times h=250\text{mm}\times 550\text{mm}$，净跨 $l_n=6000\text{mm}$，承受荷载设计值（包括梁自重）$g+q=50\text{kN/m}$，混凝土强度等级为 C25，箍筋采用 HRB400。试确定箍筋数量。

5-16 矩形截面简支梁 $b\times h=250\text{mm}\times 550\text{mm}$，净跨 $l_n=5400\text{mm}$，承受荷载设计值（包括梁自重）$g+q=55\text{kN/m}$，混凝土强度等级为 C20。根据梁正截面受弯承载力计算，已配置 2Φ25+2Φ22 的受拉纵筋，箍筋拟采用 HRB400，试分别按下述两种腹筋配置方式对梁进行斜截面受剪承载力计算：(1) 只配置箍筋；(2) 按构造要求沿梁长配置箍筋，试计算所需弯起钢筋。

5-17 某 T 形截面简支梁，$b=250\text{mm}$，$b_f'=600\text{mm}$，$h=850\text{mm}$，$h_f'=200\text{mm}$，$a_s=60\text{mm}$，计算截面承受剪力设计值 $V=296.8\text{kN}$（其中集中荷载产生的剪力值占 80%），剪跨比 $\lambda=3.2$，C30 混凝土，HRB400 级钢筋作为箍筋，若采用双肢Φ8 箍筋，确定箍筋间距 s。

5-18 矩形截面外伸梁，截面尺寸为 $b\times h=250\text{mm}\times 700\text{mm}$，取 $a_s=60\text{mm}$，其余尺寸和荷载设计值如图 5-90 所示。C25 混凝土，纵筋 HRB400 级，箍筋 HRB400 级。试设计此梁，并绘制梁的配筋详图和抵抗弯矩图。

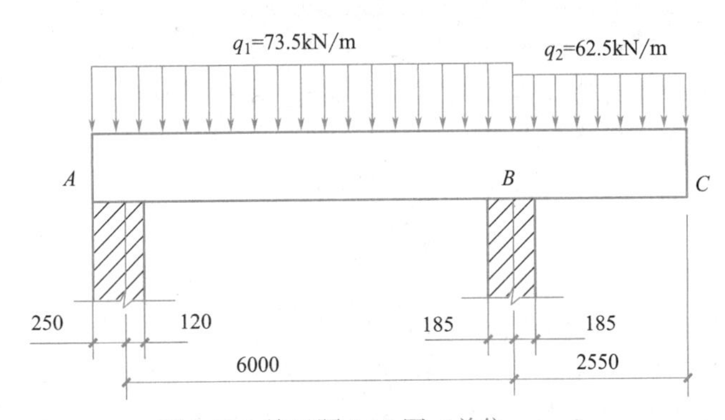

图 5-90 练习题 5-18 图（单位：mm）

第6章 混凝土结构受压构件性能与计算

【学习内容】

本章主要介绍混凝土受压构件正截面和斜截面承载力设计的原理和方法。介绍轴心受压构件中普通箍筋柱和螺旋（焊接环式）箍筋柱的受力性能和破坏特征、破坏形态、承载力计算公式和适用条件。讲述偏心受压构件的正截面受力特点和破坏特征、二阶效应、矩形截面偏心受压承载力计算简图、基本计算公式，矩形截面不对称和对称配筋计算方法，包括大偏心受压构件和小偏心受压构件，T、I形截面偏心受压构件正截面承载力计算方法。介绍双向偏心受力构件正截面承载力计算，包括一般计算方法和近似计算方法，偏心受压构件的斜截面承载力计算。概括受压构件的基本构造要求。最后以一个实际案例展示受压构件正截面和斜截面承载力设计的具体过程。基本要求如下：

（1）掌握轴心受压构件的受力性能、破坏特征及正截面承载力设计方法；（2）了解偏心受压构件的受力性能，掌握两类偏心受压构件的判别方法；（3）熟悉偏心受压构件的二阶效应和计算方法；（4）掌握两类偏心受压构件的正截面承载力设计方法；（5）了解双向偏心受力构件正截面承载力设计方法；（6）掌握偏心受压构件的斜截面承载力设计方法；（7）了解受压构件的一般构造要求。

6.1 概　　述

轴向受力构件包括轴心受力构件和偏心受力构件两种情况，如图6-1所示。对于单一匀质材料的构件，当纵向外力的作用线与截面形心轴线重合时为轴心受力，不重合时为偏心受力。对于材料性质接近匀质的钢材，直接用上述规定判明轴心和偏心与实际情况基本一致。尽管混凝土属非匀质材料，但为方便起见，习惯上仍利用纵向力作用点与构件形心是否重合来判别是轴心还是偏心受力。轴向力仅在一个主轴方向存在偏心时称为单向偏心，轴向力在两个主轴方向都有偏心时，则称为双向偏心受力。

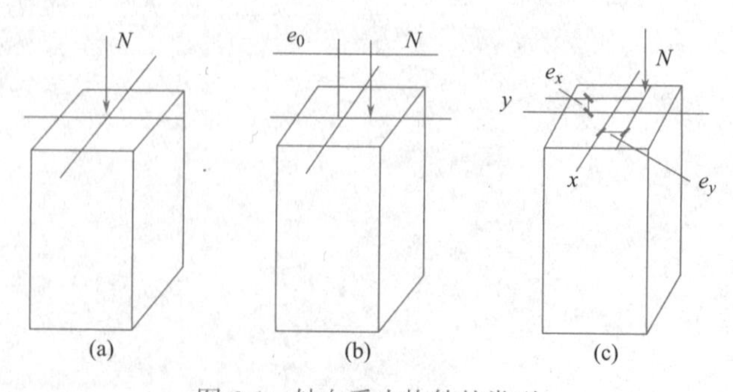

图6-1　轴向受力构件的类型

（a）轴心受压；（b）单向偏心受压；（b）双向偏心受压

承受轴向压力为主的构件属于受压构件。实际工程中，理想的轴心受压构件是不存在的。这是因为很难做到轴向压力恰好通过截面形心，而混凝土材料具有不均匀性，截面的几何中心与物理中心往往不重合。但是，实际工程中，对于某些构件，如在设计以恒载为主的多层房屋的内柱、桁架的受压腹杆等构件时，可近似地简化为轴心受压构件来计算。单层厂房排架柱，多层框架柱，高层建筑中的剪力墙、筒，桥梁结构中的桥墩、桩，拱和屋架的上弦杆等均属于偏心受压构件。图 6-2 给出了实际工程中的一些轴向受力构件。

图 6-2 实际工程中的轴向受力构件

（a）单层厂房排架柱；（b）多层框架柱；（c）桥墩；（d）拱桥

6.2 轴心受压构件正截面承载力计算

按照柱中箍筋配置方式的不同，轴心受压构件可以分为两种情况：普通箍筋柱和螺旋式箍筋柱。普通箍筋柱中配有纵向受压钢筋和普通箍筋，螺旋式箍筋柱中配有纵向受压钢筋和螺旋式（或焊接环式）箍筋。

6.2.1 普通箍筋柱

普通箍筋柱是轴心受压柱最常见的配筋形式，如图 6-3 所示。纵筋与混凝土共同承担纵向压力，以减小构件的截面尺寸；能增强构件的延性以防止构件突然脆性破坏；能承受可能存在的一定的弯矩，能够抵抗因偶然偏心在构件受拉边产生的拉应力；减小混凝土的收缩与徐变变形。

箍筋的作用是固定纵向钢筋的位置，能与纵筋形成空间钢筋骨架，便于施工，并且防止纵筋受力后外凸，为纵向钢筋提供侧向支撑，防止纵筋压屈，同时箍筋还可以约束核心混凝土，改善混凝土的变形性能。螺旋式箍筋柱中的箍筋一般间距较密，箍筋能够显著地提高核心混凝土的抗压强度，并增大其纵向变形能力。

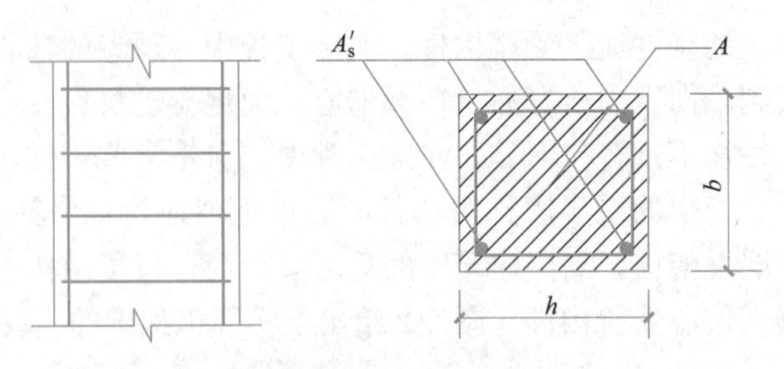

图 6-3　普通箍筋柱

钢筋混凝土轴心受压构件的破坏形态和承载能力与构件的长细比 $\lambda=l_0/i$ 有关（l_0 为柱的计算长度；i 为截面惯性半径）。当 $l_0/b\leqslant 8$（矩形截面，b 为截面较小的边长）或 $l_0/d\leqslant 7$（圆形截面，d 为直径），长细比较小时，各种偶然因素造成的初始偏心距的影响可以忽略不计，该类柱称为短柱；反之，各种偶然因素造成的初始偏心距的影响不可忽略，则称为长柱。下面就短柱和长柱两种情况分别进行介绍。

1. 短柱的受力性能和破坏特征

试验表明，短柱在轴心荷载作用下整个截面的应变基本上是均匀分布的。当外力较小时，混凝土和钢筋的压应变的增加均与外力的增长呈正比，处于弹性阶段。但随着外力的增加，由于混凝土塑性变形的发展，混凝土变形增加的速度快于外力增长的速度，且纵筋越少这种现象越明显。在相同荷载增量下，钢筋的压应力比混凝土的压应力增加得快，如图 6-4 所示。外力增加到一定程度后，柱中开始出现细微的纵向裂缝，临近破坏荷载时，柱四周出现明显的纵向裂缝。最后，混凝土保护层剥落，纵筋压屈而向外凸出，混凝土被压碎，即整个柱破坏（图 6-5）。在这类构件中，钢筋和混凝土的抗压强度，都得到充分利用。无论受压钢筋是否屈服，构件的最终承载力都是由混凝土被压碎来控制。

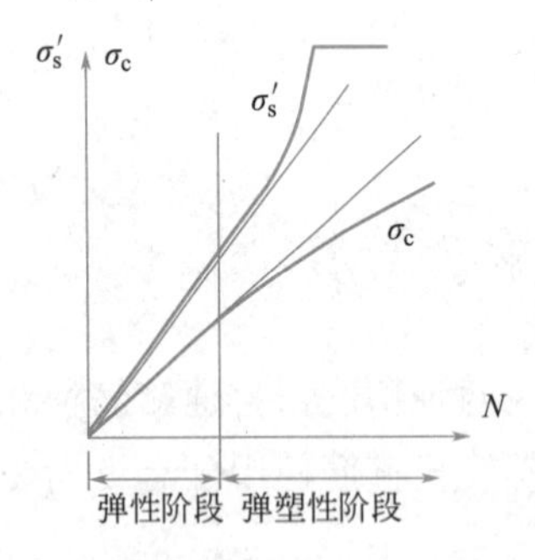

图 6-4　应力-荷载曲线示意图

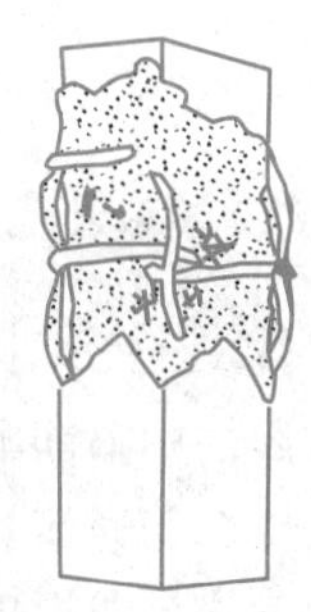

图 6-5　轴心受压短柱的破坏形态

在整个加载过程中，由于钢筋和混凝土之间的黏结作用，两者的压应变保持一致。利用钢筋和混凝土的本构关系，再考虑构件的静力平衡，可得到钢筋应力、混凝土应力分别与轴心外力的关系：

$$\sigma_c=\frac{N}{\left(1+\frac{\alpha_E}{\nu}\rho'\right)A} \tag{6-1}$$

$$\sigma_s'=\frac{N}{\left(1+\frac{\nu}{\alpha_E\rho'}\right)A_s'} \tag{6-2}$$

式中　σ_c、σ_s'——分别为混凝土和纵向受压钢筋的受压应力值；

N——在柱端部施加的轴心荷载值；

A、A_s'——分别为混凝土和纵向受压钢筋截面面积；

ρ'——纵筋配筋率，$\rho'=A_s'/A$；

α_E——$\alpha_E=E_s/E_c$，E_s、E_c 分别为纵筋的弹性模量和混凝土原点弹性模量；

ν——混凝土受压过程中考虑混凝土变形模量数值降低的系数，称为弹性系数，详见第 4 章。

构件在长期荷载作用下，由于混凝土的徐变作用，钢筋和混凝土的应力会发生重分布。随着持续荷载作用时间的增长，混凝土的应力逐渐减小，钢筋的应力则逐渐增大，经过一段时间后又逐步趋于稳定，如图 6-6 所示。若在持续荷载作用过程中突然卸载，因混凝土徐变变形大部分不可恢复，使得钢筋受压，外力为零的情况下，由构件的内力平衡可知，此时混凝土受拉。如果纵筋的配筋率过大，则有可能使混凝土拉裂。

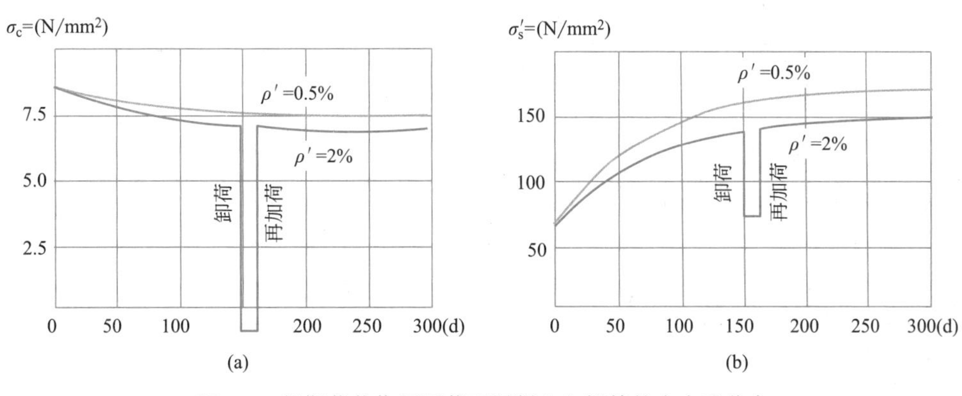

图 6-6　长期荷载作用下截面混凝土和钢筋的应力重分布

(a) 混凝土；(b) 钢筋

试验表明，素混凝土棱柱体构件达到峰值应力时的压应变一般在 0.0015～0.002 之间，钢筋混凝土短柱达到峰值应力时的压应变则一般在 0.0025～0.0035 之间。轴心受压构件承载力计算时，对普通混凝土构件，以构件的压应变 0.002 为控制条件，即认为此时混凝土达到棱柱体抗压强度 f_c，相应纵筋的应力 $\sigma_s'=E_s'\varepsilon_s'\approx200\times10^3\times0.002\approx400\text{N/mm}^2$，对于 HRB400、HRB500、HRBF400、HRBF500 级钢筋，此值已接近其抗压强度设计值 f_y'，故计算时可直接按 f_y' 取值。

2. 长柱的受力性能和破坏特征

钢筋混凝土轴心受压短柱的试验结果表明，由于偶然因素引起的初始偏心距对构件承载力及破坏形态没有明显的影响，但对轴心受压长柱的承载力及破坏形态的影响却不可忽视。初始偏心会使构件产生附加弯矩和侧向挠曲，而侧向挠曲又增大了荷载的偏心距，随着荷载的增加，附加弯矩和侧向挠度将不断增大，使长柱在轴力和附加弯矩的共同作用下向一侧凸出破坏。在外加荷载不大时，柱全截面受压，由于有弯矩影响，长柱截面一侧的压应力大于另一侧，随着荷载增大，这种应力差越来越大；同时，横向挠度增加更快，以致压应力大的一侧，混凝土首先压碎，并产生纵向裂缝，钢筋被压屈向外凸出，而另一侧混凝土可能由受压转变为受拉，出现水平裂缝。其破坏特征是构件凹侧先出现纵向裂缝，

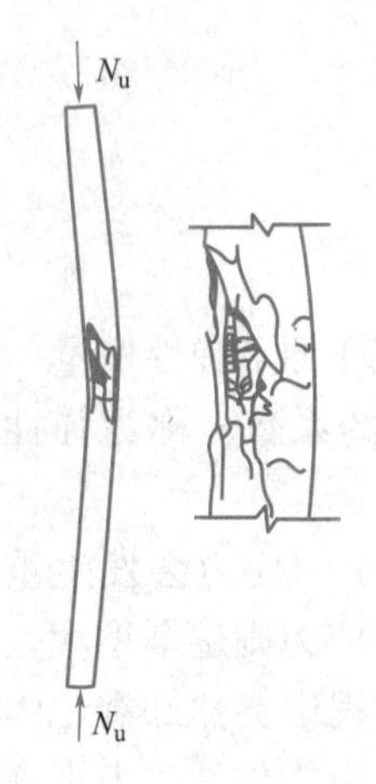

图 6-7 长柱的破坏形态

随后混凝土被压碎，构件凸侧混凝土则出现横向裂缝，侧向挠度急剧增大，如图 6-7 所示。对于长细比较大的构件还有可能在材料发生破坏之前失稳而丧失承载力。

在轴心受压构件承载力计算时，现行国家标准《混凝土结构设计标准》GB/T 50010 采用稳定系数 p 来表示长柱承载力降低的程度。

3. 长细比的影响

试验表明，长柱的承载力低于其他条件相同的短柱的承载力。现行国家标准《混凝土结构设计标准》GB/T 50010 采用稳定系数 φ 来表示承载力降低的程度，即以 φ 来表示长柱的承载力与短柱的承载力的比值。φ 主要与构件的长细比有关，长细比越大，φ 值越小。规范对 φ 值制定了计算表，见表 6-1。

钢筋混凝土轴心受压构件的稳定系数 φ 表 6-1

l_0/b	≤8	10	12	14	16	18	20	22	24	26	28
l_0/d	≤7	8.5	10.5	12	14	15.5	17	19	21	22.5	24
l_0/i	≤28	35	42	48	55	62	69	76	83	90	97
φ	1.0	0.98	0.95	0.92	0.87	0.81	0.75	0.70	0.65	0.60	0.56
l_0/b	30	32	34	36	38	40	42	44	46	48	50
l_0/d	26	28	29.5	31	33	34.5	37.5	38	40	41.5	43
l_0/i	104	111	118	125	132	139	146	153	160	167	174
φ	0.52	0.48	0.44	0.40	0.36	0.32	0.29	0.26	0.23	0.21	0.19

注：表中 l_0 为构件的计算长度；b 为矩形截面的短边尺寸；d 为圆形截面的直径；i 为截面最小惯性半径。

在确定稳定系数 φ 时，需求构件的计算长度 l_0，l_0 与构件两端的支撑情况有关。可按下列规定采用（其中 l 为支点间构件的实际长度）：两端铰支时，$l_0=l$；两端固定时，$l_0=0.5l$；一端固定，一端铰支时，$l_0=0.7l$；一端固定，一端自由时，$l_0=2l$。实际结构中，构件端部的连接并非是理想的固定或铰支座，应根据上述原则结合具体情况进行分析。现行国家标准《混凝土结构设计标准》GB/T 50010 第 6.2.20 条对轴心受压和偏心受压柱的计算长度 l_0 作了具体规定。

① 刚性屋盖单层房屋排架柱、露天吊车柱和栈桥柱，其计算长度可按表 6-2 取用。

刚性屋盖单层房屋排架柱、露天吊车柱和栈桥柱的计算长度 表 6-2

<table>
<tr><td rowspan="3" colspan="2">柱的类别</td><td colspan="3">l_0</td></tr>
<tr><td rowspan="2">排架方向</td><td colspan="2">垂直排架方向</td></tr>
<tr><td>有柱间支撑</td><td>无柱间支撑</td></tr>
<tr><td rowspan="2">无吊车房屋柱</td><td>单跨</td><td>$1.5H$</td><td>$1.0H$</td><td>$1.2H$</td></tr>
<tr><td>两跨及多跨</td><td>$1.25H$</td><td>$1.0H$</td><td>$1.2H$</td></tr>
<tr><td rowspan="2">有吊车房屋柱</td><td>上柱</td><td>$2.0H_u$</td><td>$1.25H_u$</td><td>$1.5H_u$</td></tr>
<tr><td>下柱</td><td>$1.0H_l$</td><td>$0.8H_l$</td><td>$1.0H_l$</td></tr>
<tr><td colspan="2">露天吊车柱和栈桥柱</td><td>$2.0H_l$</td><td>$1.0H_l$</td><td>—</td></tr>
</table>

表中 H 为从基础顶面算起的柱子全高；H_l 为从基础顶面至装配式吊车梁底面或现浇式吊车梁顶面的柱子下部高度；H_u 为从装配式吊车梁底面或从现浇式吊车梁顶面算起的柱子上部高度。表中有吊车房屋排架柱的计算长度，当计算中不考虑吊车荷载时，可按无吊车房屋柱的计算长度采用，但上柱的计算长度仍可按有吊车房屋采用。表中有吊车房屋排架柱的上柱在排架方向的计算长度，仅适用于 H_u/H_l 不小于 0.3 的情况，当 H_u/H_l 小于 0.3 时，计算长度宜采用 2.5。

② 一般多层房屋中梁柱为刚接的框架结构，各层柱的计算长度可按表 6-3 采用。其中 H 为底层柱从基础顶面到一层楼盖顶面的高度，对于其他各层柱为上下两层楼盖顶面之间的高度。

框架结构各层柱的计算长度　　表 6-3

楼盖类型	柱的类别	l_0
现浇楼盖	底层柱	$1.0H$
	其余各层柱	$1.25H$
装配式楼盖	底层柱	$1.25H$
	其余各层柱	$1.5H$

4. 承载力计算公式

配置箍筋的钢筋混凝土轴心受压构件如图 6-3 所示，根据以上分析，轴心受压构件正截面受压承载力应按下列公式计算：

$$N \leqslant 0.9\varphi(f_c A + f'_y A'_s) \tag{6-3}$$

式中　N——轴向力设计值；

φ——钢筋混凝土构件的稳定系数，按表 6-1 采用；

f_c——混凝土抗压强度设计值，按附表 2 采用；

A'_s——全部纵向钢筋的截面面积；

A——构件的截面面积；当纵向钢筋配筋率大于 3%时，式中应用 A 代替（$A-A'_s$）。

式中的 0.9 是为了保持与偏心受压构件正截面承载力计算具有相近的可靠度而考虑的系数。

5. 截面设计

情况 1：已知混凝土强度等级、钢筋级别、构件的截面尺寸、轴心压力的设计值以及柱的计算长度等条件。要确定所需的纵向受压钢筋的截面面积。基本计算步骤如下所述。

① 由长细比查表 6-1 得出稳定系数 φ。

② 由式（6-3）计算受压钢筋的截面面积 A'_s。

③ 选配钢筋。应注意钢筋的配置需符合构造要求。

情况 2：已知混凝土强度等级、钢筋级别、轴心压力的设计值以及柱的计算长度等条件。要确定构件的截面尺寸和纵向受压钢筋的截面面积。

基本计算步骤为：

① 初步选取纵向受压钢筋的配筋率 ρ'［轴心受压柱的经济配筋率 $\rho'=(1.5\sim2.0)\%$］。

② 取 $\varphi=1.0$，将 $A'_s=\rho' A$ 代入式（6-3）计算 A，并确定边长 b。

③ 由边长 b 计算长细比，查稳定系数 φ，代入式（6-3）重新计算 A'_s。

④ 验算配筋率ρ'是否在经济配筋率的范围内，若配筋率ρ'过小，说明初选的截面尺寸过大，反之说明过小，修改截面尺寸后重新计算。

6. 截面复核

对已经设计好的截面进行复核时，首先需要根据构件的长细比由表 6-1 查出稳定系数φ，然后由公式（6-3）求得截面所能承受的轴向力设计值。

7. 例题

【例题 6-1】某四层四跨现浇框架结构的第二层内柱，轴向力设计值$N=2000\text{kN}$，楼层高$H=4.2\text{m}$，混凝土强度等级为 C30，钢筋采用 HRB400。求：柱截面尺寸及纵筋面积。

【解】根据构造要求，先假定柱截面尺寸为 350mm×350mm。

由表 6-3 可知，

$$l_0=1.25H=5.25\text{m}$$

$$l_0/b=15$$

查表 6-1 得：$\varphi=0.895$。

利用式（6-3）确定所需钢筋A'_s的数量：

$$A'_s=\frac{N}{0.9\varphi f'_y}-\frac{f_cA}{f'_y}=\frac{2000000}{0.9\times0.895\times360}-\frac{14.3\times350\times350}{360}=2031\text{mm}^2$$

选用 4Φ20+4Φ16 的钢筋（$A'_s=2060\text{mm}^2$）。

$$\rho'=\frac{A'_s}{A}\times100\%=\frac{2060}{350\times350}\times100\%=1.68\%>\rho'_{min}(=0.55\%)$$

故满足最小配筋率的要求。

$\rho'=1.68\%<3\%$，故上述A的计算中没有减去A'_s是正确的。

截面每一侧的配筋率：

$$\rho'=\frac{628+201}{350\times350}=0.68\%>0.20\%\text{，满足要求。}$$

【例题 6-2】已知某现浇柱截面尺寸为 400mm×400mm。柱高 4m，由两端支承情况决定其计算高度$l_0=4.5\text{m}$；柱内配有 8 根直径为 20mm 的 HRB500 钢筋（8Φ20，$A'_s=2513\text{mm}^2$），混凝土强度等级为 C30。柱的设计轴向力$N=2700\text{kN}$。问：截面是否安全？

【解】由$l_0/b=11.25$，查表 6-1 得：

$$\varphi=0.961$$

全部纵筋配筋率：

$$\rho'=\frac{A'_s}{A}\times100\%=\frac{2513}{400\times400}\times100\%=1.57\%<3\%$$

利用式（6-3）来确定截面所具有的承载力：

$$N=0.9\varphi(f_cA+f'_yA'_s)=0.9\times0.961\times(14.3\times400^2+410\times2513)$$
$$=2870\text{kN}>2700\text{kN}$$

故截面安全。

6.2.2 螺旋（焊接环式）箍筋柱

1. 受力特点和破坏特征

第 4 章曾提到过约束混凝土的概念，即混凝土的横向变形受到约束时，混凝土的抗压强度将得到提高。如图 6-8 所示的螺旋式箍筋柱就是这一原理的具体应用。沿柱高配置间距很密的螺旋筋（或焊接环），当轴压压力较小时，混凝土的横向变形很小，螺旋箍筋或焊接环式箍筋无法形成对核心混凝土的有效约束；随着轴向压力的不断增大，混凝土的横向变形越来越大，螺旋箍筋或焊接环式箍筋中的拉应力越来越大，对核心混凝土的约束也越来越强烈；当轴压压力达到或者超过普通箍筋混凝土柱的极限承载力时，螺旋箍筋或焊接环式箍筋外围的混凝土保护层首先开裂崩落，而核心混凝土由于螺旋箍筋的约束作用，能继续承压且抗压强度超过了混凝土的轴心抗压强度。同时螺旋箍筋或环筋内拉应力不断增大，对核心混凝土的约束作用也越强，直到箍筋应力达到屈服强度，才丧失约束作用，混凝土的抗压强度也不再提高，此时构件破坏。螺旋箍筋或焊接环筋外的混凝土保护层在螺旋箍筋或焊接环筋受到较大拉应力时就开裂脱落，故计算时不考虑此部分混凝土。

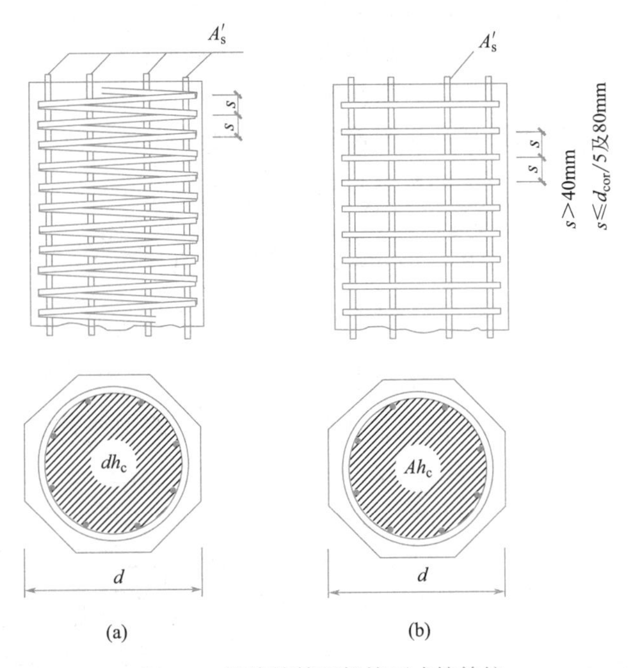

图 6-8　螺旋箍筋和焊接环式箍筋柱

螺旋箍筋间距越密，构件的承载力提高越多。因为这种柱是通过横向配筋来间接提高柱的纵向承载力，故又称间接配筋柱（螺旋箍筋或焊接环筋也可称为间接钢筋）。

2. 承载力计算公式及适用条件

间接钢筋对混凝土的约束效果如图 6-9 所示。螺旋箍筋或焊接环筋所包围的核心截面混凝土因处于三向受压状态，故其轴心抗压强度高于单轴受力状态下的轴心抗压强度，可利用圆柱体混凝土在周围侧向均匀受压时的公式近似计算：

$$f = f_c + \beta\sigma_r \tag{6-4}$$

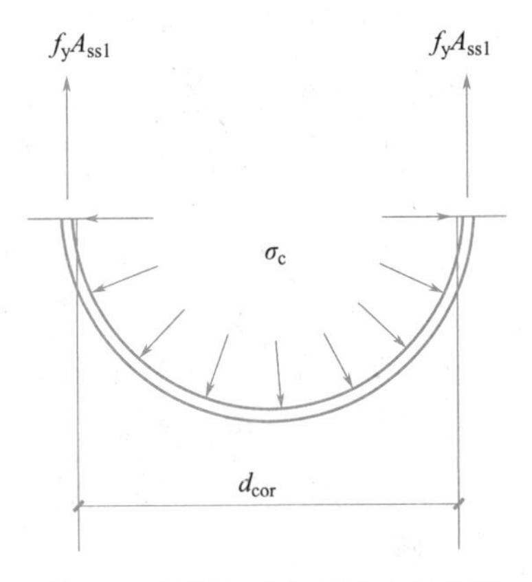

图 6-9　混凝土径向压应力示意图

式中 f——被约束后的混凝土轴心抗压强度；

σ_r——当间接钢筋的应力达到屈服强度时，柱的核心混凝土受到的径向压应力值。

在间接钢筋间距 s 范围内，根据图 6-9 中混凝土径向压应力的合力和间接钢筋的拉力的平衡关系，当间接钢筋屈服时，柱的核心混凝土受到的径向压应力为：

$$\sigma_r = \frac{2f_{yv}A_{ss1}}{sd_{cor}} = \frac{2f_{yv}d_{cor}A_{ss1}\pi}{4\frac{\pi d_{cor}^2}{4}s} = \frac{f_{yv}A_{ss0}}{2A_{cor}} \tag{6-5}$$

$$A_{ss0} = \frac{\pi d_{cor}A_{ss1}}{s} \tag{6-6}$$

式中 A_{cor}——构件的核心截面面积，取间接钢筋内表面范围内的混凝土截面面积；

f_{yv}——间接钢筋的抗拉强度设计值；

A_{ss0}——螺旋式或焊接环式间接箍筋的换算截面面积；

d_{cor}——构件的核心截面直径，取间接钢筋内表面之间的距离；

A_{ss1}——螺旋式或焊接环式单根间接钢筋的截面面积；

s——沿着构件轴线方向间接钢筋的间距。

由截面上内力的平衡条件可得：

$$N_u = (f_c + \beta\sigma_r)A_{cor} + f'_yA'_s \tag{6-7}$$

将式（6-5）代入式（6-7）：

$$N_u = f_cA_{cor} + \frac{\beta}{2}f_{yv}A_{ss0} + f'_yA'_s \tag{6-8}$$

令 $2\alpha = \beta/2$，同时考虑可靠度的调整系数 0.9，即可得到现行国家标准《混凝土结构设计标准》GB/T 50010 所规定的螺旋箍筋或焊接环筋混凝土柱的承载能力计算公式：

$$N \leqslant 0.9(f_cA_{cor} + f'_yA'_s + 2\alpha f_{yv}A_{ss0}) \tag{6-9}$$

式中，α 为间接钢筋对混凝土约束的折减系数：当混凝土强度等级不超过 C50 时，取 $\alpha = 1.0$；当混凝土强度等级为 C80 时，$\alpha = 0.85$；其间按直线内插法确定。

3. 公式适用条件

按式（6-9）计算螺旋式或焊接环式箍筋柱的承载能力时，应满足一定的适用条件。

（1）为了保证在使用荷载作用下，不发生保护层混凝土过早剥落，规范规定，按公式（6-9）算得的构件受压承载力设计值不应大于按公式（6-3）算得的构件受压承载力设计值的 150%。

（2）当遇到下列任意一种情况时，不计入间接钢筋的影响，应按式（6-3）计算构件的承载力：

① 当 $l_0/d > 12$ 时，因长细比较大，偶然的纵向弯曲可能使得螺旋箍筋无法对核心混凝土提供有效的横向约束；

② 当按公式（6-9）算得的受压承载力小于公式（6-3）算得的受压承载力时；

③ 当间接钢筋换算面积 A_{ss0} 小于纵向普通钢筋的全部截面面积的 25%时，可以认为间接钢筋配置得太少，约束混凝土的效果不明显。

4. 例题

【例题 6-3】已知某大楼底层门厅内的现浇钢筋混凝土柱，承受轴向压力设计值 N＝5500kN，从基础顶面至二层楼面高度为 5.2m，混凝土强度等级为 C30，柱中纵筋采用 HRB400，箍筋采用 HPB300。由于建筑要求柱截面为圆形，直径 $d=450\text{mm}$。求：柱中配筋。

【解】先按配纵筋和普通箍筋柱计算。

(1) 计算长度 l_0

多层框架结构房屋的底层柱 $l_0=1.0H=5.2\text{m}$

(2) 计算稳定系数 φ 值

$$l_0/d=11.56$$

查表 6-1 得：

$$\varphi=0.929$$

(3) 求纵筋 A'_s

圆形截面的面积为：

$$A=\frac{\pi d^2}{4}=15.9\times10^4\text{mm}^2$$

由式 (6-3) 得：

$$A'_s=\frac{N}{0.9\varphi f'_y}-\frac{f_cA}{f'_y}=\frac{5500000}{0.9\times0.929\times360}-\frac{14.3\times15.9\times10^4}{360}=11957\text{mm}^2$$

$$\rho'=\frac{A'_s}{A}=\frac{11957}{15.9\times10^4}=7.52\%>\rho'_{max}(=5\%)$$

配筋率太高，且 $l_0/d=11.56<12$，可采用配螺旋筋以提高柱的承载力。

(4) 假定纵筋配筋率为 4.5%，则 $A'_s=0.045\times15.9\times10^4=7155\text{mm}^2$，选用 12 根直径 28mm 的钢筋（12$\Phi$28，$A'_s=7384\text{mm}^2$）。最外层钢筋的保护层厚度取 20mm，假设箍筋直径为 14mm，得：

$$d_{cor}=450-(20+14)\times2=382\text{mm}$$

$$A_{cor}=11.46\times10^4\text{mm}^2$$

由式 (6-9) 可求得螺旋筋的换算截面面积：

$$A_{ss0}=\frac{N/0.9-(f_cA_{cor}+f'_yA'_s)}{2\alpha f_{yv}}$$

$$=\frac{5500\times10^3/0.9-(14.3\times11.46\times10^4+360\times7384)}{2\times1.0\times270}=3359\text{mm}^2$$

$A_{ss0}>0.25A'_s=1846\text{mm}^2$，故满足构造要求。

(5) 假定螺旋筋直径 $d=14\text{mm}$，则单肢截面面积为 $A_{ss1}=153.9\text{mm}^2$。螺旋筋的间距 s 可用下式求得：

$$s=\frac{\pi d_{cor}A_{ss1}}{A_{ss0}}=\frac{3.14\times382\times153.9}{3359}=55\text{mm}$$

满足不小于 40mm，且不大于 80mm 及 $d_{cor}/5$ 的要求。

6.3 偏心受压构件正截面承载力计算

6.3.1 偏心受压构件的受力特点和破坏特征

试验表明，钢筋混凝土偏心受压短柱有受拉破坏和受压破坏两种破坏形态。

1. 受拉破坏（大偏心受压破坏）

受拉破坏又称为大偏心受压破坏，当轴向压力 N 的相对偏心距 e_0/h_0 较大，且远离 N 侧钢筋配置适量时，通常发生这种破坏。荷载作用下，靠近轴向力一侧受压，另一侧受拉，如图 6-10（a）所示。随着荷载增加，首先在受拉侧产生横向裂缝，并随着荷载的增加而不断发展，破坏前横向主裂缝明显；随后，受拉钢筋的应力达到受拉屈服强度，进入流幅阶段，受拉变形的发展快于受压变形，中性轴向受压区方向移动，使混凝土受压区高度不断减小，受压区混凝土出现纵向裂缝，最终混凝土被压碎，构件即告破坏，如图 6-10（b）所示。当破坏时混凝土受压区高度不是太小时，受压区的纵筋也能达到受压屈服强度。

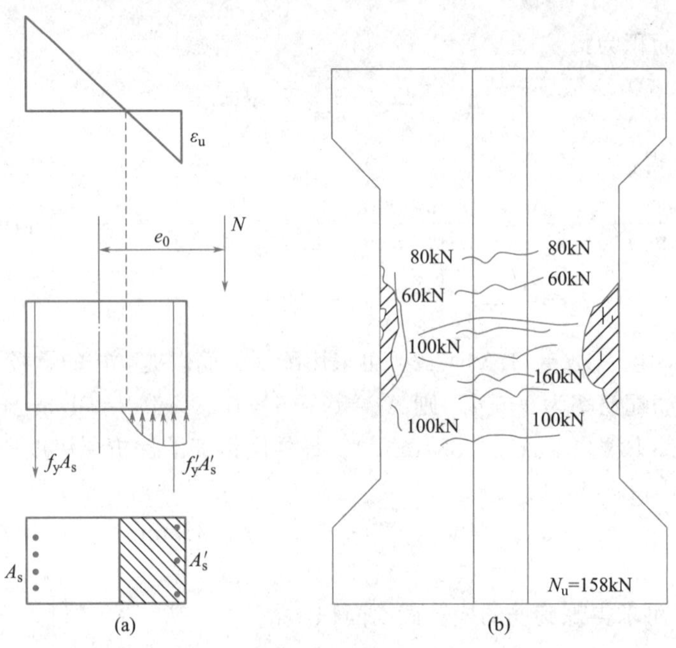

图 6-10　偏心受压构件的破坏形态

（a）截面上的应力分布；（b）受拉破坏形态

受拉破坏形态的特点是受拉钢筋先达到屈服强度，最终导致受压区混凝土被压碎，与适筋梁的破坏形态类似，为延性破坏。

2. 受压破坏（小偏心受压破坏）

受压破坏又称为小偏心受压破坏。相对偏心距较小或很小时，或者虽然相对偏心距较大，但受拉侧钢筋数量较多时，可能发生受压破坏，此时，构件全截面受压或大部分截面受压，如图 6-11（a）和（b）所示。随着荷载的逐渐增大，一般情况下破坏开始于靠近轴向力的一侧的混凝土压碎，如图 6-11（c）所示。破坏时，靠近轴向力一侧的钢筋受压屈服，而另一侧的钢筋可能受拉或受压，一般均未屈服。破坏荷载与压区出现纵向裂缝的荷载非常接近，破坏无明显预兆，压碎区范围较大，且混凝土强度越高，脆性越明显。若相对偏心距很小，由于截面的实际形心与和构件的几何中心不重合，也可能发生离纵向力较远一侧先压坏的现象。

受压破坏的特点是混凝土先被压碎，远侧钢筋可能受拉也可能受压，受拉时不屈服，受压时可能屈服也可能不屈服，均属于脆性破坏。

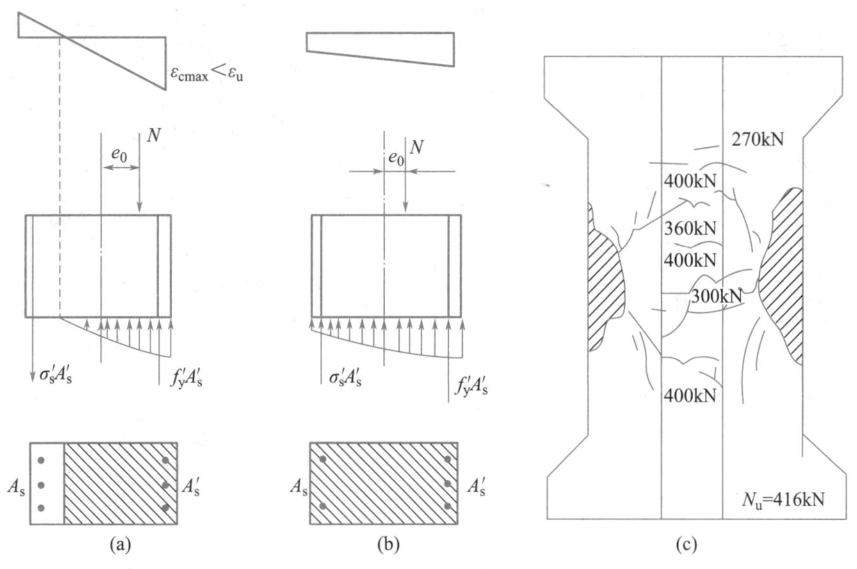

图 6-11　受压破坏时截面上的应力分布和受压破坏形态

(a)、(b) 截面上的应力分布；(c) 受压破坏形态

3. 大、小偏心受压的界限

由以上分析可知，受拉破坏与受压破坏均属材料破坏范畴，两者的相同点是受压区边缘混凝土均能达到其极限压应变值而被压碎：不同点是受拉破坏的起因是受拉钢筋屈服，而受压破坏的起因是受压区边缘混凝土被压碎。两种破坏的区别主要在于构件发生破坏时纵向受拉钢筋 A_s 是否达到屈服。与受弯构件相似，"受拉破坏"和"受压破坏"之间也存在着一种界限状态，称为界限破坏，即在受拉钢筋应力达到屈服强度的同时，受压区混凝土出现纵向裂缝并被压碎。

试验还表明，用较大的测量标距测得的偏心受压构件的截面平均应变值也能较好地符合平截面假定。用 ε_{cu} 表示受压区边缘混凝土的正截面极限压应变，按第 5 章的相关规定来取值。类似于受弯构件的推导过程，可求得偏心受压构件界限破坏时的相对受压区高度 ξ_b，见表 5-4。

同样可用相对界限受压区高度 ξ_b 来判别两种不同的偏心受压破坏形态。当 $\xi \leqslant \xi_b$ 时，受拉钢筋先屈服，然后混凝土被压碎，截面发生受拉破坏，为大偏心受压破坏；当 $\xi > \xi_b$ 时，截面为受压破坏，为小偏心受压破坏。

4. N_u-M_u 相关曲线

对于给定截面、配筋及材料强度的偏心受压构件，达到承载能力极限状态时，截面所能承受的轴力 N_u 和弯矩 M_u 并不是唯一的，也不是独立的，而是相关的。即构件可在不同的 N_u 和 M_u 的组合下达到极限强度。图 6-12 是西南交通大学对一组偏心受压试件在不同的偏心距作用下所测得的承载力 M_u 与 N_u 之间的相关曲线图。图中反映了这样的规律：在"受压破坏"的情况下，随着轴向力的增加，构件的抗弯能力随之减小；但在"受拉破坏"的情况下，一般来讲，轴力的存在反而使抗弯能力提高；在界限状态时，一般构件能承受弯矩的能力达到最大值（D 点）；而曲线与坐标轴的两个交点 E、A 分别反映的是轴心受压构件（$M_u=0$）和受弯构件（$N_u=0$）两种特定情况。

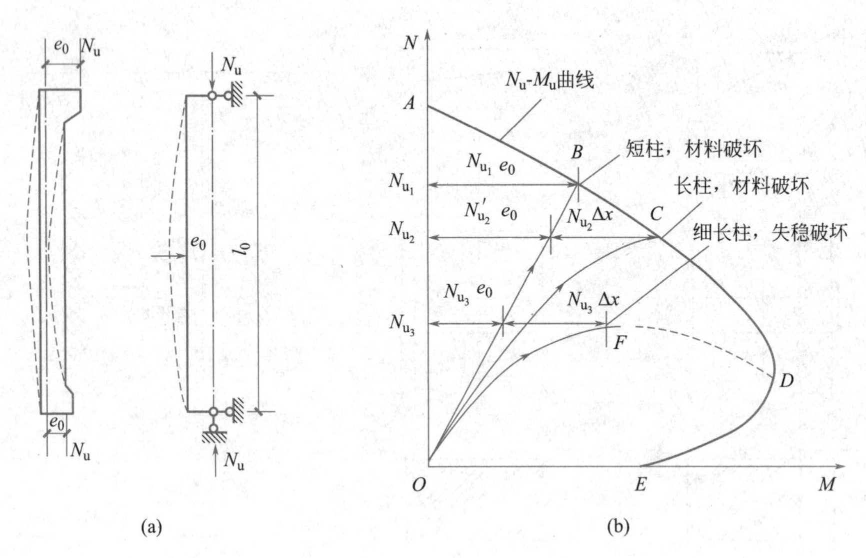

图 6-12 N_u-M_u 相关曲线

6.3.2 偏心受压构件的二阶效应

1. 附加偏心距

如前所述，由于荷载作用位置的偏差，混凝土的非均匀性，配筋的不对称性以及施工制造的误差等原因，构件往往会产生附加的偏心距。尤其在初始偏心距较小时，其影响更为明显。因此在偏心受压构件正截面承载力计算中，应考虑轴向力在偏心方向存在的附加偏心距 e_a 的影响。其值应在 20mm 和偏心方向截面尺寸的 1/30 两者中取较大值。

2. P-Δ 效应

结构中的二阶效应指作用在结构上的重力或构件中的轴力在变形后的结构或构件中引起的附加内力和附加变形。建筑结构的二阶效应包括重力二阶效应（P-Δ 效应）和受压构件的挠曲效应（P-δ 效应）两部分。

重力二阶效应计算属于结构整体层面的问题，一般在结构整体分析中考虑。规范给出了两种计算方法：有限元法和简化的增大系数法。有限元法即利用计算机进行结构分析并考虑结构侧移引起的二阶效应。

3. P-δ 效应

轴向压力在挠曲杆件中产生的二阶效应（P-δ 效应）是偏压构件中轴向压力在产生了挠曲变形的杆件内引起的曲率和弯矩增量，属于构件层面问题，一般在构件设计时考虑。例如，在结构中常见的反弯点位于柱高中部的偏压构件中，这种二阶效应虽能增大构件除两端区域外各截面的曲率和弯矩，但增大后的弯矩通常不可能超过柱两端控制截面的弯矩。因此，这种情况下 P-δ 效应不会对杆件截面的偏心受压承载能力产生不利影响。但是，在反弯点不在杆件高度范围内的较细长且轴压比偏大的偏压构件中，经 P-δ 效应增大后的杆件中部弯矩有可能超过柱端控制截面的弯矩。此时，在截面设计中就必须考虑 P-δ 效应的附加影响。后一种情况在工程中较少出现。

因此，现行国家标准《混凝土结构设计标准》GB/T 50010 规定，弯矩作用平面内截面对称的偏心受压构件，当同一主轴方向的杆端弯矩比 M_1/M_2 不大于 0.9 且轴压比不大于 0.9 时，若构件的长细比满足式（6-10）的要求，可不考虑轴向压力在该方向挠曲杆件中产生的附加弯矩影响：

$$l_c/i \leqslant 34-12(M_1/M_2) \tag{6-10}$$

式中 M_1、M_2——分别为已考虑侧移影响的偏心受压构件两端截面按结构弹性分析确定的对同一主轴的组合弯矩设计值，绝对值较大端为 M_2，绝对值较小端为 M_1，当构件按单曲率弯曲时，M_1/M_2 取正值，否则取负值；

l_c——构件的计算长度，可近似取偏心受压构件相应主轴方向上下支撑点之间的距离；

i——偏心方向的截面惯性半径。

不满足上述要求时，则应按截面的两个主轴方向分别考虑轴向压力在挠曲杆件中产生的附加弯矩影响。现行规范参考美国 ACI 318-08，用 C_m-η_{ns} 法考虑偏压构件中的 P-δ 效应。除排架结构柱外，其他偏心受压构件考虑轴向压力在挠曲杆件中产生的二阶效应后控制截面的弯矩设计值，应按式（6-11）计算：

$$M=C_m\eta_{ns}M_2 \tag{6-11}$$

$$C_m=0.7+0.3M_1/M_2 \tag{6-12}$$

$$\eta_{ns}=1+\frac{1}{1300(M_2/N+e_a)/h_0}\left(\frac{l_c}{h}\right)^2\zeta_c \tag{6-13}$$

$$\zeta_c=\frac{0.5f_cA}{N} \tag{6-14}$$

当 $C_m\eta_{ns}$ 小于 1.0 时取 1.0；对于剪力墙及核心筒墙，可取 $C_m\eta_{ns}$ 等于 1.0。

式中 C_m——构件端截面偏心距调节系数，当小于 0.7 时取 0.7；

η_{ns}——弯矩增大系数；

N——与弯矩设计值 M_2 相应的轴向压力设计值；

e_a——附加偏心距；

ζ_c——截面曲率修正系数，当计算值大于 1.0 时取 1.0；

h——截面高度；对于环形截面，取外直径；对于圆形截面，取直径；

h_0——截面有效高度；对于环形截面，取 $h_0=r_2+r_s$；对于圆形截面，取 $h_0=r+r_s$；r、r_s、r_2 分别为圆形截面的半径、纵向普通钢筋所在圆周的半径、环形截面的外半径，如图 6-13 所示；

A——构件的截面面积。

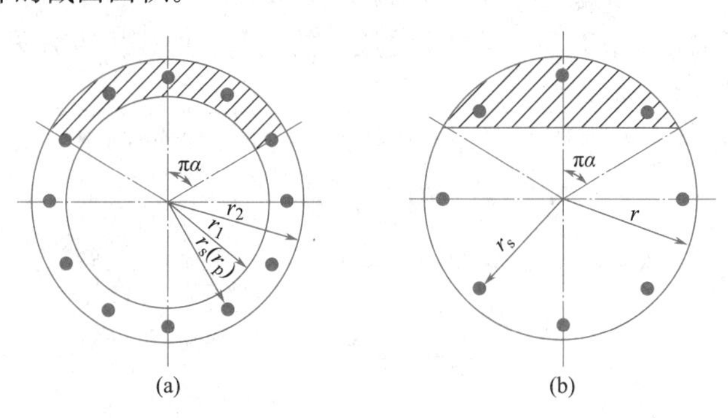

图 6-13　圆形和环形构件

（a）沿周边均匀配筋的环形截面；（b）沿周边均匀配筋的圆形截面

总之，新修订的方法主要希望通过计算机进行结构分析时一并考虑由结构侧移引起的二阶效应，即在进行截面设计时，其内力已经考虑了二阶效应。当需要利用简化计算方法计算由结构侧移引起的二阶效应和需要考虑杆件自身挠曲引起的二阶效应时，应先按照现行国家标准《混凝土结构设计标准》GB/T 50010 附录 B 的简化计算方法和式（6-11）进行考虑二阶效应的内力计算。

6.3.3　矩形截面偏心受压构件正截面承载力计算公式及适用条件

钢筋混凝土偏心受压构件正截面承载力计算公式的基本假定与受弯构件完全相同，参见第 5 章。根据前面所述大小偏心受压构件破坏的特点，当 $\xi \leqslant \xi_b$ 时为大偏心受压，当 $\xi > \xi_b$ 时为小偏心受压。偏心受压构件的正截面承载能力计算时，受压区混凝土的应力图形同样可简化为等效的矩形应力图形，如图 6-14 所示。

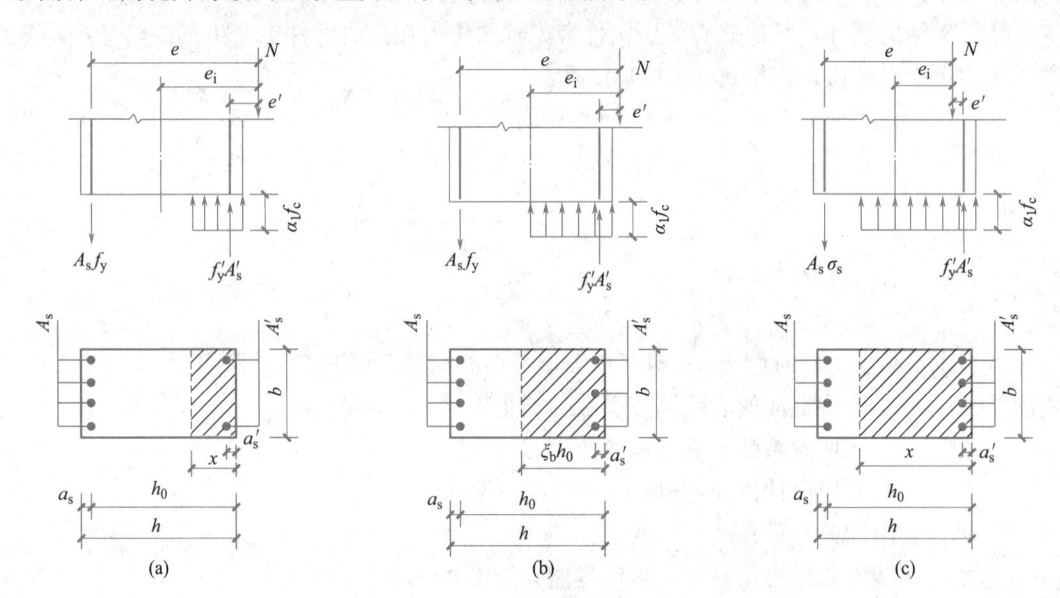

图 6-14　偏心受压构件的计算图形

（a）大偏心受压；（b）界限偏心受压；（c）小偏心受压

1. 大偏心受压构件的计算公式及适用条件

大偏心受压构件，若受拉钢筋配置不是很多时，属“受拉破坏”情况。与双筋梁类似，破坏时截面平均应变和裂缝截面处的应力分布如图 6-14（a）所示。现行国家标准《混凝土结构设计标准》GB/T 50010 中将受压区的混凝土曲线压应力图形用等效矩形图代替，其平均强度值取用 $\alpha_1 f_c$。

由纵向力平衡和各力对受拉钢筋合力点取矩可以得到下面两个基本计算公式：

$$N \leqslant \alpha_1 f_c bx + f_y' A_s' - f_y A_s \tag{6-15}$$

$$Ne \leqslant \alpha_1 f_c bx\left(h_0 - \frac{x}{2}\right) + f_y' A_s'(h_0 - a_s') \tag{6-16}$$

$$e = e_i + \frac{h}{2} - a_s \tag{6-17}$$

$$e_i = e_0 + e_a \tag{6-18}$$

式中　N——轴向力设计值；

e——轴向力作用点至受拉钢筋合力点之间的距离；

a_s、a'_s——分别为受拉钢筋合力点和受压钢筋合力点至截面近边缘的距离；

α_1——系数，按第5章的相关规定取值；

e_i——初始偏心距；

e_0——轴向力对截面重心的偏心距，$e_0=M/N$，当需要考虑二阶效应时，M按前述规定确定；

e_a——附加偏心距。

2. 大偏心受压构件计算公式的适用条件

为了保证构件破坏时，受拉区钢筋A_s应力达到屈服强度，类似于第5章的双筋梁，有如下的适用条件：

$$x \leqslant x_b = \xi_b h_0 \quad \text{或} \quad \xi \leqslant \xi_b \tag{6-19a}$$

式中 x_b——界限破坏时，受压区计算高度，ξ_b为相对受压区高度，$\xi_b = x_b/h_0$，见表5-4。

为了保证构件破坏时，受压钢筋A'_s能达到屈服强度，同样要求满足：

$$x \geqslant 2a'_s \tag{6-19b}$$

若计算$x<2a'_s$，与双筋梁类似，取$x=2a'_s$，并对受压钢筋合理作用点取矩，得：

$$Ne' = f_y A_s (h_0 - a'_s)$$

则

$$A_s = \frac{Ne'}{f_y (h_0 - a'_s)}$$

式中 e'——轴向力作用点至受压钢筋合力点之间的距离，$e'=e_i-h/2+a'_s$

3. 小偏心受压构件的计算公式

试验表明，小偏心受压构件属于“受压破坏”情况。破坏时，一般情况下，靠近轴向力一侧的混凝土被压碎，受压钢筋A'_s的应力达到屈服强度，另一侧的钢筋A_s可能受拉不屈服或受压，见图6-14（c）。同样，计算时受压区的混凝土曲线压应力图形仍可用等效矩形应力图形代替。

根据平衡条件可得：

$$N \leqslant \alpha_1 f_c b x + f'_y A'_s - \sigma_s A_s \tag{6-20}$$

$$Ne \leqslant \alpha_1 f_c b x \left(h_0 - \frac{x}{2}\right) + f'_y A'_s (h_0 - a'_s) \tag{6-21}$$

$$Ne' \leqslant \alpha_1 f_c b x \left(\frac{x}{2} - a'_s\right) - \sigma_s A_s (h_0 - a'_s) \tag{6-22}$$

式中 σ_s——钢筋A_s的应力值，可近似按下式计算：

$$\sigma_s = \frac{f_y}{\xi_b - \beta_1}\left(\frac{x}{h_0} - \beta_1\right) = \frac{f_y}{\xi_b - \beta_1}(\xi - \beta_1) \tag{6-23}$$

β_1——系数，为混凝土受压区高度x与截面中性轴高度x_c的比值，详见第5章。

e'、e——分别为轴向力作用点至受压钢筋A'_s合力点和受拉钢筋A_s合力点之间的距离。

$$e' = \frac{h}{2} - e_i - a'_s \tag{6-24}$$

$$e = e_i + \frac{h}{2} - a_s \tag{6-25}$$

要求满足$-f'_y \leqslant \sigma_s \leqslant f_y$；

在式（6-23）中，令$\sigma_s = -f'_y$，则可得到A_s受压屈服时的相对受压区高度：

$$\xi_{cy} = 2\beta_1 - \xi_b$$

当相对偏心距很小时，A'_s比A_s大得多，且轴向力很大时，实际的截面形心轴偏心将偏向A'_s，导致偏心方向的改变，有可能在较大轴压力作用下，远离轴压力一侧的边缘混凝土先被压坏，称为反向破坏。此时截面应力如图 6-15 所示。对采用非对称配筋的小偏心受压构件，当$N > f_c bh$时，尚应按下列公式进行验算：

$$Ne' \leqslant \alpha_1 f_c bh\left(h'_0 - \frac{h}{2}\right) + f'_y A_s(h'_0 - a_s) \tag{6-26}$$

$$e' = \frac{h}{2} - a'_s - (e_0 - e_a) \tag{6-27}$$

式中 e'——轴向力作用点至受压区受压钢筋合力点之间的距离；

h'_0——钢筋A'_s合力点至离纵向力较远一侧边缘的距离，即$h'_0 = h - a'_s$。

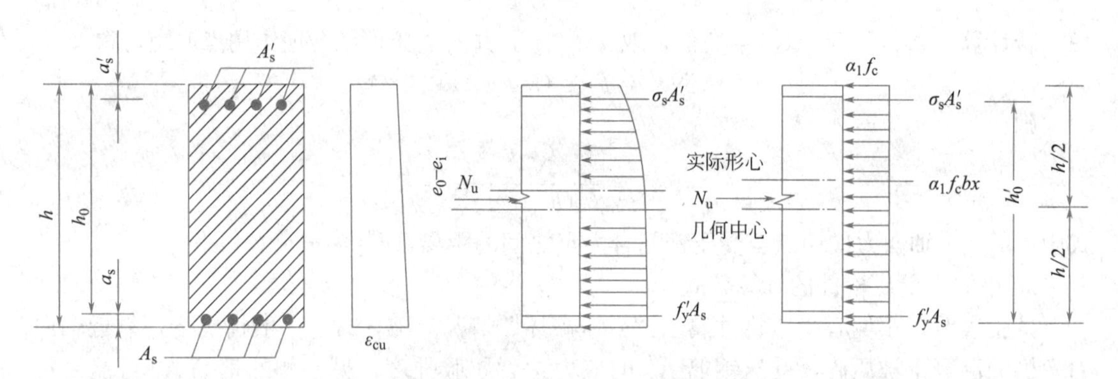

图 6-15　小偏心受压构件的反向破坏计算图形

截面设计时，令$N_u = N$，按式（6-26）计算求得的A_s应不小于$\rho_{min} bh$，其中$\rho_{min} = 0.2\%$，否则应取$A_s = 0.2\% bh$。分析表明，只有当$N > \alpha_1 f_c bh$时，按式（6-26）求得的A_s才有可能大于$0.2\% bh$；当$N \leqslant \alpha_1 f_c bh$时，求得的$A_s$总是小于$0.2\% bh$。所以现行国家标准《混凝土结构设计标准》GB/T 50010 规定，当$N > \alpha_1 f_c bh$时，应验算反向受压破坏的承载力。

6.3.4 矩形截面不对称配筋计算方法

偏心受压构件正截面承载力计算可分为截面设计与截面复核两类问题，根据破坏形态的不同，设计和计算有所差异，先分述如下。

1. 截面设计

偏心受压构件截面设计时，应首先判断是否需要考虑 P-δ 二阶效应和偏心受压类型。

（1）判断是否需要考虑 P-δ 二阶效应。若需要考虑，按照式（6-11）计算，调整控制截面设计弯矩值 M。

（2）初步判别截面偏心受压类型。

两种偏心受压的判别条件是：$\xi \leqslant \xi_b$ 为大偏压（受拉破坏），$\xi > \xi_b$ 为小偏压（受压破坏)。但由于 A'_s 和 A_s 未知，ξ 无从计算。故一般根据相对界限受压区高度 ξ_b，推算出相应的 e_i 值作为判别条件。通过分析，对于一般常用的材料强度，可初步按下列条件来进行判别：

当 $e_i \leqslant 0.3h_0$ 时，可先按小偏心受压进行计算；

当 $e_i > 0.3h_0$ 时，可先按大偏心受压计算，如 A_s 配置过多，也可能转化为小偏心受压的情况。

(3) 大偏心受压构件。对于大偏心受压情况，可分为 A'_s 未知和 A'_s 已知两种情况，分述如下。

情况 1：已知内力设计值 N、M、材料强度等级、截面尺寸，要求确定钢筋面积 A'_s 和 A_s，并进行配筋。

在基本计算式（6-15)、式（6-16）中有 A'_s、A_s 和 x 三个未知量。与双筋受弯构件计算一样，为使（A'_s+A_s）的总用量最少，可近似取 $x=x_b=\xi_b h_0$。将此条件代入式（6-16）可得：

$$A'_s=\frac{Ne-\xi_b(1-0.5\xi_b)\alpha_1 f_c bh_0^2}{f'_y(h_0-a'_s)}=\frac{Ne-\alpha_{smax}\alpha_1 f_c bh_0^2}{f'_y(h_0-a'_s)} \tag{6-28}$$

求得 A'_s 后，代入式（6-15）得：

$$A_s=\frac{\xi_b\alpha_1 f_c bh_0}{f_y}+\frac{f'_yA'_s}{f_y}-\frac{N}{f_y} \tag{6-29}$$

按上式求得的 A'_s 和 A_s 应满足最小配筋率的要求 $A'_s \geqslant \rho_{min}bh$。如按式（6-28）求得的 $A'_s < 0.002bh$ 或为负值，则取 $A'_s=0.002bh$，然后按 A'_s 已知的情况计算 A_s，即情况 2。

情况 2：已知内力设计值 N、M、材料强度等级、截面尺寸、A'_s，要求确定钢筋面积 A_s，并进行配筋。

当 A'_s 已知时，基本公式中只有两个未知量，可直接用基本公式求解。由式（6-16）求得 x，并根据 x 的值进行如下讨论：

① 若 $2a'_s \leqslant x \leqslant \xi_b h_0$，按式（6-15）计算 A_s，即：

$$A_s=\frac{-N+\alpha_1 f_c bx+f'_yA'_s}{f_y}$$

② 若求得 $x > \xi_b h_0$，则说明 A'_s 过小，则应按 A'_s 及 A_s 均未知的情况（即情况 1）重新进行计算。

③ 若 $x < 2a'_s$，如图 6-16 所示，仿照双筋受弯构件的做法，令 $x=2a'_s$，对受压钢筋 A'_s 合力点取矩，求得：

$$A_s=\frac{N\left(e_i-\frac{h}{2}+a'_s\right)}{f_y(h_0-a'_s)} \tag{6-30}$$

另外，再按不考虑受压钢筋 A'_s，即取 $A'_s=0$，利用式（6-15)、式（6-16）求得 A_s 值，然后与用式（6-30）求得的 A_s 进行比较，取其中较小值配筋。

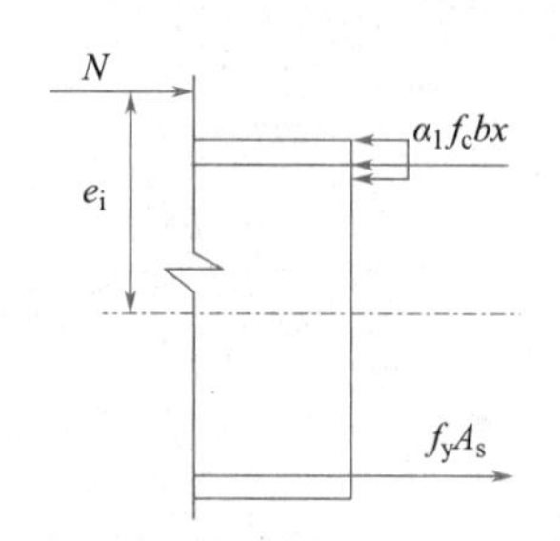

图 6-16　大偏心受压截面应力图形

矩形截面大偏心受压构件的截面设计流程如图 6-17 所示。

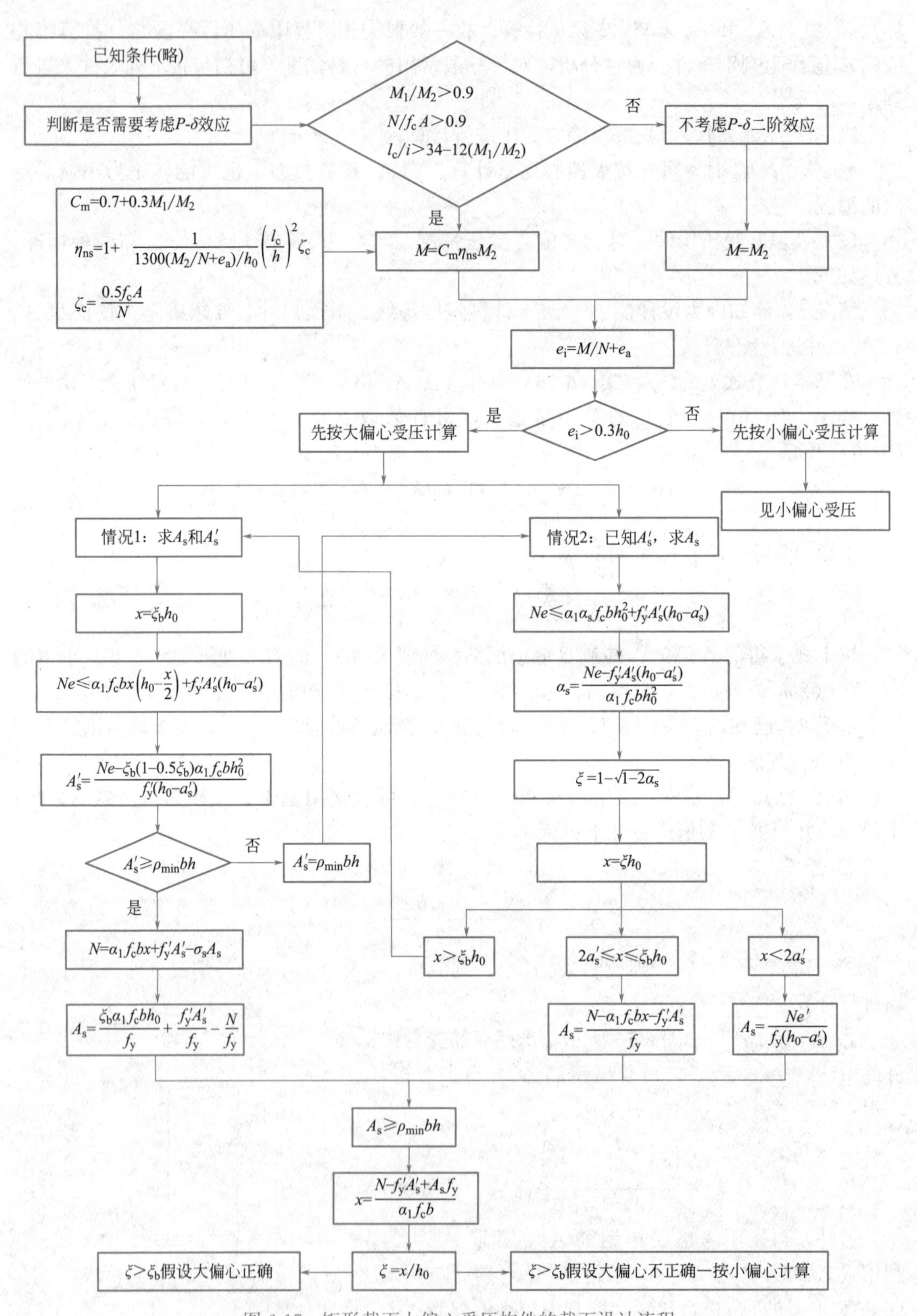

图 6-17　矩形截面大偏心受压构件的截面设计流程

（4）小偏心受压构件。对于小偏心受压情况，两个独立的平衡方程中有A'_s、A_s和x三个未知量，与大偏心截面设计的情况1类似，必须补充一个条件才能求解。基本计算步骤如下：

小偏心受压满足$\xi>\xi_b$及$-f'_y\leqslant\sigma_s\leqslant f_y$的条件。当纵筋$A_s$的应力达到受压屈服强度时，根据式（6-23）可求出其相对受压区高度：

$$\xi_{cy}=1.6-\xi_b \tag{6-31}$$

① 确定A_s（作为补充条件）。小偏心受压构件破坏时，离纵向力较远一侧的钢筋A_s不论受拉或受压，一般均未达到设计强度f_y、f'_y。为了节约钢筋，并防止截面的反向压坏，因此A_s可按以下方法确定：

当$N\leqslant f_c bh$时，取$A_s=0.2\%bh$；

当$N>f_c bh$时，A_s取按式（6-26）的计算值与$A_s=0.2\%bh$两者中的较大值。

② 计算ξ，并根据ξ的具体情况求解A'_s。

将第①步确定的代入力和力矩平衡方程式（6-20）～式（6-22）中，整理得：

$$\xi=u+\sqrt{u^2+v}$$

$$u=\frac{a'_s}{h_0}+\frac{f_y A_s}{(\xi_b-\beta_1)\alpha_1 f_c bh_0}\left(1-\frac{a'_s}{h_0}\right)$$

$$v=\frac{2Ne'}{\alpha_1 f_c bh_0^2}-\frac{2\beta_1 f_y A_s}{(\xi_b-\beta_1)\alpha_1 f_c bh_0}\left(1-\frac{a'_s}{h_0}\right)$$

根据ξ的大小，按以下三种情况求解A'_s：

a. 当$\xi_b<\xi<\xi_{cy}$时，不论A_s配值多少，一般总是不屈服的。为了使钢筋用量最小，计算时可先假定$A_s=0.002bh$，利用式（6-22）和式（6-23）求ξ和σ_s。若满足$\xi_b<\xi<\xi_{cy}$，则按式（6-21）求得A'_s。

b. 若$\xi\leqslant\xi_b$，按大偏心受压计算。

c. 若$\xi_{cy}\leqslant\xi<h/h_0$，远离$N$侧的钢筋$A_s$将达到受压屈服，此时$\sigma_s$达$-f'_y$，取$\sigma_s=-f'_y$，$\xi=\xi_{cy}$，按下式重新计算$\xi$，利用式（6-19）、式（6-20）求得$A_s$和$A'_s$：

$$\xi=\frac{a'_s}{h_0}+\sqrt{\left(\frac{a'_s}{h_0}\right)^2+2\left[\frac{Ne'}{\alpha_1 f_c bh_0^2}-\frac{f'_y A_s}{\alpha_1 f_c bh_0}\left(1-\frac{a'_s}{h_0}\right)\right]}$$

d. 若$\xi>h/h_0$，则取$\sigma_s=-f'_y$，$\xi=\xi_{cy}$，利用式（6-19）、式（6-20）求得A_s和A'_s。

对于c和d两种情况，均应再校核式（6-26）的要求。同样应满足最小配筋率的要求。

③ 验算垂直于弯矩作用平面的轴心受压承载力。小偏心受压构件应按轴心受压构件验算垂直于弯矩作用平面的承载力，此时不考虑弯矩的影响，应考虑稳定系数。由计算长度和垂直于弯矩平面方向的截面边长确定长细比，经查表6-1确定稳定系数；将截面尺寸、材料强度、稳定系数、截面设计所得的全部钢筋面积（即$A_s+A'_s$）代入式（6-3）右部，计算垂直于弯矩作用平面的轴心受压承载力N_u；如$N_u>N$，表明截面设计合理，否则应重新设计。

矩形截面小偏心受压构件正截面设计流程见图6-18。

2. 截面复核

在复核截面强度时，通常截面尺寸b、h及配筋A_s和A'_s，材料强度和计算长度l_0均为已知，需计算在给定偏心距e_0时，构件所能承受的设计轴力N，或计算在给定设计轴

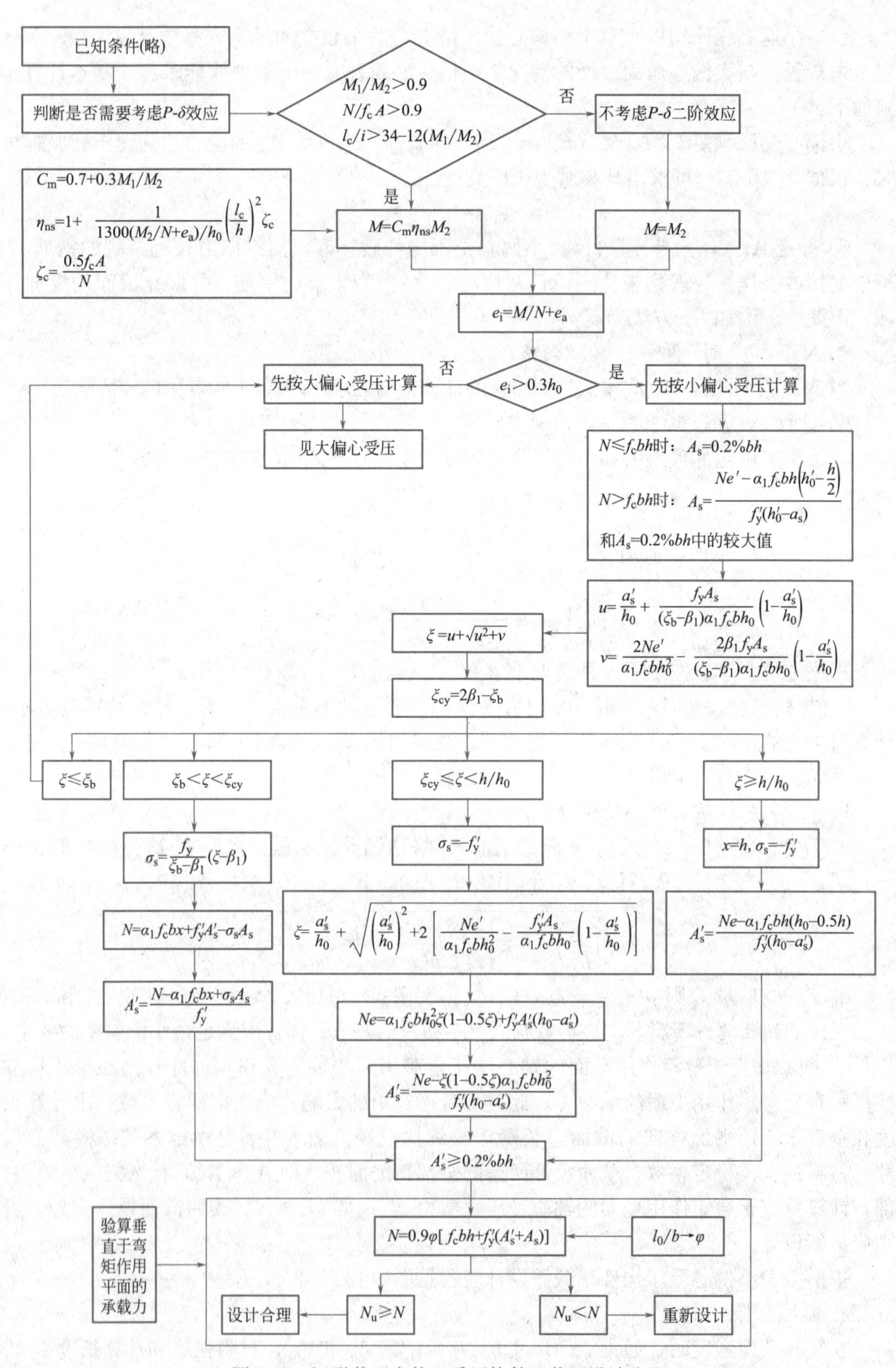

图 6-18　矩形截面小偏心受压构件正截面设计流程

力 N 时，构件所能承受的设计弯矩 M。

（1）弯矩作用平面的承载力复核

① 给定初始偏心距 e_0，求设计轴力 N

由于 b、h、A'_s、A_s 为已知，可先按大偏心受压的截面应力图形，对 N 作用点取矩（图 6-19），可得：

$$\alpha_1 f_c bx\left(e_i-\frac{h}{2}+\frac{x}{2}\right)+f'_y A'_s\left(e_i-\frac{h}{2}+a'_s\right)=f_y A_s\left(e_i+\frac{h}{2}-a_s\right) \tag{6-32}$$

解此方程即可求出 x。

当求出的 $x \leqslant \xi_b h_0$ 时为大偏心受压。将 x 代入式（6-15），即可求得设计轴力 N。当 $x<2a'_s$，则令 $x=2a'_s$，按 $N(e_i-h/2+a'_s)=f_y A_s(h_0-a'_s)$ 计算轴向力 N。

当求得的 $x>\xi_b h_0$ 时，则为小偏心受压。由于钢筋 A_s 的应力一般未达到钢筋的设计强度，此时应用式（6-23）所求得的 σ_s 代替式（6-15）中 f_y，重新计算 x。如 $\xi=x/h_0 \leqslant \xi_{cy}$，则将 x 代入式（6-20）计算设计轴力 N。如 $\xi \geqslant \xi_{cy}$，则将 $\sigma_s=-f'_y$ 代入式（6-22）求 x，然后再代入式（6-20）计算设计轴力 N。

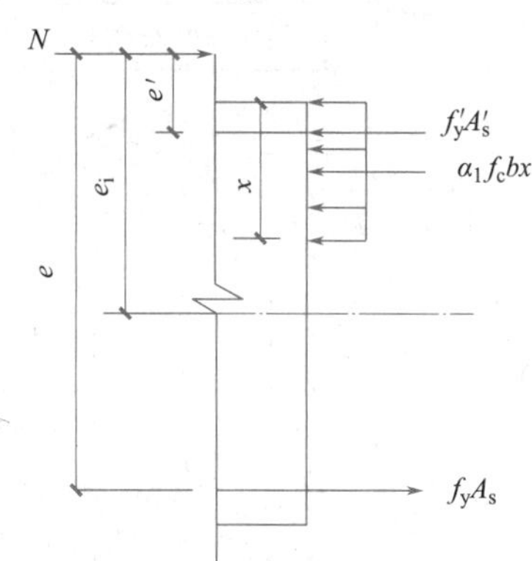

图 6-19　大偏心受压截面应力图形

因可能受压破坏开始于远离轴向力一侧，故还应按式（6-26）计算 N，并取两者的较小值作为构件的承载力。

② 给定设计轴力 N，求设计弯矩 M

可先按大偏心受压，由式（6-15）求 x，即：

$$x=\frac{N-f'_y A'_s+f_y A_s}{\alpha_1 f_c b} \tag{6-33}$$

如 $x \leqslant \xi_b h_0$，为大偏心受压。将 x 代入式（6-16）即可求得 e_0，即 $M=Ne_0$。

如 $x>\xi_b h_0$，则为小偏心受压。应利用式（6-20）和式（6-23）重新求 x，然后再代入式（6-21）求 e_0。

（2）垂直于弯矩作用平面的承载力复核

当构件截面尺寸在两个方向不同时，除了在弯矩作用平面内按偏心受压进行计算外，对于小偏心受压构件一般需要验算垂直于弯矩作用平面的强度。此时，应按轴心受压构件、考虑纵向弯曲的影响来进行计算。计算过程详见本节例题。

矩形截面偏心受压构件截面复核流程见图 6-20。

【例题 6-4】 已知矩形截面钢筋混凝土柱，构件环境类别为一类，设计使用年限为 50 年。截面尺寸 $b \times h=300\text{mm} \times 500\text{mm}$，荷载产生的轴向压力设计值 $N=320\text{kN}$，柱两端弯矩设计值分别为 $M_1=224\text{kN}\cdot\text{m}$，$M_2=272\text{kN}\cdot\text{m}$。柱的计算长度 $l_0=4.8\text{m}$。该柱采用 HRB400 级钢筋（$f_y=f'_y=360\text{N/mm}^2$），混凝土强度等级为 C25（$f_c=11.9\text{N/mm}^2$）。若采用非对称配筋，试求纵向钢筋截面面积。

【解】

（1）材料强度和几何参数

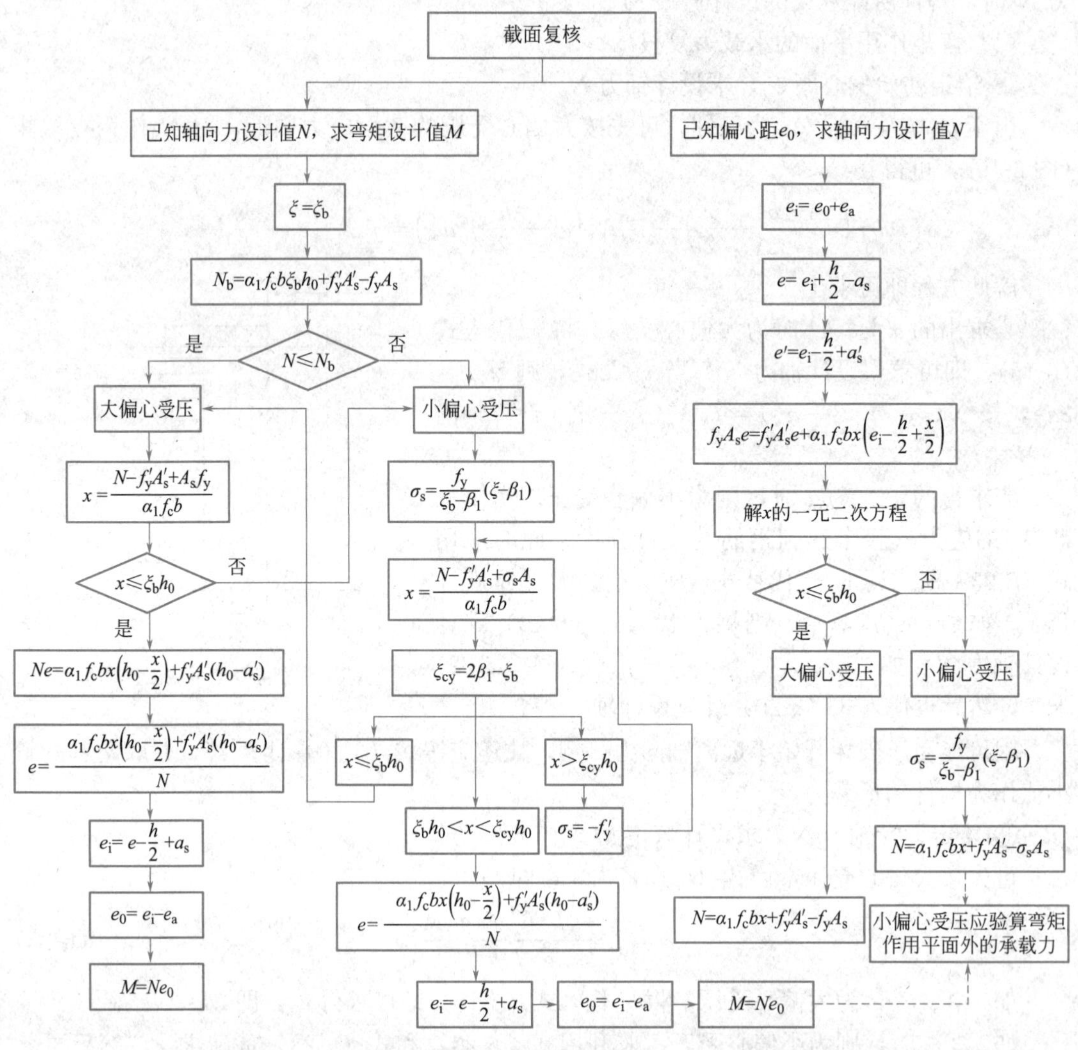

图 6-20　矩形截面偏心受压构件截面复核流程

C25 混凝土，$f_c=11.9\text{N/mm}^2$，$\alpha_1=1.0$，$\beta_1=0.8$

HRB400 级钢筋，$f_y=f'_y=360\text{N/mm}^2$，$\xi_b=0.55$

从构件设计使用年限为 50 年，环境类别为一类及柱类构件考虑，构件最外层的保护层厚度为 20mm，对混凝土强度等级不足 C25 的构件要多加 5mm，初步确定受压柱箍筋直径采用 8mm，柱受力纵筋为 20～25mm，则取 $a_s=a'_s=(20+5+8+12)=45\text{mm}$；$h_0=(500-45)=455\text{mm}$。

（2）求弯矩设计值（考虑二阶效应后）

由于 $M_1/M_2=224/272=0.82$，轴压比：

$$\frac{N}{f_c bh}=\frac{320000}{11.9\times300\times500}=0.18$$

$$i=\sqrt{\frac{I}{A}}=\sqrt{\frac{1}{12}}h=\sqrt{\frac{1}{12}}\times500=144.3\text{mm}$$

$$l_0/i=4800/144.3=33.26>34-12M_1/M_2=24.16$$

应考虑附加弯矩的影响。

$$\zeta_c=\frac{0.5f_cA}{N}=\frac{0.5\times11.9\times300\times500}{320\times10^3}=2.78>1.0\text{，取 }\zeta_c=1.0$$

$$C_m=0.7+0.3\frac{M_1}{M_2}=0.7+0.3\times\frac{224}{272}=0.94$$

$$e_a=\frac{h}{30}=\frac{500}{30}=16.67\text{mm}<20\text{mm，取 }e_a=20\text{mm}$$

$$\eta_{ns}=1+\frac{1}{1300(M_2/N+e_a)/h_0}\left(\frac{l_0}{h}\right)^2\zeta$$

$$=1+\frac{1}{1300(272\times10^6/320\times10^3+20)/455}\left(\frac{4800}{500}\right)^2\times1.0=1.04$$

考虑纵向挠曲影响后的弯矩设计值为：

$$M=C_m\eta_{ns}M_2$$

由于 $C_m\eta_{ns}=0.94\times1.04=0.97<1.0$，故取 $C_m\eta_{ns}=1.0$。则：

$$M=1.0\times M_2=272\text{kN}\cdot\text{m}$$

（3）求 e_i，判别大小偏心受压：

$$e_0=\frac{M}{N}=\frac{272\times10^6}{320\times10^3}=850\text{mm}$$

$$e_i=e_0+e_a=850+20=870\text{mm}$$

$$e_i>0.3h_0=0.3\times455\text{mm}=136.5\text{mm}$$

可先按大偏心受压计算。

（4）求 A_s 和 A'_s

因为 A_s 和 A'_s 均未知，取 $\xi=\xi_b=0.55$，且 $\alpha_1=1.0$。

$$e=e_i+\frac{h}{2}-a_s=870+250-45=1075\text{mm}$$

由式（6-16）：

$$A'_s=\frac{Ne-\alpha_1f_cbh_0^2\xi_b(1-0.5\xi_b)}{f'_y(h_0-a_s)}$$

$$=\frac{320\times10^3\times1075-1.0\times11.9\times300\times455^2\times0.55\times(1-0.5\times0.55)}{360\times(455-45)}$$

$$=334.0>0.002bh=300\text{mm}^2$$

再按式（6-15）求 A_s：

$$A_s=\frac{\alpha_1f_cbh_0\xi_b+f'_yA'_s-N}{f_y}$$

$$=\frac{1.0\times11.9\times300\times455\times0.55+360\times334.0-320\times10^3}{360}$$

$$=1926.8\text{mm}^2$$

（5）选择钢筋及截面配筋

选择受压钢筋为 2⌀16（$A'_s=402\text{mm}^2$）；受拉钢筋为 4⌀25（$A_s=1963\text{mm}^2$）。则

$A'_s+A_s=402+1963=2365\text{mm}^2$，全部纵向钢筋的配筋率：

$$\rho=\frac{2365}{300\times500}=1.58\%>\rho_{min}=0.6\%，满足要求。$$

箍筋按照构造要求选用。

【例题 6-5】 已知：某矩形截面钢筋混凝土柱，构件环境类别为一类，设计使用年限为50年，荷载作用下有限元分析确定的柱轴向压力设计值 $N=60\times10^4\text{N}$、弯矩设计值 $M=31.8\times10^4\text{N}\cdot\text{m}$，截面尺寸 $b=300\text{mm}$，$h=400\text{mm}$，$a_s=a'_s=40\text{mm}$；混凝土强度等级为C30，钢筋采用HRB400。求：钢筋截面面积 A_s 及 A'_s。

【解】（1）几何参数和材料参数

混凝土强度等级为C30，取 $\varepsilon_{cu}=0.0033$，$\beta_1=0.8$，$\alpha_1=1.0$，$f_c=14.3\text{N/mm}^2$

HRB400级钢筋，$f_y=360\text{N/mm}^2$，$f'_y=360\text{N/mm}^2$，$E_s=2.0\times10^5\text{N/mm}^2$，$\xi_b=0.518$，$h_0=360\text{mm}$

$$e_0=\frac{M}{N}=\frac{31.8\times10^4}{60\times10^4}=0.53\text{m}=530\text{mm}$$

（2）判别大小偏心

因 $h/30=13.3\text{mm}$，取 $e_a=20\text{mm}$，则 $e_i=e_0+e_a=530+20=550\text{mm}$

$$e_i=550>0.3h_0=108\text{mm}$$

故先按大偏压情况计算。

（3）配筋计算

$$e=e_i+h/2-a_s=550+400/2-40=710\text{mm}$$

由式（6-28）得：

$$A'_s=\frac{Ne-\xi_b(1-0.5\xi_b)\alpha_1 f_c bh_0^2}{f'_y(h_0-a'_s)}$$

$$=\frac{60\times10^4\times710-0.518\times(1-0.5\times0.518)\times1.0\times14.3\times300\times360^2}{360\times(360-40)}$$

$$=1846\text{mm}^2>\rho'_{min}bh=0.002\times300\times400=240\text{mm}^2$$

由式（6-29）得：

$$A_s=\frac{\xi_b\alpha_1 f_c bh_0-N}{f_y}+A'_s$$

$$=\frac{0.518\times1.0\times14.3\times300\times360-60\times10^4}{360}+1846$$

$$=2401\text{mm}^2>\rho_{min}bh=0.002\times300\times400=240\text{mm}^2$$

受拉钢筋 A_s 选用4Φ28（$A_s=2463\text{mm}^2$）；受压钢筋 A'_s 选用2Φ28+2Φ20（$A'_s=1860\text{mm}^2$）。

全部纵向钢筋的配筋率：

$$\rho'=\frac{A_s+A'_s}{bh}\times100\%=\frac{2463+1860}{300\times400}\times100\%=3.6\%>\rho_{min}=0.55\%$$

$$<\rho_{max}=5\%$$

满足要求。

【例题 6-6】已知：同例题 6-5，并已知 $A'_s=1964mm^2$（4 根直径 25mm 的 HRB400 钢筋）。求：受拉钢筋截面 A_s。

【解】由大偏心受压计算式（6-16）：$Ne\leqslant\alpha_1 f_c bx\left(h_0-\dfrac{x}{2}\right)+f'_y A'_s(h_0-a'_s)$ 得：

$$60\times10^4\times710=1.0\times14.3\times300x(360-0.5x)+360\times1964\times(360-40)$$

$$2145x^2-1544400x+199747200=0$$

解得：

$$2a'_s<x=169mm<\xi_b h_0=0.518\times360=186.5mm$$

将 $x=169mm$ 代入式（6-15），得：

$$A_s=\frac{\alpha_1 f_c bx-N}{f_y}+A'_s=2311mm^2$$

例题 6-5 计算所需钢筋总面积：$A_s+A'_s=2401+1846=4247mm^2$

例题 6-6 计算所需钢筋总面积：$A_s+A'_s=2311+1964=4275mm^2$

从例题 6-5 和例题 6-6 比较可以看出，当取 $x=\xi_b h_0$ 时，求得的总用钢量最少。

【例题 6-7】已知：某矩形截面钢筋混凝土柱，构件环境类别为一类，荷载作用下有限元分析确定的轴向力设计值 $N=150\times10^4N$，截面尺寸 $b=400mm$，$h=600mm$，$a_s=a'_s=40mm$；混凝土强度等级为 C30，钢筋采用 HRB500 级；$A_s=1256mm^2$（4Φ20），$A'_s=1520mm^2$（4Φ22）。求：该截面在 h 方向能承受的弯矩设计值。

【解】（1）几何参数和材料参数

因混凝土强度等级为 C30，取 $\varepsilon_{cu}=0.0033$，$\beta_1=0.8$，$\alpha_1=1.0$，$f_c=14.3N/mm^2$

HRB500 级钢筋，$f_y=435N/mm^2$，$f'_y=410N/mm^2$，$E_s=2.0\times10^5N/mm^2$，$\xi_b=0.482$，$h_0=560mm$

（2）判别大小偏心

由式（6-15）得：

$$x=\frac{N-f'_y A'_s+f_y A_s}{\alpha_1 f_c b}$$

$$=\frac{150\times10^4-410\times1520+435\times1256}{1.0\times14.3\times400}$$

$$=248mm<\xi_b h_0=0.55\times560=308mm$$

属于大偏心受压情况，且 $x=248mm>2a'_s=70mm$，说明受压钢筋能达到屈服强度。

（3）承载力验算

由式（6-16）得：

$$e=\frac{\alpha_1 f_c bx(h_0-x/2)+f'_y A'_s(h_0-a'_s)}{N}$$

$$=\frac{1.0\times14.3\times400\times248\times(560-248/2)+410\times1520\times(560-40)}{150\times10^4}$$

$$=628mm$$

$$e_i=e-h/2+a_s=628-300+40=368mm$$

又因 $e_a=20mm$，则 $e_0=e_i-e_a=348mm$

该截面在 h 方向能承受的弯矩设计值为：

$$M=Ne_0=150\times10^4\times0.348=522\text{kN}\cdot\text{m}$$

【例题 6-8】已知：$b=500$mm，$h=700$mm，$a_s=a'_s=40$mm，混凝土强度等级为 C30，钢筋采用 HRB400，$A_s=2945\text{mm}^2$（6⌀25），$A'_s=1964\text{mm}^2$（4⌀25），轴向力的偏心距 $e_0=460$mm。求：截面能承受的轴向力设计值 N。

【解】(1) 几何参数和材料参数

因混凝土强度等级为 C30，取 $\varepsilon_{cu}=0.0033$，$\beta_1=0.8$，$\alpha_1=1.0$，$f_c=14.3\text{N/mm}^2$

HRB400 级钢筋，$f_y=360\text{N/mm}^2$，$f'_y=360\text{N/mm}^2$，$E_s=2.0\times10^5\text{N/mm}^2$，$\xi_b=0.518$，$h_0=660$mm

(2) 判别大小偏心

$$e_a=h/30=23\text{mm},\ e_i=e_0+e_a=483\text{mm}>0.3h_0=198\text{mm}$$

故先按大偏压进行计算。

(3) 承载力验算

由图 6-14，对 N 点取矩，得：

$$\alpha_1 f_c bx\left(e_i-\frac{h}{2}+\frac{x}{2}\right)+f'_yA'_s\left(e_i-\frac{h}{2}+a'_s\right)=f_yA_s\left(e_i+\frac{h}{2}-a_s\right)$$

代入数据得：

$$1.0\times14.3\times500x\times(483-700/2+x/2)+360\times1964\times(483-700/2+40)$$
$$=360\times2945\times(483+350-40)$$

$$3575x^2+950950x-718420680=0$$

解得： $x=335\text{mm}<\xi_bh_0=0.518\times660=342\text{mm}$

且 $>2a'_s=70\text{mm}$

由式（6-15）得：

$$N=\alpha_1 f_c bx+f'_yA'_s-f_yA_s$$
$$=1.0\times14.3\times500\times335+360\times1964-360\times2945=2.04\times10^6\text{N}$$

【例题 6-9】已知：在荷载作用下柱的轴向力设计值 $N=5.28\times10^6$N，$M=2.42\times10^4\text{N}\cdot\text{m}$，截面尺寸 $b=400$mm，$h=600$mm，$a_s=a'_s=40$mm，混凝土强度等级为 C30，钢筋采用 HRB400。构件的计算长度 $l_0=4.4$m。求：钢筋的截面面积 A_s 及 A'_s。

【解】(1) 几何参数和材料参数

因混凝土强度等级为 C30，取 $\varepsilon_{cu}=0.0033$，$\beta_1=0.8$，$\alpha_1=1.0$，$f_c=14.3\text{N/mm}^2$

HRB400 级钢筋，$f_y=360\text{N/mm}^2$，$f'_y=360\text{N/mm}^2$，$E_s=2.0\times10^5\text{N/mm}^2$，$\xi_b=0.518$，$h_0=560$mm

(2) 判别大小偏心

$$e_0=M/N=4.58\text{mm},\ e_a=20\text{mm}$$

$$e_i=e_0+e_a=24.58\text{mm}$$

因 $e_i=24.58<0.3h_0$（$=0.3\times560=168$mm）

故初步按小偏心受压进行计算。

(3) 小偏心受压配筋计算

先取 $A_s=\rho_{min}bh=0.002\times400\times600=480\text{mm}^2$

$$e'=h/2-e_i-a'_s=300-24.58-40=235.42\text{mm}$$

$$e=e_i+h/2-a_s=24.58+300-40=284.58\text{mm}$$

由式（6-23）得：

$$\begin{aligned}\sigma_s&=\frac{f_y}{\xi_b-\beta_1}\left(\frac{x}{h_0}-\beta_1\right)\\&=\frac{360}{0.518-0.8}\left(\frac{x}{560}-0.8\right)\end{aligned}\tag{a}$$

将 A_s 和式（a）代入式（6-22）：

$$Ne'\leqslant\alpha_1 f_c bx\left(\frac{x}{2}-a'_s\right)-\sigma_s A_s(h_0-a'_s)$$

得：

$$5.28\times10^6\times235.42=1.0\times14.3\times400x\times(0.5x-40)+1276.6\times\left(\frac{x}{560}-0.8\right)\times480\times520$$

$$2860x^2+340199x-1497823488=0$$

解得：$x=667\text{mm}>h=600\text{mm}$

取 $x=h$，$\sigma_s=-f'_y$

由式（6-21）求 A'_s：

$$\begin{aligned}A'_s&=\frac{Ne-\alpha_1 f_c bh(h_0-0.5h)}{f'_y(h_0-a'_s)}\\&=\frac{5.28\times10^6\times284.58-1.0\times14.3\times400\times600\times(560-300)}{360\times(560-40)}=3260\text{mm}^2\end{aligned}$$

再由式（6-20）求 A_s：

$$\begin{aligned}A_s&=\frac{N-\alpha_1 f_c bh-f'_y A'_s}{f'_y}\\&=\frac{5.28\times10^6-14.3\times400\times600}{360}-3260=1873\text{mm}^2\end{aligned}$$

（4）反向压坏验算

对于小偏心受压构件，为了防止破坏开始于离轴向力较远一侧，尚应用式（6-26）进行验算。

$$e'=\frac{h}{2}-a'_s-(e_0-e_a)=\frac{600}{2}-40-(4.58-20)=275.42\text{mm}$$

$$Ne'=5.28\times10^6\times275.42=1454217600\text{N}\cdot\text{mm}$$

$$\begin{aligned}&\alpha_1 f_c bh\left(h'_0-\frac{h}{2}\right)+f'_y A_s(h'_0-a_s)\\&=1.0\times14.3\times400\times600\times(560-300)+360\times1873\times(560-40)=1242945600\text{N}\cdot\text{mm}\end{aligned}$$

计算结果表明：

$$Ne'>\alpha_1 f_c bh\left(h'_0-\frac{h}{2}\right)+f'_y A_s(h'_0-a_s)$$

因此，按下式确定所需受拉钢筋数量：

$$A_s=\frac{Ne'-\alpha_1 f_c bh(h'_0-0.5h)}{f'_y(h'_0-a_s)}$$

$$=\frac{Ne'-\alpha_1 f_c bh(h'_0-0.5h)}{f'_y(h'_0-a_s)}=\frac{1454217600-1.0\times14.3\times400\times600\times(560-300)}{360\times(560-40)}$$

$$=3002\text{mm}^2$$

(5) 选配筋

A_s 选用 4Φ32（$A'_s=3217\text{mm}^2$），A'_s 选用 4Φ32（$A'_s=3217\text{mm}^2$）

全截面配筋率：

$$\rho=\frac{A_s+A'_s}{bh}\times100\%=\frac{3217\times2}{400\times600}\times100\%=2.68\%>\rho_{min}=0.55\%$$

$$<\rho_{max}=5\%$$

箍筋按构造要求选用。

6.3.5 矩形截面对称配筋计算方法

在实际工程中，偏心受压构件在不同的荷载组合下，可能承受相反方向的弯矩，当其数值相差不大时，或即使数值相差较大，为了构造简单和施工方便，经常采用对称配筋的方式。装配式柱为了保证吊装不会出错，一般也采用对称配筋。即令 $A_s=A'_s$，对于 HRB400 级、RRB400 级、HRBF400 级及其以下的钢筋，$f_y=f'_y$；对于 HRB500 级和 HRBF500 级钢筋，$f_y\neq f'_y$。

(1) 判别大小偏心

由 $N\leqslant\alpha_1 f_c bx+f'_yA'_s-f_yA_s$ 可得：

$$x=\frac{N-(f'_y-f_y)A_s}{\alpha_1 f_c b} \tag{6-34}$$

近似用 $f_yA_s=f'_yA'_s$ 代入上式，可得：

$$x=\frac{N}{\alpha_1 f_c b} \tag{6-35}$$

若 $x\leqslant\xi_b h_0$，为大偏心受压；若 $x>\xi_b h_0$，则为小偏心受压。

(2) 大偏心受压构件

若 $2a'_s\leqslant x\leqslant\xi_b h_0$，对 A_s 合力中心取矩，可得：

$$A_s=A'_s=\frac{N(e_i+h/2-a_s)-\alpha_1 f_c bx(h_0-x/2)}{f'_y(h_0-a'_s)} \tag{6-36}$$

将按式（6-35）求得的 x 代入上式，即得 A_s 和 A'_s。

如 $x<2a'_s$，可按与不对称配筋方法一样处理，来确定 A_s 和 A'_s。

(3) 小偏心受压构件

由于是对称配筋，即有 $A_s=A'_s$。将式（6-23）代入式（6-20），并取 $x=\xi h_0$，得：

$$N=\alpha_1 f_c bh_0\xi+f'_yA'_s-f_y\frac{\xi-\beta_1}{\xi_b-\beta_1}A'_s$$

即

$$A'_s=\frac{N-\alpha_1 f_c bh_0\xi}{f'_y-f_y\dfrac{\xi-\beta_1}{\xi_b-\beta_1}}$$

将 A'_s 代入式（6-21）得：

$$Ne\left(f'_y-f_y\frac{\xi-\beta_1}{\xi_b-\beta_1}\right)=\alpha_1 f_c bh_0^2\xi(1-0.5\xi)\left(f'_y-f_y\frac{\xi-\beta_1}{\xi_b-\beta_1}\right)+f'_y(N-\alpha_1 f_c bh_0\xi)(h_0-a'_s) \tag{6-37}$$

对于 HRB400 级、RRB400 级、HRBF400 级及其以下的钢筋，$f_y=f'_y$，上式可简化为：

$$Ne\left(\frac{\xi_b-\xi}{\xi_b-\beta_1}\right)=\alpha_1 f_c bh_0^2\xi(1-0.5\xi)\left(\frac{\xi_b-\xi}{\xi_b-\beta_1}\right)+(N-\alpha_1 f_c bh_0\xi)(h_0-a'_s) \tag{6-38}$$

由式（6-37）和式（6-38）可知，求 ξ 需要解三次方程，计算十分不便，为了满足手算需要，对于式（6-38）可采用下列简化方法：

令：

$$y=\xi(1-0.5\xi)\frac{\xi_b-\xi}{\xi_b-\beta_1} \tag{6-39}$$

则式（6-38）化为：

$$\frac{Ne}{\alpha_1 f_c bh_0^2}\left(\frac{\xi_b-\xi}{\xi_b-\beta_1}\right)-\left(\frac{N}{\alpha_1 f_c bh_0^2}-\frac{\xi}{h_0}\right)(h_0-a'_s)=y \tag{6-40}$$

对于给定钢筋级别，混凝土强度等级已知，则由式（6-39）可画出 y 与 ξ_b 的关系曲线，在小偏心受压区段内，y 与 ξ_b 接近于直线关系。y-ξ 的线性方程可近似取为：

$$y=0.43\frac{\xi_b-\xi}{\xi_b-\beta_1} \tag{6-41}$$

将式（6-41）代入式（6-40）经整理后可得到求解的近似公式：

$$\xi=\frac{N-\xi_b\alpha_1 f_c bh_0}{\dfrac{Ne-0.43\alpha_1 f_c bh_0^2}{(\beta_1-\xi_b)(h_0-a'_s)}+\alpha_1 f_c bh_0}+\xi_b \tag{6-42}$$

将 ξ 代入式（6-21）即可求得钢筋截面面积：

$$A_s=A'_s=\frac{Ne-\xi(1-0.5\xi)\alpha_1 f_c bh_0^2}{f'_y(h_0-a'_s)} \tag{6-43}$$

为了简化计算，现行规范规定上述关于对称配筋小偏心受压的钢筋混凝土构件近似计算方法可适用于所有钢筋级别。

对称配筋截面的承载力复核可按不对称配筋的方法进行，但要取 $A_s=A'_s$。

【例题 6-10】 已知：同例题 6-5，要求设计成对称配筋。求：钢筋截面面积 $A_s=A'_s$。

【解】 由例题 6-5 可知，该构件属于大偏心受压的情况。

由式（6-34）得：

$$x=\frac{N}{\alpha_1 f_c b}=\frac{60\times10^4}{1.0\times14.3\times300}=139.9\text{mm}$$

$$A_s=A'_s=\frac{N(e_i+h/2-a_s)-\alpha_1 f_c bx(h_0-x/2)}{f'_y(h_0-a'_s)}$$

$$=\frac{60\times10^4\times710-1.0\times14.3\times300\times139.9\times(360-139.9/2)}{360\times(360-40)}=2187\text{mm}^2$$

每侧配 2Φ25+2Φ28 的钢筋（$A_s=A'_s=2214\text{mm}^2$）。

垂直于弯矩作用方向按构造要求各设置 1Φ12 的纵向构造钢筋。

全截面配筋率为：

$$\rho=\frac{A_s}{bh}=\frac{2214\times2+113.1\times2}{300\times400}=3.88\%<5\%$$

本题与例题 6-5 比较可以看出，当采用对称配筋时，受力钢筋用量要多一些。

例题 6-5 中：$A_s+A'_s=2463+1741=4204\text{mm}^2$

本例题中：$A_s+A'_s=2214+2214=4428\text{mm}^2$

【例题 6-11】 一矩形截面受压构件，尺寸 $b=300\text{mm}$，$h=500\text{mm}$，荷载作用下产生的截面轴向压力设计值 $N=13\times10^4\text{N}$，两端弯矩设计值分别为 $M_1=M_2=21\times10^4\text{N}\cdot\text{m}$，该柱计算长度 $l_0=4.5\text{m}$，混凝土强度等级 C30，纵向钢筋 HRB400，设计使用年限为 50 年，环境类别为一类。试按对称配筋方法确定 A_s、A'_s。

【解】（1）材料强度和几何参数

C30 混凝土，$\varepsilon_{cu}=0.0033$，$\beta_1=0.8$，$\alpha_1=1.0$，$f_c=14.3\text{N/mm}^2$

HRB400 级钢筋，$f_y=f'_y=360\text{N/mm}^2$，$E_s=2.0\times10^5\text{N/mm}^2$，$\xi_b=0.518$

$a_s=a'_s=40\text{mm}$，$h_0=h-a_s=500-40=460\text{mm}$

（2）计算考虑二阶效应后的弯矩设计值

因 $M_1/M_2=1.0>0.9$，应考虑附加弯矩的影响。

$$C_m=0.7+0.3M_1/M_2=1.0$$

$$\zeta_c=\frac{0.5f_cA}{N}=\frac{0.5\times14.3\times300\times500}{13\times10^4}=8.25>1.0\text{，取 }\zeta_c=1.0$$

$$e_a=\max\begin{cases}h/30=16.67\\20\end{cases}\text{，取 }e_a=20\text{mm}$$

$$\begin{aligned}\eta_{ns}&=1+\frac{1}{1300(M_2/N+e_a)/h_0}\left(\frac{l_0}{h}\right)^2\zeta_c\\&=1+\frac{460}{1300[(210\times10^6)/(130\times10^3)+20]}\left(\frac{4500}{500}\right)^2\times1.0\\&=1.02\end{aligned}$$

考虑挠曲影响后的弯矩设计值为：

$$M=C_m\eta_{ns}M_2=1.0\times1.02\times210=214.2\text{kN}\cdot\text{m}$$

（3）求 e_i，判别大小偏心

$$e_0=\frac{M}{N}=\frac{214.2\times10^6}{130\times10^3}=1647.7\text{mm}$$

$$e_i=e_0+e_a=1647.7+20=1667.7\text{mm}>0.3h_0=138\text{mm}$$

因此可初步按大偏心受压进行计算。

（4）计算 A_s、A'_s

$$x=\frac{N}{\alpha_1f_cb}=\frac{130\times10^3}{1.0\times14.3\times300}=30.3\text{mm}<2a'_s=80\text{mm}$$

按式（6-30）计算所需钢筋数量：

$$A_s=A'_s=\frac{N\left(e_i-\dfrac{h}{2}+a'_s\right)}{f_y(h_0-a'_s)}$$

$$=\frac{130\times10^{3}\times(1667.7-250+40)}{360\times420}=1253.3\text{mm}$$

每边选用 4Φ20 的钢筋（$A_s=A'_s=1256\text{mm}^2$），全部纵筋配筋率：

$$\rho=\frac{A_s+A'_s}{bh}=1.67\%>0.55\%，满足要求。$$

【例题 6-12】 已知：$N=440\times10^4\text{N}$，$M=44\times10^4\text{N}\cdot\text{m}$，$b\times h=400\times700\text{mm}^2$，$a_s=a'_s=40\text{mm}$，混凝土强度等级为 C30，钢筋采用 HRB500，构件的计算长度 $l_0=5\text{m}$，要求设计成对称配筋。求：钢筋截面面积 $A_s=A'_s$。

【解】

$$e_0=\frac{M}{N}=\frac{44\times10^4}{44\times10^5}=100\text{mm}$$

因 $h/30=23\text{mm}$，取 $e_a=23\text{mm}$，则 $e_i=e_0+e_a=100+23=123\text{mm}$

$$e_i=123<0.3h_0=198\text{mm}$$

初步按大偏心受压构件进行计算。

$$e=e_i+h/2-a_s=123+700/2-40=433\text{mm}$$

又因混凝土强度等级为 C30，取 $\varepsilon_{cu}=0.0033$，$\beta_1=0.8$，$\alpha_1=1.0$；钢筋采用 HRB500，$f_y=435\text{N/mm}^2$，$f'_y=410\text{N/mm}^2$，$\xi_b=0.482$。

采用式（6-34）初步判别大小偏心［因 A_s 未知，暂不考虑（f'_y-f_y）A_s 项］：

$$x=\frac{N}{\alpha_1 f_c b}=\frac{440\times10^4}{1.0\times14.3\times400}=769\text{mm}>x_b\ (=0.482\times660=318\text{mm})$$

按小偏心受压情况计算所需钢筋面积。

由式（6-42）求 ξ：

$$\xi=\frac{N-\xi_b\alpha_1 f_c bh_0}{\dfrac{Ne-0.43\alpha_1 f_c bh_0^2}{(\beta_1-\xi_b)(h_0-a'_s)}+\alpha_1 f_c bh_0}+\xi_b$$

$$=\frac{44\times10^5-0.482\times1.0\times14.3\times400\times660}{\dfrac{44\times10^5\times433-0.43\times1.0\times14.3\times400\times660^2}{(0.8-0.482)\times(660-40)}+1.0\times14.3\times400\times660}+0.482$$

$$=0.804$$

将 ξ 代入式（6-43）即可求得钢筋截面面积：

$$A_s=A'_s=\frac{Ne-\xi(1-0.5\xi)\alpha_1 f_c bh_0^2}{f'_y(h_0-a'_s)}$$

$$=\frac{44\times10^5\times433-0.804\times(1-0.5\times0.804)\times1.0\times14.3\times400\times660^2}{410\times(660-40)}$$

$$=2782\text{mm}^2$$

每侧选用 2Φ25+3Φ28（982+1847=2829mm²）。

6.3.6 T、I 形截面偏心受压构件正截面承载力计算

工业厂房等结构中通常需要较大尺寸的装配式柱，为了节省混凝土和减轻柱的自重，对于较大尺寸的装配式柱通常采用 T 或 I 形截面。T 或 I 形截面柱的正截面破坏形态和矩形截面相同，设计方法也相同，不同之处在于 T、I 形截面形状复杂。

1. 大偏心受压构件

(1) 计算公式及适用条件

大偏心受压构件的计算图形如图 6-21 所示，同样由静力平衡条件可列出其基本计算公式。

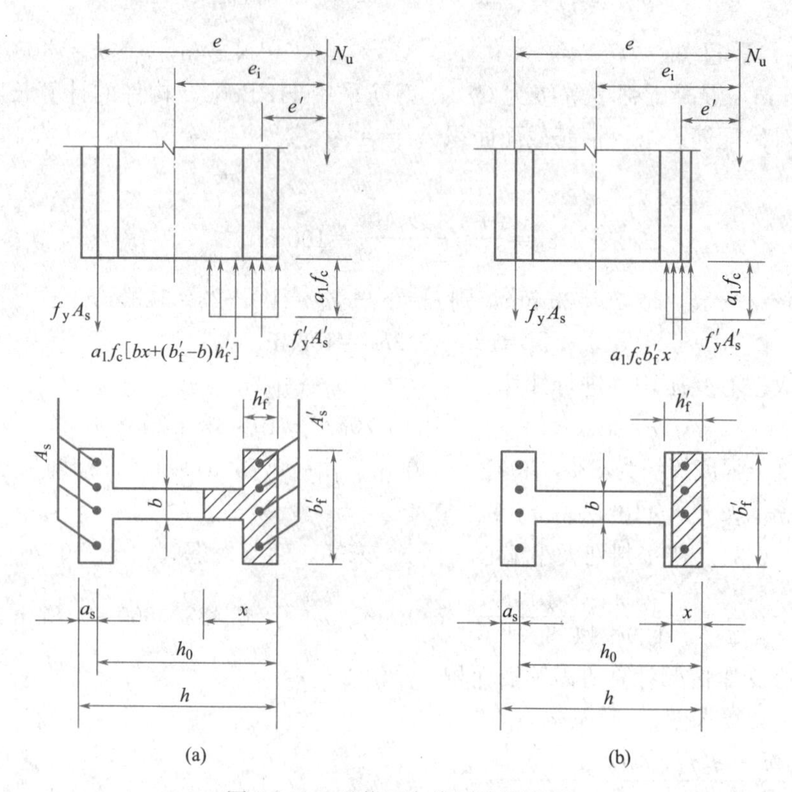

图 6-21　I形截面大偏压计算图形

当 $x \leqslant h'_f$ 时，可直接按宽度为 b'_f 的矩形截面用下列公式计算：

$$N \leqslant \alpha_1 f_c b'_f x + f'_y A'_s - f_y A_s \tag{6-44a}$$

$$Ne \leqslant \alpha_1 f_c b'_f x \left(h_0 - \frac{x}{2}\right) + f'_y A'_s (h_0 - a'_s) \tag{6-44b}$$

当 $x > h'_f$ 时，则应考虑腹板的受压作用，按下列公式计算：

$$N \leqslant \alpha_1 f_c [bx + (b'_f - b)h'_f] + f'_y A'_s - f_y A_s \tag{6-45a}$$

$$Ne \leqslant \alpha_1 f_c \left[bx\left(h_0 - \frac{x}{2}\right) + (b'_f - b)h'_f\left(h_0 - \frac{h'_f}{2}\right)\right] + f'_y A'_s (h_0 - a'_s) \tag{6-45b}$$

式中　h'_f、b'_f——分别为I形截面受压区翼缘高度和宽度。

为了保证上述计算公式中的受拉和受压钢筋能达到屈服强度，与矩形截面一样，应满足下列条件：

$$x \leqslant x_b \text{ 及 } x \geqslant 2a'_s$$

(2) 计算方法

在实际工程中，对称配筋的I形截面应用较多，下面仅介绍它的计算方法。将I形截面假想为宽度是 b'_f 的矩形截面。取 $f'_y A'_s = f_y A_s$，由式 (6-15) 得：

$$x=\frac{N}{\alpha_1 f_c b_f'} \tag{6-46}$$

按 x 值的不同，可分为以下三种情况：

① 当 $x>h_f'$，用式（6-45a）、式（6-45b）再加上 $f_y'A_s'=f_yA_s$，重新求 x，再求得钢筋面积，此时应验算适用条件 $x\leqslant x_b$。

② 当 $2a_s'\leqslant x<h_f'$ 时，用式（6-44a）、式（6-44b）再加上 $f_y'A_s'=f_yA_s$，即可求得钢筋面积。

③ 当 $x<2a_s'$ 时，类似于受弯构件，取 $x=2a_s'$，用下列公式计算所需钢筋数量：

$$A_s'=A_s=\frac{N\left(\eta e_i-\dfrac{h}{2}+a_s'\right)}{f_y(h_0-a_s')} \tag{6-47}$$

另外，不考虑受压钢筋 A_s' 按非对称配筋构件计算 A_s，然后同用式（6-47）算出来的 A_s 作比较，取小值配筋。

2. 小偏心受压构件

(1) 计算公式及适用条件

I形截面小偏心受压计算图形见图 6-22。由 $x>x_b$，故一般不会发生 $x<h_f'$，下面仅列出 $x\geqslant h_f'$ 的计算公式。

$$N\leqslant\alpha_1 f_c[bx+(b_f'-b)h_f']+f_y'A_s'-\sigma_sA_s \tag{6-48}$$

$$Ne\leqslant\alpha_1 f_c\left[bx\left(h_0-\frac{x}{2}\right)+(b_f'-b)h_f'\left(h_0-\frac{h_f'}{2}\right)\right]+f_y'A_s'(h_0-a_s') \tag{6-49}$$

当受压区计算高度 $x>h-h_f$ 时，应考虑翼缘的作用，用式（6-50）、式（6-51）进行计算：

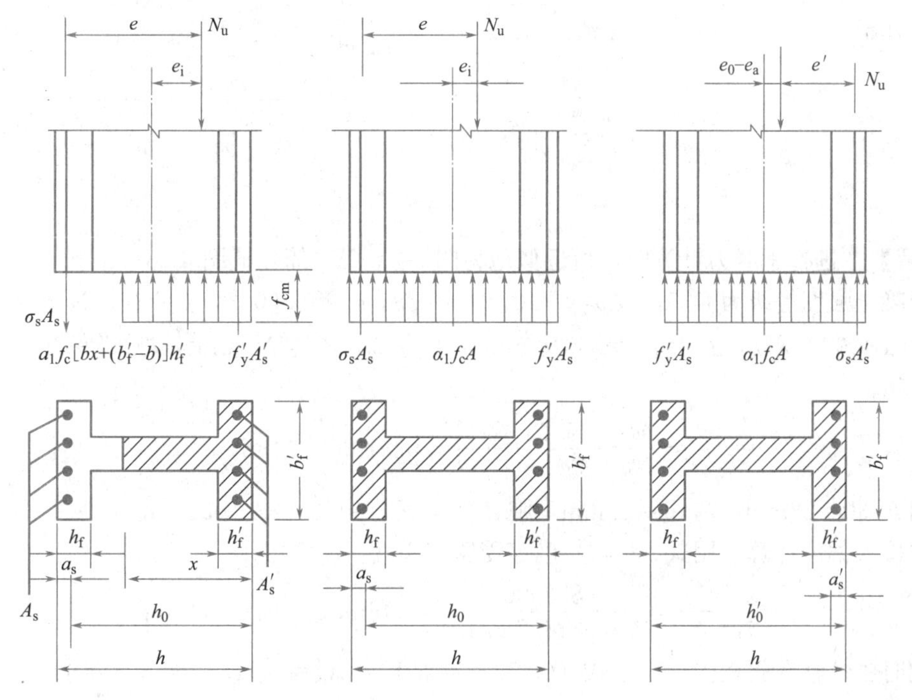

图 6-22 I形截面小偏压计算图形

$$N \leqslant \alpha_1 f_c[bx+(b'_f-b)h'_f+(b_f-b)(h_f+x-h)]+f'_yA'_s-\sigma_sA_s \tag{6-50}$$

$$Ne \leqslant \alpha_1 f_c\left[bx\left(h_0-\frac{x}{2}\right)+(b'_f-b)h'_f\left(h_0-\frac{h'_f}{2}\right)+(b_f-b)(h_f+x-h)\left(h_f-\frac{h_f+x-h}{2}-a_s\right)\right]+f'_yA'_s(h_0-a'_s) \tag{6-51}$$

式中 $x>h$ 时，取 $x=h$ 计算。σ_s 仍可近似用式（6-23）计算。

对于小偏心受压，为了防止破坏开始于远离轴向力一侧，尚应满足下列条件：

$$N\left[\frac{h}{2}-a'_s-(e_0-e_a)\right] \leqslant \alpha_1 f_c\left[bh\left(h'_0-\frac{h}{2}\right)+(b_f-b)h_f\left(h'_0-\frac{h_f}{2}\right)+(b'_f-b)h'_f\left(\frac{h'_f}{2}-a'_s\right)\right]+f'_yA'_s(h'_0-a_s) \tag{6-52}$$

小偏心受压构件的适用条件是：$x>x_b$。

（2）计算方法

I形截面对称配筋的计算方法与矩形截面对称配筋计算方法基本相同，可以采用近似计算方法。具体计算过程详见例题。

【例题 6-13】已知某单层工业厂房的I形截面柱，截面尺寸如图 6-23 所示，柱截面控制内力 $M_{max}=35.25\times10^4$N·m，$N=85.35\times10^4$N。混凝土强度等级 C35，钢筋采用 HRB400，对称配筋。构件的计算高度 $l_0=6.7$m。求：所需钢筋的截面面积 $A_s=A'_s$。

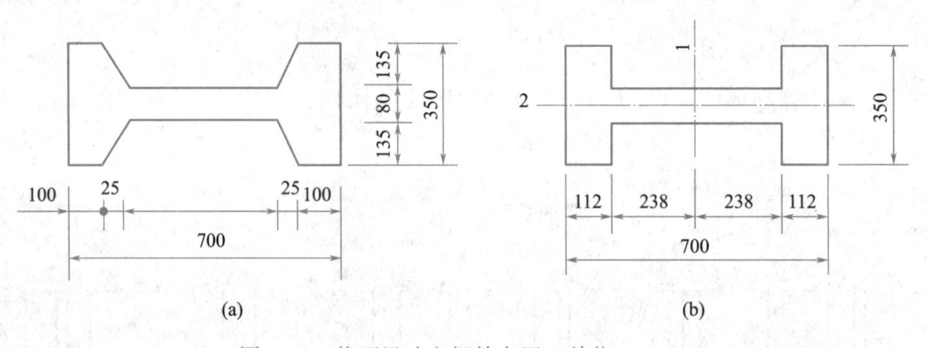

图 6-23　截面尺寸和钢筋布置（单位：mm）

【解】在进行承载力计算时，可近似地将图 6-23（a）简化成图 6-23（b）。

混凝土强度等级为 C35，故 $\alpha_1=1.0$，$\beta_1=0.8$，$\varepsilon_{cu}=0.0033$，$f_c=16.7\text{N/mm}^2$

HRB400 级钢筋，$f_y=f'_y=360\text{N/mm}^2$，$E_s=2.0\times10^5\text{N/mm}^2$，取 $a_s=a'_s=40$mm，$\xi_b=0.55$。

$$e_0=\frac{M}{N}=\frac{35.25\times10^4}{85.35\times10^4}=0.413\text{m}=413\text{mm}$$

因 $h/30=23$mm，取 $e_a=23$mm，则 $e_i=e_0+e_a=413+23=436$mm

先按大偏压计算，用式（6-46）确定受压区高度：

$$x=\frac{N}{\alpha_1 f_c b'_f}=\frac{853500}{1.0\times16.7\times350}=146\text{mm}>h'_f(=112\text{mm})$$

此时中性轴在腹板内，应由式（6-45a）再加上 $f'_yA'_s=f_yA_s$ 一项，重新求 x：

$$x=\frac{N-\alpha_1 f_c h_f'(b_f'-b)}{\alpha_1 f_c b}$$

$$=\frac{853500-1.0\times16.7\times112\times(350-80)}{1.0\times16.7\times80}$$

$$=261\text{mm}<x_b(=0.55\times660=363\text{mm})$$

$$>2a_s'(=70\text{mm})$$

可用大偏心受压公式计算钢筋：

$$e=e_i+\frac{h}{2}-a_s=436+350-40=746\text{mm}$$

由式（6-45b）及 $f_y'A_s'=f_yA_s$，求得：

$$A_s=A_s'=\frac{Ne-\alpha_1 f_c\left[bx\left(h_0-\frac{x}{2}\right)+(b_f'-b)h_f'\left(h_0-\frac{h_f'}{2}\right)\right]}{f_y(h_0-a_s')}$$

$$=\frac{853500\times746-1.0\times16.7\times\left[80\times261\times\left(660-\frac{261}{2}\right)+(350-80)\times112\times\left(660-\frac{112}{2}\right)\right]}{360\times620}$$

$$=659\text{mm}^2>\rho_{\min}[bh+(b_f-b)h_f]=0.002\times(80\times700+270\times112)=172\text{mm}^2$$

每边选用 3⌀18 的钢筋（$A_s=A_s'=763\text{mm}^2$）。

【例题 6-14】已知：同例题 6-13 的柱，柱截面控制内力 $M=24.8\times10^4\text{N}\cdot\text{m}$，$N_{\max}=151\times10^4\text{N}$。求：所需钢筋截面面积（对称配筋）。

【解】先按大偏心受压考虑：

$$x=\frac{N}{\alpha_1 f_c b_f'}=\frac{1510000}{1.0\times16.7\times350}=261\text{mm}>h_f'=112\text{mm}$$

此时中性轴在腹板内，应由式（6-45a）再加上 $f_y'A_s'=f_yA_s$ 一项，重新求 x：

$$x=\frac{N-\alpha_1 f_c h_f'(b_f'-b)}{\alpha_1 f_c b}$$

$$=\frac{1510000-1.0\times16.7\times112\times(350-80)}{1.0\times16.7\times80}$$

$$=752\text{mm}>x_b(=0.55\times660=363\text{mm})$$

应按小偏心受压公式计算钢筋：

$$e_0=\frac{M}{N}=\frac{24.8\times10^4}{151\times10^4}=0.164\text{m}=164\text{mm}$$

因 $h/30=23\text{mm}$，取 $e_a=23\text{mm}$，则 $e_i=e_0+e_a=164+23=187\text{mm}$

$$e=e_i+\frac{h}{2}-a_s=187+350-40=497\text{mm}$$

以下用近似公式法确定所需钢筋数量，对于 I 形截面求 ξ 的公式可改为下式：

$$\xi=\frac{N-\alpha_1 f_c bh_0-\alpha_1 f_c(b_f'-b)h_f'}{\frac{Ne-\alpha_1 f_c(b_f'-b)h_f'(h_0-h_f'/2)-0.43\alpha_1 f_c bh_0}{(\beta_1-\xi_b)(h_0-a_s')}+\alpha_1 f_c bh_0}+\xi_b$$

$$=0.583$$

$$x=\xi h_0=384\text{mm}<h-h_f=588\text{mm}$$

再将 x 得数据代入式（6-49），得：

$$Ne \leqslant \alpha_1 f_c \left[bx\left(h_0 - \frac{x}{2}\right) + (b'_f - b)h'_f\left(h_0 - \frac{h'_f}{2}\right)\right] + f'_y A'_s (h_0 - a'_s)$$

$$A_s = A'_s = \frac{Ne - \alpha_1 f_c \left[bx\left(h_0 - \frac{x}{2}\right) + (b'_f - b)h'_f\left(h_0 - \frac{h'_f}{2}\right)\right]}{f'_y (h_0 - a'_s)} = 718\text{mm}^2$$

6.4 双向偏心受力构件正截面承载力计算

前面所述偏心受压构件是指在截面的一个主轴方向有偏心的情况。当轴向压力在截面的两个主轴方向都有偏心或构件同时承受轴心压力及两个方向的弯矩作用时，这种构件称为双向偏心受压构件，如框架结构的角柱、管道支架及水塔的支柱等。

双向偏心受压构件截面的破坏形态与单向偏心受压构件正截面的破坏形态相似，也可分为大偏心受压（受拉破坏）和小偏心受压（受压破坏）。因此，双向偏心受压构件承载力计算采用的基本假定与单向偏心受压构件的一致。但有一点不同的是双向偏心受压构件正截面承载力计算时，其中和轴一般是倾斜的，与主轴有一个夹角，不与截面主轴相垂直。图 6-24 表示了双向偏压的混凝土受压区形状较为复杂，可能是三角形、梯形和多边形，同时钢筋的应力也不均匀，有的应力可达到其屈服强度，有的应力则较小，距中和轴越近，其应力越小。

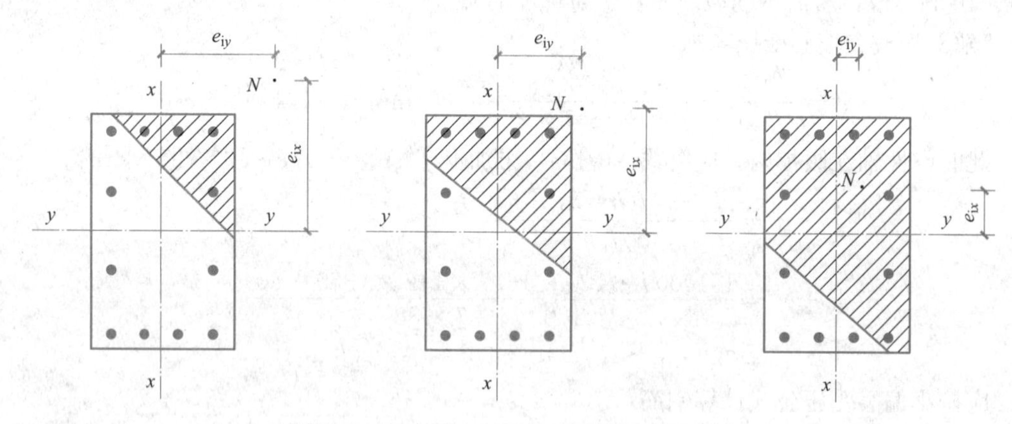

图 6-24　双向偏心受压的受压区形状示意图

6.4.1　一般计算方法

对截面具有两个互相垂直的对称轴的钢筋混凝土双向偏心受压构件截面如图 6-25 所示，受压构件在进行正截面承载力计算时，同样满足正截面计算的基本假定。截面设计时可以将截面沿两个主轴方向划分有限多个混凝土单元和纵向钢筋单元，并近似取单元应变和应力为均匀分布，其合力点在单元重心处；单元的应变符合平截面假定，因此可用下列公式确定：

$$\varepsilon_{ci} = \varphi_u [(x_{ci} \sin\theta + y_{ci} \cos\theta) - r] \tag{6-53}$$

$$\varepsilon_{sj} = -\varphi_u [(x_{sj} \sin\theta + y_{sj} \cos\theta) - r] \tag{6-54}$$

构件正截面承载力应按下列公式计算：

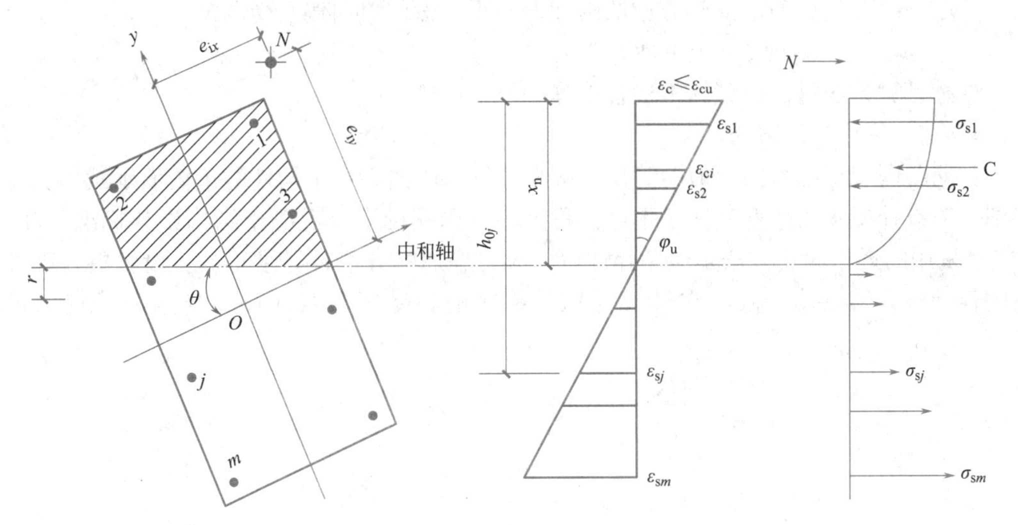

图 6-25　双向偏心受压截面示意图

$$N=\sum_{i=1}^{l}\sigma_{ci}A_{ci}+\sum_{j=1}^{m}\sigma_{sj}A_{sj} \tag{6-55}$$

$$Ne_{ix}\leqslant \sum_{i=1}^{l}\sigma_{ci}A_{ci}x_{ci}-\sum_{j=1}^{m}\sigma_{sj}A_{sj}x_{sj} \tag{6-56}$$

$$Ne_{iy}\leqslant \sum_{i=1}^{l}\sigma_{ci}A_{ci}y_{ci}-\sum_{j=1}^{m}\sigma_{sj}A_{sj}y_{sj} \tag{6-57}$$

$$e_{ix}=e_{\alpha x}+e_{ax} \tag{6-58}$$

$$e_{iy}=e_{oy}+e_{ay} \tag{6-59}$$

式中　ε_{ci}、σ_{ci}——第 i 个混凝土单元的应变、应力，受压时取正值，受拉时取应力 $\sigma_{ci}=0$；序号 i 为 1，2，…，l，l 为混凝土单元数；

A_{ci}——第 i 个混凝土单元的面积；

x_{ci}、y_{ci}——第 i 个混凝土单元的重心到 y 轴、x 轴的距离，x_{ci} 在 y 轴右侧及 y_{ci} 在 x 轴上侧时取正值；

x_{sj}、y_{sj}——第 j 个普通钢筋单元的重心到 y 轴、x 轴的距离，正负号同混凝土单元；

ε_{sj}、σ_{sj}——第 j 个普通钢筋单元的应变、应力，受拉时取正值，序号 j 为 1，2，…，m，m 为钢筋单元数；

A_{sj}——第 j 个普通钢筋单元的面积；

φ_u——截面达到极限状态时的截面曲率，$\varphi_u=\dfrac{\varepsilon_{cu}}{x_n}$，$\varepsilon_{cu}$ 为混凝土的极限压应变，我国规范取 $\varepsilon_{cu}=0.0033$，x_n 为中和轴到受压边缘的距离；

θ——中和轴与形心轴的夹角，顺时针为正；

$e_{\alpha x}$、e_{oy}——轴向压力对通过截面重心的 y 轴、x 轴的偏心距，即 $e_{\alpha x}=M_{\alpha x}/N$、$e_{oy}=M_{oy}/N$，$M_{\alpha x}$、$M_{oy}$ 分别为轴向压力在 x 轴、y 轴方向的弯矩设计值，即考虑二阶效应后的单向偏心的控制截面的弯矩设计值；

e_{ax}、e_{ay}——x 轴、y 轴方向的附加偏心距，参照单向偏心受压；

r——截面重心至中和轴的距离。

这种计算方法过于烦琐，不适宜手算。

6.4.2 近似计算方法

目前各国规范都采用近似的简化方法来计算双向偏心受压构件的正截面承载力，既能达到一般设计要求的精度又便于手算。我国现行国家标准《混凝土结构设计标准》GB/T 50010 采用的近似简化方法是应用弹性阶段应力叠加的方法推导求得的。设材料在弹性阶段的容许应力为 $[\sigma]$，截面在轴心受压、单向偏心受压和双向偏心受压的承载力可表示为：

$$\begin{cases} \dfrac{N_{u0}}{A_0} \leqslant [\sigma] \\ \dfrac{N_{ux}}{A_0} + \dfrac{N_{ux} e_{ix}}{W_{0x}} \leqslant [\sigma] \\ \dfrac{N_{uy}}{A_0} + \dfrac{N_{uy} e_{iy}}{W_{0y}} \leqslant [\sigma] \\ \dfrac{N_{uy}}{A_0} + \dfrac{N_{ux} e_{ix}}{W_{0x}} + \dfrac{N_{uy} e_{iy}}{W_{0y}} \leqslant [\sigma] \end{cases} \tag{6-60}$$

将式（6-60）中的轴向力移到公式左边，并将其中第二个方程和第三个方程相加，再与第一个方程相减，消去 $[\sigma]$ 项，可得双向偏心受压构件正截面承载力计算公式为：

$$N \leqslant \frac{1}{\dfrac{1}{N_{ux}} + \dfrac{1}{N_{uy}} - \dfrac{1}{N_{u0}}} \tag{6-61}$$

式中 N_{u0}——构件的截面轴心受压承载力设计值，按式（6-3）确定，但不考虑稳定系数 φ 和 0.9；

N_{ux}——轴向力作用于 x 轴并考虑相应的计算偏心距 e_{ix} 后，按全部纵向钢筋计算的构件偏心受压承载力设计值；当纵向普通钢筋沿截面两对边配置时，N_{ux} 可按现行国家标准《混凝土结构设计标准》GB/T 50010 第 6.2.17 条计算，即矩形截面偏心受压构件正截面受压承载力计算公式计算，或者按现行国家标准《混凝土结构设计标准》GB/T 50010 第 6.2.18 条计算，即 I 形截面偏心受压构件正截面受压承载力计算公式计算；当纵向普通钢筋沿截面腹部均匀配置时，N_{ux} 可按现行国家标准《混凝土结构设计标准》GB/T 50010 第 6.2.19 条的规定进行计算；

N_{uy}——轴向力作用于 y 轴并考虑相应的计算偏心距 e_{iy} 后，按全部纵向钢筋计算的构件偏心受压承载力设计值；N_{uy} 可采用与 N_{ux} 相同的计算方法。

当纵向钢筋沿截面两对边配置时，构件的偏心受压承载力设计值 N_{ux} 按单向偏心受压承载力计算的相关公式确定。构件的偏心受压承载力设计值 N_{uy} 采用与 N_{ux} 相同的方法计算。

设计时，一般先拟定构件的截面尺寸和钢筋布置方案，并假定材料处于弹性阶段，然后计算 N_{u0}、N_{ux} 和 N_{uy}，根据式（6-61）验算构件是否满足要求。如不满足要求，调整截面尺寸或者配筋重新计算，直到满足为止。

【例题 6-15】已知如图 6-26 所示的矩形截面柱，计算长度 $l_0=3.6\text{m}$，截面尺寸 $b\times h=400\text{mm}\times600\text{mm}$，配置 8Φ25 的 HRB400 级钢筋，混凝土采用 C30，轴向力 N 的偏心距 $e_{ox}=400\text{mm}$、$e_{oy}=100\text{mm}$，柱两端承受的弯矩相等，不考虑二阶效应。试求该柱轴向承载力的设计值。

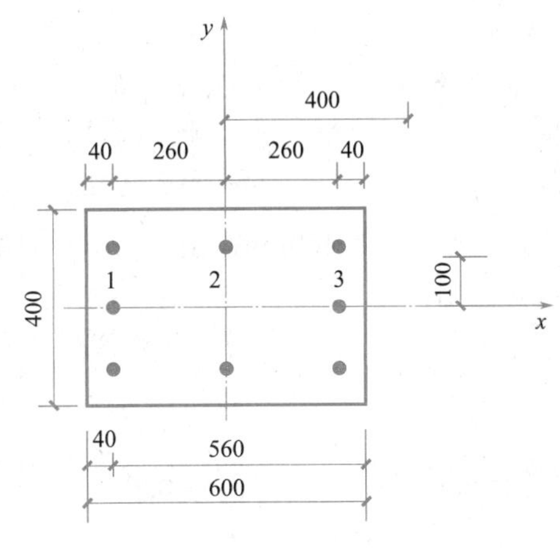

图 6-26 例题 6-15 图（单位：mm）

【解】（1）基本设计参数

C30 混凝土：$f_c=14.3\text{N/mm}^2$；HRB400 级钢筋：$f_y=f'_y=360\text{N/mm}^2$，1Φ25，$A'_s=491\text{mm}^2$；$a_s=a'_s=40\text{mm}$，$h_{01}=600-40=560\text{mm}$；$\beta_1=0.8$，$\xi_b=0.518$。

（2）N_{u0} 的计算

构件的截面轴心受压承载力设计值 N_{u0} 的计算，可按 $N=0.9\varphi(f_cA+f'_yA'_s)$ 计算，将 N 用 N_{u0} 代替，且不考虑稳定系数 φ 及系数 0.9，即：

$$N_{u0}=f_cA+f'_yA'_s=14.3\times400\times600+360\times3927=4845.7\text{kN}$$

（3）N_{ux} 的计算

$$e_{ox}=400\text{mm}$$

$$e_{ax}=\max\left\{20,\frac{600}{30}\right\}=20\text{mm}$$

$$e_{ix}=e_{ox}+e_{ax}=400+20=420\text{mm}$$

由于配置多排钢筋，取 $h_{02}=600-300=300\text{mm}$；设 $\sigma_{s1}=f_y$，$\sigma_{s3}=-f'_y$，则：

$$\sigma_{s2}=f_y\frac{x/h_{02}-0.8}{\xi_b-0.8}=360\times\frac{x/300-0.8}{0.518-0.8}=1021.28-4.26x$$

$$\begin{aligned}N_{ux}&=1.0\times14.3\times400x-360\times1473-(1021.28-4.26x)\times982+360\times1473\\&=9903.3x-1002896.96\end{aligned}$$

由公式 $N_{ux}e_{ix}=\alpha_1f_cbx\dfrac{h-x}{2}-\sum\limits_{i=1}^{3}\sigma_{ci}A_{ci}(0.5h-h_{0i})$，得：

$$\begin{aligned}N_{ux}\times420&=1.0\times14.3\times400x\times\frac{600-x}{2}-360\times1473\times(300-560)-\\&\quad(1021.28-4.26x)\times982\times(300-300)+360\times1473\times(300-40)\\&=-2860x^2+1716000x+275745600\end{aligned}$$

$$N_{ux}=-6.8x^2+4085.7x+656537.1$$

由两次求得的 N_{ux} 相等，整理得：$x^2+855.5x-244034.4=0$

解 x 的一元二次方程得：$x=225.7\text{mm}$，且大于 $2a'_s=80\text{mm}$，将 $x=225.7$ 回代。求出 $N_{ux}=1232.3\text{kN}$。

（4）N_{uy} 的计算

$$e_{oy}=100\text{mm}$$

$$e_{ay}=\max\left\{20,\frac{400}{30}\right\}=20\text{mm}$$

$$e_{iy}=e_{oy}+e_{ay}=100+20=120\text{mm}$$

假设受压边缘钢筋为 A_{s3}（3Φ25，$A_{s3}=1473\text{mm}^2$），且受压钢筋达到屈服强度 $\sigma_{s3}=-f'_y$；远离轴向力一侧的钢筋为 A_{s1}（3Φ25，$A_{s1}=1473\text{mm}^2$），受拉应力为 σ_{s1}；中间钢筋为 A_{s2}（2Φ25，$A_{s2}=982\text{mm}^2$），受压应力为 σ_{s2}；受压区混凝土高度为 y。$b=600\text{mm}$，$h=400\text{mm}$，$h_{01}=400-40=360\text{mm}$，$h_{02}=400-200=200\text{mm}$，$h_{03}=40\text{mm}$；则：

$$\sigma_{s1}=f_y\left(\frac{y/h_{02}-0.8}{\xi_b-0.8}\right)=360\times\frac{y/300-0.8}{0.518-0.8}=1021.28-3.55y$$

$$\sigma_{s2}=f_y\left(\frac{y/h_{02}-0.8}{\xi_b-0.8}\right)=360\times\frac{y/200-0.8}{0.518-0.8}=1021.28-6.38y$$

代入平衡方程：

$$N_{uyx}=\alpha_1 f_c by-\sum_{j=1}^{3}\sigma_{sj}A_{sj}=\alpha_1 f_c by+f'_y A_{s3}-\sigma_{s2}A_{s2}-\sigma_{s1}A_{s1}$$

整理得：

$$N_{uy}=20074.3y-1976962.4$$

代入平衡方程：

$$N_{uy}e_{iy}=\alpha_1 f_c by\left(\frac{h}{2}-\frac{y}{2}\right)+f'_y A_{s3}\left(\frac{h}{2}-h_{03}\right)-\sigma_{s2}A_{s2}\left(\frac{h}{2}-h_{02}\right)-\sigma_{s1}A_{s1}\left(\frac{h}{2}-h_{01}\right)$$

$$\begin{aligned}N_{uy}\times 120=&1.1\times 14.3\times 600y\times(200-0.5y)+360\times 1473\times(200-40)-\\&(1021.28-6.38y)\times 982\times(200-200)-(1021.28-3.55y)\times\\&1473\times(200-360)\end{aligned}$$

整理得：

$$N_{uy}=-35.73y^2+7327.8y+2712833.9$$

由两次求得的 N_{uy} 相等，得关于 y 的二次方程为：

$$y^2+356.5y-131183.1=0$$

解出：$y=225.5\text{mm}$，将 $y=225.5\text{mm}$ 代回得出 N_{uy}，即：

$$N_{uy}=2479.8\text{kN}$$

（5）求 N

$$N=\frac{1}{\dfrac{1}{N_{ux}}+\dfrac{1}{N_{uy}}-\dfrac{1}{N_{u0}}}=\frac{1}{\dfrac{1}{1232.3}+\dfrac{1}{2479.8}-\dfrac{1}{4845.7}}=703.7\text{kN}$$

6.5 偏心受压构件斜截面受剪承载力计算

对于承受较大水平力作用的框架柱，及有横向力作用下的桁架上弦压杆等，剪力对构件承载力的影响相对较大，必须予以考虑，即应进行斜截面受剪承载力计算。

试验研究表明，由于轴向压力能阻滞斜裂缝的出现和开展，增加混凝土剪压区高度，从而提高混凝土所承担的剪力，因此，轴向压力对构件的受剪承载力起有利作用。在一定程度上，能使构件的斜截面承载力有所提高，但当轴压比 $N/f_cbh=0.3\sim0.5$ 时，再增加压力将会转变为带有斜裂缝的小偏心受压破坏情况，斜截面承载力达到最大值。

通过试验资料分析和可靠度计算，对承受轴向力和横向力作用的矩形、T形和I形截面偏心受压构件其斜截面承载力应按下列公式计算：

$$V \leqslant \frac{1.75}{\lambda+1.0} f_t b h_0 + f_{yv} \frac{A_{sv}}{s} h_0 + 0.07N \tag{6-62}$$

式中 λ——偏心受压构件计算截面的剪跨比，取为 $M/(Vh_0)$；

N——轴向压力设计值；当 $N > 0.3f_cA$ 时，取 $N=0.3f_cA$，A 为构件的截面面积。

计算截面的剪跨比应按下列规定取用：

对于框架结构中的框架柱，当其反弯点在层高范围内时，可取 $\lambda=H_n/(2h_0)$；当 $\lambda<1$ 时，取 $\lambda=1$；当 $\lambda>3$ 时，取 $\lambda=3$；M 为计算截面上与剪力设计值 V 相应的弯矩设计值，H_n 为柱净高。对其他偏心受压构件，当承受均布荷载时，取 $\lambda=1.5$；当承受集中荷载时（包括多种荷载作用，且集中荷载对支座截面或节点边缘所产生的剪力值占总剪力值75%以上的情况），取 $\lambda=a/h_0$；当 $\lambda<1.5$ 时，$\lambda=1.5$；当 $\lambda>3$ 时，取 $\lambda=3$；此处，a 为集中荷载至支座或节点边缘的距离。

矩形、T形和I形截面的钢筋混凝土偏心受压构件，若符合下列要求时：

$$V \leqslant \frac{1.75}{\lambda+1.0} f_t b h_0 + 0.07N \tag{6-63}$$

则可不进行斜截面受剪承载力计算，但必须按构造配置箍筋。

为了防止构件截面发生斜压破坏（或腹板压坏），以及限制在使用阶段可能发生的斜裂缝宽度，对于矩形、T形和I形截面偏心受压构件，其受剪截面应符合下列规定：

（1）当 $h_w/b \leqslant 4$ 时：

$$V \leqslant 0.25\beta_c f_c b h_0 \tag{6-64}$$

（2）当 $h_w/b \geqslant 6$ 时：

$$V \leqslant 0.2\beta_c f_c b h_0 \tag{6-65}$$

（3）当 $4<h_w/b<6$ 时，按线性内插法确定其中系数。

式中，V 为构件截面上的最大剪力设计值；其他参数的取值参见第5章的介绍。

【例题6-16】某钢筋混凝土矩形截面偏心受压框架柱，设计使用年限为50年，环境类别为一类，$b \times h=400\text{mm} \times 600\text{mm}$，$H_n=3.0\text{m}$，$a_s=a_s'=40\text{mm}$。混凝土强度等级为C30（$f_t=1.43\text{N/mm}^2$，$\beta_c=1.0$），箍筋用HRB300级（$f_{yv}=270\text{N/mm}^2$），纵向钢筋用HRB400级。在柱端作用轴向压力设计值 $N=1500\text{kN}$，剪力设计值 $V=282\text{kN}$，试求所需箍筋数量。

【解】 $a_s=40\text{mm}$，$h_0=h-a_s=600\text{mm}-40\text{mm}=560\text{mm}$

（1）验算截面尺寸

$$h_w=h_0=560\text{mm}$$

$$h_w/b=560/400=1.4<4.0$$

$$V=280\text{kN} \leqslant 0.25\beta_c f_c b h_0=0.25 \times 1.0 \times 14.3 \times 400 \times 560=800.8\text{kN}$$

截面尺寸符合要求。

（2）验算截面是否需要按计算配置箍筋

$$\lambda=\frac{H_n}{2h_0}=\frac{3000}{2 \times 560}=2.68，1.0<\lambda<3.0$$

$$\frac{1.75}{\lambda+1}f_tbh_0=\frac{1.75}{2.68+1}\times1.43\times400\times560=152.3\text{kN}$$

$$0.3f_cA=0.3\times14.3\times400\times600=1029.6\text{kN}<N=1500\text{kN}$$

故取 $N=1029.6\text{kN}$。

$$\frac{1.75}{\lambda+1}f_tbh_0+0.07N=\frac{1.75}{2.68+1}\times1.43\times400\times560+0.07\times1029.6\times10^3$$

$$=224.4\text{kN}<282\text{kN}$$

截面尺寸满足要求，但应按计算配筋。

（3）配箍计算

由式（6-62）：

$$\frac{nA_{sv1}}{s}=\frac{V-\left(\frac{1.75}{\lambda+1}f_tbh_0+0.07N\right)}{f_{yv}h_0}=\frac{282\times10^3-224.4\times10^3}{270\times560}=0.381$$

采用ϕ 8@250 的双肢箍筋时：

$$\frac{nA_{sv1}}{s}=\frac{2\times50.3}{250}=0.402>0.381$$

满足要求。

6.6 均匀配筋、圆形和环形偏心受压构件承载力计算*

6.6.1 均匀配筋偏心受压构件承载力计算

均匀配筋的构件是指截面中除了在受压边缘和受拉边缘集中配置受压钢筋 A'_s 和受拉钢筋 A_s 外，在沿截面腹部配置纵向受力钢筋 A_{sw}。截面腹部均匀配置纵向普通钢筋的矩形、T 形或 I 形截面钢筋混凝土偏心受压构件，其正截面受压承载力符合正截面承载力计算的基本假定。可根据平截面假定，计算出截面任意位置上的应变，然后求出任意位置上的钢筋应力 σ_{si}。根据平衡方程就可以对均匀配筋构件承载能力进行计算（可参考 5.5.1 节均匀配筋矩形截面受弯构件承载力的计算）。但这种计算方法较烦琐，不便于设计应用，故作了必要的简化（图 6-27），其正截面受压承载力宜符合下列规定：

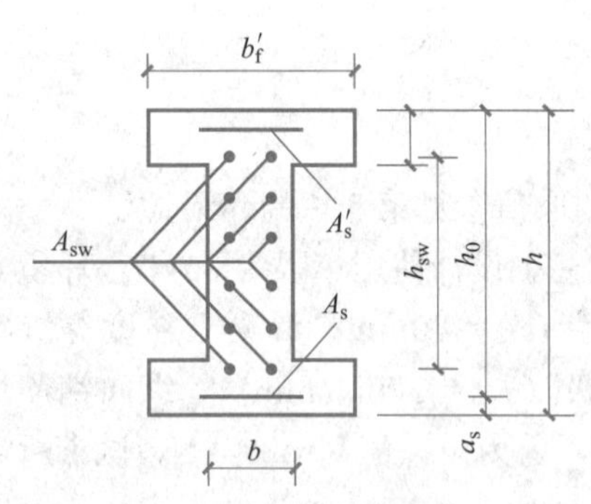

图 6-27 沿截面腹部均匀配筋的 I 形截面

$$N\leqslant\alpha_1f_c[\xi bh_0+(b'_f-b)h'_f]+f'_yA'_s-\sigma_sA_s+N_{sw}\tag{6-66}$$

$$Ne\leqslant\alpha_1f_c\left[\xi(1-0.5\xi)bh_0^2+(b'_f-b)h'_f\left(h_0-\frac{h'_f}{2}\right)\right]+f'_yA'_s(h_0-a'_s)+M_{sw}\tag{6-67}$$

均匀配筋的偏心受压构件截面的承载能力是在普通偏心受压构件承载力的基础上，增加了腹部配筋的承载力 N_{sw} 和 M_{sw}，可按下式简化计算：

$$N_{sw}=\left(1+\frac{\xi-\beta_1}{0.5\beta_1\omega}\right)f_{yw}A_{sw} \tag{6-68}$$

$$M_{sw}=\left[0.5-\left(\frac{\xi-\beta_1}{\beta_1\omega}\right)^2\right]f_{yw}A_{sw}h_{sw} \tag{6-69}$$

式中 A_{sw}——沿截面腹部均匀配置的全部纵向普通钢筋截面面积；

f_{sw}——沿截面腹部均匀配置的纵向钢筋强度设计值；

N_{sw}——沿截面腹部均匀配置的纵向钢筋所承担的轴向压力，当 ξ 大于 β_1 时，取 β_1 进行计算；

M_{sw}——沿截面腹部均匀配置的纵向普通钢筋的内力对 A_s 重心的力矩，当 ξ 大于 β_1 时，取 β_1 进行计算；

ω——均匀配置纵向普通钢筋区段的高度 h_{sw} 与截面有效高度 h_0 的比值，宜取 h_{sw} 为 $(h_0-a'_s)$。

沿截面腹部均匀配置纵向普通钢筋是沿截面腹部配置等直径、等间距的受力钢筋，且截面腹部均匀配置纵向普通钢筋的数量每侧不少于 4 根。均匀配筋的偏心受压构件与一般偏心受压构件相比，只是多了一项腹部纵筋的作用，其他与一般偏心受压构件完全相同。设计时，一般先按构造要求确定腹部钢筋的数量，然后按一般偏心受压构件计算。

6.6.2 环形截面偏心受压构件承载力计算

工程中的管柱、空心桩等构件为环形截面偏心受压构件，一般情况下纵向钢筋沿周边均匀布置，因此使得轴压、大小偏心受压的破坏界限不再明显，可采用统一的计算公式。沿周边均匀配筋的环形截面也可根据平截面假定计算出任意位置上的钢筋应力 σ_{si}，然后根据平衡条件计算截面承载力。这种计算方法工作量大，不便于设计应用，下面介绍简化计算公式。

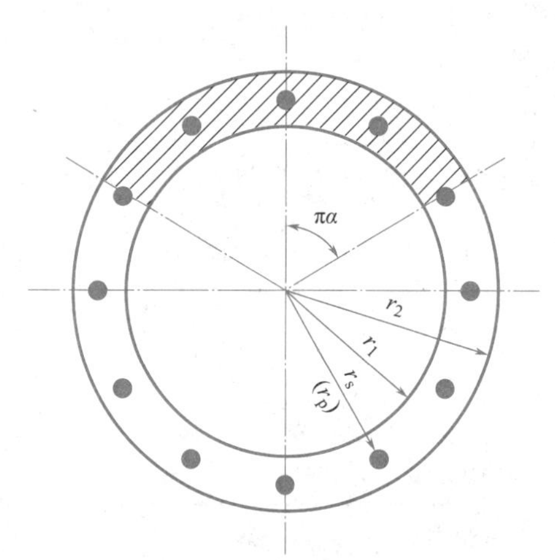

图 6-28 沿周边均匀配置纵向普通钢筋的环形截面

沿周边均匀配置纵向钢筋的环形截面偏心受压构件（图 6-28），其正截面受压承载力宜符合下列规定：

$$N\leqslant \alpha\alpha_1 f_c A+(\alpha-\alpha_t)f_y A_s \tag{6-70}$$

$$Ne_i\leqslant \alpha_1 f_c A(r_1+r_2)\frac{\sin\pi\alpha}{2\pi}+f_y A_s r_s\frac{\sin\pi\alpha+\sin\pi\alpha_t}{\pi} \tag{6-71}$$

上述各公式中的系数和偏心距，应按下列公式计算：

$$\alpha_t=1-1.5\alpha \tag{6-72}$$

$$e_i=e_0+e_a \tag{6-73}$$

式中 A——环形截面面积；

A_s——全部纵向普通钢筋的截面面积；

r_1、r_2——环形截面的内、外半径；

r_s——纵向普通钢筋重心所在圆周的半径；

e_0——轴向压力对截面重心的偏心距；

e_a——附加偏心距；

α——受压区混凝土截面面积与全截面面积的比值；

α_t——纵向受拉钢筋截面面积与全部纵向钢筋截面面积的比值，当 α 大于 2/3 时，取 α_t 为 0。

当 α 小于 $\arccos\left(\frac{2r_1}{r_1+r_2}\right)/\pi$ 时，环形截面偏心受压构件可按 6.6.3 节圆形截面偏心受压构件正截面受压承载力公式计算。

上述公式适用于截面内纵向钢筋数量不少于 6 根，且 r_1/r_2 不小于 0.5 的情况。

在承载力的计算公式中有 α 和 A_s 两个未知数，因此可以联立直接求解。但是解方程较为烦琐，不便于设计应用。因此设计时（特别是手算设计时）常采用先按照构造要求选定配筋率（即纵向钢筋面积），然后进行迭代计算的方法。具体计算步骤如下：

(1) 初步选定纵向钢筋配筋率 ρ，确定钢筋面积 A_s、直径和根数。

(2) 计算 α 和 α_t。将式（6-72）代入式（6-70），计算 α，即 $\alpha=\frac{N+f_yA_s}{\alpha_1 f_c A+2.5f_yA_s}$，$\alpha\leqslant 2/3$ 时，由 $\alpha_t=1-1.5\alpha$ 计算 α_t；当 $\alpha>2/3$ 时，$\alpha_t=0$，重新计算 α，即 $\alpha=\frac{N}{\alpha_1 f_c A+f_yA_s}$。

(3) 由式（6-71）计算 A_s，即 $A_s=\frac{Ne_i-\alpha_1 f_c A(r_1+r_2)\sin\pi\alpha/2\pi}{f_y r_s(\sin\pi\alpha+\sin\pi\alpha_t)/\pi}$。

(4) 用计算的 A_s，重复（2）～（3），直到计算的 A_s 和前一次计算的 A_s 比较接近时，停止计算，该 A_s 即为构件配筋。

6.6.3 圆形截面偏心受压构件承载力计算

圆形截面偏心受压构件承载力计算和环形截面相同，只是受压区混凝土的面积现状为弓形。沿周边均匀配置纵向普通钢筋的圆形截面（图 6-29），钢筋混凝土偏心受压构件的正截面受压承载力符合下列规定。

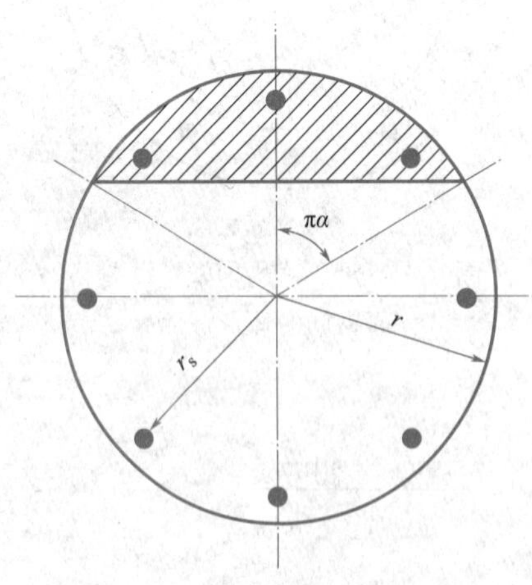

图 6-29 沿周边均匀配置纵向普通钢筋的圆形截面

$$N\leqslant \alpha\alpha_1 f_c A\left(1-\frac{\sin 2\pi\alpha}{2\pi\alpha}\right)+(\alpha-\alpha_t)f_yA_s \tag{6-74}$$

$$Ne_i\leqslant \frac{2}{3}\alpha_1 f_c A r\frac{\sin^3\pi\alpha}{\pi}+f_yA_s r_s\frac{\sin\pi\alpha+\sin\pi\alpha_t}{\pi} \tag{6-75}$$

$$\alpha_t=1.25-2\alpha \tag{6-76}$$

$$e_i=e_0+e_a \tag{6-77}$$

式中 A——圆形截面面积；

A_s——全部纵向普通钢筋的截面面积；

r——圆形截面的半径；

r_s——纵向普通钢筋重心所在圆周的半径；

e_0——轴向压力对截面重心的偏心距；

e_a——附加偏心距；

α——对应于受压区混凝土截面面积的圆心角（rad）与 2π 的比值；

α_t——纵向受拉钢筋截面面积与全部纵向钢筋截面面积的比值，当 α 大于 0.625 时，取 α_t 为 0。

为了避免应用式（6-74）求解 α 时出现超越方程，当 α 大于 0.3 时，可近似取受压区混凝土压力的合力 $C=\alpha\alpha_1 f_c A\left(1-\frac{\sin 2\pi\alpha}{2\pi\alpha}\right)=\alpha_1 f_c[1-2(\alpha-1)^2]A$，则式（6-74）可改写成：

$$N\leqslant\alpha_1 f_c[1-2(\alpha-1)^2]A+(\alpha-\alpha_t)f_y A_s \tag{6-78}$$

将 α_t 的表达式代入上式可得关于 α 的一元二次方程。

当 $\alpha\leqslant 0.625$ 时，为：

$$2\alpha_1 f_c A\alpha^2-(4\alpha_1 f_c A+3f_y A_s)\alpha+\alpha_1 f_c A+1.25f_y A_s+N=0 \tag{6-79}$$

当 $\alpha>0.625$ 时，为：

$$2\alpha_1 f_c A\alpha^2-(4\alpha_1 f_c A+f_y A_s)\alpha+\alpha_1 f_c A+N=0 \tag{6-80}$$

因为 A_s 和 α 都未知，设计时需要选取初始值，然后进行迭代计算。

6.7 构造要求

1. 截面形式和尺寸

为了便于制作模板、方便施工，钢筋混凝土受压构件的截面形式最常用的有：矩形和方形，有时也采用圆形或多边形。为了充分利用材料，对于偏心受压柱，通常采用矩形截面。剪力墙则可能为矩形、T 形或工字形截面形式。对于装配式柱，截面长边大于 600mm 的单层厂房柱多采用工字形截面，用离心法制造的管柱、桩及电杆等为环形截面。圆形截面主要用于桥墩、桩和公共建筑中的柱。

方形柱尺寸不宜小于 250mm×250mm。为了避免长细比过大，承载力降低过多，常取 $l_0/b\leqslant 30$ 或 $l_0/h\leqslant 25$，l_0 为柱的计算长度，b 为矩形截面短边边长，h 为长边边长。为施工支模方便，柱截面尺寸宜采用整数。边长在 800mm 以下时，以 50mm 为模数；800mm 以上时，以 100mm 为模数。

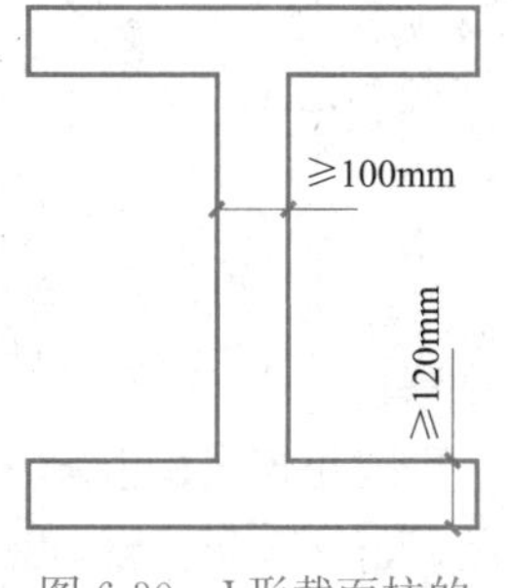

图 6-30　I 形截面柱的最小截面尺寸要求

对于 I 形截面柱，翼缘厚度不宜小于 120mm，如图 6-30 所示。翼缘过薄会使构件过早产生裂缝，同时在靠近柱角处的混凝土容易在车间生产过程中碰坏，影响柱的承载力和使用年限。腹板厚度不宜小于 100mm，否则浇捣混凝土困难。在地震区的 I 形截面柱，腹板宜再加厚些。此外，当腹板开孔时，宜在孔洞周边每边设置 2～3 根直径不小于 8mm 的加强钢筋，每个方向加强钢筋的截面面积不宜小于该方向被截断钢筋的截面面积。腹板开孔的 I 形截面柱，当孔的横向尺寸小于柱截面高度的一半、孔的竖向尺寸小于相邻两孔之间的净间距时，柱的刚度可按实腹 I 形截面柱计算，但在计算承载力时应扣除孔洞的削弱部分。当开孔尺寸超过上述规定时，柱的刚度和承载力应按双肢柱计算。

2. 材料强度要求

混凝土强度等级对受压构件的承载力影响较大。为了充分利用混凝土的受压性能，节约钢材，减小构件的截面尺寸，宜采用较高强度等级的混凝土。一般采用 C25、C30、C35、C40、C50、C55，对于高层建筑的底层柱，必要时可采用更高强度等级的混凝土。

受压构件的纵向受力普通钢筋应采用 HRB400、HRB500、HRBF400、HRBF500 级钢筋。箍筋宜采用 HPB300、HRB400、HRBF400、HBB500、HRBF500 级钢筋。

根据对钢筋产品标准的修改，不再限制钢筋材料的化学成分和制作工艺，而按性能确定钢筋的牌号和强度级别，并以相应的符号表达。现行国家标准《混凝土结构设计标准》GB/T 50010 提倡应用高强度、高性能钢筋。增加强度为 500MPa 级的热轧带肋钢筋，推广 400MPa、500MPa 级高强度热轧带肋钢筋作为纵向受力的主导钢筋，限制并逐步淘汰 335 级热轧带肋钢筋的应用，用 300MPa 级光圆钢筋取代 235MPa 级光圆钢筋。在规范过渡期及对施工既有结构进行设计时，235MPa 级光圆钢筋的设计值仍按原规范取值。推广具有较好的延性、可焊性、机械连接性能及施工适用性的 HRB 系列普通热轧带肋钢筋。列入采用控温轧制工艺生产的 HRBF 系列细晶粒带肋钢筋。

3. 纵筋要求

柱中纵向钢筋的直径 d 不宜小于 12mm。全部纵向钢筋的配筋率不宜大于 5%。对于矩形截面纵筋根数不得少于 4 根；圆形截面不宜少于 8 根，且不应少于 6 根，纵筋应沿截面周边均匀布置，如图 6-31（a）所示。当柱为垂直浇筑时，纵筋净距应不小于 50mm，且不宜大于 300mm，如图 6-31（b）所示；对水平浇筑的预制柱，其纵向钢筋的最小净距可按第 5 章中关于梁的规定取用，如图 6-31（c）所示；在偏心受压柱中，垂直于弯矩作用平面的侧面上的纵向受力钢筋以及轴心受压柱中各边的纵向受力钢筋，其中距不应大于 300mm，图中 d 为纵筋的最大直径。

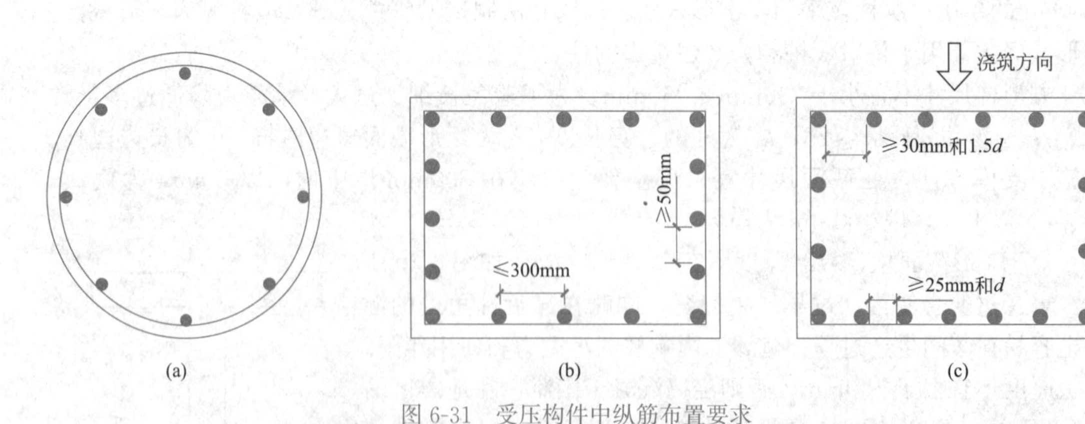

图 6-31　受压构件中纵筋布置要求

（a）圆形截面柱；（b）矩形截面柱竖向浇筑；（c）矩形截面柱水平浇筑

我国建筑结构混凝土构件的最小配筋率与其他国家相比明显偏低，随着我国经济实力的提高，历次规范修订最小配筋率设置水平不断提高。现行国家标准《混凝土结构设计标准》GB/T 50010 中，受拉钢筋最小配筋百分率采用配筋特征值 $45f_t/f_y$ 及配筋率常数限值 0.20%的双控方式。其中规范第 8.5.1 条所规定的受压构件纵向受力钢筋的最小配筋百分率见附表12。由于偏心受压构件存在着轴力和弯矩，纵向受力钢筋要求放置在弯矩作用方向的两侧边。偏心受压柱的截面高度不小于600mm时，在柱的侧面上应设置直径不小于10mm的纵向构造钢筋，并相应设置复合箍筋或拉筋。全部纵向受力钢筋的配筋率不应小于本书附表12中的最小配筋百分率。全部纵向受力钢筋的最小配筋百分率，对于强度级别为300MPa的钢筋为0.6%，对于强度级别为400MPa的钢筋为0.55%，对于强度级别为500MPa的钢筋为0.5%，且截面一侧纵向钢筋配筋率不应小于0.2%。规范之所以规定纵向受力钢筋的最小配筋率，主要是因为当配筋率过小时，虽然其对柱的承载力影响很小，但无法起到防止混凝土受压脆性破坏的作用。另外，混凝土的收缩和徐变会使得柱中的钢筋和混凝土之间产生内力重分布，混凝土的压应力逐渐减小，而钢筋的压应力逐渐增大，钢筋压应力的增长幅度随配筋率的减小而增大，如果配筋率过小，钢筋中的压应力在持续使用荷载作用下可能达到屈服强度。因此，为保证构件安全，必须规定最小配筋率限值。

在长期使用荷载作用下的受压构件突然卸载会导致构件回弹，但由于混凝土大部分徐变变形不可恢复，当荷载为零时，将使柱中钢筋受压而混凝土受拉，若柱的配筋率过大，则可能引起混凝土受拉开裂。另外，纵向受力钢筋过多时既不经济也不便于施工。因此现行国家标准《混凝土结构设计标准》GB/T 50010规定了柱中全部纵筋配筋率不宜超过5%。

当采用C60以上强度等级的混凝土时，受压构件全部纵向钢筋最小配筋百分率应按表中的规定增加0.10。特别需要注意的是，受压构件的全部纵向钢筋和一侧纵向钢筋的配筋率均应按构件的全截面面积计算。当钢筋沿构件截面周边布置时，“一侧纵向钢筋”系指沿受力方向两个对边中一边布置的纵向钢筋。

4. 箍筋要求

为了能使纵筋形成钢筋骨架，防止纵筋压曲，钢筋混凝土柱及其他受压构件中的周边箍筋应做成封闭式，柱中箍筋的形式如图6-32所示。箍筋直径不应小于$d/4$，且不应小于8mm，d为纵向钢筋的最大直径，其间距在绑扎骨架中不应大于$15d$（d为纵筋最小直径），且不应大于400mm，也不应大于构件横截面的短边尺寸。当柱中全部纵向受力钢筋的配筋率超过3%时，箍筋直径不应小于8mm，间距不应大于$10d$，且不应大于200mm，箍筋末端应做成135°的弯钩，弯钩末端平直段长度不应小于$10d$（d为箍筋直径）。

对于圆柱中的箍筋，搭接长度不应小于规范规定的受拉钢筋的锚固长度的要求，且末端应做成135°的弯钩，弯钩末端平直段长度不应小于$5d$，d为箍筋直径。

当柱截面短边大于400mm且各边纵向钢筋多于3根时，或当柱截面短边不大于400mm但各边纵向钢筋多于4根时，应设置复合箍筋，如图6-32（b）和（c）所示。设置柱内箍筋时，宜使纵筋每隔1根位于箍筋的转折点处。在纵筋搭接长度范围内，箍筋的直径不宜小于搭接钢筋直径的0.25倍；其箍筋间距不应大于$5d$，且不应大于100mm。d为搭接钢筋中的较小直径。当搭接受压钢筋直径大于25mm时，应在搭接接头两个端面外100mm范围内各设置两根箍筋。如图6-33所示，对于截面形状复杂的构件，不可采用具有内折角的箍筋，以避免产生向外的拉力，致使折角处的混凝土破损。

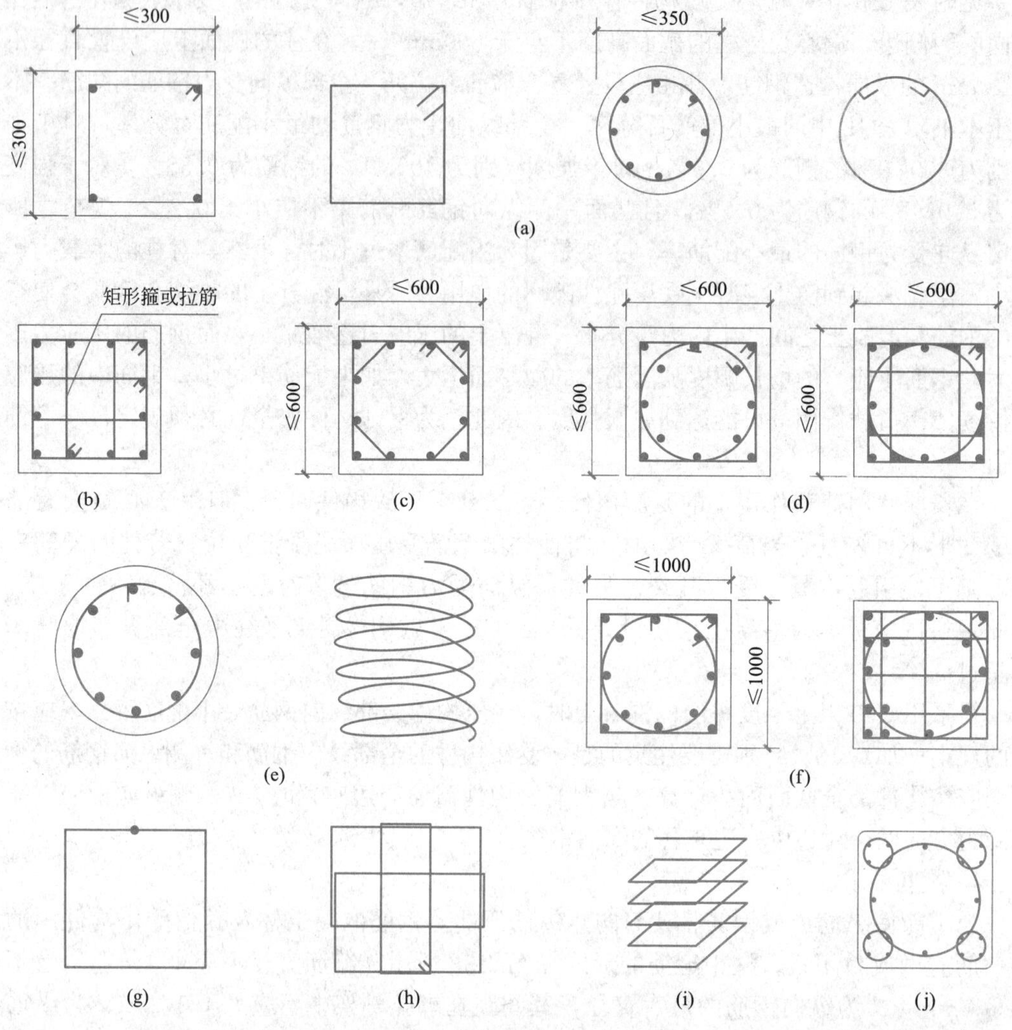

图 6-32 钢筋混凝土柱中箍筋的形式（单位：mm）
（a）普通箍；（b）井字形复合箍；（c）多边形复合箍；（d）圆形复合箍；（e）螺旋箍；（f）复合螺旋箍；（g）焊接封闭箍；（h）连续复合螺旋箍；（i）方形/矩形螺旋箍；（j）多螺旋箍

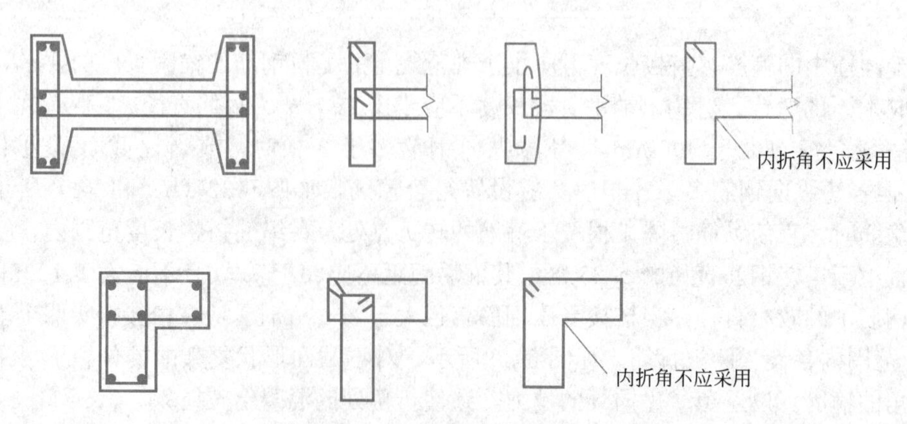

图 6-33 I 形、L 形截面箍筋形式

在配有螺旋式或焊接环式箍筋的柱中，若在正截面受压承载力计算中考虑间接钢筋的作用时，箍筋间距不应大于 80mm 及 $d_{cor}/5$，且不宜小于 40mm，d_{cor} 为按箍筋内表面确定的核心截面直径。

思 考 题

6-1 钢筋混凝土受压构件的纵筋和箍筋分别应该满足哪些构造规定？

6-2 轴心受压普通箍筋短柱和长柱的破坏形态有何不同？

6-3 在轴心受压柱中配置纵向钢筋的作用是什么？为什么要控制纵向钢筋的最小配筋率？

6-4 试述在普通钢箍柱中钢箍的作用，并分析与在螺旋钢箍柱中钢箍作用的不同之处。

6-5 试分析在轴心受压柱中，随荷载不断增加，纵向钢筋与混凝土的应力变化规律。

6-6 当在轴心受压柱中采用高强度钢筋时，其设计强度应如何取值？为什么？

6-7 轴心受压长柱的稳定系数 φ 如何确定？

6-8 长期荷载作用下普通钢筋混凝土轴心受压柱中钢筋和混凝土应力如何发生变化？

6-9 轴心受压普通箍筋柱与螺旋箍筋柱的正截面受压承载力计算有何不同？

6-10 分别简述偏心受压短柱和长柱的破坏形态。

6-11 何谓偏心受压构件的受拉破坏？何谓受压破坏？各自发生的条件和破坏特征是什么？

6-12 如何判断大、小偏心受压破坏？

6-13 如何建立大偏心受压正截面承载力计算公式？该公式应满足哪些适用条件？

6-14 如何建立小偏心受压正截面承载力计算公式？该公式应满足哪些适用条件？

6-15 简述矩形截面大偏心受压构件不对称配筋计算方法。

6-16 简述矩形截面大偏心受压构件对称配筋计算方法。

6-17 矩形截面小偏心受压构件不对称配筋和对称配筋计算方法分别与大偏心受压构件有何异同？

6-18 T形、I形截面偏心受压构件正截面承载力计算公式的建立、配筋计算方法与矩形截面有何异同？

6-19 截面尺寸和材料强度完全相同的大偏心受压构件和双筋受弯构件，如前者的 Ne 等于后者的 M。试问两种构件的 A_s' 和 A_s 是否相同？

6-20 试解释相关曲线 M_u-N_u 的含义。

6-21 偏心受压构件的斜截面受剪承载力与受弯构件有何异同？

6-22 偏心受力构件斜截面受剪承载力计算公式是根据什么破坏特征建立的？怎样防止出现其他破坏情况？

练 习 题

6-1 一两端铰接的轴心受压钢筋混凝土柱，柱高 7.2m，截面采用 400mm×400mm，承受设计轴向力 1850kN（包括自重），若采用 C20 混凝土及 HRB400 级钢筋，求纵向钢筋。

6-2 某多层房屋底层门厅现浇混凝土柱，柱高 5.2m，底端固定，上端铰接，截面尺寸为 300mm×300mm，采用 C30 混凝土，柱内配有 HRB400 级钢筋 4Φ16。现因建筑要求，将截面减小为 250mm×250mm。试问：①柱子的承受力为多大？②如不改变混凝土强度等级，需配置多少钢筋？③如不改变钢筋，混凝土强度等级需提高到多少？

6-3 已知某多层四跨现浇框架结构的第二层内柱，轴心压力设计值 $N=1600$kN，楼层高 $H=6.0$m，混凝土强度等级为 C30，纵筋采用 HRB400 级钢筋。柱截面尺寸为 350mm×350mm，求所需纵筋面积。

6-4 圆形截面现浇钢筋混凝土柱，直径为400mm，混凝土保护层厚度20mm。柱承受轴心压力设计值N=4480kN，计算长度l_0=4.8m，混凝土强度等级为C35，柱中纵筋和箍筋均采用HRB500级钢筋。试设计该柱截面。

6-5 钢筋混凝土偏心受压柱，截面尺寸为b=400mm，h=600mm，$a_s=a'_s$=45mm。柱承受轴向压力设计值N=4080kN，柱上下两端截面弯矩设计值M_1=85kN·m、M_2=115kN·m。柱挠曲变形为单曲率。弯矩作用平面内柱上下两端的支撑长度为6m；弯矩作用平面外柱的计算长度l_0=6m。混凝土强度等级为C40，纵筋采用HRB400级钢筋。求钢筋截面面积A_s和A'_s。

6-6 已知条件同练习题6-5，采用对称配筋，求A_s和A'_s。

6-7 钢筋混凝土偏心受压柱，截面尺寸为b=500mm，h=600mm，混凝土保护层厚度c=20mm，$a_s=a'_s$=40mm，柱承受轴心压力设计值N=2200kN，柱上下两端截面弯矩设计值M_1=530kN·m、M_2=545kN·m。柱挠曲变形为单曲率。弯矩作用平面内柱上下两端的支撑长度为4.5m；弯矩作用平面外柱的计算长度l_0=5.625m。混凝土强度等级为C35，纵筋采用HRB400级钢筋。采用对称配筋，求受拉和受压钢筋A_s、A'_s。

6-8 某钢筋混凝土柱，b=400mm，h=600mm，$a_s=a'_s$=40mm，采用C30混凝土，HRB400级钢筋，A'_s用4Φ22，A_s用4Φ20，已知荷载产生的偏心距e_0=520mm，试求该柱截面能承受的设计轴力。

6-9 I形截面钢筋混凝土偏心受压排架柱，截面尺寸为b=100mm，h=700mm，$b_f=b'_f$=400mm，$h_f=h'_f$=120mm，$a_s=a'_s$=40mm。下柱承受轴心压力设计值N=960kN，下柱两端截面弯矩设计值M_1=305kN·m、M_2=365kN·m。柱挠曲变形为单曲率。弯矩作用平面内柱上下两端的支撑长度为7.8m；弯矩作用平面外柱的计算长度l_0=7.8m。混凝土强度等级为C35，纵筋采用HRB400级钢筋。采用对称配筋，求受拉和受压钢筋A_s、A'_s。

6-10 已知条件同练习题6-9，下柱承受轴心压力设计值N=1520kN，下柱两端截面弯矩设计值M_1=185kN·m、M_2=235kN·m，采用对称配筋，求受拉和受压钢筋A_s、A'_s。

6-11 某矩形截面偏心受压构件截面尺寸为$b \times h$=400mm×600mm，$a_s=a'_s$=40mm。构件承受轴向压力设计值N_d=1200kN，弯矩设计值M_d=505kN·m。构件计算长度l_0=6.5m，混凝土强度等级为C35，纵向受力钢筋采用HRB400级钢筋，求所需的纵向钢筋截面面积。

第7章 混凝土结构受拉构件

【导读】

本章主要介绍混凝土受拉构件的设计原理和方法。包括轴心受拉构件的正截面承载力计算、大小偏心受拉构件的正截面承载力计算、偏心受拉构件的斜截面承载力计算以及受拉构件的基本构造要求。基本要求如下：

(1) 掌握轴心受拉构件的受力破坏过程及正截面承载力设计方法；(2) 掌握偏心受拉构件的受力破坏过程及大小偏心受拉构件的判别方法；(3) 掌握两类偏心受拉构件的正截面承载力设计方法；(4) 掌握偏心受拉构件斜截面承载力设计方法；(5) 了解受拉构件的一般构造要求。

7.1 概　　述

根据轴向拉力作用位置的不同，钢筋混凝土受拉构件可分为轴心受拉构件和偏心受拉构件。拉力作用线与构件截面线重合的构件，为轴心受拉构件；当拉力偏离构件截面形心作用，或构件上有轴向拉力和弯矩同时作用时，则为偏心受拉构件。在实际结构中，由于荷载的初始偏心和构件浇筑过程产生的不均匀性，轴心受力构件几乎是不存在的。但是考虑到轴心受力构件设计计算简便，拱和桁架等工程结构中的某些杆件仍可近似地按照轴心受力构件进行设计计算。实际工程中，钢筋混凝土桁架（图 7-1a）、有内压力的环形截面管壁、圆形储液池的池壁（图 7-1b）以及拱等，通常均按轴心受拉构件计算；矩形储液池的池壁（图 7-1c）、双肢柱的受拉肢，以及受地震作用的框架边柱等，均属于偏心受拉构件。

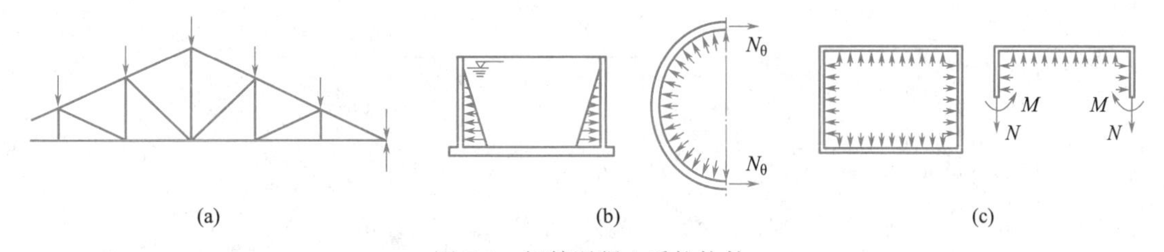

图 7-1　钢筋混凝土受拉构件

(a) 钢筋混凝土桁架；(b) 圆形储液池的池壁；(c) 矩形储液池的池壁

轴心受力构件中配有纵向钢筋和箍筋，纵向钢筋的作用是承受轴向拉力和轴向压力，箍筋用于固定纵向钢筋，使其在构件浇筑的过程中不发生错位。

7.2 轴心受拉构件正截面承载力计算

7.2.1 轴心受拉构件受力破坏过程

轴心受拉构件从开始加载到最终破坏，其受力破坏过程主要包括以下三个阶段。

1. 第Ⅰ阶段——开裂前（$0<N\leqslant N_{cr}$）

第Ⅰ阶段为加载开始到裂缝出现以前。构件在达到开裂荷载 N_{cr} 前，处于整体工作阶段，此时混凝土与钢筋共同受力，应力与应变大致呈正比，轴向拉力 N 与截面平均拉应变 ε_t 之间基本上呈线性关系。随着加载的不断进行，轴向拉力增大，混凝土很快达到极限拉应变，荷载达到开裂荷载 N_{cr}，即将出现裂缝。对于使用阶段不能够出现裂缝的构件，应以此受力状态作为抗裂验算的依据。

2. 第Ⅱ阶段——混凝土开裂后至受拉钢筋屈服前（$N_{cr}<N<N_u$）

在拉力 N 的作用下，首先在构件截面最薄弱处出现第一条裂缝，随着拉力的不断增加，陆续在一些截面上出现裂缝，逐渐形成图 7-2（b）所示的裂缝分布形式。当裂缝出现后，裂缝截面处的混凝土逐渐退出工作，此时，裂缝处的混凝土不再承受拉力，所有拉力均由纵向钢筋来承担。对于正常使用阶段允许出现裂缝的构件，应以此阶段作为裂缝宽度验算的依据。

3. 第Ⅲ阶段——受拉钢筋屈服到构件破坏（$N=N_u$）

构件某一裂缝截面的受拉钢筋应力首先达到屈服强度，随后裂缝迅速发展，荷载稍有增加甚至不增加，都会导致裂缝截面的全部钢筋达到屈服强度，可以认为构件达到了破坏状态，即达到极限荷载 N_u。纵向钢筋屈服后，拉力达到极限荷载（N_u）保持不变的情况下，构件变形继续增加，混凝土开裂严重，已经不再承受拉力，全部拉力由钢筋承受，直到最后发生破坏。轴心受拉构件的承载能力验算应以此时的应力状态为其承载能力极限状态。

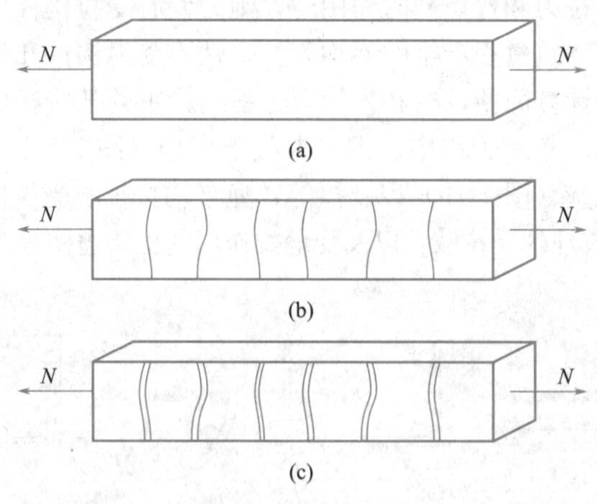

图 7-2　轴心受拉构件的三个破坏阶段

（a）第Ⅰ阶段；（b）第Ⅱ阶段；（c）第Ⅲ阶段

7.2.2　各阶段的应力和变形分析

图 7-3 所示为对称配筋的钢筋混凝土轴心受拉构件，裂缝出现前，钢筋和混凝土共同受力，可认为构件处于弹性阶段。在距构件端部一定距离的截面上，拉应变相等，变形协调；结合钢筋和混凝土材料受拉的应力-应变关系，可得如下方程：

变形协调条件：

$$\varepsilon_s=\varepsilon_c=\varepsilon \tag{7-1}$$

物理方程：

$$\sigma_s=E_s\varepsilon_s=E_s\varepsilon \tag{7-2a}$$

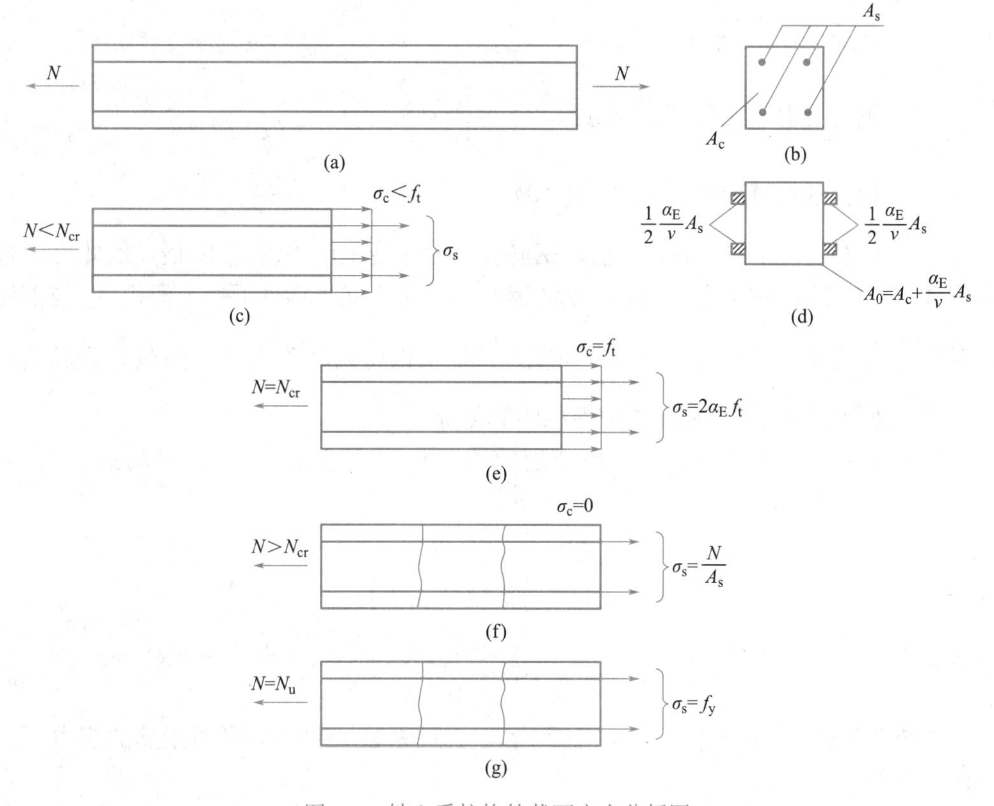

图 7-3 轴心受拉构件截面应力分析图

(a) 轴心受拉构件；(b) 截面；(c) 开裂前截面受力；(d) 换算截面；
(e) 开裂时截面受力；(f) 开裂后受力；(g) 极限拉力

$$\sigma_s = E'_c\varepsilon_c = \nu E_c\varepsilon_c = \nu E_c\varepsilon \tag{7-2b}$$

平衡方程：

$$N = \sigma_c A_c + \sigma_s A_s \tag{7-3}$$

式中 N——轴心受拉构件所受的轴向拉力；

A_s、A_c——轴心受拉构件中钢筋和混凝土的截面面积；

ε_s、ε_c——轴心受拉构件中钢筋和混凝土的拉应变；

σ_s、σ_c——轴心受拉构件中钢筋和混凝土的拉应力；

E_c、E'_c——混凝土的弹性模量和变形模量；

E_s——钢筋的弹性模量；

ε——受拉截面的应变；

ν——混凝土的弹性系数。

由式（7-2a）和式（7-2b）可知：

$$\sigma_s = \frac{E_s}{\nu E_c}\sigma_c = \frac{\alpha_E}{\nu}\sigma_c \tag{7-4}$$

将式（7-4）代入平衡方程式（7-3），得：

$$N = \sigma_c A_c + \sigma_s A_s = \sigma_c\left(A_c + \frac{\alpha_E}{\nu}A_s\right) = \sigma_c A_c\left(1 + \rho\frac{\alpha_E}{\nu}\right) = \sigma_c A_0 \tag{7-5}$$

式中　ρ——配筋率，$\rho=\dfrac{A_s}{A_c}$；

α_E——钢筋与混凝土的弹性模量比，$\alpha_E=\dfrac{E_s}{E_c}$；

A_0——构件的换算面积，如图 7-2（d）所示，$A_0=A_c+\dfrac{\alpha_E}{\nu}A_s$。

式（7-4）表明，在构件开裂之前，钢筋应力为混凝土应力的 α_E/ν 倍，因此可以将钢筋面积 A_s 换算成 α_E/ν 倍混凝土面积 A_c，其形心位置不变，构件混凝土面积 A_c 与钢筋的换算面积 $\dfrac{\alpha_E}{\nu}A_c$ 之和，即为构件的换算面积，这样可以将两种不同材料的截面看成单一混凝土截面，便于钢筋混凝土截面受力性能的简化分析。

根据式（7-5）和式（7-4），可得开裂前构件中混凝土应力 σ_c 和钢筋的应力 σ_s 分别为：

$$\sigma_c=\frac{N}{A_0}=\frac{N}{A_c\left(1+\rho\dfrac{\alpha_E}{\nu}\right)} \tag{7-6}$$

$$\sigma_s=\frac{\alpha_E}{\nu}\sigma_c=\frac{\alpha_E N}{A_c(\nu+\rho\alpha_E)} \tag{7-7}$$

构件即将开裂时，混凝土应力 σ_c 达到 f_t，弹性系数 $\nu=0.5$，此时钢筋的应力 $\sigma_{s,cr}$ 和开裂荷载 N_{cr}（图 7-2e）为：

$$\sigma_{s,cr}=\frac{\alpha_E}{\nu}f_t=2\alpha_E f_t \tag{7-8}$$

$$N_{cr}=f_tA_c(1+2\alpha_E\rho)=f_tA_c+2\alpha_E f_tA_s \tag{7-9}$$

开裂后，混凝土退出工作，裂缝截面处混凝土的拉应力为零，原来由混凝土承担的拉力将转移给钢筋，使钢筋的应力增加，其增加量为 $\Delta\sigma_s=\dfrac{f_tA_c}{A_s}=\dfrac{f_t}{\rho}$。

当钢筋应力增加至屈服强度 $\sigma_s=f_y$ 时，构件达到极限拉力 N_u，即：

$$N_u=f_yA_s \tag{7-10}$$

钢筋混凝土受拉构件开裂后，裂缝截面上混凝土退出工作，全部拉力由钢筋承担。但是，混凝土的存在使得裂缝间钢筋的应力减小，平均应变小于裂缝截面的应变（$\bar{\varepsilon}_s<\varepsilon_s$，裂缝截面的钢筋应变和裂缝间平均应变的比值称为裂缝间钢筋应变的不均匀系数 φ，可参见第 8 章），减小了构件的伸长量 Δ，即提高了构件的刚度，故称为受拉刚化效应。受弯构件的截面受拉区同样存在着这种现象，对提高构件的刚度和减小裂缝宽度都有重要作用。

【例题 7-1】有一钢筋混凝土轴心受拉构件，构件长 2000mm，截面尺寸 $b\times h=$ 300mm×300mm，配有纵筋 4Φ25，$A_s=1964$mm，已知所用的钢筋和混凝土受拉的应力-应变关系如图 7-4 所示。试计算：

（1）整个构件拉伸量 $\Delta l=0.1$mm 时，构件承受的拉力为多少？此时截面中的钢筋和混凝土的拉应力各为多少？

（2）构件即将开裂时的拉力为多少？此时截面中的钢筋和混凝土的拉应力又为多少？

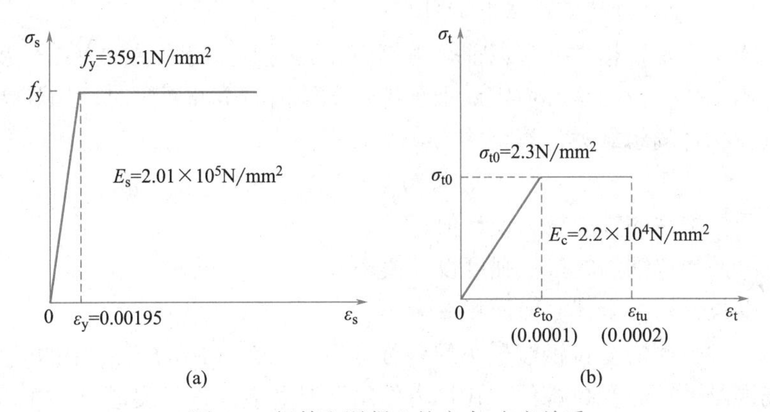

图 7-4 钢筋和混凝土的应力-应变关系

(a) 钢筋的应力-应变关系；(b) 混凝土的应力-应变关系

(3) 构件受拉破坏时的拉力为多少?

【解】

(1) 伸长量 $\Delta l = 0.1\text{mm}$ 时的拉伸应变为：

$$\varepsilon_t = \frac{\Delta l}{l} = \frac{0.1}{2000} = 0.00005，\varepsilon_t < \varepsilon_{t0} = 0.0001$$

构件受力处于弹性工作阶段。

$$\rho = A_s / A = 1964/90000 = 0.0218$$

$$\alpha_E = \frac{E_s}{E_c} = \frac{2.01 \times 10^5}{2.2 \times 10^4} = 9.14$$

$$A_0 = A(1 + \alpha_E \rho) = 90000 \times (1 + 9.14 \times 0.0218) = 107933\text{mm}^2$$

此时拉力：

$$N_t = E_c \varepsilon_t A_0 = 22000 \times 0.00005 \times 107933 = 118.73\text{kN}$$

混凝土拉应力：

$$\sigma_t = \frac{N_t}{A_0} = \frac{118730}{107933} = 1.1\text{N/mm}^2$$

钢筋拉应力：

$$\sigma_s = \alpha_E \sigma_t = 9.14 \times 1.1 = 10.05\text{N/mm}^2$$

(2) 构件即将开裂时，拉应变 $\varepsilon = \varepsilon_{t0} = 0.0001$。

此时混凝土拉应力：$\sigma_t = \sigma_{t0} = 2.3\text{N/mm}^2$

钢筋拉应力：

$$\sigma_s = 2\alpha_E \sigma_{t0} = 2 \times 9.14 \times 2.3 = 42.04\text{N/mm}^2$$

构件开裂的拉力：

$$N_{cr} = \sigma_{t0} A(1 + 2\alpha_E \rho) = 2.3 \times 90000 \times (1 + 2 \times 9.14 \times 0.0218) = 289.5\text{kN}$$

(3) 构件破坏时钢筋应力达到屈服强度。

$$\sigma_s = f_y = 359.1\text{N/mm}^2$$

则构件受拉破坏时的承载力为：

$$N_{tu} = f_y A_s = 359.1 \times 1964 = 705.3\text{kN}$$

7.2.3 轴心受拉构件正截面承载力计算

钢筋混凝土轴心受拉构件开裂以前，由钢筋和混凝土共同承受拉力；开裂以后，裂缝截面混凝土退出工作，拉力全部由钢筋来承担。受拉钢筋全部屈服时，构件达到其极限承载力。轴心受拉构件的承载力计算公式为：

$$N \leqslant N_u = f_y A_s \tag{7-11}$$

式中 N——受拉构件的轴向拉力设计值；

f_y——纵向受拉钢筋的抗拉强度设计值；

A_s——受拉钢筋的全部截面面积。

轴心受拉构件一侧的受拉钢筋最小配筋百分率取 0.20 和 $45f_t/f_y$ 中的较大值。

一般钢筋混凝土轴心受拉构件，在拉力作用下混凝土首先开裂退出工作后，钢筋承担全部拉力，钢筋应力虽然有突增，但仍小于其屈服强度。但是，若钢筋配置较少，混凝土开裂后，使得钢筋应力突然增大，达到屈服甚至进入强化阶段，导致构件拉断。因此，工程中对全部受拉钢筋最小面积进行了规定。

【例题 7-2】 某普通钢筋混凝土屋架下弦，安全等级为二级，截面为 $b \times h = 200\text{mm} \times 250\text{mm}$，承受轴心拉力设计值 $N = 350\text{kN}$，混凝土强度等级为 C30，纵向受力钢筋采用 HRB400 级，试求所需纵向受拉钢筋面积，并为其选用钢筋。

【解】 由附表 2 和附表 6 查得：$f_t = 1.43\text{N/mm}^2$，$f_y = 360\text{N/mm}^2$。

由式（7-11）可得纵向受拉钢筋截面面积为：

$$A_s \geqslant \frac{N}{f_y} = \frac{350 \times 10^3}{360} = 972\text{mm}^2$$

查附表 13 可知，下弦截面选用 4Φ18，配筋面积 $A_s = 1018\text{mm}^2$。

构件一侧配筋率验算：

$$\rho_{\min} = \max\left(0.2\%;\ 45\frac{f_t}{f_y}\%\right) = \max\left(0.2\%;\ 45\frac{1.43}{360}\%\right) = 0.2\%$$

$\rho = \dfrac{A_s}{A} = \dfrac{1018/2}{200 \times 250} = 1.02\% > \rho_{\min} = 0.2\%$，满足构造配筋要求。

7.3 偏心受拉构件正截面承载力计算

7.3.1 大小偏心受拉构件破坏形态

偏心受拉构件正截面承载力计算，按纵向拉力 N 作用点位置的不同，可分为大偏心受拉与小偏心受拉两种情况，当拉力 N 作用在钢筋 A_s 合力点及 A_s' 的合力点范围以外时，属于大偏心受拉的情况；当拉力 N 作用在钢筋 A_s 合力点及 A'_s 的合力点范围在以内时，属于小偏心受拉情况，如图 7-5 所示。

试验与分析结果表明：构件的受力和破坏特点与计算偏心距 e_0（纵向拉力 N 作用点距截面形心轴的距离）的大小有关。

1. 小偏心受拉破坏

小偏心受拉构件轴向拉力 N 的偏心距 e_0 较小$\left(0 < e_0 \leqslant \dfrac{h}{2} - a_s\right)$，轴向拉力的位置在

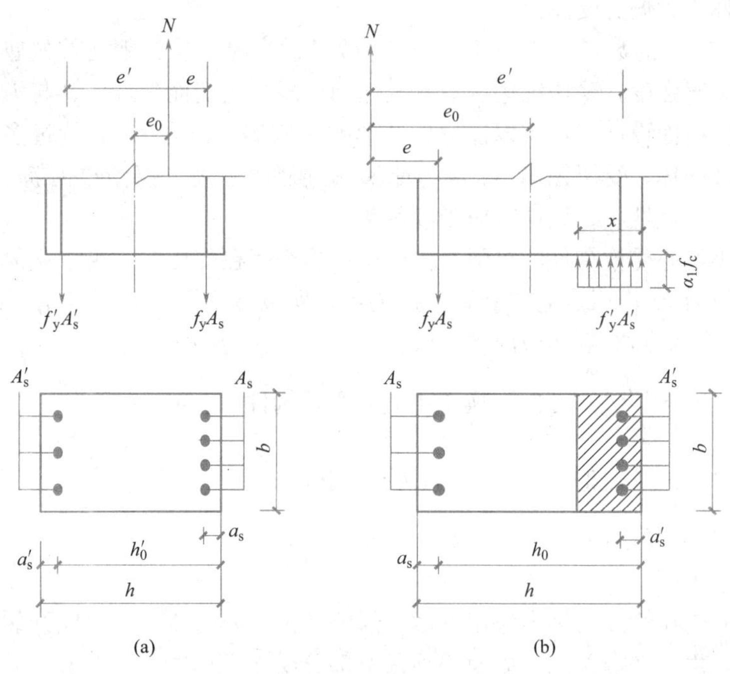

图 7-5 偏心受拉构件

(a) 小偏心受拉构件；(b) 大偏心受拉构件

A_s 合力点与 A'_s 合力点之间（图 7-5a），在轴向拉力 N 作用下，全截面受拉，靠近轴向拉力 N 一侧的钢筋 A_s 拉应力较大，远离轴向拉力 N 一侧的钢筋 A'_s 拉应力较小。随着轴向拉力 N 的增大，当轴向拉力 N 逐渐增大到一定数值时，离轴向拉力 N 较近一侧截面边缘的混凝土首先达到极限拉应变，则混凝土开裂，而且裂缝很快贯通整个截面，最后受拉钢筋 A_s 和 A'_s 均达到屈服强度，构件达到极限承载力而破坏。构件最终破坏时全截面混凝土裂缝贯通，仅仅由钢筋 A_s 和 A'_s 提供的拉力 f_yA 和 $f'_yA'_s$ 与外力 N 平衡，构件的破坏取决于 A_s 和 A'_s 的抗拉强度，这类情况称为小偏心受拉。其破坏特征与配筋方式有关。当采用非对称配筋时，只有当轴向拉力 N 作用于钢筋截面面积的"塑性中心"时，两侧纵向钢筋应力才会同时达到屈服强度，否则，轴向拉力近侧钢筋 A_s 的应力可以达到屈服强度，而远侧钢筋 A'_s 不屈服。如果采用对称配筋方式，则构件破坏时，只有轴向拉力近侧钢筋 A_s 的应力能达到屈服强度，另一侧钢筋 A'_s 的应力达不到屈服强度。

2. 大偏心受拉破坏

大偏心受拉构件轴向拉力 N 的偏心距 e_0 较大$\left(e_0>\dfrac{h}{2}-a_s\right)$，当纵向拉力 N 的作用点在 A_s 合力点外侧时（图 7-5b），截面为部分受拉部分受压，即靠近轴向拉力 N 一侧的钢筋 A_s 受拉，远离轴向拉力 N 一侧的钢筋 A'_s 受压。加载开始后，随着轴向拉力 N 的增大，裂缝首先从拉应力较大侧开始，但截面不会裂通，离轴向拉力较远一侧仍保留有受压区，否则对拉力 N 作用点取矩将不满足平衡条件。受拉区混凝土开裂后，裂缝不会贯通整个截面；随着荷载继续增加，受拉侧钢筋 A_s 达到屈服；受压侧混凝土达到极限压应变，受压钢筋 A'_s 达到屈服，构件达到极限承载力而破坏。构件截面 A_s 一侧受拉，A'_s 一侧受压，截面部分开裂不会贯通，构件的破坏取决于 A_s 的抗拉强度或混凝土受压区的抗压能力，这类情况称为大偏心受拉。

破坏特征与 A_s 的数量多少有关，当 A_s 数量适当时，受拉钢筋首先屈服，然后受压钢筋应力达到屈服强度，受压区边缘混凝土达到极限压应变而破坏，这与大偏心受压破坏特征类似。构件截面设计时，应以这种破坏形式为依据。而当 A_s 数量过多时，则首先是受压区混凝土被压坏，受压钢筋 A'_s 应力能够达到屈服强度，但受拉钢筋 A_s 不屈服，这种破坏形式具有脆性性质，设计时应予以避免。

综上，大小偏心受拉构件的界限是构件截面是否存在受压区。由于截面上受压区的存在与否与轴向拉力 N 作用点的位置有直接关系，所以在实际工程设计中，以轴向拉力 N 的作用点在 A_s 合力点与 A'_s 合力点之间或 A_s 之外，作为判定大小偏心受拉的界限，即。

(1) 当 $0 < e_0 \leqslant \frac{h}{2} - a_s$ 时，属于小偏心受拉构件；

(2) 当 $e_0 > \frac{h}{2} - a_s$ 时，属于大偏心受拉构件。

7.3.2 大偏心受拉构件正截面承载力计算

1. 基本计算公式

对于大偏心受拉情况，轴力作用下截面部分受拉部分受压。受拉区开裂后，裂缝不会贯通整个截面，由于平衡关系，截面必须保留部分受压区。图 7-6 表示矩形截面大偏心受拉构件达到承载能力极限状态时的截面应力情况。破坏特征与大偏心受压类似，破坏时钢筋 A_s 和 A'_s 分别达到抗拉和抗压屈服强度，压区边缘混凝土达到极限压应变。

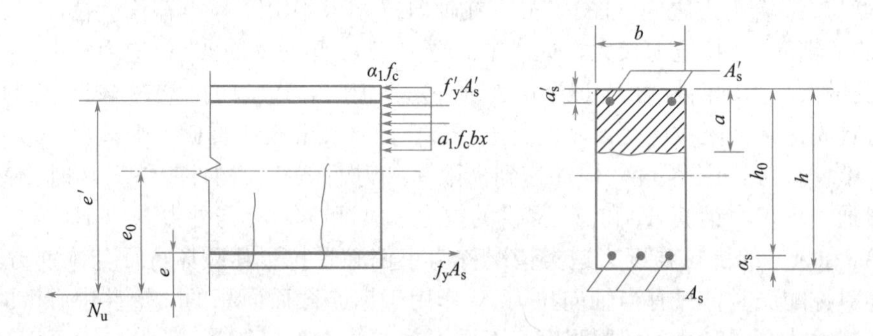

图 7-6 大偏心受拉计算图形

基本计算公式如下：

$$\sum N = 0 \qquad N \leqslant N_u = f_y A_s - f'_y A'_s - \alpha_1 f_c bx \tag{7-12}$$

$$\sum M_{A_s} = 0 \qquad Ne \leqslant N_u e = \alpha_1 f_c bx\left(h_0 - \frac{x}{2}\right) + f'_y A'_s (h_0 - a'_s) \tag{7-13}$$

$$e = e_0 - \frac{h}{2} + a_s \tag{7-14}$$

将 $x = \xi h_0$ 代入式 (7-12) 及式 (7-13)，并令 $\alpha_s = \xi(1 - 0.5\xi)$，则基本公式还可写成如下形式：

$$N \leqslant N_u = f_y A_s - f'_y A'_s - \alpha_1 f_c b h_0 \xi \tag{7-15}$$

$$Ne \leqslant N_u e = \alpha_1 f_c b h_0^2 \alpha_s + f'_y A'_s (h_0 - a'_s) \tag{7-16}$$

2. 适用条件

上述公式的适用条件是：

（1）满足 $x \leqslant x_b = \xi_b h_0$ 或 $\xi \leqslant \xi_b$，保证受拉钢筋 A_s 达到屈服强度 f_y；

（2）满足 $x \geqslant 2a'_s$，保证受压钢筋 A'_s 达到屈服强度 f'_y；

（3）满足 $A_s \geqslant \rho_{min} bh$，为满足单侧最小配筋率要求，其中 $\rho_{min} = \max\left(0.2\%；45\dfrac{f_t}{f_y}\%\right)$。

如果计算中出现 $x < 2a'_s$ 的情况，则和大偏心受压构件截面设计时相同，近似地取 $x = 2a'_s$，并对受压钢筋 A'_s 的合力点取矩，得：

$$Ne' \leqslant N_u e' = f_y A_s (h_0 - a'_s) \tag{7-17}$$

$$e' = e_0 + \frac{h}{2} - a'_s \tag{7-18}$$

式中 e'——轴向拉力作用点至受压区纵向钢筋 A'_s 合力点的距离。

7.3.3 小偏心受拉构件正截面承载力计算

1. 基本计算公式

在小偏心拉力作用下，破坏裂缝全截面贯通，拉力最后完全由钢筋来承担，见图 7-7。为了使钢筋应力在破坏时都能够达到屈服强度，设计时应使轴向拉力 N 与钢筋截面面积的“塑性中心”重合。于是，小偏心受拉构件截面应力计算图形中两侧钢筋的应力均取为 f_y。

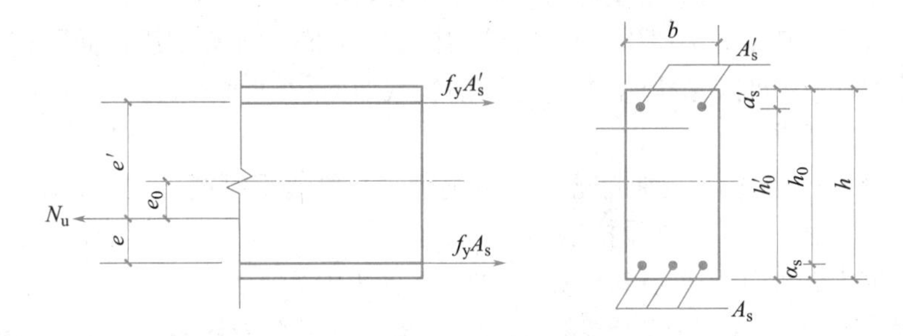

图 7-7 小偏心受拉计算图形

在这种情况下，不考虑混凝土的受拉工作，假定构件破坏时，钢筋 A_s 和 A'_s 的应力相继达到屈服强度。根据内外力分别对钢筋 A_s 和 A'_s 的合力点取矩的平衡条件，可得出下列公式：

$$Ne \leqslant N_u e = f_y A'_s (h_0 - a'_s) \tag{7-19}$$

$$Ne' \leqslant N_u e' = f_y A_s (h'_0 - a_s) \tag{7-20}$$

式中：

$$e = \frac{h}{2} - e_0 - a_s \tag{7-21}$$

$$e' = e_0 + \frac{h}{2} - a'_s \tag{7-22}$$

将 e 和 e' 代入式（7-19）和式（7-20），取 $M = Ne_0$，且取 $a_s = a'_s$，则可得：

$$A_s = \frac{N(h_0 - 2a'_s)}{2f_y(h_0 - a'_s)} + \frac{M}{f_y(h_0 - a'_s)} = \frac{N}{2f_y} + \frac{M}{f_y(h_0 - a'_s)} \tag{7-23}$$

$$A'_s=\frac{N(h_0-2a_s)}{2f_y(h_0-a'_s)}-\frac{M}{f_y(h_0-a'_s)}=\frac{N}{2f_y}-\frac{M}{f_y(h_0-a'_s)} \tag{7-24}$$

当采用对称配筋时，由 $f_yA_s=f'_yA'_s$，代入基本公式后，必然会得到 x 为负值，即属于 $x<2a'_s$的情况。为了达到内外力平衡，可按大偏心受压的相应情况类似处理，远离轴向力 N 一侧的钢筋 A'_s 达不到屈服强度，取 $x=2a'_s$，并对 A'_s 的合力点取矩和取 $A'_s=0$ 分别计算 A_s 值，最后取其中较小值配筋。在设计时可取：

$$A'_s=A_s=\frac{Ne'}{f_y(h_0-a'_s)} \tag{7-25}$$

由式（7-23）和式（7-24）可见，第一项代表轴向拉力 N 所需要的配筋、第二项反映了弯矩 M 对配筋的影响。显然，M 的存在使 A_s 增大，A'_s 减小。因此，在设计中如果有不同的内力组合（N，M）时，应按（N_{max}，M_{max}）的内力组合计算 A_s，而按（N_{max}，M_{min}）的内力组合计算 A'_s。

2. 适用条件

以上计算的配筋均应满足受拉钢筋最小配筋率的要求，即 $A_s\geqslant\rho_{min}bh$ 和 $A'_s\geqslant\rho_{min}bh$，其中 $\rho_{min}=\max\left(0.2\%;\ 45\frac{f_t}{f_y}\%\right)$。

7.3.4 偏心受拉构件正截面承载力计算的截面设计与复核

1. 截面设计

应用大、小偏心受拉基本公式进行截面设计时，取 $N=N_u$。

当采用对称配筋时，大小偏心受拉构件均按式（7-25）计算钢筋截面面积 A_s 和 A'_s。

当采用非对称配筋时，按以下方法计算钢筋截面面积 A_s 和 A'_s。

（1）大偏心受拉构件

截面设计分两种情况：一种情况是受拉钢筋 A_s 和受压钢筋 A_s 均未知；另一种情况是已知受压钢筋 A'_s，需要计算受拉钢筋 A_s。

情况 1：钢筋截面面积 A_s 和 A'_s 均未知，计算步骤如下：

① 在截面设计时，A_s 和 A'_s 均未知，加上 x，有三个未知数，需补充条件来进行求解。与双筋截面梁受弯承载力的计算方法类似，设计时为了使总用钢量（$A_s+A'_s$）最少，可取 $\xi=\xi_b(x=\xi_bh_0)$ 为计算的补充条件，然后代入基本公式（7-16）求 A'_s，即：

$$A'_s=\frac{Ne-\alpha_1f_cbh_0^2\alpha_{sb}}{f'_y(h_0-a'_s)}$$

其中：

$$\alpha_{sb}=\xi_b(1-0.5\xi_b)$$

② 将 $\xi_b=\xi(x_b=\xi_bh_0)$ 和 A'_s 及其他已知条件代入式（7-15）计算 A_s，即：

$$A_s=\frac{\alpha_1f_cbh_0\xi_b+f'_yA'_s+N}{f_y}$$

③ 两种钢筋的截面面积 A_s 和 A'_s 均应满足最小配筋率的要求。当 $A'_s<\rho_{min}bh$，则取 $A'_s=\rho_{min}bh$，改按情况 2 计算 A_s。

情况 2：已知受压钢筋截面面积 A'_s，计算受拉钢筋截面面积 A_s，计算步骤如下：

① 将已知条件代入公式（7-16），计算 α_s。

② 计算 ξ，即：

$$\xi = 1 - \sqrt{1 - 2\alpha_s}$$

③ 验算适用条件：

满足 $x \leqslant x_b = \xi_b h_0$ 或 $\xi \leqslant \xi_b$，保证受拉钢筋 A_s 达到屈服强度 f_y；

满足 $x \geqslant 2a'_s$ 或 $\xi \geqslant \frac{2a'_s}{h_0}$。

如果满足上述适用条件，则将 ξ、A'_s 及其他已知条件代入式（7-15），计算受拉钢筋截面面积 A_s，即：

$$A_s = \frac{\alpha_1 f_c b h_0 \xi_b + f'_y A'_s + N}{f_y}$$

同时应满足最小配筋率要求，$A_s \geqslant \rho_{min} bh$。

④ 如果 $\xi > \xi_b$，则说明受压钢筋数量不足，应该增加 A'_s 的数量，这时改为情况 1，按照 A_s 和 A'_s 均未知重新进行计算或者增加截面尺寸重新进行计算。

⑤ 如果 $x < 2a'_s$ 或 $\xi < \frac{2a'_s}{h_0}$，则说明受压钢筋过多，破坏时受压钢筋应力不能达到其屈服强度，可取 $x = 2a'_s$ 或 $\xi = \frac{2a'_s}{h_0}$，对受压钢筋 A'_s 的合理作用点取矩，可得：

$$Ne' \leqslant N_u e' = f_y A_s (h_0 - a'_s) \tag{7-26}$$

由上式可得 A_s，即：

$$A_s = \frac{Ne'}{f_y (h_0 - a'_s)}$$

（2）小偏心受拉构件

分别按照式（7-23）和式（7-24）计算 A_s 和 A'_s，且 A_s 和 A'_s 均应满足最小配筋率要求。

2. 截面复核

偏心受拉构件截面承载力复核时，已知截面尺寸 $b \times h$、截面配筋 A_s 和 A'_s、钢筋和混凝土强度等级、截面上作用的纵向拉力 N 和弯矩 M，要求验算构件是否满足截面受拉承载力的要求。

下面仅对大偏心受拉构件截面复核进行介绍。

① 如果 $2a'_s \leqslant x \leqslant x_b = \xi_b h_0$ 或 $\frac{2a'_s}{h_0} \leqslant \xi \leqslant \xi_b$，直接将 ξ 代入式（7-15）计算 N_u。

② 如果 $x < 2a'_s$ 或 $\xi < \frac{2a'_s}{h_0}$，则解出的 ξ 无效，按式（7-26）计算 N_u。

③ 如果 $\xi > \xi_b$ 或 $x > x_b = \xi_b h_0$，则说明受压钢筋数量不足，则可近似取 $\xi = \xi_b$，由式（7-15）和式（7-16）分别求出一个 N_u，并取两者中的最小值。

【例题 7-3】已知某矩形水池，壁厚为 300mm，通过内力分析，求得跨中水平方向每米宽度上最大弯矩设计值 $M = 240\text{kN} \cdot \text{m}$，相应的每米宽度上的轴向拉力设计值 $N = 480\text{kN}$（图 7-8）。该水池的混凝土强度等级为 C30，钢筋采用 HRB400。求：水池在该处需要的 A_s 和 A'_s 值。

【解】$b \times h = 1000\text{mm} \times 300\text{mm}$，按无侵蚀性静水浸没环境来考虑，取 $a_s = a'_s = 30\text{mm}$。

$$e_0 = \frac{M}{N} = 500\text{mm}$$

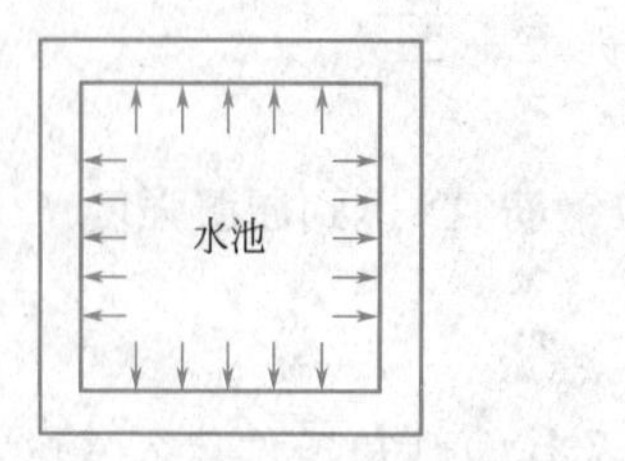

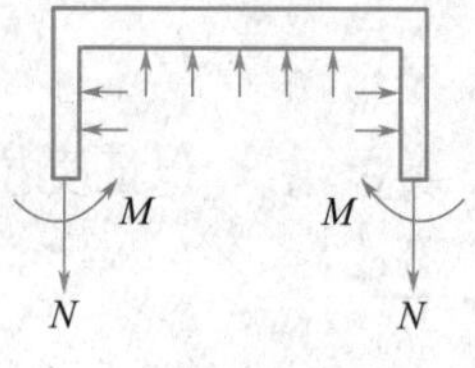

图 7-8 矩形水池池壁弯矩和拉力示意图

故为大偏心受拉。

$$e=e_0-\frac{h}{2}+a_s=380\text{mm}$$

$$e'=e_0+\frac{h}{2}-a'_s=620\text{mm}$$

为了使总用钢量（$A_s+A'_s$）最少，取 $x=x_b=0.518\times270=140\text{mm}$，按式（7-15）、式（7-16）确定所需钢筋数量：

$$A'_s=\frac{Ne-\xi_b(1-0.5\xi_b)\alpha_1 f_c bh_0^2}{f'_y(h_0-a'_s)}$$

$$=\frac{480000\times380-0.518\times(1-0.5\times0.518)\times1.0\times14.3\times1000\times270^2}{360\times(270-30)}<0$$

A'_s 应按最小配筋率配筋。取 $A'_s=\rho'_{\min}bh=0.002\times1000\times300=600\text{mm}^2$，选用Φ 10@130mm，$A'_s=603.8\text{mm}^2$。此时问题转化为已知 A'_s 求 A_s 的问题，直接将各已知数据代入式（7-13）求解 x。

$$Ne=\alpha_1 f_c bx\left(h_0-\frac{x}{2}\right)+f'_yA'_s(h_0-a'_s) \tag{a}$$

代入数据得：　$7.15x^2-3861x+130231.7=0$

解得：　$x=36\text{mm}<2a'_s$

取 $x=2a'_s$，并对 A'_s 的合力点取矩，可求得：

$$A_s=\frac{Ne'}{f_y(h_0-a'_s)}=\frac{480000\times620}{360\times240}=3444\text{mm}^2$$

另外，取 $A'_s=0$，由式（a）重新求得 $x=52.3\text{mm}$。再由式（7-15）重求 A_s 值：

$$A_s=\frac{N+\alpha_1 f_c bx}{f_y}=\frac{480000+1.0\times14.3\times1000\times52.3}{360}=3410\text{mm}^2$$

取其中较小者配筋。选用Φ 20@92mm（$A_s=3491\text{mm}^2$）。

7.4 偏心受拉构件斜截面承载力计算

一般的偏心受拉构件，在承受弯矩和拉力的同时，也存在着剪力，当剪力影响较大时，应进行斜截面承载力的计算。试验表明，拉力的存在有时会使斜截面贯穿全截面，从而降低构件的斜截面受剪承载力，降低的程度和轴向拉力的大小有关。通过试验资料分析，偏心受拉构件的斜截面受剪承载力可按下式计算：

$$V \leqslant \frac{1.75}{\lambda+1.0} f_t b h_0 + f_{yv} \frac{A_{sv}}{s} h_0 - 0.2N \tag{7-27}$$

式中 λ——偏心受拉构件计算截面剪跨比，按偏压构件的规定取用；

N——与剪力设计值 V 相应的轴向力设计值。

当式（7-27）右侧的计算值小于 $1.0 f_{yv} \frac{A_{sv}}{s} h_0$ 时，应取等于 $1.0 f_{yv} \frac{A_{sv}}{s} h_0$，且 $1.0 f_{yv} \frac{A_{sv}}{s} h_0$ 不得小于 $0.36 f_t b h_0$。

与偏心受压构件一样，受拉构件的受剪截面尺寸也应符合规范的相关要求。

【例题 7-4】 某钢筋混凝土偏心受拉构件，设计使用年限为 50 年，环境类别为一类，$b \times h = 200\text{mm} \times 250\text{mm}$，$a = 1.5\text{m}$。构件上作用轴向拉力设计值 $N = 65\text{kN}$，跨中承受集中荷载设计值为 120kN，混凝土强度等级为 C25（$f_t = 1.27\text{N/mm}^2$，$f_c = 11.9\text{N/mm}^2$，$\beta_c = 1.0$），箍筋用 HPB300 级（$f_{yv} = 270\text{N/mm}^2$），求箍筋的数量。

【解】 设 $a_s = a'_s = 40\text{mm}$，则有 $h_0 = 250 - 40 = 210\text{mm}$

（1）基本参数

$$N = 65\text{kN}$$

$$V = \frac{120}{2} = 60\text{kN}$$

$$M = 60 \times 1.5 = 90\text{kN} \cdot \text{m}$$

$$\lambda = \frac{a}{h_0} = \frac{1500}{210} = 7.14 > 3.0$$

取 $\lambda = 3.0$。

（2）验算截面尺寸

$$0.25\beta_c f_c b h_0 = 0.25 \times 1.0 \times 11.9 \times 200 \times 210 = 124.95\text{kN} > V = 60\text{kN}$$

截面尺寸符合要求。

（3）计算箍筋数量

由式（7-27）求箍筋的数量：

$$V_c = \frac{1.75}{\lambda+1} f_t b h_0 = \frac{1.75}{3+1} \times 1.27 \times 200 \times 210 = 23336\text{N} > 0.2N = 0.2 \times 65000 = 13000\text{N}$$

$$\frac{nA_{sv1}}{s} = \frac{V - V_c + 0.2N}{f_{yv} h_0} = \frac{60000 - 23336 + 13000}{270 \times 210} = 0.876$$

采用ϕ 10@150 的双肢箍筋时：

$$\frac{nA_{sv1}}{s} = \frac{2 \times 78.5}{150} = 1.05 > 0.876$$

满足要求。

7.5 受拉构件的构造要求

1. 纵向受力钢筋

（1）轴心受拉构件的受力钢筋，不应采用绑扎的搭接接头；

(2) 为了避免配筋过少引起的脆性破坏，轴心受拉构件一侧的受拉钢筋的配筋率（$\rho=A_s/A$）应不小于 0.2%和 $0.45f_t/f_y$ 中的较大者；

(3) 受力钢筋沿截面周边均匀对称布置，并宜优先选择直径较小的钢筋。

2. 箍筋

箍筋直径不小于 6mm，间距一般不宜大于 200mm（屋架的腹杆不宜超过 150mm）。

思 考 题

7-1 大、小偏心受拉构件的受力特点和破坏特征有什么不同？判别大、小偏心受拉破坏的条件是什么？

7-2 钢筋混凝土大偏心受拉构件非对称配筋，如果计算中出现 $x<2a_s'$ 或为负值时，应如何计算？出现这种现象的原因是什么？

7-3 偏心受拉构件和偏心受压构件斜截面承载力计算公式有何不同？

练 习 题

7-1 钢筋混凝土偏心受拉构件，截面尺寸 $b=300$mm，$h=500$mm，$a_s=a_s'=40$mm。截面承受轴向拉力设计值 $N=360$kN，弯矩设计值 $M=43$kN·m，混凝土强度等级为 C35，纵筋采用 HRB400 级钢筋。求钢筋截面面积 A_s 和 A_s'。

7-2 钢筋混凝土偏心受拉构件，截面尺寸 $b=300$mm，$h=450$mm，$a_s=a_s'=40$mm。截面承受轴向拉力设计值 $N=365$kN，弯矩设计值 $M=210$kN·m，混凝土强度等级为 C30，纵筋采用 HRB400 级钢筋。求钢筋截面面积 A_s 和 A_s'。

7-3 已知某钢筋混凝土屋架下弦，$b\times h=200\text{mm}\times200\text{mm}$。按荷载准永久组合计算的轴心拉力 $N_q=100$kN，配置 4 根直径 14mm 的 HRB400 受力钢筋，采用 C30 混凝土。耐久性环境类别为一类（$c=20$mm），$w_{lim}=0.3$mm。试验算最大裂缝宽度是否满足要求。

第8章　混凝土结构受扭构件性能与计算

导读：本章从素混凝土纯扭构件出发，引入钢筋混凝土纯扭构件的设计，再结合实际工程背景，介绍弯剪扭构件的设计方法。根据受扭构件破坏时应力分布特征，介绍钢筋混凝土纯扭构件设计中同时配置纵向钢筋和箍筋的设计方法。实际工程中较少有纯扭构件，更多的是弯剪扭构件，因此需明确弯矩、剪力和扭矩对钢筋混凝土构件承载力的影响，并根据各种钢筋的作用和分布位置，进行叠加，在满足构造要求的前提下完成设计。

8.1　概　　述

受扭构件在工程结构中非常普遍，但单纯受扭构件极少，更多的是弯剪扭，甚至压弯剪扭共同作用下的复合受扭，如房屋结构中的雨篷梁、曲线梁（折线梁）、框架结构中与次梁整体连接的边梁、工业建筑中的吊车梁都是属于弯剪扭复合受扭构件。当房屋结构受地震作用发生扭转时，柱子则属于压扭构件，如图8-1所示。

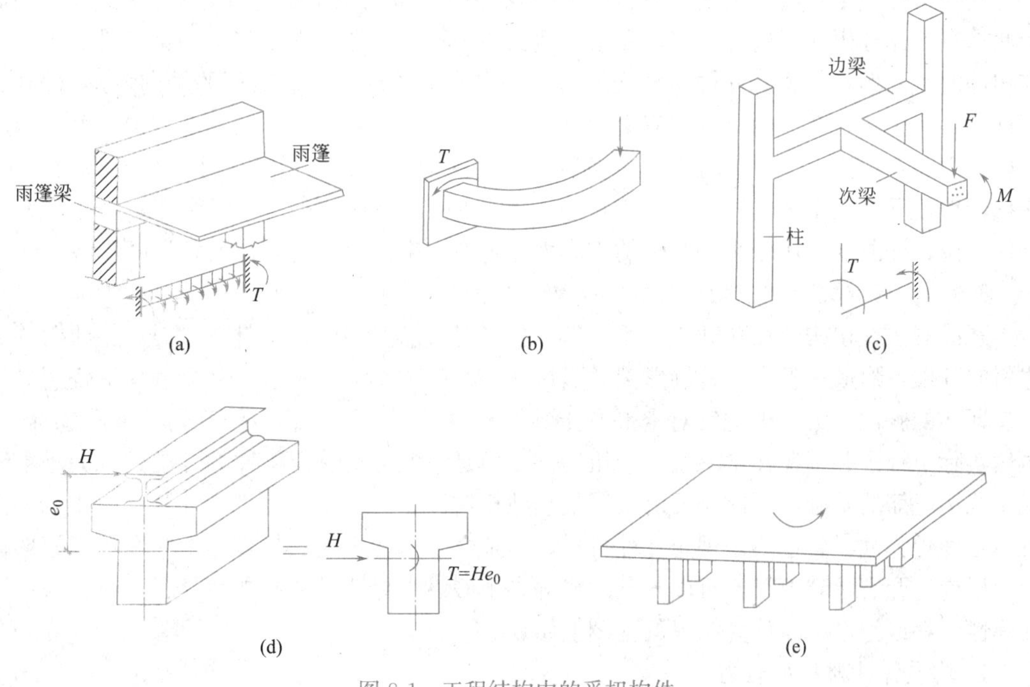

图8-1　工程结构中的受扭构件

(a) 雨篷梁；(b) 曲线梁；(c) 框架边梁；(d) 吊车梁；(e) 柱

构件的扭转根据成因可以分成两大类：平衡扭转和协调扭转。

(1) 平衡扭转：由荷载直接引起的，可用结构的平衡条件确定扭矩的扭转称为平衡扭转。例如，上述情况中的雨篷梁、曲线梁以及受横向制动力作用的吊车梁都属于平衡扭转。平衡扭转受到的扭矩大小与构件的扭转刚度无关，只与外荷载相关，通过承载能力极限状态来进行设计。

（2）协调扭转：由超静定结构中相邻构件的变形引起，其扭矩需结合变形协调条件才可确定的扭转称为协调扭转。如框架结构中的次梁在荷载作用下产生弯曲变形，但边框架梁约束了次梁端部的变形，因此边框架梁中将产生扭矩。该扭矩计算时要利用次梁与边框架梁相交处转角相等的条件，并与边框架梁的抗扭刚度有关。此外，随着荷载增加，结构开裂将会导致抗扭刚度的下降，便会产生内力重分布，协调扭矩会发生改变。对于协调扭转，一般通过构造钢筋进行设计。

由于受扭构件（纯扭和弯剪扭构件）在荷载作用下的内力属于空间应力状态，因此与其他类型构件不同的是，受扭构件的受力钢筋同时包括箍筋和纵向钢筋，而且两者需要协调工作。具体而言，钢筋混凝土在承受扭转时，通常忽略核心区域材料的抗扭性能，因此对于矩形截面和由矩形截面组合而成的截面中，箍筋必须封闭且沿着矩形区域外围设置，纵筋布置在矩形区域四角并沿周边均匀布置，因此在矩形区域内部的箍筋不作为抗扭钢筋。

8.2 矩形截面纯扭构件承载力计算

实际工程中尽管纯扭情况很少，但纯扭构件中受扭状态是研究复合受扭构件的基础，因此本节首先分析纯扭构件。构件受扭时截面应力比较复杂，它不仅与约束条件有关，还与构件的截面形式有关。杆件扭转变形时，如果支承条件不限制截面的轴向变形（翘曲）则称为自由扭转，截面内只有剪应力而没有正应力；若限制了截面的轴向变形，截面内除了剪应力还存在正应力，此时为约束扭转。常见的钢筋混凝土受扭构件以矩形截面为主，在扭转作用下会发生截面翘曲，产生剪应力和正应力（翘曲应力）。但对于实心矩形截面杆件来说，翘曲变形比较小，产生的正应力比剪应力来说也小得多，因此常可忽略。

8.2.1 素混凝土纯扭构件破坏状态和承载力

素混凝土纯扭构件在荷载作用下，首先在长边中点沿45°方向斜向开裂，随即向两邻边斜向开展，形成一条空间螺旋形裂纹而最终破坏，如图8-2所示；整个过程呈现明显的一裂即坏的脆性行为，因此针对素混凝土纯扭构件，其开裂承载力约等同于极限承载力。虽然实际工程中并不存在素混凝土受扭构件，但是素混凝土受扭构件的开裂承载力是配置最小抗扭配筋的基础，因此需要对素混凝土纯扭构件的开裂承载力进行计算。由于混凝土既不是理想弹性材料也不是理想塑性材料，而是介于两者之间的材料，因此在计算矩形截面纯扭构件开裂承载力时，可以先分别将混凝土假设为弹性材料和塑性材料进行计算，再在弹性材料或塑性材料计算结果的基础上修正。

1. 均质弹性材料承载力

若将素混凝土简化为均质线弹性材料，此时矩形截面纯扭构件上由于扭转产生的剪应力分布如图8-3所示，角点处剪应力为零，短边中点处的剪应力较大，长边中点处剪应力最大（可以用薄膜比拟），计算公式如下：

$$\tau_{\max}=\frac{T}{c_1 b^2 h} \tag{8-1}$$

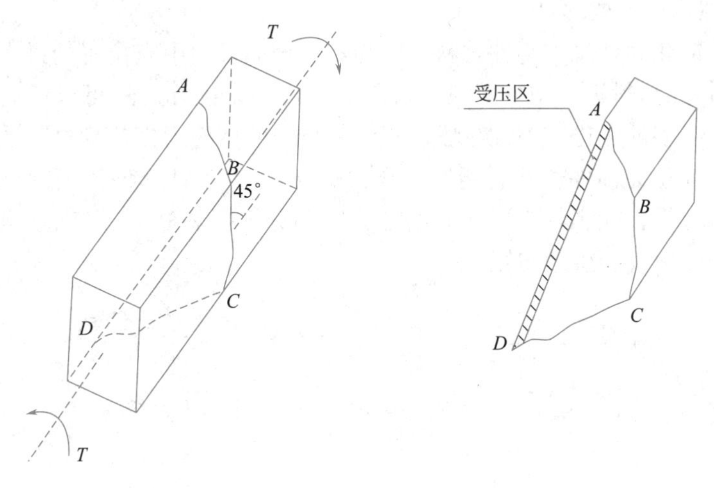

图 8-2　素混凝土受扭构件破坏形态

式中　T——构件承受的扭矩；

b——构件矩形截面宽；

h——构件矩形截面高；

c_1——与 h/b 有关的系数。

图 8-3 展示了最大剪应力相对应微元体的应力状态，主拉应力 σ_{tp} 和主压应力 σ_{cp} 分别与构件轴线呈 45°或 135°夹角，其值大小为 $\sigma_{tp}=\sigma_{cp}=\tau_{max}$。由于此时假设受扭构件是均质弹性材料，按照材料力学第一强度理论，当最大主拉应力达到材料的抗拉强度 f_t 时，该点开裂。因为素混凝土一裂即坏，因此开裂扭矩（极限扭矩）计算如式（8-2）所示。此时，构件将在截面长边中点处沿垂直于主拉应力的方向开裂，形成与轴线呈 45°角的螺旋形裂纹。

$$T_u=f_tW_{t0} \tag{8-2}$$

式中　T_u——极限扭矩；

f_t——材料抗拉强度；

W_{t0}——矩形截面受扭抵抗矩，$W_{t0}=c_1hb^2$。

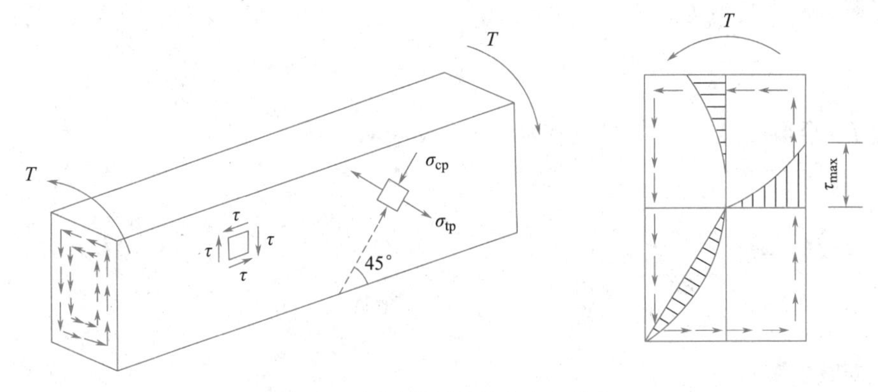

图 8-3　矩形截面受扭剪应力分布

2. 均质塑性材料承载力

若将混凝土简化为理想弹塑性材料，则当矩形截面长边中点位置的最大剪应力达到材料强度 f_t 时，该点材料进入塑性阶段，但此时构件并未破坏，还可以承受扭矩；随着扭矩的增大，越来越多的点进入塑性阶段，直到每点上的剪应力都达到材料的极限抗拉强度（图 8-4a），此时才认为构件达到其塑性极限扭矩 T_u。为了计算该截面的极限扭矩，可以用沙堆比拟直接计算，或者将矩形截面划分为四部分（图 8-4b），分别求出两对三角形和梯形区域的集中力以及产生的扭矩。

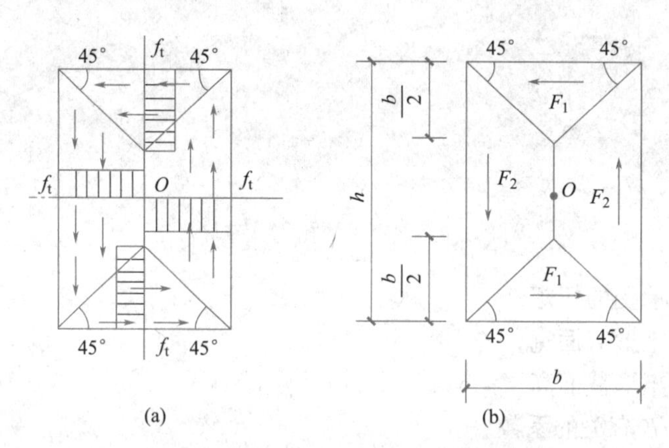

图 8-4 理想弹塑性材料破坏时扭剪应力分布

三角形区域产生的剪力合力 F_1 为：

$$F_1 = \frac{1}{2} \times \frac{b}{2} \times b \times f_t = \frac{b^2}{4} f_t \tag{8-3}$$

该合力 F_1 至截面形心点 O 的距离为：

$$d_1 = \frac{2}{3} \times \frac{b}{2} + \frac{h-b}{2} = \frac{h}{2} - \frac{b}{6} \tag{8-4}$$

则三角形区域一对 F_1 产生的扭矩为：

$$T_1 = F_1 \times 2d_1 = \frac{f_t b}{2}\left(h^2 - \frac{5}{6}bh + \frac{1}{6}b^2\right) \tag{8-5}$$

梯形区域产生的剪力合力 F_2 为：

$$F_2 = \frac{1}{2}[(h-b)+h] \times \frac{b}{2} \times f_t = \frac{b}{4}(2h-b)f_t \tag{8-6}$$

合力 F_2 至截面形心点 O 的距离为：

$$d_2 = \frac{2h+(h-b)}{h+(h-b)} \times \frac{b/2}{3} = \frac{3h-b}{2h-b} \times \frac{b}{6} \tag{8-7}$$

则梯形区域一对 F_2 产生的扭矩为：

$$T_2 = F_2 \times 2d_2 = \frac{f_t b}{2}\left(\frac{1}{2}bh - \frac{1}{6}b^2\right) \tag{8-8}$$

该截面总极限扭矩为：

$$T_u = T_1 + T_2 = \frac{b^2}{6}(3h-b)f_t = W_t f_t \tag{8-9}$$

式中　W_t——$W_t=\frac{b^2}{6}(3h-b)$ 称为矩形截面抗扭塑性抵抗矩。

但实际上混凝土既不是理想弹性材料，也不是理想塑性材料，而是介于二者之间的弹塑性材料，其极限扭矩值势必高于式（8-2）的计算结果，且低于式（8-9）的计算结果。美国规范计算极限扭矩是基于弹性理论，并进行适当放大；我国规范计算极限扭矩是基于塑形理论，并进行适当折减。根据试验结果，我国规范将折减系数定为 0.7，即：

$$T_u=0.7f_tW_t \tag{8-10}$$

受扭构件的最小配筋率应该保证截面的极限扭矩大于素混凝土的开裂扭矩（即极限扭矩）。

8.2.2 钢筋混凝土纯扭构件破坏状态

当配置钢筋（沿周边布置的纵筋和沿外围布置的箍筋）后，受扭构件将会改变"一裂即坏"的脆性性质。虽然配置钢筋不能提高构件的开裂扭矩，但却能大幅提高受扭构件破坏时的极限扭矩。这是由于在混凝土开裂后，开裂位置混凝土退出工作，但斜截面上的拉应力可以由钢筋承受，因此构件还可以继续承担荷载。需要指出的是，与素混凝土构件不同的是，钢筋混凝土构件开裂后斜裂缝发展倾角 α 不再是 45°，而是与钢筋配置数量相关。

图 8-5 为钢筋混凝土受扭构件受力全过程的扭矩-变形图。当荷载不大时，构件处于弹性阶段，T-θ 图表现为直线段。当外扭矩达到开裂扭矩 T_{cr} 时，构件将会沿着与轴线斜方向开裂，形成多条螺旋形的裂缝。试验证明，钢筋混凝土构件的开裂扭矩只略高于素混凝土的极限扭矩，计算时通常直接取用素混凝土的极限扭矩作为开裂扭矩 T_{cr}。当构件的配筋适度时，构件开裂后将会有明显的塑性阶段，表现在 T-θ 图上有一水平段，此时裂缝处混凝土退出工作，钢筋应力增长迅速。当荷载继续增加后，构件能继续承受扭矩，直至构件中的钢筋（箍筋和纵筋）达到屈服强度，形成三面开裂一面受压的扭曲破坏面（图 8-6），进而混凝土被压碎，构件达到极限状态。

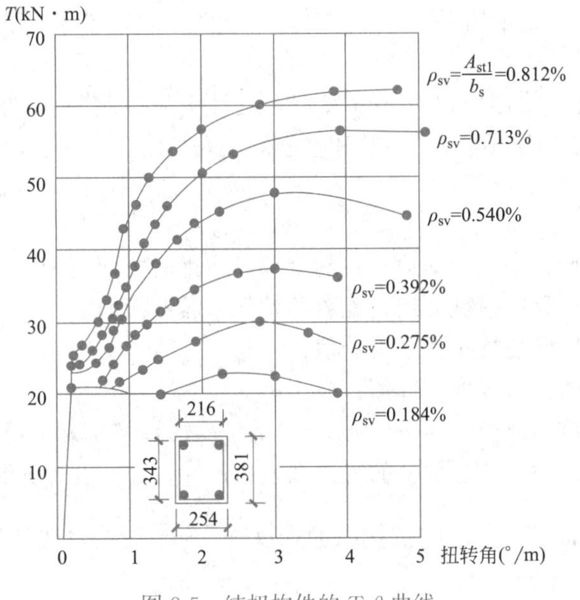

图 8-5　纯扭构件的 T-θ 曲线

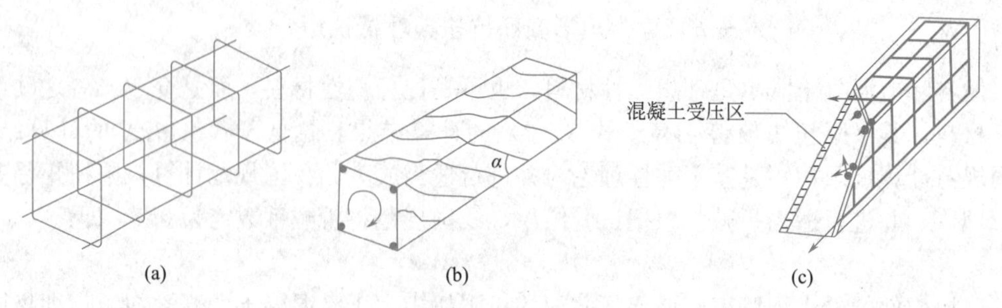

图 8-6　钢筋混凝土受扭构件的破坏形态

（a）抗扭钢筋骨架；（b）受扭构件的裂缝；（c）三面开裂一面受压破坏面

国内外试验结果证明，当配筋率不同时，构件破坏的类型会发生变化。根据构件配筋率不同，钢筋混凝土受扭构件的破坏可分为以下四种类型：

① 当受扭钢筋配得过少时，配筋对抗扭承载力提高不多。构件的破坏扭矩和开裂扭矩非常接近。构件一开裂便破坏，破坏仍然呈脆性，称为少筋破坏。设计中应避免产生该种破坏形式。

② 当配筋适当时，构件开裂后，会在表面形成呈 α 角走向的一系列的螺旋形裂缝。随着荷载的增加，与裂缝相交的箍筋与纵筋达到屈服，致使一条裂缝不断加宽，形成临界斜裂缝，最后混凝土被压碎。整个过程类似受弯构件的适筋破坏，具有较好塑性，称为适筋破坏。

③ 箍筋和纵筋配置过多时，受扭构件的螺旋形裂缝比较密。构件破坏时，混凝土先被压碎，箍筋和纵筋都未达到屈服。破坏呈明显的脆性，称为超筋破坏。这种破坏在设计中也应避免。

④ 由于抗扭钢筋是由箍筋和纵筋组成的，两种钢筋的比例对破坏特征也有影响。当箍筋或纵筋中的一种配置过多时，构件破坏前，有少量的钢筋达到屈服，至混凝土被压碎，仍有相当部分的钢筋未屈服。破坏有一定的塑性，称为部分超筋破坏，在设计中可以采用。

为了使纵筋与箍筋的作用得以充分发挥，设计中应控制两者的比例在一个合理的范围。纵筋与箍筋的数量比例可以用纵筋和箍筋的配筋强度比 ζ 来表示：

$$\zeta=\frac{f_{y}A_{stl}s}{f_{yv}A_{st1}u_{cor}} \tag{8-11}$$

式中　A_{stl}——受扭计算中取沿周边布置的全部纵向钢筋截面面积；

A_{st1}——受扭计算中沿截面周边配置的箍筋单肢截面面积；

f_{y}——抗扭纵筋的抗拉强度设计值；

f_{yv}——箍筋的抗拉强度设计值；

u_{cor}——截面核心部分的周长。$u_{cor}=2(b_{cor}+h_{cor})$，$b_{cor}$ 和 h_{cor} 分别为从箍筋内表面计算的截面核心部分的短边和长边尺寸，如图 8-7 所示。

ζ 系数表示沿截面核心周长的抗扭纵筋强度 $\frac{f_{y}A_{stl}}{u_{cor}}$ 与沿构件轴线长度的单肢抗扭箍筋强度 $\frac{f_{yv}A_{st1}}{s}$ 的比值。试验证明，当 $\zeta=1.2$ 时，纵筋与箍筋的用量比例为最佳。通常当

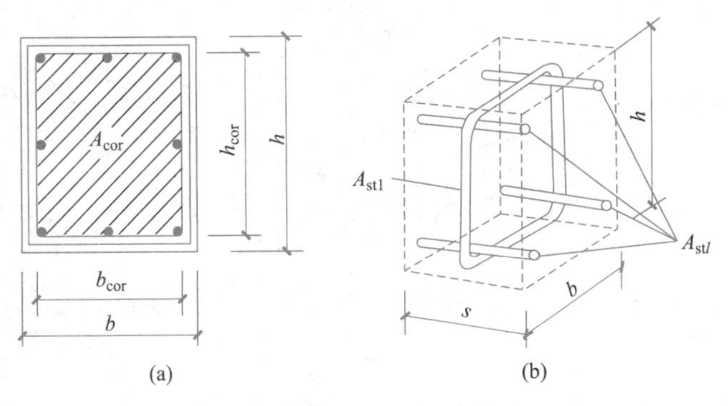

图 8-7 矩形截面的核心部分

(a) 截面核心；(b) 纵筋与箍筋体积比

$0.5 \leqslant \zeta \leqslant 2.0$ 时，构件破坏时两种钢筋基本都能达到屈服强度。但为了慎重，规范规定设计时应满足：

$$0.6 \leqslant \zeta \leqslant 1.7 \tag{8-12}$$

8.2.3 空间桁架模型

钢筋混凝土受扭构件计算极限扭矩的方法很多，最主要的有变角空间桁架与斜弯模型。目前规范采用的是变角空间桁架模型分析构件的极限弯矩。该模型是拉姆波脱（Lampert）与苏立曼（Thurlimamn）在 1968 年提出的，它的基础是 1929 年由劳斯（E. Ransch）发现的 45°空间桁架模型。实际钢筋混凝土受扭构件开裂后的斜裂缝角度 α 的大小与纵筋和箍筋的比例有关，因此现在的模型称为变角空间桁架模型。

已有试验结果表明，同样尺寸和相同钢筋配置的实心构件和薄壁构件的受扭极限承载力基本没有差异，这是因为实体构件在受扭作用下，外侧混凝土开裂后，其核心区域混凝土对受扭承载力影响可以忽略不计。因此在变角空间桁架模型中（图 8-8），有如下假定：①在构件形成螺旋形裂缝后，核心部位混凝土退出工作，因此矩形截面构件可简化为箱形截面，并且在扭矩作用下，箱壁内将产生均匀分布的剪力流 q；②纵筋为受拉弦杆，箍筋为受拉垂直腹杆，被斜裂缝分成条带状的混凝土则为受压斜腹杆，三者的抵抗作用犹如一个空间桁架；③忽略纵筋的销栓作用。

选取图上阴影一边进行分析，画出三部分受力如图 8-8（c）所示。由于纵筋是沿着矩形截面均匀分布，因此在该侧面上纵筋面积 A_{stl0} 为：

$$A_{stl0} = \frac{A_{stl} h_{cor}}{u_{cor}} \tag{8-13}$$

纵筋提供的拉力 N_{stl} 为：

$$N_{stl} = f_y A_{stl0} = f_y \frac{A_{stl} h_{cor}}{u_{cor}} \tag{8-14}$$

该侧面上箍筋面积 A_{st10} 为：

$$A_{st10} = \frac{A_{st1}}{s} h_{cor} \cot\alpha \tag{8-15}$$

箍筋提供的拉力 N_{sv} 为：

$$N_{sv} = f_{yv} \frac{A_{st1}}{s} h_{cor} \cot\alpha \tag{8-16}$$

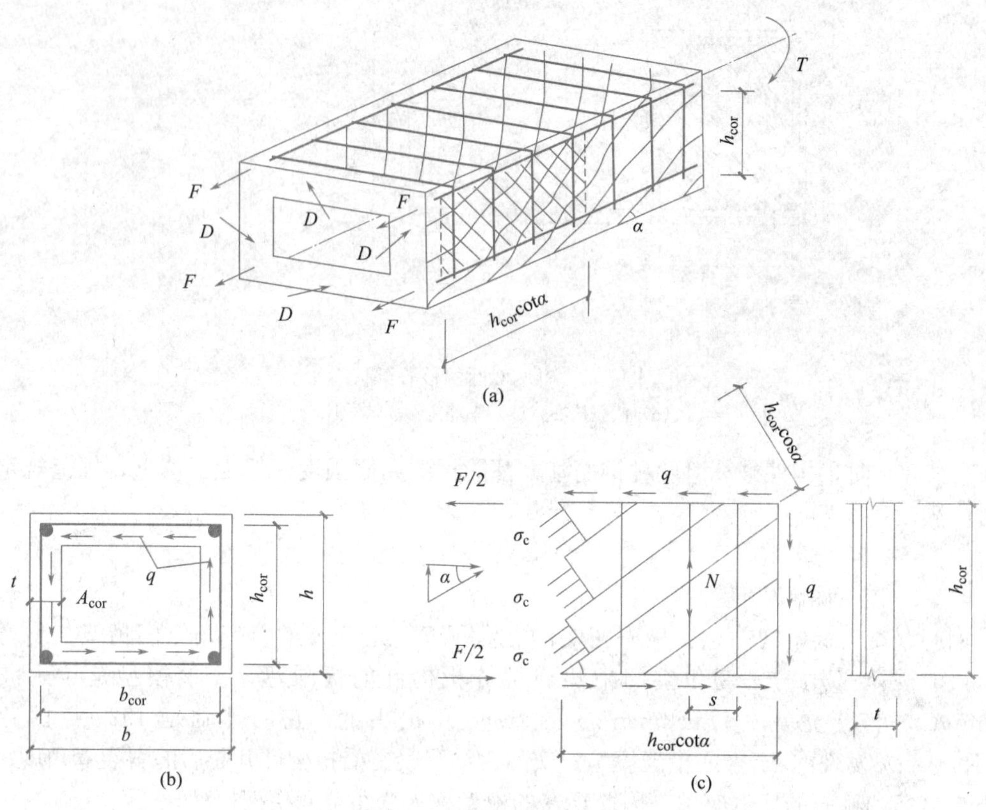

图 8-8 变角空间桁架模型

由于箍筋、纵筋和斜截面切割成的混凝土形成空间桁架体系，因此，纵筋和箍筋满足以下力平衡条件：

$$\cot\alpha=\frac{N_{stl}}{N_{sv}} \tag{8-17}$$

由此可以得到：

$$\begin{aligned}\cot\alpha&=\frac{f_yA_{stl}h_{cor}}{u_{cor}}\times\frac{s}{f_{yv}A_{st1}h_{cor}\cot\alpha}\\&=\frac{f_yA_{stl}s}{f_{yv}A_{st1}u_{cor}\cot\alpha}=\frac{\zeta}{\cot\alpha}\end{aligned} \tag{8-18}$$

从而，$\cot\alpha=\sqrt{\zeta}$

其中：

$$\zeta=\frac{f_yA_{stl}}{u_{cor}}\Big/\frac{f_{yv}A_{st1}}{s}=\frac{f_yA_{stl}s}{f_{yv}A_{st1}u_{cor}} \tag{8-19}$$

箱形截面侧面上由于扭矩作用形成的剪力流大小为 q，由竖直方向上的箍筋来承担，因此存在以下关系：

$$\begin{aligned}q&=\frac{N_{sv}}{h_{cor}}=f_{yv}\frac{A_{st1}}{s}\cot\alpha\\&=f_{yv}\frac{A_{st1}}{s}\sqrt{\zeta}\end{aligned} \tag{8-20}$$

该箱形截面上对面的剪力流合力可形成一组扭矩，因此该截面上的扭矩可由以下关系得到：

$$\begin{aligned} T_{u} &= (qh_{cor})b_{cor} + (qb_{cor})h_{cor} \\ &= 2qb_{cor}h_{cor} = 2qA_{cor} \\ &= 2\sqrt{\zeta} f_{yv} \frac{A_{st1}A_{cor}}{s} \end{aligned} \tag{8-21}$$

上式为利用变角空间桁架模型确定的钢筋混凝土纯扭构件的极限扭矩。

8.2.4 承载力计算和构造要求

1. 计算公式与适用条件

已有试验研究对比分析了试验结果和变角空间桁架模型理论结果（图 8-9），发现理论值多高于试验结果，并且试验结果与纵轴相交，存在一定的截距。这是因为，在变角空间桁架模型中没有考虑混凝土的抗扭作用，但事实上开裂面上混凝土骨料间的咬合作用和核心区混凝土还能承担一定的扭矩。此外，变角空间桁架模型中假设斜裂缝处的箍筋和纵筋都屈服，但是实际上与斜裂缝相交的钢筋不可能全部达到屈服。这说明，变角空间桁架模型的假定与实际情况有所差异。

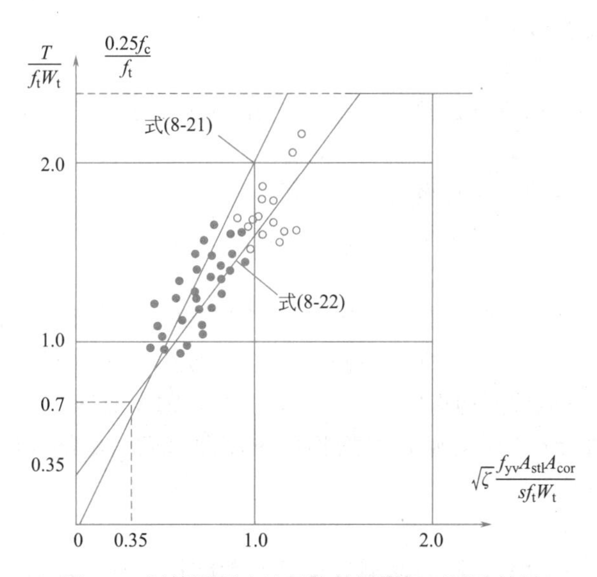

图 8-9 钢筋混凝土纯扭构件极限扭矩试验结果

因此，我国规范根据试验结果，在变角空间桁架模型的基础上，采取了半理论、半经验的公式，同时考虑了混凝土和钢筋的抗扭能力，得出受扭承载力计算公式如下：

$$T_{u} = 0.35 f_{t} W_{t} + 1.2\sqrt{\zeta} \frac{f_{yv} A_{st1} A_{cor}}{s} \tag{8-22}$$

式中 f_t——混凝土抗拉强度设计值；

W_t——矩形截面抗扭塑性抵抗矩；

ζ——纵筋和箍筋的配筋强度比；

f_{yv}——箍筋的抗拉强度设计值；

A_{st1}——受扭计算中沿截面周边配置的箍筋单肢截面面积；

A_{cor}——箍筋所围混凝土核心截面面积；

s——沿构件轴线方向上箍筋间距。

上式等号右端前一项代表混凝土的抗扭承载能力，后一项代表箍筋与纵筋的抗扭承载能力。混凝土的抗扭机理比较复杂，试验表明当构件尺寸相同、配筋率相同时，其抗扭承载能力取决于混凝土的强度，规范根据试验结果取混凝土的抗扭承载能力为素混凝土构件开裂扭矩的一半；箍筋与纵筋的极限扭矩以变角空间桁架理论为基础，考虑到实际上在构件破坏时总有部分钢筋未达到屈服，因此考虑降低系数以反映实际情况，将系数从 2.0 变为 1.2。

由规范公式计算出的结果示于图 8-9 中，可以看出，规范公式接近试验结果的下限，偏于安全。

如果纯扭构件受到轴向压力的作用，则轴压力的存在能抑制斜裂缝的开展，提高了构件的受扭承载能力，因此规范规定按下式计算压扭构件的极限扭矩：

$$T \leqslant 0.35 f_t W_t + 1.2\sqrt{\zeta} f_{yv} \frac{A_{st1} A_{cor}}{s} + 0.07 \frac{N}{A} W_t \tag{8-23}$$

式中 N——与扭矩设计值相应的轴向压力设计值，当 $N > 0.3 f_c A$ 时，取 $N = 0.3 f_c A$；

A——构件的截面面积。

2. 适用条件和构造要求

由于实际工程中较少有纯扭构件，因此对纯扭构件构造要求遵从弯剪扭构件中适用条件和构造要求（见 8.5 节）。

8.2.5 矩形截面纯扭构件承载力设计流程

矩形截面纯受扭构件设计过程中，已知条件包括截面尺寸、混凝土、箍筋和纵筋标号，其设计流程如下所示（图 8-10）：

① 首先进行截面尺寸验算，若不符合要求，则需要更正截面尺寸。

② 验算是否需要计算配筋，即分析扭矩作用是否达到素混凝土受扭承载力的一半，若小于该值，则可以直接按照构造要求配筋；若没有，则需要进行计算配筋。

③ 根据纯扭构件计算公式，选定受扭构件纵筋和箍筋的配筋强度比数值（$\zeta = 0.6 \sim 1.7$），求出箍筋用量$\frac{A_{st1}}{s}$。

④ 验算箍筋用量是否满足最小配箍率要求。若满足，则可以按照构造要求进行箍筋配置；若不满足，则取最小配箍率的箍筋用量。

⑤ 依据箍筋用量，计算纵筋用量，并验算纵筋配筋率。若满足要求，则直接按照构造要求进行纵筋配置；若不满足要求，则按照最小配筋率和构造要求进行纵筋配置。

【例题 8-1】 已知受扭构件截面尺寸 $b = 300\text{mm}$，$h = 500\text{mm}$，混凝土采用 C30，环境类别二 a，纵筋采用 HRB400 级钢筋，箍筋采用 HPB300 级钢筋，扭矩设计值 $T = 35\text{kN} \cdot \text{m}$。求所需配置的箍筋和纵筋。

【解】

根据附表，取钢筋保护层厚度 $c = 25\text{mm}$，箍筋直径取 8mm。

截面几何参数：

$$b_{cor} = 300 - 2 \times (8 + 25) = 234\text{mm}$$

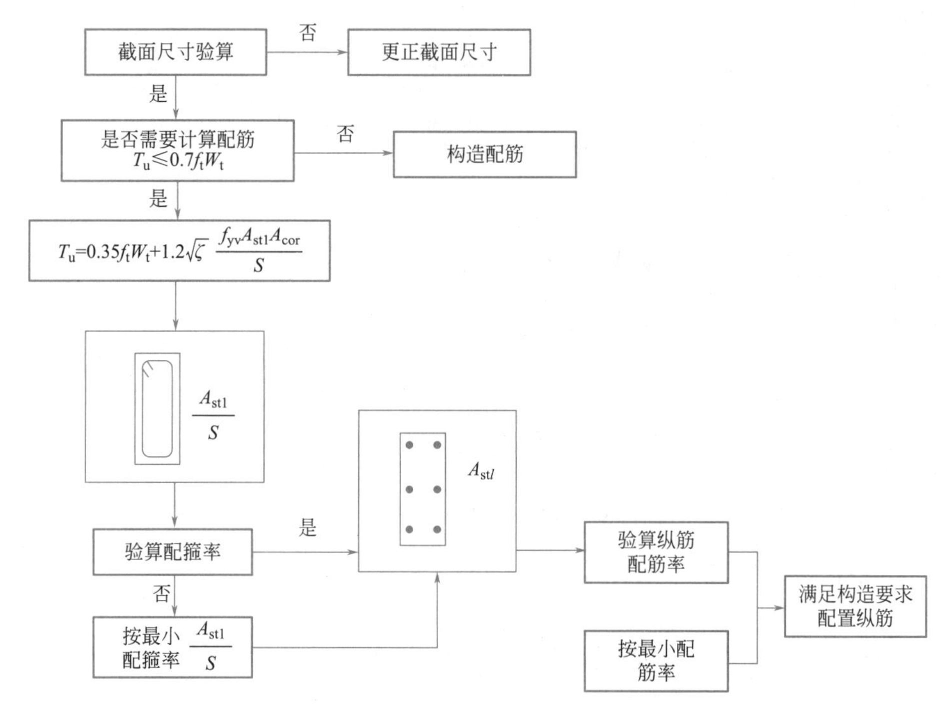

图 8-10　矩形截面纯扭构件承载力设计流程图

$$h_{cor}=500-2\times(8+25)=434\text{mm}$$

$$A_{cor}=b_{cor}\times h_{cor}=234\times 434=101556\text{mm}^2$$

$$u_{cor}=2(b_{cor}+h_{cor})=2\times(234+434)=1336\text{mm}$$

材料参数：

$$f_c=14.3\text{N/mm}^2,\ f_t=1.43\text{N/mm}^2$$

$$f_y=360\text{N/mm}^2,\ f_{yv}=270\text{N/mm}^2$$

① 验算截面尺寸

$$W_t=\frac{b^2}{6}(3h-b)=\frac{300^2}{6}(3\times 500-300)=18\times 10^6\text{mm}^2$$

$$\frac{T}{W_t}=\frac{35\times 10^6}{18\times 10^6}=1.11$$

$\frac{T}{W_t}<0.2\beta_c f_c=0.2\times 1\times 14.3=2.86$，截面尺寸符合要求。

$\frac{T}{W_t}>0.7f_t=0.7\times 1.43=1.00$，需要计算配筋。

② 计算箍筋

取 $\zeta=1.2$

$$\frac{A_{st1}}{s}=\frac{T-0.35f_tW_t}{1.2\sqrt{\zeta}f_{yv}A_{cor}}=\frac{35\times 10^6-0.35\times 1.43\times 18\times 10^6}{1.2\times\sqrt{1.2}\times 270\times 101556}=0.721$$

$$\rho_{sv}=\frac{nA_{st1}}{bs}=\frac{2\times 0.721}{300}=0.5\%>\rho_{sv,min}=0.28\frac{f_t}{f_{yv}}=0.28\times\frac{1.43}{270}=0.15\%$$

选用φ 8 作为箍筋。

$$A_{st1}=50.3\text{mm}^2$$

$$s=\frac{50.3}{0.721}=70\text{mm}，取 s=100\text{mm}$$

箍筋配置为φ 8@100。

③ 计算纵筋

$$A_{stl}=\zeta\frac{A_{st1}}{s}\cdot\frac{f_{yv}}{f_y}\cdot u_{cor}$$

$$=1.2\times\frac{50.3}{100}\times\frac{270}{360}\times1336=605\text{mm}^2$$

$$\rho_{tl}=\frac{A_{stl}}{bh}=\frac{605}{300\times500}=0.40\%$$

$$>\rho_{tl,\min}=0.85\frac{f_t}{f_y}=0.85\times\frac{1.43}{360}=0.34\%$$

选用 6 根直径为 12mm 的 HRB400 级钢筋，$A_{stl}=678\text{mm}^2$。

8.3 矩形截面弯剪扭构件承载力计算

8.3.1 弯剪扭构件的受力特点和破坏形态

实际工程中纯扭构件很少，大多是弯矩、剪力、扭矩共同作用的弯剪扭构件。在同时受到弯矩、剪力和扭矩作用时，其内部应力分布十分复杂。以梁为例，在弯矩作用下，梁截面下部纵向钢筋受拉，上部钢筋受压；扭矩作用使得纵筋全部受拉；弯矩 M 较大、扭矩 T 较小时，二者的叠加效果使截面上部纵筋的压应力减小，但仍处于受压，下部纵筋中的拉应力增大，它对截面的承载力起控制作用，加速了下部纵筋的屈服，使受弯承载力降低。扭矩 T 越大，构件能承担的 M 降低越多。同理，截面的受扭承载力一般也会因弯矩的存在而降低，构件承受的弯矩越大，受扭承载力降低越多。扭矩和剪力都会在梁截面上产生剪应力，两者叠加使得混凝土剪应力增大，导致剪扭作用下的承载力总是小于剪力和扭矩单独作用时的承载力。上述表述中，一种承载力会因另一种内力的存在而降低的现象，称为承载力之间的相关性。

因此弯剪扭构件的破坏形态将受外部荷载的比例关系的影响，通常以扭弯比 $\psi=T/M$ 和扭剪比 $\chi=T/Vb$ 表示荷载条件。试验表明当配筋适当时，随 ψ、χ 的变化，弯剪扭构件有以下几种破坏形态（图 8-11）：

① 弯型破坏

当扭弯比 ψ 比较小时，弯矩起主导作用，混凝土受拉区应力首先达到材料抗拉强度，因此裂缝从构件下部开始，然后分别向两个侧面发展。如果底部钢筋数量不是很多，则底部钢筋在荷载作用下屈服，而顶部混凝土在弯矩作用下受压，最终压碎而破坏，这种破坏类似于受弯破坏。扭矩的存在对受压区混凝土有利，但却加剧了受拉区钢筋应力的增加，此类破坏称为第一类破坏，或弯型破坏，如图 8-11（a）所示。

② 扭型破坏

当扭矩比较大而顶部的纵筋又少于底部纵筋时，构件顶部弯矩产生的压力被扭矩产生的拉力抵消后，将首先开裂，然后向两侧发展，最后底部混凝土受压破坏。破坏时上部钢筋达到屈服，这类破坏称为第二类破坏，或扭型破坏，如图 8-11（b）所示。此时，弯矩对顶部产生压应力，能抵消一部分扭矩产生的拉应力，因此弯矩的存在对受扭承载力有一定的提高。但是，当顶部钢筋和底部钢筋配置相同时，则还是底部纵筋首先受拉屈服，仅会发生弯型破坏而不会出现扭型破坏。

③ 剪扭型破坏（或扭剪型破坏）

当弯矩较小，剪力和扭矩都较大并起控制作用时，由于扭矩和剪力的共同作用使构件的一个侧面（剪力和扭矩产生的剪应力方向相同的侧面）首先开裂，然后向顶部和底部发展，形成螺旋形裂缝，最后另一个侧面混凝土被压坏。若配筋合适，破坏时与斜裂缝相交的纵筋和箍筋达到屈服，这种破坏称为第三类破坏，或剪扭型破坏，如图 8-11（c）所示。当扭矩较大时，以受剪破坏为主；当剪力较大时，以受剪破坏为主。由于扭矩和剪力总会在一个侧面产生剪应力的叠加，因此剪扭的受剪承载力总是小于剪力或扭矩单独作用时的承载力。

当然若弯矩与剪力作用明显，扭矩很小，则构件可能发生类似于剪压型的破坏。

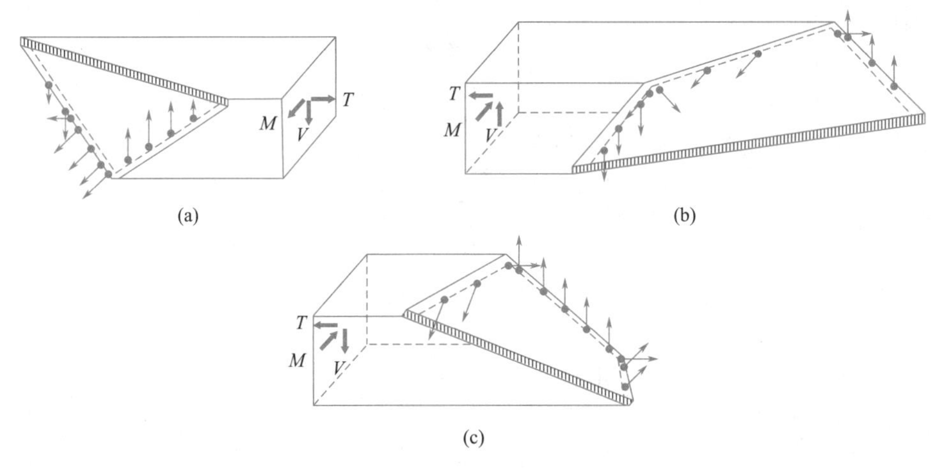

图 8-11　弯剪扭构件的破坏类型

8.3.2　弯剪扭构件承载力计算

由于弯剪扭承载力之间的相关性相当复杂，目前用统一的相关方程来计算还有困难，因此需采用简化计算。我国规范采用的是部分相关的方法，基本思路是：对混凝土承担的承载力考虑相关性，即在剪扭承载力计算公式的混凝土项次中引入相关性系数；但钢筋贡献的承载力部分则用叠加的方式处理，即弯扭承载力计算得到的纵筋采用叠加的方法。下面先讨论剪扭构件和弯扭构件的承载力计算，最后给出弯剪扭共同作用时承载力的计算方法。

1. 剪扭构件承载力计算

由于剪力和扭矩都会在混凝土上产生剪应力，因此当构件受剪力与扭矩共同作用时，剪力的存在会降低构件的受扭承载力，反之亦然。若建立剪扭构件的统一承载力公式将会十分复杂，现行规范采取的方法是“考虑部分相关技术方案”。即以钢筋混凝土受剪、纯扭承载力计算公式为基础，对公式中的混凝土承载力部分根据相关理论进行修正，避免重复计算给承载力带来的不安全因素。但对抗剪、抗扭箍筋则保留原有的形式，算出结果相叠加作为最后配筋，这样处理计算简便，有一定的精度，便于工程应用。

当前试验证明剪力与扭矩承载力的相关曲线近似地可用 1/4 圆拟合，如图 8-12（a）为用无量纲坐标 V_c/V_{c0}、T_c/T_{c0} 表示的剪扭承载力相关曲线。这里 V_{c0}、T_{c0} 分别为无腹筋构件在单纯受剪或单纯扭矩作用下的受剪、受扭承载能力，V_c 和 T_c 则表示同时受剪力和扭矩作用时的受剪和受扭承载力。有腹筋的相关曲线也和图 8-12（a）相似，同样可用 1/4 圆表示。但圆曲线计算起来复杂，故采用三折线代替相关曲线，如图 8-12（b）所示。并引入相关系数 β_t（又称受扭承载力降低系数）以反映两者的相互作用。

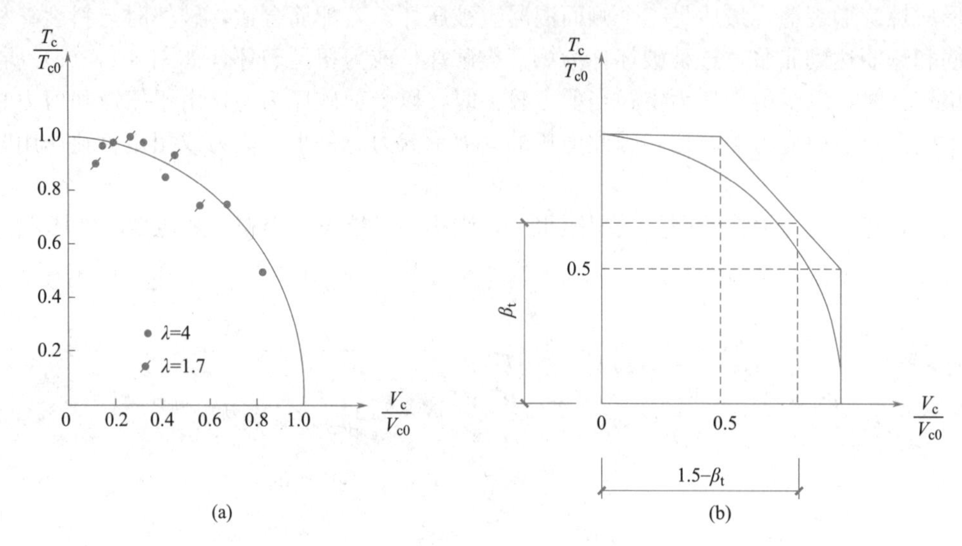

图 8-12 剪扭承载力相关曲线

令 $\beta_t=\frac{T_c}{T_{c0}}$，则根据三折线图形有如下结果：

当 $\beta_t\leqslant 0.5$ 时：

$$V_c=V_{c0} \tag{8-24}$$

当 $0.5<\beta_t<1.0$ 时：

$$T_c=\beta_t T_{c0} \tag{8-25}$$

$$V_c=(1.5-\beta_t)V_{c0} \tag{8-26}$$

当 $\beta_t\geqslant 1.0$ 时：

$$T_c=T_{c0} \tag{8-27}$$

也即当 $\beta_t\leqslant 0.5$ 时，不考虑扭矩对受剪承载力的影响；当 $\beta_t\geqslant 1.0$ 时，不考虑剪力对受扭承载力的影响；只有当 $0.5<\beta_t<1.0$ 时，才考虑两者的相互作用。

根据式（8-25）及式（8-26）得：

$$\frac{V_c/V_{c0}}{T_c/T_{c0}}=\frac{1.5-\beta_t}{\beta_t} \tag{8-28}$$

即：

$$\beta_t=\frac{1.5}{1+\frac{V_c/V_{c0}}{T_c/T_{c0}}} \tag{8-29}$$

取 V_{c0} 和 T_{c0} 分别为受剪承载力公式中混凝土作用项和纯扭构件受扭承载力公式中的混凝土项。对均布荷载起主导作用下的情况，该两项计算公式如下：

$$V_{c0}=0.7f_{t}bh_{0}$$
$$T_{c0}=0.35f_{t}W_{t} \tag{8-30}$$

代入并化简则有：

$$\beta_{t}=\frac{1.5}{1+0.5\dfrac{VW_{t}}{Tbh_{0}}} \tag{8-31}$$

根据相关关系的三折线图形有 $0.5\leqslant\beta_{t}\leqslant1.0$。当 $\beta_{t}<0.5$ 时，取 $\beta_{t}=0.5$；当 $\beta_{t}>1.0$ 时，取 $\beta_{t}=1.0$。

因此当需要考虑剪力和扭矩的相关性时，按以下步骤进行：

（1）按受剪承载力计算需要的抗剪箍筋 A_{sv}/s

$$V\leqslant0.7f_{t}bh_{0}(1.5-\beta_{t})+f_{yv}\frac{A_{sv}}{s}h_{0} \tag{8-32}$$

对集中荷载作用下的矩形截面混凝土剪扭构件（包括作用有多种荷载，且其中集中荷载对支座截面或节点边缘所产生的剪力值占总剪力值的 75%以上的情况），受剪承载力公式应改为：

$$V\leqslant\frac{1.75}{\lambda+1}f_{t}bh_{0}(1.5-\beta_{t})+f_{yv}\frac{A_{sv}}{s}h_{0} \tag{8-33}$$

此时对应的受扭承载力降低系数如下计算：

$$\beta_{t}=\frac{1.5}{1+0.2(\lambda+1)\dfrac{VW_{t}}{Tbh_{0}}} \tag{8-34}$$

式中 λ——计算截面的剪跨比。

同样应符合 $0.5\leqslant\beta_{t}\leqslant1.0$ 的规定。

（2）按受扭承载力计算需要的抗扭箍筋 A_{st1}/s

$$T\leqslant0.35\beta_{t}f_{t}W_{t}+1.2\sqrt{\zeta}f_{yv}\frac{A_{st1}A_{cor}}{s} \tag{8-35}$$

β_{t} 按式（8-31）或式（8-34）计算。

（3）按叠加原则计算剪扭构件所需的总配箍量 A_{st1}^{*}/s

由以上抗剪和抗扭计算分别确定所需的箍筋数量后，由于受剪箍筋 A_{sv} 中只有截面周边的单肢箍$\left(A_{sv1}=\dfrac{A_{sv}}{n}\right)$能起到抗扭作用，所以所需全部箍筋用量为两者叠加所得：

$$\frac{A_{st1}^{*}}{s}=\frac{A_{sv1}}{s}+\frac{A_{st1}}{s} \tag{8-36}$$

2. 弯扭构件承载力计算

构件在弯矩和扭矩作用下的承载能力也存在着一定的相关关系，如图 8-13 所示，M_{u0} 为单纯受弯作用下构件的受弯承载力。此时截面中的纵筋一部分用来抵抗弯矩，另一部分则用来抵抗扭矩。当弯矩作用较小时，弯矩的存在减小了顶部纵筋的拉应力，使受扭承载力有所提高，但随着弯矩的增加，上部钢筋变为受压破坏，下部钢筋拉应力加大，受扭和

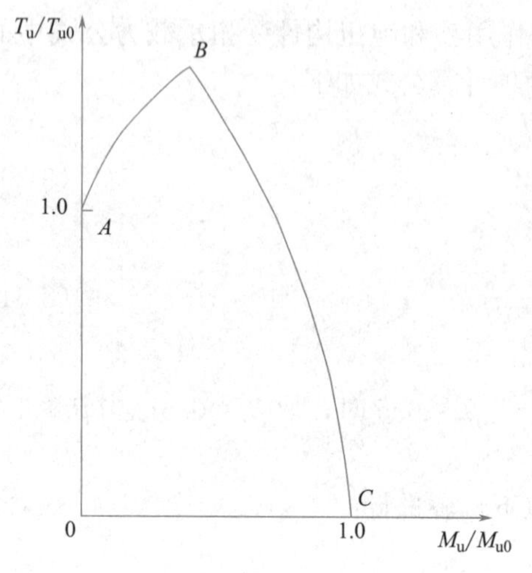

图 8-13　弯矩与扭矩相关关系示意图

受弯承载力都将降低。如果要用统一的公式来计算弯扭构件的承载力，还需考虑许多其他的因素，计算比较复杂，因此现行国家标准《混凝土结构设计标准》GB/T 50010 对弯扭构件计算采用简单的叠加法，即对构件截面先分别按抗弯和抗扭进行计算，然后将所需的纵向钢筋相叠加。叠加时应注意，抗弯计算得到的纵筋放置在受拉区一侧，而抗扭计算得到的钢筋则沿截面周边均匀布置。

3. 弯剪扭构件承载力计算

按照上面的思路，弯剪扭构件的纵筋应按受弯构件的正截面受弯承载力和剪扭构件的受扭承载力分别计算，叠加后按相应的位置进行配置；箍筋则应按考虑剪扭相关性后，分别按照引入相关性系数的受剪承载力和受扭承载力计算，对箍筋值进行叠加。但是当扭矩较小或者剪力较小时，其相互影响不大，可考虑忽略剪扭相关作用，以进一步简化计算。因此规范规定：

① 当$V\leqslant 0.35f_tbh_0$或$V\leqslant 0.875f_tbh_0(\lambda+1)$时，可仅按受弯构件的正截面受弯承载力和纯扭构件的受扭承载力分别进行计算，即忽略剪力对构件承载力的影响，按弯矩和扭矩共同作用构件计算配筋。

② 当$T\leqslant 0.175f_tW_t$时，可仅按受弯构件的正截面受弯承载力和斜截面受剪承载力分别进行计算，即忽略扭矩对构件承载力的影响，按弯矩和剪力共同作用的构件进行配筋计算。

4. 压弯剪扭构件承载力计算

在轴向压力、弯矩、剪力和扭矩共同作用下，混凝土矩形截面框架柱的剪扭承载力按下式计算：

（1）受剪承载力

$$V\leqslant(1.5-\beta_t)\left(\frac{1.75}{\lambda+1}f_tbh_0+0.07N\right)+f_{yv}\frac{A_{sv}}{s}h_0 \tag{8-37}$$

（2）受扭承载力

$$T\leqslant\beta_t\left(0.35f_t+0.07\frac{N}{A}\right)W_t+1.2\sqrt{\zeta}f_{yv}\frac{A_{st1}A_{cor}}{s} \tag{8-38}$$

式中　N——与剪力、扭矩设计值相应的轴向压力设计值，当$N>0.3f_cA$时，取$N=0.3f_cA$，A为构件的截面面积。

压弯剪扭构件的纵向钢筋应分别按偏心受压构件正截面承载力和剪扭构件的受扭承载力计算确定，并应配置在相应的位置上。箍筋应分别按剪扭构件的受剪承载力和受扭承载力计算确定，并应配置在相应的位置上。

5. 弯剪扭构件承载力设计及流程

矩形截面弯剪扭构件设计流程如图 8-14 所示，主要可以分为以下几个部分：

① 构件在弯剪扭荷载作用下的复核，包括截面尺寸、是否需要构造配筋以及是否需要考虑剪力或扭矩。

② 弯剪扭荷载的纵筋和箍筋的设计：

a. 弯矩根据受弯构件正截面设计方法，进行受拉区纵向钢筋设计，并验算配筋率；

b. 考虑剪扭作用下的系数 β_V，只考虑箍筋承载剪力，获得剪力需要的箍筋$\left(\frac{A_{sv1}}{s}\right)_v$；

c. 考虑扭矩折减系数 β_T，计算受扭需要的箍筋$\left(\frac{A_{st1}}{s}\right)_t$，并根据该值计算需要的纵筋 A_{stl}，并验算其最小配筋率和最小配箍率。

③ 全截面钢筋组合

a. 受拉纵筋：受拉区根据弯矩承载力计算所得纵筋和扭矩承载力计算的纵筋进行叠加，叠加重点在于受弯纵筋和受扭纵筋分布位置不同，受扭纵筋布置原则为沿截面周边布置，而抗弯纵筋布置在受拉区，且需满足各自构造。

b. 箍筋：将按照剪、扭承载力计算公式分别计算得到的箍筋值直接叠加$\left[\left(\frac{A_{sv1}}{s}\right)_v+\left(\frac{A_{st1}}{s}\right)_t\right]$，然后按照构造要求进行箍筋的布置。

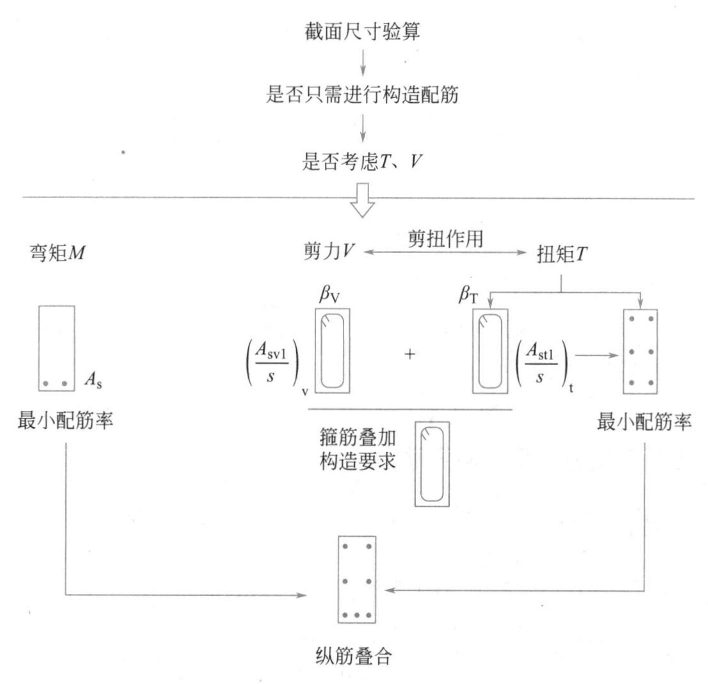

图 8-14　弯剪扭构件承载力设计流程简图

【例题 8-2】承受均布荷载的矩形截面弯剪扭构件，$b \times h = 300\text{mm} \times 500\text{mm}$，内力设计值 $M=140\text{kN} \cdot \text{m}$，$V=150\text{kN}$，$T=16.7\text{kN} \cdot \text{m}$。C30 混凝土，纵筋采用 HRB400 级钢筋，箍筋采用 HPB300 级钢筋，设计使用年限为 50 年，环境类别为一类，试配置受力钢筋。

【解】(1) 确定几何参数

$$取\ a_s = 40\text{mm}$$

$$h_0 = h - a_s = 500 - 40 = 460\text{mm}$$

设箍筋的直径为 $d=10$mm，查附表 9 得保护层厚度为 $c=20$mm，确定核心截面周长与面积如下：

$$b_{cor} = b - 2c - 2d = 300 - 2\times20 - 2\times10 = 240\text{mm}$$

$$h_{cor} = h - 2c - 2d = 500 - 2\times20 - 2\times10 = 440\text{mm}$$

$$u_{cor} = 2(b_{cor} + h_{cor}) = 2\times(240+440) = 1360\text{mm}$$

$$A_{cor} = b_{cor}h_{cor} = 240\times440 = 1.056\times10^5\text{mm}^2$$

求出截面受扭塑性抵抗矩：

$$W_t = \frac{b^2}{6}(3h-b) = \frac{300^2}{6}\times(3\times500-300) = 1.8\times10^7\text{mm}^3$$

(2) 验算截面尺寸

$$\frac{h_w}{b} = \frac{h_0}{b} = \frac{460}{300} = 1.53 < 4$$

$$\frac{V}{bh_0} + \frac{T}{0.8W_t} = \frac{150\times10^3}{300\times460} + \frac{16.7\times10^6}{0.8\times1.8\times10^7} = 2.25\text{N/mm}^2$$

$$< 0.25\beta_c f_c = 0.25\times1.0\times14.3 = 3.58\text{N/mm}^2，满足要求$$

验算是否只需按构造配筋：

$$\frac{V}{bh_0} + \frac{T}{W_t} = \frac{150\times10^3}{300\times460} + \frac{16.7\times10^6}{1.8\times10^7} = 2.01\text{N/mm}^2$$

$$> 0.7f_t = 0.7\times1.43 = 1.00\text{N/mm}^2，所以应计算配筋$$

(3) 验算计算中是否可以不考虑 T 或 V

$$0.175f_tW_t = 0.175\times1.43\times1.8\times10^7$$

$$= 4.5\text{kN}\cdot\text{m} < T = 16.7\text{kN}\cdot\text{m}，应考虑\ T\ 的影响$$

$$0.35f_tbh_0 = 0.35\times1.43\times300\times460$$

$$= 69.1\text{kN} < V = 150\text{kN}，应考虑\ V\ 的影响$$

(4) 正截面受弯承载力计算纵向钢筋 A_s

$$x = h_0 - \sqrt{h_0^2 - \frac{2M}{\alpha_1 f_c b}} = 460 - \sqrt{460^2 - \frac{2\times140\times10^6}{1.0\times14.3\times300}}$$

$$= 77.5\text{mm} < \xi_b h_0 = 0.518\times460 = 238.3\text{mm}$$

$$A_s = \frac{\alpha_1 f_c bx}{f_y} = \frac{1.0\times14.3\times300\times77.5}{360} = 923.5\text{mm}^2$$

验算最小配筋率：

$$45\frac{f_t}{f_y} = 45\times\frac{1.43}{360} = 0.178 < 0.2，取\ \rho_{min} = 0.2\%$$

$$\rho = \frac{A_s}{bh} = \frac{923.5}{300\times500} = 0.62\% > \rho_{min} = 0.2\%，满足$$

(5) 剪扭承载力计算箍筋

$$\beta_t = \frac{1.5}{1+0.5\dfrac{VW_t}{Tbh_0}} = \frac{1.5}{1+0.5\times\dfrac{150\times10^3\times1.8\times10^7}{16.7\times10^6\times300\times460}} = 0.946$$

满足 $0.5 \leqslant \beta_t \leqslant 1.0$

受剪承载力计算：设为双肢箍，$n=2$，由式（8-32）取等号解得：

$$\left(\frac{A_{sv1}}{s}\right)_v = \frac{V-0.7(1.5-\beta_t)f_t bh_0}{nf_{yv}h_0}$$

$$= \frac{150\times10^3-0.7\times(1.5-0.946)\times1.43\times300\times460}{2\times270\times460} = 0.296$$

受扭承载力计算：取 $\zeta=1.2$，由式（8-35）可解得：

$$\left(\frac{A_{st1}}{s}\right)_t = \frac{T-0.35\beta_t f_t W_t}{1.2\sqrt{\zeta}f_{yv}A_{cor}}$$

$$= \frac{16.7\times10^6-0.35\times0.946\times1.43\times1.8\times10^7}{1.2\times\sqrt{1.2}\times270\times1.056\times10^5} = 0.218$$

两部分箍筋叠加：

$$\frac{A_{sv1}}{s} = \left(\frac{A_{sv1}}{s}\right)_v + \left(\frac{A_{st1}}{s}\right)_t = 0.296+0.218 = 0.514$$

选φ 10 钢筋，$A_{sv1}=78.5\text{mm}^2$，则有：

$$s = \frac{A_{sv1}}{0.514} = \frac{78.5}{0.514} = 152.7\text{mm}$$

取 $s=150$mm。验算最小配箍率：

$$\rho_{sv,\min} = 0.28\frac{f_t}{f_{yv}} = 0.28\times\frac{1.43}{270} = 0.15\%$$

$$\rho_{sv} = \frac{A_{sv}}{bs} = \frac{2\times78.5}{300\times150} = 0.35\% > \rho_{sv,\min} = 0.15\%\text{，满足}$$

（6）剪扭承载力计算受扭纵筋

由抗扭纵筋与箍筋的配筋强度比，即式（8-11）得：

$$A_{stl} = \frac{\zeta f_{yv}A_{st1}u_{cor}}{f_y s} = \frac{\zeta f_{yv}u_{cor}}{f_y}\frac{A_{st1}}{s}$$

$$= \frac{1.2\times270\times1360}{360}\times0.218$$

$$= 266.8\text{mm}^2$$

验算最小受扭纵筋配筋率：

$$\frac{T}{Vb} = \frac{16.7\times10^6}{150\times10^3\times300} = 0.371 < 2$$

$$\rho_{tl,\min} = 0.6\sqrt{\frac{T}{Vb}}\frac{f_t}{f_y}$$

$$= 0.6\times\sqrt{0.371}\times\frac{1.43}{360} = 0.145\%$$

$$\rho_{tl} = \frac{A_{stl}}{bh} = \frac{266.8}{300\times500} = 0.18\% > \rho_{tl,\min} = 0.145\%\text{，满足}$$

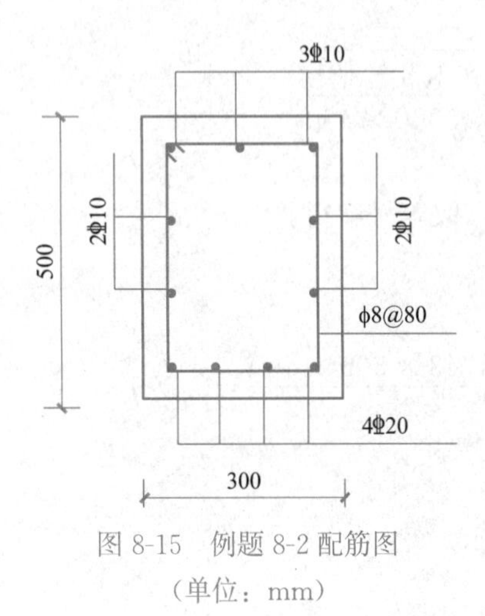

图 8-15　例题 8-2 配筋图
（单位：mm）

（7）纵筋配置

根据构造上的间距要求，受扭纵筋间距≤200mm 且≤b=300mm，受扭纵筋应布置 4 排，而且顶面和底面应各配 3 根钢筋，侧面每排各配 2 根钢筋，合计需要 10 根受扭纵筋。每根受扭纵筋的面积应为 $A_{stl}/10=266.8/10=26.7\text{mm}^2$。

顶面需要钢筋面积 $26.7\times3=80.1\text{mm}^2$，实配钢筋 3Φ10，面积 236mm²；侧面每排需要钢筋面积 $26.7\times2=53.4\text{mm}^2$，实配钢筋 2Φ10，面积 157mm²；底面一排受扭纵筋和受弯钢筋 A_s 合并，所需面积为：

$$A_s+26.7\times3=923.5+80.1=1003.6\text{mm}^2$$

实配 4Φ20，面积 1257mm²（也可配 3Φ22，面积 1140mm²）。截面配筋情况如图 8-15 所示。

8.4　T 形和 I 形截面受扭承载力计算方法

8.4.1　计算原则

前文已述矩形截面在弯剪扭作用下的承载力计算方法，但在实际应用中还存在 T 形、I 形组合截面的弯剪扭构件，因此需要对其承载力计算进行分析。根据已有试验表明：当 T 形和 I 形截面的腹板宽度大于翼缘厚度时，受扭的第一条斜裂缝出现在腹板侧面的中部，其破坏形态与矩形截面纯扭构件相似，腹板侧面的斜裂缝与顶部相连，独立于翼缘，形成不连续的螺旋形斜裂缝，说明受扭承载力满足腹板的完整性原则，因此计算时可将 T 形或 I 形划分成矩形块分别计算。此类组合截面相对于矩形截面，需要额外考虑两个因素：截面受扭抵抗矩的计算和截面弯剪扭荷载下的应力分布。

1. 截面受扭抵抗矩划分

进行 T 形和 I 形截面的塑性受扭抵抗矩依然可以根据沙堆比拟法得到，但是要计算该类沙堆体积是更为复杂的，因此在实际构件受扭承载力计算时，可根据腹板截面的完整性原则，将其划分为几个矩形截面分别计算，如图 8-16 所示。T 形截面划分为腹板矩形和受压翼缘矩形两部分，I 形截面划分为腹板矩形、受压翼缘矩形和受拉翼缘矩形三部分。与沙堆比拟得到的塑性受扭抵抗矩相比，划分后计算得到的塑性抵抗矩是较小的，这也偏安全。

各分块矩形截面受扭塑性抵抗矩可近似按下列公式计算：

腹板：

$$W_{tw}=\frac{b^2}{6}(3h-b) \tag{8-39}$$

受压翼缘：

$$W'_{tf}=\frac{h_f'^2}{2}(b_f'-b) \tag{8-40}$$

受拉翼缘：

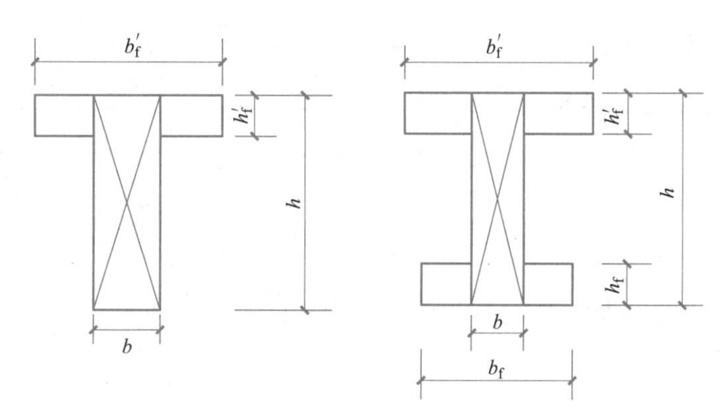

图 8-16　T 形和 I 形截面的矩形划分方法

$$W_{tf}=\frac{h_f^2}{2}(b_f-b) \tag{8-41}$$

计算时取用的翼缘宽度尚应符合 $b'_f \leqslant b+6h'_f$ 及 $b_f \leqslant b+6h_f$ 的规定。

整个截面受扭塑性抵抗矩应为各分块矩形截面受扭塑性抵抗矩之和：

$$W_t=W_{tw}+W'_{tf}+W_{tf} \tag{8-42}$$

对 T 形截面，$W_{tf}=0$。

2. 截面应力划分

弯剪扭构件同时受到弯矩、剪力和扭矩作用，回顾之前的受弯构件正截面承载力计算、斜截面承载力计算和纯扭构件的计算，可以发现：弯矩在矩形截面上产生正应力，剪力在矩形截面上产生剪应力，剪应力在中性轴处最大，两端最小。对于弯剪扭构件，则同时受到以上应力作用，需要配置的钢筋也包括了纵向钢筋和箍筋。

依据弯矩、剪力和扭矩在截面上的分布可知：

(1) 弯矩 M 产生的正应力在上下两端最大，因此其应力由整个截面承担，T 形截面和 I 形截面都按 T 形截面受弯承载力计算，在受拉区配置纵向钢筋。

(2) 剪力 V 产生的剪应力在截面中部大，两端小，因此假定全部由腹板承担，翼缘不承担剪力，需要配置腹筋（箍筋和/或弯起钢筋）。

(3) 扭矩 T 产生的剪力分布在腹板和翼缘，因此可将扭矩依据各自截面受扭塑性抵抗矩占截面总的受扭塑性抵抗矩的比例分担扭矩，如式（8-43）所示。同时扭矩导致钢筋混凝土构件开裂后形成变角空间桁架，因此需要设置沿周边布置的纵筋和箍筋。

$$\begin{aligned} T_w&=\frac{W_{tw}}{W_t}T \\ T_f&=\frac{W_{tf}}{W_t}T \\ T'_f&=\frac{W'_{tf}}{W_t}T \end{aligned} \tag{8-43}$$

8.4.2　T 形和 I 形截面受扭承载力设计与流程

根据上节提到的弯剪扭构件的受力特性和钢筋配置情况，T 形和 I 形截面在弯剪扭构件中的设计流程如图 8-17 所示，以 I 形为例，主要按照以下步骤进行：

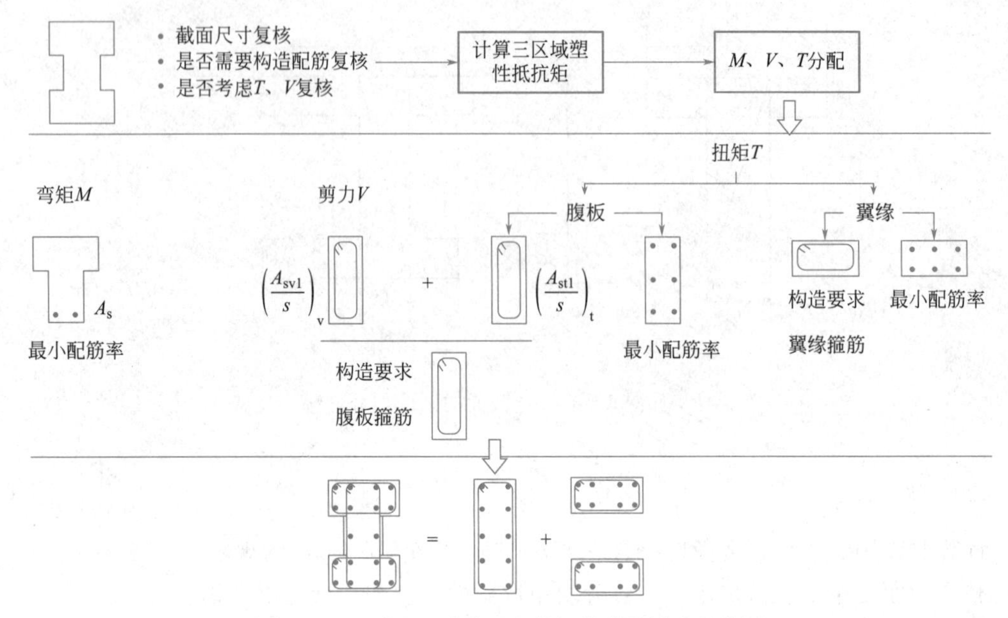

图 8-17　T形和I形截面弯剪扭构件设计流程简图

① 截面在弯剪扭荷载作用下的复核，包括截面尺寸、是否需要构造配筋以及是否需要考虑剪力或扭矩；

② 按照腹板完整原则，将I形截面划分为三个区域，并分别计算三个区域的塑性抵抗矩；

③ 弯剪扭荷载的分配和各部位设计：

a. 弯矩由T形截面承担，完成T形截面正截面受弯设计，并对纵向钢筋配筋率进行验算；

b. 剪力由腹板单独设计，按照斜截面承载能力计算公式和剪扭作用下的系数 β_V，只考虑箍筋承担剪力，获得剪力需要的箍筋 $\left(\frac{A_{sv1}}{s}\right)_v$；

c. 扭矩根据三部分的塑性抵抗矩进行分割，因此需要对腹板和翼缘分别进行设计（包括箍筋和纵筋）：腹板区域同时受到剪扭作用，考虑扭矩折减系数 β_T 计算腹板位置的箍筋 $\left(\frac{A_{st1}}{s}\right)_t$，并根据该值计算腹板需要的纵筋 A_{stl}；翼缘位置只受到扭矩作用，按照纯扭构件承载力计算出所需要的箍筋和纵筋值，并验算其最小配筋率和最小配箍率。

④ 钢筋组合

a. 腹板：腹板位置需要组合弯矩计算得到分布在受拉区的纵筋、扭矩作用下沿周边均匀布置的纵筋，按构造要求进行纵筋的叠加；剪扭作用下的箍筋叠加 $\left[\left(\frac{A_{sv1}}{s}\right)_v+\left(\frac{A_{st1}}{s}\right)_t\right]$，然后按照构造要求进行箍筋的布置。

b. 翼缘：分别按照扭矩作用计算所得的纵筋和箍筋，按照构造要求进行叠加。

【例题 8-3】已知一均布荷载作用下钢筋混凝土 T 形截面弯剪扭构件，截面尺寸如图 8-18 所示，$b'_f=500$mm，$h'_f=150$mm，$b\times h=250$mm$\times 600$mm。构件所承受弯矩设计

值为 $M=80\text{kN}\cdot\text{m}$，剪力设计值 $V=100\text{kN}$，扭矩设计值 $T=12\text{kN}\cdot\text{m}$。采用 C30 混凝土，纵筋用 HRB400，箍筋用 HPB300，试计算其配筋。设计使用年限为 50 年，环境类别为一类。

【解】（1）确定几何参数

$$取\ a_s=40\text{mm}$$

$$h_0=h-a_s=600-40=560\text{mm}$$

确定核心截面周长与面积如下：

$$b_{cor}=250-2\times30=190\text{mm}$$

$$h_{cor}=600-2\times30=540\text{mm}$$

$$u_{cor}=2(b_{cor}+h_{cor})=2\times(190+540)=1460\text{mm}$$

$$A_{cor}=b_{cor}\times h_{cor}=190\times540=1.026\times10^5\text{mm}^2$$

计算截面塑性抵抗矩：

$$W_{tw}=\frac{b^2}{6}(3h-b)=\frac{250^2}{6}(3\times600-250)=16.15\times10^6\text{mm}^3$$

$$W'_{tf}=\frac{h'^2_f}{2}(b'_f-b)=\frac{150^2}{2}(500-250)=2.81\times10^6\text{mm}^3$$

$$W_t=W_{tw}+W'_{tf}=16.15\times10^6\text{mm}^3+2.81\times10^6\text{mm}^3=18.96\times10^6\text{mm}^3$$

（2）验算截面尺寸

$$\frac{h_w}{b}=\frac{h_0-h'_f}{b}=\frac{560-150}{250}=1.64<4$$

$$\frac{V}{bh_0}+\frac{T}{0.8W_t}=\frac{100\times10^3}{250\times560}+\frac{12\times10^6}{0.8\times18.96\times10^6}=1.51\text{mm}^2$$

$$<0.25\beta_c f_c=0.25\times1.0\times14.3=3.58\text{mm}^2$$

截面尺寸满足要求。验算是否需要按计算配筋：

$$\frac{V}{bh_0}+\frac{T}{W_t}=\frac{100\times10^3}{250\times560}+\frac{12\times10^6}{18.96\times10^6}=1.35\text{mm}^2$$

$$>0.7f_t=0.7\times1.43=1.00\text{mm}^2，所以应计算配筋$$

（3）验算计算中是否可以不考虑 T 或 V

$$0.175f_tW_t=0.175\times1.43\times1.896\times10^7$$

$$=4.74\text{kN}\cdot\text{m}<T=12\text{kN}\cdot\text{m}，应考虑\ T\ 的影响$$

$$0.35f_tbh_0=0.35\times1.43\times250\times560$$

$$=49\text{kN}<V=100\text{kN}，应考虑\ V\ 的影响$$

（4）受弯纵筋计算

首先判定 T 形截面类型：

$$M=80\times10^6\text{N}\cdot\text{mm}<\alpha_1f_cb'_fh'_f\left(h_0-\frac{h'_f}{2}\right)$$

$$=1.0\times14.3\times500\times150\times\left(560-\frac{150}{2}\right)=520.2\times10^6\text{N}\cdot\text{mm}$$

故属于第一类 T 形截面。

$$\alpha_s=\frac{M}{\alpha_1 b_f' h_0^2 f_c}=\frac{80\times10^6}{1.0\times500\times560^2\times14.3}=0.036$$

$$\xi=1-\sqrt{1-2\alpha_s}=1-\sqrt{1-2\times0.036}=0.037$$

$$A_s=\alpha_1\xi b_f' h_0\frac{f_c}{f_y}=1.0\times0.037\times500\times560\times\frac{14.3}{360}=411.52\text{mm}^2$$

验算最小配筋率：

$$45\frac{f_t}{f_y}=45\times\frac{1.43}{360}=0.178<0.2\text{，取 }\rho_{min}=0.2\%$$

$$A_s=411.52\text{mm}^2>\rho_{min}bh=0.002\times250\times600=300\text{mm}^2$$

（5）扭矩分配

对腹板：$T_w=\frac{W_{tw}}{W_t}T=\frac{16.15\times10^6}{18.96\times10^6}\times12=10.22\text{kN}\cdot\text{m}$

对受压翼缘：$T_f'=\frac{W_{tf}'}{W_t}T=\frac{2.81\times10^6}{18.96\times10^6}\times12=1.78\text{kN}\cdot\text{m}$

（6）腹板配筋计算

受扭箍筋，由式（8-31）得：

$$\beta_t=\frac{1.5}{1+0.5\frac{VW_{tw}}{T_w bh_0}}=\frac{1.5}{1+0.5\times\frac{100\times10^3\times1.615\times10^7}{10.22\times10^6\times250\times560}}=0.959$$

满足 $0.5\leqslant\beta_t\leqslant1.0$

受剪承载力计算：设为双肢箍，$n=2$，由式（8-32）得：

$$\left(\frac{A_{sv1}}{s}\right)_v=\frac{V-0.7(1.5-\beta_t)f_t bh_0}{nf_{yv}h_0}$$

$$=\frac{100\times10^3-0.7\times(1.5-0.959)\times1.43\times250\times560}{2\times270\times560}=0.08$$

受扭承载力计算：取 $\zeta=1.3$，由式（8-35）可解得：

$$\left(\frac{A_{st1}}{s}\right)_t=\frac{T_w-0.35\beta_t f_t W_{tw}}{1.2\sqrt{\zeta}f_{yv}A_{cor}}$$

$$=\frac{10.22\times10^6-0.35\times0.959\times1.43\times1.615\times10^7}{1.2\times\sqrt{1.3}\times270\times1.026\times10^5}=0.065$$

两部分箍筋叠加：

$$\frac{A_{sv1}}{s}=\left(\frac{A_{sv1}}{s}\right)_v+\left(\frac{A_{st1}}{s}\right)_t=0.08+0.065=0.145$$

选 ϕ8 钢筋，$A_{sv1}=50.3\text{mm}^2$，则有：

$$s=\frac{A_{sv1}}{0.145}=\frac{50.3}{0.145}=346\text{mm}$$

取 $s=200$mm。验算最小配箍率：

$$\rho_{sv,min}=0.28\frac{f_t}{f_{yv}}=0.28\times\frac{1.43}{270}=0.15\%$$

$$\rho_{sv}=\frac{A_{sv}}{bs}=\frac{2\times50.3}{250\times200}=0.20\%>\rho_{sv,min}=0.15\%$$，满足

受扭纵筋：由式（8-11）得：

$$A_{stl}=\frac{\zeta f_{yv}A_{st1}u_{cor}}{f_y s}$$

$$=\frac{1.3\times270\times1460}{360}\times0.065$$

$$=92.5\text{mm}^2$$

验算最小受扭纵筋配筋率：

$$\frac{T}{Vb}=\frac{12\times10^6}{100\times10^3\times250}=0.48<2$$

$$\rho_{tl,min}=0.6\sqrt{\frac{T}{Vb}}\frac{f_t}{f_y}$$

$$=0.6\times\sqrt{0.48}\times\frac{1.43}{360}=0.165\%$$

$$\rho_{tl}=\frac{A_{stl}}{bh}=\frac{92.5}{250\times600}=0.06\%<\rho_{tl,min}=0.165\%$$，不满足

取 $\rho_{tl}=\rho_{tl,min}=0.165\%$，因此 $A_{stl}=\rho_{tl,min}bh=0.165\%\times250\times600=247.5\text{mm}^2$

根据构造上的间距要求，受扭纵筋应布置 4 排，每排各配 2 根钢筋，共需要 8 根受扭纵筋。每根受扭纵筋的面积应为 $A_{stl}/8=247.5/8=30.9\text{mm}^2$。

顶面和侧面需要钢筋面积 $30.9\times2=62.9\text{mm}^2$，实配钢筋 2$\Phi$10，面积 157mm^2；底面受扭纵筋和受弯钢筋 A_s 合并，所需面积为：

$$A_s+30.8\times2=338.04+62.9=400.9\text{mm}^2$$

实配 3Φ16，面积 603mm^2。

（7）受压翼缘配筋。剪力一般考虑由腹板承担，因此翼缘可按纯扭构件计算：

$$A'_{cor}=b'_{fcor}\times h'_{fcor}=(125-30)\times(150-60)=8550\text{mm}^2$$

$$u'_{cor}=2(b'_{fcor}+h'_{fcor})=2(95+90)=370\text{mm}$$

取 $\zeta=1.5$，求受扭箍筋：

$$\frac{A_{st1}}{s}=\frac{T'_f-0.35f_tW'_{tf}}{1.2\sqrt{\zeta}f_{yv}A_{cor}}=\frac{1.78\times10^6-0.35\times1.43\times2.81\times10^6}{1.2\times\sqrt{1.5}\times270\times8550}=0.110$$

取箍筋直径为 ϕ8，$A_{st1}=50.3\text{mm}^2$，则箍筋间距为：

$$s=\frac{50.3}{0.110}=457\text{mm}$$

取 $s=200\text{mm}$。

求受扭纵筋，由式（8-11）得：

$$A_{stl}=\frac{\zeta f_{yv}A_{st1}u'_{cor}}{f_y s}$$

$$=\frac{1.5\times270\times50.3\times370}{360\times200}$$

$$=104.69\text{mm}^2$$

翼缘纵筋按构造要求配置，选 4 Φ 10（4×78.5=314mm²＞104.69mm²）。

截面钢筋布置如图 8-18 所示。

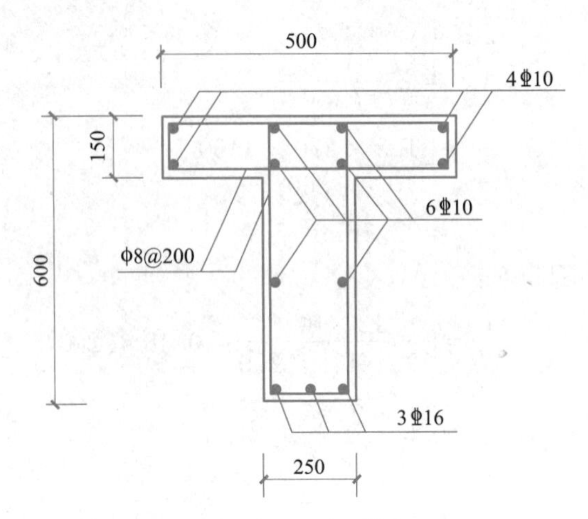

图 8-18　例题 8-3 图（单位：mm）

8.5　受扭构件计算公式的适用条件及构造要求

1. 截面限制条件

在受扭构件计算中，为了保证混凝土不会首先压碎，必须限制构件截面尺寸和混凝土材料强度等级不致过小。规范在试验的基础上，规定截面的限制条件如下：

当 $h_w/b \leqslant 4$ 时：

$$\frac{V}{bh_0}+\frac{T}{0.8W_t}\leqslant 0.25\beta_c f_c \tag{8-44}$$

当 $h_w/b=6$ 时：

$$\frac{V}{bh_0}+\frac{T}{0.8W_t}\leqslant 0.2\beta_c f_c \tag{8-45}$$

当 $4<h_w/b<6$ 时，按线性内插法确定。

其中，h_w 为截面的腹板高度：对矩形截面，取有效高度 h_0；对 T 形截面，取有效高度减去翼缘高度；对 I 形截面，取腹板净高。

2. 构造配筋界限

当混凝土构件即将开裂时，截面上的混凝土具有一定的承受剪力和扭矩的能力。因此从理论上说，此时构件的混凝土可以承受荷载而不需要设置受扭和受剪钢筋，我们将此荷载条件称为构造配筋界限。但在设计时，为了安全可靠，即使满足构造配筋界限，仍然需要按最小配筋率设置一定的钢筋。

现行国家标准《混凝土结构设计标准》GB/T 50010 规定：在弯矩、扭矩、剪力共同作用下的构件，当截面符合下列公式要求：

$$\frac{V}{bh_0}+\frac{T}{W_t}\leqslant 0.7f_t \tag{8-46}$$

或对压扭构件，满足：

$$\frac{V}{bh_0}+\frac{T}{W_t}\leqslant 0.7f_t+0.07\frac{N}{bh_0} \tag{8-47}$$

可不进行构件受剪扭承载力计算，只需按构造要求配置钢筋。

3. 最小配筋率

为避免发生少筋破坏，规范规定了受扭构件钢筋的最小配筋率，包括箍筋最小配筋率和纵筋最小配筋率。

① 弯剪扭构件剪扭箍筋的最小配筋率为：

$$\rho_{sv,min}=\frac{nA_{sv1}}{bs}=0.28\frac{f_t}{f_{yv}} \tag{8-48}$$

式中　A_{sv1}——箍筋的单肢截面面积；

　　n——同一截面内箍筋的肢数。

箍筋间距应符合箍筋最大间距要求（详见第 5 章）。其中受扭箍筋必须为封闭式，且应沿周边布置，当采用复合箍筋时，位于截面内部的箍筋不应计入受扭所需的箍筋面积；当采用绑扎骨架时，箍筋末端应做成 135°弯钩，弯钩端头平直段长度不应小于 10d（d 为箍筋直径），如图 8-19 所示。

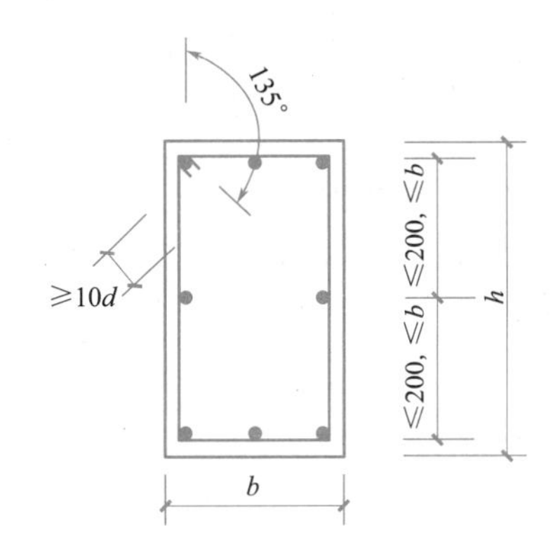

图 8-19　受扭钢筋的布置（单位：mm）

② 弯剪扭构件纵向钢筋最小配筋率。弯剪扭构件中弯曲受拉边纵向受拉钢筋的最小配筋率不应小于按弯曲受拉钢筋最小配筋率计算出的钢筋截面面积与受扭纵向受力钢筋最小配筋率计算并分配到弯曲受拉边的钢筋截面面积之和。

受扭纵向钢筋的最小配筋率为：

$$\rho_{tl,min}=\frac{A_{stl,min}}{bh}=0.6\sqrt{\frac{T}{Vb}}\frac{f_t}{f_y} \tag{8-49}$$

当 $\frac{T}{Vb}>2$ 时，取 $\frac{T}{Vb}=2$。

受扭纵向钢筋应沿构件截面周边均匀对称布置。矩形截面的四角以及 T 形、I 形截面各分块矩形的四角，均需设置受扭纵筋。受扭纵筋的间距不应大于 200mm，也不应大于梁截面短边长度（图 8-19）。

受扭纵筋的接头和锚固要求均应按受拉钢筋的相应要求考虑。架立钢筋和腰筋可作为受扭纵筋来利用。

思　考　题

8-1　实际工程中哪些构件承受扭矩?

8-2　什么是平衡扭转和协调扭转?试分别举出实际中的构件。

8-3　矩形截面受扭塑性抵抗矩 W_t 是如何推导的?对 T 形截面和 I 形截面又是如何求该截面塑性抵抗矩的?

8-4　什么是纵筋和箍筋的配筋强度比?该值的合理范围是多少?配筋强度不同，会对破坏形式有何影响?

8-5　受扭构件的配筋有哪些构造要求?

8-6　简要说明 T 形截面纯扭构件的配筋计算方法。

练　习　题

8-1　钢筋混凝土矩形截面纯扭构件，$b=250\text{mm}$，$h=450\text{mm}$，C30 混凝土，纵筋为 HRB400 级钢筋，箍筋为 HPB300 级钢筋，承受扭矩设计值 $T=23\text{kN}\cdot\text{m}$。试配置钢筋。

8-2　承受均布荷载作用的矩形截面剪扭构件，截面尺寸 $b\times h=200\text{mm}\times400\text{mm}$，纵筋为 HRB400 级钢筋，箍筋为 HPB300 级钢筋，C25 混凝土，截面内力设计值 $V=80\text{kN}$，$T=10\text{kN}\cdot\text{m}$。试配置纵向钢筋和箍筋。

8-3　承受均布荷载作用的矩形截面弯剪扭构件，截面尺寸 $b\times h=300\text{mm}\times550\text{mm}$，承受内力设计值 $M=120\text{kN}\cdot\text{m}$，$V=125\text{kN}$，$T=15\text{kN}\cdot\text{m}$。采用 C30 混凝土，纵向受力钢筋为 HRB400 级钢筋，箍筋为 HPB300 级钢筋。试配置受力钢筋。

第9章 混凝土构件变形与裂缝验算

导读：本章内容为普通混凝土结构构件正常使用极限状态的验算，主要针对普通混凝土构件的变形和裂缝宽度进行验算，通过学习达到以下要求：(1) 理解构件变形和横向受力裂缝控制目的及控制要求，理解混凝土构件变形与裂缝验算的工程意义；(2) 了解构件变形与裂缝宽度验算的可靠性要求，掌握外荷载、截面应力及构件刚度等参数计算时的荷载组合方法；(3) 理解混凝土构件正常使用过程中截面应力/应变的变化过程，了解构件短期刚度、考虑荷载长期作用影响的刚度、钢筋应力、混凝土应变等关键参数的计算原理，掌握混凝土构件变形计算方法；(4) 理解混凝土构件的黏结-滑移理论、无滑移理论，了解构件裂缝平均间距、平均裂缝宽度、最大裂缝宽度等关键参数计算原理，掌握混凝土构件的裂缝宽度计算方法。

9.1 概　　述

结构的功能要求包括安全性、适用性和耐久性，前述章节已介绍了与安全性相关的基本结构构件承载力计算方法，本章将介绍与适用性相关的基本结构构件的变形和裂缝验算及控制措施。

9.1.1 变形验算必要性

在工程结构的正常使用过程中，对结构构件变形有一定要求。受弯构件的挠度值选定应考虑四个方面的问题，即结构的可使用性、对结构的影响和对结构构件的影响，以及人们感觉的可接受程度。

结构的可使用性方面与结构的用途有关，如对屋面构件，应保证能很好排水，对吊车梁挠度应保证吊车的正常行驶，对支承精密设备的楼面，应保持“平面”等；对结构构件的影响是指防止结构性能和设计中假定的不相符，如梁端旋转将使支承面积改变，从而引起支承墙体应力局部增大；对非结构构件的影响包括防止非结构构件，如隔墙及天花板的开裂、压碎或其他形式的损坏；在人们感觉的可接受方面，如活荷载及风载的动力影响引起振动对人的感觉效应，以及由振动引起的噪声对人的听觉效应等。

由于使用者个人观点和感觉的不同，在感觉接受程度上广泛地确定挠度控制值是有困难的。需要指出的是，我国规范仅给出了受弯构件的允许挠度限值，这并不等于只有受弯构件有刚度的要求。在某些情况下，对偏心受力构件，如承受偏心荷载的屋架上弦和下弦、采用高强混凝土或高强钢筋的构件，通过计算保证正常刚度要求也很重要。

9.1.2 裂缝验算必要性

混凝土的极限拉应变或抗拉强度是很低的。因此，钢筋混凝土构件存在拉应力的情况下，当荷载不大时，混凝土拉应变或相应拉应力如达到极限，这时构件将出现裂缝。对于普通混凝土构件，一般并不要求限制裂缝的出现，而是要求限制裂缝的宽度。

当裂缝宽度超过一定限值时，会影响结构的耐久性。当混凝土保护层碳化至钢筋处，将使混凝土内钢筋表面的钝化膜破坏。在较大的裂缝处，如果有水分、海水、除冰盐等侵蚀性介质作用时，钢筋会首先发生“坑蚀”，继而逐渐形成“环蚀”，使钢筋截面面积削弱，同时向裂缝两侧扩展，形成锈蚀面。锈蚀后钢筋有效面积降低、钢筋-混凝土黏结性能退化，最终将影响结构的安全。

在正常服役条件下，特别是干燥环境下，混凝土虽然碳化，但钢筋还不至于锈蚀。丁大钧先生曾调研了两栋服役了 55 年和 20 年之久的建筑，存在裂缝宽度为 1.6mm 和 1.7mm 情况下钢筋尚未锈蚀的情况。因此，在一般情况下，限制裂缝宽度不完全是为了耐久性，而更多地是考虑建筑外观或人的感受。

现行国家标准《混凝土结构设计标准》GB/T 50010 规定，结构构件应根据结构类型和环境类别，选用不同的裂缝控制等级及最大裂缝宽度限值。室内正常环境条件（一类环境）下钢筋混凝土构件，剖形观察结果表明，不论裂缝宽度大小、使用时间长短、地区湿度高低，凡钢筋上不出现结露或水膜，则其裂缝处钢筋基本上未发现明显的锈蚀现象；对处于露天或室内潮湿环境（二类环境）条件下的钢筋混凝土构件，剖形观察结果表明，裂缝处钢筋都有不同程度的表面锈蚀，而当裂缝宽度小于或等于 0.2mm 时，裂缝处钢筋上只有轻微的表面锈蚀。对使用除冰盐等的三类环境，锈蚀试验及工程实践表明，钢筋混凝土结构构件的受力裂缝宽度对耐久性的影响不是太大，故仍允许存在受力裂缝。

9.1.3 正常使用极限状态验算的基本要求

1. 可靠性要求

裂缝宽度和变形计算对应混凝土构件受力全过程的第Ⅱ阶段，属于正常使用极限状态的验算。所谓正常使用极限状态，指结构或结构构件达到正常使用的某项规定限制或耐久性能的某种规定状态。

2. 验算的基本内容

混凝土结构构件应根据其使用功能及外观要求，按下列规定进行正常使用极限状态验算：

（1）对需要控制变形的构件，应进行变形验算；

（2）对不允许出现裂缝的构件，应进行混凝土拉应力验算；

（3）对允许出现裂缝的构件，应进行最大裂缝宽度验算；

（4）对舒适度有要求的楼盖结构，应进行竖向自振频率验算。

3. 效应及抗力

总体要求：对于正常使用极限状态，钢筋混凝土构件按荷载准永久组合并考虑长期作用的影响，预应力混凝土构件按标准组合并考虑长期作用的影响，采用下列极限状态设计表达式进行验算：

$$S \leqslant C \tag{9-1}$$

式中 S——正常使用极限状态荷载组合的效应设计值；

C——结构构件达到正常使用要求所规定的变形、应力、裂缝宽度和自振频率等的限值。

变形验算：钢筋混凝土受弯构件的最大挠度应按荷载的准永久组合，预应力混凝土受弯构件的最大挠度应按荷载的标准组合，并均应考虑荷载长期作用的影响进行计算。现行国家标准《混凝土结构设计标准》GB/T 50010，对受弯构件挠度值进行了限定，按附表

15 采用。

裂缝验算：结构构件正截面的受力裂缝控制等级分为三级，等级划分及要求应符合下列规定：

一级——严格要求不出现裂缝的构件，按荷载标准组合计算时，构件受拉边缘混凝土不应产生拉应力。

二级——一般要求不出现裂缝的构件，按荷载标准组合计算时，构件受拉边缘混凝土拉应力不应大于混凝土抗拉强度的标准值。

三级——允许出现裂缝的构件：对钢筋混凝土构件，按荷载准永久组合并考虑长期作用影响计算时，构件的最大裂缝宽度不应超过附表 16 规定的最大裂缝宽度限值。对预应力混凝土构件，按荷载标准组合并考虑长期作用的影响计算时，构件的最大裂缝宽度不应超过附表 16 规定的最大裂缝宽度限值；对二 a 类环境的预应力混凝土构件，尚应按荷载准永久组合计算，且构件受拉边缘混凝土的拉应力不应大于混凝土的抗拉强度标准值。

9.2 混凝土构件变形验算

9.2.1 变形特点

从材料力学可知，受均布荷载作用的简支梁在线弹性范围内的弯曲变形后为一条连续的、光滑的曲线，这条曲线称为挠度曲线，如图 9-1（a）所示。通过对挠度曲线积分以及边界条件，可以得到梁的最大挠度和最大转角。如承受均布荷载作用的简支梁，其挠度计算公式为：

$$f(x)=-\frac{qx}{24EI}(x^{3}-2Lx^{2}+L^{3}) \tag{9-2}$$

$$f_{\max}=-\frac{5qL^{4}}{384EI} \tag{9-3}$$

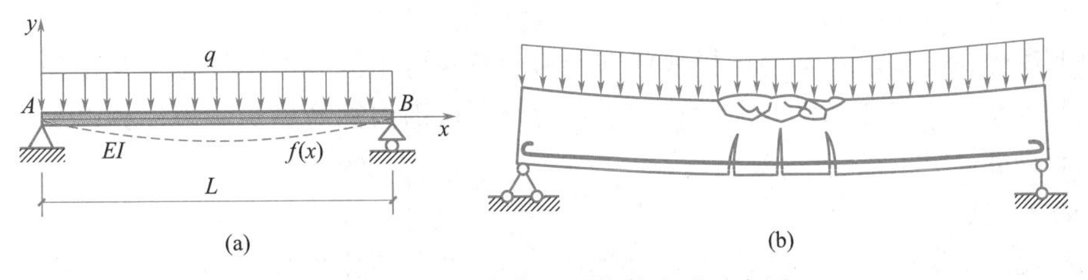

图 9-1 均布荷载作用下构件变形示意图

（a）弹性梁的变形图；（b）混凝土梁的变形图

由式（9-2）可知，弹性梁的最大挠度和边界条件、荷载形式以及刚度相关。相比于弹性梁，混凝土梁由于变形过程裂缝不断发展，从而导致梁的抗弯刚度具有时变特性，标记为短期刚度 B_{s} 和考虑荷载长期作用影响的刚度 B，则改写简支钢筋混凝土梁在均布荷载作用下的挠度计算公式为：

$$f_{\max}=-\frac{5qL^{4}}{384B} \tag{9-4}$$

现讨论钢筋混凝土梁的挠度 f 发展与弯矩 M 增长之间的关系，如图 9-2 所示。

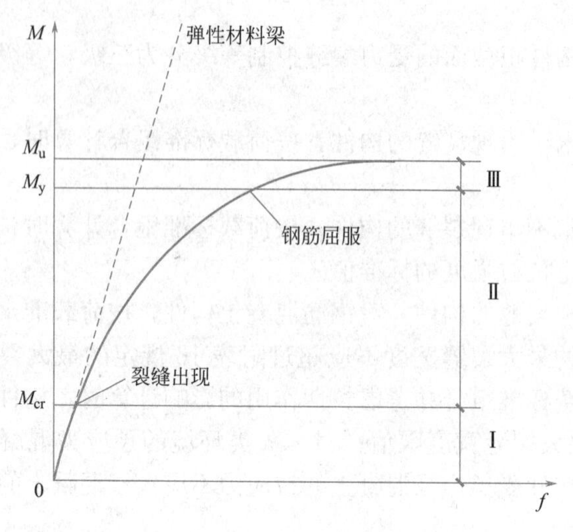

图 9-2 钢筋混凝土梁的 M-f 曲线

不同于理想弹性梁，钢筋混凝土受弯构件正截面工作有三个阶段，每个阶段的变形具有不同特点。

第Ⅰ阶段：截面开裂前。钢筋混凝土梁与匀质弹性梁的变形特点相近，弯矩 M 和挠度 f 大致为线性关系，梁的短期刚度 B_s 基本上为常数，但需要考虑混凝土塑性变形的发展引起刚度下降。

第Ⅱ阶段：从截面开裂至纵向受拉钢筋屈服，即带裂缝工作阶段。弯矩 M 和挠度 f 不再保持线性关系，随着弯矩的增大，挠度的增长速率高于弯矩增加速率，说明截面刚度在不断降低。再则，沿着构件轴线各截面的应力应变状态不一致，因此沿着梁轴线的刚度也有所区别。

第Ⅲ阶段：从纵向受拉钢筋屈服至构件破坏。弯矩 M 和挠度 f 大致接近水平，说明刚度急剧下降，水平段的长短代表了构件延性性能的好坏。

由上述分析可知，正常使用极限状态变形验算对应于混凝土构件受力全过程的第Ⅱ阶段，钢筋混凝土梁受弯构件变形验算的重点包括：截面内钢筋真实应力计算以及受拉区开裂后截面刚度计算。

9.2.2 基本假定

钢筋混凝土梁受力后纯弯段钢筋和混凝土的应变分布如图 9-3 所示。

钢筋混凝土梁出现裂缝后，裂缝截面混凝土退出工作，其所承受拉力由钢筋承受，钢筋应力突然增大；随着与裂缝距离的增大，钢筋应力通过黏结作用传递给混凝土，混凝土又参与受拉。由此可知，钢筋和混凝土的应力以及应变分布沿着梁轴向方向呈现不均匀分布的特点，需要引入假设条件进行计算。

1. 受拉钢筋的应变

钢筋应变及应力呈波浪形分布，裂缝截面处受拉钢筋应变峰值为 ε_s（或应力 σ_s）位于裂缝截面处，受拉钢筋的平均应变为 ε_{sm}，其比值用裂缝间纵向受拉钢筋应变（或应力）不均匀系数 ψ 表示：

$$\psi = \varepsilon_{sm} / \varepsilon_s \tag{9-5}$$

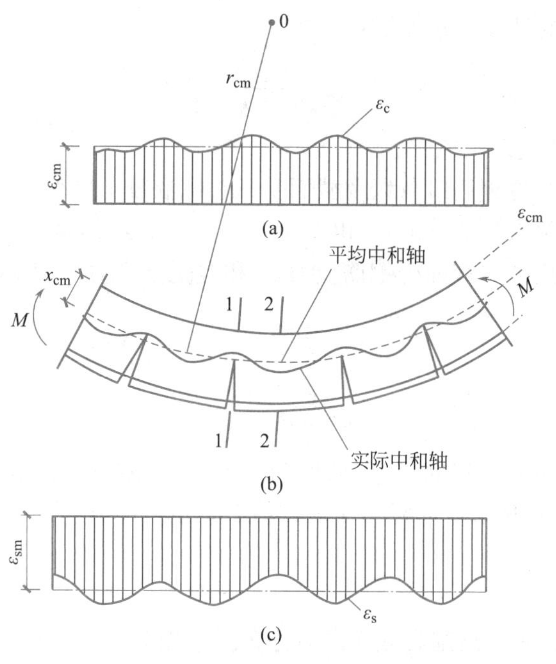

图 9-3　均布荷载下梁纯弯段截面应变分布状态

2. 受压混凝土的应变

开裂截面（图 9-3 中 1-1）相较于未开裂截面（图 9-3 中 2-2），其中和轴上升、受压区高度减小，因此受拉区开裂处截面受压区边缘混凝土应变 ε_c（或应力 σ_c）值最大，而裂缝间则较小，表现为波浪形分布。受压区边缘混凝土平均应变 ε_{cm} 与 ε_c 的比值称为截面受压区边缘混凝土应变不均匀系数：

$$\psi_c = \varepsilon_{cm} / \varepsilon_c \tag{9-6}$$

3. 平均截面的平截面假定

开裂后沿梁轴线方向截面的中和轴高度 x_c 呈现波浪形变化，引入平均中和轴高度 x_{cm}，该截面称为平均截面，平均截面受拉钢筋和受压混凝土的平均应变 ε_{sm} 和 ε_{cm} 沿截面高度按直线规律分布，仍符合平截面假定。

9.2.3　短期刚度 B_s

弹性梁的曲率 φ_c 为刚度 EI 与弯矩 M 的比值，钢筋混凝土梁曲率、弯矩及短期刚度之间也存在上述关系，如式（9-7）所示：

$$\varphi_c = \frac{M}{B_s} \tag{9-7}$$

由上述可知，梁截面的刚度可通过曲率进行计算，截面曲率可通过钢筋应变、混凝土应变以及截面几何特性换算得到。计算简图如图 9-4 所示。

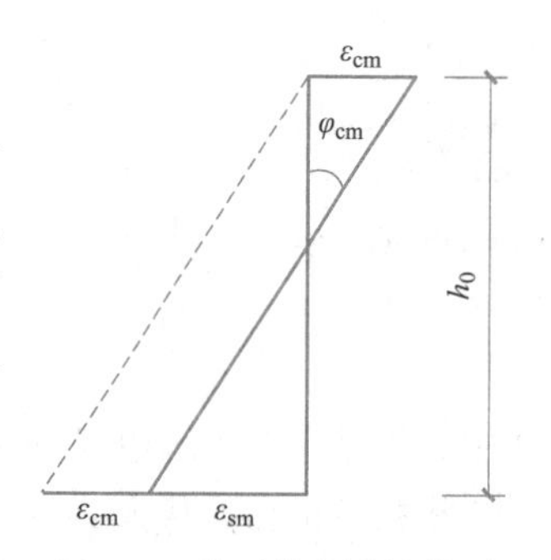

图 9-4　截面曲率计算简图

通过变形协调条件、材料应力-应变关系以及静力平衡条件可求得平均曲率。

1. 变形协调关系

由平均截面的平截面假定和图 9-4 的应变和曲率的几何

关系，平均曲率 φ_{cm} 的计算公式如下：

$$\varphi_{cm}=\frac{\varepsilon_{sm}+\varepsilon_{cm}}{h_0} \tag{9-8}$$

2. 材料应力-应变关系

裂缝截面处纵向受拉钢筋应变以及截面受压边缘混凝土应变，与平均截面的钢筋应变和混凝土应变之间的关系如式（9-5）和式（9-6）所示，再结合应力-应变关系，平均截面钢筋和混凝土应变可用裂缝截面处钢筋应力 σ_s 和混凝土应力 σ_c 表示：

$$\varepsilon_{sm}=\psi\varepsilon_s=\psi\frac{\sigma_s}{E_s} \tag{9-9}$$

$$\varepsilon_{cm}=\psi_c\varepsilon_c=\psi_c\frac{\sigma_c}{E'_c} \tag{9-10}$$

正常使用极限状态时，钢筋处于弹性工作阶段尚未屈服，取用弹性模量 E_s；混凝土需要考虑其塑性变形，取用变形模量 E'_c，其值为 υE_c，其中，υ 为混凝土受压时的弹性系数。

3. 静力平衡条件

取图 9-3 中 1-1 截面，绘制其截面内力分布图，如图 9-5 所示。

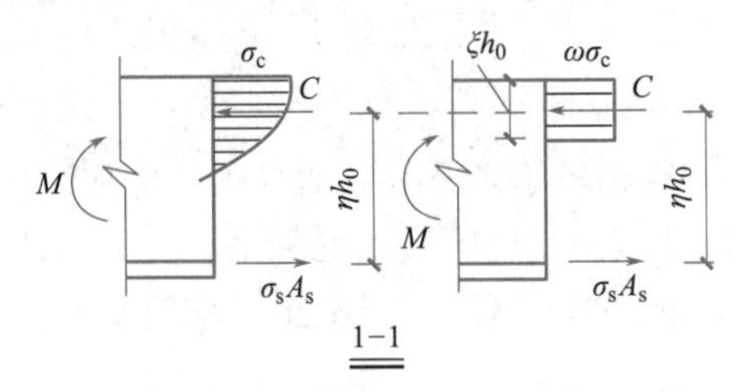

图 9-5　裂缝处截面应力分布图

图中，ω 为应力图形系数，将实际应力图转换为等效矩形应力图；η 为使用阶段裂缝截面内力臂系数，为受拉区钢筋合力点至受压区混凝土合力点距离。分别对混凝土合力点和钢筋合力点取矩，可得：

$$M=A_s\sigma_s\eta h_0 \tag{9-11}$$

$$M=c\eta h_0=\omega\sigma_c\xi h_0 b\eta h_0 \tag{9-12}$$

由此可知，裂缝截面处受拉钢筋应力和受压区边缘混凝土应力为：

$$\sigma_s=\frac{M}{A_s\eta h_0} \tag{9-13}$$

$$\sigma_c=\frac{M}{\omega\xi\eta b h_0^2} \tag{9-14}$$

将式（9-9）、式（9-10）、式（9-13）和式（9-14）代入式（9-8），可得：

$$\varphi_{cm}=M\left[\frac{\psi}{A_s E_s\eta h_0^2}+\frac{1}{\zeta E_c b h_0^3}\right] \tag{9-15}$$

式中，ζ 称为受压区边缘混凝土平均应变综合系数，它包含了五个参数，即 $\zeta=\omega\xi\eta\upsilon/\psi_c$。

将式（9-15）代入式（9-7），并取 $\alpha_E=E_s/E_c$，$\rho=A_s/bh_0$，即可得短期刚度 B_s 的计算式为：

$$B_s=\frac{M}{\varphi_{cm}}=\frac{E_sA_sh_0^2}{\dfrac{\psi}{\eta}+\dfrac{\alpha_E\rho}{\zeta}} \tag{9-16}$$

由上述公式可知，短期刚度计算涉及系数较多，需要通过试验研究得到上述参数。以丁大钧先生为代表的我国土木工程领域的科研前辈们，通过大量基础性试验，研究得到了完整的计算体系，可详见参考资料丁大钧先生著作《钢筋混凝土构件抗裂度、裂缝和高度》。

试验表明，裂缝截面内力臂系数 η 和受压区高度相关，在正常使用阶段，截面相对受压区高度和内力臂的变化不大，一般可近似取为 0.87；受拉钢筋应变不均匀系数 ψ 与构件混凝土截面的抗裂弯矩 M_{cr} 和标准组合下弯矩 M_k 的比值相关，代入钢筋应力、截面特征系数后，可得到具体计算公式如下：

$$\psi=1.1-0.65\frac{f_{tk}}{\rho_{te}\sigma_s}\begin{matrix}\geqslant 0.2\\ \leqslant 1.0\end{matrix} \tag{9-17}$$

式中 f_{tk}——混凝土轴心抗拉强度标准值；

ρ_{te}——按有效受拉混凝土截面面积 A_{te} 计算的纵向受拉钢筋的配筋率，$\rho_{te}=A_s/A_{te}$，$A_{te}=0.5bh+(b_f-b)h_f$（图 9-6），当 $\rho_{te}<0.01$ 时，取 0.01；

σ_s——按荷载准永久组合计算的钢筋混凝土构件纵向受拉普通钢筋应力或按标准组合计算的预应力混凝土构件纵向受拉钢筋等效应力。

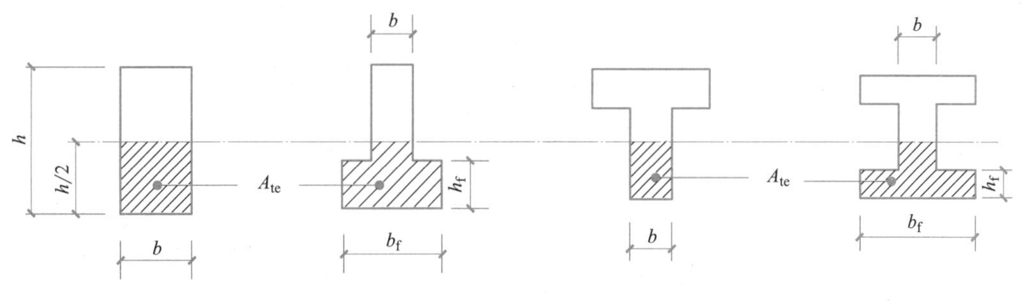

图 9-6 不同截面的 ρ_{te} 计算

受压区边缘混凝土平均应变综合系数 ζ 与 5 个参数相关，试验结果表明，ζ 随着荷载增大而减小，但在正常使用荷载下基本稳定，因此不考虑荷载效应弯矩 M 的影响。依据实测资料回归给出了如下经验公式：

$$\frac{\alpha_E\rho}{\zeta}=0.2+\frac{6\alpha_E\rho}{1+3.5\gamma_f'} \tag{9-18}$$

式中，γ_f' 为受压翼缘面积与腹板有效截面面积的比值，$\gamma_f'=(b_f'-b)h_f'/(bh_0)$，$h_f'>0.2h_0$，取 $h_f'=0.2h_0$；ρ 为纵向受拉钢筋配筋率，$\rho=A_s/bh_0$。

将上述参数代入短期刚度计算公式，得到：

$$B_s=\frac{E_sA_sh_0^2}{1.15\psi+0.2+\dfrac{6\alpha_E\rho}{1+3.5\gamma_f'}} \tag{9-19}$$

9.2.4 考虑荷载长期作用影响的刚度 B

在荷载长期作用下，钢筋混凝土受弯构件的挠度会随时间逐渐增大。试验表明，某梁持载时间 6 年 1.5 个月，虽然其挠度变化速率随时间而减缓，但 6 年内挠度在不断持续发展，结果表明，加载末期挠度为初始挠度的 1.87 倍。挠度持续增加的原因可包括：

（1）受压区混凝土徐变，使得受压变形将随时间而增长。配筋率不高的梁，裂缝间受拉状态混凝土将产生应力松弛，以及和钢筋间发生滑移徐变；受拉混凝土不断退出工作，钢筋的平均应变将随时间而增长，包括裂缝向上展开使其上部受拉的混凝土脱离工作和内力臂的改变引起裂缝截面钢筋应力的增加。以上现象都导致长期荷载下挠度的增大，亦即导致刚度的降低。

（2）钢筋位置处的混凝土收缩受到约束，而梁上部仅配置构造钢筋，约束作用很小，因此梁的上下部位收缩变形不同而存在变形差，这将使梁发生翘曲，即收缩亦将导致梁挠度的增大。

由上述分析可知，钢筋混凝土梁的挠度验算需要考虑长期荷载效应对刚度的影响。作用在构件上的实际荷载仅有一部分为长期作用，将荷载效应标准组合 M_k 拆分为两部分，分别为长期作用的荷载效应组合（准永久组合，M_q）和短期作用的荷载效应组合（$M_k - M_q$），此时，曲率、刚度和弯矩的关系如图 9-7 所示。

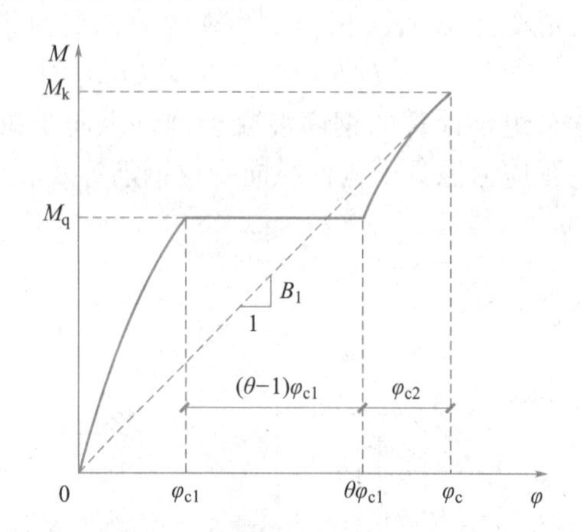

图 9-7　刚度 B 与曲率 φ、弯矩 M 的关系图

1. 钢筋混凝土构件

钢筋混凝土受弯构件的最大挠度按荷载的准永久组合进行验算，其变形分为如下过程。在 M_q 作用下，构件先产生一个短期曲率 φ_{c1}：

$$\varphi_{c1} = \frac{M_q}{B_s} \tag{9-20}$$

在 M_q 的持续作用下，曲率增大 θ 倍：

$$\theta\varphi_{c1} = \frac{M_q}{B} \tag{9-21}$$

因此，刚度和短期刚度之间存在如下关系：

$$B = \frac{B_s}{\theta} \tag{9-22}$$

2. 预应力混凝土构件

预应力混凝土受弯构件的最大挠度按荷载的标准组合进行验算，其变形除了普通混凝

土受弯构件的 $\theta\varphi_{c1}$ 外，在荷载效应（M_k-M_q）短期作用下产生曲率 φ_{c2} 为：

$$\varphi_{c2}=\frac{M_k-M_q}{B_s} \tag{9-23}$$

则在 M_k 作用下，构件的总曲率 φ_c 为：

$$\varphi_c=\theta\varphi_{c1}+\varphi_{c2}=\frac{M_k+(\theta-1)M_q}{B_s} \tag{9-24}$$

上述构件在 M_k 作用下的刚度 B 的计算式：

$$B=\frac{M_k}{\varphi_c} \tag{9-25}$$

整理式（9-24）和式（9-25），得到刚度 B 的计算式：

$$B=\frac{M_k}{M_q(\theta-1)+M_k}B_s \tag{9-26}$$

上述公式中，θ 为考虑荷载长期作用的挠度增大影响系数。受压钢筋对混凝土的徐变起着约束作用，从而减小长期荷载作用下的挠度。现行国家标准《混凝土结构设计标准》GB/T 50010 给出了 θ 的取值方法：当 $\rho'=A'_s/(bh_0)$ 为 0 时，取 $\theta=2.0$；当 $\rho'=\rho$ 时，取 $\theta=1.6$；当 ρ' 为中间值时，θ 按直线内插法取用。对翼缘位于受拉区的 T 形截面，受拉区混凝土退出工作的影响较大，挠度增大较多，故 θ 值在计算基础上还需增加 20%。

9.2.5 最小刚度原则

与理想弹性梁不同的是，钢筋混凝土受弯构件截面的抗弯刚度具有时变性和空间变异性。首先，抗弯刚度会随着弯矩的增大而减小；其次，沿着梁的轴向方向，即便是等截面梁，由于各截面的弯矩差异，其抗弯刚度也都不尽相等。承受均布荷载的等截面简支梁和带悬挑的等截面简支梁的抗弯刚度分布如图 9-8 所示。

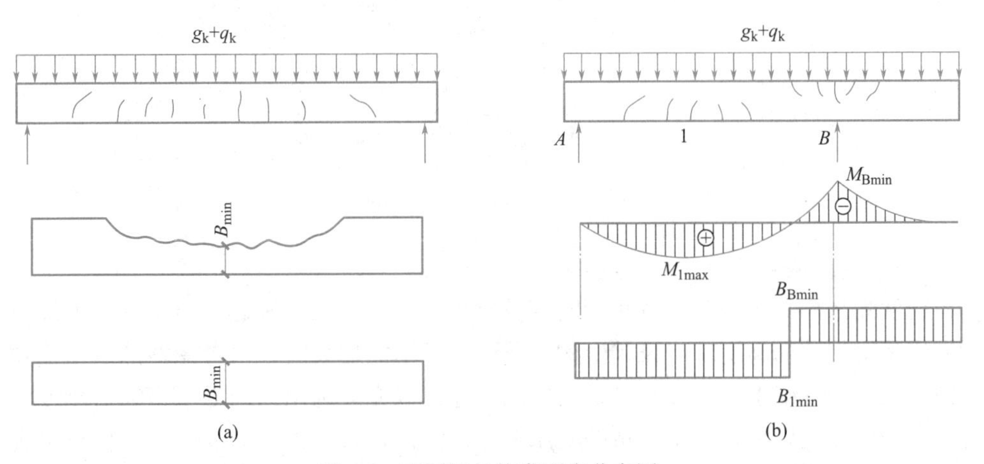

图 9-8 不同梁的抗弯刚度分布图

（a）简支梁；（b）带悬挑简支梁

由上述可知，承受均布荷载的简支梁，跨中截面由于混凝土开裂，刚度下降最为显著；同样，对于带悬臂简支梁，AB 跨跨中和 B 支座处刚度下降最明显。如果按照实际的变刚度计算梁的挠度十分烦琐，在实用计算中，考虑到弯矩较小区段虽然刚度较大，但它对全梁变形的影响不大，故一般取同号弯矩区段内弯矩最大截面的抗弯刚度作为该区段的抗弯刚度，即最小刚度原则。如图 9-8（a）中的简支梁，采用最大正弯矩截面计算的截面刚度，并以此作为全梁的抗弯刚度。图 9-8（b）中的带悬挑的简支梁，则取最大正弯矩截面和最小负弯矩截面的刚度，分别作为相应弯矩区段的刚度。

另一方面，由于梁中斜裂缝开展，还存在剪切变形，而按上述方法计算挠度时，只考虑了弯曲变形，故使挠度计算值又偏小。一般情况下，计算的偏大值和偏小值大致相互抵消，使试验梁挠度的实测值与计算值符合较好，误差不大。因此，采用最小刚度原则用等刚度方法计算钢筋混凝土受弯构件的挠度已可满足工程要求。但需指出，对斜裂缝开展较大的薄腹梁等构件，若按上述方法计算挠度值，可能偏小较多，但目前尚未有具体计算方法，因此按上述方法计算得出的挠度值应予以适当增大。

9.2.6 验算流程

挠度验算是指对已按承载能力极限状态设计的构件进行变形验算，此时该梁的荷载效应、截面参数、钢筋配置、材料性能等均已确定，验算上述配置下梁的挠度值，其验算流程如图 9-9 所示。

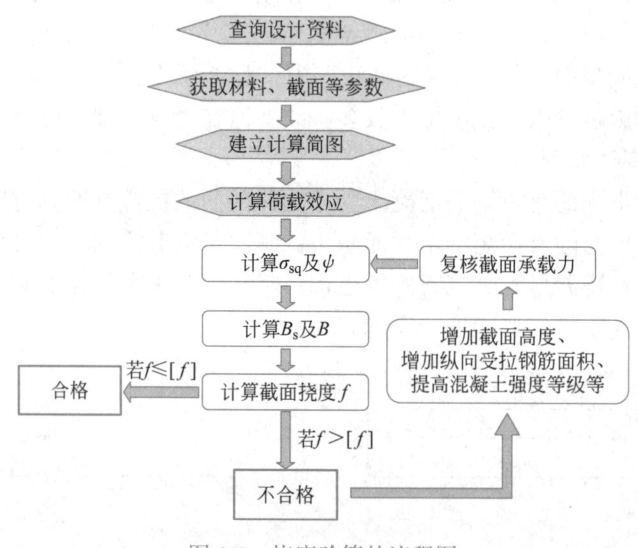

图 9-9 挠度验算的流程图

9.2.7 控制挠度的措施

当挠度无法满足要求时，从短期刚度及刚度公式（9-22）和公式（9-26）可知：最有效的措施是增加截面高度；当设计上构件截面尺寸不能加大时，可考虑增加纵向受拉钢筋截面面积或提高混凝土强度等级；对某些构件还可以充分利用纵向受压钢筋对刚度的有利影响，在构件受压区配置一定数量的受压钢筋。此外，采用预应力混凝土构件也是提高受弯构件刚度的有效措施。

【例题 9-1】已知矩形截面简支梁 $b=250$mm、$h=600$mm，计算跨径 l_0 为 6000mm，承受恒载标准值 g_k 为 8kN/m，活载标准值 q_k 为 20kN/m、活荷载的准永久值系数为 0.5。混凝土强度等级为 C30，纵向受力钢筋为 4 Φ 25（$A_s=1964\text{mm}^2$），箍筋直径为 8mm，环境类别为二类 a，混凝土保护层厚度为 25mm，挠度的限值 $[f]=l_0/200$，试验算该梁的挠度是否满足要求。

【解】(1) 准永久荷载效应组合

$$M_{g_k}=\frac{g_k l_0^2}{8}=\frac{1}{8}\times 8\times 6^2=36\text{kN}\cdot\text{m}$$

$$M_{q_k}=\frac{q_k l_0^2}{8}=\frac{1}{8}\times 20\times 6^2=90\text{kN}\cdot\text{m}$$

$$M_q=M_{g_k}+\psi_q M_{q_k}=36+0.5\times 90=81\text{kN}\cdot\text{m}$$

(2) 计算 σ_{sq} 和 ψ

$$A_{te}=0.5bh=0.5\times 250\times 600=75000\text{mm}^2$$

$$\rho_{te}=\frac{A_s}{A_{tc}}=\frac{1964}{75000}=0.0262>0.01$$

$$d_{eq}=\frac{d}{\nu}=\frac{25}{1.0}=25\text{mm}$$

$$h_0=h-a_s=500-(25+8+25/2)=500-45.5=454.5\text{mm}$$

$$\sigma_{sq}=\frac{M_q}{0.87h_0A_s}=\frac{81\times 10^6}{0.87\times 454.5\times 1964}=104.3\text{N/mm}^2$$

$$\psi=1.1-0.65\frac{f_{tk}}{\rho_{te}\sigma_{sq}}=1.1-0.65\times\frac{2.01}{0.0262\times 104.3}=0.622$$

(3) 计算 B_s 和 B

矩形截面，则 $\gamma'_f=0$

$$\rho=\frac{A_s}{bh_0}=\frac{1964}{250\times 454.5}=0.017$$

$$\alpha_E=\frac{E_s}{E_c}=\frac{2.0\times 10^5}{3.0\times 10^4}=6.67$$

$$B_s=\frac{E_sA_sh_0^2}{1.15\psi+0.2+\dfrac{6\alpha_E\rho}{1+3.5\gamma'_f}}$$

$$=\frac{2.0\times 10^5\times 1964\times 454.5\times 454.5}{1.15\times 0.622+0.2+6\times 6.67\times 0.017}$$

$$=5.08\times 10^{13}\text{N}\cdot\text{mm}^2$$

$$\theta=2.0-0.4\frac{A'_s}{A_s}=2.0$$

$$B=\frac{B_s}{\theta}=\frac{5.08\times 10^{13}}{2.0}=2.54\times 10^{13}\text{N}\cdot\text{mm}^2$$

(4) 挠度验算

$$f=\frac{5}{48}\times\frac{M_q l_0^2}{B}=\frac{5}{48}\times\frac{81\times 10^6\times 6000^2}{2.54\times 10^{13}}=12.0\text{mm}$$

$<[f]=l_0/200=6000/200=30\text{mm}$，挠度满足要求。

9.3 混凝土构件裂缝宽度验算

9.3.1 裂缝出现和分布特点

1. 沿着构件轴线方向

在荷载不大的情况下，钢筋应力 σ_s 和混凝土应力 σ_c 按照其弹性模量比 α_E，随着荷载呈比例增大。随后，由于混凝土塑性变形的发展，混凝土应力增长缓慢，而钢筋应力增长加大，当混凝土应力达到抗拉强度极限 f_{tk} 时，钢筋应力大约为 $2\alpha_E f_{tk}$。此时，在荷载略增的情况下，混凝土即发生裂缝，裂缝截面处混凝土应力下降至零而钢筋应力突然增加到 $2(\alpha_E+1/\rho)f_{tk}$，如图 9-10 所示。由上述可知，在配筋率 ρ 较低时，钢筋应力增长将非常显著，这就是低配筋构件一旦开裂，裂缝就立即展开的原因。

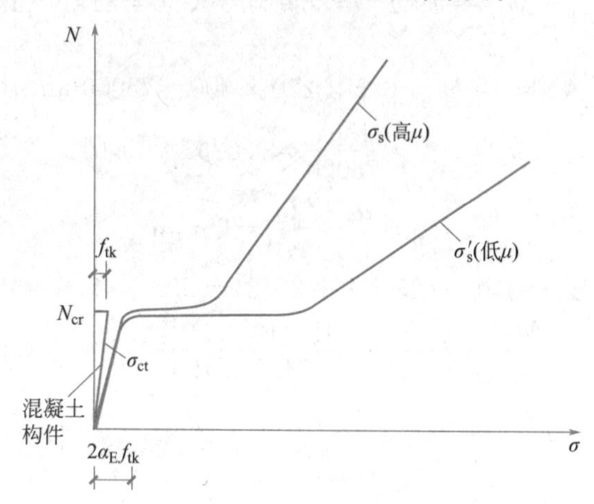

图 9-10　开裂过程钢筋及混凝土应力变化过程

在未裂前，混凝土的拉应力，沿各截面大致相同，但混凝土的实际抗拉强度是不均匀的，因此第一条裂缝首先出现在混凝土最弱（图 9-11 截面 1-1）的地方。当混凝土抗拉强度在几个截面上都最弱时，则将同时出现数条第一批裂缝；此后，受拉张紧的混凝土向开裂截面两边回缩（离开开裂截面），混凝土和钢筋表面产生相对滑移。由于混凝土和钢筋的握裹，混凝土的回缩将受到钢筋的约束，因而随着离开裂截面距离的加大，回缩逐渐减小，则相对滑移减小，亦即混凝土仍处在一定的张紧状态；荷载继续增大时，钢筋和混凝土产生滑移的范围继续扩大，混凝土拉应力达到极限抗拉强度，则出现第二条裂缝（图 9-11 截面 2-2 或 3-3），整体开裂过程如图 9-11 所示。上述过程可用黏结-滑移理论进行解释，认为裂缝特征为内外宽度相近。

2. 沿着截面厚度方向

沿着截面厚度，混凝土回缩是不均匀的，因为钢筋对靠近它表面的混凝土约束较好，故回缩小些，而外表混凝土回缩较自由，则回缩量更大。所以裂缝间同一截面混凝土中的拉应力也不均匀，钢筋附近混凝土应力较表面更大些。

如图 9-12 所示，假定试件为用一根钢筋配筋的圆形截面，如以钢筋为中心切出圆筒体，为了平衡钢筋周围混凝土（保护层厚度）截面上的拉应力，在混凝土内部必然产生剪应力 τ，上述约束作用通过握裹力 τ_b 和 τ 来完成。由于产生了剪应力，因而会发生剪切变形，再则由于混凝土截面上拉应力的不均匀而产生拉应变差，所以裂缝展开宽度在外表更大些。B. B. Broms 曾开展了试验研究，发现钢筋处裂缝宽度仅为表面宽度的 1/7～1/5；另一方面，当包裹混凝土厚度加大时，为了使混凝土外表面拉应力达到混凝土抗拉强度而出现第二条裂缝，必须有较大的握裹力，即从第一条裂缝开始必须有较大的距离，此时表现出裂缝间距会更大些。试验表明，保护层厚度从 30mm 减小至 15mm 时，平均裂缝间距减小了 30%。上述过程表明，钢筋和混凝土之间有充分黏结，不发生相对滑移，称为无滑移理论。

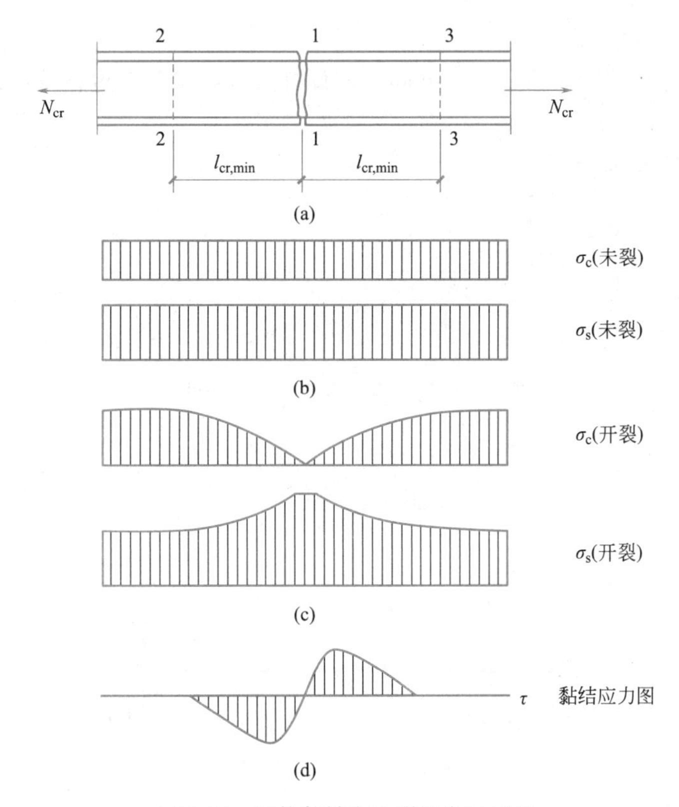

图 9-11　沿构件轴向的裂缝发展过程

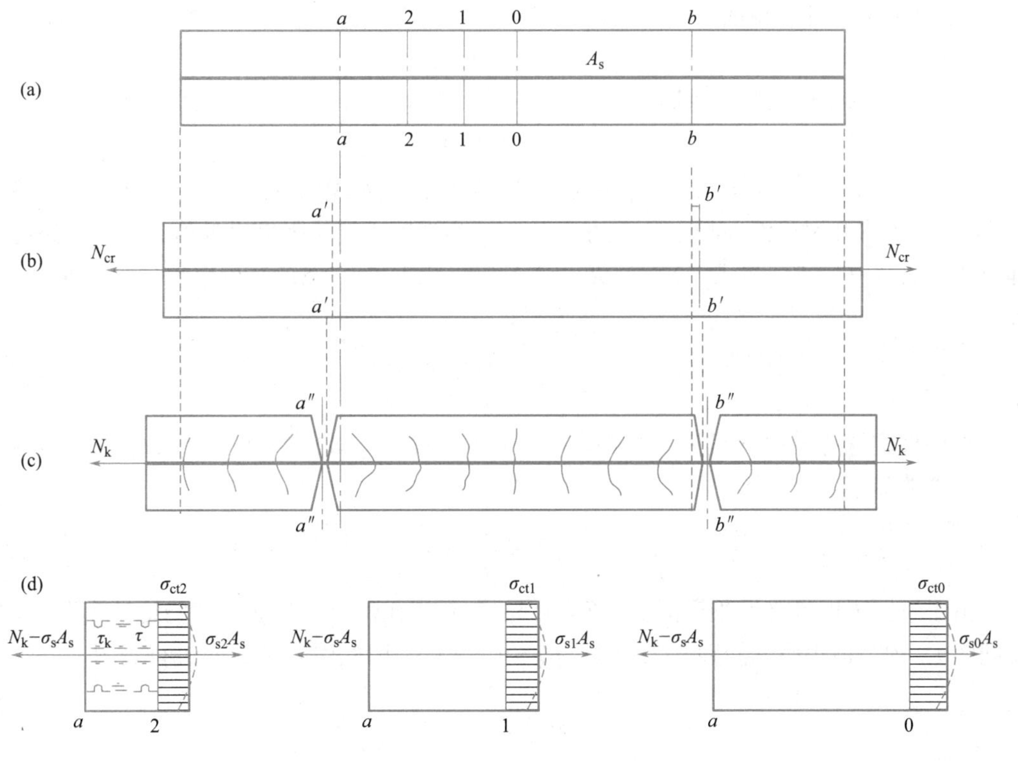

图 9-12　沿截面厚度的裂缝发展过程

9.3.2 平均裂缝间距

以轴心受拉构件为例介绍平均裂缝间距的计算过程，其开裂过程的截面应力如图 9-13 所示。

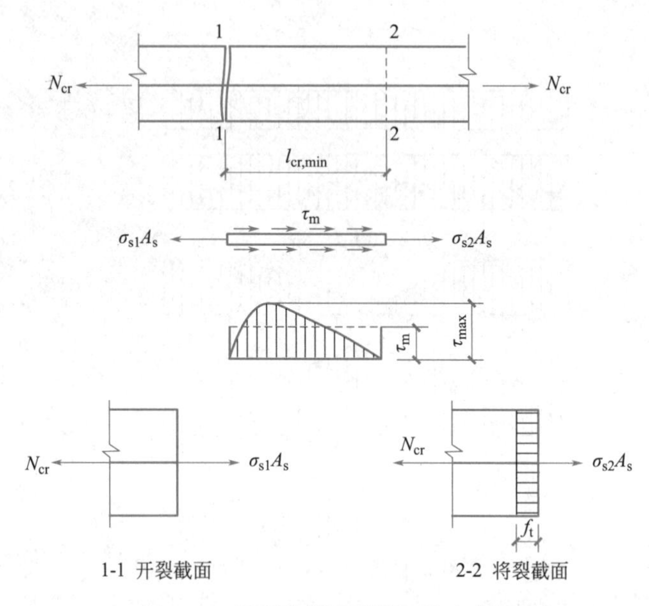

图 9-13 开裂和将开裂截面的应力图

依据黏结-滑移理论进行过程推导。在轴力 N_{cr} 作用下，图 9-13 中 1-1 截面为开裂截面，2-2 截面为将开裂截面。以两截面之间的受拉钢筋为脱离体，根据静力平衡条件可得：

$$\sigma_{s1}A_s=\sigma_{s2}A_s+\tau_m u l_{cr,min} \tag{9-27}$$

式中，u 为全部受拉钢筋的总周长；τ_m 为平均黏结应力；$l_{cr,min}$ 为最小裂缝间距。

$$\sigma_{s1}=N_{cr}/A_s \tag{9-28}$$

$$\sigma_{s2}=(N_{cr}-N_c)/A_s=(N_{cr}-f_tA_c)/A_s \tag{9-29}$$

式中，N_c 为将开裂截面混凝土承受的拉力；f_t 为混凝土抗拉强度设计值；A_c 为混凝土截面面积。将式（9-28）和式（9-29）及 $\rho=A_s/A_c$ 代入式（9-27），可以得到最小裂缝间距 $l_{cr,min}$ 为：

$$l_{cr,min}=\frac{f_tA_c}{\tau_m u}=\frac{f_tA_s}{\tau_m\rho u} \tag{9-30}$$

当构件配置有 n 根直径为 d 的钢筋时，$A_s=n\pi d^2/4$，$u=n\pi d$，代入式（9-30）后可得最小裂缝间距 $l_{cr,min}$ 为：

$$l_{cr,min}=\frac{f_t}{4\tau_m}\cdot\frac{d}{\rho} \tag{9-31}$$

由于不同强度等级混凝土的 τ_m 值大致与 f_t 呈正比例，并且通过试验统计表明平均裂缝间距 l_{cr} 约为最小裂缝间距 $l_{cr,min}$ 的 0.67～1.33 倍，因此引入系数 k 进行表示。

$$l_{cr}=k\cdot\frac{d}{\rho} \tag{9-32}$$

上述计算公式是基于黏结-滑移理论推导得到的，认为裂缝的开展主要由于钢筋和混凝土之间不再保持变形协调关系，开裂截面混凝土沿钢筋向两边滑移回缩，钢筋表面裂缝宽度与构件表面宽度大致相同，这与实际情况并不符合。现行国家标准《混凝土结构设计标准》GB/T 50010结合无滑移理论，对上述公式进行修正，得到平均裂缝间距的计算模式为：

$$l_{cr}=K_1c+K_2\frac{d}{\rho_{te}} \tag{9-33}$$

式中，d为纵向受拉钢筋的直径；K_1和K_2为待定系数，由于影响因素很多，难以从理论上得到，由试验确定得到平均裂缝间距计算公式如下：

$$l_{cr}=\beta\left(c_s+0.08\frac{d_{eq}}{\rho_{te}}\right) \tag{9-34}$$

$$d_{eq}=\frac{\sum n_i d_i^2}{\sum n_i v_i d_i} \tag{9-35}$$

$$\rho_{eq}=\frac{A_s}{A_{te}} \tag{9-36}$$

式中 β——计算系数，对轴心受拉构件取1.1，对其他受力构件取1.0；

c_s——最外层纵向受拉钢筋外边缘至受拉区底边的距离（mm），当$c_s<20$时取20，当$c_s>65$时取65；

d_{eq}——配置不同钢种、不同直径的钢筋时，受拉区纵向受拉钢筋的等效直径（mm）；

d_i——受拉区第i种纵向钢筋的公称直径；

n_i——受拉区第i种纵向钢筋的根数；

v_i——受拉区第i种纵向钢筋的相对黏结特性系数，按表9-1采用；

ρ_{te}——按有效受拉混凝土截面面积计算的纵向受拉钢筋配筋率（详见9.2.3节）。

钢筋的相对黏结特性系数 **表9-1**

钢筋类别	非预应力钢筋		先张法预应力钢筋			后张法预应力钢筋		
	光面钢筋	带肋钢筋	带肋钢筋	螺旋肋钢丝	钢绞线	带肋钢筋	钢绞线	光面钢丝
v_i	0.7	1.0	1.0	0.8	0.6	0.8	0.5	0.4

注：对环氧树脂涂层带肋钢筋，其相对黏结特性系数应按表中系数的0.8倍取用。

9.3.3 平均裂缝宽度

平均裂缝宽度ω_m是平均裂缝间距l_{cr}区段内，钢筋的伸长值$\varepsilon_{sm}l_{cr}$与混凝土伸长值$\varepsilon_{cm}l_{cr}$之差，计算简图如图9-14所示。

由图可知，平均裂缝宽度w_m的计算公式为：

$$w_m=\varepsilon_{sm}l_{cr}-\varepsilon_{cm}l_{cr}=\varepsilon_{sm}l_{cr}\left(1-\frac{\varepsilon_{cm}}{\varepsilon_{sm}}\right) \tag{9-37}$$

试验表明，混凝土受拉平均应变ε_{cm}比纵向受拉钢筋的平均应变ε_{sm}小得多，其比值大致为$\varepsilon_{cm}/\varepsilon_{sm}=0.15$，令$(1-\varepsilon_{cm}/\varepsilon_{sm})=\alpha_c$，则$\alpha_c=0.85$，并取$\varepsilon_{sm}=\psi\sigma_s/E_s$，则式（9-37）可表示为：

$$w_m=\alpha_c\psi\frac{\sigma_s}{E_s}l_{cr}=0.85\psi\frac{\sigma_s}{E_s}l_{cr} \tag{9-38}$$

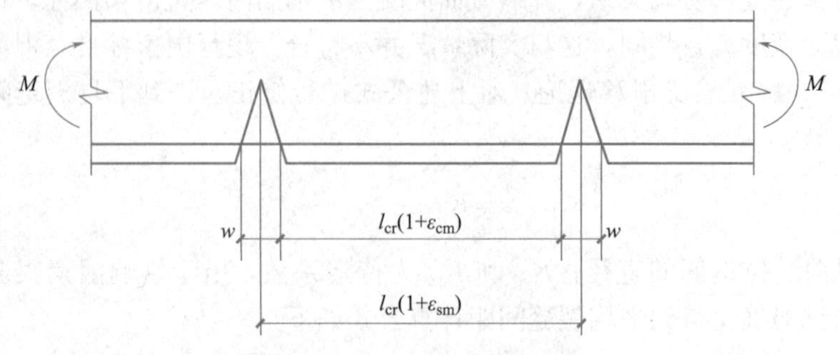

图 9-14　裂缝宽度的计算简图

式中　α_c——反映裂缝间混凝土伸长对裂缝宽度影响的系数，对受弯、偏心受压构件取 $\alpha_c=0.77$，其他构件取 $\alpha_c=0.85$；

ψ——裂缝间纵向受拉钢筋应变不均匀系数：当 $\psi<0.2$ 时，取 $\psi=0.2$；当 $\psi>1$ 时，取 $\psi=1$；对直接承受重复荷载的构件，取 $\psi=1$；

σ_s——按荷载效应准永久组合并考虑长期作用影响计算的钢筋混凝土构件纵向受拉钢筋的应力。

9.3.4　最大裂缝宽度

从平均裂缝宽度计算最大裂缝宽度时，需要考虑以下两个因素。

1. 短期裂缝宽度的扩大系数 τ_s

由于混凝土的非均匀性，裂缝宽度的分布也是不均匀的。受弯构件的试验研究表明，裂缝统计的分布规律基本符合正态分布，若取具有95%的保证率作为最大裂缝计算宽度取值的依据，则最大裂缝计算宽度与平均裂缝宽度的比值为1.66。亦即短期裂缝宽度的扩大系数 $\tau_s=1.66$。同样，偏心受压构件的 τ_s 亦为1.66。轴心受拉和偏心受拉构件由于早期黏结破坏较为严重，宽度较大的裂缝出现频率较大，最大裂缝计算宽度与平均裂缝宽度的比值为1.9。

2. 荷载长期作用影响的扩大系数 τ_l

在荷载长期作用下，受拉区混凝土由于应力松弛和黏结滑移徐变逐渐退出工作，使纵向受拉钢筋的应变随时间不断增大，裂缝不断加宽。根据长期加荷试验得出的实测结果，长期裂缝宽度与短期裂缝宽度之比平均为1.66，考虑到长期荷载在总荷载中只占一定比例，故取荷载长期作用影响的扩大系数为 $\tau_l=1.50$。

在考虑了上述两个因素后，对矩形、T形、倒T形和工字形截面的钢筋混凝土各类受力构件，由式（9-34）和式（9-38）可得到最大裂缝宽度的计算式为：

$$w_{max}=\alpha_c\tau_s\tau_l\psi\frac{\sigma_s}{E_s}\beta\left(1.9c_s+0.08\frac{d_{eq}}{\rho_{te}}\right) \tag{9-39}$$

令 $\alpha_c\tau_s\tau_l\beta=\alpha_{cr}$，则上式为：

$$w_{max}=\alpha_{cr}\psi\frac{\sigma_s}{E_s}\left(1.9c_s+0.08\frac{d_{eq}}{\rho_{te}}\right) \tag{9-40}$$

式中，α_{cr} 为构件受力特征系数。钢筋混凝土受弯、偏心受压构件，其值为1.9；钢筋混凝土偏心受拉构件，其值为2.4；钢筋混凝土轴心受拉构件，其值为2.7；预应力混凝土受弯、偏心受压构件，其值为1.5；预应力混凝土轴心受拉构件，其值为2.2。

3. 不同类型构件的验算方法

对承受吊车荷载但不需要疲劳验算的受弯构件，可按式（9-40）计算求得的最大裂缝宽度，再乘以系数 0.85；对 $e_0/h_0 \leqslant 0.55$ 的偏心受压构件，可不验算裂缝宽度；板类构件的最大裂缝宽度亦按式（9-40）计算，并按相应的裂缝宽度限值进行控制，但按式（9-40）计算所得的最大裂缝宽度是指构件侧表面纵向受拉钢筋截面重心水平处的裂缝宽度，对板类构件，这一裂缝宽度往往是难以观测的。如果由于检验要求或外观要求，需知道板底（或梁底）裂缝宽度 $w'_{\max}$ 时，可按式（9-40）求得的最大裂缝宽度 $w_{\max}$，近似地按平截面假定计算 $w'_{\max}$（图 9-15）：

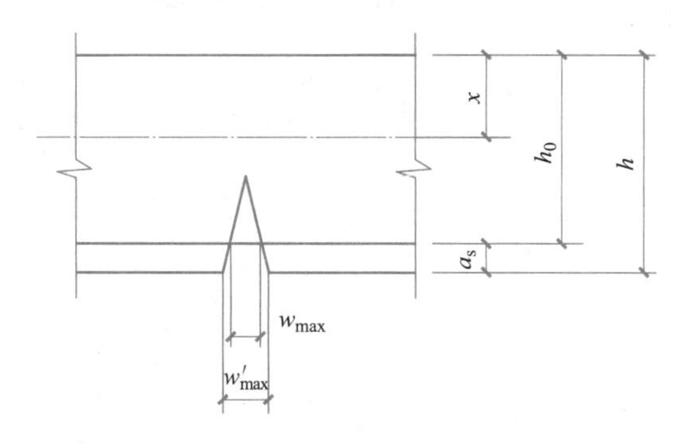

图 9-15　板底裂缝宽度示意图

$$w'_{\max}=\frac{h-x}{h_0-x}w_{\max} \tag{9-41}$$

式中，x 为截面受压区高度，可近似取 $x=0.35h_0$，代入上式即得：

$$w'_{\max}=\left(1+1.5\frac{a_s}{h_0}\right)w_{\max} \tag{9-42}$$

9.3.5　裂缝截面钢筋应力

对普通钢筋混凝土构件裂缝截面纵向受拉钢筋的应力 σ_s 按荷载效应的准永久组合 σ_{sq} 进行计算；对预应力混凝土构件 σ_s 按荷载效应的标准值组合进行计算，该应力计算在第 10 章进行介绍。

1. 轴心受拉构件

$$\sigma_{sq}=\frac{N_q}{A_s} \tag{9-43}$$

2. 受弯构件

$$\sigma_{sq}=\frac{M_q}{0.87h_0A_s} \tag{9-44}$$

3. 偏心受拉构件

对于小偏心受拉构件，可参照图 9-16（a）；对于大偏心受拉构件，当截面有受压区存在时，假定受压区合力点与受压钢筋 A'_s 合力点相重合，可参考图 9-16（b）。由力矩平衡条件可知，不论大、小偏心受拉构件，即不论轴向拉力作用在 A'_s 和 A_s 合力点之间或之外，均近似地取内力臂 $z=h_0-a'_s$，因此可采用相同的计算公式：

$$\sigma_{sq}=\frac{N_qe'}{A_s(h_0-a'_s)} \tag{9-45}$$

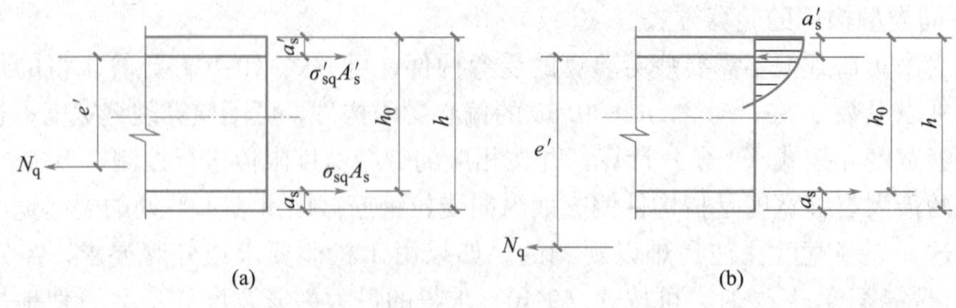

图 9-16　偏心受拉构件裂缝截面受力示意图

（a）小偏心受拉；（b）大偏心受拉

4. 偏心受压构件

按图 9-17 对偏心受压构件受压区合力点 C 取矩，由力矩平衡条件可得：

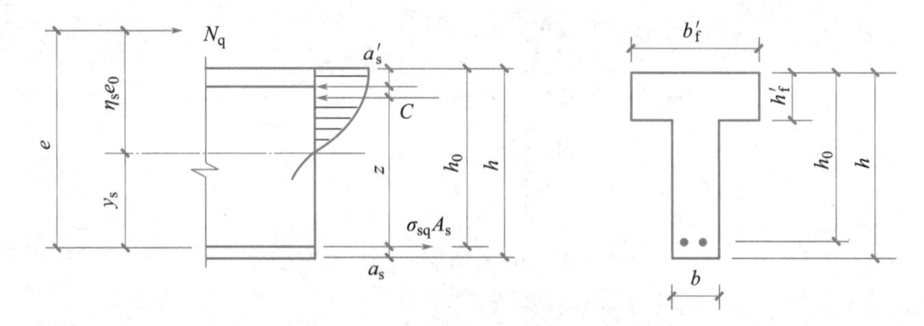

图 9-17　偏心受压构件裂缝截面受力示意图

$$\sigma_{sq}=\frac{N_q(e-z)}{A_s z} \tag{9-46}$$

$$z=\left[0.87-0.12(1-\gamma_f')\left(\frac{h_0}{e}\right)^2\right]h_0\leqslant 0.87h_0 \tag{9-47}$$

$$e=\eta_s e_0+y_s \tag{9-48}$$

$$\gamma_f'=\frac{(b_f'-b)h_f'}{bh_0} \tag{9-49}$$

$$\eta_s=1+\frac{1}{4000e_0/h_0}\left(\frac{l_0}{h}\right)^2 \tag{9-50}$$

式（9-43）～式（9-50）中：

N_q——按荷载效应的准永久组合计算的轴向力值；

M_q——按荷载效应的准永久组合计算的弯矩值；对偏心受压构件不考虑二阶效应的影响；

A_s——受拉区纵向钢筋截面面积，对轴心受拉构件，取全部纵向钢筋截面面积；对偏心受拉构件，取受拉较大边的纵向钢筋截面面积；对受弯、偏心受压构件，取受拉区纵向钢筋截面面积；

e'——轴向拉力作用点至受压区或受拉较小边纵向钢筋合力点的距离；

e——轴向压力作用点至纵向受拉钢筋合力点之间的距离；

z——纵向受拉钢筋合力点至截面受压区合力点之间的距离，且不大于 $0.87h_0$；

η_s——使用阶段的轴向压力偏心距增大系数，当 $l_0/h \leqslant 14$ 时，取 $\eta_s = 1.0$；

y_s——截面重心至纵向受拉钢筋合力点的距离；

γ_f'——受压翼缘截面面积与腹板有效截面面积的比值；

b_f'、h_f'——受压区翼缘的宽度、高度；当 $h_f' > 0.2h_0$ 时，取 $h_f' = 0.2h_0$；

e_0——荷载准永久组合下的初始偏心距，取为 M_q/N_q；

l_0——构件的计算长度；

h_0——截面的有效高度；

h——截面的高度；

b——腹板的宽度。

9.3.6 验算流程

裂缝验算是指对已按承载能力极限状态设计的构件进行裂缝验算，此时该梁的荷载效应、截面参数、钢筋配置、材料性能等均已确定，验算上述配置下构件的裂缝宽度，其验算流程如图 9-18 所示。

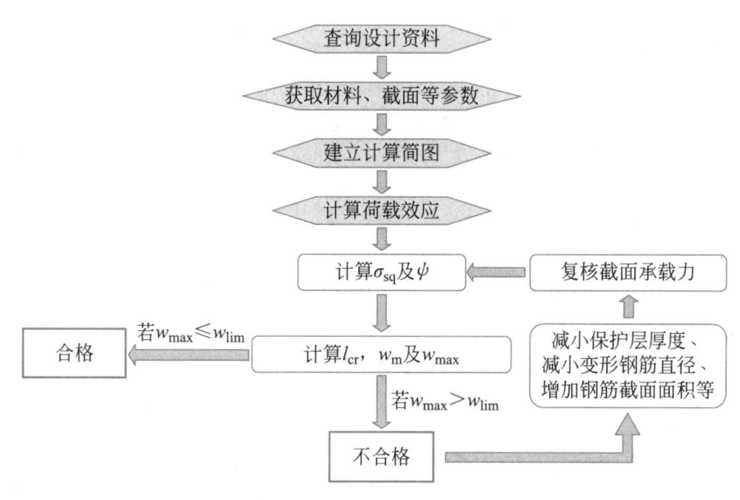

图 9-18 裂缝验算的流程图

9.3.7 减少裂缝宽度的措施

当裂缝宽度不满足规范限值时，可采用以下措施减小裂缝宽度：

（1）合理布置钢筋：钢筋存在有效约束范围，采用合理的钢筋布置是控制和减小裂缝宽度的有效措施。在满足现行国家标准《混凝土结构设计标准》GB/T 50010 对纵向受力钢筋最小直径和最小净距的前提下，梁内采用直径略小、根数略多并沿截面受拉侧均匀布置的配筋方式，较之根数少、直径大的配筋方式，可以有效地分散裂缝、减小裂缝宽度。但较之根数少、直径大的钢筋，配筋过密会使混凝土浇灌困难，影响混凝土施工质量，因此需要综合考虑。

（2）合理选择保护层：减少保护层厚度是减小裂缝宽度的措施之一，但保护层和混凝土结构耐久性指标对应，需要满足相应环境类型下的保护层厚度。

（3）合理选择钢筋类型。裂缝宽度与配筋的相对黏结特性系数相关，光圆钢筋和带肋钢筋的相对黏结特性系数分别为 0.7 和 1.0，带肋钢筋与混凝土之间的黏结较光圆钢筋更强，裂缝宽度也将减小。

【例题 9-2】已知某屋架下弦按轴心受拉构件设计，截面尺寸为 200mm×200mm，保护层厚度 c 为 20mm，配置了 4 Φ 16 的 HRB400 级钢筋（$A_s=804mm^2$），箍筋直径为 6mm，混凝土强度等级为 C40，按荷载效应准永久组合计算的轴向力 $N_q=140kN$，w_{lim} 为 0.2mm。试验算最大裂缝宽度。

【解】(1) 计算 σ_{sq} 和 ψ

$$\rho_{te}=\frac{A_s}{bh}=\frac{804}{200\times200}=0.0201$$

$$d_{eq}/\rho_{te}=\frac{16}{0.0201}=796mm$$

$$\sigma_{sq}=\frac{N_q}{A_s}=\frac{140000}{804}=174.1N/mm^2$$

$$\psi=1.1-0.65\frac{f_{tk}}{\rho_{te}\sigma_{sq}}=1.1-0.65\times\frac{2.39}{0.0201\times174.1}=0.656$$

(2) 计算 w_{max}

对于轴心受拉构件，$\alpha_{cr}=2.7$

$$c_s=20+6=26mm$$

$$\begin{aligned}w_{max}&=\alpha_{cr}\psi\frac{\sigma_{sq}}{E_s}\left(1.9c_s+0.08\frac{d_{eq}}{\rho_{te}}\right)\\&=2.7\times0.656\times\frac{174.1}{2.0\times10^5}\times(1.9\times26+0.08\times796)\\&=0.174mm<w_{lim}=0.2mm，满足要求。\end{aligned}$$

【例题 9-3】已知某教学楼矩形截面简支梁 $b=250mm$、$h=500mm$，设计使用年限为 50 年，计算跨径 l_0 为 5600mm，承受恒载标准值 g_k 为 6kN/m，活载标准值 q_k 为 15kN/m，活荷载的准永久值系数为 0.5。混凝土强度等级为 C30，纵向受力钢筋为 4 Φ 20（$A_s=1256mm^2$），箍筋直径为 6mm，环境类别为二类 a，混凝土保护层厚度为 25mm，试验算裂缝宽度是否满足要求。

【解】(1) 计算荷载效应准永久组合

$$M_{g_k}=\frac{g_k l_0^2}{8}=\frac{1}{8}\times6\times5.6^2=23.5kN\cdot m$$

$$M_{q_k}=\frac{q_k l_0^2}{8}=\frac{1}{8}\times15\times5.6^2=58.8kN\cdot m$$

$$M_q=M_{gk}+\psi_q M_{qk}=23.5+0.5\times58.8=52.9kN\cdot m$$

(2) 计算 σ_{sq} 和 ψ

$$A_{te}=0.5bh=0.5\times250\times500=62500mm^2$$

$$\rho_{te}=\frac{A_s}{A_{te}}=\frac{1256}{62500}=0.0201>0.01$$

$$d_{eq}=\frac{d}{\nu}=\frac{20}{1.0}=20mm$$

$$a_s=25+6+20/2=41mm$$

$$c_s=25+6=31mm$$

$$h_0 = h - a_s = 500 - 41 = 459\text{mm}$$

$$\sigma_{sq} = \frac{M_q}{0.87h_0A_s} = \frac{52.9 \times 10^6}{0.87 \times 459 \times 1256} = 105.5\text{N/mm}^2$$

$$\psi = 1.1 - 0.65\frac{f_{tk}}{\rho_{te}\sigma_{sq}} = 1.1 - 0.65 \times \frac{2.01}{0.0201 \times 105.5} = 0.484$$

（3）计算 w_{max}

$$w_{max} = 1.9\psi\frac{\sigma_{sq}}{E_s}\left(1.9c_s + 0.08\frac{d_{eq}}{\rho_{te}}\right)$$

$$= 1.9 \times 0.484 \times \frac{105.5}{2.0 \times 10^5} \times \left(1.9 \times 31 + 0.08 \times \frac{20}{0.0201}\right)$$

$= 0.067\text{mm} < w_{lim} = 0.2\text{mm}$，满足要求。

【例题 9-4】有一矩形截面的对称配筋偏心受压构件，计算长度 l_0 为 5000mm，截面尺寸 $b \times h = 400\text{mm} \times 600\text{mm}$，混凝土强度等级为 C30，受拉和受压钢筋均为 4 Φ 20 钢筋（$A_s = 1256\text{mm}^2$），箍筋直径为 10mm，使用环境类别为二类 a（非严寒和非寒冷地区的露天环境），保护层厚度 c 为 25mm。按荷载效应准永久组合计算的轴向力 $N_q = 480\text{kN}$，$M_q = 180\text{kN} \cdot \text{m}$。最大裂缝宽度限值 w_{lim} 为 0.2mm，试验算是否满足露天环境中使用裂缝宽度要求。

【解】（1）计算 σ_{sq} 和 ψ

$$l_0/h = \frac{5000}{600} = 8.33 < 14\text{，取 }\eta_s = 1.0$$

$$a_s = 25 + 10 + 20/2 = 45\text{mm}$$

$$c_s = 25 + 10 = 35\text{mm}$$

$$h_0 = h - a_s = 600 - 45 = 555\text{mm}$$

$$y_s = \frac{h}{2} - a_s = \frac{600}{2} - 45 = 255\text{mm}$$

$$e_0 = \frac{M_q}{N_q} = \frac{180}{480} \times 10^3 = 375\text{mm}$$

$$e = \eta_s e_0 + y_s = 1.0 \times 375 + 255 = 630\text{mm}$$

$$\gamma'_f = 0$$

$$z = \left[0.87 - 0.12(1 - \gamma'_f)\left(\frac{h_0}{e}\right)^2\right]h_0 = \left[0.87 - 0.12\left(\frac{555}{630}\right)^2\right] \times 555 = 431\text{mm}$$

$$\sigma_{sq} = \frac{N_q(e - z)}{A_s z} = \frac{480 \times 10^3 \times (630 - 431)}{1256 \times 431} = 176.5\text{N/mm}^2$$

$$A_{te} = 0.5bh = 0.5 \times 400 \times 600 = 120000\text{mm}^2$$

$$\rho_{te} = \frac{A_s}{A_{te}} = \frac{1256}{120000} = 0.0105$$

$$d_{eq}/\rho_{te} = \frac{20}{0.0105} = 1905\text{mm}$$

$$\psi = 1.1 - 0.65\frac{f_{tk}}{\rho_{te}\sigma_{sq}} = 1.1 - 0.65 \times \frac{2.01}{0.0105 \times 176.5} = 0.395$$

(2) 计算 w_{max}

对于偏心受压构件，$\alpha_{cr}=1.9$

$$w_{max}=\alpha_{cr}\psi\frac{\sigma_{sq}}{E_s}\left(1.9c_s+0.08\frac{d_{eq}}{\rho_{te}}\right)$$

$$=1.9\times0.395\times\frac{176.5}{2.0\times10^5}\times(1.9\times35+0.08\times1905)$$

$$=0.145\text{mm}<w_{lim}=0.2\text{mm}，满足要求。$$

思 考 题

9-1 对钢筋混凝土受弯构件，为什么要控制裂缝宽度？

9-2 现行国家标准《混凝土结构设计标准》GB/T 50010 确定裂缝控制等级时考虑了哪些因素？

9-3 什么情况下会发生沿着梁长的纵向裂缝，请指出其发生的基本原理。

9-4 为什么钢筋混凝土受弯构件变形计算时，不直接采用材料力学中的抗弯刚度公式？

9-5 在长期荷载作用下，受弯构件的挠度为什么会增大？挠度计算时如何考虑这一影响？

9-6 一根梁开裂后沿着其轴线方向梁的刚度是否一致？应选取什么刚度进行构件的挠度计算，为什么？

9-7 黏结-滑移理论和无滑移理论在分析裂缝间距和裂缝宽度方面有什么不同？

9-8 绘制受弯构件平均裂缝宽度的计算原理图并推导其计算过程。

9-9 混凝土受弯构件的最大裂缝宽度是通过什么方法得到的？

9-10 减少混凝土构件荷载引起的裂缝宽度的措施有哪些？其中最有效的措施是哪个？

练 习 题

9-1 已知教学楼楼盖中的某矩形截面简支梁，$b=200$mm，$h=500$mm，混凝土强度等级为 C30，配置 4Φ16 受力钢筋，计算跨度 $l_0=5600$mm。承受均布荷载，其中永久荷载（包括自重）标准值 $g_k=12$kN/m，楼面活荷载标准值 $q_k=8$kN/m，楼面活荷载准永久值系数 $\psi_q=0.5$。验算梁的挠度是否满足要求。

9-2 某试验楼的简支楼盖大梁，截面 $b=250$mm，$h=500$mm，计算跨度 $l_0=6000$mm。承受均布荷载作用，其中永久荷载（包括自重）标准值 $g_k=4.8$kN/m，楼面活荷载标准值 $q_k=18$kN/m。采用强度等级为 C30 的混凝土，已配置 2Φ22+2Φ20 纵向受力钢筋。验算梁的裂缝宽度是否满足要求。

9-3 钢筋混凝土矩形截面偏心受压柱，其计算长度 l_0 为 4500mm，截面 $b=400$mm，$h=600$mm，混凝土强度等级为 C40，用 HRB400 级钢筋对称配筋，A_s 和 A_s' 均为 4Φ20，承受由荷载准永久组合产生的轴力 N_q 为 300kN，荷载偏心距 e_0 为 500mm。验算该柱的最大裂缝宽度是否满足要求。

9-4 钢筋混凝土矩形截面偏心受拉杆，截面 $b=200$mm，$h=150$mm，混凝土强度等级为 C30，A_s 和 A_s' 均为 3Φ20，按荷载准永久组合计算的轴向拉力值 N_q 为 280kN，弯矩值 M_q 为 6.5kN·m。验算最大裂缝宽度是否满足要求。

第10章　预应力混凝土构件

导读：普通混凝土构件受限于钢筋和混凝土的材料特性，往往处于带裂缝工作状态，无法适用于大跨度及高耐久性的工况条件。随着材料和工艺的发展，预应力混凝土构件应运而生。预应力混凝土构件的材料强度远高于普通混凝土的材料强度，因此在使用期间可以假设预应力混凝土构件处在弹性阶段。在预应力混凝土中需要同时考虑预应力钢筋、普通钢筋和混凝土三者之间变形协调关系和应力状态。要求了解先张法和后张法这两种预应力混凝土构件的施工工艺，掌握预应力损失的计算方法，掌握预应力轴心受拉构件设计方法，了解预应力混凝土受弯构件的设计思路。

10.1　概　　述

前面章节我们讨论了普通混凝土构件的应用，可以用来承受弯矩、压力和扭矩。现在以常见的普通钢筋混凝土梁为例，分析其应用范围。以计算题10-1为例，假设有一简支梁采用C30混凝土和HRB400钢筋，其跨度为5.2m，截面尺寸为200mm×450mm，其上作用均布自重荷载g_k=5kN/m，均布活荷载q_k=10kN/m。根据基本组合计算得到弯矩设计值进行纵向钢筋配筋设计，再根据标准组合进行正常使用状态验算。同时，在此基础上，将梁跨度增加一倍，变为10.4m，同时其截面尺寸也同等比例增大为400mm×900mm，因此自重按截面面积增大为20kN/m，活荷载保持不变。在此条件下重新进行纵向钢筋设计和正常使用承载力验算时发现，该设计条件不能满足挠度和裂缝宽度要求。在此情况下，考虑使用强度更高的材料，提高混凝土强度等级到C50，使用HRB500级钢筋进行设计，发现即使采用高强度材料，其正常使用极限状态依然不能满足要求。这是因为混凝土的抗拉强度太低，导致受拉区混凝土在很小荷载作用下即开裂，截面抗弯刚度显著降低，即使提高强度等级，对其性能改善效果有限。

上述计算对比说明，普通钢筋混凝土梁不能适用于大跨度结构，其原因包括：跨度增大的同时为了控制梁的挠度，需要通过增加梁的截面尺寸来增大梁的刚度，导致梁的自重荷载呈比例增大；若增加钢筋用量来提高梁刚度，钢材的强度得不到充分利用，造成浪费；若采用高强度钢筋，按正截面承载力要求可减少配筋，但截面抗弯刚度与配筋面积正相关，导致梁的挠度变形控制难以满足。

普通钢筋混凝土较好地利用了混凝土较高的抗压性能和钢筋的抗拉性能，在土木工程领域获得广泛应用。但是，由于混凝土的抗拉能力较差，而致构件在工作阶段存在裂缝，影响耐久性，其应用也受到一定的限制。即使提高混凝土和钢筋的强度等级，也不能从根本上克服普通钢筋混凝土存在的两个问题：

（1）带裂缝工作。裂缝的出现和开展不仅造成受拉区混凝土材料不能充分利用，还会导致结构刚度下降，挠度和裂缝增大，限制了其应用范围；

（2）钢筋强度不能充分利用。从保证结构耐久性要求出发，需要限制混凝土裂缝的宽度最大值，即需要限制钢筋的拉应变，这就导致即使采用高强度钢筋，其工作应力也只能处于较低的状态。例如，混凝土的极限拉应变介于 0.0001 到 0.00015 之间，此时钢筋的拉应力只有 20～30N/mm^2，强度远未充分利用；当裂缝宽度不大于 0.2mm 时，钢筋拉应力约为 150～200N/mm^2。所以，在普通钢筋混凝土结构中，高强度钢筋不能充分发挥其作用。

基于普通混凝土在结构发展过程中的局限性和材料的发展过程，要扩大其应用范围，就必须解决混凝土开裂早的问题。此外，虽然混凝土抗压性能优良，但是受拉区混凝土开裂后，其受压性能也没有得到充分发挥。如果在混凝土受拉易开裂的位置，预先施加压力，就可以抵消外部荷载产生的拉力，这样就可以利用混凝土抗压性能优点的特点来弥补混凝土抗拉强度不足的缺点，这就是预应力混凝土发展的基础思想。

1. 预应力混凝土的定义

为了避免混凝土开裂或减小裂缝宽度、减小构件变形、扩大混凝土结构的应用范围、充分利用高强度材料，1886 年美国人杰克逊提出了预应力混凝土的概念。他的基本思路是：在混凝土构件的受拉区，用有效的方法预先施加压力，使其产生预压应力；当构件在荷载作用下产生拉应力时，拉应力首先要克服预压应力；随着荷载的增加，只有当拉应力超过预压应力时，构件才处于受拉状态。这样一来，构件在使用荷载作用下可以不出现裂缝或不产生过宽裂缝，增大刚度从而减小变形，以满足正常使用要求。经过长期研究，法国工程师弗雷西奈于 1928 年解决了预应力混凝土的关键技术，使这种结构形式得以走进土木工程领域。

如图 10-1 所示的一根轴心受拉构件，在施加荷载之前，施加轴心压力 P，则横截面上产生均匀预压应力 σ_{pc}；工作阶段承受轴心拉力 N 作用，横截面上将产生均匀拉应力 σ。截面上最终应力大小为（$\sigma-\sigma_{pc}$），当（$\sigma-\sigma_{pc}$）<0 时构件截面受压；当（$\sigma-\sigma_{pc}$）>0 时构件截面受拉，但由于预压应力的作用，此时拉应力较无预压应力时小。所以，可以通过调整预加荷载值，来保证截面裂缝宽度不超过限值，甚至不开裂。

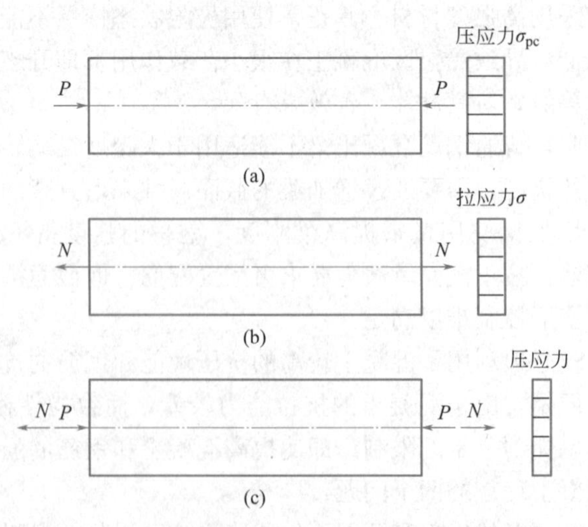

图 10-1　预应力混凝土轴心受拉构件的受力情况

如图 10-2 所示为一根受弯构件，截面上存在受拉区和受压区。使用前施加一对偏心

压力 P（作用在受拉区一侧），截面压应力按梯形分布，如图 10-2（a）所示；构件工作时，在荷载作用下，下部受拉、上部受压，应力呈双三角形分布，如图 10-2（b）所示；当预加偏心压力较小时，叠加上面两种应力，最终得到的截面应力分布，如图 10-2（c）所示。随着预压应力增大，梁受拉区（截面下部）的拉应力将大大减小，并且会出现全截面受压的状态。同时，在施加偏心压力 P 的同时，会使构件产生反向弯曲（即反拱），可抵消一部分荷载引起的挠度，使挠度减小，提高刚度。

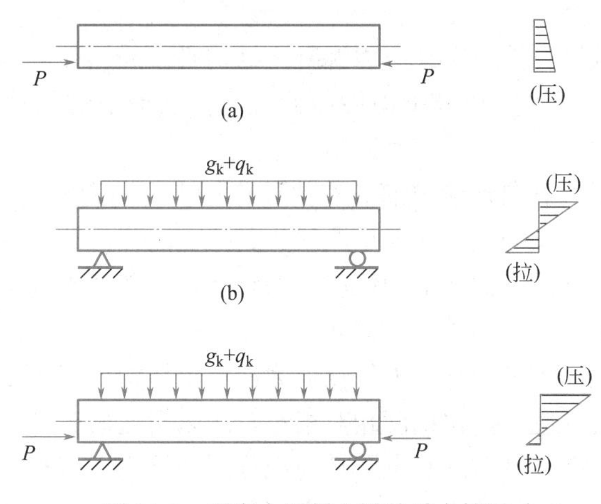

图 10-2　预应力混凝土梁的受力情况

综合上面两个简单示例，可以得出预应力混凝土构件具有以下 4 个方面的受力特点：

（1）构件的抗裂性能和刚度得到提高

荷载作用下产生的拉应力要抵消预压应力，构件受拉区（或受拉区边缘）的拉应力可大幅度减小，甚至可以不出现拉应力，使裂缝宽度减小或保证不出现裂缝。由于预应力混凝土延迟裂缝的出现和开展，并使受弯构件产生反拱，因而可以减小受弯构件在使用荷载作用下的挠度，即刚度得以提高。

（2）预应力的大小可以根据需要进行设计

因为预应力是人为预先施加在构件上的压应力，所以其大小可根据需要进行设计。施加的预应力水平越高，构件的抗裂性能越好。

（3）预应力混凝土构件基本上处于弹性受力阶段工作

在荷载作用下，构件往往不出现裂缝，此时材料处于弹性受力阶段，因此可以将钢筋换算成混凝土，整个构件可等效为单一材料，故可以应用材料力学计算公式进行应力分析。

（4）预应力筋张拉对构件正截面承载能力无明显影响

在正截面承载能力极限状态下，是否完成预应力筋张拉对混凝土构件应力状态没有区别：都是受拉区混凝土开裂退出工作，拉应力完全由预应力筋承担，所以两者的正截面承载能力相当。也就是说，在相同截面尺寸、相同混凝土强度等级、用钢量一致的情况下，预应力的张拉不能提高构件正截面承载能力。但是，预应力的张拉对斜截面受剪承载力有一定的好处。

2. 预应力混凝土结构的特点

通过上文对预应力钢筋混凝土的受力特征进行分析后，可以得出与普通钢筋混凝土结构相比，预应力混凝土结构具有如下主要优点：

（1）抗裂性好、刚度大。对构件施加预应力后，可使构件在使用荷载作用下不出现裂缝，或使裂缝推迟出现，抗裂性能明显优于普通钢筋混凝土构件；构件的刚度随之提高，减小构件的变形，使用性能得以改善。

（2）耐久性好。预应力混凝土构件在使用荷载作用下不开裂或裂缝宽度较小，结构中的钢筋将可避免或减小受到外界环境中有害因素的影响，保证不生锈或锈蚀缓慢，从而提高了构件的耐久性。

（3）节约材料、减轻自重。因预应力混凝土结构必须采用强度等级较高的混凝土和高强度钢筋，故可减少钢筋用量和减小构件截面尺寸，从而节省钢材和混凝土，减轻结构自重。

（4）抗剪承载力高。纵向预应力筋具有锚栓作用，可阻碍构件斜裂缝的出现与开展；通常布置在预应力混凝土梁的预应力筋呈曲线，其拉力的竖向分力将部分抵消剪力，使支座附近竖向剪力减小；混凝土截面上预压应力的存在，使荷载作用下的主拉应力被部分抵消。据此，预应力混凝土构件的受剪承载能力高于普通混凝土构件。

（5）抗疲劳能力强。施加的预应力使预应力混凝土结构处于预设的应力状态，在使用阶段因加载或卸载引起的应力变化幅度相对很小，所以引起疲劳破坏的可能性也小。故预应力混凝土可提高抗疲劳强度，这对承受动荷载作用的结构很有利。

（6）提高工程质量。施加预应力时预应力筋和混凝土都受到荷载作用，将此荷载作用可以视为材料性能检验，及时发现结构构件的薄弱点，因而对控制工程质量是很有效的。

预应力混凝土结构虽然有诸多优点，但也存在一些缺点：

（1）工艺复杂，质量要求高，需要配备一支技术较熟练的专业队伍。

（2）需要一定的专门设备，如张拉机具、灌浆设备等。先张法需要有张拉台座、夹具；后张法需要耗用数量较多并要求有一定加工精度的锚具。

（3）预应力反拱不易控制。受弯构件在受拉区预加偏心压力时，将引起构件反拱，反拱值会随混凝土的徐变而增大，这可能影响结构的使用效果。

（4）预应力混凝土结构的开工费用较大。对于跨径小，构件数量少的工程，成本较高。

但是，以上缺点是可以设法克服的。例如应用于跨径较大的结构，或跨径虽不大，但构件数量多时，采用预应力混凝土就比较经济了。总之，只要从实际出发，合理地进行设计和妥善安排，预应力混凝土结构就能充分发挥其优越性。

3. 预应力混凝土的应用

我国预应力混凝土的发展可以分为以下几个阶段：

20 世纪 50 年代初，需要大量兴建工业厂房和民用建筑，但结构材料，特别是型钢和木材匮乏，不能满足厂房钢结构屋盖与钢吊车梁的型钢用料需求，迫切需要改用预应力混凝土来代替。但是按照预应力经典理论，生产预应力混凝土必须要用高强钢材（钢丝和钢筋）、高强混凝土和张拉专用设备与零部件，而当时我国物资匮乏，在此艰难时刻，我国开始寻求不同于国外的具有中国特色的低强钢材预应力的发展道路，开始了预应力混凝土的研究。

在 20 世纪 50 年代初期至 20 世纪 70 年代，我国房屋结构领域针对主要构件，研制了一整套预制预应力混凝土构件技术，如屋面梁、屋架、吊车梁、大型屋面板、空心楼板等，其中预应力空心板年产量达 1000m^3 以上。这一时期的预应力技术特点是采用中、低强预应力钢材，采用中国特色的预应力混凝土张拉锚固工艺技术。

在 20 世纪 80 年代至 20 世纪 90 年代，我国的预应力混凝土技术得到了更加广泛的应用和推广，从而迎来了高速发展的时期。此阶段，预应力混凝土技术已经在国内得到广泛应用，具有了更加成熟的技术和更加丰富的经验。20 世纪 90 年代后期，随着一些新材料的不断发展和应用，预应力混凝土得以不断升级和改进，建设了一大批预应力混凝土工程，其中有代表性的工程有 63 层预应力混凝土楼面的广东国际大厦、214m 高的青岛中银大厦、单体预应力混凝土面积最大的首都国际机场新航站楼等；同时在桥梁、隧道、高层建筑和水利工程中的应用也得到了进一步开拓和推广。

进入 21 世纪之后，预应力混凝土逐渐走向精细技术，应用范围更加广泛。随着高强度、高性能混凝土等新材料的广泛使用以及计算机技术的不断发展，预应力混凝土技术得以不断创新和更新。从建筑到桥梁，从水利到交通，预应力混凝土已经成为国内重要的建筑材料之一，为社会经济发展作出了重要贡献。

目前世界上最长的跨海大桥是中国的港珠澳大桥（图 10-3），全长约 55km，连接香港、澳门和珠海。港珠澳大桥采用预制承台及墩身节段的拼装新工艺，是将桥梁的桥墩墩体分为若干节段，在岸上的工厂预制后运至桥位进行组拼，通过施加预应力将节段整体拼装成桥墩的施工工艺。为了满足墩身结构的稳定和安装的方便，特别研发了 Φ75 大直径高强度螺纹钢筋锚固体系，成功解决了海上建桥墩的难题，形成了一套完整的海上桥墩建造新工法，这是一项史无前例的技术创新。

图 10-3 港珠澳大桥

北京大兴国际机场（图 10-4）是目前世界最大的单体航站楼，世界最大的单体减隔震建筑，世界首座实现高铁下穿的机场航站楼，世界首座三层出发双层到达、实现便捷“三进两出”的航站楼。航站楼核心区是这项超级工程中结构最复杂、功能最强大、施工难度最大的部位。其中 T1 航站楼区建筑总面积 143 万 m^2，航站楼主体 103 万 m^2，具有超长、大跨、荷载大的特点，因此在结构中大量应用预应力控制温度裂缝，控制挠度和裂缝，并达到截面承载能力和正常使用能力优化作用。

4. 预应力混凝土分类

预应力混凝土是根据需要人为地引入某一分布与数值的内应力，用以全部或部分抵消

图 10-4　北京大兴国际机场

荷载应力的一种加筋混凝土，可以根据裂缝控制等级和黏结方式进行分类。

国际预应力协会及欧洲混凝土委员会根据抗裂性能或预应力大小的不同程度将预应力混凝土分为三个等级：

（1）全预应力混凝土（Ⅰ级）：在使用过程中不出现拉应力，属于一级裂缝控制等级，要求严格不出现裂缝。

（2）有限预应力混凝土（Ⅱ级）：在荷载效应准永久组合下不出现拉应力，在荷载效应标准组合下可出现拉应力，但拉应力不超过混凝土的抗拉强度标准值，此为二级裂缝控制等级，即一般要求不出现裂缝。

（3）部分预应力混凝土（Ⅲ级）：使用过程中允许出现裂缝，但裂缝宽度不超过限值，此为三级裂缝控制等级。

我国将有限预应力混凝土和部分预应力混凝土统称为部分预应力混凝土，预应力混凝土分全预应力混凝土和部分预应力混凝土两类。其中部分预应力混凝土又分为 A、B 两类，A 类对应于国际上的Ⅱ级，B 类对应于国际上的Ⅲ级。

5. 对材料的要求

预应力混凝土结构中采用的材料和普通钢筋混凝土相同，都是以钢筋和混凝土为主，只是预应力钢筋混凝土结构必须使用高强度钢筋和混凝土，同时要求两者强度匹配，以保证其成为有效的结构。

虽然混凝土的种类有很多，但是在预应力混凝土结构中主要还是采用水泥基混凝土。基于预应力构件的施工工艺和工程需求，对混凝土在强度、性能和轻质上提出新的需求。

（1）混凝土强度

为了和高强度预应力筋适配，预应力混凝土通常采用高强度混凝土，这样两者协同受力可以充分发挥材料的性能，减小构件尺寸，从而减轻自重，以满足发展大跨构件的需求。对于混凝土来说，高强度通常意味着较高的弹性模量，意味着更小的弹性变形和塑性变形，有效地减少预应力损失。此外，高强度混凝土具有更高的抗拉强度、局部承压强度和黏结强度，因此能提高混凝土抗裂性能，并有利于钢筋和混凝土之间的黏结。基于预应力混凝土的施工工艺和工程应用环境，还对混凝土的早期强度提出要求，以便提高构件的生产效率。

（2）工作性能

过去对混凝土的评价通常只有强度指标，但是在实际应用中发现，很多结构的破坏原因不是强度问题而是混凝土的耐久性问题，而混凝土的耐久性和强度之间并不一定正相关。为了保证耐久性，混凝土应该具备高强度、低徐变收缩性能，耐受各种环境条件带来的作用。因此，混凝土需要具有良好的工作性能，这已经不是简单的普通混凝土的扩展，而是一种新的材料。

（3）轻质要求

预应力混凝土构件的发展主要是大跨度构件的需求，但是由于混凝土材料自身的强度/重度比较小，导致其结构的作用大部分来源于构件的自重。因此若能减轻混凝土自重，将会直接减小构件尺寸从而转换为显著的经济效应。但由于轻质混凝土主要采用多孔轻质集料，因此其强度较普通混凝土低，将其广泛应用于预应力混凝土仍需要一定的探索和实践。

预应力混凝土构件中的预应力是通过预先张拉钢筋，然后传递到混凝土上，因此对钢筋的材料要求，主要从强度、塑性和黏结性能出发。

（1）钢材强度

预应力筋可以分为钢丝、钢绞线和预应力螺纹钢筋三类，但都必须具有高强度，才能在预应力损失完成后，依然有足够的有效预应力作用在构件上。目前规范中使用的普通钢筋级别最高的为 HRB500，其强度标准值为 $f_{yk}=500N/mm^2$；而预应力螺纹钢筋其屈服强度标准值可达 $f_{pyk}=1080N/mm^2$。由此可见，预应力混凝土结构中对钢材强度的要求远高于普通混凝土结构。

（2）塑性性能

为了有效抵抗荷载产生的拉应力，需要弯曲预应力钢筋，在锚具和夹具作用位置预应力筋还存在较高的局部应力，因此为了保证结构物在破坏之前有明显的变形预兆和满足结构内力重分布等需求，要保证预应力钢筋具有足够的塑性，即对其拉断延伸率和弯折次数有要求。

（3）黏结性能

先张法工艺的预应力从预应力钢筋传递给混凝土主要依靠钢筋和混凝土之间的黏结作用，因此一般将高强度钢丝通过刻痕或将钢丝扭转成钢绞线的方式来增大钢筋和混凝土之间的黏结性能。

10.2 预应力混凝土施工工艺

目前预应力的施加方法主要是通过张拉预应力筋，利用预应力筋的回弹来挤压混凝土。按张拉预应力筋的方法不同，可分为机械张拉和电热张拉两种；而根据张拉预应力筋与浇筑混凝土次序的先后，又可分为先张法和后张法两种。

10.2.1 先张法

先张法就是先张拉预应力筋，后浇筑混凝土的方法，如图 10-5 所示。其主要工序是：

(1) 在台座或钢模上穿预应力筋。

(2) 按设计规定的拉力或伸长值张拉预应力筋（通过千斤顶或张拉车来实现），并利用夹具将其临时锚固。

(3) 绑扎非预应力钢筋（普通钢筋），立模浇筑构件混凝土。

(4) 当混凝土达到一定强度后（一般不低于设计强度值的 75%），切断或放松预应力筋（工程上称为“放张”），预应力筋在回缩过程中，通过与混凝土之间的黏结作用将力传递给混凝土，使混凝土获得预压应力。

先张法构件所用的预应力筋，一般是钢丝（中强度预应力钢丝、消除应力钢丝）和直径较小的钢绞线。先张法的优点在于生产工艺简单，工序少、效率高，质量容易保证，同时由于省去了锚具和减少了预埋件，构件成本较低。先张法主要适用于工厂化大量生产，尤其适用于长线法生产中型、小型构件，如预制楼板、大型屋面板、PHC 管桩等。

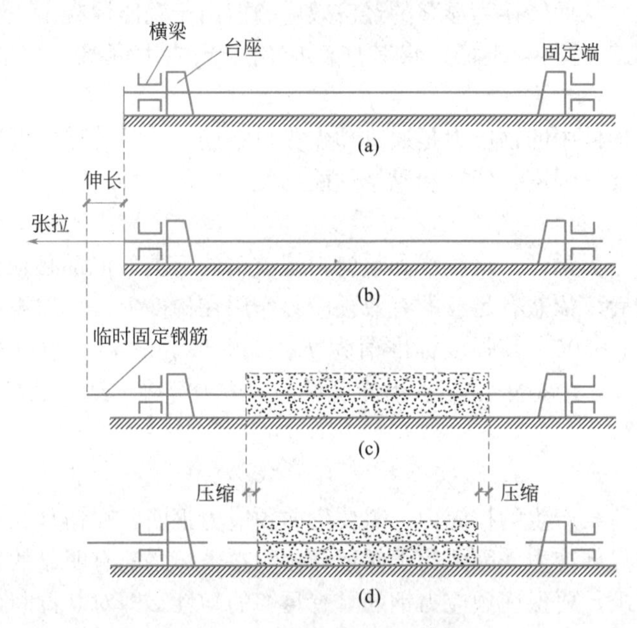

图 10-5 先张法工序示意图

(a) 穿钢筋；(b) 张拉钢筋；(c) 浇筑混凝土；(d) 切断钢筋

10.2.2 后张法

后张法就是先浇筑构件混凝土，待混凝土养护结硬并达到一定强度后，再在构件上张拉预应力筋的方法，如图 10-6 所示。后张法的主要工序是：

(1) 浇筑构件混凝土，并在相应位置上预留孔道。

(2) 待混凝土达到规定强度后（大于等于设计强度的 75%）将预应力筋穿入预留的孔道内，以构件自身为支承安放千斤顶，用千斤顶张拉预应力筋，混凝土被压缩产生预压应力。预应力筋可以一端固定（固定端）、另一端张拉（张拉端），也可以两端同时张拉。

(3) 当预应力筋的张拉应力达到规定值（张拉控制应力）后，张拉端用锚具将其锚固，使构件保持预压状态。

(4) 在预留孔道内压注水泥浆，以保护预应力筋不被锈蚀，并使预应力筋与混凝土黏结成为整体。

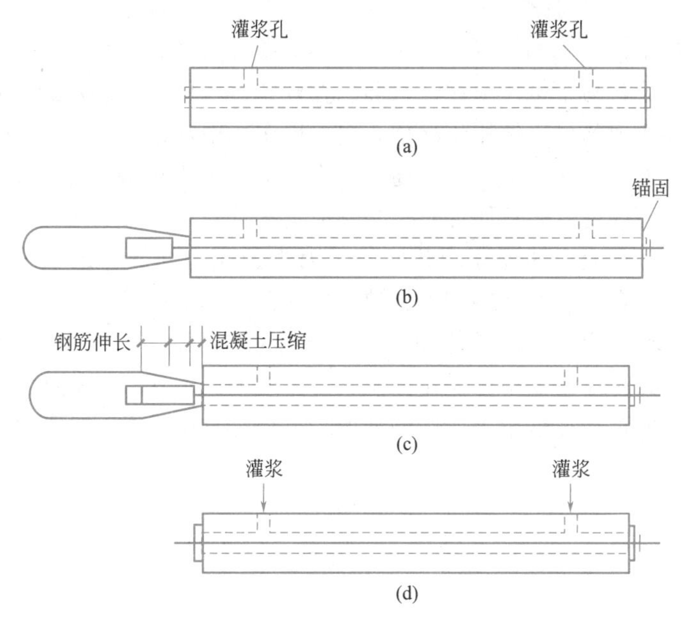

图 10-6　后张法工序示意图
(a) 穿钢筋；(b) 安装千斤顶；(c) 张拉钢筋；(d) 锚固、灌浆

后张法构件是靠锚具来传递和保持预加应力的，其主要优点是直接在构件上张拉预应力筋，不需要台座，可工厂生产，也可现场生产。大型构件在现场生产可以避免长途搬运，故我国大型预应力混凝土构件主要采用后张法现场生产，如图 10-7 所示。

图 10-7　后张法预应力混凝土结构施工现场

后张法的主要缺点是：生产周期长，需要工作锚具，工序多，操作复杂，生产成本较高。

此外，后张法可以制作无黏结预应力混凝土构件。所谓无黏结预应力混凝土构件，就是配置无黏结预应力筋的后张法预应力混凝土。无黏结预应力筋与混凝土之间有相对滑移，其实现方式是将预应力筋的外表涂以沥青、油脂或其他润滑防锈材料，以减小摩擦力、防止锈蚀，并用塑料套管或以纸袋、塑料袋包裹，以防止施工中碰坏涂层，同时与周围混凝土隔离，从而在张拉预应力筋时可沿纵向发生相对位移。无黏结预应力筋在施工时，像普通钢筋一样，可直接按配置的位置放入模板中，并浇筑混凝土，待混凝土达到规定强度后即可进行张拉。无黏结预应力混凝土不需要预留孔道，也不必灌浆，因此施工简便、快速，造价较低，易于推广应用。目前已在建筑工程中广泛应用此项技术。

后张法张拉预应力筋可以使用千斤顶，也可以采用电热法。电热法是利用钢材热胀冷缩的原理，在预应力筋两端接上电源，通以强大电流，由于预应力筋电阻较大，可在短时间内加热，预应力筋温度升高从而伸长。当预应力筋伸长达到设计要求时，切断电源并锚固。随着温度下降，预应力筋逐渐冷却回缩。因为预应力筋两端已被锚固，不能自由冷缩，所以这种冷缩便在预应力筋中产生了拉应力。预应力筋的冷缩力压紧构件的两端，从而对混凝土建立起预压应力。电热张拉法的工艺流程如图 10-8 所示。电热张拉法生产预应力混凝土构件，具有设备简单、操作方便、生产效率高、无摩擦损失，便于曲线张拉和高空作业等优点。但存在耗电量大，用伸长值控制应力准确性差，成批生产尚需校核张拉力等缺点。

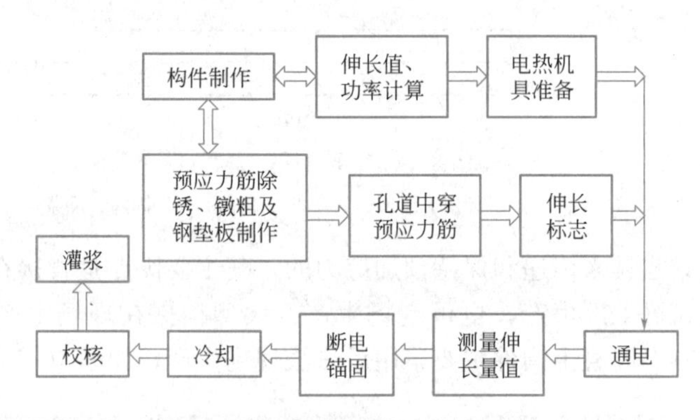

图 10-8　电热张拉法的工艺流程框图

10.2.3　施工设备

1. 夹具和锚具

锚具和夹具是在制作预应力混凝土构件时锚固预应力筋的重要工具。在后张法结构或构件中，为保证预应力筋的拉力并将其传递到混凝土上所用的永久性锚固装置，称为锚具，如图 10-9 所示。安装在预应力筋端部且可以张拉的锚具，称为张拉端锚具；而安装

图 10-9　锚具和夹具

在预应力筋端部，通常埋入混凝土中且并不用以张拉的锚具，称为固定端锚具。所谓夹具，就是在先张法构件施工时，为保持预应力筋的拉力并将其固定在生产台座（或设备）上的临时性锚固装置；在后张法结构或构件施工时，在张拉千斤顶或设备上夹持预应力筋的临时性锚固装置。夹具又称为工具锚。锚具和夹具的区别在于，前者“永久”，后者“临时”。

2. 锚具的性能要求

使用锚具、夹具时，应满足以下要求：

（1）可靠的锚固性能；

（2）足够的承载能力；

（3）良好的适用性能。

锚具的基本性能分静载锚固性能和动载性能（疲劳性能）两方面，它们都应由预应力筋-锚具组装件力学试验进行测试。所谓预应力筋-锚具组装件，就是由单根或成束预应力筋和安装在端部的锚具组合装配而成的受力单元。

承受静力荷载作用的预应力混凝土结构，其预应力筋-锚具组装件应满足静载锚固性能。由静载试验测定锚具效率系数 η_a 和达到极限拉力时组装件受力长度（预应力筋）的总应变 ε_{apu}，当满足 $\eta_a \geqslant 0.95$ 和 $\varepsilon_{apu} \geqslant 2.0\%$ 时，锚具静载锚固性能合格，否则不合格。

承受静、动荷载作用的预应力混凝土结构，其预应力筋-锚具组装件，除应满足静载锚固性能外，尚应满足循环次数为 200 万次的疲劳性能试验要求。疲劳应力上限应为预应力钢丝、钢绞线抗拉强度标准值的 65%（当为精轧螺纹钢筋时，疲劳应力上限为屈服强度标准值的 80%），应力幅不应小于 80MPa。工程有特殊要求时，试验应力上限及疲劳应力幅取值可另定。试件经受 200 万次循环荷载后，锚具零件不应疲劳破坏，预应力筋在锚具夹持区域发生疲劳破坏的截面面积不应大于试件总截面面积的 5%。

在抗震结构中，预应力筋-锚具组装件还应满足循环次数为 50 次的周期荷载试验。组装件用钢丝、钢绞线时，试验应力上限为 $0.8f_{ptk}$；用精轧螺纹钢筋时，应力上限应为其屈服强度标准值的 90%。应力下限均应为相应强度的 40%。试件经历 50 次循环荷载后，预应力筋在锚具夹持区域不应发生断裂。

3. 锚具和夹具的类型

锚具和夹具之所以能锚住或夹住预应力筋，主要是依据摩阻、承压和握裹等的作用。依据锚固方式不同，锚具和夹具可分为夹片式、支承式、锥塞式和握裹式四种基本类型。

（1）夹片式锚具（夹具）。依靠预应力筋和夹片之间的摩擦阻力锚固预应力筋。如图 10-9（a）所示的锚具便是夹片式锚具。

（2）支承式锚具（夹具）。靠端部承压锚固预应力筋。

（3）锥塞式锚具（夹具）。靠预应力筋和锥塞（锚塞）之间的摩擦阻力锚固预应力筋。

（4）握裹式锚具（夹具）。利用挤压套筒的握裹力或锚头与混凝土之间的黏结力锚固预应力筋。

锚具和夹具的总代号分别用汉语拼音的第一个字母 M 和 J 表示，各类锚固方式的分类代号也用相应汉字的拼音首字母，参见表 10-1。

锚具和夹具的代号　　表 10-1

分类代号		锚具	夹具
夹片式	圆形	YJM	YJJ
	扁形	BJM	
支承式	镦头	DTM	DTJ
	螺母	LMM	LMJ
锥塞式	钢质	GZM	—
	冷铸	LZM	
	热铸	RZM	
握裹式	挤压	JYM	JYJ
	压花	YHM	

锚具和夹具的标记方式为：“产品代号、预应力钢材的直径-预应力钢材根数”三部分，如有需要，可在后面加注生产企业体系代号。例如，锚固 12 根直径 15.2mm 预应力混凝土用钢绞线的圆形夹片式群锚锚具，标记为 YJM15-12；锚固 12 根直径 12.7mm 的预应力钢绞线的固定端挤压式锚具，标记为 JYM13-12。

4. 工程上的常用锚具

(1) 螺母锚具

螺母锚具属于支承式锚具。采用高强度粗钢筋作为预应力筋时，可采用螺母锚具固定，即借助粗钢筋两端的螺纹，在钢筋张拉后直接拧上螺母进行锚固，钢筋的回缩由螺母经支承垫板承压传递给混凝土，从而获得预应力，如图 10-10 所示。

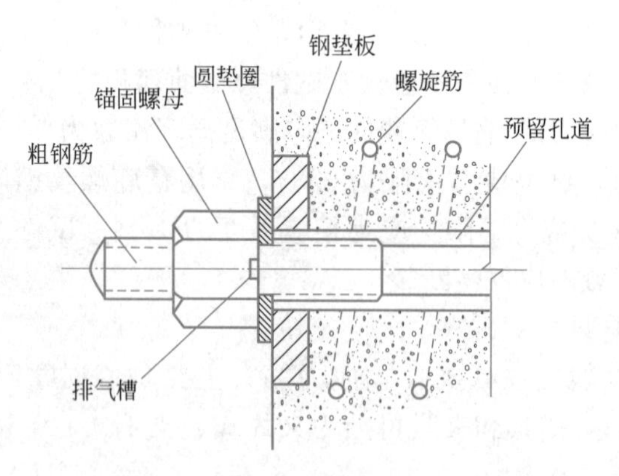

图 10-10　螺母锚具

大直径预应力螺纹钢筋即精轧螺纹钢筋，它沿通长都有规则但不连续的凸形螺纹，可在任意位置进行锚固和进行连接，加上垫板后，直接拧上螺母即可锚固，十分方便。

螺母锚具的受力明确，锚固可靠；构造简单，施工方便；能重复张拉、放松或拆卸，并可以简单地用套筒接长。

(2) 镦头锚具

镦头锚具也属于支承式锚具。它由被镦粗的钢筋（或钢丝）头、锚环、外螺母、内螺母和垫板组成，如图 10-11 所示。锚环上的孔洞数和间距均由被锚固的预应力筋的根数和排列方式而定。可用于锚固多根直径 10～18mm 的平行钢筋束，或者锚固 18 根以下直径 5mm 的平行钢丝束。

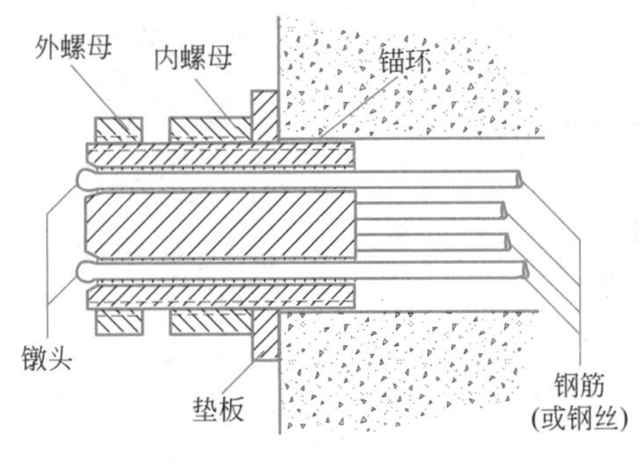

图 10-11　镦头锚具

操作时，将预应力筋穿过锚环孔眼，用镦头机进行冷镦或热镦，将钢筋或钢丝的端头镦粗成圆头，与锚环固定，然后将预应力筋束连同锚环一起穿过构件的预留孔道，待预应力筋伸出孔道口后，套上螺母进行张拉，边张拉边拧紧内螺母。预应力筋的预拉力首先通过镦头的承压力传到锚环，其次靠螺纹斜面上的承压力传到螺母，最后经过垫板传到混凝土构件。

镦头锚具的优点在于锚固性能可靠、锚固力大、张拉操作方便，缺点是对钢筋或钢丝束长度的精度要求较高。

(3) YJM 锚具

YJM 锚具属于夹片式锚具，分单孔和多孔，用于锚固平行放置的钢筋束和钢绞线。因为预应力筋与周围接触的面积较小，且强度高、硬度大，故对其锚具的锚固性能要求很高。YJM 锚具的型号有 YJM12-5，YJM15-6、YJM15-7 等多种。

YJM12-N 锚具是一种锚固 N 根（3～6 根）直径 12mm 的平行放置的钢筋束或者锚固 N 根（5～6 根）七股钢绞线所组成相互平行的钢绞线束的锚具。图 10-12 所示为 YJM12-5 锚具，可锚固 5 根直径 12mm 的预应力筋。这种锚具由锚环和夹片组成，夹片的块数与预应力钢筋或钢绞线的根数相同。夹片截面呈扇形，每一块夹片有两个圆弧形槽，上有齿纹，用以锚住预应力筋。张拉时必须采用特制的双作用千斤顶，第一个作用是夹住预应力筋进行张拉，第二个作用是将夹片顶入锚环内，将预应力筋挤紧，牢牢锚住。

预应力筋依靠摩擦力将预拉力传给夹片。夹片依靠其斜面上的承压力将预拉力传给锚环，后者再通过承压力将预拉力传给混凝土。YJM12 型锚具既可用于张拉端，也可用于固定端。其缺点是预应力筋的内缩量较大，实测表明对于光圆钢筋可达 2mm，变形钢筋可达 3mm，钢绞线可达 5mm。

YJM 型群锚由锚板和夹片组成，其中夹片为三片式，可锚固多根钢绞线，如图 10-12 所示。这种群锚的特点是每根钢绞线均分开锚固，由一组夹片夹紧，各自独立地放在锚板的各个锥形孔内。任何一组夹片滑移、破裂或钢绞线拉断，都不会影响同束中其他钢绞线的锚固，故具有锚固可靠，互换性好，自锚性能强的优点。

(4) 锥塞式锚具

锥塞式锚具由锚圈及带齿的圆锥体锚塞（即锥塞）组成，锚圈和锥塞一般用 45 号铸

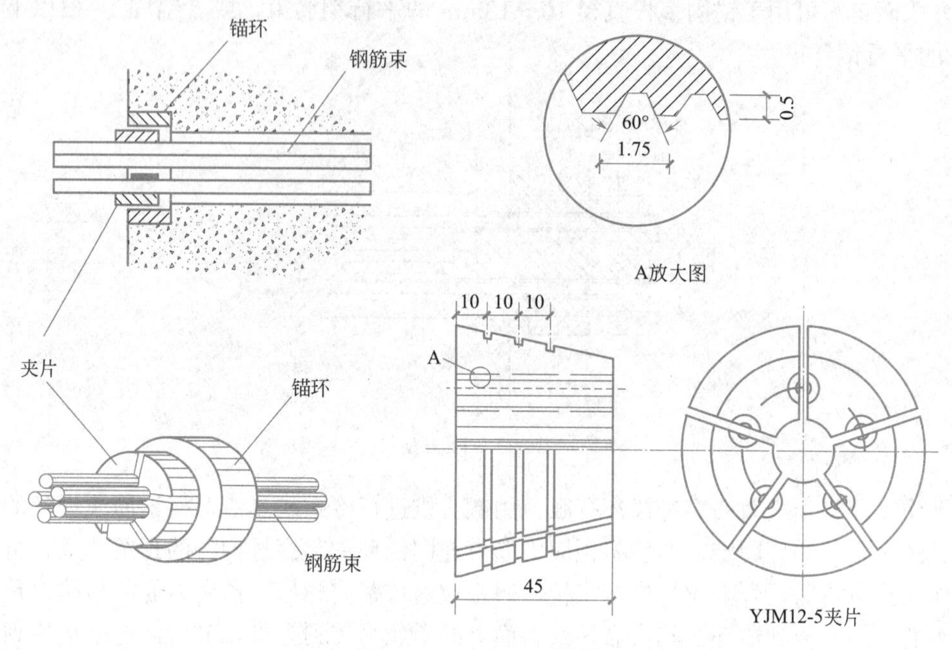

图 10-12　YJM12-5 锚具

钢制成，如图 10-13 所示。锥塞式锚具又称为弗氏锚具，是最早研制出的摩擦式锚具。它用于锚固多根直径为 5mm、7mm、8mm、12mm 的平行钢丝束，或者锚固多根直径为 13mm、15mm 的平行钢绞线束。

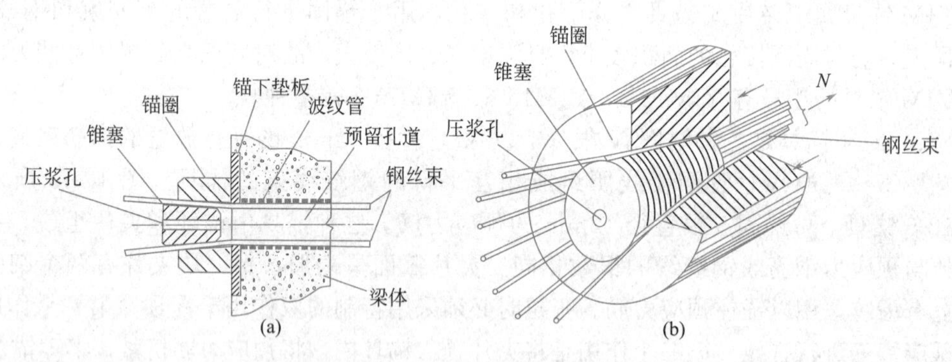

图 10-13　锥塞式锚具

预应力筋通过摩擦力将预拉力传到锚圈，锚圈再通过承压力将预拉力传到混凝土构件。这种锚具既可用于张拉端，也可用于固定端，采用特制的双作用千斤顶进行张拉，一面张拉预应力筋，一面将锥塞推入挤紧，锚塞中间留有小孔作锚固后压力灌浆用。

锥塞式锚具的优点是效率高，缺点是滑移大，而且不易保证每根钢筋（钢丝）中应力均匀，锚固预应力损失可达张拉控制应力的 5%。

（5）握裹式锚具

握裹式锚具有挤压型和压花型两种类型，都用于固定端。

挤压锚具是利用压头机，将套在钢绞线端头的软钢（通常为 45 号钢）套筒与钢绞线一起强行顶压通过规定的模具孔挤压而成，如图 10-14 所示。为增加套筒与钢绞线间的摩擦阻力，挤压前，在钢绞线与套筒之间设置硬钢丝螺旋圈，挤压后使硬钢丝分别压入钢绞线与套筒内壁之内。套筒和预应力筋之间通过握裹作用传力，钢筋的预拉力传给套筒。套筒将力传给锚板，锚板使混凝土受压。产品有 JYM13-N，JYM15-N 等。

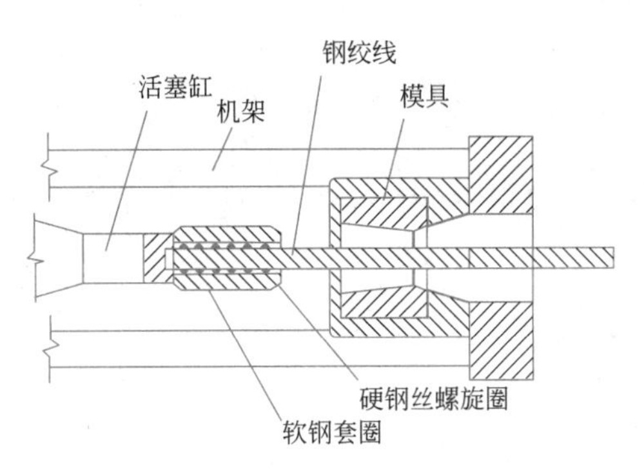

图 10-14　压头机的工作原理

压花锚具是利用液压压花机将钢绞线端头压成梨形散花状的一种锚具。梨形头的尺寸 $(5d\sim6.5d)\times(130\sim150)$ mm，如图 10-15 所示。利用梨形头各钢筋（或钢丝）与混凝土之间的黏结锚固预应力筋，张拉前需预先埋入混凝土中，所以只能用于固定端。

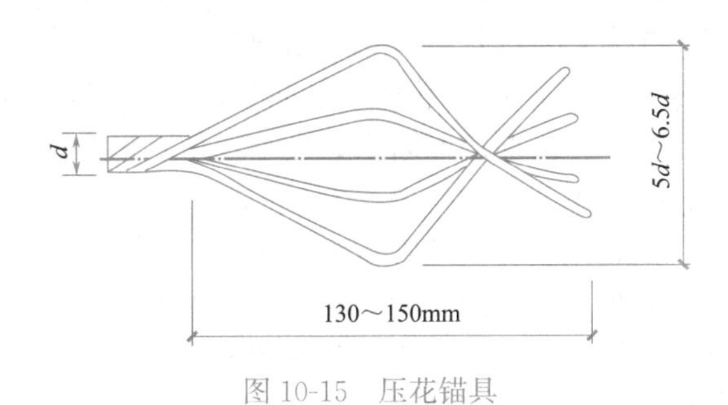

图 10-15　压花锚具

为了提高压花锚的四周混凝土及散花头根部混凝土的抗裂强度，在散花头的头部需配置构造筋，在散花头的根部配置螺旋筋。

5. 其他设备

（1）千斤顶

千斤顶是预应力筋的施力设备，有液压千斤顶、螺旋千斤顶、齿条千斤顶等形式。预应力混凝土预应力筋张拉主要使用液压千斤顶，提供的力值从数十千牛到数兆牛，范围宽广。与夹片式锚具配套的张拉设备，是一种大直径的穿心千斤顶，其张拉安装示意如图 10-16 所示。

（2）制孔器

后张法构件的预留孔道是用制孔器制成的。目前预应力混凝土构件预留孔道所采用的制孔器主要有抽芯成型和预埋管。

① 抽芯成型。抽芯成型分钢管抽芯成型和橡胶管抽芯成型两类。钢管抽芯成型是事先放置好钢管，浇筑混凝土，然后抽去钢管形成孔道。橡胶管抽芯成型是在钢丝网胶管内事先穿入钢筋（称为芯棒），再将胶管连同芯棒一起放入模板内，然后浇筑混凝土，待混凝土达到一定强度后，抽去芯棒，再拔出胶管，则形成预留孔道。这种制孔器可重复使

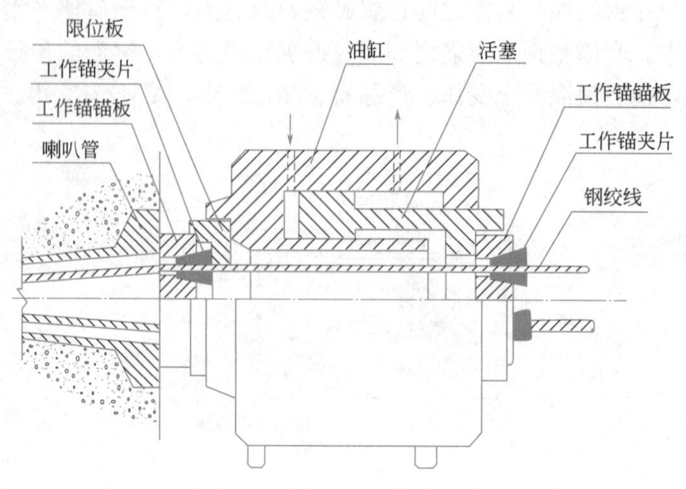

图 10-16　张拉千斤顶安装示意图

用，比较经济，管道内压注的水泥浆与构件混凝土结合较好。但缺点是不易形成多向弯曲形状复杂的管道，且需要控制好抽拔时间。

② 预埋管。预埋金属波纹管是在混凝土浇筑之前将波纹管按预应力筋设计位置，绑扎于与箍筋焊连的钢筋托架上，再浇筑混凝土，结硬后即可形成穿束的孔道。金属波纹管是用薄钢带经卷管机压波后卷成，其重量轻，纵向弯曲性能好，径向刚度较大，连接方便，与混凝土黏结良好，与预应力筋的摩阻系数也小，是后张法预应力混凝土构件中一种较理想的制孔器。

目前，在工程上也广泛采用塑料波纹管作为制孔器，这种波纹管由聚丙烯或高密度聚乙烯制成。使用时，波纹管外表面的螺旋肋与周围的混凝土具有较高的黏结力。这种塑料波纹管具有耐腐蚀性能好、孔道摩擦损失小以及有利于提高结构抗疲劳性能的优点。

工程实践中，也可以通过预埋钢管的方法形成孔道。

(3) 穿索机

跨度较大时，预应力筋很长，人工穿束难度大，需要采用穿索（束）机进行操作。穿索（束）机有两种类型，一是液压式，二是电动式。一般采用单根钢绞线穿入，穿束时应在钢绞线前端套一个子弹形帽子，以减小穿束阻力。穿索机由马达（电动机）带动 4 个托轮支承的链板，钢绞线置于链板上，并用四个与托轮相对应的压紧轮压紧，则钢绞线就可借链板的转动向前穿入构件的预留孔中。

(4) 压浆机

在后张法预应力混凝土构件中，预应力筋张拉锚固后，应尽早进行孔道灌浆工作，以免预应力筋锈蚀，降低结构的耐久性，同时也是为了使预应力筋与构件混凝土尽早结合为整体。压浆机是孔道灌浆的主要设备，它主要由灰浆搅拌桶、储浆桶和压送灰浆的灰浆泵以及供水系统组成。

(5) 张拉台座

采用先张法生产预应力混凝土构件时，则需设置用作张拉和临时锚固预应力筋的张拉台座，如图 10-17 所示。它需要承受张拉预应力筋的回缩力，设计时应保证其具有足够的强度、刚度和稳定性。

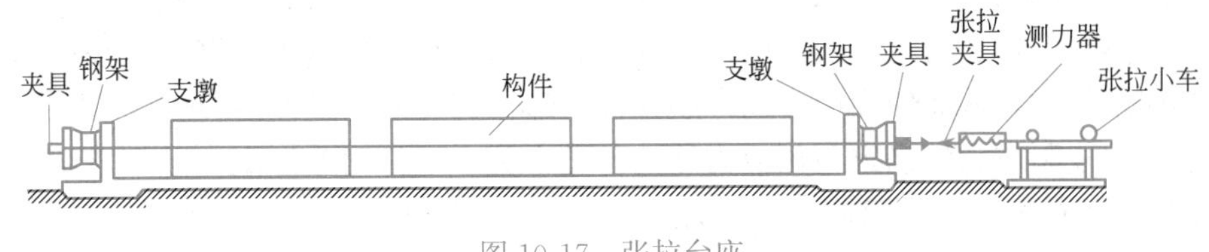

图 10-17　张拉台座

（6）连接器

预应力螺纹钢筋，利用带内螺纹的套筒，在任何位置都可以连接或接长、或锚固，而预应力钢绞线则需要利用专门的连接器才能接长。预应力钢绞线的连接器有锚头连接器和接长连接器两种。锚头连接器是钢绞线束张拉锚固后，再连接新的钢绞线，如图 10-18（a）所示；接长连接器则是用来将两段未经张拉的钢绞线接长，如图 10-18（b）所示。

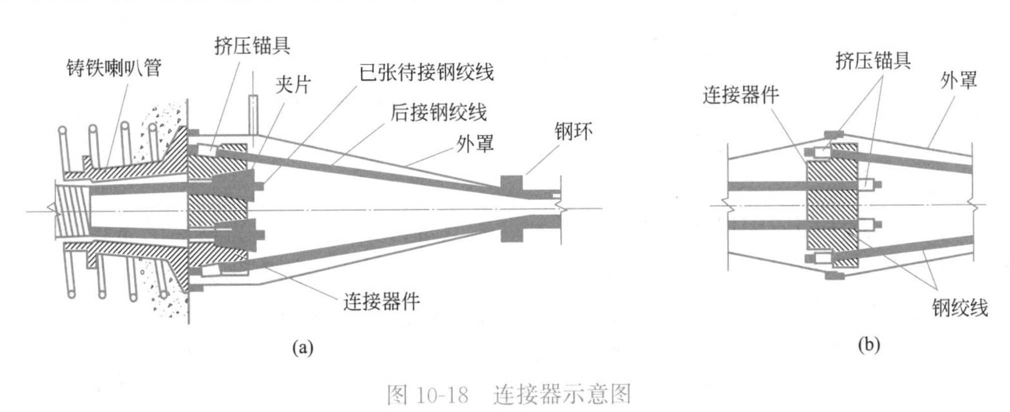

图 10-18　连接器示意图

10.3　张拉控制应力和预应力损失

10.3.1　张拉控制应力

张拉控制应力是指预应力筋在进行张拉时所控制达到的最大拉应力值，等于张拉设备（如千斤顶油压表）所指示的总张拉力除以预应力筋截面面积得到的应力值，用 σ_{con} 表示。在受到荷载作用前，张拉控制应力就是预应力筋所受的最大应力。如果张拉控制应力 σ_{con} 过低，则预应力筋的拉应力在经历各种损失之后，对混凝土产生的预压应力就很小，不能有效地提高预应力混凝土构件的抗裂度和刚度。所以，为了充分发挥预应力的优点，张拉控制应力应尽可能定得高一些，可使混凝土获得较高的预压应力，以达到节约材料的目的，同时又可提高构件的刚度和抗裂能力。因此规范规定了张拉控制应力的下限值：

（1）消除应力钢丝、钢绞线、中强度预应力钢丝的张拉控制应力值不应小于 $0.4f_{ptk}$；

（2）预应力螺纹钢筋的张拉控制应力不宜小于 $0.5f_{pyk}$。

然而，如果 σ_{con} 取值过高，则可能引起下列问题：

（1）混凝土失效。在施工阶段会使构件的某些部位受到拉力（称为预拉力）甚至开裂，对后张法构件则可能造成端部混凝土局部受压破坏。

（2）构件延性下降。构件出现裂缝时的荷载与极限荷载很接近，使构件在破坏前无明显的预兆，构件的延性较差。

（3）预应力筋失效。为了减小预应力损失，往往要对预应力筋进行超张拉，由于预应力筋材质的不均匀，强度具有一定的离散性，有可能在超张拉过程中使个别预应力筋的应力超过其屈服强度，从而使预应力筋产生塑性变形，甚至发生脆性断裂。

由于张拉控制应力的确定与预应力筋的种类有关，现行国家标准《混凝土结构设计标准》GB/T 50010 规定了不同类型预应力筋的张拉控制应力上限：

（1）消除应力钢丝、钢绞线

$$\sigma_{con} \leqslant 0.75 f_{ptk} \tag{10-1}$$

（2）中强度预应力钢丝

$$\sigma_{con} \leqslant 0.70 f_{ptk} \tag{10-2}$$

（3）预应力螺纹钢筋

$$\sigma_{con} \leqslant 0.85 f_{pyk} \tag{10-3}$$

当符合下列情况之一时，上述张拉控制应力限值可提高 $0.05 f_{ptk}$ 或 $0.05 f_{pyk}$：

（1）要求提高构件在施工阶段的抗裂性能而在使用阶段受压区内设置的预应力筋；

（2）要求部分抵消由于应力松弛、摩擦、预应力筋分批张拉以及预应力筋与张拉台座之间的温差等因素产生的预应力损失。

10.3.2 预应力损失

由于制作方法的原因以及预应力钢筋和混凝土材料性质，预应力钢筋的张拉应力会在张拉完成后很长一段时间内减小并逐渐趋于稳定，张拉应力的损失称为预应力损失。由于最终稳定后的张拉预应力才会对构件产生作用，因此预应力损失的计算是预应力混凝土结构设计中的重要内容，而不适当的预应力损失计算都会对预应力构件的使用性能产生不利影响。预应力的施加是通过拉伸预应力钢筋，因此凡是能使预应力筋缩短的因素都将引起预应力损失。例如，先张法构件中，由于预应力筋放张时预应力筋的松弛、混凝土的收缩和徐变等原因，预应力筋的应力将会逐渐减小；在后张法构件中，由于锚具变形、预应力筋与孔道之间的摩擦、预应力筋的松弛、混凝土的收缩和徐变等原因，预应力筋的应力同样也会减小。各种预应力损失之和用 σ_l 表示。根据工程实践，预应力损失的总和约占张拉控制应力的 15%～30%左右。

引起预应力损失的因素很多，而且相互影响、相互依存，要精确计算和确定预应力损失是一项非常复杂的工作。现行国家标准《混凝土结构设计标准》GB/T 50010 为了简化计算，归结为 6 个方面的影响因素，并且假定总的预应力损失为各因素单独产生的损失值相加，汇总如表 10-2 所示。这里介绍各项预应力损失的计算和减小损失的措施。

预应力损失值　　表 10-2

<table>
<tr><th colspan="2">引起损失的因素</th><th>符号</th><th>先张法构件</th><th>后张法构件</th><th>减小措施</th></tr>
<tr><td colspan="2">张拉端锚具变形和预应力筋内缩</td><td>σ_{l1}</td><td>直线型(式 10-4)计算</td><td>直线型(式 10-4)和曲线型(式 10-5～式 10-10)计算</td><td>1. 合理优化选择锚具、夹具和垫板
2. 增加台座长度</td></tr>
<tr><td rowspan="3">预应力筋的摩擦</td><td>孔道壁</td><td rowspan="3">σ_{l2}</td><td>—</td><td>计算式(10-11)～式(10-14)</td><td rowspan="3">1. 两端张拉
2. 超张拉</td></tr>
<tr><td>张拉端锚口</td><td colspan="2">按实测值或厂家提供数据</td></tr>
<tr><td>转向装置</td><td colspan="2">按实际情况</td></tr>
</table>

续表

引起损失的因素	符号	先张法构件	后张法构件	减小措施
混凝土加热养护时，预应力筋与承受拉力的设备之间的温差	σ_{l3}	$2\Delta t$	—	1. 两次升温养护 2. 钢模张拉
预应力筋的应力松弛	σ_{l4}	根据不同预应力筋类型，选择具体计算公式		1. 超张拉 2. 选用低松弛预应力筋
混凝土的收缩和徐变	σ_{l5}	计算式(10-21)～式(10-24)		采用减小混凝土收缩徐变的方法
用螺旋式预应力筋作配筋的环形构件，当环形构件的直径 d 不大于 3m	σ_{l6}	—	30mm	—

1. 张拉端锚具变形和预应力筋内缩引起的预应力损失 σ_{l1}

（1）直线预应力筋

直线预应力筋当张拉到控制应力 σ_{con} 后，将其锚固在台座或构件上时，由于锚具变形，锚具、垫板与构件之间的滑移，使张紧的预应力筋产生回缩，引起预应力损失，其值可按下式计算：

$$\sigma_{l1}=\frac{a}{l}E_s \tag{10-4}$$

式中 a——张拉端锚具变形和预应力筋的内缩值（mm），可按表 10-3 采用；

l——张拉端至锚固端的距离（mm）；

E_s——预应力筋的弹性模量（N/mm^2），按附表 8 取值。

锚具变形和预应力筋内缩值 a（mm） 表 10-3

锚具类别		a
支承式锚具(钢丝束镦头锚具等)	螺母缝隙	1
	每块后加垫板的缝隙	1
夹片式锚具	有顶压时	5
	无顶压时	6～8

注：1. 表中的锚具变形和预应力筋内缩值也可根据实测数据确定；
2. 其他类型的锚具变形和预应力筋内缩值应根据实测数据确定。

块体拼成的结构，其预应力损失尚应考虑块体间填缝的预压变形。当采用混凝土或砂浆为填缝材料时，每条填缝的预压变形值可取为 1mm。

锚具变形引起的预应力损失只考虑张拉端。这是因为锚固端的锚具在张拉过程中已被挤紧，故不再引起预应力损失。该项预应力损失既发生于先张法构件，也发生于后张法构件。

（2）曲线预应力筋

曲线预应力筋的预应力损失 σ_{l1} 需另行计算。预应力筋回缩时，由于受到曲线形孔道反向摩擦力的影响，使构件各截面所产生的预应力损失不尽相同。因为摩擦力的方向与相对运动方向相反，所以预应力筋在张拉时，摩擦力指向跨中；在锚具变形和预应力筋内缩时，其摩擦力则指向张拉端，此力即为反向摩擦力，如图 10-19 所示。

反向摩擦力使预应力损失下降，当距张拉端某一距离 l_f 时，预应力损失降为零，此距离即为反向摩擦影响长度。该长度范围内的预应力筋变形应等于锚具变形和预应力筋内缩值，据此条件可以确定 l_f 值。σ_{l1} 在 l_f 范围内可按线性规律变化来考虑。

① 圆弧形曲线预应力筋/抛物线形预应力筋

抛物线形预应力筋可近似按圆弧形曲线预应力筋考虑。当圆弧形曲线预应力筋对应的圆心角 $\theta \leqslant 45°$时（对无黏结预应力筋 $\theta \leqslant 90°$），由于锚具变形和预应力筋内缩，在反向摩擦影响长度 l_f（m）范围内的预应力损失 σ_{l1} 可按下式计算（图 10-20）：

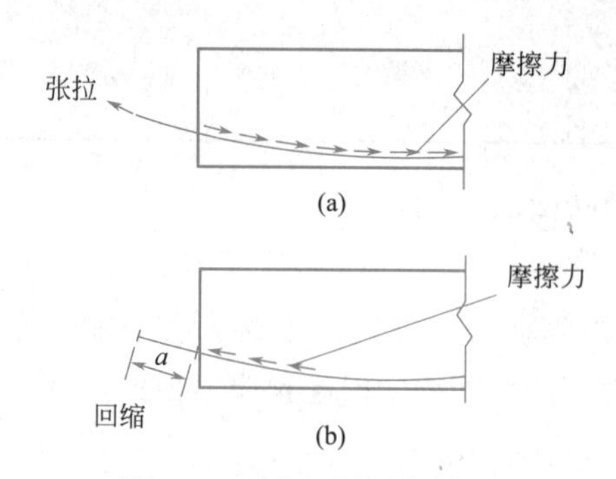

图 10-19　反向摩擦影响长度

（a）摩擦力指向跨中；（b）摩擦力指向张拉端

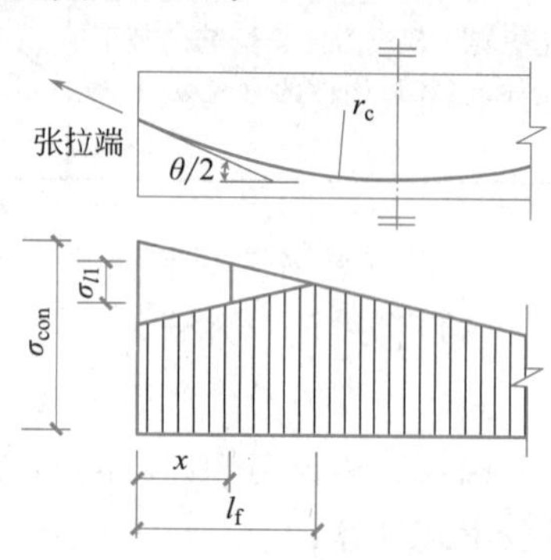

图 10-20　圆弧形曲线预应力筋的预应力损失 σ_{l1}

$$\sigma_{l1} = 2\sigma_{con} l_f \left(\frac{\mu}{r_c} + \kappa\right)\left(1 - \frac{x}{l_f}\right) \tag{10-5}$$

$$l_f = \sqrt{\frac{aE_s}{1000\sigma_{con}(\mu / r_c + \kappa)}} \tag{10-6}$$

式中　r_c——圆弧形曲线预应力筋的曲率半径（m）；

μ——预应力筋与孔道壁之间的摩擦系数，按表 10-4 采用；

κ——考虑孔道每米长度局部偏差的摩擦系数，按表 10-4 采用；

x——张拉端至计算截面的距离（m）；

a——张拉端锚具变形和预应力筋内缩值（mm），按表 10-3 采用；

E_s——预应力筋的弹性模量（N/mm²）。

摩擦系数　**表 10-4**

孔道成型方式	κ	μ	
		钢绞线、钢丝束	预应力螺纹钢筋
预埋金属波纹管	0.0015	0.25	0.50
预埋塑料波纹管	0.0015	0.15	—
预埋钢管	0.0010	0.30	—
抽芯成型	0.0014	0.55	0.60
无黏结预应力筋	0.0040	0.09	—

注：摩擦系数也可根据实测数据确定。

② 直线和圆弧形曲线组成的预应力筋

端部为直线（直线长度为 l_0），而后由两条圆弧形曲线（圆弧对应的圆心角 $\theta \leqslant 45°$，对无黏结预应力筋取 $\theta \leqslant 90°$）组成的预应力筋（图 10-21），由于锚具变形和预应力筋内缩，在反向摩擦影响长度 l_f 范围内的预应力损失值 σ_{l1} 可按下列公式计算：

$$
\begin{aligned}
&\text{当 } x \leqslant l_0 \text{ 时，} \sigma_{l1} = 2i_1(l_1 - l_0) + 2i_2(l_f - l_1) \\
&\text{当 } l_0 < x \leqslant l_1 \text{ 时，} \sigma_{l1} = 2i_1(l_1 - x) + 2i_2(l_f - l_1) \\
&\text{当 } l_1 < x \leqslant l_f \text{ 时，} \sigma_{l1} = 2i_2(l_f - x)
\end{aligned}
\tag{10-7}
$$

反向摩擦影响长度 l_f（m）可按下列公式计算：

$$
\begin{aligned}
l_f &= \sqrt{\frac{aE_s}{1000i_2} - \frac{i_1(l_1^2 - l_0^2)}{i_2} + l_1^2} \\
i_1 &= \sigma_a(\kappa + \mu / r_{c1}) \\
i_2 &= \sigma_b(\kappa + \mu / r_{c2})
\end{aligned}
\tag{10-8}
$$

式中　l_1——预应力筋张拉端起点至反弯点的水平投影长度；

i_1、i_2——第一、二段圆弧形曲线预应力筋中应力近似直线变化的斜率；

r_{c1}、r_{c2}——第一、二段圆弧形曲线预应力筋的曲率半径；

σ_a、σ_b——预应力筋在 a、b 点的应力。

由图 10-21 可知，a 点应力取张拉控制应力，b 点应力由 i_1 和 l_1 计算，即 $\sigma_b = \sigma_a - i_1(l_1 - l_0)$。

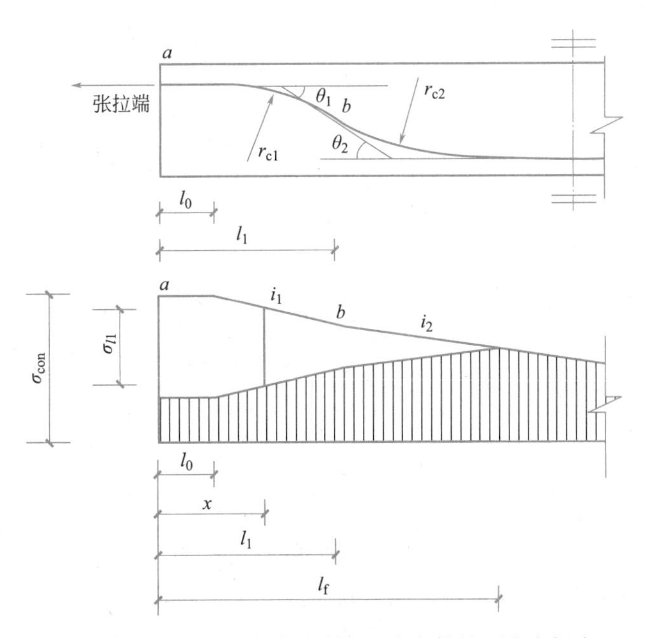

图 10-21　两条圆弧形曲线组成的预应力筋的预应力损失 σ_{l1}

③ 折线形预应力筋

当折线形预应力筋的锚固损失消失于折点 c 之外时（图 10-22），由于锚具变形和预应力筋内缩，在反向摩擦影响长度 l_f 范围内的预应力损失值 σ_{l1} 可按下列公式计算：

$$\text{当 } x \leqslant l_0 \text{ 时，} \sigma_{l1} = 2\sigma_1 + 2i_1(l_1 - l_0) + 2\sigma_2 + 2i_2(l_f - l_1)$$

$$\text{当 } l_0 < x \leqslant l_1 \text{ 时，} \sigma_{l1} = 2i_1(l_1 - x) + 2\sigma_2 + 2i_2(l_f - l_1)$$
$$\text{当 } l_1 < x \leqslant l_f \text{ 时，} \sigma_{l1} = 2i_2(l_f - x) \tag{10-9}$$

反向摩擦影响长度 l_f(m) 可按下列公式计算：

$$l_f = \sqrt{\frac{aE_s}{1000i_2} - \frac{i_1(l_1 - l_0)^2 + 2i_1 l_0(l_1 - l_0) + 2\sigma_1 l_0 + 2\sigma_2 l_1}{i_2} + l_1^2}$$

$$i_1 = \sigma_{con}(1 - \mu\theta)\kappa$$

$$i_2 = \sigma_{con}[1 - \kappa(l_1 - l_0)](1 - \mu\theta)^2\kappa \tag{10-10}$$

$$\sigma_1 = \sigma_{con}\mu\theta$$

$$\sigma_2 = \sigma_{con}[1 - \kappa(l_1 - l_0)](1 - \mu\theta)\mu\theta$$

式中 i_1——预应力筋 bc 段中应力近似直线变化的斜率；

i_2——预应力筋在折点 c 以外应力近似直线变化的斜率；

l_1——张拉端起点至预应力筋折点 c 的水平投影长度。

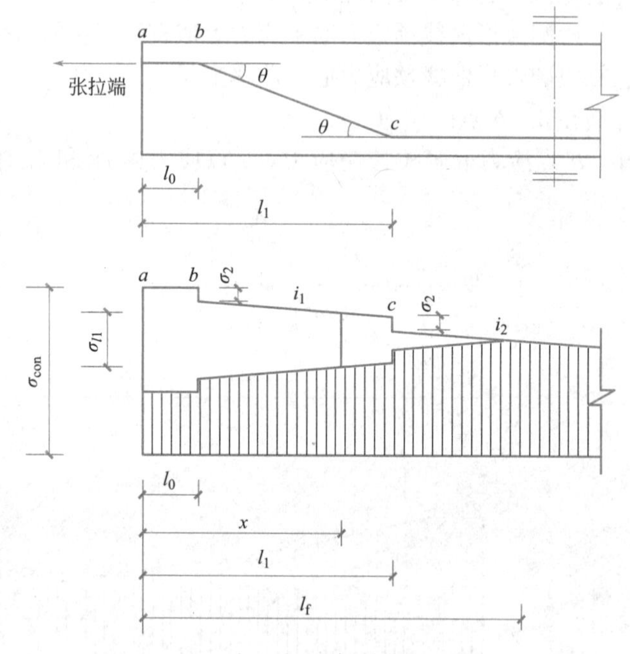

图 10-22 折线形预应力筋的预应力损失 σ_{l1}

（3）减小该项损失的措施

① 选择自身变形小或使预应力筋回缩小的锚具、夹具；

② 尽量减少垫板数量，因为每增加一块垫板，a 值将增加 1mm；

③ 对于先张法张拉工艺，选择长的台座。因为 σ_{l1} 与 l 呈反比，所以增大 l 可以使 σ_{l1} 下降。当台座长度超过 100m 时，该项损失通常可忽略不计。

2. 预应力筋与孔道壁间摩擦引起的预应力损失 σ_{l2}

用后张法张拉预应力筋时，由于孔道尺寸偏差、孔壁粗糙、预应力筋不直及表面粗糙等原因，使预应力筋在张拉时与孔道壁接触而产生摩擦阻力，从而使预应力筋产生预应力损失 σ_{l2}。对于任意形状的曲线形预应力筋，预应力损失 σ_{l2} 可按下式计算：

$$\sigma_{l2}=\sigma_{\text{con}}\left(1-\frac{1}{e^{\kappa x+\mu\theta}}\right) \tag{10-11}$$

式中 θ——从张拉端至计算截面曲线孔道部分切线的夹角之和（rad），见图 10-23；

x——从张拉端至计算截面的孔道长度，可近似取该段孔道在纵轴上的投影长度（m）；

κ——考虑孔道每米长度局部偏差的摩擦系数，按表 10-4 采用。

μ——预应力筋与孔道壁之间的摩擦系数，按表 10-4 采用。

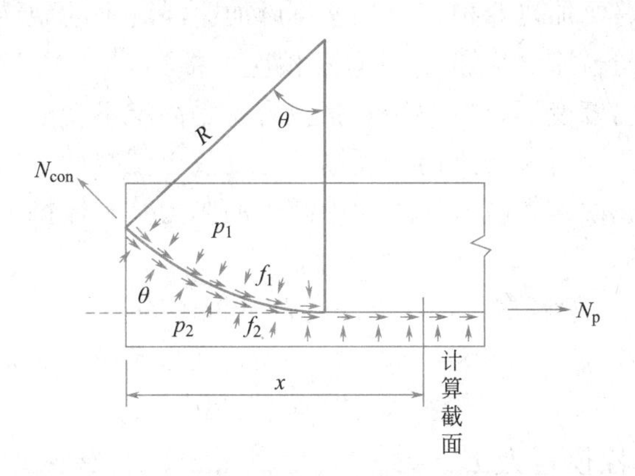

图 10-23 预应力摩擦损失

当 $(\kappa x+\mu\theta)\leqslant 0.3$ 时，σ_{l2} 可按如下近似公式计算：

$$\sigma_{l2}=(\kappa x+\mu\theta)\sigma_{\text{con}} \tag{10-12}$$

当采用夹片式群锚体系时，在 σ_{con} 中宜扣除锚口摩擦损失。张拉端锚口摩擦损失，按实测值或厂家提供的数据确定。

对于按抛物线、圆弧曲线变化的空间曲线及可分段后叠加的广义空间曲线，其夹角之和 θ 可按下列近似公式计算：

抛物线、圆弧曲线：

$$\theta=\sqrt{\alpha_{\text{v}}^2+\alpha_{\text{h}}^2} \tag{10-13}$$

广义空间曲线：

$$\theta=\sum\sqrt{\Delta\alpha_{\text{v}}^2+\Delta\alpha_{\text{h}}^2} \tag{10-14}$$

式中 α_{v}、α_{h}——按抛物线、圆弧曲线变化的空间曲线预应力筋在竖直向、水平向投影所形成抛物线、圆弧曲线的弯转角；

$\Delta\alpha_{\text{v}}$、$\Delta\alpha_{\text{h}}$——广义空间曲线预应力筋在竖直向、水平向投影所形成分段曲线的弯转角增量。

减小该项预应力损失的措施有：

（1）对较长构件可在两端进行张拉，则计算中孔道长度可按构件长度的一半计算。但此时会使 σ_{l1} 增加，应用时需加以注意。

（2）采用超张拉工艺。超张拉工艺的张拉程序，对于钢绞线束为：

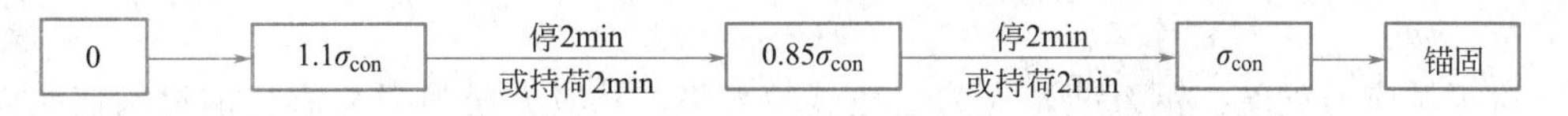

对于钢丝束为：

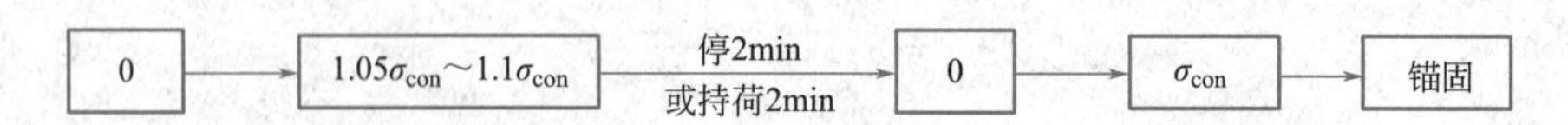

电热后张法构件可不考虑摩擦损失 σ_{l2}；先张法构件当采用折线形预应力筋时，由于转向装置处的摩擦，应考虑 σ_{l2}，其值按实际情况确定。

3. 预应力筋与台座之间温差引起的预应力损失 σ_{l3}

先张法构件有时需要加热养护，因为这可以加速混凝土的硬结，缩短张拉台座的周转时间，由预应力筋与台座之间的温差引发预应力损失 σ_{l3}。由于温度升高，预应力筋受热膨胀伸长，产生温度变形，但两端的张拉台座是固定不动的，距离保持不变，故预应力筋中的应力降低。此时混凝土尚未硬结，待混凝土硬结后，钢筋与混凝土之间产生黏结，温度降低时一起回缩，故升温过程中减少的应力基本保持不变，从而造成预应力损失 σ_{l3}。

混凝土加热养护时，设预应力筋与台座之间的温差为 Δt（℃），线膨胀系数为 α，则伸长量为 $\Delta l=\alpha l\Delta t$，相应的应变为 $\varepsilon=\Delta l/l=\alpha\Delta t$，所以预应力损失 σ_{l3} 为：

$$\sigma_{l3}=E_{p}\varepsilon=E_{p}\alpha\Delta t$$

取预应力筋的弹性模量为 $E_{p}=2.0\times10^{5}\text{N/mm}^{2}$，线膨胀系数 $\alpha=1.0\times10^{-5}/℃$，则有：

$$\sigma_{l3}=2.0\times10^{5}\times1.0\times10^{-5}\Delta t=2\Delta t\quad(\text{N/mm}^{2})\tag{10-15}$$

减小温差引起预应力损失的措施有：

（1）采用二次升温的养护方法。先在常温下养护，待混凝土达到一定强度等级（C7.5～C10）时，再逐渐升温至规定的养护温度，这时可以认为钢筋与混凝土结成整体，能够一起膨胀和收缩，不引起应力损失。

（2）在钢模上张拉预应力筋。由于预应力筋是锚固在钢模上的，养护升温时钢模和预应力筋温度相同（$\Delta t=0$），可以不考虑此项损失。

4. 预应力筋应力松弛引起的预应力损失 σ_{l4}

松弛和徐变是材料黏弹性性能的表现。应力松弛，是指预应力筋在高应力作用下，当长度保持不变（或应变保持不变）时，应力随时间增长而逐渐降低的现象；而徐变则是指在长期不变应力作用下，应变随时间增长而逐渐增大的现象。松弛和徐变都将导致预应力筋的预应力损失，其中松弛是主要因素，故规范将预应力筋的松弛和徐变所引起的预应力损失统称为预应力筋的应力松弛损失 σ_{l4}，它在先张法和后张法构件中都可能出现。

预应力筋的应力松弛具有以下三个特点：

（1）早期发展迅速，随着时间的增长，逐渐变慢，并最后趋于稳定。24h 内，约可完成全部应力松弛的 80%左右，1000h 即接近全部应力松弛值。

（2）钢丝、钢绞线等的应力松弛通常比预应力螺纹钢筋大，而低松弛钢丝、钢绞线的应力松弛又比普通松弛钢丝、钢绞线的预应力松弛小。

（3）预应力筋的张拉控制应力 σ_{con} 值高，则预应力损失 σ_{l4} 也大，两者之间基本呈线性关系。

对于预应力钢丝、钢绞线，应力松弛试验表明，其应力松弛损失值与钢丝的初始应力值和极限强度有关。应力松弛引起预应力筋的预应力损失按下述公式计算：

普通松弛：

$$\sigma_{l4}=0.4\left(\frac{\sigma_{con}}{f_{ptk}}-0.5\right)\sigma_{con} \tag{10-16}$$

低松弛：

当 $\sigma_{con}\leqslant 0.7f_{ptk}$ 时：

$$\sigma_{l4}=0.125\left(\frac{\sigma_{con}}{f_{ptk}}-0.5\right)\sigma_{con} \tag{10-17}$$

当 $0.7f_{ptk}<\sigma_{con}\leqslant 0.8f_{ptk}$ 时：

$$\sigma_{l4}=0.2\left(\frac{\sigma_{con}}{f_{ptk}}-0.575\right)\sigma_{con} \tag{10-18}$$

对于中强度预应力钢丝，应力松弛引起的预应力损失值为：

$$\sigma_{l4}=0.08\sigma_{con} \tag{10-19}$$

对于预应力螺纹钢筋，应力松弛引起的预应力损失值应为：

$$\sigma_{l4}=0.03\sigma_{con} \tag{10-20}$$

当 $\sigma_{con}/f_{ptk}\leqslant 0.5$ 时，实际的松弛损失值已很小，为简化计算，预应力筋的应力松弛损失值可取为零。

减小该项损失的措施有：

（1）采用低松弛的钢丝、钢绞线。

（2）采用超张拉工艺。施工中采用超张拉工艺，可使预应力筋的预应力松弛大约减小40%～60%。

5. 混凝土收缩和徐变引起的预应力损失 σ_{l5}

混凝土在结硬过程中要发生收缩，在预压应力作用下沿压力方向还要产生徐变。收缩和徐变均会使构件的长度缩短，预应力筋亦会随之回缩，导致预应力损失。虽然收缩和徐变两者性质不同，但其影响却相似，所以这两方面因素导致的预应力损失统一考虑为 σ_{l5}。

混凝土收缩和徐变引起构件受拉区预应力筋的预应力损失 σ_{l5}（N/mm^2）和受压区预应力钢筋的预应力损失 σ'_{l5}（N/mm^2），可按下列公式进行计算：

先张法构件：

$$\sigma_{l5}=\frac{60+340\dfrac{\sigma_{pc}}{f'_{cu}}}{1+15\rho},\quad \sigma'_{l5}=\frac{60+340\dfrac{\sigma'_{pc}}{f'_{cu}}}{1+15\rho'} \tag{10-21}$$

后张法构件：

$$\sigma_{l5}=\frac{55+300\dfrac{\sigma_{pc}}{f'_{cu}}}{1+15\rho},\quad \sigma'_{l5}=\frac{55+300\dfrac{\sigma'_{pc}}{f'_{cu}}}{1+15\rho'} \tag{10-22}$$

式中 σ_{pc}、σ'_{pc}——受拉区、受压区预应力筋合力点处的混凝土法向压应力；

f'_{cu}——施加预应力时的混凝土立方体抗压强度；

ρ、ρ'——受拉区、受压区预应力筋和普通钢筋的配筋率。

受拉区、受压区预应力筋合力点处的混凝土法向压应力 σ_{pc}、σ'_{pc} 值，不得大于 $0.5f'_{cu}$（因 σ_{l5} 计算公式的适用条件是线性徐变，故有此规定。若 $\sigma_{pc}f'_{cu}$ 或 $\sigma'_{pc}/f'_{cu}>0.5$，则会出

现非线性徐变，预应力损失将显著增大）；当 σ'_{pc} 为拉应力时，应在上述公式中取 σ'_{pc} 为零。计算混凝土法向压应力 σ_{pc}、σ'_{pc} 时，可根据构件制作情况考虑自重的影响。

配筋率按下列公式计算。

对先张法构件：

$$\rho=\frac{A_p+A_s}{A_0},\quad \rho'=\frac{A'_p+A'_s}{A_0} \tag{10-23}$$

对后张法构件：

$$\rho=\frac{A_p+A_s}{A_n},\quad \rho'=\frac{A'_p+A'_s}{A_n} \tag{10-24}$$

式中 A_0——混凝土换算截面面积；

A_n——混凝土净截面面积；

A_p——受拉区预应力筋截面面积；

A'_p——受压区预应力筋截面面积；

A_s——受拉区普通钢筋截面面积；

A'_s——受压区普通钢筋截面面积。

对于对称配置预应力筋和普通钢筋的构件，配筋率 ρ、ρ' 应按钢筋总截面面积的一半计算。

因后张法预应力混凝土构件在张拉时，混凝土已完成了部分收缩，故后张法构件的 σ_{l5} 值要比先张法的小。该项损失的计算公式是按构件周围空气相对湿度为 40%～70%得出的，对于相对湿度大于 70%的情况是偏于安全的，但对于相对湿度小于 40%的情况则是偏于不安全的，因此，对在相对湿度低于 40%环境下工作的构件应予以调整。规范规定：当构件处于相对湿度低于 40%的环境下，σ_{l5} 及 σ'_{l5} 值应增加 30%。

减小此项预应力损失的措施有：

（1）采用高强度混凝土，试验表明，高强度混凝土（≥C55）的收缩量，尤其是徐变量要比普通强度混凝土（≤C50）有所减少，且与 f_{ck} 的平方根呈反比；

（2）采用级配较好的骨料，加强振捣，提高混凝土的密实性；

（3）加强养护，以减少混凝土的收缩。

6. 环向预应力筋挤压混凝土产生的预应力损失 σ_{l6}

在采用螺旋式预应力筋配筋时的圆形或环形构件中，由于预应力筋对混凝土的挤压，使得构件的直径减小，预应力筋回缩，从而引起预应力损失 σ_{l6}。损失值 σ_{l6} 的大小与圆形或环形构件的直径 d 呈反比，直径越小损失越大，直径越大损失越小。规范规定：当直径 $d>3$m 时，取 $\sigma_{l6}=0$；当直径 $d\leqslant 3$m 时，取 $\sigma_{l6}=30\text{N/mm}^2$。

10.3.3 预应力损失值组合

前述 6 项预应力损失，并不同时发生，有的只产生于先张法构件，有的只产生于后张法构件，有的两种构件中均存在。预应力损失值一般按构件的受力阶段分别在先张法和后张法进行组合。通常把混凝土预压前出现的预应力损失称为第一批损失，用 σ_{lI} 表示；将混凝土预压完成后出现的预应力损失称为第二批损失，用 σ_{lII} 表示。各阶段预应力损失值组合见表 10-5，总的预应力损失 $\sigma_l=\sigma_{lI}+\sigma_{lII}$。

各阶段预应力损失值的组合　　表 10-5

预应力损失值的组合	先张法构件	后张法构件
混凝土预压前(第一批)的损失	$\sigma_{l1}+\sigma_{l2}+\sigma_{l3}+\sigma_{l4}$	$\sigma_{l1}+\sigma_{l2}$
混凝土预压后(第二批)的损失	σ_{l5}	$\sigma_{l4}+\sigma_{l5}+\sigma_{l6}$

注：先张法构件由于预应力筋应力松弛引起的损失值σ_{l4}在第一批和第二批损失中所占的比例，如需区分，可根据实际情况确定。

考虑到各项预应力损失的离散性，实际损失值有可能比计算值高，所以当计算求得的预应力总损失值小于下列数值时，应按下列数值取用：

先张法构件　100N/mm^2；

后张法构件　80N/mm^2。

【例题 10-1】 有一个 24m 屋架预应力混凝土下弦拉杆，截面尺寸为 250mm×160mm。混凝土采用 C40，在施加预应力时，$f'_{cu}=40$N/mm^2。采用后张法对直线形预应力筋进行一端张拉，采用多孔夹片型锚具进行张拉。在截面上配有两个直径为 50mm 的孔道，预埋波纹管成孔，每个孔道配置 24 根 ϕ^P5（$A_p=471$mm^2，$f_{ptk}=1570$N/mm^2），非预应力筋采用 HRB400 级钢筋（$A_s=452$mm^2）。计算预应力损失。

【解】

1. 截面几何特征

$$\alpha_{Es}=\frac{E_s}{E_c}=\frac{2.0\times10^5}{3.25\times10^4}=6.15,\quad \alpha_{Ep}=\frac{E_p}{E_c}=\frac{2.05\times10^5}{3.25\times10^4}=6.31$$

$$A_n=A_c+\alpha_{Es}A_s=\left(250\times160-2\times\frac{\pi}{4}\times50^2\right)+6.15\times452=38401\text{mm}^2$$

$$A_0=A_n+\alpha_{Ep}A_p=38401+6.31\times471=41371\text{mm}^2$$

2. 预应力损失计算

张拉控制应力上限值：$\sigma_{con}=0.75f_{ptk}=0.75\times1570=1177.5$N/mm^2

取张拉控制应力 $\sigma_{con}=1000$N/mm^2

(1) 锚具变形和预应力筋内缩引起的预应力损失

计算时考虑螺帽缝隙和一块垫板缝隙，因此 $a=1+1=2$mm

$$\sigma_{l1}=\frac{a}{l}E_p=\frac{2}{24000}\times2.05\times10^5=17.1\text{N/mm}^2$$

(2) 孔道摩擦损失

由于张拉采用一端张拉，预应力线性为直线，因此 $x=24$m，$\theta=0°$

$$\kappa x+\mu\theta=0.0014\times24+0=0.0336<0.3$$

计算公式可简化为：

$$\sigma_{l2}=(\kappa x+\mu\theta)\sigma_{con}=1000\times0.0336=33.6\text{N/mm}^2$$

第一批预应力损失$\sigma_{lI}=\sigma_{l1}+\sigma_{l2}=17.1+33.6=50.7$N/mm^2

(3) 预应力钢筋的松弛损失

采用的是普通松弛预应力筋，所以其预应力损失如下计算：

$$\sigma_{l4}=0.4\left(\frac{\sigma_{con}}{f_{ptk}}-0.5\right)\sigma_{con}=0.4\times\left(\frac{1000}{1570}-0.5\right)\times1000=54.7\text{N/mm}^2$$

（4）混凝土收缩和徐变损失

完成第一批预应力损失后，后张法构件中混凝土的预压应力为：

$$\sigma_{pc}=\frac{(\sigma_{con}-\sigma_{l\mathrm{I}})A_p}{A_n}=\frac{(1000-50.7)\times 471}{38401}=11.6\mathrm{N/mm^2}$$

$$\frac{\sigma_{pc}}{f'_{cu}}=\frac{11.6}{40}=0.29<0.5\text{，符合要求。}$$

$$\rho=\frac{A_p+A_s}{A_n}=\frac{471+452}{38401}=0.024$$

$$\sigma_{l5}=\frac{55+300\left(\frac{\sigma_{pc}}{f'_{cu}}\right)}{1+15\rho}=\frac{55+300\times 0.29}{1+15\times 0.024}=104.4\mathrm{N/mm^2}$$

第二批损失为 $\sigma_{l\mathrm{II}}=\sigma_{l4}+\sigma_{l5}=54.7+104.4=159.1\mathrm{N/mm^2}$

预应力总损失为 $\sigma_l=\sigma_{l\mathrm{I}}+\sigma_{l\mathrm{II}}=50.7+159.1=209.8\mathrm{N/mm^2}>80\mathrm{N/mm^2}$

10.4 预应力混凝土构件的构造

10.4.1 先张法预应力混凝土构件的构造措施

先张法预应力混凝土构件宜采用有肋纹的预应力筋，以保证钢筋与混凝土之间有可靠的黏结力。当采用光面钢丝作预应力筋时，应保证钢丝在混凝土中可靠地锚固，防止钢丝与混凝土黏结力不足而造成钢丝滑动。其锚固计算长度见本书其他章节。

先张法预应力筋的净间距应根据浇筑混凝土、施加预应力及钢筋锚固等要求确定。预应力筋之间的净间距不应小于其公称直径的2.50倍和混凝土粗骨料粒径的1.25倍，且应符合下列规定：

（1）热处理钢筋及钢丝，不应小于15mm；

（2）三股钢绞线，不应小于20mm；

（3）七股钢绞线，不应小于25mm；

（4）当混凝土振捣密实性具有可靠保证时，净间距可放宽为最大粗骨料粒径的1.0倍。

先张法预应力混凝土构件端部宜采用下列加强措施：

（1）单根配置的预应力筋，其端部宜设置长度不小于150mm且不小于4圈的螺旋筋；当有可靠经验时，也可利用支座垫板上的插筋代替螺旋筋，插筋数量不应小于4根，其长度不宜小于120mm。

（2）分散布置的多根预应力筋，在构件端部$10d$且不小于100mm范围内应设置3～5片与预应力筋垂直的钢筋网。

（3）采用预应力钢丝配筋的薄板，在板端100mm范围内适当加密横向钢筋网。

（4）槽形板类构件，应在构件端部100mm范围内沿构件板面设置附加横向钢筋，其数量不应少于2根。

对预应力筋在构件端部全部弯起的受弯构件或直线配筋的先张法构件，当构件端部与下部支承结构焊接时，应考虑混凝土收缩、徐变及温度变化所产生的不利影响，宜在构件端部可能产生裂缝的部位设置足够的非预应力纵向构造钢筋。

10.4.2 后张法预应力混凝土构件的构造措施

由于对预制构件预应力筋孔道间距的控制比现浇结构构件更容易，且混凝土浇筑质量更容易保证，故对预制构件预应力筋孔道间距的规定比现浇结构构件的小。要求孔道的竖向净间距不应小于孔道直径，主要考虑曲线孔道张拉预应力筋时出现的局部挤压应力不致造成孔道间混凝土的剪切破坏。而对三级裂缝控制等级的梁提出更厚的保护层厚度要求，主要是考虑其裂缝状态下的耐久性。预留孔道的截面面积宜为穿入预应力筋截面面积的3.0～4.0倍，是根据工程经验提出的。有关预应力孔道的并列贴紧布置，是为方便截面较小的梁类构件的预应力筋配置。

板中单根无黏结预应力筋、带状束及梁中集束无黏结预应力筋的布置要求，是根据国内推广应用无黏结预应力混凝土的工程经验作出规定的。

1. 预制构件中孔道之间的水平净距不宜小于1倍孔道直径、粗骨料粒径的1.25倍和50mm中的较大值，一排孔道难以布下全部预应力筋时可布置多排孔道；孔道至构件边缘的净间距不宜小于30mm，且不宜小于孔道直径的50%。

2. 现浇混凝土梁中预留孔道在竖直方向的净间距不应小于孔道外径，水平方向的净间距不应小于1.5倍孔道外径，且不应小于粗骨料粒径的1.25倍；使用插入式振动器捣实混凝土时，水平净距不宜小于80mm。

3. 裂缝控制等级为一、二级的梁，从孔道外壁至构件边缘的净间距，梁底不宜小于50mm，梁侧不宜小于40mm；裂缝控制等级为三级的梁，梁底、梁侧分别不宜小于60mm和50mm。

4. 预留孔道的内径应比预应力束外径及需穿过孔道的连接器外径大10～20mm，且孔道的截面面积宜为穿入预应力束截面面积的3.0～4.0倍。

5. 当有可靠经验并能保证混凝土浇筑质量时，预留孔道可水平并列贴紧布置，但并排的数量不应超过2束。

6. 梁端预应力筋孔道的间距应根据锚具尺寸，千斤顶尺寸，预应力筋布置及局部承压等因素确定。锚具下的承压垫板净距应不小于20mm；锚具下承压钢板边缘至构件边缘距离应不小于40mm。

7. 在现浇楼板中采用扁形锚具体系时，穿过每个预留孔道的预应力筋数量宜为3～5根；在常用荷载情况下，孔道在水平方向的净间距不应超过8倍板厚及1.5m中的较大值。

8. 凡制作时需要预先起拱的构件，预留孔道宜随构件同时起拱。

后张法中，有黏结预应力筋孔道两端应设排气孔。单跨梁的灌浆孔宜设置在跨中处，也可设置在梁端，多跨连续梁宜在中支座处增设。灌浆孔间距对抽拔管不宜大于12m，对波纹管不宜大于30m。曲线孔道高差大于0.5m时，应在孔道的每个峰顶处设置泌水管，泌水管伸出梁面高度不宜小于0.5m。同时，泌水管可兼作灌浆管使用。

10.5 预应力筋锚固区传力特性及验算

1. 先张法构件预应力筋的传递长度和锚固长度

先张法预应力混凝土构件，预应力筋的两端通常不设置永久锚具。预应力是靠构件两端一定距离内预应力筋和混凝土之间的黏结力，由预应力筋传给混凝土的。当预应力筋放松时，构件端部截面处预应力筋的应力为零，其拉应变也为零，预应力筋将向构件内部产生内缩或滑移，但预应力筋与混凝土之间的黏结力将阻止预应力筋的内缩。自端部起经过一定长度 l_{tr} 后的某一截面，预应力筋的内缩将被完全阻止。说明在 l_{tr} 长度范围内，预应力筋和混凝土黏结力之和正好等于预应力筋的预拉力 $N_p=\sigma_{pe}A_p$，且预应力筋在 l_{tr} 后的各截面均将保持其相同的应力 σ_{pe}。预应力筋从应力为零的端部截面到应力为 σ_{pe} 的截面的这一段长度 l_{tr}，称为预应力筋的预应力传递长度。

在预应力筋被拉伸时，纵向伸长，截面缩小。当预应力筋放松或切断时，端部应力为零，截面恢复原状。预应力筋在回缩过程中，将使传递长度范围内的部分黏结力受到破坏。但预应力筋在回缩时也使其直径变粗，且越接近端部越粗，形成锚楔作用。预应力筋周围混凝土限制预应力筋直径增大，从而引起较大的径向压力，如图 10-24（a）所示，由此产生的摩擦力也会增大，这是预应力传递的有利一面。先张法预应力混凝土构件端部在预应力传递长度 l_{tr} 范围内，受力情况比较复杂。为便于分析计算，预应力筋的应力从零到 σ_{pe}，假定中间按直线规律变化，如图 10-24（b）所示。

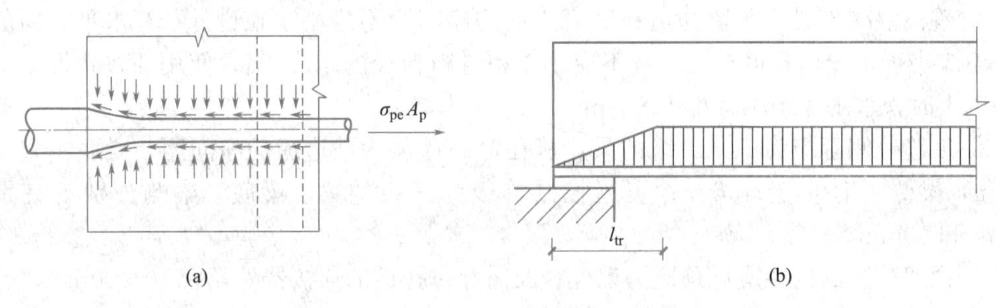

图 10-24　预应力传递长度范围内有效预应力值的变化

先张法构件预应力筋的预应力传递长度可按下式计算：

$$l_{tr}=\alpha\frac{\sigma_{pe}}{f'_{tk}}d \tag{10-25}$$

式中　σ_{pe}——放张时预应力筋的有效预应力；

d——预应力筋的公称直径；

α——预应力筋的外形系数，按表 10-6 采用；

f'_{tk}——与放张时混凝土立方体抗压强度 f'_{cu} 相应的轴心抗拉强度标准值，按附表 1 以线性内插法确定。

在先张法预应力混凝土构件端部区，预应力筋必须经过足够的长度之后，其应力才能达到抗拉强度设计值 f_{py}，这样的长度称为预应力筋的锚固长度。显然，预应力筋的锚固长度比传递长度要长一些。预应力筋的基本锚固长度按下式计算：

$$l_{ab}=\alpha\frac{f_{py}}{f_t}d \tag{10-26}$$

式中　f_{py}——预应力筋的抗拉强度设计值；

f_t——混凝土轴心抗拉强度设计值；当强度等级高于 C60 时，按 C60 取值；

d——预应力筋的公称直径；

α——预应力筋的外形系数，按表 10-6 采用。

预应力筋的锚固长度 l_a 为基本锚固长度 l_{ab} 乘以修正系数 ζ_a，修正系数的取值参见本书第 4 章。当采用骤然放张预应力的施工工艺时，对光面预应力钢丝的锚固长度应从距构件末端 $l_{tr}/4$ 处开始计算。

预应力筋的外形系数　　表 10-6

钢筋类型	光圆钢筋	带肋钢筋	螺旋肋钢丝	三股钢绞线	七股钢绞线
α	0.16	0.14	0.13	0.16	0.17

2. 后张法构件端部锚固区的局部受压验算

后张法构件中预应力筋的预应力通过锚具经垫板传给混凝土，因为预应力很大，而锚具下垫板与混凝土之间的接触面积相对较小，所以垫板下混凝土将承受很大的局部挤压应力。在该局部压应力作用下，构件端部可能产生纵向裂缝，甚至会发生因承载能力不足而破坏。因此，对后张法构件需要进行锚具下局部受压或承压计算。

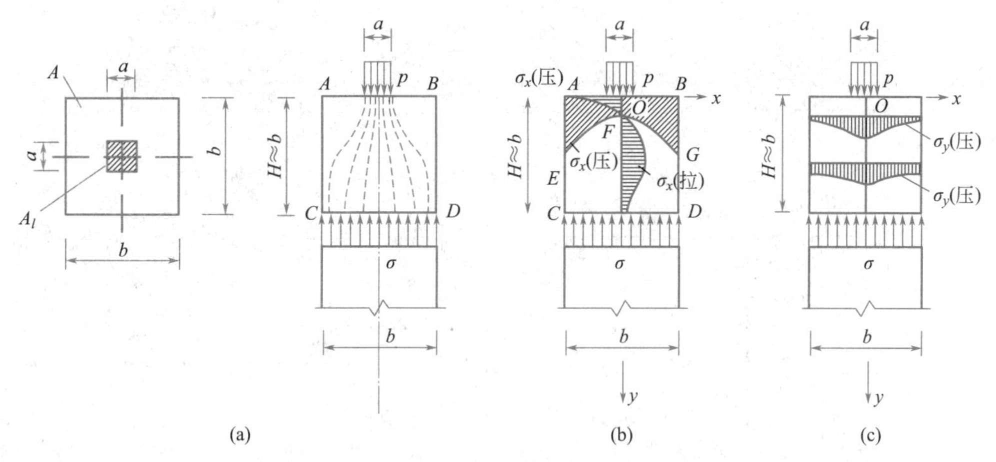

图 10-25　构件端部的局部受压区及其应力分布

(a) 局部受压区；(b) 横向正应力分布；(c) 纵向正应力分布

(1) 局部受压区受力情况

如图 10-25 所示，构件在端部中心部分作用局部荷载 F_l，平均压应力为 $p=F_l/A_l$，此应力由构件端面向构件内部逐步扩散到一个较大的截面面积上。依据圣维南原理，在离开端面一定距离 H（大约等于构件截面高度 b）处的截面上，压应力已基本上沿全截面均匀分布，大小为 $\sigma=F_l/A$。一般把图 10-25（a）、（b）所示的 $ABDC$ 区称为局部受压区（或局部承压区），在后张法构件中也称锚固区段或端块。

局部受压区的应力状态较为复杂。如按弹性力学平面应力问题近似分析时，局部受压区内任意一点均存在正应力 σ_x、σ_y 和剪应力 τ_{xy}。横向正应力 σ_x 在 $AOBGFE$ 内时为压应力，在其余部分为拉应力（图 10-25b），如果该拉应力过大，则可使混凝土纵向开裂；纵向正应力 σ_y 在局部承压区内几乎都是压应力，越接近端部峰值越大（图 10-25c）。为了防止局部受压区混凝土因拉应力过大而出现裂缝以及局部承载能力不足，需要对局部受压区进行抗裂性及承载能力计算。

（2）混凝土局部受压强度提高系数

① 混凝土强度提高系数 β_l

研究表明，因为周围混凝土的约束作用，局部受压时混凝土的抗压强度高于棱柱体抗压强度。现行国家标准《混凝土结构设计标准》GB/T 50010 给出的混凝土局部受压时强度提高系数的计算公式为：

$$\beta_l=\sqrt{\frac{A_b}{A_l}} \tag{10-27}$$

式中 A_l——混凝土局部受压面积，可按压力沿锚具垫板边缘在垫板中按 45°角扩散后传到混凝土端面的受压面积计算；

A_b——局部受压的计算底面积，可由局部受压面积与计算底面积按同心、对称的原则确定；对常用情况，可按图 10-26 取用（不扣除孔道面积）。

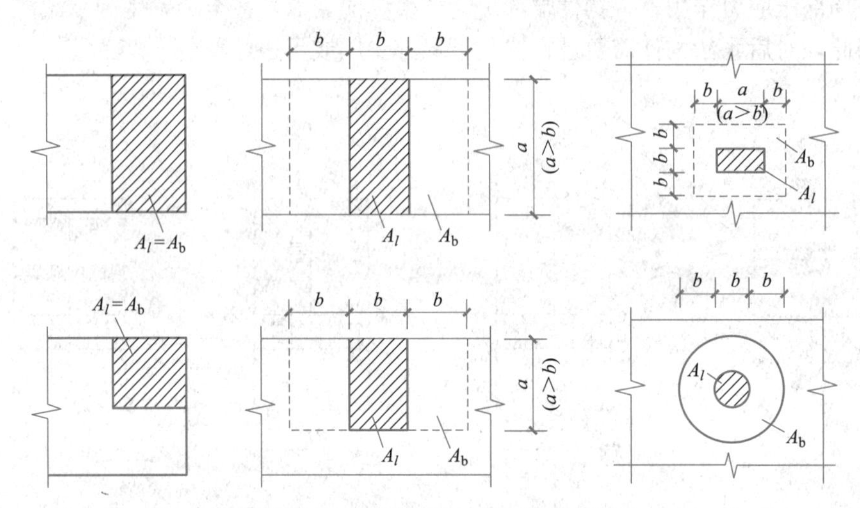

图 10-26 局部受压的计算底面积

② 配有间接钢筋的局部受压承载力提高系数 β_{cor}

为了提高局部受压的抗裂性和承载能力，通常在局部受压区范围内配置间接钢筋。间接钢筋可采用方格网和螺旋钢筋，如图 10-27 所示。

间接钢筋的间距 s，宜取 30～80mm。间接钢筋应配置在图 10-27 所规定的高度 h 范围内，对方格网式钢筋，不应少于 4 片；对螺旋式钢筋，不应少于 4 圈。对柱接头，h 尚不应小于 $15d$，d 为柱的纵向钢筋直径。

间接钢筋的体积配筋率 ρ_v 是指核心面积 A_{cor} 范围内单位体积所含间接钢筋的体积，按下列公式计算，且不应小于 0.5%。

当为方格网式配筋时（图 10-27a），钢筋网两个方向上单位长度内钢筋截面面积的比值不宜大于 1.5，体积配筋率的计算公式为：

$$\rho_v=\frac{n_1A_{s1}l_1+n_2A_{s2}l_2}{A_{cor}s} \tag{10-28}$$

式中 s——钢筋网片间距；

n_1、A_{s1}——分别为方格网沿 l_1 方向的钢筋根数、单根钢筋的截面面积；

n_2、A_{s2}——分别为方格网沿 l_2 方向的钢筋根数、单根钢筋的截面面积；

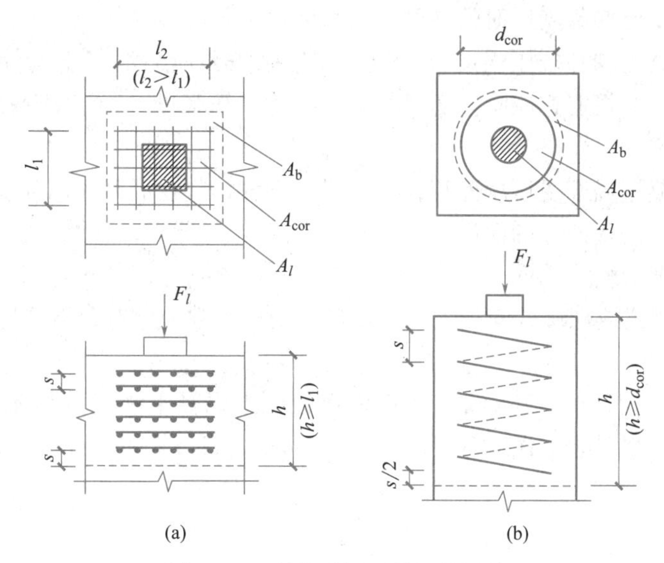

图 10-27　局部受压区的间接钢筋

（a）方格网式配筋；（b）螺旋式配筋

A_{cor}——方格网式钢筋内表面范围内的混凝土核心截面面积（不扣除孔道面积），应大于混凝土局部受压面积 A_l，其形心应与 A_l 的形心重合，计算中按同心、对称的原则取值。

当为螺旋式配筋时（图 10-27b），则有：

$$\rho_v=\frac{4A_{ss1}}{d_{cor}s} \tag{10-29}$$

式中　A_{ss1}——单根螺旋式间接钢筋的截面面积；

d_{cor}——螺旋式间接钢筋内表面范围内的混凝土截面直径；

s——螺旋式间接钢筋的间距，宜取 30～80mm。

构件端部配置方格网或螺旋式间接钢筋时，局部受压承载力提高系数 β_{cor} 按下式计算：

$$\beta_{cor}=\sqrt{\frac{A_{cor}}{A_l}} \tag{10-30}$$

当 $A_{cor}>A_b$ 时，取 $A_{cor}=A_b$；$A_{cor}\leqslant1.2A_l$ 时，取 $\beta_{cor}=1.0$。

（3）局部受压区抗裂性计算

为了防止局部受压区段出现沿构件长度方向的裂缝，对于在局部受压区中配有间接钢筋的情况，其局部受压区的截面尺寸应符合下列要求：

$$F_l\leqslant1.35\beta_c\beta_l f_c A_{ln}$$

式中　F_l——局部受压面上作用的局部荷载或局部压力设计值；对后张法预应力混凝土构件中的锚头局压区的压力设计值，应取 1.2 倍张拉控制力；对无黏结预应力混凝土取 1.2 倍张拉控制力和 $f_{ptk}A_p$ 中的较大值；

β_c——混凝土强度影响系数，当混凝土强度等级不超过 C50 时，取 $\beta_c=1.0$；当混凝土强度等级为 C80 时，取 $\beta_c=0.8$；其间按线性内插法确定；

β_l——混凝土局部受压时的强度提高系数；

f_c——混凝土轴心抗压强度设计值；在后张法预应力混凝土构件的张拉阶段验算中，可根据相应阶段的混凝土立方体抗压强度 f'_{cu}值按附表 2 以线性内插法确定；

A_{ln}——混凝土局部受压净面积；对后张法构件，应在混凝土局部受压面积中扣除孔道、凹槽部分的面积。

(4) 局部受压承载力计算

当配置方格网式或螺旋式间接钢筋时，局部受压承载力应符合下列规定：

$$F_l \leqslant 0.9(\beta_c\beta_l f_c + 2\alpha\rho_v\beta_{cor} f_{yv})A_{ln} \tag{10-31}$$

式中 α——间接钢筋对混凝土约束的折减系数：当混凝土强度等级不超过 C50 时，取 1.0，当混凝土强度等级为 C80 时，取 0.85，其间按线性内插法确定。

10.6 预应力混凝土轴心受拉构件设计

10.6.1 先张法构件各阶段应力分析

先张法轴心受拉构件在施工阶段、使用阶段和破坏阶段构件受力和截面应力状态见图 10-28。

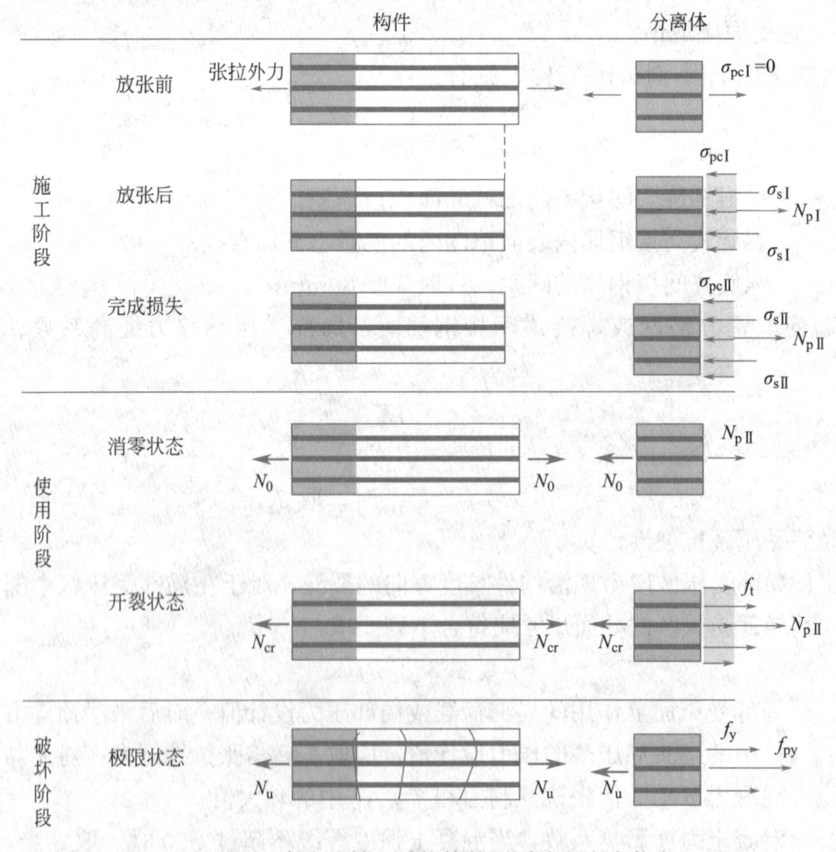

图 10-28 先张法轴心受拉构件不同阶段应力状态

（1）施工阶段

先张法在张拉预应力筋时，仅预应力筋受力，拉应力为 σ_{con}；此时普通钢筋和混凝土不受力。由于张拉特性，此时预应力钢筋已经完成第一批损失 $\sigma_{l\mathrm{I}}$（锚具变形、温度变化、预应力筋松弛等），预应力筋的拉应力为（$\sigma_{con}-\sigma_{l\mathrm{I}}$）；混凝土和普通钢筋依然不受力。

放张后，此时构件不受到外力作用，但是由于预应力筋收缩，混凝土获得压应力 $\sigma_{pc\mathrm{I}}$，假设钢筋和混凝土应变协调，因此可得到普通钢筋的压应力 $\sigma_{s\mathrm{I}}$ 为：

$$\varepsilon_{s\mathrm{I}}=\varepsilon_{pc\mathrm{I}}$$

$$\frac{\sigma_{s\mathrm{I}}}{E_s}=\frac{\sigma_{pc\mathrm{I}}}{E_c} \tag{10-32}$$

$$\sigma_{s\mathrm{I}}=\frac{E_s}{E_c}\sigma_{pc\mathrm{I}}=\alpha_{E_s}\sigma_{pc\mathrm{I}}$$

此处，α_{Es} 为普通钢筋弹性模量 E_s 和混凝土弹性模量 E_c 之比。混凝土压缩变形的同时，除了普通钢筋产生协同压缩，预应力钢筋也会压缩（压缩应变也为 $\varepsilon_{pc\mathrm{I}}$），因此引起预应力筋的拉应力减小 $\alpha_{E_p}\sigma_{pc\mathrm{I}}$。

所以，预应力筋的拉应力为：

$$\sigma_{pe\mathrm{I}}=(\sigma_{con}-\sigma_{l\mathrm{I}})-\alpha_{E_p}\sigma_{pc\mathrm{I}} \tag{10-33}$$

式中，α_{E_p} 为预应力筋弹性模量 E_p 与混凝土弹性模量 E_c 之比。

由分离体的力平衡条件 $\sum F_x=0$，得：

$$\sigma_{pe\mathrm{I}}A_p-\sigma_{s\mathrm{I}}A_s-\sigma_{pc\mathrm{I}}A_c=0 \tag{10-34}$$

将式（10-32）、式（10-33）代入上式，求得混凝土获得的预压应力：

$$\sigma_{pc\mathrm{I}}=\frac{(\sigma_{con}-\sigma_{l\mathrm{I}})A_p}{A_c+\alpha_{E_s}A_s+\alpha_{E_p}A_p} \tag{10-35}$$

上式可以表达为，混凝土的预压应力等于第一批损失后预应力筋总的预拉力（$N_{p\mathrm{I}}$）与构件换算截面面积（A_0）之比。

预应力筋总预拉力：

$$N_{p\mathrm{I}}=(\sigma_{con}-\sigma_{l\mathrm{I}})A_p \tag{10-36}$$

换算截面面积 A_0：

$$A_0=A_n+\alpha_{E_p}A_p=A_c+\alpha_{E_s}A_s+\alpha_{E_p}A_p \tag{10-37}$$

则式（10-35）变换为：

$$\sigma_{pc\mathrm{I}}=\frac{N_{p\mathrm{I}}}{A_0} \tag{10-38}$$

同理，在预应力钢筋完成全部损失后，此时混凝土压力为 $\sigma_{pc\mathrm{II}}$，普通钢筋压应力为 $\sigma_{s\mathrm{II}}$，预应力钢筋应力为 $\sigma_{pe\mathrm{II}}$，依然根据力平衡条件可以得到混凝土的有效预压应力为：

$$\sigma_{pc\mathrm{II}}=\frac{N_{p\mathrm{II}}}{A_0} \tag{10-39}$$

式中，$N_{p\mathrm{II}}$ 为完成全部损失（第二批损失）后预应力筋总的拉力。

不考虑混凝土收缩与徐变对普通钢筋内力的影响时，$N_{p\mathrm{II}}=(\sigma_{con}-\sigma_l)A_p$。实际上，普通钢筋的存在，对混凝土的收缩和徐变起约束作用，减小了混凝土的预压应力 $\sigma_{pc\mathrm{II}}$。因此，要考虑混凝土收缩与徐变对普通钢筋内力的影响，$N_{p\mathrm{II}}$ 应按下式计算：

$$N_{p\mathrm{II}}=(\sigma_{con}-\sigma_l)A_p-\sigma_{l5}A_s \tag{10-40}$$

此时普通钢筋的压应力为：

$$\sigma_{s\mathrm{II}}=\alpha_{E_s}\sigma_{pc\mathrm{II}} \tag{10-41}$$

预应力筋的拉应力为：

$$\sigma_{pe\mathrm{II}}=\sigma_{con}-\sigma_l-\alpha_{E_p}\sigma_{pc\mathrm{II}} \tag{10-42}$$

（2）使用阶段

轴心拉力 N 作用在构件截面上，由混凝土、普通钢筋和预应力钢筋共同承受，三种材料出现变形协调，由此可计算出此时混凝土上产生的拉应力如下计算：

$$\begin{aligned}&\varepsilon_c=\varepsilon_s=\varepsilon_p\\&\sigma_cA_c+\sigma_sA_s+\sigma_pA_p=N\\&\sigma_cA_c+\alpha_{E_s}\sigma_cA_s+\alpha_{E_p}\sigma_cA_p=N\\&\sigma_c=\frac{N}{A_c+\alpha_{E_s}A_s+\alpha_{E_p}A_p}=\frac{N}{A_0}\end{aligned} \tag{10-43}$$

该荷载引起的截面上混凝土拉应力与有效预压应力之差，即为构件截面上混凝土的实际拉应力 σ_{tc}：

$$\sigma_{tc}=\frac{N}{A_0}-\sigma_{pc\mathrm{II}}=\frac{N-N_{p\mathrm{II}}}{A_0} \tag{10-44}$$

若施加荷载 N_0 刚好使构件截面上混凝土的应力为零，则称 N_0 为消压外力。代入式（10-44）就有：

$$\sigma_{tc}=\frac{N_0-N_{p\mathrm{II}}}{A_0}=0 \tag{10-45}$$

所以得消压外力：

$$N_0=N_{p\mathrm{II}} \tag{10-46}$$

说明消压外力等于完成全部损失后预应力筋的总拉力 $N_{p\mathrm{II}}$。

轴向拉力继续增大，存在一个荷载 N_{cr} 使混凝土开裂，即混凝土拉应力达到抗拉强度标准值 f_{tk}，则称 N_{cr} 为开裂荷载。代入式（10-44）就有：

$$\sigma_{tc}=\frac{N_{cr}-N_{p\mathrm{II}}}{A_0}=f_{tk} \tag{10-47}$$

所以得开裂荷载为：

$$N_{cr}=N_{p\mathrm{II}}+f_{tk}A_0 \tag{10-48}$$

（3）破坏阶段

构件开裂后，混凝土退出工作，应力全部由预应力筋和普通钢筋承担，破坏时预应力筋和普通钢筋的拉应力分别达到各自的屈服强度，极限承载能力为：

$$N_u=f_yA_s+f_{py}A_p \tag{10-49}$$

10.6.2 后张法构件各阶段应力分析

（1）施工阶段

后张法轴心受拉构件在施工阶段、使用阶段和破坏阶段受力和截面应力状态见图 10-29。与先张法不同的是，后张法在预应力筋张拉并锚固时，混凝土受压前的损失 $\sigma_{l\mathrm{I}}$ 已经完成，而且在张拉预应力筋的同时，混凝土的弹性压缩已经产生压应力 σ_c，普通钢筋与混凝土协同变形，产生的压应力 $\alpha_{E_s}\sigma_c$，此时预应力钢筋应力为 $\sigma_{peI}=\sigma_{con}-\sigma_{lI}$，取隔离体得到力的平衡公式为：

$$\sigma_{pcI}A_c+\alpha_{E_s}\sigma_{pcI}A_s=\sigma_{peI}A_p$$

$$\sigma_{pcI}=\frac{\sigma_{peI}A_p}{A_c+\alpha_{E_s}A_s}=\frac{N_{pI}}{A_n} \tag{10-50}$$

式中 N_{pI}——完成第一批损失后，预应力筋的总拉力，按式（10-36）计算；

A_n——构件净截面面积。

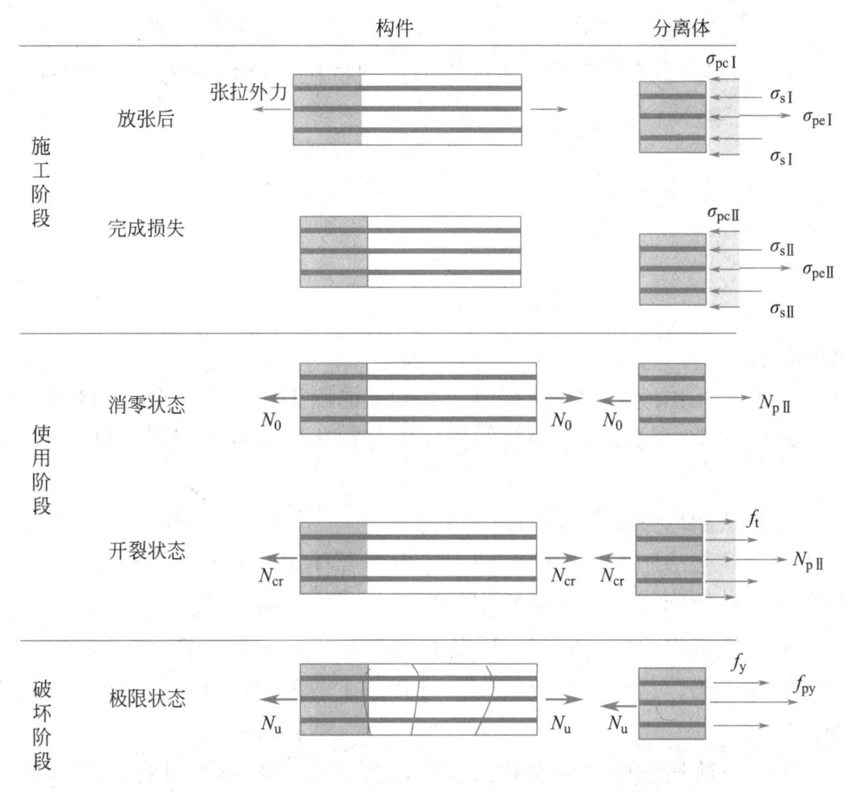

图 10-29　后张法轴心受拉构件不同阶段应力状态

完成所有施工工序后，预应力钢筋出现全部损失 σ_l，混凝土的有效预压应力为：

$$\sigma_{pcII}=\frac{N_{pII}}{A_n} \tag{10-51}$$

式中 N_{pII} 为完成第二批损失后，预应力筋的总拉力，同先张法一样，考虑普通钢筋对混凝土收缩和徐变的阻碍作用，此时的计算依据式（10-40）。普通钢筋的压应力计算公式同式（10-41），而预应力筋的拉应力则应按下式计算：

$$\sigma_{peII}=\sigma_{con}-\sigma_l \tag{10-52}$$

（2）使用阶段

轴心拉力 N 作用在该构件上各部分的变形仍然协调，因此混凝土产生的拉应力与具体张拉工艺无关，依然为$\frac{N}{A_0}$。该荷载引起的截面上混凝土拉应力与有效预压应力之差，即为构件截面上混凝土的实际拉应力 σ_{tc}：

$$\sigma_{tc}=\frac{N}{A_0}-\sigma_{pc\mathrm{II}} \tag{10-53}$$

若施加荷载 N_0 刚好使构件截面上混凝土的应力为零，则称 N_0 为消压荷载。代入式（10-53）就有：

$$\sigma_{tc}=\frac{N_0}{A_0}-\frac{N_{p\mathrm{II}}}{A_n}=0 \tag{10-54}$$

所以得消压荷载：

$$N_0=\frac{A_0}{A_n}N_{p\mathrm{II}} \tag{10-55}$$

若施加荷载 N_{cr} 使混凝土开裂，即拉应力达到抗拉强度标准值 f_{tk}，则称 N_{cr} 为开裂荷载。代入式（10-53）就有：

$$\sigma_{tc}=\frac{N_{cr}}{A_0}-\frac{N_{p\mathrm{II}}}{A_n}=f_{tk} \tag{10-56}$$

所以得开裂荷载：

$$N_{cr}=f_{tk}A_0+\frac{A_0}{A_n}N_{p\mathrm{II}} \tag{10-57}$$

（3）破坏阶段

同先张法一致，在预应力构件开裂后，混凝土退出工作，应力全部由预应力筋和普通钢筋承担，破坏时预应力筋和普通钢筋的拉应力分别达到各自的屈服强度，极限承载能力同公式（10-49）。

10.6.3 先张法和后张法各阶段应力对比

由于先张法和后张法施工工艺的差别，导致两者存在以下差异和特点：

（1）两者的张拉控制应力虽然都采用符号 σ_{con}，但是物理意义有所不同：先张法预应力张拉是在混凝土浇筑之前已经完成，因此是通过台座施加的张拉力；后张法预应力张拉是直接作用在构件上的。这个差异导致先张法会存在一个弹性收缩，进而引起预应力钢筋的弹性压缩损失 $\alpha_{E_p}\sigma_c$。

（2）两者的第一阶段预应力损失和第二阶段预应力损失都使用的是 $\sigma_{l\mathrm{I}}$ 和 $\sigma_{l\mathrm{II}}$，但预应力损失的计算公式存在差异，且第一阶段损失和第二阶段损失的具体项次也存在差异。

（3）在施工阶段，作用在混凝土上的有效预压应力的计算公式形式相似，都是采用预应力钢筋总拉力除以面积，只是先张法使用的是换算面积 A_0，而后张法使用的是净面积 A_n。

（4）两者在使用阶段到破坏阶段的过程相同，都是荷载作用后经历消压作用、开裂状态和破坏阶段。只是在消压荷载和开裂荷载计算中，后张法比先张法多一个系数 A_0/A_n，导致后张法的消压荷载和开裂荷载从公式计算上看，大于先张法。

（5）先张法和后张法构件出现裂缝都比普通钢筋混凝土构件晚，因此采用预应力钢筋混凝土构件可以大大提高构件的抗裂度；但是若采用同样的材料，在到达极限承载能力时，都是钢筋屈服，因此其承载能力与是否张拉无关，即同样钢筋配置的构件张拉和不张拉的正截面承载能力一致。

（6）预应力钢筋从施工阶段到破坏阶段都处于高张拉应力状态，而混凝土和普通钢筋在消压荷载 N_0 之前，都是处于受压状态，充分发挥了材料的特长。

具体整理下来如表 10-7 所示。

预应力轴心受拉构件受力状态对比 表 10-7

阶段	对象	先张法	后张法
施工阶段（完成全部损失）	混凝土应力 σ_c	$\dfrac{N_{p\text{II}}}{A_0}$	$\dfrac{N_{p\text{II}}}{A_n}$
	普通钢筋应力 σ_s	$\alpha_{E_s}\sigma_c$	$\alpha_{E_s}\sigma_c$
	预应力筋应力 σ_p	$\sigma_{con}-\sigma_l-\alpha_{E_p}\sigma_{pc\text{I}}$	$\sigma_{con}-\sigma_l$
使用阶段	消压外力	$N_0=N_{p\text{II}}$	$N_0=\dfrac{A_0}{A_n}N_{p\text{II}}$
	开裂外力	$N_{cr}=N_{p\text{II}}+f_{tk}A_p$	$N_{cr}=f_{tk}A_0+\dfrac{A_0}{A_n}N_{p\text{II}}$
破坏阶段	极限承载力	$N_u=f_{py}A_p+f_yA_s$	

10.6.4 预应力混凝土轴心受拉构件设计及流程

计算流程如下，见图 10-30：

（1）根据极限承载力计算所需配置的预应力钢筋面积；

（2）根据所选用的工艺和具体设备工具，进行预应力损失计算；

（3）根据选用施工工艺，计算得到混凝土的有效预压应力；

（4）计算标准荷载作用下，混凝土的拉应力是否符合所需要的裂缝控制等级要求；

（5）根据工艺进行施工阶段验算。

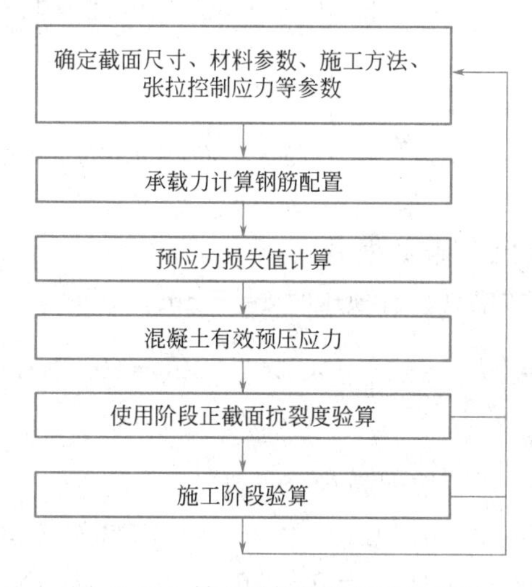

图 10-30 轴心受拉构件设计流程图

【例题 10-2】某 24m 长屋架下弦拉杆，为后张法预应力混凝土构件，结构安全等级为一级，设计使用年限为 50 年。设计的截面尺寸为 250mm×160mm，C50 混凝土，两个预留孔道的直径均为 50mm，采用橡胶管抽芯成型。普通钢筋按构造配置 4Φ12，箍筋设置为φ6@200；有黏结低松弛预应力筋采用 1×7 股钢绞线束，每束公称直径 12.7mm，极限强度标准值为 $f_{ptk}=1860\text{N/mm}^2$。张拉预应力筋时，混凝土达到设计强度，采用一端张拉，且一次张拉到位，设定张拉控制应力 $\sigma_{con}=0.75f_{ptk}$。选用 YJM13 型锚具，有顶压施工。已知轴力标准值 $N_{gk}=380kN$、$N_{qk}=195kN$，可变荷载组合值系数 $\psi_c=0.7$、准永久值系数 $\psi_q=0.5$。试设计该轴心受拉构件。

【解】 1. 使用阶段承载力计算

轴力设计值

$$N=\gamma_0(\gamma_G N_{gk}+\gamma_L\gamma_Q N_{qk})=1.1\times(1.3\times380+1.0\times1.5\times195)=865kN$$

承载力条件

$$N\leqslant N_u=f_y A_s+f_{py}A_p$$

取等号计算所需预应力筋的截面面积：

$$A_p=\frac{N-f_y A_s}{f_{py}}=\frac{865\times10^3-360\times452}{1320}=532mm^2$$

选 6 ϕ^S12.7，面积 $A_p=98.7\times6=592.2mm^2$，每个孔道布置 3 ϕ^S12.7。

2. 几何参数计算

$$\alpha_{E_s}=\frac{E_s}{E_c}=\frac{2.00\times10^5}{3.45\times10^4}=5.80$$

$$\alpha_{E_p}=\frac{E_p}{E_c}=\frac{1.95\times10^5}{3.45\times10^4}=5.65$$

$$\begin{aligned}A_n&=A_c+\alpha_{E_s}A_s\\&=\left(250\times160-2\times\frac{\pi}{4}\times50^2-452\right)+5.80\times452=38243mm^2\end{aligned}$$

$$A_0=A_n+\alpha_{E_p}A_p=38243+5.65\times592.2=41589mm^2$$

3. 预应力损失

(1) 张拉控制应力

$$\sigma_{con}=0.75f_{ptk}=0.75\times1860=1395N/mm^2$$

(2) 第一批损失

锚具变形和预应力筋内缩引起的损失：

YJM 型锚具属于夹片式锚具，有顶压时 $a=5mm$

$$\sigma_{l1}=\frac{a}{l}E_p=\frac{5}{24000}\times1.95\times10^5=40.6N/mm^2$$

孔道摩擦引起的损失：

按锚固端计算，$l=24m$，直线配筋 $\theta=0rad$，

因为 $\kappa x+\mu\theta=0.0014\times24+0=0.0336<0.3$，

所以 $\sigma_{l2}=(\kappa x+\mu\theta)\sigma_{con}=0.0336\times1395=46.9N/mm^2$

第一批损失

$$\sigma_{lI}=\sigma_{l1}+\sigma_{l2}=40.6+46.9=87.5N/mm^2$$

(3) 第二批损失

预应力筋应力松弛引起的损失：

$$\sigma_{l4}=0.2\left(\frac{\sigma_{con}}{f_{ptk}}-0.575\right)\sigma_{con}=0.2\times(0.75-0.575)\times1395=48.8N/mm^2$$

混凝土徐变、收缩引起的损失：

完成第一批损失后构件截面上混凝土受到的预压应力：

$$\sigma_{pcI}=\frac{(\sigma_{con}-\sigma_{lI})A_p}{A_n}=\frac{(1395-87.5)\times 592.2}{38243}=20.2N/mm^2$$

$$\frac{\sigma_{pc}}{f'_{cu}}=\frac{\sigma_{pcI}}{f_{cu,k}}=\frac{20.2}{50}=0.404<0.5$$

$$\rho=\frac{A_s+A_p}{A_n}=\frac{452+592.2}{38243}=0.0273$$

$$\sigma_{l5}=\frac{55+300\sigma_{pc}/f'_{cu}}{1+15\rho}=\frac{55+300\times 0.404}{1+15\times 0.0273}=125.0N/mm^2$$

第二批损失：

$$\sigma_{l\text{II}}=\sigma_{l4}+\sigma_{l5}=48.8+125.0=173.8N/mm^2$$

（4）预应力总损失

$$\sigma_l=\sigma_{lI}+\sigma_{l\text{II}}=87.5+173.8=261.3N/mm^2>80N/mm^2$$

4. 抗裂度验算

（1）混凝土的有效预压应力

$$\begin{aligned}N_{p\text{II}}&=(\sigma_{con}-\sigma_l)A_p-\sigma_{l5}A_s\\&=(1395-261.3)\times 592.2-125.0\times 452=614877N\end{aligned}$$

$$\sigma_{pc\text{II}}=\frac{N_{p\text{II}}}{A_n}=\frac{614877}{38243}=16.1N/mm^2$$

（2）荷载标准组合下混凝土拉应力

$$N_k=N_{gk}+N_{qk}=380+195=575kN$$

$$\frac{N_k}{A_0}-\sigma_{pc\text{II}}=\frac{575\times 10^3}{41589}-16.1=-2.3N/mm^2<0$$

说明全截面受压，能够保证严格不出现裂缝，达到一级裂缝控制等级。

5. 施工阶段验算

一次张拉： $N_p=\sigma_{con}A_p=1395\times 592.2=826119N$

$$\sigma_{cc}=\frac{N_p}{A_n}=\frac{826119}{38243}=21.6N/mm^2$$

$$<0.8f'_{ck}=0.8\times 32.4=25.9N/mm^2\text{，满足要求}$$

6. 锚具下局部受压验算

锚具的直径为 100mm，锚具下垫板厚 20mm，局部受压面积可按压力 F_l 从锚具边缘开始在垫板中按 45°角扩散至混凝土表面的面积计算。具体计算时可近似按图 10-31 中两条实线所围成的矩形面积代替两个圆面积。

（1）局部受压区截面尺寸验算

$$A_l=250\times(100+2\times 20)=3.5\times 10^4mm^2$$

$$A_b=250\times(140+2\times 60)=6.5\times 10^4mm^2$$

$$\beta_l=\sqrt{\frac{A_b}{A_l}}=\sqrt{\frac{6.5\times 10^4}{3.5\times 10^4}}=1.36$$

$$F_l=1.2\sigma_{con}A_p=1.2\times 1395\times 592.2=991.3kN$$

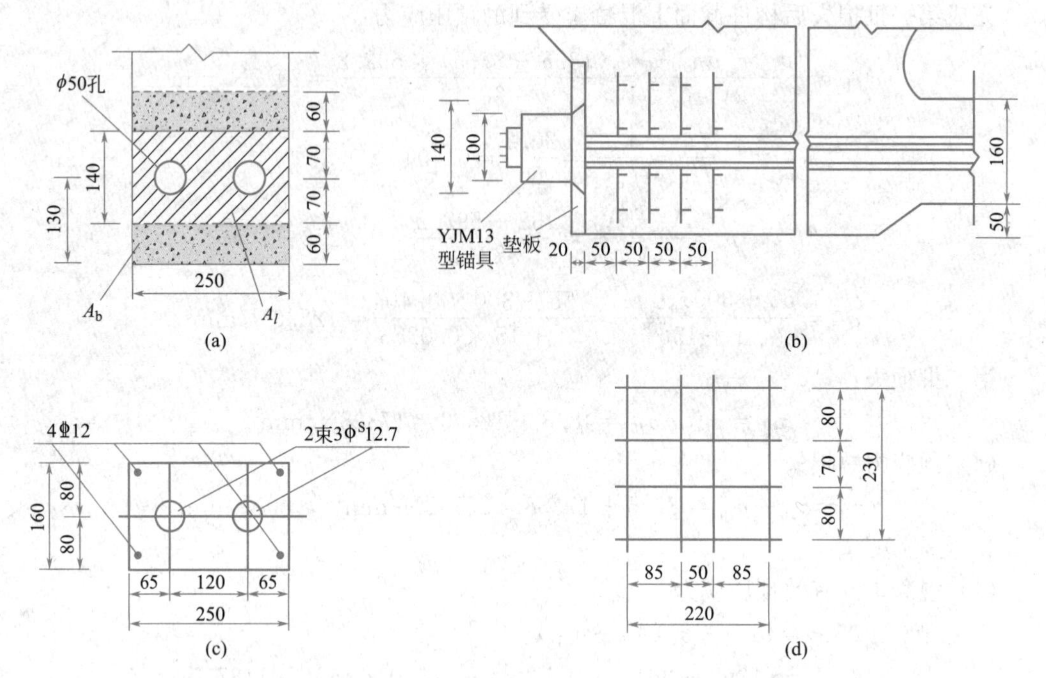

图 10-31　例题 10-2 图

(a) 受压面积图；(b) 下弦端节点；(c) 下弦截面配筋；(d) 钢筋网片

$$A_{ln}=3.5\times10^4-2\times\frac{\pi}{4}\times50^2=31073\text{mm}^2$$

$$1.35\beta_c\beta_l f_c A_{ln}=1.35\times1.0\times1.36\times23.1\times31073$$
$$=1317.9\text{kN}>F_l=991.3\text{kN}，满足要求$$

(2) 局部受压承载力验算

间接钢筋采用 4 片 Φ 6 的方格网片，网格尺寸如图 10-31 (d) 所示，间距 $s=50$mm。

$$A_{cor}=220\times230=5.06\times10^4\text{mm}^2<A_b=6.5\times10^4\text{mm}^2$$

$$\beta_{cor}=\sqrt{\frac{A_{cor}}{A_l}}=\sqrt{\frac{5.06\times10^4}{3.5\times10^4}}=1.20$$

$$\rho_v=\frac{n_1A_{s1}l_1+n_2A_{s2}l_2}{A_{cor}s}=\frac{4\times28.3\times220+4\times28.3\times230}{5.06\times10^4\times50}=0.0201$$

$$0.9(\beta_c\beta_l f_c+2\alpha\rho_v\beta_{cor}f_{yv})A_{ln}$$
$$=0.9\times(1.0\times1.36\times23.1+2\times1.0\times0.0201\times1.20\times270)\times31073$$
$$=1242.8\text{kN}>$$
$$F_l=991.3\text{kN}，满足要求。$$

10.7　预应力混凝土受弯构件设计

预应力混凝土受弯构件在工程上用途广泛，建筑工程中多用于跨度较大的圆孔板、大型屋面板、T 形截面吊车梁，I 形截面梁和矩形截面框架梁；公路、铁路桥梁中用于 T 形截面、箱形截面桥梁和矩形截面盖梁。

对于小型受弯构件，如圆孔板、屋面板，可仅配置预应力筋；而对于大型受弯构件，因为跨度和荷载都较大，所以受拉区配置较多的预应力筋（A_p），施加较大的偏心压力，但构件自重产生的压应力往往不足以抵消偏心压力在梁顶产生的预拉应力，因此梁的顶部也需要配置受压区预应力筋（A_p'）。对预拉区允许开裂的构件，为了控制裂缝宽度，在梁顶部预拉区需设置普通钢筋（A_s'）；同时，为了构件的运输和吊装阶段的需要，在梁底部预压区也要配置普通钢筋（A_s）。

预应力混凝土受弯构件各阶段的应力分析计算，在概念上与预应力混凝土轴心受拉构件并无多大差异，但在应力分布上两者却不相同。预应力混凝土轴心受拉构件无论是预应力的作用还是荷载的作用，在截面开裂前，混凝土的压应力或拉应力都是均匀分布的，而预应力混凝土受弯构件从施加预应力开始，可能全截面混凝土受压，也可能部分截面混凝土受压、部分截面混凝土受拉，应力分布在截面上是非均匀的。

在施工阶段和使用阶段，可将普通钢筋和预应力筋分别换算成混凝土，按单一材料弹性方法（材料力学方法）计算构件截面上的应力。

由上一节的分析可知，后张法采用净截面和换算截面，先张法只使用换算截面，它们的几何性质参数比如截面面积、对中性轴的惯性矩、弹性抵抗矩（或弯曲截面系数）等的计算不同，下面分别介绍。

（1）净截面几何性质

所谓净截面，就是不考虑预应力筋，仅将普通钢筋面积 A_s 换算成混凝土面积 A_{sc} 和普通钢筋面积 A_s'换算成混凝土面积 A_{sc}'，如图 10-32 所示。

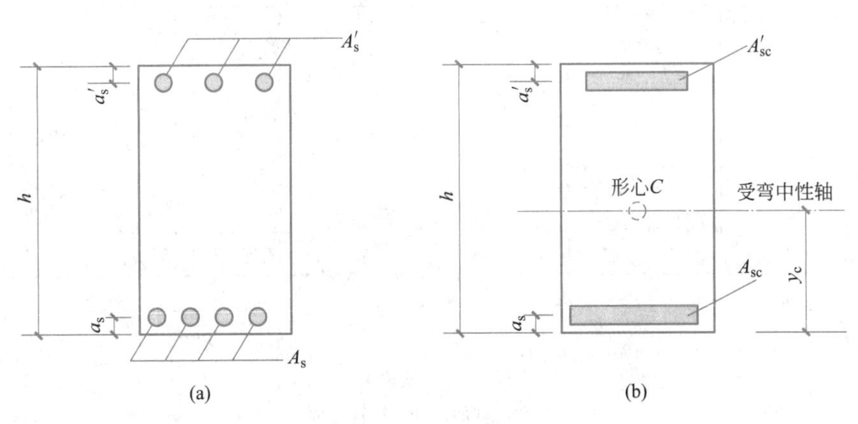

图 10-32　净截面几何图形

（a）原截面；（b）净截面

净截面面积：

$$A_n = A_c + A_{sc} + A_{sc}' = A_c + \alpha_{E_s} A_s + \alpha_{E_s} A_s' \tag{10-58}$$

净截面形心 C 的位置可由形心到底部边缘的距离 y_c 确定，而 y_c 应由净截面对受弯中性轴的静矩为零的条件求出。净截面对中性轴的惯性矩 I_n 为混凝土对中性轴的惯性矩 I_c、换算面积 A_{sc} 对中心轴的惯性矩 I_{sc} 和换算面积 A_{sc}'对中心轴的惯性矩 I_{sc}'三者之和，即：

$$I_n = I_c + I_{sc} + I_{sc}' \tag{10-59}$$

其中 I_{sc} 和 I'_{sc} 可忽略面积对自身形心轴的惯性矩，近似按下式计算：

$$\left.\begin{aligned}I_{sc}&=A_{sc}(y_c-a_s)^2=\alpha_{E_s}A_s(y_c-a_s)^2\\I'_{sc}&=A'_{sc}(h-y_c-a'_s)^2=\alpha_{E_s}A'_s(h-y_c-a'_s)^2\end{aligned}\right\}\tag{10-60}$$

（2）换算面积几何性质

所谓换算面积，就是将预应力筋和普通钢筋都换算成混凝土面积，如图 10-33 所示。

换算截面面积：

$$\begin{aligned}A_0&=A_c+A_{pc}+A'_{pc}+A_{sc}+A'_{sc}\\&=A_c+\alpha_{E_p}A_p+\alpha_{E_p}A'_p+\alpha_{E_s}A_s+\alpha_{E_s}A'_s\end{aligned}\tag{10-61}$$

同理，换算截面形心 C 的位置可由形心到底部边缘的距离 y_c 确定，而 y_c 应由换算截面对受弯中性轴的静矩为零的条件求出。换算截面对中性轴的惯性矩 I_0 为混凝土对中性轴的惯性矩 I_c、换算面积 A_{pc} 对中心轴的惯性矩 I_{pc}、换算面积 A'_{pc} 对中心轴的惯性矩 I'_{pc}、换算面积 A_{sc} 对中心轴的惯性矩 I_{sc} 和换算面积 A'_{sc} 对中心轴的惯性矩 I'_{sc} 五部分之和，即：

$$I_0=I_c+I_{pc}+I'_{pc}+I_{sc}+I'_{sc}\tag{10-62}$$

其中 I_{sc} 和 I'_{sc} 仍按式（10-60）计算，I_{pc} 和 I'_{pc} 可近似按下式计算：

$$\left.\begin{aligned}I_{pc}&=A_{pc}(y_c-a_p)^2=\alpha_{E_p}A_p(y_c-a_p)^2\\I'_{pc}&=A'_{pc}(h-y_c-a'_p)^2=\alpha_{E_p}A'_p(h-y_c-a'_p)^2\end{aligned}\right\}\tag{10-63}$$

式中 a_p——预应力筋 A_p 合力点至截面受拉边缘的距离；

a'_p——预应力筋 A'_p 合力点至截面受压边缘的距离。

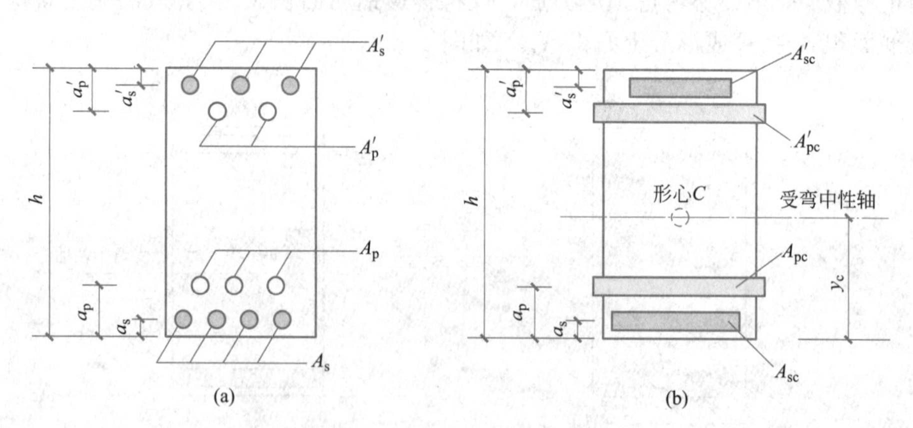

图 10-33 换算截面几何图形

（a）原截面；（b）换算截面

边缘换算截面的弯曲截面系数（换算截面弹性抵抗矩）：

$$W_0=\frac{I_0}{y_c}\tag{10-64}$$

10.7.1 各阶段应力分析

1. 施工阶段应力计算

（1）先张法构件

先张法预应力混凝土构件截面上的预加力的大小 N_{p0} 与预应力损失状态有关，可以分为完成第一批损失时的预加力 $N_{p0\text{I}}$，和完成所有损失的预加力 $N_{p0\text{II}}$，具体预加力大小计算与预应力筋大小值有关，其合力作用点至换算截面形心轴的偏心距 e_{p0}（图 10-34a）可按下列公式计算：

$$N_{p0}=\sigma_{p0}A_p+\sigma'_{p0}A'_p-\sigma_{l5}A_s-\sigma'_{l5}A'_s \tag{10-65}$$

$$e_{p0}=\frac{\sigma_{p0}A_py_p-\sigma'_{p0}A'_py'_p-\sigma_{l5}A_sy_s+\sigma'_{l5}A'_sy'_s}{N_{p0}} \tag{10-66}$$

式中 σ_{p0}——受拉区预应力筋合力点处混凝土法向应力等于零时的预应力筋应力，完成第一批损失时 $\sigma_{p0}=\sigma_{con}-\sigma_{lI}$，完成第二批损失（全部损失）时 $\sigma_{p0}=\sigma_{con}-\sigma_l$；

σ'_{p0}——受压区预应力筋合力点处混凝土法向应力等于零时的预应力筋应力，完成第一批损失时 $\sigma'_{p0}=\sigma'_{con}-\sigma'_{lI}$，完成第二批损失（全部损失）时 $\sigma'_{p0}=\sigma'_{con}-\sigma'_l$；

σ_{l5}、σ'_{l5}——受拉区、受压区预应力筋在各自合力点处混凝土收缩和徐变引起的预应力损失值。

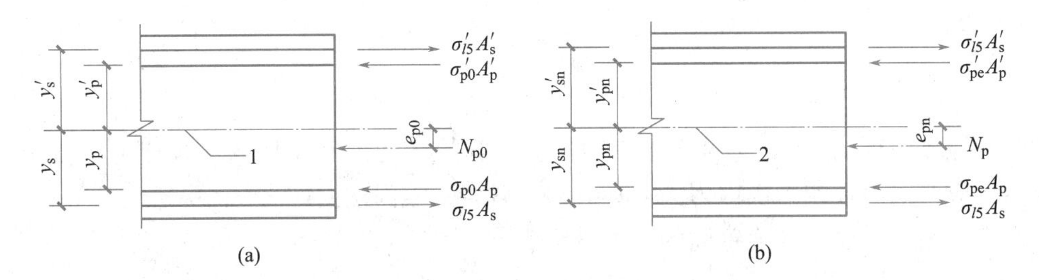

图 10-34 预加力作用点位置

（a）先张法构件；（b）后张法构件

1—换算截面形心轴；2—净截面形心轴

设构件截面上任意点到换算截面形心轴的距离为 y_0，则在 N_{p0} 作用下该点混凝土的法向应力 σ_{pc} 为：

$$\sigma_{pc}=\frac{N_{p0}}{A_0}\pm\frac{N_{p0}e_{p0}}{I_0}y_0 \tag{10-67}$$

上式计算所得 σ_{pc} 值，正号为压应力，负号为拉应力。

相应的预应力筋和普通钢筋的应力分别为：

$$\left.\begin{aligned}\sigma_{pe}&=\sigma_{con}-\sigma_l-\alpha_{E_p}\sigma_{pc}\\ \sigma'_{pe}&=\sigma'_{con}-\sigma'_l-\alpha_{E_p}\sigma'_{pc}\\ \sigma_s&=\alpha_{E_s}\sigma_{pc}+\sigma_{l5}\\ \sigma'_s&=\alpha_{E_s}\sigma'_{pc}+\sigma'_{l5}\end{aligned}\right\} \tag{10-68}$$

完成第一批损失时，上述诸式中 $\sigma_{l5}=\sigma'_{l5}=0$，相应的 $N_{p0}=N_{p0I}$，$e_{p0}=e_{p0I}$，则混凝土截面下边缘的预压应力 σ_{pcI} 为：

$$\sigma_{pcI}=\frac{N_{p0I}}{A_0}+\frac{N_{p0I}e_{p0I}}{I_0}y_c \tag{10-69}$$

计算预应力筋的应力时，式（10-68）中的 σ_l 应取 σ_{lI}，σ'_l 应取 σ'_{lI}。

完成第二批损失（全部损失）时，相应的 $N_{p0}=N_{p0II}$，$e_{p0}=e_{p0II}$，则混凝土截面下边缘的预压应力 σ_{pcII} 为：

$$\sigma_{pcII}=\frac{N_{p0II}}{A_0}+\frac{N_{p0II}e_{p0II}}{I_0}y_c \tag{10-70}$$

（2）后张法构件

后张法构件在张拉预应力筋的同时，混凝土受到预压，预加力的大小 N_p 及合力作用点至净截面形心轴的偏心距 e_{pn}（图 10-34b）可按下列公式计算：

$$N_p = \sigma_{pe} A_p + \sigma'_{pe} A'_p - \sigma_{l5} A_s - \sigma'_{l5} A'_s \tag{10-71}$$

$$e_{pn} = \frac{\sigma_{pe} A_p y_{pn} - \sigma'_{pe} A'_p y'_{pn} - \sigma_{l5} A_s y_{sn} + \sigma'_{l5} A'_s y'_{sn}}{N_p} \tag{10-72}$$

式中 σ_{pe}——受拉区预应力筋的有效预应力，完成第一批损失时 $\sigma_{pe} = \sigma_{con} - \sigma_{l\mathrm{I}}$，完成第二批损失（全部损失）时 $\sigma_{pe} = \sigma_{con} - \sigma_l$；

σ'_{pe}——受压区预应力筋的有效预应力，完成第一批损失时 $\sigma'_{pe} = \sigma'_{con} - \sigma'_{l\mathrm{I}}$，完成第二批损失（全部损失）时 $\sigma'_{pe} = \sigma'_{con} - \sigma'_l$。

设构件截面上任意点到净截面形心轴的距离为 y_n，则在 N_p 作用下该点混凝土的法向应力 σ_{pc} 为：

$$\sigma_{pc} = \frac{N_p}{A_n} \pm \frac{N_p e_{pn}}{I_n} y_n \tag{10-73}$$

上式计算所得 σ_{pc} 值，正号为压应力，负号为拉应力。对于后张法预应力混凝土超静定结构，应考虑由预应力次内力 M_2 所引起的混凝土截面法向应力 σ_{p2}。

相应的预应力筋和普通钢筋的应力分别为：

$$\left.\begin{aligned} \sigma_{pe} &= \sigma_{con} - \sigma_l \\ \sigma'_{pe} &= \sigma'_{con} - \sigma'_l \\ \sigma_s &= \alpha_{E_s} \sigma_{pc} + \sigma_{l5} \\ \sigma'_s &= \alpha_{E_s} \sigma'_{pc} + \sigma'_{l5} \end{aligned}\right\} \tag{10-74}$$

完成第一批损失时，上述诸式中 $\sigma_{l5} = \sigma'_{l5} = 0$，相应的 $N_p = N_{p\mathrm{I}}$，$e_{pn} = e_{pn\mathrm{I}}$，则混凝土截面下边缘的预压应力 $\sigma_{pc\mathrm{I}}$ 为：

$$\sigma_{pc\mathrm{I}} = \frac{N_{p\mathrm{I}}}{A_n} + \frac{N_{p\mathrm{I}} e_{pn\mathrm{I}}}{I_n} y_c \tag{10-75}$$

计算预应力筋的应力时，式（10-74）中的 σ_l 应取 $\sigma_{l\mathrm{I}}$，σ'_l 应取 $\sigma'_{l\mathrm{I}}$。

完成第二批损失（全部损失）时，相应的 $N_p = N_{p\mathrm{II}}$，$e_{pn} = e_{pn\mathrm{II}}$，则混凝土截面下边缘的预压应力 $\sigma_{pc\mathrm{II}}$ 为：

$$\sigma_{pc\mathrm{II}} = \frac{N_{p\mathrm{II}}}{A_n} + \frac{N_{p\mathrm{II}} e_{pn\mathrm{II}}}{I_n} y_c \tag{10-76}$$

2. 使用阶段应力计算

使用阶段，构件除承受预加力和自重以外，还要承受各种永久荷载和可变荷载。在使用荷载作用下，可能出现消压、开裂两种状态。

（1）消压弯矩 M_0

外荷载在构件截面上产生弯矩 M，它使构件截面下部受拉、上部受压，其中下部边缘混凝土的法向拉应力为：

$$\sigma = \frac{M y_c}{I_0} = \frac{M}{W_0} \tag{10-77}$$

该拉应力与预压应力叠加，得到截面下部边缘的拉应力为：

$$\sigma_{tc}=\frac{M_0}{W_0}-\sigma_{pc\mathrm{II}} \tag{10-78}$$

施加荷载至截面受拉区边缘混凝土应力为零（即 $\sigma_{tc}=0$）时的弯矩 M_0 称为消压弯矩（或减压弯矩）。由式（10-78）应有：

$$\sigma_{tc}=\frac{M_0}{W_0}-\sigma_{pc\mathrm{II}}=0 \tag{10-79}$$

所以：

$$M_0=\sigma_{pc\mathrm{II}}W_0 \tag{10-80}$$

需要注意的是，预应力混凝土轴心受拉构件当外荷载加至 N_0 时，整个截面上混凝土应力都为零，但在预应力混凝土受弯构件中，当外荷载加至 M_0 时，仅截面下边缘点的混凝土应力为零，而截面上其他各点的预压应力均不为零。

在消压弯矩 M_0 作用下，预应力筋合力点处预应力筋的应力 σ_{p0} 为：

先张法构件：

$$\sigma_{p0}=\sigma_{con}-\sigma_l-\alpha_{E_p}\sigma_{pc\mathrm{II}}+\alpha_{E_p}\frac{M_0}{I_0}y_p\approx\sigma_{con}-\sigma_l \tag{10-81}$$

后张法构件：

$$\sigma_{p0}=\sigma_{con}-\sigma_l+\alpha_{E_p}\frac{M_0}{I_0}y_p\approx\sigma_{con}-\sigma_l+\alpha_{E_p}\sigma_{pc\mathrm{II}} \tag{10-82}$$

同理，可以得到受压区预应力筋合力作用点处预应力筋的应力 σ'_{p0} 为：

先张法构件：

$$\sigma'_{p0}=\sigma'_{con}-\sigma'_l \tag{10-83}$$

后张法构件：

$$\sigma'_{p0}=\sigma'_{con}-\sigma'_l+\alpha_{E_p}\sigma'_{pc\mathrm{II}} \tag{10-84}$$

（2）开裂弯矩 M_{cr}

当弯矩增大到 M_{cr} 时，构件截面处于将裂而未裂的临界状态，边缘拉应力达到 f_{tk}。考虑到混凝土具有一定的塑性变形能力，受拉区混凝土的拉应力呈曲线分布。为了便于计算，将其简化为三角形分布，按材料力学公式计算，这就引进了混凝土构件的截面抵抗矩塑性影响系数 γ，开裂时截面下边缘混凝土的拉应力为 γf_{tk}，代入式（10-78）：

$$\sigma_{tc}=\frac{M_0}{W_0}-\sigma_{pc\mathrm{II}}=\gamma f_{tk} \tag{10-85}$$

得到开裂弯矩 M_{cr}：

$$M_{cr}=(\sigma_{pc\mathrm{II}}+\gamma f_{tk})W_0 \tag{10-86}$$

混凝土构件的截面抵抗矩塑性影响系数 γ 可按下式计算：

$$\gamma=\left(0.7+\frac{120}{h}\right)\gamma_m \tag{10-87}$$

式中 γ_m——混凝土构件的截面抵抗矩塑性影响系数基本值，可按正截面应变保持平面的假定，并取受拉区混凝土应力图形为梯形、受拉边缘混凝土极限拉应变为 $2f_{tk}/E_c$ 确定；对常用的截面形状，γ_m 值可按表 10-8 取用；

h——截面高度（mm）；当 $h<400$ 时，取 $h=400$；当 $h>1600$ 时，取 $h=1600$；对圆形、环形截面，取 $h=2r$，此处，r 为圆形截面的半径或环形截面的外环半径。

截面抵抗矩塑性影响系数基本值 γ_m 表 10-8

项次	1	2	3		4		5
截面形状	矩形截面	翼缘位于受拉区的T形截面	对称I形截面或箱形截面		翼缘位于受拉区的倒T形截面		圆形和环形截面
			$b_f/b\leqslant 2$、h_f/h 为任意值	$b_f/b>2$、$h_f/h<0.2$	$b_f/b\leqslant 2$、h_f/h 为任意值	$b_f/b>2$、$h_f/h<0.2$	
γ_m	1.55	1.50	1.45	1.35	1.50	1.40	$1.6-0.24r_1/r$

注：1. 对 $b_f'>b_f$ 的I形截面，可按项次2与项次3之间的数值采用；对 $b_f'<b_f$ 的I形截面，可按项次3与项次4之间的数值采用；
2. 对于箱形截面，b 指各肋宽度的总和；
3. r_1 为环形截面的内半径，对圆形截面取 r_1 为零。

3. 破坏阶段应力计算

当弯矩 M 超过开裂弯矩 M_{cr} 时，受拉区出现垂直裂缝，开裂截面上裂缝区域混凝土退出工作，拉力由预应力筋和普通钢筋承担。如继续增加荷载，对于适筋构件（$\xi\leqslant\xi_b$ 或 $x\leqslant\xi_b h_0$），破坏时截面受拉区预应力筋和普通钢筋首先达到屈服，受压区边缘混凝土随后达到极限压应变而压碎。如果截面上还配置有受压区预应力筋和普通钢筋，则其应力可按平截面假设确定。

(1) 相对界限受压区高度 ξ_b

所谓界限受压区高度，就是截面受拉区预应力筋屈服和受压区边缘混凝土达到极限压应变而压碎同时发生时的受压区高度，该高度按平截面假设应为 x_{cb}，而按矩形应力图形则为 x_b，二者之间的关系为 $x_b=\beta_1 x_{cb}$。截面上的应变为线性分布，即双三角形分布，其中上部为压应变，下部为拉应变，如图 10-35 所示。当预应力筋的拉应力为 σ_{p0} 时，预应力筋合力点处混凝土法向应力等于零，即混凝土法向应变为零，此时预应力筋的拉应变 $\varepsilon_{p0}=\sigma_{p0}/E_p$ 与构件截面的应变分布无关。所以在应变分布图中，界限破坏时预应力筋拉应变为 $(\varepsilon_{py}-\varepsilon_{p0})$，混凝土受压区边缘压应变为 ε_{cu}。相对界限受压区高度为：

$$\begin{aligned}\xi_b&=\frac{x_b}{h_0}=\frac{\beta_1 x_{cb}}{h_0}=\frac{\beta_1\varepsilon_{cu}}{\varepsilon_{cu}+\varepsilon_{py}-\varepsilon_{p0}}\\&=\frac{\beta_1}{1+\dfrac{\varepsilon_{py}}{\varepsilon_{cu}}-\dfrac{\sigma_{p0}}{\varepsilon_{cu}E_p}}\end{aligned}\tag{10-88}$$

预应力筋无物理屈服点，通常以产生 0.2%塑性应变（或残余变形）的应力定义为条件屈服点或名义屈服点，据此得到预应力筋的屈服应变：

$$\varepsilon_{py}=0.002+f_{py}/E_p\tag{10-89}$$

所以，相对界限受压区高度为：

$$\xi_b=\frac{\beta_1}{1+\dfrac{0.002}{\varepsilon_{cu}}+\dfrac{f_{py}-\sigma_{p0}}{\varepsilon_{cu}E_p}}\tag{10-90}$$

(2) 钢筋应力计算

设第 i 层纵向预应力筋截面形心至截面受压区边缘的距离为 h_{0i}，在受压区边缘混凝土应变达到极限压应变 ε_{cu} 时，预应力筋拉应变为 ε_{pi}，按平截面假定应有如下关系：

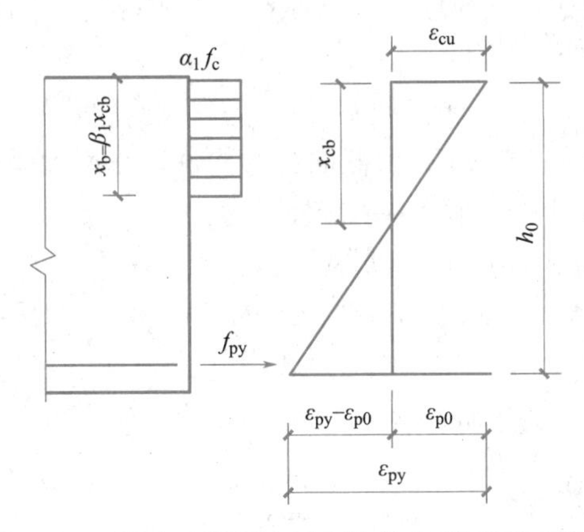

图 10-35 预应力混凝土受弯构件界限受压区高度

$$\frac{\varepsilon_{cu}+\varepsilon_{pi}-\varepsilon_{p0i}}{h_{0i}}=\frac{\varepsilon_{cu}}{x/\beta_1} \tag{10-91}$$

所以

$$\varepsilon_{pi}=\varepsilon_{cu}\left(\frac{\beta_1 h_{0i}}{x}-1\right)+\varepsilon_{p0i} \tag{10-92}$$

于是，预应力筋的应力为：

$$\sigma_{pi}=E_p\varepsilon_{pi}=E_p\varepsilon_{cu}\left(\frac{\beta_1 h_{0i}}{x}-1\right)+E_p\varepsilon_{p0i}=E_p\varepsilon_{cu}\left(\frac{\beta_1 h_{0i}}{x}-1\right)+\sigma_{p0i} \tag{10-93}$$

式中 x——等效矩形应力图形的混凝土受压区高度；

σ_{p0i}——第 i 层纵向预应力筋截面形心处混凝土法向应力等于零时的预应力筋应力。

对于普通钢筋，则应力计算公式为：

$$\sigma_{si}=E_s\varepsilon_{cu}\left(\frac{\beta_1 h_{0i}}{x}-1\right) \tag{10-94}$$

根据我国大量的试验资料及计算分析，纵向钢筋的应力也可按如下近似公式计算：

预应力筋：

$$\sigma_{pi}=\frac{f_{py}-\sigma_{p0i}}{\xi_b-\beta_1}\left(\frac{x}{h_{0i}}-\beta_1\right)+\sigma_{p0i} \tag{10-95}$$

普通钢筋：

$$\sigma_{si}=\frac{f_y}{\xi_b-\beta_1}\left(\frac{x}{h_{0i}}-\beta_1\right) \tag{10-96}$$

由式（10-93）～式（10-96）计算的钢筋应力，正值代表拉应力，负值代表压应力。其值应符合下列要求：

$$-f'_y\leqslant\sigma_{si}\leqslant f_y \tag{10-97}$$

$$\sigma_{p0i}-f'_{py}\leqslant\sigma_{pi}\leqslant f_{py} \tag{10-98}$$

10.7.2 正截面承载力

预应力混凝土受弯构件在弯矩作用下发生破坏时，预应力筋 A_p 的应力先达到屈服，受压区边缘混凝土的应变后达到极限压应变而压碎。如果在截面上还配有普通钢筋 A_s、A'_s，则破坏时其应力均能达到屈服强度；而受压区预应力筋 A'_p在施工阶段受拉，进入使用阶段后随着外荷载的增加，其拉应力逐渐减小，在破坏时 A'_p 的应力可能仍然为拉应力，也可能为压应力，其值为 $\sigma'_{pe}=\sigma'_{p0}-f'_{py}$。

1. 矩形截面

矩形截面和翼缘位于受拉边的 T 形截面受弯构件，正截面承载力按矩形截面计算。极限状态下，计算简图如图 10-36 所示。基本公式为：

$$\alpha_1 f_c bx = f_y A_s - f'_y A'_s + f_{py} A_p + (\sigma'_{p0} - f'_{py}) A'_p \tag{10-99}$$

$$M \leqslant M_u = \alpha_1 f_c bx(h_0 - 0.5x) + f'_y A'_s (h_0 - a'_s) - (\sigma'_{p0} - f'_{py}) A'_p (h_0 - a'_p) \tag{10-100}$$

混凝土受压区高度应符合下列条件：

$$x \leqslant \xi_b h_0 \tag{10-101}$$

$$x \geqslant 2a' \tag{10-102}$$

式中 h_0——截面有效高度，$h_0 = h - a$；

a——受拉区全部纵向钢筋合力点至截面受拉区边缘的距离，当未配置纵向普通钢筋时，$a = a_p$；

a'——受压区全部纵向钢筋合力点至截面受压区边缘的距离，当受压区未配置纵向预应力筋或受压区纵向预应力筋应力（$\sigma'_{p0} - f'_{py}$）为拉应力时，公式（10-102）中的 a' 用 a'_s 代替。

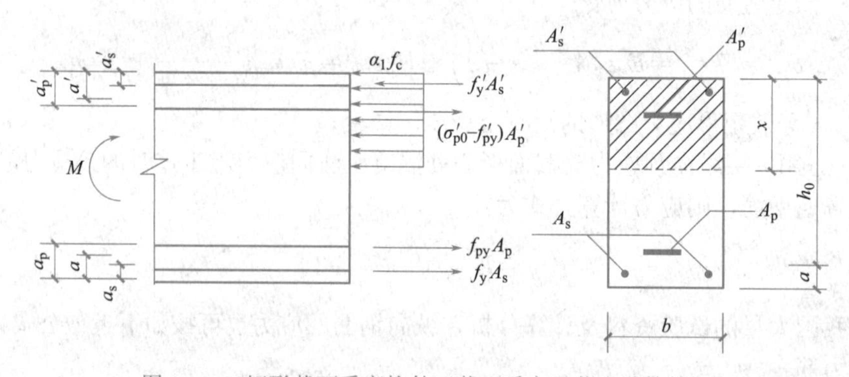

图 10-36 矩形截面受弯构件正截面受弯承载力计算简图

当 $x < 2a'$ 时，正截面受弯承载力应按下式计算：

$$M \leqslant f_{py} A_p (h - a_p - a'_s) + f_y A_s (h - a_s - a'_s) - (\sigma'_{p0} - f'_{py}) A'_p (a'_p - a'_s) \tag{10-103}$$

2. T 形截面

翼缘位于受压区的 T 形、I 形截面受弯构件，按 T 形截面设计。当 $x \leqslant h'_f$ 时，受压区位于翼缘，属于第一类 T 形截面；当 $x > h'_f$ 时，受压区进入腹板，属于第二类 T 形截面，如图 10-37 所示。

若满足

$$f_y A_s + f_{py} A_p \leqslant \alpha_1 f_c b'_f h'_f + f'_y A'_s - (\sigma'_{p0} - f'_{py}) A'_p \tag{10-104}$$

或 $$M \leqslant \alpha_1 f_c b'_f h'_f (h_0 - 0.5h'_f) + f'_y A'_s (h_0 - a'_s) - (\sigma'_{p0} - f'_{py}) A'_p (h_0 - a'_p) \tag{10-105}$$

则为第一类T形截面，否则为第二类T形截面。

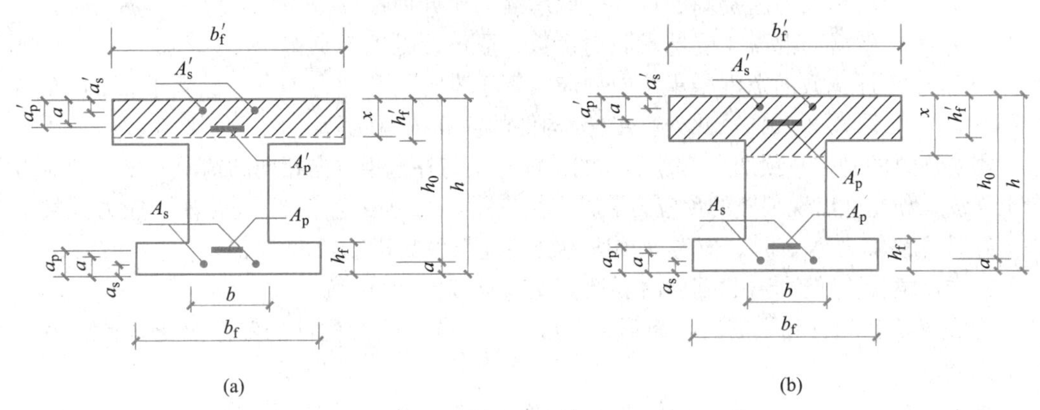

图 10-37　I形截面受弯构件受压区高度位置

(a) $x \leqslant h_f'$；(b) $x > h_f'$

(1) 第一类T形截面

第一类T形截面按宽度为b_f'的矩形截面计算，即在矩形截面的公式中取$b=b_f'$。

(2) 第二类T形截面

第二类T截面，受压区已进入梁的腹板部位，其承载力的基本公式如下：

$$\alpha_1 f_c[bx+(b_f'-b)h_f'] = f_y A_s - f_y' A_s' + f_{py} A_p + (\sigma_{p0}' - f_{py}')A_p' \tag{10-106}$$

$$M \leqslant M_u = \alpha_1 f_c bx(h_0 - 0.5x) + \alpha_1 f_c (b_f'-b)h_f'(h_0 - 0.5h_f') + f_y' A_s'(h_0 - a_s') - (\sigma_{p0}' - f_{py}')A_p'(h_0 - a_p') \tag{10-107}$$

混凝土受压区高度x仍需满足式（10-101）和式（10-102）的要求。

此外，受拉区的纵向受力钢筋总面积（$A_p + A_s$）不能过少，以使构件具有应有的延性，防止受弯构件开裂后出现突然脆断。现行国家标准《混凝土结构设计标准》GB/T 50010要求极限弯矩不应低于开裂弯矩，即：

$$M_u \geqslant M_{cr} \tag{10-108}$$

10.7.3　斜截面承载力

因为预压应力的存在，可延缓斜裂缝的出现和发展，增加了混凝土剪压区的高度及骨料的咬合作用，所以预应力混凝土受弯构件的斜截面受剪承载力高于钢筋混凝土受弯构件斜截面受剪承载力。

受弯斜截面计算的基础是剪压破坏试验成果，应防止出现斜压破坏和斜拉破坏。验算截面最小尺寸，可防止出现斜压破坏；验算最小配箍率，可防止出现斜拉破坏。截面最小尺寸和最小配箍率的验算方法，可参见本书第5章。

1. 仅配箍筋时斜截面受剪承载力计算

当仅配置箍筋时，矩形、T形和I形截面受弯构件的斜截面受剪承载力应符合下列规定：

$$V \leqslant V_{cs} + V_p \tag{10-109}$$

$$V_{cs} = \alpha_{cv} f_t b h_0 + f_{yv} \frac{A_{sv}}{s} h_0 \tag{10-110}$$

$$V_p = 0.05 N_{p0} \tag{10-111}$$

式中　V_{cs}——构件斜截面上混凝土和箍筋的受剪承载力设计值；

V_p——由预加力所提高的构件受剪承载力设计值；

α_{cv}——斜截面混凝土受剪承载力系数，取值参见第5章；

N_{p0}——计算截面上混凝土法向预应力等于零时的预加力，当 N_{p0} 大于 $0.3f_cA_0$ 时，取 $0.3f_cA_0$，此处，A_0 为构件的换算截面面积。

需要注意的是，对预加力 N_{p0} 引起的截面弯矩与外弯矩方向相同的情况，以及预应力混凝土连续梁和允许出现裂缝的预应力混凝土简支梁，均应取 $V_p=0$；先张法预应力混凝土构件，在计算预加力 N_{p0} 时，应考虑预应力筋传递长度的影响，即 $N_{p0}=\sigma_{p0}A_pl_a/l_{tr}$。

2. 同时配置箍筋和弯起钢筋时斜截面受剪承载力计算

当配置箍筋和弯起钢筋时，矩形、T形和I形截面受弯构件的斜截面受剪承载力应符合下列要求：

$$V \leqslant V_{cs}+V_p+0.8f_yA_{sb}\sin\alpha_s+0.8f_{py}A_{pb}\sin\alpha_p \tag{10-112}$$

式中　V_p——由预加力所提高的构件受剪承载力设计值，由式（10-111）计算，但计算预加力 N_{p0} 时不考虑弯起预应力筋的作用；

A_{sb}、A_{pb}——分别为同一平面内的弯起钢筋、弯起预应力筋的截面面积；

α_s、α_p——分别为同一平面内的弯起钢筋、弯起预应力筋的切线与构件轴线的夹角。

3. 构造配置箍筋的条件

构件截面上剪力设计值如果满足条件：

$$V \leqslant \alpha_{cv}f_tbh_0+0.05N_{p0} \tag{10-113}$$

则可不进行斜截面受剪承载力计算，仅需按照构造要求配置箍筋即可。构造配箍筋的具体要求参见本书第5章。

10.7.4　裂缝控制

1. 使用阶段正截面抗裂度验算

预应力混凝土受弯构件，当在使用荷载作用下不允许出现裂缝时，其正截面抗裂度根据裂缝控制等级的不同要求，应分别验算。

（1）一级裂缝控制等级

一级裂缝控制等级的受弯构件，在荷载标准组合下，受拉区边缘混凝土应力应符合下列规定：

$$\sigma_{ck}-\sigma_{pc\mathrm{II}} \leqslant 0 \tag{10-114}$$

$$\sigma_{ck}=\frac{M_k}{W_0} \tag{10-115}$$

（2）二级裂缝控制等级

二级裂缝控制等级的受弯构件，在荷载标准组合下，受拉区边缘混凝土应力应符合下列规定：

$$\sigma_{ck}-\sigma_{pc\mathrm{II}} \leqslant f_{tk} \tag{10-116}$$

2. 使用阶段正截面裂缝宽度验算

三级裂缝控制等级的预应力混凝土受弯构件，需要验算最大裂缝宽度。可按荷载标准组合并考虑长期作用影响的效应计算，最大裂缝宽度不超过裂缝宽度限值，即：

$$w_{max}=1.5\psi\frac{\sigma_{sk}}{E_s}\left(1.9c_s+0.08\frac{d_{eq}}{\rho_{te}}\right) \leqslant w_{lim} \tag{10-117}$$

$$\sigma_{sk}=\frac{M_k-N_{p0}(z-e_p)}{(\alpha_1 A_p+A_s)z} \tag{10-118}$$

$$z=\left[0.87-0.12(1-\gamma'_f)\left(\frac{h_0}{e}\right)^2\right]h_0 \tag{10-119}$$

$$e=e_p+\frac{M_k}{N_{p0}} \tag{10-120}$$

$$e_p=y_{ps}-e_{p0} \tag{10-121}$$

式中　z——受拉区纵向普通钢筋和预应力筋合力点至截面受压区合力点的距离；

α_1——无黏结预应力筋的等效折减系数，取 α_1 为 0.3；对灌浆的后张预应力筋，取 α_1 为 1.0；

γ'_f——受压翼缘面积与腹板有效截面面积的比值，$\gamma'_f=(b'_f-b)h'_f/(bh_0)$，当 $h'_f>0.2h_0$ 时，取 $h'_f=0.2h_0$。

e_p——计算截面上混凝土法向预应力等于零时的预加力 N_{p0} 的作用点至受拉区纵向预应力筋和普通钢筋合力点的距离；

y_{ps}——受拉区纵向预应力筋和普通钢筋合力点的偏心距；

e_{p0}——计算截面上混凝土法向预应力等于零时的预加力 N_{p0} 作用点的偏心距。

3. 预应力混凝土受弯构件斜截面抗裂度验算

为了避免出现斜裂缝，在预应力混凝土受弯构件的弯矩和剪力较大的截面（跨度内不利截面）上，换算截面形心处和截面宽度变化处，需要验算主拉应力和主压应力，使其不超过规定之值。

（1）混凝土主拉应力

一级裂缝控制等级构件，混凝土的主拉应力应满足如下条件：

$$\sigma_{tp}\leqslant 0.85f_{tk} \tag{10-122}$$

二级裂缝控制等级构件，混凝土的主拉应力应符合下式要求：

$$\sigma_{tp}\leqslant 0.95f_{tk} \tag{10-123}$$

（2）混凝土主压应力

为了避免过大的压应力导致裂缝过早地出现，对一、二级裂缝控制等级构件，混凝土的主压应力应符合下式要求：

$$\sigma_{cp}\leqslant 0.60f_{ck} \tag{10-124}$$

混凝土的主应力按材料力学或工程力学公式计算。受弯梁不利截面上，除上下表面点为单向应力状态外，其余点的应力状态通常为双向应力状态（二向应力状态、平面应力状态），若已知正应力 σ_x、σ_y 和剪应力 τ，则主应力为：

$$\left.\begin{matrix}\sigma_{tp}\\ \sigma_{cp}\end{matrix}\right\}=\frac{\sigma_x+\sigma_y}{2}\pm\sqrt{\left(\frac{\sigma_x-\sigma_y}{2}\right)^2+\tau^2} \tag{10-125}$$

上式中的正应力拉为正，压为负。主压应力应当用绝对值代入式（10-124）进行验算。

由预加力和弯矩 M_k 在计算纤维处产生的混凝土法向应力（x 方向正应力）为：

$$\sigma_x=\sigma_{pc}+\frac{M_k y_0}{I_0} \tag{10-126}$$

式中　σ_{pc}——扣除全部预应力损失后，在计算纤维处由预加力产生的混凝土法向应力，由式（10-67）或式（10-68）计算；

y_0——换算截面形心至计算纤维处的距离；

I_0——换算截面惯性矩。

由剪力 V_k 和弯起预应力筋在计算纤维处产生的混凝土剪应力 τ，可按下式计算：

$$\tau=\frac{(V_k-\sum\sigma_{pe}A_{pb}\sin\alpha_p)S_0}{I_0b}\tag{10-127}$$

式中　σ_{pe}——弯起预应力筋的有效预应力；

A_{pb}——计算截面上同一弯起平面内的弯起预应力筋的截面面积；

α_p——计算截面上弯起预应力筋的切线与构件纵向轴线的夹角；

S_0——计算纤维以上部分的换算截面面积对构件换算截面形心的面积矩。

计算纤维处 y 方向的正应力通常很小，可略去不计。但有集中荷载 F_k 时，应考虑由此引起的竖向压应力。对预应力混凝土吊车梁，吊车轮压作用于梁上部边缘，根据弹性力学理论分析和试验实测，在集中力作用点两侧各 $0.6h$ 长度范围内，竖向压应力和剪应力的分布可按图 10-38 所示近似确定。

$$\sigma_{y,max}=\frac{0.6F_k}{bh}\tag{10-128}$$

$$\tau_F=\frac{1}{2}(\tau^l-\tau^r)=\frac{(V_k^l-V_k^r)S_0}{2I_0b}\tag{10-129}$$

式中　V_k^l、V_k^r——分别为集中荷载标准值 F_k 作用点左侧、右侧截面上的剪力标准值。

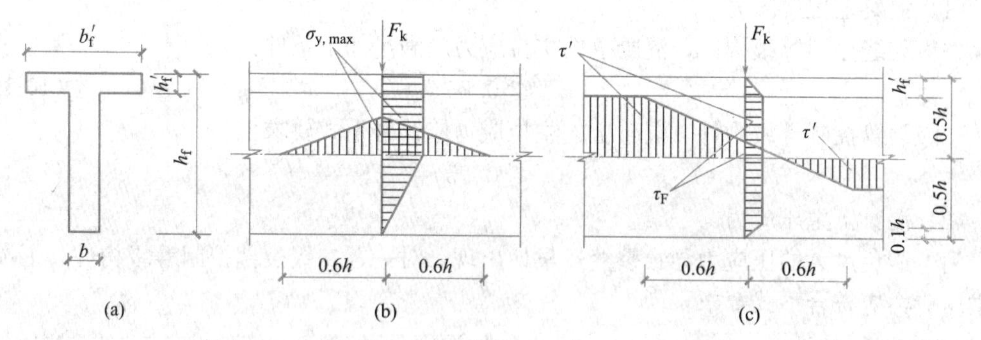

图 10-38　预应力混凝土吊车梁集中力作用点附近的应力分布

（a）截面；（b）竖向压应力 σ_y 分布；（c）剪应力 τ 分布

10.7.5　挠度验算

预应力混凝土受弯构件在使用阶段的挠度，由两部分组成：一部分为外荷载产生的挠度 v_1，另一部分为预加力产生的反拱度（反向挠度）v_2，最后挠度为这两部分叠加的结果。

1. 外荷载作用下的挠度

预应力混凝土受弯构件的最大挠度应按荷载的标准组合，由结构力学方法进行计算。刚度采用考虑长期作用影响的刚度 B：

$$B=\frac{M_k}{M_q+M_k}B_s\tag{10-130}$$

式中 M_k——按荷载的标准组合计算的弯矩，取计算区段内的最大弯矩；

M_q——按荷载的准永久组合计算的弯矩，取计算区段内的最大弯矩；

B_s——按荷载标准组合计算的预应力混凝土受弯构件的短期刚度。

对要求不出现裂缝的预应力混凝土受弯构件，短期刚度为：

$$B_s = 0.85E_cI_0 \tag{10-131}$$

而对于允许出现裂缝的预应力混凝土受弯构件，其短期刚度则应由下列公式确定：

$$B_s = \frac{0.85E_cI_0}{\kappa_{cr} + (1 - \kappa_{cr})\omega} \tag{10-132}$$

$$\kappa_{cr} = \frac{M_{cr}}{M_k} \tag{10-133}$$

$$\omega = \left(1.0 + \frac{0.21}{\alpha_E\rho}\right)(1 + 0.45\gamma_f) - 0.7 \tag{10-134}$$

$$\gamma_f = \frac{(b_f - b)h_f}{bh_0} \tag{10-135}$$

式中 α_E——钢筋弹性模量与混凝土弹性模量的比值，即 E_s/E_c；

ρ——纵向受拉钢筋配筋率，取 $\rho = (\alpha_1A_p + A_s)/(bh_0)$，对灌浆的后张法预应力筋，取 $\alpha_1 = 1.0$，对无黏结后张法预应力筋，取 $\alpha_1 = 0.3$；

γ_f——受拉翼缘截面面积与腹板有效截面面积的比值；

b_f、h_f——分别为受拉区翼缘的宽度、高度；

κ_{cr}——预应力混凝土受弯构件正截面的开裂弯矩 M_{cr} 与弯矩 M_k 的比值，当 $\kappa_{cr} >$ 1.0 时，取 $\kappa_{cr} = 1.0$。

应注意的是，对预压时预拉区出现裂缝的构件，短期刚度 B_s 应降低 10%。

2. 预加力作用下的反拱度

预应力混凝土受弯构件的反拱度是张拉预应力筋时，由偏心张拉力 N_p 引起的，其值可按两端作用有弯矩 $M = N_pe_p$ 的简支梁跨中挠度公式计算，并考虑混凝土徐变使反拱度增大的增大系数 2.0，所以：

$$v_2 = 2.0v_p = 2.0 \times \frac{Ml^2}{8EI} = \frac{N_pe_pl^2}{4E_cI_0} \tag{10-136}$$

需要注意的是，上式中 N_p 及 e_p 应按扣除全部预应力损失后的情况计算，先张法构件为 $N_{p0\text{II}}$ 及 $e_{p0\text{II}}$，后张法构件则为 $N_{pn\text{II}}$ 及 $e_{pn\text{II}}$。

3. 预应力混凝土受弯构件挠度验算

从使用上要求预应力混凝土受弯构件的最大挠度 v_{max} 不宜超过挠度限值 v_{lim}，即：

$$v_{max} = |v_1 - v_2| \leqslant v_{lim} \tag{10-137}$$

10.7.6 预应力混凝土受弯构件施工验算

在制作、堆放、运输、安装等施工阶段，预应力混凝土受弯构件截面存在拉应力和压应力，其中以边缘纤维的拉（压）应力最大，故现行国家标准《混凝土结构设计标准》GB/T 50010 采用限制边缘纤维混凝土的应力值，来确保施工阶段的安全。

对制作、运输及安装等施工阶段预拉区允许出现拉应力的受弯构件或预压时全截面受压的受弯构件，在预加力、自重及施工荷载作用下（必要时应考虑动力系数）截面边缘的混凝土法向应力宜符合下列规定：

$$\sigma_{ct}=\frac{M_k}{W_0}-\sigma_{pc}\leqslant f'_{tk} \tag{10-138}$$

$$\sigma_{cc}=\frac{M_k}{W_0}+\sigma_{pc}\leqslant 0.8f'_{ck} \tag{10-139}$$

式中 M_k——构件自重及施工荷载标准值在计算截面产生的弯矩；

W_0——验算边缘的换算截面弹性抵抗矩；

σ_{pc}——相应阶段混凝土的预压应力，先张法放张、后张法张拉预应力筋时采用 $\sigma_{pcⅠ}$，运输、吊装、安装时采用 $\sigma_{pcⅡ}$；

f'_{tk}、f'_{ck}——与各施工阶段混凝土立方体抗压强度 f'_{cu} 相应的抗拉强度标准值、抗压强度标准值。

简支构件的端部区段截面预拉区边缘纤维的混凝土拉应力 σ_{ct} 允许大于 f'_{tk}，但不应大于 $1.2f'_{tk}$。当有可靠工程经验时，对于叠合式受弯构件，预拉区的混凝土法向拉应力 σ_{ct} 可按不大于 $2f'_{tk}$ 控制。

10.7.7 设计及流程

现以预应力受弯构件设计为例，给出流程示意图，如图 10-39 所示。

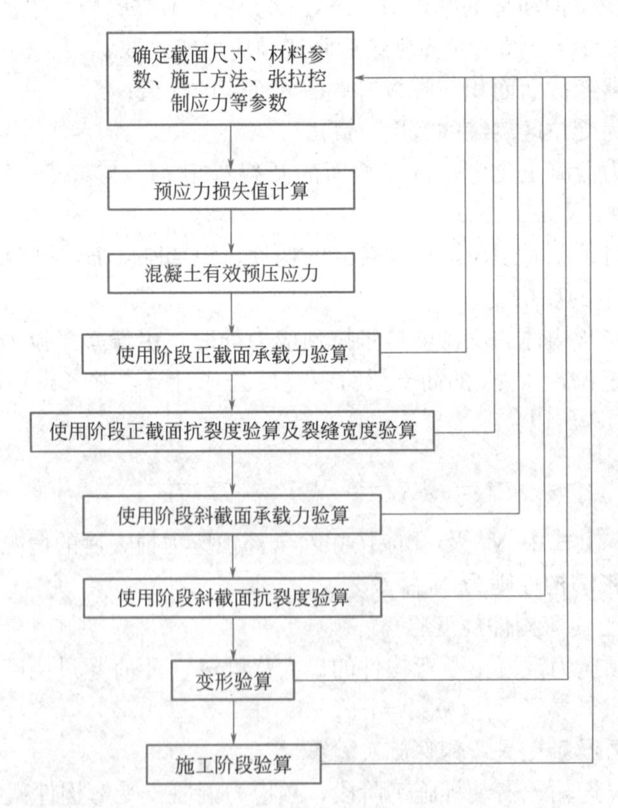

图 10-39 预应力受弯构件设计流程

(1) 确定基本信息

在进行预应力受弯构件设计时，需要明确截面尺寸，拟定混凝土、预应力筋、普通钢筋材料参数（包括强度、弹性模量，还需要混凝土放张时强度），确定预应力筋张拉施工方法和控制应力，外荷载引起的效应和结构重要性系数。

（2）计算预应力损失值

根据具体施工工艺和张拉控制力，分别计算可能出现的各项预应力损失值。

（3）计算混凝土有效预压应力值

根据上步计算得到的各项预应力损失值，得到混凝土有效预压应力值。

（4）使用阶段正截面承载力验算

参考前章节进行计算，当该项不满足要求时，需回到第（1）步修改基本信息。

（5）使用阶段正截面抗裂度验算及裂缝宽度验算

若该项不满足要求时，需回到第（1）步进行参数修改。

（6）使用阶段斜截面受剪承载力验算

若该项不满足要求时，需回到第（1）步进行参数修改。

（7）使用阶段斜截面抗裂度验算

（8）变形验算

（9）施工阶段验算

【例题 10-3】 预应力混凝土简支梁，长 $l=9$m，计算跨度 $l_0=8.75$m，净跨度 $l_n=8.5$m，如图 10-40（b）所示，截面尺寸及纵筋配置如图 10-40（a）所示。采用先张法施工，台座长度 80m，有顶压夹片式夹具，蒸汽养护 $\Delta t=20$℃，混凝土强度等级为 C50，预应力筋为低松弛螺旋肋消除应力钢丝 ϕ^H9（极限强度标准值 $f_{ptk}=1570\text{N/mm}^2$），普通钢筋为 HRB400 级，张拉控制应力 $\sigma_{con}=0.75f_{ptk}$，混凝土强度达到 80%设计强度时放张预应力筋。承受可变荷载标准值 $q_k=9.6$kN/m，准永久值系数 $\psi_q=0.6$，永久荷载标准值 $g_k=7.2$kN/m。裂缝控制等级为二级，结构安全等级二级，一类环境，设计使用年限 50 年，跨中挠度限值为 $l_0/300$。试对该梁进行施工阶段应力验算，承载能力极限状态和正常使用极限状态验算。

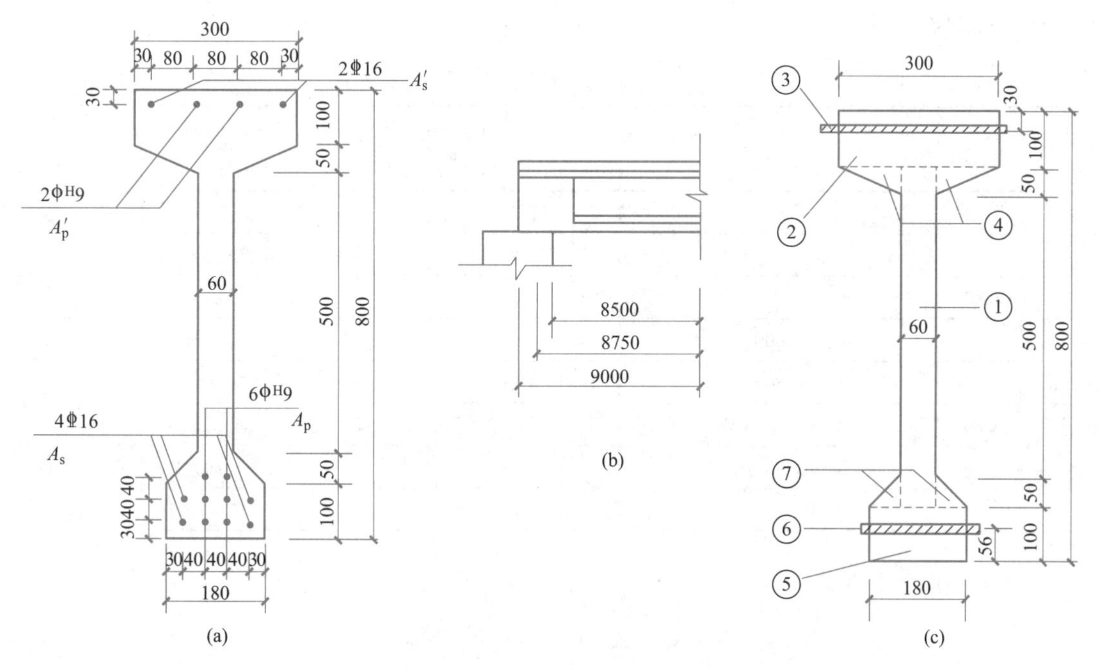

图 10-40　例题 10-3 图（单位：mm）

【解】1. 基本参数

（1）普通钢筋

$$f_y=f'_y=360\text{N/mm}^2，E_s=2.00\times10^5\text{N/mm}^2$$

$$A_s=804\text{mm}^2，A'_s=402\text{mm}^2$$

（2）预应力筋

$$f_{py}=1110\text{N/mm}^2，f'_{py}=410\text{N/mm}^2，E_p=2.05\times10^5\text{N/mm}^2$$

$$A_p=381.7\text{mm}^2，A'_p=127.2\text{mm}^2$$

（3）混凝土

$$f_{tk}=2.64\text{N/mm}^2，f_{ck}=32.4\text{N/mm}^2，E_c=3.45\times10^4\text{N/mm}^2$$

$$f_t=1.89\text{N/mm}^2，f_c=23.1\text{N/mm}^2$$

$$f'_{cu}=80\%\times50=40\text{N/mm}^2，f'_{tk}=2.39\text{N/mm}^2，f'_{ck}=26.8\text{N/mm}^2$$

（4）弹性模量之比

$$\alpha_{E_s}=\frac{E_s}{E_c}=\frac{2.00\times10^5}{3.45\times10^4}=5.80，\alpha_{E_p}=\frac{E_p}{E_c}=\frac{2.05\times10^5}{3.45\times10^4}=5.94$$

（5）各钢筋形心位置

$$a_p=30+40=70\text{mm}，a_s=30+40/2=50\text{mm}，a'_p=a'_s=30\text{mm}$$

$$a=\frac{381.7\times70+804\times50}{381.7+804}=56\text{mm}，a'=30\text{mm}$$

2. 截面几何性质

如图 10-40（c）所示，将截面划分为七个部分来计算，计算过程见表 10-9。其中 A_i 为第 i 块截面的面积，y_{ci} 为第 i 块截面形心到底边的距离，S_i 为第 i 块截面的面积对过底边水平轴的静矩，y_i 为第 i 块截面形心到截面总形心的竖向距离，I_i 为第 i 块截面对过自身形心的水平轴的惯性矩。

截面几何性质计算表　　表 10-9

编号	A_i (mm^2)	y_{ci} (mm)	$S_i=A_iy_{ci}$ (mm^3)	$y_i=\|y_c-y_{ci}\|$ (mm)	$A_iy_i^2$ (mm^4)	I_i (mm^4)
①	600×60=36000	400	1.44×10^7	40	5.76×10^7	108.0×10^7
②	300×100=30000	750	2.25×10^7	310	288.3×10^7	2.5×10^7
③	(5.80−1)×402+(5.94−1)×127.2=2558	770	0.197×10^7	330	27.86×10^7	—
④	120×50=6000	683	0.41×10^7	243	35.43×10^7	0.08×10^7
⑤	180×100=18000	50	0.09×10^7	390	273.78×10^7	1.5×10^7
⑥	(5.80−1)×804+(5.94−1)×381.7=5745	56	0.0322×10^7	384	84.71×10^7	—
⑦	60×50=3000	117	0.0351×10^7	323	31.30×10^7	0.04×10^7
Σ	101303		4.4543×10^7		747.14×10^7	112.12×10^7

换算截面面积为：

$$A_0=\sum A_i=101303\text{mm}^2$$

换算截面形心到底边的距离 y_c 为：

$$y_c = \frac{\sum S_i}{A_0} = \frac{4.4543 \times 10^7}{101303} = 440\text{mm}$$

换算截面对中性轴的惯性矩：

$$I_0 = \sum A_i y_i^2 + \sum I_i = (747.14 + 112.12) \times 10^7 = 859.26 \times 10^7 \text{mm}^4$$

换算截面底边的弹性抵抗矩：

$$W_0 = \frac{I_0}{y_c} = \frac{859.26 \times 10^7}{440} = 1.9529 \times 10^7 \text{mm}^3$$

3. 预应力损失计算

张拉控制应力

$$\sigma_{con} = \sigma'_{con} = 0.75 f_{ptk} = 0.75 \times 1570 = 1177.5\text{N/mm}^2$$

（1）第一批损失

有顶压夹片式夹具，$a = 5\text{mm}$

$$\sigma_{l1} = \sigma'_{l1} = \frac{a}{l} E_p = \frac{5}{80 \times 10^3} \times 2.05 \times 10^5 = 12.8\text{N/mm}^2$$

$$\sigma_{l3} = 2\Delta t = 2 \times 20 = 40\text{N/mm}^2$$

$$\sigma_{l4} = 0.2\left(\frac{\sigma_{con}}{f_{ptk}} - 0.575\right)\sigma_{con} = 0.2 \times (0.75 - 0.575) \times 1177.5 = 41.2\text{N/mm}^2$$

$$\sigma_{lI} = \sigma'_{lI} = \sigma_{l1} + \sigma_{l3} + \sigma_{l4} = 12.8 + 40 + 41.2 = 94.0\text{N/mm}^2$$

（2）第二批损失

预应力筋形心到换算截面形心的距离：

$$y_p = y_c - a_p = 440 - 70 = 370\text{mm}$$

$$y'_p = (h - y_c) - a'_p = (800 - 440) - 30 = 330\text{mm}$$

预压时预加力及其偏心距：

$$\sigma_{p0I} = \sigma'_{p0I} = \sigma_{con} - \sigma_{lI} = 1177.5 - 94.0 = 1083.5\text{N/mm}^2$$

$$N_{p0I} = \sigma_{p0I} A_p + \sigma'_{p0I} A'_p = 1083.5 \times 381.7 + 1083.5 \times 127.2 = 5.514 \times 10^5\text{N}$$

$$e_{p0I} = \frac{\sigma_{p0I} A_p y_p - \sigma'_{p0I} A'_p y'_p}{N_{p0I}} = \frac{1083.5 \times 381.7 \times 370 - 1083.5 \times 127.2 \times 330}{5.514 \times 10^5}$$

$$= 195\text{mm}$$

预应力筋合力点处混凝土的预应压力：

$$\sigma_{pcI} = \frac{N_{p0I}}{A_0} + \frac{N_{p0I} e_{p0I}}{I_0} y_p = \frac{5.514 \times 10^5}{101303} + \frac{5.514 \times 10^5 \times 195}{859.26 \times 10^7} \times 370$$

$$= 5.44 + 4.63 = 10.07\text{N/mm}^2 < 0.5 f'_{cu} = 0.5 \times 40 = 20\text{N/mm}^2，\text{满足}$$

$$\sigma'_{pcI} = \frac{N_{p0I}}{A_0} - \frac{N_{p0I} e_{p0I}}{I_0} y'_p = 5.44 - 4.63 \times \frac{330}{370} = 1.31\text{N/mm}^2$$

$$< 0.5 f'_{cu} = 20\text{N/mm}^2，\text{满足}$$

配筋率：

$$\rho = \frac{A_p + A_s}{A_0} = \frac{381.7 + 804}{101303} = 0.0117$$

$$\rho' = \frac{A'_{p} + A'_{s}}{A_0} = \frac{127.2 + 402}{101303} = 0.0052$$

混凝土收缩、徐变引起的预应力损失：

$$\sigma_{l5} = \frac{60 + 340\sigma_{pcI}/f'_{cu}}{1 + 15\rho} = \frac{60 + 340 \times 10.07/40}{1 + 15 \times 0.0117} = 123.9\text{N/mm}^2$$

$$\sigma'_{l5} = \frac{60 + 340\sigma'_{pcI}/f'_{cu}}{1 + 15\rho'} = \frac{60 + 340 \times 1.31/40}{1 + 15 \times 0.0052} = 66.0\text{N/mm}^2$$

第二批损失：

$$\sigma_{l\text{II}} = \sigma_{l5} = 123.9\text{N/mm}^2$$

$$\sigma'_{l\text{II}} = \sigma'_{l5} = 66.0\text{N/mm}^2$$

(3) 总损失

$$\sigma_l = \sigma_{l\text{I}} + \sigma_{l\text{II}} = 94.0 + 123.9 = 217.9\text{N/mm}^2 > 100\text{N/mm}^2$$

$$\sigma'_l = \sigma'_{l\text{I}} + \sigma'_{l\text{II}} = 94.0 + 66.0 = 160.0\text{N/mm}^2 > 100\text{N/mm}^2$$

4. 内力计算

(1) 跨中截面弯矩

$$M_{Gk} = \frac{1}{8} g_k l_0^2 = \frac{1}{8} \times 7.2 \times 8.75^2 = 68.91\text{kN} \cdot \text{m}$$

$$M_{Qk} = \frac{1}{8} q_k l_0^2 = \frac{1}{8} \times 9.6 \times 8.75^2 = 91.88\text{kN} \cdot \text{m}$$

$$M_k = M_{Gk} + M_{Qk} = 68.91 + 91.88 = 160.79\text{kN} \cdot \text{m}$$

$$M_q = M_{Gk} + \psi_q M_{Qk} = 68.91 + 0.6 \times 91.88 = 124.04\text{kN} \cdot \text{m}$$

$$M = \gamma_0(\gamma_G M_{Gk} + \gamma_L \gamma_Q M_{Qk})$$

$$= 1.0 \times (1.3 \times 68.91 + 1.0 \times 1.5 \times 91.88) = 206.7\text{kN} \cdot \text{m}$$

(2) 支座截面剪力

$$V_{Gk} = \frac{1}{2} g_k l_n = \frac{1}{2} \times 7.2 \times 8.5 = 30.6\text{kN}$$

$$V_{Qk} = \frac{1}{2} q_k l_n = \frac{1}{2} \times 9.6 \times 8.5 = 40.8\text{kN}$$

$$V = \gamma_0(\gamma_G V_{Gk} + \gamma_L \gamma_Q V_{Qk}) = 1.0 \times (1.3 \times 30.6 + 1.0 \times 1.5 \times 40.8) = 100.9\text{kN}$$

5. 施工阶段应力验算

(1) 放张后混凝土边缘法向应力

$$\sigma_{pcI} = \frac{N_{p0I}}{A_0} + \frac{N_{p0I}\, e_{p0I}}{I_0} y_c = 5.44 + 4.63 \times \frac{440}{370} = 11.0\text{N/mm}^2$$

$$< 0.8f'_{ck} = 0.8 \times 26.8 = 21.4\text{N/mm}^2\text{，满足}$$

$$\sigma'_{pcI} = \frac{N_{p0I}}{A_0} - \frac{N_{p0I}\, e_{p0I}}{I_0}(h - y_c) = 5.44 - 4.63 \times \frac{800 - 440}{370} = 0.94\text{N/mm}^2$$

$$< 0.8f'_{ck} = 21.4\text{N/mm}^2\text{，满足}$$

(2) 起吊应力验算

梁自重标准值为

$$g_k = \text{重度} \times \text{截面面积} = 25 \times \sum A_i$$

$$=25\times 101303\times 10^{-6}=2.53\text{kN/m}$$

按双吊点对称起吊考虑，设吊点距梁端 $x=1.0$m，取动力系数为 1.5，正弯矩跨中最大，但远小于使用期间的外荷载弯矩，故不必验算跨中截面；吊点位置负弯矩最大，需要验算截面边缘混凝土的应力。因为：

$$M_{\text{k吊点}}=1.5\times\frac{1}{2}g_{k}x^{2}=1.5\times\frac{1}{2}\times 2.53\times 1.0^{2}=1.90\text{kN}\cdot\text{m}$$

所以，吊点截面上边缘的法向拉应力：

$$\sigma_{ct}=\frac{M_{\text{k吊点}}}{I_0}(h-y_c)-\sigma'_{pcI}=\frac{1.90\times 10^6}{859.26\times 10^7}\times(800-440)-0.94$$

$$=-0.86\text{N/mm}^2(\text{压应力})<f'_{tk}=2.39\text{N/mm}^2\text{，满足}$$

吊点截面下边缘的法向压应力：

$$\sigma_{cc}=\frac{M_{\text{k吊点}}}{I_0}y_c+\sigma_{pcI}=\frac{1.90\times 10^6}{859.26\times 10^7}\times 440+11.0=11.1\text{N/mm}^2$$

$$<0.8f'_{ck}=21.4\text{N/mm}^2\text{，满足}$$

6. 承载力验算

(1) 正截面受弯承载力验算

$$h_0=h-a=800-56=744\text{mm}$$

$$\sigma_{p0\text{II}}=\sigma_{con}-\sigma_l=1177.5-217.9=959.6\text{N/mm}^2$$

$$\sigma'_{p0\text{II}}=\sigma'_{con}-\sigma'_l=1177.5-160.0=1017.5\text{N/mm}^2$$

$$\xi_b=\frac{\beta_1}{1+\frac{0.002}{\varepsilon_{cu}}+\frac{f_{py}-\sigma_{p0\text{II}}}{E_p\varepsilon_{cu}}}=\frac{0.8}{1+\frac{0.002}{0.0033}+\frac{1110-959.6}{2.05\times 10^5\times 0.0033}}=0.44$$

取 $h'_f=100+50/2=125$mm，则有：

$$f_yA_s+f_{py}A_p=360\times 804+1110\times 381.7=7.13\times 10^5\text{N}\cdot\text{mm}$$

$$\alpha_1f_cb'_fh'_f+f'_yA'_s-(\sigma'_{p0\text{II}}-f'_{py})A'_p=1.0\times 23.1\times 300\times 125+360\times 402$$

$$-(1017.5-410)\times 127.2$$

$$=9.34\times 10^5\text{N}\cdot\text{mm}$$

这表明：

$$f_yA_s+f_{py}A_p<\alpha_1f_cb'_fh'_f+f'_yA'_s-(\sigma'_{p0\text{II}}-f'_{py})A'_p$$

即工字形截面梁属于第一类 T 形截面，应按宽度为 b'_f 的矩形截面计算。

$$x=\frac{f_{py}A_p+f_yA_s-f'_yA'_s+(\sigma'_{p0\text{II}}-f'_{py})A'_p}{\alpha_1f_cb'_f}$$

$$=\frac{1110\times 381.7+360\times 804-360\times 402+(1017.5-410)\times 127.2}{1.0\times 23.1\times 300}$$

$$=93.2\text{mm}<\xi_bh_0=0.44\times 744=327.4\text{mm}$$

$$>2a'=2\times 30=60\text{mm}$$

$$M_u=\alpha_1f_cb'_fx(h_0-0.5x)+f'_yA'_s(h_0-a'_s)-(\sigma'_{p0\text{II}}-f'_{py})A'_p(h_0-a'_p)$$

$$=1.0\times 23.1\times 300\times 93.2\times(744-0.5\times 93.2)+360\times 402\times(744-30)$$

$$-(1017.5-410)\times 127.2\times(744-30)$$

$$=4.986\times10^{8}\text{N}\cdot\text{mm}$$

$$=498.6\text{kN}\cdot\text{m}>M=206.7\text{kN}\cdot\text{m}，满足$$

（2）斜截面受剪承载力验算

$$h_{w}/b=500/60=8.3>6$$

$$0.2\beta_{c}f_{c}bh_{0}=0.2\times1.0\times23.1\times60\times744=206.2\times10^{3}\text{N}$$

$$=206.2\text{kN}>V=100.9\text{kN}，满足$$

$$N_{p0II}=\sigma_{p0II}A_{p}+\sigma'_{p0II}A'_{p}-\sigma_{l5}A_{s}-\sigma'_{l5}A'_{s}$$

$$=959.6\times381.7+1017.5\times127.2-123.9\times804-66.0\times402=369.6\times10^{3}\text{N}$$

$$=369.6\text{kN}$$

$$<0.3f_{c}A_{0}=0.3\times23.1\times101303=702.0\text{kN}$$

$$V_{p}=0.05N_{p0II}=0.05\times369.6=18.5\text{kN}$$

$$0.7f_{t}bh_{0}+V_{p}=0.7\times1.89\times60\times744+18.5\times10^{3}=77.6\times10^{3}\text{N}$$

$$=77.6\text{kN}<V=100.9\text{kN}，需要计算配置箍筋$$

箍筋选用 HPB300 级热轧光圆钢筋，则有：

$$\frac{A_{sv}}{s}\geqslant\frac{V-(0.7f_{t}bh_{0}+V_{p})}{f_{yv}h_{0}}=\frac{(100.9-77.6)\times10^{3}}{270\times744}=0.115$$

采用双肢箍φ6，$A_{sv}=28.3\times2=56.6\text{mm}^{2}$，所以：

$$s\geqslant\frac{A_{sv}}{0.115}=\frac{56.6}{0.115}=492\text{mm}>s_{max}=250\text{mm}$$

实配箍筋φ6@250。最小配箍率为：

$$\rho_{sv,min}=0.24\frac{f_{t}}{f_{yv}}=0.24\times\frac{1.89}{270}=0.168\%$$

配筋率验算：

$$\rho_{sv}=\frac{A_{sv}}{bs}=\frac{56.6}{60\times250}=0.377\%>\rho_{sv,min}=0.168\%，满足$$

7. 抗裂度验算

跨中受拉区边缘外荷载引起的混凝土拉应力：

$$\sigma_{ck}=\frac{M_{k}}{W_{0}}=\frac{160.79\times10^{6}}{1.9529\times10^{7}}=8.23\text{N/mm}^{2}$$

受拉区边缘混凝土获得的预压应力：

$$y_{s}=y_{c}-a_{s}=440-50=390\text{mm}$$

$$y'_{s}=(h-y_{c})-a'_{s}=(800-440)-30=330\text{mm}$$

$$e_{p0II}=\frac{\sigma_{p0II}A_{p}y_{p}-\sigma'_{p0II}A'_{p}y'_{p}-\sigma_{l5}A_{s}y_{s}+\sigma'_{l5}A'_{s}y'_{s}}{N_{p0II}}$$

$$=\frac{959.6\times381.7\times370-1017.5\times127.2\times330-123.9\times804\times390+66.0\times402\times330}{369.6\times10^{3}}$$

$$=169.7\text{mm}$$

$$\sigma_{pcII}=\frac{N_{p0II}}{A_{0}}+\frac{N_{p0II}e_{p0II}}{I_{0}}y_{c}=\frac{369.6\times10^{3}}{101303}+\frac{369.6\times10^{3}\times169.7}{859.26\times10^{7}}\times440$$

$$=3.65+3.21=6.86\text{N/mm}^2$$

正截面抗裂度验算：

$$\sigma_{ck}-\sigma_{pc\text{II}}=8.23-6.86=1.37\text{N/mm}^2$$
$$<f_{tk}=2.64\text{N/mm}^2\text{，满足二级裂缝控制等级的要求}$$

8. 挠度验算

抗弯刚度：

$$B_s=0.85E_cI_0=0.85\times3.45\times10^4\times859.26\times10^7=2.5198\times10^{14}\text{N}\cdot\text{mm}^2$$

$$B=\frac{M_k}{M_q+M_k}B_s=\frac{160.79}{124.04+160.79}\times2.5198\times10^{14}=1.4225\times10^{14}\text{N}\cdot\text{mm}^2$$

荷载挠度：

$$v_1=\frac{5}{48}\frac{M_kl_0^2}{B}=\frac{5}{48}\times\frac{160.79\times10^6\times8.75^2\times10^6}{1.4225\times10^{14}}=9.01\text{mm}$$

预应力反拱度：

$$v_2=\frac{N_{p0\text{II}}e_{p0\text{II}}l_0^2}{4E_cI_0}=\frac{369.6\times10^3\times169.7\times8.75^2\times10^6}{4\times3.45\times10^4\times859.26\times10^7}=4.05\text{mm}$$

总挠度

$$v=|v_1-v_2|=9.01-4.05=4.96\text{mm}$$
$$<v_{\lim}=l_0/300=8750/300=29.17\text{mm，满足要求}$$

结论：经过验算，该梁的设计满足要求。

思考题

10-1　普通钢筋混凝土构件有哪些缺点？其根本原因是什么？

10-2　施加预应力的方法有哪些？各有何特点？

10-3　锚具的作用是什么？如何分类？

10-4　为什么张拉控制应力 σ_{con} 希望取得大一些，但又不能取得过大？

10-5　构件换算截面面积 A_0 和净截面面积 A_n 各有何物理意义？各在什么场合下应用？

10-6　何为消压轴力和开裂轴力？何为消压弯矩和开裂弯矩？

10-7　同样钢筋配置的构件，张拉与否能否提高构件的正截面承载能力？为什么？

10-8　预应力混凝土构件设计应进行哪些计算和验算？

10-9　预应力混凝土梁挠度计算与普通钢筋混凝土梁挠度计算相比，有何不同？

练习题

10-1　现有一简支梁采用C30混凝土和HRB400钢筋，其跨度为5.2m，截面尺寸为200mm×450mm，其上作用均布自重荷载 $g_k=5\text{kN/m}$，均布活荷载 $q_k=10\text{kN/m}$。根据基本组合计算得到弯矩设计值进行纵向钢筋配置设计，再根据标准组合进行正常使用状态验算。同时，在此基础上，将梁跨度增加一倍，变为10.4m，同时其截面尺寸也同等比例增大为400mm×900mm，因此自重按截面面积增大为20kN/m，活荷载保持不变；在此条件下重新进行纵向钢筋设计和正常使用承载力验算。在此情况下，考虑使用强度更高的材料，提高混凝土强度等级到C50，使用HRB500级钢筋进行设计，再次进行纵向钢筋设计和正常使用承载力验算。3种工况基本参数如表10-10所示，完成表中最后3行，并分析普通钢筋混凝土梁的局限性。

练习题 10-1　　表 10-10

计算参数	跨度1	跨度2	跨度2（采用高强度钢筋）
计算跨度 l_0(m)	5.2	10.4	10.4
截面尺寸 b×h(m^2)	200×450	400×900	400×900
恒载 g_k(kN/m)	5	20	20
活荷载 q_k(kN/m)	10	10	10
混凝土抗压强度 f_c(N/mm^2)	14.3	14.3	23.1
混凝土抗拉强度 f_{tk}(N/mm^2)	2.01	2.01	2.64
钢筋强度 f_y(N/mm^2)	360	360	435
纵向钢筋配置(mm^2)			
跨中挠度 f(mm)			
裂缝宽度 w_{max}(mm)			

10-2　预应力混凝土屋架下弦拉杆，截面尺寸240mm×200mm，构件长24m。采用先张法在50m台座上张拉，夹片式夹具无顶压（取 $a=7$mm），张拉控制应力为 $0.75f_{ptk}$。混凝土强度等级为C50，达到75%强度时放张，蒸汽养护时构件与台座间温差 $\Delta t=20$℃。预应力筋为10 Φ^H9（$f_{ptk}=1570N/mm^2$）、普通钢筋为4 Φ12，均为对称布置。要求计算：

（1）各项预应力损失；

（2）消压轴力及开裂轴力。

10-3　屋架下弦拉杆，设计数据同练习题10-2。设结构重要性系数 $\gamma_0=1.1$，设计使用年限50年。荷载标准值产生的轴力 $N_{gk}=300$kN、$N_{qk}=120$kN，可变荷载组合值系数 $\psi_c=0.7$、准永久值系数 $\psi_q=0.4$。要求进行下列计算：

（1）使用阶段的承载力；

（2）使用阶段抗裂验算；

（3）施工阶段截面应力验算。

10-4　对于例题10-2给出的预应力梁，试验算支座处斜截面的抗裂度。

第3篇

钢结构

第 11 章 钢材的性能

导读：钢材的性能直接影响着钢结构的性能。本章内容包括钢材的种类与规格、钢材的工作性能、影响钢材性能的主要因素、钢材的疲劳、钢材的选材要求及强度取值。通过本章学习应了解钢材的破坏形式，掌握钢材的力学性能，熟悉影响钢材性能的各种因素，掌握钢材疲劳概念，熟悉钢材疲劳的验算方法，熟悉建筑常用钢材的种类与选用原则，熟悉钢材的规格。其中，应重点掌握钢结构对钢材性能的要求、影响钢材性能的各种因素；难点为钢材疲劳的概念及验算方法。

11.1 钢材种类和规格

钢是以铁和碳为主要成分的合金，其中铁是最基本的元素，碳和其他元素所占比例甚少，但却决定着钢材的物理和化学性能。钢材的种类繁多，性能差别很大，适用于钢结构的钢材只是其中的一小部分。为了确保质量和安全，这些钢材应具有较高的强度、塑性和韧性，以及良好的加工性能。我国《钢结构设计标准》GB 50017—2017 规定：钢材宜采用 Q235、Q345、Q390、Q420、Q460 和 Q345GJ 钢，其质量应分别符合现行国家标准《碳素结构钢》GB/T 700、《低合金高强度结构钢》GB/T 1591 和《建筑结构用钢板》GB/T 19879 的规定。其中，近年来已成功使用的 Q460 钢及现行国家标准《建筑结构用钢板》GB/T 19879 的 GJ 系列钢材增列为新规范推荐的结构用钢。

钢材的性能与其化学成分、组织构造、冶炼和成型方法等内在因素密切相关，同时也受到荷载类型、结构形式、连接方法和工作环境等外界因素的影响。本章主要介绍钢材的种类、规格及选用原则；介绍钢材的主要性能以及各种因素对钢材性能的影响。

11.1.1 钢材的种类和牌号

1. 钢材种类

钢材的种类主要是依据化学成分和加工方式等进行分类的。根据《钢分类 第 1 部分：按化学成分分类》GB/T 13304.1—2008，按照化学成分，可分为非合金钢、低合金钢、合金钢等；按照脱氧方法，可分为沸腾钢、半镇静钢、镇静钢和特殊镇静钢。其中，镇静钢脱氧充分，沸腾钢脱氧较差。另外，按照冶炼方法，可分为平炉钢、转炉钢、电炉钢。按照用途，可分为结构钢、工具钢和特殊钢（如不锈钢等），其中结构钢又分为建筑用钢和机械用钢。按照成型方法，可分为轧制钢（热轧与冷轧）、锻钢和铸钢。

适用于钢结构的钢材主要有碳素结构钢和低合金高强度结构钢两大类。另外，新规范增列的性能较优的其他几种专用结构钢也可用作建筑结构钢材。

（1）碳素结构钢

碳素钢按碳含量的多少，分为低碳钢、中碳钢和高碳钢三类。其中低碳钢碳含量小于 0.25％，中碳钢碳含量为 0.25％～0.6％，高碳钢碳含量大于 0.6％。

建筑结构用碳素结构钢多采用低碳钢，因为其塑性、韧性和可焊性均好于中碳钢和高碳钢。有时也使用中碳钢，比如高强度螺栓用钢；也有使用高碳钢的情形，如碳素钢丝。

（2）低合金高强度结构钢

低合金高强度结构钢是在钢的冶炼过程中加入一种或几种适量的合金元素（总含量一般小于5%）而成的钢。添加合金元素的目的是为了提高钢的屈服强度、抗拉强度、耐磨性、耐蚀性及耐低温性能等。它是综合性较为理想的建筑钢材，尤其在大跨度、承受动荷载和冲击荷载的结构中更适用。另外，与使用碳素钢相比，可节约钢材20%～30%，而成本并不很高。低合金高强度结构钢按添加的主要合金元素分为若干钢系，比如锰系钢、硅锰系钢、硅钒系钢、硅钛系钢、硅铬系钢等。依据各合金元素含量的不同，又可派生出若干种合金钢。

（3）专用结构钢

一些特殊用途的钢结构，如桥梁、船舶、压力容器和锅炉等，为适应其特殊受力和工作条件的需要，常采用专用结构钢。专用结构钢是在碳素结构钢或低合金高强度结构钢的基础上冶炼而成，其有害元素含量低、晶粒细、组织致密、力学性能的附加保证项目较多，因而质量更高、检验更严密。另外，为了克服钢材易锈蚀这一弱点，在钢材冶炼时加入少量的合金元素，使其在金属基体表面形成保护层，提高钢材的耐腐蚀性能，这种专用结构钢称为耐候钢。钢结构连接中的铆钉、高强度螺栓和焊条用钢丝等，有时也采用满足各自连接件要求的专用结构钢。例如，铆钉采用塑性和韧性较好的ML（铆螺）2钢、ML3钢；高强度螺栓采用优质碳素结构钢或低合金钢（35号钢、45号钢）等，并且其制成的螺栓、螺母和垫圈等需经热处理，以进一步提高强度和质量；焊条用钢丝采用严格控制化学元素含量并具有良好可焊性的焊丝钢，如H08、H10Mn2等。

2. 钢材牌号

钢材牌号，又称钢铁产品牌号，一般采用汉语拼音字母、化学元素符号和阿拉伯数字相结合表示钢材产品名称、用途、特性和工艺的方法。钢结构用钢材的牌号采用的是《一般工程用铸造碳钢件》GB/T 11352—2009、《碳素结构钢》GB/T 700—2006和《低合金高强度结构钢》GB/T 1591—2018等标准的表示方法。

（1）铸造碳钢

铸造碳钢，简称为铸钢。铸钢可用来制作大型结构的支座，如大跨度桁架、网架、网壳等结构的弧形支座板和滚轴支座的枢轴及上下托座。按照国家标准《一般工程用铸造碳钢件》GB/T 11352—2009规定，铸钢的牌号按以下顺序标注：

『铸钢代号ZG、屈服点 f_y—抗拉强度 f_u』

常用铸造碳钢有ZG200-400、ZG230-450、ZG270-500和ZG310-570，共四个牌号。其中ZG270-500，表示该铸钢屈服点为270N/mm^2，抗拉强度为500N/mm^2，由此可以算出屈强比为0.54，表明强度储备较高。

（2）螺栓用钢

螺栓大部分采用碳钢或合金钢制造，分级表示方法为：

『抗拉强度．屈强比』

其中的抗拉强度以“t/cm^2”为单位。比如8.8级高强度螺栓表示材料抗拉强度 f_u 不低于800N/mm^2（8t/cm^2），屈强比 $f_y/f_u=0.8$。普通螺栓有4.6级、4.8级、5.6级和8.8级，共四个级别，高强度螺栓有8.8级和10.9级两个级别。

(3) 碳素结构钢

按《碳素结构钢》GB/T 700—2006 的规定，碳素结构钢的牌号用屈服强度标准值编号，其牌号标注如下：

『代表屈服点的字母、屈服强度数值-质量等级符号、脱氧方法符号』

其中，代表屈服点的字母为Q；屈服应力标准值为钢材厚度（直径）≤16mm 时屈服强度数值 f_y；质量等级共分 A、B、C、D 四级，由 A 到 D 表示质量由低到高，与冲击韧性有关，参见表 11-1。不同质量等级对化学成分和力学性能的要求不同。A 级无冲击功规定，对冷弯试验只在需方要求时才进行，其碳、锰、硅含量也可以不作为交货条件；B 级、C 级、D 级分别要求 20℃、0℃、－20℃时夏比 V 形缺口冲击功 C_v 不小于 27J（纵向），都要求提供冷弯试验合格保证，以及碳、锰、硅、硫和磷等含量的质保。

所有钢材交货时供方应提供屈服点、极限强度和伸长率等力学性能的质保。

碳素结构钢依脱氧方法不同分为沸腾钢（F）、半镇静钢（b）、镇静钢（Z）、特殊镇静钢（TZ）。括号内为对应的脱氧方法符号，在牌号标注时，Z、TZ 可省略不写。A 级和 B 级钢可以是 Z、b 或 F，C 级钢只能是 Z，D 级钢只能是 TZ。

例如，Q235-BF 表示屈服点为 235N/mm^2 的 B 级沸腾钢；Q255-A 表示屈服点为 255N/mm^2 的 A 级镇静钢。

碳素结构钢有 Q195、Q215、Q235、Q255 和 Q275 等五种牌号，屈服强度越大，其含碳量、强度和硬度越大，塑性越低。其中 Q235 在使用、加工和焊接方面的性能都比较好，是钢结构常用钢材之一。Q235 钢根据厚度尺寸分档，厚度越厚，存在的缺陷可能越多，强度就越低。

钢材的质量等级　　表 11-1

质量等级	温度(℃)	冲击功 A_{KV}(纵向)不小于(J)	
		碳素结构钢	低合金高强度结构钢
A		不要求	不要求
B	20	27	34
C	0	27	34
D	−20	27	34
E	−40	—	27

(4) 低合金高强度结构钢

按《低合金高强度结构钢》GB/T 1591—2018 的规定，其牌号与碳素结构钢牌号的表示方法类同，其牌号标注为：

『Q、规定的最小上屈服强度数值、交货状态代号、质量等级符号』

低合金钢的脱氧方法与镇静钢或特殊镇静钢相同。目前常用的低合金高强度结构钢有 Q355、Q390、Q420 和 Q460 等。交货状态为热轧时，交货状态代号 AR 或 WAR 可省略；交货状态为正火或正火轧制状态时，交货状态代号均用 N 表示。低合金钢的质量等级除与碳素结构钢 A、B、C、D 四个等级相同外，还增加了 E 级，要求－40℃时夏比 V 形缺口冲击功 C_v 不小于 27J（纵向），参见表 11-1。不同质量等级对碳、硫、磷、铝的含量要求也不同。

例如，Q355ND 表示屈服强度标准值为 355N/mm^2，交货状态为正火或正火轧制的 D 级低合金钢；Q460E 表示屈服强度标准值为 460N/mm^2 的热轧 E 级低合金钢。

当钢材厚度较大时（如大于 40mm），为避免焊接时产生层状撕裂，需采用 Z 向钢。Z 向钢是在某一级结构钢（母级钢）的基础上，经过特殊冶炼和处理的钢材。Z 向钢在厚度方向有较好的延展性，有良好的抗层状撕裂能力，适用于高层建筑和大跨度钢结构。我国生产的 Z 向钢板的标记是在母级钢牌号后面加 Z 向钢板等级标记，如 Z15、Z25、Z35 等，Z 后面的数字表示相应的厚度方向断面收缩率应分别大于 15%、25%和 35%，截面收缩率的级别越高，其抗层状撕裂的性能越好。

《建筑结构用钢板》GB/T 19879—2023 适用于高层和大跨度及其他重要结构，钢板的牌号由 Q、屈服强度数值、高性能建筑结构用钢符号（GJ）、质量等级符号（B、C、D、E）组成。对于厚度方向性能钢板，在质量等级后加上厚度方向性能级别（Z15、Z25、Z35）。例如，Q460GJCZ25 表示屈服强度为 460N/mm^2 的高性能建筑结构 C 级质量等级、厚度方向性能级别为 Z25 的结构钢。

低合金钢交货时供方应提供屈服强度、极限强度、伸长率和冷弯试验等力学性能质保，还要提供碳、锰、硅、硫、磷、钒、铝和铁等化学成分含量的质保。当需方要求钢板具有厚度方向性能时，则在上述规定的牌号后加上代表厚度方向（Z 向）性能级别的符号，如：Q355NDZ25。

（5）专用结构钢

专用结构钢的牌号以在相应牌号后加上专业用途代号（压力容器、桥梁和锅炉用钢材的专业用途代号分别为 R、q 和 g）来表示。例如，Q355q 表示屈服强度为 355N/mm^2 的低合金桥梁用结构钢。这些专用结构钢的化学成分和机械性能及工艺性能可参见相应专用结构钢标准。

我国生产的耐候钢的牌号和化学成分及机械性能等可参见《耐候结构钢》GB/T 4171—2008。耐候钢都属于合金钢，因而其牌号的表示方法与合金钢的相同，但要在屈服强度值后面加耐候或高耐候符号 NH 或 GNH，如 Q355GNH。

11.1.2 钢材的品种和规格

钢材的品种主要是依据钢材产品的加工工艺和几何形状进行分类的。按照加工工艺可分为热轧钢和冷轧钢；按照产品形状，可分为厚板、薄板、带材、管材和型材等。《热轧型钢》GB/T 706—2016 对热轧工字钢、热轧槽钢、热轧等边角钢、热轧不等边角钢的订货内容、尺寸、外形、重量及允许偏差、技术要求、试验方法、检验规则、包装、标志及质量证明书做了相应的规定。部分热轧型材的规格及截面特性可参考附表 33～附表 38，表格数据按《热轧型钢》GB/T 706—2016 和《热轧 H 型钢和部分 T 型钢》GB/T 11263—2017 取用。

1. 热轧钢板

钢板为热轧而成，由厚度 h、宽度 b 和长度 l 定义。根据钢板的厚度不同，可分为厚钢板、薄钢板和扁钢板等。

① 厚钢板：h＝4.5～60mm，b＝600～3000mm，l＝4～12m。

② 薄钢板：h＝0.35～4mm，b＝500～1500mm，l＝0.5～4m。

③ 扁钢板：h＝4～60mm，b＝30～200mm，l＝3～9m。

④ 花纹钢板：h=2.5～8mm，b=600～1800mm，l=0.6～12m。

厚钢板被广泛用作梁、柱等焊接构件的腹板、翼缘板以及连接钢板，薄钢板主要用来制造冷弯薄壁型钢，扁钢板和花纹钢板在建筑上亦有不同用途。钢板用符号“—”后面加“厚×宽×长（单位 mm）”或“长×宽×厚”的方法表示。如—18×800×2100，表示钢板厚 18mm、宽 800mm、长 2100mm。

2. 热轧型钢

热轧型钢为钢锭加热轧制形成，依截面形状命名有角钢、工字钢、槽钢、H 型钢、T 型钢和圆管等，如图 11-1 所示。

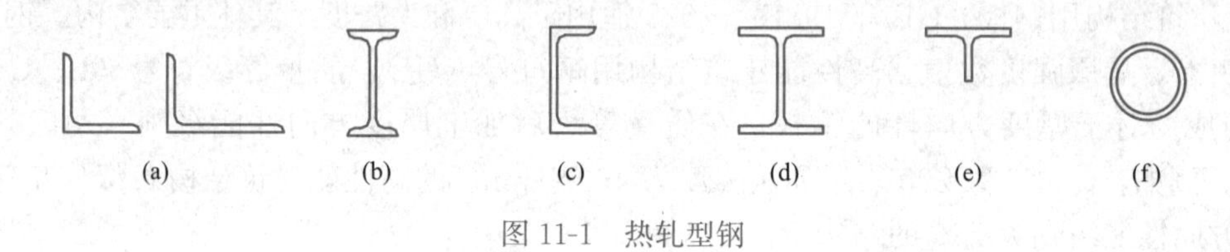

图 11-1　热轧型钢

（1）角钢

角钢分为等边角钢和不等边角钢两种，分别如图 11-1（a）所示。角钢符号为“L”，等边角钢用“肢宽×肢厚”表示，如L 36×5，表示肢宽为 36mm、肢厚为 5mm 的等边角钢。不等边角钢用“长肢宽×短肢宽×肢厚”表示，如L 100×80×7，表示长肢宽为 100mm、短肢宽为 80mm、肢厚为 7mm 的不等边角钢。目前我国生产的角钢最大边长为 200mm，角钢的供应长度一般为 4～19m。

（2）工字钢

工字钢分普通工字钢和轻型工字钢两种，如图 11-1（b）所示。普通工字钢用符号“I”，后面跟截面高度的厘米数和腹板厚度类型 a、b、c 来表示型号。如 I32a、I32b、I32c，表示普通工字钢截面高度均为 32cm，腹板厚度则不同，其厚度依次为 9.5mm、11.5mm 和 13.5mm（参见国家标准《热轧型钢》GB/T 706—2016）。轻型工字钢以符号“QI”后加截面高度的厘米数表示，如 QI25 表示截面高度为 25cm 的热轧轻型工字钢。目前国产普通工字钢的规格为 10～63 号，轻型工字钢的规格有 10～70 号。供应长度均为 5～19m。

（3）槽钢

槽钢分普通槽钢和轻型槽钢两种，如图 11-1（c）所示。普通槽钢的符号为“［”，用截面高度的厘米数和腹板厚度类型 a、b、c 表示型号。例如［36a、［36c 表示截面高度均为 36cm，腹板厚度分别 9.0mm、13.0mm 的普通槽钢。轻型槽钢的符号为“Q［”，后面跟截面高度的厘米数作为型号，如 Q［25。号数相同的轻型槽钢比普通槽钢的翼缘宽而薄，惯性半径略大，重量较轻。供货长度为 5～19m。

（4）H 型钢和 T 型钢

H 型钢是由工字钢发展而来的经济断面型材，如图 11-1（d）所示。H 型钢的翼缘内外表面平行，内表面无斜度，翼缘端部为直角，便于与其他构件连接。设 B 为截面宽度、H 为截面高度，则热轧 H 型钢根据宽高之间的关系分为宽翼缘 H 型钢（$B=H$）、中翼缘 H 型钢（$B=0.5H$～$0.66H$）和窄翼缘 H 型钢（$B=0.33H$～$0.5H$）三类，此外还有 H

型钢柱（参见国家标准《热轧 H 型钢和部分 T 型钢》GB/T 11263—2017）。HW 表示宽翼缘 H 型钢、HN 为窄翼缘 H 型钢，规格、尺寸参见附表 37。供货长度可与生产厂家协商，长度大于 24m 的 H 型钢不成捆交货。

H 型钢可沿腹板中部对等剖分成两个 T 形截面（图 11-1e），形成 T 型钢供应市场。

（5）钢管

钢管有无缝钢管和焊接钢管两种。由于惯性半径较大，常用作桁架、网架、网壳等平面或空间格构式结构的杆件；在钢管混凝土柱中也有广泛的应用。型号可用代号“D”后加“外径 $d\times$壁厚 t（单位 mm）”表示，如 D400×8，表示钢管外径为 400mm，壁厚为 8mm。国产热轧无缝钢管的最大外径可达 630mm。供货长度为 3～12m。焊接钢管的外径可以做得更大，一般由施工单位卷制。

3. 冷弯薄壁型钢

冷弯薄壁型钢由厚度为 1.5～6mm 的钢板或带钢，经冷加工（冷弯、冷压或冷拔）成型，同一截面部分的厚度都相同，截面各角顶处呈圆弧形。在工业、民用和农业建筑中，可用薄壁型钢制作各种屋架、刚架、网架、檩条、墙梁、墙柱等结构和构件。近年来，冷弯高频焊接圆管和方、矩形管的生产和应用在国内有了很大的进展，冷弯型钢的壁厚已达 12.5mm（部分生产厂的可达 22mm，国外为 25.4mm）。截面形式如图 11-2（a）所示，各部分的厚度相同，转角处均呈圆弧形。因其壁薄，截面几何形状开展，因而与面积相同的热轧型钢相比，截面惯性矩大，是一种高效经济的截面。但存在对锈蚀影响较为敏感的缺点，故多用于跨度小、荷载轻的轻型钢结构中。

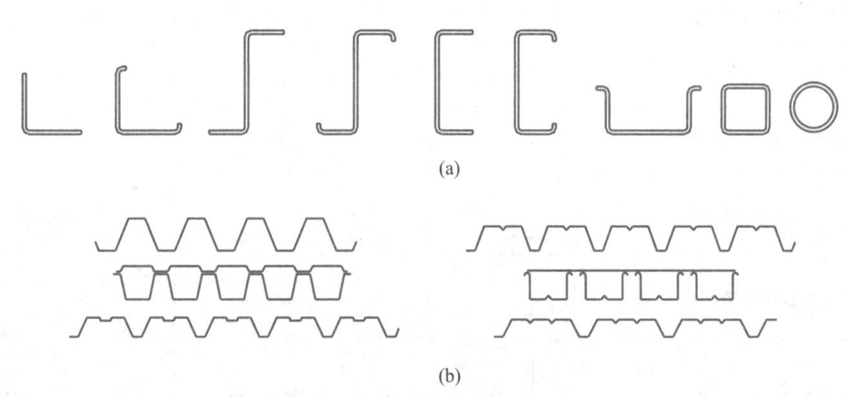

图 11-2 薄壁型钢的截面形式

（a）冷弯薄壁型钢；（b）压型钢板

图 11-2（b）所示为采用 0.4～1.6mm 的薄钢板经辊压成型的压型钢板，其截面形式和尺寸均可按受力特点合理设计，能充分利用钢材的强度、节约钢材，在国内外轻钢建筑结构中被广泛地应用。

另外，夹芯彩色钢板也广泛应用于建筑工程中，它是在两层薄钢板之间夹泡沫材料形成的。这种板材质量轻，保温、隔热性能好，广泛用于屋盖和围护墙。2008 年 5 月 12 日四川汶川大地震后，四川重灾区在全国各地的支援下，用这种钢板搭建了 60 余万套活动板房来解决灾民的临时安置问题，在救灾中发挥了巨大作用。

《建筑结构制图标准》GB/T 50105—2010 规定了常用型钢的标准方法，如表 11-2 所示。

常用型钢的标注方法（《建筑结构制图标准》GB/T 50105—2010） 表 11-2

序号	名称	截面	标注	说明
1	等边角钢		$b\times t$	b 为肢宽 t 为肢厚
2	不等边角钢		$B\times b\times t$	B 为长肢宽 b 为短肢宽 t 为肢厚
3	工字钢		N　Q N	轻型工字钢加注 Q 字
4	槽钢		N　Q N	轻型槽钢加注 Q 字
5	方钢		b	—
6	扁钢		$b\times t$	—
7	钢板		$-\frac{-b\times t}{L}$	$\frac{宽\times厚}{板长}$
8	圆钢		ϕd	—
9	钢管		$\phi d\times t$	d 为外径 t 为壁厚
10	薄壁方钢管		B $b\times t$	薄壁型钢加注 B 字 t 为壁厚
11	薄壁等肢角钢		B $b\times t$	
12	薄壁等肢卷边角钢		B $b\times a\times t$	
13	薄壁槽钢		B $h\times b\times t$	
14	薄壁卷边槽钢		B $h\times b\times a\times t$	
15	薄壁卷边 Z 型钢		B $h\times b\times a\times t$	
16	T 型钢		TW ×× TM ×× TN ××	TW 为宽翼缘 T 型钢 TM 为中翼缘 T 型钢 TN 为窄翼缘 T 型钢
17	H 型钢		HW ×× HM ×× HN ××	HW 为宽翼缘 H 型钢 HM 为中翼缘 H 型钢 HN 为窄翼缘 H 型钢
18	起重机钢轨		QU××	详细说明产品规格型号
19	轻轨及钢轨		××kg/m钢轨	

11.2 钢材主要性能

钢材有两种完全不同的破坏形式：塑性破坏和脆性破坏。钢结构用钢在正常使用条件下，虽然有较高的塑性和韧性，但在某些条件下，仍然存在发生脆性破坏的可能性。

塑性破坏的主要特征是破坏前具有较大的塑性变形，常在钢材表面出现明显的相互垂直交错的滑移线。只有当构件中的应力达到抗拉强度后才会发生破坏，破坏后的断口呈纤维状，色泽发暗。由于塑性破坏前总有较大的塑性变形发生，且变形持续时间较长，容易被发现和抢修加固，因此不至于发生严重后果。钢材塑性破坏前所具备的较大塑性变形能力，可以实现构件和结构中的内力重分布，钢结构塑性设计就是建立在这种足够的塑性变形能力之上的。

脆性破坏的主要特征是，破坏前塑性变形很小，或根本没有塑性变形，而突然迅速断裂。破坏后的断口平直，呈有光泽的晶粒状或有人字纹。由于破坏前没有任何预兆，破坏速度又极快，无法察觉和补救，而且一旦发生常引发整个结构的破坏，后果非常严重，因此在钢结构的设计、施工和使用过程中，要特别注意防止这种破坏的发生。

钢材的两种破坏形式与其内在的组织构造和外部的工作条件有关。金属材料的内部组织构造，只有在显微镜下才能观察到，在显微镜下看到的内部组织结构称为显微组织或金相组织。金相组织是反映金属金相的具体形态，钢材常见的金相组织有：铁素体、奥氏体、渗碳体、珠光体等。广义的金相组织是指两种或两种以上的物质在微观尺度下的混合状态以及相互作用状况。铁素体是碳在 α-Fe 中的固溶体。α-Fe 的溶碳能力较差，因此，铁素体的含碳量很低，常温下仅能溶解为 0.0008%的碳，在 727℃时最大的溶碳能力为 0.02%，由于含碳量低，铁素体的强度和硬度都很低，但塑性和韧性很好。渗碳体是铁与碳形成的金属化合物。渗碳体的含碳量为 6.67%，熔点为 1227℃，其晶格为复杂的正交晶格，硬度很高，塑性、韧性几乎为零，脆性很大。珠光体是铁素体和渗碳体一起组成的机械混合物，碳素钢中珠光体组织的平均碳含量约为 0.77%，其力学性能介于铁素体和渗碳体之间，即强度、硬度比铁素体显著增高，塑性、韧性比铁素体要差，但比渗碳体要好得多。试验和分析均证明，在剪力作用下，具有体心立方晶格的铁素体很容易通过位错移动形成滑移，即形成塑性变形；由于铁素体抵抗沿晶格方向伸长至拉断的能力强大得多，因此当单晶铁素体承受拉力作用时，总是首先沿最大剪应力方向产生塑性滑移变形（图 11-3）。实际钢材是由铁素体和珠光体等组成的，由于珠光体间层的限制，阻遏了铁素体的滑移变形，因此受力初期表现出弹性性能。当应力达到一定数值，珠光体间层失去了约束铁素体在最大剪应力方向滑移的能力，此时钢材将出现屈服现象，先前铁素体被约束了的塑性变形就充分表现出来，直到最后破坏。显然当内外因素使钢材中铁素体的塑性变形无法发生时，钢材将出现脆性破坏。

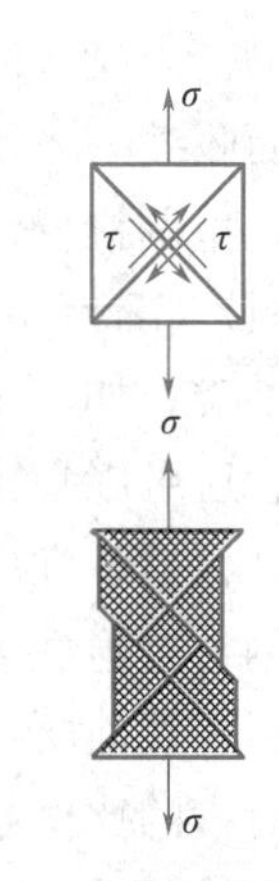

图 11-3 铁素体单晶体的塑性滑移

11.2.1 钢材的静态力学性能

1. 单向拉伸力学性能

(1) 强度指标

钢材的强度指标，包括比例极限、屈服强度和极限抗拉强度，可通过单向一次（也称单调）拉伸试验获得。试验一般都是在标准条件下进行的，即：试件的尺寸符合国家标准，表面光滑，没有孔洞、刻槽等缺陷；荷载分级逐次增加，直到试件破坏；室温为20℃左右。采用钢材制作的标准试样为直径10mm，标距100mm或50mm的圆试样。图11-4给出了相应钢材的单调拉伸应力-应变（σ-ε）关系曲线。由低碳钢和低合金钢的试验曲线可以看出，在比例极限σ_p之前钢材的工作是弹性的；比例极限以后，进入了弹塑性阶段；达到了屈服点f_y后，出现了一段纯塑性变形，也称为塑性平台；此后强度又有所提高，出现所谓自强阶段，并达到极限抗拉强度f_u，最后直至产生颈缩而破坏。屈服点f_y是钢结构设计中应力允许达到的最大限值，因为当构件中的应力达到屈服点时，结构会因过度的塑性变形而不适于继续承载。破坏时的残余延伸率表示钢材的塑性性能。调质处理的低合金钢没有明显的屈服点和塑性平台，这类钢的屈服点是以卸载后试件中残余应变为0.2%所对应的应力人为定义的，称为名义屈服点或$f_{0.2}$。当以屈服点作为强度计算的限值时，f_u与f_y的差值可作为钢材的强度储备，强度储备的大小常用f_y/f_u表示，该比值称为屈强比。

(2) 塑性指标

钢材的塑性指标主要包括伸长率和截面收缩率。伸长率δ是衡量钢材断裂前所具有的塑性变形能力的指标，以试件破坏后在标定长度内的残余应变表示。若试样初始标距l_0，试样拉断后标距l_1，则伸长率δ定义为：

$$\delta=\frac{l_1-l_0}{l_0}\times 100\% \tag{11-1}$$

取圆试件直径的5倍或10倍为标定长度，其相应伸长率分别用δ_5或δ_{10}表示，$\delta_5>\delta_{10}$。工程上将$\delta\geqslant 5\%$的材料称为塑性材料，$\delta<5\%$的材料称为脆性材料。

断面收缩率ψ是试样拉断后，颈缩处横断面积的最大缩减量与原始横断面积的百分比，也是单调拉伸试验提供的一个塑性指标。ψ越大，塑性越好。在国家标准《厚度方向性能钢板》GB/T 5313—2023中，使用沿厚度方向的标准拉伸试件的断面收缩率来定义Z向钢的种类，如ψ分别大于或等于15%、25%、35%时，为Z15、Z25、Z35钢。由单调拉伸试验还可以看出钢材的韧性好坏。韧性可以用材料破坏过程中单位体积吸收的总能量来衡量，包括弹性能和非弹性能两部分，其数值等于应力-应变曲线（图11-4）下的总面积。当钢材有脆性破坏的趋势时，裂纹扩展释放出来的弹性能往往成为裂纹继续扩展的驱动力，而扩展前所消耗的非弹性能量则属于裂纹扩展的阻力。因此，上述的静力韧性中非弹性能所占的比例越大，材料抵抗脆性破坏的能力越高。

(3) 物理性质指标

钢材（短试件）单向受压时的性能与单向受拉时的性能基本相同，弹性模量、比例极限、屈服点一致，只是钢材压不烂，测不到抗压强度。受剪情况与此相似，但屈服点τ_y和抗剪强度τ_u均低于拉伸时的相应值，剪变模量G也低于弹性模量E。

钢材和钢铸件的物理性能指标包括弹性模量E、剪变模量G、线膨胀系数α和质量密

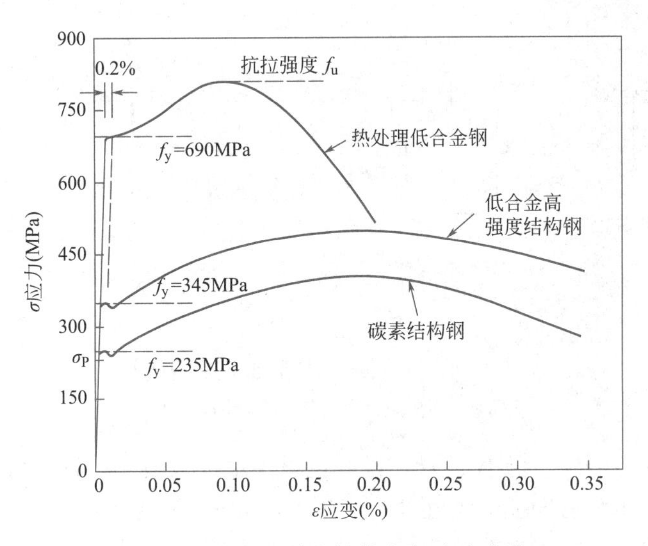

图 11-4　钢材的单向拉伸应力-应变曲线

度 ρ，其值见附表 24。

（4）钢材本构模型

由图 11-4 可以看到，屈服点以前的应变很小，如把钢材的弹性工作阶段提高到屈服点，且不考虑自强阶段，则可把应力-应变曲线简化为图 11-5 所示的两条直线，称为理想弹塑性体的工作曲线。它表示钢材在屈服点以前应力与应变关系符合虎克定律，接近理想弹性体工作；屈服点以后塑性平台阶段又近似于理想的塑性体工作。这一简化，与实际误差不大，却大大方便了计算，成为钢结构弹性设计和塑性设计的理论基础。除此之外，还有理想弹塑性线性强化模型、弹塑性模型和刚塑性模型等其他几种本构模型。

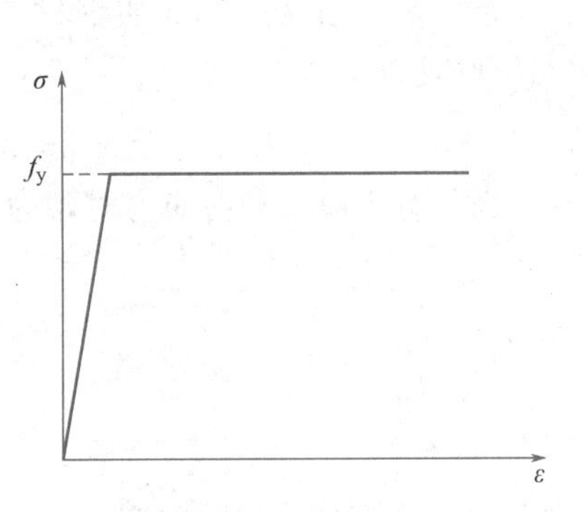

图 11-5　理想弹塑性体应力-应变曲线

2. 复杂应力状态力学性能

单调拉伸试验得到的屈服点是钢材在单向应力作用下的屈服条件，实际结构中，钢材常常受到平面或三向应力作用。根据形状改变比能理论（或称剪应变能量理论），钢在复杂应力状态由弹性过渡到塑性的条件，也称米塞斯屈服条件为：

$$\sigma_{zs}=\sqrt{\sigma_x^2+\sigma_y^2+\sigma_z^2-(\sigma_x\sigma_y+\sigma_y\sigma_z+\sigma_z\sigma_x)+3(\tau_{xy}^2+\tau_{yz}^2+\tau_{zx}^2)}=f_y \quad (11\text{-}2)$$

或以主应力表示为：

$$\sigma_{zs}=\sqrt{\frac{1}{2}\left[(\sigma_1-\sigma_2)^2+(\sigma_2-\sigma_3)^2+(\sigma_3-\sigma_1)^2\right]}=f_y \quad (11\text{-}3)$$

当 $\sigma_{zs}<f_y$ 时，为弹性阶段；

当 $\sigma_{zs}\geqslant f_y$ 时，为塑性状态。

式中，σ_{zs} 为折算应力；f_y 为单向应力作用下的屈服点。其他应力见图 11-6。

由式（11-3）可以明显看出，当 σ_1、σ_2、σ_3 为同号应力且数值接近时，即使它们各自

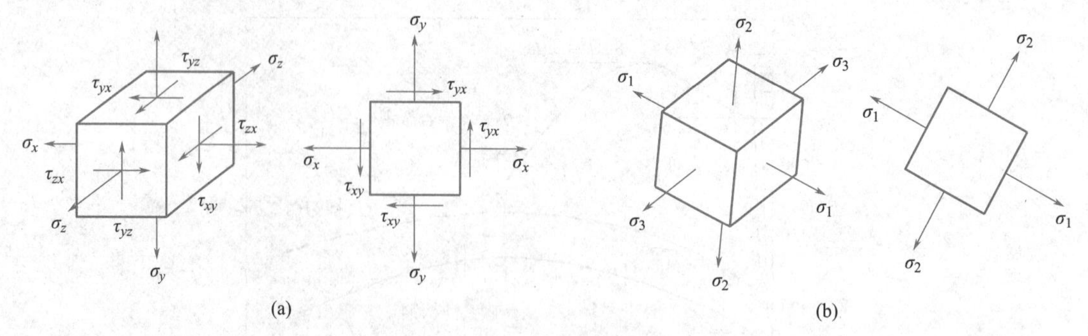

图 11-6 钢材单元体上的复杂应力状态

（a）一般应力分量状态；（b）主应力状态

都远大于 f_{y}，折算应力 σ_{zs} 仍小于 f_{y}，说明钢材很难进入塑性状态。当为三向拉应力作用时，甚至直到破坏也没有明显的塑性变形产生，破坏表现为脆性。这是因为钢材的塑性变形主要是铁素体沿剪切面滑动产生的，同号应力场剪应力很小，钢材转变为脆性。相反，在异号应力场下，剪应变增大，钢材会较早地进入塑性状态，提高了钢材的塑性性能。

在平面应力状态下（如钢材厚度较薄时，厚度方向应力很小，常可忽略不计），式（11-2）成为：

$$\sigma_{\mathrm{zs}}=\sqrt{\sigma_x^2+\sigma_y^2-\sigma_x\sigma_y+3\tau_{xy}^2}=f_{\mathrm{y}} \tag{11-4}$$

当只有正应力和剪应力时，为：

$$\sigma_{\mathrm{zs}}=\sqrt{\sigma^2+3\tau^2}=f_{\mathrm{y}} \tag{11-5}$$

当承受纯剪时，变为：$\sigma_{\mathrm{zs}}=\sqrt{3\tau^2}=f_{\mathrm{y}}$，或 $\tau=\dfrac{f_{\mathrm{y}}}{\sqrt{3}}=\tau_{\mathrm{y}}$，则有：

$$\tau_{\mathrm{y}}=0.58f_{\mathrm{y}} \tag{11-6}$$

式中，τ_{y} 为钢材的屈服剪应力，或剪切屈服强度。

11.2.2 钢材的冷弯性能和冲击韧性

拉伸试验所得到的力学性能指标是单一的指标，而且还是静力指标；冷弯性能是综合指标，冲击韧性也是综合指标，同时还是动力指标。

1. 冷弯性能

钢材的冷弯性能由冷弯试验确定。试验时，根据钢材的牌号和不同的板厚，按国家相关标准规定的弯心直径，在试验机上把试件弯曲 180°（图 11-7），以试件表面和侧面不出现裂纹和分层为合格。冷弯试验不仅能检验材料承受规定的弯曲变形能力的大小，还能显示其内部的冶金缺陷，因此是判断钢材塑性变形能力和冶金质量的综合指标。焊接承重结构以及重要的非焊接承重结构采用的钢材，均应具有冷弯试验的合格保证。

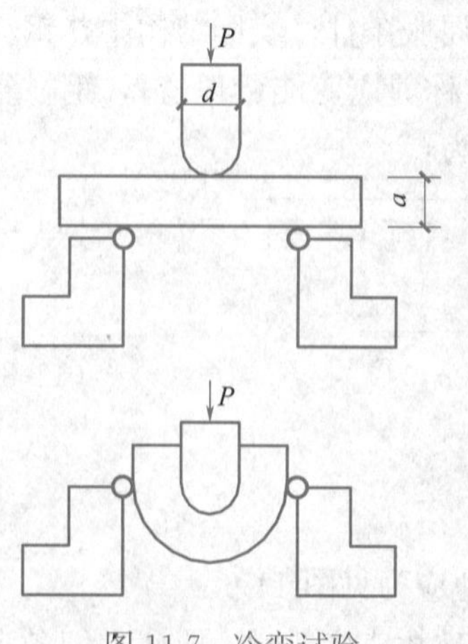

图 11-7 冷弯试验

2. 冲击韧性

由单调拉伸试验获得的韧性没有考虑应力集中和动荷作用的影响，只能用来比较不同钢材在正常情况下的韧性好坏。冲击韧性也称缺口韧性是评定带有缺口的钢材在冲击荷载作用下抵抗脆性破坏能力的指标，通常用带有夏比 V 形缺口的标准试件做冲击试验（图 11-8），以击断试件所消耗的冲击功大小来衡量钢材抵抗脆性破坏的能力。冲击韧性也叫冲击功，用 A_{KV} 或 C_V 表示，单位为“J”（1J＝1N×1m，即 1 焦＝1 牛×1 米）。

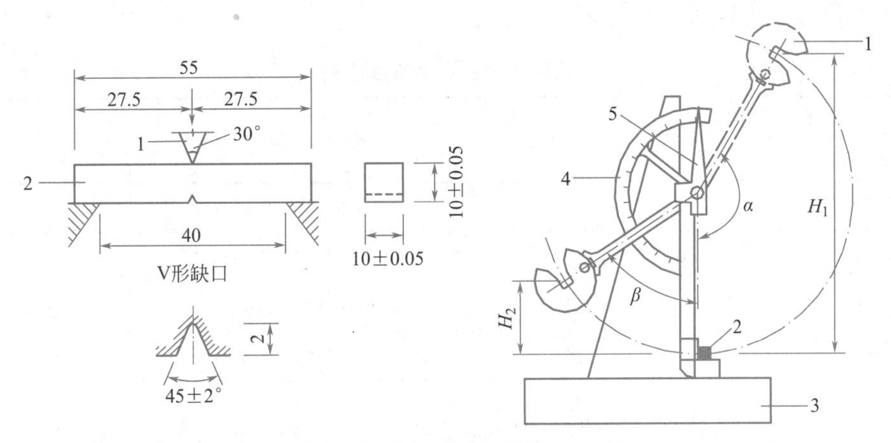

图 11-8　冲击试验（单位：cm）

1—摆锤；2—试件；3—试验机台座；4—刻度盘；5—指针

试验表明，钢材的冲击韧性值随温度的降低而降低，但不同牌号和质量等级钢材的降低规律又有很大的不同。同一牌号的钢材质量根据不同温度下的冲击韧性指标划分等级（表 11-1），碳素结构钢分 A、B、C、D 四级，低合金高强度结构钢分 A、B、C、D、E 五级。因此，在寒冷地区承受动力作用的重要承重结构，应根据其工作温度和所用钢材牌号，对钢材提出相当温度下的冲击韧性指标的要求，以防脆性破坏发生。

对于直接承受动力荷载而且可能在负温下工作的重要结构，应有相应温度下的冲击韧性保证。

11.2.3　钢材的可焊性能和特种性能

1. 可焊性能

钢材的可焊性能是指在一定的焊接工艺条件下，钢材经过焊接后能够获得良好的焊接接头的性能，可分为施工上的可焊性和使用上的可焊性。施工上的可焊性好是指在一定的焊接工艺下，焊缝金属及其附近金属均不产生裂纹；使用上的可焊性好是指焊接构件在施焊后的力学性能不低于母材的力学性能。

钢材的可焊性可通过试验来鉴定。钢材的可焊性受碳含量和合金元素含量的影响。我国《钢结构设计标准》GB 50017—2017 中除了 Q235A 钢不能作为焊接构件外，其他几种牌号的钢材均具有良好的可焊性能。普通碳素钢当其含碳量在 0.27%以下，含锰量在 0.7%以下，含硅量在 0.4%以下，硫、磷含量各在 0.05%以下时，其可焊性是好的。在高强度低合金钢中，低合金元素大多对可焊性有不利影响，可按我国《钢结构焊接规范》GB 50661—2011 规定的碳当量 CEV（%）衡量其可焊性，碳当量 CEV（%）的计算公式如下：

$$CEV(\%) = C + Mn/6 + (Cr + Mo + V)/5 + (Ni + Cu)/15(\%) \tag{11-7}$$

式中　C、Mn、Cr、Mo、V、Ni、Cu——碳、锰、铬、钼、钒、镍、铜的含量（%）。

为了提高钢结构工程焊接质量，保证结构使用安全，根据影响施工焊接的各种因素，将钢结构工程焊接按难易程度区分为易、一般、较难和难四个等级。按照目前国内钢结构的中厚板使用情况，将 $t \leqslant 30$mm 定为易焊的结构，将 30mm$<t \leqslant$60mm 定为焊接难度一般的结构，将 60mm$<t \leqslant$100mm 定为较难焊接的结构，$t>$100mm 定为难焊的结构。钢结构工程的焊接难度等级可参考表 11-3。

钢结构工程焊接难度等级 **表 11-3**

影响因素 / 焊接难度等级	板厚 t（mm）	钢材分类	受力状态	钢材碳当量 CEV(%)
A(易)	$t \leqslant 30$	Ⅰ	一般静载拉、压	$CEV \leqslant 0.38$
B(一般)	$30<t \leqslant 60$	Ⅱ	静载且板厚方向受拉或间接动载	$0.38<CEV \leqslant 0.45$
C(较难)	$60<t \leqslant 100$	Ⅲ	直接动载、抗震设防烈度等于 7 度	$0.45<CEV \leqslant 0.50$
D(难)	$t>100$	Ⅳ	直接动载、抗震设防烈度大于等于 8 度	$CEV>0.50$

钢材焊接性能的优劣除了与钢材的碳当量有直接关系外，还与母材的厚度、焊接的方法、焊接工艺参数以及结构形式等条件有关。

2. 特种性能

这里提到的钢材的特种性能是针对某些专用钢材所具有的附加性能而言的，如耐火性能、耐候性能和 Z 向性能等。

(1) 耐火性能

对建筑钢材的耐火性能要求，不同于对耐热钢（用于工业生产）有长时间高温强度的要求。建筑钢材的耐火性能只需满足在一定高温下，保持结构在一定时间内不致垮塌，以保证人员和重要物资能及时安全撤离火灾现场。因此，不需要在钢中添加大量贵重的耐热性高的合金元素（如铬、铂），而只需添加少量较便宜的合金元素，即可具备一定的耐火性能。

建筑钢材的耐火性能指标应满足下式要求：

$$f_{y(600℃)}=2f_{y}/3 \tag{11-8}$$

上式表示钢材在 600℃高温时的屈服点应具有高于常温时屈服点的 2/3，这也是保证建筑防火安全性的一个允许指标。耐火钢一般是在低碳钢或低合金钢中添加钒（V）、钛（Ti）、铌（Nb）合金元素，组成 Nb-V-Ti 合金体系，或再加少量铬（Cr）、钼（Mo）合金元素。

具有耐火性能的钢材，可根据防火要求的需要，减薄甚至不用防火涂料，因此具有良好的经济效果，并可增大使用空间。

(2) 耐候性能

在自然环境下，普通钢材每 5 年的腐蚀厚度可达 0.1～1mm。若处于腐蚀气体环境中，则腐蚀程度更为严重。对建筑钢材的耐候性能要求，不需要像对不锈钢那样高，它只需满足在自然环境下可裸露使用（如输电铁塔等），其耐候性能提高到普通钢材的 6～8 倍，即可获得良好效果。

耐候钢一般也是在低碳钢或低合金钢中添加合金元素，如钛（Ti）、铬（Cr）、铌

(Nb)、铜（Cu）、铝（Al）等，以提高钢材的抗腐蚀性能。在大气作用下，耐候钢表面可形成致密的稳定锈层，以阻绝氧气和水的渗入而产生的电化学腐蚀过程。若在耐候钢上再涂刷防腐涂料，其使用年限将远高于一般钢材。钢厂还可在钢材表面镀锌或镀铝锌，然后再在上面辊涂彩色聚酯类涂料，以使其具有更优良的耐候性能，但这种工艺只能用于生产彩涂薄钢板。

(3) Z 向性能

Z 向性能即钢板在厚度方向具有抗层状撕裂的性能，一般可用厚度方向钢板的断面收缩率进行衡量。Z 向钢板一般也是在低碳钢或低合金钢中加入铌（Nb）、钒（V）、铝（Al）等合金元素进行微合金化处理，并大幅度降低有害元素硫、磷的含量，因此，钢材的纯净度高，综合性能好。

由上述关于钢材的耐火性能、耐候性能和 Z 向性能的介绍中可见，为取得这些性能，一般均是在低碳钢或低合金钢中添加与其相关的合金元素，且添加的某些合金元素可综合提高特种性能（包括机械性能和可焊性能）。因此，除专用的如耐候钢外，我国很多钢厂新开发的这类新钢种均兼具各种性能，即集耐火性能、耐候性能和 Z 向性能于一体，并将其作为高层建筑结构用钢板。

11.3 影响钢材性能的主要因素

11.3.1 化学成分的影响

钢是由各种化学成分组成的，化学成分及其含量对钢的性能有着重要影响。钢的主要成分是铁（Fe）元素，其次为碳（C）元素，所以钢是含碳量 0.04%～2%的铁基合金。除铁、碳以外，还含有冶金过程中留下来的杂质，如硅（Si）、锰（Mn）、硫（S）、磷（P）、氮（N）、氧（O）等元素，这些杂质中部分有害，部分有益。低合金结构钢中，还添加有合金元素，如锰（Mn）、硅（Si）、钒（V）、铜（Cu）、铌（Nb）、钛（Ti）、铝（Al）、铬（Cr）、钼（Mo）等合金元素。合金元素通过冶炼工艺以一定的结晶形式存在于钢中，可以改善钢的性能。同一种元素以合金的形式和杂质的形式存在于钢中，其影响是不同的。

碳是各种钢中的重要元素之一，在碳素结构钢中则是铁以外的最主要元素。碳是形成钢材强度的主要成分，随着含碳量的提高，钢的强度逐渐增高，而塑性和韧性下降，冷弯性能、焊接性能和抗锈蚀性能等也变差。碳素钢按碳的含量区分，小于 0.25%的为低碳钢，介于 0.25%和 0.6%之间的为中碳钢，大于 0.6%的为高碳钢。含碳量超过 0.3%时，钢材的抗拉强度很高，但却没有明显的屈服点，且塑性很小。含碳量超过 0.2%时，钢材的焊接性能将开始恶化。因此，规范推荐的钢材，含碳量均不超过 0.22%，对于焊接结构则严格控制在 0.2%以内。

硫是有害元素，常以硫化铁形式夹杂于钢中。当温度达 800～1000℃时，硫化铁会熔化使钢材变脆，因而在进行焊接或热加工时，有可能引发热裂纹，称为热脆。此外，硫还会降低钢材的冲击韧性、疲劳强度、抗锈蚀性能和焊接性能等。非金属硫化物夹杂经热轧加工后还会在厚钢板中形成局部分层现象，在采用焊接连接的节点中，沿板厚方向承受拉力时，会发生层状撕裂破坏。因而应严格限制钢材中的含硫量，随着钢材牌号和质量等级的提高，含硫量的限值由0.05%依次降至0.025%，厚度方向性能钢板（抗层状撕裂钢板）的含硫量更限制在0.01%以下。

磷可提高钢的强度和抗锈蚀能力，但却严重地降低钢的塑性、韧性、冷弯性能和焊接性能，特别是在温度较低时促使钢材变脆，称为冷脆。因此，磷的含量也要严格控制，随着钢材牌号和质量等级的提高，含磷量的限值由0.045%依次降至0.025%。但是当采取特殊的冶炼工艺时，磷可作为一种合金元素来制造含磷的低合金钢，此时其含量可达0.12%~0.13%。

锰是有益元素，在普通碳素钢中，它是一种弱脱氧剂，可提高钢材强度，消除硫对钢的热脆影响，改善钢的冷脆倾向，同时不显著降低钢的塑性和韧性。锰还是我国低合金钢的主要合金元素，其含量为0.8%~1.8%。但锰对焊接性能不利，因此含量也不宜过多。

硅是有益元素，在普通碳素钢中，它是一种强脱氧剂，常与锰共同除氧，生产镇静钢。适量的硅，可以细化晶粒，提高钢的强度，而对塑性、韧性、冷弯性能和焊接性能无显著不良影响。硅的含量在一般镇静钢中为0.12%~0.30%，在低合金钢中为0.2%~0.55%。过量的硅会恶化焊接性能和抗锈蚀性能。

钒、铌、钛等元素在钢中形成微细碳化物，加入适量，能起细化晶粒和弥散强化作用，从而提高钢材的强度和韧性，又可保持良好的塑性。

铝是强脱氧剂，还能细化晶粒，可提高钢的强度和低温韧性，在要求低温冲击韧性合格保证的低合金钢中，其含量不小于0.015%。

铬、镍是提高钢材强度的合金元素，用于Q390及以上牌号的钢材中，但其含量应受限制，以免影响钢材的其他性能。

铜和铬、镍、钼等其他合金元素，可在金属基体表面形成保护层，提高钢对大气的抗腐蚀能力，同时保持钢材具有良好的焊接性能。在我国的焊接结构用耐候钢中，铜的含量为0.20%~0.40%。

镧、铈等稀土元素可提高钢的抗氧化性，并改善其他性能，在低合金钢中其含量按0.02%~0.20%控制。

氧和氮属于有害元素。氧与硫类似，使钢热脆，氮的影响和磷类似，因此其含量均应严格控制。但当采用特殊的合金组分匹配时，氮可作为一种合金元素来提高低合金钢的强度和抗腐蚀性，如在九江长江大桥中已成功使用的15MnVN钢，就是Q420中的一种含氮钢，氮含量控制在0.010%~0.020%。

氢是有害元素，呈极不稳定的原子状态溶解在钢中，其溶解度随温度的降低而降低，常在结构疏松区域、孔洞、晶格错位和晶界处富集，生成氢分子，产生巨大的内压力，使钢材开裂，称为氢脆。氢脆属于延迟性破坏，在有拉应力作用下，常需要经过一定孕育发展期才会发生。在破裂面上常可见到白点，称为氢白点。含碳量较低且硫、磷含量较少的钢，氢脆敏感性低。钢的强度等级越高，对氢脆越敏感。

建筑结构上所使用的碳素结构钢和低合金高强度结构钢的化学成分（熔炼分析）要求，国家标准《碳素结构钢》GB/T 700—2006、《低合金高强度结构钢》GB/T 1591—2018作了具体规定，部分表格参见表11-4和表11-5。

钢的牌号及化学成分规定（《碳素结构钢》GB/T 700—2006） 表 11-4

<table>
<tr><th rowspan="2">牌号</th><th rowspan="2">统一数字代号[a]</th><th rowspan="2">等级</th><th rowspan="2">厚度(或直径)(mm)</th><th rowspan="2">脱氧方法</th><th colspan="5">化学成分(质量分数)(%),不大于</th></tr>
<tr><th>C</th><th>Si</th><th>Mn</th><th>P</th><th>S</th></tr>
<tr><td>Q195</td><td>U11952</td><td>—</td><td>—</td><td>F、Z</td><td>0.12</td><td>0.30</td><td>0.50</td><td>0.035</td><td>0.040</td></tr>
<tr><td rowspan="2">Q215</td><td>U12152</td><td>A</td><td rowspan="2">—</td><td rowspan="2">F、Z</td><td rowspan="2">0.15</td><td rowspan="2">0.35</td><td rowspan="2">1.20</td><td rowspan="2">0.045</td><td>0.050</td></tr>
<tr><td>U12155</td><td>B</td><td>0.045</td></tr>
<tr><td rowspan="4">Q235</td><td>U12352</td><td>A</td><td rowspan="4">—</td><td rowspan="2">F、Z</td><td>0.22</td><td rowspan="4">0.35</td><td rowspan="4">1.40</td><td rowspan="2">0.045</td><td>0.050</td></tr>
<tr><td>U12355</td><td>B</td><td>0.20[b]</td><td>0.045</td></tr>
<tr><td>U12358</td><td>C</td><td>Z</td><td rowspan="2">0.17</td><td>0.040</td><td>0.040</td></tr>
<tr><td>U12359</td><td>D</td><td>TZ</td><td>0.035</td><td>0.035</td></tr>
<tr><td rowspan="5">Q275</td><td>U12752</td><td>A</td><td>—</td><td>F、Z</td><td>0.24</td><td rowspan="5">0.35</td><td rowspan="5">1.50</td><td>0.045</td><td>0.050</td></tr>
<tr><td rowspan="2">U12755</td><td rowspan="2">B</td><td>≤40</td><td rowspan="2">Z</td><td>0.21</td><td rowspan="2">0.045</td><td rowspan="2">0.045</td></tr>
<tr><td>>40</td><td>0.22</td></tr>
<tr><td>U12758</td><td>C</td><td rowspan="2">—</td><td>Z</td><td rowspan="2">0.20</td><td>0.040</td><td>0.040</td></tr>
<tr><td>U12759</td><td>D</td><td>TZ</td><td>0.035</td><td>0.035</td></tr>
</table>

注：[a] 表中为镇静钢、特殊镇静钢牌号的统一数字，沸腾钢牌号的统一数字代号如下：

Q195F——U11950；

Q215AF——U12150，Q215BF——U12153；

Q235AF——U12350，Q235BF——U12353；

Q275AF——U12750。

[b] 经需方同意，Q235B 的碳含量可不大于 0.22%。

部分热轧钢牌号及化学成分规定（《低合金高强度结构钢》GB/T 1591—2018） 表 11-5

<table>
<tr><th colspan="2">牌号</th><th colspan="14">化学成分(质量分数)(%)</th></tr>
<tr><th rowspan="5">钢级</th><th rowspan="5">质量等级</th><th colspan="2">C[a]</th><th>Si</th><th>Mn</th><th>P[c]</th><th>S[c]</th><th>Nb[d]</th><th>V[e]</th><th>Ti[e]</th><th>Cr</th><th>Ni</th><th>Cu</th><th>Mo</th><th>N[f]</th><th>B</th></tr>
<tr><th colspan="2">以下公称厚度或直径(mm)</th><th colspan="13" rowspan="3">不大于</th></tr>
<tr><th>≤40[b]</th><th>>40</th></tr>
<tr><th colspan="2">不大于</th></tr>
<tr></tr>
<tr><td rowspan="3">Q355</td><td>B</td><td colspan="2">0.24</td><td rowspan="3">0.55</td><td rowspan="3">1.60</td><td>0.035</td><td>0.035</td><td rowspan="3">—</td><td rowspan="3">—</td><td rowspan="3">—</td><td rowspan="3">0.30</td><td rowspan="3">0.30</td><td rowspan="3">0.40</td><td rowspan="3">—</td><td rowspan="2">0.012</td><td rowspan="3">—</td></tr>
<tr><td>C</td><td>0.20</td><td>0.22</td><td>0.030</td><td>0.030</td></tr>
<tr><td>D</td><td>0.20</td><td>0.22</td><td>0.025</td><td>0.025</td><td>—</td></tr>
<tr><td rowspan="3">Q390</td><td>B</td><td colspan="2" rowspan="3">0.20</td><td rowspan="3">0.55</td><td rowspan="3">1.70</td><td>0.035</td><td>0.035</td><td rowspan="3">0.05</td><td rowspan="3">0.13</td><td rowspan="3">0.05</td><td rowspan="3">0.30</td><td rowspan="3">0.50</td><td rowspan="3">0.40</td><td rowspan="3">0.10</td><td rowspan="3">0.015</td><td rowspan="3">—</td></tr>
<tr><td>C</td><td>0.030</td><td>0.030</td></tr>
<tr><td>D</td><td>0.025</td><td>0.025</td></tr>
<tr><td rowspan="2">Q420[g]</td><td>B</td><td colspan="2" rowspan="2">0.20</td><td rowspan="2">0.55</td><td rowspan="2">1.70</td><td>0.035</td><td>0.035</td><td rowspan="2">0.05</td><td rowspan="2">0.13</td><td rowspan="2">0.05</td><td rowspan="2">0.30</td><td rowspan="2">0.80</td><td rowspan="2">0.40</td><td rowspan="2">0.20</td><td rowspan="2">0.015</td><td rowspan="2">—</td></tr>
<tr><td>C</td><td>0.030</td><td>0.030</td></tr>
<tr><td>Q460[g]</td><td>C</td><td colspan="2">0.20</td><td>0.55</td><td>1.80</td><td>0.030</td><td>0.030</td><td>0.05</td><td>0.13</td><td>0.05</td><td>0.30</td><td>0.80</td><td>0.40</td><td>0.20</td><td>0.015</td><td>0.004</td></tr>
</table>

注：[a] 公称厚度大于 100mm 的型钢，碳含量可由供需双方协商确定。

[b] 公称厚度大于 300mm 的钢材，碳含量不大于 0.22%。

[c] 对于型钢和棒材，其磷和硫含量上限值可提高 0.005%。

[d] Q390、Q420 最高可到 0.07%，Q460 最高可到 0.11%。

[e] 最高可到 0.20%。

[f] 如果钢中酸溶铝 Als 含量不小于 0.015%或全铝 Alt 含量不小于 0.020%，或添加了其他固氮合金元素，氮元素含量不作限制，固氮元素应在质量证明书中注明。

[g] 仅适用于型钢和棒材。

11.3.2 冶炼和轧制过程的影响

冶金工艺包括炼钢、浇铸、轧制，这一过程的各个环节对钢材的性能都有影响，不同的工艺方法生产的钢材性能有一定的差别。特别是冶金缺陷的存在，对钢材性能会造成较大的负面影响。

1. 炼钢炉炉种

钢材生产中，有平炉、氧气转炉、空气转炉、电炉等炼钢方法。电炉炼钢生产成本高，生产的钢材一般不用于建筑结构。空气转炉钢因其质量较差，现已不用于承重钢结构。我国建筑钢材大量采用平炉钢、氧气转炉钢。

平炉，亦称“马丁炉”。因法国冶金学家马丁于1865年用德国西门子兄弟所发明的蓄热室，以生铁和熟铁在反应炉内炼钢首次获得成功，故名马丁炉。它由炉头、熔炼室、蓄热室和沉渣室等组成，利用拱形炉顶的反射原理由燃煤气供热，使炉中含碳少的废钢和含碳高的铁水炼成含碳量适中的钢液，并在氧化过程中除去杂质。平炉钢生产工艺成熟，质量较高，钢材性能好，但生产周期长，成本较高，所以平炉钢多用于重要的建筑结构。转炉炼钢法，由英国冶金学家贝塞麦于1856年发明，是最早的大规模炼钢方法。氧气转炉炼钢由此发展而来，它利用鼓入的氧气使杂质氧化，从而达到除去杂质的目的，氧气转炉钢所含有害元素及夹杂物较少，其化学成分、含量、分布和力学性能与平炉钢均无明显差异，钢材质量不亚于平炉钢，且生产周期短，成本低，故建筑结构上广泛采用氧气转炉钢。

2. 脱氧方式

钢水出炉后，先放在盛钢液的罐内，再注入钢锭模，经冷却后形成钢锭，这一过程称为浇铸。钢材在浇铸成锭过程中，因钢液中残留氧会使钢材晶粒粗细不均匀而容易发生热脆，必须加入脱氧剂以消除氧。因脱氧程度不同，最终分别形成沸腾钢、镇静钢、半镇静钢和特殊镇静钢，分别用符号F、Z、b、TZ表示（表11-4）。

在浇铸过程中，如果向钢液内加入弱脱氧剂锰，脱氧不充分，氧、氮和一氧化碳等气体从钢水逸出，形成钢水的沸腾现象，称为沸腾钢（F）。沸腾钢注锭后冷却很快，氧和氮生成各种冶金缺陷，塑性、韧性和可焊性都较差。因为沸腾钢冶炼时间短、耗用脱氧剂少，钢锭顶部没有集中的缩孔，切头率小、成品率高，且成本较低，所以在建筑结构中大量使用沸腾钢（约占80%）。

强脱氧剂硅和铝，脱氧能力分别是锰的5倍和90倍。向钢液内加入硅或铝，可充分脱氧，不再析出一氧化碳等气体，而且氮也大部分生成氮化物。由于脱氧过程中产生大量热量，延长了钢水的保温时间，气体杂质逸出有充分的时间，没有沸腾现象出现，浇铸时钢锭内比较平静，所以称为镇静钢（Z）。镇静钢中有害杂质少、组织致密、化学成分分布均匀、冶金缺陷少，力学性能比沸腾钢好。但镇静钢的生产成本高，成品率低（钢锭切头率大约20%）。

半镇静钢（b）的脱氧程度介于镇静钢和沸腾钢之间，力学性能、冶金质量、生产成本亦介于两者之间。

特殊镇静钢（TZ）是在镇静钢的基础上进一步补充脱氧，质量优于镇静钢，成本更高。特殊环境下采用特殊镇静钢，比如－20℃有冲击韧性指标要求的碳素结构钢（Q235D）就必须是特殊镇静钢。

3. 钢材轧制

钢材成品是由钢锭在高温下（1200～1300℃）轧制成型的，国产钢材主要有热轧型钢和热轧钢板。通过轧钢机将钢锭轧制成钢坯，然后再通过一系列不同形状和孔径的轧钢机，最后形成所需形状和尺寸的钢材，该过程称之热轧。

热轧成型过程中能使钢材晶粒变得细小和致密，也能使气泡、裂纹等缺陷焊合，因而能改善材料的力学性能。试验证明，轧制的薄型材和薄钢板的强度较高，且塑性、韧性较好，其原因在于型材越薄，轧制时辊压次数越多，晶粒越细密，缺陷越少，所以薄型材的屈服点和伸长率等性能都优于厚型材。

4. 冶金缺陷

钢材在冶炼过程中，总会产生冶金缺陷。常见的冶金缺陷有偏析、非金属夹杂、气孔、裂纹和分层等。

偏析是钢中化学成分不一致和不均匀性的称谓。特别是硫、磷偏析，会严重恶化钢材的性能，使强度、塑性、韧性和可焊性降低。沸腾钢中杂质元素较多，偏析现象较为严重。非金属夹杂是钢中含有硫化物、氧化物等杂质。气孔是浇铸钢锭时由氧化铁与碳作用所生成的一氧化碳气体不能充分逸出而形成的。裂纹是由于冷脆、热脆和不均匀收缩所形成的。这些缺陷都将影响钢材的力学性能。浇铸时的非金属夹杂物在轧制后能形成钢材的分层，分层现象会严重降低钢材的冷弯性能，在分层的夹缝里，还容易侵入潮气因而引起锈蚀。

冶金缺陷对钢材性能的影响，总是负面的，可能在结构（构件）受力时表现出来，也可能在构件加工制作过程中表现出来。

11.3.3 钢材硬化的影响

钢材的硬化有三种情况：时效硬化、冷作硬化（或应变硬化）和应变时效硬化。它们都能提高材料的强度（屈服点），但同时使塑性、韧性下降。

1. 时效硬化

在高温时溶于铁中的少量氮和碳，随着时间的增长逐渐由固溶体中析出，生成氮化物和碳化物，散存在铁素体晶粒的滑动界面上，对晶粒的塑性滑移起到遏制作用，从而使钢材的强度提高，塑性和韧性下降（图 11-9a），这种现象称为时效硬化，又称老化。产生时效硬化的过程一般较长，但在振动荷载、反复荷载及温度变化等情况下，会加速发展。

2. 应变硬化

在冷加工（或一次加载）使钢材产生较大的塑性变形的情况下，卸荷后再重新加载，钢材的屈服点提高，塑性和韧性降低的现象（图 11-9a）称为应变硬化或冷作硬化。应变硬化增加了钢材脆性破坏的危险。在调直钢筋和提高钢筋强度的张拉工艺当中，常常采用钢筋冷拉作业，由于钢筋冷拉后有内应力存在，内应力会促进钢筋内的晶体组织调整，应变硬化使得屈服强度进一步提高，而塑性和弹性模量则会降低。

3. 应变时效硬化

在钢材产生一定数量的塑性变形后，铁素体晶体中的固溶氮和碳将更容易析出，从而使已经冷作硬化的钢材又发生时效硬化现象（图 11-9b），称为应变时效硬化。这种硬化在高温作用下会快速发展，人工时效就是据此提出来的，方法是：先使钢材产生 10%左右的塑性变形，卸载后再加热至 250℃，保温一小时后在空气中冷却。用人工时效后的钢材进行冲击韧性试验，可以判断钢材的应变时效硬化倾向，确保结构具有足够的抗脆性破坏能力。

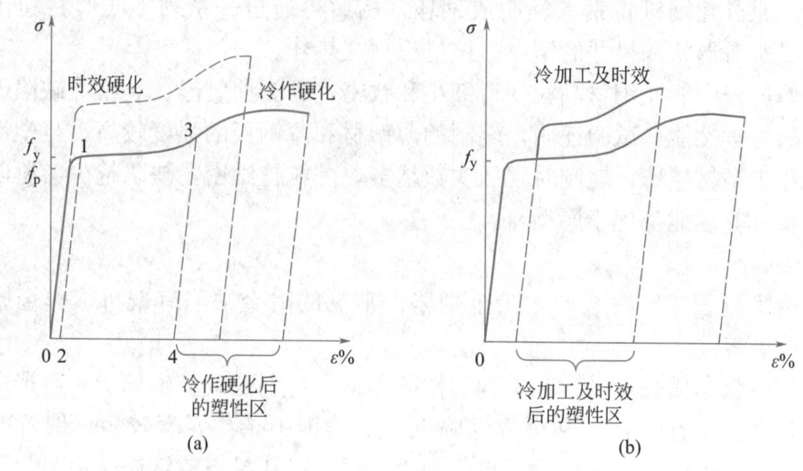

图 11-9　硬化对钢材性能的影响

(a) 时效硬化及冷作硬化；(b) 应变时效硬化

对于比较重要的钢结构，要尽量避免局部冷作硬化现象的发生。如钢材的剪切和冲孔，会使切口和孔壁发生分离式的塑性破坏，在剪断的边缘和冲出的孔壁处产生严重的冷作硬化，甚至出现微细的裂纹，促使钢材局部变脆。此时，可将剪切处刨边；冲孔用较小的冲头，冲完后再行扩钻或完全改为钻孔的办法来除掉硬化部分或根本不发生硬化。

11.3.4　温度影响

钢材的性能受温度的影响十分明显，图 11-10 给出了低碳钢在不同正温下的单调拉伸试验结果。由图中可以看出，在 150℃以内，钢材的强度、弹性模量和塑性均与常温相近，变化不大。但在 250℃左右，抗拉强度有局部性提高，伸长率和断面收缩率均降至最低，出现了所谓的蓝脆现象（钢材表面氧化膜呈蓝色）。显然钢材的热加工应避开这一温度区段。在 300℃以后，强度和弹性模量均开始显著下降，塑性显著上升，达到 600℃时，强度几乎为零，塑性急剧上升，钢材处于热塑性状态。

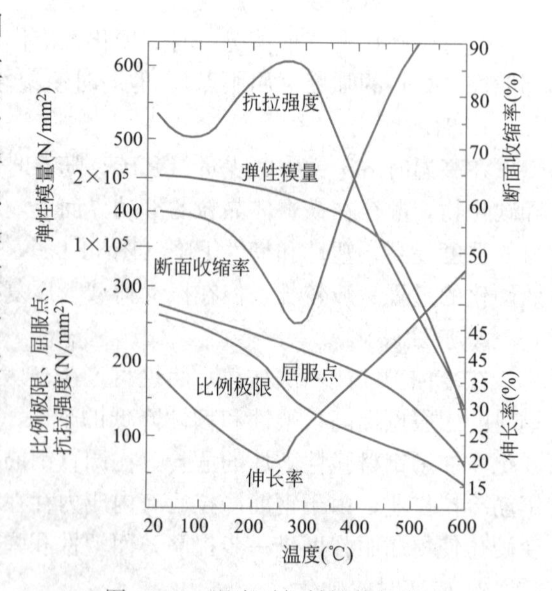

图 11-10　温度对钢材性能的影响

由上述可以看出，钢材具有一定的抗热性能，但不耐火，一旦钢结构的温度达 600℃及以上时，会在瞬间因热塑而倒塌。因此受高温作用的钢结构，应根据不同情况采取防护措施：当结构可能受到炽热熔化金属的侵害时，应采用砖或耐热材料做成的隔热层加以保护；当结构表面长期受辐射热达 150℃以上或在短时间内可能受到火焰作用时，应采取有效的防护措施（如加隔热层或水套等）。防火是钢结构设计中应考虑的一个重要问题，通常按国家有关防火的规范或标准，根据建筑物的防火等级对不同构件所要求的耐火极限进行设计，选择合适的防火保护层（包括防火涂料等的种类、涂层或防火层的厚度及质量要求等）。

当温度低于常温时，随着温度的降低，钢材的强度提高，而塑性和韧性降低，逐渐变脆，称为钢材的低温冷脆。钢材的冲击韧性对温度十分敏感，图 11-11 给出了冲击韧性与温度的关系。图中实线为冲击功随温度的变化曲线，虚线为试件断口中晶粒状区所占面积随温度的变化曲线，温度 T_1 也称为 NDT（Nil Ductility Temperature），为脆性转变温度或零塑性转变温度，在该温度以下，冲击试件断口由 100%晶粒状组成，表现为完全的脆性破坏。温度 T_2 也称 FTP（Fracture Transition Plastic），为全塑性转变温度，在该温度以上，冲击试件的断口由 100%纤维状组成，表现为完全的塑性破坏。温度由 T_2 向 T_1 降低的过程中，钢材的冲击功急剧下降，试件的破坏性质也从韧性变为脆性，故称该温度区间为脆性转变温度区。冲击功曲线的反弯点（或最陡点）对应的温度 T_0 称为转变温度。不同牌号和等级的钢材具有不同的转变温度区和转变温度，均应通过试验来确定。

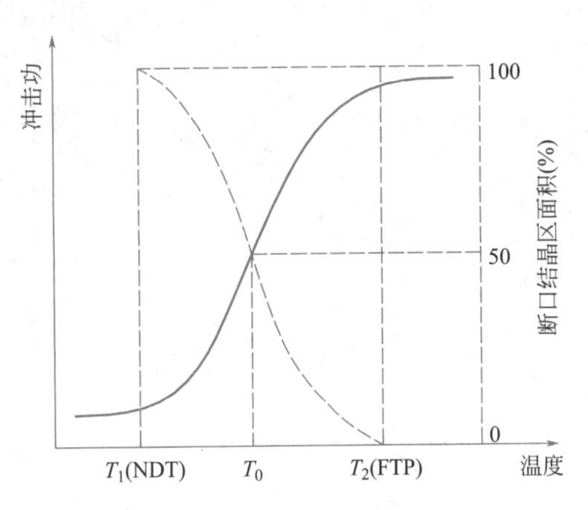

图 11-11　冲击韧性与温度的关系

在直接承受动力作用的钢结构设计中，为了防止脆性破坏，结构的工作温度应大于 T_1 接近 T_0，可小于 T_2。但是 T_1、T_2 和 T_0 的测量是非常复杂的，对每一炉钢材，都要在不同的温度下做大量的冲击试验并进行统计分析才能得到。为了工程实用，根据大量的使用经验和试验资料的统计分析，我国有关标准对不同牌号和等级的钢材，规定了在不同温度下的冲击韧性指标，例如对 Q235 钢，除 A 级不要求外，其他各级钢均取 $C_V=27J$；对低合金高强度钢，除 A 级不要求外，E 级钢采用 $C_V=27J$，其他各级钢均取 $C_V=34J$。只要钢材在规定的温度下满足这些指标，那么就可按钢结构标准的有关规定，根据结构所处的工作温度，选择相应的钢材作为防脆断措施。

11.3.5　应力集中的影响

由单调拉伸试验所获得的钢材性能，只能反映钢材在标准试验条件下的性能，即应力均匀分布且是单向的。实际结构中不可避免地存在孔洞、槽口、截面突然改变以及钢材内部缺陷等，此时截面中的应力分布不再保持均匀，由于主应力线在绕过孔口等缺陷时发生弯转，不仅在孔口边缘处会产生沿力作用方向的应力高峰，而且会在孔口附近产生垂直于力的作用方向的横向应力，甚至会产生三向拉应力（图 11-12）。而且越厚的钢板，在其缺口中心部位的三向拉应力也越大，这是因为在轴向拉力作用下，缺口中心沿板厚方向的收缩变形受到较大的限制，形成所谓平面应变状态所致。应力集中的严重程度用应力集中系数衡量，缺口边缘沿受力方向的最大应力 σ_{max} 和按净截面的平均应力 $\sigma_0=N/A_n$（A_n 为净截面面积）的比值称为应力集中系数，即 $k=\sigma_{max}/\sigma_0$。

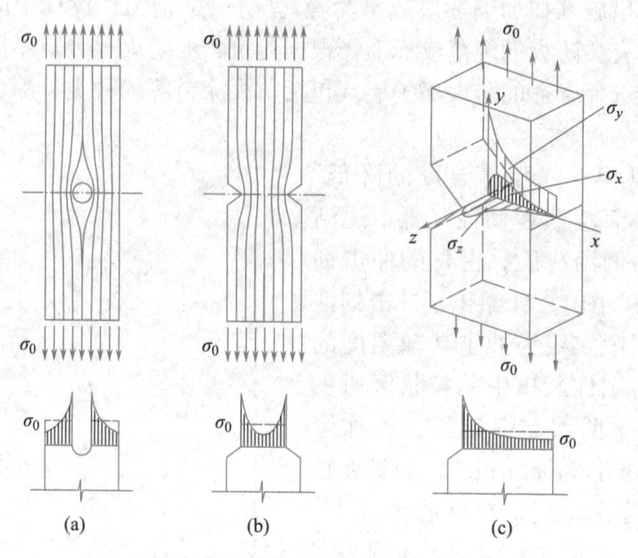

图 11-12　板件在孔口处的应力集中

（a）薄板圆孔处的应力分布；（b）薄板缺口处的应力分布；（c）厚板缺口处的应力分布

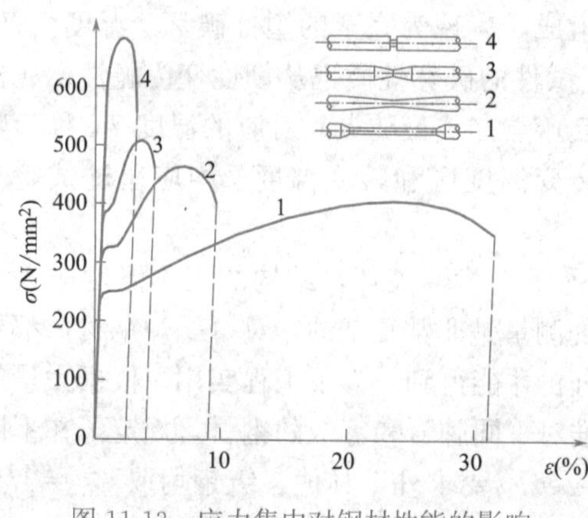

图 11-13　应力集中对钢材性能的影响

由式（11-2）或式（11-3）可知，当出现同号力场或同号三向力场时，钢材将变脆，而且应力集中越严重，出现的同号三向力场的应力水平越接近，钢材越趋于脆性。具有不同缺口形状的钢材拉伸试验结果也表明（如图 11-13 所示，其中第 1 种试件为标准试件，2、3、4 为不同应力集中水平的对比试件），截面改变尖锐程度越大的试件，其应力集中现象就越严重，引起钢材脆性破坏的危险性就越大。第 4 种试件已无明显屈服点，表现出高强钢的脆性破坏特征。

应力集中现象还可能由内应力产生。内应力的特点是力系在钢材内自相平衡，而与外力无关，其在浇铸、轧制和焊接加工过程中，因不同部位钢材的冷却速度不同，或因不均匀加热和冷却而产生。其中焊接残余应力的量值往往很高，在焊缝附近的残余拉应力常达到屈服点，而且在焊缝交叉处经常出现双向、甚至三向残余拉应力场，使钢材局部变脆。当外力引起的应力与内应力处于不利组合时，会引发脆性破坏。

因此，在进行钢结构设计时，应尽量使构件和连接节点的形状和构造合理，防止截面的突然改变。在进行钢结构的焊接构造设计和施工时，应尽量减少焊接残余应力。

11.3.6　荷载类型的影响

荷载可分为静力荷载和动力荷载两大类。静力荷载中的永久荷载属于一次加载，活荷载可看作重复加载。动力荷载中的冲击荷载属于一次快速加载，吊车梁所受的吊车荷载以及建筑结构所承受的地震作用则属于连续交变荷载，或称循环荷载。

1. 加载速度的影响

在冲击荷载作用下，加载速度很快，由于钢材的塑性滑移在加载瞬间跟不上应变速率，因而反映出屈服点提高的倾向。但是，试验研究表明，在20℃左右的室温环境下，虽然钢材的屈服点和抗拉强度随应变速率的增加而提高，塑性变形能力却没有下降，反而有所提高，即处于常温下的钢材在冲击荷载作用下仍保持良好的强度和塑性变形能力。

应变速率在温度较低时对钢材性能的影响要比常温下大得多。图 11-14 给出了三条不同应变速率下的缺口韧性试验结果与温度的关系曲线，图中中等加载速率相当于应变速率 $\dot{\varepsilon}=10^{-3}\mathrm{s}^{-1}$，即每秒施加应变 $\varepsilon=0.1\%$，若以 100mm 为标定长度，其加载速度相当于 0.1mm/s。由图中可以看出，随着加载速率的减小，曲线向温度较低侧移动。在温度较高和较低两侧，三条曲线趋于接近，应变速率的影响变得不十分明显，但在常用温度范围内其对应变速率的影响十分敏感，即在此温度范围内，加荷速率越快，缺口试件断裂时吸收的能量越低，钢材变得越脆。因此在钢结构防止低温脆性破坏设计中，应考虑加荷速率的影响。

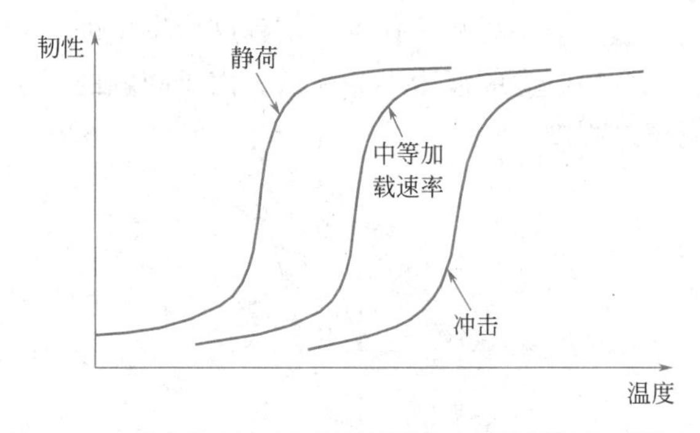

图 11-14　不同应变速率下钢材断裂吸收能量随温度的变化

2. 循环荷载的影响

钢材在连续交变荷载作用下，会逐渐累积损伤、产生裂纹及裂纹逐渐扩展，直到最后破坏，这种现象称为疲劳。按照断裂寿命和应力高低的不同，疲劳可分为高周疲劳和低周疲劳两类。高周疲劳的断裂寿命较长，断裂前的应力循环次数 $n\geqslant5\times10^{4}$，断裂应力水平较低，$\sigma<f_{\mathrm{y}}$，因此也称低应力疲劳或疲劳，一般常见的疲劳多属于这类。低周疲劳的断裂寿命较短，破坏前的循环次数 $n=10^{2}\sim5\times10^{4}$，断裂应力水平较高，$\sigma\geqslant f_{\mathrm{y}}$，伴有塑性应变发生，因此也称为应变疲劳或高应力疲劳。有关高周疲劳的内容将在下节叙述，本节重点介绍有关低周疲劳的若干概念。

试验研究发现，当钢材承受拉力至产生塑性变形，卸载后，再使其受拉，其受拉的屈服强度将提高至卸载点（冷作硬化现象）；而当卸载后使其受压，其受压的屈服强度将低于一次受压时所获得的值。这种经预拉后抗拉强度提高，抗压强度降低的现象称为包辛格效应，如图 11-15（a）所示。在交变荷载作用下，随着应变幅值的增加，钢材的应力-应变曲线将形成滞回环线，如图 11-15（b）所示。低碳钢的滞回环丰满而稳定，滞回环所围的面积代表荷载循环一次单位体积的钢材所吸收的能量，在多次循环荷载下，将吸收大量的能量，十分有利于抗震。

显然，在循环应变幅值作用下，钢材的性能仍然用由单调拉伸试验引申出的理想应

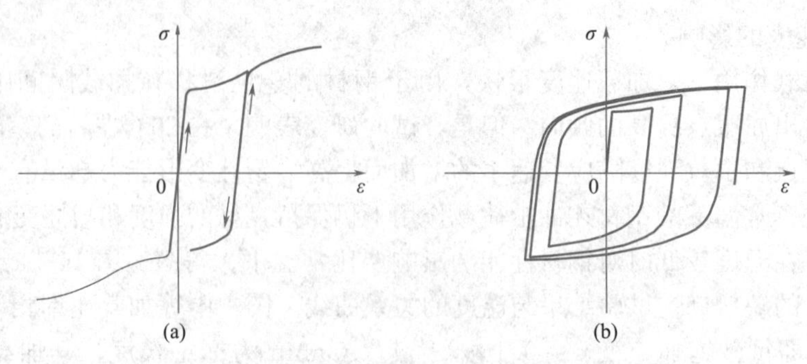

图 11-15　钢材的包辛格效应和滞回曲线

力-应变曲线（图 11-16a）表示将会带来较大的误差，此时采用双线型和三线型曲线（图 11-16b、c）模拟钢材性能将更为合理。钢构件和节点在循环应变幅值作用下的滞回性能要比钢材的复杂得多，受很多因素的影响，应通过试验研究或较精确的模拟分析获得。钢结构在地震荷载作用下的低周疲劳破坏，大部分是由于构件或节点的应力集中区域产生了宏观的塑性变形，由循环塑性应变累积损伤到一定程度后发生的。其疲劳寿命取决于塑性应变幅值的大小，塑性应变幅值大的疲劳寿命就低。由于问题的复杂性，有关低周疲劳问题的研究还在发展和完善过程中。

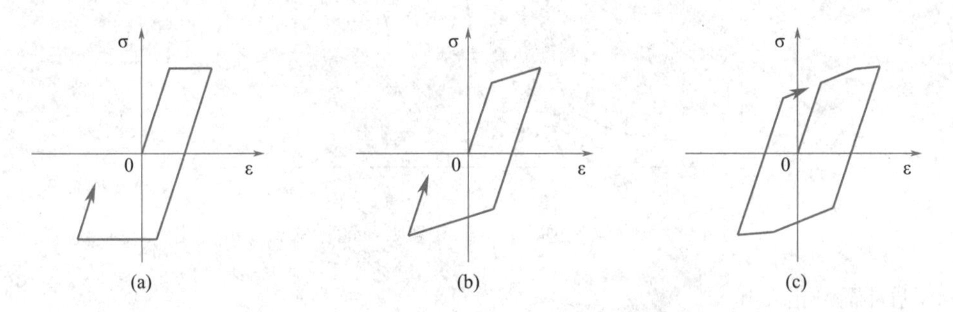

图 11-16　钢材在滞回应变荷载作用下应力应变简化模拟

11.4　钢 材 的 疲 劳

11.4.1　疲劳破坏的概念及特征

1. 疲劳破坏的概念

钢材在连续反复荷载作用下，虽然应力还低于极限抗拉强度，甚至低于屈服强度，仍会发生突然的脆性断裂，这种现象称为疲劳破坏，破坏时的最大应力称为疲劳强度。

钢材的疲劳破坏过程经历三个阶段：裂纹的形成、裂纹的缓慢扩展和最后迅速断裂。反复荷载作用下，总会在钢材内部质量薄弱处出现应力集中，个别点上首先出现塑性变形，并硬化而逐渐形成一些微观裂痕，之后裂痕的数量增加并相互贯通发展成为宏观裂纹，有效截面面积减小，应力集中现象越来越严重，裂纹不断扩展，当钢材截面削弱到不足以抵抗外部荷载时，钢材突然断裂。因此疲劳破坏前，塑性变形极小，没有明显的破坏预兆。

对于钢结构和钢构件，由于制作和构造的原因，总会存在各种缺陷，成为裂纹的起源，如焊接构件的焊趾处或焊缝中的孔洞、夹渣、欠焊等处，非焊接构件的冲孔、剪切、气割等处。

疲劳破坏的断口一般可分为光滑区和粗糙区两个部分。光滑区的形成是因为裂纹多次开合的缘故，而最后突然断裂的截面，类似于拉伸试件的断口，比较粗糙。

2. 疲劳破坏的特征

引起疲劳破坏的交变荷载有两种类型，一种为常幅交变荷载，引起的应力称为常幅循环应力，简称循环应力；一种为变幅交变荷载，引起的应力称为变幅循环应力，简称变幅应力，如图 11-17 所示。由这两种荷载引起的疲劳分别称为常幅疲劳和变幅疲劳。转动的机械零件常发生常幅疲劳破坏，吊车桥、钢桥等则主要是变幅疲劳破坏。

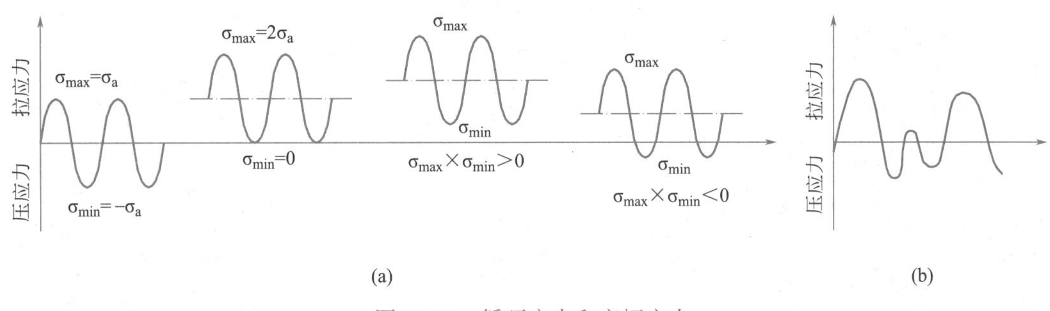

图 11-17　循环应力和变幅应力

（a）循环应力；（b）变幅应力

上述两种疲劳破坏均具有以下特征：

疲劳破坏具有突然性，破坏前没有明显的宏观塑性变形，属于脆性断裂。但与一般脆断的瞬间断裂不同，疲劳是在名义应力低于屈服点的低应力循环下，经历了长期的累积损伤过程后才突然发生的。其破坏过程一般经历三个阶段，即裂纹的萌生、裂纹的缓慢扩展和最后迅速断裂，因此疲劳破坏是有寿命的破坏，是延时断裂。

疲劳破坏的断口与一般脆性断口不同，可分为三个区域：裂纹源、裂纹扩展区和断裂区（图 11-18）。裂纹扩展区表面较光滑，常可见到放射状和年轮状花纹，这是疲劳断裂的主要断口特征。根据断裂力学的解释，只有当裂纹扩展到临界尺寸，发生失稳扩展后才形成瞬间断裂区，出现人字纹或晶粒状脆性断口。

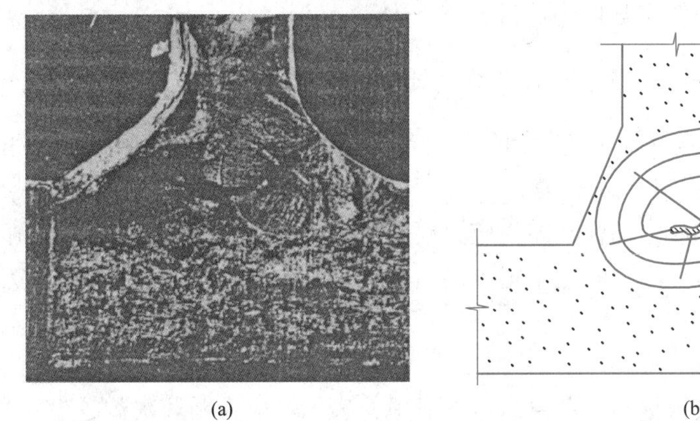

图 11-18　疲劳破坏的断口特征

疲劳对缺陷（包括缺口、裂纹及组织缺陷等）十分敏感。缺陷部位应力集中严重，会加快疲劳破坏的裂纹萌生和扩展。

11.4.2　影响疲劳破坏的因素

1. 应力循环特征和应力幅

应力循环特征常用应力比 ρ 表示，它是绝对值最小应力 σ_{min} 与绝对值最大应力 σ_{max} 之比 $\rho=\sigma_{min}/\sigma_{max}$，拉应力取正值，压应力取负值。如图 11-19 所示，当 $\rho=-1$ 时称为完全对称循环（图 11-19a），疲劳强度最小；当 $\rho=0$ 时称为脉冲循环（图 11-19b）；$\rho=1$ 时称为静荷载（图 11-19c）；$0<\rho<1$ 时为同号应力循环（图 11-19d），疲劳强度较大；$-1<\rho<0$ 时为异号应力循环（图 11-19e），疲劳强度较小。

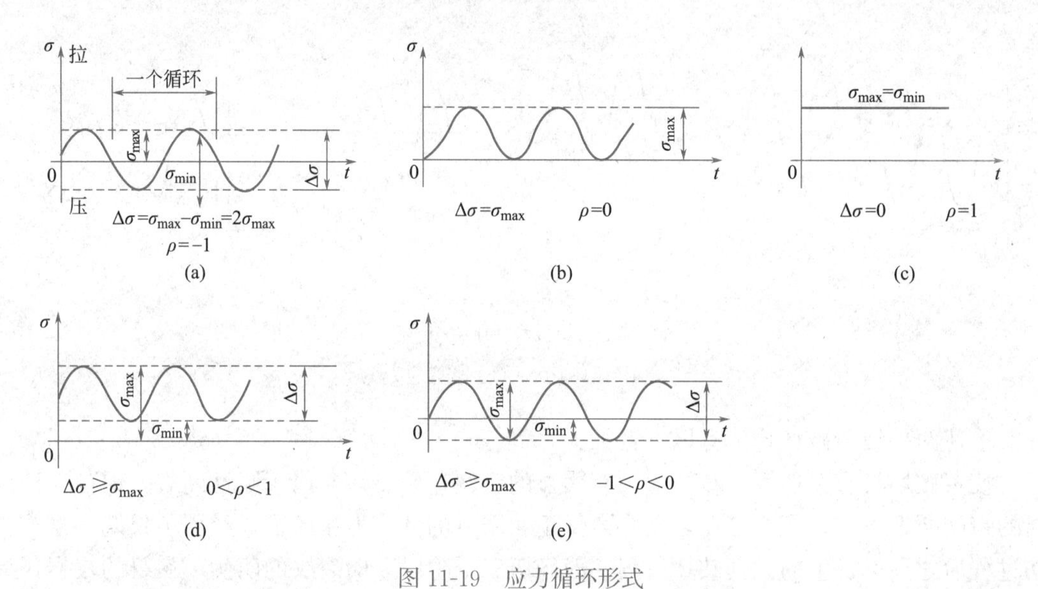

图 11-19　应力循环形式

对焊接结构，存在焊接残余应力，焊缝处及附近残余拉应力常高达屈服强度 f_y，是疲劳裂纹萌生和发展最敏感的区域。而该处的名义最大应力和应力比并不代表其真实的应力状态。以图 11-20 中的焊接板件承受纵向拉压循环荷载为例，当名义循环应力为拉应力时，因焊缝附近的残余拉应力已达屈服点不再增加，实际拉应力保持 f_y 不变；当名义循环应力减小到最小时，焊缝附近的实际应力将降至 $f_y-\Delta\sigma=f_y-(\sigma_{max}-\sigma_{min})$。显然，焊缝附近的真实应力比为 $\rho=\dfrac{f_y-\Delta\sigma}{f_y}$，而不是名义应力比 $\rho=\dfrac{\sigma_{min}}{\sigma_{max}}$。只要应力幅 $\Delta\sigma=\sigma_{max}-\sigma_{min}$ 为常数，不管循环荷载下的名义应力比为何值，焊缝附近的真实应力比也为常数。由此可见，焊缝部位的疲劳寿命主要与 $\Delta\sigma$ 有关。

因此，定义最大应力与最小应力的代数差为应力幅 $\Delta\sigma=\sigma_{max}-\sigma_{min}$，以拉应力为正值，压应力为负值，应力幅总是正值。应力幅是决定焊接结构疲劳的关键，所以焊接结构的疲劳计算宜以应力幅为准则。

2. 循环次数和疲劳寿命

连续反复荷载作用的循环次数称为疲劳寿命，一般用 n 表示。应力循环次数越少，产生疲劳破坏的应力幅越大，疲劳强度越高。当应力循环次数少到一定程度，就不会产生疲

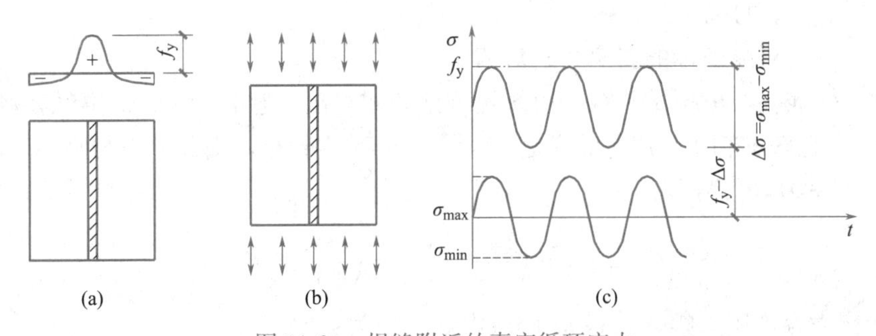

图 11-20　焊缝附近的真实循环应力

（a）残余应力分布；（b）拉压循环荷载；（c）应力变化曲线

劳破坏。因此，钢结构设计标准规定，承受动力荷载重复作用的钢结构构件（如吊车梁、吊车桁架、工作平台梁等）及其连接，当应力循环次数大于或等于 5×10^4 时，才应进行疲劳计算；反之，应力循环次数越多，产生疲劳破坏的应力幅要越小，疲劳强度越低。但当应力幅小到一定程度，不管循环多少次都不会产生疲劳破坏，这个应力幅称为疲劳强度极限，简称疲劳极限。

3. 应力集中

应力集中是影响疲劳性能的重要因素。应力集中越严重，钢材越容易发生疲劳破坏。应力集中的程度由构造细节所决定，包括微小缺陷、孔洞、缺口、凹槽及截面的厚度和宽度是否有变化等，对焊接结构表现为零件之间相互连接的方式和焊接的形式。因此，对于相同的连接形式，构造细节的处理不同，也会对疲劳强度有较大的影响。

研究表明，钢材强度对疲劳性能无显著影响，因此，当构件或连接的承载力由疲劳强度起控制作用时，采用高强度钢材往往不能发挥作用。

11.4.3　容许应力幅

对不同的构件和连接用不同的应力幅进行常幅循环应力试验，可得到疲劳破坏时不同的循环次数 n，将足够多的试验点连接起来就可以得到 $\Delta\sigma$-n 曲线（图 11-21a），即疲劳曲线，采用双对数坐标时，所得结果成直线分布（图 11-21b），其方程为：

$$\lg n = b - m\lg\Delta\sigma \tag{11-9}$$

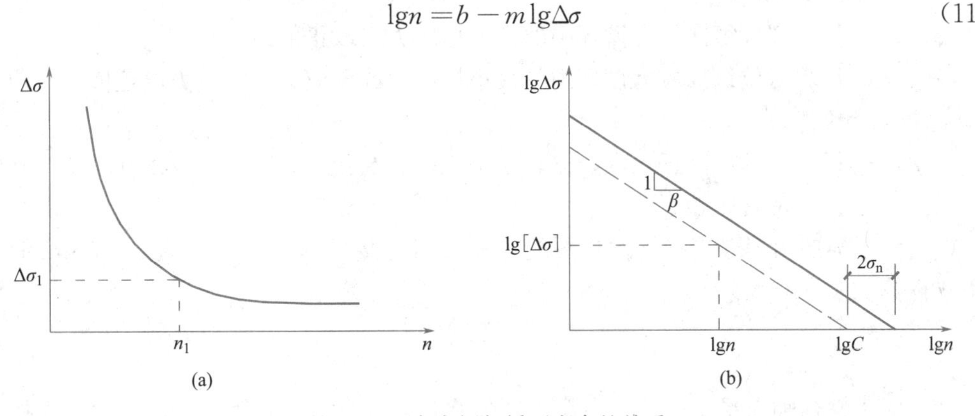

图 11-21　应力幅与循环寿命的关系

考虑到试验点的离散性，需要有一定的概率保证，则方程改为：

$$\lg n = b - m\lg\Delta\sigma - 2\sigma_n \tag{11-10}$$

式中　b——n 轴上的截距；

m——直线对纵坐标的斜率（绝对值）；

σ_n——标准差，根据试验数据由统计理论公式得出，它表示 $\lg n$ 的离散程度。

若 $\lg n$ 呈正态分布时，其保证率是 97.7%；若呈 t 分布，则保证率约为 95%。

由式（11-10）可得：

$$\Delta\sigma=\left(\frac{10^{b-2\sigma_n}}{n}\right)^{\frac{1}{m}}=\left(\frac{C}{n}\right)^{\frac{1}{m}} \tag{11-11}$$

取 $\Delta\sigma$ 作为容许应力幅，并将 m 调成整数，记为：

$$[\Delta\sigma]=\left(\frac{C}{n}\right)^{\frac{1}{\beta}} \tag{11-12}$$

式中　n——应力循环次数；

C、β——系数，根据构件和连接类别由试验数据求得。

由式（11-12）可知，只要确定了系数 C 和 β，就可以根据设计基准期内可能出现的应力循环次数 n 确定容许应力幅 $[\Delta\sigma]$，或根据设计应力幅水平预估应力循环次数 n。

11.4.4　疲劳计算

一般钢结构都是按照概率极限状态设计法进行验算的，但对疲劳部分，规范规定按容许应力幅法进行验算。这是由于现阶段对疲劳裂缝的形成、扩展以至断裂这一过程的极限状态定义，以及有关影响因素研究不足的缘故。

应力幅值由重复作用的可变荷载产生，所以疲劳验算可按可变荷载标准值进行。由于验算方法以试验为依据，而疲劳试验中已包含了动力影响，故计算荷载时不再乘以动力系数。

1. 常幅疲劳

《钢结构设计标准》GB 50017—2017 推荐的常幅疲劳正应力幅疲劳计算公式为：

$$\Delta\sigma \leqslant \gamma_t[\Delta\sigma_L] \tag{11-13}$$

式中　$\Delta\sigma$——对焊接部位为应力幅，$\Delta\sigma=\sigma_{max}-\sigma_{min}$；对非焊接部位为折算应力幅，$\Delta\sigma=\sigma_{max}-0.7\sigma_{min}$；

σ_{max}——计算部位每次应力循环中的最大拉应力（取正值）；

σ_{min}——计算部位每次应力循环中的最小拉应力或压应力（拉应力取正值，压应力取负值）；

γ_t——板厚或直径修正系数，按《钢结构设计标准》GB 50017—2017 条文 16.2.1 执行，具体如下：

（1）对于横向角焊缝连接和对接焊缝连接，当连接板厚 t（mm）超过 25mm 时，应按下式计算：

$$\gamma_t=\left(\frac{25}{t}\right)^{0.25} \tag{11-14a}$$

（2）对于螺栓轴向受拉连接，当螺栓的公称直径 d（mm）大于 30mm 时，应按下式计算；

$$\gamma_t=\left(\frac{30}{d}\right)^{0.25} \tag{11-14b}$$

（3）其余情况取 $\gamma_t=1.0$。

$[\Delta\sigma_L]$——正应力幅的疲劳截止限，单位为“N/mm^2”，根据附表39～附表42规定的构件与连接的类别按表11-6（a）采用。

不同构件和连接形式的试验回归直线方程的斜率和截距不尽相同。近20多年来世界上一些先进国家在钢结构疲劳性能和设计方面开展了基础性的试验研究工作，取得了许多成果，发展了钢结构疲劳设计水平，提出了许多构造细节的疲劳强度数据。《钢结构设计标准》GB 50017—2017对国际上各国的研究状况和成果进行了广泛的调研和对比分析，在保持原规范疲劳设计已有特点的基础上，借鉴和吸收了欧洲钢结构设计规范EC3钢结构疲劳设计的概念和做法，增加了许多新的内容，使我国可进行钢结构疲劳计算的构造细节更加丰富，根据试验研究结果将构件和连接形式按照应力集中的影响程度由低到高进行分类，其中针对正应力幅疲劳计算的，有14个类别，为Z1～Z14（见表11-6a），针对剪应力幅疲劳计算的有3个类别（见表11-6b）。

正应力幅的疲劳计算参数　　表11-6（a）

构件与连接类别	构件与连接的相关系数		循环次数 n 为 2×10^6 次的容许正应力幅 $[\Delta\sigma]_{2\times10^6}$ (N/mm^2)	循环次数 n 为 5×10^6 次的容许正应力幅 $[\Delta\sigma]_{5\times10^6}$ (N/mm^2)	疲劳截止限 $[\Delta\sigma_L]_{1\times10^8}$ (N/mm^2)
	C_Z	β_Z			
Z1	1920×10^{12}	4	176	140	85
Z2	861×10^{12}	4	144	115	70
Z3	3.91×10^{12}	3	125	92	51
Z4	2.81×10^{12}	3	112	83	46
Z5	2.00×10^{12}	3	100	74	41
Z6	1.46×10^{12}	3	90	66	36
Z7	1.02×10^{12}	3	80	59	32
Z8	0.72×10^{12}	3	71	52	29
Z9	0.50×10^{12}	3	63	46	25
Z10	0.35×10^{12}	3	56	41	23
Z11	0.25×10^{12}	3	50	37	20
Z12	0.18×10^{12}	3	45	33	18
Z13	0.13×10^{12}	3	40	29	16
Z14	0.09×10^{12}	3	36	26	14

剪应力幅的疲劳计算参数　　表11-6（b）

构件与连接类别	构件与连接的相关系数		循环次数 n 为 2×10^6 次的容许剪应力幅 $[\Delta\tau]_{2\times10^6}$ (N/mm^2)	疲劳截止限 $[\Delta\tau_L]_{1\times10^8}$ (N/mm^2)
	C_J	β_J		
J1	4.10×10^{11}	3	59	16
J2	2.00×10^{16}	5	100	46
J3	8.61×10^{21}	8	90	55

《钢结构设计标准》GB 50017—2017 推荐的剪应力幅的疲劳计算公式和正应力幅疲劳计算公式类似，只是在确定剪应力幅的疲劳截止限时，应根据附表 39～附表 42 规定的构件与连接的类别按表 11-6（b）采用。

2. 变幅疲劳

实际结构中作用的交变荷载一般不是常幅循环荷载，而是变幅随机荷载，例如吊车梁和桥梁的荷载。显然变幅疲劳的计算比常幅疲劳的计算复杂得多。如果能够预测出结构在使用寿命期间各级应力幅水平所占频次百分比以及预期寿命（总频次）$\sum n_i$ 所构成的设计应力谱，则可根据 Miner 线性累积损伤准则，将变幅应力幅折算为常幅等效应力幅 $\Delta\sigma_e$，然后按常幅疲劳进行校核。计算公式为：

$$\Delta\sigma_e \leqslant [\Delta\sigma] \tag{11-15}$$

式中的 $[\Delta\sigma]$ 仍然根据构件或连接的类别，按公式（11-12）计算，但式中的 n 应以应力循环次数表示的结构预期寿命 $\sum n_i$ 代替。

式（11-15）是通过以下方法，将变幅疲劳验算等效为一常幅疲劳进行验算。首先假设某个构件或连接的设计应力谱由若干个不同应力幅水平 $\Delta\sigma_i$ 的常幅循环应力组成，各应力幅水平 $\Delta\sigma_i$ 所对应的循环次数为 n_i，相对的疲劳寿命为 N_i，Miner 的线性累积损伤准则为：

$$\sum \frac{n_i}{N_i} = 1 \tag{11-16}$$

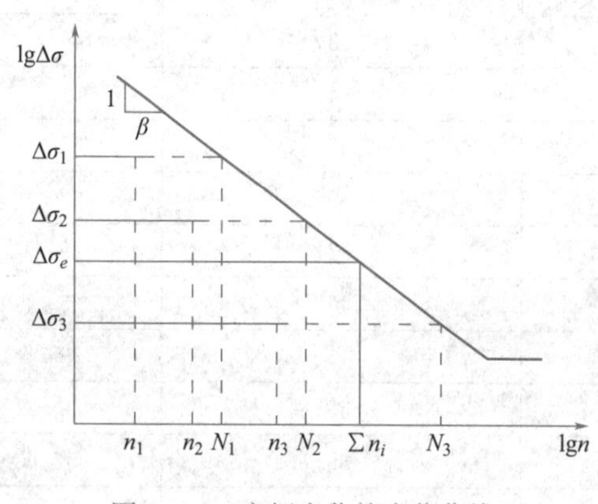

图 11-22　变幅疲劳的疲劳曲线

式（11-16）可这样理解：当某一水平的应力幅 $\Delta\sigma_i$ 循环一次时，将引起 $1/N_i$ 的损伤，n_i 次循环后的损伤为 n_i/N_i；其他应力幅水平的常幅循环应力也有各自的损伤份额，当这些损伤份额之和等于 1 时，将发生疲劳破坏。

假设构件或连接类别相同的变幅疲劳和常幅疲劳具有相同的疲劳曲线，如图 11-22 所示，该图给出了具有三个应力幅水平的变幅疲劳的例子。与常幅疲劳相同，每一个应力幅水平均可列出以下公式：

$$N_i(\Delta\sigma_i)^\beta = C \text{ 或 } N_i = \frac{C}{(\Delta\sigma_i)^\beta} \tag{11-17}$$

设想另有一等效常幅疲劳应力幅 $\Delta\sigma_e$，循环 $\sum n_i$ 次后，也使该类别的部件产生疲劳破坏，则有：

$$\sum n_i \cdot (\Delta\sigma_e)^\beta = C \text{ 或 } \sum n_i = \frac{C}{(\Delta\sigma_e)^\beta} \tag{11-18}$$

将上述各式代入下式：

$$\sum \frac{n_i}{N_i} = \frac{n_1}{N_1} + \frac{n_2}{N_2} + \cdots + \frac{n_i}{N_i} + \cdots + \frac{n_n}{N_n} = 1 \tag{11-19}$$

有 $\frac{n_1(\Delta\sigma_1)^{\beta}}{C}+\frac{n_2(\Delta\sigma_2)^{\beta}}{C}+\cdots+\frac{n_n(\Delta\sigma_n)^{\beta}}{C}=\frac{\sum n_i(\Delta\sigma_i)^{\beta}}{C}=1$

同时考虑公式（11-18），得：

$$\sum n_i(\Delta\sigma_i)^{\beta}=C=\sum n_i\cdot(\Delta\sigma_{\mathrm{e}})^{\beta}$$

则

$$\Delta\sigma_{\mathrm{e}}=\left[\frac{\sum n_i(\Delta\sigma_i)^{\beta}}{\sum n_i}\right]^{1/\beta} \tag{11-20}$$

式中 $\sum n_i$——以应力循环次数表示的结构预期使用寿命；

n_i——预期寿命内应力幅水平为 $\Delta\sigma_i$ 的应力循环次数。

这样，变幅疲劳计算就可以用等效应力幅 $\Delta\sigma_{\mathrm{e}}$ 按常幅疲劳计算。

我国的《钢结构设计标准》GB 50017—2017 规定，当变幅疲劳的计算不能满足常幅疲劳的正应力幅和剪应力幅疲劳计算要求时，可以按照以下公式规定计算。

正应力幅的疲劳计算应符合下列公式规定：

$$\Delta\sigma_{\mathrm{e}}\leqslant\gamma_{\mathrm{t}}[\Delta\sigma]_{2\times10^6} \tag{11-21}$$

$$\Delta\sigma_{\mathrm{e}}=\left[\frac{\sum n_i(\Delta\sigma_i)^{\beta_z}+([\Delta\sigma]_{5\times10^6})^{-2}\sum n_j(\Delta\sigma_j)^{\beta_z+2}}{2\times10^6}\right]^{1/\beta_z} \tag{11-22}$$

剪应力幅的疲劳计算应符合下列公式规定：

$$\Delta\tau_{\mathrm{e}}\leqslant\gamma_{\mathrm{t}}[\Delta\tau]_{2\times10^6} \tag{11-23}$$

$$\Delta\tau_{\mathrm{e}}=\left[\frac{\sum n_i(\Delta\tau_i)^{\beta_{\mathrm{j}}}}{2\times10^6}\right]^{1/\beta_{\mathrm{j}}} \tag{11-24}$$

式中 $\Delta\sigma_{\mathrm{e}}$——由变幅疲劳预期使用寿命（总循环次数 $n=\sum n_i+\sum n_j$）折算成循环次数 n 为 2×10^6 次的等效正应力幅（$\mathrm{N/mm^2}$）；

$[\Delta\sigma]_{2\times10^6}$——循环次数 n 为 2×10^6 次的容许正应力幅（$\mathrm{N/mm^2}$），应根据前述规定的构件和连接类别，按正应力幅疲劳计算参数表（表 11-6a）采用；

$\Delta\sigma_i$、n_i——应力谱中在 $\Delta\sigma_i\geqslant[\Delta\sigma]_{5\times10^6}$ 范围内的正应力幅（$\mathrm{N/mm^2}$）及其频次；

$\Delta\sigma_j$、n_j——应力谱中在 $[\Delta\sigma_{\mathrm{L}}]_{1\times10^6}\leqslant\Delta\sigma_j\leqslant[\Delta\sigma]_{5\times10^6}$ 范围内的正应力幅（$\mathrm{N/mm^2}$）及其频次；

$\Delta\tau_{\mathrm{e}}$——由变幅疲劳预期使用寿命（总循环次数 $n=\sum n_i$）折算成循环次数 n 为 2×10^6 次常幅疲劳的等效剪应力幅（$\mathrm{N/mm^2}$）；

$[\Delta\tau]_{2\times10^6}$——循环次数 n 为 2×10^6 次的容许正应力幅（$\mathrm{N/mm^2}$），应根据前述规定的构件和连接类别，按正应力幅疲劳计算参数表（表 11-6b）采用；

$\Delta\tau_i$、n_i——应力谱中在 $\Delta\tau_i\geqslant[\Delta\tau]_{1\times10^6}$ 范围内的剪应力幅（$\mathrm{N/mm^2}$）及其频次。

3. 疲劳计算所需注意的问题

疲劳验算仍然采用容许应力设计方法，而不采用以概率理论为基础的设计方法。也就是说，采用标准荷载进行弹性分析求内力（并不采用任何动力系数），用容许应力幅作为疲劳强度。

标准中提出的疲劳强度是以试验为依据的，包含了外形变化和内在缺陷引起的应力集中，以及连接方式不同而引起的内应力的不利影响。当遇到标准规定以外的连接构造时，应进行专门的研究之后，再决定是考虑相近的连接类别予以套用，还是通过相应的疲劳试验确定疲劳强度。基于同样原因，凡是能改变原有应力状态的措施和环境，例如高温环境下（构件表面温度大于150℃）、处于海水腐蚀环境、焊后经热处理消除残余应力以及低周高应变疲劳等条件下的构件或连接的疲劳问题，均不可采用标准中的方法和数据。我国《冷弯薄壁型钢结构技术规范》GB 50018—2002中，尚未考虑直接承受动力荷载的问题，因此如将其用于循环荷载环境中，对其疲劳问题应进行专门研究。

理论和试验均证明，只要在构件和连接中存在高达屈服点的残余拉应力，即使在完全的循环压应力作用下，当其幅值超过容许应力幅时也会产生裂纹，但裂纹产生的同时，残余拉应力会获得充分的释放，此后在循环压应力环境下，裂纹会自动停止，不继续扩展。例如当轨道和轮压偏心很小，在梁的平面外不出现弯曲应力时，即使焊接吊车梁的受压翼缘部位（包括焊缝及其附近的腹板）出现了裂纹，也不会因此而丧失承载力。所以标准规定，在应力循环中不出现拉应力的部位可不必计算疲劳。

由于标准推荐钢种的静力强度对焊接构件和连接的疲劳强度无显著影响，故可以认为，疲劳容许应力幅与钢种无关。显然，当某类型的构件和连接的承载力由疲劳强度起控制作用时，采用高强钢材往往不能充分发挥作用。决定局部应力状态的构造细节是控制疲劳强度的关键因素，因此在进行构造设计、加工制造和质量控制等过程中，要特别注意构造合理，措施得当，以便最大限度地减少应力集中和残余应力，使构件或连接的分类序号尽量靠前，达到改善工作性能，提高疲劳强度，节约钢材的目的。

11.5 钢结构选材要求

11.5.1 钢结构对力学性能的要求

钢材种类繁多，性能差别很大。就钢材的力学性能指标来说，屈服点、抗拉强度、伸长率、冷弯性能、冲击韧性和低温冲击韧性等各项指标，是从不同的方面来衡量钢材性能，没有必要在各种不同的使用条件下都要完全符合这些质量指标。在设计钢结构时，应该根据结构的特点，选择合适的牌号和质量等级的钢材。一般而言，建筑钢结构使用的结构钢，必须符合下列要求：

1. 强度

抗拉强度 f_u 和屈服点 f_y 作为强度指标，意义不同。屈服点 f_y 是衡量结构承载能力的指标，其值高可以减轻结构自重、节约钢材和降低造价。抗拉强度 f_u 是衡量钢材在经历较大塑性变形后的抗拉能力，它直接反映钢材内部组织的优劣，其值高还可增加结构的安全保证或安全储备。

2. 塑性与韧性

塑性和韧性好，结构在静力荷载和动力荷载作用下有足够的应变能力，既可减轻结构脆性破坏的倾向，又能通过较大的塑性变形调整局部应力，使应力分布趋于均匀。塑性和韧性好，还具有较好的抵抗重复荷载作用（交变应力或疲劳、地震作用）的能力。

3. 冷弯性能

冷弯性能是衡量中厚钢板塑性好坏的一项重要力学性能指标，冷弯试验是钢板性能必不可少的检验项目。冷弯试验试件的弯曲处会产生不均匀塑性变形，能在一定程度上揭示钢材是否存在内部组织的不均匀、内应力、夹杂物、未熔合和微裂纹等缺陷。因此，冷弯性能可反映钢材的冶炼质量和焊接质量。实际生产中，冷弯性能不合格经常发生，使之成为中厚钢板性能不合格的主要原因之一，直接影响了产品质量和企业经济效益。

11.5.2 钢材选用原则

钢材选用的一般原则是：既能使结构安全、可靠地满足使用要求，又要尽最大可能地节约钢材、降低造价。不同的使用条件，应当有不同的质量要求。在一般结构中，当然不宜轻易地选用优质钢材；即使在重要的结构中，也不能盲目地选用质量很好的钢材。钢结构选材应遵循技术可靠、经济合理的原则，综合考虑结构的重要性、荷载特征、结构形式、应力状态、连接方法、钢材厚度、价格和工作环境等因素，选用合适的钢材。选定钢材的牌号和对钢材的质量提出要求时，应考虑以下结构特点。

1. 结构的类型及重要性

由于使用条件、结构所处部位等方面的不同，结构可以分为重要、一般和次要三类。例如，民用大跨度屋架、重级工作制吊车梁等属于重要结构；普通厂房的屋架和柱等属于一般结构；梯子、平台和栏杆等则是次要结构。很显然，对于重要的结构或构件（框架的横梁、桁架、屋面楼面的大梁等）应采用质量较高的钢材。

2. 荷载的性质

按所承受荷载的性质，结构可分为承受静力荷载和承受动力荷载两种。在承受动力荷载的结构或构件中，又有经常满载和不经常满载的区别。因此，荷载性质不同，就应选用不同的钢材，并提出不同的质量保证项目。例如，对重级工作制吊车梁，就要选用冲击韧性和疲劳性能好的钢材，如 16 锰钢或平炉 3 号镇静钢；而对于一般承受静力荷载的结构，如普通屋架及柱等（在常温条件下），可选用 Q235 钢。

3. 连接方法

连接方法不同，对钢材质量要求也不同。例如，焊接结构的钢材，由于在焊接过程中不可避免地会产生焊接应力、焊接变形和焊接缺陷，在受力性质改变和温度变化的情况下容易引起缺口敏感，导致构件产生裂纹或裂缝，甚至发生脆性断裂。因此，焊接钢结构对钢材的化学成分、力学性能和可焊性都有较高的要求，例如，钢材中的碳、硫、磷的含量要低，塑性、韧性指标要高，可焊性要好等。但对非焊接结构（如用高强度螺栓或铆钉连接的结构），这些要求就可以适当放宽。

4. 结构的工作温度

结构所处的环境和工作条件，例如室内和室外温差、季节温差、腐蚀作用情况等对钢材的影响也很大。钢材具有随着温度降低发生脆断（低温冷脆）的特性。钢材的塑性冲击韧性都随着温度的下降而降低，当下降到冷脆转变温度时，钢材处于脆性状态，随时都可能突然发生脆性断裂，国内外均有此类工程事故相关报道，而经常在低温条件下工作的焊接结构则更为敏感，选材时应慎重考虑。

5. 构件的受力性质

结构的低温脆断事故，绝大部分是发生在构件内部有局部缺陷（如缺口、刻痕、裂纹和夹渣等）的部位，但同样的缺陷对拉应力比压应力影响更大。因此，经常承受拉力的构件应选用质量较好的钢材。

6. 钢材的厚度

钢板和型钢等钢材的成型过程一般均为热轧，即钢坯在高温（1200～1300℃）状态下经轧机轧制成型。轧机一般是由数个从大到小的轧辊孔道组成的轧机群，钢坯来回通过轧辊经受挤压的过程，就是在高温状态下经受压力逐次连续反复作用的过程。它不但使钢坯压缩到所需的截面形状和尺寸，同时亦使其经受锻焊（压力焊）作用，金属内部结晶亦随之变化，改变了钢锭原来的铸钢性质，钢锭中的裂纹、气孔等缺陷得到焊合，结晶更致密，晶粒亦更细。而且随着压缩比增大，即钢材厚度轧制得越小，其强度、塑性及冲击韧性性能越好；反之，若压缩比减小，即钢材厚度越大，则其力学性能越差。根据这些原因，要将钢材的力学性能按厚度或直径进行分段制定标准，钢材的强度设计值亦随之相应按厚度或直径取用不同的数值。在选择钢材时，厚度大的焊接结构应采用质量等级较好的钢材。

综上所述，选择钢材时要尽量统一规格，减少钢材牌号和型材的种类，还要考虑市场的供应情况和制造厂的工艺可能性。对于某些拼接组合结构（如焊接组合梁、桁架等），可以选用两种不同牌号的钢材：受力大、由强度控制的部分（如组合梁的翼缘、桁架的弦杆等），选用强度高的钢材；而受力小、由稳定控制的部分（如组合梁的腹板、桁架的腹杆等），选用强度低的钢材，可达到经济合理的目的。此外，在设计文件和施工图纸上，对所选用的钢材，除了选定钢材的牌号外，还应明确提出所必需的保证条件。

11.5.3 钢材选用的一般规定

钢材宜采用 Q235、Q345、Q390、Q420、Q460 和 Q345GJ 钢，其质量应分别符合现行国家标准《碳素结构钢》GB/T 700、《低合金高强度结构钢》GB/T 1591 和《建筑结构用钢板》GB/T 19879 的规定。结构按连接形式分，有焊接结构和非焊接结构两类，它们对钢材的要求各不相同。

承重结构采用的钢材应具有屈服强度、抗拉强度、断后伸长率和硫、磷含量的合格保证，对焊接结构尚应具有碳当量的合格保证。焊接承重结构以及重要的非焊接承重结构采用的钢材还应具有冷弯试验的合格保证。对直接承受动力荷载或需验算疲劳的构件所用钢材尚应具有冲击韧性的合格保证。

钢材质量等级的选用应符合下列规定：

A 级钢可用于结构工作温度高于 0℃的不需要验算疲劳的结构，且 Q235 钢不宜用于焊接结构。

对于需要验算疲劳的焊接结构用钢材应符合下列规定：当工作温度高于 0℃时其质量等级不应低于 B 级；当工作温度不高于 0℃但高于－20℃时，Q235、Q345 钢不应低于 C 级，Q390、Q420 及 Q460 钢不应低于 D 级；当工作温度不高于－20℃时，Q235 钢和 Q345 钢不应低于 D 级，Q390、Q420 及 Q460 钢，应选用 E 级。

对于需要验算疲劳的非焊接结构，其钢材质量等级要求可较上述焊接结构降低一级但不应低于 B 级。吊车起重机不小于 50t 的中级工作制吊车梁，其质量等级要求应与需要验算疲劳的构件相同。

由于沸腾钢的脱氧能力弱，含有较多的有害氧化物（FeO），构造和晶粒粗细不均匀，其性能低于镇静钢；此外，由于沸腾钢容易存在硫的偏析，在硫的偏析区施焊可能引起裂纹，所以重要的承重结构不宜采用 Q235 沸腾钢。

根据多年的实践经验总结，并适当参考了国外有关规范的规定，《钢结构设计标准》GB 50017—2017 具体给出了需要验算疲劳的钢结构钢材应具有的冲击韧性合格保证的建议，如表 11-7 所示。

需验算疲劳的钢材选择表　　表 11-7

结构类别	结构工作温度	要求下列低温冲击韧性合格保证		
		0℃	−20℃	−40℃
要求验算疲劳的焊接结构或构件	0℃≥t>−20℃	Q235C Q345C	Q390D Q420D	—
	t≤−20℃	—	Q235D Q345D	Q390E Q420E
要求验算疲劳的非焊接结构或构件	t≤−20℃	Q235C Q345C	Q390D Q420D	—

注：结构工作温度：对露天和非采暖房屋的结构，取建筑物所在地区室外最低日平均温度；对采暖房屋内的结构，考虑到采暖设备可能发生临时故障，使室内的结构暂时处于室外的温度中，偏于安全，可按室外最低日平均温度提高 10℃取用，也可经合理地研究确定。

连接材料的选用应符合下列规定：

焊条和焊丝的型号和性能应与相应母材的性能相适应，其熔敷金属的力学性能应符合设计规定，且不应低于相应母材标准的下限值；对直接承受动力荷载或需要验算疲劳的结构，或低温环境下工作的厚板结构，宜采用低氢型焊条；连接薄钢板采用的自攻螺钉、钢拉铆钉、射钉等应符合有关标准的规定。

11.6　钢材及连接的强度取值

11.6.1　材料强度的取值方法

材料强度作为构件承载力计算的依据之一，用符号 f 表示。按极限状态设计方法进行结构强度与稳定计算时，钢材强度应取钢材的强度设计值，此值应以钢材的屈服强度标准值除以钢材的抗力分项系数求得。在现行国家标准《钢结构设计标准》GB 50017 中，钢材强度设计值按板厚或直径的分组，遵照现行钢材标准进行了修改，并对抗力分项系数作了较大的调整和补充。具体的抗力分项系数取值，可参考现行国家标准《钢结构设计标准》GB 50017 的条文说明。

1. 取值依据

钢材屈服后发生塑性流动，导致构件变形过大，从而影响正常使用，所以采用屈服点应力 f_y 作为其强度（失效判别依据）。对于无明显流动现象的高强度钢材，可取名义屈服值为其强度值。

2. 材料强度标准值

按照现行国家标准《建筑结构可靠性设计统一标准》GB 50068，取保证率为 95%的材料强度值为材料强度标准值。钢材出厂前，要进行抽样检验，以确保质量。抽样检验的判断标准为废品限值，如果屈服点应力低于废品限值，即认为是废品，不得按合格品出厂。目前的废品限值取值为屈服应力平均值减去 2 倍标准差，其保证率为 97.73%，高于 95%。所以，在《钢结构设计标准》GB 50017—2017 中直接取废品限值为钢材的强度标准值。钢材的废品限值作为钢材出厂的屈服点予以标注。钢材的强度设计指标，应根据钢材牌号、厚度或直径按表 11-8 采用。

钢材的设计用强度指标（N/mm^2） 表 11-8

牌号	厚度或直径（mm）	抗拉、抗压和抗弯 f	抗剪 f_v	端面承压（刨平顶紧）f_{ce}	钢材名义屈服强度 f_y	极限抗拉强度最小值 f_u
Q235	≤16	215	125	325	235	375
	>16～40	205	120		225	375
	>40～60	200	115		215	375
	>60～100	200	115		205	375
Q345	≤16	300	175	400	345	470
	>16～40	295	170		335	470
	>40～63	290	165		325	470
	>63～80	280	160		315	470
	>80～100	270	155		305	470
Q390	≤16	345	200	415	390	490
	>16～40	330	190		370	490
	>40～63	310	180		350	490
	>63～80	295	170		330	490
	>80～100	295	170		330	490
Q420	≤16	375	215	440	420	520
	>16～40	355	205		400	520
	>40～63	320	185		380	520
	>63～80	305	175		360	520
	>80～100	305	175		360	520
Q460	≤16	410	235	470	460	550
	>16～40	390	225		440	550
	>40～63	355	205		420	550

注：表中直径指实心棒材直径，厚度系指计算点的钢材或钢管壁厚度，对轴心受拉和轴心受压构件系指截面中较厚板件的厚度；冷弯型材和冷弯钢管，其强度设计值应按国家现行有关标准的规定采用。

3. 材料强度设计值

在结构设计中，为满足结构可靠性要求，将材料强度标准值 f_k 除以大于 1 的材料抗力分项系数 γ_R 定义为材料强度设计值 f：

$$f=\frac{f_k}{\gamma_R} \tag{11-25}$$

材料的抗力分项系数按照可靠度指标 β 并考虑工程经验而确定。结构承载能力计算中，使用材料强度设计值。

11.6.2 钢材及连接的设计指标及设计参数

钢材及连接的强度设计值按下述相应公式计算，所得结果修约到5N/mm²。

1. 钢材的强度设计值

（1）抗拉、抗压和抗弯强度设计值 f

按式（11-25）计算，对Q235钢取材料抗力分项系数 $\gamma_R=1.090$，对Q345、Q390和Q420钢取 $\gamma_R=1.125$，所以：

$$f=\frac{f_k}{\gamma_R}=\begin{cases}\dfrac{f_y}{1.090} & \text{Q235 钢}\\ \dfrac{f_y}{1.125} & \text{Q345、Q390、Q420 钢}\end{cases} \tag{11-26}$$

（2）抗剪强度设计值 f_v

由纯剪切应力状态，利用材料力学的米赛斯屈服准则（第四强度理论），按式（11-6）所表示关系计算，即：

$$f_v=0.58f \tag{11-27}$$

（3）端面承压强度设计值 f_{ce}

构件承压是局部面积所为，周围面积对承压部分有约束作用，从而形成三向受压应力状态。承压应力允许超过屈服点，故取钢材的抗拉强度最小值作为其标准值，所以：

$$f_{ce}=\frac{f_{cek}}{\gamma_{Ru}}=\frac{f_u}{\gamma_{Ru}} \tag{11-28}$$

其中抗力分项系数 γ_{Ru}，对Q235钢和Q345钢取 $\gamma_{Ru}=1.15$，对Q390钢和Q420钢取 $\gamma_{Ru}=1.175$。

【例题 11-1】 Q235钢热轧钢板，当厚度为20mm时，由表11-8可知 $f_y=225\text{N/mm}^2$，$f_u=375\text{N/mm}^2$，试计算 f、f_v、f_{ce} 之值。

【解】

$f=\dfrac{f_y}{\gamma_R}=\dfrac{225}{1.090}=206.42\text{N/mm}^2$，　　修约为 $f=205\text{N/mm}^2$

$f_v=0.58f=0.58\times205=118.9\text{N/mm}^2$，　　修约为 $f_v=120\text{N/mm}^2$

$f_{ce}=\dfrac{f_u}{\gamma_{Ru}}=\dfrac{375}{1.15}=326.1\text{N/mm}^2$，　　修约为 $f_{ce}=325\text{N/mm}^2$

2. 铸钢件的强度设计值

取不同的材料抗力分项系数，有：

（1）抗拉、抗压和抗弯

$$f=f_y/1.282 \tag{11-29}$$

（2）端面承压

$$f_{ce}=0.65f_u \tag{11-30}$$

抗剪强度设计值计算公式同式（11-27）。

【例题 11-2】 计算铸钢件ZG270-500的强度设计值。

【解】 由材料牌号可知 $f_y=270\text{N/mm}^2$，$f_u=500\text{N/mm}^2$，所以：

$f = f_y/1.282 = 210.6\text{N/mm}^2$，　　修约为 $f = 210\text{N/mm}^2$

$f_v = 0.58f = 0.58 \times 210 = 121.8\text{N/mm}^2$，　　修约为 $f_v = 120\text{N/mm}^2$

$f_{ce} = 0.65f_u = 0.65 \times 500 = 325.0\text{N/mm}^2$，　　修约为 $f_{ce} = 325\text{N/mm}^2$

3. 焊缝连接的强度设计值

(1) 对接焊缝连接

对接焊缝的抗压强度设计值 f_c^w，抗剪强度设计值 f_v^w 取母材强度设计值，即：

$$f_c^w = f, \quad f_v^w = 0.58f \tag{11-31}$$

对接焊缝的抗拉强度设计值 f_t^w 与焊缝质量等级有关，规范取值为：

$$f_t^w = \begin{cases} f & \text{焊缝质量 1、2 级} \\ 0.85f & \text{焊缝质量 3 级} \end{cases} \tag{11-32}$$

(2) 角焊缝连接

抗拉、抗压、抗剪强度设计值，取值相同。

$$f_t^w = \begin{cases} 0.38f_u^w & \text{Q235 钢} \\ 0.41f_u^w & \text{Q345、Q390、Q420 钢} \end{cases} \tag{11-33}$$

式中　f_u^w——熔敷金属的抗拉强度，与焊条类型的关系为：E43 型焊条为 420N/mm^2，E50 型焊条为 490N/mm^2，E55 型焊条为 540N/mm^2。

4. 铆钉连接、螺栓连接的强度设计值

铆钉连接、螺栓连接的受力状态复杂，理论分析比较困难，一般取铆钉（螺栓）材料的抗拉强度 f_u 为标准值，再根据试验结果乘以一个经验系数（小于 1）而得到设计值。

根据上述公式和原则，《钢结构设计标准》GB 50017—2017 给出了钢材、铸钢件、连接的强度设计值表，见附表 17～附表 23。钢材和铸钢件的物理性能指标应按附表 24 采用。

计算下列情况的结构构件或连接时，附表 17～附表 23 的强度设计值应乘以相应的折减系数：

(1) 单面连接的单角钢按轴心受力计算强度和连接乘以系数 0.85；

按轴心受压计算稳定性：等边角钢乘以系数 $0.6+0.0015\lambda$，但不大于 1.0；短边相连的不等边角钢乘以系数 $0.5+0.0025\lambda$，但不大于 1.0；长边相连的不等边角钢乘以系数 0.7；λ 为长细比，对中间无联系的单角钢压杆，应按最小惯性半径计算，当 $\lambda<20$ 时，取 $\lambda=20$。

(2) 无垫板的单面施焊对接焊缝乘以系数 0.85；

(3) 施工条件较差的高空安装焊缝和铆钉连接乘以系数 0.90；

(4) 沉头和半沉头铆钉连接乘以系数 0.80；

(5) 当几种情况同时存在时，其折减系数应连乘。

思 考 题

11-1　用于建筑钢结构的常用国产钢材有哪几种？牌号如何？

11-2　何谓碳素结构钢、低合金高强度结构钢？生产和加工过程对其工作性能有何影响？

11-3　试绘出有明显屈服的钢材的拉伸曲线（σ-ε 曲线），说明各阶段的特点，指出比例极限、屈服点和抗拉强度的含义。

11-4　温度对钢材强度有何影响？钢材在高温下的力学性能如何？为何钢材不耐火？

11-5　说明钢材的冲击韧性的定义和工程意义。

11-6　钢材质量等级分 A、B、C、D、E 级的依据是什么？

11-7　为什么说冷弯性能是衡量钢材力学性能的一项综合指标？

11-8　何谓伸长率？伸长率过小，对结构构件有什么不利之处？

11-9　何谓屈强比，其值相对较大对工程结构有利还是有害？

11-10　钢材强度取值与尺寸有关，Q345 钢何时 $f_y=345\text{N/mm}^2$？在其他情况下 f_y 是大于还是小于 345N/mm^2？

11-11　热轧型钢的型号如何表示？

11-12　钢材的抗剪强度值取抗拉强度值的 58%，其依据何在？

11-13　材料强度具有 95%保证率的含义是什么？钢材的强度是否具有这一保证率？

11-14　钢材的力学性能为何要按厚度分类？在选用钢材时，应如何考虑板厚的影响？

11-15　为何影响焊接结构疲劳强度的主要因素是应力幅，而不是应力比？

11-16　解释下列名词：1）低温冷脆；2）时效硬化；3）冷作硬化；4）应变时效硬化；5）转变温度；6）包辛格效应；7）滞回性能；8）低周疲劳；9）高周疲劳；10）线性累积损伤准则。

练　习　题

11-1　一块由 Q235 钢经热轧而成的钢板，已知板厚为 12mm，试按公式分别求该钢板材料的抗拉强度和抗剪强度设计值。

11-2　热轧工字钢梁 I45b，如材料为 Q345 钢，其抗弯强度设计值、抗剪强度设计值各应是多少？

第12章　钢结构的连接

导读：钢结构的构件是由型钢、钢板等通过连接组成，各构件再通过连接组合成结构，连接在钢结构中处于重要的枢纽地位。本章内容包含钢结构连接最常用的三种形式：焊缝连接、螺栓连接和紧固件连接。具体包含：各种连接的优缺点，连接的形式、构造和计算方法。通过本章学习应熟悉钢结构常用的连接形式，知晓各连接形式优缺点和适用范围；掌握对接焊缝和角焊缝连接的构造要求和计算方法；掌握普通螺栓和高强度螺栓连接的性能和计算；熟悉钢结构紧固件连接的构造要求和计算。其中，应重点掌握角焊缝的计算，普通螺栓和高强度螺栓连接的计算。难点为角焊缝计算的基本公式，焊接残余应力产生的原因，普通螺栓及高强度螺栓同时承受拉力和剪力的计算。

12.1　钢结构的连接方法

钢结构的构件是由型钢、钢板等通过连接组成，各构件再通过连接组合成结构。因此，连接在钢结构中处于重要的枢纽地位。在进行连接的设计时，必须遵循安全可靠、传力明确、构造简单、制造方便和节约钢材的原则，接头需要足够的强度，还要有充足的适宜于施行连接手段的空间。

鉴于上述要求，建筑工程上可采用的钢结构连接方法有焊接连接、铆钉连接、螺栓连接和轻型钢结构用的紧固件连接等四类，如图12-1所示。

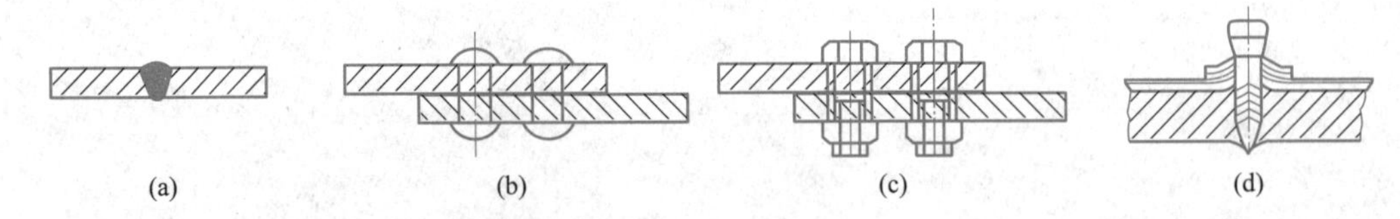

图12-1　钢结构的连接方法

（a）焊缝连接；（b）铆钉连接；（c）螺栓连接；（d）紧固件连接

12.1.1　焊缝连接

焊缝连接是现代钢结构最主要的连接方法，它是将钢材连接处的金属加热熔化，待冷却后形成焊缝，将缝两侧钢材连成一体。

1. 常用焊接方法

（1）手工电弧焊

手工电弧焊是最常用的一种焊接方法（图12-2）。通电后，在涂有药皮的焊条和焊件间产生电弧。电弧提供热源，使焊条中的焊丝熔化，滴落在焊件上被电弧所吹成的小凹槽熔池中。由电焊条药皮形成的熔渣和气体覆盖着熔池，防止空气中的氧、氮等气体与熔化的液体金属接触，避免形成脆性易裂的化合物。焊缝金属冷却后把被连接件连成一体。

手工电弧焊设备简单，操作灵活方便，适于任意空间位置的焊接，特别适于焊接短焊缝。但生产效率低，劳动强度大，焊接质量与焊工的技术水平和精神状态有很大的关系。

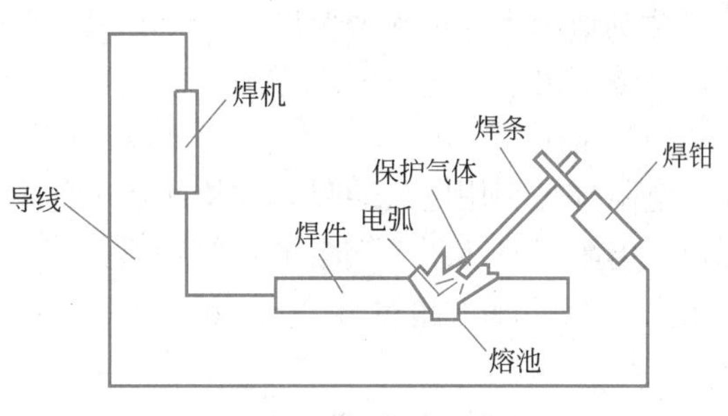

图 12-2 手工电弧焊

手工电弧焊所用焊条应与焊件钢材（或称主体金属）相适应，例如：对 Q235 钢采用 E43 型焊条（E4300～E4328）；对 Q345 钢采用 E50 型焊条（E5000～E5048）；对 Q390 钢和 Q420 钢采用 E55 型焊条（E5500～E5518）。焊条型号中字母 E 表示焊条（Electrodes），前两位数字为熔敷金属的最小抗拉强度（单位为“kgf/mm^2”），第三、四位数字表示适用焊接位置、电流以及药皮类型等。不同钢种的钢材相焊接时，宜采用低组配方案，即宜采用与低强度钢相适应的焊条。

（2）埋弧焊

埋弧焊是电弧在焊剂层下燃烧的一种电弧焊方法，分自动埋弧焊和半自动埋弧焊两种方式。通电引弧后，由于电弧的作用，使埋于焊剂下的焊丝和附近的焊剂熔化，熔渣浮在熔化的焊缝金属上面，使熔化金属不与空气接触，并供给焊缝金属所需要的合金元素，随着电焊机的移动，颗粒状的焊剂不断由料斗漏下，电弧完全被埋在焊剂之内，同时焊丝边熔化边下降。如果电焊机沿轨道按设定的速度自动移动，就称为自动埋弧焊（图 12-3）；如果电焊机的移动是由人工操作，则称为半自动埋弧焊。

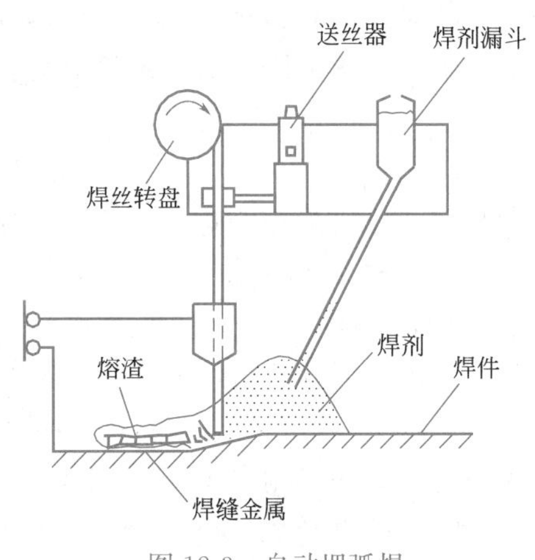

图 12-3 自动埋弧焊

埋弧焊具有的优点较多，概括起来为：工艺条件稳定，与大气隔离、保护效果好，电弧热量集中；熔深大，焊缝的化学成分均匀；焊缝质量好，塑性和韧性较高；生产效率高。但自动埋弧焊只适合于焊接较长的直线焊缝，手工埋弧焊可适合于焊接曲线焊缝。

埋弧焊采用的焊丝、焊剂要保证其熔敷金属抗拉强度不低于相应手工焊条的数值。Q235 钢焊件可采用 H08、H08A、H08MnA 等焊丝配合高锰、高硅型焊剂；Q345 钢和 Q390 钢焊件可采用 H08A、H08E 焊丝配合高锰型焊剂，也可采用 H08Mn、H08MnA 焊丝配合中锰型和高锰型焊剂，或采用 H10Mn2 焊丝配合无锰型或低锰型焊剂。

（3）气体保护焊

气体保护焊，又称气电焊。它是利用惰性气体或二氧化碳（CO_2）气体作为保护介质的一种电弧熔焊方法。该法依靠保护气体在电弧周围形成局部隔离区，以防止有害气体的侵入，从而保持焊接过程的稳定。

气体保护焊的优点是电弧热量集中，焊接速度快，焊件熔深大，热影响区较小，焊接变形较小；由于焊缝熔化区不产生焊渣，焊接过程中能清楚地看到焊缝成型的全过程；气体保护焊所形成的焊缝强度比手工电弧焊高，塑性和抗腐蚀性较好，适用于全位置的焊接，特别适用于厚钢板或厚度100mm以上的特厚钢板的连接。气电焊的缺点是设备较复杂，不适于野外或有风的地方施焊。

(4) 电阻焊

电阻焊是利用电流通过焊件接触点表面电阻所产生的热来熔化金属，再通过加压使其焊合。电阻焊只适用于钢板堆叠厚度不大于12mm的焊接。对冷弯薄壁型钢构件，电阻焊可用来缀合壁厚不超过3.5mm的构件，如将两个冷弯槽钢或C型钢组合成I形截面构件等。

2. 焊缝连接的主要优缺点

焊缝连接构造简单，任何形式的钢板和构件都可直接相连；用料经济，不削弱截面；制作加工方便，可实现自动化操作；连接的密闭性好，结构刚度大。

在焊缝附近的热影响区内，钢材的金相组织发生改变，导致局部材质变脆；焊接残余应力和残余变形使构件承载力降低；焊接结构对裂纹很敏感，局部裂纹一旦发生，就容易扩展到整个截面，低温冷脆问题较为突出。

12.1.2 螺栓连接

螺栓属于紧固件，常和螺帽、垫圈同时使用，螺栓连接就是螺栓、螺帽通过螺栓孔将钢材连接成整体。这种连接的优点在于施工简单，安装方便，进度和质量易于保证，但存在开孔对构件截面有削弱，有时需要辅助连接件、增加钢材用量等缺陷。螺栓连接分为普通螺栓连接和高强度螺栓连接两种。

1. 普通螺栓连接

普通螺栓分为A、B、C三级。A级与B级为精制螺栓，C级为粗制螺栓。C级螺栓材料性能等级为4.6级或4.8级。小数点前的数字表示螺栓成品的抗拉强度不小于400N/mm^2，小数点及小数点以后数字表示其屈强比（屈服强度与抗拉强度之比）为0.6或0.8。A级和B级螺栓材料性能等级为8.8级，其抗拉强度不小于800N/mm^2，屈强比为0.8。

C级螺栓由未经加工的圆钢压制而成。由于螺栓表面粗糙，一般用在单个零件上一次冲成或不用钻模钻成的孔（Ⅱ类孔）。螺栓孔的直径比螺栓杆的直径大1.5～3mm。对于采用C级螺栓的连接，由于螺杆与栓孔之间有较大的间隙，受剪力作用时，将会产生较大的剪切滑移，连接的变形大。但安装方便，且能有效地传递拉力，故一般可用于沿螺栓杆轴受拉的连接中，以及次要结构的抗剪连接或安装时的临时固定。

A、B级精制螺栓是由毛坯在车床上经过切削加工精制而成。表面光滑，尺寸准确，螺杆直径与螺栓孔径相同，但螺杆直径仅允许负公差，螺栓孔直径仅允许正公差，对成孔质量要求高。由于有较高的精度，因而受剪性能好。但制作和安装复杂，价格较高，已很少在钢结构中采用。

2. 高强度螺栓连接

高强度螺栓一般采用45号钢、40Cr钢和20MnTiB钢加工制作，经热处理后，螺栓抗拉强度应分别不低于800N/mm^{2}和1000N/mm^2，且屈强比分别为0.8和0.9，因此，其性能等级分别称为8.8级和10.9级。

高强度螺栓分大六角头型（图12-4a）和扭剪型（图12-4b）两种。安装时通过特别的扳手，以较大的扭矩上紧螺帽，使螺杆产生很大的预拉力。高强度螺栓的预拉力把被连接的部件夹紧，使部件的接触面间产生很大的摩擦力，外力通过摩擦力来传递。这种连接称为高强度螺栓摩擦型连接。它的优点是施工方便，对构件的削弱较小，可拆换，能承受动力荷载，耐疲劳，韧性和塑性好，包含了普通螺栓和铆钉连接的优点，目前已成为代替铆接的优良连接形式。另外，高强度螺钉也可同普通螺栓一样，允许接触面滑移，依靠螺栓杆和螺栓孔之间的承压来传力。这种连接称为高强度螺栓承压型连接。

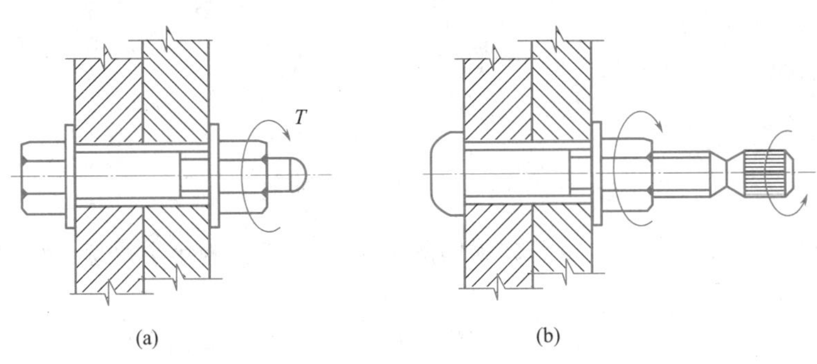

图 12-4　高强度螺栓

(a) 大六角头型；(b) 扭剪型

摩擦型连接的栓孔直径比螺杆的公称直径 d 大 1.5～2.0mm；承压型连接的栓孔直径比螺杆的公称直径 d 大 1.0～1.5mm。摩擦型连接的剪切变形小，弹性性能好，特别适用于承受动力荷载的结构。承压型连接的承载力高于摩擦型，连接紧凑，但剪切变形大，不得用于承受动力荷载的结构中。

12.1.3　铆钉连接

铆钉连接的制造有热铆和冷铆两种方法。热铆是由烧红的钉坯插入构件的钉孔中，用铆钉枪或压铆机铆合而成。冷铆是在常温下铆合而成。在建筑结构中常采用热铆。

铆钉的材料应有良好的塑性，通常采用专用钢材 BL2 和 BL3 号钢制成。

铆钉连接的质量和受力性能与钉孔的制法有很大关系。钉孔的制法分为Ⅰ、Ⅱ两类。Ⅰ类孔是用钻模钻成，或先冲成较小的孔，装配时再扩钻而成，质量较好。Ⅱ类孔是冲成采用钻模钻成，虽然制法简单，但构件拼装时钉孔不易对齐，故质量较差。重要的结构应该采用Ⅰ类孔。

铆钉打好后，钉杆由高温逐渐冷却而发生收缩，但被钉头之间的钢板阻止住，所以钉杆中产生了收缩拉应力，对钢板则产生压紧力，使连接十分紧密。当构件受剪力作用时，钢板接触面上产生很大的摩擦力，因而能大大提高连接的工作性能。

铆钉连接由于构造复杂，费钢费工，现已很少采用。但是铆钉连接的塑性和韧性较好，传力可靠，质量易于检查，在一些重型和直接承受动力荷载的结构中，有时仍然采用。

12.1.4　轻钢结构的紧固件连接

在冷弯薄壁型钢结构中经常采用自攻螺钉、钢拉铆钉、射钉等机械式紧固件连接方式（图 12-5），主要用于压型钢板之间和压型钢板与冷弯型钢等支承构件之间的连接。

自攻螺钉有两种类型，一类为一般的自攻螺钉（图 12-5a），需先行在被连板件和构件上钻一定大小的孔后，再用电动扳手或扭力扳手将其拧入连接板的孔中；一类为自钻自攻螺钉（图 12-5b），无须预先钻孔，可直接用电动扳手自行钻孔和攻入被连板件。

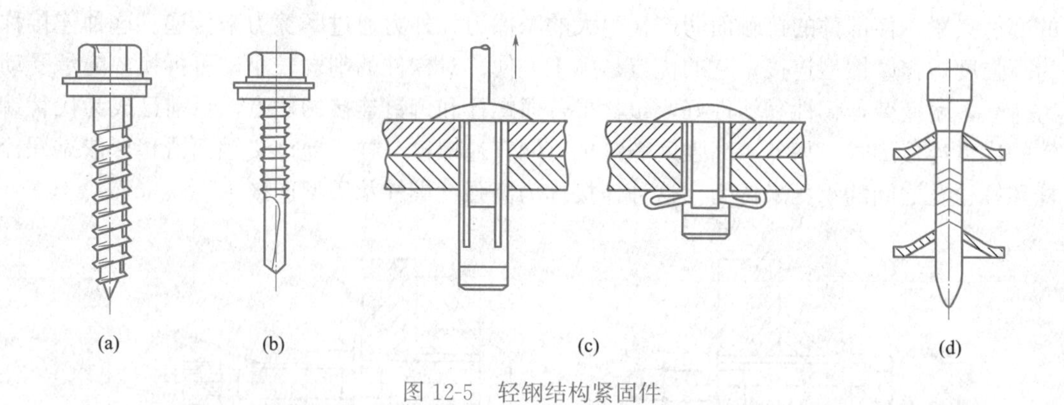

图 12-5 轻钢结构紧固件

拉铆钉（图 12-5c）有铝材和钢材制作的两类，为防止电化学反应，轻钢结构均采用钢制拉铆钉。

射钉（图 12-5d）由带有锥杆和固定帽的杆身与下部活动帽组成，靠射钉枪的动力将射钉穿过被连板件打入母材基体中（图 12-5d）。射钉只用于薄板与支承构件（如檩条、墙梁等）的连接。

12.2 焊 缝 连 接

12.2.1 焊缝连接形式和焊缝形式

1. 焊缝连接形式

焊缝连接形式按被连接钢材的相互位置可分为平接、搭接、T 形连接和角部连接四种（图 12-6）。这些连接所采用的焊缝主要有对接焊缝和角焊缝。

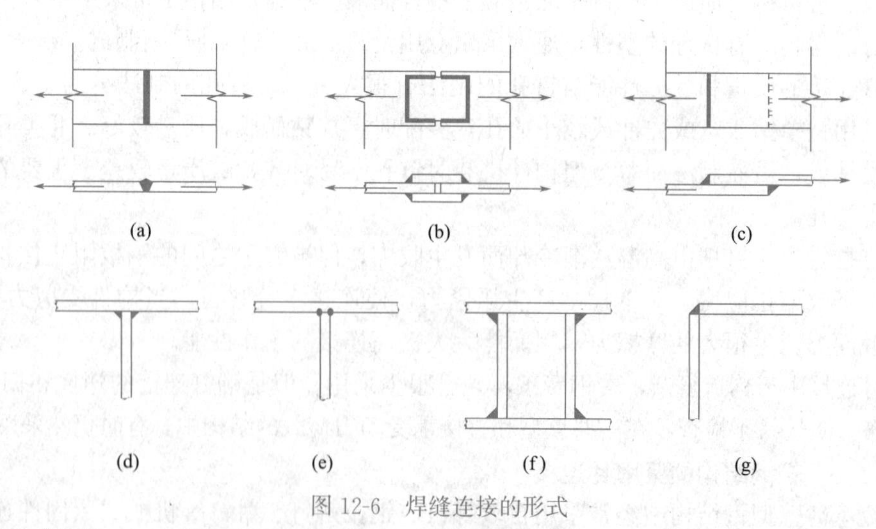

图 12-6 焊缝连接的形式

（a）平接连接；（b）用拼接盖板的平接连接；（c）搭接连接；（d）、（e）T 形连接；（f）、（g）角部连接

（1）平接

平接主要用于厚度相同或接近相同的两构件的相互连接。图 12-6（a）所示为采用对接焊缝的平接连接，由于相互连接的两构件在同一平面内，因而传力均匀平缓，没有明显

的应力集中，且用料经济，但是焊件边缘需要加工，被连接两板的间隙和坡口尺寸有严格的要求。

图 12-6（b）所示为用双层盖板和角焊缝的平接连接，这种连接传力不均匀、费料，但施工简便，所连接两板的间隙大小无须严格控制。

（2）搭接连接

图 12-6（c）所示为用角焊缝的搭接连接，特别适用于不同厚度构件的连接。传力不均匀，材料较费，但构造简单，施工方便，目前还广泛应用。

（3）T 形连接

T 形连接省工省料，常用于制作组合截面。当采用角焊缝连接时（图 12-6d），焊件间存在缝隙，截面突变，应力集中现象严重，疲劳强度较低，可用于不直接承受动力荷载结构的连接中。对于直接承受力动荷载的结构，如重级工作制吊车梁，其上翼缘与腹板的连接，应采用如图 12-6（e）所示的焊透的 T 形对接与角接组合焊缝进行连接。

（4）角部连接

角部连接（图 12-6f、g）主要用于制作箱形截面。

2. 焊缝形式

焊缝形式是指焊缝本身的截面形式，实际应用中有对接焊缝和角焊缝两种形式，如图 12-7 所示。

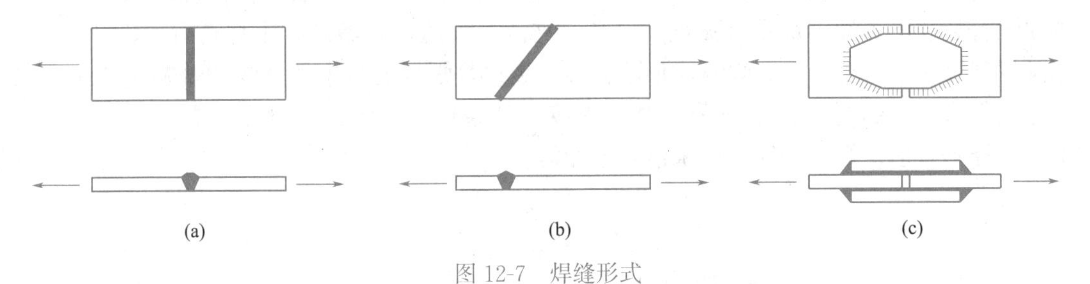

图 12-7　焊缝形式

（a）正对接焊缝；（b）斜对接焊缝；（c）角焊缝

（1）对接焊缝

对接焊缝按受力的方向分为正对接焊缝（图 12-7a）和斜对接焊缝（图 12-7b）。这类焊缝传力均匀、无明显应力集中现象发生，受力性能较好。对接连接都是采用对接焊缝。

（2）角焊缝

角焊缝位于板件边缘（图 12-7c），传力不均匀，受力复杂，容易引起应力集中。角焊缝分正面角焊缝（焊缝垂直于外力作用方向）、侧面角焊缝（焊缝平行于外力作用方向）和斜向角焊缝（焊缝与外力作用方向斜交）三类。

焊缝沿长度方向的布置分为连续角焊缝和断续角焊缝两种（图 12-8）。连续角焊缝的受力性能较好，为主要的角焊缝形式。断续角焊缝的起、灭弧处容易引起应力集中，重要结构应避免采用，只能用于一些次要构件的连接或受力很小的连接中。断续角焊缝的间断距离 L 不宜过长，以免连接不紧密，潮气侵入引起构件锈蚀。一般在受压构件中应满足 $L \leqslant 15t$；在受拉构件中 $L \leqslant 30t$，t 为较薄焊件的厚度。

焊缝按施焊位置分为平焊、横焊、立焊及仰焊（图 12-9）。平焊（又称俯焊）施焊方便。立焊和横焊要求焊工的操作水平比较高。仰焊的操作条件最差，焊缝质量不易保证，因此应尽量避免采用仰焊。

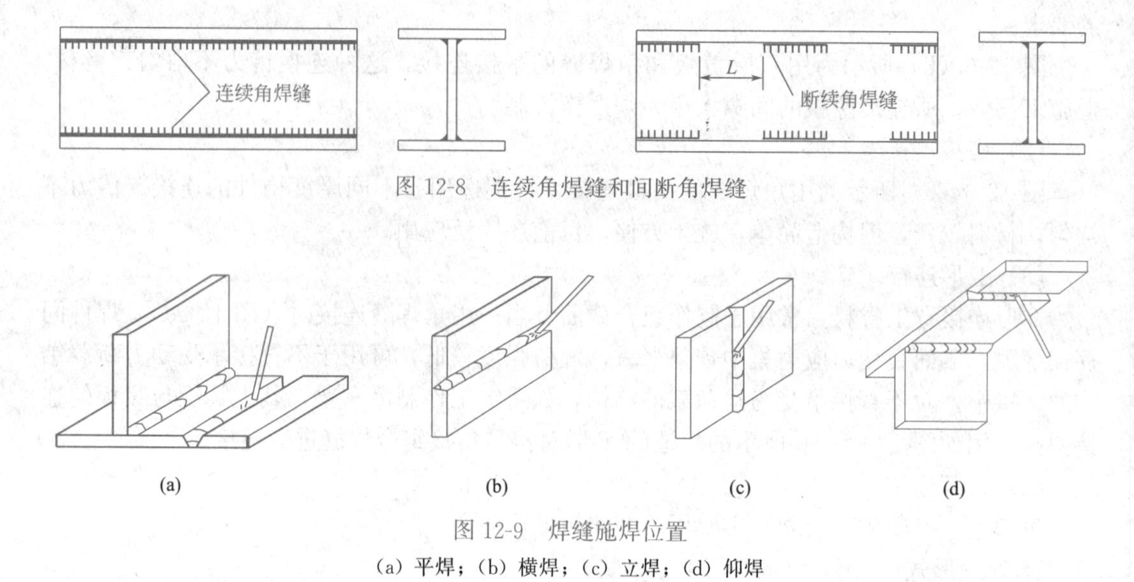

图 12-8 连续角焊缝和间断角焊缝

图 12-9 焊缝施焊位置

(a) 平焊；(b) 横焊；(c) 立焊；(d) 仰焊

12.2.2 焊缝质量等级及构造

焊缝缺陷指焊接过程中产生于焊缝金属或附近热影响区钢材表面或内部的缺陷。常见的缺陷有裂纹、焊瘤、烧穿、弧坑、气孔、夹渣、咬边、未熔合、未焊透等（图 12-10）；以及焊缝尺寸不符合要求、焊缝成形不良等。裂纹是焊缝连接中最危险的缺陷。产生裂纹的原因很多，如钢材的化学成分不当；焊接工艺条件（如电流、电压、焊速、施焊次序等）选择不合适；焊件表面油污未清除干净等。

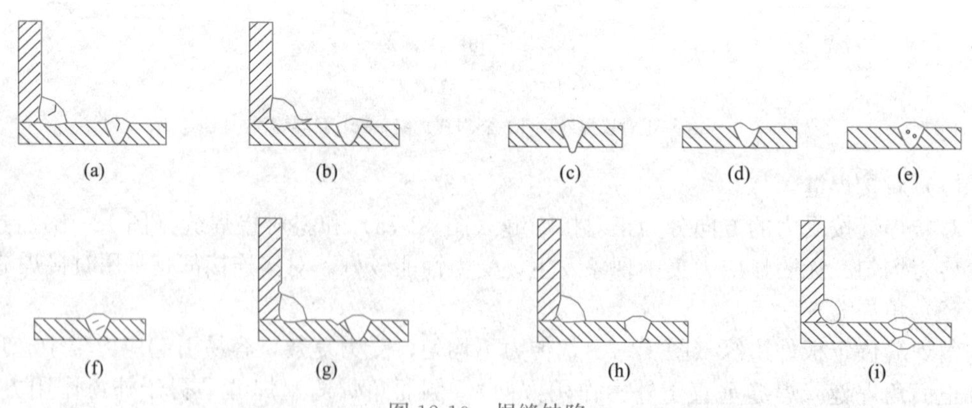

图 12-10 焊缝缺陷

(a) 裂纹；(b) 焊瘤；(c) 烧穿；(d) 弧坑；(e) 气孔；(f) 夹渣；(g) 咬边；(h) 未熔合；(i) 未焊透

焊缝缺陷的存在将削弱焊缝的受力面积，在缺陷处引起应力集中，故对连接的强度、冲击韧性及冷弯性能等均有不利影响。因此，焊缝质量检验极为重要。

焊缝质量检验一般可用外观检查及内部无损检验，前者检查外观缺陷和几何尺寸，后者检查内部缺陷。内部无损检验目前广泛采用超声波检验，该方法使用灵活、经济，对内部缺陷反应灵敏，但不易识别缺陷性质；有时还用磁粉检验，荧光检验等较简单的方法作为辅助。此外还可采用 X 射线或 γ 射线透照或拍片。

《钢结构工程施工质量验收标准》GB 50205—2020 规定焊缝按其检验方法和质量要求分为一级、二级和三级。三级焊缝只要求对全部焊缝作外观检查且符合三级质量标准；设计要求全焊透的一级、二级焊缝则除外观检查外，还要求用超声波探伤进行内部缺陷的检验，超声波探伤不能对缺陷作出判断时，应采用射线探伤检验，并应符合国家相应质量标准的要求。

《钢结构设计标准》GB 50017—2017 规定，焊缝的质量等级应根据结构的重要性、荷载特性、焊缝形式、工作环境以及应力状态等情况，按下列原则选用：

（1）在承受动荷载且需要进行疲劳验算的构件中，凡要求与母材等强连接的焊缝应焊透，其质量等级应符合下列规定：

1）作用力垂直于焊缝长度方向的横向对接焊缝或 T 形对接与角接组合焊缝，受拉时应为一级，受压时不应低于二级；

2）作用力平行于焊缝长度方向的纵向对接焊缝不应低于二级；

3）重级工作制（A6～A8）和起重量 $Q \geqslant 50$t 的中级工作制（A4、A5）吊车梁的腹板与上翼缘之间以及吊车桁架上弦杆与节点板之间的 T 形连接部位焊缝应焊透，焊缝形式宜为对接与角接的组合焊缝，其质量等级不应低于二级。

（2）在工作温度等于或低于－20℃的地区，构件对接焊缝的质量不得低于二级。

（3）不需要疲劳验算的构件中，凡要求与母材等强的对接焊缝宜焊透，其质量等级受拉时不应低于二级，受压时不宜低于二级。

（4）部分焊透的对接焊缝、采用角焊缝或部分焊透的对接与角接组合焊缝的 T 形连接部位，以及搭接连接角焊缝，其质量等级应符合下列规定：

1）直接承受动荷载且需要疲劳验算的结构和吊车起重量等于或大于 50t 的中级工作制吊车梁以及梁柱、牛腿等重要节点不应低于二级；

2）其他结构可为三级。

焊接用施工图的焊接符号表示方法，应符合现行国家标准《焊缝符号表示法》GB/T 324 和《建筑结构制图标准》GB/T 50105 的有关规定。《焊缝符号表示法》GB/T 324—2008 规定：焊缝代号由引出线、图形符号和辅助符号三部分组成。引出线由横线和带箭头的斜线组成。箭头指到图形上的相应焊缝处，横线的上面和下面用来标注图形符号和焊缝尺寸。当引出线的箭头指向焊缝所在的一面时，应将图形符号和焊缝尺寸等标注在水平横线的上面；当箭头指向对应焊缝所在的另一面时，则应将图形符号和焊缝尺寸标注在水平横线的下面。必要时，可在水平横线的末端加一尾部作为其他说明之用。图形符号表示焊缝的基本形式，如用“◺”表示角焊缝，用 V 表示 V 形坡口的对接焊缝。辅助符号表示辅助要求，如用“⚑”表示现场安装焊缝等。表 12-1 列出了一些常用焊缝代号，可供设计时参考。

焊缝代号　　表 12-1

	角焊缝			
	单面焊缝	双面焊缝	安装焊缝	相同焊缝
形式				

续表

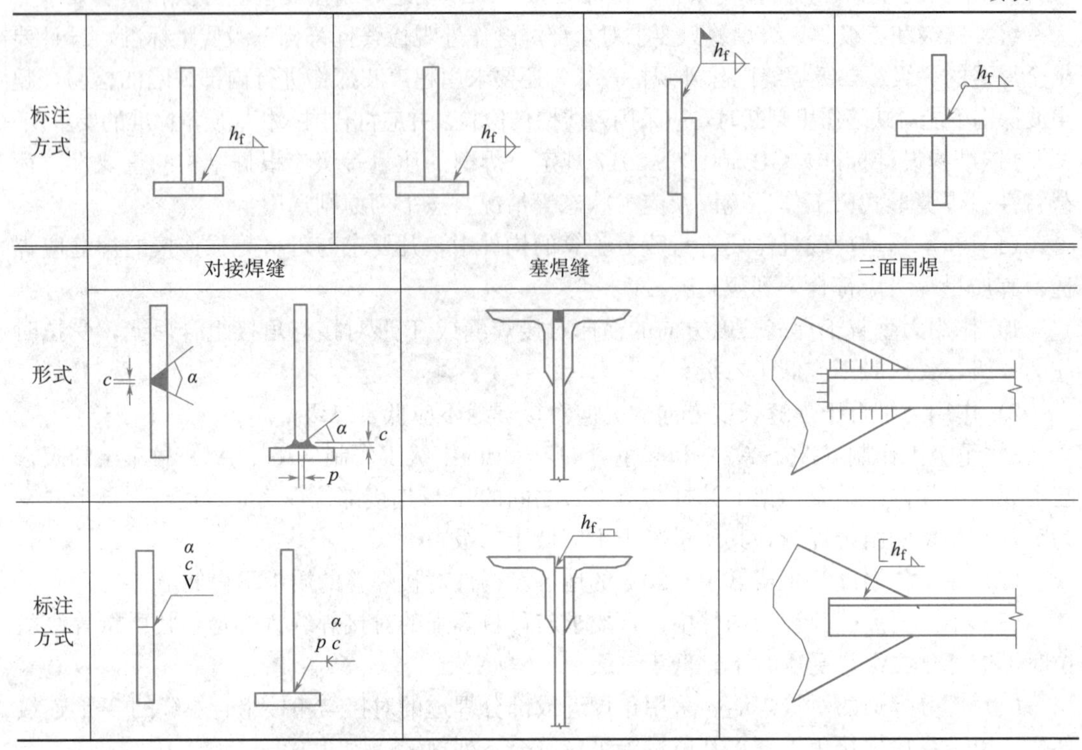

当焊缝分布比较复杂或用上述标注方法不能表达清楚时，在标注焊缝代号的同时，可在图形上加栅线表示（图 12-11）。

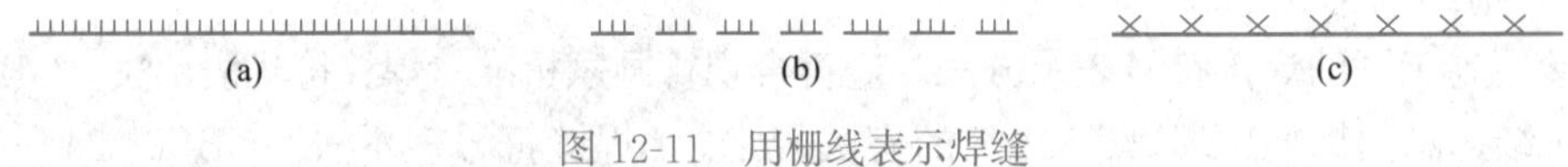

图 12-11　用栅线表示焊缝

（a）正面焊缝；（b）背面焊缝；（c）安装焊缝

12.2.3　对接焊缝

1. 对接焊缝的构造

（1）坡口形式

对接焊缝的焊件常需做成坡口，故又叫坡口焊缝。坡口形式与焊件厚度有关。当焊件厚度很小（手工焊 6mm，埋弧焊 10mm）时，可用直边缝。对于一般厚度的焊件可采用具有斜坡口的单边 V 形或 V 形焊缝。斜坡口和根部间隙 c 共同组成一个焊条能够运转的施焊空间，使焊缝易于焊透；钝边 p 有托住熔化金属的作用。对于较厚的焊件（$t>$ 20mm），则采用 U 形、K 形和 X 形坡口（图 12-12）。对于 V 形缝和 U 形缝需对焊缝根部进行补焊。对接焊缝坡口形式的选用，应根据板厚和施工条件按现行国家标准《气焊、焊条电弧焊、气体保护焊和高能束焊的推荐坡口》GB/T 985.1 的要求进行。

（2）截面的改变

在对接焊缝的拼接处，当焊件的宽度不同或厚度相差 4mm 以上时，应分别在宽度方向或厚度方向从一侧或两侧做成坡度不大于 1∶2.5 的斜角（图 12-13），以使截面过渡和缓，减小应力集中。

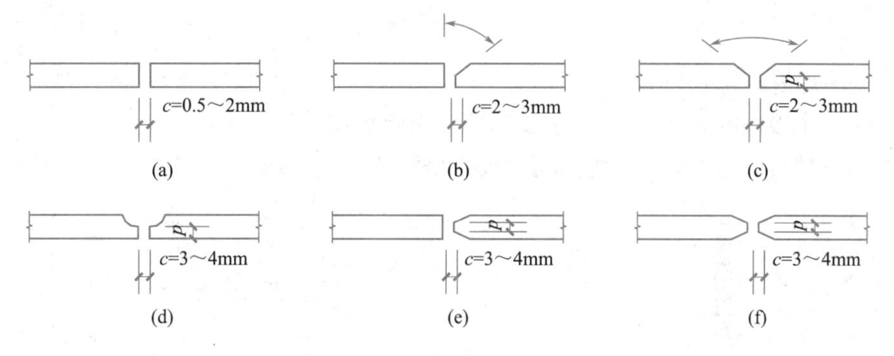

图 12-12 对接焊缝的坡口形式

（a）直边缝；（b）单边 V 形坡口；（c）V 形坡口；（d）U 形坡口；（e）K 形坡口；（f）X 形坡口

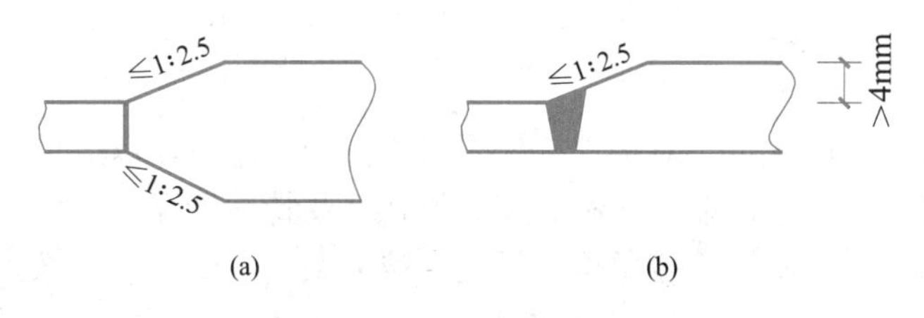

图 12-13 钢板拼接

（a）改变宽度；（b）改变厚度

（3）引弧板

在焊缝的起灭弧处，常会出现弧坑等缺陷，这些缺陷对承载力影响极大，故焊接时一般应设置引弧板和引出板（图 12-14），焊后将它割除。对受静力荷载的结构设置引弧（出）板有困难时，允许不设置引弧（出）板，此时，可令焊缝计算长度等于实际长度减 $2t$（此处 t 为较薄焊件厚度）。

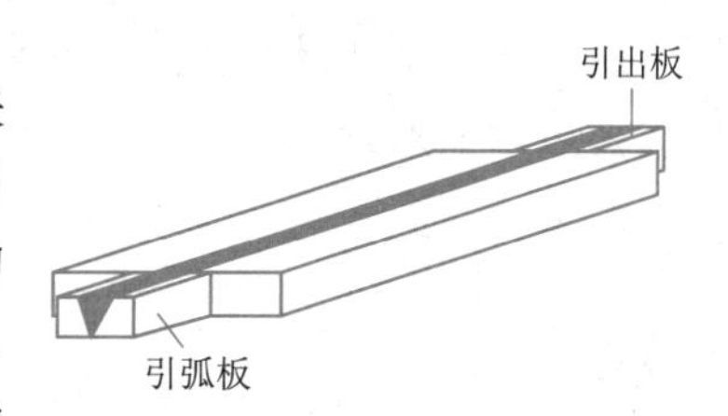

图 12-14 用引弧板和引出板焊接

2. 对接焊缝的计算

对接焊缝的强度与所用钢材的牌号、焊条型号及焊缝质量的检验标准等因素有关。

如果焊缝中不存在任何缺陷，焊缝金属的强度是高于母材的。由于焊接技术问题，焊缝中可能有气孔、夹渣、咬边、未焊透等缺陷。试验证明，焊接缺陷对受压、受剪的对接焊缝影响不大，故可认为受压、受剪的对接焊缝与母材强度相等，但受拉的对接焊缝对缺陷甚为敏感。当缺陷面积与焊件截面积之比超过 5%时，对接焊缝的抗拉强度将明显下降。由于三级检验的焊缝允许存在的缺陷较多，故其抗拉强度为母材强度的 85%，而一、二级检验的焊缝的抗拉强度可认为与母材强度相等。

由于对接焊缝是焊件截面的组成部分，焊缝中的应力分布情况基本上与焊件原来的情况相同，故计算方法与构件的强度计算一样。

（1）正对接焊缝轴心受力

在对接接头和 T 形接头中，垂直于轴心拉力或轴心压力 N 的对接焊缝（图 12-15a），其强度应按下式计算：

$$\sigma = \frac{N}{l_w t} \leqslant f_t^w \text{ 或 } f_c^w \tag{12-1}$$

式中　l_w——焊缝计算长度；

t——连接件的较小厚度，对T形接头为腹板厚度；

f_t^w、f_c^w——对接焊缝的抗拉、抗压强度设计值。

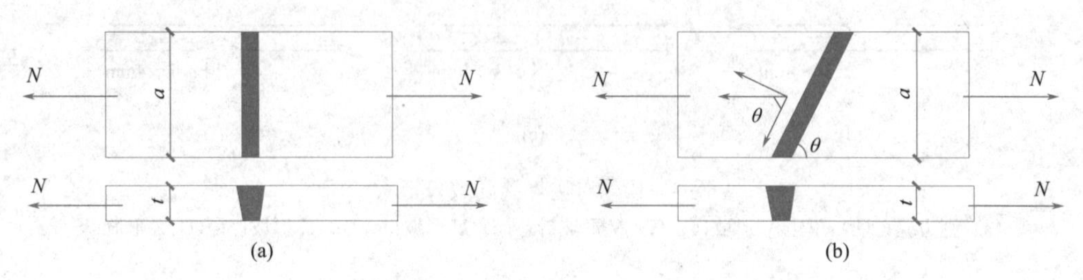

图12-15　对接焊缝轴心受力

（a）正对接焊缝；（b）斜对接焊缝

按施工及验收规范的规定，对接焊缝施焊时均应加引弧板，以避免焊缝两端的起落弧缺陷，这样，焊缝计算长度应取为实际长度。但在某些特殊情况下，如T形接头，当加引弧板较为困难而未加时，则计算每条焊缝长度应减去$2t$。因此，在一般加引弧板施焊的情况下，所有受压、受剪的对接焊缝以及受拉的一、二级焊缝，均与母材等强，不用计算，只有受拉的三级焊缝才需要进行计算。

（2）斜对接焊缝轴心受力

当直焊缝不能满足强度要求时，可采用斜对接焊缝。图12-15（b）所示的轴心受拉斜焊缝，可按下列公式计算：

$$\sigma = \frac{N.\sin\theta}{l_w t} \leqslant f_t^w \tag{12-2}$$

$$\tau = \frac{N.\cos\theta}{l_w t} \leqslant f_v^w \tag{12-3}$$

式中　l_w——斜向焊缝的计算长度：加引弧板时，$l_w = a/\sin\theta$；不加引弧板时，$l_w = a/\sin\theta - 2t$；

f_v^w——对接焊缝抗剪强度设计值。

θ——焊缝长度方向与作用力方向间的夹角。

当斜焊缝倾角$\theta \leqslant 56.3°$，即$\tan\theta \leqslant 1.5$时，斜焊缝的强度不低于母材的强度，可不再对焊缝进行强度计算。斜对接焊缝在20世纪50年代用得较多，由于消耗材料较多，施工也不方便，已逐渐被摒弃，取而代之的是直对接焊缝。直缝一般加引弧板施焊，若抗拉强度不满足要求，可采用二级检验标准，或将接头位置挪至内力较小处。

【例题12-1】 试验算图12-16所示钢板的对接焊缝的强度。图中$a = 540$mm，$t = 22$mm，$\theta \leqslant 56°$，轴心力的设计值为$N = 2500$kN。钢材为Q235B，手工焊，焊条为E43型，三级检验标准的焊缝，施焊时加引弧板。

【解】 采用直对接焊缝连接，因施焊时加引弧板，故其计算长度$l_w = 540$mm。此时，焊缝正应力为：

$$\sigma = \frac{N}{l_w t} = \frac{2500 \times 10^3}{540 \times 22} = 210\text{N/mm}^2 > f_t^w = 175\text{N/mm}^2$$

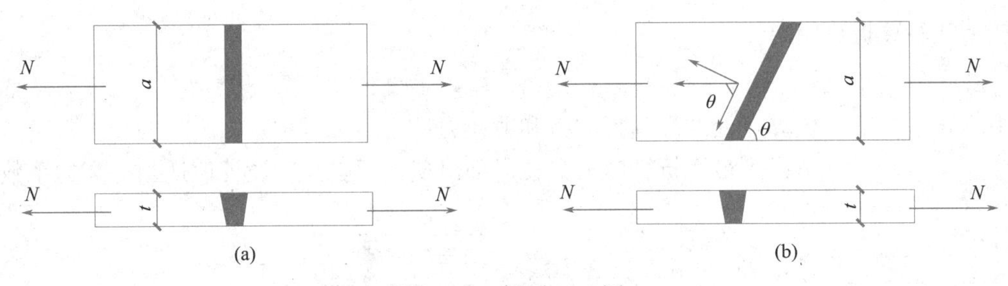

图 12-16　例题 12-1 图

（a）正对接焊缝；（b）斜对接焊缝

不满足要求，改用斜对接焊缝。

假设斜焊缝倾角为 θ，故此时焊缝的正应力为：

$$\sigma=\frac{N\sin\theta}{l_{w}t}=\frac{2500\times10^{3}\times\sin\theta}{(540/\sin\theta)\times22}=210.44\sin^{2}\theta\leqslant f_{t}^{w}=175\text{N/mm}^{2}$$

得出 $\theta\leqslant65.8°$。

此时的剪应力为：

$$\tau=\frac{N\cos\theta}{l_{w}t}=\frac{2500\times10^{3}\times\cos65.8°}{(540/\sin65.8°)\times22}=95.45\text{N/mm}^{2}<f_{v}^{w}=120\text{N/mm}^{2}$$

满足要求。

取截割斜度为 1.5∶1，即 $\theta=56°$，焊缝长度 $l_{w}=a/\sin\theta=540/\sin56°=651.4\text{mm}$。故此时焊缝的正应力为：

$$\sigma=\frac{N\sin\theta}{l_{w}t}=\frac{2500\times10^{3}\times\sin56°}{651.4\times22}=144.6\text{N/mm}^{2}<f_{t}^{w}=175\text{N/mm}^{2}$$

剪应力为：

$$\tau=\frac{N\cos\theta}{l_{w}t}=\frac{2500\times10^{3}\times\cos56°}{651.4\times22}=97.6\text{N/mm}^{2}<f_{v}^{w}=120\text{N/mm}^{2}$$

当 $\tan\theta\leqslant1.5$ 时，焊缝强度能够保证，可不必验算。

（3）承受弯矩和剪力联合作用的对接焊缝

图 12-17（a）所示对接接头受弯矩和剪力的联合作用，弯矩作用下焊缝产生正应力，剪力作用下焊缝产生剪应力，由于焊缝截面是矩形，正应力与剪应力图形分别为三角形与抛物线形，其最大值应分别满足下列强度条件：

$$\sigma_{\max}=\frac{M}{W_{w}}=\frac{6M}{l_{w}^{2}t}\leqslant f_{t}^{w}\tag{12-4}$$

$$\tau_{\max}=\frac{VS_{w}}{I_{w}t}=\frac{3}{2}\cdot\frac{V}{l_{w}t}\leqslant f_{v}^{w}\tag{12-5}$$

式中　W_{w}——焊缝计算截面的截面模量（mm^{3}）；

S_{w}——焊缝计算截面在计算剪应力处以上（或以下）部分对中和轴的面积矩（mm^{3}）；

I_{w}——焊缝计算截面对中和轴的惯性矩（mm^{4}）。

图 12-17（b）所示是工字形截面梁的接头，采用对接焊缝，除应分别验算最大正应力和剪应力外，对于同时受有较大正应力和较大剪应力处，例如腹板与翼缘的交接点处，还

应按下式验算折算应力：

$$\sqrt{\sigma_1^2+3\tau_1^2}\leqslant 1.1f_t^w \tag{12-6}$$

式中　σ_1、τ_1——验算点处的焊缝正应力和剪应力；

　　　1.1——考虑到最大折算应力只在局部出现，而将强度设计值适当提高的系数。

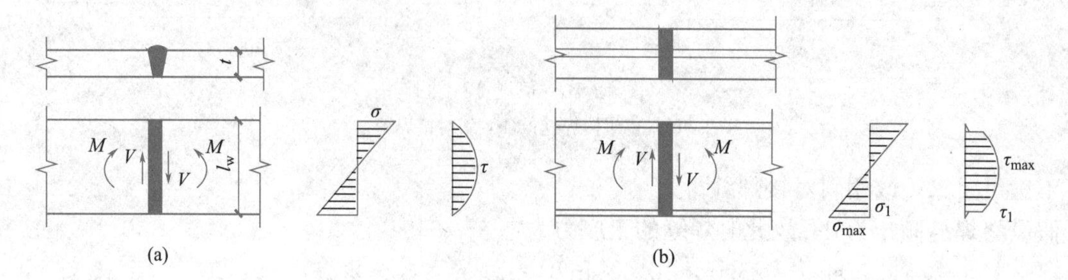

图 12-17　对接焊缝受弯矩和剪力联合作用

(4) 承受轴心力、弯矩和剪力联合作用的对接焊缝

当轴心力与弯矩、剪力联合作用时，轴心力和弯矩在焊缝中引起的正应力应进行叠加，剪应力仍按式（12-5）验算，折算应力仍按式（12-6）验算。

除考虑焊缝长度是否减少，焊缝强度是否折减外，对接焊缝的计算方法与母材的强度计算完全相同。

【例题 12-2】 计算工字形截面牛腿与钢柱连接的对接焊缝强度（图 12-18）。$F=550$kN（设计值），偏心距 $e=300$mm。钢材为 Q235B，焊条为 E43 型，手工焊。焊缝为三级检验标准，上、下翼缘加引弧板和引出板施焊。

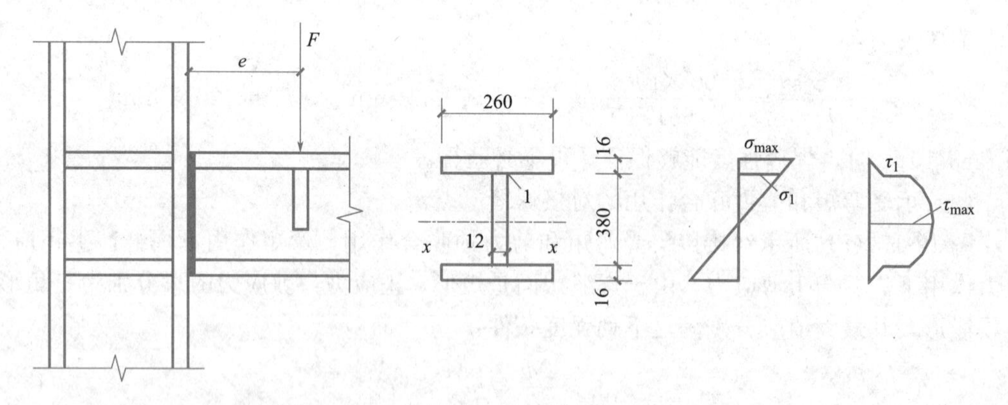

图 12-18　例题 12-2 图（单位：mm）

【解】 截面几何特征值和内力：

$$I_x=\frac{1}{12}\times 1.2\times 38^3+2\times 1.6\times 26\times 19.8^2=38105\text{cm}^4$$

$$S_{x1}=26\times 1.6\times 19.8=824\text{cm}^3$$

$$V=F=550\text{kN},\ M=550\times 0.30=165\text{kN}\cdot\text{m}$$

(1) 最大正应力

$$\sigma_{max}=\frac{M}{I_x}\cdot\frac{h}{2}=\frac{165\times 10^6\times 206}{38105\times 10^4}=89.2\text{N/mm}^2<f_t^w=185\text{N/mm}^2$$

（2）最大剪应力

$$\tau_{\max}=\frac{VS_x}{I_x t}=\frac{550\times10^3}{38105\times10^4\times12}\times\left(260\times16\times198+190\times12\times\frac{190}{2}\right)$$

$$=125.1\text{N/mm}^2\approx f_v^w=125\text{N/mm}^2$$

（3）"1"点的折算应力

$$\sigma_1=\sigma_{\max}\cdot\frac{190}{206}=82.3\text{N/mm}^2$$

$$\tau_1=\frac{VS_{x1}}{I_x t}=\frac{550\times10^3\times824\times10^3}{38105\times10^4\times12}=99.1\text{N/mm}^2$$

$$\sqrt{\sigma_1^2+3\tau_1^2}=\sqrt{82.3^2+3\times99.1^2}=190.4\text{N/mm}^2\leqslant1.1\times185=203.5\text{N/mm}^2$$

计算结果表明，该对接焊缝连接安全。

12.2.4 角焊缝

1. 角焊缝的构造

角焊缝是最常用的焊缝。角焊缝按其与作用力的关系可分为：焊缝长度方向与作用力垂直的正面角焊缝；焊缝长度方向与作用力平行的侧面角焊缝以及斜焊缝。按其截面形式可分为直角角焊缝（图 12-19）和斜角角焊缝（图 12-20）。

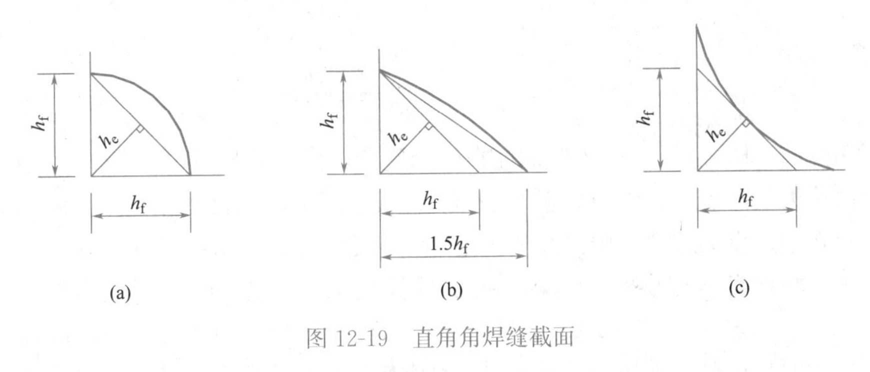

图 12-19　直角角焊缝截面

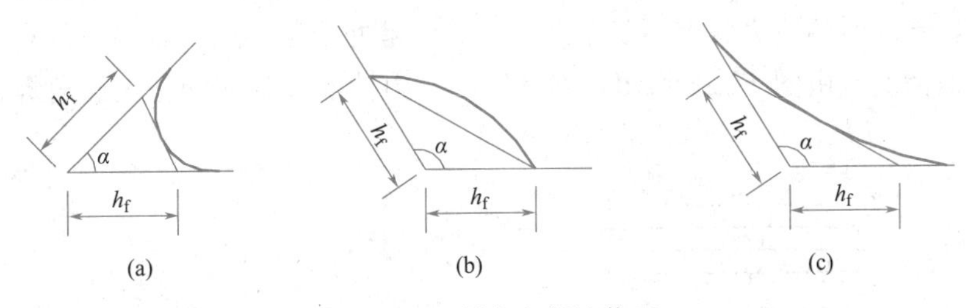

图 12-20　斜角角焊缝截面

直角角焊缝通常做成表面微凸的等腰直角三角形截面（图 12-19a）。在直接承受动力荷载的结构中，正面角焊缝的截面常采用图 12-19（b）所示的平坡式，侧面角焊缝的截面则做成凹面式（图 12-19c）。图中的 h_f 为焊脚尺寸。

两焊脚边的夹角 $\alpha>90°$或 $\alpha<90°$的焊缝称为斜角角焊缝（图 12-20）。斜角角焊缝常用于钢漏斗和钢管结构中。对于夹角 $\alpha>135°$或 $\alpha<60°$的斜角角焊缝，除钢管结构外，不宜用作受力焊缝。

大量试验结果表明，侧面角焊缝（图 12-21）主要承受剪应力。塑性较好，弹性模量低（$E=7\times10^4\text{N/mm}^2$），强度也较低。传力线通过侧面角焊缝时产生弯折，应力沿焊缝长度方向的分布不均匀，呈两端大而中间小的状态。焊缝越长，应力分布越不均匀，但在进入塑性工作阶段时产生应力重分布，可使应力分布的不均匀现象渐趋缓和。

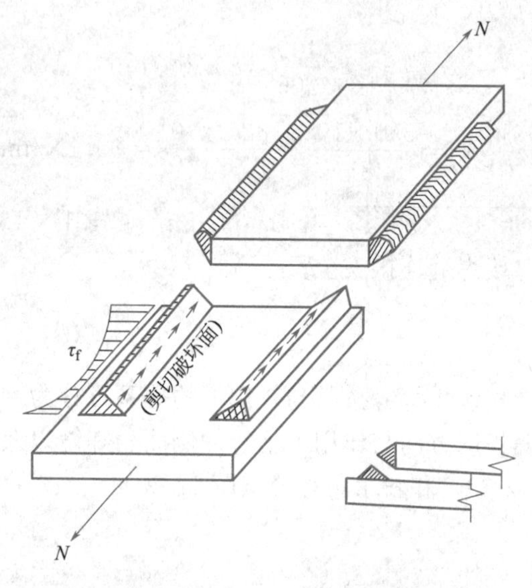

图 12-21　侧面角焊缝的应力

正面角焊缝（图 12-22）受力较侧面角焊缝复杂，截面的各面均存在正应力和剪应力，由于传力时传力线弯折，且焊根处正好是两焊件接触间隙的端部，相当于裂缝的尖端，因此焊根处存在很严重的应力集中。与侧面角焊缝相比，正面角焊缝的刚度较大，受力时纵向变形较小，塑性变形要差些。试验结果还表明，正面角焊缝的破坏强度是侧面角焊缝破坏强度的 1.35～1.55 倍（图 12-23），这主要是由于正面角焊缝的应力沿焊缝长度方向分布较均匀，正面角焊缝的破坏又常常不是沿 45°方向的有效截面，破坏面的面积较理想的有效截面大，破坏时的应力状态不是单纯的受剪而是处于复杂应力状态。低合金钢的试验结果也有类似情况。由图 12-23 看出，斜焊缝的受力性能和强度介于正面角焊缝和侧面角焊缝之间。

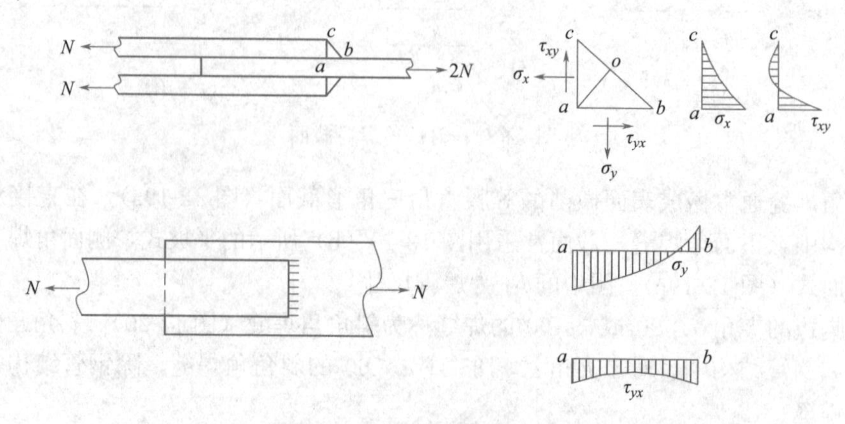

图 12-22　正面角焊缝应力状态

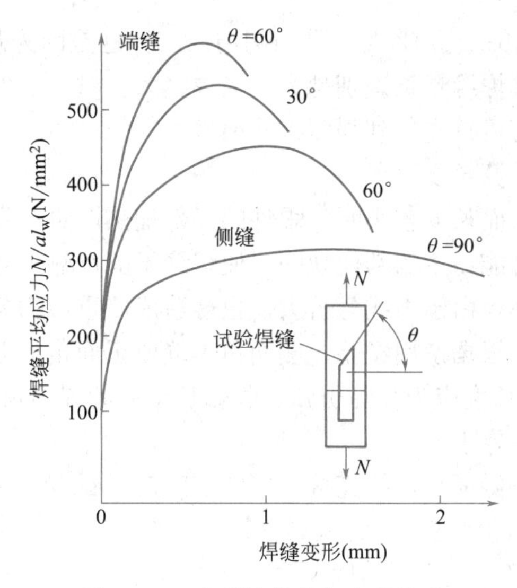

图 12-23 角焊缝荷载与变形关系

(1) 最大焊脚尺寸 $h_{f,max}$

为了避免烧穿较薄的焊件，减少焊接应力和焊接变形，角焊缝的焊脚尺寸不宜太大。在板件边缘的角焊缝，当板件厚度 $t \leqslant 6$mm 时，$h_{f,max} \leqslant t$； 当 $t > 6$mm 时，$h_{f,max} \leqslant t-(1\sim2)$ mm（图 12-24）。计算时，焊脚尺寸取毫米的整数，小数点后面的值都进位 1。

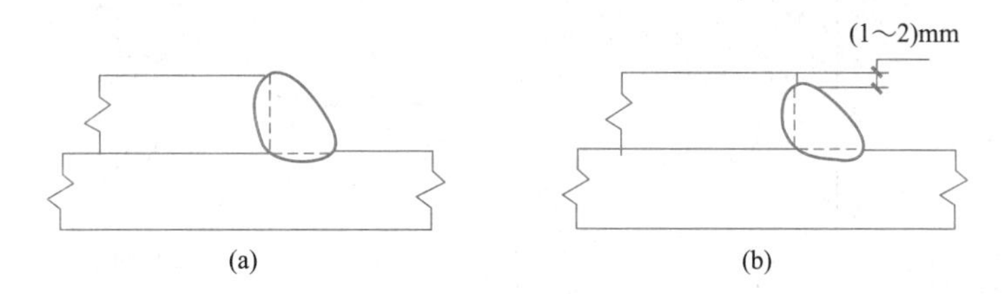

图 12-24 角焊缝荷载与变形关系

(a) 母材厚度小于等于 6mm 时；(b) 母材厚度大于 6mm 时

(2) 最小焊脚尺寸 $h_{f,min}$

焊脚尺寸不宜太小，以保证焊缝的最小承载能力，并防止焊缝因冷却过快而产生裂纹。规范规定角焊缝的最小焊脚尺寸 $h_{f,min}$ 参照表 12-2 取值，承受动荷载时角焊缝焊脚尺寸不宜小于 5mm。

角焊缝最小焊脚尺寸（mm） **表 12-2**

母材厚度 t	角焊缝最小焊脚尺寸 h_f
$t \leqslant 6$	3
$6 < t \leqslant 12$	5
$12 < t \leqslant 20$	6
$t > 20$	8

(3) 侧面角焊缝的最大计算长度

侧面角焊缝的计算长度不宜大于 $60h_f$， 当大于上述数值时，焊缝的承载力设计值应

乘以折减系数 α_f，$\alpha_f=1.5-l_w/120h_f$，并不小于0.5，这是因为侧焊缝应力沿长度分布不均匀，两端较中间大，且焊缝越长差别越大。当焊缝太长时，虽然仍有因塑性变形产生的内力重分布，但两端应力可首先达到强度极限而破坏。

(4) 角焊缝的最小计算长度

角焊缝的焊脚尺寸大而长度较小时，焊件的局部加热严重，焊缝起灭弧所引起的缺陷相距太近，以及焊缝中可能产生的其他缺陷，使焊缝不够可靠。对搭接连接的侧面角焊缝而言，如果焊缝长度过小，由于力线弯折大，也会造成严重应力集中。因此，为了使焊缝能够有一定的承载能力，根据使用经验，侧面角焊缝或正面角焊缝的计算长度均不得小于 $8h_f$ 和 40mm，焊缝计算长度应为扣除引弧、收弧长度后的焊缝长度。

(5) 搭接连接的构造要求

当板件端部仅有两条侧面角焊缝连接时（图 12-25），试验结果表明，连接的承载力与 b/l_w 有关。b 为两侧焊缝的距离，l_w 为侧焊缝长度。当 $b/l_w>1$ 时，连接的承载力随着 b/l_w 比值的增大而明显下降。这主要是因应力传递的过分弯折使构件中应力分布不均匀造成的。为使连接强度不致过分降低，应使每条侧焊缝的长度不宜小于两侧面角焊缝之间的距离，即 $b/l_w\leqslant 1$。承受动荷载时，两侧面角焊缝之间的距离 b 不宜大于 $16t$，t 为较薄焊件的厚度，以免因焊缝横向收缩，引起板件发生较大拱曲。

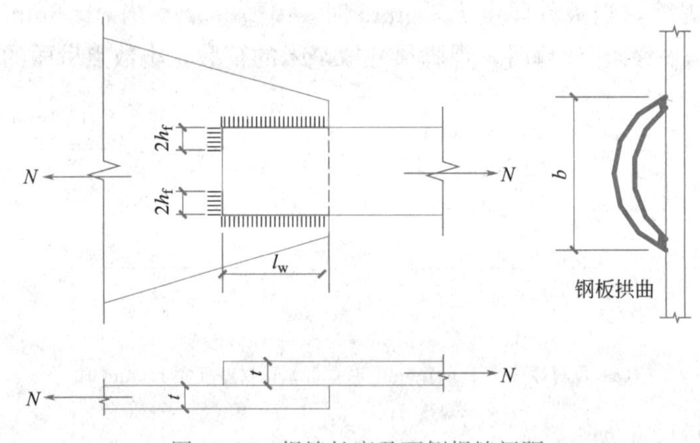

图 12-25 焊缝长度及两侧焊缝间距

传递轴向力的部件，其搭接长度不得小于较薄件厚度的 5 倍，也不得小于 25mm（图 12-26），并应施焊纵向或横向双角焊缝，以免焊缝受偏心弯矩影响太大而破坏。

杆件端部搭接采用三面围焊时，在转角处截面突变，会产生应力集中，如在此处起灭弧，可能出现弧坑或咬肉等缺陷，从而加大应力集中的影响。故所有围焊的转角处必须连续施焊。对于非围焊情况，当角焊缝的端部在构件转角处时，可连续地作长度为 $2h_f$ 的绕角焊（图 12-25）。

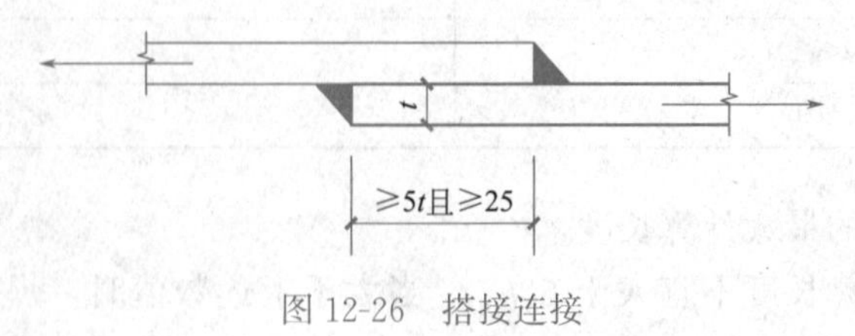

图 12-26 搭接连接

杆件与节点板的连接焊缝宜采用两面侧焊，也可用三面围焊，对角钢杆件可采用L形围焊（图12-27），所有围焊的转角处也必须连续施焊。弦杆与腹杆、腹杆与腹杆之间的间隙不应小于20mm，相邻角焊缝焊趾间净距不应小于5mm。

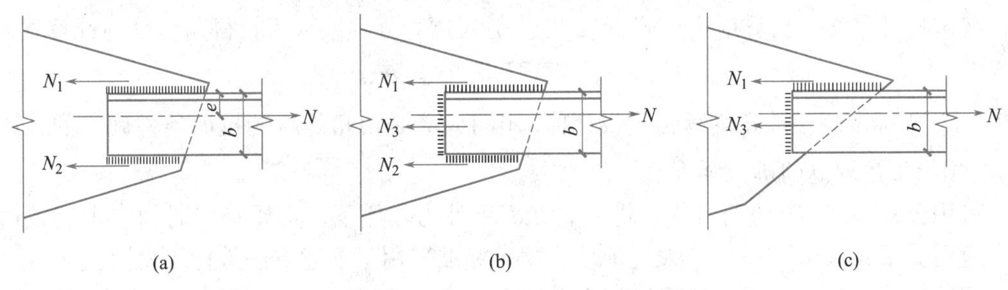

图12-27　杆件与节点板的焊缝连接

（a）两面侧焊；（b）三面围焊；（c）L形围焊

2. 直角角焊缝的基本计算公式

当角焊缝的两焊脚边夹角为90°时，称为直角角焊缝，即一般所指的角焊缝。

角焊缝的有效截面为焊缝计算厚度（喉部尺寸）与计算长度的乘积，而计算厚度 h_e 取值规则如下：当两焊件间隙 $b \leqslant 1.5$mm 时，$h_e = 0.7h_f$；$1.5\text{mm} < b \leqslant 5\text{mm}$ 时，$h_e = 0.7(h_f - b)$，h_f 为焊脚尺寸（图12-28）。

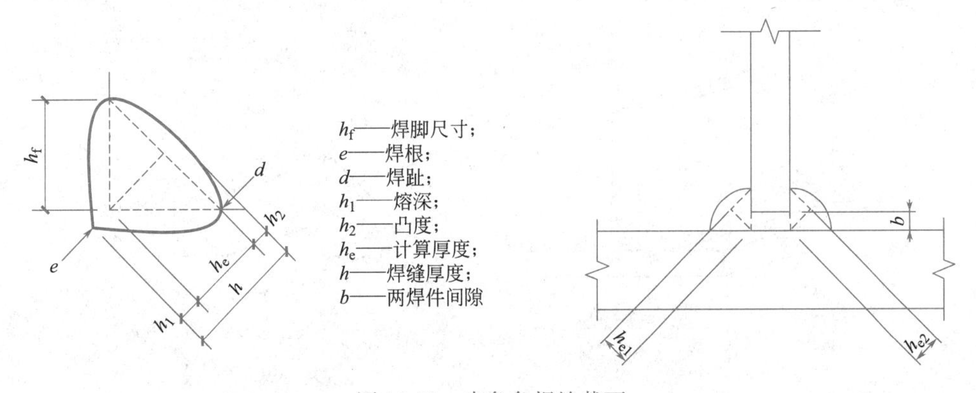

图12-28　直角角焊缝截面

试验表明，直角角焊缝的破坏常发生在喉部，故长期以来对角焊缝的研究均着重于这一部位。通常认为直角角焊缝是以45°方向的最小截面（即计算厚度也称有效厚度与焊缝计算长度的乘积）作为有效计算截面。作用于焊缝有效截面上的应力包括：垂直于焊缝有效截面的正应力 $\sigma_\perp$，垂直于焊缝长度方向的剪应力 $\tau_\perp$，以及沿焊缝长度方向的剪应力 $\tau_{/\!/}$（图12-29b）。

为了弄清 $\sigma_\perp$、$\tau_\perp$ 及 $\tau_{/\!/}$ 对角焊缝强度的影响，许多国家对角焊缝进行了大量不同应力状态下的试验。根据多国试验结果，国际标准化组织（ISO）推荐用式（12-7）来确定角焊缝的极限强度：

$$\sqrt{\sigma_\perp^2 + 1.8(\tau_\perp^2 + \tau_{/\!/}^2)} = f_u^w \tag{12-7}$$

式（12-7）是根据ST37（相当于国产的Q235钢）提出的，式中 f_u^w 为焊缝金属的抗拉强度。对于其他钢种，公式左边的系数不是1.8，而是在1.7～3.0之间变化。偏于安全，同时也为了与母材的能量强度理论的折算应力公式一致，欧洲钢结构协会（ECCS）将式（12-7）的 1.8 改为 3，即：

$$\sqrt{\sigma_{\perp}^2+3(\tau_{\perp}^2+\tau_{/\!/}^2)}=f_u^w \tag{12-8}$$

我国标准采用了折算应力公式（12-8）。引入抗力分项系数后，得角焊缝的计算式：

$$\sqrt{\sigma_{\perp}^2+3(\tau_{\perp}^2+\tau_{/\!/}^2)}=\sqrt{3}f_f^w \tag{12-9}$$

式中，f_f^w 为标准规定的角焊缝强度设计值。由于 f_f^w 是由角焊缝的抗剪条件确定的，所以 $\sqrt{3}f_f^w$ 相当于角焊缝的抗拉强度设计值。

采用公式（12-9）进行计算，即使是在简单外力作用下，都要花费时间去求有效截面上的应力分量 $\sigma_{\perp}$、$\tau_{\perp}$、$\tau_{/\!/}$，太过烦琐。我国标准采用了下述方法进行了简化。

现以图 12-29（a）所示承受互相垂直的 N_y 和 N_x 两个轴心力作用的直角角焊缝为例，说明角焊缝基本公式的推导。N_y 在焊缝有效截面上引起垂直于焊缝一个直角边的应力 σ_f，该应力对有效截面既不是正应力，也不是剪应力，而是 $\sigma_{\perp}$ 和 $\tau_{\perp}$ 的合应力。

$$\sigma_f=\frac{N_y}{h_e l_w} \tag{12-10}$$

式中　N_y——垂直于焊缝长度方向的轴心力；

h_e——垂直角焊缝的计算厚度；

l_w——焊缝的计算长度。

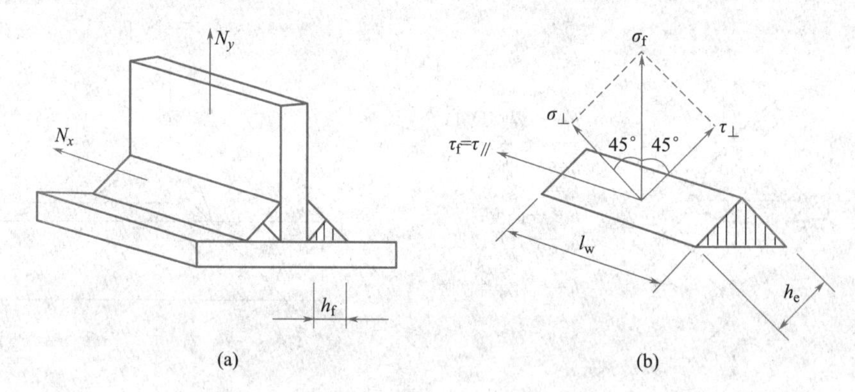

图 12-29　直角角焊缝的计算

由图 12-29（b）知，对直角角焊缝：

$$\sigma_{\perp}=\tau_{\perp}=\sigma_f/\sqrt{2}$$

沿焊缝长度方向的分力 N_x 在焊缝有效截面上引起平行于焊缝长度方向的剪应力 $\tau_f=\tau_{/\!/}$：

$$\tau_f=\tau_{/\!/}=\frac{N_x}{h_e l_w} \tag{12-11}$$

则得直角角焊缝在各种应力综合作用下，σ_f 和 τ_f 共同作用处的计算公式为：

$$\sqrt{4\left(\frac{\sigma_f}{\sqrt{2}}\right)^2+3\tau_f^2}\leqslant\sqrt{3}f_f^w$$

或

$$\sqrt{\left(\frac{\sigma_f}{\beta_f}\right)^2+\tau_f^2}\leqslant f_f^w \tag{12-12}$$

式中　β_f——正面角焊缝的强度设计值增大系数，$\beta_f=\sqrt{\frac{3}{2}}=1.22$。

对正面角焊缝，此时 $\tau_f=0$，得：

$$\sigma_f=\frac{N}{h_e l_w}\leqslant \beta_f f_f^w \tag{12-13}$$

对侧面角焊缝，此时 $\sigma_f=0$，得：

$$\tau_f=\frac{N}{h_e l_w}\leqslant f_f^w \tag{12-14}$$

式（12-12）～式（12-14）即为角焊缝的基本计算公式。只要将焊缝应力分解为垂直于焊缝长度方向的应力 σ_f 和平行于焊缝长度方向的应力 τ_f，上述基本公式就可适用于任何受力状态。

对于直接承受动力荷载的焊缝，由于正面角焊缝的刚度大，韧性差，应将其强度降低使用，取 $\beta_f=1.0$，相当于按 σ_f 和 τ_f 的合应力进行计算，即 $\sqrt{\sigma_f^2+\tau_f^2}\leqslant f_f^w$。

角焊缝的强度与熔深有关。埋弧自动焊熔深较大，若在确定焊缝有效厚度时考虑熔深对焊缝强度的影响，可带来较大的经济效益。如美国、苏联等均予以考虑。我国标准不分手工焊和埋弧焊，均统一取有效厚度 $h_e=0.7h_f$，对自动焊来说，是偏于保守的。

3. 各种受力状态下直角角焊缝的计算

（1）承受轴心力作用时角焊缝连接计算

轴心受力正面角焊缝按式（12-13）计算，侧面角焊缝按式（12-14）计算。由正面角焊缝、侧面角焊缝组成的焊缝或围焊，需分别按不同情况进行计算。

1）用盖板的对接连接承受轴心力（拉力或压力）时

当焊件受轴心力且轴心力通过连接焊缝中心时，可认为焊缝应力是均匀分布的。

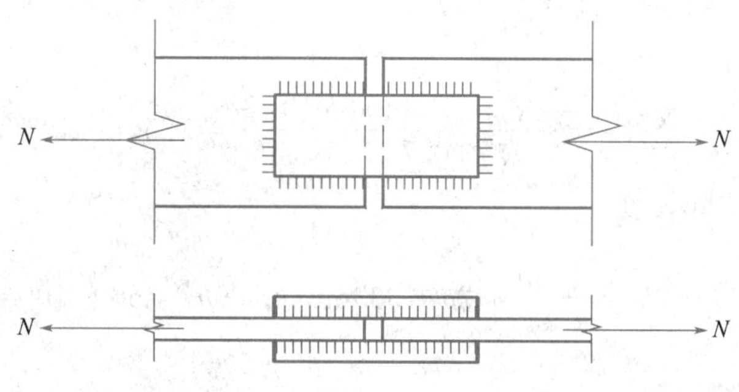

图 12-30　受轴心力的盖板连接

图 12-30 的连接中：

① 当只有正面角焊缝时，按式（12-13）计算；

② 当只有侧面角焊缝时，按式（12-14）计算；

③ 当采用三面围焊时，对矩形拼接板，先按式（12-13）计算正面角焊缝所承担的内力：

$$N'=\beta_f f_f^w \sum h_e l_w$$

式中　$\sum l_w$——连接一侧正面角焊缝计算长度的总和。

再由力（$N-N'$）计算侧面角焊缝的强度：

$$\tau_f=\frac{N-N'}{\sum h_e l_w}\leqslant f_f^w \tag{12-15}$$

式中　$\sum l_w$——连接一侧的侧面角焊缝计算长度的总和。

【例题 12-3】 试设计用拼接盖板的对接连接（图 12-31）。已知钢板宽 $B=270$mm，厚度 $t_1=28$mm，拼接盖板厚度 $t_2=16$mm。该连接承受静态轴心力 $N=1400$kN（设计值），钢材为 Q235B，手工焊，焊条为 E43 型。

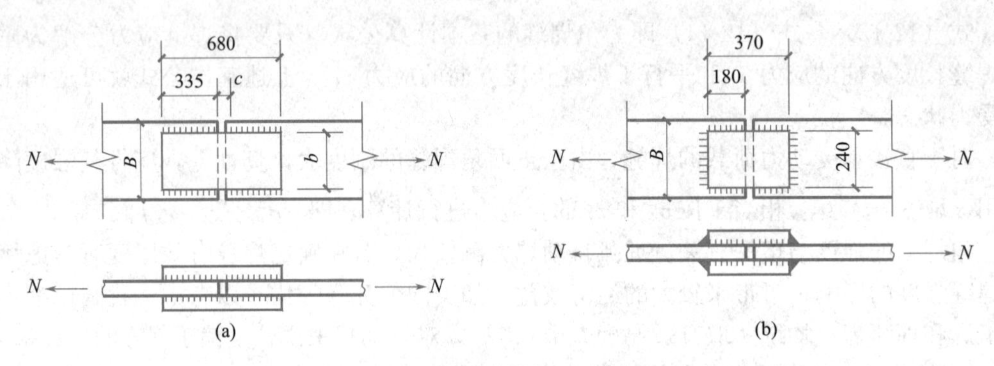

图 12-31　例题 12-3 图

【解】 角焊缝的焊脚尺寸 h_f 应根据板件厚度确定：

$$h_{fmax}=t-(1\sim 2)=16-(1\sim 2)=14\sim 15\text{ mm}$$

$$h_{fmin}=1.5\sqrt{t_1}=1.5\sqrt{28}=7.9\text{mm}$$

取 $h_f=10$mm，查附表 21 得角焊缝强度设计值 $f_f^w=160\text{N/mm}^2$。

采用两面侧焊时（图 12-31a）：

① 焊缝总长度

$$\sum l_w=\frac{N}{h_e f_f^w}=\frac{1400\times 10^3}{0.7\times 10\times 160}=1250\text{mm}$$

② 一条焊缝的实际长度

$$l'_w=\frac{\sum l_w}{4}+2h_f=\frac{1250}{4}+20=333\text{mm}<60h_f=60\times 10=600\text{mm}$$

③ 盖板长度

若取钢板间隙 $c=10$mm，则有：

$$L=2l'_w+10=2\times 333+10=676\text{mm，取 680mm。}$$

④ 选定拼接盖板宽度 $b=240$mm，则：

$$A'=240\times 2\times 16=7680\text{mm}^2>A=270\times 28=7560\text{mm}^2$$

满足强度要求。

⑤ 根据构造要求可知：

$$b=240\text{mm}<l_w=313\text{mm}$$

$$\text{且 } b<16t=16\times 16=256\text{mm}$$

满足要求，故选定拼接盖板尺寸为 680mm×240mm×16mm。

采用三面围焊时（图 12-31b）：

① 端面角焊缝承担 N'

$$N'=\beta_{f}f_{f}^{w}\sum h_{e}l'_{w}=1.22\times160\times0.7\times10\times240\times2=655872\text{N}$$

侧面角焊缝承担 N_1，$N_1=N-N'$。

② 焊缝长度计算

$$\sum l_{w}=\frac{N_{1}}{0.7h_{f}f_{f}^{w}}=\frac{1400000-655872}{0.7\times10\times160}=664.4\text{mm}$$

③ 一条焊缝长度

$$l'_{w}=\frac{\sum l_{w}}{4}+h_{f}=\frac{664.4}{4}+10=176.1\text{mm}，取为 180\text{mm}。$$

④ 盖板长度

$$L_{板}=2l'_{w}+c=2\times180+10=370\text{mm}$$

选定拼接盖板尺寸为 370mm×240mm×16mm。

2）承受斜向轴心力的角焊缝连接计算

作用力 N 作用于角焊缝长度的中点，它既不平行于焊缝长度方向，又不垂直于焊缝长度方向，如图 12-32 所示，这样的力称为斜向轴心力。将 N 分解为垂直于焊缝和平行于焊缝的分力 $N_x=N\sin\theta$，$N_y=N\cos\theta$，并计算应力：

$$\left.\begin{aligned}\sigma_{f}&=\frac{N\sin\theta}{\sum h_{e}l_{w}}\\\tau_{f}&=\frac{N\cos\theta}{\sum h_{e}l_{w}}\end{aligned}\right\}\tag{12-16}$$

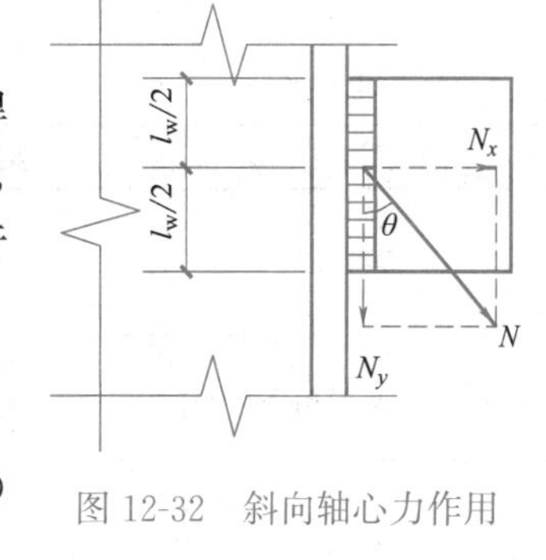

图 12-32　斜向轴心力作用

代入式（12-12）验算角焊缝的强度。同时，考虑到 $\beta_{f}^{2}=1.22^{2}=1.5$，得焊缝强度条件的表达式为：

$$\frac{N}{h_{e}l_{w}}\leqslant\beta_{f\theta}f_{f}^{w}\tag{12-17}$$

$$\beta_{f\theta}=\frac{1}{\sqrt{1-\frac{\sin^{2}\theta}{3}}}\tag{12-18}$$

$\beta_{f\theta}$ 为斜向角焊缝强度增大系数，其值介于 1.0～1.22 之间；对于直接承受动力荷载的斜向角焊缝，取 $\beta_{f\theta}=1.0$。

3）承受轴心力的角钢角焊缝计算

在钢桁架中，角钢腹杆与节点板的连接焊缝一般采用两面侧焊，也可采用三面围焊，特殊情况也允许采用 L 形围焊（图 12-33）。

为了避免节点的偏心受力，各条焊缝所传递的合力作用线应与角钢杆件的轴线重合。

① 采用两面侧焊（图 12-33a）

为避免角钢偏心受力，焊缝所传递的合力的作用线应与角钢杆件的轴线重合。

$$N_{1}+N_{2}=N,\qquad N(b-e)=N_{1}b$$

$$N_{1}=\frac{b-e}{b}N=\alpha_{1}N\tag{12-19}$$

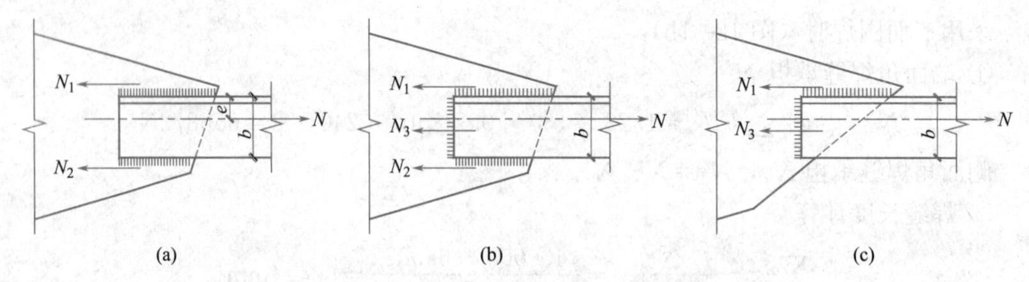

图 12-33　桁架腹杆与节点板的连接

（a）两面侧焊；（b）三面围焊；（c）L 形围焊

$$N_2 = N - N_1 = \frac{e}{b}N = \alpha_2 N \tag{12-20}$$

式中　N_1、N_2——角钢肢背和肢尖上的侧面角焊缝所分担的轴力；

α_1、α_2——角钢肢背和肢尖焊缝内力分配系数，见表 12-3；

e——角钢的形心距。

角钢角焊缝内力分配系数　　**表 12-3**

角钢类型	连接形式	角钢肢背	角钢肢尖
等肢		0.70	0.30
不等肢（短肢相连）		0.75	0.25
不等肢（长肢相连）		0.65	0.35

② 采用三面围焊（图 12-33b）

先假定正面角焊缝的焊脚尺寸 h_{f3}，求出正面角焊缝所分担的轴心力 N_3 为：

$$N_3 = 2 \times 0.7 h_f b \beta_f f_f^w \tag{12-21}$$

由平衡条件　$N_1 + N_2 + N_3 = N$，$\sum M = 0$，可得：

$$N_1 = \frac{N(b-e)}{b} - \frac{N_3}{2} = \alpha_1 N - \frac{N_3}{2} \tag{12-22}$$

$$N_2 = \frac{Ne}{b} - \frac{N_3}{2} = \alpha_2 N - \frac{N_3}{2} \tag{12-23}$$

由强度公式　$$\tau = \frac{N}{h_e \sum l_w} \leqslant f_f^w$$

肢背焊缝　$$l_{w1} = \frac{N_1}{2 \times 0.7 h_f f_f^w}$$

肢尖焊缝　$$l_{w2} = \frac{N_2}{2 \times 0.7 h_f f_f^w}$$

③ 采用 L 形围焊（图 12-33c）

对于 L 形围焊，因 $N_2 = 0$，所以由式（12-22）和式（12-23）得：

$$N_3 = 2\alpha_2 N,\ N_1 = N - N_3 \tag{12-24}$$

因角钢端部正面角焊缝的长度已知，所以按下式可确定焊脚尺寸：

肢背焊缝 $$l_{w1} = \frac{N_1}{2 \times 0.7 h_f f_f^w}$$

【例题 12-4】 试确定图 12-34 所示承受静态轴心力作用的三面围焊连接的承载力及肢尖焊缝的长度。已知角钢为 2 ∟125×10，与厚度为 8mm 的节点板连接，其肢背搭接长度为 300mm，焊脚尺寸均为 h_f=8mm，钢材为 Q235B，手工焊，焊条为 E43 型。

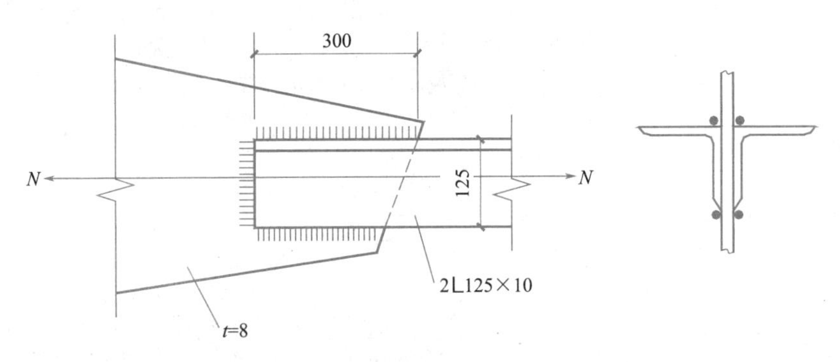

图 12-34　例题 12-4 图

【解】 $f_f^w = 160\text{N/mm}^2$，$\alpha_1 = 0.7$，$\alpha_2 = 0.3$。

① 端部焊缝承担的力 N_3

$$N_3 = 2 \times 0.7 h_{f3} l_{w3} \beta_f f_f^w = 2 \times 0.7 \times 8 \times 125 \times 1.22 \times 160 = 273.3\text{kN}$$

② 肢背焊缝承担的力 N_1

$$N_1 = 2 h_e l_{w1} f_f^w = 2 \times 0.7 \times 8 \times (300 - 8) \times 160 = 523.3\text{kN}$$

③ 焊缝连接承担的力 N

$$N_1 = \alpha_1 N - \frac{N_3}{2} = 0.7N - \frac{273.3}{2} = 523.3\text{kN}$$

$$N = \frac{523.3 + 136.7}{0.7} = 942.9\text{kN}$$

④ 肢尖焊缝承担的力 N_2

$$N_2 = \alpha_2 N - \frac{N_3}{2} = 0.3 \times 942.9 - 136.7 = 146.2\text{kN}$$

⑤ 肢尖焊缝长度

$$l'_{w2} = \frac{N_2}{2 h_e f_f^w} + 8 = \frac{146.2 \times 10^3}{2 \times 0.7 \times 8 \times 160} + 8 = 90\text{mm}$$

(2) 承受弯矩、轴心力或剪力联合作用的角焊缝连接计算

图 12-35 (a) 所示的双面角焊缝连接承受偏心斜拉力 N，将 N 分解为 N_x 和 N_y 两个分力。则角焊缝可看作同时承受轴心力 N_x、剪力 N_y 和弯矩 $M = N_x e$ 的共同作用。焊缝计算截面上的应力分布如图 12-35 (b) 所示，其中 A 点应力最大为控制设计点。

轴力作用：

$$\sigma_N = \frac{N_x}{A_e} = \frac{N_x}{2 h_e l_w} \tag{12-25}$$

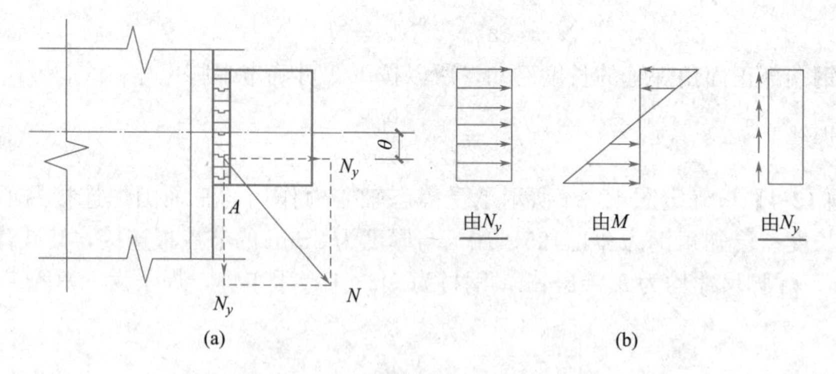

图 12-35　承受偏心斜拉力的角焊缝

弯矩作用：

$$\sigma_{\mathrm{M}}=\frac{M}{W_{\mathrm{e}}}=\frac{6M}{2h_{\mathrm{e}}l_{\mathrm{w}}^{2}} \tag{12-26}$$

剪力作用：

$$\tau_{y}=\frac{N_{y}}{A_{\mathrm{e}}}=\frac{N_{y}}{2h_{\mathrm{e}}l_{\mathrm{w}}} \tag{12-27}$$

A 点应满足式（12-12），即：

$$\sqrt{\left(\frac{\sigma_{\mathrm{f}}}{\beta_{\mathrm{f}}}\right)^{2}+\tau_{\mathrm{f}}^{2}}\leqslant f_{\mathrm{f}}^{\mathrm{w}}$$

$$\sqrt{\left(\frac{\sigma_{\mathrm{N}}+\sigma_{\mathrm{M}}}{\beta_{\mathrm{f}}}\right)^{2}+\tau_{y}^{2}}\leqslant f_{\mathrm{f}}^{\mathrm{w}}$$

当连接直接承受动力荷载作用时，取 $\beta_{\mathrm{f}}=1.0$。

（3）承受扭矩与剪力联合作用的角焊缝连接计算

图 12-36 所示为采用三面围焊的搭接连接，该连接角焊缝承受竖向剪力 $V=F$ 和扭矩 $T=F$（e_1+e_2）作用。计算角焊缝在扭矩 T 作用下产生的应力时，采用如下假定：

1）构件是完全刚性的，角焊缝处于弹性状态；

2）角焊缝群上任意一点的应力方向垂直于该点与形心的连线，且应力大小与连线长度 r 呈正比。

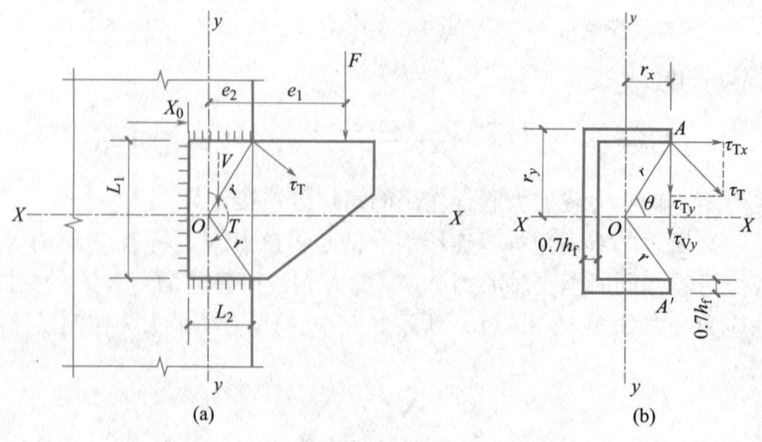

图 12-36　受剪力和扭矩作用的角焊缝

图 12-36 中，A 点与 A' 点由扭矩 T 引起的剪应力 τ_T 最大，焊缝群其他各处由扭矩 T 引起的剪应力 τ_T 均小于 A 点和 A' 点的剪应力，因此 A 点和 A' 点为设计控制点。

在扭矩 T 作用下，A 点（或 A' 点）的应力为：

$$\tau_T = \frac{Tr}{I_p} = \frac{Tr}{I_x + I_y} \tag{12-28}$$

式中　I_p ——焊缝有效截面的极惯性矩，$I_p = I_x + I_y$。

将 τ_T 沿 x 轴和 y 轴分解为：

$$\tau_{Tx} = \tau_T \cdot \sin\theta = \frac{Tr}{I_p} \cdot \frac{r_y}{r} = \frac{Tr_y}{I_p} \tag{12-29}$$

$$\tau_{Ty} = \tau_T \cdot \cos\theta = \frac{Tr}{I_p} \cdot \frac{r_x}{r} = \frac{Tr_x}{I_p} \tag{12-30}$$

由剪力 V 在焊缝群引起的剪应力 τ_V 假设按均匀分布，则应力 τ_{Vy} 为：

$$\tau_{Vy} = \frac{V}{\sum h_e l_w}$$

则 A 点受到垂直于焊缝长度方向的应力为：

$$\sigma_f = \tau_{Ty} + \tau_{Vy}$$

沿焊缝长度方向的应力为 τ_{Tx}，则 A 点合应力应满足的强度条件为：

$$\sqrt{\left(\frac{\tau_{Ty} + \tau_{Vy}}{\beta_f}\right)^2 + \tau_{Tx}^2} \leqslant f_f^w \tag{12-31}$$

当连接直接承受动态荷载时，取 $\beta_f = 1.0$。

（4）典型工程问题——工字形牛腿焊缝的计算

对于工字形梁（或牛腿）与钢柱翼缘的角焊缝连接（图 12-37），通常承受弯矩 M 和剪力 V 的联合作用。

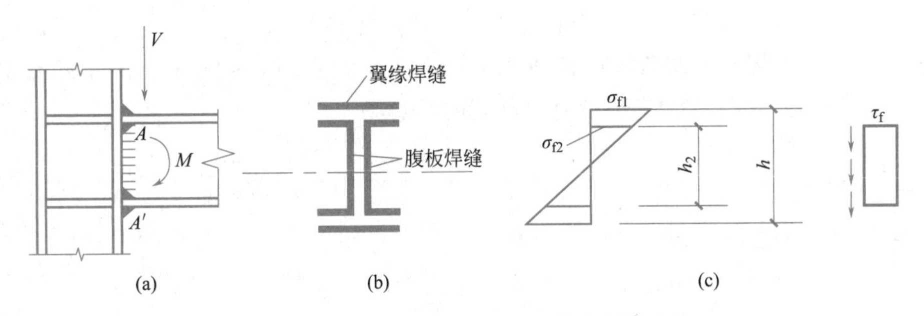

图 12-37　工字形梁（或牛腿）的角焊缝连接

第一种方法：

假设：① 剪力由腹板焊缝承担；② 弯矩由全部焊缝承担。

1）翼缘焊缝最外纤维处的应力满足：

$$\sigma_{f1} = \frac{M}{I_w} \cdot \frac{h}{2} \leqslant \beta_f f_f^w \tag{12-32}$$

式中　M ——全部焊缝所承受的弯矩；

　　　I_w ——全部焊缝有效截面对中和轴的惯性矩；

h ——上、下翼缘焊缝有效截面最外纤维之间的距离。

翼缘焊缝仅承受垂直于焊缝长度方向的弯曲应力。

2）腹板焊缝：

$$\sigma_{f2}=\frac{M}{I_w}\cdot\frac{h_2}{2}$$

$$\tau_f=\frac{V}{\sum(h_{e2}l_{w2})}$$

式中 $\sum(h_{e2}l_{w2})$ ——腹板焊缝有效截面面积之和；

h_2 ——腹板焊缝的实际长度。

则腹板焊缝在 A 点的强度验算式为：

$$\sqrt{\left(\frac{\sigma_{f2}}{\beta_f}\right)^2+\tau_f^2}\leqslant f_f^w$$

腹板焊缝既承受垂直于焊缝长度方向的应力又承受平行腹板焊缝长度方向的剪应力。

第二种方法：

假设：腹板焊缝只承受剪力，翼缘焊缝承担全部弯矩，此时弯矩 M 可以化为一对水平力 $H=M/h$。则翼缘焊缝的强度计算公式为：

$$\sigma_f=\frac{H}{h_{e1}l_{w1}}\leqslant\beta_f f_f^w$$

腹板焊缝的强度计算式为：

$$\tau_f=\frac{V}{2h_{e2}l_{w2}}\leqslant f_f^w$$

式中 $h_{e1}l_{w1}$ ——一个翼缘角焊缝的有效截面面积；

$2h_{e2}l_{w2}$ ——两条腹板焊缝的有效截面面积。

【例题 12-5】 试验算图 12-38 所示牛腿与钢柱连接角焊缝的强度。钢材为 Q235B，焊条为 E43 型，手工焊。静态荷载设计值 $N=365\text{kN}$，偏心距 $e=350\text{mm}$，焊脚尺寸 $h_{f1}=8\text{mm}$，$h_{f2}=6\text{mm}$。图 12-38 为焊缝有效截面的示意图。

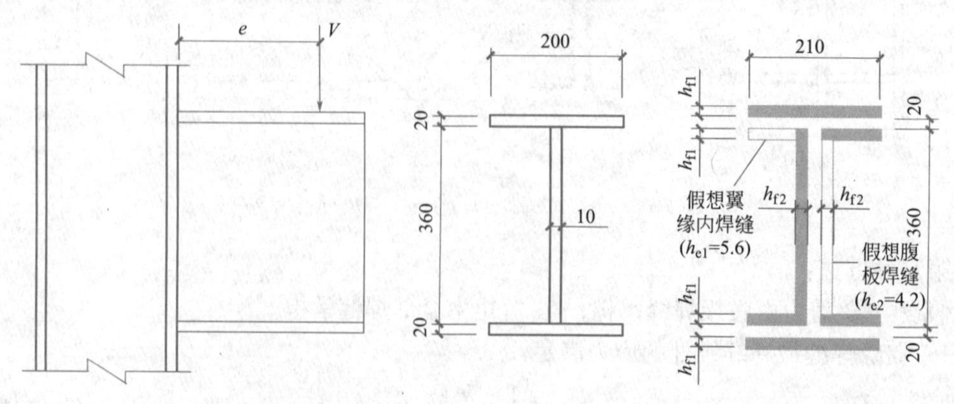

图 12-38 例题 12-5

【解】 竖向力 N 在角焊缝形心处引起剪力 $V=N=365\text{kN}$ 和弯矩 $M=Ne=365\times0.35=127.8\text{kN}\cdot\text{m}$。

1）考虑腹板焊缝参加传递弯矩的计算方法

全部焊缝有效截面对中和轴的惯性矩为：

$$I_w = 2 \times \frac{0.42 \times 34.88^3}{12} + 2 \times 21 \times 0.56 \times 20.28^2 + 4 \times 9.5 \times 0.56 \times 17.72^2 = 19677\text{cm}^4$$

翼缘焊缝的最大应力：

$$\sigma_{f1} = \frac{M}{I_w} \cdot \frac{h}{2} = \frac{127.8 \times 10^6}{19677 \times 10^4} \times 205.6 = 133.5\text{N/mm}^2$$

$$< \beta_f f_f^w = 1.22 \times 160 = 195\text{N/mm}^2$$

腹板焊缝中由于弯矩 M 引起的最大应力：

$$\sigma_{f2} = 133.5 \times \frac{174.4}{205.6} = 113.2\text{N/mm}^2$$

由于剪力 V 在腹板焊缝中产生的平均剪应力：

$$\tau_f = \frac{V}{\sum(h_{e2} l_{w2})} = \frac{365 \times 10^3}{2 \times 0.7 \times 6 \times (360 - 0.7 \times 8 \times 2)} = 124.6\text{N/mm}^2$$

则腹板焊缝的强度（A 点为设计控制点）为：

$$\sqrt{\left(\frac{\sigma_{f2}}{\beta_f}\right)^2 + \tau_f^2} = \sqrt{\left(\frac{113.2}{1.22}\right)^2 + 124.6^2} = 155.4\text{N/mm}^2$$

$$< f_t^w = 160\text{N/mm}^2$$

2）不考虑腹板焊缝传递弯矩的计算方法

翼缘焊缝所承受的水平力：

$$H = \frac{M}{h} = \frac{127.8 \times 10^6}{380} = 336\text{kN}$$（h 值近似取为翼缘中线间距离）

翼缘焊缝的强度：

$$\sigma_f = \frac{H}{h_{e1} l_{w1}} = \frac{336 \times 10^3}{0.7 \times 8 \times (210 + 200)} = 146\text{N/mm}^2$$

$$< \beta_f f_f^w = 195\text{N/mm}^2$$

腹板焊缝的强度：

$$\tau_f = \frac{V}{h_{e2} l_{w2}} = \frac{365 \times 10^3}{2 \times 0.7 \times 6 \times (340 - 0.7 \times 8 \times 2)} = 124.6\text{N/mm}^2 < 160\text{N/mm}^2$$

4. 斜角角焊缝计算

斜角角焊缝一般用于腹板倾斜的 T 形接头，如图 12-39 所示，斜角角焊缝的强度采用与直角角焊缝相同的公式进行计算，不考虑焊缝方向。公式中一律取 $\beta_f = 1.0$（或 $\beta_{f\theta} = 1.0$）。

在确定焊缝有效厚度时，假定焊缝在其所呈夹角的最小斜面上发生破坏。对于两焊脚边夹角 α 满足条件 $60° \leqslant \alpha \leqslant 135°$ 的斜角角焊缝才能用于承载结构的连接，我国《钢结构设计标准》GB 50017—2017 规定按如下方法确定。

当根部间隙 b、b_1 或 $b_2 \leqslant 1.5$mm 时：

$$h_e = h_f \cos\frac{\alpha}{2} \tag{12-33}$$

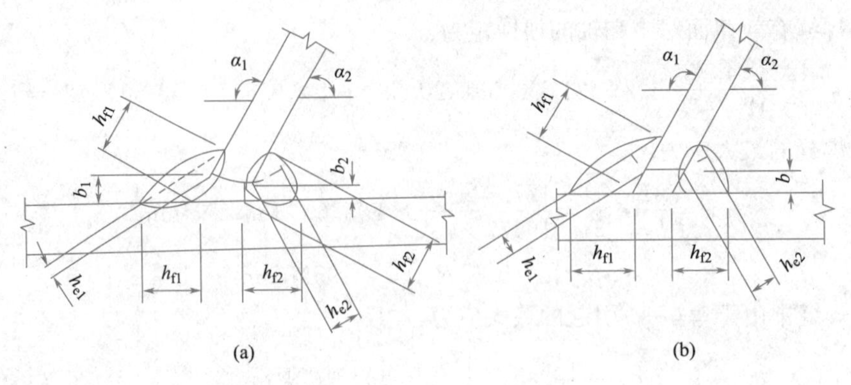

图 12-39　斜角角焊缝

当根部间隙 b、b_1 或 b_2 >1.5mm 但≤5mm 时：

$$h_e=\left[h_f-\frac{b\text{ 或}(b_1\text{、}b_2)}{\sin\alpha}\right]\cos\frac{\alpha}{2} \tag{12-34}$$

任何根部间隙不得大于 5mm，因为间隙大于 5mm 后焊缝质量不能保证。当图 12-39（a）中的 b_1>5mm 时，可将板边切成图 12-39（b）的形式，并使 $b\leqslant$5mm。

12.3　螺　栓　连　接

12.3.1　构造要求

螺栓在构件上排列应简单、统一、整齐而紧凑，通常分为并列和错列两种形式（图 12-40）。并列比较简单整齐，所用连接板尺寸小，但由于螺栓孔的存在，对构件截面削弱较大。错列可以减小螺栓孔对截面的削弱，但螺栓孔排列不如并列紧凑，连接板尺寸较大。

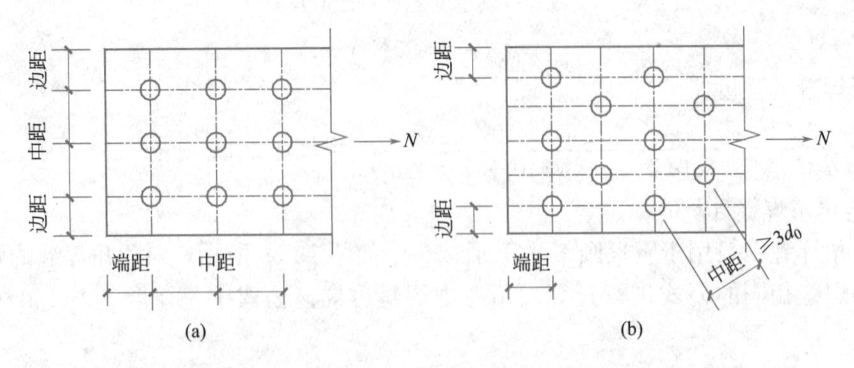

图 12-40　钢板的螺栓（铆钉）排列

（a）并列；（b）错列

螺栓在构件上的排列应满足受力、构造和施工要求：

（1）受力要求：为避免钢板端部发生冲剪破坏，螺栓的端距不应小于 $2d_0$，d_0 为螺栓孔径。各排螺栓距和线距太小时，构件有沿折线或直线破坏的可能。对受压构件，当沿作用方向螺栓距过大时，被连板间易发生鼓曲和张口现象。所以，需要规定最大、最小间距。

（2）构造要求：螺栓的中距及边距不宜过大，否则钢板间不能紧密贴合，潮气侵入缝隙使钢材锈蚀。

（3）施工要求：要保证一定的空间，施工上要保证一定的操作空间，便于转动螺栓扳手拧紧螺帽。根据扳手尺寸和工人的施工经验，规定最小中距为 $3d_0$。

根据上述要求，《钢结构设计标准》GB 50017—2017 制定出螺栓排列最大、最小容许距离（表 12-4），在型钢上排列的螺栓还应符合各自线距和最大孔径的要求（表 12-5～表 12-7）。角钢、普通工字钢、槽钢截面上排列螺栓的线距应满足图 12-41 及表 12-7 的要求。

螺栓或铆钉的最大、最小容许距离　　表 12-4

<table>
<tr><th>名称</th><th colspan="3">位置和方向</th><th>最大容许距离
（取两者较少者）</th><th>最少容许距离</th></tr>
<tr><td rowspan="5">中心间距</td><td colspan="3">外排(垂直内力方向或顺内力方向)</td><td>$8d_0$ 或 $12t$</td><td rowspan="5">$3d_0$</td></tr>
<tr><td rowspan="3">中间排</td><td colspan="2">垂直内力方向</td><td>$16d_0$ 或 $24t$</td></tr>
<tr><td rowspan="2">顺内力方向</td><td>压力</td><td>$12d_0$ 或 $18t$</td></tr>
<tr><td>拉力</td><td>$16d_0$ 或 $24t$</td></tr>
<tr><td colspan="3">沿对角线方向</td><td>—</td></tr>
<tr><td rowspan="4">中心至构件边缘距离</td><td colspan="3">顺内力方向</td><td rowspan="4">$4d_0$ 或 $8t$</td><td>$2d_0$</td></tr>
<tr><td rowspan="3">垂直内力方向</td><td colspan="2">剪切边或手工气割边</td><td rowspan="2">$1.5d_0$</td></tr>
<tr><td rowspan="2">轧制边自动精密气割或锯割边</td><td>高强度螺栓</td></tr>
<tr><td>其他螺栓或铆钉</td><td>$1.2d_0$</td></tr>
</table>

角钢上螺栓或铆钉线距表（mm）　　表 12-5

单行排列	角钢肢宽	40	45	50	56	63	70	75	80	90	100	110	125
	线距 e	25	25	30	30	35	40	40	45	50	55	60	70
	钉孔最大直径	11.5	13.5	13.5	15.5	17.5	20	22	22	24	24	26	26

双行错排	角钢肢宽	125	140	160	180	200	双行并列	角钢肢宽	160	180	200
	e_1	55	60	70	70	80		e_1	60	70	80
	e_2	90	100	120	140	160		e_2	130	140	160
	钉孔最大直径	24	24	26	26	26		钉孔最大直径	24	24	26

工字钢和槽钢腹板上的螺栓线距表（mm）　　表 12-6

工字钢型号	12	14	16	18	20	22	25	28	32	36	40	45	50	56	63
线距 c_{min}	40	45	45	45	50	50	55	60	60	65	70	75	75	75	75
槽钢型号	12	14	16	18	20	22	25	28	32	36	40	—	—	—	—
线距 c_{min}	40	45	50	50	55	55	55	60	65	70	75	—	—	—	—

工字钢和槽钢翼缘上的螺栓线距表（mm）　　表 12-7

工字钢型号	12	14	16	18	20	22	25	28	32	36	40	45	50	56	63
线距 $c_{\min}$	40	40	50	55	60	65	65	70	75	80	80	85	90	95	95
槽钢型号	12	14	16	18	20	22	25	28	32	36	40	—	—	—	—
线距 $c_{\min}$	30	35	35	40	40	45	45	45	50	56	60	—	—	—	—

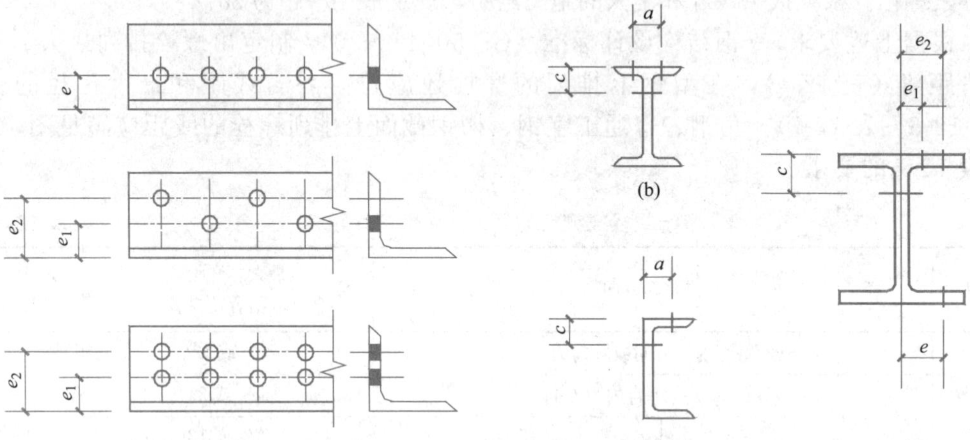

图 12-41　型钢的螺栓（铆钉）排列

具体构造要求如下：

① 每一杆件在节点上以及拼接接头的一端，永久性的螺栓数不宜少于 2 个；对组合构件的缀条，其端部连接可采用 1 个螺栓。

② 高强度螺栓孔应采用钻成孔。摩擦型高强度螺栓的孔径比螺栓公称直径 d 大 1.5～2.0mm；承压型连接的高强度螺栓的孔径比螺栓公称直径 d 大 1.0～1.5mm。

③ C 级螺栓宜用于沿其杆轴方向受拉的连接，在下列情况下可用于受剪连接：

a. 承受静力荷载或间接动力荷载结构中的次要连接；

b. 承受静力荷载的可拆卸结构的连接；

c. 临时固定构件用的安装连接。

④ 对直接承受动力荷载的普通螺栓受拉连接，应采用双螺帽或其他能防止螺帽松动的有效措施。

⑤ 当型钢构件拼接采用高强度螺栓连接时，其拼接件宜采用钢板。

⑥ 沿杆轴方向受拉的螺栓连接中的端板（或法兰板），应适当增强其刚度（如设加劲肋），以减少撬力对螺栓抗拉承载力的不利影响。

螺栓及其孔眼图例见表 12-8，在钢结构施工图上需要将螺栓及其孔眼的施工要求用图形表示清楚，以免引起混淆。

螺栓及其孔眼图例　　表 12-8

名称	永久螺栓	高强度螺栓	安装螺栓	圆形螺栓孔	长圆形螺栓孔
图例	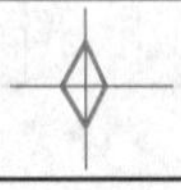	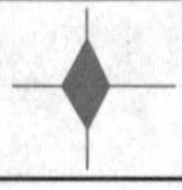	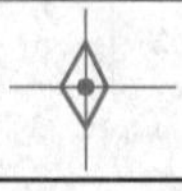	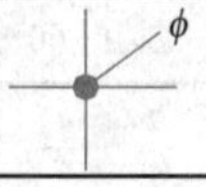 ϕ	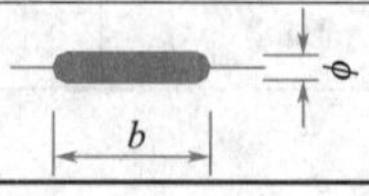 b ϕ

12.3.2 普通螺栓

普通螺栓连接按受力情况可分为三类：外力与栓杆垂直的受剪螺栓连接；外力与栓杆平行的受拉螺栓连接；螺栓承受拉力和剪力的共同作用。下面先介绍螺栓受剪时的工作性能和计算方法。

1. 受剪螺栓连接

（1）受剪连接的工作性能

抗剪连接是最常见的螺栓连接。如果以图 12-42（a）所示的螺栓连接试件做抗剪试验，可得出试件上 a、b 两点之间的相对位移 δ 与作用力 N 的关系曲线（图 12-42b）。该曲线给出了试件由零载一直加载至连接破坏的全过程，经历了以下四个阶段：

a. 摩擦传力的弹性阶段。在施加荷载之初，荷载较小，荷载依靠构件间接触面的摩擦力传递，螺栓杆与孔壁之间的间隙保持不变，连接处于弹性阶段，在 N-δ 图上呈现出 0-1 斜直线段。但由于板件间摩擦力的大小取决于拧紧螺帽时在螺杆中的初始拉力，一般说来，普通螺栓的初拉力很小，故此阶段很短。

b. 滑移阶段。当荷载增大，连接中的剪力达到构件间摩擦力的最大值，板件间产生相对滑移，其最大滑移量为螺栓杆与孔壁之间的间隙，直至螺栓与孔壁接触，相应于 N-δ 曲线上的 1-2 水平段。

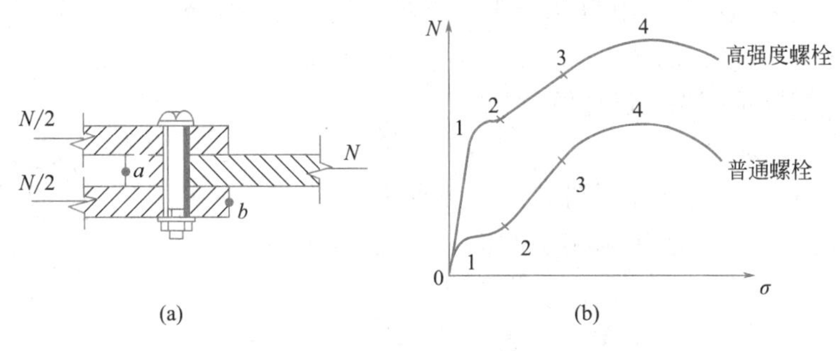

图 12-42　单个螺栓抗剪试验结果

c. 栓杆传力的弹性阶段。荷载继续增加，连接所承受的外力主要靠栓杆与孔壁接触传递。栓杆除主要受剪力外，还有弯矩和轴向拉力，而孔壁则受到挤压。由于栓杆的伸长受到螺帽的约束，增大了板件间的压紧力，使板件间的摩擦力也随之增大，所以 N-δ 曲线呈上升状态。达到“3”点时，曲线开始明显弯曲，表明螺栓或连接板达到弹性极限，此阶段结束。

d. 弹塑性阶段。在此阶段即使荷载增量很小，连接的剪切变形迅速加大，直至连接破坏。“4”点表明螺栓或者连接板达到极限荷载。

受剪螺栓连接达到极限承载力时，可能的破坏形式有：①当栓杆直径较小，板件较厚时，栓杆可能先被剪断（图 12-43a）；②当栓杆直径较大，板件较薄时，板件可能先被挤坏（图 12-43b），由于栓杆和板件的挤压是相对的，故也可把这种破坏叫作螺栓承压破坏；③端距太小，端距范围内的板件有可能被栓杆冲剪破坏（图 12-43c）；④板件可能因螺栓孔削弱太多而被拉断（图 12-43d）。

上述第③种破坏形式由螺栓端距 $l_1 \geqslant 2d$ 保证；第④种破坏属于构件的强度验算。因此，普通螺栓的受剪连接只考虑①、②两种破坏形式。

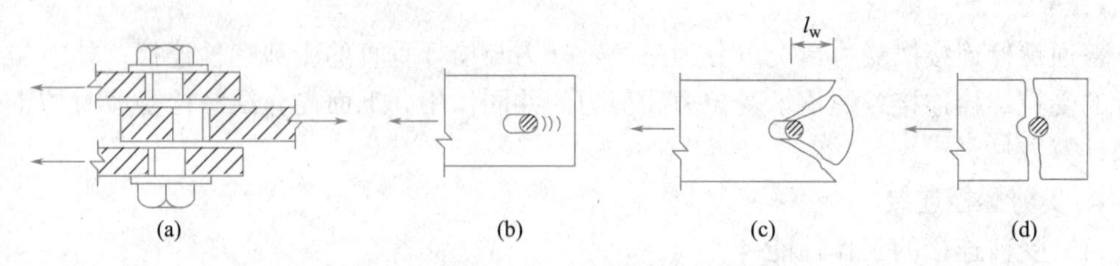

图 12-43 受剪螺栓连接的破坏形式

（2）单个普通螺栓承载力

普通螺栓的受剪承载力主要由栓杆受剪和孔壁承压两种破坏模式控制，因此应分别计算，取其小值进行设计。计算时作了如下假定：① 栓杆受剪计算时，假定螺栓受剪面上的剪应力是均匀分布的；② 孔壁承压计算时，假定挤压力沿栓杆直径平面（实际上是相应于栓杆直径平面的孔壁部分）均匀分布。考虑一定的抗力分项系数后，得到普通螺栓受剪连接中，单个螺栓的受剪和承压承载力设计值如下：

a. 受剪承载力设计值

$$N_v^b = n_v \frac{\pi d^2}{4} f_v^b \tag{12-35}$$

式中 n_v ——受剪面数目，单剪 $n_v = 1$，双剪 $n_v = 2$，四剪 $n_v = 4$；

d ——螺栓杆直径；

f_v^b ——螺栓抗剪强度设计值。

b. 承压承载力设计值

假定：螺栓承压应力分布于螺栓直径平面上（图 12-44），而且该承压面上的应力为均匀分布。单个抗剪螺栓的承压承载力设计值为：

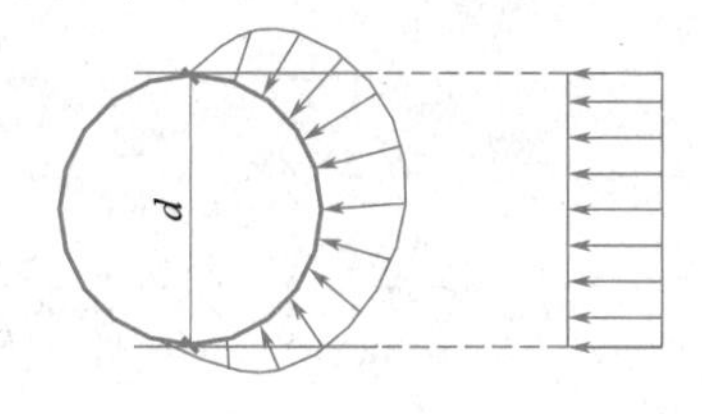

图 12-44 螺栓承压的计算承压面积

$$N_c^b = d \sum t f_c^b \tag{12-36}$$

式中 $\sum t$ ——连接接头一侧同一受力方向承压构件总厚度的较小值；

f_c^b ——螺栓承压强度设计值。

受剪连接的单个普通螺栓承载力设计值取受剪承载力设计值和承压承载力设计值中的较小值。

（3）普通螺栓群受剪连接计算

a. 普通螺栓群轴心受剪

试验证明，螺栓群的受剪连接承受轴心力时，与侧焊缝的受力相似，在长度方向各螺栓受力是不均匀的（图 12-45），两端受力大，中间受力小。当连接长度 $l_1 \leqslant 15d_0$（d_0 为螺孔直径）时，由于连接工作进入弹塑性阶段后，内力发生重分布，螺栓群中各螺栓受力逐渐接近，故可认为轴心力 N 由每个螺栓平均分担，即螺栓数 n 为：

$$n = \frac{N}{N_{min}^b} \tag{12-37}$$

式中 N_{min}^b ——一个螺栓受剪承载力设计值与承压承载力设计值的较小值。

当 $l_1 > 15d_0$ 时，连接进入弹塑性阶段后，各螺杆所受内力仍不易均匀，端部螺栓首

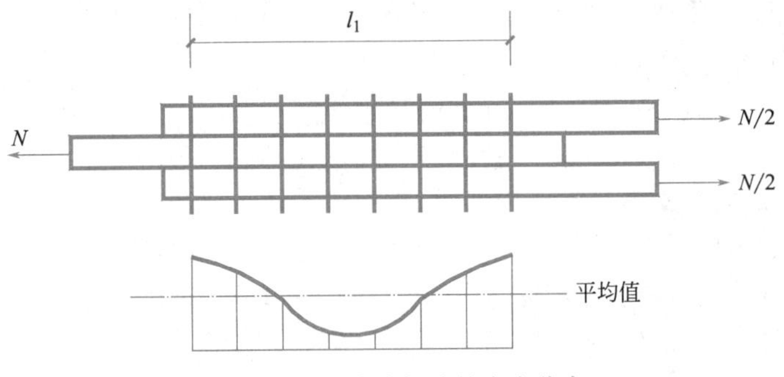

图 12-45　长接头螺栓的内力分布

先达到极限强度而破坏，随后由外向里依次破坏。为了防止端部螺栓首先破坏而导致连接破坏的可能，《钢结构设计标准》GB 50017—2017 规定，当 $l_1 > 15d_0$ 时，应将螺栓的承载力设计值乘以折减系数 η，该折减系数按下式计算：

$$l_0 > 15d_0,\ \eta = 1.1 - \frac{l_1}{150d_0} \tag{12-38}$$

$$l_0 \geqslant 60d_0,\ \eta = 0.7 \tag{12-39}$$

对于折减系数 η 的计算和取值规定，不仅适用于普通螺栓，也适用于高强度螺栓或铆钉的长连接工作情况。因此，对于长接头螺栓连接，所需抗剪螺栓数目为：

$$n = \frac{N}{\eta N_{\min}^{b}} \tag{12-40}$$

【例题 12-6】 设计两块钢板用普通螺栓的盖板拼接（图 12-46）。已知轴心拉力的设计值 $N = 325\text{kN}$，钢材为 Q235A，螺栓直径 $d = 20\text{mm}$（粗制螺栓）。

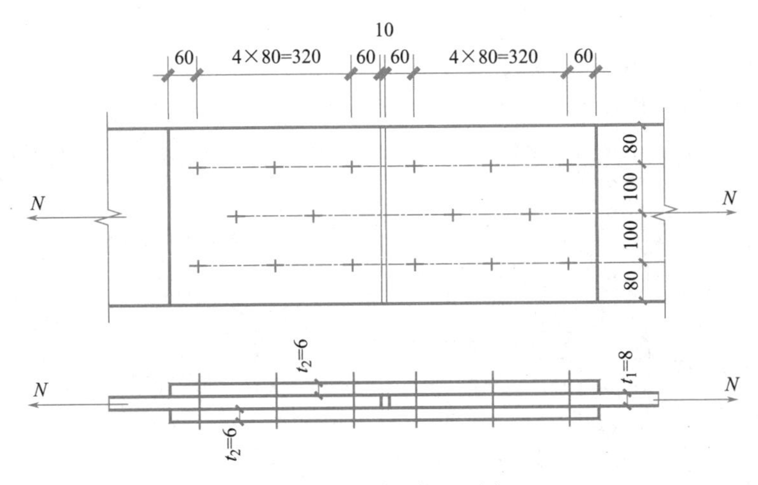

图 12-46　例题 12-6 图

【解】

受剪承载力设计值：

$$N_{v}^{b} = n_{v}\frac{\pi d^2}{4}f_{v}^{b} = 2 \times \frac{3.14 \times 20^2}{4} \times 140 = 87.9\text{kN}$$

承压承载力设计值：

$$N_c^b = d\sum t \cdot f_c^b = 20 \times 8 \times 305 = 48.8\text{kN}$$

一侧所需螺栓数 n：

$$n = \frac{325}{48.8} = 6.7，\text{取 8 个。}$$

b. 普通螺栓群偏心受剪

图 12-47 所示为螺栓群承受偏心剪力的情形，剪力 F 的作用线至螺栓群中心线的距离为 e，故螺栓群同时受到轴心力 F 和扭矩 $T = F \cdot e$ 的联合作用。

在轴心力作用下可认为每个螺栓平均受力，即：

$$N_{1F} = \frac{F}{n} \tag{12-41}$$

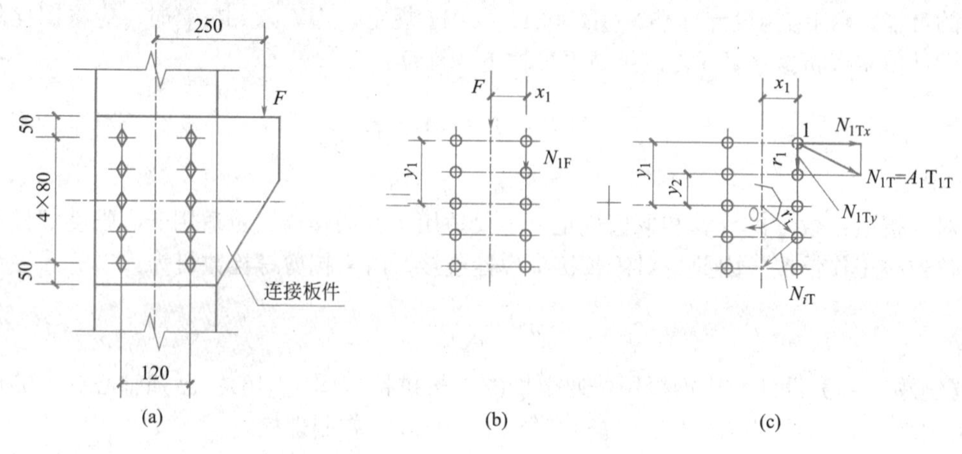

图 12-47　偏心受剪的螺栓群

a）计算扭矩 T 作用下单个螺栓受力：

在扭矩 $T = F \cdot e$ 作用下，通常采用弹性分析，假定连接板的旋转中心在螺栓群的形心，则螺栓剪力的大小与该螺栓至中心点距离 r_i 呈正比，方向则与此距离垂直（图 12-47c）。由：

$$T = N_{1T}r_1 + N_{2T}r_2 + \cdots + N_{iT}r_i + \cdots + N_{nT}r_n$$

因
$$\frac{N_{1T}}{r_1} = \frac{N_{2T}}{r_2} = \cdots = \frac{N_n}{r_n}$$

得：
$$T = N_{1T}\frac{r_1^2}{r_1} + N_{2T}\frac{r_2^2}{r_2} + \cdots + N_{nT}\frac{r_n^2}{r_n} = N_{1T}\frac{\sum r_i^2}{r_1}$$

最大剪力：
$$N_{1T} = \frac{Tr_1}{\sum r_i^2} = \frac{Tr_1}{\sum (x_i^2 + y_i^2)}$$

将 N_{1T} 分解为水平分力和垂直分力：

$$N_{1Tx} = N_{1T}\frac{y_1}{r_1} = \frac{Ty_1}{\sum r_i^2} = \frac{Ty_1}{\sum x_i^2 + \sum y_i^2} \tag{12-42}$$

$$N_{1Ty} = N_{1T}\frac{x_1}{r_1} = \frac{Tx_1}{\sum r_i^2} = \frac{Tx_1}{\sum x_i^2 + \sum y_i^2} \tag{12-43}$$

b）剪力V作用下：

$$N_{1F}=\frac{F}{n} \tag{12-44}$$

c）螺栓群偏心受剪：

螺栓群偏心受剪时，受力最大的螺栓1所受的合力为：

$$\sqrt{N_{1Tx}^{2}+(N_{1Ty}+N_{1F})^{2}}\leqslant N_{\min}^{b} \tag{12-45}$$

当螺栓群布置成一狭长带状时，即$y_1>3x_1$或$x_1>3y_1$时，可取计算公式中的$\sum x_i^2=0$或$\sum y_i^2=0$，即忽略y方向或x方向的分力。

当$y_1>3x_1$时，$x\approx0$，$N_{1Ty}=0$，$N_{1Tx}=\dfrac{Ty_1}{\sum y_i^2}$；

当$x_1>3y_1$时，$y\approx0$，$N_{1Tx}=0$，$N_{1Ty}=\dfrac{Tx_1}{\sum x_i^2}$。

公式中的各符号见图12-47。$N_{\min}^{b}$为一个螺栓的受剪承载力设计值。

【例题12-7】试设计图12-47（a）所示普通螺栓连接。柱翼缘板厚度为10mm，连接板厚度为8mm，钢材为Q235B，荷载设计值$F=150$kN，偏心距$e=250$mm。若螺栓排列为竖向排距$2x_1=120$mm，竖向行距$y_2=80$mm，竖向端距为50mm，试选C级螺栓规格。

【解】螺栓群中受力最大的点为1点，1点螺栓所受的剪力N_{1T}计算如下：

$$T=Fe=150\times0.25=37.5\text{kN}\cdot\text{m}$$

$$V=F=150\text{kN}$$

$$\sum x_i^2+\sum y_i^2=10\times6^2+(4\times8^2+4\times16^2)=1640\text{mm}^2$$

$$N_{1Tx}=\frac{Ty_1}{\sum x_i^2+\sum y_i^2}=\frac{37.5\times0.16}{1640\times10^{-4}}=36.6\text{kN}$$

$$N_{1Ty}=\frac{Tx_1}{\sum x_i^2+\sum y_i^2}=\frac{37.5\times0.06}{1640\times10^{-4}}=13.7\text{kN}$$

剪力作用下1点螺栓受力：

$$N_{1F}=\frac{F}{n}=\frac{150}{10}=15\text{kN}$$

1点螺栓受力：

$$\sqrt{N_{1Tx}^{2}+(N_{1Ty}+N_{1F})^{2}}=\sqrt{36.6^2+(13.7+15)^2}=46.5\text{kN}$$

为求所需螺栓直径，首先要确定C级螺栓的抗剪和承压强度设计值。由附表22查得：$f_v^b=140\text{N/mm}^2$，$f_c^b=305\text{N/mm}^2$。则可分别由公式（12-35）和公式（12-36）求出所需的螺栓直径：

受剪所需直径$d_v\geqslant\sqrt{\dfrac{4N_{1T}}{\pi n_v f_v^b}}=\sqrt{\dfrac{4\times46.5\times10^3}{3.14\times1\times140}}=20.6\text{mm}$

承压所需直径$d_c\geqslant\dfrac{N_{1T}}{\sum t\cdot f_c^b}=\dfrac{46.5\times10^3}{8\times305}=19.1\text{mm}$

故取 $d=22\text{mm}$ 的 C 级螺栓可满足强度要求。图中螺栓排列构造均大于中距 $3d=66\text{mm}$，边距 $2d=44\text{mm}$，符合构造要求。

2. 受拉螺栓连接

(1) 普通螺栓受拉的工作性能

沿螺栓杆轴方向受拉时，一般很难做到拉力正好作用在螺杆轴线上，而是通过水平板件传递，如图 12-48 所示。若与螺栓直接相连的翼缘板的刚度不是很大，由于翼缘的弯曲，使螺栓受到撬力的附加作用，杆力增加到：$N_t=N+Q$，式中 Q 称为撬力。撬力的大小与翼缘板厚度、螺杆直径、螺栓位置、连接总厚度等因素有关，准确求值非常困难。

为了简化计算，我国规范将螺栓的抗拉强度设计值降低 20% 来考虑撬力影响。例如 4.6 级普通螺栓（3 号钢做成），取抗拉强度设计值为：

$$f_t^b=0.8f=0.8\times215=170\text{N/mm}^2$$

这相当于考虑了撬力 $Q=0.25\text{N}$。一般来说，只要按构造要求取翼缘板厚度 $t\geqslant20\text{mm}$，而且螺栓距离 b 不要过大，这样简化处理是可靠的。如果翼缘板太薄时，可采用加劲肋加强翼缘，如图 12-49 所示。

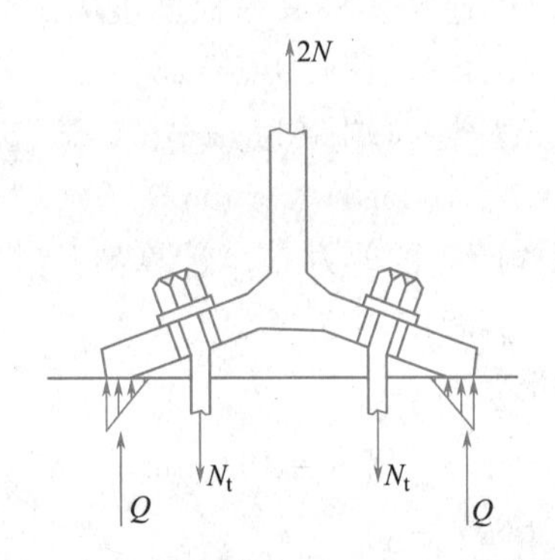

图 12-48 受拉螺栓的撬力

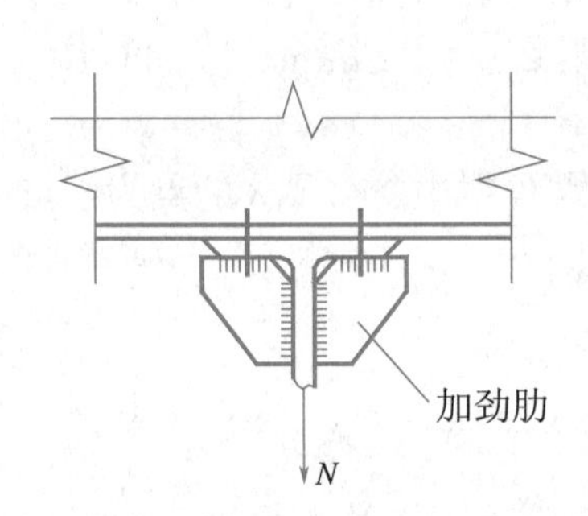

图 12-49 翼缘加强措施

(2) 单个普通螺栓的受拉承载力

采用上述方法考虑撬力之后，单个螺栓的受拉承载力的设计值为：

$$N_t^b=\frac{\pi d_e^2}{4}f_t^b=A_e f_t^b \tag{12-46}$$

式中 A_e——螺栓有效截面面积；

d_e——螺纹处的有效直径（附表 43）；

f_t^b——螺栓的抗拉强度设计值。

由于螺纹呈倾斜方向，螺栓受拉时采用的直径，既不是扣去螺纹后的净直径 d_n，也不是全直径与净直径的平均直径 d_m，而是由下式计算的有效直径：

$$d_e=\frac{d_n+d_m}{2}=d-\frac{13}{24}\sqrt{3}\,p \tag{12-47}$$

式中，p 为螺纹的螺距。

附表 43 给出了普通螺栓按有效直径 d_e 算得的螺栓净截面面积 A_n（即有效截面面积 A_e），可直接查用。

(3) 普通螺栓群受拉

a. 栓群轴心受拉

图 12-50 所示螺栓群轴心受拉，由于垂直于连接板的肋板刚度很大，通常假定各个螺栓平均受拉，则连接所需的螺栓数为：

$$n \geqslant \frac{N}{N_{t}^{b}} \tag{12-48}$$

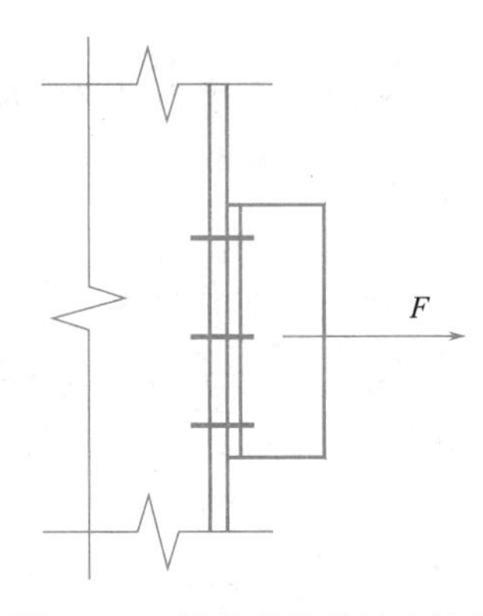

图 12-50 螺栓群承受轴心拉力

b. 栓群承受弯矩作用

图 12-51 所示为螺栓群在弯矩作用下的受拉连接（图中的剪力 V 通过承托板传递）。按弹性设计法，在弯矩作用下，离中和轴越远的螺栓所受拉力越大，而压力则由部分受压的端板承受，设中和轴至端板受压边缘的距离为 c（图 12-51c）。这种连接的受力有如下特点：受拉螺栓截面只是孤立的几个螺栓点；而端板受压区则是宽度较大的实体矩形截面（图 12-51b、c）。当计算其形心位置作为中和轴时，所求得的端板受压区高度 c 总是很小，中和轴通常在弯矩指向一侧最外排螺栓附近的某个位置。因此，实际计算时可近似地取中和轴位于最下排螺栓 o 处，即认为连接变形为绕 o 处水平轴转动，螺栓拉力与 o 点算起的纵坐标 y 呈正比。在对 o 点水平轴列弯矩平衡方程时，偏安全地忽略了力臂很小的端板受压区部分的力矩。

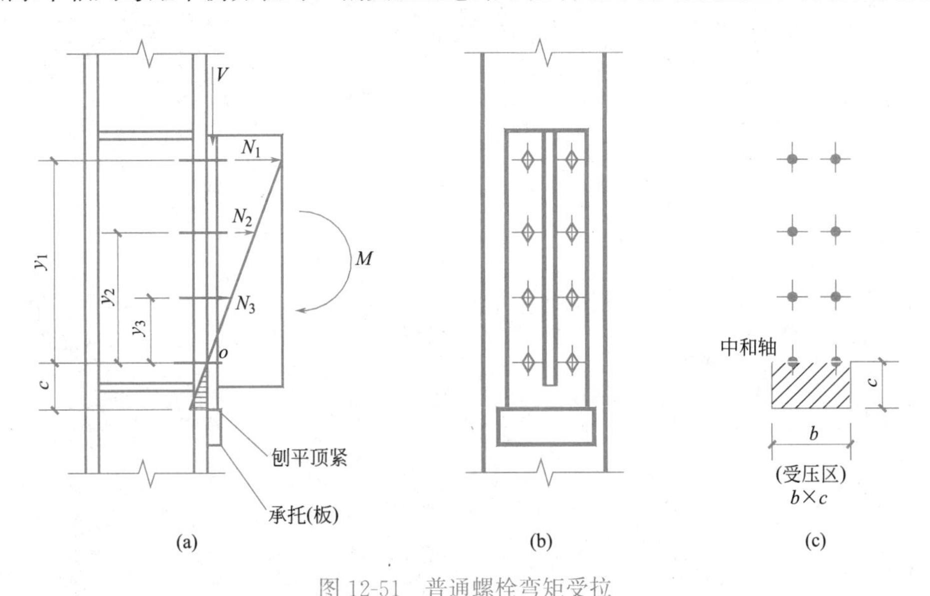

图 12-51 普通螺栓弯矩受拉

由平衡条件：$M = m(N_{1}^{M}y_{1} + N_{2}^{M}y_{2} + \cdots + N_{n-1}^{M}y_{n-1})$（$m$ 为螺栓列数）

由假定条件：$\dfrac{N_{1}^{M}}{y_{1}} = \dfrac{N_{2}^{M}}{y_{2}} = \cdots = \dfrac{N_{n-1}^{M}}{y_{n-1}}$

$$N_{2}^{M} = \frac{y_{2}}{y_{1}}N_{1}^{M} \cdots N_{n-1}^{M} = \frac{y_{n-1}}{y_{1}}N_{1}^{M}$$

$$M = \frac{M}{y_{1}}N_{1}^{M}(y_{1}^{2} + y_{2}^{2} + \cdots + y_{n}^{2})$$

所以，螺栓 i 的拉力为：

$$N_i^{\mathrm{M}}=\frac{My_i}{m\sum y_i^2}$$

设计时要求受力最大的最外排螺栓 1 的拉力不超过一个螺栓的受拉承载力设计值：

$$N_1^{\mathrm{M}}=\frac{My_1}{m\sum y_i^2}\leqslant N_{\mathrm{t}}^{\mathrm{b}} \tag{12-49}$$

c. 栓群偏心受拉

由图 12-52（a）可知，螺栓群偏心受拉相当于连接承受轴心拉力 N 和弯矩 $M=Ne$ 的联合作用。按弹性设计法，根据偏心距的大小可能出现小偏心受拉和大偏心受拉两种情况。

① 小偏心受拉

作用力 N 靠近螺栓群的形心，则连接以承受轴心拉力为主，M 不大，在这种情况下，螺栓群中所有螺栓均受拉。在计算 M 产生的螺栓内力时，中和轴取在螺栓群的形心轴 o 处（图 12-52b）。

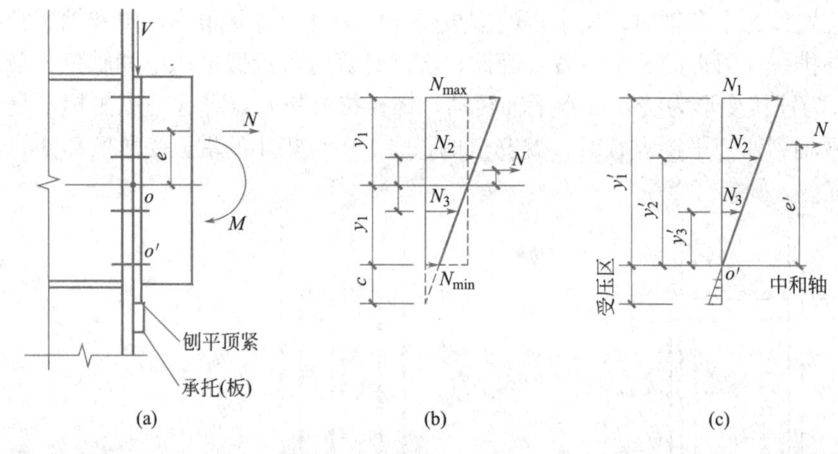

图 12-52　螺栓群偏心受拉

$$N_1^{\mathrm{M}}=\frac{Ney_1}{m\sum y_i^2},\ N_1^{\mathrm{N}}=\frac{N}{n}$$

$$N_{1\max}=\frac{N}{n}+\frac{Ney_1}{m\sum y_i^2}\leqslant N_{\mathrm{t}}^{\mathrm{b}}$$

$$N_{1\min}=\frac{N}{n}-\frac{Ney_1}{m\sum y_i^2}\geqslant 0$$

由上式可得当 $N_{1\min}\geqslant 0$ 时的偏心距 $e\leqslant\dfrac{m\sum y_i^2}{ny_1}$，令 $\rho=\dfrac{m\sum y_i^2}{ny_1}$，为螺栓有效截面的核心距，则 $e\leqslant\rho$ 为小偏心受拉。

② 大偏心受拉

作用力 N 远离螺栓群的形心，弯矩 M 增大，即 $e>\dfrac{m\sum y_i^2}{ny_1}$，端板底部会出现受拉区（图 12-52c），中和轴下移，假定中和轴位于最下一排螺栓轴线 o' 处。

1 号螺栓所受拉力最大：$N_{1\max}=\dfrac{Ne'y'_1}{m\sum y'^2_i}\leqslant N^b_t$

【例题 12-8】 设图 12-53 为一刚接屋架支座节点，竖向力由承托承受。螺栓为 C 级，只承受偏心拉力。设 $N=250$kN，$e=100$mm。螺栓布置如图 12-53（a）所示。

【解】 螺栓有效截面的核心距：

$$\rho=\frac{\sum y_i^2}{ny_1}=\frac{4\times(50^2+150^2+250^2)}{12\times 250}=116.7\text{mm}>e=100\text{mm}$$

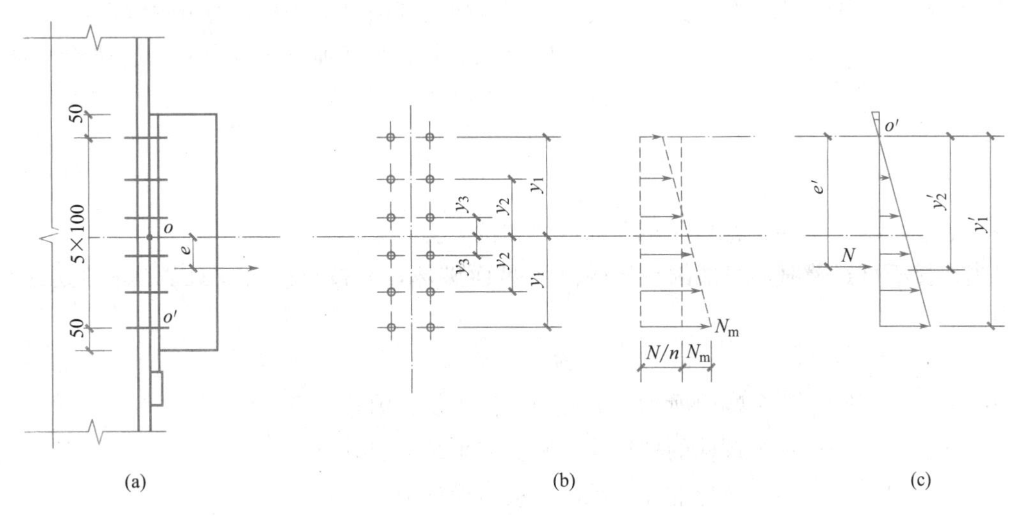

图 12-53　例题 12-8、例题 12-9 图

即偏心力作用在核心距以内，属小偏心受拉（图 12-53a）。

$$N_1=\frac{N}{n}+\frac{Ne}{\sum y_i^2}\cdot y_1=\frac{250}{12}+\frac{250\times100\times250}{4\times(50^2+150^2+250^2)}=38.7\text{kN}$$

需要的有效面积：

$$A_e=N_1/f_t^b=38.7\times10^3/170=228\text{mm}^2$$

采用 M20 螺栓，$A_e=245\text{mm}^2$。

【例题 12-9】 同例题 12-8，但取 $e=200$mm。

【解】

由于 $e=200\text{mm}>117\text{mm}$，应按大偏心受拉计算螺栓的最大拉力。假设螺栓直径为 M22（$A_e=303\text{mm}^2$），并假定中和轴在上面第一排螺栓处，则以下螺栓均为受拉螺栓（图 12-53c）。

$$N_1=\frac{Ne'y'_1}{\sum y'^2_i}=\frac{250\times(200+250)\times500}{2\times(500^2+400^2+300^2+200^2+100^2)}=51.1\text{kN}$$

需要的螺栓有效面积：

$$A_e=51.1\times10^3/170=300.6\text{mm}^2<303\text{mm}^2$$

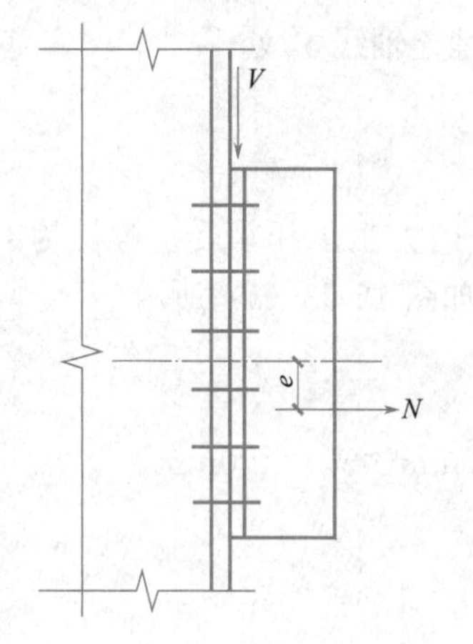

图 12-54　螺栓群受剪力和拉力联合作用

3. 拉剪螺栓连接

图 12-54 所示连接，螺栓群承受剪力 V 和偏心拉力 N（即轴心拉力 N 和弯矩 $M=Ne$）的联合作用。

承受剪力和拉力联合作用的普通螺栓应考虑两种可能的破坏形式：一是螺杆受剪兼受拉破坏；二是孔壁承压破坏。

大量的试验结果表明，当将拉—剪联合作用下处于极限承载力时的拉力和剪力，分别除以各自单独作用时的承载力，所得到的关于 N_t/N_t^b 和 N_v/N_v^b 的相关曲线，近似为圆曲线。于是，规范规定：

同时承受剪力和杆轴方向拉力的普通螺栓，应分别符合下列公式的要求：

$$\sqrt{\left(\frac{N_v}{N_v^b}\right)^2+\left(\frac{N_t}{N_t^b}\right)^2}\leqslant 1 \tag{12-50}$$

式中　N_v、N_t ——一个螺栓所承受的剪力和拉力。

当连接板件过薄时，可能因承压强度不足而破坏，需按下列公式计算螺栓的承压承载力：

$$N_v \leqslant N_c^b \tag{12-51}$$

式中　N_v、N_t ——一个螺栓所承受的剪力和拉力设计值；

N_v^b、N_t^b ——一个螺栓的螺杆受剪和受拉承载力设计值；

N_c^b ——一个螺栓的孔壁承压承载力设计值。

【例题 12-10】设图 12-55 为短横梁与柱翼缘的连接，剪力 $V=250$kN，$e=120$mm，螺栓为 C 级，梁端竖板下有承托。钢材为 Q235B，手工焊，焊条 E43 型，试按考虑承托传递全部剪力 V 以及不承受剪力 V 两种情况设计此连接。

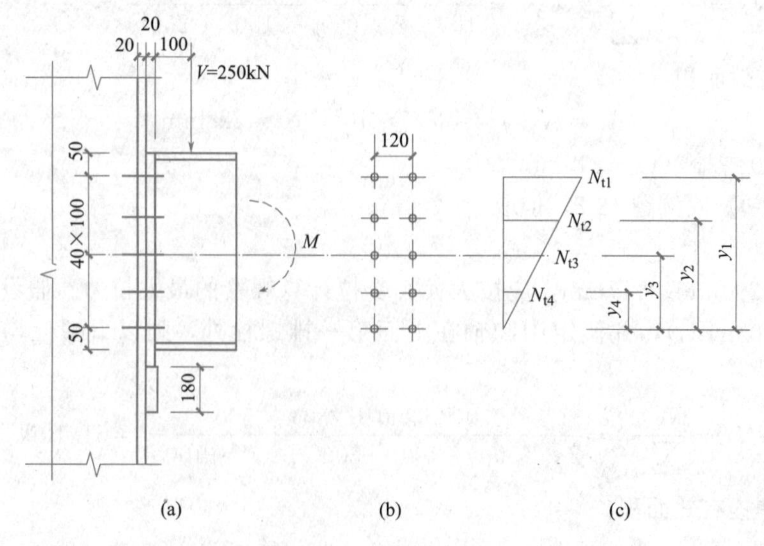

图 12-55　例题 12-10 图

【解】

（1）承托传递全部剪力 V，螺栓群受弯矩作用

$$V=250\text{kN},\ M=Ve=250\times0.12=30\text{kN}\cdot\text{m}$$

设螺栓为 M20（$A_e=245\text{mm}^2$），$n=8$。

1）单个螺栓受拉承载力

$$N_t^b=A_e f_t^b=245\times170=41.7\text{kN}$$

2）单个螺栓最大拉力

$$N_t=\frac{My_1}{m\sum y_i^2}\cdot y_1=\frac{30\times10^3\times400}{2\times(100^2+200^2+300^2+400^2)}=20\text{kN}<N_t^b=41.7\text{kN}$$

3）承托焊缝验算

$$h_f=10\text{mm}$$

$$\tau_f=\frac{1.35V}{h_e\sum l_w}=\frac{1.35\times250\times10^3}{2\times0.7\times10\times(180-2\times10)}=150.7\text{N/mm}^2<f_f^w=160\text{N/mm}^2$$

（2）不考虑承托传递剪力 V

1）单个螺栓承载力

$$N_v^b=n_v\frac{\pi d^2}{4}f_v^b=1\times\frac{3.14\times20^2}{4}\times140=44.0\text{kN}$$

$$N_c^b=d\sum t\cdot f_c^b=20\times20\times305=122\text{kN}$$

$N_t^b=41.7\text{kN}$

2）单个螺栓受力

$$N_t=20\text{kN},\ N_v=\frac{V}{n}=\frac{250}{10}=25\text{kN}<N_c^b=122\text{kN}$$

3）剪力和拉力联合作用下

$$\sqrt{\left(\frac{N_v}{N_v^b}\right)^2+\left(\frac{N_t}{N_t^b}\right)^2}=\sqrt{\left(\frac{25}{44.0}\right)^2+\left(\frac{20}{41.7}\right)^2}=0.744<1$$

12.3.3 高强度螺栓

1. 高强度螺栓连接的工作性能

（1）高强度螺栓的抗剪性能

由图 12-42 可以看出，由于高强度螺栓连接有较大的预拉力，从而使被连板中有很大的预压力，当连接受剪时，主要依靠摩擦力传力的高强度螺栓连接的抗剪承载力可达到 1 点。通过 1 点后，连接产生了滑移，当栓杆与孔壁接触后，连接又可继续承载直到破坏。如果连接的承载力只用到 1 点，即为高强度螺栓摩擦型连接；如果连接的承载力用到 4 点，即为高强度螺栓承压型连接。

（2）高强度螺栓的抗拉性能

高强度螺栓在承受外拉力前，螺杆中已有很高的预拉力 P，板层之间则有压力 C，而 P 与 C 维持平衡（图 12-56a）。当对螺栓施加外拉力 N_t，则栓杆在板层之间的压力未完全消失前被拉长，此时螺杆中拉力增量为 ΔP，同时把压紧的板件拉松，使压力 C 减少 ΔC（图 12-56b）。计算表明，当加于螺杆上的外拉力 N_t 为预拉力 P 的 80%时，螺杆内的拉力

增加很少，因此可认为此时螺杆的预拉力基本不变。同时由试验得知，当外加拉力大于螺杆的预拉力时，卸荷后螺杆中的预拉力会变小，即发生松弛现象。但当外加拉力小于螺杆预拉力的80%时，即无松弛现象发生。也就是说，被连接板件接触面间仍能保持一定的压紧力，可以假定整个板面始终处于紧密接触状态。但上述取值没有考虑杠杆作用而引起的撬力影响。实际上这种杠杆作用存在于所有螺栓的抗拉连接中。研究表明，当外拉力 $N_t \leqslant 0.5P$ 时，不出现撬力，如图 12-57 所示，撬力 Q 大约在 N_t 达到 $0.5P$ 时开始出现，起初增加缓慢，以后逐渐加快，到临近破坏时因螺栓开始屈服而又有所下降。

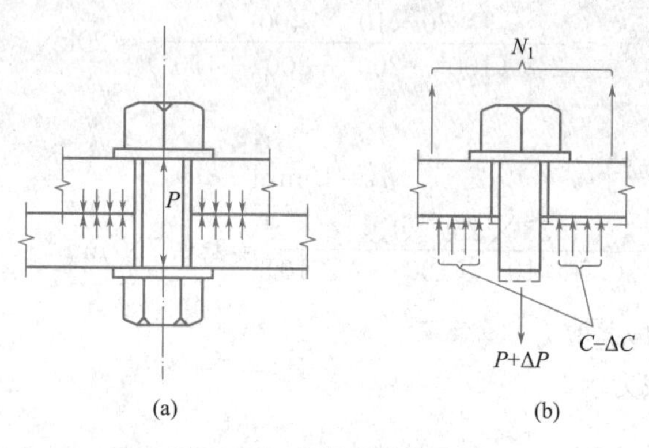

图 12-56　高强度螺栓受拉

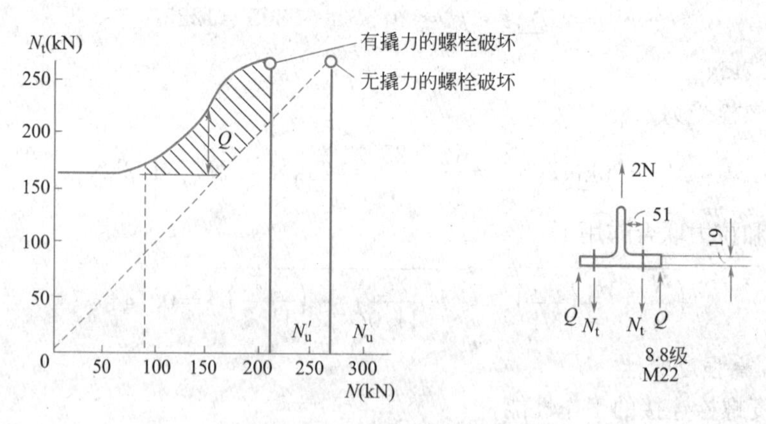

图 12-57　高强度螺栓的撬力影响

由于撬力 Q 的存在，外拉力的极限值由 N_u 下降到 N_u'。因此，如果在设计中不计算撬力 Q，应使 $N \leqslant 0.5P$；或者增大 T 形连接件翼缘板的刚度。分析表明，当翼缘板的厚度 t_1 不小于 2 倍螺栓直径时，螺栓中可完全不产生撬力。实际上很难满足这一条件，可采用图 12-49 所示的加劲肋代替。

在直接承受动力荷载的结构中，由于高强度螺栓连接受拉时的疲劳强度较低，每个高强度螺栓的外拉力不宜超过 $0.5P$。当需考虑撬力影响时，外拉力还得降低。

2. 高强度螺栓连接的构造要求

（1）高强度螺栓预拉力的建立方法

为了保证通过摩擦力传递剪力，高强度螺栓的预拉力 P 的准确控制非常重要。针对不同类型的高强度螺栓，其预拉力的建立方法不尽相同。

a. 大六角头螺栓的预拉力控制方法

① 力矩法。一般采用指针式扭力（测力）扳手或预置式扭力（定力）扳手。目前用得多的是电动扭矩扳手。力矩法是通过控制拧紧力矩来实现控制预拉力。拧紧力矩可由试验确定，应使施工时控制的预拉力为设计预拉力的 1.1 倍。当采用电动扭矩扳手时，所需要的施工扭矩 T_f 为：

$$T_f = kP_f d \tag{12-52}$$

式中 P_f——施工预拉力，为设计预拉力的 1/0.9 倍；

k——扭矩系数平均值，由供货厂方给定，施工前复验；

d——高强度螺栓直径。

为了克服板件和垫圈等的变形，基本消除板件之间的间隙，使拧紧力矩系数有较好的线性度，从而提高施工控制预拉力值的准确度，在安装大六角头高强度螺栓时，应先按拧紧力矩的 50%进行初拧，然后按 100%拧紧力矩进行终拧。对于大型节点在初拧之后，还应按初拧力矩进行复拧，然后再进行终拧。

力矩法的优点是较简单、易实施、费用少，但由于连接件和被连接件的表面和拧紧速度的差异，测得的预拉力值误差大且分散，一般误差为±25%。

② 转角法。先用普通扳手进行初拧，使被连接板件相互紧密贴合，再以初拧位置为起点，按终拧角度，用长扳手或风动扳手旋转螺母，拧至该角度值时，螺栓的拉力即达到施工控制预拉力。

b. 扭剪型高强度螺栓的预拉力控制方法

扭剪型高强度螺栓是我国 20 世纪 60 年代开始研制，80 年代制订出标准的新型连接件之一。它具有强度高、安装简单和质量易于保证、可以单面拧紧、对操作人员没有特殊要求等优点。扭剪型高强度螺栓如图 12-4（b）所示，螺栓头为盘头，螺纹段端部有一个承受拧紧反力矩的十二角体和一个能在规定力矩下剪断的断颈槽。

扭剪型高强度螺栓连接副的安装需用特制的电动扳手，该扳手有两个套头，一个套在螺母六角体上；另一个套在螺栓的十二角体上。拧紧时，对螺母施加顺时针力矩，对螺栓十二角体施加大小相等的逆时针力矩，使螺栓断颈部分承受扭剪，其初拧力矩为拧紧力矩的 50%，复拧力矩等于初拧力矩，终拧至断颈剪断为止，安装结束，相应的安装力矩即为拧紧力矩。安装后一般不拆卸。

（2）预拉力值的确定

高强度螺栓的预拉力设计值 P 由下式计算得到：

$$P = \frac{0.9 \times 0.9 \times 0.9}{1.2} A_e f_u \tag{12-53}$$

式中 A_e——螺栓的有效截面面积；

f_u——螺栓材料经热处理后的最低抗拉强度，对于 8.8 级螺栓，$f_u = 830\text{N/mm}^2$；10.9 级螺栓，$f_u = 1040\text{N/mm}^2$。

式（12-53）中的系数考虑了以下几个因素：

① 拧紧螺帽时螺栓同时受到由预拉力引起的拉应力和由螺纹力矩引起的扭转剪应力作用。折算应力为：

$$\sqrt{\sigma^2 + 3\tau^2} = \eta\sigma \tag{12-54}$$

根据试验分析，系数 η 在职 1.15～1.25 之间，取平均值为 1.2。式（12-53）中分母的 1.2 即为考虑拧紧螺栓时扭矩对螺杆的不利影响系数。

② 为了弥补施工时高强度螺栓预拉力的松弛损失，在确定施工控制预拉力时，考虑了预拉力设计值的 1/0.9 的超张拉，故式（12-53）右端分子应考虑超张拉系数 0.9。

③ 考虑螺栓材质的不定性系数 0.9；再考虑用 f_u 而不是用 f_y 作为标准值的系数 0.9。

不同规范不同规格高强度螺栓预拉力的取值见表 12-9 和表 12-10。

单个高强度螺栓的设计预拉力值（kN） 表 12-9

螺栓的性能等级	螺栓公称直径(mm)					
	M16	M20	M22	M24	M27	M30
8.8 级	80	125	150	175	230	280
10.9 级	100	155	190	225	290	355

高强度螺栓的预拉力 P 值（kN） 表 12-10

螺栓的性能等级	螺栓公称直径(mm)		
	M12	M14	M16
8.8 级	45	60	80
10.9 级	55	75	100

（3）高强度螺栓摩擦面抗滑移系数

高强度螺栓摩擦面抗滑移系数的大小与连接处构件接触面的处理方法和构件的钢号有关。试验表明，此系数值有随连接构件接触面间的压紧力减小而降低的现象，故与物理学中的摩擦系数有区别。

我国规范推荐采用的接触面处理方法有：喷砂、喷砂后涂无机富锌漆、喷砂后生赤锈和钢丝刷消除浮锈或对干净轧制表面不作处理等，不同规范相应的 μ 值详见表 12-11 和表 12-12。

钢材摩擦面的抗滑移系数 μ 值 表 12-11

在连接处构件接触面的处理方法	构件的钢号		
	Q235	Q345、Q390	Q420、Q460
喷硬质石英砂或铸钢棱角砂	0.45	0.45	0.45
抛丸(喷砂)	0.40	0.40	0.40
钢丝刷清除浮锈或未经处理的干净轧制表面	0.30	0.35	—

抗滑移系数 μ 值 表 12-12

在连接处构件接触面的处理方法	构件的钢号	
	Q235	Q345
喷砂(丸)	0.40	0.45
热轧钢材轧制表面清除浮锈	0.30	0.35
冷轧钢材轧制表面清除浮锈	0.25	—

由于冷弯薄壁型钢构件板壁较薄，其抗滑移系数均较普通钢结构有所降低。

钢材表面经喷砂除锈后，表面看来光滑平整，实际上金属表面尚存在着微观的凹凸不平，高强度螺栓连接在很高的压紧力作用下，被连接构件表面相互啮合，钢材强度和硬度越高，使这种啮合的面产生滑移的力就越大，因此，μ 值与钢种有关。

试验证明，摩擦面涂红丹后 $\mu<0.15$，即使经处理后仍然很低，故严禁在摩擦面上涂刷红丹。另外，连接在潮湿或淋雨条件下拼装，也会降低 μ 值，故应采取有效措施保证连接处表面的干燥。

(4) 其他构造要求

高强度螺栓连接除需满足与普通螺栓连接相同之排列布置要求外，尚须注意以下两点：

① 当型钢构件拼接采用高强度螺栓连接时，其拼接件宜采用钢板。以使被连接部分能紧密贴合，保证预拉力的建立。

② 在高强度螺栓连接范围内，构件接触面的处理方法应在施工图中说明。

3. 高强度螺栓摩擦型连接计算

(1) 受剪连接承载力

摩擦型连接的承载力取决于构件接触面的摩擦力，而此摩擦力的大小与螺栓所受预拉力和摩擦面的抗滑移系数以及连接的传力摩擦面数有关。因此，一个摩擦型连接高强度螺栓的受剪承载力设计值为：

$$N_v^b = 0.9kn_f\mu P \tag{12-55}$$

式中 0.9——抗力分项系数 γ_R 的倒数，即取 $\gamma_R=1/0.9=1.111$；

k——孔型系数，标准孔取 1.0；大圆孔取 0.85；内力与槽孔方向垂直时取 0.7；内力与槽孔方向平行时取 0.6；

n_f——传力摩擦面数目；

P——一个高强度螺栓的设计预拉力，按表 12-9 和表 12-10 采用；

μ——摩擦面抗滑移系数，按表 12-11 和表 12-12 采用。

试验证明，低温对摩擦型高强度螺栓抗剪承载力无明显影响，但当温度 $t=100\sim150$℃时，螺栓的预拉力将产生温度损失，故应将摩擦型高强度螺栓的抗剪承载力设计值降低 10%；当 $t>150$℃时，应采取隔热措施，以使连接温度在 150℃或 100℃以下。

(2) 受拉连接承载力

如前所述，为提高强度螺栓连接在承受拉力作用时，能使被连接板间保持一定的压紧力，规范规定在杆轴方向承受拉力的高强度螺栓摩擦型连接中，单个高强度螺栓受拉承载力设计值为：

$$N_t^b = 0.8P \tag{12-56}$$

(3) 同时承受剪力和拉力连接的承载力

如前所述，当螺栓所受外拉力 $N_t \leqslant P$ 时，虽然螺杆中的预拉力 P 基本不变，但板层间压力将减少到 $P-N_t$。试验研究表明，这时接触面的抗滑移系数 μ 值也有所降低，而且 μ 值随 N_t 的增大而减小，试验结果表明，外加剪力 N_v 和拉力 N_t 与高强度螺栓的受拉、受剪承载力设计值之间具有线性相关关系，故规范规定，当高强度螺栓摩擦型连接同时承受摩擦面间的剪力和螺栓杆轴方向的外拉力时，其承载力应按下式计算：

$$\frac{N_v}{N_v^b}+\frac{N_t}{N_t^b}\leqslant 1 \tag{12-57}$$

式中 N_v、N_t——某个高强度螺栓所承受的剪力和拉力设计值；

N_v^b、N_t^b——一个高强度螺栓的受剪、受拉承载力设计值。

4. 高强度螺栓承压型连接计算

(1) 受剪连接承载力

高强度螺栓承压型连接的计算方法与普通螺栓连接相同，仍可用式（12-35）计算单个螺栓的抗剪承载力设计值，只是应采用承压型连接高强度螺栓的强度设计值。当剪切面在螺纹处时，承压型连接高强度螺栓的抗剪承载力应按螺纹处的有效截面计算。但对于普通螺栓，其抗剪强度设计值是根据连接的试验数据统计而定的，试验时不分剪切面是否在螺纹处，故计算抗剪强度设计值时用公称直径。

(2) 受拉连接承载力

承压型连接高强度螺栓沿杆轴方向受拉时，规范给出了相应强度级别的螺栓抗拉强度设计值 $f_t^b\approx 0.48f_u^b$，抗拉承载力的计算公式与普通螺栓相同，只是抗拉强度设计值不同。

(3) 同时承受剪力和拉力连接的承载力

同时承受剪力和杆轴方向拉力的承压型连接高强度螺栓的计算方法与普通螺栓相同，即：

$$\sqrt{\left(\frac{N_v}{N_v^b}\right)^2+\left(\frac{N_t}{N_t^b}\right)^2}\leqslant 1 \tag{12-58}$$

$$N_v\leqslant N_c^b/1.2 \tag{12-59}$$

式中 N_v、N_t——某个高强度螺栓所承受的剪力和拉力设计值；

N_v^b、N_t^b、N_c^b——一个高强度螺栓的受剪、受拉和承压承载力设计值。

由于在剪应力单独作用下，高强度螺栓对板层间产生强大压紧力。当板层间的摩擦力被克服，螺杆与孔壁接触时，板件孔前区形成三向应力场，因而承压型连接高强度螺栓的承压强度比普通螺栓高得多，两者相差约50%。当承压型连接高强度螺栓受有杆轴拉力时，板层间的压紧力随外拉力的增加而减小，因而其承压强度设计值也随之降低。为了计算简便，现行国家标准《钢结构设计标准》GB 50017 规定，只要有外拉力存在，就将承压强度除以1.2予以降低，而未考虑承压强度设计值变化幅度随外拉力大小而变化这一因素。因为所有高强度螺栓的外拉力一般均不大于 $0.8P$。此时，可以认为整个板层间始终处于紧密接触状态，采用统一除以1.2的做法来降低承压强度，一般能保证安全。

5. 高强度螺栓群的计算

(1) 高强度螺栓群受剪

a. 轴心受剪

此时，高强度螺栓连接所需螺栓数目应由下式确定：

$$n\geqslant\frac{N}{N_{min}^b}$$

式中，N_{min}^b 是相应连接类型的单个高强度螺栓受剪承载力设计值的最小值，应按相应类型由公式（12-55）或式（12-35）和式（12-36）计算。

b. 高强度螺栓群的非轴心受剪

高强度螺栓群在扭矩或扭矩、剪力共同作用时的抗剪计算方法与普通螺栓群相同，但应采用高强度螺栓承载力设计值进行计算。

（2）高强度螺栓群受拉

a. 轴心受拉

高强度螺栓群连接所需螺栓数目：

$$n \geqslant \frac{N}{N_t^b}$$

式中 N_t^b——在杆轴方向受拉力时，一个高强度螺栓（摩擦型或承压型）的承载力设计值，根据连接类型按公式（12-56）或公式（12-46）计算。

b. 高强度螺栓群受弯矩作用

高强度螺栓（摩擦型和承压型）的外拉力总是小于预拉力 P，在连接受弯矩而使螺栓沿栓杆方向受力时，被连接构件的接触面一直保持紧密贴合；因此，可认为中和轴在螺栓群的形心轴上（图 12-58），最外排螺栓受力最大。最大拉力及其验算式为：

$$N_1 = \frac{My_1}{\sum y_i^2} \leqslant N_t^b \tag{12-60}$$

式中 y_1——螺栓群形心轴至螺栓的最大距离；

$\sum y_i^2$——形心轴上、下各螺栓至形心轴距离的平方和。

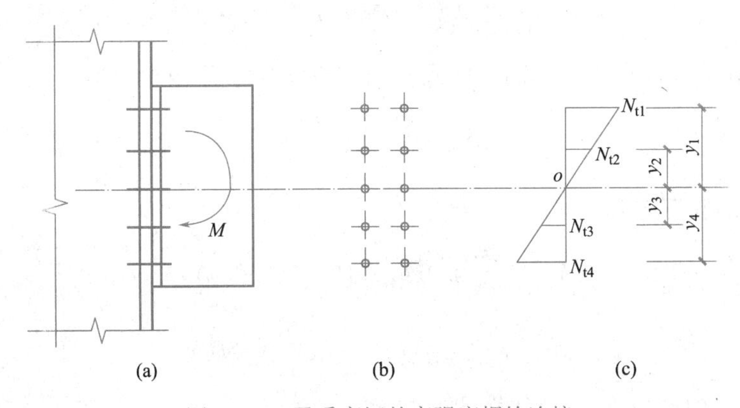

图 12-58 承受弯矩的高强度螺栓连接

c. 高强度螺栓群偏心受拉

由于高强度螺栓偏心受拉时，螺栓的最大拉力不得超过 $0.8P$，能够保证板层之间始终保持紧密贴合，端板不会被拉开，故摩擦型连接高强度螺栓和承压型连接高强度螺栓均可按普通螺栓小偏心受拉计算，即：

$$N_1 = \frac{N}{n} + \frac{Ne}{\sum y_i^2} y_1 \leqslant N_t^b \tag{12-61}$$

（3）高强度螺栓群承受拉力、弯矩和剪力的共同作用

a. 摩擦型连接的计算

图 12-59 所示为摩擦型连接高强度螺栓承受拉力、弯矩和剪力共同作用时的情况。由

于螺栓连接板层间的压紧力和接触面的抗滑移系数随外拉力的增加而减小。已知摩擦型连接高强度螺栓承受剪力和拉力联合作用时，螺栓的承载力设计值应符合相关方程：

$$\frac{N_{\mathrm{v}}}{N_{\mathrm{v}}^{\mathrm{b}}}+\frac{N_{\mathrm{t}}}{N_{\mathrm{t}}^{\mathrm{b}}}\leqslant 1$$

该式可改写为：$N_{\mathrm{v}}=N_{\mathrm{v}}^{\mathrm{b}}\left(1-\frac{N_{\mathrm{t}}}{N_{\mathrm{t}}^{\mathrm{v}}}\right)$

将 $N_{\mathrm{v}}^{\mathrm{b}}=0.9kn_{\mathrm{f}}\mu P$，$N_{\mathrm{t}}^{\mathrm{v}}=0.8P$ 代入上式得：

$$N_{\mathrm{v}}=0.9kn_{\mathrm{f}}\mu(P-1.25N_{\mathrm{t}}) \tag{12-62}$$

即公式（12-62）和公式（12-57）是等价的。式中的 N_{v} 是同时作用剪力和拉力时，单个螺栓所能承受的最大剪力设计值。

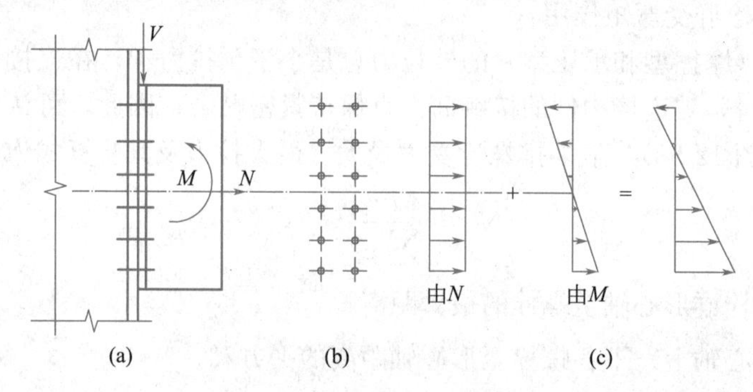

图 12-59　摩擦型连接高强度螺栓的内力分布

在弯矩和拉力共同作用下，高强度螺栓群中的拉力各不相同，即：

$$N_{\mathrm{t}i}=\frac{N}{n}\pm\frac{My_i}{\sum y_i^2} \tag{12-63}$$

则剪力 V 的验算应满足下式：

$$V\leqslant\sum_{i=1}^{n}0.9kn_{\mathrm{f}}\mu(P-1.25N_{\mathrm{t}i}) \tag{12-64}$$

或

$$V\leqslant 0.9kn_{\mathrm{f}}\mu\left(nP-1.25\sum_{i=1}^{n}N_{\mathrm{t}i}\right)$$

式（12-63）中，当 $N_{\mathrm{t}i}<0$ 时，取 $N_{\mathrm{t}i}<0$。

在式（12-64）中，只考虑螺栓拉力对抗剪承载力的不利影响，未考虑受压区板层间压力增加的有利作用，故按该式计算的结果是略偏安全的。

此外，螺栓最大拉力应满足：

$$N_{\mathrm{t}i}\leqslant N_{\mathrm{t}}^{\mathrm{b}}$$

b. 承压型连接的计算

对承压型连接高强度螺栓，应按公式（12-58）和公式（12-59）验算拉剪的共同作用，即：

$$\sqrt{\left(\frac{N_{\mathrm{v}}}{N_{\mathrm{v}}^{\mathrm{b}}}\right)^2+\left(\frac{N_{\mathrm{t}}}{N_{\mathrm{t}}^{\mathrm{b}}}\right)^2}\leqslant 1$$

$$N_v \leqslant \frac{N_c^b}{1.2}$$

式中的 1.2 为承压强度设计值降低系数。计算 N_c^b 时，应采用无外拉力状态的 f_c^b 值。

【例题 12-11】 试设计一双盖板拼接的钢板连接。钢材 Q235B，高强度螺栓为 8.8 级的 M20，采用标准孔，连接处构件接触面用喷砂处理，作用在螺栓群形心处的轴心拉力设计值 $N=800\text{kN}$，试设计此连接。

【解】

(1) 采用摩擦型连接时

查得 8.8 级，M20 高强度螺栓 $P=125\text{kN}$，$\mu=0.45$，$k=1.0$。

单个螺栓承载力设计值：

$$N_v^b=0.9kn_f\mu P=0.9\times1.0\times2\times0.45\times125=101.3\text{kN}$$

一侧所需螺栓数 n：

$$n=\frac{N}{N_v^b}=\frac{800}{101.3}=7.9$$

取 9 个，如图 12-60 右边所示。

(2) 采用承压型连接时

单个螺栓承载力设计值：

$$N_v^b=n_v\frac{\pi d^2}{4}f_v^b=2\times\frac{3.14\times20^2}{4}\times250=157\text{kN}$$

$$N_c^b=d\sum t\cdot f_c^b=20\times20\times470=188\text{kN}$$

一侧所需螺栓数：

$$n=\frac{N}{N_{\min}^b}=\frac{800}{157}=5.1$$

取 6 个，如图 12-60 左边所示。

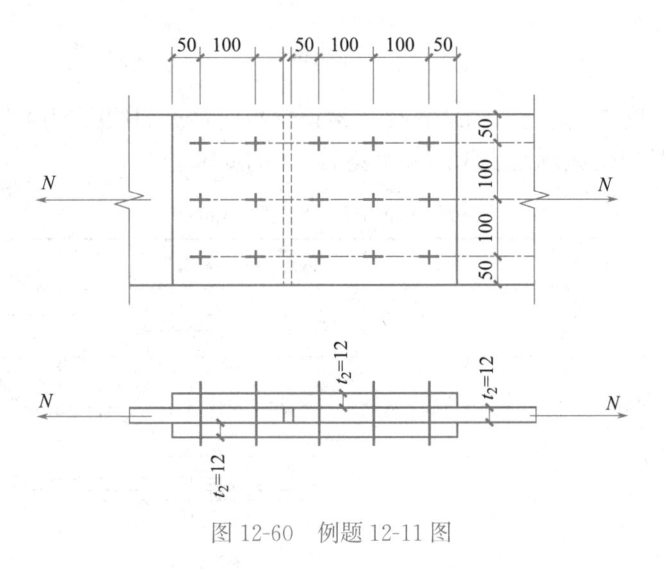

图 12-60 例题 12-11 图

12.4 轻钢结构紧固件连接

12.4.1 紧固件连接的构造要求

用于薄壁型钢结构中的紧固件应满足下述构造要求：

（1）抽芯铆钉（拉铆钉）和自攻螺钉的钉头部分应靠在较薄的板件一侧。连接件的中距和端距不得小于连接件直径的3倍，边距不得小于连接件直径的1.5倍。受力连接中的连接件不宜少于2个。

（2）抽芯铆钉的适用直径为2.6～6.4mm，在受力蒙皮结构中宜选用直径不小于4mm的抽芯铆钉；自攻螺钉的适用直径为3.0～8.0mm，在受力蒙皮结构中宜选用直径不小于5mm的自攻螺钉。

（3）自攻螺钉连接的板件上的预制孔径 d_0 应符合下式要求：

$$d_0 = 0.7d + 0.2t_t \tag{12-65}$$

且

$$d_0 \leqslant 0.9d \tag{12-66}$$

式中 d ——自攻螺钉的公称直径（mm）；

t_t ——被连接板的总厚度（mm）。

（4）射钉只用于薄板与支承构件（即基材，如檩条）的连接。射钉的间距不得小于射钉直径的4.5倍，且其中距不得小于20mm，到基材的端部和边缘的距离不得小于15mm，射钉的适用直径为3.7～6.0mm。

射钉的穿透深度（指射钉尖端到基材表面的深度，如图12-61所示）应不小于10mm。

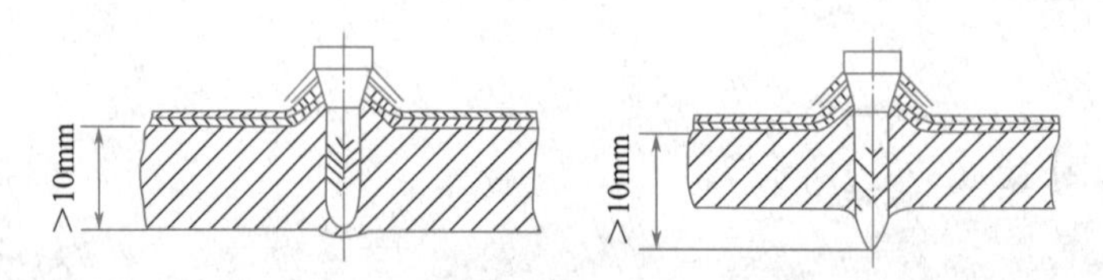

图12-61 射钉的穿透深度

基材的屈服强度应不小于150N/mm²，被连钢板的最大屈服强度应不大于360N/mm²。基材和被连钢板的厚度应满足表12-13和表12-14的要求。

被连钢板的最大厚度（mm） 表12-13

射钉直径(mm)	≥3.7	≥4.5	≥5.2
单一方向			
单层被固定钢板最大厚度	1.0	2.0	3.0
多层被固定钢板最大厚度	1.4	2.5	3.5
相反方向			
所有被固定钢板最大厚度	2.8	5.0	7.0

基材的最小厚度（mm） 表 12-14

射钉直径(mm)	≥3.7	≥4.5	≥5.2
最小厚度(mm)	4.0	6.0	8.0

（5）在抗拉连接中，自攻螺钉和射钉的钉头或垫圈直径不得小于 14mm；且应通过试验保证连接件由基材中的拔出强度不小于连接件的抗拉承载力设计值。

上述规定大部分引自国外的相关规范，项次（3）是根据我国自己的试验结果归纳出的经验公式。

12.4.2 紧固件的强度计算

1. 紧固件受拉

根据大量的试验结果，得到了静荷载和反复荷载作用下，自攻螺钉和射钉连接抗拉强度的计算公式。风是反复荷载的根本起因，在风吸力作用下，压型钢板上下波动，使紧固件承受反复荷载作用，常引起钉头部位的疲劳破坏。因此含风组合时承载力降低。

现行国家标准《冷弯薄壁型钢结构技术规范》GB 50018 规定，在压型钢板与冷弯型钢等支承构件之间的连接件杆轴方向受拉的连接中，每个自攻螺钉或射钉所受的拉力应不大于按下列公式计算的抗拉承载力设计值。

当只受静荷载作用时：

$$N_t^f = 17tf \tag{12-67}$$

当受含有风荷载的组合荷载作用时：

$$N_t^f = 8.5tf \tag{12-68}$$

式中 N_t^f——一个自攻螺钉或射钉的抗拉承载力设计值（N）；

t——紧挨钉头侧的压型钢板厚度（mm），应满足 $0.5\text{mm} \leqslant t \leqslant 1.5\text{mm}$；

f——被连接钢板的抗拉强度设计值（N/mm^2）。

当连接件位于压型钢板波谷的一个四分点时（如图 12-62b 所示），其抗拉承载力设计值应乘以折减系数 0.9；当两个四分点均设置连接件时（如图 12-62c 所示）则应乘以折减系数 0.7。

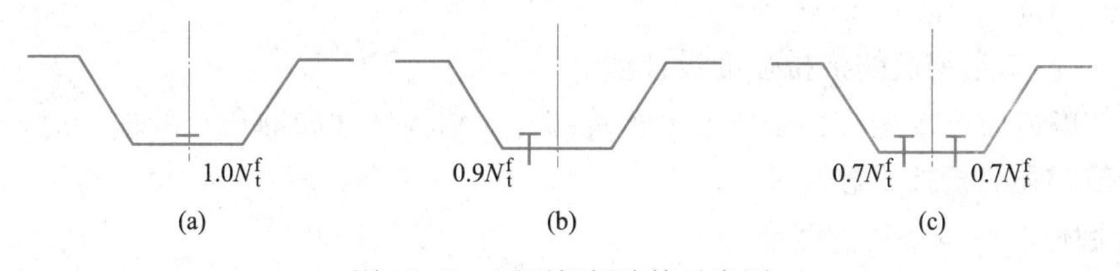

图 12-62 压型钢板连接示意图

自攻螺钉在基材中的钻入深度 t_c 应大于 0.9mm，其所受的拉力应不大于按下式计算的抗拉承载力设计值。

$$N_t^f = 0.75t_c df \tag{12-69}$$

式中 d——自攻螺钉的直径（mm）；

t_c——钉杆的圆柱状螺纹部分钻入基材中的深度（mm）；

f——基材的抗拉强度设计值（N/mm^2）。

2. 紧固件受剪

当紧固件能牢固地将压型钢板与其支承构件（如檩条和墙梁等）连在一起时，压型钢板面层除能承受法向于它的面外荷载之外，还可与支承构件一起承受面内的剪力，这一效应称为受力蒙皮作用，此时紧固件要承受剪力作用。试验研究表明，紧固件受剪的破坏形式主要是薄板被挤压，或被撕裂。现行国家标准《冷弯薄壁型钢结构技术规范》GB 50018规定当连接件受剪时，每个连接件所承受的剪力应不大于按下列公式计算的抗剪承载力设计值。

抽芯铆钉和自攻螺钉：

当 $\frac{t_1}{t}=1$ 时：

$$N_{\mathrm{v}}^{\mathrm{f}}=3.7\sqrt{t^3 d}\,f \tag{12-70}$$

且

$$N_{\mathrm{v}}^{\mathrm{f}}\leqslant 2.4tdf \tag{12-71}$$

当 $\frac{t_1}{t}\geqslant 2.5$ 时：

$$N_{\mathrm{v}}^{\mathrm{f}}=2.4tdf \tag{12-72}$$

当 $\frac{t_1}{t}$ 介于1和2.5之间时，$N_{\mathrm{v}}^{\mathrm{f}}$ 可由公式（12-70）和公式（12-72）插值求得。

式中 $N_{\mathrm{v}}^{\mathrm{f}}$——一个连接件的抗剪承载力设计值（N）；

d——铆钉或螺钉直径（mm）；

t——较薄板（钉头接触侧的钢板）的厚度（mm）；

t_1——较厚板（在现场形成钉头一侧的板或钉尖侧的板）的厚度（mm）；

f——被连接钢板的抗拉强度设计值（$\mathrm{N/mm^2}$）。

射钉：

$$N_{\mathrm{v}}^{\mathrm{f}}=3.7tdf \tag{12-73}$$

式中 t——被固定的单层钢板的厚度（mm）；

d——射钉直径（mm）；

f——被固定钢板的抗拉强度设计值（$\mathrm{N/mm^2}$）。

当抽芯铆钉或自攻螺钉用于压型钢板端部与支承构件（如檩条）的连接时，其抗剪承载力设计值应乘以折减系数0.8。

3. 紧固件同时承受拉力和剪力

试验研究表明紧固件在拉、剪联合作用下的承载力符合圆曲线相关方程，现行国家标准《冷弯薄壁型钢结构技术规范》GB 50018规定同时承受剪力和拉力作用的自攻螺钉和射钉连接，应符合下式要求：

$$\sqrt{\left(\frac{N_{\mathrm{v}}}{N_{\mathrm{v}}^{\mathrm{f}}}\right)^2+\left(\frac{N_{\mathrm{t}}}{N_{\mathrm{t}}^{\mathrm{f}}}\right)^2}\leqslant 1 \tag{12-74}$$

式中 N_{v}、N_{t}——一个连接件所承受的剪力和拉力设计值；

$N_{\mathrm{v}}^{\mathrm{f}}$、$N_{\mathrm{t}}^{\mathrm{f}}$——一个连接件的抗剪和抗拉承载力设计值。

思 考 题

12-1 钢结构的焊缝有哪两种形式？各适用于哪些连接部位？

12-2 手工电弧焊所采用的焊条型号应如何选择？角焊缝的焊脚尺寸是否越大越好？

12-3 手工电弧焊、自动或半自动埋弧焊的原理是什么？各有何特点？

12-4 杆件与节点板的连接焊缝有哪几种形式？

12-5 引弧板、引出板的作用是什么？

12-6 受剪普通螺栓连接的传力机理是什么？高强度螺栓摩擦型连接和承压型连接的传力机理又是什么？

12-7 受剪螺栓连接的破坏形式有哪些？

12-8 如何增大高强度螺栓连接的摩擦面抗滑移系数 μ ？

12-9 高强度螺栓的预拉力 P 起什么作用？施工中如何保证达到规定的控制预拉力？预拉力的大小与承载力有什么关系？

练 习 题

12-1 两块 Q235 钢板厚度和宽度相同：厚 10mm，宽 500mm。采用 E43 型焊条手工焊接连接，使其承受轴向拉力设计值 980kN。① 试设计对接焊缝（二级质量标准）；② 试设计加双盖板对接连接的角焊缝，采用两侧面焊或三面围焊。

12-2 验算图 12-63 所示的由三块钢板焊接组成的工字形截面钢梁的对接焊缝强度。已知工字形截面尺寸为：$b=100$mm，$t=12$mm，$h_0=200$mm，$t_w=8$mm。截面上作用的轴心拉力设计值 $N=250$kN，弯矩设计值 $M=50$kN·m，剪力设计值 $V=200$kN。钢材为 Q345，采用手工焊，焊条为 E50 型，施焊时采用引弧板，三级质量检验标准。

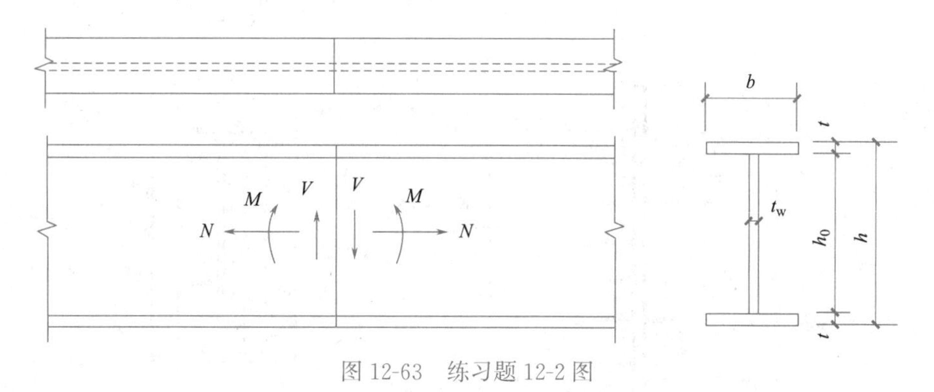

图 12-63 练习题 12-2 图

12-3 如图 12-64 所示的牛腿，承受静力荷载设计值，$P=215$kN，牛腿由两块各厚 12mm 的钢板组成，其余尺寸如图所示。工字形柱翼缘板厚 16mm，钢材为 Q235，手工焊，E43 型焊条。试确定三面围焊的焊脚尺寸，并验算焊缝强度。

12-4 截面 340mm×12mm 的钢板构件的拼接采用双盖板的普通螺栓连接，盖板厚度 8mm，钢材 Q235，螺栓为 C 级，M20，构件承受轴心拉力设计值 $N=600$kN。试设计该拼接接头的普通螺栓连接。

12-5 对 10.9 级 M16 摩擦型高强度螺栓，其预拉力 $P=100$kN，在受拉连接中，连接所承受的静载拉力设计值 $N=1200$kN，且连接板件具有足够的刚度，试计算连接所需的螺栓数目。

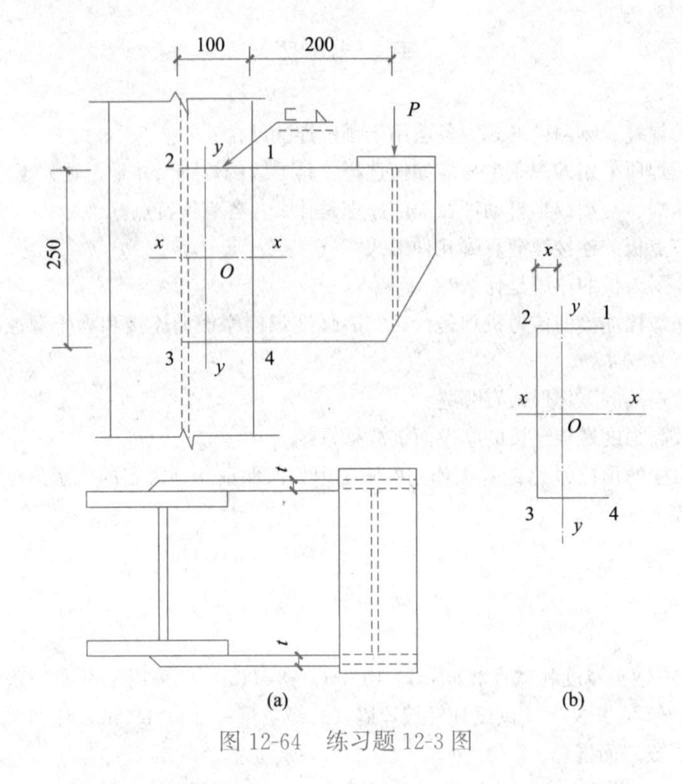

图 12-64　练习题 12-3 图

12-6　图 12-65 所示螺栓连接盖板采用 Q235 钢，精制螺栓（8.8 级）直径 $d = 20\text{mm}$，钢板也是 Q235 钢，求此连接能承受的 $F_{\max}$。

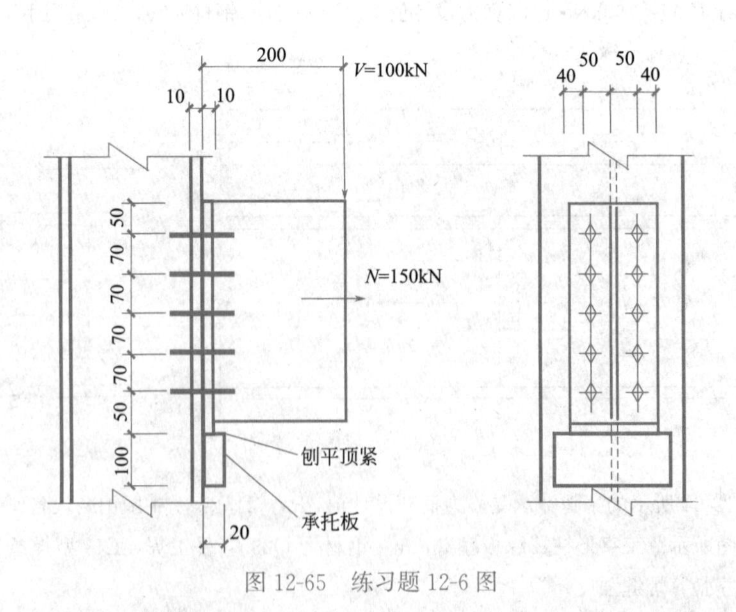

图 12-65　练习题 12-6 图

12-7　图 12-66 所示为一屋架下弦支座节点用粗制螺栓连接于钢柱上。钢柱翼缘设有支托以承受剪力，螺栓采用 M20，钢材为 Q235 钢，栓距为 70mm；剪力设计值 $V = 100\text{kN}$，距离柱翼缘表面 200mm；轴向力设计值 $N = 150\text{kN}$。试验算螺栓强度。若改用精制螺栓（C5.6 级），是否可以不用支托？

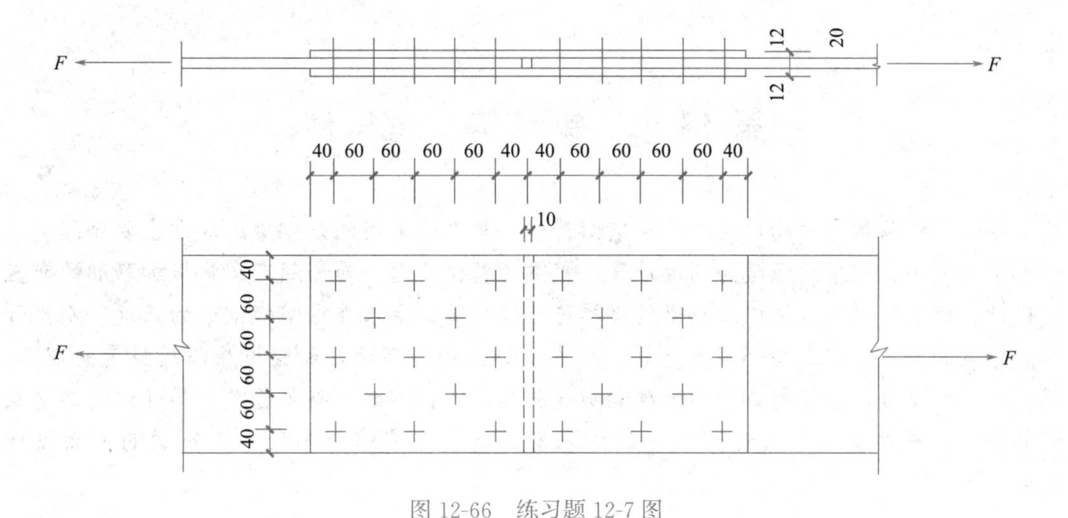

图 12-66　练习题 12-7 图

第 13 章　钢结构受弯构件

导读：钢结构受弯构件主要承受横向荷载，其中最常用的是钢梁。本章主要介绍钢梁的类型与应用、钢梁的强度与刚度计算、钢梁的整体问题、局部稳定和腹板加劲肋的布置与设计、钢梁的截面设计以及钢梁的拼接与连接构造。要求重点掌握钢梁的强度和刚度计算、钢梁的整体稳定和局部稳定计算。难点是钢梁的局部稳定和腹板屈曲后强度的理解。通过本章的学习，应了解钢梁的强度和刚度验算；掌握钢梁的整体稳定和局部稳定概念及计算原理，并熟悉不同失稳形式下的加劲肋设计；还应掌握不同形式钢梁的截面设计方法。

13.1　概　　述

承受横向荷载的构件称为受弯构件，主要是指承受弯矩作用或承受弯矩和剪力共同作用的构件。实际构件中以受弯、受剪为主，但轴力作用较小的构件，也常认为是受弯构件。建筑结构中一般将受弯构件称为梁，根据荷载作用情况，它可能只在一个主平面内受弯，称为单向受弯构件；也可能在两个主平面内同时受弯，称为双向受弯构件。钢结构受弯构件除了要保证截面的抗弯强度、抗剪强度外，还要保证构件的整体稳定性和组成板件的局部稳定性。对不利用腹板屈曲后强度的构件还要满足腹板局部稳定要求。这些属于构件设计的第一极限状态问题，即承载力极限状态问题。此外，受弯构件还要有足够的刚度，保证构件的变形不影响正常使用要求，这属于构件设计的第二极限状态问题，即正常使用极限状态问题。本章主要介绍实腹式受弯构件的强度、刚度、整体稳定、局部稳定及腹板屈曲后强度的基本概念和相关计算方法。

13.1.1　工程应用

钢结构受弯构件可分为实腹式受弯构件和格构式受弯构件两类。钢结构中最常用的受弯构件是用型钢或钢板制成的实腹式钢梁，以及用杆件组成的格构式钢桁架（钢网架），它们在工程上都承受垂直于轴线方向的荷载，主要作为水平构件使用。根据支承条件的不同，受弯构件可分为简支梁、连续梁、悬臂梁等。根据结构传力系统不同，受弯构件可分为主梁、次梁。根据使用功能不同，受弯构件可分为工作平台梁、吊车梁、楼盖梁、墙梁和檩条等。

13.1.2　钢梁的类型

钢结构实腹式受弯构件通常称为钢梁，在土木工程中应用广泛，例如房屋建筑中的楼盖梁、工作平台梁、吊车梁、屋面檩条和墙架横梁，以及桥梁、水工闸门、起重机、海上采油平台中的钢梁等。

钢梁分为型钢梁和组合梁两大类。型钢梁构造简单，制造省工，成本较低，因而应优先采用。但在荷载较大或跨度较大时，由于轧制条件的限制，型钢的尺寸、规格不能满足钢梁的承载力和刚度要求，就可以进一步设计为组合梁。

型钢梁的截面有热轧工字钢（图 13-1a）、热轧 H 型钢（图 13-1b）和槽钢（图 13-1c）三种，其中以 H 型钢的截面分布最合理，翼缘内外边缘平行，与其他构件连接较方便，应予优先采用。用于梁的 H 型钢宜为窄翼缘型（HN 型）。槽钢因其截面扭转中心在腹板外侧，弯曲时将同时产生扭转，受荷不利，故只有在构造上使荷载作用线接近扭转中心，或能适当保证截面不发生扭转时才被采用。由于轧制条件的限制，热轧型钢腹板的厚度较大，用钢量较多。某些受弯构件（如檩条）采用冷弯薄壁型钢（图 13-1d～f）较经济，但防腐要求较高。

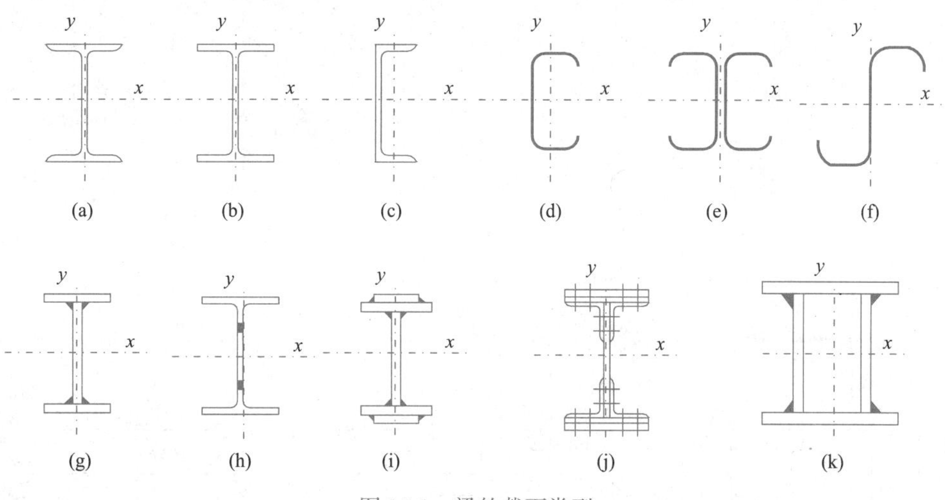

图 13-1 梁的截面类型

组合梁一般采用三块钢板焊接而成的工字形截面（图 13-1g），或由 T 型钢（H 型钢剖分而成）中间加板的焊接截面（图 13-1h）。当焊接组合梁翼缘需要很厚时，可采用双层翼缘板的截面（图 13-1i）。受动力荷载的梁如钢材质量不能满足焊接结构的要求时，可采用高强度螺栓或铆钉连接而成的工字形截面（图 13-1j）。荷载很大而高度受到限制或梁的抗扭要求较高时，可采用箱形截面（图 13-1k）。组合梁的截面组成比较灵活，可使材料在截面上的分布更为合理，节省钢材。

钢梁可做成简支梁、连续梁、悬臂梁等。简支梁的用钢量虽然较多，但由于制造、安装、修理、拆换方便，且不受温度变化和支座沉陷的影响，因而使用最为广泛。

在土木工程中，除少数情况如吊车梁、起重机大梁或上承式铁路板梁桥等可单根梁或两根梁成对布置外，通常都由若干钢梁平行或交叉排列，形成梁格，图 13-2 所示即为工作平台梁格布置示例。

根据主梁和次梁的排列情况，梁格可分为三种类型：

（1）单向梁格（图 13-3a），只有主梁，适用于楼盖或平台结构的横向尺寸较小或面板跨度较大的情况。

（2）双向梁格（图 13-3b），有主梁及一个方向的次梁，次梁由主梁支承，是最为常用的梁格类型。

（3）复式梁格（图 13-3c），在主梁间设纵向次梁，纵向次梁间再设横向次梁。荷载传递层次多，梁格构造复杂，故应用较少，只适用于荷载大和主梁间距很大的情况。

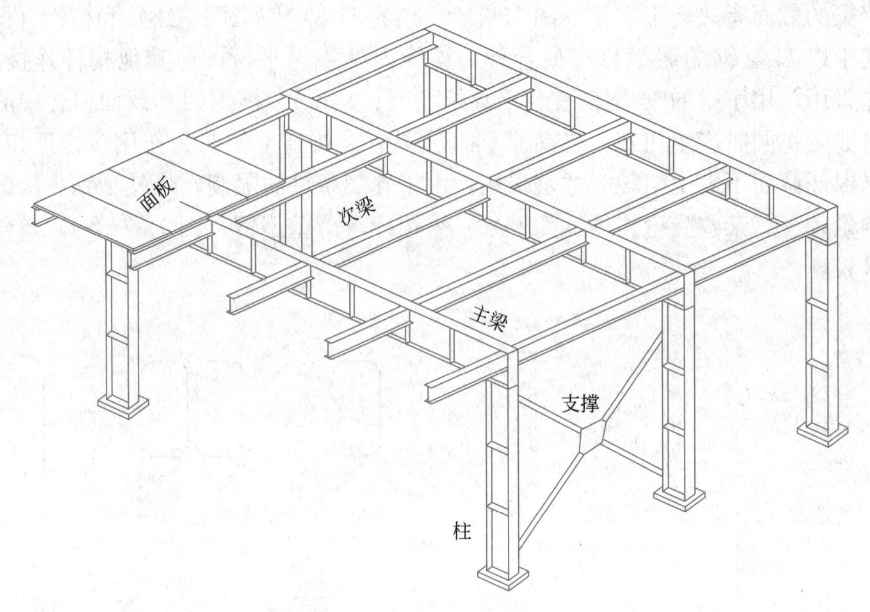

图 13-2　工作平台梁格示意图

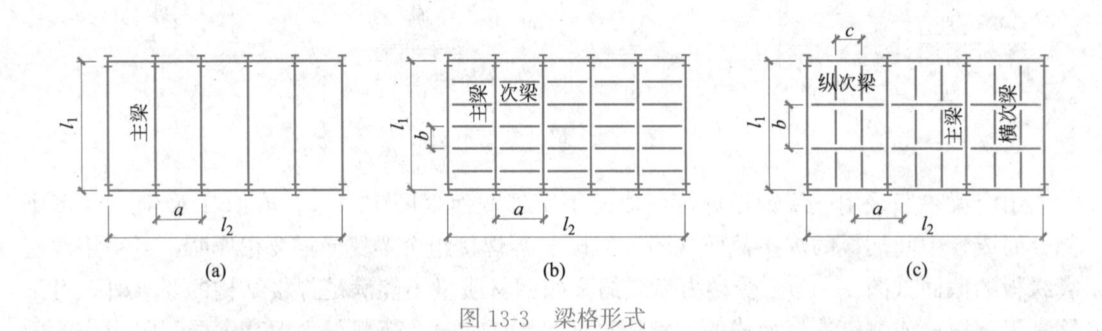

图 13-3　梁格形式

13.1.3　钢桁架的类型

主要承受横向荷载的格构式受弯构件称为桁架，与梁相比，其特点是以弦杆代替翼缘、以腹杆代替腹板，而在各节点将腹杆与弦杆连接。钢桁架整体受弯时，弯矩表现为上、下弦杆的轴心压力和拉力，剪力则表现为各腹杆的轴心压力或拉力。钢桁架可以根据不同使用要求制成所需的外形，对跨度和高度较大的构件，其钢材用量比实腹梁有所减少，而刚度却有所增加。只是桁架的杆件和节点较多，构造较复杂，制造较为费工。

与钢梁一样，平面钢桁架在土木工程中应用很广泛，例如建筑工程中的屋架、托架、吊车桁架（桁架式吊车梁），桥梁中的桁架桥，还有其他领域，如起重机臂架、水工闸门和海洋平台的主要受弯构件等。大跨度屋盖结构中采用的钢网架，以及各种类型的塔桅结构，则属于空间钢桁架。

钢桁架的结构类型有：

① 简支梁式（图 13-4a～b），受力明确，杆件内力不受支座沉陷的影响，施工方便，使用广泛。图 13-4（a）～（c）为常用屋架形式，i 表示屋面坡度。

② 刚架横梁式，将桁架端部上下弦与钢柱相连组成单跨或多跨刚架，可提高结构整

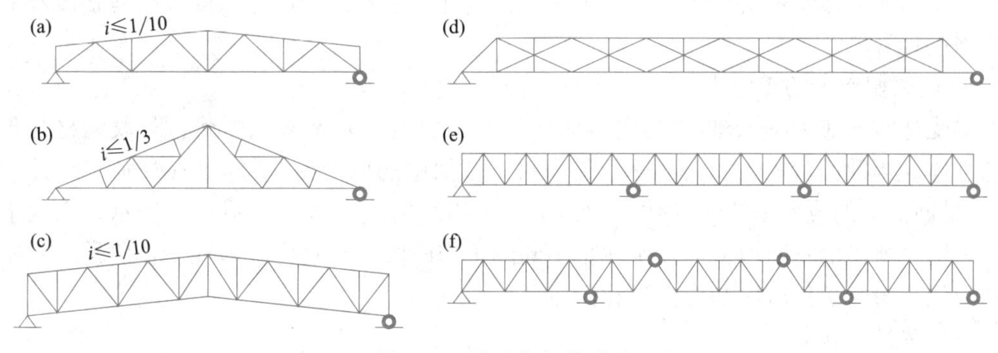

图 13-4 梁式桁架的形式

体水平刚度，常用于单层厂房结构。

③ 连续式（图 13-4e），跨越较大距离的桥架，常用多跨连续的桁架，可增加刚度并节约材料。

④ 伸臂式（图 13-4f），既有连续式节约材料的优点，又有静定桁架不受支座沉陷影响的优点，只是铰接处构造较复杂。

⑤ 悬臂式，用于无线电发射塔、输电线路塔、气象塔（图 13-5），主要承受水平风荷载引起的弯矩。

钢桁架按杆件截面形式和节点构造特点可分为普通、重型和轻型三种。普通钢桁架通常指在每节点用一块节点板相连的单腹壁桁架，杆件一般采用双角钢组成的 T 形、十字形截面或轧制 T 形截面，构造简单，应用最广。重型桁架的杆件受力较大，通常采用轧制 H 型钢或三板焊接工字形截面，有时也采用四板焊接的箱形截面或双槽钢、双工字钢组成的格构式截面；每节点处用两块平行的节点板连接，通常称为双腹壁桁架。轻型桁架指用冷弯薄壁型钢或小角钢及圆钢做成的桁架，节点处可用节点板相连，也可将杆件直接相接，主要用于跨度小、屋面轻的屋盖桁架（屋架或桁架式檩条等）。

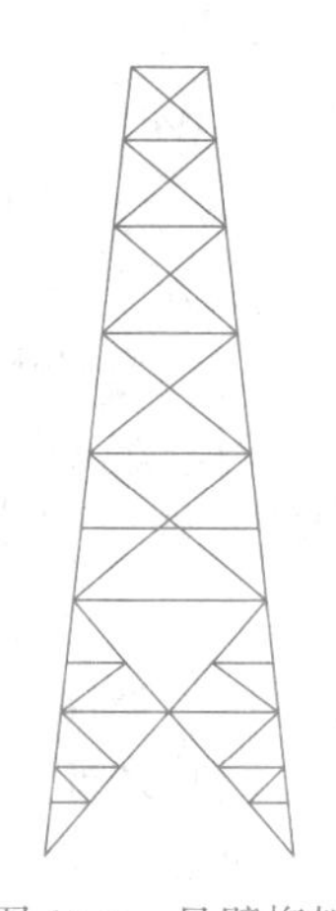
图 13-5 悬臂桁架

13.2 受弯构件的强度和刚度

钢结构受弯构件的设计应考虑两种极限状态，第一种极限状态为承载力极限状态，包括构件的强度、整体稳定性和局部稳定性，第二种极限状态为正常使用极限状态，主要指构件的刚度。钢梁在承受弯矩时往往伴随着剪力，有时还有集中荷载产生的局部压力，因此在进行梁的强度设计时，应进行抗弯强度和抗剪强度的验算，必要时要进行局部承压强度和正应力、剪应力、局部压应力共同作用下的折算应力验算。

13.2.1 受弯构件的强度

常用钢梁有两个正交的形心主轴，其中绕一个主轴的惯性矩和截面模量最大，称为强轴，通常用 x 轴表示，与之正交的轴称为弱轴，通常用 y 轴表示，如图 13-1 所示。受弯构件的主要作用是承受楼板等构件传来的横向荷载，在框架结构中还承受水平力的作用。这些荷载作用在受弯构件中产生弯矩和剪力，如果剪力没有作用在构件截面的剪心上，构件除产生弯曲变形外还要产生扭矩。钢梁的强度计算主要包括抗弯强度、抗剪强度和局部承压强度计算。

1. 钢梁截面上的正应力

梁受弯时的应力-应变曲线与受拉时相似，屈服点也差不多，因此，假设钢材是理想弹塑性体。当截面弯矩 M_x 由零逐渐加大时，截面中的应变始终符合平截面假定（图 13-6a)，梁截面上的应变呈线性变化，截面上、下边缘的应变最大，用 ε_{max} 表示。截面上的正应力随着弯矩的不断增大而产生四个不同的工作阶段，分别为：弹性工作阶段、弹塑性工作阶段、塑性工作阶段和应变硬化阶段。

(1) 弹性工作阶段

钢梁在纯弯的情况下，当作用于梁上的弯矩 M_x 较小时，截面上最大应变 $\varepsilon_{max} \leqslant f_y/E$，梁全截面弹性工作，应力与应变成正比，此时截面上的应力为直线分布。弹性工作阶段的极限状态为梁的边缘纤维应力达到屈服点 f_y，此时梁的边缘纤维应变为 $\varepsilon_{max} = f_y/E$（图 13-6b)，相应的弯矩为梁弹性工作阶段的最大弯矩，其值为：

$$M_{xe} = f_y W_{nx} \tag{13-1}$$

式中 M_{xe}——梁在弹性工作阶段的最大弯矩；

f_y——钢材的屈服强度；

W_{nx}——净截面对 x 轴的净截面模量。

(2) 弹塑性工作阶段

当弯矩 M_x 继续增加，最大应变 $\varepsilon_{max} > f_y/E$，截面上、下各有一个高为 a 的区域（图 13-6c)，其应变 $\varepsilon_{max} \geqslant f_y/E$。由于钢材为理想的弹塑性体，所以这个区域的正应力恒等于 f_y，为塑性区。然而，应变 $\varepsilon_{max} < f_y/E$ 的中间部分区域仍保持为弹性，应力和应变成正比。弹性区和塑性区的高度取决于外加弯矩的大小。

(3) 塑性工作阶段

当弯矩 M_x 再继续增加，梁截面的塑性区便不断向内发展，弹性核心不断减小。当弹性核心几乎完全消失（图 13-6d）时，弯矩 M_x 不再增加，而变形却继续发展，形成"塑性铰"，梁的承载能力达到极限。其最大弯矩为：

$$M_{xp} = f_y(S_{1nx} + S_{2nx}) = f_y W_{pnx} \tag{13-2}$$

式中 $W_{pnx} = (S_{1nx} + S_{2nx})$——净截面对 x 轴的塑性截面模量；

S_{1nx}、S_{2nx}——分别为截面受压区和受拉区对中和轴的面积矩，对于非对称截面，中和轴与形心轴不相重合，应按照截面应力总和相等原则求出受压区和受拉区的面积，然后求出 S_{1nx} 和 S_{2nx}。

(4) 应变硬化阶段

随着应变的进一步增大，钢材会进入强化阶段，变形模量不再为零，在变形增加时应力将会大于屈服强度，如图 13-6（e）所示。但在工程设计中，由于考虑各种因素的影响，钢梁的设计计算中不利用这一阶段。

2. 截面形状系数和塑性发展系数

(1) 截面形状系数

由式（13-1）和式（13-2）可知，梁的全塑性弯矩与边缘屈服弯矩的比值仅与截面几

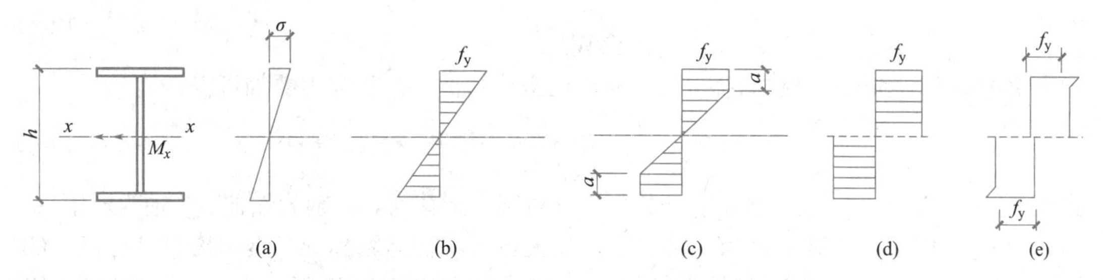

图 13-6　钢梁受弯时各受力阶段的正应力分布图

何性质有关，而与其他因素无关。塑性截面模量 W_{pnx} 与弹性截面模量 W_{nx} 的比值，也即全塑性弯矩 M_{xp} 与边缘屈服弯矩 M_{xe} 的比值，称为截面形状系数 γ_F，为：

$$\gamma_F = \frac{M_{xp}}{M_{xe}} = \frac{W_{pnx}}{W_{nx}} \tag{13-3}$$

γ_F 值随着截面形状的改变而不同，一般截面的 γ_F 值如图 13-7 所示。其中，工字形截面对 x 轴 $\gamma_F=1.07\sim1.17$，其值随着翼缘板和腹板尺寸变化而不同。

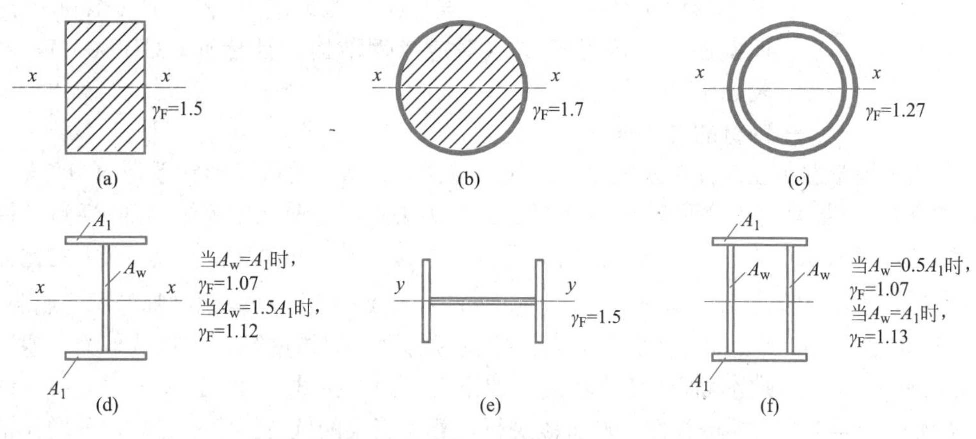

图 13-7　截面形状系数

（2）塑性发展系数

在实际设计中，考虑用料经济和正常使用方面的要求，通常将梁的极限弯矩取在全塑性弯矩与边缘屈服弯矩之间，即弹塑性弯矩。显然，计算梁的抗弯强度时考虑截面塑性发展比不考虑要节省钢材。若按截面形成塑性铰来设计，可能使梁的挠度过大，受压翼缘过早失去局部稳定。因此，编制《钢结构设计标准》GB 50017—2017 时，只是有限制地利用塑性，取塑性发展深度 $a\leqslant0.125h$（图 13-6c）。此时，对应的弹塑性弯矩 $M_x=f_y\gamma_xW_{nx}$，其中 γ_x 即为截面塑性发展系数，γ_x 值与截面上塑性发展深度有关，截面上塑性区的高度越大，γ_x 越大。其值满足 $1<\gamma_x<\gamma_F$，当全截面塑性时，$\gamma_x=\gamma_F$。

3. 抗弯强度计算

抗弯强度要求弯矩引起构件横截面上的最大正应力不应超过钢材的抗弯强度设计值。在主平面内受弯的实腹式构件（考虑腹板屈曲后强度者除外）由弯矩 M_x 引起绕 x 轴的单向弯曲，考虑到塑性发展系数 γ_x，则有：

$$\frac{M_x}{\gamma_x W_{nx}} \leqslant f \tag{13-4}$$

由弯矩 M_x 和 M_y 引起的绕 x 轴、y 轴的双向弯曲，由正应力叠加可得：

$$\frac{M_x}{\gamma_x W_{nx}} + \frac{M_y}{\gamma_y W_{ny}} \leqslant f \tag{13-5}$$

式中 M_x、M_y——绕 x 轴和 y 轴的弯矩（对工字形截面，x 轴为强轴，y 轴为弱轴）；

W_{nx}、W_{ny}——对 x 轴和 y 轴的净截面模量，现行国家标准《钢结构设计标准》GB 50017 将压弯和受弯构件的截面分成 S1～S5 五类截面（S1、S2 为塑性截面，S3 为我国特有的考虑一定塑性发展的弹塑性截面，S4 为弹性截面，S5 为薄柔截面），当截面板件为 S5 级时应取有效截面模量，均匀受压翼缘有效外伸宽度取 $1.5\varepsilon_k$，腹板的有效截面可按压弯构件屈曲后有效宽度计；受弯和压弯构件的截面板件宽厚比等级及限值见附表 44；

γ_x、γ_y——截面塑性发展系数：对工字形和箱形截面，当截面板件宽厚比等级为 S4 级和 S5 级时，截面塑性发展系数取 1.0；当截面板件宽厚比等级为 S1 级、S2 级、S3 级时，截面塑性发展系数应按下列规定取值：工字形截面 $\gamma_x=1.05$，$\gamma_y=1.20$；箱形截面，$\gamma_x=\gamma_y=1.05$；对其他截面，可按附表 25（对应《钢结构设计标准》GB 50017—2017 表 8.1.1）采用；

f——钢材的抗弯强度设计值。

γ_x、γ_y 是考虑塑性部分深入截面的系数，与式（13-3）的截面形状系数 γ_F 的含义有差别，故称为“截面塑性发展系数”。为避免梁在失去强度之前受压翼缘局部失稳，《钢结构设计标准》GB 50017—2017 规定：当梁受压翼缘的自由外伸宽度 b 与其厚度 t 之比大于 $13\sqrt{235/f_y}$（但不超过 $15\sqrt{235/f_y}$）时，应取 $\gamma_x=1.0$，其中 f_y 为钢材牌号所指屈服点，不分钢材厚度。直接承受动力荷载且需要计算疲劳的梁，例如重级工作制吊车梁，塑性深入截面将使钢材发生硬化，促使疲劳断裂提前出现，因此按式（13-4）和式（13-5）计算时，取 $\gamma_x=\gamma_y=1.0$，即按弹性工作阶段进行计算。当梁的抗弯强度不够时，可增大梁截面尺寸，但以增加梁高最为有效。

4. 抗剪强度计算

一般情况下，梁既承受弯矩，同时又承受剪力。工字形和槽形截面梁腹板上的剪应力分布如图 13-8 所示，剪应力的计算式为：

$$\tau = \frac{V \cdot S_x}{I_x \cdot t_w} \tag{13-6}$$

式中 V——计算截面沿腹板平面作用的剪力设计值；

S_x——计算剪应力处以上（或以下）毛截面对中和轴的面积矩；

I_x——构件的毛截面惯性矩；

t_w——构件的腹板厚度。

截面上的最大剪应力发生在腹板中和轴处。因此，在主平面受弯的实腹构件，除考虑腹板屈曲后强度之外，其抗剪强度应按下式计算：

$$\tau_{max} = \frac{V \cdot S}{I \cdot t_w} \leqslant f_v \tag{13-7}$$

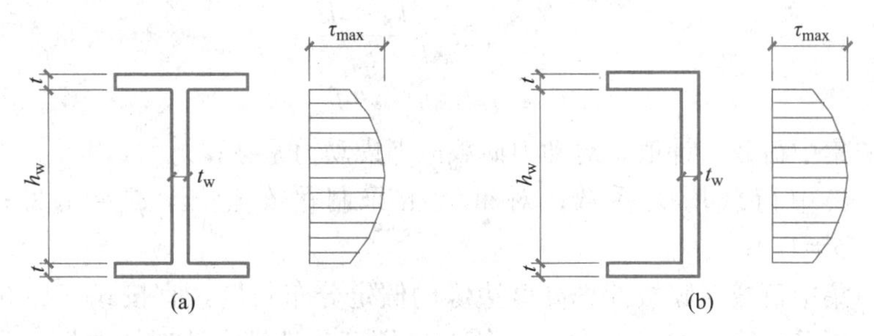

图 13-8　腹板剪应力

式中　τ_{max}——计算截面沿腹板平面作用的剪应力最大值；

S——中和轴以上毛截面对中和轴的面积矩；

I——构件的毛截面惯性矩；

f_v——钢材的抗剪强度设计值。

当梁的抗剪强度不足时，最有效的办法是增大腹板的面积，但腹板高度 h_w 一般由梁的刚度条件和构造要求确定，故设计时常采用加大腹板厚度 t_w 的办法来增大梁的抗剪强度。

考虑腹板屈曲后强度的钢梁，其受剪承载力有较大的提高，不必受公式（13-7）的抗剪强度计算控制。

5. 局部承压强度计算

当梁的翼缘受有沿腹板平面作用的固定集中荷载（包括支座反力）且该荷载处又未设置支承加劲肋时（图 13-9a），或受有移动的集中荷载（如吊车的轮压）时（图 13-9b），应验算腹板计算高度边缘的局部承压强度。

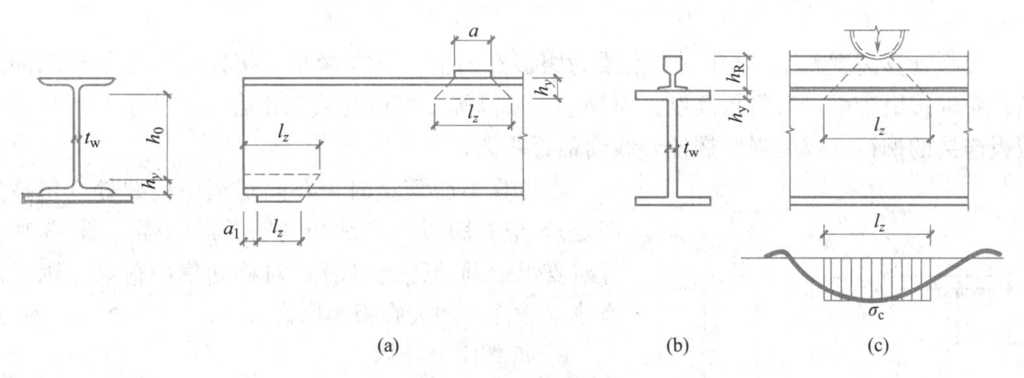

图 13-9　局部压应力

在集中荷载作用下，翼缘（在吊车梁中，还包括轨道）类似支承于腹板上的弹性地基梁。腹板计算高度边缘的压应力分布如图 13-9（c）的曲线所示。假定集中荷载从作用处以 1∶2.5（h_y 高度范围）和 1∶1（h_R 高度范围）扩散，均匀分布于腹板计算高度边缘。按这种假定计算的均匀压应力 σ_c 与理论的局部压应力的最大值十分接近。于是，梁的局部承压强度可按下式计算：

$$\sigma_c=\frac{\psi F}{t_w l_z}\leqslant f \tag{13-8}$$

$$l_z = 3.25\sqrt[3]{\frac{I_R + I_f}{t_w}} \tag{13-9a}$$

$$l_z = a + 5h_y + 2h_R \tag{13-9b}$$

式中　F——集中荷载设计值，对动力荷载应考虑动力系数；

ψ——集中荷载增大系数；对重级工作制吊车轮压，$\psi=1.35$；对其他梁，$\psi=1.0$；

l_z——集中荷载在腹板计算高度边缘的假定分布长度，宜按式（13-9a）计算，也可采用简化式（13-9b）计算；采用简化计算方法时，梁端支反力处的假定分布长度可采用 $l_z = a + 2.5h_y + a_1$；

I_R——轨道绕自身形心轴的惯性矩；

I_f——轨道梁上翼缘绕翼缘中面的惯性矩；

a——集中荷载沿梁跨度方向的支承长度，对钢轨上的轮压可取为 50mm；

h_y——自梁顶面至腹板计算高度上边缘的距离；

h_R——轨道的高度，对梁顶无轨道的梁取值为 0；

a_1——梁端到支座板外边缘的距离，按实际取值，但不得大于 $2.5h_y$；

f——钢材的抗压强度设计值。

计算腹板计算高度边缘的局部承压强度时，集中荷载的分布长度 l_z，早在 20 世纪 40 年代中期，苏联科学家已经利用半无限空间上的弹性地基梁上模型的级数解，获得了地基梁下反力分布的近似解析解，并被英国、欧洲和美国钢结构设计规范用于轨道下的等效分布长度计算。集中荷载的分布长度 l_z 的简化计算方法，为原规范计算公式，与式（13-9a）直接计算的结果颇为接近。因此该式中钢轨上轮压的支承长度 a 取 50mm 应该被理解成为了拟合而引进的，不宜被理解为轮子和轨道接触面的长度。真正的接触面长度应在 20～30mm 之间。

腹板计算高度 h_0：对轧制型钢梁为腹板在与上、下翼缘相交接处两内弧起点间的距离；对焊接组合梁，为腹板高度；对铆接（或高强度螺栓连接）组合梁，为上、下翼缘与腹板连接的铆钉（或高强度螺栓）线间最近距离。

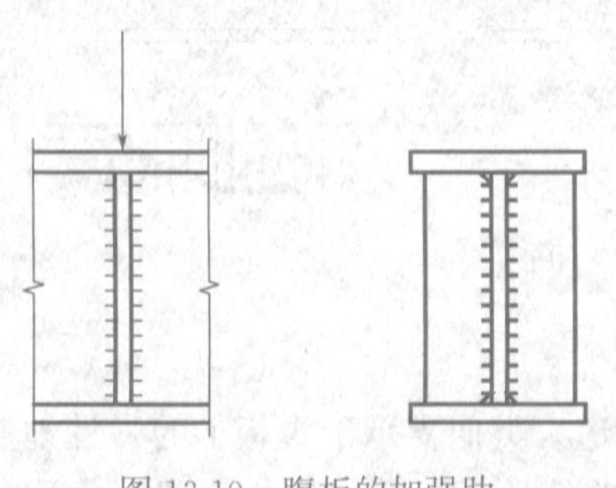

图 13-10　腹板的加强肋

当计算不能满足时，在固定集中荷载处（包括支座处），应对腹板用支承加劲肋予以加强（图 13-10），并对支承加劲肋进行计算；对移动集中荷载，则只能修改梁截面，加大腹板厚度。

6. 折算应力计算

在钢梁的腹板计算高度边缘处，当同时受有较大的正应力、剪应力和局部压应力时，或同时受有较大的正应力和剪应力时（如连续梁的支座处或梁的翼缘截面改变处等），应按下式验算该处的折算应力：

$$\sqrt{\sigma^2 + \sigma_c^2 - \sigma \cdot \sigma_c + 3\tau^2} \leqslant \beta_1 f \tag{13-10}$$

式中　σ、τ、σ_c——腹板计算高度边缘同一点上的弯曲正应力、剪应力和局部压应力。

σ_c 按式（13-8）计算，τ 按式（13-6）计算，σ 按下式计算：

$$\sigma = \frac{M_x h_0}{W_{nx} h} \tag{13-11}$$

β_1 为验算折算应力强度设计值的增大系数。当 σ 与 σ_c 异号时，取 $\beta_1=1.2$；当 σ 和 σ_c 同号或 $\sigma_c=0$ 时，取 $\beta_1=1.1$。

σ 和 σ_c 均以拉应力为正值，压应力为负值。

在式（13-10）中，考虑到所验算的部位是腹板边缘的局部区域，几种应力皆以其较大值在同一点上出现的概率很小，故将强度设计值乘以 β_1 予以提高。当 σ 与 σ_c 异号时，其塑性变形能力比 σ 与 σ_c 同号时大，因此前者的 β_1 值大于后者。

13.2.2 受弯构件的刚度

梁的刚度用荷载作用下的挠度大小来度量。梁的刚度不足，就不能保证正常使用。如楼盖梁的挠度超过正常使用的某一限值时，一方面给人们一种不舒服和不安全的感觉，另一方面可能使其上部的楼面及下部的抹灰开裂，影响结构的功能；吊车梁挠度过大，会加剧吊车运行时的冲击和振动，甚至使吊车运行困难等。因此，需要进行刚度验算。梁的刚度条件：

$$v \leqslant [v] \tag{13-12}$$

式中 v——由荷载标准值（不考虑荷载分项系数和动力系数）产生的最大挠度；

$[v]$——梁的容许挠度值，对某些常用的受弯构件，规范根据实践经验规定的容许挠度值 $[v]$ 见附表 26。

梁的挠度可按材料力学和结构力学的方法计算，也可由结构静力计算手册取用。受多个集中荷载的梁（如吊车梁、楼盖主梁等），其挠度精确计算较为复杂，但与产生相同最大弯矩的均布荷载作用下的挠度接近。于是，可采用下列近似公式验算梁的挠度：

对等截面简支梁：

$$\frac{v}{l} = \frac{5}{384}\frac{q_k l^3}{EI_x} = \frac{5}{48} \cdot \frac{q_k l^2 \cdot l}{8EI_x} \approx \frac{M_k l}{10EI_x} \leqslant \frac{[v]}{l} \tag{13-13a}$$

对变截面简支梁：

$$\frac{v}{l} = \frac{M_k l}{10EI_x}\left(1 + \frac{3}{25}\frac{I_x - I_{x1}}{I_x}\right) \leqslant \frac{[v]}{l} \tag{13-13b}$$

式中 q_k——均布线荷载标准值；

M_k——荷载标准值产生的最大弯矩；

I_x——跨中毛截面惯性矩；

I_{x1}——支座附近毛截面惯性矩；

l——梁的长度；

E——梁截面弹性模量。

计算梁的挠度 v 值时，取用的荷载标准值应与附表 26 规定的容许挠度值 $[v]$ 相对应。例如，对吊车梁，挠度 v 应按自重和起重量最大的一台吊车计算；对楼盖或工作平台梁，应分别验算全部荷载产生挠度和仅有可变荷载产生挠度。

13.3 受弯构件的扭转

13.3.1 钢梁的扭转形式

当梁承受的横向荷载偏心不通过截面剪心时，将会发生扭转，当梁在弯矩作用下平面外失稳时，也会产生扭转变形。因此，梁的扭转对于梁的承载能力有很大的影响。由于钢梁主要为开口薄壁截面，它的扭转不同于圆杆。根据加载形式和约束情况的不同，梁的扭转可分为两种形式，一种为自由扭转（圣维南扭转），一种为约束扭转（弯曲扭转）。

13.3.2 钢梁的自由扭转

自由扭转是指构件截面在扭转时能够自由翘曲，纵向纤维不受任何约束。其中翘曲是指原为平面的构件截面在扭转时不再保持平面，截面上各点沿杆轴方向发生纵向位移。非圆形构件自由扭转时各截面产生相同翘曲，纵向纤维不产生变形，在截面上只产生剪应力，无正应力，而且变形前后纵向纤维始终保持直线。

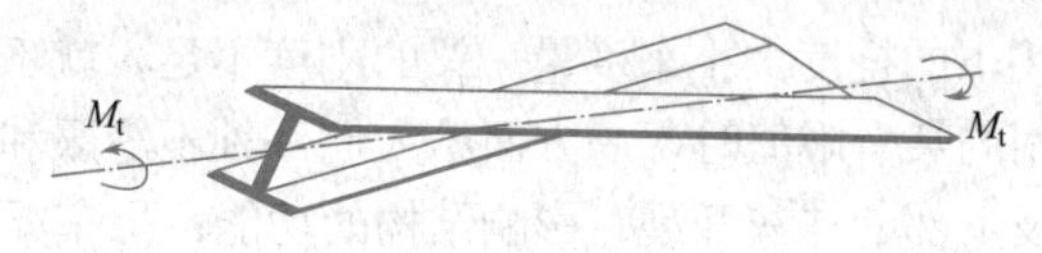

图 13-11 工字形截面构件自由扭转

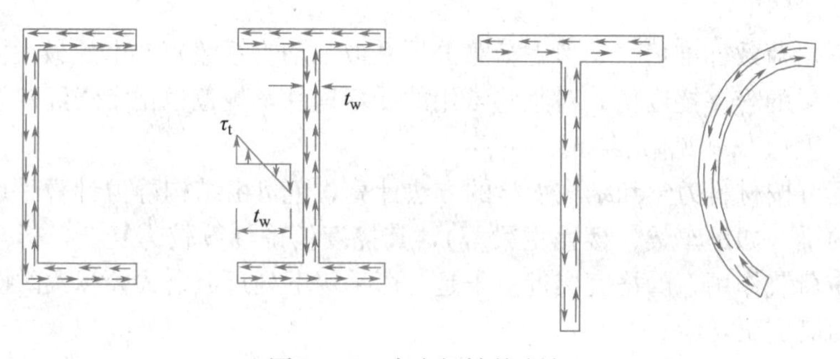

图 13-12 自由扭转剪应力

图 13-11 所示为一等截面工字形构件在两端大小相等、方向相反的扭矩作用下，端部并无添加特殊的构造措施，截面上各点纤维在纵向均可自由伸缩，构件发生的是自由扭转。自由扭转在开口截面构件上产生的剪力流如图 13-12 所示，方向与壁厚中心线平行，沿壁厚方向线性变化，在壁厚中部剪应力为零，在两壁面处达最大值 τ_t，τ_t 的大小与构件扭转角的变化率 φ'（即扭转率）呈正比例关系。此剪力流形成抵抗外扭矩的合力矩为 $GI_t\varphi'$，则作用在构件上的自由扭矩 M_t 为：

$$M_t = GI_t\varphi' \tag{13-14}$$

式中，G 为材料剪切模量；φ' 为截面的扭转角，和 M_t 一样用右手螺旋规律确定其正负号；I_t 为扭转常数，也称为抗扭惯性矩。对由几个狭长矩形截面组成的开口薄壁截面 I_t 由下式计算：

$$I_t = \frac{k}{3}\sum_{i=1}^{n} b_i t_i^3 \tag{13-15}$$

式中，b_i、t_i 为第 i 块板件的宽度和厚度；k 考虑热轧型钢在板件交接处凸出部分的有利影响，其值由试验确定，对角钢取 1.0，槽钢取 1.12，对 T 形截面取 1.15，工字形截面取 1.25。

最大剪应力 τ_t 与 M_t 的关系为：

$$\tau_t = \frac{M_t t}{I_t} \tag{13-16}$$

对闭口截面，剪力流的分布如图 13-13 所示，沿构件截面成封闭状。对于薄壁截面可认为剪应力 τ 沿壁厚均匀分布，方向与截面中线相切，沿构件截面任意处 τt 为常数。因此有：

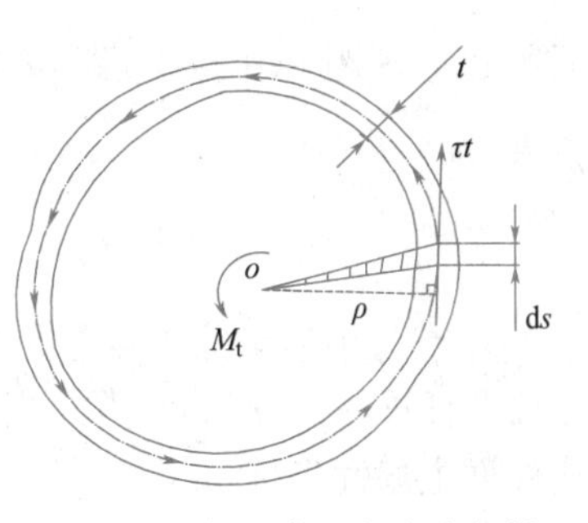

图 13-13　闭口截面的自由扭转

$$M_t = \oint \rho\tau t\,\mathrm{d}s = \tau t\oint \rho\,\mathrm{d}s \tag{13-17}$$

式中，ρ 为剪力中心至微元段 ds 的中心线的距离，故 $\oint \rho\,\mathrm{d}s$ 为截面中心线所围面积 A 的两倍，即 $M_t = 2\tau tA$。

$$\tau = \frac{M_t}{2At} \tag{13-18}$$

从以上介绍可见闭口截面比开口截面有更强的抗自由扭转的能力。

13.3.3　钢梁的约束扭转

如图 13-14 所示，悬臂工字形构件在扭矩 M_z 作用下发生扭转，尽管自由端处不受约束，但固定端处截面完全不能翘曲，因此中间各截面受到不同程度的约束。截面纤维纵向伸缩受到约束后产生纵向翘曲正应力，并伴随产生翘曲剪应力，翘曲剪应力绕截面剪心形成抵抗翘曲扭矩 M_ω 的能力。发生这种扭转的构件不仅产生自由扭转而且产生约束翘曲扭转，总扭矩分成自由扭矩 M_t 与翘曲扭矩 M_ω 两部分。构件扭转平衡方程为：

$$M_z = M_t + M_\omega \tag{13-19}$$

式中，对开口截面 M_t 可采用式（13-14）计算；翘曲扭矩 M_ω 采用下式计算：

$$M_\omega = -EI_\omega\varphi''' \tag{13-20}$$

将式（13-14）、式（13-20）代入式（13-19）得扭矩平衡方程：

$$M_z = GI_t\varphi' - EI_\omega\varphi''' \tag{13-21}$$

式中，I_ω 为截面翘曲扭转常数，又称翘曲惯性矩，量纲为 $(L)^6$，其一般计算公式为：

$$I_\omega = \int_0^s \omega_n^2 t\,\mathrm{d}s = \int_A \omega_n^2\,\mathrm{d}A \tag{13-22}$$

式中，ω_n 为主扇性坐标，其量纲为 L^2。下面介绍 ω_n 的计算方法。

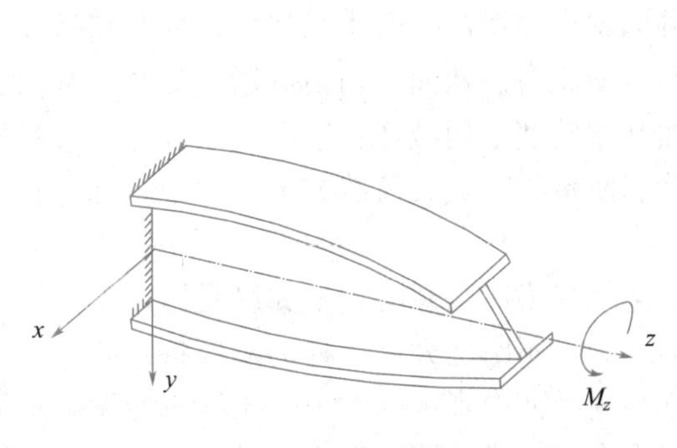

图 13-14　悬臂工字形构件发生的约束扭转

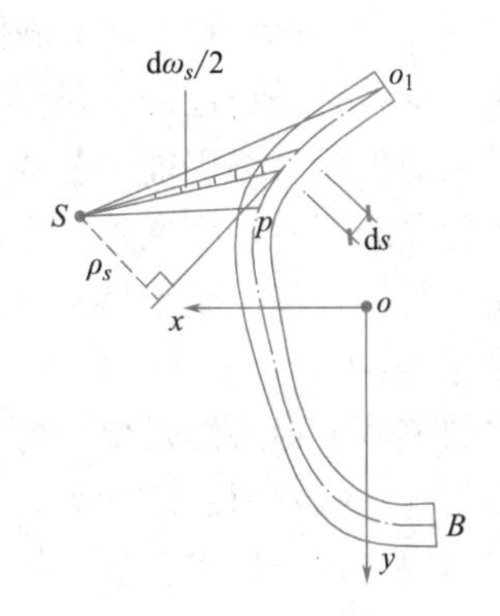

图 13-15　扇形坐标计算

如图 13-15 所示，以 o_1 为起点沿截面中线的长度定义为曲线坐标 s。截面中线上任意点 p 的扇性坐标为 o_1 与 p 点间的弧线与剪心 S 围成的面积的两倍。在 p、o_1 间任取一微

元段 ds，S 距 ds 的垂直距离为 ρ_s，这一微段扇形面积为 $\frac{d\omega_s}{2}=\frac{\rho_s ds}{2}$，$p$ 点扇形坐标 ω_s 为：

$$\omega_s=\int_0^s \rho_s ds \tag{13-23}$$

o_1 点是扇形坐标零点，并令当矢 Sp 以逆时针方向转动得到的扇性坐标 ω_s 为正。可在截面上任取一点作为 o_1 点，当然随 o_1 点的变化，ω_s 是变化的。得到扇性坐标后 ω_s 可按下式计算主扇性坐标 ω_n：

$$\omega_n=\omega_s-\frac{\int_A \omega_s dA}{A} \tag{13-24}$$

如果选择的 o_1 点恰好使 $\omega_n=\omega_s$（即 $\int_A \omega_s dA=0$），那么 ω_s 就是主扇形坐标了。

由约束扭转产生的翘曲正应力和翘曲剪应力分别为：

$$\sigma_\omega=-E\omega_n\varphi'' \tag{13-25}$$

$$\tau_\omega=-\frac{M_\omega S_\omega}{I_\omega t} \tag{13-26}$$

式中，S_ω 为截面上计算点 p 以下部分的扇形静矩，是曲线坐标 s 的函数，量纲为 L^4，计算公式为：

$$S_\omega=\int_p^B \omega_n t ds \tag{13-27}$$

13.4 受弯构件的整体稳定

13.4.1 钢梁的整体失稳现象

为了提高梁的抗弯强度，节省钢材，钢梁截面一般做成高而窄的形式，受荷方向刚度大、侧向刚度较小。如果梁的侧向支承较弱（比如仅在支座处有侧向支承），梁的弯曲会随荷载大小变化而呈现两种截然不同的平衡状态。

如图 13-16 所示的工字形截面梁，荷载作用在其最大刚度平面内。当荷载较小时，梁的弯曲平衡状态是稳定的。虽然外界各种因素会使梁产生微小的侧向弯曲和扭转变形，但外界影响消失后，梁仍能恢复原来的弯曲平衡状态。然而，当荷载增大到某一数值后，梁在向下弯曲的同时，将突然发生侧向弯曲和扭转变形而破坏，这种现象称之为梁的侧向弯扭屈曲或整体失稳。梁维持其稳定平衡状态所承担的最大荷载或最大弯矩，称为临界荷载或临界弯矩 M_{cr}。

梁的整体失稳必然是侧向弯扭屈曲。梁承受横向荷载时，上翼缘受压，可以看成是一根轴心压杆，随着荷载的增大，上翼缘的压力也不断增大，压杆的刚度将下降，当压力达到一定程度时，压杆将会发生屈曲，由于在主平面内腹板的约束，压杆只能发生平面外屈曲。又由于梁的受拉部分对其侧向屈曲产生牵制，导致截面发生扭转变形。因此，梁的整体失稳必然伴随着侧向弯曲和扭转变形。

梁的整体失稳是由于梁的受压部分屈曲引起的，所以理想梁的弯扭屈曲与理想压杆的屈曲一样，是平衡分岔的失稳问题。当弯矩小于临界弯矩 M_{cr} 时，梁只在竖向平面内弯曲

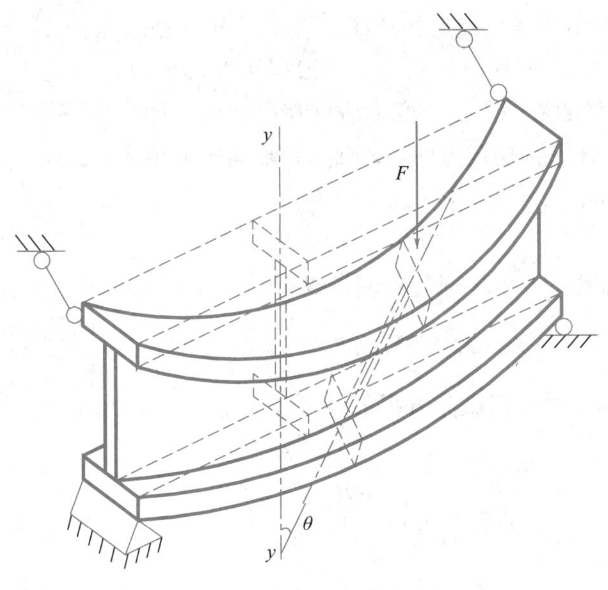

图 13-16　梁的整体失稳

而无侧向弯曲和扭转。

13.4.2　整体稳定理论及钢梁的临界弯矩

1. 临界弯矩

以受纯弯矩作用的双轴对称工字形截面构件为例进行分析，如图 13-17 所示。构件的两端为夹支支座，即在支座处梁不能发生 x、y 方向的位移，也不能发生绕 z 轴的转动，可发生绕 x、y 轴的转动，梁端截面不受约束，可自由发生翘曲。梁端左支座不能发生 z 方向位移，右支座可以。

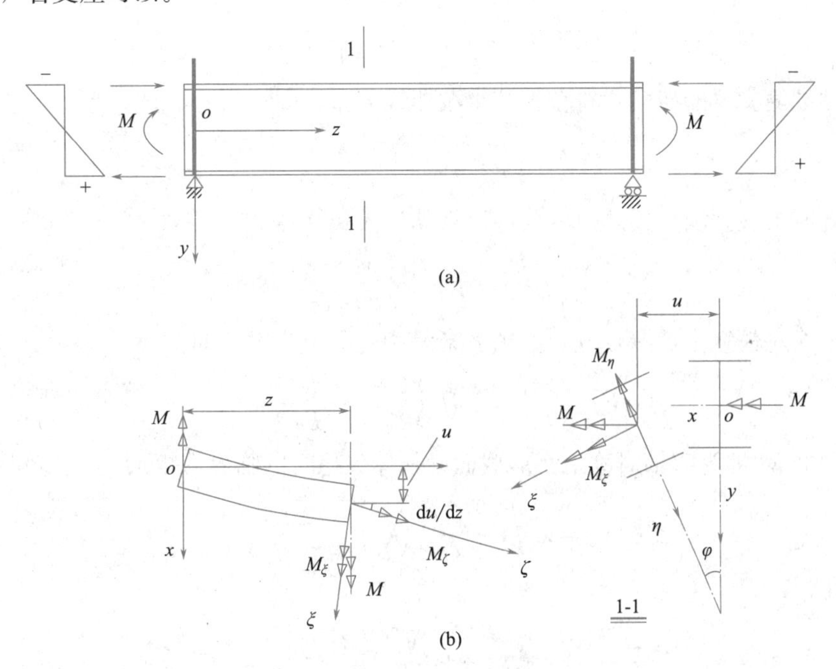

图 13-17　工字形截面简支梁整体弯扭失稳

图 13-17（b）给出了梁失稳后的位置，在梁上任意截取截面 1-1，变形后 1-1 截面沿 x、y 轴的位移为 u、v，截面扭转角为 φ。根据小变形假设，可认为变形前后作用在 1-1 截面上的弯矩 M 矢量的方向不变，变形后可在梁上建立随截面移动的坐标，ξ、η 为截面两主轴方向，ζ 为构件纵轴切线方向，z 轴与 ζ 轴间的夹角为 $\theta \approx \mathrm{d}u/\mathrm{d}z$。$M$ 在 ξ、η、ζ 上的分量为：

$$M_{\xi}=M\cos\theta\cos\varphi \approx M \tag{13-28}$$

$$M_{\eta}=M\cos\theta\sin\varphi \approx M\varphi \tag{13-29}$$

$$M_{\zeta}=M\sin\theta \approx M\frac{\mathrm{d}u}{\mathrm{d}z}=Mu' \tag{13-30}$$

建立绕两主轴的弯曲平衡微分方程为：

$$-EI_{x}u''=M_{\eta} \tag{13-31}$$

$$-EI_{y}v''=M_{\xi} \tag{13-32}$$

由式（13-21）可得绕纵轴的扭转平衡微分方程为：

$$GI_{\mathrm{t}}\varphi'-EI_{\omega}\varphi'''=M_{\zeta} \tag{13-33}$$

将式（13-28）、式（13-29）、式（13-30）分别代入式（13-31）、式（13-32）、式（13-33）得：

$$EI_{x}v''+M=0 \tag{13-34}$$

$$EI_{x}u''+M\varphi=0 \tag{13-35}$$

$$GI_{\mathrm{t}}\varphi'-EI_{\omega}\varphi'''=Mu' \tag{13-36}$$

以上方程中式（13-34）是可独立求解的方程，它是在弯矩 M 作用平面内的弯曲问题，与梁的扭转无关。式（13-35）、式（13-36）中具有两个未知数值，必须联立求解。将式（13-36）微分一次后，与式（13-35）联立消去 u'' 得：

$$EI_{\omega}\varphi^{\mathrm{IV}}-GI_{\mathrm{t}}\varphi''-\frac{M^{2}}{EI_{y}}\varphi=0 \tag{13-37}$$

假设两端简支梁的扭转角符合正弦半波曲线分布，即：

$$\varphi=A\cdot\sin\frac{\pi z}{l} \tag{13-38}$$

可以证明，该式满足梁的边界条件。将其代入式（13-37）得：

$$\left[EI_{\omega}\left(\frac{\pi}{l}\right)^{4}+GI_{\mathrm{t}}\left(\frac{\pi}{l}\right)^{2}-\frac{M^{2}}{EI_{y}}\right]A\cdot\sin\frac{\pi z}{l}=0 \tag{13-39}$$

要使上式对任意 z 值都成立，必须方括号中的数值为零，即：

$$EI_{\omega}\left(\frac{\pi}{l}\right)^{4}+GI_{\mathrm{t}}\left(\frac{\pi}{l}\right)^{2}-\frac{M^{2}}{EI_{y}}=0 \tag{13-40}$$

上式中的 M 即为双轴对称工字形截面梁整体失稳时的临界弯矩 M_{cr}，解之得：

$$M_{cr}=\pi\sqrt{1+\frac{EI_{\mathrm{w}}}{GI_{\mathrm{t}}}\left(\frac{\pi}{l}\right)^{2}}\ \frac{\sqrt{EI_{y}GI_{\mathrm{t}}}}{l} \tag{13-41}$$

进一步得：

$$M_{\mathrm{cr}}=k\frac{\sqrt{EI_{y}GI_{\mathrm{t}}}}{l} \tag{13-42}$$

式中，k 为梁的弯扭屈曲系数，对于双轴对称工字形截面 $I_{\omega}=\frac{h^2}{2}I_1\approx\frac{h^2}{4}I_y$，故：

$$k=\pi\sqrt{1+\frac{EI_{\omega}}{GI_{\mathrm{t}}}\left(\frac{\pi}{l}\right)^2}=\pi\sqrt{1+\pi^2\frac{EI_y}{GI_{\mathrm{t}}}\left(\frac{h}{2l}\right)^2}=\pi\sqrt{1+\pi^2\psi} \tag{13-43}$$

其中

$$\psi=\frac{EI_y}{GI_{\mathrm{t}}}\left(\frac{h}{2l}\right)^2 \tag{13-44}$$

从 k 的表达式可以看出，其与梁的侧向抗弯刚度、抗扭刚度、梁的夹支跨度 l 及梁高有关。

为下面分析讨论方便将式（13-41）变换成：

$$M_{\mathrm{cr}}=\frac{\pi^2EI_y}{l^2}\sqrt{\frac{I_{\omega}}{I_y}\left(1+\frac{GI_{\mathrm{t}}l^2}{\pi^2EI_{\omega}}\right)} \tag{13-45}$$

式中，$\frac{\pi^2EI_y}{l^2}$ 项为将梁当作压杆时绕弱轴 y 的欧拉临界力。

2. 荷载种类及梁端和跨中约束对梁的整体稳定影响

梁的整体稳定还与荷载种类有关。采用弹性稳定理论可以推出在各种荷载条件下梁的临界弯矩表达式，表 13-1 列出双轴对称工字形截面的 k 值。从表可以看出纯弯情况下 k 值最低，这是因为此时梁上翼缘的压力在全长范围内不变，如果将上翼缘看作轴心压杆，则纯弯显然是最不利荷载。作用于形心上的均布荷载情况稍不利于集中荷载，其弯矩图较为饱满。集中力作用于跨中形心上时 k 值最高，此时只有在跨中上翼缘处压力最大，其后按线性折减。

双轴对称工字形截面简支梁的弯扭屈曲系数 k　　表 13-1

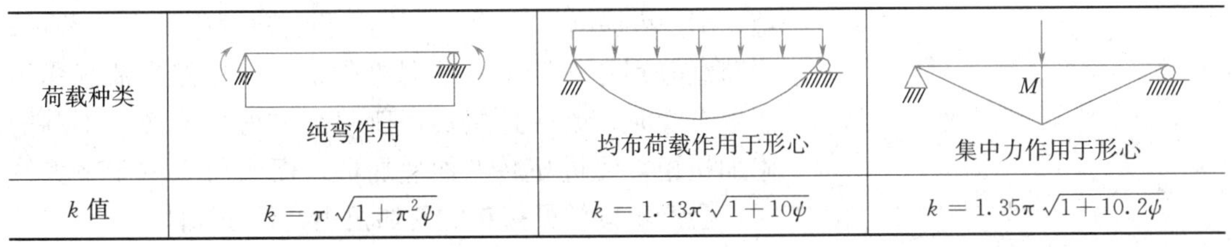

荷载种类	纯弯作用	均布荷载作用于形心	集中力作用于形心
k 值	$k=\pi\sqrt{1+\pi^2\psi}$	$k=1.13\pi\sqrt{1+10\psi}$	$k=1.35\pi\sqrt{1+10.2\psi}$

改变梁端和跨中侧向约束相当于改变了梁的侧向夹支长度 l，随梁端约束程度的加大以及跨中侧向支承点的设置，将梁的侧向计算长度减小为 l_1（图 13-18），使梁的临界弯矩显著提高，因此增加梁端和跨中约束也是提高梁的临界弯矩的一个有效措施。

3. 单轴对称工字形截面梁的整体稳定

将图 13-18 所示的双轴对称工字形截面换成单轴对称截面（图 13-19），边界条件仍为简支和夹支，采用能量法可求出在不同荷载种类和作用位置情况下的梁的临界弯矩为：

$$M_{\mathrm{cr}}=\beta_1\frac{\pi^2EI_y}{l^2}\left[\beta_2a+\beta_3B_y+\sqrt{(\beta_2a+\beta_3B_y)^2+\frac{I_{\omega}}{I_y}\left(1+\frac{GI_{\mathrm{t}}l^2}{\pi^2EI_{\omega}}\right)}\right] \tag{13-46}$$

式中　β_1、β_2、β_3——和荷载类型有关的系数，取值见表 13-2；

a——荷载作用点至剪心 s 的距离，荷载在剪心以下时为正，反之为负；

B_y——截面不对称修正系数；

$$B_y = \frac{1}{2I_x}\int_A y(x^2 + y^2)\mathrm{d}A - y_0 \tag{13-47}$$

y_0 ——剪力中心与截面形心的距离，如图 13-19 所示，在形心以上时为负。

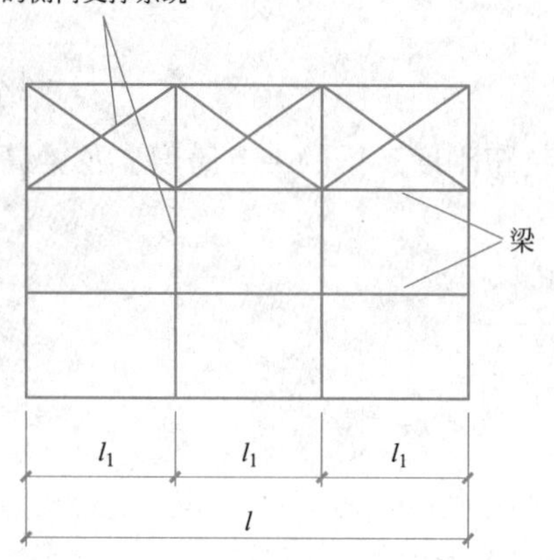

图 13-18 梁的侧向支撑系统

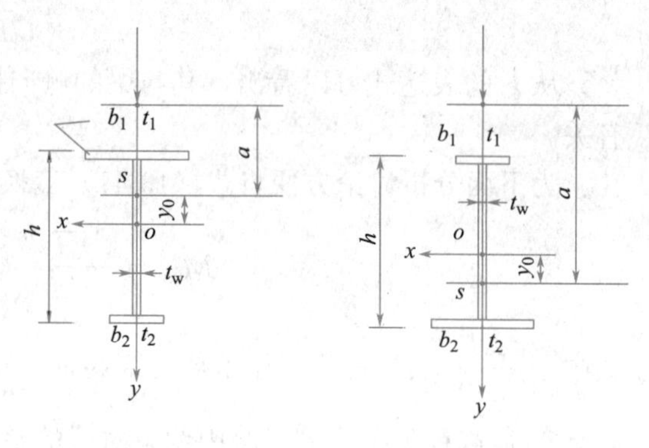

图 13-19 单轴对称工字形截面

式（13-46）也适用于双轴对称截面，此时 $B_y = 0$。当 β_1 取 1、β_2 取 0、β_3 取 1，式（13-46）变成式（13-45）。从式（13-46）、式（13-47）可以看出增大受压翼缘截面对梁的整体稳定承载力是有利的。

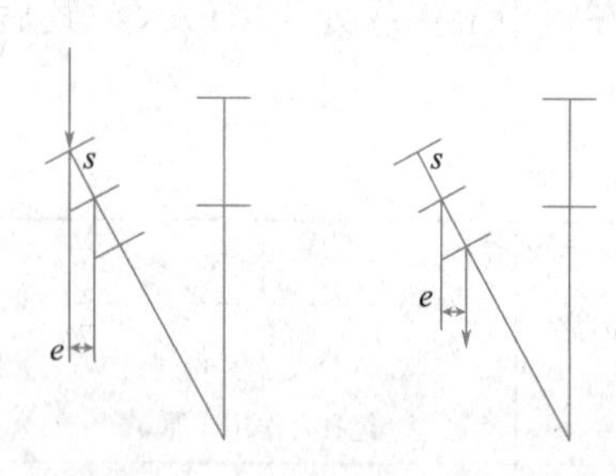

图 13-20 荷载作用位置的影响

另外，由式（13-46）还可看出荷载作用点的位置对整体稳定的影响。当荷载作用点在剪心以上时，a 为负值，M_{cr} 将降低；当荷载作用点在剪心以下时，a 为正值，M_{cr} 将提高。图 13-20 给出了双轴对称工字形截面，当荷载分别作用于上、下翼缘的情况。显然当荷载作用于上翼缘时，梁一旦扭转，荷载会对剪心 s 产生不利的附加扭矩，促进扭转，加速屈曲。而当荷载位于下翼缘时，会产生减缓梁扭转的附加扭矩，延缓屈曲。

β_1、β_2、β_3 取值表 **表 13-2**

荷载类型	β_1	β_2	β_3
跨中集中荷载	1.35	0.55	0.40
满跨均布荷载	1.13	0.46	0.53
纯弯曲	1	0	1

13.4.3 钢梁的整体稳定系数

1. 单向受弯梁

我国规范中对梁在主平面内受弯的整体稳定性的验算公式为：

$$\frac{M_x}{\varphi_b W_x f} \leqslant 1.0 \tag{13-48}$$

式中 M_x ——绕强轴作用的最大弯矩设计值（N·mm 或 kN·mm）；

W_x ——按受压最大纤维确定的梁毛截面模量（mm^3 或 cm^3），当截面板件宽厚比等级为 S1 级、S2 级、S3 级或 S4 级时，应取全截面模量；当截面板件宽厚比为 S5 级时，应取有效截面模量，均匀受压翼缘有效外伸宽度可取 $15\varepsilon_k$ 倍翼缘厚度；

φ_b ——梁的整体稳定系数，为整体稳定临界应力与钢材屈服强度的比值。

从上式可以看出，为保证梁不发生整体失稳，应使梁受压翼缘的最大应力不超过临界应力除以抗力分项系数，即：

$$\sigma = \frac{M_x}{W_x} \leqslant \sigma_{cr} = \frac{M_{cr}}{W_x} \tag{13-49}$$

考虑材料抗力分项系数：

$$\sigma \leqslant \frac{\sigma_{cr}}{\gamma_R} = \frac{\sigma_{cr} f_y}{f_y \gamma_R} = \varphi_b f$$

式中 φ_b ——梁的整体稳定系数，$\varphi_b = \dfrac{\sigma_{cr}}{f_y} = \dfrac{M_{cr}}{M_y}$。 (13-50)

可见，整体稳定系数为临界应力和钢材屈服点的比值，反映了临界弯矩和边缘纤维屈服弯矩比值的大小，只要得到梁整体失稳的临界弯矩，就可以计算出梁的整体稳定系数。

将式（13-45）代入 φ_b 的表达式，并令 λ_y 为梁在侧向支承点间绕截面弱轴 y-y 轴的长细比，A 为梁的毛截面面积，t_1 为受压翼缘的厚度，得纯弯作用下简支的双轴对称焊接工字形截面梁的整体稳定系数：

$$\varphi_b = \frac{4320}{\lambda_y^2} \cdot \frac{Ah}{W_x} \sqrt{1 + \left(\frac{\lambda_y t_1}{4.4h}\right)^2} \cdot \frac{235}{f_y} \tag{13-51}$$

该式只适用于纯弯情况，对于其他荷载种类我们仍可以通过式（13-42）求得整体稳定系数 $\overline{\varphi}_b$，定义等效临界弯矩系数 $\beta_b = \overline{\varphi}_b / \varphi_b$，这样在式（13-51）中乘以 β_b 就可以考虑其他荷载情况了。β_b 可按附表 28 选用。对于双轴对称的工字形等截面（含 H 型钢）的悬臂梁，β_b 应按附表 29 选用。另外，《钢结构设计标准》GB 50017—2017 将 ε_k 定义为钢号修正系数，其值为 235 与钢材牌号中屈服点数值的比值的平方根，即 $\varepsilon_k = \sqrt{235/f_y}$。

对于单轴对称工字形截面，应引入截面不对称修正系数 η_b，它和参数 $\alpha_b = I_1/(I_1 + I_2)$ 有关。I_1，I_2 分别是受压翼缘和受拉翼缘对 y 轴的惯性矩：$I_1 = \frac{1}{12} t_1 b_1^3$；$I_2 = \frac{1}{12} t_2 b_2^3$。加强受压翼缘时 $\eta_b = 0.8(2\alpha_b - 1)$，加强受拉翼缘时 $\eta_b = 2\alpha_b - 1$，双轴对称截面 $\eta_b = 0$。

因此，整体稳定系数的通式为：

$$\varphi_b = \beta_b \frac{4320}{\lambda_y^2} \left[\frac{Ah}{W_x} \sqrt{1 + \left(\frac{\lambda_y t_1}{4.4h}\right)^2} + \eta_b\right] \cdot \varepsilon_k^2 \tag{13-52}$$

对于轧制普通工字钢，截面几何尺寸有一定的比例关系，因而可将公式简化，由型钢号码和侧向支承点间的距离 l_1 从附表 27 中直接查得稳定系数 φ_b。

对于轧制槽钢，《钢结构设计标准》GB 50017—2017 按纯弯情况给出其稳定系数公式（13-53），偏于安全地用于各种载荷情况下、各种载荷位置情况下的计算：

$$\varphi_b = \frac{570bt}{l_1 h} \cdot \varepsilon_k^2 \tag{13-53}$$

式中　h、b、t——分别为槽钢截面的高度、翼缘宽度和其平均厚度。

上述整体稳定系数是按弹性稳定理论求得的，如果考虑残余应力的影响，当 $\varphi_b > 0.6$ 时梁已进入弹塑性阶段。规范规定此时必须按式（13-54）对 φ_b 进行修正，用 φ'_b 代替 φ_b，考虑钢材弹塑性对整体稳定的影响。

$$\varphi'_b = 1.07 - \frac{0.282}{\varphi_b} \leqslant 1.0 \tag{13-54}$$

2. 双向受弯梁

对于在两个主平面内受弯的 H 型钢截面构件或工字形截面构件，其整体稳定可按下列经验公式计算：

$$\frac{M_x}{\varphi_b W_x} + \frac{M_y}{\gamma_y W_y} \leqslant f \tag{13-55}$$

式中　W_x、W_y——按受压纤维确定的对 x 轴和对 y 轴的毛截面模量；

φ_b——绕强轴弯曲所确定的梁整体稳定系数。

13.4.4　提高钢梁的整体稳定性的措施

1. 影响钢梁整体稳定性的主要因素

从以上分析可以看出截面的侧向抗弯刚度 EI_y、抗扭刚度 GI_t 和翘曲刚度 EI_ω 越大，临界弯矩越高；梁两端的支承条件对临界弯矩也有不可忽视的影响，约束程度越高，临界弯矩越高；构件侧向支承点间的距离 l_1 越小，临界弯矩越大；梁的整体失稳是由受压翼缘侧向失稳引起，受压翼缘宽大的截面，临界弯矩高一些。此外，荷载的种类和作用位置对临界弯矩也有不可忽视的影响，弯矩图饱满的构件，临界弯矩低些；荷载作用的位置越高对梁的整体稳定也越不利。

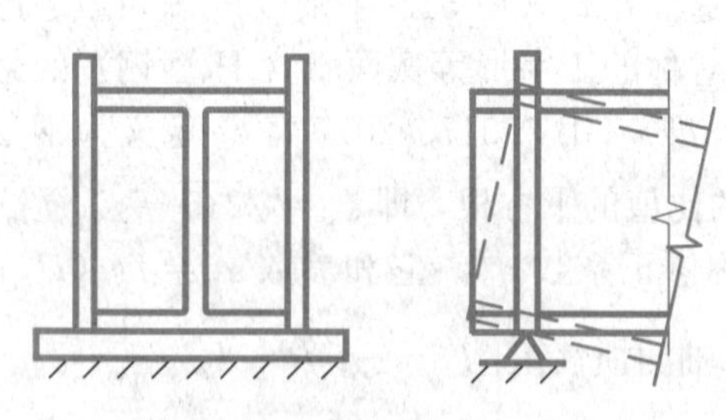

图 13-21　梁支座夹支的力学图形

2. 增强梁整体稳定的措施

从影响梁整体稳定的因素来看可以采用以下办法增强梁的整体稳定性：1）增大梁截面尺寸，其中增大受压翼缘的宽度是最为有效的；2）增加侧向支撑系统，减小构件侧向支承点间的距离 l_1，侧向支撑应设在受压翼缘处，将受压翼缘视为轴心压杆计算支撑所受的力；3）当梁跨内无法增设侧向支撑时，宜采用闭合箱形截面，因其 I_y、I_t 和 I_ω 均较开口截面的大；4）增加梁两端的约束提高其稳定承载力。在式（13-41）和式（13-46）中我们认为支座是夹支座（在力学意义上称之为"夹支"，参见图 13-21），因此在实际设计中，必须采取措施使梁端不能发生扭转。

在以上措施中没有提到荷载种类和荷载作用位置，这是因为在设计中它们一般并不取决于设计者。

3. 可以不进行受弯构件整体稳定性计算的情况

为保证梁的整体稳定或增强梁抗整体失稳的能力，当梁上有密铺的刚性铺板（楼盖梁的楼面板或公路桥、人行天桥的面板等）时，应使之与梁的受压翼缘连牢（图 13-22a）；若无刚性铺板或铺板与梁受压翼缘连接不可靠，则应设置平面支撑（图 13-22b）。楼盖或工作平台梁格的平面内支撑有横向平面支撑和纵向平面支撑两种，横向支撑使主梁受压翼缘的自由长度由其跨长减小为 l_1（次梁间距）；纵向支撑是为了保证整个楼面的横向刚度。无论有无连牢的刚性铺板，支承工作平台梁格的支柱间均应设置柱间支撑，除非柱列设计为上端铰接、下端嵌固于基础的排架。

规范规定，当符合下列情况之一时，梁的整体稳定可以得到保证，不必计算：

1）有刚性铺板密铺在梁的受压翼缘上并与其牢固连接，能阻止梁受压翼缘的侧向位移时，例如图 13-22（a）中的次梁即属于此种情况；

2）H 型钢或等截面工字形简支梁受压翼缘的自由长度 l_1 与其宽度 b_1 之比不超过表 13-3 所规定的数值时；

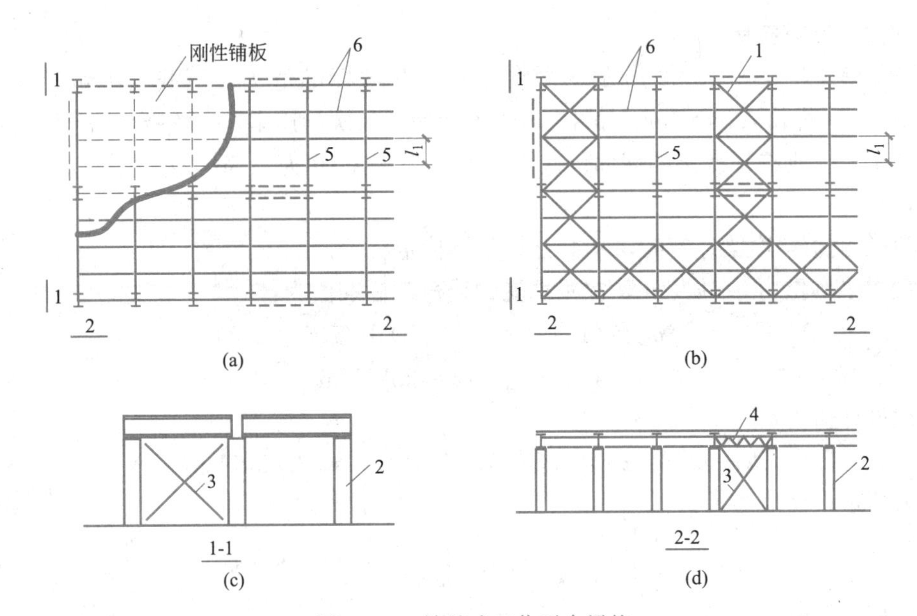

图 13-22　楼盖或工作平台梁格

（a）有刚性铺板；（b）无刚性铺板；（c）1-1 截面；（d）2-2 截面

1—屋面支撑；2—平台柱；3—柱间支撑；4—梁间垂直支撑桁架；5—主梁；6—次梁

工字形截面简支梁不需计算整体稳定的最大 l_1/b_1 值　　表 13-3

钢号	跨中无侧向支承点的梁		跨中有侧向支承点的梁，不论荷载作用于何处
	荷载作用在上翼缘	荷载作用在下翼缘	
Q235	13.0	20.0	16.0
Q345	10.5	16.5	13.0
Q390	10.0	15.5	12.5
Q420	9.5	15.0	12.0

注：其他钢号的梁不需计算整体稳定性的最大 l_1/b_1 值，应取 Q235 钢的数值乘以 $\sqrt{235/f_y}$，f_y 为钢材牌号所指屈服点。

对跨中无侧向支承点的梁，l_1 为其跨度；对跨中有侧向支承点的梁，l_1 为受压翼缘侧向支承点间的距离（梁的支座处视为有侧向支承）。

3）箱形截面简支梁，其截面尺寸（图 13-23）满足 $h/b_0 \leqslant 6$，且 $l_1/b_0 \leqslant 95(235/f_y)$ 时（箱形截面的此条件很容易满足）。

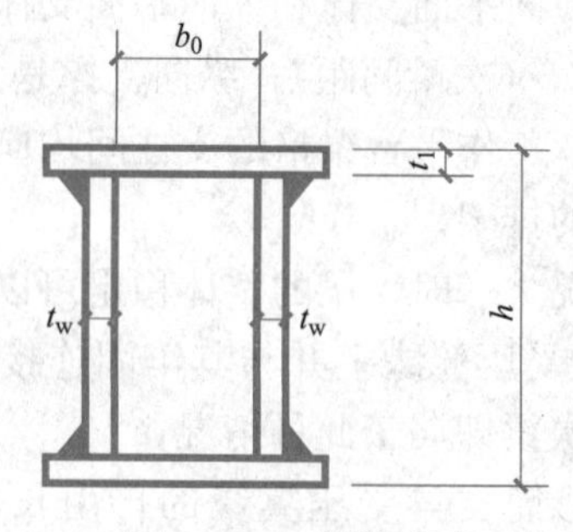

图 13-23　箱形截面

13.4.5　计算实例

【例题 13-1】 设图 13-22 所示的平台梁格，荷载标准值为：恒载（不包括梁自重）$1.5kN/m^2$，活荷载 $7.5kN/m^2$。试按：① 平台铺板与次梁连牢，② 平台铺板不与次梁连牢两种情况，分别选择次梁的截面。次梁跨度为 5m，间距为 2.5m，钢材为 Q235。

【解】

① 平台铺板与次梁连牢时，不必计算整体稳定。

假设次梁自重为 0.5kN/m，次梁承受的线荷载标准值为：

$$g_k + q_k = (1.5 \times 2.5 + 0.5) + (7.5 \times 2.5)$$
$$= 4.25 + 18.75 = 23kN/m$$

荷载设计值为：

$$g + q = 4.25 \times 1.3 + 18.75 \times 1.5 = 33.65kN/m$$

最大弯矩设计值为：

$$M_x = \frac{1}{8}ql^2 = \frac{1}{8} \times 33.65 \times 5^2 = 105.2kN \cdot m$$

根据抗弯强度选择截面，需要的截面模量为：

$$W_{nx} = M_x/(\gamma_x f) = 105.2 \times 10^6/(1.05 \times 215) = 466 \times 10^3 mm^3$$

选用 HN300×150×6.5×9，其 $W_x = 481cm^3$，跨中无孔眼削弱，此 W_x 大于需要的 $466cm^3$，梁的抗弯强度已足够。由于 H 型钢的腹板较厚，一般不必验算抗剪强度；若将次梁连于主梁的加劲肋上（图 13-24），也不必验算次梁支座处的局部承压强度。

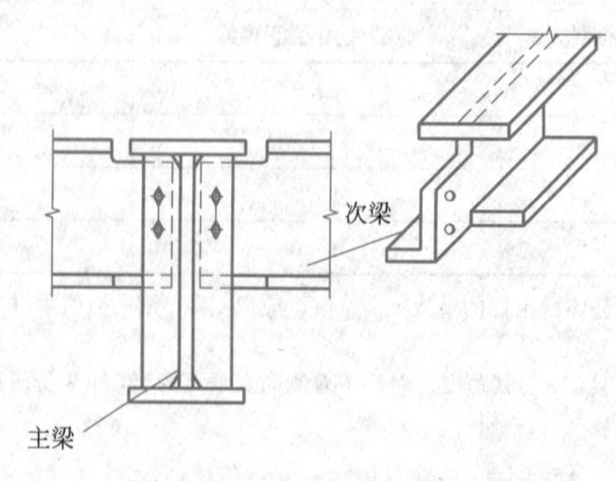

图 13-24　次梁与主梁的平接

其他截面特性，$I_x=7210\text{cm}^4$；自重 36.7kg/m≈0.36kN/m，略小于假设自重，不必重新计算。

验算挠度：在全部荷载标准值作用下（式 13-13）：

$$\frac{v_{\mathrm{T}}}{l}=\frac{5}{384}\frac{q_{\mathrm{k}}l^3}{EI_x}=\frac{5}{384}\times\frac{23\times5000^3}{206\times10^3\times7210\times10^4}=\frac{1}{397}$$

$$<\frac{[v_{\mathrm{T}}]}{l}=\frac{1}{250}$$

在可变荷载标准值作用下：

$$\frac{v_{\mathrm{Q}}}{l}=\frac{1}{397}\times\frac{18.75}{23}=\frac{1}{487}<\frac{[v_{\mathrm{Q}}]}{l}=\frac{1}{300}$$

（注：若选用普通工字钢，则需 I28a，自重 43.5kg/m，比 H 型钢重 18.5%）。

② 若平台铺板不与次梁连牢，则需要计算其整体稳定。

假设次梁自重为 0.5kN/m，按整体稳定要求试选截面。参考普通工字钢的整体稳定系数，由于跨中无侧向支承点，荷载均布，且自由长度为 5m，故假设 $\varphi_{\mathrm{b}}=0.73$，已大于 0.6，故 $\varphi'_{\mathrm{b}}=1.07-0.282/0.73=0.68$，所需的截面模量为：

$$W_x=M_x/(\varphi'_{\mathrm{b}}f)=105.2\times10^3/(0.68\times215)=720\times10^3\text{mm}^3$$

选用 HN350×175×7×11，$W_x=782\text{cm}^3$；自重 50kg/m≈0.49kN/m，与假设相符。另外，截面的 $i_y=3.95\text{cm}$，$A=62.91\text{cm}^2$。

由于试选截面时，整体稳定系数是参考普通工字钢的，对 H 型钢应按公式（13-52）进行计算：

$$\xi=\frac{l_1t_1}{b_1h}=\frac{5000\times11}{175\times350}=0.898$$

$$\beta_{\mathrm{b}}=0.69+0.13\times0.898=0.807$$

$$\lambda_y=\frac{500}{3.95}=127$$

$$\begin{aligned}\varphi_{\mathrm{b}}&=\beta_{\mathrm{b}}\frac{4320}{\lambda_y^2}\cdot\left[\frac{A\cdot h}{W_x}\sqrt{1+\left(\frac{\lambda_yt_1}{4.4h}\right)^2}+\eta_{\mathrm{b}}\right]\frac{235}{f_{\mathrm{y}}}\\&=\beta_{\mathrm{b}}\frac{4320}{\lambda_y^2}\cdot\frac{Ah}{W_x}\sqrt{1+\left(\frac{\lambda_yt_1}{4.4h}\right)^2}\\&=0.807\times\frac{4320}{127^2}\times\frac{62.91\times35}{782}\sqrt{1+\left(\frac{127\times1.1}{4.4\times35}\right)^2}\\&=0.82\end{aligned}$$

$$\varphi'_{\mathrm{b}}=1.07-0.282/0.82=0.73$$

验算整体稳定：

$$\frac{M_x}{\varphi'_{\mathrm{b}}W_x}=\frac{105.2\times10^6}{0.73\times782\times10^3}=184.3\text{N/mm}^2<f=215\text{N/mm}^2$$

次梁兼作平面支撑桁架的横向腹杆，其 $\lambda_y=127<[\lambda]=200$，$\lambda_x$ 更小，满足要求。其他验算从略。

（若选用普通工字钢则需 I36a，自重 60.037kg/m，比 H 型钢重 21.3%）。

13.5　受弯构件的局部稳定和腹板加劲肋

13.5.1　钢梁的局部失稳现象

在设计焊接钢梁时，为了增加梁截面的惯性矩，同时获得经济的截面尺寸，常常采用宽而薄的翼缘板和高而薄的腹板。如果将这些板件不适当地减薄加宽，板中压应力或剪应力达到某一数值后，腹板或受压翼缘有可能偏离其平面位置，出现波形鼓曲（图 13-25），这种现象被称为梁的局部失稳。此时，梁的受压翼缘和轴心压杆的翼缘类似，在荷载作用下出现屈曲现象，丧失局部稳定（图 13-25a）；腹板由于承受纵向压应力或剪应力引起斜向压应力，出现局部失稳（图 13-25b）。梁丧失局部稳定的后果虽没有丧失整体稳定那样严重，但板件的局部失稳会改变梁的刚度和受力状况，对梁的承载能力有较大的影响，因此不容忽视。

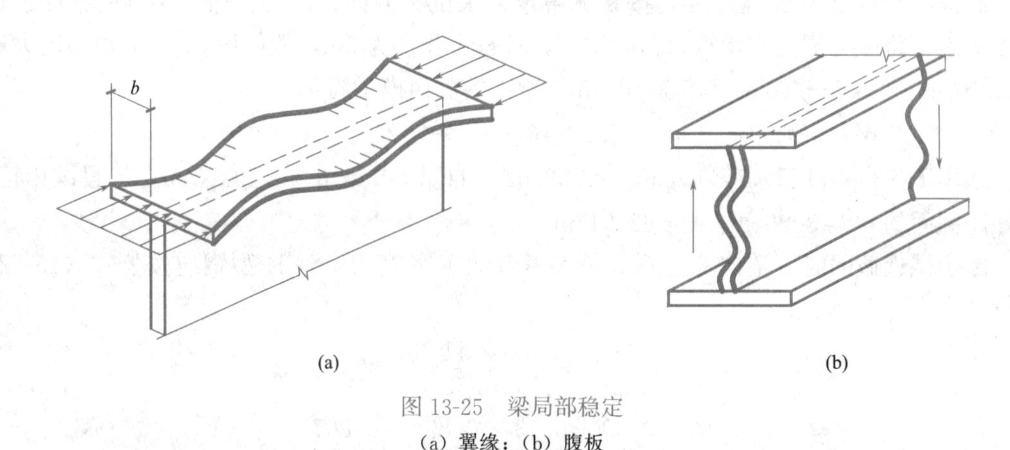

图 13-25　梁局部稳定
(a) 翼缘；(b) 腹板

热轧型钢由于轧制条件，其板件宽厚比较小，都能满足局部稳定要求，不需要计算。对冷弯薄壁型钢梁的受压或受弯板件，宽厚比不超过规定的限制时，认为板件全部有效；当超过此限制时，则只考虑一部分宽度有效（称为有效宽度），应按现行国家标准《冷弯薄壁型钢结构技术规范》GB 50018 计算。

这里主要叙述一般钢结构组合梁中翼缘和腹板的局部稳定。

13.5.2　受压翼缘的局部失稳

1. 矩形薄板屈曲的临界应力

板按其厚度可分为厚板和薄板。如果板面最小宽度 b 与厚度 t 的比值 $b/t<5\sim8$，可称之为厚板，此时板内的横向剪应力产生的剪切变形与弯曲变形属同量级大小，在计算时不能忽略不计。$b/t>5\sim8$ 的板，可称之为薄板，板件剪切变形与弯曲变形相比很微小，可以忽略不计。薄板既具有抗弯能力，同时随板弯曲挠度的增大还可能产生薄膜张拉力。当板薄到一定程度，其抗弯刚度几乎降为零，这种板完全靠薄膜力来支撑横向荷载的作用，可称之为薄膜。此处主要讨论外力作用于板件中面内的薄板稳定问题。

如图 13-26 和图 13-27 所示，当面内荷载达到一定值时板会由平板状态变为微微弯曲状态，这时称该板发生了屈曲。根据弹性力学小挠度理论，得到薄板的屈曲平衡方程为：

$$D\left(\frac{\partial^4 w}{\partial x^4}+2\frac{\partial^4 w}{\partial x^2\partial y^2}+\frac{\partial^4 w}{\partial y^4}\right)+N_x\frac{\partial^2 w}{\partial x^2}-2N_{xy}\frac{\partial^2 w}{\partial x\partial y}+N_y\frac{\partial^2 w}{\partial y^2}=0 \tag{13-56}$$

式中　w——板的挠度；

N_x、N_y——在 x、y 方向沿板中面周边单位宽度上所承受的力，压力为正，拉力为负，此力沿板厚均匀分布；

N_{xy}——沿板周边单位宽度上所承受的剪力，图 13-26 中所示剪力为正；

D——板单位宽度的抗弯刚度，也称柱面刚度：$D=\frac{Et^3}{12(1-\nu^2)}$，$t$ 为板厚，ν 为钢材泊松比，取 0.3。

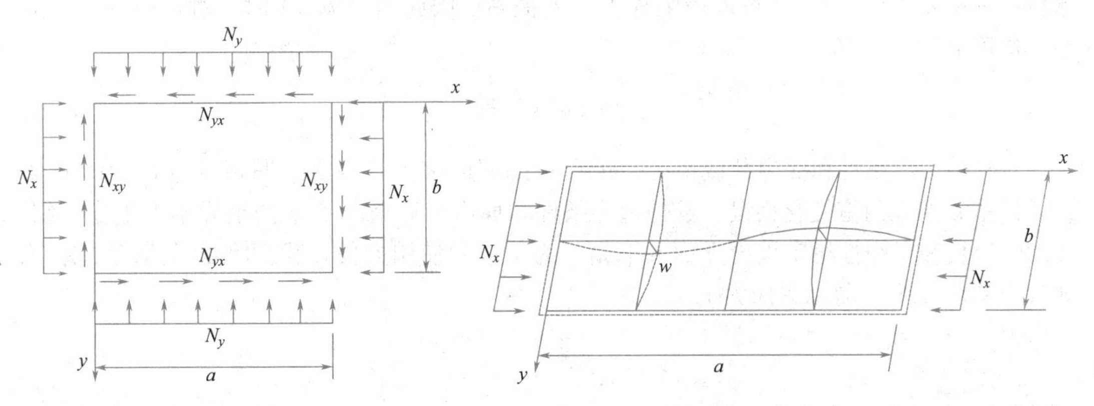

图 13-26　N_x、N_y、N_{xy} 作用下的板　　　图 13-27　单向面内荷载作用下的四边简支板

对于图 13-27 所示四边简支板，单向荷载 N_x 作用在板的中面，此种情况式（13-56）变为：

$$D\left(\frac{\partial^4 w}{\partial x^4}+2\frac{\partial^4 w}{\partial x^2\partial y^2}+\frac{\partial^4 w}{\partial y^4}\right)+N_x\frac{\partial^2 w}{\partial x^2}=0 \tag{13-57}$$

对于简支矩形板，式（13-57）的解可用下式（双重三角级数）表示：

$$w=\sum_{m=1}^{\infty}\sum_{n=1}^{\infty}A_{mn}\sin\frac{m\pi x}{a}\sin\frac{n\pi y}{b} \tag{13-58}$$

式中　m——板屈曲时沿 x 方向的半波数；

n——沿 y 方向的半波数。

式（13-58）满足板的边界条件：

当 $x=0$ 和 $x=a$ 时：$w=0$，$\frac{\partial^2 w}{\partial x^2}+\nu\frac{\partial^2 w}{\partial y^2}=0$（即 $M_x=0$）

当 $y=0$ 和 $y=b$ 时：$w=0$，$\frac{\partial^2 w}{\partial y^2}+\nu\frac{\partial^2 w}{\partial x^2}=0$（即 $M_y=0$）

将式（13-58）代入式（13-57）得到的 N_x 即为单向均匀受压荷载下四边简支板的临界屈曲荷载 N_{xcr}：

$$N_{xcr}=\frac{\pi^2 D}{b^2}\left(\frac{mb}{a}+\frac{n^2 a}{mb}\right)^2 \tag{13-59}$$

下面讨论当 m、n 取何值时，N_{xcr} 最小，这不仅可以获得板的临界屈曲荷载，同时还可得出板挠曲屈曲时的形状。

从式（13-59）可以看出，当 $n=1$ 时，N_{xcr} 最小，意味着板屈曲时沿 y 方向只形成一个半波，将式（13-59）表示为：

$$N_{xcr}=k\frac{\pi^2 D}{b^2} \tag{13-60}$$

其中 $k=\left(\frac{mb}{a}+\frac{a}{mb}\right)^2$，称为板的屈曲系数。

当 m 取 1、2、3、4 …时，将 k 与 a/b 的关系画成曲线，如图 13-28 所示，图中这些曲线构成的下界线是 k 的取值。当边长比 $a/b>1$ 时，板将挠曲成几个半波，而 k 基本为常数；只有 $a/b<1$ 时，才可能使临界力大大提高。因此当 $a/b\geqslant 1$ 时，对任何 m 和 a/b 情况均可取 $k=4$，即：

$$N_{xcr}=4\frac{\pi^2 D}{b^2} \tag{13-61}$$

对其他边界条件和面内荷载情况，矩形板的屈曲临界荷载都可写成式（13-60）的形式，只是 k 的取值有变化而已。其他边界条件和面内荷载情况下 k 的推导本书不作介绍，详细内容可参考弹性稳定理论方面的书籍。为了以后使用方便，我们将 D 的表达式代入式（13-60）后除 t 得临界应力 σ_{cr}：

$$\sigma_{cr}=\frac{k\pi^2 E}{12(1-\nu^2)}\left(\frac{t}{b}\right)^2 \tag{13-62}$$

式中 k——板的屈曲系数，和荷载种类、分布状态及板的边长比例和边界条件有关。因而上式不仅适用于四边简支板，也适用于一边自由其他三边简支的边。

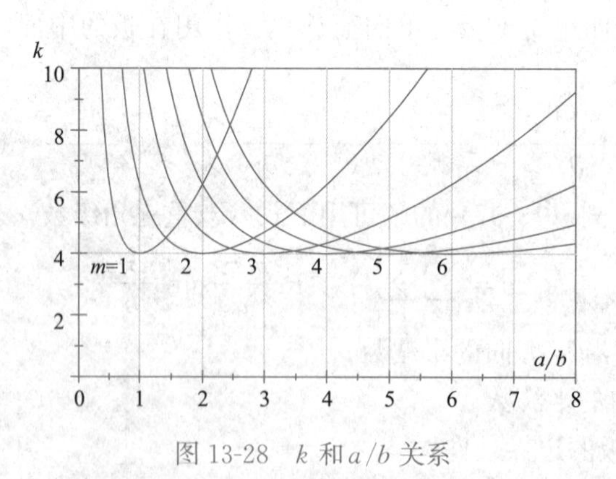

图 13-28　k 和 a/b 关系

考虑到钢梁受力时，并不是组成梁的所有板件同时屈曲，板件之间存在相互约束作用，可在式（13-62）中引入约束系数 χ，得到：

$$\sigma_{cr}=\frac{\chi k\pi^2 E}{12(1-\nu^2)}\left(\frac{t}{b}\right)^2 \tag{13-63}$$

取 $E=2.06\times10^5\text{N/mm}^2$，$\nu=0.3$ 代入上式，得：

$$\sigma_{cr}=\frac{N_{cr}}{t}=18.6k\chi\left(\frac{t}{b}\right)^2\times10^4 \tag{13-64}$$

梁是由板件组成的，考虑梁的整体稳定及强度要求时，板应尽可能宽而薄，但过薄的板可能导致在整体失稳或强度破坏前，腹板或受压翼缘出现波形鼓曲，即出现局部失稳。在钢梁设计中可以采用两种方法处理局部失稳问题：1）对普通钢梁构件，可通过设置加劲肋、限制板件宽厚比的方法，保证板件不发生局部失稳。对于非承受疲劳荷载的梁可利用腹板屈曲后强度；2）对冷弯薄壁型钢构件当超过板件宽厚比限制时，只考虑一部分宽度有效，采用有效宽度的概念按现行国家标准《冷弯薄壁型钢结构技术规范》GB 50018 计算。对于型钢梁，其板件宽厚比较小，都能满足局部稳定要求，不需要计算。此处主要介绍钢板组合梁的局部稳定问题。

2. 梁受压翼缘板屈曲的临界应力

梁的受压翼缘主要承受弯矩产生的均匀压应力，对于箱形截面翼缘中间部分，如图 13-29 所示，属四边简支板，为充分发挥材料的强度，翼缘的临界应力应不低于钢材屈服点。同时考虑梁翼缘发展塑性，引入塑性系数 η，由式（13-64）有：

$$\sigma_{cr}=18.6k\sqrt{\eta}\chi\left(\frac{t}{b}\right)^{2}\times10^{4}\geqslant f_{y} \tag{13-65}$$

式中　η——塑性系数，$\eta=E_{t}/E$，E_{t} 为钢材切线模量。

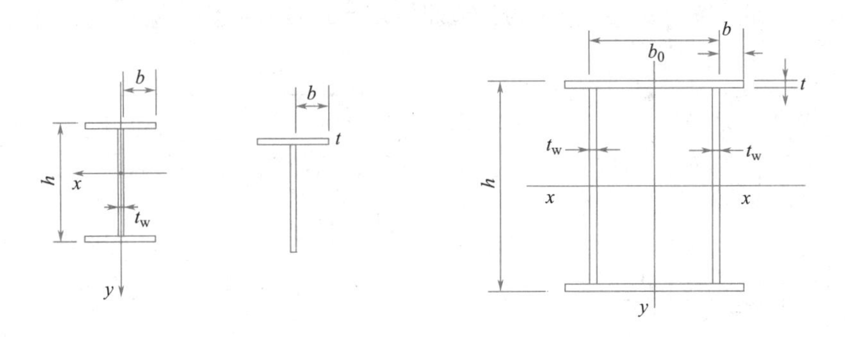

图 13-29　工字形、T 形截面的翼缘及箱形截面

由于腹板比较薄对翼缘没有什么约束作用，故取 $\chi=1.0$，宽为 b_0 的翼缘相当于四边简支板。对于两对边均匀受压的四边简支板，$k=4.0$，如取 $\eta=0.25$，并令 $\sigma_{cr}=f_{y}$，得翼缘达强度极限承载力时不会失去局部稳定的宽厚比限值为：

$$\frac{b_0}{t}\leqslant 40\sqrt{\frac{235}{f_y}} \tag{13-66}$$

对工字形、T 形截面的翼缘及箱形截面悬伸部分的翼缘，属于一边自由其余三边简支的板，其 k 值为：

$$k=0.425+\left(\frac{b}{a}\right)^{2} \tag{13-67}$$

式中，a 是纵边长度，b 是翼缘板悬伸部分的长度，对焊接构件，取腹板边至翼缘板边缘的距离；对轧制构件，取内圆弧起点至翼缘板边缘的距离。

一般 a 大于 b，按最不利情况 $a/b=\infty$ 考虑，$k_{min}=0.425$，取 $\chi=1.0$、$\eta=0.25$ 代入式（13-65）得不失去局部稳定的宽厚比限值为：

$$\frac{b}{t}\leqslant 13\sqrt{\frac{235}{f_y}} \tag{13-68}$$

如梁按弹性设计时可放宽至：

$$\frac{b}{t} \leqslant 15\sqrt{\frac{235}{f_y}} \tag{13-69}$$

13.5.3 腹板的局部失稳

1. 各种应力单独作用下的临界应力

（1）腹板区格在纯剪切作用下的临界应力

图 13-30 所示梁腹板横向加劲肋之间的一段，属四边支承的矩形板，四边受均布剪力作用，处于纯剪状态。板中主应力与剪力大小相等并与它呈 45°角，主压应力可引起板的屈曲，屈曲时呈现出大约沿 45°方向倾斜的鼓曲，与主压应力方向垂直。如不考虑发展塑性，可将公式（13-64）改写为：

$$\tau_{cr} = 18.6k\chi\left(\frac{t_w}{b}\right)^2 \times 10^4 \tag{13-70}$$

式中，b 为板的边长 a 与 h_0 中较小者，t_w 是腹板厚度，h_0 是腹板高度。考虑翼缘对腹板的约束作用 χ 取 1.23。屈曲系数 k 与板的边长比有关为：

$$当\ a/h_0 \leqslant 1\ (a\ 为短边)时，k = 4 + 5.34/(a/h_0)^2 \tag{13-71}$$

$$当\ a/h_0 \geqslant 1\ (a\ 为长边)时，k = 5.34 + 4/(a/h_0)^2 \tag{13-72}$$

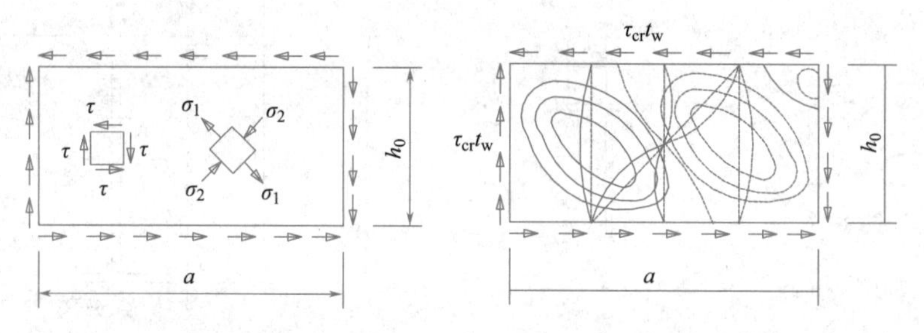

图 13-30 腹板的纯剪屈曲

图 13-31 给出了 k 与 a/h_0 的关系。从图中可见随 a 的减小临界剪应力提高。当然增加 t_w，临界剪应力也提高，但这样做并不经济。一般采用在腹板上设置横向加劲肋以减少 a 的办法来提高临界剪应力，如图 13-32 所示。剪应力在梁支座处最大，向着跨中逐渐减少，故横向加劲肋也可不等距布置，靠近支座处密些。但为制作和构造方便，常取等距布置。如图 13-31 所示，当 $a/h_0 > 2$ 时，k 值变化不大，即横向加劲肋作用不大。因此，规范规定横向加劲肋最大间距为 $2h_0$（对无局部压应力的梁，当 $h_0/t_w \leqslant 100$ 时，可放宽至 $2.5h_0$）。

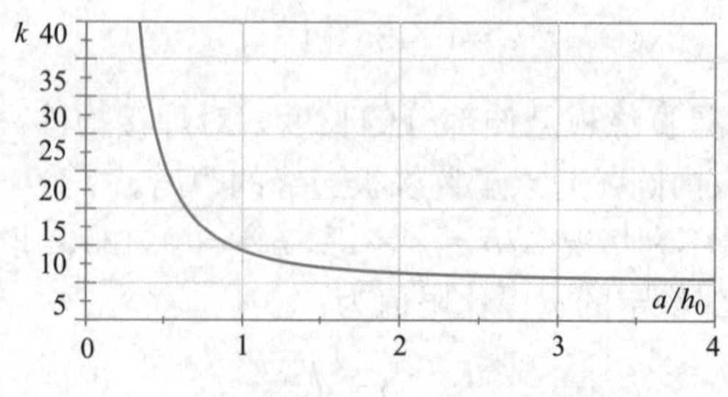

图 13-31 k 与 a/h_0 关系

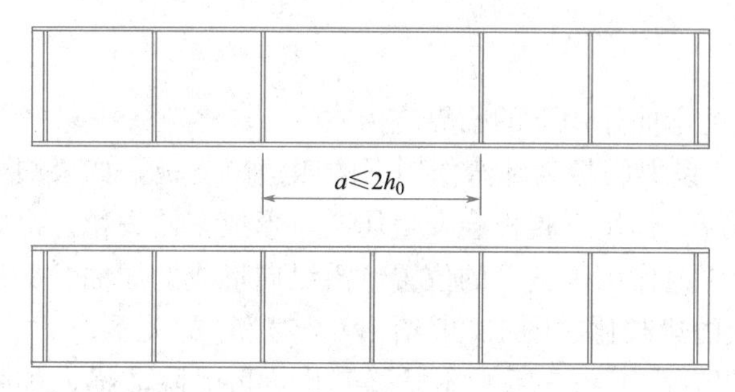

图 13-32 横向加劲肋的布置

令腹板受剪时的通用高厚比或称正则化宽厚比为：

$$\lambda_s = \sqrt{f_{vy}/\tau_{cr}} \tag{13-73}$$

式中，f_{vy} 为钢材的剪切屈服强度，$f_{vy}=f_y/\sqrt{3}$。

将式（13-70）代入上式，并令 $b=h_0$，可得用于腹板受剪计算时的通用高厚比：

$$\lambda_s = \frac{h_0/t_w}{41\sqrt{k}}\sqrt{\frac{f_y}{235}} \tag{13-74}$$

将式（13-71）和式（13-72）代入上式有：

当 $a/h_0 \leqslant 1$ 时，$\lambda_s = \dfrac{h_0/t_w}{41\sqrt{4+5.34(h_0/a)^2}}\sqrt{\dfrac{f_y}{235}}$ (13-75)

当 $a/h_0 > 1$ 时，$\lambda_s = \dfrac{h_0/t_w}{41\sqrt{5.34+4(h_0/a)^2}}\sqrt{\dfrac{f_y}{235}}$ (13-76)

在弹性阶段梁腹板的临界剪应力可表示为：

$$\tau_{cr} = f_{vy}/\lambda_s^2 \approx 1.1 f_V/\lambda_s^2 \tag{13-77}$$

已知钢材的剪切比例极限等于 $0.8f_{vy}$，再考虑 0.9 的几何缺陷影响系数，将 $\tau_{cr}=0.8\times0.9f_{vy}$ 代入式（13-77）可得到满足弹性失稳的通用高厚比界限为 $\lambda_s>1.2$。当 $\lambda_s\leqslant0.8$ 时，规范认为临界剪应力会进入塑性，当 $0.8<\lambda_s\leqslant1.2$ 时，τ_{cr} 处于弹塑性状态。因此规范规定 τ_{cr} 按下列公式计算：

当 $\lambda_s \leqslant 0.8$ 时，$\tau_{cr}=f_v$ (13-78)

当 $0.8<\lambda_s\leqslant1.2$ 时，$\tau_{cr}=[1-0.59(\lambda_s-0.8)]f_v$ (13-79)

当 $\lambda_s>1.2$ 时，$\tau_{cr}=1.1f_v/\lambda_s^2$ (13-80)

临界剪应力的三个公式如图 13-33 所示。显然规范将 $f_{vy}/\gamma_R=f_v$ 作为临界剪应力的最大值。

当腹板不设横向加劲肋时，$a/h\to\infty$，$k=5.34$，若要求 $\tau_{cr}=f_v$，则 λ_s 应不大于 0.8，代入式（13-74）得 $h_0/t_w=75.8\sqrt{\dfrac{235}{f_v}}$。考虑到梁腹板中的平均剪应力一般低于 f_v，故规范规定仅受剪应力作用的腹板，其不会发生剪切失稳的高厚比限值为：

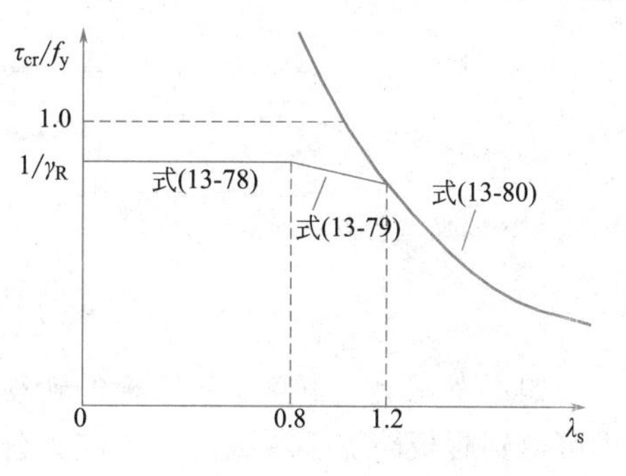

图 13-33 临界剪应力公式适用范围

$$\frac{h_0}{t_w} \leqslant 80\sqrt{\frac{235}{f_y}} \tag{13-81}$$

（2）腹板区格在纯弯曲作用下的临界应力

如图 13-34 所示，设梁腹板为纯弯作用下的四边简支板，如果腹板过薄，当弯矩达到一定值后，在弯曲压应力作用下腹板会发生屈曲，形成多波失稳。沿钢梁横向（h_0 方向）为一个半波，波峰在压力作用区偏上的位置。沿纵向形成的屈曲波数取决于板长。屈曲系数 k 的大小取决于板的边长比。图 13-35 给出 k 与 a/h_0 的关系，a/h_0 超过 0.7 后 k 值变化不大，$k_{min}=23.9$，只有小于 0.7 后 k 才显著变化，可见除非横向加劲肋配置得相当密才能显著提高腹板的临界应力，否则意义不大。比较有效的措施是在腹板受压区中部偏上的部位设置纵向加劲肋（图 13-36），加劲肋距受压边的距离为 $h_1=$（1/5～1/4）h_0，以便有效阻止腹板的屈曲。纵向加劲肋只需设在梁弯曲应力较大的区段。

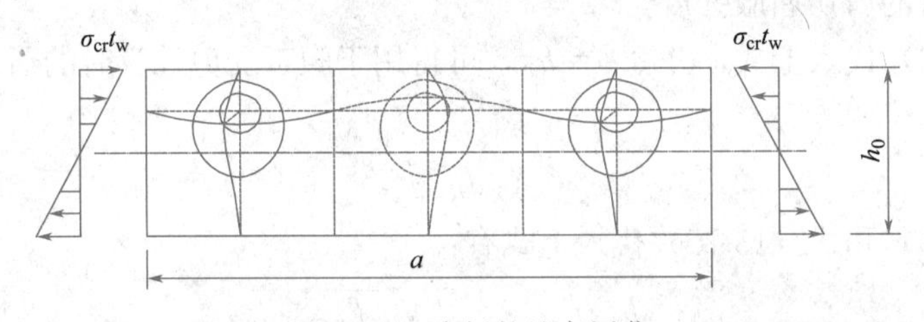

图 13-34　腹板的纯弯屈曲

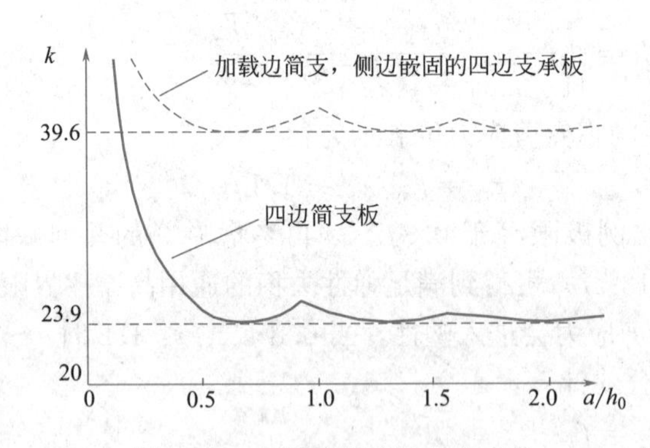

图 13-35　矩形板受弯的屈曲系数

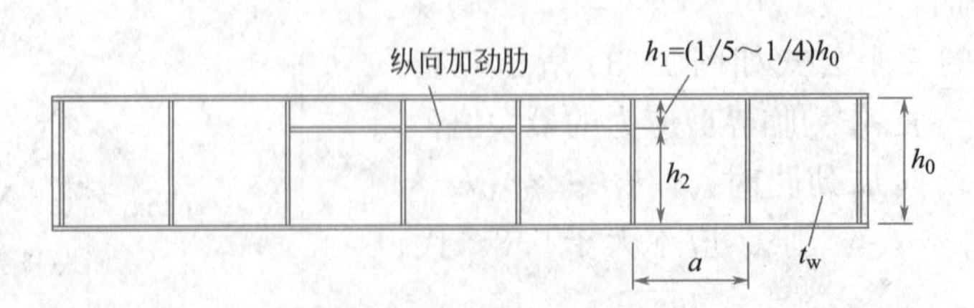

图 13-36　焊接组合梁的纵向加劲肋

如不考虑上、下翼缘对腹板的转动约束作用，将 $k_{min}=23.9$ 和 $b=h_0$ 代入式（13-63）中可得到腹板简支于翼缘的临界应力公式：

$$\sigma_{cr}=445\left(\frac{t_w}{h_0}\right)^2\times10^4 \tag{13-82}$$

实际上，由于受拉翼缘刚度很大，梁腹板和受拉翼缘相连接边的转动基本被约束，相当于完全嵌固。受压翼缘对腹板的约束作用除与本身的刚度有关外，还和限制其转动的构造有关。例如当受压翼缘连有刚性铺板或焊有钢轨时，很难发生扭转，因此腹板的上边缘也相当于完全嵌固，此时嵌固系数 χ 可取为 1.66（相当于加载边简支，其余两边为嵌固时的四边支承板的屈曲系数 $k_{min}=39.6$）；当无构造限制其转动时，腹板上部的约束介于简支和嵌固之间，χ 可取为 1.23。将公式（13-82）分别乘以不同的 χ 值得：

当梁受压翼缘的扭转受到约束时：

$$\sigma_{cr}=738\left(\frac{t_w}{h_0}\right)^2\times10^4 \tag{13-83}$$

当梁受压翼缘的扭转未受到约束时：

$$\sigma_{cr}=547\left(\frac{t_w}{h_0}\right)^2\times10^4 \tag{13-84}$$

令 $\sigma_{cr}=f_y$，可得到上述两种情况腹板在纯弯曲作用下边缘屈服前不发生局部失稳的高厚比限值分别为：

$$\frac{h_0}{t_w}\leqslant177\sqrt{\frac{235}{f_y}} \tag{13-85}$$

$$\frac{h_0}{t_w}\leqslant153\sqrt{\frac{235}{f_y}} \tag{13-86}$$

与腹板受纯剪时相似，令腹板受弯时的通用高厚比为：

$$\lambda_b=\sqrt{f_y/\sigma_{cr}} \tag{13-87}$$

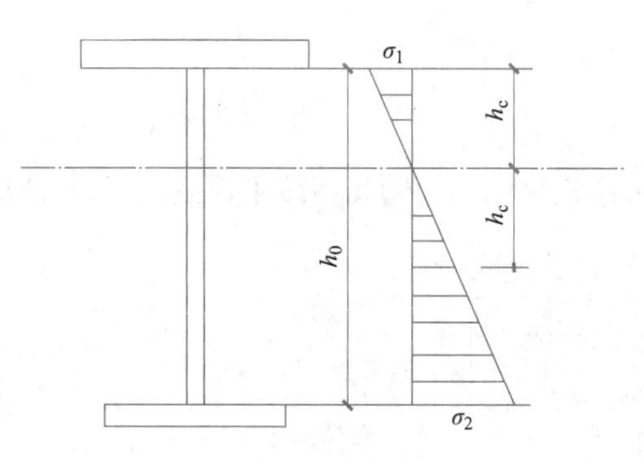

图 13-37　单轴对称梁的 h_c

考虑单轴对称的工字形截面梁中，受弯时中和轴不在腹板中央，此时可近似把腹板高度 h_0 用二倍腹板受压区高度即 $2h_c$ 代替（图 13-37），将式（13-64）代入式（13-87），并令 $b=2h_c$，可得相应于两种情况的腹板通用高厚比：

当梁受压翼缘扭转受到约束时：
$$\lambda_b=\frac{2h_c/t_w}{177}\sqrt{\frac{f_y}{235}} \tag{13-88}$$

当梁受压翼缘扭转未受到约束时：
$$\lambda_b=\frac{2h_c/t_w}{153}\sqrt{\frac{f_y}{235}} \tag{13-89}$$

与 τ_{cr} 相似，临界弯曲应力 σ_{cr} 也可分为塑性、弹塑性和弹性三段，按下列公式计算：

当 $\lambda_b \leqslant 0.85$ 时：
$$\sigma_{cr}=f \tag{13-90}$$

当 $0.85<\lambda_b \leqslant 1.25$ 时：
$$\sigma_{cr}=[1-0.75(\lambda_b-0.85)]f \tag{13-91}$$

当 $\lambda_b>1.25$ 时：
$$\sigma_{cr}=1.1f/\lambda_b^2 \tag{13-92}$$

三段公式适用范围 λ_b 的取值如下：考虑板件内存在残余应力和几何缺陷的影响，取 $\lambda_b=0.85$ 为弹塑性修正的上起始点；考虑梁整体稳定计算中，取弹性界限为 $0.6f_y$，相应的 $\lambda_b=\sqrt{1/0.6}=1.29$，因腹板局部屈曲受残余应力的影响不如整体屈曲大，故取弹塑性修正的下起始点为 $\lambda_b=1.25$。

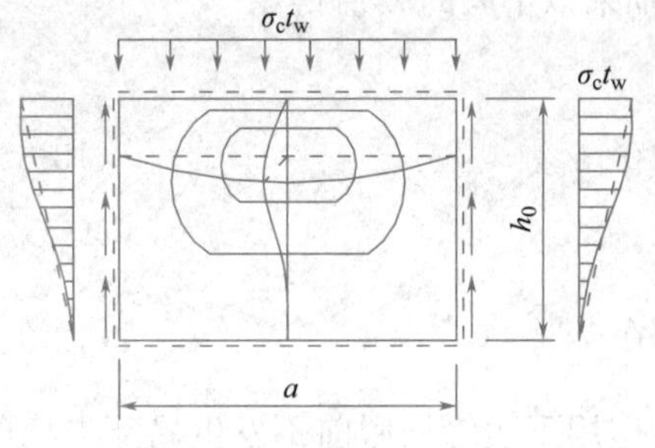

图 13-38　腹板在局部压应力作用下的失稳

(3) 腹板区格在局部压力作用下的临界应力

在集中荷载作用处未设支承加劲肋及吊车荷载作用的情况下，都会使腹板处于局部压应力 σ_c 作用之下。其应力分布状态如图 13-38 所示，在上边缘处最大，到下边缘减为零。其临界应力为：

$$\sigma_{c,cr}=18.6k\chi\left(\frac{t_w}{h_0}\right)^2\times10^4 \tag{13-93}$$

屈曲系数 k 与板的边长比有关：

当 $0.5\leqslant a/h_0\leqslant1.5$ 时：
$$k=\frac{7.4}{a/h_0}+\frac{4.5}{(a/h_0)^2} \tag{13-94}$$

当 $1.5<a/h_0\leqslant2.0$ 时：
$$k=\frac{11.0}{a/h_0}-\frac{0.9}{(a/h_0)^2} \tag{13-95}$$

翼缘对腹板的约束系数为：$\chi=1.81-0.255h_0/a$　(13-96)

根据临界屈曲应力不小于屈服应力的准则，按 $a/h_0=2$ 考虑得到不发生局压局部屈曲的腹板高厚比限值为：

$$h_0/t_w\leqslant84\sqrt{\frac{235}{f_y}},\qquad 取为\ h_0/t_w\leqslant80\sqrt{\frac{235}{f_y}} \tag{13-97}$$

如不满足这一条件，应把横向加劲肋间距减小，或设置短加劲肋（图 13-39）。

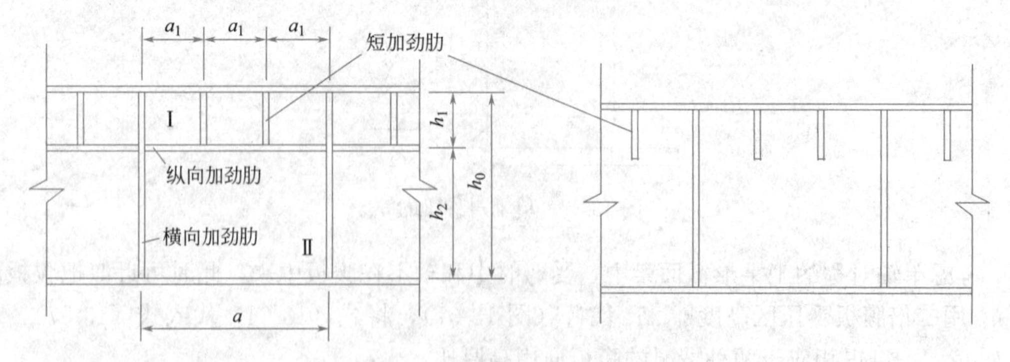

图 13-39　加劲肋的布置

类似于 λ_s、λ_b，相应于局压的通用高厚比 λ_c 为：

当 $0.5\leqslant a/h_0\leqslant1.5$ 时：
$$\lambda_c=\frac{h_0/t_w}{28\sqrt{10.9+13.4(1.83-a/h_0)^3}}\sqrt{\frac{f_y}{235}} \tag{13-98}$$

当 $1.5 < a/h_0 \leqslant 2.0$ 时：
$$\lambda_c = \frac{h_0/t_w}{28\sqrt{18.9 - 5a/h_0}}\sqrt{\frac{f_y}{235}} \tag{13-99}$$

适用于塑性、弹塑性和弹性不同范围的腹板局部受压临界应力 $\sigma_{c,cr}$ 按下列公式计算：

当 $\lambda_c \leqslant 0.9$ 时：
$$\sigma_{c,cr} = f \tag{13-100}$$

当 $0.9 < \lambda_c \leqslant 1.2$ 时：
$$\sigma_{c,cr} = [1 - 0.79(\lambda_c - 0.9)]f \tag{13-101}$$

当 $\lambda_c > 1.2$ 时：
$$\sigma_{c,cr} = 1.1f/\lambda_c^2 \tag{13-102}$$

局部压应力和弯曲应力均为正应力，但腹板中引起横向非弹性变形的残余应力不如纵向的大，故取 $\lambda_c = 1.2$ 作为弹塑性影响的下起始点，偏于安全取 $\lambda_c = 0.9$ 为弹塑性影响的上起始点。

2. 各种应力共同作用下的局部稳定验算

以上介绍的是腹板在几种应力单独作用下的屈曲问题，在实际梁的腹板中常同时存在几种应力联合作用的情况，下面分情况介绍其稳定计算方法。

(1) 横向加劲肋加强的腹板

如图 13-40 所示两横向加劲肋之间的腹板段，同时承受着弯曲正应力 σ、均布剪应力 τ 及局部压应力 σ_c 的作用。当这些内力达到某种组合值时，腹板将由平板转变为微微弯曲的平衡状态，这就是腹板失稳的临界状态。其平衡方程求解运算非常繁复，此时可按下面规范提供的近似相关方程验算腹板的稳定：

$$\left(\frac{\sigma}{\sigma_{cr}}\right)^2 + \left(\frac{\tau}{\tau_{cr}}\right)^2 + \frac{\sigma_c}{\sigma_{c,cr}} \leqslant 1 \tag{13-103}$$

式中 σ ——所计算腹板区格内，由平均弯矩产生的腹板计算高度边缘的弯曲压应力；

τ ——所计算腹板区格内，由平均剪力产生的腹板平均剪应力，$\tau = V/(h_w t_w)$，h_w 为腹板高度；

σ_c ——腹板边缘的局部压应力，按式（13-8）计算，但 $\psi = 1.0$。

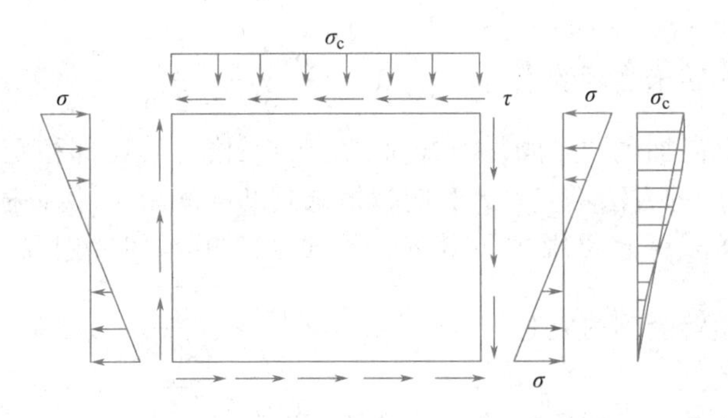

图 13-40 仅用横向加劲肋加强的腹板段

分母为各应力单独计算时的临界应力。σ_{cr}、τ_{cr} 及 $\sigma_{c,cr}$ 分别按式（13-90）～式（13-92），式（13-78）～式（13-80），式（13-100）～式（13-102）计算。

(2) 同时用横向加劲肋和纵向加劲肋加强的腹板

同时用横向加劲肋和纵向加劲肋加强的腹板分为上板段——板段Ⅰ和下板段——板段Ⅱ两种情况，应分别验算。

(3) 上板段

板段Ⅰ的受力状态见图 13-41 (a)，两侧受近乎均匀的压应力和剪应力，上、下边也按受 σ_c 的均匀压应力考虑。这时的临界方程为：

$$\frac{\sigma}{\sigma_{cr1}}+\left(\frac{\sigma_c}{\sigma_{c,cr1}}\right)^2+\left(\frac{\tau}{\tau_{cr1}}\right)^2\leqslant 1 \tag{13-104}$$

式中，σ_{cr1} 按公式 (13-90) ～式 (13-92) 计算，但式中的 λ_b 改用下列 λ_{b1} 代替：

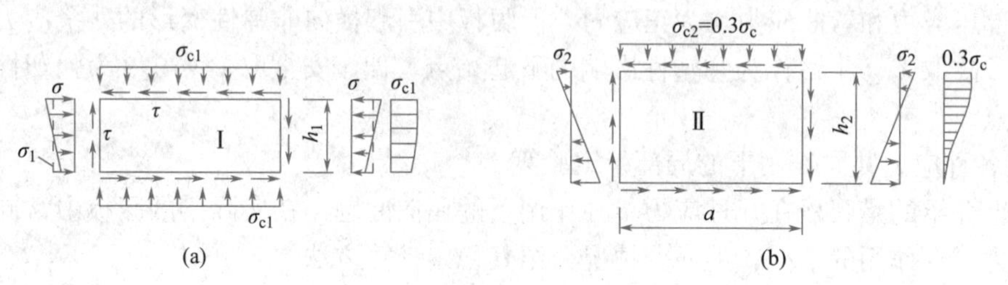

图 13-41 上、下板段受力状态

(a) 上板段；(b) 下板段

当梁受压翼缘扭转受到约束时： $$\lambda_{b1}=\frac{h_1/t_w}{75}\sqrt{\frac{f_y}{235}} \tag{13-105}$$

当梁受压翼缘扭转未受到约束时： $$\lambda_{b1}=\frac{h_1/t_w}{64}\sqrt{\frac{f_y}{235}} \tag{13-106}$$

式中 h_1——纵向加劲肋至腹板计算高度受压边缘的距离。

τ_{cr1} 按式 (13-75)、式 (13-76)，式 (13-78) ～式 (13-80) 计算，但式中的 h_0 改为 h_1；

$\sigma_{c,cr1}$ 亦按式 (13-90) ～式 (13-92) 计算，但式中的 λ_b 改用下列 λ_{c1} 代替：

当梁受压翼缘扭转受到约束时： $$\lambda_{c1}=\frac{h_1/t_w}{56}\sqrt{\frac{f_y}{235}} \tag{13-107}$$

当梁受压翼缘扭转未受到约束时： $$\lambda_{c1}=\frac{h_1/t_w}{40}\sqrt{\frac{f_y}{235}} \tag{13-108}$$

在受压翼缘与纵向加劲肋之间设有短加劲肋的区格，其局部稳定性也按式 (13-104) 验算。计算 σ_{cr1} 和 τ_{cr1} 的方法不变，计算时以短加劲肋的间距 a_1 代替横向加劲肋的间距 a，以 h_1 代替 h_0。计算 $\sigma_{c,cr1}$ 也仍用式 (13-90) ～式 (13-92)，但式中 λ_b 改用下列 λ_{c1} 代替：

当梁受压翼缘扭转受到约束时： $$\lambda_{c1}=\frac{a_1/t_w}{87}\sqrt{\frac{f_y}{235}} \tag{13-109}$$

当梁受压翼缘扭转未受到约束时： $$\lambda_{c1}=\frac{a_1/t_w}{73}\sqrt{\frac{f_y}{235}} \tag{13-110}$$

对 $a_1/h_1>1.2$ 的区格，式 (13-109)、式 (13-110) 右侧应乘以 $1/\left(0.4+0.5\frac{a_1}{h_1}\right)^{\frac{1}{2}}$。

(4) 下板段

板段Ⅱ的受力状态见图 13-41 (b)，临界状态方程为：

$$\left(\frac{\sigma_2}{\sigma_{cr2}}\right)^2+\left(\frac{\tau}{\tau_{cr2}}\right)^2+\frac{\sigma_{c2}}{\sigma_{c,cr2}}\leqslant 1 \tag{13-111}$$

式中　σ_2——所计算区格内腹板在纵向加劲肋处压应力的平均值；

σ_{c2}——腹板在纵向加劲肋处的横向压应力，取为 $0.3\sigma_c$；

σ_{cr2}——按式（13-90）～式（13-92）计算，但式中的 λ_b 改用下列 λ_{b2} 代替：

$$\lambda_{b2}=\frac{h_2/t_w}{194}\sqrt{\frac{f_y}{235}} \tag{13-112}$$

τ_{cr2}——按式（13-75）、式（13-76），式（13-78）～式（13-80）计算，但式中的 h_0 改为 h_2（$h_2=h_0-h_1$）；

$\sigma_{c,cr2}$——按式（13-100）～式（13-102）计算，但式中的 h_0 改为 h_2，当 $a/h_2>2$ 时，取 $a/h_2=2$。

13.5.4　腹板加劲肋的设置与构造

1. 腹板加劲肋的设置

加劲肋的设置主要是用来保证腹板的局部稳定性。承受静力荷载和间接承受动力荷载的组合梁，一般考虑腹板屈曲后强度，按考虑腹板屈曲后强度的梁设计规定布置加劲肋并计算其抗弯和抗剪承载力，而直接承受动力荷载的吊车梁及类似构件，则按下列规定配置加劲肋，并计算各板段的稳定性：

（1）当 $h_0/t_w\leqslant 80\sqrt{235/f_y}$ 时，对有局部压应力的梁，应按构造配置横向加劲肋，但对 $\sigma_c=0$ 的梁，可不配置加劲肋（图 13-42a）；

（2）当 $h_0/t_w>80\sqrt{235/f_y}$ 时，应按计算配置横向加劲肋（图 13-42a）；

（3）当 $h_0/t_w>170\sqrt{235/f_y}$（受压翼缘扭转受到约束，如连有刚性铺板、制动板或焊有钢轨时）或 $h_0/t_w>150\sqrt{235/f_y}$（受压翼缘扭转未受到约束时）或按计算需要时，应在弯矩较大区格的受压区增加配置纵向加劲肋（图 13-42b、c）。局部压应力很大的梁，必要时尚宜在受压区配置短加劲肋（图 13-42d）。

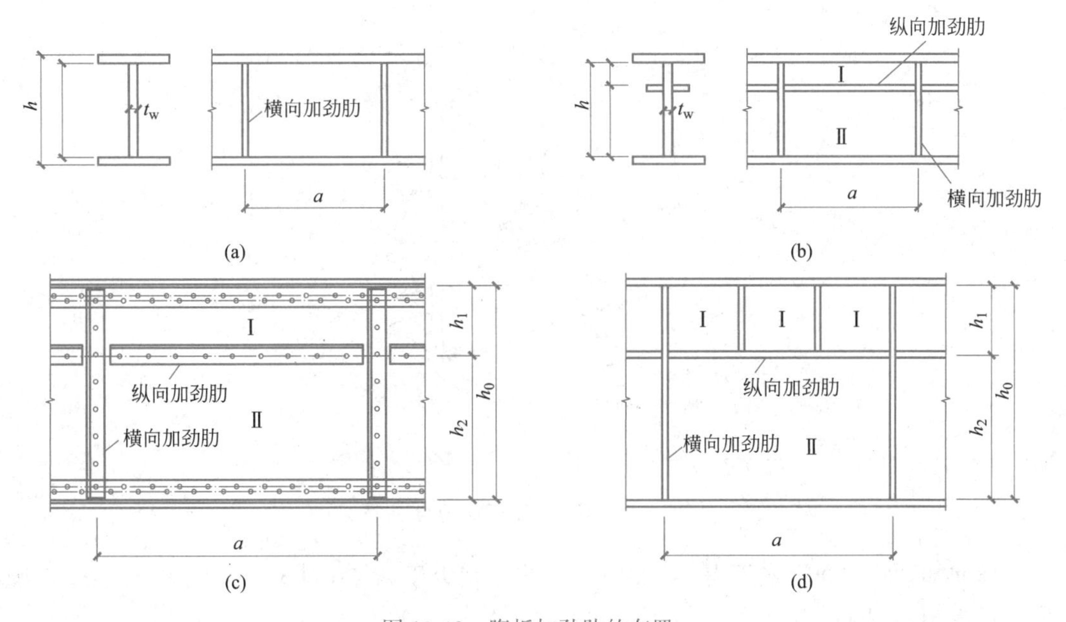

图 13-42　腹板加劲肋的布置

任何情况下，h_0/t_w 均不应超过 $250\sqrt{235/f_y}$。

以上叙述中，h_0 称为腹板计算高度，对焊接梁 h_0 等于腹板高度 h_w；对铆接梁为腹板与上、下翼缘连接铆钉的最近距离。对单轴对称梁，第（3）款中的 h_0 应取腹板受压区高度 h_c 的2倍。

（4）梁的支座处和上翼缘受有较大固定集中荷载处宜设置支承加劲肋。

为避免焊接后的不均匀对称残余变形并减少制造工作量，焊接吊车梁宜尽量避免设置纵向加劲肋，尤其是短加劲肋。

横向加劲肋主要防止由剪应力和局部压应力可能引起的腹板失稳，纵向加劲肋主要防止由弯曲压应力可能引起的腹板失稳，短加劲肋主要防止由局部压应力可能引起的腹板失稳。计算时，先布置加劲肋，再计算各区格板的平均作用应力和相应的临界应力，使其满足稳定条件。若不满足（不足或太富裕），再调整加劲肋间距，重新计算。

2. 腹板加劲肋的构造要求

焊接的加劲肋一般用钢板或型钢做成，焊接梁一般常用钢板。钢材常采用Q235，因为加劲肋主要用其刚度，高强度钢的使用并不经济。加劲肋宜在腹板两侧成对布置（图13-43）。对于仅承受静荷载作用或受动力荷载较小的梁腹板，为了节省钢材和减轻制造工作量，其横向和纵向加劲肋亦可考虑单侧布置。但支撑加劲肋、重级工作制吊车梁的加劲肋不应单侧配置。

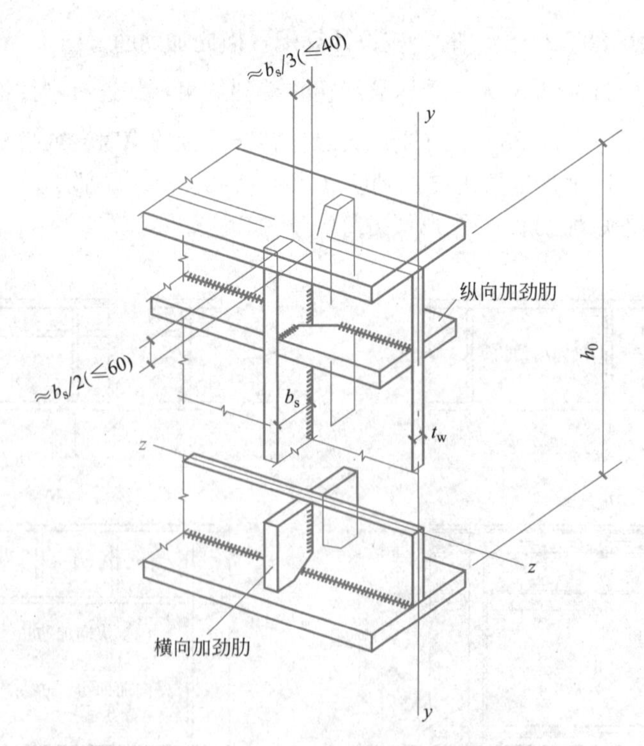

图13-43　腹板加劲肋

横向加劲肋的间距 a 不得小于 $0.5h_0$，也不得大于 $2h_0$（对 $\sigma_c=0$ 的梁，$h_0/t_w\leqslant100$ 时，可采用 $2.5h_0$）。

双侧布置的钢板横向加劲肋的外伸宽度应满足下式要求：

$$b_s \geqslant \frac{h_0}{30} + 40(\text{mm}) \tag{13-113}$$

单侧布置时，外伸宽度应比上式增大20%。

加劲肋的厚度不应小于实际取用外伸宽度的1/15。

当腹板同时用横向加劲肋和纵向加劲肋加强时，应在其相交处切断纵向肋而使横向肋保持连续。此时，横向肋的断面尺寸除应符合上述规定外，其截面惯性矩（对 z-z 轴，图13-43），尚应满足下式要求：

$$I_z \geqslant 3h_0 t_w^3 \tag{13-114}$$

纵向加劲肋的截面惯性矩（对 y-y 轴），应满足下列公式的要求：

当 $a/h_0 \leqslant 0.85$ 时：

$$I_y \geqslant 1.5h_0 t_w^3 \tag{13-115}$$

当 $a/h_0 > 0.85$ 时：

$$I_y \geqslant \left(2.5 - 0.45\frac{a}{h_0}\right)\left(\frac{a}{h_0}\right)^2 h_0 t_w^3 \tag{13-116}$$

对大型梁，可采用以肢尖焊于腹板的角钢加劲肋，其截面惯性矩不得小于相应钢板加劲肋的惯性矩。

计算加劲肋截面惯性矩的 y 轴和 z 轴，双侧加劲肋为腹板轴线；单侧加劲肋为与加劲肋相连的腹板边缘线。

为了避免焊缝交叉，减小焊接应力，在加劲肋端部应切去宽约 $b_s/3$（≤40mm）、高约 $b_s/2$（≤60mm）的斜角（图13-43）。对直接承受动力荷载的梁（如吊车梁），中间横向加劲肋下端不应与受拉翼缘焊接（若焊接，将降低受拉翼缘的疲劳强度），一般在距受拉翼缘50～100mm处断开（图13-44b）。

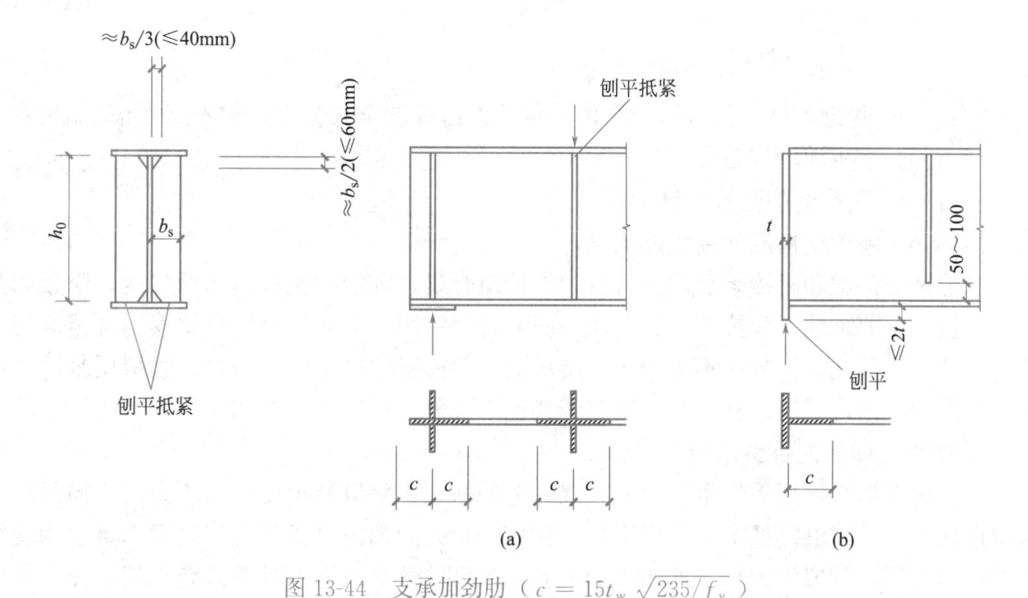

图13-44 支承加劲肋（$c = 15t_w\sqrt{235/f_y}$）

13.5.5 支承加劲肋的计算

支承加劲肋是指承受固定集中荷载或梁支座反力的横向加劲肋，这种加劲肋必须在腹板两侧成对配置，不应单侧配置。支承加劲肋不仅要满足横向加劲肋的尺寸要求，还应对其进行计算。支承加劲肋截面的计算主要包含支承加劲肋的稳定性验算以及承压强度和焊缝计算两个部分。

1. 支承加劲肋的稳定性验算

梁的支承加劲肋应按承受梁支座反力或固定集中荷载的轴心受压构件计算其在腹板平面外的稳定性。当支承加劲肋在腹板平面外屈曲时，腹板对其有一定的约束作用，因此在计算受压构件稳定性时，支承加劲肋的截面除本身截面外还应计入与其相邻的部分腹板的截面。我国规范规定，此受压构件的截面应包含加劲肋和加劲肋每侧 $15t_w\sqrt{235/f_y}$ 范围内的腹板面积，如图 13-44 所示，当加劲肋一侧的腹板实际宽度小于此值时，则用实际宽度，计算长度近似取为 h_0。

2. 承压强度和焊缝计算

梁支承加劲肋的端部应按承受的固定集中荷载或支座反力计算，当支承加劲肋刨平顶紧于梁的翼缘（图 13-44a）或柱顶（图 13-44b）时，其端面承压强度应按下式计算：

$$\sigma_{ce}=\frac{F}{A_{ce}}\leqslant f_{ce} \tag{13-117}$$

式中 F ——集中荷载或支座反力；

A_{ce} ——端面承压面积；

f_{ce} ——钢材端面承压强度设计值。

突缘支座（图 13-44b）的伸出长度不应大于加劲肋厚度的 2 倍。

支承加劲肋与腹板的连接应按承受全部集中力或支反力进行计算，计算时假定应力沿焊缝长度均匀分布。支承加劲肋与腹板的角焊缝应满足：

$$\frac{N}{0.7h_f\sum l_w}\leqslant f_f^w \tag{13-118}$$

式中 h_f ——焊脚尺寸，应满足构造要求；

l_w ——焊缝长度，因焊缝所受内力可看作沿焊缝全长分布，故不必考虑 l_w 是否大于限值 $60h_f$；

f_f^w ——角焊缝的强度设计值。

13.5.6 考虑腹板屈曲后强度的设计

承受静力荷载和间接承受动力荷载的焊接组合梁，宜考虑腹板屈曲后强度，腹板屈曲后强度包括抗剪承载力和抗弯承载力及它们的组合作用。下面将分别介绍我国规范规定的实用计算方法，此计算方法不适用于直接承受动力荷载的吊车梁，是因为腹板反复屈曲可能导致其边缘出现裂纹，并且有关研究资料也不充分。

1. 腹板屈曲后的抗剪承载力

梁腹板在剪力作用下发生屈曲后，继续施加荷载，腹板沿承受斜向压力的方向而产生波浪形变形，不能继续抵抗压力作用，而在另一个方向则因薄膜张力作用可以继续承受很大的拉力作用，行成张力场，如图 13-45 所示。此时钢梁的作用机理如同桁架，在上下翼缘和两加劲肋之间的腹板区格类似于桁架的一个节间，上下翼缘相当于上、下弦杆，腹板的张力场相当于桁架的斜拉杆，加劲肋则相当于桁架的竖压杆。这样的腹板仍有较大的屈曲后强度，不过承受荷载的机理和屈曲前不同。

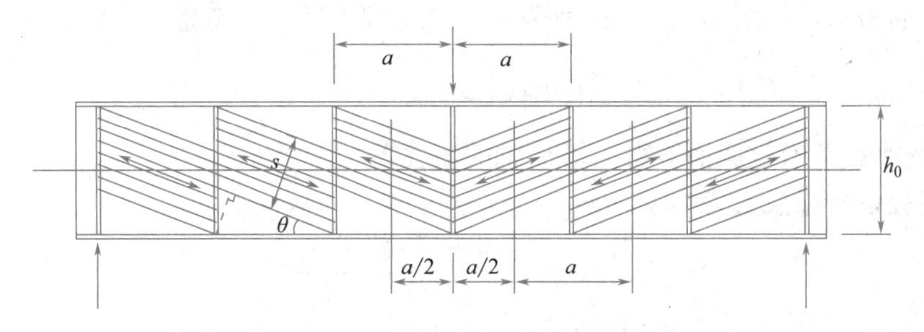

图 13-45　梁腹板中形成的张拉场

张力场法计算结构较精确，但过程烦琐。腹板屈曲后的抗剪承载力应为屈曲剪力与张力场剪力之和。我国规范采用了简化计算方法，梁腹板考虑屈曲后强度的抗剪承载力设计值 V_u 的计算公式如下：

当 $\lambda_s \leqslant 0.8$ 时：

$$V_u = h_w t_w f_v \tag{13-119}$$

当 $0.8 < \lambda_s \leqslant 1.2$ 时：

$$V_u = h_w t_w f_v [1 - 0.5(\lambda_s - 0.8)] \tag{13-120}$$

当 $\lambda_s > 1.2$ 时：

$$V_u = h_w t_w f_v / \lambda_s^{1.2} \tag{13-121}$$

式中　λ_s——用于抗剪计算的腹板通用高厚比。

$$\lambda_s = \sqrt{\frac{f_y}{\tau_{cr}}} = \frac{h_0/t_w}{41\sqrt{\beta}}\sqrt{\frac{f_y}{235}} \tag{13-122}$$

当 $a/h_0 \leqslant 1.0$ 时，$\beta = 4 + 5.34(h_0/a)^2$；当 $a/h_0 > 1.0$ 时，$\beta = 5.34 + 4(h_0/a)^2$。如果只设置支承加劲肋而使 a/h_0 甚大时，则可取 $\beta = 5.34$。

2. 腹板屈曲后的抗弯承载力

在正应力作用下，梁腹板屈曲后的性能与剪切作用下的情况有所不同。在弯矩作用下腹板发生屈曲，此时弯曲受压区将发生凹凸变形，部分受压区的腹板不能继续承受压应力而退出工作。为了计算屈曲后的抗弯承载力，采用有效截面的概念，假定腹板受压区有效高度为 ρh_c，等分在 h_c 的两端，中部则扣去 $(1-\rho)h_c$ 的高度，梁的中和轴也有下降。为了计算简便，现假定腹板受拉区与受压区同样扣去此高度（图 13-46d），这样中和轴可不变动，结果偏于安全。

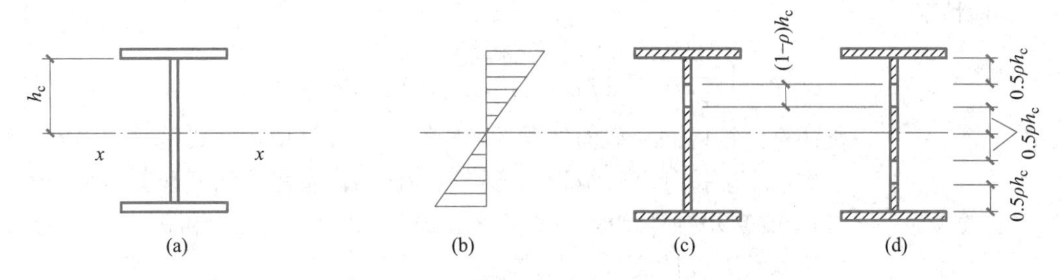

图 13-46　梁截面模量折减系数的计算

此时，腹板截面如图 13-46（d）所示，梁截面惯性矩为（忽略孔洞绕本身轴惯性矩）：

$$I_{xe}=I_x-2(1-\rho)h_c t_w\left(\frac{h_c}{2}\right)^2=I_x-\frac{1}{2}(1-\rho)h_c^3 t_w$$

式中 I_x——按梁有效截面算得的绕 x 轴的惯性矩。

梁截面模量折减系数为：

$$\alpha_e=\frac{W_{xe}}{W_x}=\frac{I_{xe}}{I_x}=1-\frac{(1-\rho)h_c^3 t_w}{2I_x} \tag{13-123}$$

式（13-123）是按双轴对称截面塑性发展系数 $\gamma_x=1.0$ 得出的偏安全的近似公式，也可用于 $\gamma_x=1.05$ 和单轴对称截面。

梁的抗弯承载力设计值为：

$$M_{eu}=\gamma_x \alpha_e W_x f \tag{13-124}$$

式（13-123）中的有效高度系数 ρ，与计算局部稳定中临界应力 σ_{cr} 一样以通用高厚比 $\lambda_b=\sqrt{f_y/\sigma_{cr}}$ 作为参数，也分为三个阶段，分界点也与计算 σ_{cr} 相同。

当 $\lambda_b \leqslant 0.85$ 时：

$$\rho=1.0 \tag{13-125}$$

当 $0.85<\lambda_b \leqslant 1.25$ 时：

$$\rho=1-0.82(\lambda_b-0.85) \tag{13-126}$$

当 $\lambda_b>1.25$ 时：

$$\rho=(1-0.2/\lambda_b)/\lambda_b \tag{13-127}$$

当 $\rho=1.0$ 时，$\alpha_e=1$ 截面全部有效。

任何情况下，以上公式中的截面数据 W_x、I_x 以及 h_c 均按截面全部有效计算。

3. 同时承受弯矩和剪力的腹板屈曲后强度的承载力设计值

一般情况下，梁腹板既承受剪应力，又承受正应力。研究表明，当边缘正应力达到屈服点时，工字形截面焊接梁的腹板还可以承受剪力 $0.6V_u$。弯剪联合作用下的屈曲后强度与此类似，在剪力不超过 $0.5V_u$ 时，腹板抗弯屈曲后强度不下降。因此，我国规范给出了弯剪联合作用下的屈曲后的剪力 V 和弯矩 M 的计算式为：

当 $M/M_f \leqslant 1.0$ 时：

$$V \leqslant V_u \tag{13-128}$$

当 $V/V_u \leqslant 0.5$ 时：

$$M \leqslant M_{eu} \tag{13-129}$$

其他情况：

$$\left(\frac{V}{0.5V_u}-1\right)^2+\frac{M-M_f}{M_{eu}-M_f} \leqslant 1.0 \tag{13-130}$$

式中 M、V——所计算区格内同一截面处梁的弯矩和剪力设计值，此式是梁的强度计算公式，不能按计算腹板稳定那样取为区格内弯矩平均值和剪力平均值；

M_{eu}、V_u——当 M 或 V 单独作用时由式（13-119）～式（13-121）和式（13-124）计算的承载力设计值；

M_f——梁两翼缘所承担的弯矩设计值；对双轴对称截面梁，$M_f=A_f h_f f$（此处 A_f 为一个翼缘截面积；h_f 为上、下翼缘轴线间距离）；对单轴对称截面梁，

$M_f=\left(A_{f1}\dfrac{h_1^2}{h_2}+A_{f2}h_2\right)f$（此处 A_{f1}、h_1 为较大翼缘截面面积及其形心至梁中和轴距离；A_{f2}、h_2 为较小翼缘截面面积及其形心至梁中和轴距离）。

4. 考虑腹板屈曲后强度时的加劲肋设计

（1）中间横向加劲肋设计

规范规定：当梁仅配支承加劲肋不能满足式（13-128）～式（13-130）的要求时，应在钢梁两侧成对配置中间横向加劲肋，其截面尺寸应该满足钢板横向加劲肋的外伸宽度和厚度的要求。此外，考虑屈曲后张力场竖向分力对加劲肋的作用，规范要求尚应按轴心受压构件计算其在腹板平面外的稳定性，轴心压力应按下式计算：

$$N_s=V_u-\tau_{cr}h_w t_w+F \tag{13-131}$$

式中，V_u 为梁腹板考虑屈曲后强度的抗剪承载力设计值，按式（13-119）～式（13-121）计算；h_w 为腹板高度；τ_{cr} 为腹板区格的屈曲临界应力，按式（13-132）～式（13-134）计算；F 为作用于中间支承加劲肋上端的集中压力。

当 $\lambda_s\leqslant0.8$ 时：

$$\tau_{cr}=f_v \tag{13-132}$$

当 $0.8<\lambda_s\leqslant1.2$ 时：

$$\tau_{cr}=[1-0.59(\lambda_s-0.8)]f_v \tag{13-133}$$

当 $\lambda_s>1.2$ 时：

$$\tau_{cr}=1.1f_v/\lambda_s^2 \tag{13-134}$$

式中　λ_s——用于抗剪计算的腹板通用高厚比，按式（13-122）计算。

f_v——钢材的抗剪强度设计值。

计算平面外稳定时，与支承加劲肋相同，受压构件的截面应包括加劲肋及其两侧各 $15t_w\sqrt{235/f_y}$ 范围内的腹板面积，计算长度为 h_0。

（2）设有中间横向加劲肋时梁端支座处支承加劲肋的设计

当腹板在支座旁的区格利用屈曲后强度亦即 $\lambda_s>0.8$ 时，支座加劲肋还要承受张力场产生的水平分力 H 的作用，按压弯构件计算其强度和在腹板平面外的稳定。其中水平分力 H 按下式计算：

$$H=(V_u-h_w t_w\tau_{cr})\sqrt{1+(a/h_0)^2} \tag{13-135}$$

对设中间横向加劲肋的梁，a 取支座端区格的加劲肋间距。对不设中间加劲肋的腹板，a 取梁支座至跨内剪力为零点的距离。H 的作用点在距腹板计算高度上边缘 $h_0/4$ 处。此压弯构件的计算长度同一般支座加劲肋。

如果为增强梁的抗弯能力在支座处采用如图 13-47（a）所示的加封头肋板的构造形式时，可按下述简化方法进行计算：加劲肋 1 作为承受支座反力 R 的轴心压杆计算，封头肋板 2 的截面积不应小于 A_c：

$$A_c=\frac{3h_0H}{16ef} \tag{13-136}$$

式中　e——支座加劲肋与封头肋板之间的距离；

f——钢材设计强度。

图 13-47（b）给出了另一种梁端构造方法，即在梁端处减小支座肋板 1 与相邻肋板 3

的间距 a_1，使该区格腹板的通用高厚比 $\lambda_s \leqslant 0.8$，使其不会发生局部屈曲。这样支座加劲肋就不会受到拉力的作用了，只按承受支座反力 R 的轴心压杆验算其平面外的稳定性即可。

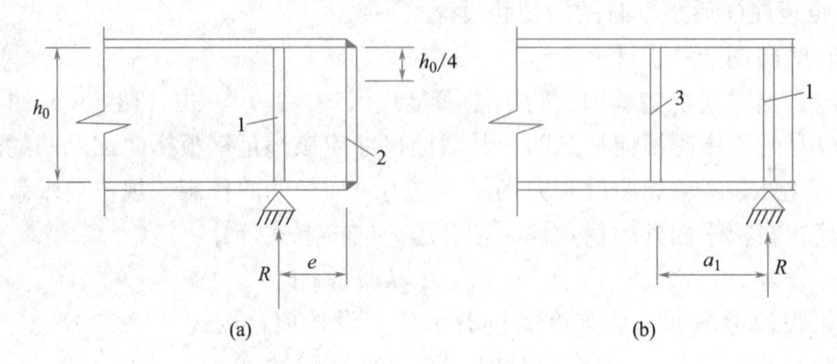

图 13-47 利用腹板屈曲后强度的梁端构造

13.6 受弯构件设计

13.6.1 型钢梁设计

1. 单向弯曲型钢梁的设计

单向弯曲型钢梁的设计比较简单，通常先按抗弯强度（当梁的整体稳定有保证时）或整体稳定（当需要计算整体稳定时）求出需要的截面模量：

$$W_{nx} = M_{max}/(\gamma_x f) \quad 或 \quad W_x = M_{max}/(\varphi_b f) \tag{13-137}$$

式中的整体稳定系数 φ_b 可假定。由截面模量选择合适的型钢（一般为 H 型钢或普通工字钢），然后验算其他项目。由于型钢截面的翼缘和腹板厚度较大，不必验算局部稳定；端部无大的削弱时，也不必验算剪应力。而局部压应力也只在有较大集中荷载或支座反力处才验算。

2. 双向弯曲型钢梁的设计

双向弯曲型钢梁承受两个主平面方向的荷载，设计方法与单面弯曲型钢梁相同，应考虑抗弯强度、整体稳定、挠度等的计算，而剪应力和局部稳定一般不必计算，局部压应力只有在有较大集中荷载或支座反力的情况下，必要时才验算。

双向弯曲梁的抗弯强度按如下公式计算：

$$\frac{M_x}{\gamma_x W_{nx}} + \frac{M_y}{\gamma_y W_{ny}} \leqslant f \tag{13-138}$$

双向弯曲梁的整体稳定的理论分析较为复杂，一般按经验近似公式计算，规范规定双向受弯的 H 型钢或工字钢截面梁应按下式计算其整体稳定：

$$\frac{M_x}{\varphi_b W_x} + \frac{M_y}{\gamma_y W_{ny}} \leqslant f \tag{13-139}$$

式中 φ_b——绕强轴（x 轴）弯曲所确定的梁整体稳定系数。

设计时应尽量满足不需计算整体稳定的条件，这样可按抗弯强度条件选择型钢截面，由式（13-138）可得：

$$W_{nx}=\left(M_x+\frac{\gamma_x}{\gamma_y}\cdot\frac{M_Y}{\gamma_y W_y}M_Y\right)\frac{1}{\gamma_x f}=\frac{Mx+\alpha M_y}{\gamma_x f} \tag{13-140}$$

对小型号的型钢，可近似取 $\alpha=6$（窄翼缘 H 型钢和工字钢）或 $\alpha=5$（槽钢）。

双向弯曲型钢梁最常用于檩条，其截面一般为 H 型钢（檩条跨度较大时）、槽钢（跨度较小时）或冷弯薄壁 Z 型钢（跨度不大且为轻型屋面时）等。这些型钢的腹板垂直于屋面放置，因而竖向线荷载 q 可分解为垂直于截面两个主轴 x-x 和 y-y 的分荷载 $q_x=q\cos\varphi$ 和 $q_y=q\sin\varphi$（图 13-48），从而引起双向弯曲。φ 为荷载 q 与主轴 y-y 的夹角：对 H 型钢和槽钢 φ 等于屋面坡角 α；对 Z 型钢 $\varphi=|\alpha-\theta|$，θ 为主轴 x-x 与平行于屋面轴 x_1-x_1 的夹角。

槽钢和 Z 型钢檩条通常用于屋面坡度较大的情况，为了减少其侧向弯矩，提高檩条的承载能力，一般在跨中平行于屋面设置 1～2 道拉条，如图 13-49 所示，把侧向变为跨度缩至 1/3～1/2 的连续梁。通常是跨度 $l\leqslant 6$m 时，设置 1 道拉条；$l>6$m 时设置 2 道拉条。拉条一般用 ϕ16 圆钢（最小 ϕ12）。

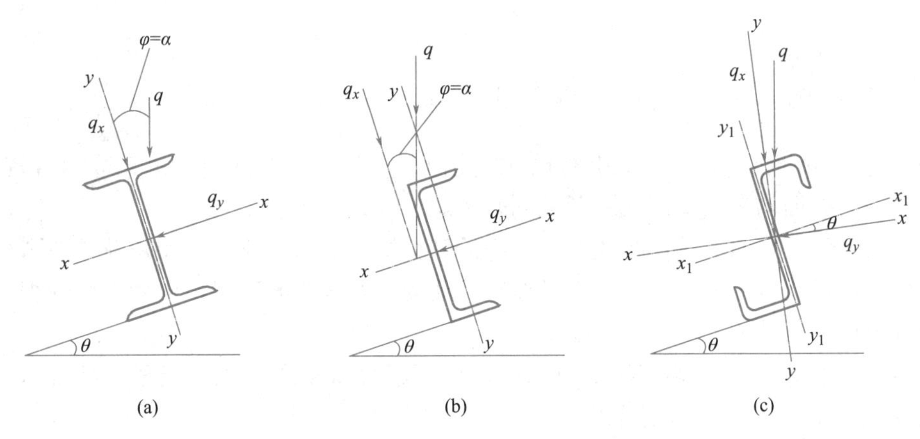

图 13-48　檩条计算简图

拉条把檩条平行于屋面的反力向上传递，直到屋脊上左右坡面的力互相平衡（图 13-49a）。为使传力更好，常在顶部区格（或天窗两侧区格）设置斜拉条和撑杆，将坡向力传至屋架（图 13-49b～f）。Z 形檩条的主轴倾斜角可能接近或超过屋面坡角，拉力是向上还是向下，并不十分确定，故除在屋脊处（或天窗架两侧）用上述方法固定外，还应在檐檩处设置斜拉条和撑杆（图 13-49e）或将拉条连于刚度较大的承重天沟或圈梁上（图 13-49f），以防止 Z 形檩条向上倾覆。

拉条应设置于檩条顶部下 30～40mm 处（图 13-49g）。拉条不但减少檩条的侧向弯矩，且大大增强檩条的整体稳定性，可以认为：设置拉条的檩条不必计算整体稳定。另外屋面板刚度较大且与檩条连接牢固时，也不必计算整体稳定。

檩条的支座处应有足够的侧向约束，一般每端用两个螺栓连于预先焊在屋架上弦的短角钢上（图 13-50）。H 型钢檩条宜在连接处将下翼缘切去一半，以便与支承短角钢相连（图 13-50a）；H 型钢的翼缘宽度较大时，可直接用螺栓连于屋架上，但宜设置支座加劲肋，以加强檩条端部的抗扭能力。短角钢的垂直高度不宜小于檩条截面高度的 3/4。

设计檩条时，按水平投影面积计算的屋面活荷载标准值取 0.5kN/m^2（当受荷水平投

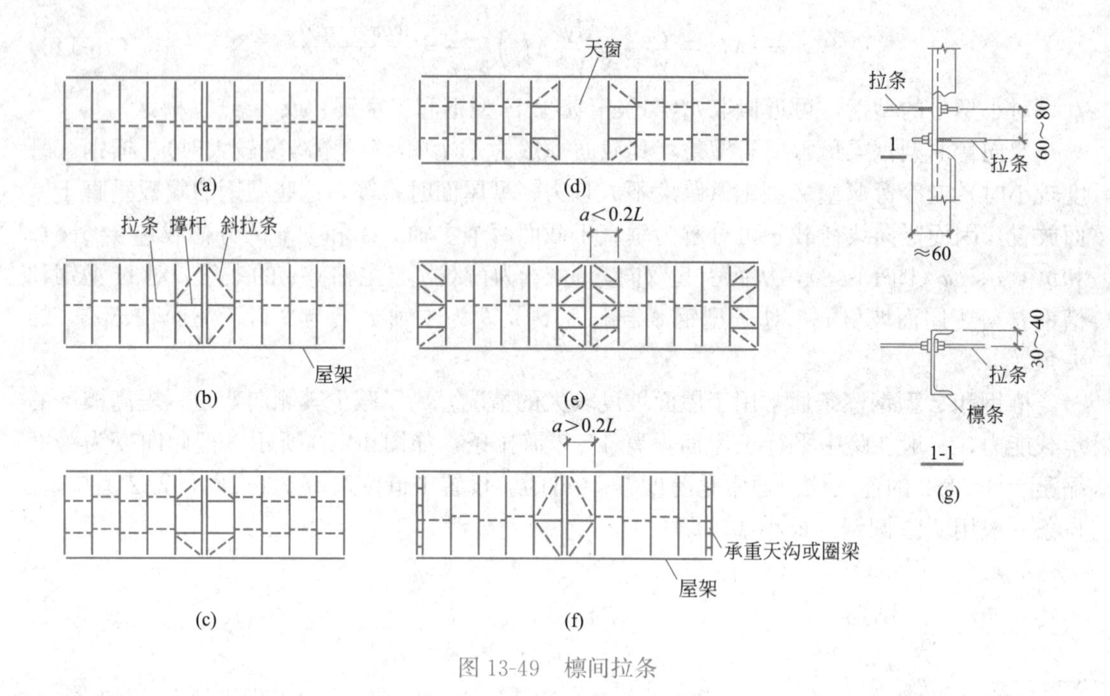

图 13-49 檩间拉条

影面积超过 60m² 时，可取为 0.3kN/m²）。此荷载不与雪荷载同时考虑，取两者较大值。积灰荷载应与屋面均布活荷载或雪荷载同时考虑。

在屋面天沟、阴角、天窗挡风板内，高低跨相接等处的雪荷载和积灰荷载应考虑荷载增大系数。对设有自由锻锤、铸件水爆池等振动较大的设备的厂房，要考虑竖向振动的影响，应将屋面总荷载增大 10%～15%。

雪荷载、积灰荷载、风荷载以及增大系数、组合值系数等应按现行国家标准《建筑结构荷载规范》GB 50009 的规定采用。

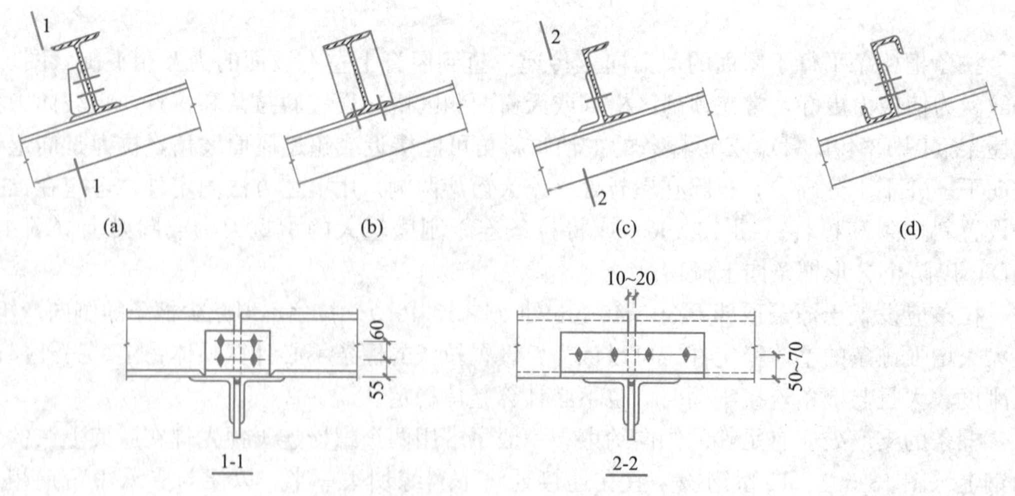

图 13-50 檩条与屋架弦杆的连接

【例题 13-2】 设计一支承压型钢板屋面的檩条，屋面坡度为 1/10，雪荷载为 0.25kN/m²，无积灰荷载。檩条跨度 12m，水平间距为 5m（坡向间距 5.025m），采用 H 型钢（图 13-51），材料为 Q235BF 钢。

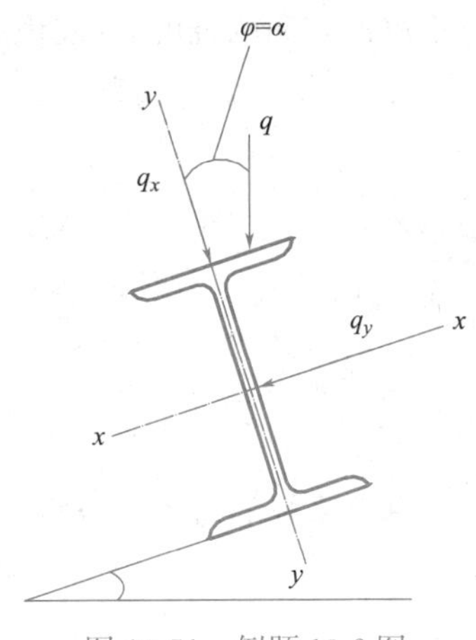

图 13-51 例题 13-2 图

【解】 压型钢板屋面自重约为 0.15kN/m²（坡向）。檩条自重假设为 0.5kN/m。

檩条受荷载水平投影面积为 5×12＝60m²，未超过 60m²。故屋面均布活荷载取 0.5kN/m²，大于雪荷载，故不考虑雪荷载。

檩条线荷载为（对轻屋面，只考虑可变荷载效应控制的组合）：

标准值 $g_k+q_k=(0.15\times5.025+0.5)+(0.5\times5)=3.754\text{kN/m}$

设计值 $g+q=1.3\times(0.15\times5.025+0.5)+1.5\times0.5\times5=5.38\text{kN/m}$

$(g+q)_x=(g+q)\cdot\cos\varphi=5.38\times10/\sqrt{101}=5.35\text{kN/m}$

$(g+q)_y=q\cdot\sin\varphi=5.38\times1/\sqrt{101}=0.535\text{kN/m}$

弯矩设计值为：

$$M_x=\frac{1}{8}\times5.35\times12^2=96.3\text{kN}\cdot\text{m}$$

$$M_y=\frac{1}{8}\times0.535\times12^2=9.63\text{kN}\cdot\text{m}$$

采用紧固件（自攻螺钉、钢拉铆钉或射钉等）使压型钢板与檩条受压翼缘连牢，可不计算檩条的整体稳定。由抗弯强度要求的截面模量近似值为（式 13-140）：

$$W_{nx}=\frac{M_x+\alpha M_y}{\gamma_x f}=\frac{(96.3+6\times9.63)\times10^6}{1.05\times215}=683\times10^3\text{mm}^3$$

式中，α 是对双向受弯构件截面选择时的经验数，对于小型号的型号，可取 $\alpha=6$（窄翼缘 H 型钢和工字钢）或 $\alpha=5$（槽钢）。

查型钢表，选用 HN350×175×7×11，其截面特性参数如下：$I_x=13500\text{cm}^4$，$W_x=771\text{cm}^3$，$W_y=112\text{cm}^3$，$i_x=14.6\text{cm}$，$i_y=3.95\text{cm}$。自重 49.4kg/m≈0.48kN/m，加上连接压型钢板零配件重量，与假设檩条自重 0.50kN/m 相符。

验算强度（跨中无孔眼削弱，$W_{nx}=W_x$，$W_{ny}=W_y$）：

$$\frac{M_x}{\gamma_x M_{nx}}+\frac{M_y}{\gamma_y W_{ny}}=\frac{96.3\times10^6}{1.05\times771\times10^3}+\frac{96.3\times10^6}{1.2\times112\times10^3}$$

$$=190.61\text{N/mm}^2\leqslant f=215\text{N/mm}^2$$

为使屋面平整，檩条在垂直于屋面方向的挠度 v（或相对挠度 v/l）不能超过其容许值 $[v]$（对压型钢板屋面 $[v]=l/200$）：

$$\frac{v}{l}=\frac{5}{384}\cdot\frac{q_k\cdot l^3}{EI_x}$$

$$=\frac{5}{384}\cdot\frac{3.754\times(10/\sqrt{101})\times12000^3}{206\times10^3\times13500\times10^4}=\frac{1}{331}$$

$$<\frac{[v]}{l}=\frac{1}{200}$$

作为屋架上弦水平支撑横杆或刚性系杆的檩条，应验算其长细比（屋面坡向由于有压型钢板连接牢靠，可不必验算）：

$$\lambda_x=1200/14.6=82<[\lambda]=200$$

13.6.2 焊接组合梁设计

焊接组合梁的设计主要包括两部分，一是初选截面尺寸；二是截面的验算。截面尺寸的选择相当重要，包括梁截面高度、腹板厚度和翼缘板的宽度和厚度。截面的验算包括强度验算、稳定性验算和刚度验算，下面介绍焊接组合梁试选截面的方法。

1. 钢梁的截面高度

要确定焊接截面的尺寸，首先要确定梁截面的高度，应考虑建筑高度、刚度条件和经济性条件三方面来确定。

（1）最大高度 h_{max}

梁的截面最大高度是由建筑高度决定的，建筑高度是指梁的底面到铺板顶面之间的高度，它往往由生产工艺和使用要求决定。给定了建筑高度也就决定了梁的最大高度 h_{max}，有时还限制了梁与梁之间的连接形式。

（2）最小高度 h_{min}

梁的最小高度是由刚度条件决定的，应满足正常使用极限状态的要求，使梁在荷载标准值作用下的挠度不超过规范规定的容许值 $[v_T]$。刚度条件是要求梁在全部荷载标准值作用下的挠度 v 不大于容许挠度 $[v_T]$。简支梁的最大挠度 v 应满足以下条件：

$$v\approx\frac{M_k l^2}{10EI_x}=\frac{\sigma_k l^2}{5Eh}\leqslant[v_T] \quad (13\text{-}141)$$

即

$$\frac{v}{l}\approx\frac{M_k l}{10EI_x}=\frac{\sigma_k l}{5Eh}\leqslant\frac{[v_T]}{l} \quad (13\text{-}142)$$

式中，σ_k 为全部荷载标准值产生的最大弯曲正应力。由于挠度计算要用标准值，因而近似取荷载分项系数为 1.3，即令 $\sigma_k=f/1.3$，并取 $E=2.06\times10^3\text{N/mm}^2$，由此得出梁的最小高跨比计算公式为：

$$\frac{h_{min}}{l}=\frac{\sigma_k l}{5E[v_T]}=\frac{f}{1.34\times10^6}\cdot\frac{l}{[v_T]} \quad (13\text{-}143)$$

(3) 经济高度 h_s

从用料最省出发，可以定出梁的经济高度。梁的经济高度，其确切含义是满足一切条件（强度、刚度、整体稳定和局部稳定）的、梁用钢量最少的高度。但条件多了之后，需按照优化设计的方法用计算机求解，比较复杂。对楼盖和平台结构来说，组合梁一般用作主梁。由于主梁的侧向有次梁支承，整体稳定不是最主要的，所以，梁的截面一般由抗弯强度控制。以下计算的便是满足抗弯强度的、梁用钢量最少的高度。这个高度在一般情况下就是梁的经济高度。由图 13-52 的截面：

$$I_x=\frac{1}{12}t_w h_w^3+2A_f\left(\frac{h_1}{2}\right)^2=W_x\frac{h}{2} \tag{13-144}$$

由此得每个翼缘的面积：

$$A_f=W_x\frac{h}{h_1^2}-\frac{1}{6}t_w\frac{h_w^3}{h_1^2} \tag{13-145}$$

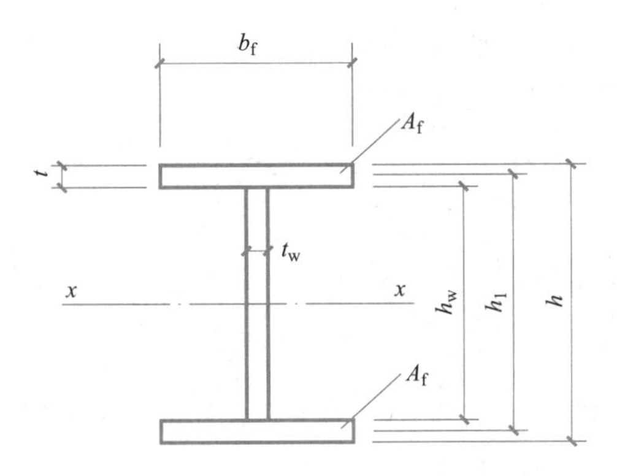

图 13-52 组合梁的截面尺寸

A_f—翼缘面积；b_f—翼缘板宽度；h_w—腹板；t_w—腹板厚度；t—翼缘板厚度

近似取 $h\approx h_1\approx h_w$，则翼缘面积为：

$$A_f=\frac{W}{h_w}-\frac{1}{6}t_w h_w \tag{13-146}$$

梁截面的总面积 A 为两个翼缘面积（$2A_f$）与腹板面积（$t_w h_w$）之和。腹板加劲肋的用钢量约为腹板用钢量的 20%，故将腹板面积乘以构造系数 1.2。由此得：

$$A=2A_f+1.2t_w h_w=2\frac{W_x}{h_w}+0.867t_w h_w \tag{13-147}$$

腹板厚度与其高度有关，根据经验可取 $t_w=\sqrt{h_w}/3.5$（t_w 和 h_w 的单位均为“mm”），代入上式得：

$$A=\frac{2W_x}{h_w}+0.248h_w^{3/2} \tag{13-148}$$

总截面积最小的条件为：

$$\frac{dA}{dh_w}=-\frac{2W_x}{h_w^2}+0.372h_w^{1/2}=0 \tag{13-149}$$

由此得用钢量最小时经济高度 h_s 为：

$$h_s = h_w = (5.376W_x)^{0.4} = 2W_x^{0.4} \tag{13-150}$$

式中，W_x 的单位为"mm^3"；h_s（h_w）的单位为"mm"。W_x 可按下式求出：

$$W_x = \frac{M_x}{\alpha \cdot f} \tag{13-151}$$

上式中，α 为系数。对一般单向弯曲梁：当最大弯矩处无孔眼时 $\alpha = \gamma_x = 1.05$；有孔眼时 $\alpha = 0.85 \sim 0.9$。对吊车梁，考虑横向水平荷载的作用可取 $\alpha = 0.7 \sim 0.9$。

实际采用的梁高，应大于由刚度条件确定的最小高度 h_{min}，而大约等于或略小于经济高度 h_s 此外，梁的高度不能影响建筑物使用要求所需的净空尺寸，即不能大于建筑物的最大允许梁高。

确定梁高时，应适当考虑腹板的规格尺寸，一般取腹板高度为 50mm 的倍数。

2. 腹板厚度

腹板厚度应满足抗剪强度的要求。初选截面时，可近似地假定最大剪应力为腹板平均剪应力的 1.2 倍，腹板的抗剪强度计算公式简化为：

$$\tau_{max} \approx 1.2 \frac{V_{max}}{h_w t_w} \leqslant f_v \tag{13-152}$$

于是

$$t_w \geqslant 1.2 \frac{V_{max}}{h_w f_v} \tag{13-153}$$

由式（13-153）确定的 t_w 往往偏小。为了考虑局部稳定和构造因素，腹板厚度一般用下列经验公式进行估算：

$$t_w = \sqrt{h_w}/3.5 \tag{13-154}$$

式（13-154）中，t_w 和 h_w 的单位均为"mm"。实际采用的腹板厚度应考虑钢板的现有规格，一般为 2mm 的倍数。对于非吊车梁，腹板厚度取值宜比式（13-154）的计算值略小；对考虑腹板屈曲后强度的梁，腹板厚度可更小，但不得小于 6mm，也不宜使高厚比超过 $250\sqrt{235/f_y}$。

3. 翼缘尺寸

已知腹板尺寸，由式（13-146）即可求得需要的翼缘截面积 A_f。

翼缘板的厚度通常为 $b_f = (1/5 \sim 1/3)h$，厚度 $t = A_f/b_f$，翼缘板经常用单层板做成，当厚度过大时可采用双层板。

确定翼缘板的尺寸时，应注意满足局部稳定要求，使受压翼缘外伸宽度 b 与其厚度 t 之比 $b/t \leqslant 15\sqrt{235/f_y}$（弹性设计，即取 $\gamma_x = 1.0$）或 $13\sqrt{235/f_y}$（考虑塑性发展，即取 $\gamma_x = 1.05$）。

选择翼缘尺寸时，同样应符合钢板规格，宽度取 10mm 的倍数，厚度取 2mm 的倍数。

4. 截面验算

根据试选的截面尺寸，求出截面的各种几何数据，如惯性矩、截面模量等，然后进行验算。梁的截面验算包括强度、刚度、整体稳定和局部稳定几个方面。其中，腹板的局部稳定通常是采用配置加劲肋来保证的。

5. 组合梁截面沿长度的改变

梁的弯矩是沿梁的长度变化的，因此，梁的截面如能随弯矩而变化，则可节约钢材。对跨度较小的梁，截面改变经济效果不大，或者改变截面节约的钢材不能抵消构造复杂带来的加工困难时，则不宜改变截面。单层翼缘板的焊接梁改变截面时，宜改变翼缘板的宽度（图 13-53）而不改变其厚度。因改变厚度时，该处应力集中严重，且使梁顶部不平，有时使梁支承其他构件不便。

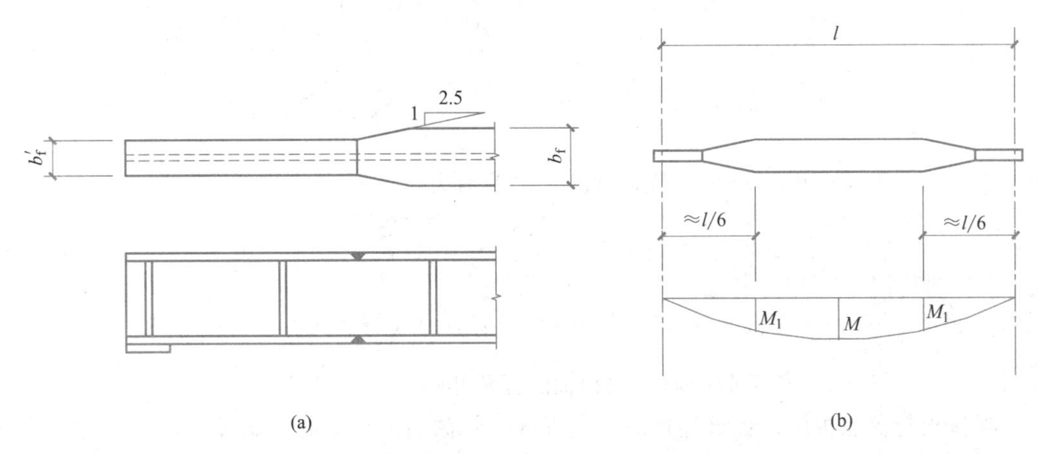

图 13-53 梁翼缘宽度的改变

梁改变一次截面约可节约钢材 10%～20%。如再多改变一次，约再多节约 3%～4%，效果不显著。为了便于制造，一般只改变一次截面。

对承受均布荷载的梁，截面改变位置在距支座 $l/6$ 处（图 13-53b）最有利。较窄翼缘板宽度 b'_f 应由截面开始改变处的弯矩 M_1 确定。为了减少应力集中，宽板应从截面开始改变处向弯矩减小的一方以不大于 1：2.5 的斜度切斜延长，然后与窄板对接。

多层翼缘板的梁，可用切断外层板的办法来改变梁的截面（图 13-54）。理论切断点的位置可由计算确定。为了保证被切断的翼缘板在理论切断处能正常参加工作，其外伸长度 l_1，应满足下列要求：

端部有正面角焊缝：

当 $h_f \geq 0.75t_1$ 时：　　$l_1 \geq b_1$

当 $h_f < 0.75t_1$ 时：　　$l_1 \geq 1.5b_1$

端部无正面角焊缝：　　$l_1 \geq 2b_1$

b_1、t_1 分别为被切断翼缘板的宽度和厚度；h_f 为侧面角焊缝和正面角焊缝的焊脚尺寸。

有时为了降低梁的建筑高度，简支梁可以在靠近支座处减小其高度，而使翼缘截面保持不变（图 13-55），其中图 13-55（a）构造简单制作方便。梁端部高度应根据抗剪强度要求确定，但不宜小于跨中高度的 1/2。

6. 组合梁翼缘焊缝的计算

当梁弯曲时，由于相邻截面中作用在翼缘截面的弯曲正应力有差值，翼缘与腹板间产

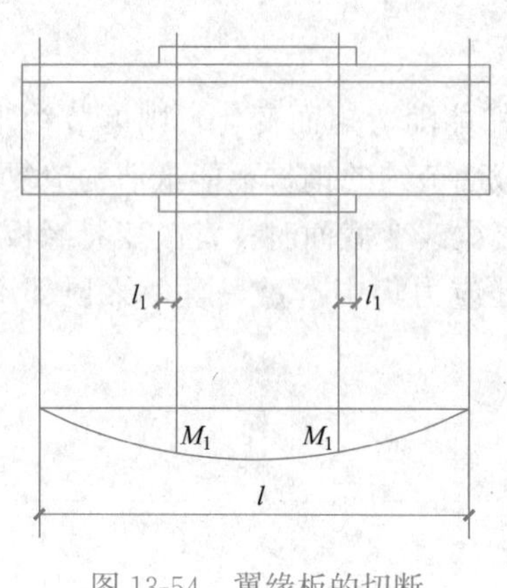

图 13-54　翼缘板的切断

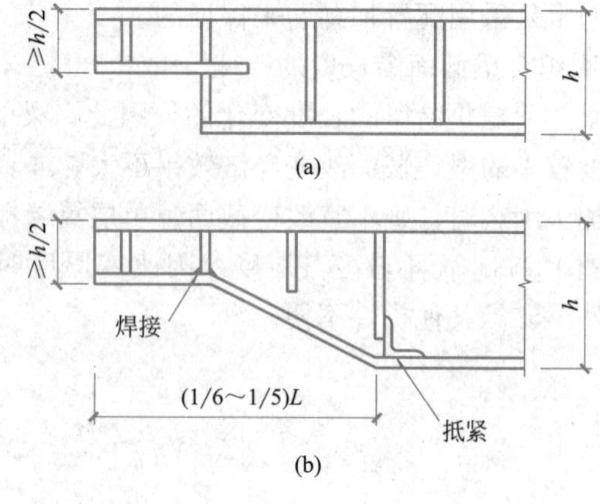

图 13-55　变高度梁

生水平剪力（图 13-56）。沿梁单位长度的水平剪力为：

$$v_1 = \tau_1 t_w = \frac{VS_1}{I_x t_w} \cdot t_w = \frac{VS_1}{I_x} \tag{13-155}$$

式中　$\tau_1 = \dfrac{VS_1}{I_x t_w}$——腹板与翼缘交界处的水平剪应力（与竖向剪应力相等）；

S_1——翼缘截面对梁中和轴的面积矩。

当腹板与翼缘板用角焊缝连接时，角焊缝有效截面上承受剪力 τ_f 不应超过角焊缝强度设计值 f_f^w：

$$\tau_f = \frac{v_1}{2 \times 0.7 h_f} = \frac{VS_1}{1.4 h_f I_x} \leqslant f_f^w \tag{13-156}$$

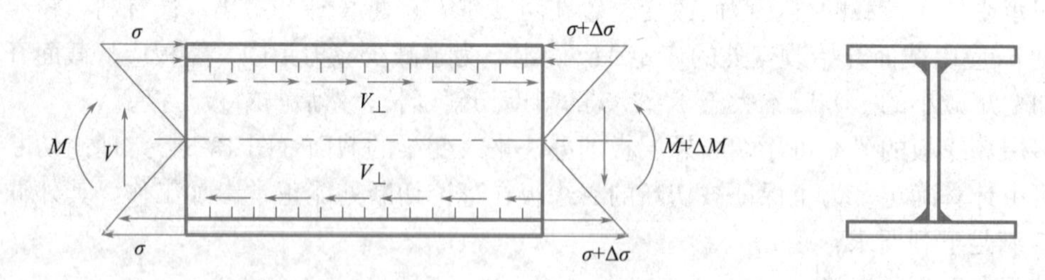

图 13-56　翼缘焊缝的水平剪力

需要的焊脚尺寸为：

$$h_f \geqslant \frac{VS_1}{1.4 I_x f_f^w} \tag{13-157}$$

当梁的翼缘上受有固定集中荷载而未设置支撑加劲肋时，或受有移动集中荷载（如有吊车轮压）上翼缘与腹板之间的连接焊缝长度方向的剪应力 τ_f 外，还有受垂直与焊缝长度方向的局部压应力：

$$\sigma_f = \frac{\psi F}{2 h_e l_z} = \frac{\psi F}{1.4 h_f l_z} \tag{13-158}$$

因此，受有局部应力的上翼缘与腹板之间的连接焊缝应按下式计算强度：

$$\frac{1}{1.4h_{\mathrm{f}}}\sqrt{\left(\frac{\psi F}{\beta_{\mathrm{f}}l_z}\right)^2+\left(\frac{VS}{I_x}\right)^2}\leqslant f_{\mathrm{f}}^{\mathrm{w}} \tag{13-159}$$

从而

$$h_{\mathrm{f}}\geqslant\frac{1}{1.4f_{\mathrm{f}}^{\mathrm{w}}}\sqrt{\left(\frac{\psi F}{\beta_{\mathrm{f}}l_z}\right)^2+\left(\frac{VS}{I_x}\right)^2} \tag{13-160}$$

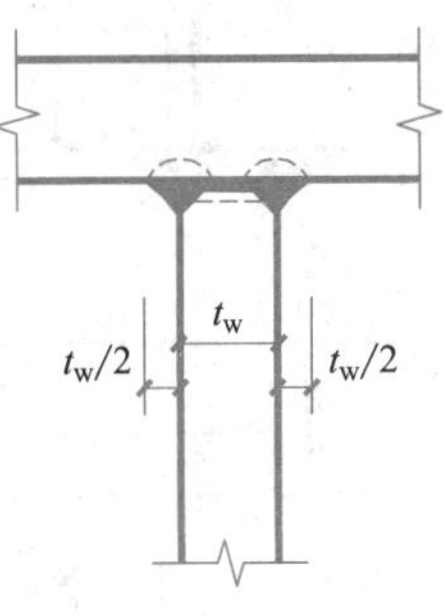

图 13-57　T 形对接

式中　β_{f}——系数，对直接承受动力荷载的梁（如吊车梁），$\beta_{\mathrm{f}}=1.0$；对其他梁，$\beta_{\mathrm{f}}=1.22$；

F、ψ、l_z 各符号的意义同式（13-8）。

对承受动力荷载的梁（如重级工作制梁和大吨位中级工作制吊车梁），腹板上翼缘之间的连接焊缝的 T 形对接（图 13-57），此种焊缝与基本金属等强，不用计算。

13.7　钢梁的拼接和连接

13.7.1　钢梁的拼接

梁的拼接有工厂拼接和工地拼接两种，由于钢材尺寸的限制，必须将钢材接长或拼大，这种拼接常在工厂中进行，称为工厂拼接。由于运输或安装条件的限制，梁必须分段运输，然后在工地拼装连接，称为工地拼装。

型钢梁的拼接可采用对接焊缝连接（图 13-58a），但由于翼缘和腹板处不易焊透，故有时采用拼板拼接（图 13-58b）。上述拼接位置均宜放在弯矩较小的地方。

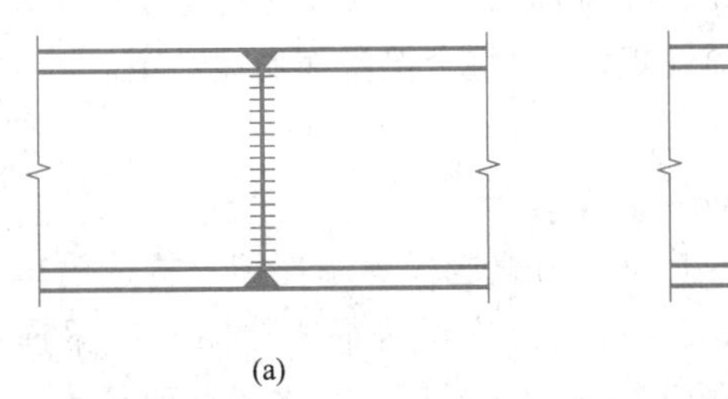
(a)

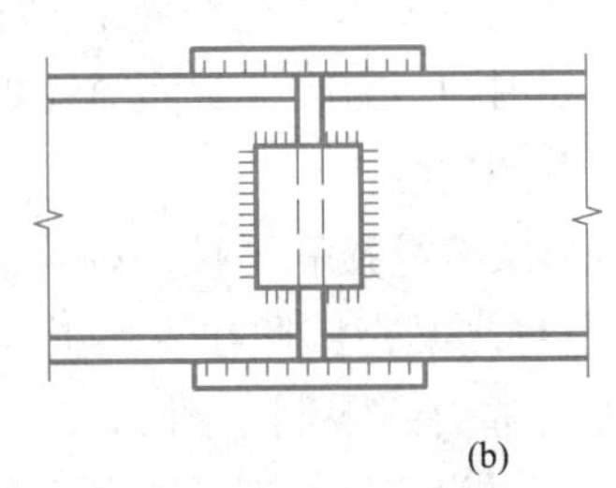
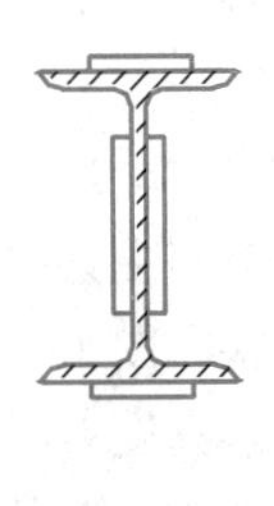
(b)

图 13-58　型钢梁的拼接

焊接组合梁的工厂拼接，翼缘和腹板拼接位置最好错开并用直对接焊缝连接。腹板的拼焊缝与横向加劲肋之间至少应相距 $10t_{\mathrm{w}}$（图 13-59）。对接焊缝施焊时宜加引弧板，并采用 1 级和 2 级焊缝（根据现行国家标准《钢结构工程施工质量验收标准》GB 50205 的规定分级）。这样焊缝可与基本金属等强。

梁的工地拼接应使翼缘和腹板基本上在同一截面处断开，以便分段运输。高大的梁在工地施焊时不便翻身，应将上、下翼缘的拼接边缘均做成向上开口的 V 形坡口，以便俯焊（图 13-60）时将翼缘和腹板的接头略微错开一些（图 13-60b），这样受力情况较好，但运输单元突出部分应特别保护，以免碰损。将翼缘焊缝留一段不在工厂施焊，是为了减少焊缝收缩应力。注明的数字是工地施焊的适宜顺序。

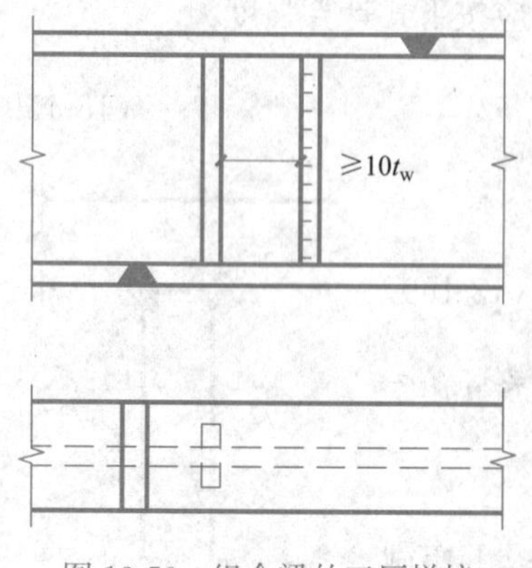

图 13-59　组合梁的工厂拼接

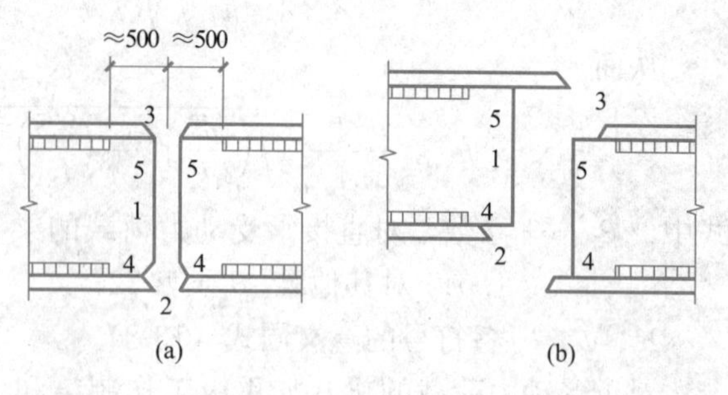

图 13-60　组合梁的工地拼接

由于现场施焊条件较差，焊缝质量难于保证，所以较重要或受动力荷载的大型梁，其工地拼接宜采用高强度螺栓（图 13-61）。

当梁拼接处的对接焊缝不能与基本金属等强时，例如采用 3 级焊缝时，应对受拉区翼缘焊缝进行计算，使拼接处弯曲拉应力不超过焊缝抗拉强度设计值。

对用拼接板的接头（图 13-58b、图 13-61），应按下列规定的内力进行计算。翼缘拼接板及其连接所承受的内力 N_1 为翼缘板的最大承载力：

$$N_1 = A_{fn} \cdot f \tag{13-161}$$

图 13-61　采用高强度螺栓的工地拼接

式中　A_{fn}——被拼接的翼缘板净截面面积。

腹板拼接板及其连接，主要承受梁截面上的全部剪力 V，以及按刚度分配到腹板上的弯矩 $M_w = M \cdot I_w / I$，式中 I_w 为腹板截面惯性矩；I 为整个梁截面的惯性矩。

13.7.2　次梁与主梁的连接

次梁与主梁的连接形式有叠接和平接两种。

叠接（图 13-62）是将次梁直接搁在主梁上面，用螺栓或焊缝连接，构造简单，但需要的结构高度大，其使用常受到限制。图 13-62（a）是次梁为简支梁时与主梁连接的构造，而图 13-62（b）是次梁为连续梁时与主梁连接的构造示例。如次梁截面较大时，应另采取构造措施防止支承处截面的扭转。

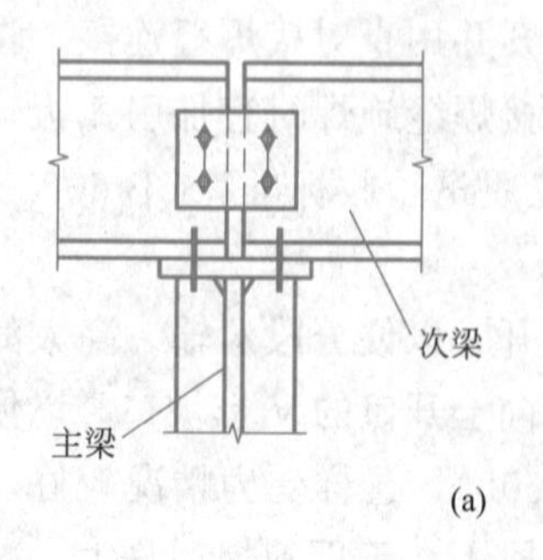

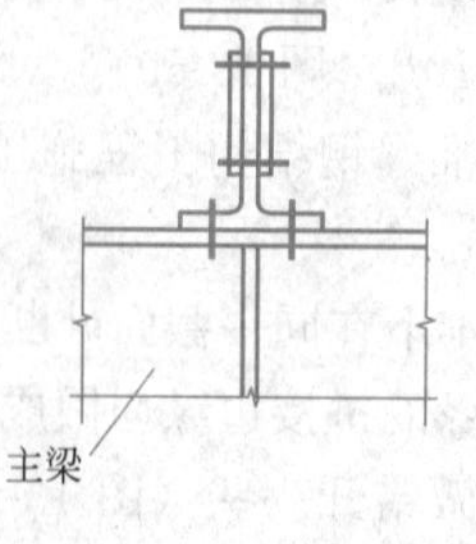

(a)

次梁
主梁
(b)

图 13-62　次梁与主梁的叠接

平接（图 13-63）是使次梁顶面与主梁相平或略高、略低于主梁顶面，从侧面与主梁的加劲肋或在腹板上专设的短角钢或支托相连接。图 13-63（a）、（b）、（c）是次梁为简支梁时与主梁连接的构造，图 13-63（d）是次梁为连续梁时与主梁连接的构造。平接虽构造复杂，但可降低结构高度，故在实际工程中应用较广泛。

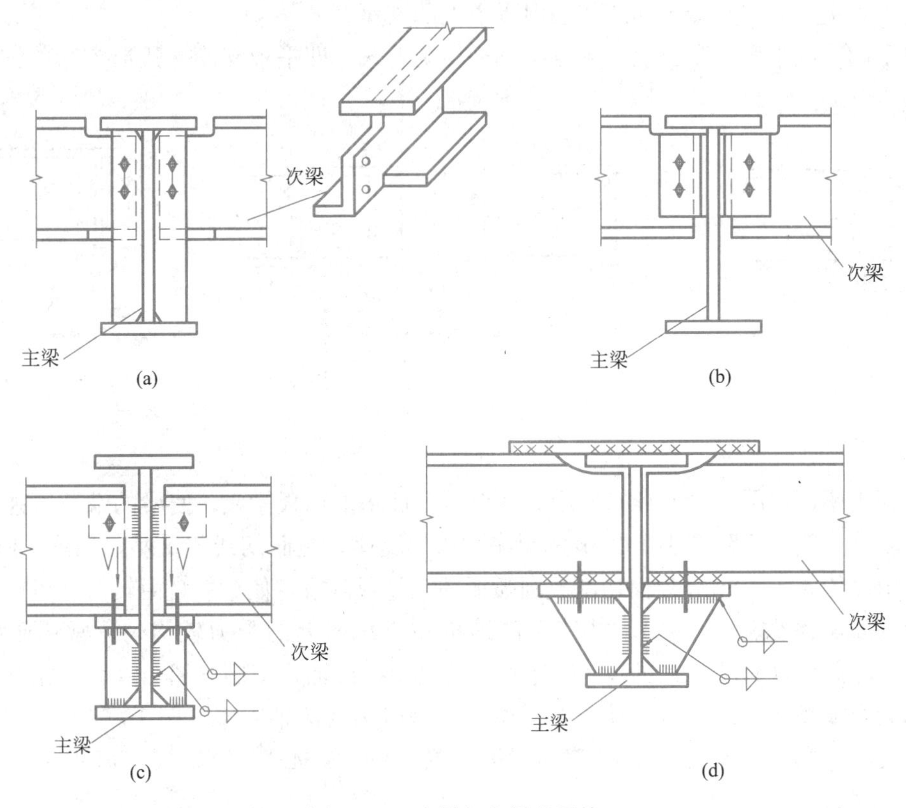

图 13-63　次梁与主梁的平接

每一种连接构造都要将次梁支座的压力传给主梁，实质上这些支座压力就是梁的剪力。而梁腹板的主要作用是抗剪，所以应将次梁腹板连于主梁的腹板上，或连于与主梁腹板相连的抗剪刚度较大的加劲肋上或支托上。在次梁支座压力作用下，按传力的大小计算连接焊缝或螺栓的强度。图 13-63（a）是最常用的一种连接形式，次梁连于主要的横向加劲肋上，当次梁与主梁的顶面相平连接时，次梁梁端上部要割去部分上翼缘和腹板，梁端下部要割去半个翼缘板。由于有截面削弱，此时还应验算次梁端部的抗剪强度。图 13-63（b）为次梁连接于固定在主梁腹板上的角钢上，只需对次梁端部的上部进行切割。图 13-63（c）为次梁的低位连接，可避免在次梁端部进行切割。

考虑到连接处有一定的约束作用，并非完全简支，同时考虑实际上连接处存在的偏心影响，宜将次梁支座压力增大 20%～30%计算所需连接的螺栓数目或焊缝尺寸，当使用焊缝连接时，螺栓只起临时固定作用。

对于刚接构造，次梁与次梁之间还要传递支座弯矩。图 13-62（b）的次梁本身是连续的，支座弯矩可以直接传递，不必计算。图 13-63（d）主梁两侧的次梁是断开的，支座弯矩靠焊缝连接的次梁上翼缘盖板、下翼缘支托水平顶板传递。由于梁的翼缘承受弯矩的大部分，所以连接盖板的截面及其焊缝可按承受水平力偶 $H=M/h$ 计算（M 为次梁支座弯矩，h 为次梁高度）。支托顶板与主梁腹板的连接焊缝也按力 H 计算。

13.7.3 钢梁的支座

梁通过在砌体、钢筋混凝土柱或钢柱上的支座，将荷载传给柱或墙体，再传给基础和地基。以下主要介绍支于砌体或钢筋混凝土上的支座。

支于砌体或钢筋混凝土上的支座有三种传统形式，即平板支座、弧形支座、铰轴式支座（图 13-64）。

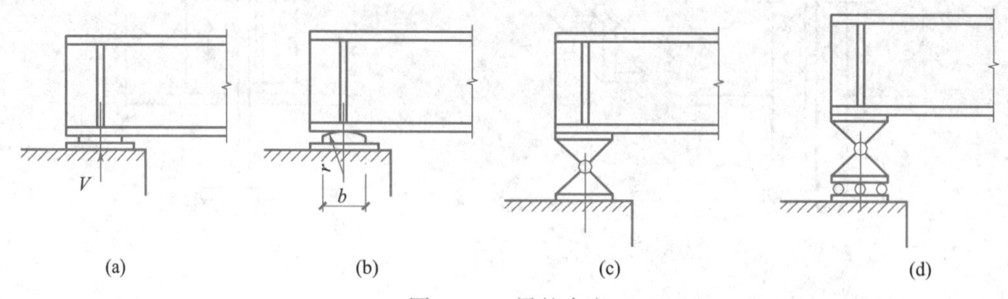

图 13-64 梁的支座

平板支座，如图 13-64（a）所示为在梁端下面垫上钢板做成，使梁的端部不能自由移动和转动，一般用于跨度小于 20m 的梁中。弧形支座，也叫切线式支座，如图 13-64（b）所示，由厚约 40～50mm 顶面切削成圆弧形的钢垫板制成，使梁能自由转动并可产生适量的移动（摩阻系数约为 0.2），并使下部结构在支承面上的受力较均匀，常用于跨度为 20～40m，支反力不超过 750kN（设计值）的梁中。铰轴式支座（图 13-64c）完全符合梁简支的力学模型，可以自由转动，下面设置滚轴时称为滚轴支座（图 13-64d）。滚轴支座能自由转动和移动，只能安装在简支梁的一端（图 13-64c）。铰轴式支座用于跨度大于 40m 的梁中。

为了防止支承材料被压坏，支座板与支承结构顶面的接触面积按下式确定：

$$A=a\times b\geqslant\frac{V}{f_{c}} \tag{13-162}$$

式中 V——支座反力；

f_c——支承材料的承压强度设计值；

a、b——支座垫板的长和宽；

A——支座板的平面面积。

支座底板的厚度，按均布支反力产生的最大弯矩进行计算。

为了防止弧形支座的弧形垫块和滚轴支座的滚轴被劈裂，其圆弧面与钢板接触面（系切线接触）的承压力（劈裂应力），应满足下式的要求：

$$V\leqslant 40nda_1/E \tag{13-163}$$

式中 d——弧形支座板表面半径 r 的 2 倍或滚轴支座的滚轴直径；

a_1——弧形表面或滚轴与平板的接触长度；

n——滚轴个数，对于弧形支座 $n=1$。

铰轴式支座的圆柱形枢轴，当接触面中心角 $\theta\geqslant 90°$时，其承压应力应满足下式要求：

$$\sigma = \frac{2V}{dl} \leqslant f \tag{13-164}$$

式中　d ——枢轴直径；

l ——枢轴纵向接触长度。

在设计梁的支座时，除了保证梁端可靠传递支反力并符合梁的力学计算模型外，还应与整个梁格的设计一道，采取必要的构造措施使支座有足够的水平抗震能力和防止梁端截面的侧移和扭转。

图 13-64 所示支座仅为力学意义上的形式，具体详图可参见钢结构或钢桥梁设计手册。

【例题 13-3】图 13-65（a）为一工作平台主梁的计算简图，次梁传来的集中荷载标准值为 $F_k=253$kN，设计值为 323kN。试设计此主梁，钢材为 Q235B，焊条 E43 型。

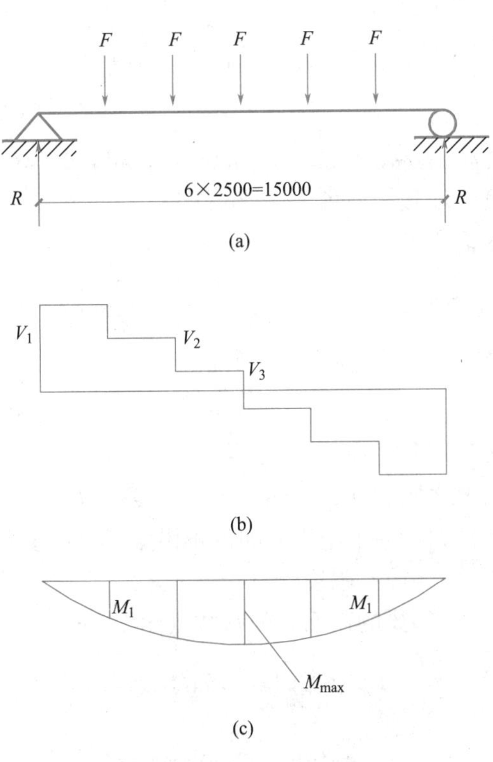

图 13-65　例题 13-3 图

【解】根据经验假设此主梁自重标准值为 3kN/m，设计值为 $1.3\times3=3.9$kN/m。

支座处最大剪力为：

$$V_1 = R = 323\times2.5 + \frac{1}{2}\times3.9\times15 = 836.75\text{kN}$$

跨中最大弯矩为：

$$M_x = 836.75\times7.5 - 323(5+2.5) - \frac{1}{2}\times3.9\times7.5^2 = 3743\text{kN}\cdot\text{m}$$

采用焊接组合梁，估计翼缘板厚度 $t_f \geqslant 16$mm，故抗弯强度设计值 $f=205\text{N/mm}^2$，

需要的截面模量为：

$$W_x \geqslant \frac{M_x}{\alpha \cdot f} = \frac{3743 \times 10^6}{1.05 \times 205} = 17389 \times 10^3 \text{mm}^3$$

最大的轧制型钢也不能提供如此大的截面模量，可见此梁需选用组合梁。

(1) 试选截面

按刚度条件，取 $[v_T]/l = 1/400$，由式（13-143）得到梁的最小高度为：

$$h_{\min} = \frac{f}{1.34 \times 10^6} \cdot \frac{l^2}{[v_T]} = \frac{205}{1.34 \times 10^6} \times 400 \times 15000 = 918\text{mm}$$

由式（13-150），得到梁的经济高度：

$$h_s = 2W_x^{0.4} = 2 \times (17389 \times 10^3)^{0.4} = 1574\text{mm}$$

取梁的腹板高度： $h_w = h_0 = 1500\text{mm}$

按抗剪要求的腹板厚度：

$$t_w \geqslant 1.2 \frac{V_{\max}}{h_w f_v} = 1.2 \times \frac{836.75 \times 10^3}{1500 \times 125} = 5.36\text{mm}$$

按经验公式：

$$t_w = \sqrt{h_w}/3.5 = \sqrt{1500}/3.5 = 11.0\text{mm}$$

考虑腹板屈曲后强度，取腹板厚度 $t_w = 8\text{mm}$。

每个翼缘所需要截面面积：

$$A_f = \frac{W_x}{h_w} - \frac{t_w h_w}{6} = \frac{17389 \times 10^3}{1500} - \frac{8 \times 1500}{6} = 9593\text{mm}^2$$

翼缘宽度　$b_f = h/5 \sim h/3 = 1500/5 \sim 1500/3 = 300 \sim 500\text{mm}$，取 $b_f = 420\text{mm}$

翼缘厚度　$t_f = A_f/b_f = 9593/420 = 22.8\text{mm}$，取 $t_f = 24\text{mm}$

翼缘板外伸宽度　$b = b_f/2 - t_w/2 = 420/2 - 8/2 = 206\text{mm}$

翼缘板外伸宽度与厚度之比 $260/24 = 8.6 < 13\sqrt{235/f_y} = 13$，满足局部稳定要求。

此组合梁的跨度并不很大，为了施工方便，不沿梁长度改变截面。

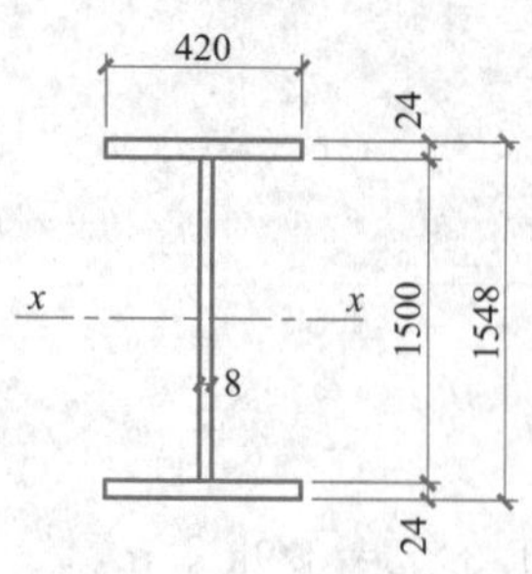

图 13-66　例题 13-3 图

(2) 强度验算

梁的截面几何常数（图 13-66）

$$I_x = \frac{1}{12}(42 \times 154.8^3 - 41.2 \times 150^3) = 1396000\text{cm}^4$$

$$W_x = \frac{2I_x}{h} = \frac{2 \times 1396000}{154.8} = 18000\text{cm}^3$$

$$A = 150 \times 0.8 + 2 \times 42 \times 2.4 = 322\text{cm}^2$$

梁自重（钢材质量密度为 7580kg/m³，重量集度为 77kN/m³）：

$$g_k = 0.0322 \times 77 = 2.5\text{kN/m}$$

考虑腹板加劲肋等增加的重量，原假设的梁自重 3kN/m 比较合适。

验算抗弯强度（无孔眼 $W_{nx} = W_x$）：

$$\sigma = \frac{M_x}{\gamma_x W_{nx}} = \frac{3743 \times 10^3}{1.05 \times 18000 \times 10^3}$$

$$= 198\text{N/mm}^2 < f = 205\text{N/mm}^2$$

验算抗剪强度：

$$\tau=\frac{V_{\max}S}{I_x t_w}=\frac{836.75\times10^3}{1396000\times10^4\times8}(420\times24\times762+750\times8\times375)$$

$$=74.4\text{N/mm}^2<f_v=125\text{N/mm}^2$$

主梁的支承处以及支承次梁处均配置支承加劲肋，故不验算局部承压强度（即 $\sigma_c=0$）。

（3）梁整体稳定验算

次梁可视为主梁受压翼缘的侧向支承，主梁受压翼缘自由长度与宽度之比 $l_1/b_1=250/42=6.0<16$（表 13-3），故不需要验算主梁的整体稳定性。

（4）刚度验算

由附表 26，挠度容许值为 $[v_T]=l/400$（全部荷载标准值作用）或 $[v_Q]=l/500$（仅有可变荷载标准值作用）。

全部荷载标准值在梁跨中产生的最大弯矩：

$$R_k=253\times2.5+3\times15/2=655\text{kN}$$

$$M_k=655\times7.5-253\times(5+2.5)-3\times7.5^2/2=2930.6\text{kN}\cdot\text{m}$$

由式（13-12）、式（13-13b）得：

$$\frac{v_T}{l}\approx\frac{M_k l}{10EI_x}=\frac{2930.6\times10^6\times15000}{10\times206000\times1396000\times10^4}=\frac{1}{654}<\frac{[v_T]}{l}=\frac{1}{400}$$

因 v_T/l 已小于 1/500，故不必再验算仅有可变荷载作用下的挠度。

（5）翼缘和腹板的连接焊缝计算

翼缘和腹板之间采用角焊缝连接，按式（13-157）：

$$h_f\geqslant\frac{VS_1}{1.4I_x f_f^w}=\frac{836.75\times10^3\times420\times24\times762}{1.4\times1396000\times10^4\times160}=2.0\text{mm}$$

取 $h_f=8\text{mm}>1.5\sqrt{t_{\max}}=1.5\sqrt{24}=7.3\text{mm}$。

（6）主梁加劲肋设计

① 各板段的强度验算

此种梁腹板宜考虑屈曲强度，应在支座处和每个次梁处（即固定集中荷载处）设置支承加劲肋。另加横向加劲肋，使 $a_1=650\text{mm}$，因 $a_1/h_0<1$，

$$\lambda_s=\frac{h_0/t_w}{41\sqrt{4+5.34\times(1500/650)^2}}\approx0.8$$

故 $\tau_{cr}=f_v$，使板段 I_1 范围（图 13-67）不会屈曲，支座加劲肋就不会受到水平力 H_t 的作用。

对梁段 I（图 13-67）：

左侧截面剪力：　　$V_1=836.75-3.9\times0.65=834.2\text{kN}$

相应弯矩　　$M_1=836.75\times0.65-3.9\times0.65^2/2=543\text{kN}\cdot\text{m}$

因

$$M_1=543\text{kN}\cdot\text{m}<M_f=420\times24\times1524\times205=3150\times10^6\text{N}\cdot\text{mm}=3150\text{kN}\cdot\text{m}$$

故用 $V_1\leqslant V_u$ 验算，$a/h_0>1$：

$$\lambda_s=\frac{h_0/t_w}{41\sqrt{5.34+4(h_0/a)^2}}=\frac{1500/8}{41\sqrt{5.34+4(1500/1850)^2}}=1.62>1.2$$

$V_u = h_w t_w f_v / \lambda_s^{1.2} = 1500 \times 8 \times 125 / 1.62^{1.2} = 814 \times 10^3 > 834.2\text{kN}$，满足要求。

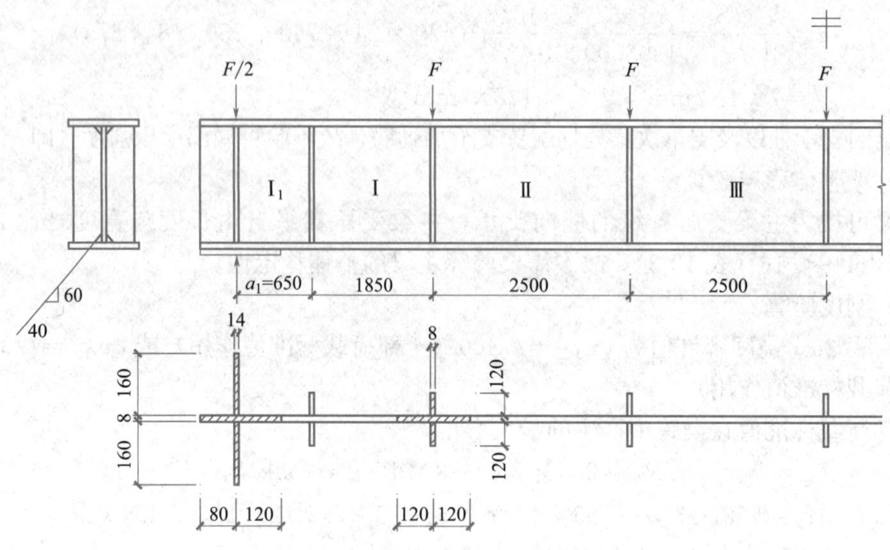

图 13-67　例题 13-3 图

对板段Ⅲ（图 13-67），验算右侧截面：

$$\lambda_s = \frac{h_0/t_w}{41\sqrt{5.34 + 4(h_0/a)^2}} = \frac{1500/8}{41\sqrt{5.34 + 4 \times (1500/2500)^2}} = 1.756$$

$$V_u = h_w t_w f_v / \lambda_s^{1.2} = 1500 \times 8 \times 125 / 1.756^{1.2} = 763 \times 10^3 \text{N}$$

因

$$V_3 = 836.75 - 2 \times 323 - 3.9 \times 7.5 = 161.5\text{kN} < 0.5V_u = 0.5 \times 763\text{kN}$$

故用 $M_3 = M_{max} \leqslant M_{eu}$ 验算：

$$\lambda_b = \frac{h_0/t_w}{153}\sqrt{\frac{f_y}{235}} = \frac{187.5}{153} = 1.225 > 0.85 \text{ 但 } < 1.25$$

$$\rho = 1 - 0.82 \times (1.225 - 0.85) = 0.693$$

$$\alpha_e = 1 - \frac{(1-\rho)h_c^3 t_w}{2I_x} = 1 - \frac{(1-0.693) \times 750^3 \times 8}{2 \times 1396000 \times 10^4} = 0.963$$

$$W_{eu} = \gamma_x \alpha_e W_x f = 1.05 \times 0.963 \times 18000 \times 10^3 \times 205$$

$$= 3731 \times 10^6 \text{N} \cdot \text{mm} \approx M_3 = 3735\text{kN} \cdot \text{m}，满足要求。$$

对板段Ⅱ一般可不验算。若验算，应分别计算其左右截面强度。

② 加劲肋计算

横向加劲肋的截面：

宽度：$b_s \geqslant \frac{h_0}{30} + 40 = \frac{1500}{3} + 40 = 90\text{mm}$，$b_s = 120\text{mm}$

厚度：$t_s \geqslant \frac{b_s}{15} = \frac{120}{15} = 8\text{mm}$

中部承受次梁支座反力的支承加劲肋的截面验算：

由上可知：

$$\lambda_s = 1.756$$

则：

$$\tau_{cr}=1.1f_v/\lambda_s^2=1.1\times125/1.756^2=44.6\text{N}$$

故该加劲肋所承受的轴心力：

$$N_s=V_u-\tau_{cr}h_wt_w+F=954\times10^3-44.6\times1500\times8+323\times10^3=742\text{kN}$$

截面面积：$A_s=2\times120\times8+240\times8=3840\text{mm}^4$（图 13-67）。

$$I_z=\frac{1}{12}\times8\times250^3=1042\times10^4\text{mm}^4,\ i_z=\sqrt{I_z/A}=52.1\text{mm}$$

$$\lambda_z=1500/52.1=29,\ \varphi_z=0.939$$

验算在腹板平面外稳定：

$$\frac{N_s}{\varphi_zA_s}=\frac{724\times10^3}{0.939\times3840}=206\text{N/mm}^2<f=215\text{N/mm}^2$$

采用次梁连于主梁加劲肋的构造（图 13-63a），故不必验算加劲肋端部的承压强度。

靠近支座加劲肋的中间横向加劲肋仍用 -120×8 截面，不必验算。

③ 支座加劲肋的验算：

承受的支座反力 $R=834.5\text{kN}$，另外还应加上边部次梁直接传给主梁的支座反力 $323/2=161.5\text{kN}$。

采用 $2-160\times14$ 板，$A_s=2\times160\times14-1200\times8=6080\text{mm}^2$

$$I_z=\frac{1}{12}\times14\times328^3=4118\times10^4\text{mm}^4,\ \ i=\sqrt{I/A}=82.3\text{mm}$$

$$\lambda_z=1500/82.3=18.2,\ \varphi_z=0.974$$

验算在腹板平面外稳定：

$$\frac{N'_s}{\varphi_zA_s}=\frac{(836.75+161.5)\times10^3}{0.974\times6080}=169\text{N/mm}^2<f=215\text{N/mm}^2$$

验算端部承压：

$$\sigma_{ce}=\frac{(836.75+161.5)\times10^3}{2\times(160-40)\times14}=297\text{N/mm}^2<f_{ce}=325\text{N/mm}^2$$

计算与腹板的连接焊缝：

$$h_f\geqslant\frac{(836.75+161.5)\times10^3}{4\times0.7\times(1500-2\times10)\times160}=1.6\text{mm}$$

采用 $6\text{mm}>1.5\sqrt{t}=1.5\times\sqrt{14}=5.6\text{mm}$。

练　习　题

13-1　钢梁的种类和截面形式有哪些？

13-2　梁的强度计算包括哪些内容？如何计算？

13-3　在钢梁的强度计算中，为什么引入塑性发展系数？

13-4　影响梁整体稳定的因素包括哪些？提高梁整体稳定的措施包括哪些？

13-5　在组合工字形截面梁腹板计算高度边缘处，折算应力计算的依据是什么？

13-6　如何保证钢梁的整体稳定和局部稳定？

13-7　一般采取什么措施保证梁受压翼缘和腹板的局部稳定？

13-8　什么是腹板的屈曲后强度？何种梁可以利用腹板的屈曲后强度？

13-9　普通热轧工字钢楼盖简支梁跨度 4.5m，与铺板焊接连接，承受永久荷载标准值 8kN/m（不含梁自重），可变荷载标准值 15kN/m（可变荷载分项系数 $\gamma_Q=1.3$），钢材为 Q235-B，结构安全等级为二级，试选择工字钢型号。

13-10　某一焊接工字形等截面简支梁，跨度为 15m，侧向水平支承的间距为 5m，截面尺寸如图 13-68 所示，材料为 Q345 钢。荷载作用于上翼缘，均布恒载标准值 12.0kN/m，均布活载标准值 26.5kN/m（可变荷载分项系数 $\gamma_Q=1.3$）。试验算梁的强度、刚度、整体稳定性和局部稳定性（板件宽厚比、高厚比）。

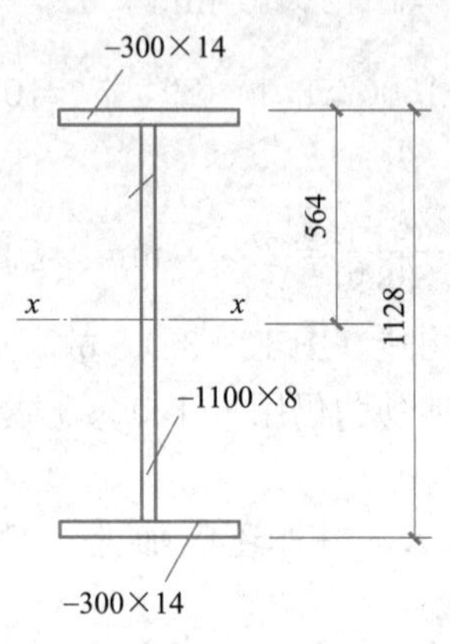

图 13-68　练习题 13-10 图

13-11　如图 13-69 所示简支梁，其截面为单轴对称工字形，材料为 Q345 钢。荷载作用在梁的上翼缘，其中跨中央的集中荷载设计值为 390kN，沿全梁的均布荷载设计值 170kN/m。该梁跨中无侧向支承，试验算强度和整体稳定性。

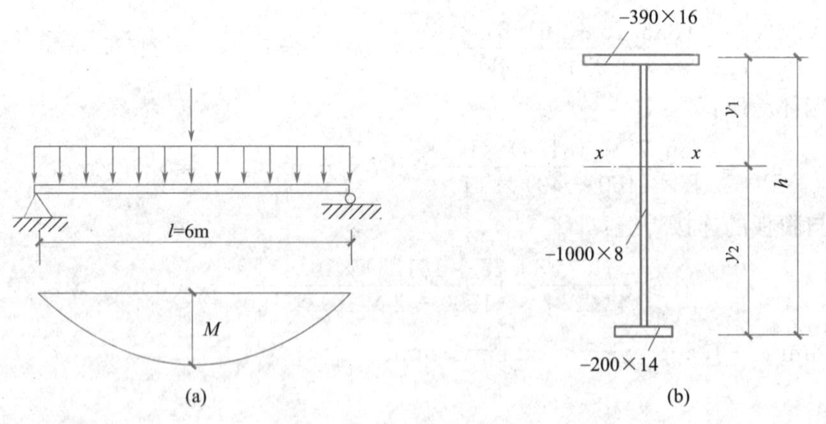

图 13-69　练习题 13-11 图

第14章　钢结构轴心受力构件

导读：轴心受力构件是建筑钢结构中十分常见的一类构件。本章内容为钢结构轴心受力构件的计算与设计，主要包括轴心受力构件的强度、刚度及稳定性。具体来说，本章内容涉及：(1) 轴心受力构件的强度计算方法，刚度及长细比概念；(2) 理想轴心受压杆件的三种屈曲形式、初始缺陷对轴心受压构件整体稳定承载力的影响及受压构件整体稳定承载力的计算方法和设计简化；(3) 轴心受压矩形薄板的临界力及局部稳定，组成板件的容许宽厚比及腹板屈曲后强度的应用；(4) 实腹式及格构式轴心受压柱的设计方法；(5) 连接节点及柱脚的构造与计算。

14.1　轴心受力构件的工程应用

14.1.1　受力特点

轴心受力构件是指承受通过构件截面形心轴线的轴向力作用的构件。这类构件通常假设其节点为铰接，只受轴向力的作用，无节间荷载作用，在构件横截面上产生均匀分布的应力。轴心受力构件分为轴心受拉构件和轴心受压构件两种：当所受外力使构件横截面产生均匀拉应力时，即为轴心受拉构件；当所受外力使构件横截面产生均匀压应力时，即为轴心受压构件。轴心受力构件在建筑钢结构中十分常见，如工业厂房中钢屋架的上下弦杆及腹杆、大跨度网架结构中采用螺栓球节点连接时的上下弦杆及腹杆、厂房结构中的屋盖水平支撑及柱间支撑等。

14.1.2　常用截面形式

轴心受力构件的横截面形式一般分为两种，即实腹式截面和格构式截面。

1. 实腹式构件

实腹式构件制作简单，与其他构件的连接比较方便。实腹式截面形式多样，如图14-1所示，(a) 为单个型钢截面，(b) 为由型钢或钢板组成的组合截面，(c) 为双角钢组合截面，(d) 为冷弯薄壁型钢截面。轴心受拉构件一般采用截面紧凑形式，对两主轴刚度可以不相同；而轴心受压构件则通常采用较为开展、组成板件宽而薄的截面，且尽量要求对两主轴刚度相同，以尽量满足等稳定性原则。

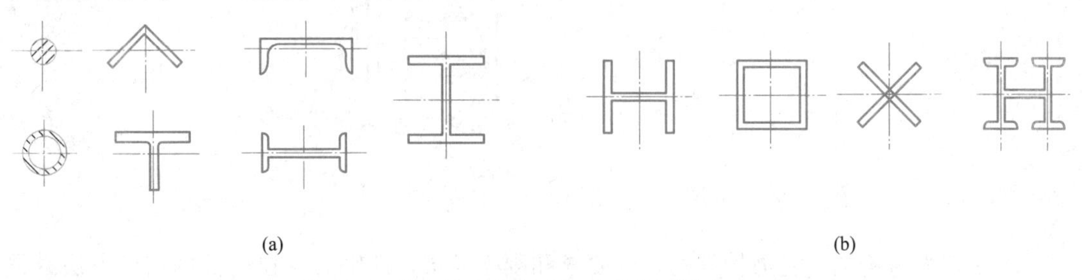

图14-1　轴心受力实腹式构件的截面形式（一）

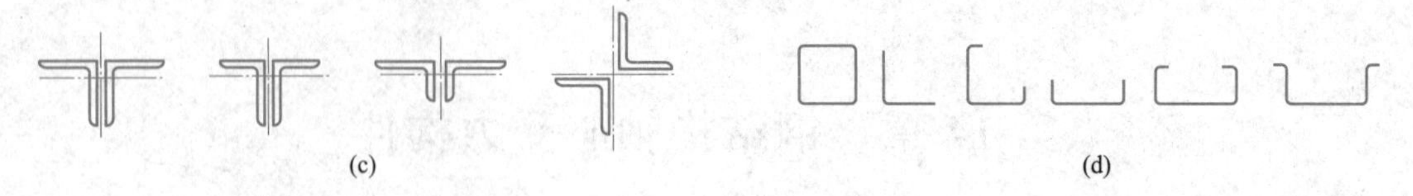
(c) (d)

图 14-1 轴心受力实腹式构件的截面形式（二）

2. 格构式构件

格构式构件由两个或多个型钢肢件通过缀件连接而成，容易实现两个主轴方向的等稳定性，且刚度大、抗扭性能好、用料省。常用的截面形式如图 14-2 所示。常用的肢件有槽钢、工字钢和角钢等，也有用圆管作为肢件的（图 14-2e）。缀件，也称缀材，分为缀板和缀条，通常由角钢或钢板制成，起连接作用，防止肢件失稳，如图 14-3 所示。格构式构件中与肢件垂直的主形心轴称为实轴，与缀材垂直的主形心轴称为虚轴。

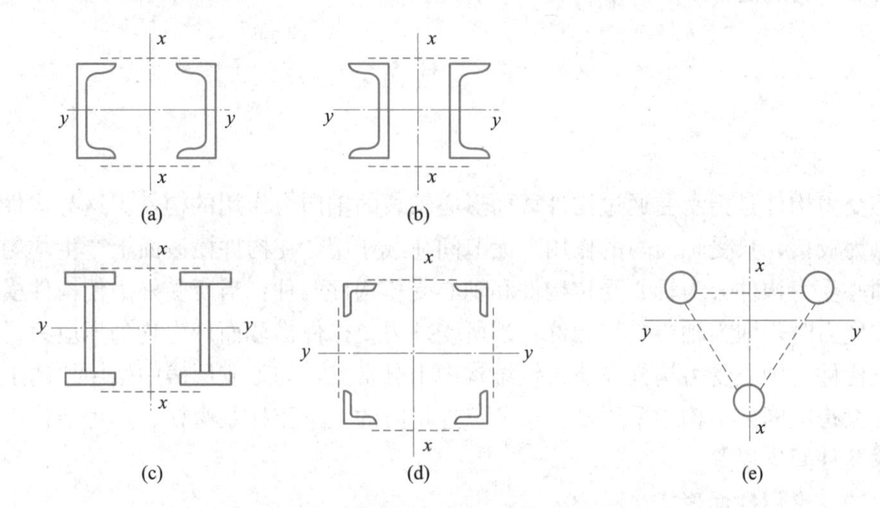

图 14-2 格构式构件的常用截面形式

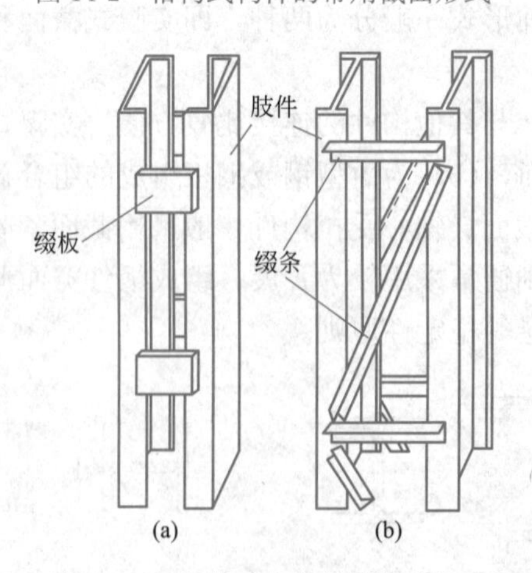

图 14-3 格构式构件的缀材布置

本章首先讨论轴心受力构件的强度要求和刚度要求，即轴心受拉构件的设计方法。强度要求需要保证构件截面上的最大正应力不超过钢材的强度设计值；刚度要求则需要构件的长细比不超过构件的容许长细比。对于轴心受压构件，除短粗的构件（如短柱、柱墩、台座等），及有孔洞等削弱时可能发生强度破坏外，通常由失稳来控制其承载力。故设计轴心受压构件时，除使所选截面满足强度和刚度要求外，尚应满足构件整体稳定性和局部稳定性的要求。整体稳定性要求是使构件在设计荷载作用下不致发生整体屈曲而丧失承载力；局部稳定性要求一般是使组成构件的板件宽厚比不超过规定限值，以保证板件不会发生局部屈曲，对格构式构件则要求分肢不发生屈曲。

14.2 轴心受力构件的强度和刚度

14.2.1 强度计算

1. 轴心受拉构件

对于无孔洞削弱的轴心受拉构件，轴力在截面内引起均匀的拉应力，当拉应力的值达到材料的屈服应力时，由于钢材的强化阶段，轴心受拉构件仍然可以继续承担荷载，直到截面上的拉应力达到材料的抗拉强度，构件才被拉断。当截面上的拉应力超过屈服强度后，虽然受拉构件还能承担荷载，但其塑性变形明显增加，实际上已不能继续使用，因此以全截面达到屈服应力为强度极限状态，考虑钢材抗力分项系数后，其强度验算公式为：

$$\sigma=\frac{N}{A}\leqslant f \tag{14-1}$$

式中 N——所计算截面处的轴心拉力或轴心压力设计值；

A——构件的毛截面面积；

f——钢材的（抗拉）强度设计值，按附表 17 取值。

对于有孔洞等削弱的轴心受拉构件，在孔洞截面处将产生应力集中，如图 14-4（a）所示，孔边最大应力可达到毛截面平均应力的 3～4 倍。但当孔边应力高的纤维达到屈服应力后，孔边应力不再增加，截面塑性变形持续发展，应力渐趋均匀。到达极限状态时，净截面上的应力全达到屈服应力，如图 14-4（b）所示。最后由于削弱的截面上的平均应力达到钢材的抗拉强度而断裂。值得注意的是，对于屈强比较大的高强度钢材，如 Q460，因其应力—应变曲线并没有明显的屈服平台，当轴心受力构件因截面有孔洞削弱而断裂时，其截面上的应力与屈服应力较为接近，而考虑断裂破坏的严重性，抗力分项系数一般取得更大，因此《钢结构设计中标准》GB 50017—2017 中将净截面断裂时的强度限值取为 $0.7f_u$，并规定除采用高强度螺栓摩擦型连接外，其毛截面按式（14-1）验算截面强度，净截面断裂按下式计算：

$$\sigma=\frac{N}{A_n}\leqslant 0.7f_u \tag{14-2}$$

式中 A_n——构件的净截面面积，当构件多个截面有孔时，取最不利的截面；

f_u——钢材的抗拉强度最小值。

对于采用高强度螺栓摩擦型连接的构件，当构件为沿全长都有排列较密螺栓的组合构件时，其截面强度应由净截面屈服控制，以免变形过大，则其截面强度按下式计算：

$$\frac{N}{A_n}\leqslant f \tag{14-3}$$

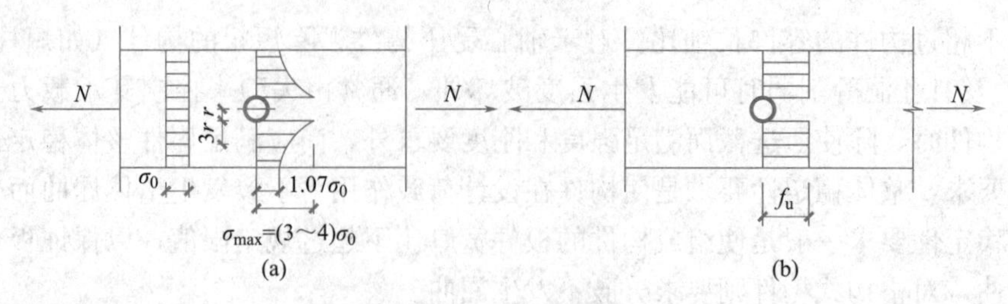

图 14-4　孔洞处截面应力分布

(a) 弹性状态应力；(b) 极限状态应力

除此之外，其毛截面强度仍按式（14-1）验算。在连接处，由于依靠摩擦传力，因此板件净截面承受的拉力相应减少，计算时考虑孔前传力系数为 0.5，净截面断裂按下式计算：

$$\sigma=\left(1-0.5\frac{n_1}{n}\right)\frac{N}{A_n}\leqslant 0.7f_u \tag{14-4}$$

式中　n——在节点或拼接处，构件一端连接的高强度螺栓数目；

n_1——所计算截面（最外列螺栓处）上高强度螺栓数目。

对于无孔洞削弱的构件截面，净截面面积与毛截面面积相等，即 $A_n=A$；对于有螺栓孔削弱的构件截面，净截面面积小于毛截面面积 $A_n<A$。当螺栓（或铆钉）为齐列布置时，A_n 为Ⅰ-Ⅰ截面的面积（图 14-5a）；若螺栓错列布置时（图 14-5b、c），构件可能沿正交截面Ⅰ-Ⅰ破坏，也可能沿齿状截面Ⅱ-Ⅱ破坏，此时应取Ⅰ-Ⅰ和Ⅱ-Ⅱ截面的较小面积计算。

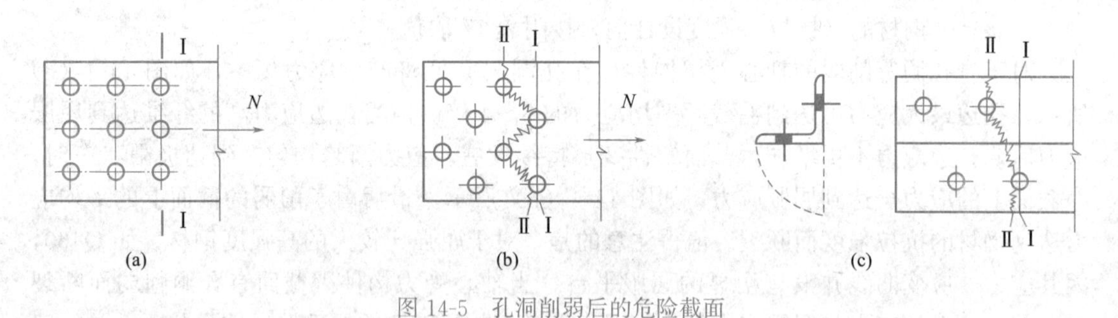

图 14-5　孔洞削弱后的危险截面

对于孔径为 d_0，厚度为 t 的钢板（图 14-6），Ⅰ-Ⅰ截面的净面积计算公式为：

$$A_n=A-n_1d_0t \tag{14-5}$$

Ⅱ-Ⅱ截面的净面积计算公式为：

$$A_n=[2e_1+(n_1+n_2-1)\sqrt{a^2+e^2}-(n_1+n_2)d_0]t \tag{14-6}$$

式中　n_1——连接一侧第一排的螺栓数目；

n_2——连接一侧第二排的螺栓数目。

2. 受拉构件的有效净截面

进行受拉构件强度计算时，应取净截面面积。净截面位置一般在构件的拼接处或构件两端的节点处。在有些连接构造中，净截面不一定能充分发挥作用。在图 14-7 所示连接构造中，工字形截面上、下翼缘和腹板都有拼接板，力可以通过腹板、翼缘直接传递，因此这种连接构造净截面全部有效。然而图 14-8 的连接构造，仅在工字形截面上、下翼缘

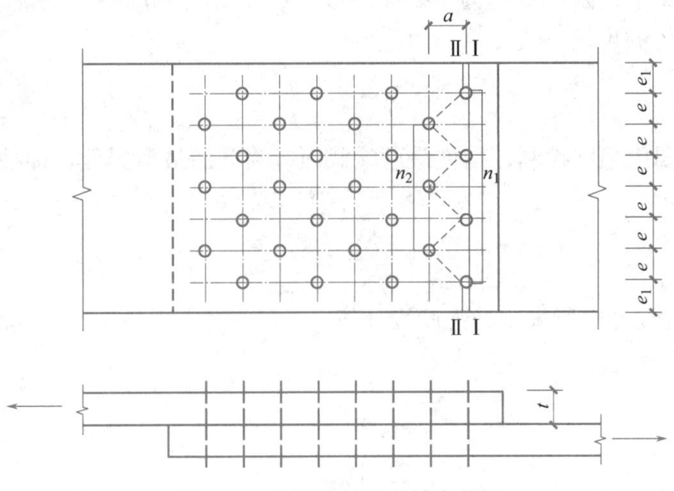

图 14-6 受拉构件的有效净截面

设有连接件，当力接近时，截面上应力从均匀分布转为不均匀分布，1-1 截面上净截面不能全部发挥作用。设计仍可按均匀分布，但应采用有效净截面面积 A_e。设该处净截面面积为 A_n，则它们之比称为净截面的效率，其表达式为：

$$\eta=\frac{A_e}{A_n} \tag{14-7}$$

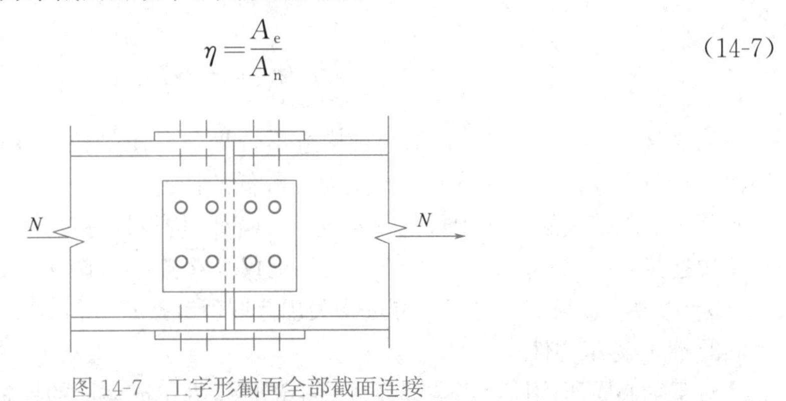

图 14-7 工字形截面全部截面连接

根据试验资料，净截面的效率与下列因素有关：

(1) 连接长度 l（图 14-8a）；连接长度 l 越大，净截面效率 η 也越大。

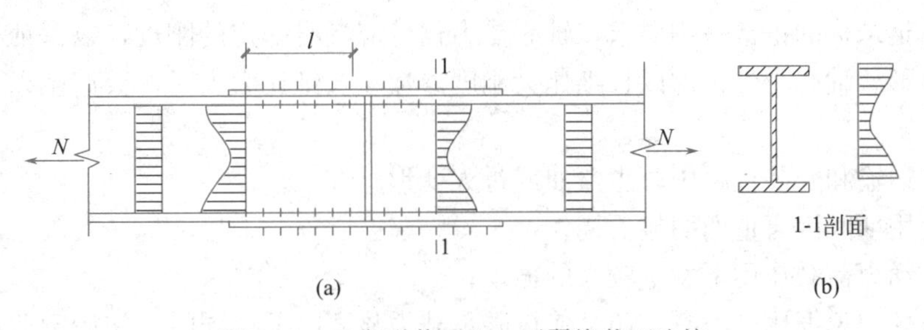

图 14-8 工字形截面上、下翼缘截面连接

(2) 连接板至构件截面形心距离 a（图 14-9）；当 a 越大，则净截面的效率 η 越小。这是因为截面越分散应力分布越不均匀，η 也就越小。对于双节点板的连接，每块节点板

分担构件内力的一半，因此 a 应为半截面的形心 C_1、C_2 至节点板的距离。

净截面的效率 η 可按下式计算：

$$\eta = 1 - \frac{a}{l} \tag{14-8}$$

受拉构件主要由强度控制，构件最危险截面应为截面最薄弱处，即截面连接处，其验算公式为：

$$\frac{N}{\eta A_{\mathrm{n}}} \leqslant f \tag{14-9}$$

式中　f——工程设计中所采用的强度设计值。

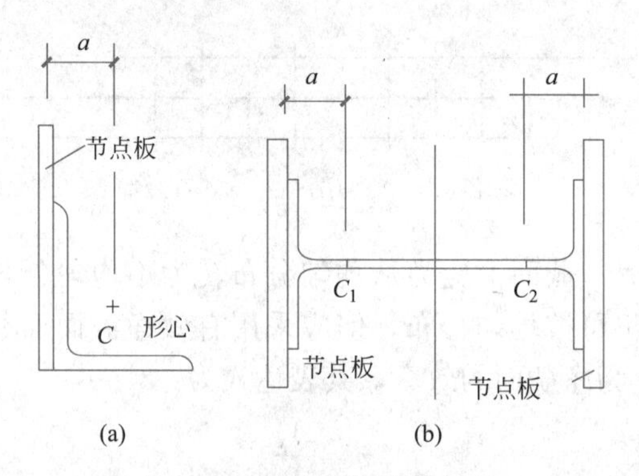

图 14-9　截面材料分布情况

从式（14-9）可以看出，如连接构造不合理，会使受拉构件截面不能充分发挥作用。因此，在节点连接中应尽量避免产生使 η 降低的构造。

关于 η 取值问题，各国规范并不统一，《钢结构设计标准》GB 50017—2017 规定，角钢单边连接（图 14-9a），$\eta=0.85$；工字钢仅翼缘连接（图 14-9b），$\eta=0.90$；仅腹板连接，$\eta=0.70$。实际工程中，η 可按相关规范取值或按式（14-8）计算取值。

3. 轴心受压构件

对于轴心受压构件，当端部连接及中部连接处组成截面的各板件都有连接件直接传力时，其截面强度按式（14-1）计算。但对于含有虚孔的构件尚需在孔心所在截面按式（14-2）计算。

14.2.2　刚度计算

为了满足结构的正常使用要求，轴心受力构件应具有一定的刚度，以保证构件不会产生过度的变形。轴心受力构件以长细比为刚度参数，长细比太大时，会产生以下一些不利影响：

（1）在运输和安装过程中产生弯曲或过大变形；

（2）使用期间因自重而明显下挠；

（3）在动力荷载作用下发生较大的振动；

（4）压杆的长细比过大时，还会使极限承载力显著降低；同时，初始弯曲和自重产生的挠度也将对构件的整体稳定带来不利影响。

所以，轴心受力构件的刚度条件要求：

$$\lambda=\frac{l_0}{i}\leqslant[\lambda] \tag{14-10}$$

式中 λ——构件的最大长细比，计算构件的长细比时，应分别考虑围绕截面两个主轴即 x 轴和 y 轴的长细比 λ_x 和 λ_y；

l_0——构件的计算长度；

i——截面的惯性半径，$i=\sqrt{I/A}$，其中 I 为截面惯性矩，A 为截面面积；

$[\lambda]$——构件的容许长细比。受压构件的容许长细比按表 14-1 取值，受拉构件的容许长细比按表 14-2 取值。

受压构件的容许长细比　　表 14-1

项次	构件名称	容许长细比
1	轴心受压柱、桁架和天窗架中的压杆	150
	柱的缀条、吊车梁或吊车桁架以下的柱间支撑	
2	支撑(吊车梁或吊车桁架以下的柱间支撑除外)	200
	用以减小受压构件计算长度的杆件	

注：1. 桁架（包括空间桁架）的受压腹杆、当其内力小于等于承载能力的 50%时，容许长细比可取 200；

2. 计算单角钢受压构件的长细比时，应采用角钢的最小惯性半径，但计算在交叉点相互连接的交叉杆件平面外的长细比时，可采用与角钢肢边平行轴的惯性半径；

3. 跨度等于或大于 60m 的桁架，其受压弦杆和端压杆的容许长细比值宜取 100，其他受压腹杆可取 150（承受静力荷载或间接承受动力荷载）或 120（直接承受动力荷载）；

4. 由容许长细比控制截面的杆件，在计算其长细比时，可不考虑扭转效应。

受拉构件的容许长细比　　表 14-2

项次	构件名称	承受静力荷载或间接承受动力荷载的结构			直接承受动力荷载的结构
		一般建筑结构	对腹杆提供平面外指点的弦杆	有重级工作制吊车的厂房	
1	桁架的构件	350	250	250	250
2	吊车梁或吊车桁架以下的柱间支撑	300		200	—
3	其他拉杆、支撑、系杆等(张紧的圆钢除外)	400		350	—

注：1. 除对腹杆提供平面外指点的弦杆外，承受静力荷载的结构受拉构件，可仅计算受拉构件在竖向平面内的长细比；

2. 在直接或间接承受动力荷载的结构中，单角钢受拉构件长细比的计算方法与表 14-1 注 2 相同；

3. 中、重级工作制吊车桁架下弦杆的长细比不宜超过 200；

4. 在设有夹钳或刚性料耙等硬钩吊车的厂房中，支撑的长细比不宜超过 300；

5. 受拉构件在永久荷载与风荷载组合作用下受压时，其长细比不宜超过 250；

6. 跨度等于或大于 60m 的桁架，其受拉弦杆和腹杆的长细比不宜超过 300（承受静力荷载或间接承受动力荷载）或 250（直接承受动力荷载）。

【例题 14-1】 如图 14-10 所示，中级工作制吊车的厂房屋架的下弦拉杆，由双角钢组成，角钢型号为L 100×10，布置有交错排列的普通螺栓连接，螺栓孔直径 $d_0=20$mm。已知轴心拉力设计值 $N=620$kN，计算长度 $l_{0x}=3000$mm，$l_{0y}=7800$mm。材料为 Q235 钢，试验算该拉杆的强度和刚度。

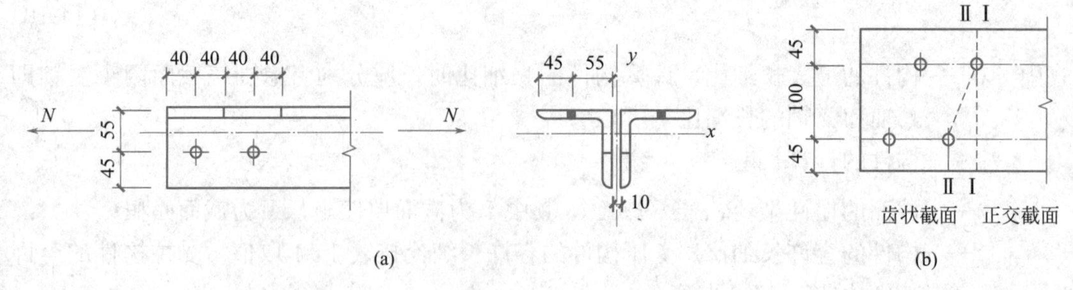

图 14-10　例题 14-1 图

【解】 查附表 17 确定 Q235 钢的屈服强度设计值 $f=215\text{N/mm}^2$，拉杆容许长细比 $[\lambda]=350$，等边角钢肢厚为 10mm。

（1）强度验算

首先将角钢按中面展开，如图 14-10（b）所示。Ⅰ-Ⅰ截面和Ⅱ-Ⅱ截面都可能为危险截面，因此分别验算其强度：

Ⅰ-Ⅰ截面面积：

$$A_n=2\times(45+100+45-20)\times10=3400\text{mm}^2$$

Ⅱ-Ⅱ截面面积：

$$A_n=2\times(45+\sqrt{100^2+40^2}+45-2\times20)\times10=3154\text{mm}^2$$

故齿状Ⅱ-Ⅱ截面为危险截面。

$$\sigma=\frac{N}{A_n}=\frac{620\times10^3}{3154}=196.6\text{N/mm}^2<f=215\text{N/mm}^2$$

所以，该拉杆满足强度条件。

（2）刚度验算

双角钢截面 x 方向的惯性半径等于单角钢的惯性半径，因此查附表 33：$i_x=3.05\text{cm}=30.5\text{mm}$；$i_y$ 则需计算：

$$A=2\times19.261=38.522\text{cm}^2$$

$$I_y=2\times[179.51+19.261\times(0.5+2.84)^2]=788.756\text{cm}^4$$

$$i_y=\sqrt{\frac{I_y}{A}}=\sqrt{\frac{788.756}{38.522}}=4.525\text{cm}=45.25\text{mm}$$

杆件沿 x、y 方向的计算长度不同，截面惯性半径也不同，表现出计算长度大的方向截面惯性半径大，所以需要分别验算长细比。

$$\lambda_x=\frac{l_{0x}}{i_x}=\frac{3000}{30.5}=98.4<[\lambda]=350,\ \text{满足。}$$

$$\lambda_y=\frac{l_{0y}}{i_y}=\frac{7800}{45.25}=172.4<[\lambda]=350,\ \text{满足。}$$

【例题 14-2】 单角钢受拉构件采用焊接或普通螺栓连接于节点板上。受拉荷载设计值 $N=168\text{kN}$，采用 Q235 钢。试按强度要求设计此单角钢。

【解】

（1）采用焊接时，截面无削弱。按《钢结构设计标准》GB 50017—2017 规定，单面

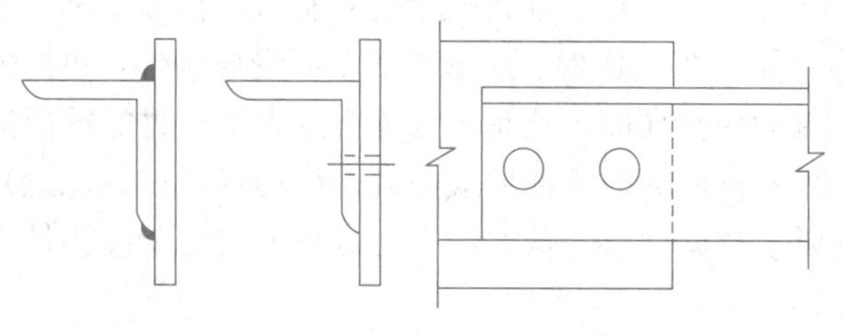

图 14-11　例题 14-2 图

连接的单角钢的强度设计值应乘以 0.85。因此有：

$$A_n=\frac{N}{f}=\frac{168\times10^3}{0.85\times215}=919.3\text{mm}^2\approx9.2\text{cm}^2$$

选用单角钢∟80×6，$A=9.4\text{cm}^2$。

（2）考虑用螺栓连接时，采用两个 M20 的螺栓，螺孔 21.5mm（螺栓数另行计算），如图 14-11 所示，则：

$$A_n=9.4-(2.15\times0.6)=8.11\text{cm}^2$$

不满足 $A=9.2\text{cm}^2$ 要求。另改用角钢∟90×6，$A=10.64\text{cm}^2$

$$A_n=10.64-(2.15\times0.6)=9.35\text{cm}^2$$

满足要求。

14.3　轴心受压构件的整体稳定

14.3.1　轴心受压构件的整体失稳形式

对于无缺陷的理想轴心受压构件，当轴心压力 N 较小时，构件保持顺直。如有干扰力使其微弯，当干扰力除去后，构件能恢复其直线状态，则这种直线平衡是稳定的。当 N 增加到一定值，这时如有干扰力使其发生微弯，干扰力除去后构件仍保持微弯状态，此时，微弯形式的平衡是不稳定的。这种除直线形式平衡外还存在微弯形式平衡状态的情况称为平衡状态的分枝。如压力 N 再稍增加，则弯曲变形迅速增大而使构件丧失承载力。这种现象称为构件的弯曲屈曲或弯曲失稳，如图 14-12（a）所示。

对于某些抗扭刚度较差的轴心受压构件，如十字形截面，当 N 达到某一临界值时，发生微扭转变形，稳定平衡不再保持。同样，当 N 再稍作增加，则扭转变形迅速增大而使构件丧失承载力。这种现象称为扭转屈曲或扭转失稳（图 14-12b）。除此之外，单轴对称的轴心受压构件，绕对称轴失稳时，会发生弯曲伴随着扭转变形，称之为弯扭失稳（图 14-12c）。

构件由稳定平衡过渡到不稳定平衡的分界标志是临界状态，临界状态下构件所承受的轴心压力称为临界力 N_{cr}，N_{cr} 除以毛截面面积 A 所得的应力称为临界应力 σ_{cr}。除较短的构件外，σ_{cr} 一般低于钢材的屈服应力，即构件通常在达到强度极限状态前就会丧失整体稳定。

轴心受压构件究竟会发生哪种形态的屈曲，取决于截面绕 x 轴和 y 轴的抗弯刚度、抗扭刚度、构件长度、构件支承约束条件等情况。每种屈曲形态都对应于相应的临界力，其中最小的将起控制作用。一般情况下，具有双轴对称（如工字形、箱形、十字形），或极点对称（如Z形）的轴心受压构件，通常发生绕主轴（x轴和y轴）的弯曲屈曲或扭转屈曲。截面为单轴对称（如T形、Π形、Λ形）的轴心受压构件，可能发生绕非对称轴的弯曲屈曲，或者绕对称轴的弯扭屈曲。这是因为轴心压力所通过的截面形心与截面的剪切中心（或称扭转中心，即构件弯曲时截面剪应力合力作用点通过的位置）不重合，故绕对称轴的弯曲变形总是伴随着扭转变形。截面没有对称轴的轴心受压构件工程中很少采用，其屈曲形态均属弯扭屈曲。

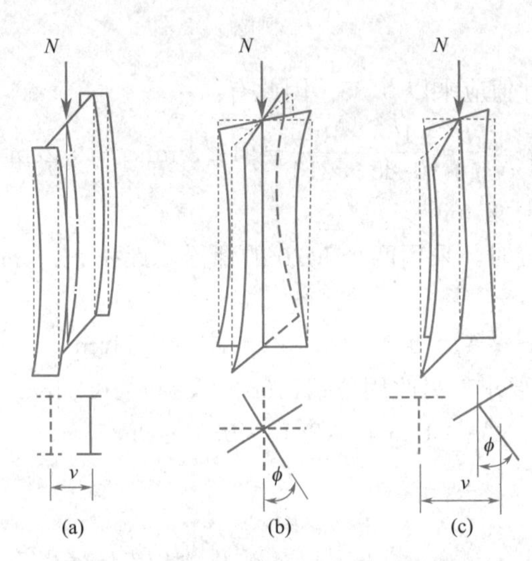

图 14-12　轴心受压构件失稳形式

(a) 弯曲失稳；(b) 扭转失稳；(c) 弯扭失稳

工程实践表明，一般钢结构中常用截面的轴心受压构件，由于构件的厚度较大，其抗扭刚度也较大，失稳时主要发生弯曲屈曲。所以《钢结构设计标准》GB 50017—2017 中轴心受压构件整体稳定计算公式是根据弯曲屈曲导出的。对于单轴对称截面的构件绕对称轴的弯扭失稳问题，《钢结构设计标准》GB 50017—2017 采用换算长细比的方法仍然利用弯曲屈曲的公式计算。

14.3.2　轴心受压构件稳定极限承载力

理想压杆的临界压力可通过稳定分析确定，例如经典的欧拉公式可用来计算理想压杆在弹性弯曲屈曲时的临界力。但是实际工程中的压杆并非理想压杆，总会存在各种各样的缺陷，使得压杆的稳定承载力降低。其中残余应力影响最大，它的存在会使构件截面的一部分提前进入屈服，从而造成稳定承载力下降。其他的缺陷也相类似，使结构失稳时呈弹塑性状态，因此实际中的压杆稳定承载力不能从简单的弹性稳定分析中确定，它需要考虑各种缺陷的影响，进行弹塑性的几何非线性分析。这种弹塑性分析属于复杂的计算问题，通常只能利用数值方法进行求解。目前我国《钢结构设计标准》GB 50017—2017 中压杆的稳定承载力计算便是以数值计算为基础的经验公式。

1. 弹性屈曲

设有一长度为l、两端铰接的理想等截面直杆（图 14-13），在弹性微弯状态（小挠度）下，构件任意截面C处的内力矩为$M=-EI\mathrm{d}^2y/\mathrm{d}z^2$（$E$为弹性模量，$I$为截面惯性矩）。由内外力矩平衡条件，可建立平衡微分方程：

$$EI\mathrm{d}^2y/\mathrm{d}z^2+Ny=0 \tag{14-11}$$

解方程即可得欧拉临界荷载：

$$N_{cr}=\pi^2EI/l^2 \tag{14-12}$$

相应的临界应力为：

$$\sigma_{cr}=\frac{N_{cr}}{A}=\frac{\pi^2E}{(l/i)^2}=\frac{\pi^2E}{\lambda^2} \tag{14-13}$$

式中 N——轴向力；

λ——构件的长细比，可以是 λ_x 或 λ_y；

l——两端铰接构件的几何长度；

i——截面的惯性半径。

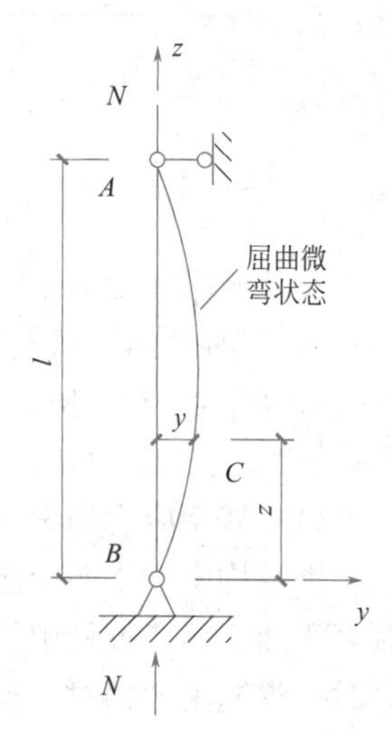

图 14-13 理想铰接直杆的弯曲屈曲

从欧拉公式可以看出，轴心受压构件的弯曲屈曲临界力随抗弯刚度的增加和构件长度的减小而增大。当构件两端为其他支承情况时，可用同样的公式求得相应的临界应力。但需要对长细比 λ 进行修正，用 $\lambda=l_0/i$ 表示，$l_0=\mu l$ 为构件的计算长度或有效长度，其几何意义是构件弯曲屈曲时变形曲线反弯点的距离，μ 为构件的计算长度系数，两端铰支取 1.0，一端铰支一端固定取 0.7，一端固定一端自由取 2，两端固定取 0.5。

2. 弹塑性屈曲

欧拉公式仅适用于弹性弯曲屈曲，即 $\sigma_{cr}\leqslant f_p$（比例极限）的情况。如 $\sigma_{cr}>f_p$，应力应变关系已不符合胡克定律，因此不能使用欧拉公式，必须按弹塑性屈曲原理重新计算。对于弹塑性屈曲，曾经有一些简化方法处理，其中最著名的是切线模量理论认为在非弹性应力状态，可以取应力应变关系曲线上相应点的切线斜率 E_t（称为切线模量）代替弹性模量。于是图 14-13 杆的非弹性临界力为：

$$N_{cr}=\frac{\pi^2E_tA}{\lambda^2} \tag{14-14}$$

相应的切线模量临界应力为：

$$\sigma_{cr}=\frac{\pi^2E_t}{\lambda^2} \tag{14-15}$$

如令 $\eta=E_t/E$，则式（14-13）和式（14-14）可写成统一的形式：

$$\sigma_{cr}=\frac{\pi^2E\eta}{\lambda^2} \tag{14-16}$$

当 $\eta=1$ 时，即为弹性屈曲。

求切线模量临界应力的关键问题是确定 E_t，因式（14-15）中 E_t 和 σ_{cr} 都是未知量，需利用钢材的 σ-E_t 关系联立求解。要得到某种截面形式构件的实用的 σ-E_t 关系需进行数量较多的短柱试验，并进行回归分析。对 σ-E_t 关系已知的轴心受压构件，可以绘出相应的 σ_{cr}-λ 关系曲线（图 14-14），曲线包括弹性屈曲和弹塑性屈曲两段，以 f_p 为分界点，可反映出 σ_{cr} 随长细比的变化情况。

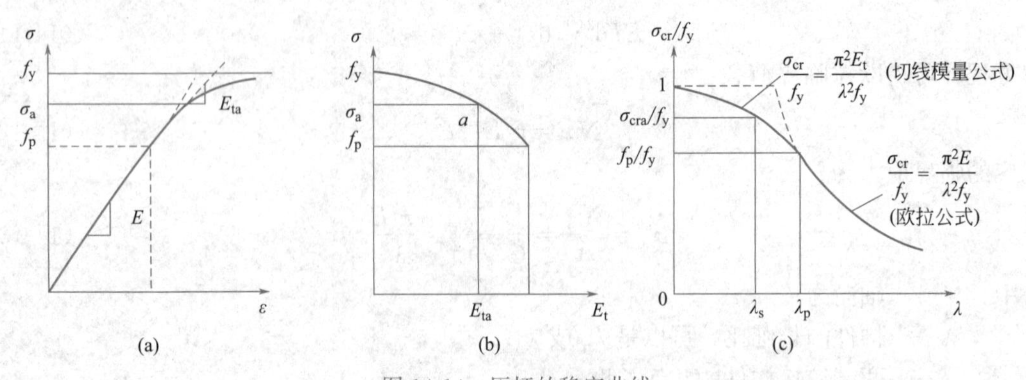

图 14-14 压杆的稳定曲线

(a) σ-ε 曲线；(b) σ-E_t 曲线；(c) σ_{cr}-λ 关系曲线

3. 影响轴心受压构件稳定承载力的初始缺陷

影响轴心受压构件稳定承载力的初始缺陷包括几何缺陷和力学缺陷。几何缺陷主要是指杆件的初始弯曲、初始偏心等；力学缺陷则为初始应力和力学参数（屈服强度、弹性模量等）的不均匀性。它们的存在，均会影响轴心受压构件的稳定承载力，实际计算中必须予以考虑。

(1) 残余应力的影响

钢结构中产生残余应力的原因主要是在钢材热轧以及板边火焰切割、构件焊接和校正调直等加工制造过程中的不均匀高温加热和不均匀冷却。其中焊接残余应力数值最大，施焊时，焊缝附近钢材热膨胀受到温度较低部分的约束不能充分发展，焊后冷却时高温部分的收缩再次受到制约而产生很高的拉应力，残余应力通常可以达到或接近受拉钢材的屈服强度。残余应力对构件截面来说是自相平衡的，所以它的存在不影响截面的强度承载力，但它会使截面中的一部分提前进入屈服，从而影响稳定承载力。

残余应力在截面上的分布和大小与截面形状、尺寸比例、初始温度、加工条件以及钢材性质有关。一般在冷却较慢的部分（较厚的板件以及几个板件交汇的部分，如工字形截面腹板和翼缘的交接处）为残余拉应力，在冷却较快的部分（较薄板件以及板端和角部）为残余压应力（图 14-15）。残余应力可以用锯割法、钻孔法、X 射线衍射法等测量。目前

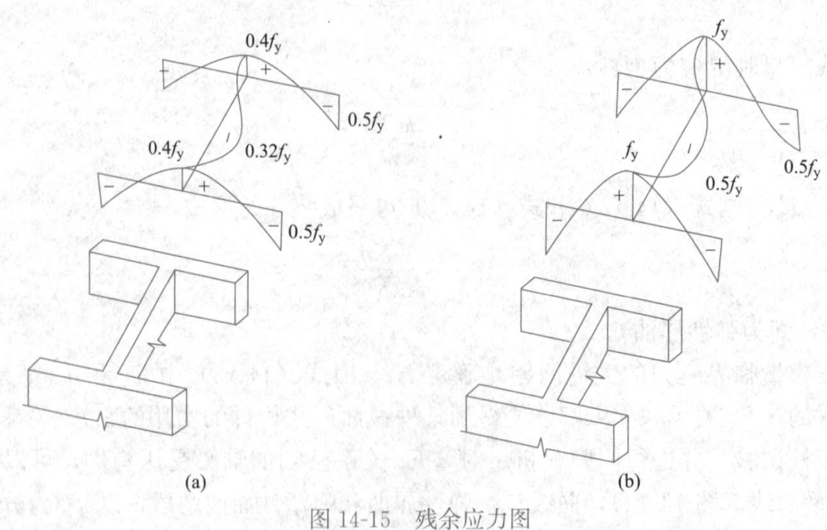

图 14-15 残余应力图

(a) 轧制宽翼缘工字钢；(b) 焊接工字钢

在钢结构中用得较多的是分割法，其原理是：将有残余应力构件的各板件分割成若干板条，使原处于自平衡状态的截面残余应力完全释放，测量每一小条分割后的长度变化，从而求得截面上残余应力的大小和分布（图 14-16）。这样测得的残余应力是各种影响残余应力的综合。

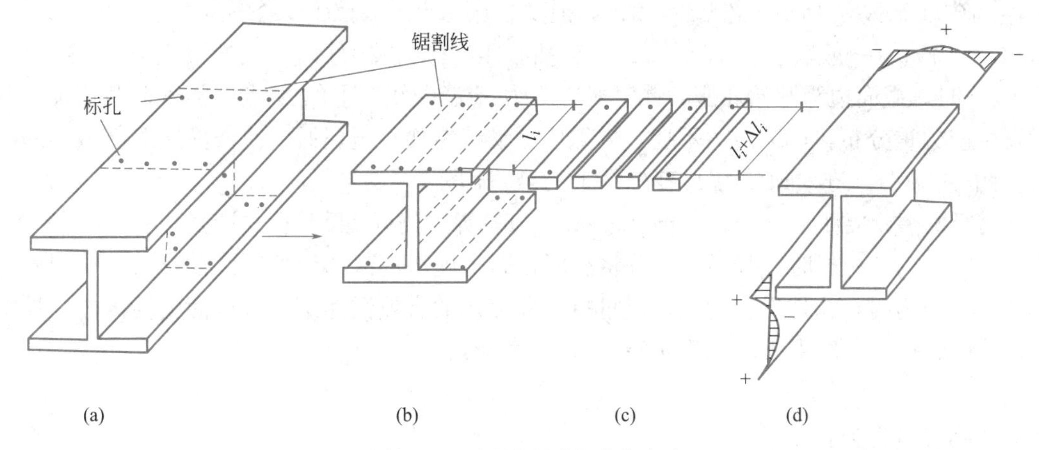

图 14-16　锯割法测定残余应力

存在残余应力的钢构件，其轴心受压时的应力-应变曲线将会发生变化。图 14-17 为有残余应力的短柱和消除了残余应力的短柱的 σ-ε 曲线。可以看出，无残余应力短柱在应变强化以前几乎呈弹性—完全塑性关系，比例极限 f_p 与屈服应力 f_y 重合或几乎重合；有残余应力短柱则呈弹性—弹塑性—塑性关系。当压应力 σ 较小时为弹性的直线段 OA；当达到 $\sigma=f_p=f_y-\sigma_{rc}$（$\sigma_{rc}$ 为截面最大残余压应力的绝对值）时，截面开始部分屈服，此后塑性区部分逐渐增大，而继续受力的弹性区逐渐减小，即表现为 σ-ε 曲线中的弹塑性 ACD 段，其变形模量一般称为切线模量，即 $E_t=d\sigma/d\varepsilon$；当应变达到 $\varepsilon=(f_y+\sigma_{rt})/E$（$\sigma_{rt}$ 为截面最大残余拉应力的绝对值）时，截面全部屈服，即进入曲线中完全塑性的 DE 水平段。由此可见，有残余应力短柱比无残余应力短柱先进入塑性阶段。

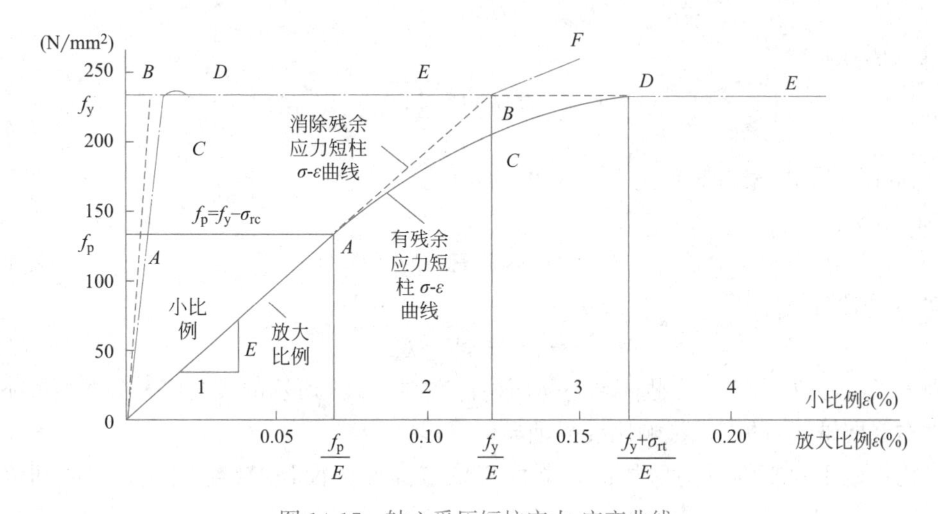

图 14-17　轴心受压短柱应力-应变曲线

图 14-17 的应力-应变曲线反映了残余应力对构件宏观力学性能的影响，但未能反映截面残余应力分布对轴心受压构件稳定临界力的影响，下面将介绍包含残余应力构件的弹塑性屈曲分析。

某轧制工字形截面轴心受压短柱如图 14-18（a）所示，假定截面残余应力呈直线分布，如图 14-18（b）所示，忽略腹板的残余应力。翼缘上最大拉压残余应力相等，为 $|\sigma_{rc}|=|\sigma_{ct}|=\gamma f_y$（一般取 $\gamma=0.3\sim0.4$）。当轴心压力 N 在构件内引起的最大应力 $\sigma=f_p=f_y-\sigma_{rc}$ 时，截面边缘开始屈服，此时对应应力-应变曲线图上的 A 点。随着荷载增加，截面发生应力重分布，边缘应力不变，内侧应力继续增加直至屈服，使截面屈服区域不断扩大（图 14-18d），进入到应力-应变曲线上的 ACD 段。

对于两端铰接柱，当 $\sigma\leqslant f_p=f_y-\sigma_r$，其临界力仍可用欧拉公式计算：$N_{cr}=\pi^2EI/l^2$。当 $\sigma>f_p=f_y-\sigma_r$ 时，截面一部分将屈服，即出现塑性区和弹性区两部分（图 14-18e）。到达临界应力时，构件发生弯曲，能抵抗弯曲变形的有效惯性矩只有截面弹性区的惯性矩 I_e，截面的抗弯刚度由 EI 下降为 EI_e，临界力为：

$$N_{cr}=\pi^2EI_e/l^2 \tag{14-17}$$

相应的临界应力为：

$$\sigma=\frac{N_{cr}}{A}=\frac{\pi^2E}{\lambda^2}\cdot\frac{I_e}{I} \tag{14-18}$$

式（14-18）表明考虑残余应力影响时，弹塑性屈曲的临界应力为欧拉临界应力乘以折减系数 I_e/I。比值 I_e/I 取决于构件截面形状尺寸、残余应力的分布和大小以及构件屈曲时的弯曲方向。

仍以图 14-18 的工字形截面为例作进一步说明。设在临界应力时，截面弹性部分的翼缘宽度为 b_e，令 $k=b_e/b=b_et/bt=A_e/A$，A_e 为截面弹性部分的面积，则绕 x 轴（忽略腹板面积）和 y 轴的 I_e/I 分别为：

绕 x 轴（强轴）：

$$\frac{I_{ex}}{I_x}=\frac{2t(kb)h_1^2/4}{2tbh_1^2/4}=k \tag{14-19}$$

绕 y 轴（弱轴）：

$$\frac{I_{ey}}{I_y}=\frac{2t(kb)^3/12}{2tb^3/12}=k^3 \tag{14-20}$$

将式（14-19）和式（14-20）代入式（14-18）得：

绕 x 轴（强轴）：

$$\sigma_{cr}=\pi^2Ek/\lambda_x^2 \tag{14-21}$$

绕 y 轴（弱轴）：

$$\sigma_{cr}=\pi^2Ek^3/\lambda_y^2 \tag{14-22}$$

因 $k<1$，可看出工字形截面轴心受压构件在图 14-18 所示的残余压力分布条件下，残余应力对绕弱轴 σ_{cr} 的降低影响比绕强轴显著得多。

当构件处于弹塑性受力阶段时，截面仅依靠弹性区面积 A_e 继续受力，故切线模量 $E_t=d\sigma/d\varepsilon=\dfrac{dN}{A}/\dfrac{dN}{EA_e}=EA_e/A=Ek$。因此，切线模量理论公式仅与给定具体情况下的绕强轴计算式（14-21）相当，与绕弱轴的式（14-22）则相差较多。因此切线模量理论不能完全反映截面内不同残余应力分布对 σ_{cr} 影响的差别。当最大残余压应力位于截面中对惯性矩影响最大的边缘部位时，切线模量理论计算的 σ_{cr} 将明显偏大，反之则明显偏小。

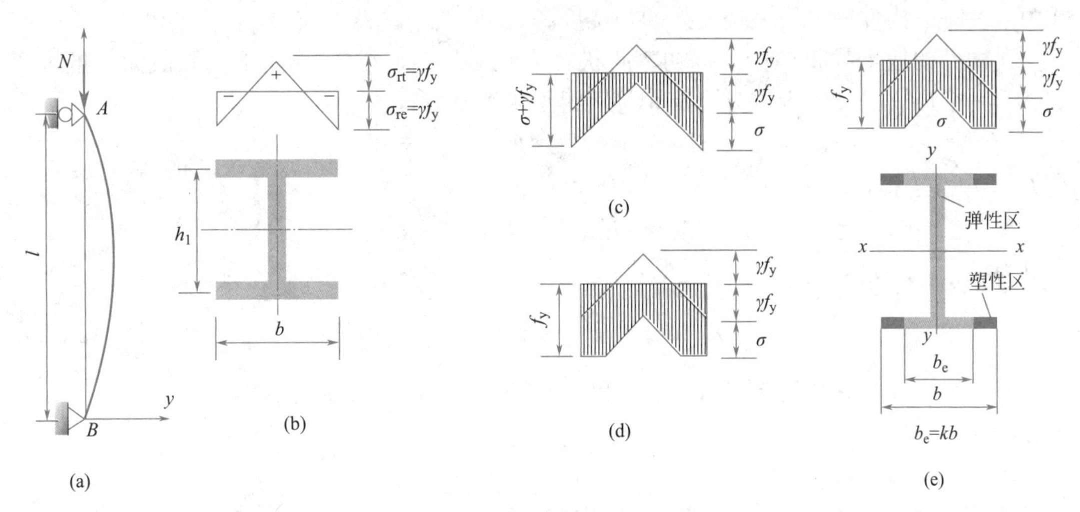

图 14-18　残余应力分布图

因系数 k 为未知量，所以求解公式（14-21）或式（14-22）时，尚需建立另一个 k 与 σ_{cr} 的关系式。此关系式可根据内外力平衡（忽略腹板面积）来确定，由图 14-18（e）可得：

$$N=Af_y-A_e\sigma_1/2$$

而 $A_e=kA$，另由三角形相似关系有：$\sigma_1=(2\gamma f_y)b_e/b=2\gamma f_y k$。代入上式可得：

$$N=Af_y-kA(2\gamma f_y k)/2=Af_y(1-\gamma k^2)$$

$$\sigma_{cr}=N/A=f_y(1-\gamma k^2) \tag{14-23}$$

利用式（14-21）与式（14-23）联立求解，即可得绕强轴或弱轴的临界应力。

以上介绍的是利用已知残余应力分布，求解压杆弹塑性屈曲临界力的方法。对于其他截面形式和残余应力分布，可用同样的方法求解，但所得结果有所差别。即使截面不变，仅残余应力分布不同时，譬如由折线改为抛物线形分布，得出的 σ_{cr}-k 关系式亦不一样。

（2）构件初弯曲（初挠度）的影响

实际的轴心受压构件不可能是完全挺直的，在加工或运输过程中不可避免地会存在微小的弯曲。有初弯曲的构件在未受力前就呈弯曲状态（图 14-19），其中 y_0 为任意点 C 处的初挠度。当构件承受轴心压力 N 时，挠度将增长为 y_0+y，并同时存在附加弯矩 N（y_0+y），附加弯矩又促使挠度进一步增加。

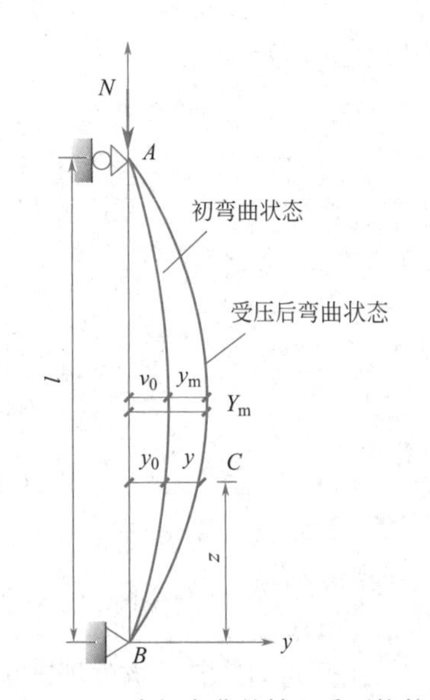

图 14-19　有初弯曲的轴心受压构件

下面分析初弯曲对轴心受压构件稳定承载力的影响。

两端铰接、具有微小初弯曲、等截面轴心受压构件如图 14-20 所示，假设初弯曲形状为半波正弦曲线：

$$y_0 = v_0 \sin(\pi z / l) \tag{14-24}$$

式中　v_0——构件跨中最大挠度处的初挠度。

在构件的任意截面 C 处，以初弯曲状态为变形基线，在 N 作用下，该截面的抵抗弯矩 $M = -EI\mathrm{d}^2 y/\mathrm{d}z^2$，由内外力矩相等可得平衡微分方程：

$$EI\mathrm{d}^2 y/\mathrm{d}z^2 + N(y_0 + y) = 0 \tag{14-25}$$

令 $k^2 = N/EI$ 得：

$$\mathrm{d}^2 y/\mathrm{d}z^2 + k^2 y = -k^2 v_0 \sin(\pi z/l)$$

其解为：

$$y = A\sin kz + B\cos kz + \frac{\alpha}{1-\alpha} v_0 \sin\frac{\pi z}{l} \tag{14-26}$$

式中 $\alpha = N/N_{\mathrm{cr}}$。根据边界条件 $z=0$ 和 $z=l$ 时，$y=0$，可得 $B=0$，$A=0$。故有：

$$y = \frac{\alpha}{1-\alpha} v_0 \sin\frac{\pi z}{l} \tag{14-27}$$

总挠度曲线为：

$$Y = y_0 + y = \frac{1}{1-\alpha} v_0 \sin\frac{\pi z}{l} \tag{14-28}$$

中点挠度和中点总挠度分别为：

$$y_{\mathrm{m}} = \frac{\alpha}{1-\alpha} v_0 \tag{14-29}$$

$$Y_{\mathrm{m}} = \frac{v_0}{1-\alpha} \tag{14-30}$$

$Y_{\mathrm{m}}/v_0 = 1/(1-\alpha)$ 为总挠度对初挠度的放大系数。绘出 Y_{m}/v_0-N/N_{cr} 的关系曲线，如图 14-20 所示。

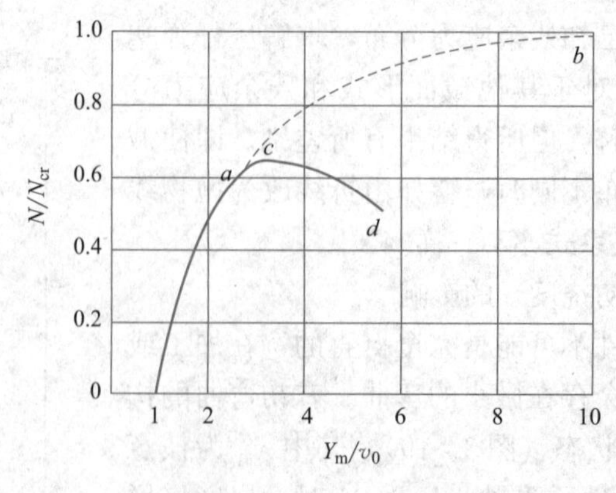

图 14-20　有初弯曲的轴心受压构件的荷载-总挠度曲线

从开始加载起，构件即产生挠曲变形，挠度 y 和总挠度 Y 与初挠度 v_0 呈正比例。当 v_0 一定时，挠度 y 和总挠度 Y 随 N 的增加而加速增长。当压力接近欧拉临界力时，Y_{m}

趋近于无穷大。因此有初弯曲的轴心受压构件，其承载力总是低于欧拉临界力。假设钢材为弹性—完全塑性材料。当挠度发展到一定程度时，附加弯矩 NY_m 变得较大，构件中点截面最大受压边缘纤维的应力将会达到 f_y，即：

$$\sigma_{max}=\frac{N}{A}+\frac{NY_m}{W}=\frac{N}{A}\left(1+\frac{v_0}{W/A}\frac{1}{1-N/N_{cr}}\right)=f_y \tag{14-31}$$

此时截面进入弹塑性状态，对应曲线中的 a 点。随 N 的继续增加，截面的弹性部分逐渐减小，挠度变形实际沿 acd 发展。N 到达 c 后，由于塑性变形区已经很高，构件的承载力不能再增加。因此 N_c 为有初弯曲构件整体稳定的极限承载力。此处丧失稳定承载力不是前面讲的理想直杆的平衡分枝问题，而是荷载-变形曲线极值点问题。前者叫第一类稳定问题（称为分支点失稳），后者叫第二类稳定问题（称为极值点失稳）。

求解 N_c 比较复杂，一般只能采用数值方法。为了简化计算，常取曲线上边缘纤维开始屈服的 a 点代替 c 点，由式（14-31）求解。

令 $W/A=\rho$（截面核心矩），$v_0/\rho=\varepsilon_0$（相对初弯曲率），$N/A=\sigma_0$，则经过整理后公式（14-31）变为：

$$\sigma_0=\frac{f_y+(1+\varepsilon_0)\sigma_{cr}}{2}-\sqrt{\left[\frac{f_y+(1+\varepsilon_0)\sigma_{cr}}{2}\right]^2-f_y\sigma_{cr}} \tag{14-32}$$

式（14-32）称为佩利（Perry. J）公式。如已知构件的相对初弯曲、长细比和钢材性能，就可求得边缘开始屈服时的 σ_0 或 N。

佩利公式是由构件截面边缘屈服准则导出的，求得的 σ_0 或 N 并不是稳定的临界力或临界应力，故其结果偏于保守，比实际屈曲荷载低。由于这个原因，佩利公式没有被钢结构设计标准采用，但有时用于有初弯曲的薄壁型钢压杆和绕虚轴弯曲的格构式压杆的承载力计算。

（3）构件初偏心的影响

构件初偏心对稳定承载力的影响类似初弯曲。图 14-21 表示两端铰接、等截面的轴心受压构件，两端具有方向相同的初偏心 e_0。在任意截面 C 处由内外力矩的平衡可写出平衡微分方程：

$$EI\mathrm{d}^2y/\mathrm{d}z^2+N(e_0+y)=0 \tag{14-33}$$

与前面考虑初弯曲影响类似的求解过程，可得中点的挠度为：

$$y_m=e_0\left(\sec\frac{\pi}{2}\sqrt{\frac{N}{N_{cr}}}-1\right) \tag{14-34}$$

现按式（14-34）将 y_m/e_0-N/N_{cr} 关系曲线示于图 14-22。从图上可看出，初偏心对轴心受压构件的影响与初弯曲类似。但当初偏心与初弯曲相等时，初偏心的影响更为不利。

同样，实际钢结构压杆的 y_m/e_0-N/N_{cr} 关系曲线不可能沿无限弹性的 $1a'b'$ 发展，而是到边缘屈服后按弹塑性的 $1a'c'd'$ 发展。近似地取截面边缘纤维屈服准则，则有：

$$\sigma_{max}=\frac{N}{A}+\frac{N(e_0+y_m)}{W}=\frac{N}{A}\left(1+\frac{e_0}{W/A}\sec\frac{\pi}{2}\sqrt{\frac{N}{N_{cr}}}\right)=f_y \tag{14-35}$$

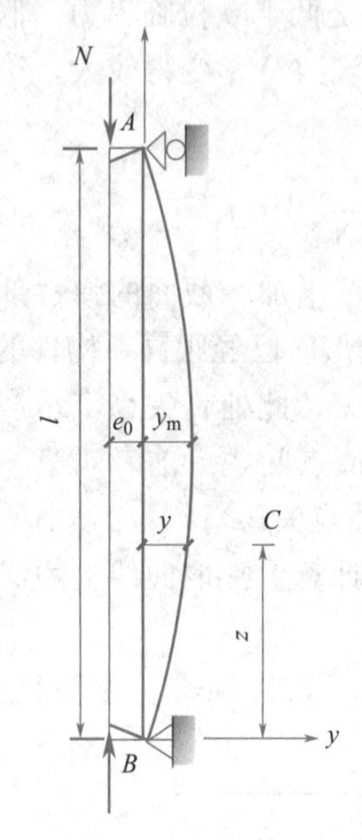

图 14-21 有初偏心的轴心受压构件

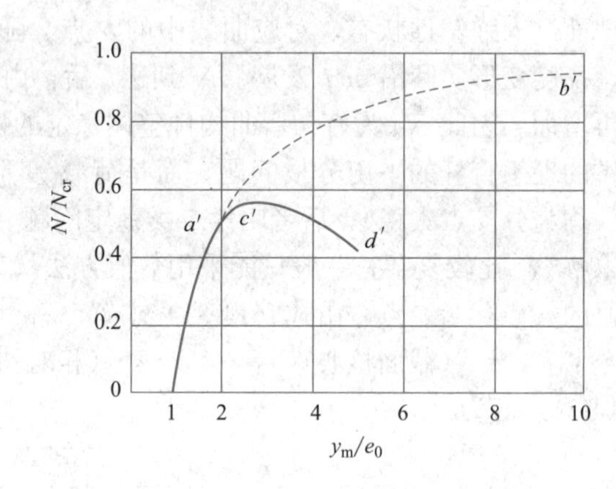

图 14-22 有初偏心轴心受压构件的荷载-挠度曲线

令 $W/A=\rho$，$e_0/\rho=\varepsilon_0$，$N/A=\sigma_0$，则上式可写成：

$$\sigma_0=\frac{f_y}{\left(1+\varepsilon_0\sec\frac{\pi}{2}\sqrt{\frac{\sigma_0}{\sigma_{cr}}}\right)}=\frac{f_y}{\left(1+\varepsilon_0\sec\frac{\lambda}{2}\sqrt{\frac{\sigma_0}{E}}\right)} \tag{14-36}$$

或者

$$\cos\frac{\lambda}{2}\sqrt{\frac{\sigma_0}{E}}=\frac{\sigma_0\varepsilon_0}{f_y-\sigma_0} \tag{14-37}$$

式（14-36）、式（14-37）都叫正割公式，也是用应力问题代替稳定问题。如已知构件的相对偏心、长细比和钢材性能，就可求得边缘开始屈服时的 σ_0 或 N。

（4）轴心受压构件的实际承载力

上面分别讨论了初弯曲、初偏心和残余应力对轴心受压构件整体稳定承载力的影响。初弯曲和初偏心的影响是类似的，实际上是使理想的轴心受压构件变成偏心受压构件，使稳定的性质从平衡分枝（第一类稳定）问题变为极值点（第二类稳定）问题。残余应力的存在使构件受力时更早地进入弹塑性受力状态，使屈曲时截面抵抗弯曲变形的刚度减小，从而导致稳定承载力降低。计算实际工程中的轴心受压构件的极限承载力必须要综合考虑上述因素的影响。

图 14-23 表示一根具有残余应力和初弯曲、两端铰接的轴心受压构件的受力简图和 N-Y_m（压力-挠度）图。和只有初弯曲一样，加载一开始，构件就呈弯曲状态。在弹性受力阶段，荷载 N 和最大总挠度 Y_m 的关系曲线与没有残余应力时相应的弹性曲线完全相同，残余应力对弹性挠度没有影响。当轴心压力 N 增加到使构件截面某一点的总应力达到钢材的屈服强度 f_y 时，截面开始进入弹塑性状态，挠度随 N 的增加速率加快，直到 c_1 点，此时继续增加荷载已不可能，要维持平衡，只能卸载。N-Y_m 曲线的极值点（c_1 点）

是稳定平衡过渡到不稳定平衡的转折点，相应于 c_1 点的荷载 N_u 是轴心受压构件的临界荷载。由此模型确定构件的极限承载力的计算理论称为极限承载力理论。

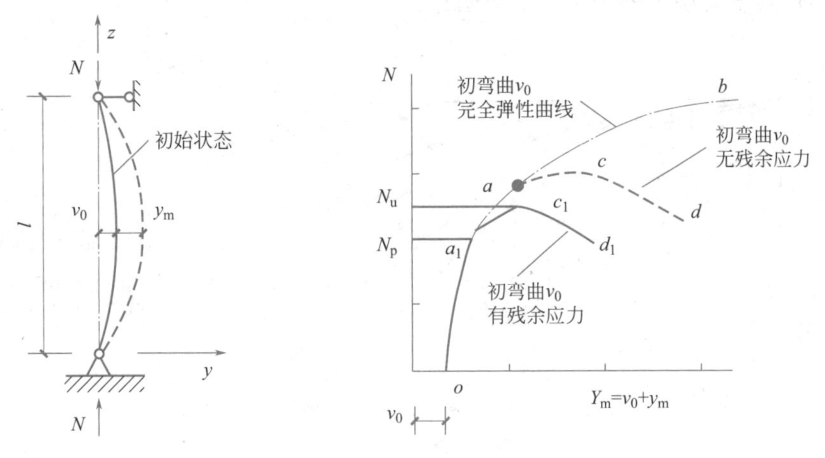

图 14-23　极限承载力理论

考虑残余应力、初弯曲和初偏心的不利影响时，不但横截面各点应力-应变关系是变化的，沿杆长方向各截面的应力-应变关系也是变化的，因此很难列出临界应力的解析式，只有借助计算机用数值方法求解。

下面简要介绍计算轴心受压构件稳定承载力的数值方法的基本原理。首先根据残余应力分布、内外力平衡和变形协调建立构件微段的 N-M-Φ（轴心压力-弯矩-曲率）关系曲线，即当已知构件某微段所受的内力为 N 和 M 时，可求出截面内相应应力的分布情况，从而求得该微段的弯曲曲率 Φ。以两端铰接的等截面轴心受压构件为例，在给定的轴心压力 N 和假设构件端部初始转角 θ 的条件下，利用 N-M-Φ 关系曲线，可由数值积分法逐段算出从构件端部到跨中的变形（挠度）曲线（计算时要考虑构件初弯曲、初偏心对逐段 N、M 的影响）。当算到某段的转角 $\theta=0$ 时即为构件中点，其长度的两倍即为构件的长度 l。这个长度的构件在给定 N、残余应力、初弯曲、初偏心和端部初始转角下符合平衡条件。假设不同的初始角 θ，可求得许多构件的长度 l，都分别符合各自长度构件的平衡条件。当假设的初始角 θ 较小时，增大初始角 θ 将求得更大的 l，说明这时该长度为 l 的构件尚处于未达到该构件极限承载力 N_u 的稳定平衡状态（相当于图 14-23 曲线上荷载上升段 oc_1 上某点处）；但当所假设的初始角 θ 超过某一特定值后，继续增大初始角将求得逐渐减小的 l，说明构件已处于超越构件极限承载力 N_u 后的不稳定平衡状态（相当于图 14-23 曲线的下降段 c_1d_1 上某点处）。在假设不同初始角 θ 所求得全部构件长度 l 中，取其最大值 l_{max}，表明长度为 l_{max} 的构件在给定的 N 和残余应力、初弯曲、初偏心条件下正好处于极限平衡状态，这时其端部转角正好达到所假定的端部原始转角，而 N 正好是该构件的极限承载力 N_u。对于一系列给定的数值，重复上述步骤，就可根据极限承载力 N_u 和 l_{max} 算出 λ-（N_u/Af_y）或 λ-（σ_u/f_y）曲线。令 $N_u/Af_y=\varphi$，即 $\sigma_u/f_y=\varphi$，则 φ 称为轴心受压构件的整体稳定系数。λ-φ 曲线称为柱子曲线。

图 14-24 表示热轧普通工字钢轴心受压构件，考虑 $l/1000$ 初弯曲和实测残余应力，按极限承载力理论求得的绕强轴和绕弱轴的两条柱子曲线。同时给出只有残余应力时相应的

两条曲线。由于热轧普通工字钢残余应力较小，而且翼缘没有残余压应力，因此只考虑残余应力影响时，构件的承载力较高。但同时考虑 $l/1000$ 初弯曲和残余应力时，柱子曲线显著下降，特别是对绕弱轴的影响更为明显。

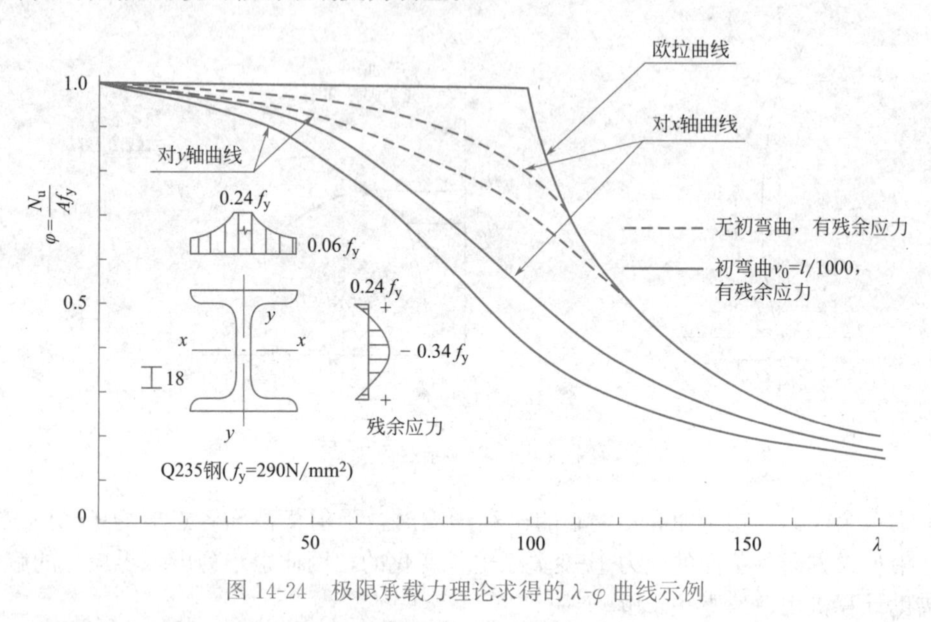

图 14-24　极限承载力理论求得的 λ-φ 曲线示例

14.3.3　轴心受压构件整体稳定的实用计算方法

1.《钢结构设计标准》GB 50017—2017 规定的轴心受压构件稳定系数

当钢种已定，缺陷情况已知时，稳定临界荷载 N_{cr} 或 N_u 仅是长细比 λ 的函数。因此对于实际设计来说，若能给出 λ-φ 曲线（柱子曲线），便能方便地求得压杆的稳定承载力。我国标准根据不同截面形式和尺寸、不同加工条件和相应的残余应力的分布和大小、不同的弯曲屈曲方向，以及 $l/1000$ 的初弯曲，对多种实腹对称截面的轴心受压构件的弯曲屈曲，按极限承载力理论，用数值方法计算出了 96 条柱子曲线。这 96 条柱子曲线变化趋势相同，但分布较宽，无法用一条拟合曲线代表。于是标准将其分成三个窄带，取每组的平均值曲线作为该组的代表曲线，给出 a、b、c 三条 λ-φ 曲线，如图 14-25 所示。

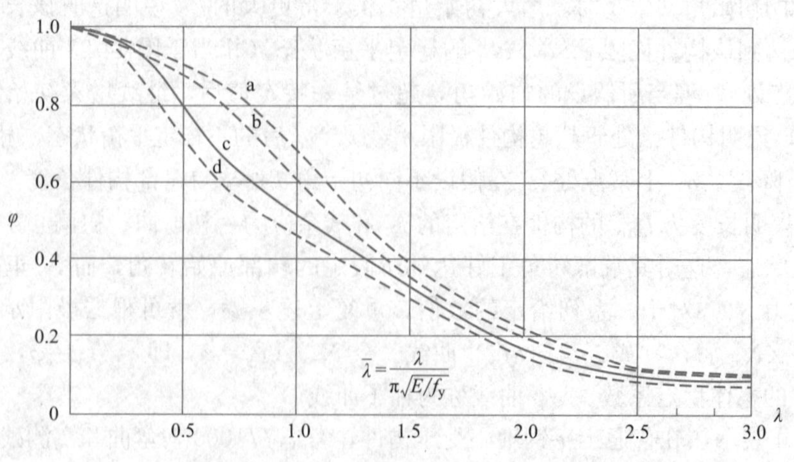

图 14-25　现行标准轴心受压构件 λ-φ 曲线

可以根据残余应力的分布和峰值与初弯曲的影响来理解曲线的分类。a类属于截面残余应力较小的截面，如轧制无缝钢管以及宽高比较小的轧制普通工字钢，其残余应力小；c类属于残余应力较大的截面，如翼缘为轧制或剪切边的绕弱轴屈曲的焊接工字形截面；大量截面介于a和c之间，属于b类，如焊接工字形截面，当翼缘为轧制或剪切边或焰切后再刨边时，翼缘端部存在着较大的残余压应力，对绕弱轴屈曲承载力的降低影响比绕强轴的大，所以前者属于c类，后者属于b类。附表30给出了轴心受压构件截面分类。

格构式轴心受压构件绕虚轴屈曲的承载力没有包括在前面提到的96条柱子曲线内，而是按截面边缘纤维屈服准则，在假设压杆中央初弯曲 $v_0=l/500$ 的条件下，计算得到的结果，与b曲线接近，因而列入b类。

对于板件厚度超过40mm的焊接实腹截面，由于厚板的残余应力沿厚度方向变化较大，且板的外表面往往以残余压应力为主，对稳定承载力有较大的不利影响。因此对组成板件 $t \geqslant 40$mm的工字形截面和箱形截面的类别作了专门规定，在上述截面分类基础上增加了d类截面。

为了方便设计使用，《钢结构设计标准》GB 50017—2017采用最小二乘法将各类截面的 φ 值拟合为公式：

当 $\lambda_n=\dfrac{\lambda}{\pi}\sqrt{\dfrac{f_y}{E}} \leqslant 0.215$ 时：

$$\varphi=1-\alpha_1\lambda_n^2 \tag{14-38}$$

当 $\lambda_n>0.215$ 时：

$$\varphi=\frac{1}{2\lambda_n^2}\left[(\alpha_2+\alpha_3\lambda_n+\lambda_n^2)-\sqrt{(\alpha_2+\alpha_3\lambda_n+\lambda_n^2)^2-4\lambda_n^2}\right] \tag{14-39}$$

式中 λ_n——构件的相对长细比，等于构件长细比 λ 与欧拉临界力 $\sigma_E=f_y$ 对应的长细比的比值；

α_1、α_2、α_3——系数，根据截面分类按表14-3采用。

设计计算时，也可直接查附表31，确定a、b、c、d四类截面的轴心受压构件的稳定系数。

系数 α_1、α_2、α_3 的值 **表14-3**

截面类别		α_1	α_2	α_3
a类		0.41	0.986	0.152
b类		0.65	0.965	0.300
c类	$\lambda_n \leqslant 1.05$	0.73	0.906	0.595
	$\lambda_n > 1.05$		1.216	0.302
d类	$\lambda_n \leqslant 1.05$	1.35	0.868	0.915
	$\lambda_n > 1.05$		1.375	0.432

2. 构件的长细比 λ

以上讨论的稳定承载力计算方法均是基于构件的弯曲失稳。如14.3.1节所讨论的，轴心受压构件除了发生弯曲失稳，还有可能发生扭转失稳或弯扭失稳。对于弯扭失稳或扭转失稳，同样可以利用类似弯曲失稳的方法确定临界力。为了计算方便，也为统一使用标准提供的稳定系数，标准根据扭转失稳和弯曲失稳临界力，将变化折算进构件的长细比，这样处理便可以利用弯曲失稳的稳定系数，计算其他两类失稳的承载力。实腹式构件的长细比 λ 应根据其失稳模式，由下列公式确定：

（1）截面形心与剪心重合的构件。

1）当计算弯曲屈曲时，长细比按下列公式计算：

$$\lambda_x = \frac{l_{0x}}{i_x} \tag{14-40}$$

$$\lambda_y = \frac{l_{0y}}{i_y} \tag{14-41}$$

式中 l_{0x}、l_{0y}——分别为构件对截面主轴 x 和 y 的计算长度；

i_x、i_y——分别为构件截面对主轴 x 和 y 的回转半径。

2）当计算扭转屈曲时，长细比应按下式计算，双轴对称十字形截面板件宽厚比不超过 $15\varepsilon_k$ 者，可不计算扭转屈曲。

$$\lambda_z = \sqrt{\frac{I_0}{I_t/25.7 + I_\omega/l_\omega^2}} \tag{14-42}$$

式中 I_0、I_t、I_ω——分别为件毛截面对剪心的极惯性矩、自由扭转常数和扇性惯性矩，对十字形截面可近似取 $I_\omega=0$；

l_ω——扭转屈曲的计算长度，两端铰支且端截面可自由翘曲者，取几何长度 l；两端嵌固且端部截面的翘曲完全受到约束者，取 $0.50l$。

（2）截面为单轴对称的构件。

1）计算绕非对称主轴的弯曲屈曲时，长细比应由式（14-41）、式（14-42）确定。计算绕对称主轴的弯扭屈曲时，长细比应按下式计算确定：

$$\lambda_{yz} = \left[\frac{(\lambda_y^2+\lambda_z^2)+\sqrt{(\lambda_y^2+\lambda_z^2)^2-4\left(1-\frac{y_s^2}{i_0^2}\right)\lambda_y^2\lambda_z^2}}{2}\right]^{1/2} \tag{14-43}$$

式中 y_s——截面形心至剪心的距离；

i_0——截面对剪心的极回转径，单轴对称截面 $i_0^2=y_s^2+i_x^2+i_y^2$；

λ_z——扭转屈曲换算长细比，由式（14-42）确定。

2）等边单角钢轴心受压构件当绕两主轴弯曲的计算长度相等时，可不计算弯扭屈曲。

3）双角钢组合 T 形截面构件绕对称轴的换算长细比可按下列简化公式确定：

等边双角钢（图 14-26a）：

当 $\lambda_y \geqslant \lambda_z$ 时：

$$\lambda_{yz} = \lambda_y\left[1+0.16\left(\frac{\lambda_z}{\lambda_y}\right)^2\right] \tag{14-44}$$

当 $\lambda_y < \lambda_z$ 时：

$$\lambda_{yz} = \lambda_z\left[1+0.16\left(\frac{\lambda_y}{\lambda_z}\right)^2\right] \tag{14-45}$$

$$\lambda_z = 3.9\frac{b}{t} \tag{14-46}$$

长肢相并的不等边双角钢（图 14-26b）：

当$\lambda_y \geqslant \lambda_z$时：

$$\lambda_{yz}=\lambda_y\left[1+0.25\left(\frac{\lambda_z}{\lambda_y}\right)^2\right] \tag{14-47}$$

当$\lambda_y<\lambda_z$时：

$$\lambda_{yz}=\lambda_z\left[1+0.25\left(\frac{\lambda_y}{\lambda_z}\right)^2\right] \tag{14-48}$$

$$\lambda_z=5.1\frac{b_z}{t} \tag{14-49}$$

短肢相并的不等边双角钢（图 14-26c）：

当$\lambda_y \geqslant \lambda_z$时：

$$\lambda_{yz}=\lambda_y\left[1+0.06\left(\frac{\lambda_z}{\lambda_y}\right)^2\right] \tag{14-50}$$

当$\lambda_y<\lambda_z$时：

$$\lambda_{yz}=\lambda_z\left[1+0.06\left(\frac{\lambda_y}{\lambda_z}\right)^2\right] \tag{14-51}$$

$$\lambda_z=3.7\frac{b_1}{t} \tag{14-52}$$

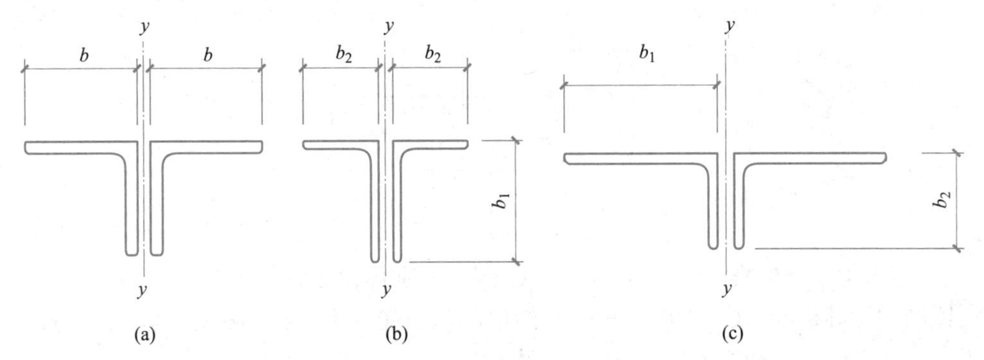

图 14-26　双角钢组合 T 形截面

b —等边角钢宽度；b_1 —不等边角钢长肢长度；b_2 —不等边角钢短肢长度

（3）截面无对称轴且剪心和形心不重合的构件，应采用下列换算长细比：

$$\lambda_{xyz}=\pi\sqrt{\frac{EA}{N_{xyz}}} \tag{14-53}$$

$$(N_x-N_{xyz})(N_y-N_{xyz})(N_z-N_{xyz})-N_{xyz}^2(N_x-N_{xyz})\left(\frac{y_s}{i_0}\right)^2-N_{xyz}^2(N_y-N_{xyz})\left(\frac{x_s}{i_0}\right)^2=0 \tag{14-54}$$

$$i_0^2=i_x^2+i_y^2+x_s^2+y_s^2 \tag{14-55}$$

$$N_x=\frac{\pi^2EA}{\lambda_x^2} \tag{14-56}$$

$$N_y=\frac{\pi^2EA}{\lambda_y^2} \tag{14-57}$$

$$N_z = \frac{1}{i_0^2}\left(\frac{\pi^2 EI_\omega}{l_\omega^2} + GI_t\right) \tag{14-58}$$

式中　N_{xyz}——理想压杆的弹性弯扭屈曲临界力，由式（14-54）确定；

x_s、y_s——截面剪心的坐标；

i_0——截面对剪心的极回转半径 ；

N_x、N_y、N_z——分别为绕 x 轴和 y 轴的弯曲屈曲临界力和扭转屈曲临界力；

E、G——分别为钢材弹性模量变量。

(4) 不等边角钢轴心受压构件的换算长细比可按下列简化公式确定（图 14-27)：

当 $\lambda_v \geqslant \lambda_z$ 时：

$$\lambda_{xyz} = \lambda_v \left[1 + 0.25\left(\frac{\lambda_z}{\lambda_v}\right)^2\right] \tag{14-59}$$

当 $\lambda_v < \lambda_z$ 时：

$$\lambda_{xyz} = \lambda_z \left[1 + 0.25\left(\frac{\lambda_v}{\lambda_z}\right)^2\right] \tag{14-60}$$

$$\lambda_z = 4.21\frac{b_1}{t} \tag{14-61}$$

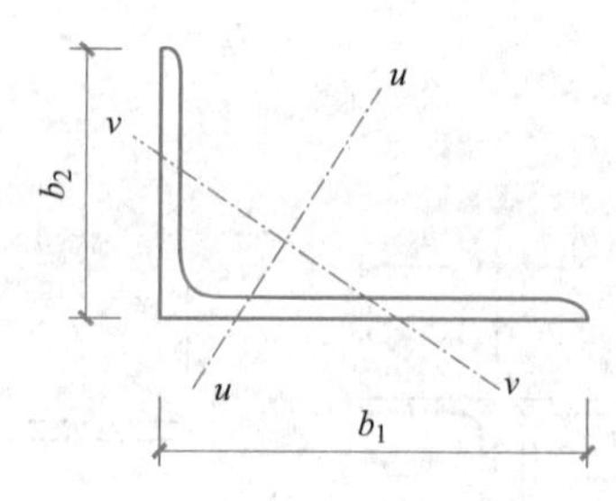

图 14-27　不等边角钢（v 为弱轴，b_1 为不等边角钢的长肢宽度）

3.《钢结构设计标准》GB 50017—2017 规定的整体稳定计算公式

《钢结构设计标准》GB 50017—2017 给出的轴心受压构件整体稳定计算公式为：

$$\frac{N}{\varphi A} \leqslant f \tag{14-62}$$

式中　f——钢材的抗压强度设计值；

N——轴心压力设计值；

φ——轴心受压构件的整体稳定系数（取截面两主轴稳定系数中的较小者），根据构件的长细比（或换算长细比）、钢材屈服强度和附表 30 的截面分类，按附表 31 采用。

【例题 14-3】 两端铰接轴心受压柱 AB，柱高 6m，在 x 轴平面内 4.5m 处有横向支撑点，如图 14-28 所示。柱承受的压力设计值为 800kN，柱截面为焊接工字形，翼缘为轧制边，翼缘尺寸为 240mm×10mm，腹板尺寸为 200mm×6mm，材料为 Q235 钢。试验算其稳定性。

【解】

(1) 已知计算长度

$$l_{0x} = l = 6\text{m},\ l_{0y} = 4.5\text{m}$$

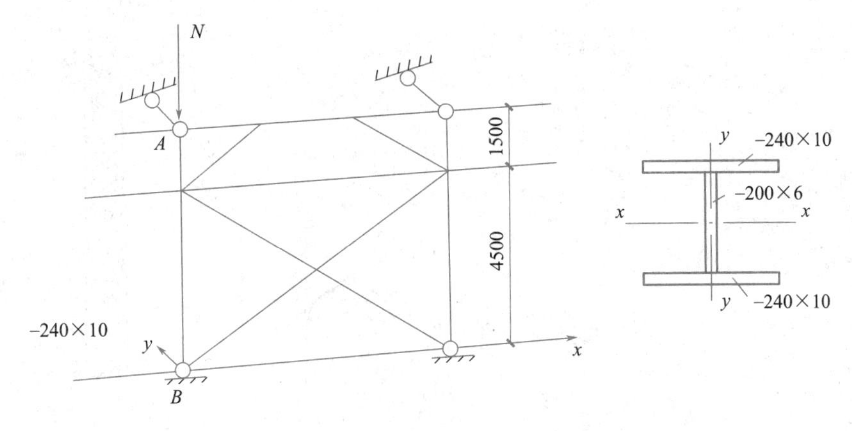

图 14-28　例题 14-3 图

（2）截面几何特征计算

$$A=2\times240\times10+200\times6=6000\text{mm}^2$$

$$I_x=2\times(240\times10^3/12+240\times10\times105^2)+6\times200^3/12=56.96\times10^6\text{mm}^4$$

括号中第一项远小于第二项，故可忽略不计。

$$I_y=2\times10\times240^3/12=23.04\times10^6\text{mm}^4$$

$$i_x=\sqrt{I_x/A}=\sqrt{56.96\times10^6/6000}=97.63\text{mm}$$

$$i_x=\sqrt{I_x/A}=\sqrt{23.04\times10^6/6000}=61.97\text{mm}$$

（3）确定 λ 和 φ 值

$$\lambda_x=l_{0x}/i_x=6000/97.63=61.58<[150]$$

$$\lambda_y=l_{0y}/i_y=4500/61.97=72.62<[150]$$

根据截面的构成条件，焊接和翼缘轧制边，从附表 30 可知，对 x 轴属 b 类，由附表 31，按 $\lambda_x=61.58$ 查得 $\varphi_x=0.799$。对 y 轴属 c 类，由附表 31，按 $\lambda_y=72.26$ 查得 $\varphi_y=0.625$。

（4）验算柱的整体稳定

$$\frac{N}{\varphi A}=\frac{800\times10^3}{0.625\times60\times10^2}=213.33\text{N/mm}^2\leqslant f=215\text{N/mm}^2$$

AB 柱满足整体稳定的要求。因截面无削弱，不需进行强度计算。

14.4　实腹式轴心受压构件的局部稳定

实腹式轴心受压构件一般由翼缘和腹板等板件组成，在轴心压力作用下，板件都承受压力。如果这些板件的平面尺寸很大，而厚度又相对较薄时，就有可能在构件丧失整体稳定或强度破坏之前，板件出现翘曲或鼓曲而失去稳定，这种现象称为实腹式轴心受压构件的局部失稳，如图 14-29 所示。板件失稳发生在构件的局部位置，虽不等于构件的整体失稳，但板件由于翘曲或鼓曲偏离了原来的位置会退出工作，使截面面积减小，从而降低构件的承载力。如鼓曲不断发展，将会导致构件提前整体失稳。因此，轴心受压构件的截面设计除考虑强度、刚度和整体稳定外，还应考虑局部稳定。

局部稳定实质上属于受压板件稳定，需要利用薄板屈曲理论的计算公式。本节先从板

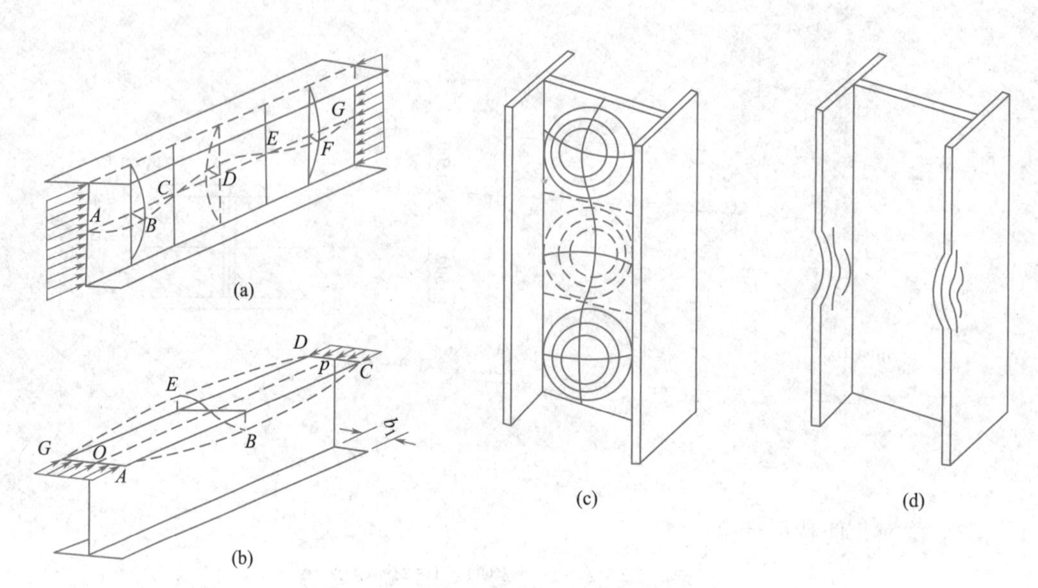

图 14-29 轴心受压构件的局部失稳

（a）腹板受力情况；（b）翼缘受力情况；（c）腹板屈曲；（d）翼缘屈曲

件稳定计算入手，导出轴心受压构件需要满足的局部稳定要求。

1. 板件的稳定

轴心受压构件中的板件，属于薄板，支承约束为其相连的板件。例如工字形截面柱的翼缘相当于单向均匀受压的三边支承（纵向侧边为腹板，横向上下两边为横向加劲肋、横隔或柱头、柱脚）、一边自由的矩形薄板；腹板相当于单向均匀受压的四边支承（纵向左右两侧边为翼缘，横向上下两边为横向加劲肋、横隔等）的矩形薄板。与杆件受压类似，当薄板上承受的压力达到临界值 N_{cr} 时，薄板处于微挠曲的曲面稳定平衡状态，即为板的临界状态。

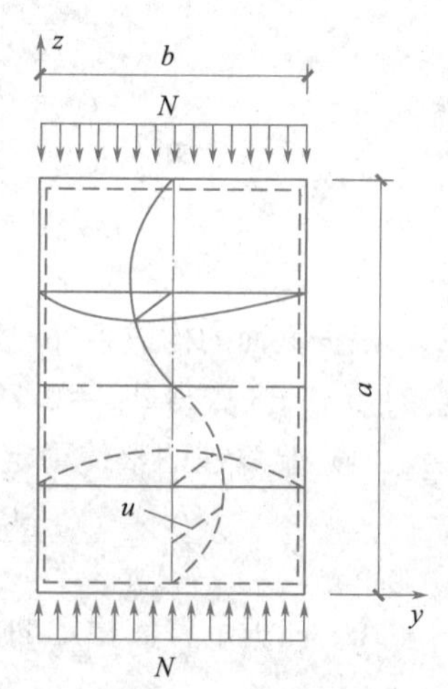

图 14-30 薄板在单向均匀压力下的屈曲

图 14-30 表示一块尺寸为 $a\times b$ 的四边简支矩形薄板，承受纵向均匀压力 N，它的屈曲微分方程为：

$$D\left(\frac{\partial^4 u}{\partial z^4}+\frac{2\partial^4 u}{\partial z^2\partial y^2}+\frac{\partial^4 u}{\partial y^4}\right)+N\frac{\partial^2 u}{\partial z^2}=0 \quad (14\text{-}63)$$

式中 u——薄板的挠度；

N——单位板宽所承受的压力；

$D=\dfrac{Et^3}{12(1-\nu^2)}$——板的抗弯刚度，其中 t 为板厚，ν 为钢材的泊松比。

按四边简支的边界条件，板边缘的弯矩和挠度均为零，可求得板的临界力为：

$$N_{cr}=\pi^2 D\left(\frac{m}{a}+\frac{a}{m}\frac{n^2}{b^2}\right)^2 \quad (14\text{-}64)$$

式中 m、n——纵向（z）和横向（y）屈曲半波数。

当横向为一个半波时，即 $n=1$，可得最小的临界力 N_{cr} 为：

$$N_{cr}=\beta\frac{\pi^2 D}{b^2} \tag{14-65}$$

式中　$\beta=\left(m\frac{b}{a}+\frac{a}{mb}\right)^2$——板的屈曲系数。

图 14-31 是根据式（14-64）中不同纵向半波数 m 绘出的 β-（a/b）关系曲线，各条曲线都在 $a/b=m$ 为整数处出现最低点，且 $\beta_{min}=4$。当 $a/b\geqslant1$ 时，β 值变化不大，可取 $\beta=4$。说明减小板的长度并不能提高板的临界力，但减小板的宽度可大幅度提高板的临界力。

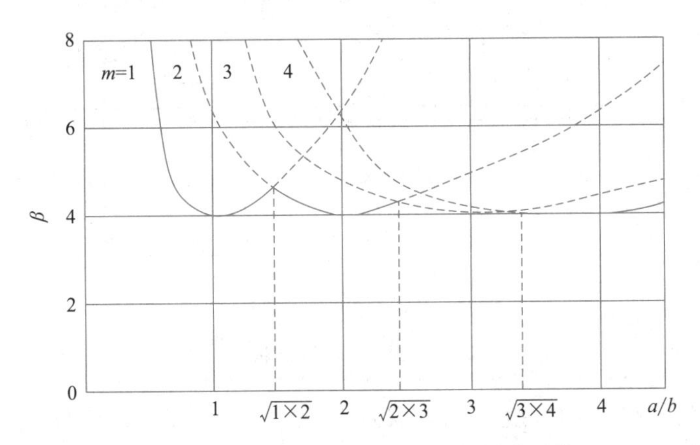

图 14-31　四边简支均匀受压板的屈曲系数

由式（14-65）可得四边简支板的弹性屈曲临界应力为：

$$\sigma_{cr}=\frac{N_{cr}}{t}=\frac{\beta\pi^2 E}{12(1-\nu^2)}\left(\frac{t}{b}\right)^2 \tag{14-66}$$

对于三边简支、一边自由的板，其弹性屈曲临界应力仍如式（14-66），但系数 $\beta=0.425+\frac{b^2}{a^2}$。当工字形截面翼缘板 $a\ll b$ 时，可取 $\beta=0.425$。

此外考虑到构件中相连板件除相互支承外，有的还起部分约束作用。约束的程度取决于相连板件的相对刚度。为考虑嵌固作用的影响，需在上述简支板公式的基础上乘以一个不小于 1 的弹性嵌固系数 χ；同时考虑应力超过比例极限进入塑性阶段的情况，沿受力方向的切线弹性模量 $E_t=\eta E$，则四边支承的板的临界应力公式为：

$$\sigma_{cr}=\frac{\sqrt{\eta}\beta\chi\pi^2 E}{12(1-\nu^2)}\left(\frac{t}{b}\right)^2 \tag{14-67}$$

式中，η 为弹性模量修正系数，根据试验资料分析可近似取为：

$$\eta=0.1013\chi^2(1-0.0248\lambda^2 f_y/E)f_y/E \tag{14-68}$$

对于工字形截面，由于翼缘板的厚度及截面均大于腹板等原因，对腹板取弹性嵌固系数 $\chi=1.3$，而对翼缘取 $\chi=1.0$。对于方管截面，当四块板压屈条件均相同时，亦取 $\chi=1.0$。

2. 板件的宽厚比限值

为设计方便，《钢结构设计标准》GB 50017—2017 以板件屈曲不先于构件的整体屈曲为条件，通过限制构件的宽厚比来控制受压构件中板件的局部稳定。

(1) 工字形截面

以按公式（14-67）确定的板件临界应力等于构件整体屈曲的临界应力为条件，即

$\sigma_{cr}=\varphi f_y$（φ 为轴心受压构件的整体稳定系数）得：

$$\frac{\sqrt{\eta}\beta\chi\pi^2 E}{12(1-\nu^2)}\left(\frac{t}{b}\right)^2=\varphi f_y \tag{14-69}$$

对腹板：b 为腹板的高度 h_0，如图 14-32 所示。以 $\nu=0.3$，$E=206\times10^5\text{N/mm}^2$，$f_y$ 取 235N/mm^2，$\chi=1.3$，$\beta=4$，再将前面介绍的 η 及 φ 代入式（14-69），即可得到 h_0/t_w 与 λ 的关系曲线，近似以直线取代得到：

$$h_0/t_w\leqslant(25+0.5\lambda)\varepsilon_k \tag{14-70}$$

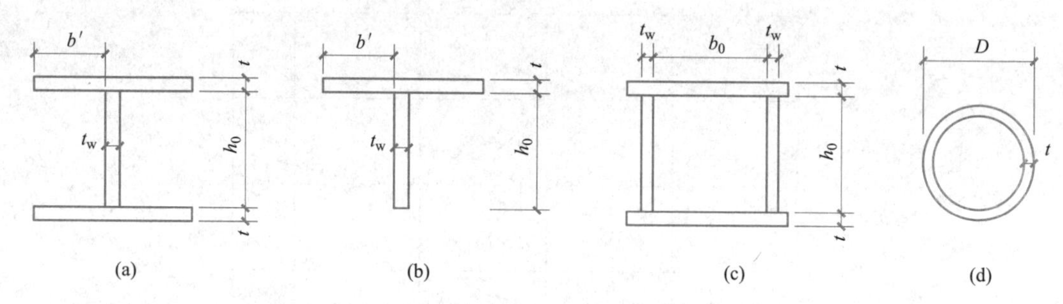

图 14-32　轴心受压构件的板件宽厚比

对于翼缘，板宽为翼缘外伸宽度 b'，取 $\chi=1$，$\beta_{min}=0.425$，以同样的 η 及 φ 值代入式（14-69），得 b'/t_f 与 λ 的关系曲线，最后以三段直线近似取代得到以下公式：

$$b'/t_f\leqslant(10+0.1\lambda)\varepsilon_k \tag{14-71}$$

式中 λ 取构件两个方向长细比的较大者，当 $\lambda<30$ 时，取 $\lambda=30$；$\lambda\geqslant100$ 时，取 $\lambda=100$。

（2）T 形截面

T 形截面轴心受压构件的翼缘板自由外伸宽度与厚度之比 b'/t 与工字形截面一样，其限值应按式（14-71）计算。T 形截面的腹板为三边支承、一边自由的板，但它受翼缘弹性嵌固作用较强。为了方便，《钢结构设计标准》GB 50017—2017 规定，对于热轧部分 T 形钢，其腹板宽厚比 h_0/t_w 的限值按式（14-72）计算；对于焊接 T 形钢，其腹板宽厚比 h_0/t_w 的限值则按式（14-73）计算。

$$h_0/t_w\leqslant(15+0.2\lambda)\varepsilon_k \tag{14-72}$$

$$h_0/t_w\leqslant(13+0.17\lambda)\varepsilon_k \tag{14-73}$$

对焊接构件，h_0 取腹板高度 h_w；对热轧构件，h_0 取腹板平直段长度，简要计算时可取 $h_0=h_w-t_f$，但不小于 $h_w-20\text{mm}$。

（3）箱形截面

箱形截面的腹板高厚比限值为：

$$b/t\leqslant40\varepsilon_k \tag{14-74}$$

式中　b——壁板的净宽度。当箱形截面设有纵向加劲肋时，为壁板与加劲肋之间的净宽度。

（4）圆管截面

圆管截面直径与壁厚之比应满足：

$$\frac{D}{t}\leqslant100\varepsilon_k^2 \tag{14-75}$$

3. 加强局部稳定的措施

设计时所选截面如不满足板件宽厚比的规定，一般应调整板件厚度或宽度使其满足要求。对大型工字形和箱形截面的腹板，如不满足宽厚比要求，可采用设置纵向加劲肋的方法予以加强，以减小腹板计算高度（图 14-33a）。纵向加劲肋宜在腹板两侧对称配置，其一侧外伸宽度不应小于 $10t_w$，厚度不应小于 $3t_w/4$。纵向加劲肋通常在横向加劲肋之间设置。当实腹式柱腹板的计算高度与厚度之比大于 80 时，应采用横向加劲肋加强，其尺寸要求见图 14-33（a）。

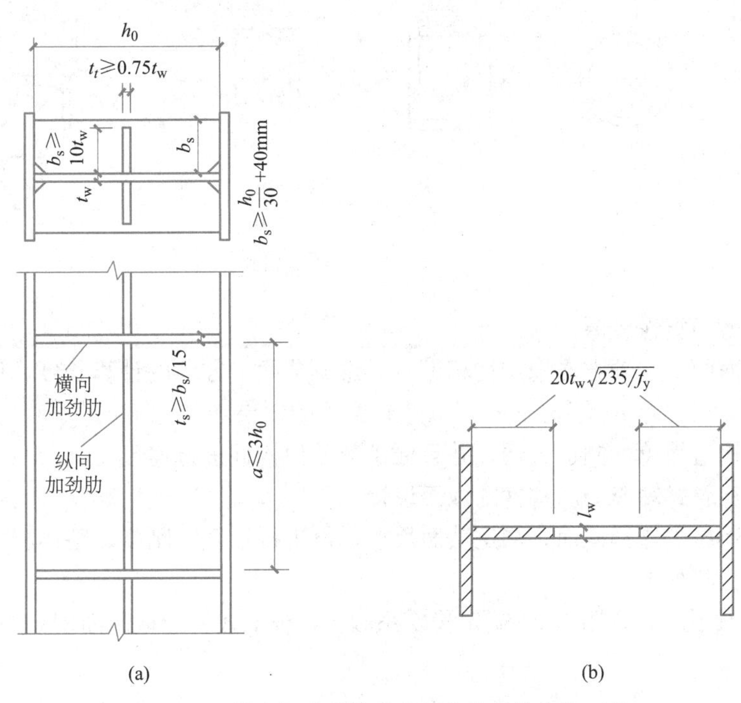

图 14-33 纵向加劲肋加强腹板和腹板的有效面积

（a）纵向加劲肋；（b）腹板有效面积

如果柱子腹板高度较大，需要采用过厚的钢板，显得不经济。可采用有效截面的方法进行计算，认为腹板中间部分已丧失稳定局部退出工作，在计算构件的强度和稳定性时，仅考虑两侧宽度各为 $20t_w\sqrt{235/f_y}$ 部分截面承受荷载，如图 14-33（b）所示。但计算构件的整体稳定系数 φ 时仍采用全截面。

14.5 实腹式轴心受压构件的设计

14.5.1 实腹式轴心受压构件的截面形式

柱身截面一般采用双轴对称截面，以避免弯扭失稳。通常选择轧制工字形截面、钢板组合工字形截面、箱形截面、圆管截面等，图 14-34 为常用的截面形式。

为取得经济效果，实腹式轴心受压柱的截面设计应尽量遵循下列原则：

（1）面积分布应尽量开展，以增加截面的惯性矩和惯性半径，提高柱的整体稳定性和刚度。在满足局部稳定和使用等条件下，尽量加大截面轮廓尺寸而减小板厚，在工字形截

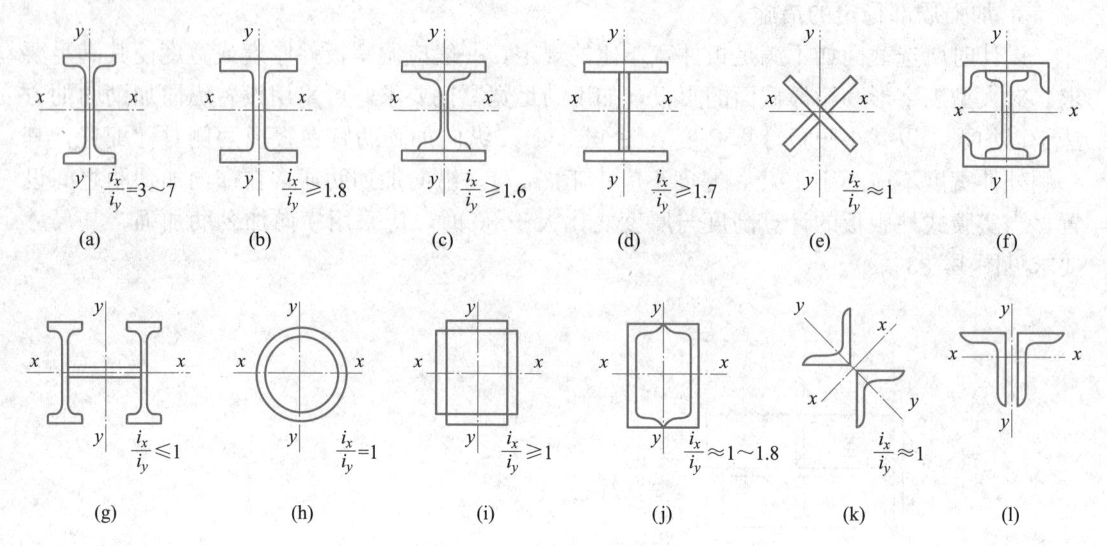

图 14-34　轴心受压实腹柱常用截面形式

面中取腹板较薄而翼缘较厚。

（2）使截面两个主轴方向稳定性相近，通过调节两个方向的计算长度，以及合理的轮廓尺寸，达到 $\lambda_x \approx \lambda_y$，或者 $\varphi_x \approx \varphi_y$，以达到经济的效果。

（3）力求构造简单、制造方便，并且便于与其他构件进行连接。

14.5.2　实腹式轴心受压构件的截面设计

首先按上述原则选择截面，初定截面尺寸，再进行强度、刚度、整体稳定和局部稳定的验算，具体步骤如下：

① 假定长细比 λ，查附表 31 确定稳定系数 φ，按下式初选截面面积：

$$A = \frac{N}{\varphi f}$$

假定长细比时，一般在 60～100 范围内选取，当轴向力大而计算长度小时，λ 取较小值，反之 λ 取较大值。所假定的 λ 不得超过 150。

② 按求得的截面面积，可直接从型钢表中选取合适的钢型。如采用工字形组合截面，可先按假定的 λ 确定所需要的惯性半径：

$$i_x = \frac{l_{0x}}{\lambda},\quad i_y = \frac{l_{0y}}{\lambda}$$

再借助截面惯性半径的近似值（附表 32），决定所需要的高度 h 和宽度 b：

$$h = \frac{i_x}{\alpha_1} = \frac{i_x}{0.43},\quad b = \frac{i_y}{\alpha_2} = \frac{i_y}{0.24}$$

再根据所求得的 h、b，按总面积 A 的要求决定翼缘和腹板的面积。最好使翼缘截面面积约占总面积的 80%，所得的截面比较经济。

③ 计算出所选截面的几何特性，先进行整体稳定验算，再进行局部稳定验算及长细比限值验算。

④ 如验算不满足相关要求，可直接修改截面或另行假设 λ 重新验算，直到合适为止。

⑤ 若截面中开有孔洞，对截面削弱较大时，还应验算净截面强度。

【例题 14-4】有一实腹式轴心受压柱，高为 7m，轴心压力设计值 $N=3600\text{kN}$，钢材为 Q235。试选择一由三块钢板焊接成的工字形柱截面，翼缘边为焰切，截面无孔洞削弱。

【解】

（1）已知条件

$N=3600\text{kN}$；$l_{0y}=l_{0x}=7\text{m}$，Q235 钢抗压强度设计值 $f=215\text{N/mm}^2$；翼缘为焰切边的焊接工字形截面，查附表 30，φ_x 和 φ_y 均按 b 类截面确定。

（2）初选截面

① 假定 $\lambda=70$，由附表 31 查得 b 类截面 $\varphi=0.751$，则所需截面面积为：

$$A=N/(\varphi f)=3600\times10^3/(0.751\times215)=22300\text{mm}$$

② 求所需的惯性半径和轮廓尺寸：

$$i_x=i_y=l_{0x}/\lambda=l_{0y}/\lambda=7000/70=100\text{mm}$$

由附表 32 的近似关系得，工字形截面 $i_x=0.43h$，$i_y=0.24b$，则所需 h 和 b 为：

$$h\approx i_x/\alpha_1=100/0.43=233\text{mm}$$

$$b\approx i_y/\alpha_2=100/0.24=417\text{mm}$$

③ 初选截面尺寸。考虑到焊接和柱头、柱脚构造要求，h 不宜太小，取 $b\approx h$ 为宜。设 $b=h_0=420\text{mm}$，则所需平均板厚 $t\approx22300/(3\times420)=17.7\text{mm}$。此截面可以满足要求，但轮廓尺寸偏小而板厚偏大，$\varphi$ 值偏低，故不经济。

重新假设 $b=h=500\text{mm}$，则：

$$i_x=0.43h=0.43\times500=215\text{mm},\ \lambda_x=7000/215=32.6$$

$$i_y=0.24b=0.24\times500=120\text{mm},\ \lambda_y=7000/120=58.3$$

x、y 轴屈曲均属 b 类截面，按 λ_x 和 λ_y 较大者 $\lambda_y=58.3$ 查得 $\varphi=0.816$，所需截面面积为：

$$A=N/(\varphi f)=3600\times10^3/(0.816\times215)=20520\text{mm}^2$$

所需平均板厚 $t\approx20520/(3\times500)=13.7\text{mm}$，取腹板厚 $t_w=10\text{mm}$。初选截面尺寸如图 14-35 所示，截面面积 $A=2\times500\times16+460\times10=20600\text{mm}^2>20520\text{mm}^2$。

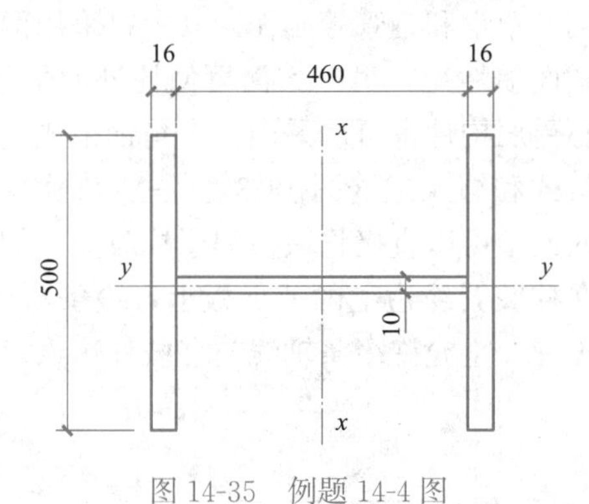

图 14-35　例题 14-4 图

（3）验算已选截面（由于无孔洞削弱，无须进行强度验算）

1）整体稳定和刚度

首先计算截面的几何特性：

$$I_x=(500\times492^3-490\times460^3)/12=987.8\times10^6\text{mm}^4$$

$$i_x = \sqrt{987.8 \times 10^6 / 20600} = 219.0\text{mm}$$

$$\lambda_x = 7000/219.0 = 32.0 < [\lambda] = 150\text{，满足刚度要求。}$$

$$I_y = (2 \times 16 \times 500^3 + 460 \times 10^3)/12 = 333.4 \times 10^6\text{mm}^4$$

$$i_y = \sqrt{333.4 \times 10^6 / 20600} = 127.2\text{mm}$$

$$\lambda_y = 7000/127.2 = 55.0 < [\lambda] = 150\text{，满足刚度要求。}$$

其中 λ_y 较大，控制截面，查得 b 类 $\varphi = 0.833$，则：

$$N/(\varphi A) = 3600 \times 10^3 / (0.833 \times 20600) = 209.8\text{N/mm}^2 < f = 215\text{N/mm}^2$$

满足要求。

2）局部稳定

翼缘 $b'/t = 245/16 = 15.3 < 10 + 0.1 \times 55 = 15.5$

腹板 $h_0/t_w = 460/10 = 46.0 < 25 + 0.5 \times 55 = 52.5$

均满足要求。

（4）构造要求

$h_0/t_w = 460/10 = 46 < 80$ 可以不设横向加劲肋。翼缘与腹板的连接焊缝采用自动焊，则：

$h_{fmin} = 1.5\sqrt{t_{max}} - 1 = 1.5\sqrt{16} - 1 = 5\text{mm}$，取 $h_f = 5\text{mm}$。

14.6 格构式轴心受压柱的设计

14.6.1 格构式轴心受压构件的截面组成

格构式柱由于截面材料分布远离形心，截面惯性矩增大，抗弯刚度提高，达到节约材料的目的；同时通过调整分肢的距离容易实现对 x 轴和 y 轴两个方向的等稳定性，因此格构式柱常用于重型钢结构体系。

14.1 节介绍了格构式组合柱常见的截面形式（图 14-2），分为双肢柱、三肢柱和四肢柱。柱肢可用槽钢、工字钢、角钢和钢管等制作。其中以采用两槽钢柱居多，且一般常以翼缘朝内，一方面可增加截面惯性矩，另一方面可使柱外面平整，便于与其他构件连接。受力较小、长度较大的轴心受压构件也可以采用四个角钢组成的截面，即四肢柱。连接柱肢的缀材体系有两种：缀板式和缀条式（图 14-3）。一般荷载较小者采用缀板；荷载较大者采用缀条。缀条和柱肢的连接可以直接将缀条焊于柱肢上。如焊缝长度不够时，也可将斜缀条及横缀条连接于焊在柱肢翼缘边上的节点板上。缀条与柱肢的轴线应汇交于一点。为加大缀条与柱肢的搭接长度，也允许缀条轴线与柱肢外边缘汇交。

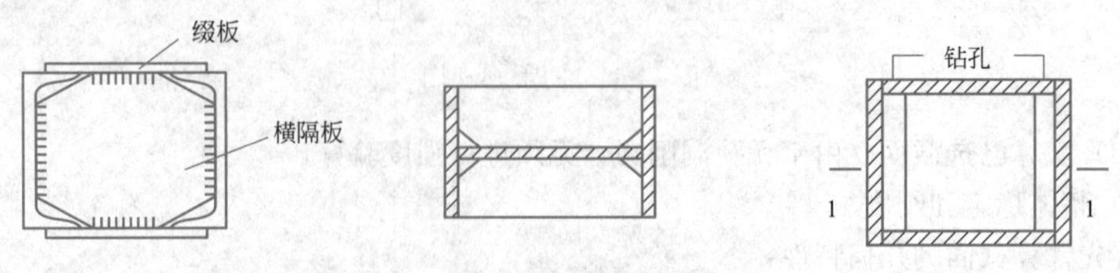

图 14-36 格构式柱的横隔板构造（一）

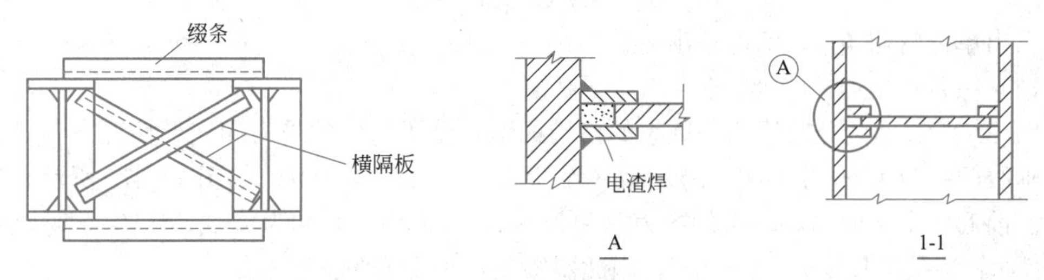

图 14-36　格构式柱的横隔板构造（二）

为了避免柱肢局部受弯和提高柱的抗扭刚度，保证柱子在运输和安装过程中的截面形状不变，在受有较大水平力处和运输单元的端部应设横隔，横隔的间距不得大于柱子较大宽度的 9 倍或 8m。横隔可采用钢板或交叉角钢，构造如图 14-36 所示。

格构式截面中以穿过肢件腹板的轴线为实轴（图 14-2 中的 y-y 轴），穿过缀材平面的轴线为虚轴（图 14-2 中的 x-x 轴）。在三肢柱、四肢柱截面，两个方向均为虚轴。

14.6.2　轴心受压格构式柱的整体稳定性

（1）轴心受压格构式柱整体稳定的基本理论

格构式柱绕实轴的稳定与实腹式柱相同，但绕虚轴的稳定性比具有同等长细比的实腹式受压柱差。由于格构柱各分肢是每隔一定距离用缀材连接的，故格构柱绕虚轴失稳时引起的变形较大。因此，格构式柱的整体稳定性主要取决于它对虚轴的整体稳定性。

轴心受压柱的屈曲变形包含弯曲变形和剪切变形两部分，实腹式柱的剪切变形影响很小，一般忽略不计。但格构式轴心受压柱由于两个分肢是由缀件相连，其绕虚轴的抗剪刚度比实腹式构件的腹板弱很多，因此不能忽略剪切变形对稳定承载力的影响。

为了考虑剪切变形的影响，可将稳定临界力公式中剪力的影响折算至绕虚轴的换算长细比 λ_{0x} 中，这样处理后，便可利用实腹式构件整体稳定公式计算格构式柱的整体稳定。

如考虑剪切变形对受压构件的影响，两端铰支实腹式轴心受压构件的临界力变为：

$$N_{\mathrm{cr}}=\frac{\pi^2 EI}{l_0^2}\cdot\frac{1}{1+\dfrac{\pi^2 EI}{l_0^2}\dfrac{k}{GA}} \tag{14-76}$$

式中　k ——截面形状系数（长方形 $k=1.2$，圆形 $k=32/27$）；

G ——剪切弹性模量；

A ——组合压杆截面面积。

其中 $1/\left(1+\dfrac{\pi^2 EI}{l_0^2}\dfrac{k}{GA}\right)$ 是考虑剪切影响的修正值，在实腹式轴心受压构件中这个修正值接近 1，故可以忽略不计。但格构式构件截面对虚轴的剪切变形则不能忽略。其中 k/GA 是剪力 $V=1$ 时引起的剪切角，令 $\gamma=k/GA$。将式（14-76）两边除以横截面面积，代入 γ，得相应的格构式柱临界应力公式：

$$\sigma_{\mathrm{cr}}=\frac{\pi^2 E}{\lambda_x^2}\cdot\frac{1}{1+\dfrac{\pi^2 EA}{\lambda_x^2}\gamma} \tag{14-77}$$

将式（14-77）与临界应力计算公式 $\sigma_{\mathrm{cr}}=\pi^2 E/\lambda_{0x}^2$ 比较，可得换算长细比：

$$\lambda_{0x}=\sqrt{\lambda_x^2+\pi^2 EA\gamma} \tag{14-78}$$

如能求出单位剪切角 γ，即可求出 λ_{0x}。

（2）缀条式格构柱的换算长细比

图 14-37 表示两分肢用缀条联系的格构式轴心受压构件的受力和变形情况。斜缀条与构件轴线间夹角为 θ，剪切角为 γ，取一个缀条节间（长度为 a，如图 14-37c 所示）进行分析。前后两个平面内斜缀条的内力总和为 N_d，截面面积总和为 A_{1x}。当 $V=1$ 时，$N_d=1/\sin\theta$，斜缀条的长度 $l_d=a/\cos\theta$，因此斜缀条伸长变形为：

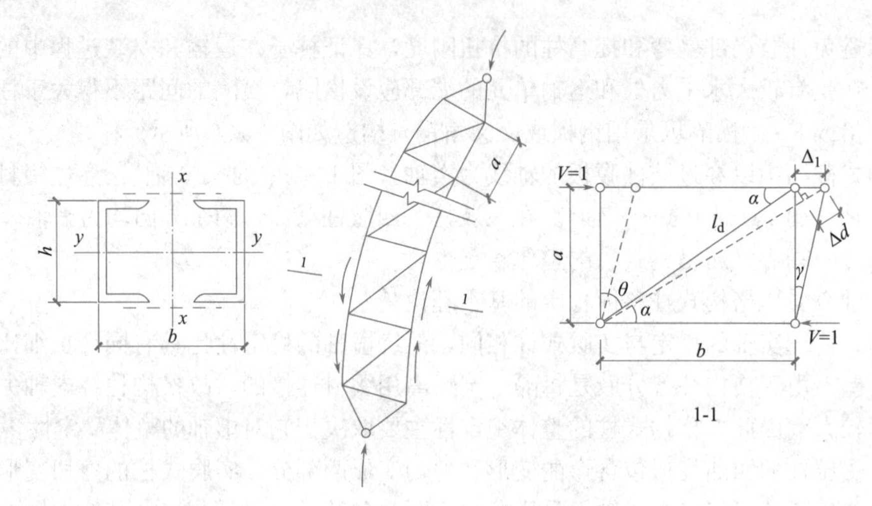

图 14-37　缀条式格构柱的剪切变形

$$\Delta d=\frac{N_d l_d}{EA_{1x}}=\frac{1}{\sin\theta\cos\theta}\frac{a}{EA_{1x}}$$

因此，

$$\gamma=\frac{\Delta_1}{a}=\frac{\Delta d/\sin\theta}{a}=\frac{1}{\sin^2\theta\cos\theta}\frac{1}{EA_{1x}} \tag{14-79}$$

将式（14-79）代入式（14-80），得：

$$\lambda_{0x}=\sqrt{\lambda^2+\frac{\pi^2}{\sin^2\theta\cos\theta}\cdot\frac{A}{A_{1x}}} \tag{14-80}$$

一般工程上 $\theta=40°\sim70°$，故 $\pi^2/(\sin^2\theta\cos\theta)=25.6\sim32.7$。为了计算方便，规范统一取用 27，得简化式：

$$\lambda_{0x}=\sqrt{\lambda_x^2+27A/A_{1x}} \tag{14-81}$$

（3）缀板式格构柱的换算长细比

图 14-38（a）表示缀板式格构轴心受压构件的弯曲屈曲变形情况，其内力和变形可简化成多层刚架进行分析，并假定反弯点在每个分肢和每块缀板（横梁）的中点。取出相邻两组反弯点间一层作为分析对象（图 14-38b），在上下反弯点处施加单位剪力 $V=1$（每个分肢 $V/2=1/2$），其内力如图 14-38（c）所示，其中 V_1 为每个缀板面内承受的剪力。

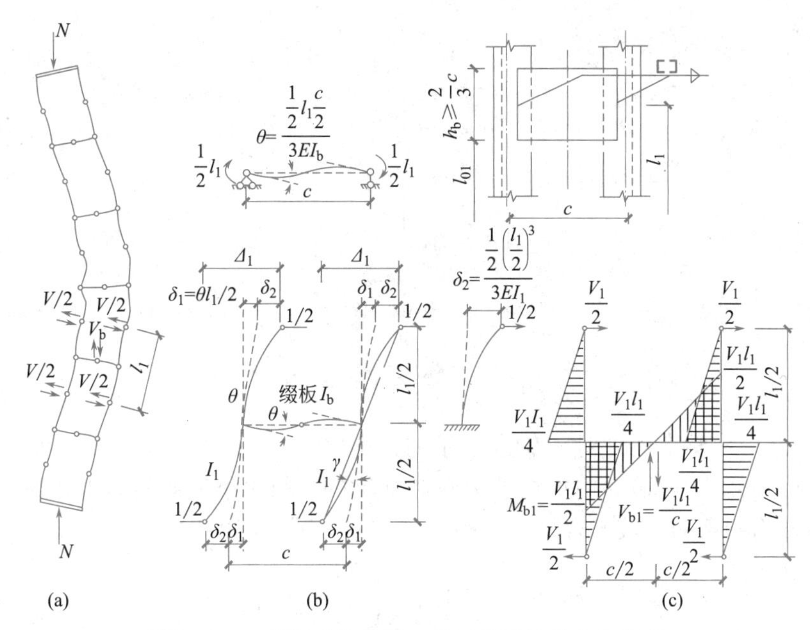

图 14-38 缀板式格构轴心受压构件的受力和变形

(a) 变形；(b) $V=1$ 时的构件变形；(c) 每侧缀板面的内力

每层分肢的水平位移包括由于缀板弯曲变形 δ_1 和分肢变形 δ_2（图 14-38b），因缀板的刚度比柱肢大，忽略缀板本身的变形，因此层水平位移为：

$$\delta=\delta_2=\frac{V}{2}\left(\frac{l_1}{2}\right)^3\frac{1}{3EI_1}=\frac{1}{48EI_1} \tag{14-82}$$

式中 I_1——一个分肢绕平行于虚轴的形心轴的惯性矩。

则单位剪力产生的剪切角为：

$$\gamma=\frac{\delta}{0.5l_1}=\frac{l_1^2}{24EI_1} \tag{14-83}$$

将式（14-83）代入式（14-79）可求换算长细比：

$$\lambda_{0x}=\sqrt{\lambda_x^2+\pi^2EA\gamma}=\sqrt{\lambda_x^2+\pi^2EA\frac{l_1^2}{24EI_1}}=\sqrt{\lambda_x^2+\frac{\pi^2}{12}\lambda_1^2}=\sqrt{\lambda_x^2+\lambda_1^2} \tag{14-84}$$

式中 $\lambda_1=l_{01}/i_1$——分肢对最小刚度轴 1-1 的长细比（图 14-39a），其中计算长度 l_{01} 为相邻两缀板间的净距（缀板与分肢焊接时）或最近边缘螺栓间的距离（缀板与边缘螺栓连接时）。

（4）四肢格构式轴心受压构件的换算长细比（图 14-39b）

当缀件为缀条时：

$$\lambda_{0x}=\sqrt{\lambda_x^2+40A/A_{1x}}$$
$$\lambda_{0y}=\sqrt{\lambda_y^2+40A/A_{1y}} \tag{14-85}$$

当缀件为缀板时：

$$\lambda_{0x}=\sqrt{\lambda_x^2+\lambda_1^2}$$
$$\lambda_{0y}=\sqrt{\lambda_y^2+\lambda_1^2} \tag{14-86}$$

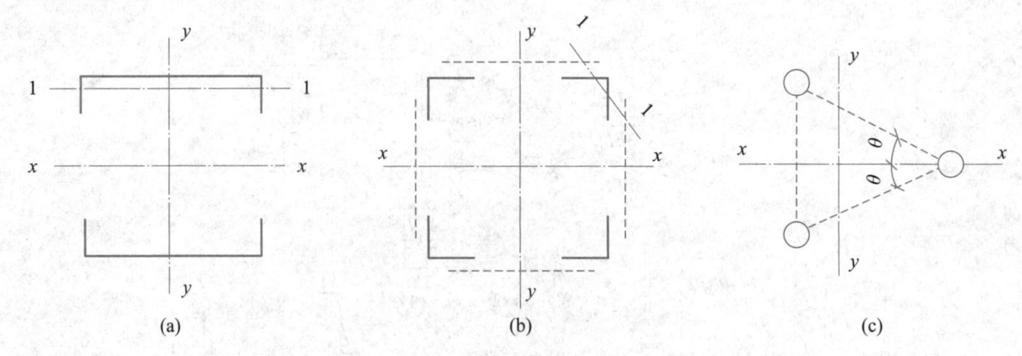

图 14-39 格构式构件截面

式中 λ_x、λ_y ——整个构件对 x 轴和 y 轴的长细比；

A_{1x}、A_{1y} ——构件截面中垂直于 x 轴和 y 轴的各斜缀条毛截面面积之和。

（5）缀件为缀条的三肢组合构件的换算长细比（图 14-39c）

$$\lambda_{0x}=\sqrt{\lambda_x^2+\frac{42A}{A_1(1.5-\cos^2\theta)}}$$
$$\lambda_{0y}=\sqrt{\lambda_y^2+\frac{42A}{A_1\cos^2\theta}} \tag{14-87}$$

式中 A_1——构件截面中各斜缀条毛截面面积之和；

θ——构件截面内缀条所在平面与 x 轴的夹角。

14.6.3 格构式柱分肢的稳定计算

格构式柱的分肢可视为单独的轴心受压实腹式构件，按两缀条或缀板间的长细比 λ_1 计算。但《钢结构设计标准》GB 50017—2017 规定，当格构式构件的长细比满足下列条件时，即可认为分肢的稳定性和强度可以满足要求而不必另行验算：

缀条柱：$\lambda_1\leqslant 0.7\lambda_{max}$；

缀板柱：$\lambda_1\leqslant 0.5\lambda_{max}$，且 $\lambda_1\leqslant 40$；当 $\lambda_{max}<50$ 时，取 $\lambda_{max}=50$。

式中 λ_{max} ——格构式构件两方向长细比的较大值，对虚轴取换算长细比。

14.6.4 格构式轴心受压构件的横向剪力

在轴心压力作用下，理想的轴心受压构件的截面上不会产生剪力，但实际构件有初弯曲、初偏心等缺陷，从受力开始便有可能绕虚轴产生弯曲变形。因此横截面上存在由弯曲变形引起的弯矩，从而产生剪力，此剪力由缀件体系承受。

（1）轴心受压格构式构件的横向剪力

图 14-40 所示为两端铰支格构式轴心受压柱，绕虚轴弯曲时，假设变形曲线为半波正弦曲线，跨中最大挠度为 v_0。

$$y=v_0\sin\frac{\pi z}{l} \tag{14-88}$$

柱中任意点的弯矩为：

$$M=Ny=Nv_0\sin\frac{\pi z}{l} \tag{14-89}$$

剪力为：

$$V=\frac{\mathrm{d}M}{\mathrm{d}z}=\frac{\pi}{l}Nv_0\cos\frac{\pi z}{l} \tag{14-90}$$

从式中可见，当 $z=0$ 或 $z=l$ 时，得到最大剪力：

$$V_{\max}=\frac{\pi}{l}Nv_0 \tag{14-91}$$

《钢结构设计标准》GB 50017—2017 假定 V 值沿全长不变，如图 14-40（c）所示，以 $V_{\max}$ 计算。

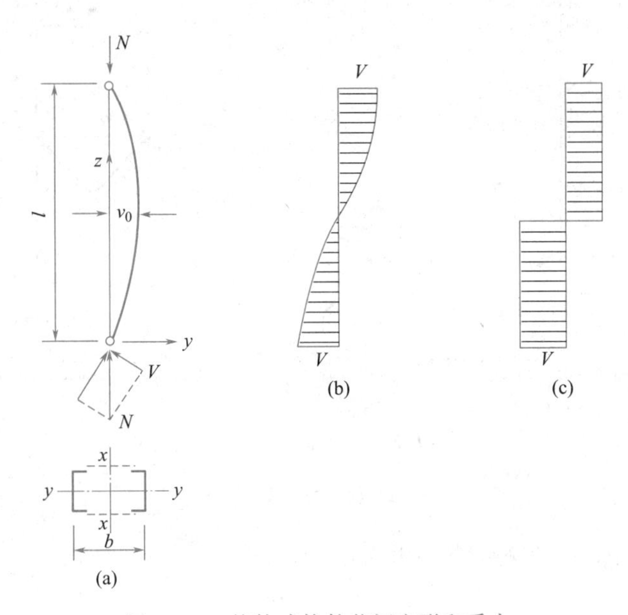

图 14-40　格构式构件节间变形和受力

跨中挠度可按绕虚轴弯曲时截面边缘纤维屈服的条件：

$$\frac{N}{A}+\frac{Nv_0}{I_x}\frac{b}{2}=f_{\mathrm{y}} \tag{14-92}$$

以 $N=\varphi_x Af_{\mathrm{y}}$，$I_x=Ai_x^2$，$i_x\approx\alpha b$ 代入，解出 v_0 为：

$$v_0=2\alpha i_x\left(\frac{1-\varphi_x}{\varphi_x}\right) \tag{14-93}$$

代入式（14-91），得：

$$V_{\max}=\frac{\pi 2\alpha}{\lambda_x}\left(\frac{1-\varphi_x}{\varphi_x}\right)N=\frac{2\alpha\pi(1-\varphi_x)}{\lambda_x}\frac{N}{\varphi_x}=\frac{1}{k}\frac{N}{\varphi_x} \tag{14-94}$$

式中的 k 值取决于截面肢件、长细比 λ_x 及其相应的稳定系数 φ_x。为简化计算，按通常 $\lambda_x=40\sim160$，计算各种格构式柱，得平均值 $k=77\sim98$。统一取 $k\approx85\varepsilon_{\mathrm{k}}$。因此得：

$$V=\frac{N}{85\varphi_x\varepsilon_{\mathrm{k}}} \tag{14-95}$$

式中　φ_x——按虚轴换算长细比确定的稳定系数。

取 $N=A\varphi f$，由式（14-95）得：

$$V=\frac{Af}{85\varepsilon_{\mathrm{k}}} \tag{14-96}$$

(2) 缀材的计算

1) 缀条设计

缀条分为单缀条体系（图 14-41a）和交叉缀条体系（图 14-41b）。视缀条与构件分肢组成平行弦桁架，由此可求出缀条内力。

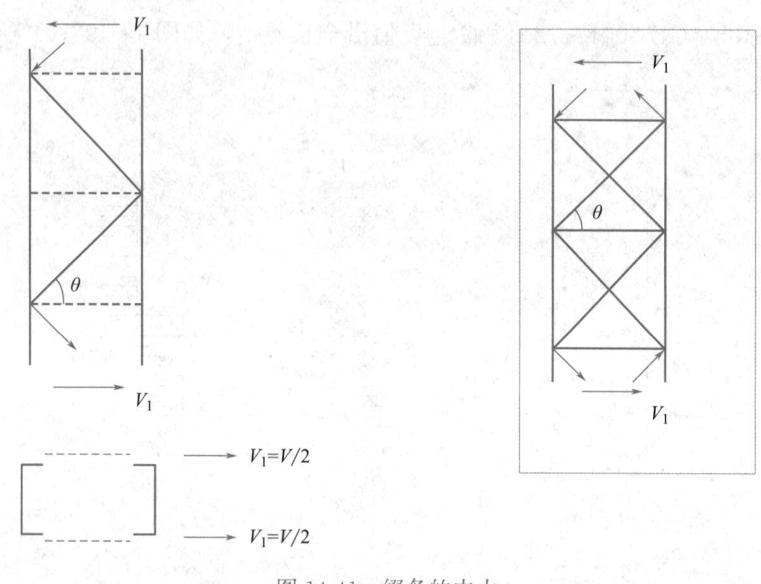

图 14-41　缀条的内力

在平行弦桁架中，一个斜缀条内力为：

$$N_{d1}=V_1/n\cos\theta \tag{14-97}$$

式中　V_1——分配到一个缀材面上的剪力；

n——承受剪力 V 的斜缀条数，单缀条时，$n=1$；交叉缀条时，$n=2$；

θ——斜缀条与水平线间的夹角。

对承受构件剪力的横缀条，其内力为：

$$N_{d2}=V_1 \tag{14-98}$$

由于剪力方向可正可负，缀条的内力 N_{d1} 或 N_{d2} 可能为拉力或压力，设计时应按轴心受压计算。缀条通常采用单等边角钢，最小尺寸∟45×4～∟50×5。单角钢缀条通常与构件分肢单面连接，计算其强度、稳定和连接时，应按《钢结构设计标准》GB 50017—2017 有关规定考虑相应的强度设计值折减系数。缀条一般直接搭焊在构件的分肢上，为了保证必要的焊缝长度，节点处缀条轴线交汇点可稍向外移动至分肢形心轴线以外，但不应超出分肢翼缘的外侧。

2) 缀板设计

缀板与构件两个分肢组成单跨多层空间刚架体系（图 14-38a），缀板内力可通过分析反弯点间的刚架模型（图 14-42）求得。根据内力平衡可得每个缀板剪力 V_{b1} 和弯矩 M_{b1}：

$$V_{b1}=V_1 l_1/c\text{，}M_{b1}=V_1 l_1/2 \tag{14-99}$$

式中　l_1——缀板中心线间的距离，根据分肢稳定条件，缀板间净距 $l_{01}\leqslant\lambda_1 i_1$；

c——肢件轴线间距离。

为了保证缀板有一定刚度，《钢结构设计标准》GB 50017—2017 要求在同一截面处各缀板（或型钢横杆）的线刚度之和不得小于构件较大分肢线刚度的 6 倍，即$\sum(I_b/c)\geqslant 6(I_1/l_1)$，其中 I_b 为一个缀板的截面惯性矩，I_1 为每个分肢绕其平行于虚轴方向形心轴的惯性矩。缀板通常采用钢板，一般取纵向高度 $h_b\geqslant 2c/3$，厚度 $t_b\geqslant c/40$ 和 6mm。

缀板通常用角焊缝与分肢相连，共同承受 M_{b1} 和 V_{b1} 的作用。搭接长度一般可采用 20～30mm，可以采用三面围焊，也可只用缀板端部纵向焊缝。

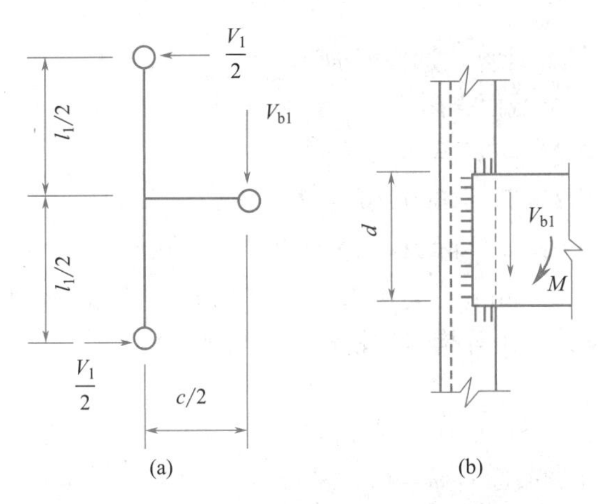

图 14-42　缀板内力计算模型

14.6.5　轴心受压格构式柱的截面设计

（1）根据受力的大小、使用要求、供料情况，决定采用缀条柱或缀板柱。缀材面剪力较大的宜采用缀条柱。

（2）根据对实轴的稳定计算，选择柱肢截面。可首先假定长细比为 70～100，按假定的长细比查出 φ，得出需要的截面面积和惯性半径，从型钢表中选取合适的截面，再按实际的 A、i_y 及长细比 λ_y 验算对实轴的稳定性。

（3）根据对虚轴的稳定性，决定分肢的间距。对双肢柱，按等稳定条件，即对虚轴的换算长细比与对实轴的长细比相等，代入换算长细比公式得：

缀板柱对虚轴的长细比为：

$$\lambda_x=\sqrt{\lambda_y^2-\lambda_1^2} \tag{14-100}$$

缀条柱对虚轴的长细比为：

$$\lambda_x=\sqrt{\lambda_y^2-27\frac{A}{A_1}} \tag{14-101}$$

计算时可假定 A_1 或 λ_1；受力不大的构件，缀条采用∟40×5 或∟50×6，λ_1 可假定为 30～40。求出 λ_x 后，再求对虚轴所需的惯性半径：

$$i_x=l_{0x}/\lambda_x \tag{14-102}$$

然后按截面轮廓尺寸与惯性半径的近似关系（附表 32）得两肢间的距离：

$$b=i_x/\alpha_2 \tag{14-103}$$

求出的 b 不得小于槽钢翼缘宽度的 2 倍。

（4）按选出的实际尺寸验算柱对虚轴的稳定性和分肢的稳定性，如不合适，进行修改再验算，直到合适为止。

(5) 按式(14-97)～式(14-99)计算缀条或缀板内力，验算强度和刚度，并满足构造要求。

(6) 最后按规定设置隔板。

【例题 14-5】 已知某两槽钢组成的格构式柱的轴心压力设计值 $N=1400\text{kN}$，钢材为 Q235，焊条为 E43 型，截面无削弱，$l_{0x}=l_{0y}=6\text{m}$，用缀板联系。试设计其截面。

【解】

(1) 按绕实轴(y 轴)计算，选择截面。

假定 $\lambda_y=60$，按 b 类截面查附表 31 得 $\varphi=0.807$。

所需截面面积：$A=N/(\varphi f)=8069\text{mm}^2$。

所需惯性半径：$i_y=l_{0y}/\lambda_y=6000/60=100\text{mm}$。

从槽钢表中试选 2[28a，实际 $A=2\times4000=8000\text{mm}^2$，$i_y=109.0\text{mm}$。其他截面特征：$i_1=23.3\text{mm}$，$y_0=20.9\text{mm}$，$I_1=2.18\times10^6\text{mm}^4$。自重为 616N/m，总重为 $616\times6=3696\text{N}$。外加缀材及其柱头等构造用钢，柱重可按 10kN 计算，从而 $N=1410\text{kN}$。

验算绕实轴稳定：

$$\lambda_y=l_{0y}/i_y=6000/109.0=55.0<[\lambda]=150\text{（满足要求）}$$

查附表 31 得(按 b 类截面)：$\varphi=0.833$。

$$\frac{N}{\varphi A}=\frac{1410\times10^3}{0.833\times8000}=211.6\text{N/mm}^2<f=215\text{N/mm}^2\text{（满足要求）}$$

(2) 按绕虚轴(x 轴)验算稳定性，确定分肢间距离 b。

按等稳定性原则 $\lambda_{0x}=\sqrt{\lambda_x^2+\lambda_1^2}=\lambda_y$，因 $\lambda_y=55.0$，分肢长细比 $\lambda_1\leqslant0.5\lambda_{\max}=27.5$，取 27。故可求得：

$$\lambda_x=\sqrt{\lambda_y^2-\lambda_1^2}=47.9$$

$$i_x=l_{0x}/\lambda_x=6000/47.9=125.3\text{mm}$$

查附表 32 得：$b=\dfrac{i_x}{0.44}=\dfrac{125.3}{0.44}=284.8\text{mm}$，取 $b=290\text{mm}$。如图 14-43 所示。

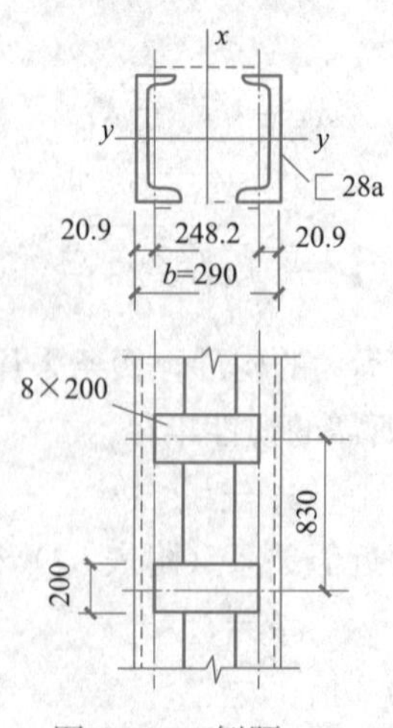

图 14-43 例题 14-5

（3）柱截面验算

刚度和整体稳定性验算：

$$I_x = 2(2.18 \times 10^6 + 4000 \times 124.1^2) = 1.28 \times 10^8 \text{mm}^4$$

$$i_x = \sqrt{I_x / A} = \sqrt{1.28 \times 10^8 / 8000} = 126.5 \text{mm}$$

$$\lambda_x = 6000/126.5 = 47.4$$

$$\lambda_{0x} = \sqrt{\lambda_x^2 + \lambda_1^2} = \sqrt{47.4^2 + 27^2} = 54.6 < [\lambda] = 150$$

满足要求。

查附表 31 得（按 b 类截面）：$\varphi = 0.836$。

$$\frac{N}{\varphi A} = \frac{1410 \times 10^3}{0.836 \times 8000} = 210.8 \text{N/mm}^2 < f = 215 \text{N/mm}^2$$

满足要求。

分肢稳定性验算：

缀板间净距 $l_{01} = \lambda_1 i_1 = 27 \times 23.3 = 629.1$mm，采用 630mm，分肢长细比 $\lambda_1 = l_{01}/i_1 = 27.0$，则：

$$\lambda_1 = 27 < \begin{cases} 40 \\ 0.5\lambda_{\max} = 0.5 \times 55 = 27.5 \end{cases}$$

满足要求。

（4）缀板设计

柱的剪力：

$$V = \frac{Af}{85\varepsilon_k} = \frac{8000 \times 215}{85}\sqrt{\frac{235}{235}} = 20.24 \text{kN}$$

每个缀板面的剪力：$V_1 = V/2 = 10.12$kN。

初选缀板尺寸：纵向高度 $h_b \geqslant 2c/3 = 165.5$mm，厚度 $t_b \geqslant c/40 = 6.2$mm，取 $h_b \times t_b = 200 \times 8$。

相邻缀板中心距离：$l_{01} + h_b = 630 + 200 = 830$mm。

缀板线刚度之和与分肢线刚度比值：

$$\frac{\sum I_b/c}{I_1/l_1} = \frac{2 \times (8 \times 200^3/12)/248.2}{2.18 \times 10^6/830} = 16.4 > 6\text{（满足要求）}$$

验算缀板强度：

弯矩：$M_{b1} = V_1 l_1/2 = 10.12 \times 830/2 = 4200$kN·mm

剪力：$V_{b1} = V_1 l_1/c = 10.12 \times 830/248.2 = 33.84$kN

$$\sigma = \frac{6M_{b1}}{t_b h_b^2} = \frac{6 \times 4200 \times 10^3}{8 \times 200^2} = 78.8 \text{N/mm}^2 < f = 215 \text{N/mm}^2$$

$$\tau = \frac{1.5V_{b1}}{t_b h_b} = \frac{1.5 \times 33.84 \times 10^3}{8 \times 200} = 31.73 \text{N/mm}^2 < f_v = 125 \text{N/mm}^2$$

缀板焊缝计算：采用三面围焊。计算时偏于安全地只考虑端部纵向焊缝，即 l_w 取 200mm，据此确定焊脚尺寸 h_f。

$$\tau_f = \sqrt{\left(\frac{1}{\beta_f}\frac{M_{b1}}{W_f}\right)^2 + \left(\frac{V_{b1}}{A_f}\right)^2} = \sqrt{\frac{1}{1.5}\left(\frac{6M_{b1}}{0.7h_f l_w^2}\right)^2 + \left(\frac{V_{b1}}{0.7h_f l_w}\right)^2}$$
$$= 768.9/h_f \leqslant f_f^w = 160\text{N/mm}^2$$

$h_f \geqslant 4.8$mm，取 $h_f = 6$mm。

（5）横隔

采用钢板式横隔，厚 8mm，与缀板配合设置。柱端有柱头和柱脚，中间三分点处设两道横隔。

【例题 14-6】 将例题 14-5 中的缀板受压柱改为缀条受压柱重新设计（其他条件不变）。

【解】（1）同例题 14-5。按绕实轴 y 选定 2[28a。

（2）按绕虚轴（x 轴）验算稳定性，确定分肢间距离 b，设用缀条为∟45×4，查角钢表：$A_{1x} = 2 \times 348.6 = 697.2\text{mm}^2$。

根据等稳定原则：

$$\lambda_{0x} = \sqrt{\lambda_x^2 + 27A/A_{1x}} = \lambda_y$$

得：

$$\lambda_x = \sqrt{\lambda_y^2 - 27A/A_{1x}} = \sqrt{55^2 - 27 \times 8000/697.2} = 52.1$$

相应的惯性半径

$$i_x = l_{0x}/\lambda_x = 6000/52.1 = 115.2\text{mm}$$

根据附表 32，得

$$b = \frac{i_x}{0.44} = \frac{115.2}{0.44} = 261.8\text{mm}，\ 取\ b = 270\text{mm}$$

（3）柱截面验算

刚度和整体稳定性：

$$I_x = 2 \times (2.18 \times 10^6 + 4000 \times 114.1^2) = 1.09 \times 10^8\text{mm}^4$$
$$i_x = \sqrt{I_x/A} = \sqrt{1.09 \times 10^8/8000} = 116.7\text{mm}$$
$$\lambda_x = 6000/116.7 = 51.41$$
$$\lambda_{0x} = \sqrt{\lambda_x^2 + 27A/A_{1x}} = \sqrt{51.41^2 + 27 \times 8000/697.2}$$
$$= 54.3 < [\lambda] = 150$$

满足要求。

查附表 31，得（按 b 类截面）：$\varphi = 0.835$。

$$\frac{N}{\varphi A} = \frac{1410 \times 10^3}{0.835 \times 8000} = 211.1\text{N/mm}^2 < f = 215\text{N/mm}^2$$

满足要求。

分肢稳定性验算：

取斜缀条与柱轴心间夹角 $\alpha = 45°$，因此分肢对 1-1 轴的计算长度 l_{01} 和长细比 λ_1 分别为：

$$l_{01} \approx \frac{b}{\tan 45°} = \frac{270}{\tan 45°} = 270\text{mm}$$

$\lambda_1 = \dfrac{l_{01}}{i_1} = \dfrac{270}{23.3} = 11.6 < 0.7\lambda_{max} = 0.7 \times 55 = 38.5$，满足分肢稳定条件。

(4) 缀条及其与分肢连接设计

柱剪力同上例：

$$V_1 = V/2 = 10.12\text{kN}$$

缀条的内力为：

$$N_{d1} = \frac{V_1}{\cos 45^\circ} = 10.12\text{kN}$$

缀条为∟45×4，

$$l_d = 270/\cos 45^\circ = 381.8\text{mm}$$

缀条的长细比为：

$$\lambda_d = \frac{l_d}{i_{min}} = 42.9 < [\lambda] = 150$$

按 b 类截面查表，得 $\varphi = 0.887$，考虑折减系数 $\gamma_r = 0.6 + 0.0015 \times 42.9 = 0.664$，则：

$$\frac{N_{d1}}{\varphi_d A_d} = \frac{10.12 \times 10^3}{0.887 \times 348.6} = 32.7\text{N/mm}^2 < \gamma_y f = 0.664 \times 215 = 142.8\text{N/mm}^2$$

缀条满足强度要求。

缀条与分肢间的连接焊缝采用三面围焊，取 $h_f = 4\text{mm}$，所需焊缝的计算长度为：

$$\sum l_w = \frac{N_d}{0.7h_f(0.85f_f^w)} = \frac{10.12 \times 10^3}{0.7 \times 4 \times 0.85 \times 160} = 26.6\text{mm}$$

数值较小，按构造满焊即可。

14.7 柱头和柱脚

柱的顶部与梁（或桁架）连接的部分称为柱头，其作用是将梁等上部结构的荷载传至柱身。柱的下端与基础相连的部分称为柱脚，其作用是将柱身所受的力传递和分布到基础，并使柱固定于基础，如图 14-44 所示，柱头和柱脚均起着连接构件、传递荷载的作用，故它们的共同点是适当扩大承载面，并尽量做到传力明确、简捷，构造简单，施工方便，经济合理。

14.7.1 柱头

梁与轴心受压柱的连接应为铰接，否则将产生柱端弯矩，使柱成为压弯构件。其连接方式按梁放在柱头的位置可以分为：将梁直接放在柱顶的顶面连接和将梁连于柱侧面的侧面连接两类。

1. 顶面连接

顶面连接通常将梁安放在焊于柱顶面的柱顶板上（图 14-45），按梁的支撑方式不同又有以下两种做法。

(1) 梁端支承加劲肋采用突缘板形式，其底部刨平（铣平），与柱顶板直接顶紧（图 14-45a），使两侧的梁形成一个集中力正好作用于柱的中心。这种连接，即使两相邻的支座反力不相等，对柱所引起的偏心也很小，柱仍接近轴心受压状态，是一种较好的轴心受压柱-梁连接形式。顶板厚度一般采用 16～25mm，向柱四周外伸 20～30mm，焊接于柱

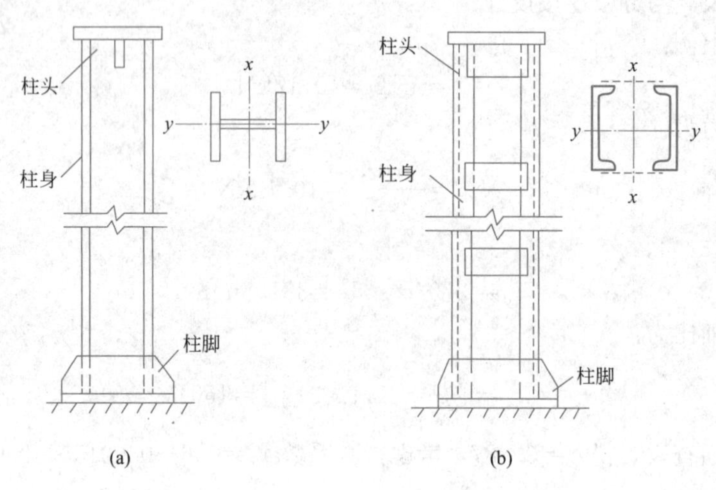

图 14-44　柱子的构造

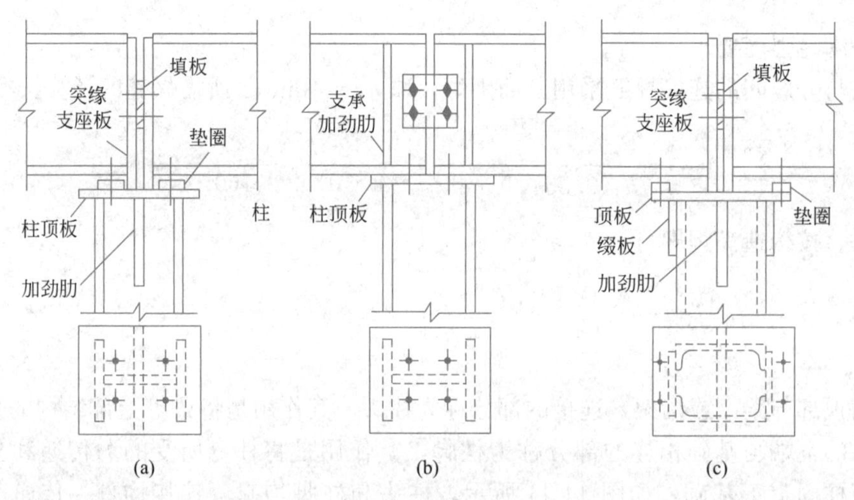

图 14-45　梁铰接于柱顶的构造

上。当梁支座反力较大时，可在顶板下面轴线处增设柱腹板加劲肋。加劲肋上端与顶板连接处刨平顶紧以便通过局部承压传力。为加强连接刚度，常在柱顶板中心部位加焊一块垫板。为了便于施工，两相邻梁相接处预留 10～20mm 间隙，待安装就位后，在靠近梁下翼缘处的梁支座加劲肋间填以钢板，并用螺栓连接。这样既可使梁相互连接，又可避免梁弯曲时由于弹性约束而产生支座弯矩。当轴心受压柱为格构式时，为保证传力均匀，可在柱顶设置缀板把两分肢连接起来，使格构式柱在柱头一段变为实腹式，分肢之间顶板下面应设置加劲肋（图 14-45c）。

（2）梁端支承加劲肋采用中间加劲肋的形式，并对准柱的翼缘放置，使梁的支座反力通过承压直接传给柱翼缘（图 14-45b）。这种连接形式构造简单，施工方便，适用于相邻梁的支座反力相等或差值较小的情况。当支座反力相差较大时，柱中将产生较大的偏心弯矩，设计时应予以考虑。两相邻梁可在安装就位后用连接板和螺栓在靠近下翼缘处连接起来。

2. 侧面连接

侧面连接通常在柱的侧面焊以承托，以支承梁的支座反力，构造见图 14-46。将相邻梁端支座加劲肋的突缘部分刨平，安放在承托上。承托可用 T 形牛腿（图 14-46a），也可用厚钢板（图 14-46b）做成，承托板的厚度应比梁端支座加劲肋厚度大 5～10mm，一般为 25～40mm。梁端支承加劲肋可用螺栓与柱翼缘相连，必要时梁端加劲肋与柱翼缘间可放填板。

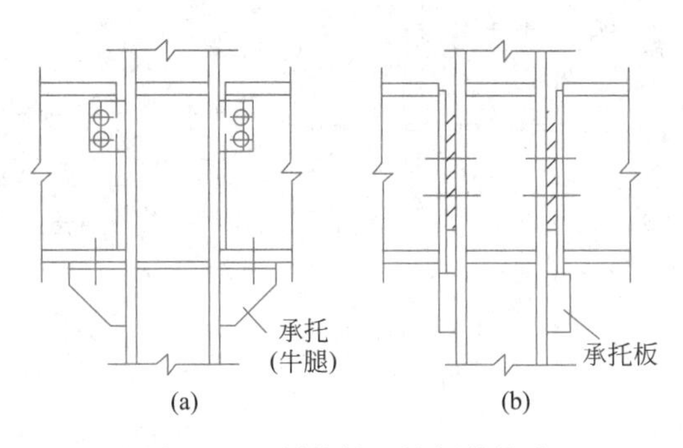

图 14-46　梁铰接于柱侧的构造

为加强柱头的刚度，实腹式柱和柱头一端变成实腹式柱的格构式柱应设置柱顶板（起横隔作用），必要时还应设加劲肋和缀板。

承托通常采用三面围焊的角焊缝焊于柱翼缘。考虑到梁支座加劲肋和承托的端面由于加工精度差，压力分配可能不均匀，焊缝计算时宜将支座反力增加 25%～30%。

这种侧面连接形式，受力明确，但对梁的长度误差要求较严。此外，当两相邻梁的支座反力不相等时，对柱将产生偏心弯矩，设计时应予以考虑。

14.7.2　柱脚

柱脚基础一般由混凝土或钢筋混凝土做成，其强度远低于钢材，因此，必须将柱身底部扩大以增加与基础接触的面积，使接触面上承压力小于基础的抗压强度设计值。柱脚应具有一定的刚度和强度，使柱身压力比较均匀的传到基础。柱脚的构造复杂，用钢量较大，制造费工。因此设计柱脚时应做到传力明确、构造简单、施工方便、经济合理，并尽可能地符合计算简图。

1. 轴心受压柱的柱脚形式和构造

轴心受压柱的柱脚通常按铰接进行计算，常用的形式有以下几种（图 14-47）。

（1）仅有底板的柱脚（图 14-47a）

对于轴向力很小的柱，可将柱身底端切割平齐，直接与底板焊接。柱身所受的力通过焊缝传给底板，再由底板分布到基础。底板厚度一般为 20～40mm。用两个锚栓固定在基础上，锚栓位置位于柱中轴线上，一般在短轴底板两侧。锚栓直径按构造可采用 20～30mm，预埋于混凝土基础内。这种柱脚构造最简单，但仅适合于轴力很小的柱。

（2）有靴梁或有靴梁带隔板的柱脚（图 14-47b、c）

这种柱脚应用最广。靴梁是联系柱身和底板的横向分布结构，可用竖板或槽钢做成，在柱的两侧沿柱脚的较长方向各设一个。柱身轴力先通过连接靴梁的竖向焊缝传给靴梁，再从靴梁通过其与底板的水平焊缝传给底板，最后传给基础。靴梁可视为下部受有向上均布荷载的单跨双伸臂梁。底板同样利用锚栓固定于基础上，底板宽度方向的悬臂尺寸不宜太大，通常等于 3～4.5 倍螺栓直径。

当靴梁外伸较长时，还可加设隔板（图 14-47c），使底板承受的弯矩减小，减小底板厚度。隔板同时可提高靴梁的侧向刚度。

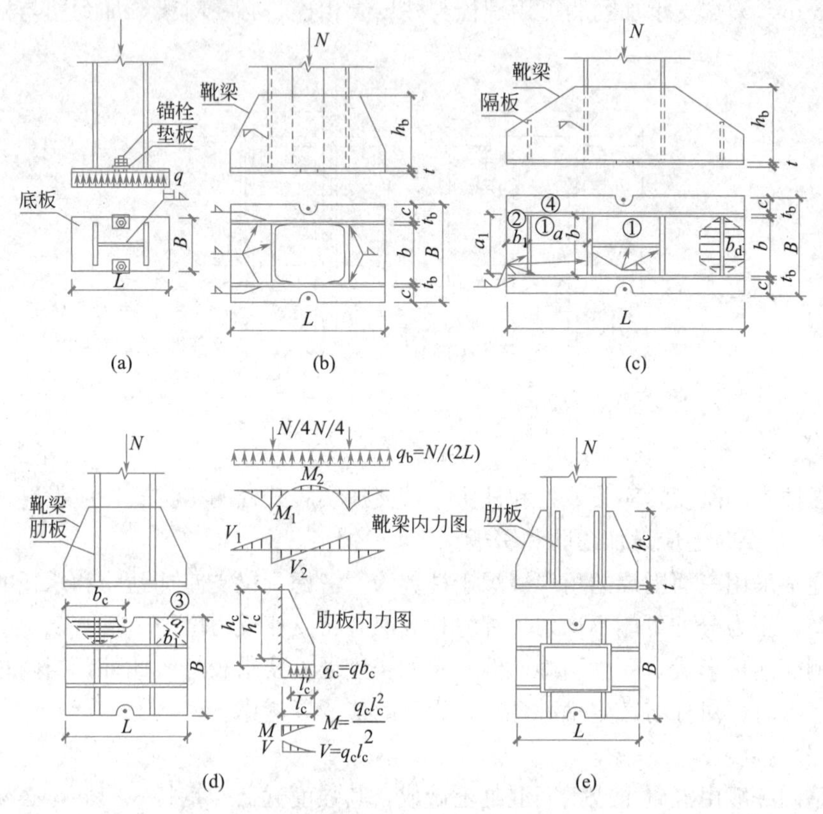

图 14-47　轴心受压柱的柱脚

（3）有靴梁和肋板的柱脚或仅用肋板作分布结构的柱脚（图 14-47d、e）

这种柱脚采用双向分布结构，柱身轴力向四个方向扩散，使基础压力分布更均匀。通常在柱的一个方向采用靴梁，另一个方向设肋板（图 14-47d）。当轴力较小时也可在两个方向都采用肋板而不设靴梁（图 14-47e）。肋板的受力如同受均布荷载的倒悬臂梁，弯矩和剪力在支承焊缝处最大，向边端衰减较快，所以肋板通常做成接近三角形的形状。

2. 轴心受压柱柱脚计算

轴心受压柱柱脚是一个受力复杂的空间结构，计算时通常作适当的简化，对底板、靴梁和隔板等分别进行计算。

（1）底板的计算

底板计算包括确定底板平面尺寸和厚度。

柱脚底板平面尺寸由柱中轴力和基础混凝土的轴心抗压强度来确定。底板一般采用矩形，底板面形心与柱截面形心重合。计算时通常假定底板与基础接触面间的压应力均匀分布，底板的长度 L 和宽度 B 可按下式确定：

$$A = B \times L = N/f_c + A_0 \tag{14-104}$$

式中　N——柱的轴向压力设计值；

f_c——基础混凝土的轴心抗压强度设计值；

A_0——锚栓孔面积，栓孔为一般圆孔或开口大半圆孔，直径为锚栓直径 2～2.5 倍。

底板宽度可根据柱截面宽度和分布结构布置确定，例如对图 14-47（b），可取：

$$B = b + 2t_b + 2c$$

式中　b——柱宽；

t_b——靴梁厚度，通常取 10～16mm；

c——底板悬臂宽度，可取 3～4.5 倍锚栓直径。

底板长度应满足 $L \leqslant 2B$。对接近正方形的底板，取 $L = B$。

底板尺寸 L、B 选定以后，按下式验算基础反力：

$$q = N/(BL - A_0) \leqslant f_c \tag{14-105}$$

底板厚度 t 由底板抗弯强度决定。底板是一块整体板，计算时可将靴梁、隔板、肋板及柱身截面视作底板的支承，把板划分为不同支承条件的矩形区格，独立按弹性理论计算每一区格由基础反力产生的最大弯矩，以此来确定底板的厚度。为简化计算，对四边和三边支承板，通常偏于安全地按板边简支考虑。

在均布基底反力 q 作用下，各区格底板单位宽度的最大弯矩为（见图 14-47c、d 中的①、②、③、④区格）：

① 四边支承板（a 为短边长度，b 为长边长度）：

$$M = \alpha q a^2 \tag{14-106}$$

② 三边支承，一边自由板（a_1 为自由边长度，b_1 为与自由边垂直的边长）：

$$M = \beta q a_1^2 \tag{14-107}$$

③ 两相邻边支承，另两边自由板（a_1 为对角线长度）：

$$M = \beta q a_1^2 \tag{14-108}$$

④ 悬臂板（c 为悬臂长度）：

$$M = \frac{1}{2} q c^2 \tag{14-109}$$

式中，α、β 为最大弯矩系数，可查表 14-4 和表 14-5 求得，最大弯矩分别在板中心短边方向和自由边中点。对于两相邻边支承另两边自由的板，其最大弯矩可近似地按三边支承一边自由区格计算，因而计算公式（14-107）与式（14-108）相同，系数 β 同样由表 14-5 查得，此时 b_1 取内角顶点到对角线的垂直距离（图 14-47d）。当三边支承一边自由板的 $b_1/a_1 < 0.3$ 时，按悬臂板计算。

最大弯矩系数 α　　　　**表 14-4**

b/a	1.0	1.1	1.2	1.3	1.4	1.5	1.6
α	0.048	0.055	0.063	0.069	0.075	0.081	0.086
b/a	1.7	1.8	1.9	2.0	2.5	3.0	P4.0
α	0.091	0.095	0.099	0.102	0.113	0.119	0.125

最大弯矩系数 β 表 14-5

b_1/a_1	0.3	0.4	0.5	0.6	0.7	0.8	0.9	1.0	1.2	P1.4
β	0.026	0.042	0.058	0.072	0.085	0.092	0.104	0.111	0.120	0.125

用所有区格弯矩 M 中最大者 M_{max} 确定所需底板厚度：

$$t \geqslant \sqrt{6M_{max}/\gamma_x f} \tag{14-110}$$

式中 γ_x——受弯构件的截面塑性发展系数，其取值见附表 25。

底板厚度一般为 20～40mm，最小 14mm，以保证底板有足够的刚度并使基础反力接近均匀分布。如个别区格的弯矩较大致使底板厚度较大，可重新划分区格或对个别区格增加隔板、肋板，再进行计算。

(2) 靴梁的计算

靴梁按支承于柱两侧的连接焊缝处的单跨双伸臂梁计算其强度，靴梁的厚度 t_b 可取等于或小于柱翼缘的厚度，高度 h_b 通常由其与柱身两侧的竖向焊缝长度来确定，假定柱中荷载全部由焊缝传给靴梁。靴梁截面为 $h_b \times t_b$，承受的荷载为底板传来的沿梁长均布的基础反力，如图 14-47 (d) 所示。因此设计时常先计算靴梁的连接焊缝，再验算靴梁强度。

① 计算靴梁与柱身之间的连接焊缝。

一般采用四条竖向焊缝传递柱全部轴心压力设计值 N：

$$\sum h_f l_w = N(0.7 f_f^w) \tag{14-111}$$

式中 f_f^w——角焊缝的强度设计值。

选定焊脚尺寸 h_f 后即可确定焊缝长度 l_w。

② 计算靴梁与底板之间的连接焊缝。

两个靴梁与底板间的全部连接焊缝按传递全部柱压力计算，一般不计入柱与底板之间及隔板、肋板与底板之间的焊缝。但由于这些焊缝的存在，靴梁与底板间焊缝可按均匀传递压力计算：

$$h_f \geqslant N/(0.7\beta_f f_f^w \sum l_w) \tag{14-112}$$

式中，$\sum l_w$ 为焊缝总长度，应考虑每段焊缝的每个端头处减去 5mm；$\beta_f = 1.22$（承受静力或间接动力荷载的结构）或 1（承受直接动力荷载的结构）；且 $h_f \geqslant 1.5\sqrt{t}$，$t$ 为底板厚度。

③ 验算靴梁强度。

每个靴梁所承受的由底板传来的基础反力按均布线荷载 $q_b = qB/2$ 计算（有隔板、肋板时可仍按此计算）。单跨双伸臂梁的弯矩和剪力如图 14-47 (d) 所示，悬臂支承端最大弯矩和最大剪力分别为：

$$M = \frac{1}{4} qBl_1^2 \tag{14-113}$$

$$V = \frac{1}{2} qBl_1 \tag{14-114}$$

式中，l_1 为靴梁悬臂部分的长度。据此验算靴梁截面的抗弯和抗剪强度。《钢结构设计标准》GB 50017—2017 规定，在计算抗弯强度时，应考虑截面塑性发展系数 γ_x。以下隔板、肋板受弯时也按此考虑。

（3）隔板、肋板的计算

隔板可视为支承于靴梁上的简支梁，肋板按悬臂梁计算，承受的荷载是底板传来的基础反力。双向底板传给各板边支承的荷载值近似按45°线和中线为分界线，对隔板和肋板形成梯形或三角形荷载，为简化计算，可按荷载最大宽度处的分布荷载值作为全跨均布荷载（图14-47c、d）。

对隔板，首先根据隔板支座反力计算其与靴梁连接的竖向焊缝（隔板通常仅焊外侧），然后按正面角焊缝计算隔板与底板间的连接焊缝（通常仅焊外侧）。最后根据竖向焊缝长度 l_w 确定隔板高度 h_d，取 $h_d = l_w +$ 切角高度 $+10\text{mm}$；按求得的最大弯矩和最大剪力分别验算隔板截面的抗弯强度（$h_d \times t_d$）和抗剪强度（$h'_d \times t_d$，h'_d 为切角后的高度）。

对肋板，可首先假定截面高度为 h_c，根据求出的肋板支座反力和支座弯矩计算端部竖向焊缝，此时焊缝长度 $l_w = h_c -$ 切角高度 -10mm。然后按正面角焊缝计算肋板与底板间的水平焊缝。最后按最大弯矩和最大剪力分别验算截面 $h'_c \times t_c$（h'_c 为切角后的高度）的抗弯和抗剪强度。

思　考　题

14-1　钢结构轴心受拉构件和轴心受压构件各自的计算内容有哪些？

14-2　如何保证实腹式轴心受压构件的整体稳定？

14-3　$N/\varphi A \leqslant f$ 中的稳定系数需要根据哪几个因素确定？

14-4　为什么不通过验算应力而通过验算宽厚比来保证柱的局部稳定性？为什么有的宽厚比限值与 λ 有关，有的无关？如 $\lambda_x \neq \lambda_y$，代入验算公式中的 λ 为何值？

14-5　实腹式柱整体稳定计算中的换算长细比 λ_{yz} 代表什么意思？与格构式柱的换算长细比 λ_{0x} 相同吗？为什么要如此换算？

14-6　在初选轴心受压杆截面时，为什么可以任意假定 λ？如何初选截面？

14-7　计算格构式柱的缀条时，为什么只算斜杆不算横杆？为什么只按压杆计算？

14-8　柱头和柱脚作用是什么？它们的构造及传力路径如何？

练　习　题

14-1　有一水平两端铰接的由Q345钢制作而成的轴心受拉构件，长9m，截面为由双角钢2∟90×8组成的肢件向下的T形截面，无孔眼削弱。问该构件能否承受轴心拉力设计值870kN？

14-2　屋架下弦杆件截面如图14-48所示，计算所能承受的最大拉力 N，并验算长细比是否符合要求？下弦截面为2∟110×10的双角钢，有两个安装螺栓，螺栓孔径为21.6mm，钢材为Q235钢，计算长度6.0m。

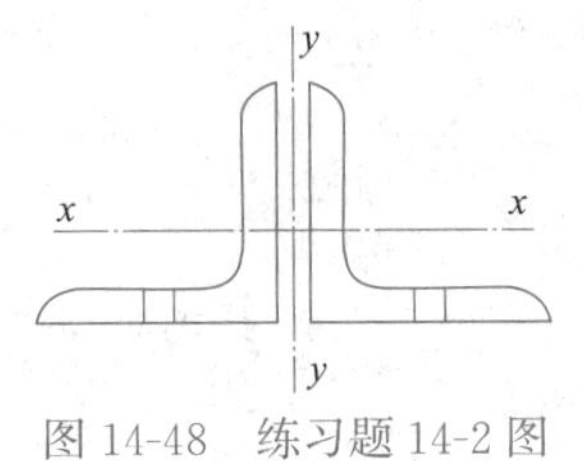

图14-48　练习题14-2图

14-3　轴心受压构件的截面（焰切边缘）形式如图 14-49（a）、（b）所示，面积相等，钢材为 Q235 钢。构件长度为 10m，两端铰接，轴心压力设计值 $N=3200\text{kN}$，验算图 14-49（a）、（b）两种截面柱的强度、刚度和稳定性。

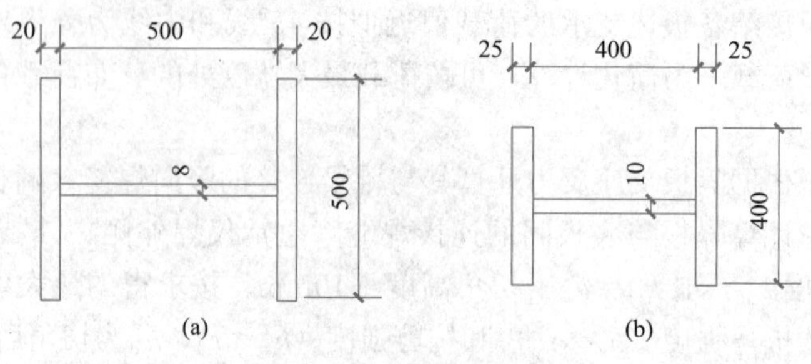

图 14-49　练习题 14-3 图

14-4　试验算图 14-50 所示实腹式轴心受压柱 AB 的承载能力是否满足要求。如不满足要求，又不能改变截面尺寸，应采取什么措施提高承载力使之满足要求？已知计算轴力 $N=2400\text{kN}$，$l=6\text{m}$，钢材为 Q235。

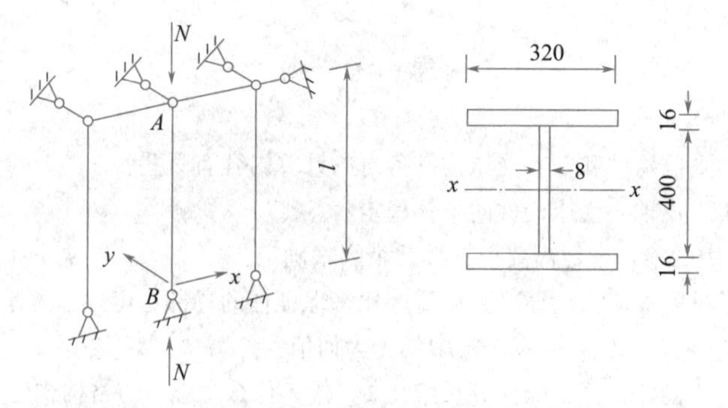

图 14-50　练习题 14-4 图

14-5　有一实腹式轴心受压柱如图 14-51 所示，$N=1000\text{kN}$，$l_{0x}=6\text{m}$，$l_{0y}=3\text{m}$，钢材为 Q235，试设计此柱的截面：（1）热轧工字钢；（2）3 块剪切边的钢板焊成工字形截面。

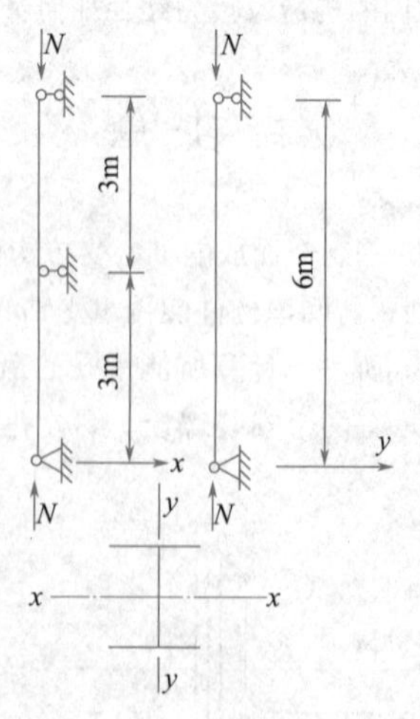

图 14-51　练习题 14-5 图

14-6 设计一工作平台的格构式轴心受压柱，柱身由两个工字钢组成（实轴、虚轴均按 b 类截面），缀件采用缀条（设横、斜缀条，按构造初选单角钢∟50×5）。钢材为 Q235，焊条用 E43 型，柱高 9.5m，上下端铰接。由平台传给柱身的压力设计值为静力荷载 2400kN，柱重设计值初估为 25kN×1.2。试设计其截面，布置和设计其缀条和连接，并画构造图。

14-7 将练习题 14-6 中的缀条受压柱改为缀板受压柱重新设计（其他条件不变）。

第 15 章　钢结构拉弯和压弯构件

导读：在实际工程中，钢结构拉弯和压弯构件十分普遍，这类构件的横截面上存在轴心拉力或压力与弯矩的同时作用，因此相对于单纯的轴心受力构件或受弯构件，其强度和稳定性等的计算截然不同。本章主要涉及拉弯和压弯构件的受力特点及工程应用，实腹式和格构式拉弯或压弯构件的强度、刚度及稳定性验算，以及拉弯和压弯构件的设计方法。通过本章的学习，要求重点掌握实腹式及格构式拉弯和压弯构件的强度、稳定性及刚度验算方法。

15.1　拉弯和压弯构件的工程特点

横截面内力存在轴心拉力 N 和弯矩 M 的构件称为拉弯构件（即偏心受拉构件）；横截面内力存在轴心压力 N 和弯矩 M 的构件称为压弯构件（即偏心受压构件）。当弯矩作用在截面的一个主平面内时，称为单向拉弯（或压弯）构件，而当弯矩作用在截面的两个主平面内时，则称为双向拉弯（或压弯）构件。在轴心力 N 作用下，构件产生沿轴线方向的伸长或缩短变形；在弯矩 M 作用下，构件发生弯曲变形，截面一侧纤维受拉，另一侧纤维受压；拉弯或压弯构件在 N 和 M 同时作用下产生组合变形。

拉弯和压弯构件所受外力不外乎三种情况，（1）偏心轴向力，（2）端弯矩和轴心力，（3）横向荷载和轴心力，如图 15-1 所示。弯矩可以是常数，也可以是沿构件长度变化的量。

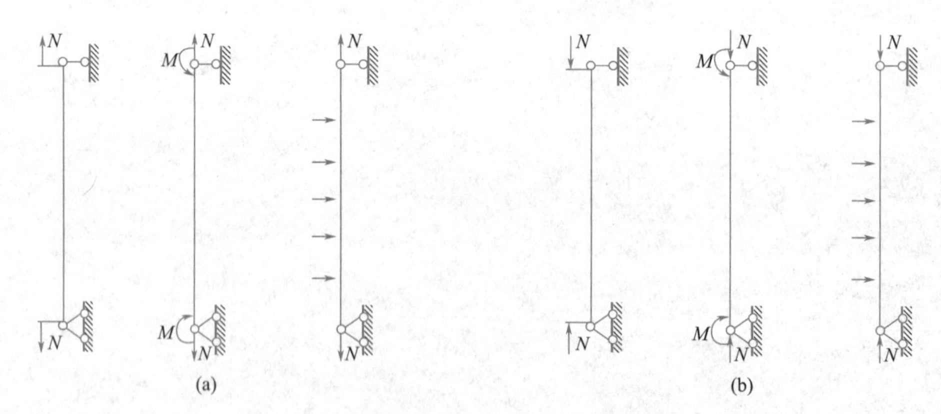

图 15-1　拉弯和压弯构件所受外力

（a）拉弯构件；（b）压弯构件

在钢结构中，拉弯构件和压弯构件应用十分广泛。有横向力作用的拉弯构件常见于工程结构，如有节间荷载作用的屋架下弦杆件、网架结构的下部水平杆件等都可能是拉弯构件，在水平强震作用下，钢框架结构的某些框架柱成为拉弯构件。压弯构件应用最广泛的是作为结构的柱子，如单层厂房排架柱、多层或高层建筑框架柱、各种工作平台立柱、塔架、高压和特高压输电线路塔、水利水电工程中弧形闸门的支臂等。如图 15-2（a）所示为施工中的某重工业厂房的钢结构排架柱，使用过程中要承受屋盖传来的荷载，还要承受吊车荷载、风荷载等的作用，截面内力有轴心压力、弯矩和剪力，属于典型的偏心受压构件（压弯构件）；如图 15-2（b）所示为门式刚架厂房，立柱在恒载及吊车荷载、风荷载及水平地震作用下，仍为压弯构件。

(a)

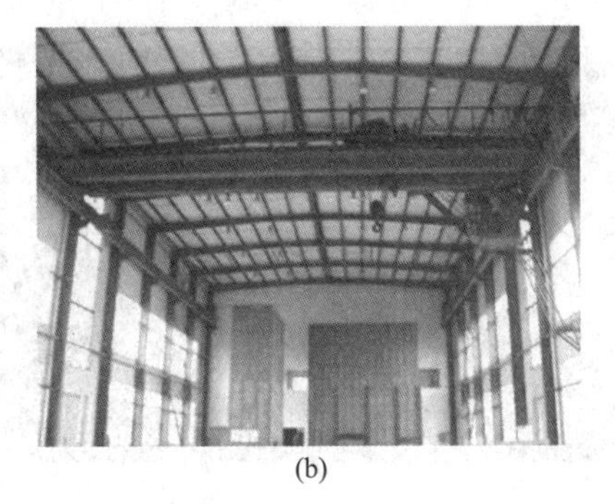

(b)

图 15-2 钢结构厂房

（a）排架柱；（b）刚架柱

拉弯构件和压弯构件通常采用单轴对称截面或双轴对称截面，根据荷载大小不同，有实腹式和格构式两种形式。当弯矩较小时，截面形式与轴心受力构件相同，宜采用双轴对称截面。当构件承受的弯矩较大时，根据工程实际需要，宜采用在弯矩作用平面内高度较大的双轴对称截面或单轴对称截面。如图 15-3 所示为常见的压弯构件截面形式，图中双箭头为用矢量表示的绕 x 轴的弯矩 M_x（右手法则）。对于格构式构件，宜使虚轴垂直于弯矩作用平面。

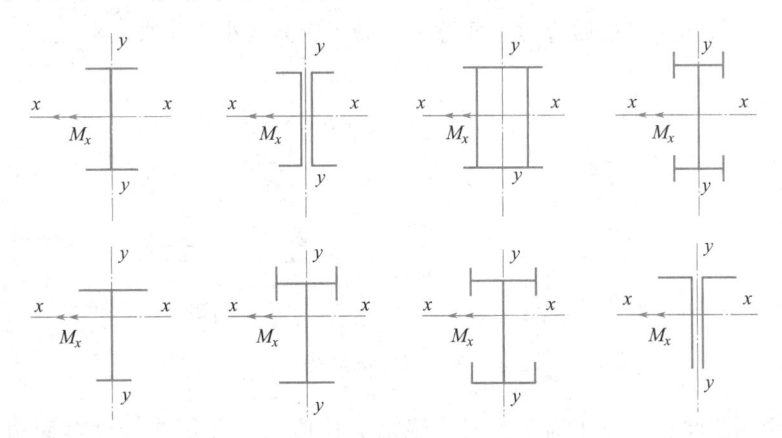

图 15-3 弯矩较大的实腹式压弯构件截面

在设计拉弯构件和压弯构件时，同样应满足承载力极限状态和正常使用极限状态的要求。拉弯构件一般只需要进行强度和刚度计算，但当构件以承受弯矩为主、近乎于受弯构件时，也需计算构件的整体稳定及受压板件的局部稳定或分肢的局部稳定；对压弯构件，则需要进行强度、刚度和稳定性（整体稳定和局部稳定）计算。

15.2 拉弯和压弯构件的强度和刚度

15.2.1 强度计算

拉弯构件通常发生强度破坏。如图 15-4 所示为某高层建筑钢结构框架柱，经历一次大地震所发生的拉弯破坏，柱截面完全被拉断。所以，所有拉弯构件都需要进行强度计算。压弯构件通常发生失稳失效，但对于截面被孔洞严重削弱或端弯矩较大的压弯构件，也可能发生强度破坏。因此，对这部分压弯构件需要进行强度计算。

图 15-4　拉弯构件强度破坏实例

1. 构件截面上的应力分布

随着外荷载的增加，拉弯构件或压弯构件截面上的应力分布将经历四种状态：弹性状态、边缘屈服状态（弹性极限状态）、弹塑性状态、塑性状态（塑性极限状态）。如图 15-5 所示为仅有绕 x 轴弯矩作用的工字形截面压弯构件的应力分布图。

（1）弹性状态。截面上正应变线性分布，应力和应变之间服从胡克定律，应力亦按线性规律分布，如图 15-5（a）所示。轴力 N 和弯矩 M 产生的正应力按材料力学或工程力学公式计算，并代数相加得最后应力，任意一点的正应力均小于屈服极限。

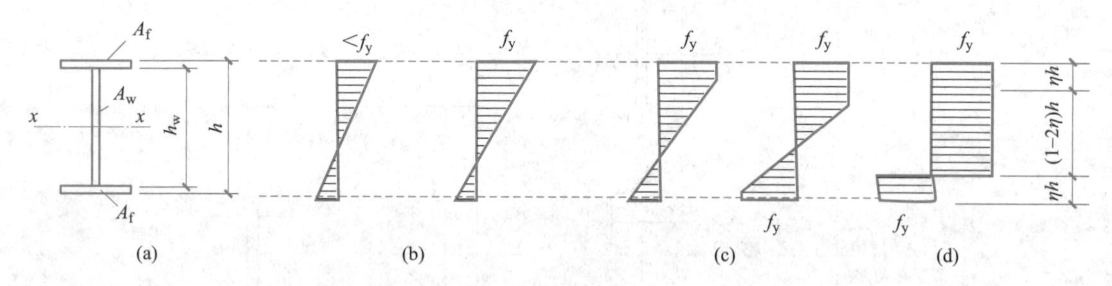

图 15-5　拉弯和压弯构件截面上正应力发展过程

（2）边缘屈服状态。拉弯构件截面边缘最大拉应力（或压弯构件截面边缘最大压应力）到达屈服极限，处于弹性极限状态，截面上的正应力仍为线性分布，如图 15-5（b）所示。最大正应力和最小正应力，按材料力学公式计算。

（3）弹塑性状态。随着外荷载的增加，从截面正应力较大的边缘开始发展塑性，塑性区不断增加，弹性区不断减小，截面处于弹塑性状态，正应力为折线分布，如图 15-5（c）所示。塑性区正应力为常数，等于屈服极限；弹性区的正应力线性分布，其大小与所在点到中性轴的距离成正比。

（4）塑性状态。塑性区扩大到整个截面，形成塑性铰。受拉区的拉应力和受压区的压应力均达到屈服极限，应力分布如图 15-5（d）所示，此时为塑性极限状态。

2. 强度相关曲线

考虑钢材的塑性性能，拉弯和压弯构件以截面出现塑性铰作为强度极限。在轴心压力及弯矩作用下，全塑性应力分布图如图 15-5（d）所示。将截面全塑性应力分布等效分解为三部分（图 15-6），即上下各 ηh 范围可以认为是弯矩 M_x 所引起的弯曲正应力，中间 $(1-2\eta)$ h 部分为轴力 N 引起的压（拉）应力。令 $A_f=\alpha A_w$，则全截面面积 $A=(2\alpha+1)A_w$，其中，A_w 为腹板截面面积。为了简化，可近似地取 $h\approx h_w$。根据平衡条件，可以得到轴力和弯矩之间的关系。

（1）中性轴在腹板范围内（$N\leqslant f_y A_w$）

如图 15-6 所示为压弯构件截面塑性状态应力分布，由力和力矩平衡条件应有：

$$N=(1-2\eta)ht_w f_y=(1-2\eta)A_w f_y \tag{15-1}$$

$$M_x=A_f h f_y+\eta A_w f_y(1-\eta)h=A_w h f_y(\alpha+\eta-\eta^2) \tag{15-2}$$

从以上两式中消去参数 η，并令：

$$N_p=Af_y=(2\alpha+1)A_w f_y \tag{15-3}$$

$$M_{px}=W_{px}f_y=(\alpha A_w h+0.25A_w h)f_y=(\alpha+0.25)A_w h f_y \tag{15-4}$$

则得到轴力 N 和弯矩 M_x 的相关性公式为：

$$\frac{(2\alpha+1)^2}{4\alpha+1}\cdot\frac{N^2}{N_p^2}+\frac{M_x}{M_{px}}=1 \tag{15-5}$$

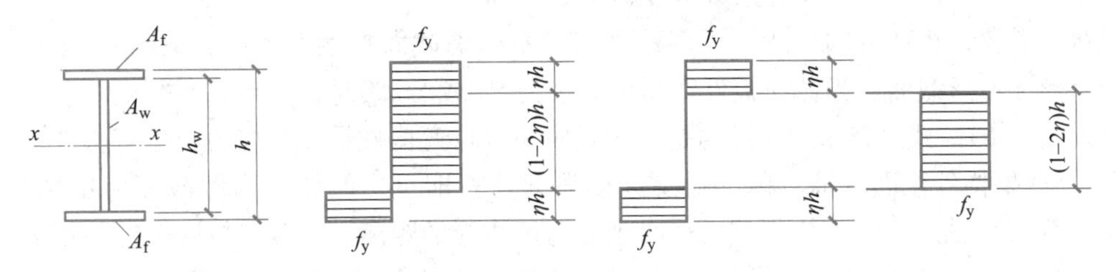

图 15-6　压弯构件截面塑性状态应力分布图形

（2）中性轴在翼缘范围内（$N>f_y A_w$）

按上述相同的方法，可得到中性轴在翼缘范围内时轴力 N 和弯矩 M_x 的相关性公式为：

$$\frac{N}{N_p}+\frac{4\alpha+1}{2(2\alpha+1)}\cdot\frac{M_x}{M_{px}}=1 \tag{15-6}$$

将式（15-5）、式（15-6）的关系曲线绘于图 15-7，它是外凸曲线，而且腹板面积 A_w 越大（$\alpha=A_f/A_w$ 越小）时，外凸越多，矩形截面（$\alpha=0$）外凸最厉害。为了便于计算，同时考虑到分析中没有考虑附加挠度（二阶效应）的不利影响，《钢结构设计标准》GB 50017—2017 采用了直线式相关公式，用斜直线代替曲线，即：

$$\frac{N}{N_p}+\frac{M_x}{M_{px}}=1 \tag{15-7}$$

不再考虑不同 α 的影响。

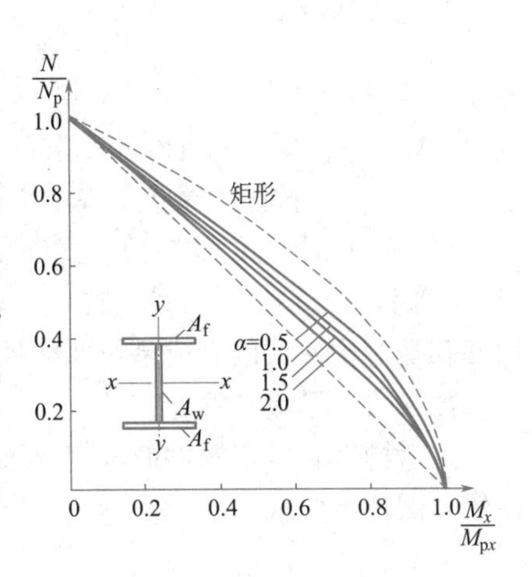

图 15-7　压弯（或拉弯）构件强度相关曲线

3. 强度计算公式

为了不使构件产生过大变形，以弹塑性状态作为强度计算准则，用截面塑性发展系数 γ_x 来考虑塑性区发展深度，取 $N_p=A_n f_y$，$M_{px}=\gamma_x W_{nx} f_y$，代入式（15-7）得：

$$\frac{N}{A_n}+\frac{M_x}{\gamma_x W_{nx}}=f_y$$

引入抗力分项系数 γ_R 后，《钢结构设计标准》GB 50017—2017 给出的单向受弯的拉弯和压弯构件的强度计算公式为：

$$\frac{N}{A_n}+\frac{M_x}{\gamma_x W_{nx}}\leqslant f \tag{15-8}$$

对于承受双向弯矩的拉弯和压弯构件，强度计算公式如下：

$$\frac{N}{A_n}+\frac{M_x}{\gamma_x W_{nx}}+\frac{M_y}{\gamma_y W_{ny}}\leqslant f \tag{15-9}$$

式中 N——轴心拉力或压力；

M_x、M_y——作用在拉弯和压弯构件截面的绕 x 轴和 y 轴方向的弯矩；

A_n——净截面面积；

W_{nx}、M_{ny}——对 x 轴、y 轴的净截面模量；

γ_x、γ_y——截面塑性发展系数，按附表 25 取值。

对于需要计算疲劳的拉弯、压弯构件，可不考虑截面塑性发展，宜取 $\gamma_x=\gamma_y=1.0$。对工字形和箱形截面，当截面板件宽厚比等级为 S4 或 S5 级时，$\gamma_x=\gamma_y=1.0$。

式（15-8）、式（15-9）计算的是最大正应力（拉弯构件最大拉应力，压弯构件最大压应力），如果构件截面双轴对称，则仅进行强度计算即可；但如果构件截面为单轴对称，比如 y 为对称轴，且拉弯构件截面形心到受压区边缘的距离大于到受拉区边缘的距离或压弯构件截面形心到受拉区边缘的距离大于到受压区边缘的距离，除应按式（15-8）或式（15-9）进行强度计算外，还应按下式验算截面另一侧边缘的强度：

$$\left|\frac{N}{A_n}-\frac{M_x}{\gamma_x W'_{nx}}\right|\leqslant f \tag{15-10}$$

或

$$\left|\frac{N}{A_n}-\frac{M_x}{\gamma_x W'_{nx}}-\frac{M_y}{\gamma_y W_{ny}}\right|\leqslant f \tag{15-11}$$

式中 W'_{nx}——拉弯构件弯矩引起的受压区边缘点的净截面模量，压弯构件弯矩引起的受拉区边缘点的净截面模量。

当 $N=0$ 时，式（15-8）、式（15-9）可简化为受弯构件的强度计算公式；而当 $M_x=M_y=0$ 时，式（15-8）、式（15-9）即为轴心受力构件的强度计算公式。因此，轴心受力构件和受弯构件可以看成是拉弯构件或压弯构件的特定受力状态。

15.2.2 刚度计算

拉弯构件和压弯构件的刚度要求和轴心受拉构件、轴心受压构件一样，采用限制长细比的方法，即要求：

$$\lambda\leqslant[\lambda] \tag{15-12}$$

式中 λ——拉弯和压弯构件绕对应主轴的长细比；

$[\lambda]$——受拉或受压构件的容许长细比。

【例题 15-1】 某拉弯构件，安全等级为二级，材料为 Q345 钢，截面为热轧普通工字钢，型号为工22a，无孔眼削弱，如图 15-8 所示。承受轴心拉力设计值 800kN，横向均布荷载设计值 7kN/m（由可变荷载控制的组合，不含构件自重）。试验算该构件的强度和刚度。

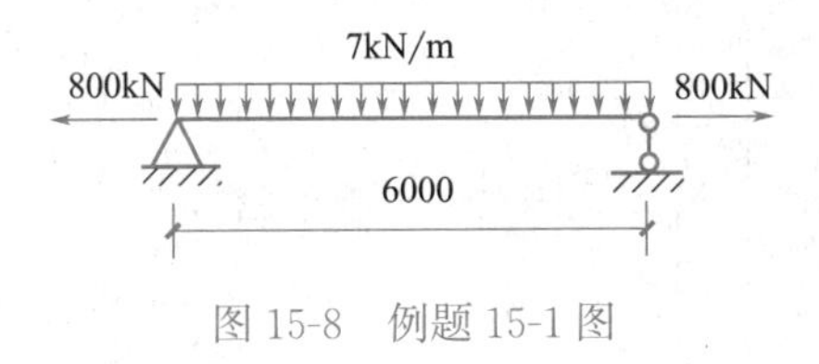

图 15-8　例题 15-1 图

【解】（1）基本数据

$$f=310\text{N/mm}^2,\ \gamma_0=1.0,\ \gamma_x=1.05$$

$$A_n=A=42.128\ \text{cm}^2，\text{重力}\ 0.33\text{kN/m}^3, W_{nx}=W_x=309\ \text{cm}^3$$

$$i_x=8.99\ \text{cm}, i_y=2.31\ \text{cm}$$

（2）强度验算

$$N=800\ \text{kN}$$

$$M_x=\gamma_0\frac{1}{8}(g+q)l_0^2=1.0\times\frac{1}{8}\times(7+1.2\times0.33)\times6^2=33.28\ \text{kN}\cdot\text{m}$$

$$\frac{N}{A_n}+\frac{M_x}{\gamma_x W_{nx}}=\frac{800\times10^3}{42.128\times10^2}+\frac{33.28\times10^6}{1.05\times309\times10^3}=292.5\text{N/mm}^2$$

$$<f=310\text{N/mm}^2\text{，满足强度条件。}$$

（3）刚度验算

$$\lambda_x=\frac{l_{0x}}{i_x}=\frac{6000}{89.9}=66.7<[\lambda]=350$$

$$\lambda_y=\frac{l_{0y}}{i_y}=\frac{6000}{23.1}=259.7<[\lambda]=350\text{，满足刚度条件。}$$

15.3　实腹式压弯构件的稳定

压弯构件的承载力一般由整体稳定性控制。压弯构件的截面形式不外乎双轴对称和单轴对称，对于双轴对称截面，弯矩通常绕强轴作用；对于单轴对称截面，弯矩作用在对称面内。因此，压弯构件的整体失稳有两种形式，弯矩作用平面内失稳和弯矩作用平面外失稳，如图 15-9 所示。在 M 和 N 共同作用下，构件在弯矩作用平面内发生弯曲变形，如果侧向弯曲变形过大，构件会在弯矩作用平面内发生整体屈曲，如图 15-9（a）所示，这种在弯矩作用平面内发生的失稳属于弯曲失稳；而对于侧向刚度较小的压弯构件，当 M 或 N 达到一定数值时，构件在弯矩作用平面外不能保持平直，突然发生平面外的弯曲变形，并伴随着绕纵向剪切中心轴的扭转变形，如图 15-9（b）所示，这种现象称之为弯矩作用平面外失稳，它属于弯扭失稳。两种失稳性质不同，压弯构件需要分别计算弯矩作用平面内和弯矩作用平面外的整体稳定性。

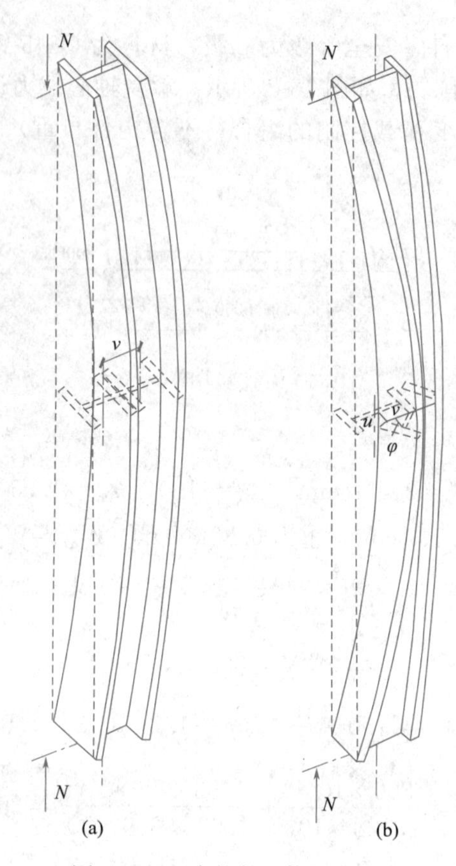

图 15-9　压弯构件整体失稳形式

15.3.1　实腹式压弯构件的平面内的稳定

当实腹式压弯构件在弯矩作用平面外的抗弯刚度较大、或截面抗扭刚度较大、或有足够的侧向支撑可以防止弯矩作用平面外的弯扭变形时，构件将发生弯矩作用平面内的弯曲失稳破坏。压弯构件弯矩作用平面内的稳定承载力分析方法，有边缘屈服准则和极限承载能力准则，前者有理论公式，但与实际不完全相符；后者考虑实际构件的各种缺陷，通过数值计算得到结果，与实际较接近，但不能给出解析公式。

1. 边缘屈服准则

边缘屈服准则是以构件截面边缘最大压应力开始屈服的荷载，即如图 15-10（a）所示 a 点对应的荷载作为压弯构件的稳定承载能力，它是用应力问题代替稳定计算的近似方法。边缘纤维屈服时，构件截面处于弹性极限状态，边缘最大应力为：

$$\sigma_{\max}=\frac{N}{A}+\frac{M_{\max}}{W_{1x}}=f_{y} \tag{15-13}$$

式中　N——轴心压力；

$M_{\max}$——考虑轴心压力 N 和初始缺陷影响后的最大弯矩；

A——构件截面面积；

W_{1x}——较大受压边缘的毛截面模量。

现以如图 15-10（b）所示承受轴心压力及均匀弯矩作用的两端铰接构件为例，分析最大弯矩的确定方法。

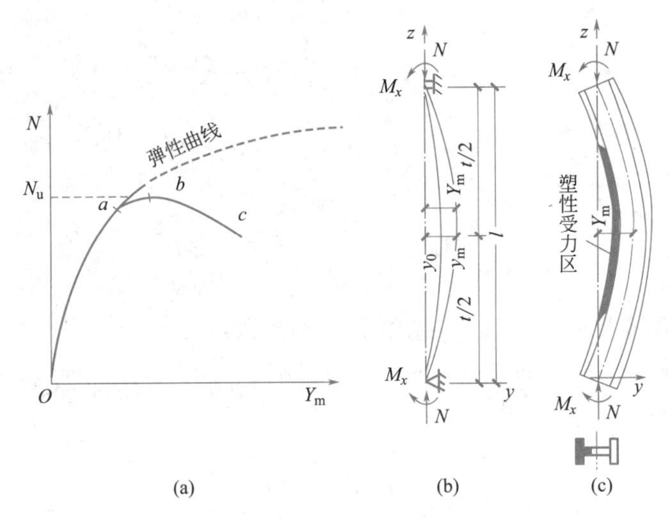

图 15-10　单向压弯构件在弯矩作用平面内的整体失稳

构件截面上距离支座任意距离 z 的弯矩按弯曲变形后的状态来确定，即：

$$M(z)=M_x+Ny$$

代入“材料力学”或“工程力学”中梁的挠曲线近似微分方程：

$$EIy''=-M(z)$$

就有：

$$EI\frac{\mathrm{d}^2y}{\mathrm{d}z^2}=-M_x-Ny$$

整理得：

$$\frac{\mathrm{d}^2y}{\mathrm{d}z^2}+\frac{N}{EI}y=-\frac{M_x}{EI} \tag{15-14}$$

令：

$$k^2=\frac{N}{EI} \tag{15-15}$$

则有：

$$\frac{\mathrm{d}^2y}{\mathrm{d}z^2}+k^2y=-\frac{M_x}{EI} \tag{15-16}$$

考虑到两端铰支的理想压杆稳定的欧拉临界压力 $N_{\mathrm{E}x}=\pi^2EI/l^2$，构件的抗弯刚度可以写成 $EI=N_{\mathrm{E}x}l^2/\pi^2$，则有：

$$(kl)^2=\frac{N}{EI}l^2=\frac{N}{N_{\mathrm{E}x}l^2/\pi^2}l^2=\frac{N\pi^2}{N_{\mathrm{E}x}}$$

所以：

$$kl=\pi\sqrt{N/N_{\mathrm{E}x}} \tag{15-17}$$

压弯构件挠曲线近似微分方程式（15-16）的通解如下：

$$y=A\sin kz+B\cos kz-\frac{M_x}{N} \tag{15-18}$$

利用边界条件：

$$z=0,\ y=0;\ 0=B-\frac{M_x}{N}$$

$$z=l,\ y=0;\ 0=A\sin kl+B\cos kl-\frac{M_x}{N}$$

解得任意常数A、B：

$$A=\frac{M_x}{N}\cdot\frac{1-\cos kl}{\sin kl},\ B=\frac{M_x}{N}$$

将A、B之值代入式（15-18）得构件的挠曲函数：

$$y=\frac{M_x}{N}\left[\frac{\sin kz+\sin k(l-z)}{\sin kl}-1\right]=\frac{M_x}{N}\left(\tan\frac{kl}{2}\sin kz+\cos kz-1\right) \tag{15-19}$$

构件中点的最大挠度为：

$$Y_m=y|_{z=l/2}=\frac{M_x}{N}\left(\sec\frac{kl}{2}-1\right)=\frac{M_xl^2}{8EI}\cdot\frac{8EI}{Nl^2}\left(\sec\frac{kl}{2}-1\right) \tag{15-20}$$

构件在均匀弯矩作用下的跨中挠度为：

$$y_0=\frac{M_xl^2}{8EI} \tag{15-21}$$

再由式（15-15）得$N=k^2EI$，所以：

$$\frac{8EI}{Nl^2}=\frac{8EI}{k^2EIl^2}=\frac{2}{(kl/2)^2} \tag{15-22}$$

将式（15-21）、式（15-22）代入式（15-20）得到：

$$Y_m=y_0\frac{2[\sec(kl/2)-1]}{(kl/2)^2} \tag{15-23}$$

将式（15-23）中的三角函数 sec（$kl/2$）展开成无穷级数，则有

$$\frac{2[\sec(kl/2)-1]}{(kl/2)^2}=1+\frac{5}{12}\left(\frac{kl}{2}\right)^2+\frac{61}{360}\left(\frac{kl}{2}\right)^4+\cdots$$

再将式（15-17）代入上式，得：

$$\begin{aligned}\frac{2[\sec(kl/2)-1]}{(kl/2)^2}&=1+1.028(N/N_{Ex})+1.032(N/N_{Ex})^2+\cdots\\&\approx1+N/N_{Ex}+(N/N_{Ex})^2+\cdots\\&=\frac{1}{1-N/N_{Ex}}\end{aligned} \tag{15-24}$$

所以，跨中最大挠度为：

$$Y_m=y_0\cdot\frac{1}{1-N/N_{Ex}} \tag{15-25}$$

跨中截面最大弯矩由端弯矩和轴心压力共同引起，其值应为：

$$M_{max}=M_x+NY_m=M_x+\frac{Ny_0}{1-N/N_{Ex}}=\frac{M_x}{1-N/N_{Ex}}\left(1+\eta\frac{N}{N_{Ex}}\right)$$

也就是

$$M_{max}=\frac{\beta_{mx}M_x}{1-N/N_{Ex}} \tag{15-26}$$

式中　β_{mx}——等效弯矩系数或弯矩修正系数，$\beta_{mx}=1+\eta N/N_{Ex}$，且 $\eta=N_{Ex}y_0/M_x-1$。

对于存在初始缺陷的压弯构件，以等效初始挠度 v_0 代表综合缺陷，跨中最大弯矩写成如下形式：

$$M_{max}=\frac{\beta_{mx}M_x+Nv_0}{1-N/N_{Ex}} \tag{15-27}$$

将式（15-27）代入式（15-13）得边缘屈服准则的表达式：

$$\frac{N}{A}+\frac{\beta_{mx}M_x+Nv_0}{W_{1x}(1-N/N_{Ex})}=f_y \tag{15-28}$$

当弯矩 $M_x=0$ 时，则为有缺陷的轴心受压构件，$N=N_{cr}=\varphi_x Af_y$，式（15-28）成为：

$$\varphi_x f_y+\frac{\varphi_x Af_y v_0}{W_{1x}(1-\varphi_x Af_y/N_{Ex})}=f_y$$

据此解得：

$$v_0=\frac{W_{1x}}{\varphi_x A}(1-\varphi_x)\left(1-\frac{\varphi_x f_y A}{N_{Ex}}\right) \tag{15-29}$$

最后将式（15-29）代入式（15-28），经整理得到由边缘屈服准则所确定的极限状态方程：

$$\frac{N}{\varphi_x A}+\frac{\beta_{mx}M_x}{W_{1x}(1-\varphi_x N/N_{Ex})}=f_y \tag{15-30}$$

式中　φ_x——弯矩作用平面内轴心受压构件整体稳定系数。

2. 极限承载能力准则

因为格构式压弯构件绕虚轴失稳时，塑性区不可能进入截面内部，所以边缘屈服准则适用于格构式压弯构件；但对于实腹式压弯构件，截面边缘纤维屈服后仍可以继续承受荷载，失稳时塑性区进入截面，如图 15-10（c）所示，故边缘屈服准则不能用于实腹式压弯构件。按压弯构件 N-Y_m 曲线极值点（图 15-10a 中 b 点）来确定弯矩作用平面内稳定承载能力 N_u 的方法，称之为极限承载能力准则。

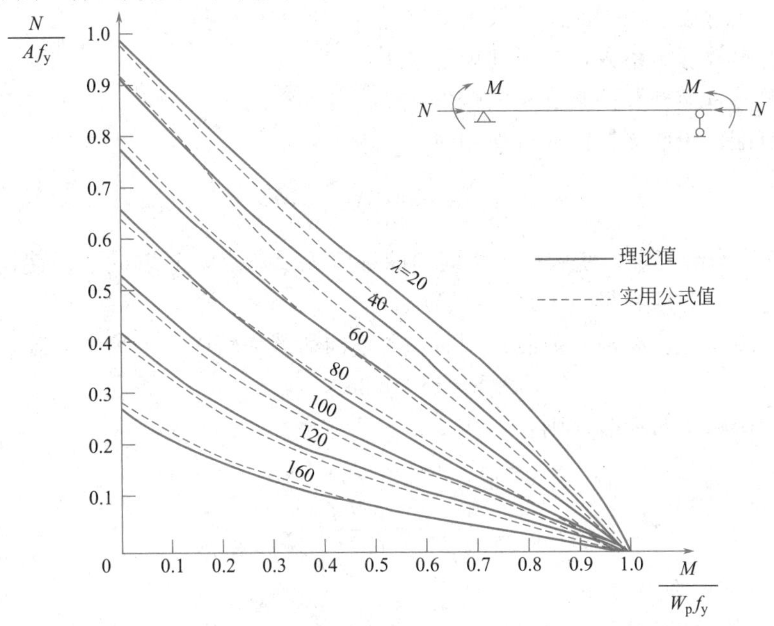

图 15-11　焊接工字形截面压弯构件的 N-M 相关曲线

由极限承载能力准则求 N_u 的具体方法很多，但常用的是数值分析法——只有具体问题的数值结果，而无相应计算公式。国内研究人员采用数值分析方法对常用的 11 种截面近 200 个压弯构件做了大量计算，形成了承载能力曲线或 N-M 相关曲线。如图 15-11 所示为焊接工字形截面压弯构件的 N-M 相关曲线，实线为理论计算值（即数值分析结果），其中 W_p 为截面塑性抵抗矩。

数值分析结果公式化以后，才方便实际推广应用。分析认为，可以借用边缘屈服准则的公式形式来近似表达：

$$\frac{N}{\varphi_x A}+\frac{M_x}{W_{px}(1-\beta N/N_{Ex})}=f_y \tag{15-31}$$

取不同的 β 经过大量的计算比较，发现当 $\beta=0.8$ 时，由式（15-31）计算的结果与理论计算结果误差较小。如图 15-11 所示的虚线即为依据公式（15-31）画出的相关曲线，可以看出，它们和实线（理论曲线）很接近。可以认为，式（15-31）是依据极限承载能力准则数值分析结果拟合出的一个经验公式，能够适合于实腹式压弯构件的整体稳定计算。

3. 弯矩作用平面内的稳定性计算公式

以式（15-31）为基础，取 $\beta=0.8$，引入抗力分项系数 γ_R 和等效弯矩系数 β_{mx}，并考虑塑性区部分深入，取 $W_{px}=\gamma_x W_{1x}$，得到《钢结构设计标准》GB 50017—2017 给出的实腹式压弯构件在弯矩作用平面内的稳定性计算公式：

$$\frac{N}{\varphi_x A}+\frac{\beta_{mx}M_x}{\gamma_x W_{1x}\left(1-0.8\dfrac{N}{N'_{Ex}}\right)}\leqslant f \tag{15-32}$$

式中 N——所计算构件段范围内的轴心压力；

N'_{Ex}——欧拉临界压力除以抗力分项系数 1.1 所得值，即 $N'_{Ex}=\pi^2EA/(1.1\lambda_x^2)$；

φ_x——弯矩作用平面内的轴心受压构件稳定系数；

M_x——所计算构件段范围内的最大弯矩；

W_{1x}——在弯矩作用平面内对较大受压纤维的毛截面模量；

β_{mx}——等效弯矩系数，按下列规定采用：

对于无侧移框架柱和两端支承的构件：

（1）当有端弯矩而无横向荷载作用时：

$$\beta_{mx}=0.6+0.4\frac{M_2}{M_1} \tag{15-33}$$

这里 M_1 和 M_2 为端弯矩，使构件产生同向曲率（无反弯点）时取同号；使构件产生反向曲率（有反弯点）时取异号，$|M_1|>|M_2|$。

（2）当无端弯矩但有横向荷载作用时，若横向荷载为跨中单个集中荷载，则：

$$\beta_{mx}=1-0.36N/N_{cr} \tag{15-34}$$

若横向荷载为全跨均布荷载，则：

$$\beta_{mx}=1-0.18N/N_{cr} \tag{15-35}$$

$$N_{cr}=\frac{\pi^2EI}{(\mu l)^2} \tag{15-36}$$

式中 N_{cr}——弹性临界力；

μ——构件的计算长度系数。

（3）端弯矩和横向荷载同时作用时，式（15-32）中的 $\beta_{mx}M_x$ 应按下式计算：

$$\beta_{mx}M_x = \beta_{mqx}M_{qx} + \beta_{m1x}M_1$$

式中 M_{qx}——横向均布荷载产生的弯矩最大值；

β_{m1x}——按无侧移框架柱和两端支承的构件有端弯矩而无横向荷载作用时取值。

对于有侧移框架柱和悬臂构件，若为有横向荷载的柱脚铰接的单层框架柱和多层框架的底层柱，β_{mx} 取 1.0；其他框架柱，β_{mx} 按式（15-34）计算；若为自由端作用有弯矩的悬臂柱，β_{mx} 按下式计算：

$$\beta_{mx} = 1 - 0.36(1-m)N/N_{cr} \tag{15-37}$$

式中 m——自由端弯矩与固定端弯矩之比，当弯矩图无反弯点时取正号，有反弯点时取负号。

对于 T 型钢、双角钢组成的 T 形截面等单轴对称截面（附表 25 中的 3、4 项）压弯构件，当弯矩作用于对称轴平面且使翼缘受压时，可能在无翼缘一侧因受拉区塑性发展过大而导致构件破坏。对于这类压弯构件，除按式（15-32）验算弯矩平面内稳定外，还应作下列补充验算：

$$\left|\frac{N}{A} - \frac{\beta_{mx}M_x}{\gamma_x W_{2x}\left(1 - 1.25\dfrac{N}{N'_{Ex}}\right)}\right| \leqslant f \tag{15-38}$$

式中 W_{2x}——对无翼缘端的毛截面模量。

15.3.2 实腹式压弯构件的平面外稳定

当实腹式压弯构件在弯矩作用平面外截面的抗弯刚度较小、或截面抗扭刚度较小、或支承不足以阻止弯矩作用平面外的弯扭变形时，构件将在弯矩作用平面内失稳之前，在弯矩作用平面外发生侧向弯扭屈曲破坏，所以需要验算弯矩作用平面外的稳定性。为了简化计算，并与受弯构件和轴心受压构件的稳定计算公式协调，通常采用包括轴心压力和弯矩项叠加的相关公式，并引进截面影响系数予以调整。实腹式压弯构件在弯矩作用平面外的稳定性按下式计算：

$$\frac{N}{\varphi_y A} + \eta\frac{\beta_{tx}M_x}{\varphi_b W_{1x}} \leqslant f \tag{15-39}$$

式中 φ_y——弯矩作用平面外的轴心受压构件稳定系数；

φ_b——均匀弯曲的受弯构件整体稳定系数（对闭口截面 $\varphi_b = 1.0$）；

M_x——所计算构件段范围内的最大弯矩设计值；

η——截面影响系数，闭口截面 $\eta = 0.7$，其他截面 $\eta = 1.0$；

β_{tx}——等效弯矩系数，两端支承的构件段取其中央 1/3 范围内的最大弯矩与全段弯矩之比，但不小于 0.5；悬臂段取 $\beta_{tx} = 1.0$。

为了设计上的方便，当 $\lambda_y \leqslant 120\varepsilon_k$ 时，压弯构件的 φ_b 可按下列近似公式计算：

（1）工字形截面（含 H 型钢）

双轴对称时：

$$\varphi_b = 1.07 - \frac{\lambda_y^2}{44000\varepsilon_k^2} \leqslant 1.0 \tag{15-40}$$

单轴对称时：

$$\varphi_{\mathrm{b}}=1.07-\frac{W_x}{(2\alpha_{\mathrm{b}}+0.1)Ah}\cdot\frac{\lambda_y^2}{14000\varepsilon_{\mathrm{k}}^2}\leqslant 1.0 \tag{15-41}$$

式中　$\alpha_{\mathrm{b}}=I_1/(I_1+I_2)$，$I_1$ 和 I_2 分别为受压翼缘和受拉翼缘对 y 轴的惯性矩。

（2）T 形截面（弯矩作用在对称轴平面，绕 x 轴）

弯矩使翼缘受压时的双角钢 T 形截面：

$$\varphi_{\mathrm{b}}=1-0.0017\lambda_y/\varepsilon_{\mathrm{k}} \tag{15-42}$$

弯矩使翼缘受压时的剖分 T 型钢和两板组合 T 形截面：

$$\varphi_{\mathrm{b}}=1-0.0022\lambda_y/\varepsilon_{\mathrm{k}} \tag{15-43}$$

弯矩使翼缘受拉且腹板宽厚比不大于 $18\varepsilon_{\mathrm{k}}$ 时：

$$\varphi_{\mathrm{b}}=1-0.0005\lambda_y/\varepsilon_{\mathrm{k}} \tag{15-44}$$

15.3.3　双向弯曲实腹式压弯构件的稳定

弯矩作用在两个主轴平面内的实腹式压弯构件，在工程上较少见，其稳定问题属于空间失稳，理论计算非常繁杂，目前多采用数值分析求解。《钢结构设计标准》GB 50017—2017 规定：弯矩作用在两个主轴平面内的双轴对称实腹式工字形（含 H 形）和箱形（闭口）截面的压弯构件的稳定性计算按下列公式进行：

$$\frac{N}{\varphi_x A}+\frac{\beta_{\mathrm{m}x}M_x}{\gamma_x W_x\left(1-0.8\dfrac{N}{N'_{\mathrm{E}x}}\right)}+\eta\frac{\beta_{\mathrm{ty}}M_y}{\varphi_{\mathrm{by}}W_y}\leqslant f \tag{15-45}$$

$$\frac{N}{\varphi_y A}+\eta\frac{\beta_{\mathrm{t}x}M_x}{\varphi_{\mathrm{b}x}W_x}+\frac{\beta_{\mathrm{my}}M_y}{\gamma_y W_y\left(1-0.8\dfrac{N}{N'_{\mathrm{Ey}}}\right)}\leqslant f \tag{15-46}$$

式中　φ_x、φ_y——对强轴 x-x 和弱轴 y-y 的轴心受压构件稳定系数；

$\varphi_{\mathrm{b}x}$、φ_{by}——均匀弯曲的受弯构件整体稳定系数，其中工字形（含 H 型钢）截面的非悬臂构件可按式（15-40）计算 $\varphi_{\mathrm{b}x}$，φ_{by} 可取值 1.0；对闭口截面，取 $\varphi_{\mathrm{b}x}=\varphi_{\mathrm{by}}=1.0$；

M_x、M_y——所计算构件段范围内对强轴和弱轴的最大弯矩；

W_x、W_y——对强轴和弱轴的毛截面模量；

$N'_{\mathrm{E}x}$、N'_{Ey}——参数，$N'_{\mathrm{E}x}=\pi^2EA/(1.1\lambda_x^2)$，$N'_{\mathrm{Ey}}=\pi^2EA/(1.1\lambda_y^2)$；

$\beta_{\mathrm{m}x}$、β_{my}——等效弯矩系数，按弯矩作用平面内稳定计算的规定采用；

$\beta_{\mathrm{t}x}$、β_{ty}——等效弯矩系数，按弯矩作用平面外稳定计算的规定采用。

15.4　实腹式压弯构件的局部稳定性

压弯构件的组成板件在均匀或不均匀压应力和剪应力作用下，可能发生波形凹凸，偏离原来所在的平面而屈曲，从而丧失局部稳定性。实腹式压弯构件的截面各部分尺寸如图 15-12 所示，局部稳定是通过限制板件的宽厚比、高厚比来保证。

15.4.1　压弯构件的局部翼缘稳定

工字形和 T 形截面翼缘外伸宽度 b 与厚度 t 之比应满足：

$$\frac{b}{t}\leqslant 13\varepsilon_{\mathrm{k}} \tag{15-47}$$

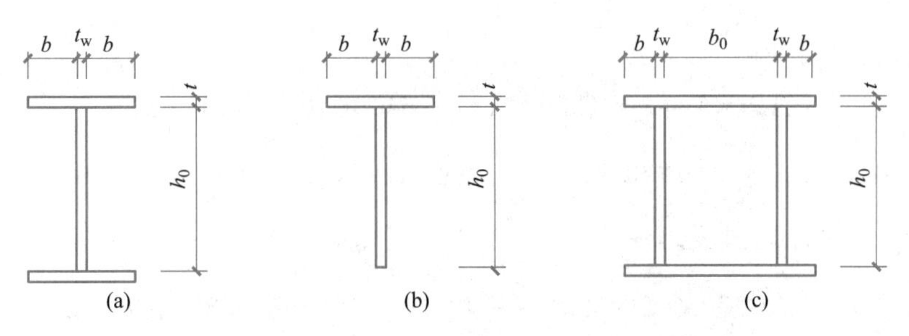

图 15-12　实腹式压弯构件的截面

当构件按弹性设计时，即强度和整体稳定计算中取 $\gamma_x=1.0$ 时，宽厚比可以放宽为：

$$\frac{b}{t}\leqslant 15\varepsilon_k \tag{15-48}$$

箱形截面压弯构件，受压翼缘板在两腹板之间无支承部分，宽度 b_0 与厚度 t 之比应满足下列要求：

当 $0\leqslant\alpha_0\leqslant1.6$ 时：

$$\frac{b_0}{t}\leqslant(12.8\alpha_0+0.4\lambda+20)\varepsilon_k \text{ 且 }\leqslant 40\varepsilon_k \tag{15-49}$$

当 $1.6<\alpha_0\leqslant2.0$ 时：

$$\frac{b_0}{t}\leqslant(38.4\alpha_0+0.4\lambda-21)\varepsilon_k \tag{15-50}$$

15.4.2　压弯构件的腹板稳定

1. 工字形及 H 形截面压弯构件腹板计算高度 h_0 与其厚度 t_w 之比，应符合下列要求：

当 $0\leqslant\alpha_0\leqslant1.6$ 时：

$$\frac{h_0}{t_w}\leqslant(16\alpha_0+0.5\lambda+25)\varepsilon_k \tag{15-51}$$

当 $1.6<\alpha_0\leqslant2.0$ 时：

$$\frac{h_0}{t_w}\leqslant(48\alpha_0+0.5\lambda-26.2)\varepsilon_k \tag{15-52}$$

$$\alpha_0=\frac{\sigma_{max}-\sigma_{min}}{\sigma_{max}} \tag{15-53}$$

式中　σ_{max}——腹板计算高度边缘的最大压应力，计算时不考虑构件的稳定系数和截面塑性发展系数；

σ_{min}——腹板计算高度另一边缘的相应的应力，压应力取正值，拉应力取负值；

λ——构件在弯矩作用平面内的长细比；当 $\lambda<30$ 时，取 $\lambda=30$；当 $\lambda>100$ 时，取 $\lambda=100$。

2. 当采用边缘屈服准则时，箱形截面压弯构件腹板高厚比不应超过 $40\varepsilon_k$。

【例题 15-2】如图 15-13 所示的某偏心受压柱，两端铰支，中间 1/3 长度处有侧向支撑。截面为 Q235 钢焰切边工字形，无削弱。承受轴心压力设计值 $N=900$kN，跨中集中力设计值 $F=100$kN。试验算此柱的承载力（强度、刚度和稳定性）。

【解】

（1）截面几何特性

$$A_n = A = 2 \times (320 \times 12) + 640 \times 10 = 14080\text{mm}^2$$

$$I_x = 2 \times \left[\frac{1}{12} \times 320 \times 12^3 + (320 \times 12) \times 326^2\right] + \frac{1}{12} \times 10 \times 640^3$$
$$= 1.0347 \times 10^9 \text{mm}^4$$

$$I_y = 2 \times \frac{1}{12} \times 12 \times 320^3 + \frac{1}{12} \times 640 \times 10^3 = 6.5589 \times 10^7 \text{mm}^4$$

$$W_{nx} = W_{1x} = \frac{I_x}{y_{max}} = \frac{1.0347 \times 10^9}{332} = 3.1166 \times 10^6 \text{mm}^3$$

$$i_x = \sqrt{\frac{I_x}{A}} = \sqrt{\frac{1.0347 \times 10^9}{14080}} = 271.09\text{mm}$$

$$i_y = \sqrt{\frac{I_y}{A}} = \sqrt{\frac{6.5589 \times 10^7}{14080}} = 68.25\text{mm}$$

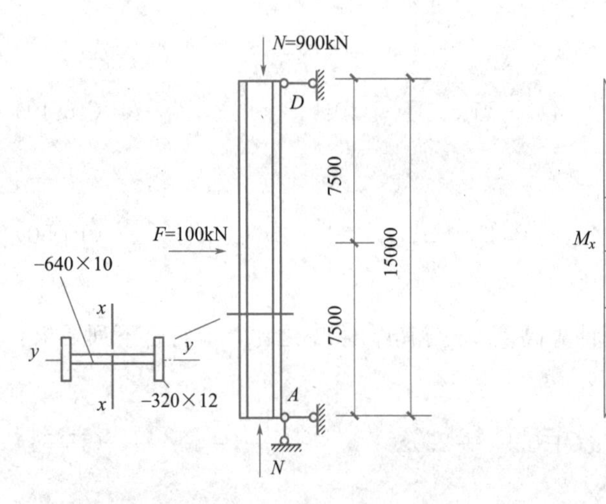

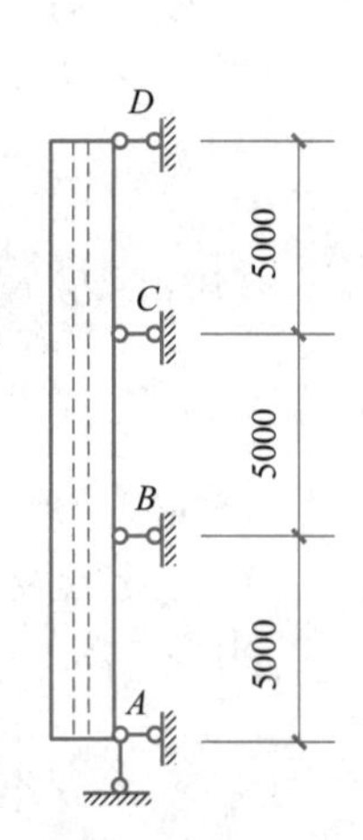

图 15-13　例题 15-2 图

（2）强度验算

$$M_x = \frac{1}{4} \times 100 \times 15 = 375\text{kN} \cdot \text{m}$$

$$\frac{N}{A_n} + \frac{M_x}{\gamma_x W_{nx}} = \frac{900 \times 10^3}{14080} + \frac{375 \times 10^6}{1.05 \times 3.1166 \times 10^6} = 178.5\text{N/mm}^2 < f = 215\text{N/mm}^2$$

满足强度条件。

（3）刚度验算

$$\lambda_x = \frac{l_{0x}}{i_x} = \frac{15000}{271.09} = 55.3 < [\lambda] = 150$$

$$\lambda_y = \frac{l_{0y}}{i_y} = \frac{5000}{68.25} = 73.3 < [\lambda] = 150$$

满足刚度条件。

(4) 整体稳定验算

① 弯矩作用平面内稳定

无端弯矩但有横向荷载作用，横向荷载为跨中单个集中荷载，β_{mx} 按式（15-34）计算：

$$N_{cr}=\frac{\pi^2 EI}{(\mu l)^2}=\frac{\pi^2 EA}{\lambda_x^2}=\frac{\pi^2\times 206\times 10^3\times 14080}{55.3^2}\approx 9360.9\times 10^3\text{N}=9360.9\text{kN}$$

$$\beta_{mx}=1-0.36N/N_{cr}=1-0.36\times\frac{900}{9360.9}\approx 0.9654$$

由 $\lambda_x=55.3$，查附表 31（b 类截面）得 $\varphi_x=0.831$；

$$N'_{Ex}=\frac{\pi^2 EA}{1.1\lambda_x^2}=\frac{\pi^2\times 206\times 10^3\times 14080}{1.1\times 55.3^2}=8509.9\times 10^3\text{N}=8509.9\text{kN}$$

$$\frac{N}{\varphi_x A}+\frac{\beta_{mx}M_x}{\gamma_x W_{1x}\left(1-0.8\frac{N}{N'_{Ex}}\right)}=\frac{900\times 10^3}{0.831\times 14080}+\frac{0.9654\times 375\times 10^6}{1.05\times 3.1166\times 10^6\times\left(1-0.8\times\frac{900}{8509.9}\right)}$$

$$=197.77\text{N/mm}^2<f=215\text{N/mm}^2$$

满足要求。

② 弯矩作用平面外稳定

由 $\lambda_y=73.3$，查附表 31（b 类截面）得 $\varphi_y=0.730$。因为 $\lambda_y<120$，所以由式（15-40）得：

$$\varphi_b=1.07-\frac{\lambda_y^2}{44000}\cdot\frac{f_y}{235}=1.07-\frac{73.3^2}{44000}\times 1=0.948<1.0$$

所计算构件段为 BC 段，有端弯矩和横向荷载同时作用，且使构件产生同向曲率，故取 $\beta_{tx}=1.0$，另有 $\eta=1.0$。

$$\frac{N}{\varphi_y A}+\eta\frac{\beta_{tx}M_x}{\varphi_b W_{1x}}=\frac{900\times 10^3}{0.730\times 14080}+1.0\times\frac{1.0\times 375\times 10^6}{0.948\times 3.1166\times 10^6}$$

$$=214.5\text{N/mm}^2<f=215\text{N/mm}^2$$

满足要求。

(5) 局部稳定验算

$$\sigma_{max}=\frac{N}{A}+\frac{M_x}{I_x}\cdot\frac{h_0}{2}=\frac{900\times 10^3}{14080}+\frac{375\times 10^6}{1.0347\times 10^9}\times 320=179.9\text{N/mm}^2$$

$$\sigma_{min}=\frac{N}{A}-\frac{M_x}{I_x}\cdot\frac{h_0}{2}=\frac{900\times 10^3}{14080}-\frac{375\times 10^6}{1.0347\times 10^9}\times 320=-52.1\text{N/mm}^2$$

$$\alpha_0=\frac{\sigma_{max}-\sigma_{min}}{\sigma_{max}}=\frac{179.9-(-52.1)}{179.9}=1.29<1.6$$

翼缘板宽厚比：

$$\frac{b}{t}=\frac{160-5}{12}=12.9<13\varepsilon_k=13，\text{满足要求。}$$

腹板高厚比：

$$\frac{h_0}{t_w}=\frac{640}{10}=64<(16\alpha_0+0.5\lambda+25)\varepsilon_k=(16\times 1.29+0.5\times 55.3+25)\times 1=73.3$$

满足要求。

结论：经过验算，该压弯构件满足强度条件、刚度条件、整体稳定条件和局部稳定条件，即承载力满足要求。

15.5 格构式压弯构件的整体稳定性

截面高度较大的压弯构件，采用格构式可以节省材料。厂房排架柱或框架柱、高大的独立支柱，一般采用格构式构件。由于截面高度较大且存在较大的剪力，故肢件常用缀条连接，而少用缀板连接。格构式压弯构件的稳定性计算，仍然包含弯矩作用平面内稳定和弯矩作用平面外稳定两个方面。

15.5.1 弯矩绕实轴作用的格构式压弯构件稳定性

弯矩绕实轴作用（作用在与缀材面相垂直的主平面内）时，构件产生绕实轴的弯曲失稳，受力性能与实腹式压弯构件弯曲相同。因此，《钢结构设计标准》GB 50017—2017 规定：弯矩绕实轴作用的格构式压弯构件，其弯矩作用平面内和平面外的稳定性计算均与实腹式构件相同。但在计算弯矩作用平面外的整体稳定时，长细比应取换算长系比 λ_{0x}，并取 $\varphi_b=1.0$。

15.5.2 弯矩绕虚轴作用的格构式压弯构件稳定性

格构式压弯构件通常设计成弯矩绕虚轴作用，此时应计算弯矩作用平面内的整体稳定和分肢在其自身两主轴方向的稳定，而不必再计算整个构件在弯矩作用平面外的整体稳定性。

1. 弯矩作用平面内的整体稳定性

弯矩绕虚轴作用的格构式压弯构件，因为截面中部空心，不能考虑塑性区的发展，所以弯矩作用平面内的整体稳定性计算可采用边缘屈服准则。在式（15-30）中，考虑抗力分项系数后得：

$$\frac{N}{\varphi_x A}+\frac{\beta_{mx}M_x}{W_{1x}\left(1-\varphi_x\dfrac{N}{N'_{Ex}}\right)}\leqslant f \tag{15-54}$$

式中，$W_{1x}=I_x/y_0$，I_x 为对 x 轴的毛截面惯性矩，y_0 为由 x 轴到压力较大分肢的轴线距离或者到压力较大分肢腹板边缘的距离，二者取较大者；φ_x、N'_{Ex} 由换算长细比 λ_{0x} 确定。

2. 分肢的稳定性

弯矩绕虚轴作用的格构式压弯构件，在弯矩作用平面外失稳时，因缀件比较柔弱，分肢之间整体性不强，故表现为单肢失稳。因此，用计算各分肢的稳定性来代替弯矩作用平面外的整体稳定性计算。

肢件受力可按平行弦桁架模型来简化计算，将肢件视为桁架的弦杆，缀件视为斜腹杆，计算简图如图 15-14 所示。由平面平行力系的平衡方程，即可得到两分肢的轴心压力分别为：

$$N_1=N\frac{y_2}{a}+\frac{M_x}{a} \tag{15-55}$$

$$N_2=N-N_1 \tag{15-56}$$

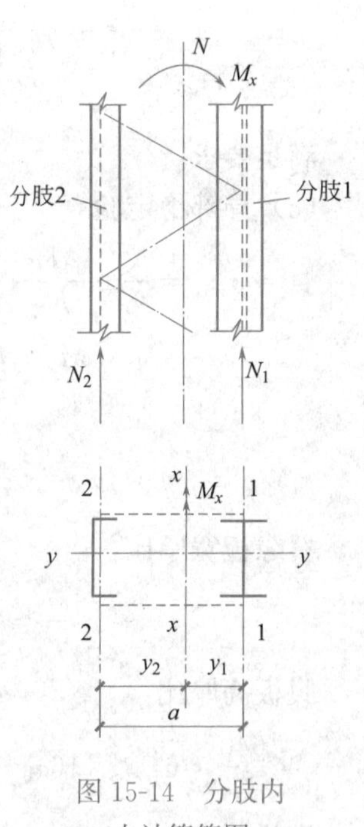

图 15-14 分肢内力计算简图

缀条式压弯构件的分肢按轴心受压构件进行整体稳定验算。分肢的计算长度，在缀条平面内（图 15-14 中的 1-1 轴、2-2 轴）取缀条体系的节间长度；在缀条平面外，取整个构件两侧向支撑点间的距离。

如果缀材采用缀板，分肢除受轴心力 N_1（或 N_2）作用外，还受到由剪力作用引起的局部弯矩作用，此时应按实腹式压弯构件验算单肢的稳定性。

15.5.3　双向受弯的格构式压弯构件稳定性

弯矩作用在两个主平面内的格构式压弯构件，如图 15-15 所示，应对其整体稳定性和分肢稳定性进行验算。

1. 整体稳定性验算

采用与边缘屈服准则导出的弯矩绕虚轴作用的格构式压弯构件平面内整体稳定计算公式（15-54）相衔接的直线式公式进行计算：

$$\frac{N}{\varphi_x A}+\frac{\beta_{mx}M_x}{W_{1x}\left(1-\varphi_x\frac{N}{N'_{Ex}}\right)}+\frac{\beta_{ty}M_y}{W_{1y}}\leqslant f \quad (15\text{-}57)$$

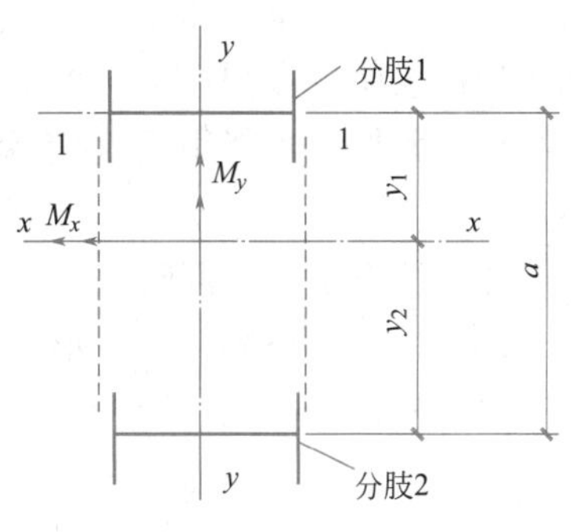

图 15-15　双向受弯格构式压弯构件

2. 分肢的稳定验算

分肢按实腹式压弯构件验算稳定性。将分肢作为桁架的弦杆，计算在轴力 N、弯矩 M_x 和 M_y 共同作用下产生的内力。

分肢 1：

$$N_1=N\frac{y_2}{a}+\frac{M_x}{a} \quad (15\text{-}58)$$

$$M_{y1}=\frac{I_1/y_1}{I_1/y_1+I_2/y_2}\cdot M_y \quad (15\text{-}59)$$

分肢 2：

$$N_2=N-N_1 \quad (15\text{-}60)$$

$$M_{y2}=M_y-M_{y1} \quad (15\text{-}61)$$

式中　I_1、I_2——分肢 1、分肢 2 对 y 轴的惯性矩；

y_1、y_2——M_y 作用的主轴平面至分肢 1、分肢 2 轴线的距离。

15.6　压弯构件的设计

框架结构可以分为无侧移框架和有侧移框架两种。框架结构中设置有较大抗侧移刚度的支撑架、剪力墙、电梯井或其他支撑结构时，这些支撑结构能阻止框架受力或失稳时框架节点的侧移，这种框架称为无侧移框架；没有抗侧移支撑的纯框架，在受力或失稳时可能发生显著的侧移，此类框架称为有侧移框架。有侧移失稳的框架，其临界力比无侧移失稳的框架低得多。

框架柱一般情况下按压弯构件设计，特殊情况下才按轴心受压构件设计。

15.6.1　框架柱的计算长度

框架柱或压弯构件的计算长度 H_0 通常由计算长度系数 μ 乘以几何长度 H 确定，即：

$$H_0 = \mu H \tag{15-62}$$

对于单独的压弯构件，其计算长度系数 μ，可根据构件两端的支承情况，取与轴心受压构件相同的数值；对于框架柱，则应区分是否有侧移，按下述方法确定。

1. 无侧移失稳框架柱在框架平面内的计算长度系数

确定框架柱的计算长度时，对单层框架通常作如下假定：

（1）框架只承受作用于节点的竖向荷载，忽略横梁荷载和水平荷载对梁端弯矩的影响。分析表明，在弹性工作范围内，此种假设带来的误差不大，可以满足设计要求。但需要注意，此假设只能用于确定计算长度，在计算柱的截面尺寸时必须同时考虑弯矩和轴心力。

（2）所有框架柱同时丧失稳定，即所有框架柱同时到达临界荷载。

（3）线弹性材料，小变形。

（4）构件无缺陷。

对多层框架，还需要假设：

（5）当柱子开始失稳时，相交于同一节点的横梁对柱子提供的约束弯矩，按柱子的线刚度之比分配给柱子。

（6）在无侧移失稳时，横梁两端的转角大小相等、方向相反；在有侧移失稳时，横梁两端的转角大小相等、方向相同。

框架柱的计算长度与柱端受到梁的约束程度有关，即与梁柱之间的线刚度之比有关。对于如图 15-16（a）所示的无侧移失稳框架，以下讨论框架中任一柱 AB 的计算长度系数，计算单元如图 15-16（b）所示。

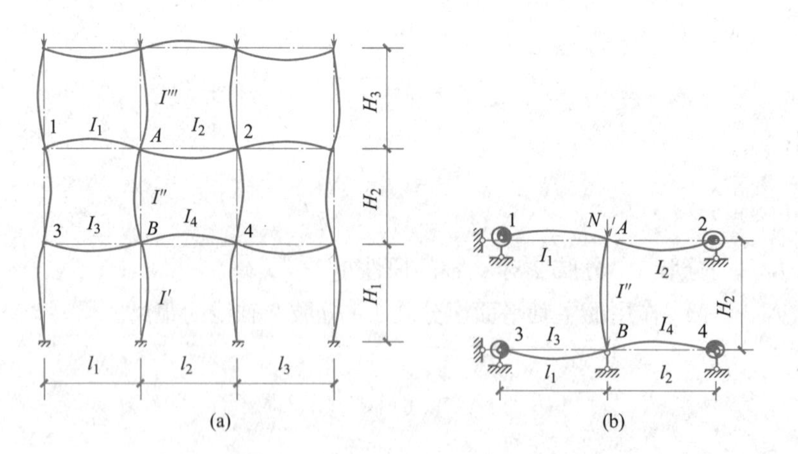

图 15-16　框架的无侧移失稳与框架柱的计算长度

与 AB 柱上端 A 节点相交的横梁线刚度之和与柱线刚度之和的比值为 K_1：

$$K_1 = \frac{I_1/l_1 + I_2/l_2}{I'''/H_3 + I''/H_2} \tag{15-63}$$

而与 AB 柱下端 B 节点相交的横梁线刚度之和与柱线刚度之和的比值 K_2 为：

$$K_2 = \frac{I_3/l_1 + I_4/l_2}{I''/H_2 + I'/H_1} \tag{15-64}$$

上述公式中若梁远端为铰接时，应将横梁线刚度乘以 1.5；当横梁远端为嵌固时，则应将横梁线刚度乘以 2。当横梁与柱铰接时，取横梁线刚度为零。

当与柱刚性连接的横梁所受轴心压力 N_b 较大时，横梁线刚度应乘以折减系数 α_N：

（1）横梁远端与柱刚接和横梁远端铰支时：$\alpha_N=1-N_b/N_{Eb}$；

（2）横梁远端嵌固时：$\alpha_N=1-N_b/(2N_{Eb})$。

式中，$N_{Eb}=\pi^2 EI_b/l^2$，I_b 为横梁截面惯性矩，l 为横梁长度。

对底层框架柱，当柱与基础铰接时，取 $K_2=0$（对平板支座，可取 $K_2=0.1$）；当柱与基础刚接时，取 $K_2=10$。

根据弹性稳定理论，用位移法进行分析，得到无侧移失稳框架柱的计算长度系数所满足的关系为：

$$\left[\left(\frac{\pi}{\mu}\right)^2+2(K_1+K_2)-4K_1K_2\right]\frac{\pi}{\mu}\cdot\sin\frac{\pi}{\mu}-2\left[(K_1+K_2)\left(\frac{\pi}{\mu}\right)^2+4K_1K_2\right]\cos\frac{\pi}{\mu}+8K_1K_2=0 \tag{15-65}$$

这是一个关于 μ 的超越方程，不能直接求解，可采用迭代法计算，也可以根据 K_1、K_2 查表 15-1 取值。

无侧移框架柱的计算长度系数 μ　　表 15-1

K_2 \ K_1	0	0.05	0.1	0.2	0.3	0.4	0.5	1	2	3	4	5	≥10
0	1.000	0.990	0.981	0.964	0.949	0.935	0.922	0.875	0.820	0.791	0.773	0.760	0.732
0.05	0.990	0.981	0.971	0.955	0.940	0.926	0.914	0.867	0.814	0.784	0.766	0.754	0.726
0.1	0.981	0.971	0.962	0.946	0.931	0.918	0.906	0.860	0.807	0.778	0.760	0.748	0.721
0.2	0.964	0.955	0.946	0.930	0.916	0.903	0.891	0.846	0.795	0.767	0.749	0.737	0.711
0.3	0.949	0.940	0.931	0.916	0.902	0.889	0.878	0.834	0.784	0.756	0.739	0.728	0.701
0.4	0.935	0.926	0.918	0.903	0.889	0.877	0.866	0.823	0.774	0.747	0.730	0.719	0.693
0.5	0.922	0.914	0.906	0.891	0.878	0.866	0.855	0.813	0.765	0.738	0.721	0.710	0.685
1	0.875	0.867	0.860	0.846	0.834	0.823	0.813	0.774	0.729	0.704	0.688	0.677	0.654
2	0.820	0.814	0.807	0.795	0.784	0.774	0.765	0.729	0.686	0.663	0.648	0.638	0.615
3	0.791	0.784	0.778	0.767	0.756	0.747	0.738	0.704	0.663	0.640	0.625	0.616	0.593
4	0.773	0.766	0.760	0.749	0.739	0.730	0.721	0.688	0.648	0.625	0.611	0.601	0.580
5	0.760	0.754	0.748	0.737	0.728	0.719	0.710	0.677	0.638	0.616	0.601	0.592	0.570
≥10	0.732	0.726	0.721	0.711	0.701	0.693	0.686	0.654	0.615	0.593	0.580	0.570	0.549

2. 有侧移失稳框架柱在框架平面内的计算长度系数

对于有侧移失稳框架柱，在框架平面内梁柱线刚度比 K_1、K_2 的计算仍然采用式（15-63）、式（15-64）。当梁远端为铰接时，应将横梁线刚度乘以 0.5；当横梁远端为嵌固时，则应乘以 2/3。当横梁与柱铰接时，取横梁线刚度为零。

当与柱刚性连接的横梁所受轴心压力 N_b 较大时，横梁线刚度应乘以折减系数 α_N：

（1）横梁远端与柱刚接时：$\alpha_N=1-N_b/(4N_{Eb})$；

（2）横梁远端铰支时：$\alpha_N=1-N_b/N_{Eb}$；

(3) 横梁远端嵌固时：$\alpha_N=1-N_b/(2N_{Eb})$。
式中，$N_{Eb}=\pi^2 EI_b/l^2$，I_b 为横梁截面惯性矩，l 为横梁长度。

对底层框架柱，当柱与基础铰接时，取 $K_2=0$（对平板支座，可取 $K_2=0.1$）；当柱与基础刚接时，取 $K_2=10$。

根据弹性稳定理论，用位移法进行分析，得到有侧移失稳框架柱的计算长度系数所满足的关系为：

$$\left[36K_1K_2-\left(\frac{\pi}{\mu}\right)^2\right]\sin\frac{\pi}{\mu}+6(K_1+K_2)\frac{\pi}{\mu}\cdot\cos\frac{\pi}{\mu}=0 \tag{15-66}$$

这也是一个关于 μ 的超越方程，不能直接求解，可采用迭代法计算，也可以根据 K_1、K_2 查表 15-2 取值。

有侧移框架柱的计算长度系数 μ 表 15-2

K_2 \ K_1	0	0.05	0.1	0.2	0.3	0.4	0.5	1	2	3	4	5	≥10
0	∞	6.02	4.46	3.42	3.01	2.78	2.64	2.33	2.17	2.11	2.08	2.07	2.03
0.05	6.02	4.16	3.47	2.86	2.58	2.42	2.31	2.07	1.94	1.90	1.87	1.86	1.83
0.1	4.46	3.47	3.01	2.56	2.33	2.20	2.11	1.90	1.79	1.75	0.73	1.72	1.70
0.2	3.42	2.86	2.56	2.23	2.05	1.94	1.87	1.70	1.60	1.57	1.55	1.54	1.52
0.3	3.01	2.58	2.33	2.05	1.90	1.80	1.74	1.58	1.49	1.46	1.45	1.44	1.42
0.4	2.78	2.42	2.20	1.94	1.80	1.71	1.65	1.50	1.42	1.39	1.37	1.37	1.35
0.5	2.64	2.31	2.11	1.87	1.74	1.65	1.59	1.45	1.37	1.34	1.32	1.32	1.30
1	2.33	2.07	1.90	1.70	1.58	1.50	1.45	1.32	1.24	1.21	1.20	1.19	1.17
2	2.17	1.94	1.79	1.60	1.49	1.42	1.37	1.24	1.16	1.14	1.12	1.12	1.10
3	2.11	1.90	1.75	1.57	1.46	1.39	1.34	1.21	1.14	1.11	1.10	1.09	1.07
4	2.08	1.87	1.73	1.55	1.45	1.37	1.32	1.20	1.12	1.10	1.08	10.8	1.06
5	2.07	1.86	1.72	1.54	1.44	1.37	1.32	1.19	1.12	1.09	1.08	1.07	1.05
≥10	2.03	1.83	1.70	1.52	1.42	1.35	1.30	1.17	1.10	1.07	1.06	1.05	1.03

3. 框架柱在框架平面外的计算长度

对于平面框架，框架柱在框架平面外的计算长度应取能阻止框架柱平面外位移的相邻支承点之间的距离，柱的支座、吊车梁、托架、支撑、纵梁的固定节点等都可以作为框架柱的平面外支承点。

对于空间框架，通常承受双向弯矩，两个方向的计算长度可以采用同样的方法求得。

【例题 15-3】 如图 15-17 所示为有侧移的双层框架，图中圆圈内数值为横梁或柱的相对线刚度，柱下端与基础刚性连接，其他尺寸如图所示。试求柱 AB 和 BC 在框架平面内的长度系数 μ。

【解】

(1) 柱 AB

$$K_1=\frac{I_1/l_1+I_2/l_2}{I'''/H_3+I''/H_2}=\frac{0+1.6}{0.4+0.8}=1.33$$

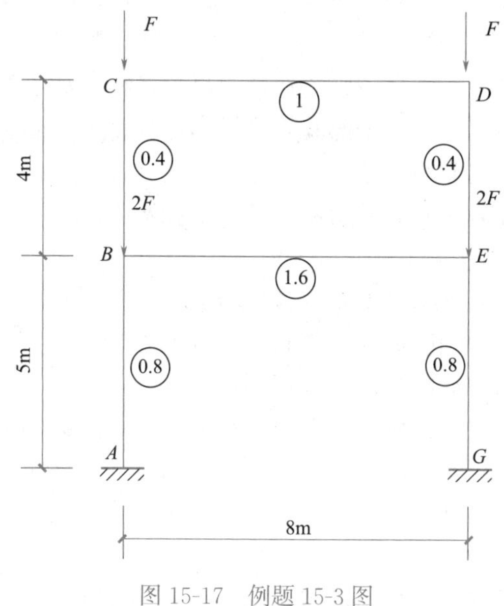

图 15-17　例题 15-3 图

$$K_2=10$$

查表 15-2，线性内插：

$$\mu_{AB}=1.17-\frac{1.17-1.10}{2-1}\times(1.33-1)=1.15$$

（2）柱 BC

$$K_1=\frac{I_1/l_1+I_2/l_2}{I'''/H_3+I''/H_2}=\frac{0+1}{0+0.4}=2.5$$

$$K_2=\frac{I_3/l_1+I_4/l_2}{I''/H_2+I'/H_1}=\frac{0+1.6}{0.4+0.8}=1.33$$

查表 15-2 得（双向插值）：$\mu_{BC}=1.20$

15.6.2　实腹式框架柱截面设计

1. 设计基本要求

实腹式框架柱或压弯构件与轴心受压构件一样，设计的截面应满足强度、刚度、整体稳定和局部稳定要求。应使弯矩作用平面内和平面外的整体稳定承载力尽量接近，即等稳定性。根据弯矩的大小和方向，选择适当的截面形式。通常采用弯矩作用平面内截面高度较大的单轴对称或双轴对称截面，如采用单轴对称截面，宜使弯矩作用于对称平面。

设计的截面还应构造简单、便于制作、连接简便。

2. 截面设计步骤

实腹式框架柱或压弯构件的截面设计，可归纳为如下几个步骤：

（1）确定钢材的强度等级（或牌号）和强度设计值；

（2）计算构件内力设计值，包括轴心压力 N、弯矩 M 和剪力 V；

（3）选择合理的截面形式；

（4）确定弯矩作用平面内和平面外的计算长度 H_{0x}、H_{0y}（或 l_{0x}、l_{0y}）；

（5）根据经验估计或初选截面尺寸；

（6）截面验算：强度验算、刚度验算、弯矩作用平面内整体稳定验算、弯矩作用平面外整体稳定验算、局部稳定验算。

如果上述验算条件能一一满足，则初选截面尺寸可行；如不能全部满足验算条件，则应调整截面尺寸，重新验算，直至全部验算条件满足为止。实际工作中，往往需要进行多次试算和调整才能最后确定截面尺寸。

实腹式柱或压弯构件截面验算的示例，见本章例题15-2。

3. 实腹式框架柱的构造要求

（1）当实腹式柱的腹板计算高度 h_0 与厚度 t_w 之比 $80\varepsilon_k$ 时，为防止腹板在施工和运输中发生变形，应采用横向加劲肋加强，其间距不得大于 $3h_0$。

横向加劲肋的尺寸和构造与受弯构件相同。

（2）大型实腹式柱，在受有较大水平力处和运送单元的端部应设置横隔，以增加构件的抗扭刚度。横隔可以采用钢板，也可用交叉角钢构成。根据实践经验，要求横隔的间距不得大于柱截面长边尺寸的9倍和8m。

15.6.3 格构式框架柱截面设计

截面高度较大的框架柱，可采用格构式截面，以节省钢材。格构式柱的常用截面形式如图15-18所示。当构件所受的弯矩较大或正负弯矩的绝对值相差较小时，可采用对称的截面形式；否则，采用不对称截面，并将较大分肢放在压应力较大的一侧。在单向弯矩作用下的格构式压弯构件，通常使弯矩绕虚轴作用。

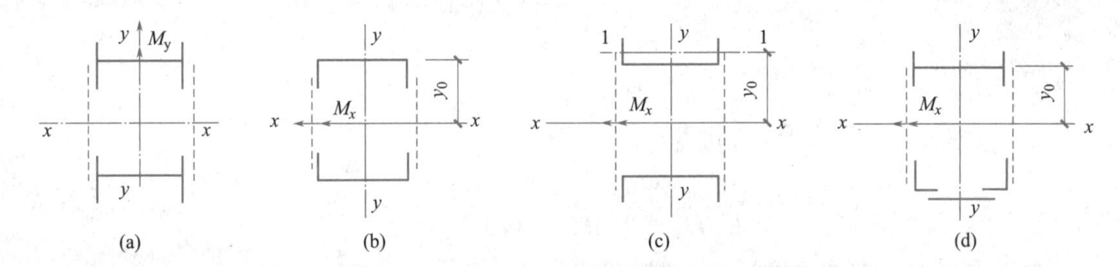

图15-18 格构式框架柱的常用截面形式

格构式框架柱或格构式压弯构件的截面设计计算，包括以下几项：

（1）强度计算。

（2）刚度计算。

绕虚轴的长系比，应采用换算长细比 λ_{0x}，换算长细比的计算同轴心受压格构式构件。

（3）弯矩作用平面内整体稳定计算。

（4）弯矩作用平面外整体稳定计算或分肢稳定计算。

（5）缀条或缀板计算。

计算格构式压弯构件的缀件时，应取构件的实际剪力和按式（15-67）计算的剪力两者中的较大值进行计算：

$$V=\frac{Af}{85\varepsilon_k} \tag{15-67}$$

格构式框架柱，在受有较大水平力处和运送单元的端部应设置横隔，以增加构件的抗扭刚度。若构件较长，则还应设置中间横隔，其间距不大于柱截面长边尺寸的9倍和8m。

【例题 15-4】 有一单向压弯格构式双肢缀条柱，缀条为等边角钢，肢件（分肢）为槽钢，如图 15-19 所示。截面无削弱，材料为 Q235 钢。承受的内力设计值为：轴心压力$N=380\text{kN}$，弯矩 $M_x=105\text{kN}\cdot\text{m}$，剪力 $V=30\text{kN}$。柱高 $H=6.0\text{m}$。在弯矩作用平面内上端为有侧移的弱支撑，下端为固定端，计算长度 $l_{0x}=8.0\text{m}$；在弯矩作用平面外，柱两端铰接，计算长度 $l_{0y}=H=6.0\text{m}$。E43 型焊条，手工焊。问该柱的截面是否可行？

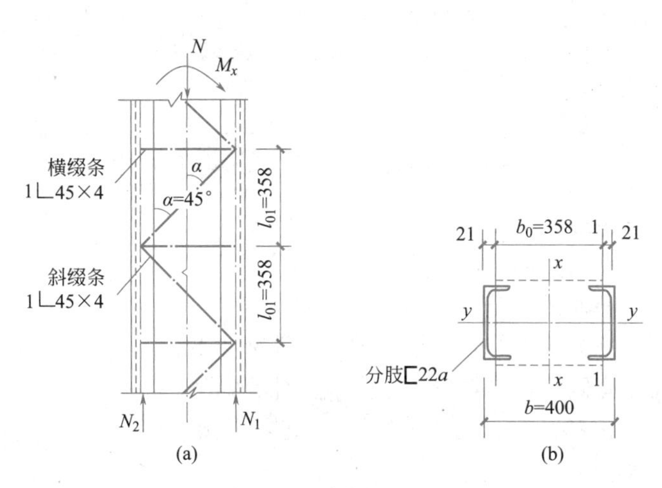

图 15-19　例题 15-4 图

【解】

（1）柱截面几何性质

利用附表 35 计算所需截面几何性质参数：

$$A=2\times31.846=63.692\text{cm}^2$$

$$I_x=2[I_1+A_1(b_0/2)^2]=2\times[158+31.846\times17.9^2]=20724\text{cm}^4$$

$$i_x=\sqrt{\frac{I_x}{A}}=\sqrt{\frac{20724}{63.692}}=18.04\text{cm},\quad i_{y1}=i_y=8.67\text{cm},\quad i_1=2.23\text{cm}$$

截面抵抗矩：

$$W_{nx}=W_x=\frac{I_x}{b/2}=\frac{20724}{20}=1036.2\text{cm}^3$$

因为 y_0 为由 x 轴到压力较大分肢的轴线距离或到压力较大分肢腹板边缘的距离，取二者的较大者，所以 $y_0=b/2=20\text{cm}$。

$$W_{1x}=\frac{I_x}{y_0}=\frac{20724}{20}=1036.2\text{cm}^3$$

（2）强度计算

查附表 17：材料强度设计值 $f=215\text{N/mm}^2$。

查附表 25：截面塑性发展系数 $\gamma_x=1.0$，则：

$$\frac{N}{A_n}+\frac{M_x}{\gamma_x W_{nx}}=\frac{380\times10^3}{63.692\times10^2}+\frac{105\times10^6}{1.0\times1036.2\times10^3}=161.0\text{N/mm}^2$$

$$<f=215\text{N/mm}^2，满足强度条件。$$

(3) 刚度计算

$$\lambda_y=\frac{l_{0y}}{i_y}=\frac{600}{8.67}=69.2<[\lambda]=150$$

对虚轴 x 应采用换算长细比：

$$\lambda_x=\frac{l_{0x}}{i_x}=\frac{800}{18.04}=44.3$$

垂直于 x 轴的缀条毛截面面积之和为：

$$A_{1x}=2\times3.486=6.972\text{cm}^2$$

换算长细比：

$$\lambda_{0x}=\sqrt{\lambda_x^2+27\frac{A}{A_{1x}}}=\sqrt{44.3^2+27\times\frac{63.692}{6.972}}=47<[\lambda]=150$$

整体柱满足刚度条件。

(4) 弯矩作用平面内整体稳定计算

查附表 31，b 类截面的稳定系数：$\varphi_x=0.870$

柱上端弱支撑，有侧移，等效弯矩系数 β_{mx} 计算如下：

柱上端弱支撑，有侧移，等效弯矩系数 β_{mx} 计算如下：

$$N_{cr}=\frac{\pi^2EI}{(\mu l)^2}=\frac{\pi^2EA}{\lambda_{0x}^2}=\frac{\pi^2\times206\times10^3\times63.692\times10^2}{47^2}\approx5.862\times10^6\text{N}=5862\text{kN}$$

$$\beta_{mx}=1-0.36N/N_{cr}=1-0.36\times\frac{380}{5862}\approx0.9767$$

欧拉临界压力设计值：

$$N'_{Ex}=\frac{\pi^2EA}{1.1\lambda_{0x}^2}=\frac{\pi^2\times206\times10^3\times63.692\times10^2}{1.1\times47^2}=5.329\times10^6\text{N}=5329\text{kN}$$

$$\varphi_x\frac{N}{N'_{Ex}}=0.870\times\frac{380}{5329}=0.0620$$

弯矩作用平面内的整体稳定：

$$\frac{N}{\varphi_xA}+\frac{\beta_{mx}M_x}{W_{1x}\left(1-\varphi_x\frac{N}{N'_{Ex}}\right)}=\frac{380\times10^3}{0.870\times63.692\times10^2}+\frac{0.9767\times105\times10^6}{1036.2\times10^3\times(1-0.0620)}$$

$$=68.6+105.5$$

$$=174.1\text{N/mm}^2<f=215\text{N/mm}^2\text{，满足要求。}$$

(5) 分肢稳定计算

轴心压力

$$N_1=\frac{N}{2}+\frac{M_x}{a}=\frac{N}{2}+\frac{M_x}{b_0}=\frac{380}{2}+\frac{105}{0.358}=483.3\text{kN}$$

分肢对 1-1 轴的计算长度 l_{01} 和长细比 λ_1 分别为：

$$l_{01}=358\text{mm}=35.8\text{cm}，\lambda_1=\frac{l_{01}}{i_1}=\frac{35.8}{2.23}=16.1$$

分肢对 y 轴的长细比 λ_{y1} 为：

$$\lambda_{y1}=\frac{l_{0y}}{i_{y1}}=\frac{600}{8.67}=69.2>\lambda_1=16.1$$

按 λ_{y1} 查附表 31 中的 b 类截面，得分肢的稳定系数 $\varphi_1=0.756$。

分肢稳定验算：

$$\frac{N_1}{\varphi_1 A_1}=\frac{483.3\times10^3}{0.756\times31.846\times10^2}=200.7\text{N/mm}^2<f=215\text{N/mm}^2\text{，满足要求。}$$

（6）局部稳定计算

肢件为热轧槽钢，局部稳定有保证，不必验算板件的高厚比、宽厚比。

（7）缀条计算

① 剪力计算

柱的计算剪力

$$V=\frac{Af}{85\varepsilon_k}=\frac{63.692\times10^2\times215}{85\times1}=16.1\times10^3\text{ N}=16.1\text{kN}<30\text{kN（柱剪力设计值）}$$

计算格构式压弯构件的缀件时，应取构件的实际剪力和按上式计算的剪力两者中的较大值进行计算。所以，计算缀条内力时取 $V=30\text{kN}$，则每个缀条承担的剪力为：

$$V_d=\frac{V}{2}=\frac{30}{2}=15\text{kN}$$

② 缀条内力

按平行弦桁架的腹杆计算缀条内力：

$$N_d=\frac{V_d}{\sin\alpha}=\frac{15}{\sin45^\circ}=21.2\text{kN}$$

③ 角钢几何参数

查附表 33：$A_d=3.486\text{cm}^2=348.6\text{mm}^2$，$i_{min}=i_{y0}=0.89\text{cm}=8.9\text{mm}$。

计算长度和长细比：

$$l_d\approx\frac{b_0}{\sin\alpha}=\frac{358}{\sin45^\circ}=506\text{mm}$$

$$\lambda_d=\frac{l_d}{i_{min}}=\frac{506}{8.9}=56.9$$

④ 单面连接单角钢强度折减

$$f=(0.6+0.0015\lambda)\times\text{表值}=(0.6+0.0015\times56.9)\times215$$
$$=147.3\text{N/mm}^2$$

⑤ 缀条验算

缀条按轴心受压构件计算稳定性，查附表 31，b 类截面稳定系数 $\varphi_d=0.824$，则：

$$\frac{N_d}{\varphi_d A_d}=\frac{21.2\times10^3}{0.824\times348.6}=73.8\text{N/mm}^2<f=147.3\text{N/mm}^2\text{，满足。}$$

结论：所设计的柱截面符合《钢结构设计标准》GB 50017—2017 要求，是可行方案之一。

15.7 压弯构件的连接和柱脚设计

15.7.1 框架柱的连接

1. 框架梁与柱的连接

框架结构中，框架梁与柱的连接通常采用柱贯通型，很少采用梁贯通型。梁与柱的连接节点多数情况下采用刚接，而较少采用铰接。

铰接节点只传递剪力，不传递或很少传递弯矩。如图 15-20 所示为铰接图示和实际照片，剪力通过腹板螺栓传递，翼缘板不连接，节点处可以有微小转动，故不能传递弯矩。铰接连接时，柱的弯矩由横向荷载或偏心压力产生。

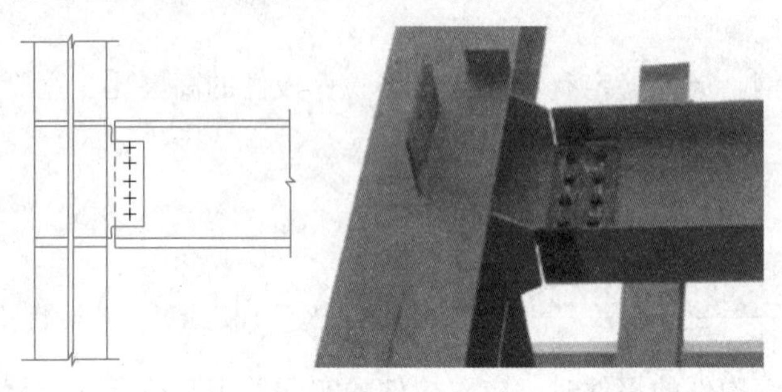

图 15-20　框架梁与柱的铰接连接

刚性连接不仅要求连接节点能可靠地传递剪力，而且能有效地传递弯矩。如图 15-21 所示为框架梁与柱翼缘的刚性连接的构造图。其中图 15-21（a）是通过翼缘连接焊缝将弯矩全部传递给柱子，而剪力全部由腹板螺栓传递，这是一种栓焊混合连接；图 15-21（b）为梁采用高强度螺栓连接于预先焊接在柱上的牛腿（或悬臂段）形成的刚性连接，梁端的弯矩和剪力通过牛腿的焊缝传给框架柱，而高强度螺栓则传递梁与牛腿连接处的弯矩和剪力。

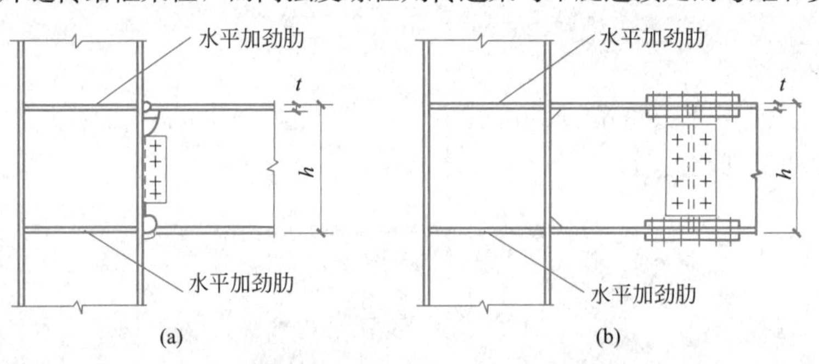

图 15-21　框架梁与柱翼缘的刚性连接

梁上翼缘的连接范围内，柱的翼缘可能在水平拉力作用下向外弯曲致使连接焊缝受力不均匀；在梁下翼缘附近，柱腹板又可能因水平压力的作用而局部失稳。因此，需在对应于梁的上、下翼缘处设置柱的水平加劲肋或横隔。

2. 框架柱的连接

多层框架结构，可将二层或三层柱划分为一个安装单元，工地拼接设在横梁顶面以上 1.0～1.3m 处。拼接可用坡口焊缝或高强度螺栓（加拼接板）连接，或在翼缘用焊缝、腹板用高强度螺栓连接。为了保证拼接质量和施工安全，应设置安装耳板临时固定，如图 15-22（a）、（b）所示，而图 15-22（c）为施工现场。单层厂房框架柱长度较大时也应设拼接。框架柱拼接处一般按等强度计算。

15.7.2　框架柱的柱脚设计

1. 柱脚的类型和构造

柱脚的作用是将柱子所受的力可靠地传递给基础并和基础有牢固的连接，其构造取决

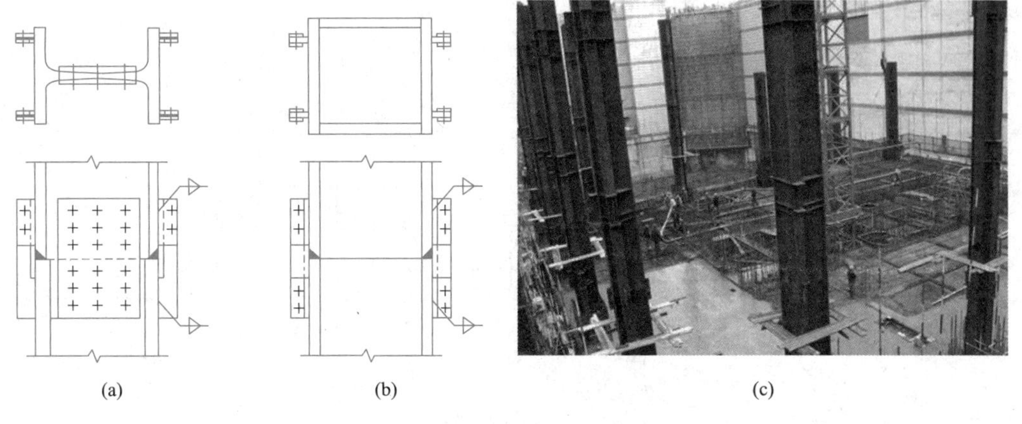

图 15-22　多层框架柱的拼接

于柱的截面形式及柱与基础的连接方式。柱与基础的连接方式有铰接和刚接两类，框架结构大多采用刚接连接。

刚接柱脚与混凝土基础的连接方式有外露式、外包式和埋入式三种。外露式柱脚构造简单，施工方便，费用低，宜优先采用；当荷载较大或层数较多时，也可采用外包式或埋入式柱脚。预埋入混凝土构件的埋入式柱脚的混凝土保护层厚度及外包式柱脚外包混凝土的厚度均不应小于 180mm。钢柱的埋入部分和外包部分均宜在柱翼缘上设置圆柱头焊钉（栓钉），其直径不得小于 16mm，水平及竖向中心距不得大于 200mm。埋入式柱脚在埋入部分的顶部应设置水平加劲肋或隔板。

根据截面形式和宽度不同，框架柱柱脚又可分为整体式和分离式两类，如图 15-23 和图 15-24 所示。实腹式柱及两分肢间距小于 1.5m 的格构式柱，通常采用整体式柱脚；分肢间距较大的格构式柱，如果采用整体式柱脚，将耗费较多钢材，因此多采用分离式柱脚。分离式柱脚中，每个分肢下的柱脚相当于一个轴心受力的铰接柱脚。

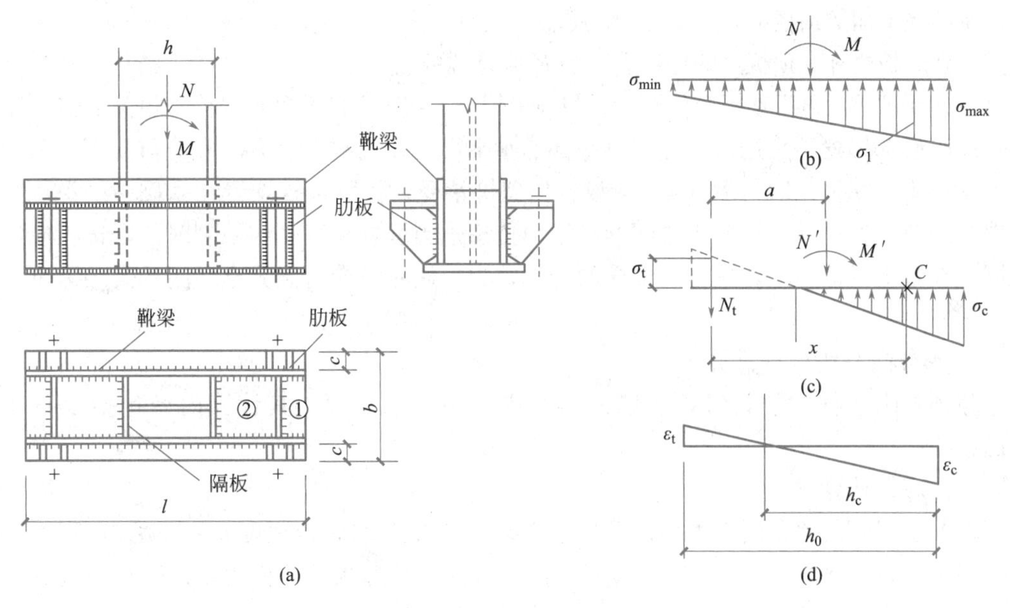

图 15-23　整体式刚接柱脚

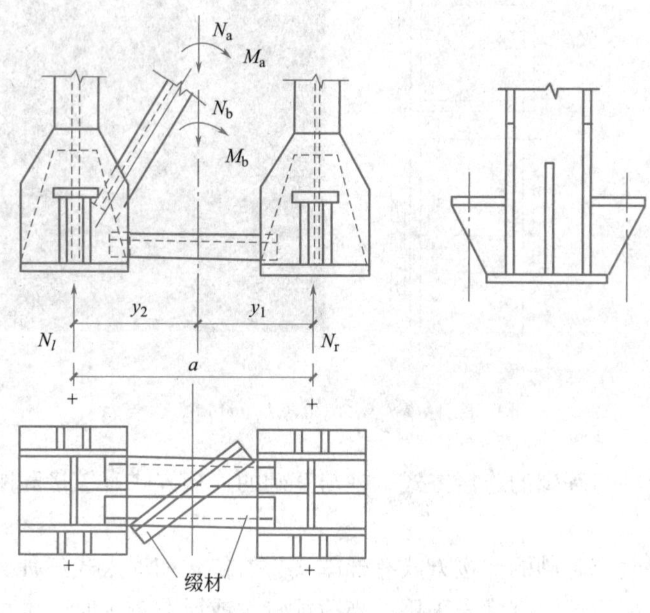

图 15-24　分离式刚接柱脚

为了加强分离式柱脚在运输和安装时的刚度，增强其整体性，宜设置缀材将两个柱脚连接起来。

刚性柱脚在轴心压力 N 和弯矩 M 作用下，底板对基础的压力分布是不均匀的。通常一部分受压，另一部分受拉，后者有使底板脱离基础的趋势。这就需要设置锚栓，它不仅起固定柱脚的作用，而且要承受拉力。锚栓的直径和数量应由计算确定。一般情况下，柱脚每边需各设置 2～4 个直径 30～75mm 的锚栓。

为了保证柱脚与基础的刚性连接，锚栓不应直接固定在底板上，宜固定在靴梁侧面焊接的两块肋板上面的顶板上，如图 15-23 所示。同时，为了方便安装，调整柱脚的位置，锚栓位置宜在底板之外，顶板上的锚栓孔的直径应是锚栓直径的 1.5～2.0 倍，待柱子就位并调整到设计要求后，再用垫板套住锚栓并与顶板焊牢，垫板上的孔径比锚栓直径大 1～2mm。

柱脚底部锚栓不宜用以承受柱脚底部的水平反力，此水平反力由底板与混凝土基础之间的摩擦力（摩擦系数可取 0.4）或设置抗剪键承受。柱脚锚栓埋置在基础中的深度，应使锚栓的拉力通过其和混凝土之间的黏结力传递。当埋置深度受到限制时，则锚栓应牢固地固定在锚板或锚梁上，以传递锚栓的全部拉力，此时锚栓与混凝土之间的黏结力可不予考虑。

2. 整体式柱脚设计计算

整体式刚接柱脚的计算，应以最不利内力组合来计算，其计算内容包括以下几个方面：

（1）底板计算

根据柱截面尺寸、内力大小以及构造要求，初步选取底板宽度 b、长度 l，宽度方向的外伸长度 c 一般取 20～30mm。按材料力学公式计算底板下压应力，以底板对混凝土基础的最大压应力不超过混凝土的抗压强度设计值为控制条件：

$$\sigma_{max}=\frac{N}{bl}+\frac{6M}{bl^2}\leqslant f_c \tag{15-68}$$

如果不能满足上式条件，则说明初选的宽度 b 和长度 l 不合适，应作适当修改（增大），重新计算，直到满足为止。另一侧边缘的压应力为：

$$\sigma_{min}=\frac{N}{bl}-\frac{6M}{bl^2} \tag{15-69}$$

底板下压应力为梯形分布，如图 15-23（b）所示。底板的厚度，由该分布的压应力产生的弯矩确定，计算方法与轴心受压柱脚相同。底板厚度取值一般不小于 20mm。

（2）锚栓计算

当按式（15-69）计算的应力 σ_{min} 为负值时，说明是拉应力，此时需要设置锚栓。设计锚栓时，应按照产生最大拉应力的柱底内力 N'和 M'组合来考虑。此时一侧受拉，另一侧受压，按照平截面假定，应变分布如图 15-23（d）所示。由式（15-68）、式（15-69）计算边缘的最大压应力和最大拉应力，从而得到应力分布如图 15-23（c）所示。拉应力的合力完全由锚栓承受，由平衡条件 $\sum M_C(F)=0$，得到锚栓拉力：

$$N_t=\frac{M'-N'(x-a)}{x} \tag{15-70}$$

式中 a——锚栓至轴力 N'作用点的距离；

x——锚栓至基础受压区合力作用点的距离。

求得锚栓拉力后，假定锚栓个数 n，由锚栓的抗拉强度计算单个锚栓的有效截面面积：

$$A_e\geqslant\frac{N_t}{nf_t^a} \tag{15-71}$$

从而确定锚栓的直径。

（3）靴梁、隔板及其连接焊缝的计算

靴梁与柱身的连接焊缝，应按可能产生的最大内力 N_1 计算，并以此焊缝所需要的长度来确定靴梁的高度。内力 N_1 为：

$$N_1=\frac{N}{2}+\frac{M}{h} \tag{15-72}$$

靴梁按支承于柱边缘的悬臂梁来验算其截面强度。靴梁悬伸部分与底板间的连接焊缝共有四条，应按整个底板宽度下的最大基础反力计算。

隔板的计算同轴心受力柱脚，它所承受的基础反力应取该计算段内的最大值计算。

肋板顶部的水平焊缝以及肋板与靴梁的连接焊缝应根据每个锚栓的拉力来计算。锚栓支承垫板的厚度根据其抗弯强度计算。

3. 分离式柱脚设计计算

对于分离式柱脚，先计算每个分肢可能产生的最大压力，然后将每个分肢柱脚按承受轴心压力的柱脚来设计。但锚栓应由计算确定，每个柱脚的锚栓应按各自的最不利组合内力换算成的最大拉力计算。分离式柱脚的两个独立柱脚所承受的最大压力分别为：

右肢：

$$N_r=\frac{N_a y_2}{a}+\frac{M_a}{a} \tag{15-73}$$

左肢：

$$N_l=\frac{N_b y_1}{a}+\frac{M_b}{a} \tag{15-74}$$

式中　N_a、M_a——使右肢受力最不利的组合内力；

N_b、M_b——使左肢受力最不利的组合内力；

y_1、y_2——分别为右肢及左肢至柱轴线的距离；

a——柱截面宽度（两分肢轴线距离）。

思　考　题

15-1　拉弯构件和压弯构件的刚度计算参数是什么，刚度条件如何验算？

15-2　钢结构压弯构件的截面形式有哪些？

15-3　弯矩绕实轴作用和绕虚轴作用的格构式压弯构件，设计计算有什么不同？

练　习　题

15-1　如图 15-25 所示的拉弯构件，截面为 20a 号热轧工字钢，承受轴心拉力设计值 $N=540\text{kN}$，两端铰接，在跨中 1/3 处作用有集中荷载（设计值）F，钢材为 Q235。试求该构件能承受的最大横向荷载 F。

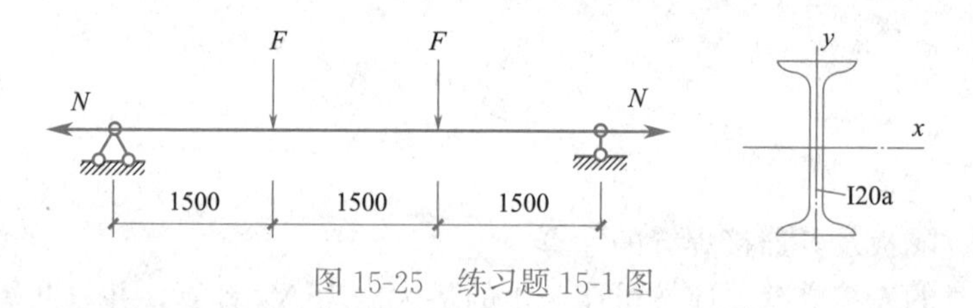

图 15-25　练习题 15-1 图

15-2　有一高度为 4.0m 的压弯构件，截面选择 HN450×200×9×14，两端铰接，材料采用 Q235 钢，承受的轴心力设计值 $N=500\text{kN}$，弯矩设计值 $M_x=80\text{kN}\cdot\text{m}$。试验算该构件的强度、刚度和稳定性。

15-3　某天窗架中有一根杆件采用不等边角钢长肢相拼截面（设肢间距 10mm），如图 15-26 所示。两端铰接，长度为 3.5m，轴心压力设计值 $N=165\text{kN}$，横向均布可变荷载设计值 $q=10\text{kN/m}$，永久荷载仅构件自重。材料为 Q235 钢，试选择角钢型号。

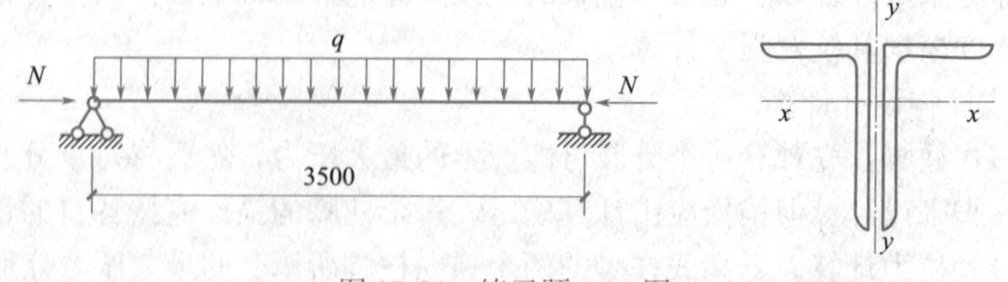

图 15-26　练习题 15-3 图

15-4　用热轧工字钢 36a 号制作的两端铰接柱，长 10m，轴心压力设计值 650kN，在腹板平面内承受横向均布荷载设计值为 6.2kN/m，材料采用 Q235。试问该柱在弯矩作用平面内的稳定有无保证？为了保证弯矩作用平面外的稳定性，需要设置几个侧向中间支承点？

15-5　某厂房柱的下柱截面和缀条布置如图 15-27 所示，屋盖肢采用[28a，吊车肢采用工 28b，柱外缘到吊车肢中心的距离为 800mm。柱在弯矩作用平面内的计算长度为 $l_{0x}=16.8$m，弯矩作用平面外的计算长度为 $l_{0y}=8$m。缀条采用L 63×4，斜缀条与垂直方向的夹角为 45°。柱承受的内力设计值为：轴心压力 $N=650$kN，正弯矩 $M_x=480$kN·m（使吊车肢受压），负弯矩 $M_x'=290$kN·m（使屋盖肢受压），剪力 $V=62$kN。试对该柱进行验算。

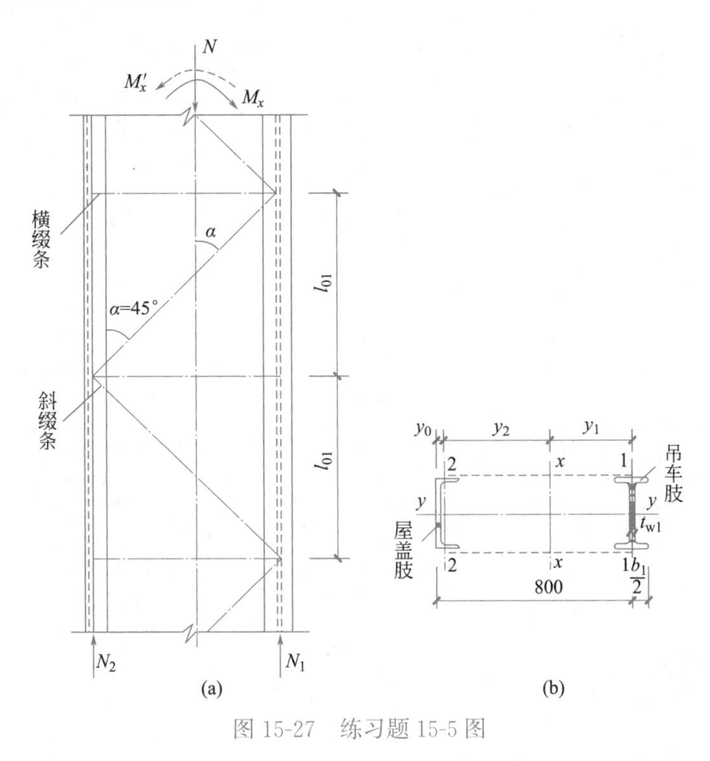

图 15-27　练习题 15-5 图

第4篇

钢-混凝土组合结构

第16章　钢-混凝土组合结构概述

导读：钢-混凝土组合结构结合了钢和混凝土的特点，相比普通混凝土结构具有更优异的工作性能，其构件设计也具有不同的理论方法。本章内容为钢-混凝土组合结构发展、分类及特点的概述，通过学习要求：(1) 了解钢-混凝土组合结构的历史与发展；(2) 了解压型钢板混凝土组合板、钢-混凝土组合梁、型钢混凝土及钢管混凝土等典型组合结构的截面形式；(3) 理解典型组合结构产生组合效应的原理，掌握组合结构的特征。

16.1　钢-混凝土组合结构的发展

土本工程中较常使用的承重材料有混凝土、钢材、砌体、木材等，它们中的两种或者两种以上组合在一起，形成的能共同受力、协调变形的结构或构件，称为组合结构或组合结构构件。

组合结构概念最早于1894年由美国工程界提出，当时出于防火的需要在钢梁外面包混凝土，但并未考虑混凝土与钢的共同受力。具有现代组合结构意义的钢-混凝土组合梁出现于20世纪20年代，并在30年代中期出现了钢梁和混凝土翼板之间的多种抗剪连接构造方法。1908年美国首先对外包混凝土的钢柱进行了试验，证明了混凝土的存在有效提高了柱的承载力。20世纪60年代以后，继钢管结构得到应用后不久，出现了在钢管内填充混凝土的钢管混凝土结构。随着压型钢板、玻璃、FRP等新型材料以及高强度合金、高性能混凝土的开发应用，组合结构的类型也在不断扩大。

随着组合结构的推广应用，部分国家也制订了多部有关组合结构的设计规范。1944年，美国AASHTO规范首次列入了有关组合梁的设计条文。美国AISC、加拿大建筑设计规范、德国DIN1078分别在1952年、1953年和1954年首次列入有关组合梁的设计条文。1981年由欧洲国际混凝土委员会（CEB）、欧洲钢结构协会（ECCS）、国际预应力联合会（FIP）以及国际桥梁与结构工程协会（IABSE）共同组成的组合结构委员会颁布了组合结构规范。以该规范为基础进行修订和补充，欧洲标准委员会（CEN）于1994年颁布了EC4，这是目前世界上关于钢-混凝土组合结构最完整的一部设计规范，为组合结构的研究和应用作了比较全面的总结，并指出了今后的发展方向。

我国在1974年颁布的《公路桥涵设计规范（试行）》第5章中首次提到了组合梁的设计概念，并于1986年颁布的《公路桥涵钢结构及木结构设计规范》JTJ 025—86中对有关组合梁的内容进行了补充。1988年，我国《钢结构设计规范》GBJ 17—88首次列入了一章“钢与混凝土组合梁”的内容，标志着钢混凝土组合梁在我国的应用开始受到广泛的重视。随后，《钢-混凝土组合楼盖结构设计与施工规程》YBJ 9238—92、《钢管混凝土结构设计与施工规程》CECS 28—90、《钢骨混凝土结构设计规程》YB 9082—97、《钢-混凝土组合结构设计规程》DL/T 5085—99、《型钢混凝土组合结构技术规程》JGJ 138—2001等一系列规程的颁布对促进组合结构在我国的发展起到了重要作用。2003年颁布实施的《钢结构设计规范》GB 50017—2003 中有关组合梁一章的内容，在原规范基础上得到了进一步的充实和拓宽，增加了叠合板组合梁、连续组合梁等设计内容。2016 年颁布实施的《组合结构设计规范》JGJ 138—2016 在《型钢混凝土组合结构技术规程》JGJ 138—2001 基础上进行了系统性修订，内容涵盖型钢混凝土、钢管混凝土、钢混凝土组合梁、组合楼板等组合结构形式。2021 年颁布实施了《组合结构通用规范》GB 55004—2021，针对组合结构材料、结构体系设计、组合构件设计、施工及验收、维护与拆除等进行了规定。

16.2 钢-混凝土组合结构的构件分类

钢-混凝土组合结构的构件依据构件形式和材料进行分类，一般包括钢-混凝土组合梁、钢-混凝土组合楼板、钢管混凝土构件、型钢混凝土构件、钢-混凝土组合剪力墙、钢-混凝土组合桥面系、木材组合结构构件、复合材料组合构件等，受限于篇幅，本教材主要介绍其中的钢-混凝土组合结构构件。

16.2.1 钢-混凝土组合梁

钢-混凝土组合梁是指混凝土翼板与钢梁通过抗剪连接件组合而成能整体受力的梁，其基本结构形式如图 16-1 所示。

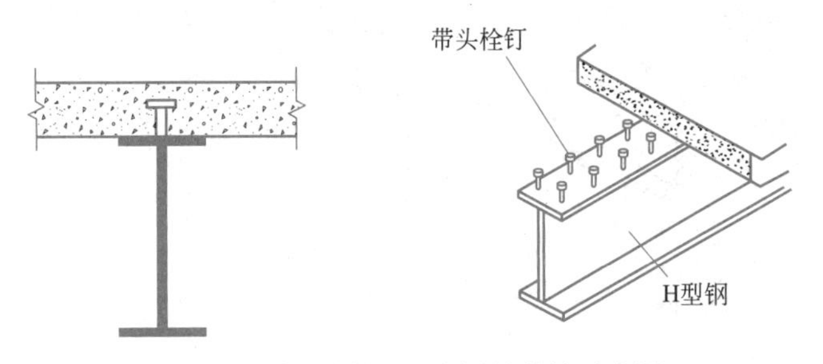

图 16-1 钢-混凝土组合梁的结构示意图

钢-混凝土组合梁优点包括：充分发挥了钢和混凝土各自的材料特性，与钢结构相比，节约钢材 20%～40%，与钢筋混凝土梁相比，减小了截面高度，减轻了自重，且节约混凝土；组合梁截面的混凝土上翼缘增强了组合梁的侧向刚度，有利于防止钢梁的扭曲失稳；组合梁提高了抗剪性能，增强了耗能能力，具有良好的抗震性能。钢-混凝土组合梁的不足包括：组合梁的钢结构部分的耐火性能差，需要涂耐火的涂料来提高钢梁的耐火性。

16.2.2 钢-混凝土组合楼板

压型钢板上现浇混凝土组成压型钢板与混凝土共同承受荷载的楼板，其基本结构形式如图 16-2 所示。

钢-混凝土组合楼板优点包括：压型钢板作为混凝土楼板的永久模板，取消了现浇混凝土所需的模板与支撑系统，加快了施工进度；压型钢板起到组合板中受拉钢筋的作用，且压型钢板自重轻，除了降低楼板自重外，还可以减小作用在梁、柱上的荷载效应，有利于控制结构构件截面尺寸。钢-混凝土组合梁的不足包括：压型钢板作为组合楼板的受力钢筋，抗火性能较差，需要在板底涂防火涂料。

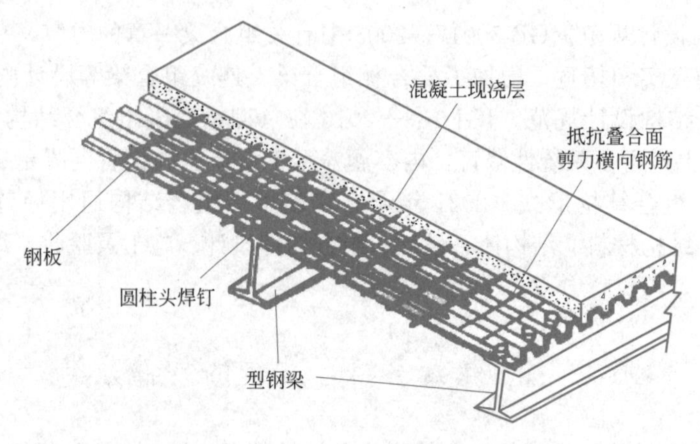

图 16-2　钢-混凝土组合楼板的结构示意图

16.2.3　钢管混凝土构件

圆形或矩形钢管内填混凝土形成钢管与混凝土共同受力的结构构件，其基本结构形式如图 16-3 所示。

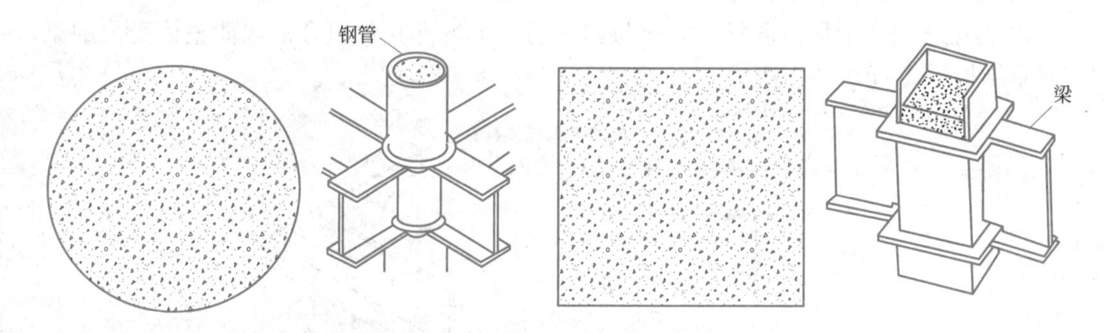

图 16-3　圆形或矩形钢管混凝土构件的结构示意图

钢管混凝土构件优点包括：钢管混凝土构件受压时，外侧钢管起到紧箍效应，使得核心混凝土强度大大提高，钢管也降低了失稳或屈曲可能性，构件抗压承载力显著提高；混凝土在钢管约束下改善了其变形性能，破坏时可产生很大的塑性变形，构件塑性和结构韧性显著提高；与钢结构相比，可节约钢材 50%左右。

16.2.4　型钢混凝土构件

钢筋混凝土截面内配置型钢的结构构件，可包括型钢混凝土柱和型钢混凝土梁，其基本结构形式如图 16-4 所示。

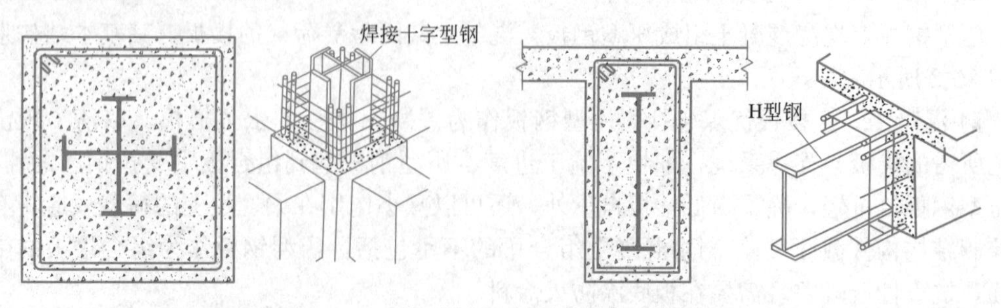

图 16-4　型钢混凝土构件的结构示意图

型钢混凝土构件优点包括：包裹在型钢外的钢筋混凝土，提高构件的耐火性能；型钢混凝土构件的型钢在混凝土尚未浇筑之前即已形成钢架，可用作施工模板支架和操作平台；相比钢筋混凝土构件，型钢混凝土构件具有更高承载力，有利于控制构件的截面尺寸；由于构件中型钢的作用，型钢混凝土组合结构的延性远高于钢筋混凝土结构。

16.3 组合作用的基本原理

组合结构构件中各部件之间的协同工作与构件类型相关，本教材以钢-混凝土组合梁、钢-混凝土组合楼板、钢管混凝土构件、型钢混凝土构件为例介绍其组合作用的基本原理。

16.3.1 钢-混凝土组合梁

如果在钢梁和混凝土板两者交界面处没有连接构造措施，在弯矩作用下，混凝土板截面和钢梁截面的弯曲变形相互独立。如果忽略交界面处的摩擦力，两者之间将发生滑移错动，此时构件受弯承载力为混凝土板受弯承载力和钢梁受弯承载力之和。

如果在钢梁上翼缘和混凝土板之间设置足够的抗剪连接件，限制弯矩作用下混凝土板与钢梁之间的滑移，达到变形协调的效果时该梁称为组合梁。在荷载作用下，组合梁有且仅有一个中和轴，混凝土板主要承受压力，钢梁主要承受拉力，组合梁的受弯承载力和刚度较不设抗剪件的梁相比显著提高，如图 16-5 所示。

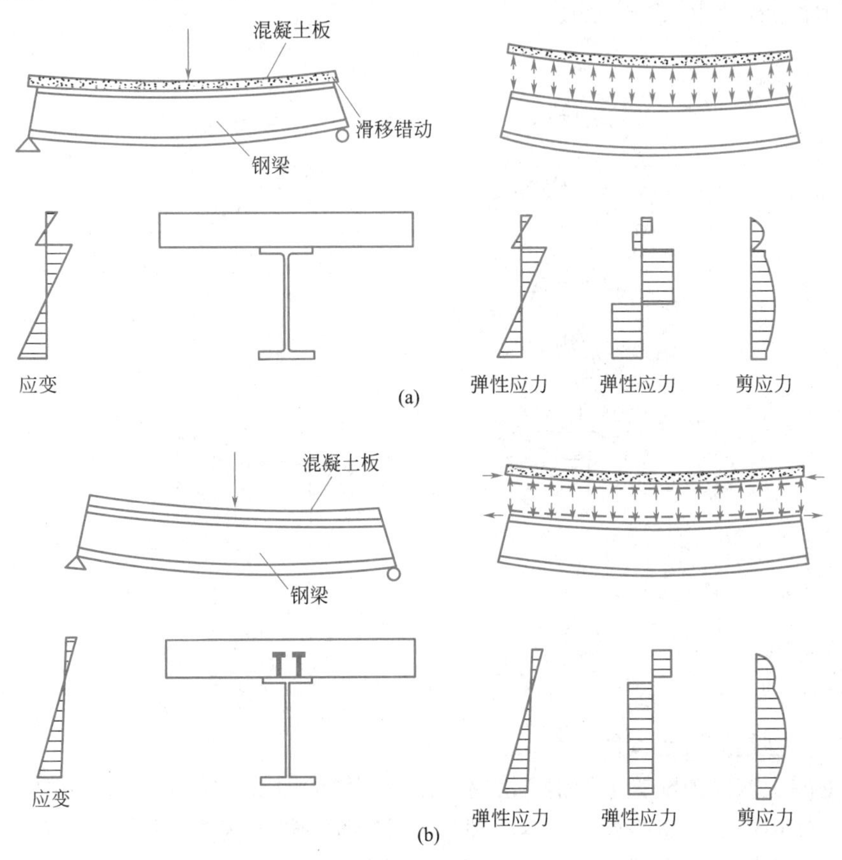

图 16-5 组合梁组合作用的基本原理

16.3.2 钢-混凝土组合楼板

按压型钢板在组合楼板中的作用，将压型钢板组合楼板分为以下三类。

以压型钢板作为永久性模板的组合楼板：压型钢板在楼层施工阶段承受自重及湿混凝土和施工荷载，待混凝土结硬后全部使用荷载由混凝土板承受，压型钢板仅作为永久性模板留在组合楼板中。

以压型钢板作为主要承载构件的组合楼板：混凝土在组合板中仅起分布荷载的作用，压型钢板承受全部荷载作用。

考虑压型钢板与混凝土组合效应的组合楼板：在楼层施工阶段，压型钢板起模板的作用，待混凝土结硬后，使压型钢板与混凝土形成整体，其叠合面能够承受和传递纵向剪力，压型钢板起受拉钢筋或部分受拉钢筋的作用，与混凝土共同承受荷载作用。

其中，前两类组合楼板在设计中未涉及两种不同材料的组合效应，依据它们承受外荷载的条件，参考混凝土结构或钢结构的相关规范进行设计。第三类按照组合楼板设计，其组合效应通过叠合面之间采用适当的连接形成。

16.3.3 钢管混凝土构件

钢管约束了核心区混凝土的纵向变形使得混凝土处于三向受压的应力状态，同时核心混凝土延缓或避免钢管过早地发生局部屈曲，从而使得钢管混凝土承载能力超过钢管和核心混凝土单独承载力之和。钢管混凝土的组合作用主要是两种材料相互协助，提高了材料强度和变形性能，如图 16-6 所示。

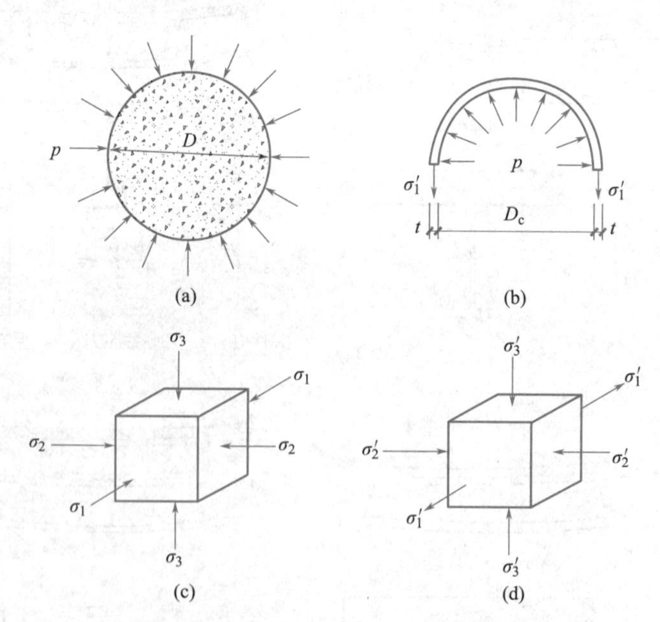

图 16-6 钢管混凝土组合作用的基本原理

16.3.4 型钢混凝土构件

型钢混凝土构件为配置了型钢、混凝土以及钢筋的混凝土构件，其承载能力极限状态设计与正常使用极限状态验算的基本原理与普通钢筋混凝土构件类似，其受荷过程中同样满足平截面假定、不考虑混凝土抗拉强度、材料本构关系等基本假定。

第 17 章 压型钢板-混凝土组合板

导读：本章内容为压型钢板-混凝土组合板的设计，主要针对施工阶段及使用阶段构件进行承载力计算与使用性能验算，要求：(1) 理解压型钢板-混凝土组合板基本概念、截面组成，了解其构造要求，掌握压型钢板截面特征的计算方法；(2) 理解压型钢板-混凝土组合板施工阶段的工作机理，了解施工阶段承载力及变形的计算方法；(3) 理解压型钢板-混凝土组合板使用阶段的工作机理，掌握使用阶段的承载力、挠度及裂缝宽度的计算方法。

17.1 截面形式及构造要求

17.1.1 常见结构形式

压型钢板组合楼板是以铺设在钢梁上的压型钢板作为施工工作平台、永久性模板和受力部件，并将混凝土板和波纹状的压型钢板以及钢梁三者通过剪力连接件相连接，构造形式如图 17-1 所示。

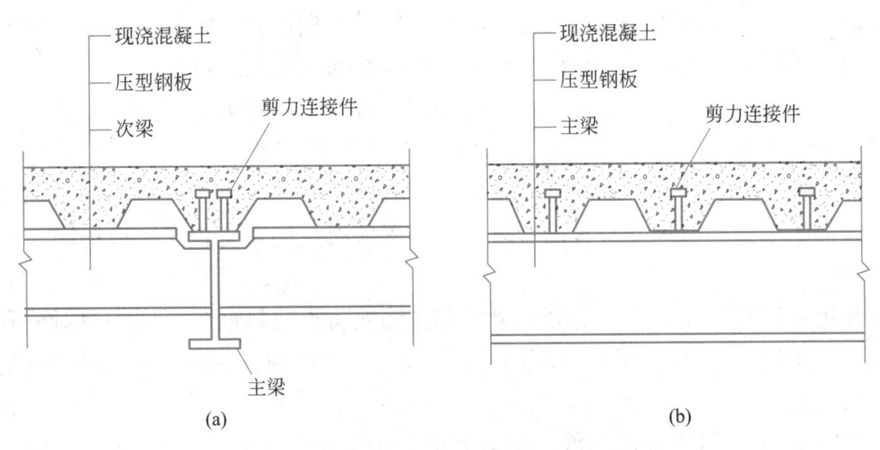

图 17-1 压型钢板组合楼板的结构形式

(a) 压型钢板板肋平行于主梁；(b) 压型钢板板肋垂直于主梁

压型钢板与混凝土之间的组合效应，是依靠叠合面之间适当的连接方式形成的，可以通过压型钢板的截面形状，以及在表面、端部上相应的构造处理来实现。常见压型钢板形式包括开口型压型钢板、缩口型压型钢板以及闭口型压型钢板，如图 17-2 所示。

17.1.2 一般构造要求

1. 压型钢板材料

压型钢板应选用热浸镀锌钢板，应根据腐蚀环境选择镀锌量，可选择两面镀锌量为 $275g/m^2$ 的基板。组合楼板不宜采用钢板表面无压痕的光面开口型压型钢板，且基板净厚度不应小于 0.75mm。作为永久模板使用的压型钢板基板的净厚度不宜小

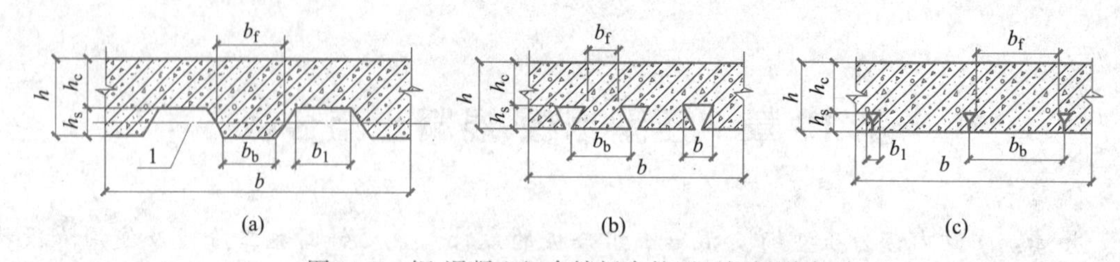

图 17-2 钢-混凝土组合楼板中的压型钢板形式

(a) 开口型压型钢板；(b) 缩口型压型钢板；(c) 闭口型压型钢板

于 0.5mm。

压型钢板浇筑混凝土面的槽口宽度，开口型压型钢板凹槽重心轴处宽度（b_f）、缩口型压型钢板和闭口型压型钢板槽口最小浇筑宽度（b_f）不应小于 50mm。当槽内放置栓钉时，压型钢板总高（h_s，包括压痕）不宜大于 80mm（图 17-2）。

2. 混凝土材料

混凝土强度等级不小于 C20，一般为 C30～C40。

3. 板厚

组合楼板总厚度 h 不应小于 90mm，压型钢板肋顶部以上混凝土厚度 h_c 不应小于 50mm。

4. 配筋

组合楼板正截面承载力不足时，可在板底沿顺肋方向配置纵向抗拉钢筋，钢筋保护层净厚度不应小于 15mm，板底纵向钢筋与上部纵向钢筋间应设置拉筋。

组合楼板在有较大集中（线）荷载作用部位应设置横向钢筋，其截面面积不应小于压型钢板肋以上混凝土截面面积的 0.2%，延伸宽度不应小于集中（线）荷载分布的有效宽度。钢筋间距不宜大于 150mm，直径不宜小于 6mm。

组合楼板支座处构造钢筋及板面温度钢筋配置应符合混凝土板的构造规定。

5. 支承

组合楼板可以支承在钢梁、混凝土梁、砌体墙或剪力墙侧面，不同支撑对象具有不同构造要求，可查询《组合结构设计规范》JGJ 138—2016 进行选择。此处列举钢梁和混凝土梁支承的情况。

如图 17-3 所示，组合楼板支承于钢梁上时，其支承长度对边梁不应小于 75mm；对中间梁，当压型钢板不连续时不应小于 50mm；当压型钢板连续时不应小于 75mm。

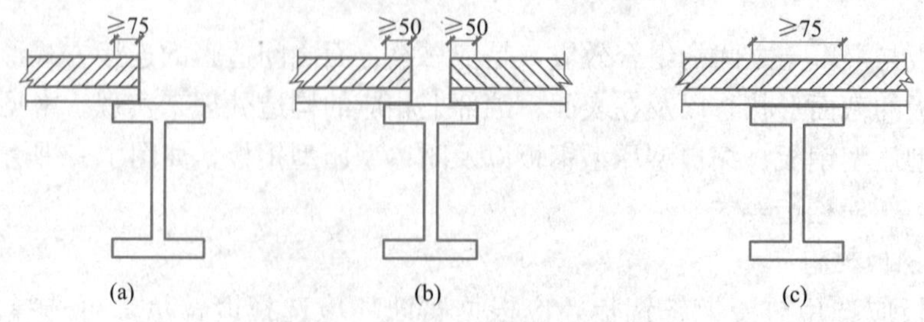

图 17-3 组合楼板支承在钢梁上

(a) 边梁；(b) 中间梁，压型钢板不连续；(c) 中间梁，压型钢板连续如图 17-4 所示，组合楼板支承于混凝土梁上时，应在混凝土梁上按规范设置预埋件，组合楼板在混凝土梁上的支承长度，对边梁不应小于 100mm；对中间梁，当压型钢板不连续时不应小于 75mm；当压型钢板连续时不应小于 100mm。

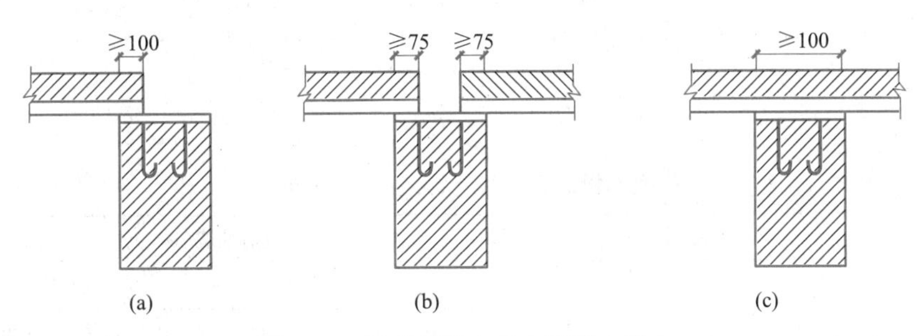

图 17-4 组合楼板支承在混凝土梁上

（a）边梁；（b）中间梁，压型钢板不连续；（c）中间梁，压型钢板连续

17.1.3 压型钢板计算参数

压型钢板由薄钢板压制成波状，使截面刚度较平钢板显著提高。为增大截面刚度并提高与混凝土的黏结作用，经常在翼缘上进一步压制槽纹。在荷载作用下，压型钢板翼缘上的纵向应力并非均匀分布，在腹板与翼缘交接处的应力最大，距腹板越远应力越小，如图 17-5 所示。实际设计时通常定义压型钢板受压翼缘的有效宽度，假设在有效宽度之内的纵向应力均匀分布，而忽略有效宽度之外的钢板。

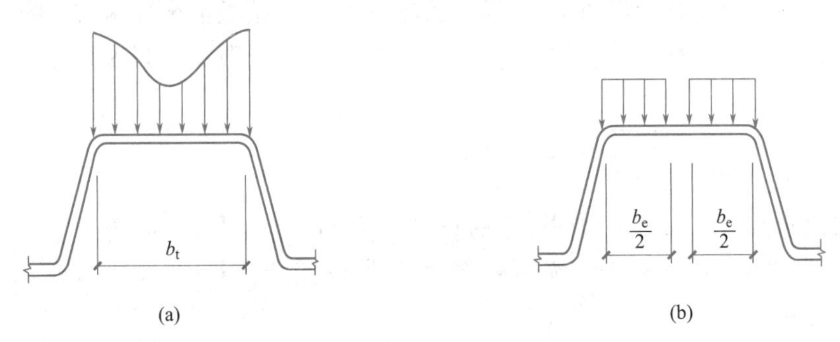

图 17-5 压型钢板翼缘的应力分布

（a）实际应力分布；（b）有效宽度上简化应力分布

图 17-5 中，b_t 为压型钢板受压翼缘在相邻支承点（腹板或纵向加劲肋）之间的实际宽度，b_e 为受压翼缘的有效计算宽度，通常情况下取 50 倍的翼缘板厚度（即 $b_e = 50t$ ）。如上述值小于压型钢板受压翼缘的实际宽度，则可依据《冷弯薄壁型钢结构技术规范》GB 50018—2002 计算有效翼缘宽度。

计算截面惯性矩等截面特征参数时，只考虑有效宽度范围内的受压区钢板，而板件的受拉部分则全部有效。按照规范要求计算有效截面比较复杂，商品化的压型钢板通常均提供有完整的设计参数，这些参数考虑了压型钢板有效宽度的影响。如我国 YX-70-200-600 型的压型钢板，其板型和截面参数如图 17-6 和表 17-1 所示。

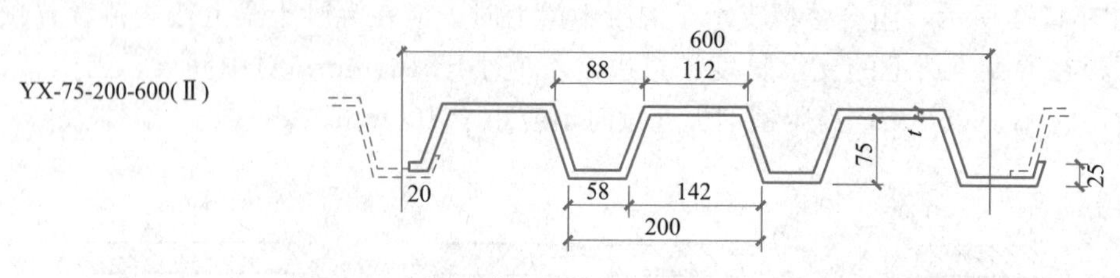

图 17-6　压型钢板板型（YX-70-200-600 型）

压型钢板截面参数（YX-70-200-600 型）　　　　表 17-1

板型	板厚(mm)	重量(kg/m)		截面性能(1m 宽)			
				全截面		有效宽度	
		镀锌	未镀锌	惯性矩 I_c (cm^4/m)	截面系数 W_c (cm^3/m)	惯性矩 I_{ac} (cm^4/m)	截面系数 W_{ac} (cm^3/m)
YX-75-200-600(Ⅱ)	1.2	15.6	16.3	169	38.7	137	35.9
	1.6	20.7	21.3	220	50.7	200	48.9
	2.3	29.5	30.2	309	70.6	309	70.6

17.2　施工阶段承载力及变形计算

在施工阶段，压型钢板作为浇筑混凝土的模板，承担楼板上全部永久荷载（压型钢板自重和湿混凝土重量）和施工荷载。此时，按照钢结构理论对压型钢板进行承载力和挠度验算。

17.2.1　荷载效应计算原则

1. 施工阶段的荷载

该阶段的永久荷载包括压型钢板、钢筋和混凝土自重；可变荷载包括施工荷载和附加荷载，以工地实际荷载为依据，如没有实测数据或实测值小于 $1.0kN/m^2$ 时取不小于 $1.0kN/m^2$ 的值。

2. 荷载效应组合

压型钢板按承载能力极限状态设计时，其荷载效应组合按下式确定：

$$S_d = 1.3S_s + 1.5S_c + 1.5S_q \tag{17-1}$$

式中，S_d 为荷载效应基本组合值；S_s 为压型钢板、钢筋自重产生的荷载效应；S_c 为混凝土自重产生的荷载效应，因为混凝土尚未硬化形成强度，因此分项系数选用 1.5；S_q 为可变荷载产生的荷载效应。

压型钢板按正常使用极限状态验算时，其荷载效应组合按下式确定：

$$S_k = S_{Gk} + S_{Qk} \tag{17-2}$$

式中，S_k 为荷载效应标准组合值；S_{Gk} 和 S_{Qk} 分别为施工阶段永久荷载和可变荷载的效应标准值。

3. 施工阶段验算原则

施工阶段的承载力及变形计算时，认为压型钢板和临时支承承受施工时的全部荷载，不考虑混凝土承载作用，且压型钢板按照弹性方法进行计算；压型钢板的计算简图应按实际支承跨数及跨度尺寸确定，但考虑到实际施工时的不利情况，一般按简支单跨板或两跨连续板进行验算；如验算过程中出现压型钢板承载能力或挠度不能满足要求时，可通过适当调整组合楼板跨度、压型钢板厚度或加设临时支撑等办法解决。

17.2.2 承载力验算

压型钢板组合楼板施工阶段承载力应满足以下要求：

$$\gamma_0 M \leqslant f_a W_{ac} \tag{17-3}$$

式中，γ_0 为结构重要性系数，施工阶段验算时取 0.9；M 为计算宽度内压型钢板弯矩设计值；f_a 为压型钢板抗拉强度设计值；W_{ac} 为计算宽度内压型钢板有效截面抵抗矩。

17.2.3 变形验算

在施工阶段，混凝土强度和压型钢板尚未协同工作，变形计算中仅考虑压型钢板的抗弯刚度。均布荷载作用下压型钢板的挠度按下式计算为：

$$f=\alpha\frac{q_k l^4}{E_a I_a}\leqslant f_{min} \tag{17-4}$$

式中，q_k 为施工阶段作用在压型钢板计算宽度上的均布荷载标准值；E_a 为压型钢板的钢材弹性模量；I_a 为计算宽度内压型钢板的截面惯性矩，受压翼缘按有效计算宽度考虑；l 为压型钢板的计算跨度；α 为挠度系数，其中简支板 α 取 5/384，两跨连续板 α 取 1/185；f_{min} 为允许挠度限制，取 $l/180$ 及 20mm 中的较小值。

17.2.4 例题

【例题 17-1】某简支压型钢板-混凝土组合楼板，其计算宽度为 3000mm，镀锌压型钢板型号采用 YX-75-200-600（Ⅱ）型（如图 17-6 所示），厚度为 1.2mm，展开宽度为 1m，其自重标准值为 15.6kg/m，截面面积为 1200mm^2，全截面惯性矩为 1.69×10^6mm^4/m，全截面抵抗矩为 3.87×10^3mm^4/m，有效截面惯性矩为 1.37×10^6mm^4/m，有效截面抵抗矩为 3.59×10^4mm^3/m，其形心到顶面板件的距离为 34mm。压型钢板基材为 Q235 级钢，其设计强度为 205N/mm^2，弹性模量为 2.06×10^5N/mm^2。压型钢板顶面以上混凝土厚度为 75mm，楼板总厚度为 150mm，施工阶段活荷载标准值为 1.2kN/m^2。试对该组合楼板进行施工阶段的受弯承载力和挠度验算。

【解】

计算单元取压型钢板一个波宽（即 200mm），按顺肋方向的单向简支板计算强度和变形。

（1）施工阶段荷载及内力计算

施工阶段压型钢板作为浇筑混凝土的底模，不设置支撑，由钢板承担楼板自重和施工荷载，则：

混凝土板自重：$25\times\left[\left(\frac{0.058+0.088}{2}\right)\times0.075+0.2\times0.075\right]=0.512\text{kN/m}$

压型钢板自重：$15.6\times9.8\times\frac{0.2}{0.6}\times10^{-3}=0.051\text{kN/m}$

施工阶段活荷载：$1.2\times0.2=0.24\text{kN/m}$

压型钢板上作用的恒载标准值和设计值分别为：

$g_k=0.512+0.051=0.563\ \text{kN/m}$；$g=1.3\times0.051+1.5\times0.512=0.834\text{kN/m}$

压型钢板上作用的活荷载标准值和设计值分别为：

$$q_k = 0.24\text{kN/m}；q = 1.5 \times 0.24 = 0.36\text{kN/m}$$

1个波距宽度压型钢板上作用的弯矩设计值为：

$$M = \frac{1}{8}(g+q)l^2 = \frac{1}{8}(0.834+0.36)\times 3^2 = 1.34\text{kN}\cdot\text{m}$$

（2）受弯承载力计算

受压翼缘有效计算宽度：$b_e = 50t = 50 \times 1.2 = 60\text{mm} < 112\text{mm}$，故施工阶段承载力和变形计算应按有效截面计算。

一个波距内的钢板有效截面惯性矩：$I_{ac} = 0.2 \times 1.37 \times 10^6 = 27.4\text{mm}^4$

一个波距内的钢板有效截面抵抗矩：$W_a = 0.2 \times 3.59 \times 10^4 = 7.18 \times 10^3\text{mm}^3$

压型钢板受弯承载力：$f_a W_a = 205 \times 7.18 \times 10^3 = 1.47\text{kN}\cdot\text{m}$

$$> \gamma_0 M = 0.9 \times 1.34 = 0.804\ \text{kN}\cdot\text{m}$$

因此，该组合楼板施工阶段承载力满足要求。

（3）挠度验算

按照荷载短期效应组合验算该简支板的变形量，则荷载效应为：

$$p_k = g_k + q_k = 0.563 + 0.24 = 0.803\ \text{kN/m}$$

$$f = \alpha\frac{p_k l^4}{E_a I_{ac}} = \frac{5 \times 0.803 \times 3000^4}{384 \times 2.06 \times 10^5 \times 27.4 \times 10^5} = 15.0\text{mm}$$

挠度限值为 $l/180 = 3000/180 = 16.67\text{mm}$ 和 20mm 的较小者，取［f］为 16.67mm，说明挠度满足要求。

17.3 使用阶段承载力及变形计算

17.3.1 破坏形态

使用阶段时，压型钢板与混凝土共同受力，其破坏形态包括正截面弯曲破坏、斜截面剪切破坏、纵向剪切破坏以及较大集中荷载作用下的受冲切破坏。

1. 正截面弯曲破坏

首先在跨中出现多条竖向的弯曲裂缝，接着底部钢板屈服，受压区混凝土压碎，截面达到极限承载力。组合楼板弯曲破坏时，受拉区大部分压型钢板应力达到抗拉强度，受压区混凝土的应力达到轴心抗压强度。该破坏模式为组合楼板的理想破坏模式。

2. 压型钢板和混凝土界面破坏

混凝土与压型钢板的界面处抗剪黏结强度不足时，使得构件失去组合效应，发生交界面相对滑移以及垂直分离的破坏形态，也可观察到加载点位置压型钢板的局部压曲现象。该破坏模式也是组合板的常见破坏模式之一。

3. 斜截面纵向剪切破坏

当组合楼板的剪跨比较小且荷载较大时，在支座最大剪力处可能发生沿斜截面的剪切破坏。这种破坏模式在组合楼板中一般不常见。

4. 局部冲切破坏

组合楼板发生冲切破坏时，压型钢板发生局部受压屈曲以及压型钢板与混凝土发生竖向分离而导致组合楼板破坏等。

17.3.2 正截面受弯承载力计算

使用阶段组合楼板承受正弯矩和负弯矩作用，考虑压型钢板进入塑性变形阶段计算其正截面受弯承载力。

1. 基本假定

平截面假定：混凝土与压型钢板始终保持共同工作，截面应变符合平截面假定。

混凝土应力：承载力极限状态时，截面受压区混凝土的应力分布图形可以等效为矩形。

不考虑部分混凝土的贡献：忽略中和轴附近受拉混凝土的作用和压型钢板凹槽内混凝土的作用。

2. 正弯矩作用下的受弯承载力

组合楼板截面在正弯矩作用下，其截面应力分布如图 17-7 所示。

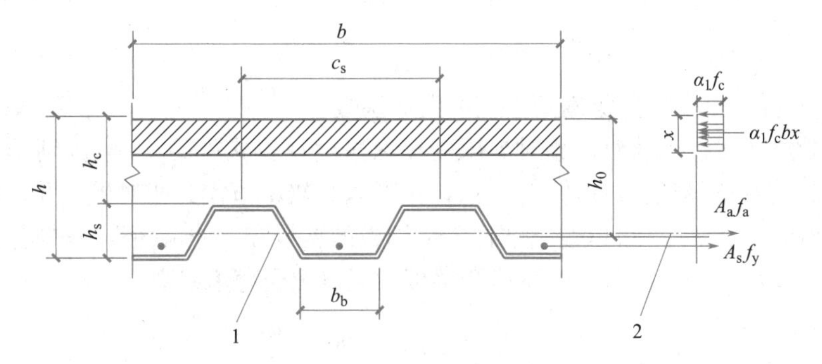

图 17-7 正弯矩下组合楼板受弯承载力计算简图

1—压型钢板重心轴；2—钢材（压型钢板与钢筋）合力点

根据截面的内力平衡条件，得：

$$\alpha_1 f_c bx = f_a A_a + f_y A_s \tag{17-5}$$

$$M \leqslant M_u = \alpha_1 f_c bx \left(h_0 - \frac{x}{2}\right) \tag{17-6}$$

由式（17-5）可得：

$$x = \frac{f_a A_a + f_y A_s}{\alpha_1 f_c b} \tag{17-7}$$

混凝土受压区高度 x 应同时符合下列条件：

$$x \leqslant h_c \text{ 且 } x \leqslant \xi_b h_0 \tag{17-8}$$

其中，相对界限受压区高区 ξ_b 应按下列公式计算：

有屈服强度钢材：

$$\xi_b = \frac{\beta_1}{1 + \dfrac{f_a}{E_a \varepsilon_{cu}}} \tag{17-9}$$

无屈服强度钢材：

$$\xi_b = \frac{\beta_1}{1 + \dfrac{0.002}{\varepsilon_{cu}} + \dfrac{f_a}{E_a \varepsilon_{cu}}} \tag{17-10}$$

式中　M——计算宽度内组合楼板的弯矩设计值；

M_u——组合楼板所能承担的极限弯矩；

b——组合楼板计算宽度，一般情况计算宽度可取 1m；

x——混凝土受压区高度；

A_a——计算宽度内压型钢板截面面积；

A_s——计算宽度内板受拉钢筋截面面积；

f_a——压型钢板抗拉强度设计值；

f_y——钢筋抗拉强度设计值；

f_c——混凝土抗压强度设计值；

h_0——组合楼板截面有效高度，取压型钢板及钢筋拉力合力点至混凝土受压区边的距离；

ε_{cu}——受压区混凝土极限压应变，取 0.0033；

ξ_b——相对界限受压区高度；

β_1——受压区混凝土应力图形影响系数；

α_1——混凝土受压区等效矩形应力图形系数。

当截面受拉区配置钢筋时，相对界限受压区高度计算式中的 f_a 应分别用于钢筋强度设计值 f_y 和压型钢板强度设计值 f_a 代入计算，取其较小值作为相对界限受压区高度 ξ_b。

如果求出的 $x > h_c$，可以重新选择压型钢板的型号和尺寸，使得 $x \leqslant h_c$；如无适合的压型钢板可以替代，可按下式验算组合楼板的正截面受弯承载力：

$$M \leqslant M_u = \alpha_1 f_c b h_c \left(h_0 - \frac{h_c}{2}\right) \tag{17-11}$$

3. 负弯矩作用下的受弯承载力

组合楼板在负弯矩作用下，可不考虑压型钢板受压，将组合楼板截面简化为等效 T 形截面，其截面应力分布如图 17-8 所示。

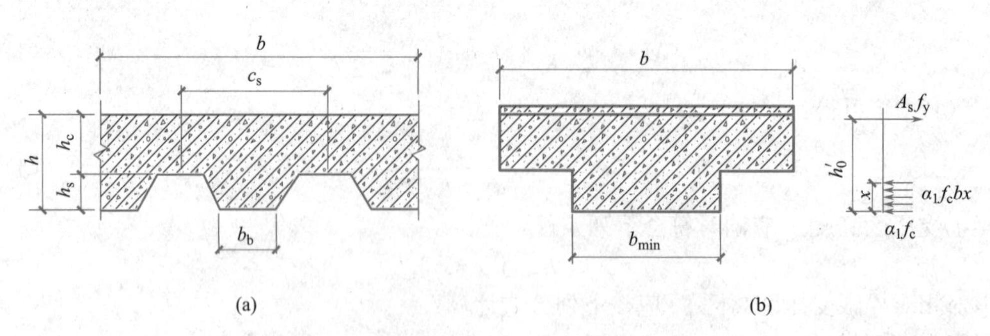

图 17-8　负弯矩下组合楼板受弯承载力计算简图

(a) 简化前组合楼板截面；(b) 简化后组合楼板截面

受弯承载力的计算公式为：

$$M \leqslant \alpha_1 f_c b_{min} x \left(h_0' - \frac{x}{2}\right) \tag{17-12}$$

$$\alpha_1 f_c x = f_y A_s \tag{17-13}$$

$$b_{min} = \frac{b}{C_s} b_b \tag{17-14}$$

式中 M——计算宽度内组合楼板的负弯矩设计值；

h'_0——负弯矩截面有效高度；

b_{min}——计算宽度内组合楼板换算腹板宽度；

b——组合楼板计算宽度；

C_s——压型钢板板肋中心线间距；

b_b——压型钢板单个波槽的最小宽度。

17.3.3 斜截面的受剪承载力计算

忽略压型钢板的抗剪作用，仅考虑混凝土部分的抗剪作用，则组合楼板的斜截面受剪承载力应符合下式：

$$V \leqslant 0.7 f_t b_{min} h_0 \tag{17-15}$$

式中 V——组合楼板最大剪力设计值；

f_t——混凝土轴心抗拉强度设计值；

b_{min}——计算宽度内组合楼板换算腹板宽度；

h_0——组合楼板截面有效高度。

17.3.4 纵向剪切黏结承载力计算

纵向剪切黏结设计是组合楼板设计最重要的部分之一。组合楼板纵向剪切黏结承载力与压型钢板截面面积、形状、表面加工情况、剪跨、连接件、混凝土强度等级等诸多因素有关。根据大量试验，压型钢板与混凝土间的纵向剪切黏结承载力应符合下式规定：

$$V \leqslant V_u = m \frac{A_a h_0}{1.25a} + k f_t b h_0 \tag{17-16}$$

式中 V——组合楼板最大剪力设计值；

V_u——组合楼板纵向剪切黏结承载力；

b——组合楼板计算宽度；

a——剪跨，均布荷载作用时取 $a = l_n/4$，l_n 为板净跨度，连续板可取反弯点之间的距离；

A_a——计算宽度内组合楼板截面压型钢板面积；

h_0——组合楼板截面有效高度；

m、k——剪切黏结系数，可查阅相关资料获取。

17.3.5 受冲切承载力计算

在局部集中荷载作用下，当荷载的作用范围较小，而荷载值很大、板较薄时容易发生冲切破坏。冲切破坏发生混凝土受拉破坏，破坏时形成45°斜面的冲切锥体，如图17-9所示。组合楼板受冲切验算时，忽略压型钢板槽内混凝土和压型钢板的作用，按板厚为 h_c 的钢筋混凝土板计算。

组合楼板的受冲切承载力可按下式计算

$$F_l \leqslant 0.7 f_t u_{cr} h_c \tag{17-17}$$

式中 F_l——局部集中荷载设计值；

f_t——混凝土轴心抗拉强度设计值；

h_c——组合楼板中压型钢板肋以上混凝土厚度；

u_{cr}——组合楼板冲切面的计算截面周长，按下式计算：

$$u_{cr}=2(a_c+b_c)+4h_c \tag{17-18}$$

式中，a_c 和 b_c 分别为集中荷载作用面的长和宽。

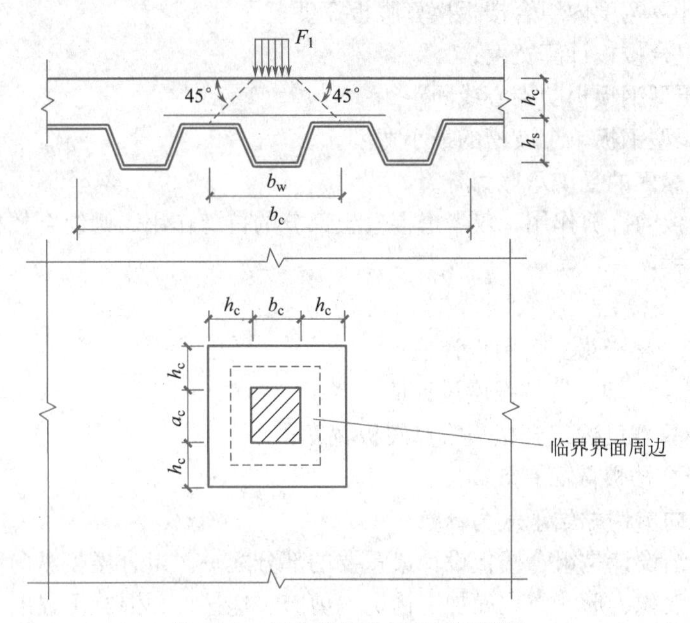

图 17-9　组合楼板冲切破坏计算图

17.3.6　例题

【例题 17-2】 如【例题 17-1】中的简支压型钢板-混凝土组合楼板，使用阶段水泥砂浆面层厚度为 30mm，混凝土强度等级为 C30，活荷载标准值为 2.0kN/m²。试对该组合楼板进行使用阶段的受弯承载力计算。

【解】

(1) 使用阶段荷载及内力计算（200mm 波宽范围）

混凝土板自重：0.512kN/m

压型钢板自重：0.051kN/m

水泥砂浆面层自重：$20\times0.03\times0.2=0.12$kN/m

楼面活荷载标准值：$2.0\times0.2=0.4$kN/m

压型钢板上作用的恒载标准值和设计值分别为：

$$g_k=0.512+0.051+0.12=0.683\text{kN/m}\text{；}g=1.3\times0.683=0.888\text{kN/m}$$

压型钢板上作用的活荷载标准值和设计值分别为：

$$q_k=0.4\text{kN/m}\text{；}q=1.5\times0.4=0.6\text{kN/m}$$

1 个波距宽度压型钢板上作用的弯矩设计值为：

$$M=\frac{1}{8}(g+q)l^2=\frac{1}{8}(0.888+0.6)\times3^2=1.674\text{kN}\cdot\text{m}$$

(2) 受弯承载力计算

一个波距内的压型钢板的截面面积为：

$$A_a = 1200 \times \frac{0.2}{0.6} = 400\text{mm}^2$$

计算受压区高度：

$$x = \frac{f_a A_a}{\alpha_1 f_c b} = \frac{205 \times 400}{1.0 \times 14.3 \times 200} = 28.7\text{mm}$$

$x < h_c = 75\text{mm}$，说明中和轴位于混凝土翼板内。

压型钢板的重心轴距混凝土翼板顶面的距离为：

$$h_0 = h_c + y_{cb} = 75 + 34 = 109\text{mm}$$

$$\xi_b = \frac{\beta_1}{1 + \frac{0.002}{\varepsilon_{cu}} + \frac{f_a}{E_a \varepsilon_{cu}}} = \frac{0.8}{1 + \frac{0.002}{0.0033} + \frac{205}{2.06 \times 10^5 \times 0.0033}} = 0.420$$

$x < \xi_b h_0 = 0.420 \times 109 = 45.78\text{mm}$。

则：

$$M_u = \alpha_1 f_c bx\left(h_0 - \frac{x}{2}\right) = 1.0 \times 14.3 \times 200 \times 28.7 \times \left(109 - \frac{28.7}{2}\right) = 7.77\text{kN} \cdot \text{m}$$

$M_u > M = 1.674\text{kN} \cdot \text{m}$，满足使用阶段的承载力要求。

17.4 使用阶段组合楼板的挠度及裂缝验算

17.4.1 刚度计算

组合楼板的挠度可采用弹性理论，按结构力学的方法计算。对于具有完全剪切连接的组合楼板，可按换算截面法进行。因为组合楼板是由钢和混凝土两种性能不同的材料组成的，为便于挠度的计算，可将其换算成同一种材料的构件，求出相应的截面刚度。具体方法为将截面上压型钢板的面积乘以压型钢板与混凝土弹性模量的比值 α_E 换算为混凝土截面，按图 17-10 计算换算截面惯性矩。换算截面惯性矩近似按开裂换算截面与未开裂换算截面惯性矩的平均值计算选取。

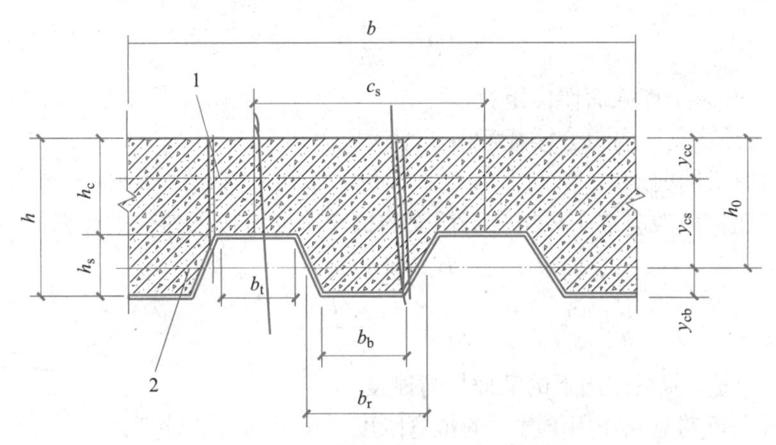

图 17-10 组合楼板截面刚度计算简图

1—中和轴；2—压型钢板重心轴

未开裂换算截面惯性矩，可按下列公式计算：

$$I_u^s = \frac{bh_c^3}{12} + bh_c(y_{cc} - 0.5h_c)^2 + \alpha_E I_a + \alpha_E A_a y_{cs}^2 + \frac{b_r bh_s}{C_s}\left[\frac{h_s^2}{12} + (h - y_{cc} - 0.5h_s)^2\right] \tag{17-19}$$

$$y_{cc} = \frac{0.5bh_c^2 + \alpha_E A_a h_0 + b_r h_s(h_0 - 0.5h_s)b/C_s}{bh_c + \alpha_E A_a + b_r h_s b/C_s} \tag{17-20}$$

$$\alpha_E = E_a/E_c \tag{17-21}$$

式中 I_u^s——未开裂换算截面惯性矩；

b——组合楼板计算宽度；

C_s——压型钢板板肋中心线间距；

b_r——开口板为槽口的平均宽度，缩口板、闭口板为槽口的最小宽度；

h_c——压型钢板肋以上混凝土厚度；

h_s——压型钢板的高度；

h_0——组合楼板截面有效高度；

y_{cc}——截面中和轴距混凝土顶边距离，若 $y_{cc} > h_c$， 取 $y_{cc} = h_c$ ；

y_{cs}——截面中和轴距压型钢板截面重心轴距离；

α_E——钢与混凝土的弹性模量比；

E_a——钢的弹性模量；

E_c——混凝土的弹性模量；

A_a——计算宽度内组合楼板中压型钢板的截面面积；

I_a——计算宽度内组合楼板中压型钢板的截面惯性矩。

开裂换算截面惯性矩，可按下列公式计算：

$$I_c^s = \frac{by_{cc}^3}{3} + \alpha_E A_a y_{cs}^2 + \alpha_E I_a \tag{17-22}$$

$$y_{cc} = [\sqrt{2\rho_a\alpha_E + (\rho_a\alpha_E)^2} - \rho_a\alpha_E]h_0 \tag{17-23}$$

$$y_{cs} = h_0 - y_{cc} \tag{17-24}$$

$$\rho_a = \frac{A_a}{bh_0} \tag{17-25}$$

式中 I_c^s——开裂换算截面惯性矩；

ρ_a——计算宽度内组合楼板截面压型钢板含钢率。

其余符号意义同前。

组合楼板在荷载效应准永久组合下截面的抗弯刚度可按下列公式计算：

$$B_s = E_c I_{eq}^s \tag{17-26}$$

$$I_{eq}^s = \frac{I_u^s + I_c^s}{2} \tag{17-27}$$

式中 B_s——短期荷载作用下的截面抗弯刚度。

组合楼板在长期荷载作用下截面的抗弯刚度可按下列公式计算：

$$B = 0.5E_c I_{eq}^l \tag{17-28}$$

$$I_{eq}^l = \frac{I_u^l + I_c^l}{2} \tag{17-29}$$

式中　B——长期荷载作用下的截面抗弯刚度；

I^l_{eq}——长期荷载作用下的平均换算截面惯性矩；

I^l_u、I^l_c——长期荷载作用下未开裂换算截面惯性矩及开裂换算截面惯性矩，仍按式（17-19）和式（17-22）计算，但计算中将 α_E 改用 $2\alpha_E$。

17.4.2　挠度验算

使用阶段组合楼板的最大挠度，应按荷载的准永久组合作用下，并考虑荷载长期作用的影响进行计算，满足下式要求：

$$\Delta_2 \leqslant \Delta_{lim} \tag{17-30}$$

式中　Δ_2——荷载作用下产生的最大挠度，按一次加载，采用荷载准永久组合并考虑长期作用的影响进行计算；

Δ_{lim}——组合楼板的挠度限值，$\Delta_{lim}=l_0/360$，l_0 为组合楼板的计算跨度。

17.4.3　裂缝验算

对组合楼板负弯矩最大裂缝宽度的计算，可近似忽略压型钢板的作用，按普通钢筋混凝土受弯构件进行计算。其最大裂缝宽度应采用下列公式：

$$w_{max}=1.9\psi\frac{\sigma_{sq}}{E_s}\left(1.9c_s+0.08\frac{d_{eq}}{\rho_{te}}\right) \tag{17-31}$$

$$\sigma_{sq}=\frac{M_q}{0.87h'_0A_s} \tag{17-32}$$

$$\psi=1.1-0.65\frac{f_{tk}}{\rho_{te}\sigma_{sq}} \tag{17-33}$$

$$d_{eq}=\frac{\sum n_i d_i^2}{\sum n_i v_i d_i} \tag{17-34}$$

$$\rho_{te}=\frac{A_s}{A_{te}} \tag{17-35}$$

$$A_{te}=0.5b_{min}h+(b-b_{min})h_c \tag{17-36}$$

式中　w_{max}——最大裂缝宽度；

ψ——裂缝间纵向受拉钢筋应变不均匀系数：当 $\psi<0.2$ 时，取 $\psi=0.2$；当 $\psi>1$ 时，取 $\psi=1$；对直接承受重复荷载的构件，取 $\psi=1$；

σ_{sq}——按荷载效应的准永久组合计算的组合楼板负弯矩区纵向受拉钢筋的等效应力；

E_s——钢筋弹性模量；

c_s——最外层纵向受拉钢筋外边缘至受拉区底边的距离，当 $c_s<20$mm 时，取 $c_s=20$mm；

ρ_{te}——按有效受拉混凝土截面面积计算的纵向受拉钢筋配筋率；在最大裂缝宽度计算中，当 $\rho_{te}<0.01$ 时，取 $\rho_{te}=0.01$；

A_{te}——有效受拉混凝土截面面积；

A_s——受拉区纵向钢筋截面面积；

d_{eq}——受拉区纵向钢筋的等效直径；

d_i——受拉区第 i 种纵向钢筋的公称直径；

n_i——受拉区第 i 种纵向钢筋的根数；

v_i——受拉区第 i 种纵向钢筋的相对黏结特性系数，光面钢筋 $v_i=0.7$，带肋钢筋 $v_i=1.0$；

h'_0——组合楼板负弯矩区板的有效高度；

M_q——按荷载效应的准永久组合计算的弯矩值。

17.4.4 例题

【例题 17-3】 如【例题 17-1】中的简支压型钢板-混凝土组合楼板，使用阶段水泥砂浆面层厚度为 30mm，混凝土强度等级为 C30，混凝土的弹性模量为 $3.0\times10^4\text{N/mm}^2$，活荷载标准值为 2.0kN/m^2，使用阶段活荷载的准永久系数为 0.4，试对该组合楼板进校使用阶段的挠度进行验算。

【解】

（1）使用阶段荷载效应计算（200mm 波宽范围）

混凝土板自重：0.512kN/m

压型钢板自重：0.051kN/m

水泥砂浆面层自重：$20\times0.03\times0.2=0.12\text{kN/m}$

楼面活荷载标准值：$2.0\times0.2=0.4\text{kN/m}$

1 个波距宽度压型钢板上作用的荷载准永久组合值为：

$$p=g_k+\psi_q q_k=(0.512+0.051+0.12)+0.4\times0.4=0.843\text{kN}\cdot\text{m}$$

（2）按荷载的准永久组合并考虑荷载长期作用影响时的刚度计算

$$\alpha_E=\frac{E_a}{E_c}=\frac{2.06\times10^5}{3.0\times10^4}=6.87$$

$$y_{cc}=\frac{0.5bh_c^2+2\alpha_E A_a h_0+b_r h_s(h_0-0.5h_s)b/C_s}{bh_c+2\alpha_E A_a+b_r h_s b/C_s}$$

$$=\frac{0.5\times200\times75^2+2\times6.87\times400\times109+74.4\times75\times(150-0.5\times75)\times200/200}{200\times75+2\times6.87\times400+74.4\times75\times200/200}$$

$$=68.62\text{mm}$$

$$I_u^l=\frac{bh_c^3}{12}+bh_c(y_{cc}-0.5h_c)^2+2\alpha_E I_a+2\alpha_E A_a y_{cs}^2+\frac{b_r bh_s}{C_s}\times\left[\frac{h_s^2}{12}+(h-y_{cc}-0.5h_s)^2\right]$$

$$=\frac{200\times75^3}{12}+200\times75\times(68.62-0.5\times75)^2+2\times6.87\times\frac{200}{600}\times169\times10^4+2\times6.87$$

$$\times400\times40.38^2+\frac{74.4\times200\times75}{200}\times\left[\frac{75^2}{12}+(150-68.62-0.5\times75)^2\right]$$

$$=5.16\times10^7\text{mm}^4$$

$$\rho_a=\frac{A_a}{bh_0}=\frac{400}{200\times109}=0.0183$$

$$y'_{cc}=\{\sqrt{2\rho_a(2\alpha_E)+[\rho_a(2\alpha_E)]^2}-\rho_a(2\alpha_E)\}h_0$$

$$=[\sqrt{2\times0.0183\times2\times6.87+(0.0183\times2\times6.87)^2}-0.0183\times2\times6.87]\times109$$

$$=54.6\text{mm}$$

$$I_c^l=\frac{b(y'_{cc})^3}{3}+2\alpha_E A_a y_{cs}^2+2\alpha_E I_a$$

$$=\frac{200\times(54.6)^3}{3}+2\times6.87\times400\times40.38^2+2\times6.87\times\frac{200}{600}\times169\times10^4$$

$$=2.76\times10^7\text{mm}^4$$

$$I_{eq}^l=\frac{I_u^l+I_c^l}{2}=\frac{5.16+2.76}{2}\times10^7=3.96\times10^7\text{mm}^4$$

$$B=0.5E_c I_{eq}^l=0.5\times3.0\times10^4\times3.96\times10^7=5.94\times10^{11}\ \text{N}\cdot\text{mm}^2$$

（3）组合楼板的挠度计算：

$$\Delta_2=\alpha\frac{pl^4}{B}=\frac{5}{384}\times\frac{0.843\times3000^4}{5.94\times10^{11}}=1.15\text{mm}$$

$$\Delta_{lim}=\frac{l}{360}=\frac{3000}{360}=8.33\text{mm}>1.15\text{mm}，挠度满足要求。$$

【例题 17-4】如**【例题 17-1 中】**的压型钢板-混凝土连续组合楼板，所处环境为一类（最大裂缝宽度限值为 0.3mm）。由荷载准永久组合产生的每米板带上的负弯矩值为 8.0kN·m，在负弯矩区板面配置了Φ10@100 的纵向受力钢筋（E_s 为 $2.0\times10^5\text{N/mm}^2$），板顶纵向受拉钢筋的混凝土保护层厚度为 15mm，混凝土强度等级为 C30（f_{tk} 为 2.01N/mm^2）。试验算该组合楼板的最大裂缝宽度是否满足要求。

【解】

（1）使用阶段荷载效应计算（200mm 波宽范围）

$$M_q=\frac{200}{1000}\times8.0=1.6\ \text{kN}\cdot\text{m}$$

（2）计算 σ_{sq} 和 ψ

$$A_s=\frac{200}{1000}\times785=157\text{mm}^2$$

$$\sigma_{sq}=\frac{M_q}{0.87h'_0A_s}=\frac{1.6\times10^6}{0.87\times(75-15-5)\times157}=213.0\text{N/mm}^2$$

$$\rho_{te}=\frac{A_s}{A_{te}}=\frac{157}{0.5\times200\times75}=0.021$$

$$\psi=1.1-0.65\frac{f_{tk}}{\rho_{te}\sigma_{sq}}=1.1-0.65\times\frac{2.01}{0.021\times213.0}=0.81$$

（3）计算最大裂缝宽度

由于受拉钢筋的外边缘至受拉区底边的距离保护层厚度小于 20mm，故取 c_s 为 20mm，最大裂缝宽度为：

$$w_{max}=1.9\psi\frac{\sigma_{sq}}{E_s}\left(1.9c_s+0.08\frac{d_{eq}}{\rho_{te}}\right)$$

$$=1.9\times0.81\times\frac{213}{2.0\times10^5}\times\left(1.9\times20+0.08\times\frac{10}{0.021}\right)$$

$$=0.125\text{mm}<w_{lim}=0.3\text{mm}$$

所以，最大裂缝宽度满足限值要求。

思 考 题

17-1 压型钢板和混凝土板组合形成的组合楼板的优点有哪些?

17-2 为什么组合板要进行施工阶段和使用阶段两个阶段的计算?

17-3 压型钢板抗弯承载力计算的要点包括哪些?

17-4 阐述组合楼板施工阶段的计算原则、验算内容及方法。

17-5 阐述组合楼板使用阶段的计算原则、验算内容及方法。

练 习 题

某工程楼板采用压型钢板混凝土组合楼板，压型钢板型号 YX-75-200-600（Ⅱ）型（如图 17-6 所示)，壁厚为 1.2mm，波高为 75mm，波距为 200mm。压型钢板以上混凝土结构层厚度为 80mm，楼板总厚度为 155mm，面层采用重度为 $20kN/m^2$ 的混凝土面层。压型钢板的钢材材质为 Q235B 的镀锌钢板，强度为 $215N/mm^2$，混凝土强度等级为 C30，计算跨度为 2.6m。试验算该压型钢板混凝土组合楼板在施工阶段和使用阶段的承载力和挠度。

第18章　型钢混凝土受弯构件

导读：本章内容为型钢混凝土受弯构件的设计，主要进行型钢混凝土梁正截面和斜截面承载能力的计算，以及使用性能的验算，要求：(1) 理解型钢混凝土结构的基本概念、截面形式，了解型钢混凝土梁的构造要求；(2) 理解型钢混凝土梁正截面破坏形态及抗弯性能，掌握正截面承载力的计算方法；(3) 理解型钢混凝土梁斜截面的破坏形态及承载力影响因素，掌握斜截面抗剪承载力的计算方法；(4) 理解型钢混凝土构件正常使用过程中型钢对增大刚度、抑制裂缝的作用，掌握型钢混凝土梁的挠度及裂缝宽度验算方法。

18.1　截面形式及构造要求

18.1.1　常见截面形式

型钢混凝土受弯构件主要是指混凝土中配置型钢的梁式构件，通常采用轧制工字钢或焊接工字钢，也可采用空腹式型钢，其截面形式如图18-1所示。

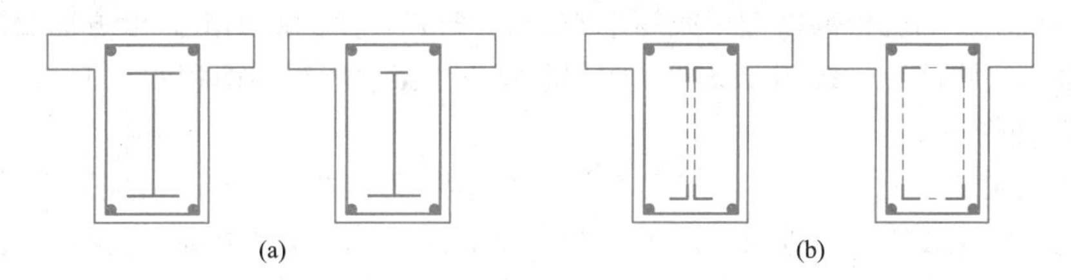

图18-1　型钢混凝土梁截面

(a) 实腹式型钢混凝土梁；(b) 空腹式型钢混凝土梁

18.1.2　一般构造要求

1. 型钢

宜采用充满型实腹型钢，其型钢的一侧翼缘宜位于受压区，另一侧翼缘应位于受拉区。型钢钢板厚度不宜小于6mm，其钢板宽厚比应符合表18-1要求。

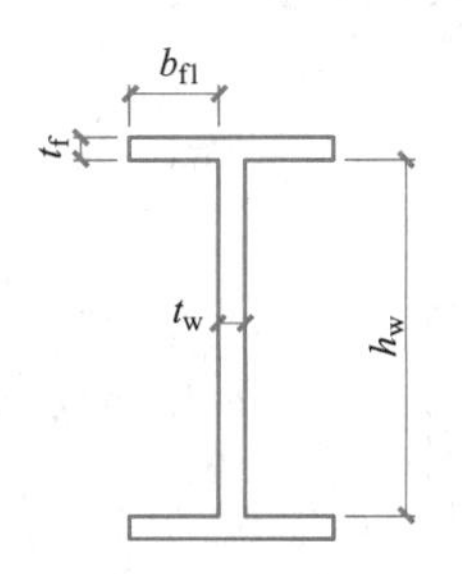

型钢混凝土梁的型钢钢板宽厚比限值　　表18-1

钢号	b_{f1}/t_f	h_w/t_w
Q235	≤23	≤107
Q345、Q345GJ	≤19	≤91
Q390	≤18	≤83
Q420	≤17	≤80

2. 混凝土材料

型钢混凝土梁的混凝土强度等级不宜低于C30，混凝土最大骨料直径宜小于型钢外侧混凝土保护层厚度的1/3，且不宜大于25mm。

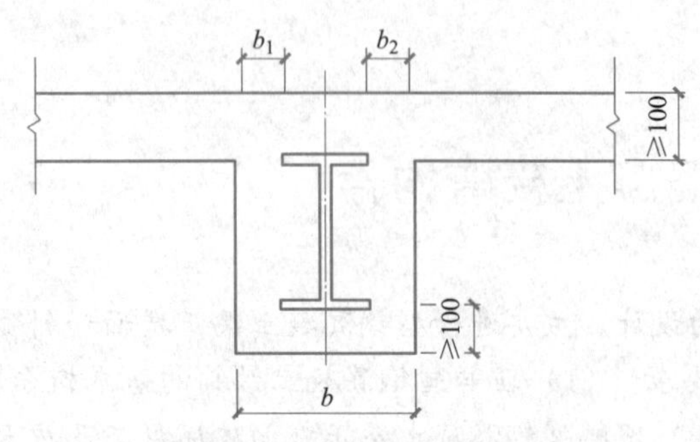

图 18-2 型钢混凝土梁中型钢的保护层示意图

3. 保护层

型钢混凝土梁最外层钢筋的混凝土保护层最小厚度应符合《混凝土结构设计标准》GB/T 50010—2010（2024 年版）的要求。型钢混凝土的保护层包括型钢保护层和钢筋保护层（图 18-2），其中，型钢的混凝土保护层最小厚度不宜小于 100mm，且梁内型钢翼缘离两侧边距离 b_1、b_2 之和不宜小于截面宽度的 1/3。

4. 配筋

型钢混凝土梁中纵向受拉钢筋不宜超过两排，其配筋率不宜小于 0.3%，直径宜取 16～25mm，净距不宜小于 30mm 和 1.5d，d 为纵筋最大直径；梁的上部和下部纵向钢筋深入节点的锚固构造要求应符合《混凝土结构设计标准》GB/T 50010—2010（2024 年版）的规定。

非抗震设计时，型钢混凝土梁应采用封闭箍筋，箍筋直径不应小于 8mm，箍筋间距不应大于 250mm；考虑地震作用组合时，型钢混凝土梁应采用封闭箍筋，其末端应有 135°弯钩，弯钩端头平直段长度不应小于 10 倍箍筋直径。

型钢混凝土梁的腹板高度大于或等于 450mm 时，在梁的两侧沿高度方向每隔 200mm 应设置一根纵向腰筋，且每侧腰筋截面面积不宜小于梁腹板截面面积的 0.1%。

5. 孔口加强

在型钢混凝土梁上开孔时，其孔位宜设置在剪力较小截面附近，且宜采用圆形孔。当孔洞位于离支座 1/4 跨度以外时，圆形孔的直径不宜大于 0.4 倍梁高，且不宜大于型钢截面高度的 0.7 倍；当孔洞位于离支座 1/4 跨度以内时，圆孔的直径不宜大于 0.3 倍梁高，且不宜大于型钢截面高度的 0.5 倍。孔洞周边宜设置钢套管，管壁厚度不宜小于梁型钢腹板厚度，套管与梁型钢腹板连接的角焊缝高度宜取 0.7 倍腹板厚度；腹板孔周围两侧宜各焊上厚度稍小于腹板厚度的环形补强板，其环板宽度可取 75～125mm；且孔边应加设构造箍筋和水平筋（图 18-3）。

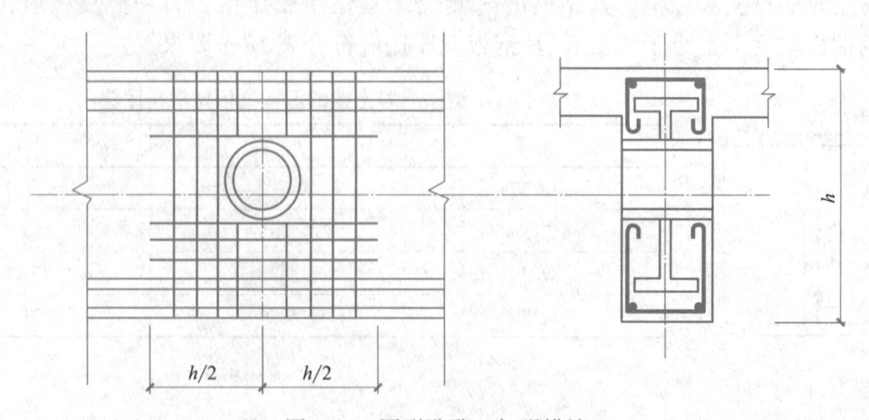

图 18-3 圆形孔孔口加强措施

18.2 正截面抗弯承载力计算

18.2.1 正截面抗弯性能

通过对型钢混凝土梁的两点集中对称加载试验可以考察弯矩作用下梁的受弯性能，其试验结果如图 18-4 所示。

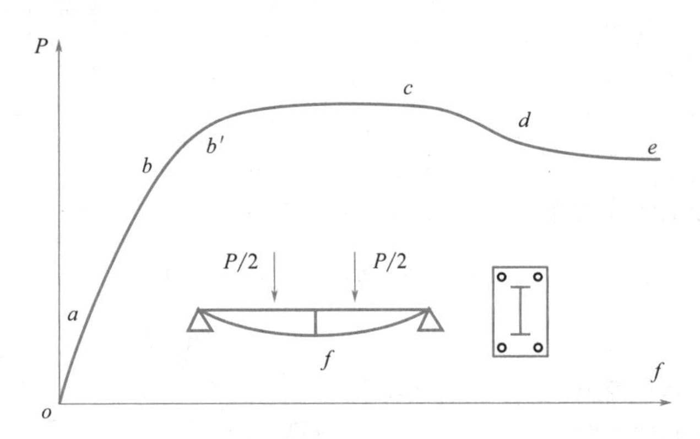

图 18-4 型钢混凝土梁荷载-挠度曲线

加载初期（oa 段），梁处于弹性工作阶段，刚度保持定值，荷载和挠度呈线性关系；当荷载达到极限荷载 15%～20%以后（ab 段）时，受拉区混凝土开裂，开裂时型钢截面一般仍处于弹性状态，由于型钢截面刚度较大且型钢下翼缘阻碍了裂缝向上发展，因此，梁开裂后虽然截面刚度有所降低，P-f 曲线产生转折，但刚度减小的程度比一般钢筋混凝土要小；当荷载继续增大时，由于型钢受拉翼缘达到屈服（b 点），刚度有较大降低，挠度变形发展加快，随后型钢的屈服深度不断向上发展，承载力仍继续有所上升（be 段）；型钢受压翼缘达到受压屈服（b' 点），型钢截面的刚度急剧降低，变形发展也急剧增加，直至受压区混凝土开始压坏（c 点），受压区混凝土保护层剥落，承载力下降。

一般情况下，型钢混凝土构件混凝土保护层剥落的范围和程度比钢筋混凝土要大，但混凝土剥落深度仅发展到型钢受压上翼缘。由于型钢的存在，以及型钢内侧的混凝土，受到型钢的约束，仍然可以与型钢共同继续受力，在受压区混凝土破坏后，梁仍能承受一定的荷载，变形可以持续发展很长一段时间（ce 段），该现象在钢筋混凝土梁中不存在。

18.2.2 正截面抗弯承载力计算

1. 基本假定

型钢混凝土梁内包括混凝土、型钢以及钢筋，其基本假定与钢筋混凝土梁较为相似，包括：

（1）截面上的混凝土应变、型钢应变以及钢筋应变之间保持平面；

（2）不考虑混凝土的抗拉强度，受压边缘混凝土极限压应变 ε_{cu} 取 0.003，混凝土压应力影响系数 α 和受压区混凝土应力图形影响系数 β 的取值，与钢筋混凝土梁取值一致；

（3）型钢腹板的应力图形为拉压梯形应力图形，计算时简化为等效矩形应力图形。

2. 计算方法

型钢混凝土梁受弯承载力计算时，截面应力分布如图 18-5 所示。

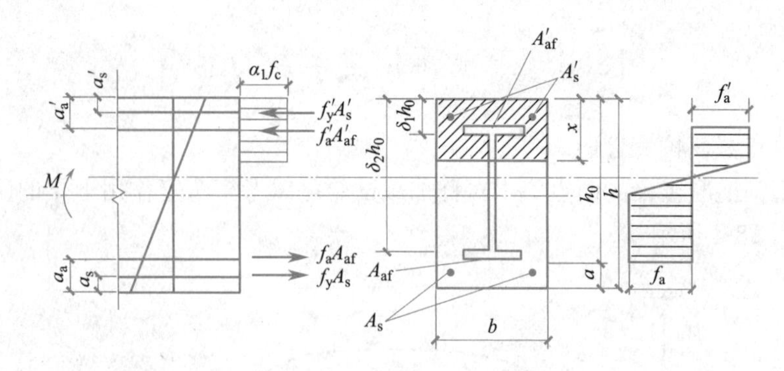

图 18-5 型钢混凝土梁正截面受弯极限时的截面应力图

依据图 18-5 分别建立力平衡方程和力矩平衡方程：

$$M \leqslant \alpha_1 f_c bx\left(h_0 - \frac{x}{2}\right) + f'_y A'_s (h_0 - a'_s) + f'_a A'_{af} (h_0 - a'_a) + M_{aw} \tag{18-1}$$

$$\alpha_1 f_c bx + f'_y A'_s + f'_a A'_{af} - f_y A_s - f_a A_{af} + N_{aw} = 0 \tag{18-2}$$

当 $\delta_1 h_0 < 1.25x$，$\delta_2 h_0 > 1.25x$ 时：

$$M_{aw} = \left[0.5(\delta_1^2 + \delta_2^2) - (\delta_1 + \delta_2) + 2.5\frac{x}{h_0} - \left(1.25\frac{x}{h_0}\right)^2\right] t_w h_0^2 f_a \tag{18-3}$$

$$N_{aw} = \left[2.5\frac{x}{h_0} - (\delta_1 + \delta_2)\right] t_w h_0 f_a \tag{18-4}$$

混凝土受压区高度 x 应符合下列公式要求：

$$x \leqslant \xi_b h_0 \tag{18-5}$$

$$x \geqslant a'_a + t'_f \tag{18-6}$$

$$\xi_b = \frac{\beta_1}{1 + \dfrac{f_y + f_a}{2 \times 0.003 E_s}} \tag{18-7}$$

式中 M——弯矩设计值；

M_{aw}——型钢腹板承受的轴向合力对型钢受拉翼缘和纵向受拉钢筋合力点的力矩；

N_{aw}——型钢腹板承受的轴向合力；

α_1——受压区混凝土压应力影响系数；

β_1——受压区混凝土应力图形影响系数；

f_c——混凝土轴心抗压强度设计值；

f_a、f'_a——型钢抗拉、抗压强度设计值；

f_y、f'_y——钢筋抗拉、抗压强度设计值；

A_s、A'_s——受拉、受压钢筋的截面面积；

A_{af}、A'_{af}——型钢受拉、受压翼缘的截面面积；

b——截面宽度；

h——截面高度；

h_0——截面有效高度；

t_w——型钢腹板厚度；

t'_f——型钢受压翼缘厚度；

ξ_b ——相对界限受压区高度；

E_s ——钢筋弹性模量；

x ——混凝土等效受压区高度；

a'_s、a'_a——受压区钢筋、型钢翼缘合力点至截面受压边缘的距离；

a ——型钢受拉翼缘与受拉钢筋合力点至截面受拉边缘的距离；

δ_1 ——型钢腹板上端至截面上边的距离与 h_0 的比值，$\delta_1 h_0$ 为型钢腹板上端至截面上边的距离；

δ_2 ——型钢腹板下端至截面上边的距离与 h_0 的比值，$\delta_2 h_0$ 为型钢腹板下端至截面上边的距离。

型钢混凝土梁的圆孔孔洞截面处的受弯承载力计算可按上述公式进行，其中型钢面积需要扣除孔洞面积。

18.2.3　例题

【例题 18-1】非抗震设计型钢混凝土梁的截面高度为 600mm，宽度为 300mm。混凝土强度等级为 C30，型钢为 Q345，纵向钢筋等级为 HRB400，箍筋为直径 8mm 的 HRB400 钢筋，该梁应承担的弯矩设计值为 980kN·m，试配置梁中的型钢及纵筋。

【解】（1）型钢选择

依据梁的截面尺寸，初选梁内型钢为焊接工字钢，居中布置，具体尺寸为 400mm×200mm×6mm×10mm，则：

$$A_{af}=A'_{af}=2000\text{mm}^2$$

$$f_a=310\text{N/mm}^2$$

$$a_a=a'_a=100+10/2=105\text{mm}$$

（2）计算界限受压区高度

$$\xi_b=\frac{\beta_1}{1+\dfrac{f_y+f_a}{2\times 0.003E_s}}=\frac{0.8}{1+\dfrac{360+310}{2\times 0.003\times 2.0\times 10^5}}=0.52$$

（3）计算梁的截面特性

在梁底和梁顶各试配 2Φ22 钢筋，则：

$$A_s=A'_s=760\text{mm}^2$$

$$a_s=a'_s=20+8+11=39\text{mm}$$

$$f_y=360\text{N/mm}^2$$

型钢受拉翼缘与纵向受拉钢筋合力点至混凝土受拉边缘的距离为：

$$a_h=\frac{f_yA_sa_s+f_aA_{af}a_a}{f_yA_s+f_aA_{af}}=\frac{360\times 760\times 39+310\times 2000\times 105}{360\times 760+310\times 2000}=84.8\text{mm}$$

型钢受拉翼缘与纵向受拉钢筋合力点至混凝土受压边缘的距离为：

$$h_0=h-a_h=600-84.8=515.2\text{mm}$$

型钢腹板上、下端至梁截面上边缘的距离为：

$$\delta_1 h_0=100+10=110\text{mm},\quad \delta_2 h_0=600-110=490\text{mm}$$

$$\delta_1=\frac{110}{h_0}=\frac{110}{515.2}=0.214,\quad \delta_2=\frac{490}{h_0}=\frac{490}{515.2}=0.951$$

(4) 计算梁截面的受压区高度

假定 $\delta_1 h_0 < 1.25x$，$\delta_2 h_0 > 1.25x$

$$N_{aw} = [2.5\xi - (\delta_1 + \delta_2)] t_w h_0 f_a$$

由于对称配筋，则： $f_y A_s = f'_y A'_s$，$f_a A_{af} = f'_a A'_{af}$

依据力的平衡方程可知： $\alpha_1 f_c bx + N_{aw} = 0$

$$\alpha_1 f_c b\xi h_0 + [2.5\xi - (\delta_1 + \delta_2)] t_w h_0 f_a = 0$$

$$1.0 \times 14.3 \times 300 \times 515.2 \times \xi + [2.5\xi - (0.214 + 0.951)] \times 6 \times 515.2 \times 310 = 0$$

求解得：$\xi = 0.242$，则 $x = \xi h_0 = 0.242 \times 515.2 = 124.7\text{mm}$

$1.25x = 155.8\text{mm} > \delta_1 h_0 = 110\text{mm}$，$1.25x < \delta_2 h_0 = 490\text{mm}$

故前面的假设成立，并且满足：

$$x = 124.7 < \xi_b h_0 = 267.9\text{mm}$$

$$x = 124.7 > a'_a + t'_f = 105 + 10 = 115\text{mm}$$

(5) 计算梁截面的承载力

$$M_{aw} = \left[0.5(\delta_1^2 + \delta_2^2) - (\delta_1 + \delta_2) + 2.5\frac{x}{h_0} - \left(1.25\frac{x}{h_0}\right)^2\right] t_w h_0^2 f_a$$

$$= [0.5 \times (0.214^2 + 0.951^2) - (0.214 + 0.951) + 2.5 \times 0.242 - (1.25 \times 0.242)^2] \times 6 \times 515.2^2 \times 310$$

$$= -87.1\text{kN} \cdot \text{m}$$

$$M \leqslant \alpha_1 f_c bx\left(h_0 - \frac{x}{2}\right) + f'_y A'_s (h_0 - a'_s) + f'_a A'_{af}(h_0 - a'_a) + M_{aw}$$

$$= 1.0 \times 14.3 \times 300 \times 515.2 \times \left(515.2 - \frac{124.7}{2}\right) + 360 \times 760 \times (515.2 - 39) + 310 \times 2000 \times (515.2 - 105) - 87.1$$

$= 1298.4\text{kN} \cdot \text{m} > 980\text{kN} \cdot \text{m}$（满足要求）

18.3 斜截面抗剪承载力计算

18.3.1 斜截面抗剪性能

试验研究表明，型钢混凝土梁在剪跨比较大（$\lambda > 2.5$）时易发生弯曲破坏，除此之外，梁常发生剪切破坏。型钢混凝土梁的剪切破坏形态主要包括三类，即剪切斜压破坏、剪切黏结破坏和剪压破坏，其破坏形态如图 18-6 所示。

1. 剪切斜压破坏

当剪跨比 $\lambda < 1.0$ 或 $1.0 < \lambda < 1.5$ 且梁的含钢率较大时，易发生剪切斜压破坏。在这种情况下，梁的正应力不大，剪应力却相对较高，当荷载达到极限荷载的 30%～50%时，梁腹部首先出现斜裂缝。随着荷载增加，腹部受剪斜裂缝逐渐向加载点和支座附近延伸，最终形成临界斜裂缝。当荷载接近极限荷载时，在临界斜裂缝的上下出现几条大致与之平行的斜裂缝，将梁分割成若干斜压杆，此时沿梁高连续配置的型钢腹板承担着斜裂缝处混凝土释放出来的应力。最后，型钢腹板发生屈服，接着斜压杆混凝土被压碎，梁截面失效。

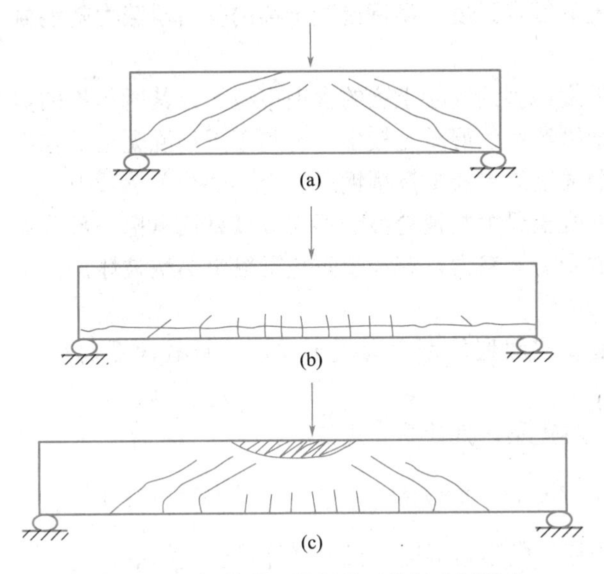

图 18-6 型钢混凝土梁斜截面剪切破坏形态

(a) 剪切斜压破坏；(b) 剪切黏结破坏；(c) 剪压破坏

2. 剪切黏结破坏

当剪跨比不太小而梁所配置的箍筋数量较少时，易发生剪切黏结破坏，该破坏形式发生的位置包括梁的受拉侧以及受压侧。加载初期，由于所产生的剪力较小，型钢与混凝土可作为整体共同工作。随着荷载增加，型钢与混凝土交界面上的黏结力逐渐被破坏。当型钢外围混凝土达到其抗拉强度而退出工作时，交界面处产生劈裂裂缝，梁内发生应力重分布。最后，裂缝迅速发展，形成贯通的劈裂裂缝，梁失去承载能力而失效。对于配有适量箍筋的型钢混凝土梁，由于箍筋对外围混凝土具有一定的约束作用，提高了型钢与混凝土之间的黏结强度，从而能够改善梁的黏结破坏形态。另外，对于承受均布荷载的型钢混凝土梁，由于均布荷载对外围混凝土有“压迫”作用，使得型钢与混凝土之间的竖向压力和摩擦力增大，其黏结性能也能得到提高。

3. 剪压破坏

当剪跨比 $\lambda > 1.5$ 且梁的含钢率较小时，易发生剪压破坏。当荷载达到极限荷载的30%～40%时，首先在梁的受拉区边缘出现竖向裂缝。随着荷载不断增加，梁腹部向加载点方向形成弯剪斜裂缝。当荷载达到极限荷载的40%～60%时，斜裂缝处的混凝土退出工作，主拉应力由型钢腹板承担。荷载继续增大，使型钢腹板逐渐发生剪切屈服。最后，在正应力和剪应力的共同作用下，剪压区混凝土达到弯剪复合受力时的强度而被压碎，构件失效。

18.3.2 斜截面抗剪承载力计算

1. 影响因素

剪跨比：随着剪跨比增大，型钢混凝土梁的受剪承载力逐渐降低，剪跨比对集中荷载作用下梁的受剪承载力影响更为显著。

荷载形式：集中荷载作用下型钢混凝土梁的受剪承载力比均布荷载作用下有所降低。

混凝土强度等级：混凝土的强度等级影响混凝土斜压杆的强度、型钢与混凝土的黏结强度和剪压区混凝土的复合强度，型钢混凝土梁的受剪承载力随混凝土强度等级的提高而提高。

含钢率与型钢强度：型钢混凝土梁的含钢率越大，其所承担的剪力也越大，且在含钢率较大的梁中，被型钢约束的混凝土较多，有利于提高混凝土的强度和变形能力。含钢率相同时，提高型钢的强度能有效提高型钢混凝土梁的受剪承载力。

配箍率：型钢混凝土梁中配置的箍筋不仅可以直接承担一部分剪力，而且能够约束核心混凝土，提高梁的受剪承载力，有利于防止梁发生黏结破坏。

2. 计算方法

型钢截面为充满型实腹型的型钢混凝土梁，其斜截面受剪承载力应符合下列公式的规定。

对于一般型钢混凝土梁，其计算公式如下：

$$V_b \leqslant 0.8 f_t b h_0 + f_{yv} \frac{A_{sv}}{s} h_0 + 0.58 f_a t_w h_w \tag{18-8}$$

对于集中荷载作用下的型钢混凝土梁，其计算公式如下：

$$V_b \leqslant \frac{1.75}{\lambda + 1} f_t b h_0 + f_{yv} \frac{A_{sv}}{s} h_0 + \frac{0.58}{\lambda} f_a t_w h_w \tag{18-9}$$

为了防止型钢混凝土梁发生脆性较大的斜压破坏，型钢混凝土梁的受剪截面应符合下列条件：

$$V_b \leqslant 0.45 \beta_c f_c b h_0 \tag{18-10}$$

$$\frac{f_a t_w h_w}{\beta_c f_c b h_0} \geqslant 0.10 \tag{18-11}$$

式中 f_c——混凝土轴心抗压强度设计值；

f_a——型钢抗拉强度设计值；

b——截面宽度；

h_0——截面有效高度；

t_w——型钢腹板厚度；

h_w——型钢腹板高度；

β_c——混凝土强度影响系数，当混凝土强度等级不超过 C50 时，取 $\beta_c=1$；当混凝土强度等级为 C80 时，取 $\beta_c=0.8$；其间用线性内插法确定。

型钢混凝土梁圆孔孔洞截面处的受剪承载力应符合下列规定：

$$V_b \leqslant 0.8 f_t b h_0 \left(1 - 1.6 \frac{D_h}{h}\right) + 0.58 f_a t_w (h_w - D_h) \gamma + \sum f_{yv} A_{sv} \tag{18-12}$$

式中 γ——孔边条件系数，孔边设置钢套管时取 1.0，孔边不设置钢套管时取 0.85；

D_h——圆孔洞直径；

$\sum f_{yv} A_{sv}$——加强箍筋的受剪承载力。

18.3.3 例题

【例题 18-2】如 18.2.3 节所示的非抗震设计型钢混凝土梁，截面高度为 600mm，宽度为 300mm。混凝土强度等级为 C30，型钢为 Q345，纵向钢筋等级为 HRB400。该梁端截面承受的剪力设计值为 650kN，试确定该梁所需的箍筋。

【解】(1)正截面设计

由18.2.3节可知，依据抗弯承载力配置了居中布置的焊接工字钢(400mm×200mm×6mm×10mm)，且梁底和梁顶各配置了2Φ22纵向钢筋。

(2)计算h_0

由18.2.3节已确定$a_h=84.8mm$，$h_0=515.2mm$。

(3)截面尺寸复核

$$0.45\beta_c f_c bh_0 = 0.45\times0.8\times14.3\times300\times515.2 = 795.7\ kN > 650\ kN$$

$$\frac{f_a t_w h_w}{\beta_c f_c bh_0} = \frac{310\times6\times(400-20)}{0.8\times14.3\times300\times515.2} = 0.40 \geqslant 0.10$$

截面尺寸符合要求，不会发生斜压破坏。

(4)配置箍筋

$$\frac{A_{sv}}{s} = \frac{V-0.8f_t bh_0-0.58f_a t_w h_w}{f_{yv}h_0}$$

$$= \frac{650\times10^3-0.8\times1.43\times300\times515.2-0.58\times310\times6\times(400-20)}{360\times515.2}$$

$$=0.34mm$$

取箍筋配筋为：双肢Φ6@100，则$\frac{A_{sv}}{s}=\frac{2\times28.3}{100}=0.57mm$。

18.4 挠度及裂缝验算

18.4.1 挠度验算

1. 刚度计算

试验表明，型钢混凝土梁在加载过程中截面平均应变符合平截面假定，且型钢与混凝土截面变形的平均曲率相同，因此，截面抗弯刚度可以采用钢筋混凝土截面抗弯刚度和型钢截面抗弯刚度叠加的原则来处理。

通过不同配筋率，混凝土强度等级，截面尺寸的型钢混凝土梁的刚度试验，认为钢筋混凝土截面抗弯刚度主要与受拉钢筋配筋率有关，经研究分析，确定了钢筋混凝土截面部分抗弯刚度的简化计算公式。

长期荷载作用下，由于压区混凝土的徐变、钢筋与混凝土之间的黏结滑移徐变，混凝土收缩等使梁截面刚度下降，根据现行国家标准《混凝土结构设计标准》GB/T 50010的有关规定，引进了荷载长期效应组合对挠度的增大系数θ，确定了长期刚度的计算公式。

型钢混凝土梁的纵向受拉钢筋配筋率为0.3%～1.5%时，按荷载的准永久组合计算短期刚度为：

$$B_s = \left(0.22+3.75\frac{E_s}{E_c}\rho_s\right)E_c I_c + E_a I_a \tag{18-13}$$

按荷载的准永久组合并考虑长期作用影响的长期刚度可按下列公式计算：

$$B = \frac{B_s - E_a I_a}{\theta} + E_a I_a \tag{18-14}$$

$$\theta = 2.0 - 0.4\frac{\rho'_{sa}}{\rho_{sa}} \tag{18-15}$$

式中 B_s——梁的短期刚度；

B——梁的长期刚度；

ρ'_{sa}——梁截面受拉区配置的纵向受拉钢筋和型钢受拉翼缘面积之和的截面配筋率；

ρ_{sa}——梁截面受压区配置的纵向受压钢筋和型钢受压翼缘面积之和的截面配筋率；

ρ_s——纵向受拉钢筋配筋率；

E_c——混凝土弹性模量；

E_a——型钢弹性模量；

E_s——钢筋弹性模量；

I_c——按截面尺寸计算的混凝土截面惯性矩；

I_a——型钢的截面惯性矩；

θ——考虑荷载长期作用对挠度增大的影响系数。

2. 挠度计算

型钢混凝土梁在正常使用极限状态下的挠度，可根据构件的刚度采用结构力学的计算方法计算。在等截面梁中，可假定各同号弯矩区段内的刚度相等，并取该区段内最大弯矩截面的刚度进行挠度计算。

3. 挠度限值

型钢混凝土梁按荷载效应的准永久组合，并考虑长期作用影响计算最大裂缝宽度，其限值如表 18-2 所示。

型钢混凝土梁挠度限值（mm）　　表 18-2

跨度	挠度限值(以计算跨度 l_0 计算)
$l_0<7$m	$l_0/200(l_0/250)$
7m$\leqslant l_0\leqslant$9m	$l_0/250(l_0/300)$
$l_0>9$m	$l_0/300(l_0/400)$

注：1. 表中 l_0 为构件的计算跨度；悬臂构件的 l_0 按实际悬臂长度的 2 倍取用；
2. 构件有起拱时，可将计算所得挠度值减去起拱值；
3. 表中括号中的数值适用于使用上对挠度有较高要求的构件。

18.4.2 裂缝验算

1. 裂缝计算

把型钢翼缘作为纵向受力钢筋，且考虑部分型钢腹板的影响，按现行国家标准《混凝土结构设计标准》GB/T 50010 有关裂缝宽度计算公式的形式，建立了如下型钢混凝土梁在短期效应组合作用下并考虑长期效应组合影响的最大裂缝宽度计算公式（图 18-7）：

$$w_{max} = 1.9\psi\frac{\sigma_{sa}}{E_s}\left(1.9c_s + 0.08\frac{d_e}{\rho_{te}}\right) \tag{18-16}$$

$$\psi = 1.1(1 - M_{cr}/M_q) \tag{18-17}$$

$$M_{cr} = 0.235bh^2 f_{tk} \tag{18-18}$$

$$\sigma_{sa} = \frac{M_q}{0.87(A_s h_{0s} + A_{af} h_{0f} + kA_{aw} h_{0w})} \tag{18-19}$$

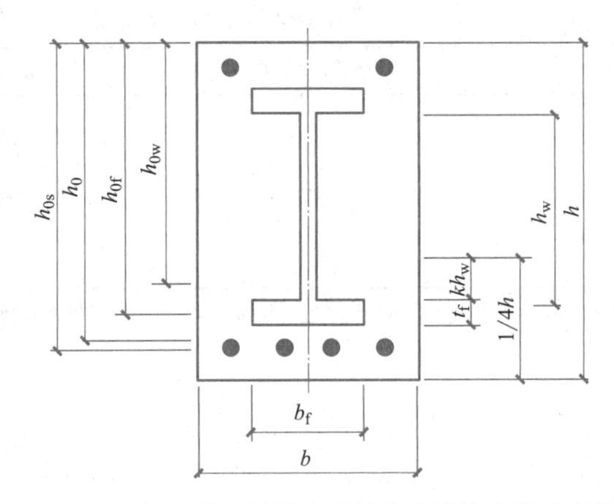

图 18-7　型钢混凝土梁最大裂缝宽度计算参数示意图

$$k=\frac{0.25h-0.5t_{f}-a_{a}}{h_{w}} \tag{18-20}$$

$$d_{e}=\frac{4(A_{s}+A_{af}+kA_{aw})}{u} \tag{18-21}$$

$$u=n\pi d_{s}+(2b_{f}+2t_{f}+2kh_{w})\times 0.7 \tag{18-22}$$

$$\rho_{te}=\frac{A_{s}+A_{af}+kA_{aw}}{0.5bh} \tag{18-23}$$

式中　w_{max}——最大裂缝宽度；

M_q——按荷载效应的准永久组合计算的弯矩值；

M_{cr}——梁截面抗裂弯矩；

c_s——最外层纵向受拉钢筋的混凝土保护层厚度，当 $c_s>65$mm 时，取 $c_s=65$mm；

ψ——考虑型钢翼缘作用的钢筋应变不均匀系数；当 $\psi<0.2$ 时，取 $\psi=0.2$；当 $\psi>1.0$ 时，取 $\psi=1.0$；

k——型钢腹板影响系数，其值取梁受拉侧 1/4 梁高范围中腹板高度与整个腹板高度的比值；

n——纵向受拉钢筋数量；

b_f、t_f——型钢受拉翼缘宽度、厚度；

d_e、ρ_{te}——考虑型钢受拉翼缘与部分腹板及受拉钢筋的有效直径、有效配筋率；

σ_{sa}——考虑型钢受拉翼缘与部分腹板及受拉钢筋的钢筋应力值；

A_s、A_{af}——纵向受拉钢筋、型钢受拉翼缘面积；

A_{aw}、h_w——型钢腹板面积、高度；

h_{0s}、h_{0f}、h_{0w}——纵向受拉钢筋、型钢受拉翼缘、kA_{aw} 截面重心至混凝土截面受压边缘的距离；

u——纵向受拉钢筋和型钢受拉翼缘与部分腹板周长之和。

2. 裂缝限值

型钢混凝土梁的最大裂缝宽度不应大于表 18-3 规定的限值。

型钢混凝土梁裂缝宽度限值（mm） 表 18-3

耐久性环境等级	裂缝控制等级	最大裂缝宽度限值 w_{max}
一	三级	0.3(0.4)
二 a		0.2
二 b		
三 a 三 b		

注：对于年平均相对湿度小于 60%地区一级环境下的型钢混凝土梁，其裂缝最大宽度限值可采用括号内的数值。

18.4.3 例题

【例题 18-3】 如 18.2.3 节所示的非抗震设计型钢混凝土梁，计算宽度为 6000mm，截面高度为 600mm，宽度为 300mm。混凝土强度等级为 C30，混凝土保护层厚度为 25mm，型钢为 Q345，梁内居中布置焊接工字钢（400mm×200mm×6mm×10mm）。梁底和梁顶各配置了 2Φ22 纵向钢筋，纵向钢筋等级为 HRB400。箍筋采用双肢箍Φ6@100。按照荷载效应准永久组合计算得到的弯矩值 M_q 为 320kN·m。试验算该梁的裂缝宽度和挠度是否满足要求。

【解】

（1）截面特征参数计算

$$h_{0s}=h-a_s=600-(20+6+11)=563\text{mm}$$

$$h_{0f}=h-a_a=600-\left(\frac{600-400}{2}+\frac{10}{2}\right)=495\text{mm}$$

$$h_{0w}=600-100-10-\frac{0.25\times600-100-10}{2}=470\text{mm}$$

梁截面开裂弯矩：

$$M_{cr}=0.235bh^2f_{tk}=0.235\times300\times600^2\times2.01=51.01\text{kN}\cdot\text{m}$$

（2）计算 ψ 和 σ_{sa}

考虑型钢翼缘作用的钢筋应变不均匀系数：

$$\psi=1.1(1-M_{cr}/M_q)=1.1\times\left(1-\frac{51.01}{320}\right)=0.925$$

受拉区钢材面积：

$$A_s=760\text{mm}^2$$

$$A_{af}=200\times10=2000\text{mm}^2$$

$$A_{aw}=(400-2\times10)\times6=2280\text{mm}^2$$

型钢腹板影响系数：

$$k=\frac{0.25h-0.5t_f-a_a}{h_w}=\frac{0.25\times600-0.5\times10-105}{400-2\times10}=0.105$$

考虑型钢受拉翼缘与部分腹板及受拉钢筋的钢筋应力值：

$$\sigma_{sa}=\frac{M_q}{0.87(A_sh_{0s}+A_{af}h_{0f}+kA_{aw}h_{0w})}$$

$$=\frac{320\times10^6}{0.87\times(760\times563+2000\times495+0.105\times2280\times470)}=24.03\text{N/mm}^2$$

(3) 裂缝验算

$$u = n\pi d_s + (2b_f + 2t_f + 2kh_w) \times 0.7$$
$$= 2 \times 3.14 \times 22 + (2 \times 200 + 2 \times 10 + 2 \times 0.105 \times 380) \times 0.7 = 488.02\text{mm}$$

$$d_e = \frac{4(A_s + A_{af} + kA_{aw})}{u} = \frac{4 \times (760 + 2000 + 0.105 \times 2280)}{488.02} = 24.58\text{mm}$$

$$\rho_{te} = \frac{A_s + A_{af} + kA_{aw}}{0.5bh} = \frac{760 + 2000 + 0.105 \times 2280}{0.5 \times 300 \times 600} = 0.033$$

最大裂缝宽度为：

$$w_{max} = 1.9\psi \frac{\sigma_{sa}}{E_s}\left(1.9c_s + 0.08\frac{d_e}{\rho_{te}}\right)$$
$$= 1.9 \times 0.925 \times \frac{24.03}{2.0 \times 10^5} \times \left[1.9 \times (25 + 6) + 0.08 \times \frac{24.58}{0.033}\right]$$
$$= 0.25\text{mm} < w_{lim} = 0.3\text{mm}\ (\text{满足要求})$$

(4) 挠度验算

混凝土截面惯性矩：

$$I_c = \frac{1}{12}bh^3 = \frac{1}{12} \times 300 \times 600^3 = 5.4 \times 10^9\text{mm}^4$$

型钢截面惯性矩：

$$I_a = \frac{1}{12} \times 200 \times 400^3 - \frac{1}{12} \times (200 - 6) \times (400 - 20)^3 = 1.8 \times 10^8\text{mm}^4$$

$$\rho_s = \rho'_s = \frac{A_s}{bh_{0s}} = \frac{760}{300 \times 563} = 0.45\%$$

配筋率位于0.3%～1.5%，则按荷载准永久组合计算短期刚度：

$$B_s = \left(0.22 + 3.75\frac{E_s}{E_c}\rho_s\right)E_cI_c + E_aI_a$$
$$= (0.22 + 3.75 \times \frac{2.0 \times 10^5}{3.0 \times 10^4} \times 0.0045) \times 3.0 \times 10^4 \times 5.4 \times 10^9 + 2.06 \times 10^5 \times 1.8 \times 10^8$$
$$= 9.09 \times 10^{13}\text{N} \cdot \text{mm}^2$$

荷载长期效应对挠度增大的影响系数（对称配筋和配钢）：

$$\theta = 2.0 - 0.4\frac{\rho'_{sa}}{\rho_{sa}} = 2.0 - 0.4 \times 1 = 1.6$$

按荷载的准永久组合并考虑长期作用影响的长期刚度为：

$$B = \frac{B_s - E_aI_a}{\theta} + E_aI_a$$
$$= \frac{9.09 \times 10^{13} - 2.06 \times 10^5 \times 1.8 \times 10^8}{1.6} + 2.06 \times 10^5 \times 1.8 \times 10^8$$
$$= 7.07 \times 10^{13}\text{N} \cdot \text{mm}^2$$

型钢混凝土简支梁的挠度为：

$$f = \frac{5}{48} \times \frac{M_q l_0^2}{B} = \frac{5}{48} \times \frac{320 \times 10^6 \times 6.0^2 \times 10^6}{7.07 \times 10^{13}} = 17.0\text{mm}$$

挠度小于 $l_0/250=6000/250=24.0\mathrm{mm}$，因此，梁的挠度满足要求。

思 考 题

18-1　型钢混凝土梁与普通钢筋混凝土梁相比，有哪些优点？

18-2　型钢混凝土梁受弯时的变形特征有哪些？与普通钢筋混凝土梁进行比较分析。

18-3　型钢混凝土梁进行受弯承载力分析时，采用了哪些基本假定？

18-4　型钢混凝土梁的抗剪切性能影响因素有哪些？

18-5　型钢混凝土梁斜截面破坏有哪些类型？破坏特征与钢筋混凝土梁有哪些异同点？

练 习 题

某简支梁的截面尺寸为 $b\times h=400\mathrm{mm}\times800\mathrm{mm}$，采用 C30 混凝土，纵向钢筋采用 HRB400 级，型钢采用 Q345 钢材，跨中承受的弯矩设计值为 1100kN·m，试分别按照普通钢筋混凝土梁和型钢混凝土梁进行抗弯承载力的配筋设计、挠度及裂缝验算（其中，型钢选用热轧 H 型 HN500，即 500mm×200mm×10mm×16mm），结合设计结果选择理想的方案并阐述理由。

第 19 章　型钢混凝土受压构件

导读：本章内容为型钢混凝土受压构件的设计，主要进行型钢混凝土柱正截面和斜截面承载能力的计算以及使用性能的验算，要求：(1) 理解型钢混凝土柱的截面形式，了解型钢混凝土柱的构造要求；(2) 理解型钢混凝土柱正截面破坏形态及抗弯性能，掌握正截面承载力的计算方法；(3) 理解型钢混凝土柱斜截面的破坏形态及承载力影响因素，掌握斜截面抗剪承载力的计算方法；(4) 了解型钢混凝土柱裂缝宽度验算方法。

19.1　截面形式及构造要求

19.1.1　常见截面形式

型钢混凝土柱内配置的型钢，宜采用实腹式焊接型钢，其截面形式如图 19-1 所示。

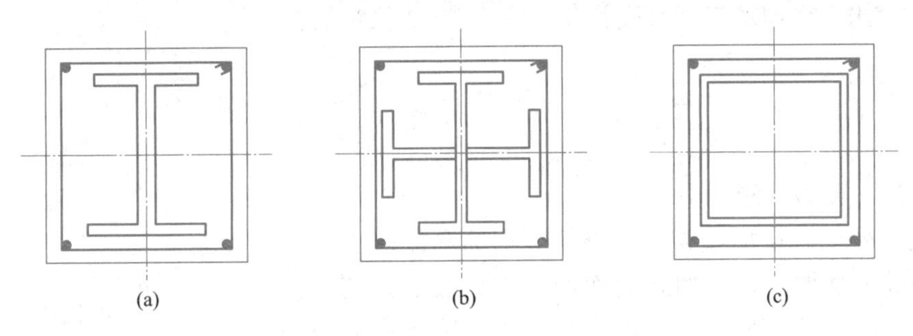

图 19-1　型钢混凝土柱截面

19.1.2　一般构造要求

1. 型钢

型钢混凝土柱受力型钢的含钢率不宜小于 4%，且不宜大于 15%；当含钢率超过 15%时，应增加箍筋、纵向钢筋的配筋量，并宜通过试验进行专门研究。型钢混凝土柱中型钢钢板厚度不宜小于 8mm，其钢板宽厚比应符合表 19-1 的规定。

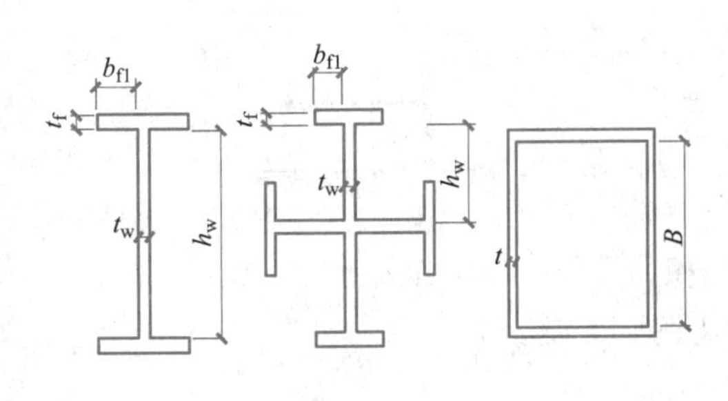

型钢混凝土柱中型钢宽厚比限值　　表 19-1

钢号	柱		
	b_{f1}/t_f	h_w/t_w	B/t
Q235	≤23	≤96	≤72
Q345、Q345GJ	≤19	≤81	≤61
Q390	≤18	≤75	≤56
Q420	≤17	≤71	≤54

2. 混凝土材料

型钢混凝土柱的混凝土强度等级不宜低于 C30，混凝土最大骨料直径宜小于型钢外侧

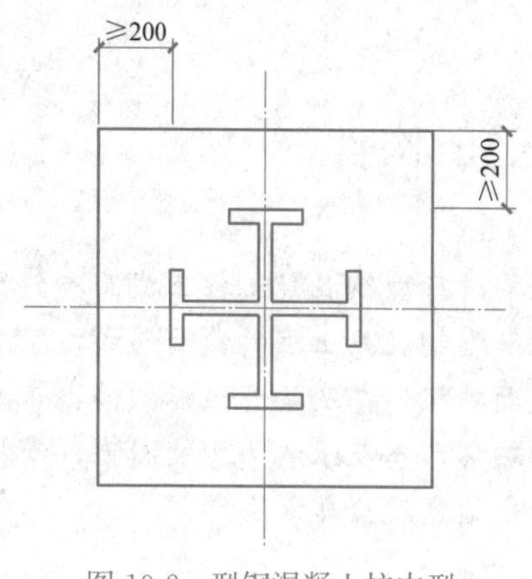

图 19-2　型钢混凝土柱中型钢的保护层示意图

混凝土保护层厚度的 1/3，且不宜大于 25mm。

3. 保护层

型钢混凝土柱中型钢的保护层示意图如图 19-2 所示。型钢混凝土柱最外层钢筋的混凝土保护层最小厚度应符合《混凝土结构设计标准》GB/T 50010—2010（2024 年版）的要求。型钢的混凝土保护层最小厚度不宜小于 200mm。

4. 配筋

型钢混凝土柱纵向受力钢筋的直径不宜小于 16mm，其全部纵向受力钢筋的总配筋率不宜小于 0.8%，每一侧的配筋百分率不宜小于 0.2%。纵向受力钢筋与型钢的最小净距不宜小于 30mm；柱内纵向钢筋的净距不宜小于 50mm 且不宜大于 250mm。

非抗震设计时，型钢混凝土柱应采用封闭箍筋，其箍筋直径不应小于 8mm，箍筋间距不应大于 250mm；考虑地震作用组合的型钢混凝土柱，应采用封闭复合箍筋，其末端应有 135°弯钩，弯钩端头平直段长度不应小于 10 倍箍筋直径。

19.2　轴心受压构件正截面承载力

19.2.1　受力性能

型钢混凝土柱在加载初期，型钢、钢筋和混凝土协同工作。随着荷载增加，柱的外表面产生纵向裂缝。荷载继续增加，纵向裂缝逐渐贯通，最终把型钢混凝土柱分成若干受压小柱而发生劈裂破坏。在荷载达到极限荷载的 80% 之后，型钢与混凝土之间黏结滑移显著，型钢翼缘有明显纵向黏结裂缝。试件破坏时，在配钢量适当的情况下，型钢不会出现整体失稳或局部屈曲，与纵向钢筋一起均能达到屈服强度，混凝土达到轴心抗压强度。其破坏形态如图 19-3 所示。

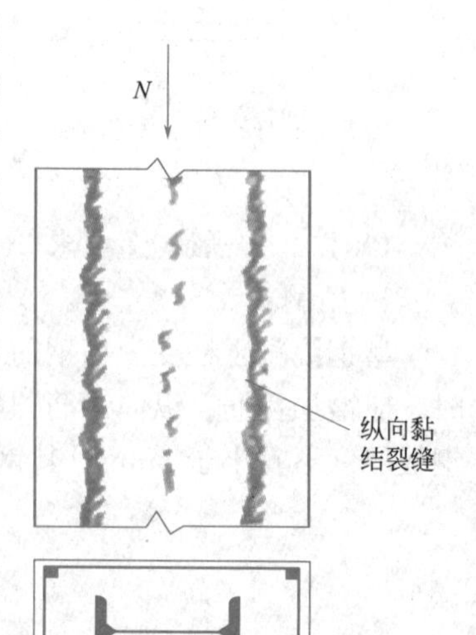

图 19-3　轴心受压型钢混凝土柱的破坏形态

19.2.2　正截面承载力计算

型钢混凝土轴心受压柱的正截面受压承载力可按下式计算：

$$N \leqslant 0.9\varphi(f_c A_c + f'_y A'_s + f'_a A'_a) \tag{19-1}$$

式中　N——轴向压力设计值；

A_c、A'_s、A'_a——混凝土、钢筋、型钢的截面面积；

f_c、f'_y、f'_a——混凝土、钢筋、型钢的抗压强度设计值；

φ——轴心受压柱稳定系数，应按表 19-2 确定。

轴心受压稳定系数　　表 19-2

l_0/i	≤28	35	42	48	55	62	69	76	83	90	97	104
φ	1.00	0.98	0.95	0.92	0.87	0.81	0.75	0.70	0.65	0.60	0.56	0.52

注：l_0 为构件的计算长度；i 为截面的最小回转半径。

$$i=\sqrt{\frac{E_cI_c+E_aI_a}{E_cA_c+E_aA_a}} \tag{19-2}$$

式中　E_c、E_a——混凝土弹性模量、型钢弹性模量；

I_c、I_a——混凝土截面惯性矩、型钢截面惯性矩。

19.2.3　例题

【例题 19-1】 某型钢混凝土柱的截面尺寸为 b=400mm、h=600mm，混凝土强度等级为 C35，型钢采用 Q345，采用焊接工字钢，尺寸为 300mm×200mm×8mm×12mm，在截面内居中布置；钢筋采用 HRB400，分别在四个柱角布置 3Φ18 的纵向钢筋。柱子的计算长度为 4200mm，试求该柱绕长边弯曲时的轴心受压正截面承载力设计值。

【解】

(1) 截面特性参数计算

型钢截面惯性矩：

$$I_{ax}=\frac{200\times300^3}{12}-\frac{1}{12}\times(200-8)\times(300-12\times2)=1.14\times10^8\text{mm}^4$$

钢筋的惯性矩：

$$I_{sx}=1.92\times10^8\text{mm}^4$$

混凝土净截面的惯性矩：

$$I_{cx}=\frac{400\times600^3}{12}-1.14\times10^8-1.92\times10^8=6.89\times10^8\text{mm}^4$$

$$\alpha_a=\frac{E_a}{E_c}=\frac{2.06\times10^5}{3.15\times10^4}=6.54,\quad \alpha_s=\frac{E_s}{E_c}=\frac{2.0\times10^5}{3.15\times10^4}=6.35$$

换算截面的惯性矩为：

$$\begin{aligned}I_{0x}&=I_{cx}+\alpha_aI_{ax}+\alpha_sI_{sx}\\&=6.89\times10^8+6.54\times1.14\times10^8+6.35\times1.92\times10^8=2.65\times10^9\text{mm}^4\end{aligned}$$

换算截面的面积：

$$\begin{aligned}A_0&=A_c+\alpha_aA_a+\alpha_sA_s\\&=[400\times600-(2\times200\times12+276\times8)-12\times254.5]\\&\quad+6.54\times(2\times200\times12+276\times8)+6.35\times12\times254.5\\&=2.95\times10^5\text{mm}^2\end{aligned}$$

截面绕 x 轴最小回转半径为：

$$i_x=\sqrt{\frac{I_{0x}}{A_0}}=\sqrt{\frac{2.65\times10^9}{2.95\times10^5}}=97.78\text{mm}$$

(2) 计算稳定性系数

柱子的长细比：

$$l_0/i_x=\frac{4200}{97.78}=42.95\text{mm},$$ 查表可得稳定系数 φ 为 0.945。

(3) 计算承载力

$$
\begin{aligned}
N_{u} &= 0.9\varphi(f_{c}A_{c}+f'_{y}A'_{s}+f'_{a}A'_{a}) \\
&= 0.9\times 0.945\times(16.7\times 229938+360\times 3054+310\times 7008) \\
&= 6048.67\ \text{kN}
\end{aligned}
$$

19.3 偏心受压构件正截面承载力

19.3.1 受力性能

偏心受压柱承受轴向压力 N 和弯矩 M 的作用，呈现压弯构件的破坏特点。试验表明，在具有不同偏心距（$e_0=M/N$）的荷载作用下，型钢混凝土柱经历了混凝土初裂、裂缝开展、受压侧钢筋和型钢翼缘屈服、混凝土压碎剥落、构件达到极限承载力的过程。

根据偏心距及破坏特征的不同，型钢混凝土偏心受压柱可分为受压破坏和受拉破坏两种破坏形态。

受压破坏（小偏心受压破坏）：当偏心距较小时，型钢混凝土柱一般发生受压破坏。当轴向压力增加到一定程度时，靠近轴向压力一侧的受压区边缘混凝土达到其极限压应变，混凝土被压碎剥落，柱发生破坏。此时，靠近轴向压力一侧的纵向钢筋和型钢翼缘能够发生屈服，而远离轴向压力一侧的纵向钢筋和型钢可能受压，也可能受拉，但均不发生屈服。

受拉破坏（大偏心受压破坏）：当偏心距较大时，型钢混凝土柱一般发生受拉破坏。当轴向压力增加到一定数值时，远离轴向压力一侧的混凝土受拉，产生与柱轴线垂直的水平裂缝。随着轴向压力增加，水平裂缝不断扩展和延伸，受拉侧纵向钢筋和型钢翼缘相继发生屈服。之后，轴向压力仍可继续增加，直至受压区边缘混凝土达到极限压应变而逐渐被压碎剥落，柱失效破坏。此时，受压侧纵向钢筋和型钢翼缘一般能够达到屈服，型钢腹板无论是受压还是受拉，都只能一部分达到屈服。偏心距越大，破坏过程越缓慢，横向裂缝开展越大。

19.3.2 正截面承载力计算

1. 型钢截面为充满型实腹型钢

正截面受压承载力的计算简图如图 19-4 所示，按下列公式计算：

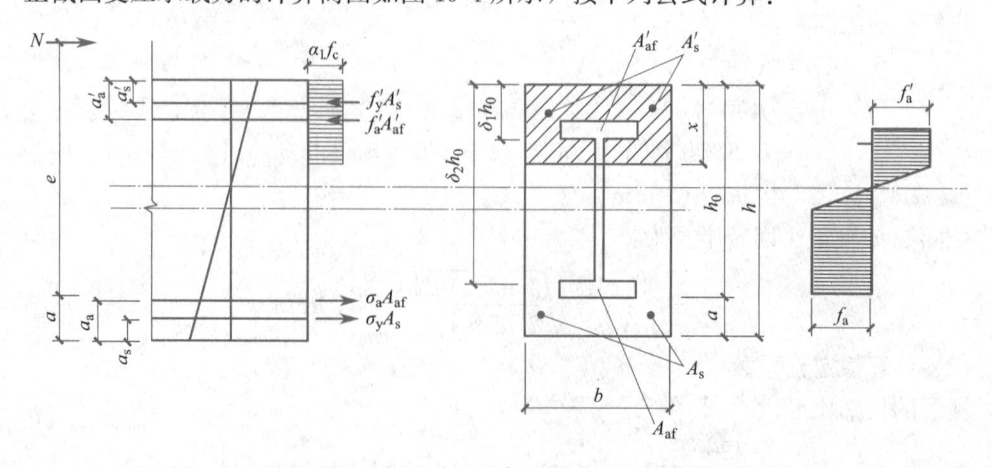

图 19-4 型钢混凝土偏心受压柱的正截面承载力计算参数示意图

对于持久、短暂设计状况：

$$N \leqslant \alpha_1 f_c bx + f'_y A'_s + f'_a A'_{af} - \sigma_s A_s - \sigma_a A_{af} + N_{aw} \tag{19-3}$$

$$Ne \leqslant \alpha_1 f_c bx\left(h_0 - \frac{x}{2}\right) + f'_y A'_s (h_0 - a'_s) + f'_a A'_{af}(h_0 - a'_a) + M_{aw} \tag{19-4}$$

$$h_0 = h - a \tag{19-5}$$

$$e = e_i + \frac{h}{2} - a \tag{19-6}$$

$$e_i = e_0 + e_a \tag{19-7}$$

$$e_0 = \frac{M}{N} \tag{19-8}$$

对于 N_{aw} 和 M_{aw}，当 $\delta_1 h_0 < x/\beta_1$，$\delta_2 h_0 > x/\beta_1$ 时：

$$N_{aw} = \left[\frac{2x}{\beta_1 h_0} - (\delta_1 + \delta_2)\right] t_w h_0 f_a \tag{19-9}$$

$$M_{aw} = \left[0.5(\delta_1^2 + \delta_2^2) - (\delta_1 + \delta_2) + \frac{2x}{\beta_1 h_0} - \left(\frac{x}{\beta_1 h_0}\right)^2\right] t_w h_0^2 f_a \tag{19-10}$$

当 $\delta_1 h_0 < x/\beta_1$，$\delta_2 h_0 > x/\beta_1$ 时：

$$N_{aw} = (\delta_2 - \delta_1) t_w h_0 f_a \tag{19-11}$$

$$M_{aw} = [0.5(\delta_1^2 - \delta_2^2) + (\delta_2 - \delta_1)] t_w h_0^2 f_a \tag{19-12}$$

受拉或受压较小边的钢筋应力 σ_s，和型钢翼缘应力 σ_a，可按下列公式计算：

当 $x \leqslant \xi_b h_0$ 时，为大偏心受压构件，取：

$$\sigma_s = f_y \tag{19-13}$$

$$\sigma_a = f_a \tag{19-14}$$

当 $x > \xi_b h_0$ 时，为小偏心受压构件，取：

$$\sigma_s = \frac{f_y}{\xi_b - \beta_1}\left(\frac{x}{h_0} - \beta_1\right) \tag{19-15}$$

$$\sigma_a = \frac{f_a}{\xi_b - \beta_1}\left(\frac{x}{h_0} - \beta_1\right) \tag{19-16}$$

$$\xi_b = \frac{\beta_1}{1 + \dfrac{f_y + f_a}{2 \times 0.003 E_s}} \tag{19-17}$$

式中 e ——轴向压力作用点至纵向受拉钢筋和型钢受拉翼缘的合力点之间的距离；

e_0 ——轴向压力对截面形心的偏心距；

e_i ——初始偏心距；

α_1 ——受压区混凝土压应力影响系数；

β_1 ——受压区混凝土应力图形影响系数；

M ——柱端较大弯矩设计值；当需要考虑挠曲产生的二阶效应时，柱端弯矩 M 应按《混凝土结构设计标准》GB/T 50010—2010（2024 年版）的规定确定；

N ——与弯矩设计值 M 相对应的轴向压力设计值；

M_{aw} ——型钢腹板承受的轴向合力对受拉或受压较小边型钢翼缘和纵向钢筋合力点的力矩；

N_{aw} ——型钢腹板承受的轴向合力；

f_c——混凝土轴心抗压强度设计值；

f_a、f'_a——型钢抗拉和抗压强度设计值；

f_y、f'_y——钢筋抗拉和抗压强度设计值；

A_s、A'_s——受拉和受压钢筋的截面面积；

A_{af}、A'_{af}——型钢受拉和受压钢筋的截面面积；

b——截面宽度；

h——截面高度；

h_0——截面有效高度；

t_w——型钢腹板厚度；

ξ_b——界限受压区高度；

E_s——钢筋弹性模量；

x——混凝土等效受压区高度；

a'_s、a'_a——受压区钢筋和型钢翼缘合力点至截面受拉边缘的距离；

a——型钢受拉翼缘与受拉钢筋合力点至截面受拉边缘的距离；

δ_1——型钢腹板上端至截面上边的距离与 h_0 的比值，$\delta_1 h_0$ 为型钢腹板上端至截面上边的距离；

δ_2——型钢腹板下端至截面上边的距离与 h_0 的比值，$\delta_2 h_0$ 为型钢腹板下端至截面上边的距离。

2. 型钢截面为十字形型钢

配置十字形型钢的型钢混凝土柱的正截面受压承载力计算中可折算计入腹板两侧的侧腹板面积，如图 19-5 所示，等效腹板厚度 t'_w 可按照下式计算：

$$t'_w = t_w + \frac{0.5\sum A_{aw}}{h_w} \tag{19-18}$$

式中 $\sum A_{aw}$——两侧的侧腹板总面积；

t_w——腹板厚度。

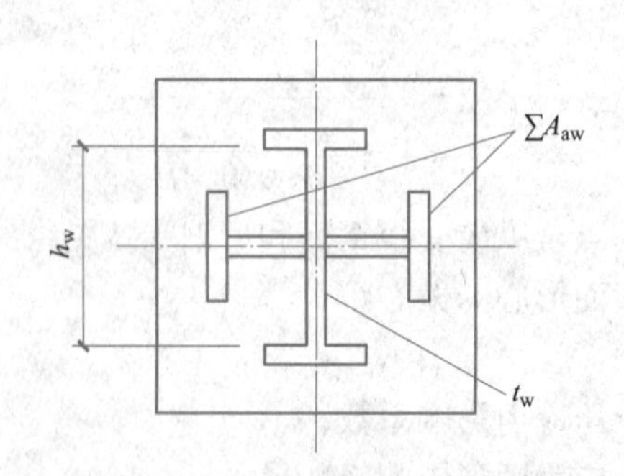

图 19-5 配置十字形型钢的型钢混凝土柱

3. 双向偏心型钢混凝土柱

对截面具有两个相互垂直的对称轴的型钢混凝土双向偏心受压柱（图 19-6），应符合 x 向和 y 向单向偏心受压承载力计算要求，其双向偏心受压承载力可按下列公式计算：

$$N \leqslant \frac{1}{\frac{1}{N_{ux}} + \frac{1}{N_{uy}} - \frac{1}{N_{u0}}} \tag{19-19}$$

当 e_{iy}/h、e_{ix}/b 不大于 0.6 时，可按下列公式计算：

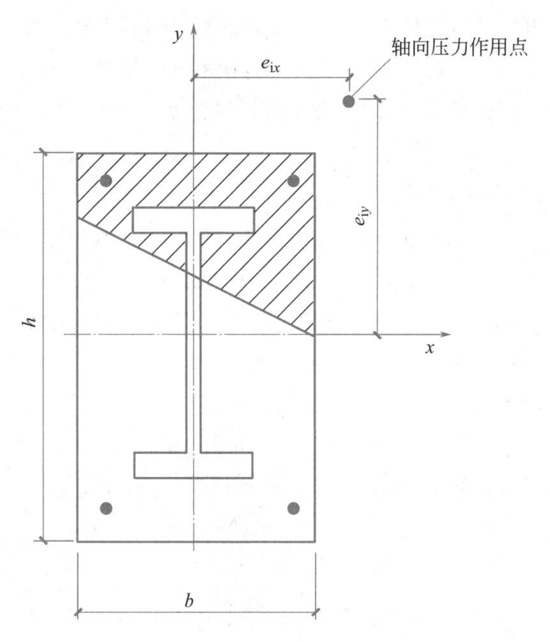

图 19-6　双向偏心受压柱的承载力计算

对于持久、短暂设计状况：

$$N \leqslant \frac{(A_c f_c + A_s f_y + A_a f_a)/(1.7 - \sin\alpha)}{1 + 1.3\left(\frac{e_{ix}}{b} + \frac{e_{iy}}{h}\right) + 2.8\left(\frac{e_{ix}}{b} + \frac{e_{iy}}{h}\right)^2} k_1 k_2 \tag{19-20}$$

$$k_1 = 1.09 - 0.015\frac{l_0}{b} \tag{19-21}$$

$$k_2 = 1.09 - 0.015\frac{l_0}{h} \tag{19-22}$$

式中　N——双向偏心轴向压力设计值；

N_{u0}——柱截面的轴向受压承载力设计值；

N_{ux}、N_{uy}——柱截面的 x 轴方向和 y 轴方向的单向偏心受压承载力设计值；

l_0——柱计算长度；

f_c、f_y、f_a——混凝土、纵向钢筋、型钢的抗压强度设计值；

A_c、A_y、A_a——混凝土、纵向钢筋、型钢的截面面积；

e_{ix}、e_{iy}——轴向力 N 对 y 轴和 x 轴的计算偏心距；

b、h——柱的截面宽度、高度；

k_1、k_2——x 轴和 y 轴的构件长细比影响系数；

α——荷载作用点与截面中心点连线相对于 x 或 y 轴的较小偏心角，取 $\alpha \leqslant 45°$。

19.3.3 例题

【例题 19-2】 如 19.2.3 节所述的型钢混凝土柱，其截面尺寸为 $b=400\text{mm}$、$h=600\text{mm}$，混凝土强度等级为 C35，型钢采用 Q345，采用焊接工字钢，尺寸为 300mm×200mm×8mm×12mm，在截面内居中布置；钢筋采用 HRB400，分别在四个柱角布置 3⌀18 的纵向钢筋，保护层厚度为 20mm，箍筋等级为 HRB400 级，箍筋直径为 8mm。柱子的计算长度为 4200mm，该柱承受的弯矩设计值为 900kN·m，轴向力设计值为 1500kN。试验算该柱正截面承载力设计是否满足要求。

【解】

（1）型钢的截面特性参数计算

$$A_{af}=A'_{af}=200\times12=2400\text{mm}^2$$

$$f_a=f'_a=310\text{N/mm}^2$$

$$a_a=a'_a=(600-300)/2+12/2=156\text{mm}$$

（2）钢筋的截面特性计算

第一排钢筋（2⌀18）：

$$A_{s1}=A'_{s1}=509\text{mm}^2$$

$$a_{s1}=a'_{s1}=20+8+18/2=37\text{mm}$$

$$f_y=f'_y=360\text{N/mm}^2$$

第二排钢筋（⌀18）：

$$A_{s2}=A'_{s2}=254.5\text{mm}^2$$

$$a_{s2}=a'_{s2}=20+8+18+20+18/2=75\text{mm}$$

（3）截面的受压区高度计算

受拉钢筋及型钢翼缘部分合力点到混凝土受拉边缘的距离：

$$a_h=\frac{f_yA_sa_s+f_aA_{af}a_a}{f_yA_s+f_aA_{af}}$$

$$=\frac{360\times509\times37+360\times254.5\times75+310\times2400\times156}{360\times509+360\times254.5+310\times2400}=127.3\text{mm}$$

型钢受拉翼缘与纵向受拉钢筋合力点至混凝土受压边缘的距离为：

$$h_0=h-a_h=600-127.3=472.7\text{mm}$$

型钢腹板上、下端至梁截面上边缘的距离为：

$$\delta_1h_0=150+12=162\text{mm}，\delta_2h_0=600-150-12=438\text{mm}$$

$$\delta_1=\frac{162}{472.7}=0.342，\delta_2=\frac{438}{h_0}=\frac{438}{472.7}=0.927$$

假定该柱为大偏心受压，且 $\delta_1h_0<1.25x$，$\delta_2h_0>1.25x$，且为对称配钢和配筋，则：

$$N=\alpha_1f_cbx+f'_yA'_s+f'_aA'_{af}-f_yA_s-f_yA_{af}+N_{aw}$$

$$=\alpha_1f_cbx+N_{aw}$$

$$=\alpha_1f_cbx+\left[\frac{2x}{\beta_1h_0}-(\delta_1+\delta_2)\right]t_wh_0f_a$$

$$1500\times10^3=1.0\times16.7\times400\times x+\left[\frac{2x}{0.8\times472.7}-(0.342+0.927)\right]\times8\times472.7\times310$$

解得：

$$x = 240\text{mm}$$

$$\xi_b = \frac{\beta_1}{1 + \dfrac{f_y + f_a}{2 \times 0.003E_s}} = \frac{0.8}{1 + \dfrac{360 + 310}{2 \times 0.003 \times 2.0 \times 10^5}} = 0.52$$

$\xi = \dfrac{x}{h_0} = \dfrac{240}{472.7} = 0.508 < \xi_b$，且 $\delta_1 h_0 < 1.25x < \delta_2 h_0$，因此假定成立。

（4）抗弯承载力计算

轴向力对截面重心的偏心距为：

$$e_0 = \frac{900 \times 10^6}{1500 \times 10^3} = 600\text{mm}$$

附加偏心距：

$$e_a = \frac{600}{30} = 20\text{mm}$$

截面的初始偏心距：

$$e_i = e_0 + e_a = 600 + 20 = 620\text{mm}$$

截面的长细比 $l_0/h = 4200/600 = 7 < 8$，取偏心距增大系数 η 为 1.0，则：

$$e = \eta e_i + \frac{h}{2} - a_h = 1.0 \times 620 + \frac{600}{2} - 127.3 = 792.7\text{mm}$$

$$M_{aw} = [0.5(\delta_1^2 + \delta_2^2) - (\delta_1 + \delta_2) + \frac{2x}{\beta_1 h_0} - \left(\frac{x}{\beta_1 h_0}\right)^2] t_w h_0^2 f_a$$

$$= \left[0.5 \times (0.342^2 + 0.927^2) - (0.342 + 0.927) + \frac{2 \times 240}{0.8 \times 472.7} - \left(\frac{240}{0.8 \times 472.7}\right)^2\right]$$

$$\times 8 \times 472.7^2 \times 310$$

$$= 47.48 \text{ kN} \cdot \text{m}$$

$$\alpha_1 f_c bx\left(h_0 - \frac{x}{2}\right) + f'_y A'_s (h_0 - a'_s) + f'_a A'_{af} (h_0 - a'_a) + M_{aw}$$

$$= 1.0 \times 16.7 \times 400 \times 240 \times \left(472.7 - \frac{240}{2}\right) + 360 \times 472.7 \times (472.7 - 37)$$

$$+ 360 \times 254.5 \times (472.7 - 75) + 310 \times 2400 \times (472.7 - 156) + 47.48 \times 10^6$$

$$= 1132.3\text{kN} \cdot \text{m} < Ne = 1500 \times 792.7 \times 10^{-3} = 1189 \text{ kN} \cdot \text{m}$$

因此，该柱截面不满足正截面承载力要求，可更换型钢型号进行重新验算。

19.4 斜截面抗剪承载力

19.4.1 抗剪性能

当剪跨比 $\lambda < 1.5$ 时，容易发生剪切斜压破坏。首先在柱的受剪表面出现许多沿对角线方向的斜裂缝，随着反复荷载的逐渐增大，斜裂缝不断发展，并形成交叉斜裂缝，将表面混凝土分割成若干斜压小柱体，最终因混凝土小柱体被压碎而导致柱发生破坏。剪切斜压破坏形态如图 19-7（a）所示。

当剪跨比 $1.5 < \lambda < 2.5$ 时，容易发生剪切黏结破坏。首先在柱根部出现水平裂缝，

随着荷载增大，水平裂缝发展很慢，但出现新的斜裂缝，斜裂缝延伸至型钢翼缘外侧时转变为竖向裂缝，随着荷载继续增大，这些竖向裂缝先后贯通，形成竖向黏结裂缝，把型钢外侧混凝土剥开，柱宣告破坏，剪切黏结破坏形态如图 19-7（b）所示。

当剪跨比 $\lambda>2.5$ 时，容易发生弯剪破坏。首先在柱端出现水平裂缝，随着反复荷载不断施加，水平裂缝连通，与斜裂缝相交叉，荷载继续增大，柱端混凝土压碎，柱宣告破坏，弯剪破坏形态如图 19-7（c）所示。

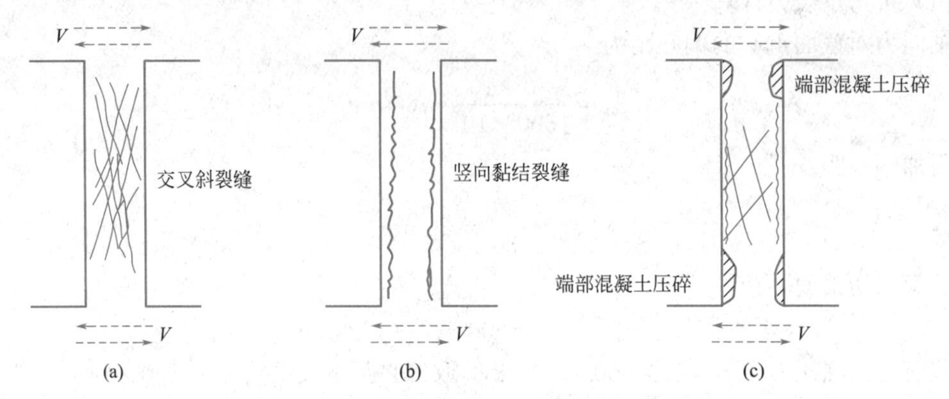

图 19-7　型钢混凝土柱的斜截面破坏形态

（a）剪切斜压破坏；（b）剪切黏结破坏；（c）剪切破坏

19.4.2　斜截面抗剪承载力计算

1. 影响因素

剪跨比是影响型钢混凝土柱受剪性能的主要因素，受剪承载力随着剪跨比的增大而减小，但是当剪跨比大于某一数值后，剪跨比对受剪承载力的影响将不显著。

轴向压力的存在抑制了柱斜裂缝的出现和开展，增加了混凝土剪压区高度，当轴压比小于 0.5 时，随着轴心压力的提高，柱的受剪承载力将增大。当轴向压力很大时，会导致柱子发生受压破坏。

混凝土的强度等级越高，柱的抗压强度和抗拉强度就越大，受剪承载力越高。

型钢腹板和箍筋承担较多剪力，且较好地约束了核心混凝土，因此腹板含钢量及箍筋的配筋率越大，柱的受剪承载力越高，变形性能更好。

2. 偏心受压柱斜截面承载力计算

为避免偏心受压型钢混凝土柱发生斜截面破坏，其受剪截面尚应符合下列规定：

$$V_c \leqslant \frac{1.75}{\lambda+1} f_t b h_0 + f_{yv} \frac{A_{sv}}{s} h_0 + \frac{0.58}{\lambda} f_a t_w h_w + 0.07N \tag{19-23}$$

式中　f_{yv}——箍筋的抗拉强度设计值；

A_{sv}——配置在同一截面内箍筋各肢的全部截面面积；

s——沿构件长度方向上箍筋的间距；

λ——柱的计算剪跨比；

N——柱的轴向压力设计值，当 $N>0.3f_cA_c$ 时；取 $N=0.3f_cA_c$。

3. 偏心受拉柱斜截面承载力计算

为避免偏心受拉型钢混凝土柱发生斜截面破坏，其受剪截面尚应符合下列规定：

$$V_c \leqslant \frac{1.75}{\lambda+1}f_t bh_0 + f_{yv}\frac{A_{sv}}{s}h_0 + \frac{0.58}{\lambda}f_a t_w h_w - 0.2N \tag{19-24}$$

当 $V_c \leqslant f_{yv}\frac{A_{sv}}{s}h_0 + \frac{0.58}{\lambda}f_a t_w h_w$ 时，应取 $V_c = f_{yv}\frac{A_{sv}}{s}h_0 + \frac{0.58}{\lambda}f_a t_w h_w$。

式中　N ——柱的轴向拉力设计值。

4. 截面限制条件

为避免型钢混凝土柱发生剪切斜压破坏，其受剪截面尚应符合下列规定：

$$V_c \leqslant 0.45\beta_c f_c bh_0 \tag{19-25}$$

$$\frac{f_a t_w h_w}{\beta_c f_c bh_0} \geqslant 0.10 \tag{19-26}$$

式中　h_w ——型钢腹板高度；

β_c ——混凝土强度影响系数，当混凝土强度等级不超过C50时，取 $\beta_c=1$；当混凝土强度等级为C80时，取 $\beta_c=0.8$；其间按线性内插法确定。

19.4.3　例题

【例题 19-3】 如 19.2.3 节所述的型钢混凝土柱，其截面尺寸为 $b=400$mm、$h=600$mm，混凝土强度等级为 C35，型钢采用 Q345，采用焊接工字钢，尺寸为 300mm×200mm×8mm×12mm，在截面内居中布置；钢筋采用 HRB400 级，分别在四个柱角布置 3Φ18 的纵向钢筋，保护层厚度为 20mm，箍筋等级为 HRB400 级。柱子的计算长度为 4200mm，该柱承受的剪力设计值为 800kN，轴向力设计值为 1500kN。试计算该型钢混凝土柱的箍筋用量。

【解】

（1）型钢的截面特性参数计算

如 19.2.3 节和 19.3.3 节所述，截面的 $a_h=90.8$mm，$h_0=509.2$mm。

（2）验算受剪截面是否符合尺寸要求：

$$0.45\beta_c f_c bh_0 = 0.45\times1.0\times16.7\times400\times509.2 = 1530.7\text{ kN} > V_c = 800\text{kN}$$

$$\frac{f_a t_w h_w}{\beta_c f_c bh_0} = \frac{310\times8\times(300-24)}{1.0\times16.7\times400\times509.2} = 0.20 \geqslant 0.10$$

因此，截面尺寸满足要求。

（3）计算该柱的剪跨比

$$\lambda = \frac{L}{2}\times\frac{1}{h_0} = \frac{4200}{2}\times\frac{1}{509.2} = 4.12 > 3，\text{ 取 }\lambda=3。$$

$N=1500\text{ kN} > 0.3f_cA_c = 0.3\times16.7\times400\times600 = 1202\text{ kN}$，取 $N=1202$kN

（4）计算箍筋用量

$$V_c = \frac{1.75}{\lambda+1}f_t bh_0 + f_{yv}\frac{A_{sv}}{s}h_0 + \frac{0.58}{\lambda}f_a t_w h_w + 0.07N$$

$$800\times10^3 = \frac{1.75}{3+1}\times1.57\times400\times509.2 + 360\times\frac{A_{sv}}{s}\times509.2 + \frac{0.58}{3}\times310\times8\times276 + 0.07\times1202\times10^3$$

解得：$\frac{A_{sv}}{s}=2.42$mm，选用直径为 14mm 的双肢箍，则 $s=\frac{2\times153.9}{2.42}=127.2$mm。

实配双肢箍，Φ14@120mm。

思 考 题

19-1 型钢混凝土梁与普通钢筋混凝土柱相比，有哪些优点？

19-2 影响型钢混凝土轴心受压柱受力性能的因素有哪些？

19-3 影响型钢混凝土偏心受压柱受力性能的因素有哪些？

19-4 型钢混凝土偏心受压柱正截面承载力计算采用了哪些基本假定？

19-5 型钢混凝土柱的抗剪承载力与哪些因素有关？

练 习 题

某型钢混凝土柱截面尺寸为 $b=550$mm，$h=650$mm，柱子的计算长度为 5m，采用的混凝土强度等级为 C40。纵向钢筋为 HRB400，在柱角各配置了 3Φ25 的钢筋。柱内型钢采用 Q345 钢，采用焊接工字钢 400mm×300mm×14mm×24mm，采用居中布置。该柱承受的绕强轴弯矩设计值为 1200kN·m，轴向压力设计值为 4000kN。试验算该柱正截面承载力是否满足要求。如果该柱不配置型钢，请设计该柱的配筋，并与型钢混凝土柱进行对比分析。

附表

混凝土强度标准值（N/mm^2） 附表 1

强度种类	混凝土强度等级												
	C20	C25	C30	C35	C40	C45	C50	C55	C60	C65	C70	C75	C80
f_{ck}	13.4	16.7	20.1	23.4	26.8	29.6	32.4	35.3	38.5	41.5	44.5	47.4	50.2
f_{tk}	1.54	1.78	2.01	2.20	2.39	2.51	2.64	2.74	2.85	2.93	2.99	3.05	3.11

混凝土强度设计值（N/mm^2） 附表 2

强度种类	混凝土强度等级												
	C20	C25	C30	C35	C40	C45	C50	C55	C60	C65	C70	C75	C80
f_c	9.6	11.9	14.3	16.7	19.1	21.1	23.1	25.3	27.5	29.7	31.8	33.8	35.9
f_t	1.10	1.27	1.43	1.57	1.71	1.80	1.89	1.96	2.04	2.09	2.14	2.18	2.22

混凝土弹性模量（$\times 10^4 N/mm^2$） 附表 3

混凝土强度等级	C20	C25	C30	C35	C40	C45	C50	C55	C60	C65	C70	C75	C80
E_c	2.55	2.80	3.00	3.15	3.25	3.35	3.45	3.55	3.60	3.65	3.70	3.75	3.80

普通钢筋强度标准值 附表 4

牌号	符号	公称直径 d(mm)	屈服强度标准值 f_{yk}(N/mm^2)	极限强度标准值 f_{stk}(N/mm^2)
HPB300	Φ	6～22	300	420
HRB400 HRBF400 RRB400	Φ $Φ^F$ $Φ^R$	6～50	400	540
HRB500 HRBF500	Φ $Φ^F$	6～50	500	630

预应力钢筋强度标准值 附表 5

种类		符号	公称直径 d(mm)	屈服强度标准值 f_{pyk}(N/mm^2)	极限强度标准值 f_{ptk}(N/mm^2)
中强度预应力钢丝	光面 螺旋肋	$Φ^{PM}$ $Φ^{HM}$	5、7、9	620	800
				780	970
				980	1270
预应力螺纹钢筋	螺纹	$Φ^T$	18、25、32、40、50	785	980
				930	1080
				1080	1230

续表

种类		符号	公称直径 d(mm)	屈服强度标准值 f_{pyk}(N/mm²)	极限强度标准值 f_{ptk}(N/mm²)
消除应力钢丝	光面 螺旋肋	ϕ^P ϕ^H	5	—	1570
				—	1860
			7	—	1570
			9	—	1470
				—	1570
钢绞线	1×3 (三股)	ϕ^S	8.6、10.8、12.9	—	1570
				—	1860
				—	1960
	1×7 (七股)		9.5、12.7、15.2、17.8	—	1720
				—	1860
				—	1960
			21.6	—	18600

普通钢筋强度设计值(N/mm²) 附表 6

牌号	抗拉强度设计值 f_y	抗压强度设计值 f'_y
HPB300	270	270
HRB400、HRBF400、RRB400	360	360
HRB500、HRBF500	435	410

预应力钢筋强度设计值(N/mm²) 附表 7

种类	极限强度标准值 f_{ptk}	抗拉强度设计值 f_{py}	抗压强度设计值 f'_{py}
中强度预应力钢丝	800	510	410
	970	650	
	1270	810	
消除应力钢丝	1470	1040	410
	1570	1110	
	1860	1320	
钢绞线	1570	1110	390
	1720	1220	
	1860	1320	
	1960	1390	
预应力螺纹钢筋	980	650	410
	1080	770	
	1230	900	

钢筋弹性模量（$\times 10^5 N/mm^2$）　附表 8

牌号或种类	弹性模量 E_s
HPB300 钢筋	2.10
HRB400、HRB500 钢筋 HRBF400、HRBF500 钢筋 RRB400 钢筋 预应力螺纹钢筋	2.00
消除应力钢丝、中强度预应力钢筋	2.05
钢绞线	1.95

混凝土保护层的最小厚度（mm）　附表 9

环境类别	板、墙、壳	梁、柱、杆
一	15	20
二 a	20	25
二 b	25	35
三 a	30	40
三 b	40	50

注：1. 表中数值适用于设计使用年限为 50 年的混凝土结构，对于设计使用年限为 100 年的混凝土结构，最外层钢筋的保护层厚度不应小于表格中数值的 1.4 倍；
2. 混凝土强度等级不大于 C20 时，表中保护层厚度数值应增加 5mm；
3. 钢筋混凝土基础宜设置混凝土垫层，基础中钢筋的混凝土保护层厚度应从垫层顶面算起，且不应小于 40mm；
4. 当有充分依据并采取下列措施时，可适当减小混凝土保护层的厚度：
① 构件表面有可靠的防护层；
② 采用工厂化生产的预制构件；
③ 在混凝土中掺加阻锈剂或采用阴极保护处理等防锈措施；
④ 当对地下室墙体采取可靠的建筑防水做法或防护措施时，与土层接触的一侧钢筋的保护层厚度可适当减少，但不应小于 25mm。
5. 当梁、柱、墙中纵向受力钢筋的保护层厚度大于 50mm 时，宜对保护层采取有效的构造措施。

钢筋混凝土受弯构件计算用 ξ 表　附表 10

α_s	0	1	2	3	4	5	6	7	8	9
0.00	0.0000	0.0010	0.0020	0.0030	0.0040	0.0050	0.0060	0.0070	0.0080	0.0090
0.01	0.0101	0.0111	0.0121	0.0131	0.0141	0.0151	0.0161	0.0171	0.0182	0.0192
0.02	0.0202	0.0212	0.0222	0.0233	0.0243	0.0253	0.0263	0.0274	0.0284	0.0294
0.03	0.0305	0.0315	0.0325	0.0336	0.0346	0.0356	0.0367	0.0377	0.0388	0.0398
0.04	0.0408	0.0419	0.0429	0.0440	0.0450	0.0461	0.0471	0.0482	0.0492	0.0503
0.05	0.0513	0.0524	0.0534	0.0545	0.0555	0.0566	0.0577	0.0587	0.0598	0.0609
0.06	0.0619	0.0630	0.0641	0.0651	0.0662	0.0673	0.0683	0.0694	0.0705	0.0716
0.07	0.0726	0.0737	0.0748	0.0759	0.0770	0.0780	0.0791	0.0802	0.0813	0.0824
0.08	0.0835	0.0846	0.0857	0.0868	0.0879	0.0890	0.0901	0.0912	0.0923	0.0934
0.09	0.0945	0.0956	0.0967	0.0978	0.0989	0.1000	0.1011	0.1022	0.1033	0.1045

续表

α_s	0	1	2	3	4	5	6	7	8	9
0.10	0.1056	0.1067	0.1078	0.1089	0.1101	0.1112	0.1123	0.1134	0.1146	0.1157
0.11	0.1168	0.1180	0.1191	0.1202	0.1214	0.1225	0.1236	0.1248	0.1259	0.1271
0.12	0.1282	0.1294	0.1305	0.1317	0.1328	0.1340	0.1351	0.1363	0.1374	0.1386
0.13	0.1398	0.1409	0.1421	0.1433	0.1444	0.1456	0.1468	0.1479	0.1491	0.1503
0.14	0.1515	0.1527	0.1538	0.1550	0.1562	0.1574	0.1586	0.1598	0.1610	0.1621
0.15	0.1633	0.1645	0.1657	0.1669	0.1681	0.1693	0.1705	0.1717	0.1730	0.1742
0.16	0.1754	0.1766	0.1778	0.1790	0.1802	0.1815	0.1827	0.1839	0.1851	0.1864
0.17	0.1876	0.1888	0.1901	0.1913	0.1925	0.1938	0.1950	0.1963	0.1975	0.1988
0.18	0.2000	0.2013	0.2025	0.2038	0.2050	0.2063	0.2075	0.2088	0.2101	0.2113
0.19	0.2126	0.2139	0.2151	0.2164	0.2177	0.2190	0.2203	0.2215	0.2228	0.2241
0.20	0.2254	0.2267	0.2280	0.2293	0.2306	0.2319	0.2332	0.2345	0.2358	0.2371
0.21	0.2384	0.2397	0.2411	0.2424	0.2437	0.2450	0.2463	0.2477	0.2490	0.2503
0.22	0.2517	0.2530	0.2543	0.2557	0.2570	0.2584	0.2597	0.2611	0.2624	0.2638
0.23	0.2652	0.2665	0.2679	0.2692	0.2706	0.2720	0.2734	0.2747	0.2761	0.2775
0.24	0.2789	0.2803	0.2817	0.2831	0.2845	0.2859	0.2873	0.2887	0.2901	0.2915
0.25	0.2929	0.2943	0.2957	0.2971	0.2986	0.3000	0.3014	0.3029	0.3043	0.3057
0.26	0.3072	0.3086	0.3101	0.3115	0.3130	0.3144	0.3159	0.3174	0.3188	0.3203
0.27	0.3218	0.3232	0.3247	0.3262	0.3277	0.3292	0.3307	0.3322	0.3337	0.3352
0.28	0.3367	0.3382	0.3397	0.3412	0.3427	0.3443	0.3458	0.3473	0.3488	0.3504
0.29	0.3519	0.3535	0.3550	0.3566	0.3581	0.3597	0.3613	0.3628	0.3644	0.3660
0.30	0.3675	0.3691	0.3707	0.3723	0.3739	0.3755	0.3771	0.3787	0.3803	0.3819
0.31	0.3836	0.3852	0.3868	0.3884	0.3901	0.3917	0.3934	0.3950	0.3967	0.3983
0.32	0.4000	0.4017	0.4033	0.4050	0.4067	0.4084	0.4101	0.4118	0.4135	0.4152
0.33	0.4169	0.4186	0.4203	0.4221	0.4238	0.4255	0.4273	0.4290	0.4308	0.4325
0.34	0.4343	0.4361	0.4379	0.4396	0.4414	0.4432	0.4450	0.4468	0.4486	0.4505
0.35	0.4523	0.4541	0.4559	0.4578	0.4596	0.4615	0.4633	0.4652	0.4671	0.4690
0.36	0.4708	0.4727	0.4746	0.4765	0.4785	0.4804	0.4823	0.4842	0.4862	0.4881
0.37	0.4901	0.4921	0.4940	0.4960	0.4980	0.5000	0.5020	0.5040	0.5060	0.5081
0.38	0.5101	0.5121	0.5142	0.5163	0.5183	0.5204	0.5225	0.5246	0.5267	0.5288
0.39	0.5310	0.5331	0.5352	0.5374	0.5396	0.5417	0.5439	0.5461	0.5483	0.5506
0.40	0.5528	0.5550	0.5573	0.5595	0.5618	0.5641	0.5664	0.5687	0.5710	0.5734
0.41	0.5757									

注：$\alpha_s=\dfrac{M}{\alpha_1 f_c b h_0^2}$，$A_s=\xi\dfrac{\alpha_1 f_c}{f_y}bh_0$。

钢筋混凝土受弯构件计算用γ_s表 附表 11

α_s	0	1	2	3	4	5	6	7	8	9
0.00	1.0000	0.9995	0.9990	0.9985	0.9980	0.9975	0.9970	0.9965	0.9960	0.9955
0.01	0.9950	0.9945	0.9940	0.9935	0.9930	0.9924	0.9919	0.9914	0.9909	0.9904
0.02	0.9899	0.9894	0.9889	0.9884	0.9879	0.9873	0.9868	0.9863	0.9858	0.9853
0.03	0.9848	0.9843	0.9837	0.9832	0.9827	0.9822	0.9817	0.9811	0.9806	0.9801
0.04	0.9796	0.9791	0.9785	0.9780	0.9775	0.9770	0.9764	0.9759	0.9754	0.9749
0.05	0.9743	0.9738	0.9733	0.9728	0.9722	0.9717	0.9712	0.9706	0.9701	0.9696
0.06	0.9690	0.9685	0.9680	0.9674	0.9669	0.9664	0.9658	0.9653	0.9648	0.9642
0.07	0.9637	0.9631	0.9626	0.9621	0.9615	0.9610	0.9604	0.9599	0.9593	0.9588
0.08	0.9583	0.9577	0.9572	0.9566	0.9561	0.9555	0.9550	0.9544	0.9539	0.9533
0.09	0.9528	0.9522	0.9517	0.9511	0.9506	0.9500	0.9494	0.9489	0.9483	0.9478
0.10	0.9472	0.9467	0.9461	0.9455	0.9450	0.9444	0.9438	0.9433	0.9427	0.9422
0.11	0.9416	0.9410	0.9405	0.9399	0.9393	0.9387	0.9382	0.9376	0.9370	0.9365
0.12	0.9359	0.9353	0.9347	0.9342	0.9336	0.9330	0.9324	0.9319	0.9313	0.9307
0.13	0.9301	0.9295	0.9290	0.9284	0.9278	0.9272	0.9266	0.9260	0.9254	0.9249
0.14	0.9243	0.9237	0.9231	0.9225	0.9219	0.9213	0.9207	0.9201	0.9195	0.9189
0.15	0.9183	0.9177	0.9171	0.9165	0.9159	0.9153	0.9147	0.9141	0.9135	0.9129
0.16	0.9123	0.9117	0.9111	0.9105	0.9099	0.9093	0.9087	0.9080	0.9074	0.9068
0.17	0.9062	0.9056	0.9050	0.9044	0.9037	0.9031	0.9025	0.9019	0.9012	0.9006
0.18	0.9000	0.8994	0.8987	0.8981	0.8975	0.8969	0.8962	0.8956	0.8950	0.8943
0.19	0.8937	0.8931	0.8924	0.8918	0.8912	0.8905	0.8899	0.8892	0.8886	0.8879
0.20	0.8873	0.8867	0.8860	0.8854	0.8847	0.8841	0.8834	0.8828	0.8821	0.8814
0.21	0.8808	0.8801	0.8795	0.8788	0.8782	0.8775	0.8768	0.8762	0.8755	0.8748
0.22	0.8742	0.8735	0.8728	0.8722	0.8715	0.8708	0.8701	0.8695	0.8688	0.8681
0.23	0.8674	0.8667	0.8661	0.8654	0.8647	0.8640	0.8633	0.8626	0.8619	0.8612
0.24	0.8606	0.8599	0.8592	0.8585	0.8578	0.8571	0.8564	0.8557	0.8550	0.8543
0.25	0.8536	0.8528	0.8521	0.8514	0.8507	0.8500	0.8493	0.8486	0.8479	0.8471
0.26	0.8464	0.8457	0.8450	0.8442	0.8435	0.8428	0.8421	0.8413	0.8406	0.8399
0.27	0.8391	0.8384	0.8376	0.8369	0.8362	0.8354	0.8347	0.8339	0.8332	0.8324
0.28	0.8317	0.8309	0.8302	0.8294	0.8286	0.8279	0.8271	0.8263	0.8256	0.8248
0.29	0.8240	0.8233	0.8225	0.8217	0.8209	0.8202	0.8194	0.8186	0.8178	0.8170
0.30	0.8162	0.8154	0.8146	0.8138	0.8130	0.8122	0.8114	0.8106	0.8098	0.8090
0.31	0.8082	0.8074	0.8066	0.8058	0.8050	0.8041	0.8033	0.8025	0.8017	0.8008
0.32	0.8000	0.7992	0.7983	0.7975	0.7966	0.7958	0.7950	0.7941	0.7933	0.7924

续表

α_s	0	1	2	3	4	5	6	7	8	9
0.33	0.7915	0.7907	0.7898	0.7890	0.7881	0.7872	0.7864	0.7855	0.7846	0.7837
0.34	0.7828	0.7820	0.7811	0.7802	0.7793	0.7784	0.7775	0.7766	0.7757	0.7748
0.35	0.7739	0.7729	0.7720	0.7711	0.7702	0.7693	0.7683	0.7674	0.7665	0.7655
0.36	0.7646	0.7636	0.7627	0.7617	0.7608	0.7598	0.7588	0.7579	0.7569	0.7559
0.37	0.7550	0.7540	0.7530	0.7520	0.7510	0.7500	0.7490	0.7480	0.7470	0.7460
0.38	0.7449	0.7439	0.7429	0.7419	0.7408	0.7398	0.7387	0.7377	0.7366	0.7356
0.39	0.7345	0.7335	0.7324	0.7313	0.7302	0.7291	0.7280	0.7269	0.7258	0.7247
0.40	0.7236	0.7225	0.7214	0.7202	0.7191	0.7179	0.7168	0.7156	0.7145	0.7133
0.41	0.7121									

注：$\alpha_s=\dfrac{M}{\alpha_1 f_c b h_0^2}$，$A_s=\dfrac{M}{f_y \gamma_s h_0}$。

纵向受力钢筋的最小配筋百分率ρ_{min}（%） 附表 12

受力构件类型			最小配筋百分率
受压构件	全部纵向钢筋	强度等级 500MPa	0.50
		强度等级 400MPa	0.55
		强度等级 300MPa	0.60
	一侧纵向钢筋		0.20
受弯构件、偏心受拉构件、轴心受拉构件一侧受拉钢筋			0.20 和 $45f_t/f_y$ 中较大值

钢筋的计算截面面积及理论质量 附表 13

公称直径(mm)	不同根数钢筋的计算截面面积(mm^2)									单根钢筋理论质量(kg/m)
	1	2	3	4	5	6	7	8	9	
6	28.3	57	85	113	141	170	198	226	254	0.222
8	50.3	101	151	201	251	302	352	402	452	0.395
10	78.5	157	236	314	393	471	550	628	707	0.617
12	113.1	226	339	452	565	679	792	905	1018	0.888
14	153.9	308	462	616	770	924	1078	1232	1385	1.21
16	201.1	402	603	804	1005	1206	1407	1608	1810	1.58
18	254.5	509	763	1018	1272	1527	1781	2036	2290	2.00(2.11)
20	314.2	628	942	1257	1571	1885	2199	2513	2827	2.47
22	380.1	760	1140	1521	1901	2281	2661	3041	3421	2.98
25	490.9	982	1473	1963	2454	2945	3436	3927	4418	3.85(4.10)
28	615.8	1232	1847	2463	3079	3695	4310	4926	5542	4.83
32	804.2	1608	2413	3217	4021	4825	5630	6434	7238	6.31(6.65)

续表

公称直径(mm)	不同根数钢筋的计算截面面积(mm^2)									单根钢筋理论质量(kg/m)
	1	2	3	4	5	6	7	8	9	
36	1017.9	2036	3054	4072	5089	6107	7125	8143	9161	7.99
40	1256.6	2513	3770	5027	6283	7540	8796	10053	11310	9.87(10.34)
50	1963.5	3927	5890	7854	9817	11781	13744	15708	17671	15.42(16.28)

注：括号内为预应力螺纹钢筋的数值。

每米板宽各种钢筋间距时钢筋截面面积　　附表 14

钢筋间距(mm)	当钢筋直径(单位为“mm”)为下列数值时的钢筋截面面积(mm^2)													
	3	4	5	6	6/8	8	8/10	10	10/12	12	12/14	14	14/16	16
70	101	179	281	404	561	719	920	1121	1369	1616	1908	2199	2536	2872
75	94.3	167	262	377	524	671	859	1047	1277	1508	1780	2053	2367	2681
80	88.4	157	245	354	491	629	805	981	1198	1414	1669	1924	2218	2513
85	83.2	148	231	333	462	592	758	924	1127	1331	1571	1811	2088	2365
90	78.5	140	218	314	436	559	716	873	1065	1257	1484	1710	1972	2234
95	74.5	132	207	298	414	529	678	826	1008	1190	1405	1620	1868	2116
100	70.6	126	196	283	393	503	644	785	958	1131	1335	1539	1775	2011
110	64.2	114	178	257	357	457	585	714	871	1028	1214	1399	1614	1828
120	58.9	105	163	236	327	419	537	654	798	942	1112	1283	1480	1676
125	56.5	100	157	226	314	402	515	628	766	905	1068	1232	1420	1608
130	54.4	96.6	151	218	302	387	495	604	737	870	1027	1184	1365	1547
140	50.5	89.7	140	202	281	359	460	561	684	808	954	1100	1268	1436
150	47.1	83.8	131	189	262	335	429	523	639	754	890	1026	1183	1340
160	44.1	78.5	123	177	246	314	403	491	599	707	834	962	1109	1257
170	41.5	73.9	115	166	231	296	379	462	564	665	786	906	1044	1183
180	39.2	69.8	109	157	218	279	358	436	532	628	742	855	986	1117
190	37.2	66.1	103	149	207	265	339	413	504	595	702	810	934	1058
200	35.3	62.8	98.2	141	196	251	322	393	479	565	668	770	888	1005
220	32.1	57.1	89.3	129	178	228	292	357	436	514	607	700	807	914
240	29.4	52.4	81.9	118	164	209	268	327	399	471	556	641	740	838
250	28.3	50.2	78.5	113	157	201	258	314	383	452	534	616	710	804
260	27.2	48.3	75.5	109	151	193	248	302	368	435	514	592	682	773
280	25.2	44.9	70.1	101	140	180	230	281	342	404	477	550	634	718
300	23.6	41.9	66.5	94	131	168	215	262	320	377	445	513	592	670
320	22.1	39.2	61.4	88	123	157	201	245	299	353	417	481	554	628

注：表中钢筋直径中的 6/8、8/10…，是指两种直径的钢筋间隔放置。

钢筋混凝土受弯构件挠度限值　　附表 15

<table>
<tr><th colspan="2">构件类型</th><th>挠度限值</th></tr>
<tr><td rowspan="2">吊车梁</td><td>手动吊车</td><td>$l_0/500$</td></tr>
<tr><td>电动吊车</td><td>$l_0/600$</td></tr>
<tr><td rowspan="3">屋盖、楼盖及楼梯构件</td><td>当 $l_0<7\text{m}$ 时</td><td>$l_0/200(l_0/250)$</td></tr>
<tr><td>当 $7\text{m}\leqslant l_0\leqslant 9\text{m}$</td><td>$l_0/250(l_0/300)$</td></tr>
<tr><td>当 $l_0>9\text{m}$ 时</td><td>$l_0/300(l_0/400)$</td></tr>
</table>

注：1. 表中 l_0 为构件的计算跨度；计算悬臂构件的挠度限值时，其计算跨度 l_0 按实际悬臂长度的 2 倍取用；
2. 表中括号内的数值适用于使用上对挠度有较高要求的构件；
3. 如果构件制作时预先起拱，且使用上也允许，则在验算挠度时，可将计算所得的挠度值减去起拱值；对预应力混凝土构件，尚可减去预加力所产生的反拱值；
4. 构件制作时的起拱值和预加力所产生的反拱值，不宜超过构件在相应荷载组合作用下的计算挠度值。

钢筋混凝土结构构件的裂缝控制等级及最大裂缝宽度限值（mm）　　附表 16

<table>
<tr><th rowspan="2">环境类别</th><th colspan="2">钢筋混凝土结构</th><th colspan="2">预应力混凝土结构</th></tr>
<tr><th>裂缝控制等级</th><th>$\omega_{\lim}$</th><th>裂缝控制等级</th><th>$\omega_{\lim}$</th></tr>
<tr><td>一</td><td rowspan="4">三级</td><td>0.30(0.40)</td><td rowspan="2">三级</td><td>0.20</td></tr>
<tr><td>二 a</td><td rowspan="3">0.20</td><td>0.10</td></tr>
<tr><td>二 b</td><td>二级</td><td>—</td></tr>
<tr><td>三 a、三 b</td><td>一级</td><td>—</td></tr>
</table>

注：1. 对处于年平均相对湿度小于 60% 地区一类环境下的受弯构件，其最大裂缝宽度限值可采用括号内的数值；
2. 在一类环境下，对钢筋混凝土屋架、托架及需作疲劳验算的吊车梁，其最大裂缝宽度限值应取为 0.20mm；对钢筋混凝土屋面梁和托梁，其最大裂缝宽度限值应取为 0.30mm；
3. 在一类环境下，对预应力混凝土屋架、托架及双向板体系，应按二级裂缝控制等级进行验算；对一类环境下的预应力混凝土屋面梁、托梁、单向板，应按表中二 a 级环境的要求进行验算；在一类和二 a 类环境下需作疲劳验算的预应力混凝土吊车梁，应按裂缝控制等级不低于二级的构件进行验算；
4. 表中规定的预应力混凝土构件的裂缝控制等级和最大裂缝宽度限值仅适用于正截面的验算；预应力混凝土构件的斜截面裂缝控制验算应符合现行国家标准《混凝土结构设计标准》GB/T 50010 第 7 章的有关规定；
5. 对于烟囱、筒仓和处于液体压力下的结构，其裂缝控制要求应符合专门标准的有关规定；
6. 对于处于四、五类环境下的结构构件，其裂缝控制要求应符合专门标准的有关规定；
7. 表中最大裂缝宽度限值为用于验算荷载作用引起的最大裂缝宽度。

钢材的设计用强度指标（N/mm^2）　　附表 17

<table>
<tr><th colspan="2" rowspan="2">钢材牌号</th><th rowspan="2">钢材厚度或直径(mm)</th><th colspan="3">强度设计值</th><th rowspan="2">屈服强度 f_y</th><th rowspan="2">抗拉强度 f_u</th></tr>
<tr><th>抗拉、抗压、抗弯 f</th><th>抗剪 f_v</th><th>端面承压（刨平顶紧）f_{ce}</th></tr>
<tr><td rowspan="3">碳素结构钢</td><td rowspan="3">Q235</td><td>≤16</td><td>215</td><td>125</td><td rowspan="3">320</td><td>235</td><td rowspan="3">370</td></tr>
<tr><td>>16,≤40</td><td>205</td><td>120</td><td>225</td></tr>
<tr><td>>40,≤100</td><td>200</td><td>115</td><td>215</td></tr>
</table>

续表

钢材牌号		钢材厚度或直径(mm)	强度设计值			屈服强度 f_y	抗拉强度 f_u
			抗拉、抗压、抗弯 f	抗剪 f_v	端面承压(刨平顶紧) f_{ce}		
低合金高强度结构钢	Q345	≤16	305	175	400	345	470
		＞16,≤40	295	170		335	
		＞40,≤63	290	165		325	
		＞63,≤80	280	160		315	
		＞80,≤100	270	155		305	
	Q390	≤16	345	200	415	390	490
		＞16,≤40	330	190		370	
		＞40,≤63	310	180		350	
		＞63,≤100	295	170		330	
	Q420	≤16	375	215	440	420	520
		＞16,≤40	355	205		400	
		＞40,≤63	320	185		380	
		＞63,≤100	305	175		360	
	Q460	≤16	410	235	470	460	550
		＞16,≤40	390	225		440	
		＞40,≤63	355	205		420	
		＞63,≤100	340	195		400	

注：1. 表中直径指实芯棒材直径，厚度系指计算点的钢材或钢管壁厚度，对轴心受拉和轴心受压构件系指截面中较厚板件的厚度；

2. 冷弯型材和冷弯钢管，其强度设计值应按现行有关国家标准的规定采用。

建筑结构用钢板的设计用强度指标（N/mm^2） **附表 18**

建筑结构用钢板	钢材厚度或直径(mm)	强度设计值			屈服强度 f_y	抗拉强度 f_u
		抗拉、抗压、抗弯 f	抗剪 f_v	端面承压(刨平顶紧) f_{ce}		
Q345GJ	＞16,≤50	325	190	415	345	490
	＞50,≤100	300	175		335	

结构设计用无缝钢管的强度指标（N/mm^2） **附表 19**

钢管钢材牌号	壁厚(mm)	强度设计值			屈服强度 f_y	抗拉强度 f_u
		抗拉、抗压、抗弯 f	抗剪 f_v	端面承压(刨平顶紧) f_{ce}		
Q235	≤16	215	125	320	235	375
	＞16,≤30	205	120		225	
	＞30	195	115		215	

续表

钢管钢材牌号	壁厚(mm)	强度设计值			屈服强度 f_y	抗拉强度 f_u
		抗拉、抗压、抗弯 f	抗剪 f_v	端面承压(刨平顶紧) f_{ce}		
Q345	≤16	305	175	400	345	470
	>16,≤30	290	170		325	
	>30	260	150		295	
Q390	≤16	345	200	415	390	490
	>16,≤30	330	190		370	
	>30	310	180		350	
Q420	≤16	375	220	445	420	520
	>16,≤30	355	205		400	
	>30	340	195		380	
Q460	≤16	410	240	470	460	550
	>16,≤30	390	225		440	
	>30	355	205		420	

铸钢件的强度设计值(N/mm^2)　附表 20

类别	钢号	铸件厚度(mm)	抗拉、抗压、抗弯 f	抗剪 f_v	端面承压(刨平顶紧) f_{ce}
非焊接结构用铸钢件	ZG230-450	≤100	180	105	290
	ZG270-500		210	120	325
	ZG310-570		240	140	370
焊接结构用铸钢件	ZG230-450H	≤100	180	105	290
	ZG270-480H		210	120	310
	ZG300-500H		235	135	325
	ZG340-550H		265	150	355

焊缝的强度指标(N/mm^2)　附表 21

焊接方法和焊条型号	构件钢材		对接焊缝强度设计值				角焊缝强度设计值	对接焊缝抗拉强度 f_u^w	角焊缝抗拉、抗压和抗剪强度 f_u^f
	牌号	厚度或直径(mm)	抗压 f_c^w	焊缝质量为下列等级时,抗拉 f_t^w		抗剪 f_v^w	抗拉、抗压和抗剪 f_f^w		
				一级、二级	三级				
自动焊、半自动焊和 E43 型焊条手工焊	Q235	≤16	215	215	185	125	160	415	240
		>16,≤40	205	205	175	120			
		>40,≤100	200	200	170	115			

续表

焊接方法和焊条型号	构件钢材		对接焊缝强度设计值				角焊缝强度设计值	对接焊缝抗拉强度 f_u^w	角焊缝抗拉、抗压和抗剪强度 f_u^f
	牌号	厚度或直径（mm）	抗压 f_c^w	焊缝质量为下列等级时，抗拉 f_t^w		抗剪 f_v^w	抗拉、抗压和抗剪 f_f^w		
				一级、二级	三级				
自动焊、半自动焊和E50、E55型焊条手工焊	Q345	≤16	305	305	260	175	200	480(E50) 540(E55)	280(E50) 315(E55)
		>16，≤40	295	295	250	170			
		>40，≤63	290	290	245	165			
		>63，≤80	280	280	240	160			
		>80，≤100	270	270	230	155			
	Q390	≤16	345	345	295	200	200(E50) 220(E55)		
		>16，≤40	330	330	280	190			
		>40，≤63	310	310	265	180			
		>63，≤100	295	295	250	170			
自动焊、半自动焊和E55、E60型焊条手工焊	Q420	≤16	375	375	320	215	220(E55) 240(E60)	540(E55) 590(E60)	315(E55) 340(E60)
		>16，≤40	355	355	300	205			
		>40，≤63	320	320	270	185			
		>63，≤100	305	305	260	175			
自动焊、半自动焊和E55、E60型焊条手工焊	Q460	≤16	410	410	350	235	220(E55) 240(E60)	540(E55) 590(E60)	315(E55) 340(E60)
		>16，≤40	390	390	330	225			
		>40，≤63	355	355	300	205			
		>63，≤100	340	340	290	195			
自动焊、半自动焊和E50、E55型焊条手工焊	Q345GJ	>16，≤35	310	310	265	180	200	480(E50) 540(E55)	280(E50) 315(E55)
		>35，≤50	290	290	245	170			
		>50，≤100	285	285	240	165			

注：表中厚度系指计算点的钢材厚度，对轴心受拉和轴心受压构件系指截面中较厚板件的厚度。

螺栓连接的强度指标（N/mm^2） 附表22

螺栓的性能等级、锚栓和构件钢材的牌号		强度设计值										高强度螺栓的抗拉强度 f_u^b
		普通螺栓						锚栓	承压型连接或网架用高强度螺栓			
		C级螺栓			A级、B级螺栓							
		抗拉 f_t^b	抗剪 f_v^b	承压 f_c^b	抗拉 f_t^b	抗剪 f_v^b	承压 f_c^b	抗拉 f_t^a	抗拉 f_t^b	抗剪 f_v^b	承压 f_c^b	
普通螺栓	4.6级、4.8级	170	140	—	—	—	—	—	—	—	—	—
	5.6级	—	—	—	210	190	—	—	—	—	—	—
	8.8级	—	—	—	400	320	—	—	—	—	—	—

续表

螺栓的性能等级、锚栓和构件钢材的牌号		强度设计值										高强度螺栓的抗拉强度 f_u^b
		普通螺栓						锚栓	承压型连接或网架用高强度螺栓			
		C级螺栓			A级、B级螺栓							
		抗拉 f_t^b	抗剪 f_v^b	承压 f_c^b	抗拉 f_t^b	抗剪 f_v^b	承压 f_c^b	抗拉 f_t^a	抗拉 f_t^b	抗剪 f_v^b	承压 f_c^b	
锚栓	Q235	—	—	—	—	—	—	140	—	—	—	—
	Q345	—	—	—	—	—	—	180	—	—	—	—
	Q390	—	—	—	—	—	—	185	—	—	—	—
承压型连接高强度螺栓	8.8级	—	—	—	—	—	—	—	400	250	—	830
	10.9级	—	—	—	—	—	—	—	500	310	—	1040
螺栓球节点用高强度螺栓	9.8级	—	—	—	—	—	—	—	385	—	—	—
	10.9级	—	—	—	—	—	—	—	430	—	—	—
构件钢材牌号	Q235	—	—	305	—	—	405	—	—	—	470	—
	Q345	—	—	385	—	—	510	—	—	—	590	—
	Q390	—	—	400	—	—	530	—	—	—	615	—
	Q420	—	—	425	—	—	560	—	—	—	655	—
	Q460	—	—	450	—	—	595	—	—	—	695	—
	Q345GJ	—	—	400	—	—	530	—	—	—	615	—

注：1. A级螺栓用于 $d\leqslant 24$mm 和 $L\leqslant 10d$ 或 $L\leqslant 150$mm（按较小值）的螺栓；B级螺栓用于 $d>24$mm 和 $L>10d$ 或 $L>150$mm（按较小值）的螺栓；d 为公称直径，L 为螺栓公称直径；

2. A、B级螺栓孔的精度和孔壁表面粗糙程度，C级螺栓孔的允许偏差和孔壁表面粗糙度，均应符合现行国家标准《钢结构工程施工质量验收标准》GB 50205 的要求；

3. 用于螺栓球节点网架的高强度螺栓，M12～M36 为 10.9 级，M39～M64 为 9.8 级。

铆钉连接的强度设计值（N/mm²） 附表 23

铆钉钢号和构件钢材牌号		抗拉(钉头拉脱) f_t^r	抗剪 f_v^r		承压 f_c^r	
			Ⅰ类孔	Ⅱ类孔	Ⅰ类孔	Ⅱ类孔
铆钉	BL2 或 BL3	120	185	155	—	—
构件钢材编号	Q235	—	—	—	450	365
	Q345	—	—	—	565	460
	Q390	—	—	—	590	480

注：1. 属于下列情况者为Ⅰ类孔：

① 在装配好的构件上按设计孔径钻成的孔；

② 在单个零件和构件上按设计孔径分别用钻模钻成的孔；

③ 在单个零件上先钻成或冲成较小的孔径，然后在装配好的构件上再扩钻至设计孔径的孔。

2. 在单个零件上一次冲成或不用钻模钻成设计孔径的孔属于Ⅱ类孔。

钢材和铸钢件的物理性能指标 附表 24

弹性模量 E(N/mm²)	剪变模量 G(N/mm²)	线膨胀系数 α(以每℃计)	质量密度 ρ(kg/m³)
206×10^3	79×10^3	12×10^{-6}	7850

截面塑性发展系数γ_x、γ_y　　附表 25

项次	截面形式	γ_x	γ_y
1	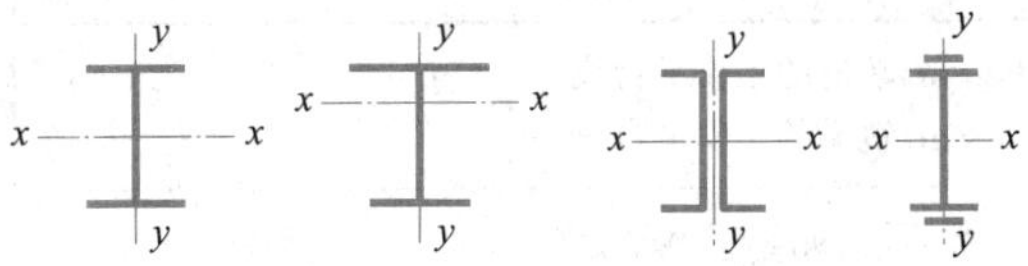	1.05	1.2
2	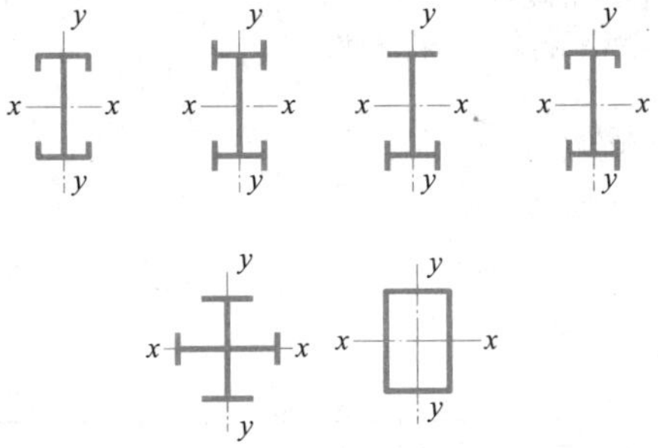	1.05	1.05
3	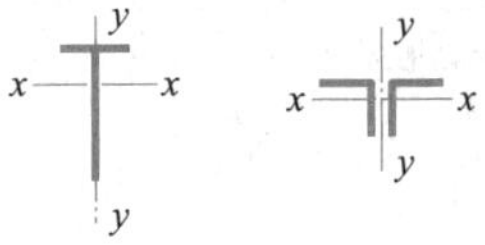	$\gamma_{x1}=1.05$ $\gamma_{x2}=1.05$	1.2
4	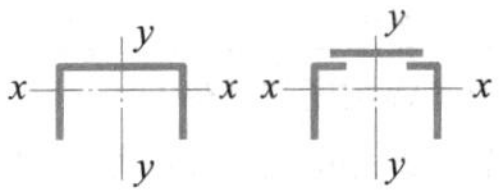		1.05
5	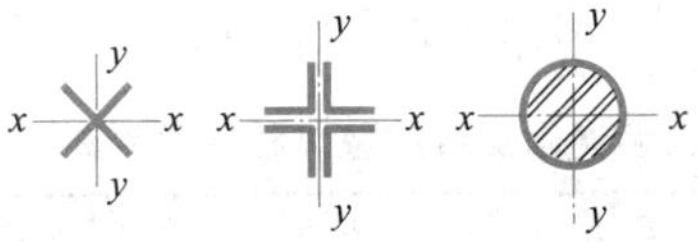	1.2	1.2
6	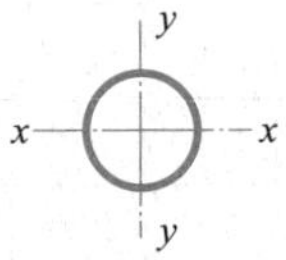	1.15	1.15

受弯构件的容许挠度值 [v]　　附表 26

项次	构件类别	挠度容许值	
		[v_T]	[v_Q]
1	吊车梁和吊车桁架(按自重和起重量最大的一台吊车计算挠度) (1)手动起重机和单梁起重机(含悬挂起重机) (2)轻级工作制桥式起重机 (3)中级工作制桥式起重机 (4)重级工作制桥式起重机	 $l/500$ $l/750$ $l/900$ $l/1000$	—
2	手动或电动葫芦的轨道梁	$l/400$	—

续表

项次	构件类别	挠度容许值	
		$[v_T]$	$[v_Q]$
3	有重轨(重量等于或大于38kg/m)轨道的工作平台梁 有轻轨(重量等于或小于24kg/m)轨道的工作平台梁	$l/600$ $l/400$	—
4	楼(屋)盖梁或桁架、工作平台梁(第3项除外)和平台板 (1)主梁或桁架(包括设有悬挂起重设备的梁和桁架) (2)仅支承压型金属板屋面和冷弯型钢檩条 (3)除支承压型金属板屋面和冷弯型钢檩条外,尚有吊顶 (4)抹灰顶棚的次梁 (5)除(1)~(4)款外的其他梁(包括楼梯梁) (6)屋盖檩条 支承压型金属板屋面者 支承其他屋面材料者 有吊顶 (7)平台板	 $l/400$ $l/180$ $l/240$ $l/250$ $l/250$ $l/150$ $l/200$ $l/240$ $l/150$	 $l/500$ $l/350$ $l/300$ — — — —
5	墙架构件(风荷载不考虑阵风系数) (1)支柱(水平方向) (2)抗风桁架(作为连续支柱的支承时,水平位移) (3)砌体墙的横梁(水平方向) (4)支承压型金属板的横梁(水平方向) (5)支承其他屋面材料的横梁(水平方向) (6)带有玻璃窗的横梁(竖直和水平方向)	 — — — — — $l/200$	 $l/400$ $l/1000$ $l/300$ $l/100$ $l/200$ $l/200$

注:1. l 为受弯构件的跨度(对悬臂梁和伸臂梁为悬臂长度的2倍);
2. $[\nu_T]$ 为永久和可变荷载标准值产生的挠度(如有起拱应减去拱度)的容许值,$[\nu_Q]$ 为可变荷载标准值产生的挠度的容许值;
3. 当吊车梁或吊车桁架跨度大于12m时,其挠度容许值 $[\nu_T]$ 应乘以0.9的系数。

轧制普通工字钢简支梁的整体稳定系数 φ_b **附表27**

项次	荷载情况			工字钢型号	自由长度 l_1(m)								
					2	3	4	5	6	7	8	9	10
1	跨中无侧向支承点的梁	集中荷载作用于	上翼缘	10~20	2.00	1.30	0.99	0.80	0.68	0.58	0.53	0.48	0.43
				22~32	2.40	1.48	1.09	0.86	0.72	0.62	0.54	0.49	0.45
				36~63	2.80	1.60	1.07	0.83	0.68	0.56	0.50	0.45	0.40
2			下翼缘	10~20	3.10	1.95	1.34	1.01	0.82	0.69	0.63	0.57	0.52
				22~40	5.50	2.80	1.84	1.37	1.07	0.86	0.73	0.64	0.56
				45~63	7.30	3.60	2.30	1.62	1.20	0.96	0.80	0.69	0.60
3		均布荷载作用于	上翼缘	10~20	1.70	1.12	0.84	0.68	0.57	0.50	0.45	0.41	0.37
				22~40	2.10	1.30	0.93	0.73	0.60	0.51	0.45	0.40	0.36
				45~63	2.60	1.45	0.97	0.73	0.59	0.50	0.44	0.38	0.35
4			下翼缘	10~20	2.50	1.55	1.08	0.83	0.68	0.56	0.52	0.47	0.42
				22~40	4.00	2.20	1.45	1.10	0.85	0.70	0.60	0.52	0.46
				45~63	5.60	2.80	1.80	1.25	0.95	0.78	0.65	0.55	0.49

续表

项次	荷载情况	工字钢型号	自由长度 l_1(m)								
			2	3	4	5	6	7	8	9	10
5	跨中有侧向支承点的梁（不论荷载作用点在截面高度上的位置）	10～20	2.20	1.39	1.01	0.79	0.66	0.57	0.52	0.47	0.42
		22～40	3.00	1.80	1.24	0.96	0.76	0.65	0.56	0.49	0.43
		45～63	4.00	2.20	1.38	1.01	0.80	0.66	0.56	0.49	0.43

注：1. 表中项次1、2的集中荷载是指一个或少数几个集中荷载位于跨中央附近的情况，对其他情况的集中荷载，应按照表中项次3、4内的数值采用；

2. 荷载作用在上翼缘系指荷载作用点在翼缘表面，方向指向截面形心；荷载作用在下翼缘系指荷载作用点在翼缘表面，方向背向截面形心；

3. 表中的 φ_b 适用于Q235钢。对其他钢号，表中数值应乘以 ε_k^2（$\varepsilon_k=\sqrt{f_y/235}$）。

H型钢和等截面工字形简支梁的系数 β_b 附表28

项次	侧向支承	荷载		$\xi\leqslant2.0$	$\xi>2.0$	适用范围
1	跨中无侧向支承	均布荷载作用在	上翼缘	$0.69+0.13\xi$	0.95	图(a)、(b)和(d)的截面
2			下翼缘	$1.73-0.20\xi$	1.33	
3		集中荷载作用在	上翼缘	$0.73+0.18\xi$	1.09	
4			下翼缘	$2.23-0.28\xi$	1.67	
5	跨度中点有一个侧向支承点	均布荷载作用在	上翼缘	1.15		所有截面
6			下翼缘	1.40		
7		集中荷载作用在截面高度任意位置		1.75		
8	跨中有不少于两个等距离侧向支承点	任意荷载作用在	上翼缘	1.20		
9			下翼缘	1.40		
10	梁端有弯矩，但跨中无荷载作用			$1.75-1.05(M_2/M_1)+0.3(M_2/M_1)^2$ 但$\leqslant2.3$		

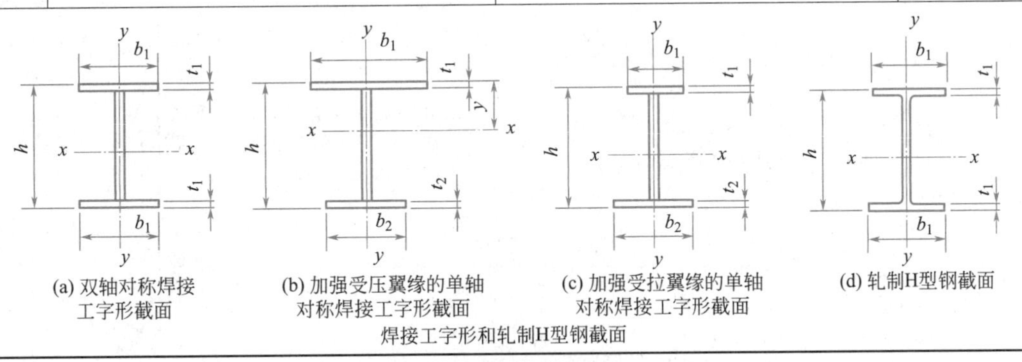

(a) 双轴对称焊接工字形截面　(b) 加强受压翼缘的单轴对称焊接工字形截面　(c) 加强受拉翼缘的单轴对称焊接工字形截面　(d) 轧制H型钢截面

焊接工字形和轧制H型钢截面

注：1. ξ 为参数，$\xi=(l_1t_1)/(b_1h)$，其中 b_1 为受压翼缘的宽度；

2. M_1 和 M_2 为梁的端弯矩，使梁产生同向曲率时 M_1 和 M_2 取同号，产生反向曲率时取异号，$|M_1|\geqslant|M_2|$；

3. 表中项次3、4、7的集中荷载是指一个或少数几个集中荷载位于跨中央附近的情况，对其他情况的集中荷载，应按照表中项次1、2、5、6内的数值采用；

4. 表中项次8、9中的 β_b，当集中荷载作用在侧向支承点处时，取 $\beta_b=1.20$；

5. 荷载作用在上翼缘系指荷载作用点在翼缘表面，方向指向截面形心；荷载作用在下翼缘系指荷载作用点在翼缘表面，方向背向截面形心；

6. 对于 $\alpha_b>0.8$ 的加强受压翼缘工字形截面，以下情况的 ξ 值应乘以相应的系数：

项次1：当 $\xi\leqslant1.0$ 时，乘以0.95；

项次3：当 $\xi\leqslant0.5$ 时，乘以0.90；当 $0.5<\xi\leqslant1.0$ 时，乘以0.95。

双轴对称工字形等截面悬臂梁的系数 β_b 附表 29

项次	荷载形式		0.60≤ξ≤1.24	1.24<ξ≤1.96	1.96<ξ≤3.10
1	自由端一个集中荷载作用在	上翼缘	0.21+0.67ξ	0.72+0.26ξ	1.17+0.03ξ
2		下翼缘	2.94−0.65ξ	2.64−0.40ξ	2.15−0.15ξ
3	均布荷载作用在上翼缘		0.62+0.82ξ	1.25+0.31ξ	1.66+0.10ξ

注：1. 本表是按支承端为固定的情况确定的，当用于由邻跨延伸出来的伸臂梁时，应在构造上采取措施加强支承处的抗扭能力；

2. ξ 为参数，$\xi = (l_1 t_1)/(b_1 h)$，其中 b_1 为受压翼缘的宽度。

钢结构轴心受压构件截面分类 附表 30

板厚 $t<40$mm

截面形式和对应轴		类别
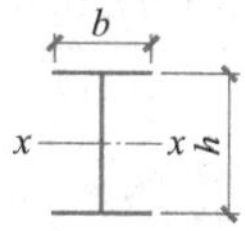 轧制，$b/h\leqslant 0.8$ 对 x 轴	轧制，对任意轴	a类
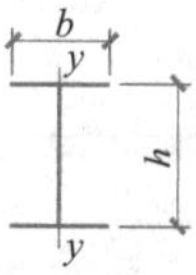 轧制，$b/h\leqslant 0.8$ 对 y 轴	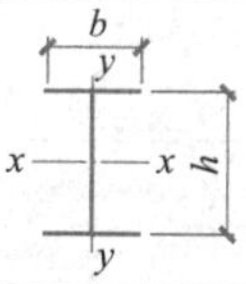 轧制，$b/h>0.8$ 对 x、y 轴	
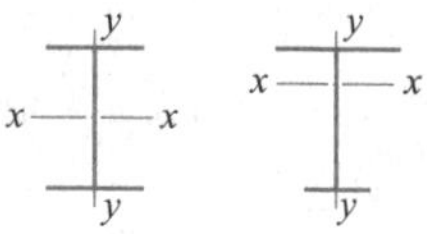 焊接，翼缘为焰切边，对 x、y 轴	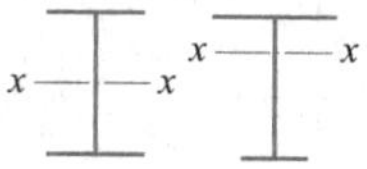 焊接，翼缘为轧制或剪切边，对 x 轴	
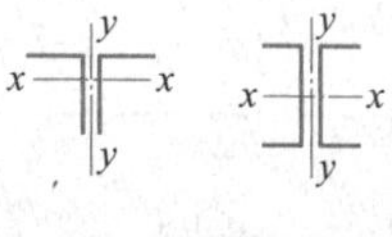 轧制，对 x、y 轴	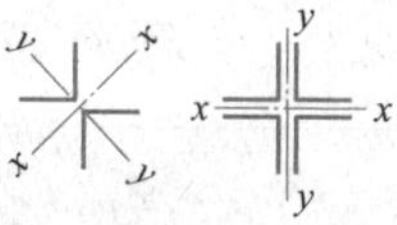 轧制，对 x、y 轴	
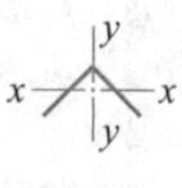 轧制（等边角钢），对 x、y 轴	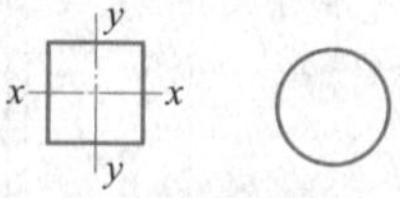 轧制矩形和焊接圆管对任意轴；焊接矩形，板件宽厚比大于20，对 x、y 轴	b类
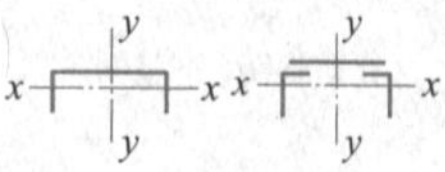 轧制或焊接，对 x、y 轴	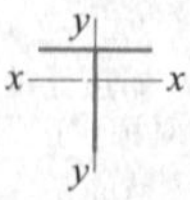  轧制截面和翼缘为焰切边的焊接截面，对 x、y 轴；焊接，翼缘为轧制或剪切边，对 x 轴	
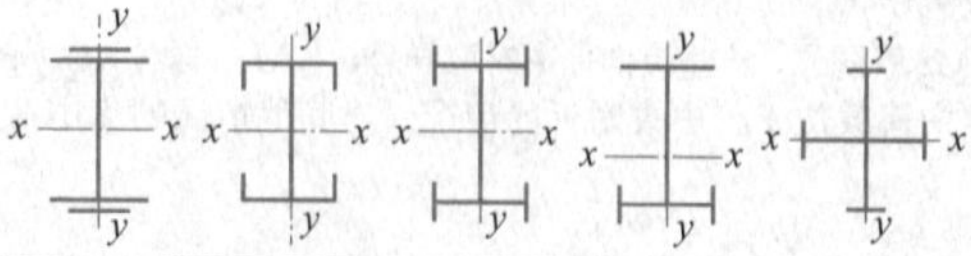 焊接，对 x、y 轴	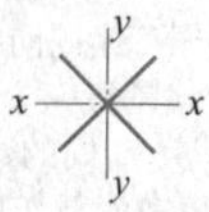 焊接，板件边缘焰割，对 x、y 轴	
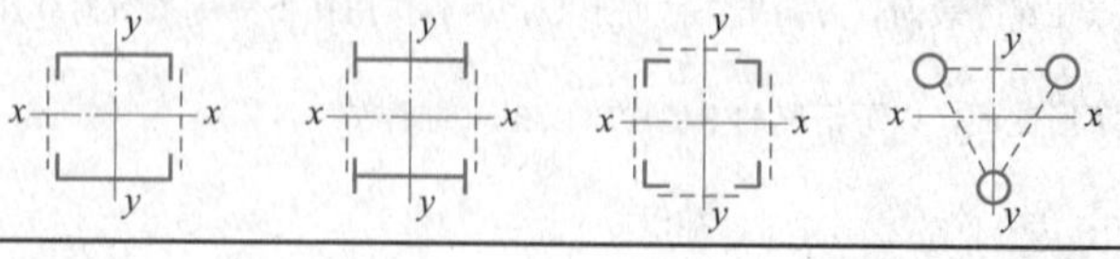	格构式，对 x、y 轴	

续表

板厚 $t<40$mm				
截面形式和对应轴				类别
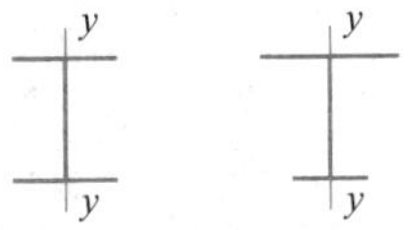	焊接，翼缘为轧制或剪切边，对 y 轴	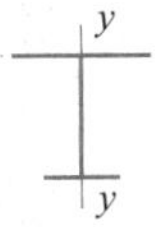	焊接，翼缘为轧制或剪切边，对 y 轴	c类
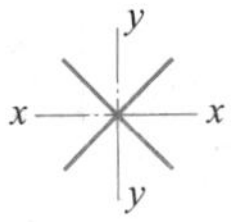	焊接，板件边缘轧制或剪切，对 x、y 轴	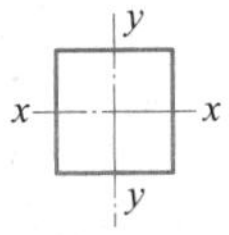	焊接，板件宽厚比≤20，对 x、y 轴	

板厚 $t<40$mm					
截面情况				类别	
				对 x 轴	对 y 轴
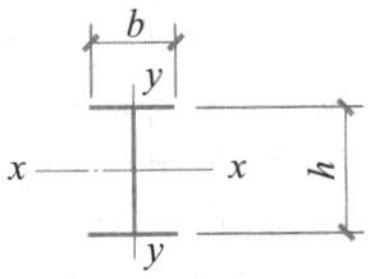	轧制工字形或H形截面	$b/h\leqslant 0.8$		b	c
		$b/h>0.8$	$t<80$mm	b	c
			$t\geqslant 80$mm	c	d
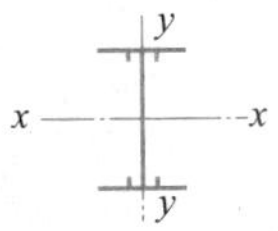	焊接工字形截面	翼缘为焰切边		b	b
		翼缘为轧制或剪切边		c	d
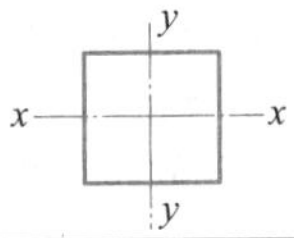	焊接箱形截面	板件宽厚比>20		b	b
		板件宽厚比≤20		c	c

钢结构轴心受压构件的稳定性系数 φ 　　附表 31

a类截面										
λ/ε_k	0	1	2	3	4	5	6	7	8	9
0	1.000	1.000	1.000	1.000	0.999	0.999	0.998	0.998	0.997	0.996
10	0.995	0.994	0.993	0.992	0.991	0.989	0.988	0.986	0.985	0.983
20	0.981	0.979	0.977	0.976	0.974	0.972	0.970	0.968	0.966	0.964
30	0.963	0.961	0.959	0.957	0.954	0.952	0.950	0.948	0.946	0.944
40	0.941	0.939	0.937	0.934	0.932	0.929	0.927	0.924	0.921	0.918
50	0.916	0.913	0.910	0.907	0.903	0.900	0.897	0.893	0.890	0.886
60	0.883	0.879	0.875	0.871	0.867	0.862	0.858	0.854	0.849	0.844
70	0.839	0.834	0.829	0.824	0.818	0.813	0.807	0.801	0.795	0.789
80	0.783	0.776	0.770	0.763	0.756	0.749	0.742	0.735	0.728	0.721
90	0.713	0.706	0.698	0.691	0.683	0.676	0.668	0.660	0.653	0.645
100	0.637	0.630	0.622	0.614	0.607	0.599	0.592	0.584	0.577	0.569
110	0.562	0.555	0.548	0.541	0.534	0.527	0.520	0.513	0.507	0.500

续表

a类截面										
λ/ε_k	0	1	2	3	4	5	6	7	8	9
120	0.494	0.487	0.481	0.475	0.469	0.463	0.457	0.451	0.445	0.439
130	0.434	0.428	0.423	0.417	0.412	0.407	0.402	0.397	0.392	0.387
140	0.382	0.378	0.373	0.368	0.364	0.360	0.355	0.351	0.347	0.343
150	0.339	0.335	0.331	0.327	0.323	0.319	0.316	0.312	0.308	0.305
160	0.302	0.298	0.295	0.292	0.288	0.285	0.282	0.279	0.276	0.273
170	0.270	0.267	0.264	0.261	0.259	0.256	0.253	0.250	0.248	0.245
180	0.243	0.240	0.238	0.235	0.233	0.231	0.228	0.226	0.224	0.222
190	0.219	0.217	0.215	0.213	0.211	0.209	0.207	0.205	0.203	0.201
200	0.199	0.197	0.196	0.194	0.192	0.190	0.188	0.187	0.185	0.183
210	0.182	0.180	0.178	0.177	0.175	0.174	0.172	0.171	0.169	0.168
220	0.166	0.165	0.163	0.162	0.161	0.159	0.158	0.157	0.155	0.154
230	0.153	0.151	0.150	0.149	0.148	0.147	0.145	0.144	0.143	0.142
240	0.141	0.140	0.139	0.137	0.136	0.135	0.134	0.133	0.132	0.131

b类截面										
λ/ε_k	0	1	2	3	4	5	6	7	8	9
0	1.000	1.000	1.000	0.999	0.999	0.998	0.997	0.996	0.995	0.994
10	0.992	0.991	0.989	0.987	0.985	0.983	0.981	0.978	0.976	0.973
20	0.970	0.967	0.963	0.960	0.957	0.953	0.950	0.946	0.943	0.939
30	0.936	0.932	0.929	0.925	0.921	0.918	0.914	0.910	0.906	0.903
40	0.899	0.895	0.891	0.886	0.882	0.878	0.874	0.870	0.865	0.861
50	0.856	0.852	0.847	0.842	0.837	0.833	0.828	0.823	0.818	0.812
60	0.807	0.802	0.796	0.791	0.785	0.780	0.774	0.768	0.762	0.757
70	0.751	0.745	0.738	0.732	0.726	0.720	0.713	0.707	0.701	0.694
80	0.687	0.681	0.674	0.668	0.661	0.654	0.648	0.641	0.634	0.628
90	0.621	0.614	0.607	0.601	0.594	0.587	0.581	0.574	0.568	0.561
100	0.555	0.548	0.542	0.535	0.529	0.523	0.517	0.511	0.504	0.498
110	0.492	0.487	0.481	0.475	0.469	0.464	0.458	0.453	0.447	0.442
120	0.436	0.431	0.426	0.421	0.416	0.411	0.406	0.401	0.396	0.392
130	0.387	0.383	0.378	0.374	0.369	0.365	0.361	0.357	0.352	0.348
140	0.344	0.340	0.337	0.333	0.329	0.325	0.322	0.318	0.314	0.311
150	0.308	0.304	0.301	0.297	0.294	0.291	0.288	0.285	0.282	0.279
160	0.276	0.273	0.270	0.267	0.264	0.262	0.259	0.256	0.253	0.251
170	0.248	0.246	0.243	0.241	0.238	0.236	0.234	0.231	0.229	0.227
180	0.225	0.222	0.220	0.218	0.216	0.214	0.212	0.210	0.208	0.206
190	0.204	0.202	0.200	0.198	0.196	0.195	0.193	0.191	0.189	0.188

续表

b类截面

λ/ε_k	0	1	2	3	4	5	6	7	8	9
200	0.186	0.184	0.183	0.181	0.179	0.178	0.176	0.175	0.173	0.172
210	0.170	0.169	0.167	0.166	0.164	0.163	0.162	0.160	0.159	0.158
220	0.156	0.155	0.154	0.152	0.151	0.150	0.149	0.147	0.146	0.145
230	0.144	0.143	0.142	0.141	0.139	0.138	0.137	0.136	0.135	0.134
240	0.133	0.132	0.131	0.130	0.129	0.128	0.127	0.126	0.125	0.124
250	0.123	—	—	—	—	—	—	—	—	—

c类截面

λ/ε_k	0	1	2	3	4	5	6	7	8	9
0	1.000	1.000	1.000	0.999	0.999	0.998	0.997	0.996	0.995	0.993
10	0.992	0.990	0.988	0.986	0.983	0.981	0.978	0.976	0.973	0.970
20	0.966	0.959	0.953	0.947	0.940	0.934	0.928	0.921	0.915	0.909
30	0.902	0.896	0.890	0.883	0.877	0.871	0.865	0.858	0.852	0.845
40	0.839	0.833	0.826	0.820	0.813	0.807	0.800	0.794	0.787	0.781
50	0.774	0.768	0.761	0.755	0.748	0.742	0.735	0.728	0.722	0.715
60	0.709	0.702	0.695	0.689	0.682	0.675	0.669	0.662	0.656	0.649
70	0.642	0.636	0.629	0.623	0.616	0.610	0.603	0.597	0.591	0.584
80	0.578	0.572	0.565	0.559	0.553	0.547	0.541	0.535	0.529	0.523
90	0.517	0.511	0.505	0.499	0.494	0.488	0.483	0.477	0.471	0.467
100	0.462	0.458	0.453	0.449	0.445	0.440	0.436	0.432	0.427	0.423
110	0.419	0.415	0.411	0.407	0.402	0.398	0.394	0.390	0.386	0.383
120	0.379	0.375	0.371	0.367	0.363	0.360	0.356	0.352	0.349	0.345
130	0.342	0.338	0.335	0.332	0.328	0.325	0.322	0.318	0.315	0.312
140	0.309	0.306	0.303	0.300	0.297	0.294	0.291	0.288	0.285	0.282
150	0.279	0.277	0.274	0.271	0.269	0.266	0.263	0.261	0.258	0.256
160	0.253	0.251	0.248	0.246	0.244	0.241	0.239	0.237	0.235	0.232
170	0.230	0.228	0.226	0.224	0.222	0.220	0.218	0.216	0.214	0.212
180	0.210	0.208	0.206	0.204	0.203	0.201	0.199	0.197	0.195	0.194
190	0.192	0.190	0.189	0.187	0.185	0.184	0.182	0.181	0.179	0.178
200	0.176	0.175	0.173	0.172	0.170	0.169	0.167	0.166	0.165	0.163
210	0.162	0.161	0.159	0.158	0.157	0.155	0.154	0.153	0.152	0.151
220	0.149	0.148	0.147	0.146	0.145	0.144	0.142	0.141	0.140	0.139
230	0.138	0.137	0.136	0.135	0.134	0.133	0.132	0.131	0.130	0.129
240	0.128	0.127	0.126	0.125	0.124	0.123	0.123	0.122	0.121	0.120
250	0.119	—	—	—	—	—	—	—	—	—

续表

d类截面

λ/ε_k	0	1	2	3	4	5	6	7	8	9
0	1.000	1.000	0.999	0.999	0.998	0.996	0.994	0.992	0.990	0.987
10	0.984	0.981	0.978	0.974	0.969	0.965	0.960	0.955	0.949	0.944
20	0.937	0.927	0.918	0.909	0.900	0.891	0.883	0.874	0.865	0.857
30	0.848	0.840	0.831	0.823	0.815	0.807	0.798	0.790	0.782	0.774
40	0.766	0.758	0.751	0.743	0.735	0.727	0.720	0.712	0.705	0.697
50	0.690	0.682	0.675	0.668	0.660	0.653	0.646	0.639	0.632	0.625
60	0.618	0.611	0.605	0.598	0.591	0.585	0.578	0.571	0.565	0.559
70	0.552	0.546	0.540	0.534	0.528	0.521	0.516	0.510	0.504	0.498
80	0.492	0.487	0.481	0.476	0.470	0.465	0.459	0.454	0.449	0.444
90	0.439	0.434	0.429	0.424	0.419	0.414	0.409	0.405	0.401	0.397
100	0.393	0.390	0.386	0.383	0.380	0.376	0.373	0.369	0.366	0.363
110	0.359	0.356	0.353	0.350	0.346	0.343	0.340	0.337	0.334	0.331
120	0.328	0.325	0.322	0.319	0.316	0.313	0.310	0.307	0.304	0.301
130	0.298	0.296	0.293	0.290	0.288	0.285	0.282	0.280	0.277	0.275
140	0.272	0.270	0.267	0.265	0.262	0.260	0.257	0.255	0.253	0.250
150	0.248	0.246	0.244	0.242	0.239	0.237	0.235	0.233	0.231	0.229
160	0.227	0.225	0.223	0.221	0.219	0.217	0.215	0.213	0.211	0.210
170	0.208	0.206	0.204	0.202	0.201	0.199	0.197	0.196	0.194	0.192
180	0.191	0.189	0.187	0.186	0.184	0.183	0.181	0.180	0.178	0.177
190	0.175	0.174	0.173	0.171	0.170	0.168	0.167	0.166	0.164	0.163
200	0.162	—	—	—	—	—	—	—	—	—

注：表中 $\varepsilon_k = \sqrt{f_y/235}$。

各种截面回转半径近似值 附表 32

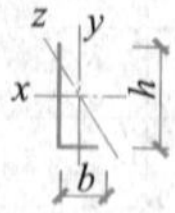 $i_x=0.30h$ $i_y=0.30b$ $i_{x0}=0.385h$ $i_{y0}=0.195b$	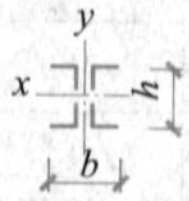 $i_x=0.40h$ $i_y=0.21b$	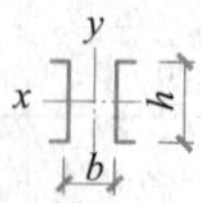 $i_x=0.38h$ $i_y=0.60b$	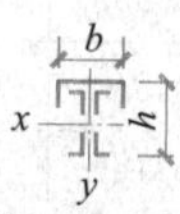 $i_x=0.41h$ $i_y=0.22b$
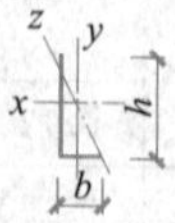 $i_x=0.32h$ $i_y=0.28b$ $i_{y0}=0.09(h+b)$	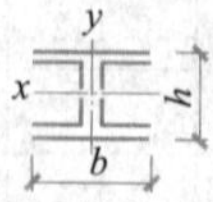 $i_x=0.45h$ $i_y=0.235b$	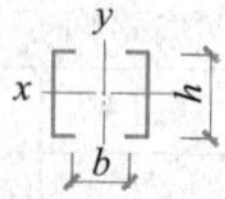 $i_x=0.38h$ $i_y=0.44b$	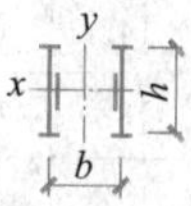 $i_x=0.32h$ $i_y=0.49b$

续表

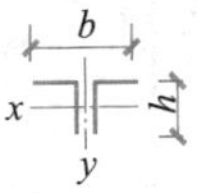 $i_x=0.30h$ $i_y=0.215b$	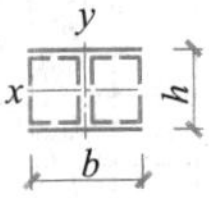 $i_x=0.44h$ $i_y=0.28b$	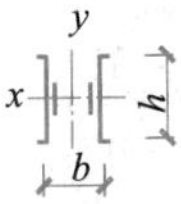 $i_x=0.32h$ $i_y=0.58b$	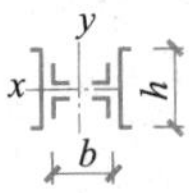 $i_x=0.29h$ $i_y=0.50b$
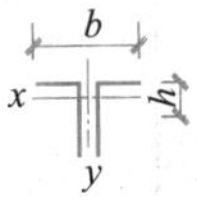 $i_x=0.32h$ $i_y=0.20b$	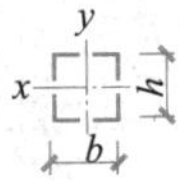 $i_x=0.43h$ $i_y=0.43b$	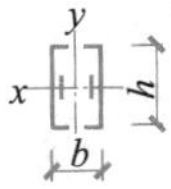 $i_x=0.32h$ $i_y=0.40b$	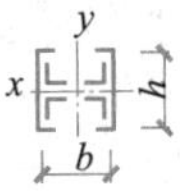 $i_x=0.29h$ $i_y=0.45b$
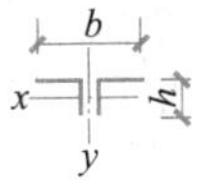 $i_x=0.28h$ $i_y=0.24b$	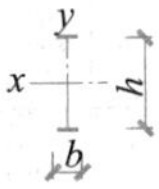 $i_x=0.39h$ $i_y=0.20b$	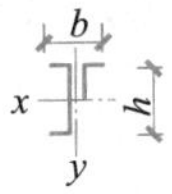 $i_x=0.32h$ $i_y=0.12b$	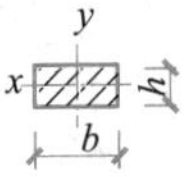 $i_x=0.29h$ $i_y=0.29b$
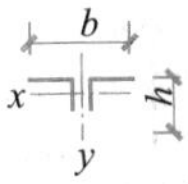 $i_x=0.30h$ $i_y=0.17b$	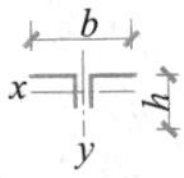 $i_x=0.42h$ $i_y=0.22b$	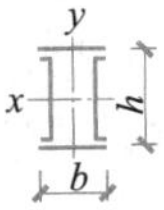 $i_x=0.44h$ $i_y=0.32b$	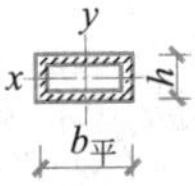 $i_x=0.40h$ $i_y=0.40b_{平}$
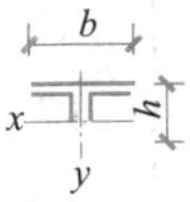 $i_x=0.28h$ $i_y=0.21b$	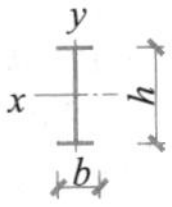 $i_x=0.43h$ $i_y=0.24b$	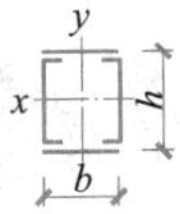 $i_x=0.44h$ $i_y=0.38b$	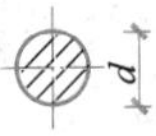 $i=0.25d$
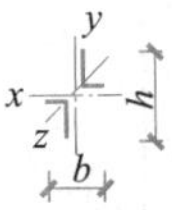 $i_x=0.21h$ $i_y=0.21b$ $i_{x0}=0.185h$	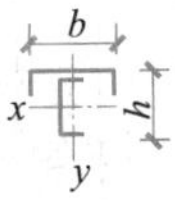 $i_x=0.365h$ $i_y=0.275b$	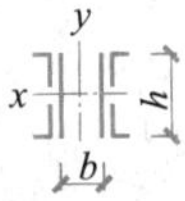 $i_x=0.37h$ $i_y=0.54b$	 $i=0.35d$
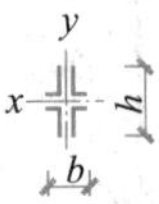 $i_x=0.21h$ $i_y=0.21b$	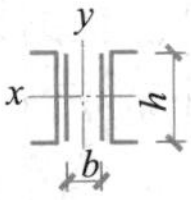 $i_x=0.35h$ $i_y=0.56b$	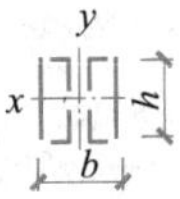 $i_x=0.37h$ $i_y=0.45b$	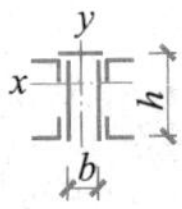 $i_x=0.39h$ $i_y=0.53b$
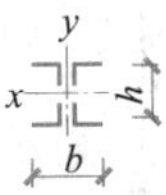 $i_x=0.45h$ $i_y=0.24b$	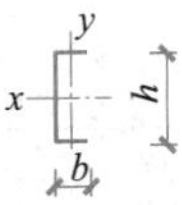 $i_x=0.39h$ $i_y=0.29b$	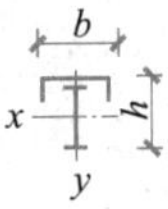 $i_x=0.40h$ $i_y=0.24b$	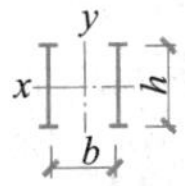 $i_x=0.40h$ $i_y=0.50b$

附表 33

热轧等边角钢规格及截面特性

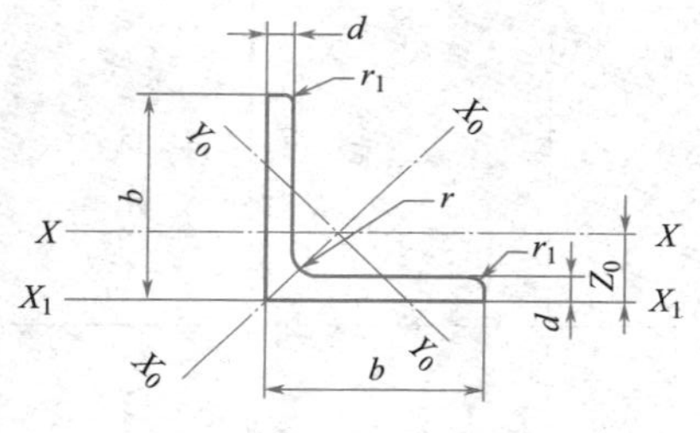

说明：

b——边宽度；

d——边厚度；

r——内圆弧半径；

r_1——边端圆弧半径；

Z_0——重心距离。

型号	截面尺寸(mm)			截面面积	理论质量	外表面积	惯性矩(cm^4)				惯性半径(cm)			截面模数(cm^3)			重心距离(cm)
	b	d	r	(cm^2)	(kg/m)	(m^2/m)	I_x	I_{x1}	I_{x0}	I_{y0}	i_x	I_{x0}	I_{y0}	W_x	W_{x0}	W_{y0}	Z_0
2	20	3	3.5	1.132	0.89	0.078	0.40	0.81	0.63	0.17	0.59	0.75	0.39	0.29	0.45	0.20	0.60
		4		1.459	1.15	0.077	0.50	1.09	0.78	0.22	0.58	0.73	0.38	0.36	0.55	0.24	0.64
2.5	25	3		1.432	1.12	0.098	0.82	1.57	1.29	0.34	0.76	0.95	0.49	0.46	0.73	0.33	0.73
		4		1.859	1.46	0.097	1.03	2.11	1.62	0.43	0.74	0.93	0.48	0.59	0.92	0.40	0.76
3.0	30	3	4.5	1.749	1.37	0.117	1.46	2.71	2.31	0.61	0.91	1.15	0.59	0.68	1.09	0.51	0.85
		4		2.276	1.79	0.117	1.84	3.63	2.92	0.77	0.90	1.13	0.58	0.87	1.37	0.62	0.89
3.6	36	3		2.109	1.66	0.141	2.58	4.68	4.09	1.07	1.11	1.39	0.71	0.99	1.61	0.76	1.00
		4		2.756	2.16	0.141	3.29	6.25	5.22	1.37	1.09	1.38	0.70	1.28	2.05	0.93	1.04
		5		3.382	2.65	0.141	3.95	7.84	6.24	1.65	1.08	1.36	0.7	1.56	2.45	1.00	1.07

续表

型号	截面尺寸(mm)			截面面积 (cm^2)	理论质量 (kg/m)	外表面积 (m^2/m)	惯性矩(cm^4)				惯性半径(cm)			截面模数(cm^3)			重心距离(cm)
	b	d	r				I_x	I_{x1}	I_{x0}	I_{y0}	i_x	I_{x0}	I_{y0}	W_x	W_{x0}	W_{y0}	Z_0
4	40	3	5	2.359	1.85	0.157	3.59	6.41	5.69	1.49	1.23	1.55	0.79	1.23	2.01	0.96	1.09
		4		3.086	2.42	0.157	4.60	8.56	7.29	1.91	1.22	1.54	0.79	1.60	2.58	1.19	1.13
		5		3.792	2.98	0.156	5.53	10.7	8.76	2.30	1.21	1.52	0.78	1.96	3.10	1.39	1.17
4.5	45	3		2.659	2.09	0.177	5.17	9.12	8.20	2.14	1.40	1.76	0.89	1.58	2.58	1.24	1.22
		4		3.486	2.74	0.177	6.65	12.2	10.6	2.75	1.38	1.74	0.89	2.05	3.32	1.54	1.26
		5		4.292	3.37	0.176	8.04	15.2	12.7	3.33	1.37	1.72	0.88	2.51	4.00	1.81	1.30
		6		5.077	3.99	0.176	9.33	18.4	14.8	3.89	1.36	1.70	0.80	2.95	4.64	2.06	1.33
5	50	3	5.5	2.971	2.33	0.197	7.18	12.5	11.4	2.98	1.55	1.96	1.00	1.96	3.22	1.57	1.34
		4		3.897	3.06	0.197	9.26	16.7	14.7	3.82	1.54	1.94	0.99	2.56	4.16	1.96	1.38
		5		4.803	3.77	0.196	11.2	20.9	17.8	4.64	1.53	1.92	0.98	3.13	5.03	2.31	1.42
		6		5.688	4.46	0.196	13.1	25.1	20.7	5.42	1.52	1.91	0.98	3.68	5.85	2.63	1.46
5.6	56	3	6	3.343	2.62	0.221	10.2	17.6	16.1	4.24	1.75	2.20	1.13	2.48	4.08	2.02	1.48
		4		4.39	3.45	0.220	13.2	23.4	20.9	5.46	1.73	2.18	1.11	3.24	5.28	2.52	1.53
		5		5.415	4.25	0.220	16.0	29.3	25.4	6.61	1.72	2.17	1.10	3.97	6.42	2.98	1.57
		6		6.42	5.04	0.220	18.7	35.3	29.7	7.73	1.71	2.15	1.10	4.68	7.49	3.40	1.61
		7		7.404	5.81	0.219	21.2	41.2	33.6	8.82	1.69	2.13	1.09	5.36	8.49	3.80	1.64
		8		8.367	6.57	0.219	23.6	47.2	37.4	9.89	1.68	2.11	1.09	6.03	9.44	4.16	1.68
6	60	5	6.5	5.829	4.58	0.236	19.9	36.1	31.6	8.21	1.85	2.33	1.19	4.59	7.44	3.48	1.67
		6		6.914	5.43	0.235	23.4	43.3	36.9	9.60	1.83	2.31	1.18	5.41	8.70	3.98	1.70
		7		7.977	6.26	0.235	26.4	50.7	41.9	11.0	1.82	2.29	1.17	6.21	9.88	4.45	1.74
		8		9.02	7.08	0.235	29.5	58.0	46.7	12.3	1.81	2.27	1.17	6.98	11.0	4.88	1.78

续表

型号	截面尺寸(mm)			截面面积 (cm^2)	理论质量 (kg/m)	外表面积 (m^2/m)	惯性矩(cm^4)				惯性半径(cm)			截面模数(cm^3)			重心距离(cm)
	b	d	r				I_x	I_{x1}	I_{x0}	I_{y0}	i_x	I_{x0}	I_{y0}	W_x	W_{x0}	W_{y0}	Z_0
6.3	63	4	7	4.978	3.91	0.248	19.0	33.4	30.2	7.89	1.96	2.46	1.26	4.13	6.78	3.29	1.70
		5		6.143	4.82	0.248	23.2	41.7	36.8	9.57	1.94	2.45	1.25	5.08	8.25	3.90	1.74
		6		7.288	5.72	0.247	27.1	50.1	43.0	11.2	1.93	2.43	1.24	6.00	9.66	4.46	1.78
		7		8.412	6.60	0.247	30.9	58.6	49.0	12.8	1.92	2.41	1.23	6.88	11.0	4.98	1.82
		8		9.515	7.47	0.247	34.5	67.1	54.6	14.3	1.90	2.40	1.23	7.75	12.3	5.47	1.85
		10		11.66	9.15	0.246	41.1	84.3	64.9	17.3	1.88	2.36	1.22	9.39	14.6	6.36	1.93
7	70	4	8	5.570	4.37	0.275	26.4	45.7	41.8	11.0	2.18	2.74	1.40	5.14	8.44	4.17	1.86
		5		6.876	5.40	0.275	32.2	57.2	51.1	13.3	2.16	2.73	1.39	6.32	10.3	4.95	1.91
		6		8.160	6.41	0.275	37.8	68.7	59.9	15.6	2.15	2.71	1.38	7.48	12.1	5.67	1.95
		7		9.424	7.40	0.275	43.1	80.3	68.4	17.8	2.14	2.69	1.38	8.59	13.8	6.34	1.99
		8		10.67	8.37	0.274	48.2	91.9	76.4	20.0	2.12	2.68	1.37	9.68	15.4	6.98	2.03
7.5	75	5	9	7.412	5.82	0.295	40.0	70.6	63.3	16.6	2.33	2.92	1.50	7.32	11.9	5.77	2.04
		6		8.797	6.91	0.294	47.0	84.6	74.4	19.5	2.31	2.90	1.49	8.64	14.0	6.67	2.07
		7		10.16	7.98	0.294	53.6	98.7	85.0	22.2	2.30	2.89	1.48	9.93	16.0	7.44	2.11
		8		11.50	9.03	0.294	60.0	113	95.1	24.9	2.28	2.88	1.47	11.2	17.9	8.19	2.15
		9		12.83	10.1	0.294	66.1	127	105	27.5	2.27	2.86	1.46	12.4	19.8	8.89	2.18
		10		14.13	11.1	0.293	72.0	142	114	30.1	2.26	2.84	1.46	13.6	21.5	9.56	2.22
8	80	5		7.912	6.21	0.315	48.8	85.4	77.3	20.3	2.48	3.13	1.60	8.34	13.7	6.66	2.15
		6		9.397	7.38	0.314	57.4	103	91.0	23.7	2.47	3.11	1.59	9.87	16.1	7.65	2.19
		7		10.86	8.53	0.314	65.6	120	104	27.1	2.46	3.10	1.58	11.4	18.4	8.58	2.23
		8		12.30	9.66	0.314	73.5	137	117	30.4	2.44	3.08	1.57	12.8	20.6	9.46	2.27
		9		13.73	10.8	0.314	81.1	154	129	33.6	2.43	3.06	1.56	14.3	22.7	10.3	2.31
		10		15.13	11.9	0.313	88.4	172	140	36.8	2.42	3.04	1.56	15.6	24.8	11.1	2.35

续表

型号	截面尺寸(mm)			截面面积 (cm^2)	理论质量 (kg/m)	外表面积 (m^2/m)	惯性矩(cm^4)				惯性半径(cm)			截面模数(cm^3)			重心距离(cm)
	b	d	r				I_x	I_{x1}	I_{x0}	I_{y0}	i_x	I_{x0}	I_{y0}	W_x	W_{x0}	W_{y0}	Z_0
9	90	6	10	10.64	8.35	0.354	82.8	146	131	34.3	2.79	3.51	1.80	12.6	20.6	9.95	2.44
		7		12.30	9.66	0.354	94.8	170	150	39.2	2.78	3.50	1.78	14.5	23.6	11.2	2.48
		8		13.94	10.9	0.353	106	195	169	44.0	2.76	3.48	1.78	16.4	26.6	12.4	2.52
		9		15.57	12.2	0.353	118	219	187	48.7	2.75	3.46	1.77	18.3	29.4	13.5	2.56
		10		17.17	13.5	0.353	129	244	204	53.3	2.74	3.45	1.76	20.1	32.0	14.5	2.59
		12		20.31	15.9	0.352	149	294	236	62.2	2.71	3.41	1.75	23.6	37.1	16.5	2.67
10	100	6	12	11.93	9.37	0.393	115	200	182	47.9	3.10	3.90	2.00	15.7	25.7	12.7	2.67
		7		13.80	10.8	0.393	132	234	209	54.7	3.09	3.89	1.99	18.1	29.6	14.3	2.71
		8		15.64	12.3	0.393	148	267	235	61.4	3.08	3.88	1.98	20.5	33.2	15.8	2.76
		9		17.46	13.7	0.392	164	300	260	68.0	3.07	3.86	1.97	22.8	36.8	17.2	2.80
		10		19.26	15.1	0.392	180	334	285	74.4	3.05	3.84	1.96	25.1	40.3	18.5	2.84
		12		22.80	17.9	0.391	209	402	331	86.8	3.03	3.81	1.95	29.5	46.8	21.1	2.91
		14		26.26	20.6	0.391	237	471	374	99.0	3.00	3.77	1.94	33.7	52.9	23.4	2.99
		16		29.63	23.3	0.390	263	540	414	111	2.98	3.74	1.94	37.8	58.6	25.6	3.06
11	110	7	12	15.20	11.9	0.433	177	311	281	73.4	3.41	4.30	2.20	22.1	36.1	17.5	2.96
		8		17.24	13.5	0.433	199	355	316	82.4	3.40	4.28	2.19	25.0	40.7	19.4	3.01
		10		21.26	16.7	0.432	242	445	384	100	3.38	4.25	2.17	30.6	49.4	22.9	3.09
		12		25.20	19.8	0.431	283	535	448	117	3.35	4.22	2.15	36.1	57.6	26.2	3.16
		14		29.06	22.8	0.431	321	625	508	133	3.32	4.18	2.14	41.3	65.3	29.1	3.24

续表

型号	截面尺寸(mm)			截面面积	理论质量	外表面积	惯性矩(cm^4)				惯性半径(cm)			截面模数(cm^3)			重心距离(cm)
	b	d	r	(cm^2)	(kg/m)	(m^2/m)	I_x	I_{x1}	I_{x0}	I_{y0}	i_x	I_{x0}	I_{y0}	W_x	W_{x0}	W_{y0}	Z_0
12.5	125	8	14	19.75	15.5	0.492	297	521	471	123	3.88	4.88	2.50	32.5	53.3	25.9	3.37
		10		24.37	19.1	0.491	362	652	574	149	3.85	4.85	2.48	40.0	64.9	30.6	3.45
		12		28.91	22.7	0.491	423	783	671	175	3.83	4.82	2.46	41.2	76.0	35.0	3.53
		14		33.37	26.2	0.490	482	916	764	200	3.80	4.78	2.45	54.2	86.4	39.1	3.61
		16		37.74	29.6	0.489	537	1050	851	224	3.77	4.75	2.43	60.9	96.3	43.0	3.68
14	140	10		27.37	21.5	0.551	515	915	817	212	4.34	5.46	2.78	50.6	82.6	39.2	3.82
		12		32.51	25.5	0.551	604	1100	959	249	4.31	5.43	2.76	59.8	96.9	45.0	3.90
		14		37.57	29.5	0.550	689	1280	1090	284	4.28	5.40	2.75	68.8	110	50.5	3.98
		16		42.54	33.4	0.549	770	1470	1220	319	4.26	5.36	2.74	77.5	123	55.6	4.06
15	150	8		23.75	18.6	0.592	521	900	827	215	4.69	5.90	3.01	47.4	78.0	38.1	3.99
		10		29.37	23.1	0.591	638	1130	1010	262	4.66	5.87	2.99	58.4	95.5	45.5	4.08
		12		34.91	27.4	0.591	749	1350	1190	308	4.63	5.84	2.97	69.0	112	52.4	4.15
		14		40.37	31.7	0.590	856	1580	1360	352	4.60	5.80	2.95	79.5	128	58.8	4.23
		15		43.06	33.8	0.590	907	1690	1440	374	4.59	5.78	2.95	84.6	136	61.9	4.27
		16		45.74	35.9	0.589	958	1810	1520	395	4.58	5.77	2.94	89.6	143	64.9	4.31
16	160	10	16	31.50	24.7	0.630	780	1370	1240	322	4.98	6.27	3.20	66.7	109	52.8	4.31
		12		37.44	29.4	0.630	917	1640	1460	377	4.95	6.24	3.18	79.0	129	60.7	4.39
		14		43.30	34.0	0.629	1050	1910	1670	432	4.92	6.20	3.16	91.0	147	68.2	4.47
		16		49.07	38.5	0.629	1180	2190	1870	485	4.89	6.17	3.14	103	165	75.3	4.55
18	180	12		42.24	33.2	0.710	1320	2330	2100	543	5.59	7.05	3.58	101	165	78.4	4.89
		14		48.90	38.4	0.709	1510	2720	2410	622	5.56	7.02	3.56	116	189	88.4	4.97
		16		55.47	43.5	0.709	1700	3120	2700	699	5.54	6.98	3.55	131	212	97.8	5.05
		18		61.96	48.6	0.708	1880	3500	2990	762	5.50	6.94	3.51	146	235	105	5.13

续表

型号	截面尺寸(mm)			截面面积 (cm^2)	理论质量 (kg/m)	外表面积 (m^2/m)	惯性矩(cm^4)				惯性半径(cm)			截面模数(cm^3)			重心距离(cm)
	b	d	r				I_x	I_{x1}	I_{x0}	I_{y0}	i_x	I_{x0}	I_{y0}	W_x	W_{x0}	W_{y0}	Z_0
20	200	14	18	54.64	42.9	0.788	2100	3730	3340	864	6.20	7.82	3.98	145	236	112	5.46
		16		62.01	48.7	0.788	2370	4270	3760	971	6.18	7.79	3.96	164	266	124	5.54
		18		69.30	54.4	0.787	2620	4810	4160	1080	6.15	7.75	3.94	182	294	136	5.62
		20		76.51	60.1	0.787	2870	5350	4550	1180	6.12	7.72	3.93	200	322	147	5.69
		24		90.66	71.2	0.785	3340	6460	5290	1380	6.07	7.64	3.90	236	374	167	5.87
22	220	16	21	68.67	53.9	0.866	3190	5680	5060	1310	6.81	8.59	4.37	200	326	154	6.03
		18		76.75	60.3	0.866	3540	6400	5620	1450	6.79	8.55	4.35	223	361	168	6.11
		20		84.76	66.5	0.865	3870	7110	6150	1590	6.76	8.52	4.34	245	395	182	6.18
		22		92.68	72.8	0.865	4200	7830	6670	1730	6.73	8.48	4.32	267	429	195	6.26
		24		100.5	78.9	0.864	4520	8550	7170	1870	6.71	8.45	4.31	289	461	208	6.33
		26		108.3	85.0	0.864	4830	9280	7690	2000	6.68	8.41	4.30	310	492	221	6.41
25	250	18	24	87.84	69.0	0.985	5270	9380	8370	2170	7.75	9.76	4.97	290	473	224	6.84
		20		97.05	76.2	0.984	5780	10400	9180	2380	7.72	9.73	4.95	320	519	243	6.92
		22		106.2	83.3	0.983	6280	11500	9970	2580	7.69	9.69	4.93	349	564	261	7.00
		24		115.2	90.4	0.983	6770	12500	10700	2790	7.67	9.66	4.92	378	608	278	7.07
		26		124.2	97.5	0.982	7240	13600	11500	2980	7.64	9.62	4.90	406	650	295	7.15
		28		133.0	104	0.982	7700	14600	12200	3180	7.61	9.58	4.89	433	691	311	7.22
		30		141.8	111	0.981	8160	15700	12900	3380	7.58	9.55	4.88	461	731	327	7.30
		32		150.5	118	0.981	8600	16800	13600	3570	7.56	9.51	4.87	488	770	342	7.37
		35		163.4	128	0.980	9240	18400	14600	3850	7.52	9.46	4.86	527	827	364	7.48

注：截面图中的 $r_1=1/3d$ 及表中 r 的数据用于孔型设计，不作交货条件。

热轧不等边角钢规格及截面特性

附表 34

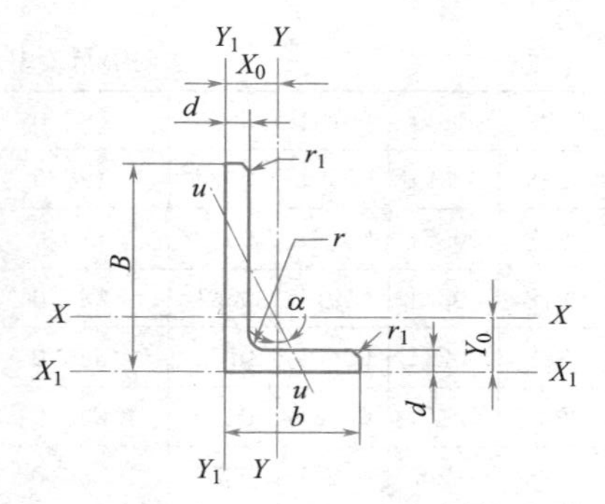

说明：

B——长边宽度；

b——短边宽度；

d——边厚度；

r——内圆弧半径；

r_1——边端圆弧半径；

X_0、Y_0——重心距离。

型号	截面尺寸(mm)				截面面积	理论质量	外表面积	惯性矩(cm^4)					惯性半径(cm)			截面模数(cm^3)			tan α	重心距离(cm)	
	B	b	d	r	(cm^2)	(kg/m)	(m^2/m)	I_x	I_{x1}	I_y	I_{y1}	I_u	i_x	i_y	i_u	W_x	W_y	W_u		X_0	Y_0
2.5/1.6	25	15	3	3.5	1.162	0.91	0.080	0.70	1.56	0.22	0.43	0.14	0.78	0.44	0.34	0.43	0.19	0.16	0.392	0.42	0.86
			4		1.499	1.18	0.079	0.88	2.09	0.27	0.59	0.17	0.77	0.43	0.34	0.55	0.24	0.20	0.381	0.46	0.90
3.2/2	32	20	3		1.492	1.17	0.102	1.53	3.27	0.46	0.82	0.28	1.01	0.55	0.43	0.72	0.30	0.25	0.382	0.49	1.08
			4		1.939	1.52	0.101	1.93	4.37	0.57	1.12	0.35	1.00	0.54	0.42	0.93	0.39	0.32	0.374	0.53	1.12
4/2.5	40	25	3	4	1.890	1.48	0.127	3.08	5.39	0.93	1.59	0.56	1.28	0.70	0.54	1.15	0.49	0.40	0.385	0.59	1.32
			4		2.467	1.94	0.127	3.93	8.53	1.18	2.14	0.71	1.36	0.69	0.54	1.49	0.63	0.52	0.381	0.63	1.37

续表

型号	截面尺寸(mm)				截面面积	理论质量	外表面积	惯性矩(cm^4)					惯性半径(cm)			截面模数(cm^3)			$\tan\alpha$	重心距离(cm)	
	B	b	d	r	(cm^2)	(kg/m)	(m^2/m)	I_x	I_{x1}	I_y	I_{y1}	I_u	i_x	i_y	i_u	W_x	W_y	W_u		X_0	Y_0
4.5/2.8	45	28	3	5	2.149	1.69	0.143	4.45	9.10	1.34	2.23	0.80	1.44	0.79	0.61	1.47	0.62	0.51	0.383	0.64	1.47
			4		2.806	2.20	0.143	5.69	12.1	1.70	3.00	1.02	1.42	0.78	0.60	1.91	0.80	0.66	0.380	0.68	1.51
5/3.2	50	32	3	5.5	2.431	1.91	0.161	6.24	12.5	2.02	3.31	1.20	1.60	0.91	0.70	1.84	0.82	0.68	0.404	0.73	1.60
			4		3.177	2.49	0.160	8.02	16.7	2.58	4.45	1.53	1.59	0.90	0.69	2.39	1.06	0.87	0.402	0.77	1.65
5.6/3.6	56	36	3	6	2.743	2.15	0.181	8.88	17.5	2.92	4.7	1.73	1.80	1.03	0.79	2.32	1.05	0.87	0.408	0.80	1.78
			4		3.590	2.82	0.180	11.5	23.4	3.76	6.33	2.23	1.79	1.02	0.79	3.03	1.37	1.13	0.408	0.85	1.82
			5		4.415	3.47	0.180	13.9	29.3	4.49	7.94	2.67	1.77	1.01	0.78	3.71	1.65	1.36	0.404	0.88	1.87
6.3/4	63	40	4	7	4.058	3.19	0.202	16.5	33.3	5.23	8.63	3.12	2.02	1.14	0.88	3.87	1.70	1.40	0.398	0.92	2.04
			5		4.993	3.92	0.202	20.0	41.6	6.31	10.9	3.76	2.00	1.12	0.87	4.74	2.07	1.71	0.396	0.95	2.08
			6		5.908	4.64	0.201	23.4	50.0	7.29	13.1	4.34	1.96	1.11	0.86	5.59	2.43	1.99	0.393	0.99	2.12
			7		6.802	5.34	0.201	26.5	58.1	8.24	15.5	4.97	1.98	1.10	0.86	6.40	2.78	2.29	0.389	1.03	2.15
7/4.5	70	45	4	7.5	4.553	3.57	0.226	23.2	45.9	7.55	12.3	4.40	2.26	1.29	0.98	4.86	2.17	1.77	0.410	1.02	2.24
			5		5.609	4.40	0.225	28.0	57.1	9.13	15.4	5.40	2.23	1.28	0.98	5.92	2.65	2.19	0.407	1.06	2.28
			6		6.644	5.22	0.225	32.5	68.4	10.6	18.6	6.35	2.21	1.26	0.98	6.95	3.12	2.59	0.404	1.09	2.32
			7		7.658	6.01	0.225	37.2	80.0	12.0	21.8	7.16	2.20	1.25	0.97	8.03	3.57	2.94	0.402	1.13	2.36
7.5/5	75	50	5	8	6.126	4.81	0.245	34.9	70.0	12.6	21.0	7.41	2.39	1.44	1.10	6.83	3.3	2.74	0.435	1.17	2.40
			6		7.260	5.70	0.245	41.1	84.3	14.7	25.4	8.54	2.38	1.42	1.08	8.12	3.88	3.19	0.435	1.21	2.44
			8		9.467	7.43	0.244	52.4	113	18.5	34.2	10.9	2.35	1.40	1.07	10.5	4.99	4.10	0.429	1.29	2.52
			10		11.59	9.10	0.244	62.7	141	22.0	43.4	13.1	2.33	1.38	1.06	12.8	6.04	4.99	0.423	1.36	2.60
8/5	80	50	5		6.376	5.00	0.255	42.0	85.2	12.8	21.1	7.66	2.56	1.42	1.10	7.78	3.32	2.74	0.388	1.14	2.60
			6		7.560	5.93	0.255	49.5	103	15.0	25.4	8.85	2.56	1.41	1.08	9.25	3.91	3.20	0.387	1.18	2.65
			7		8.724	6.85	0.255	56.2	119	17.0	29.8	10.2	2.54	1.39	1.08	10.6	4.48	3.70	0.384	1.21	2.69
			8		9.867	7.75	0.254	62.8	136	18.9	34.3	11.4	2.52	1.38	1.07	11.9	5.03	4.16	0.381	1.25	2.73

续表

型号	截面尺寸(mm)				截面面积	理论质量	外表面积	惯性矩(cm^4)					惯性半径(cm)			截面模数(cm^3)			$\tan\alpha$	重心距离(cm)	
	B	b	d	r	(cm^2)	(kg/m)	(m^2/m)	I_x	I_{x1}	I_y	I_{y1}	I_u	i_x	i_y	i_u	W_x	W_y	W_u		X_0	Y_0
9/5.6	90	56	5	9	7.212	5.66	0.287	60.5	121	18.3	29.5	11.0	2.90	1.59	1.23	9.92	4.21	3.49	0.385	1.25	2.91
			6		8.557	6.72	0.286	71.0	146	21.4	35.6	12.9	2.88	1.58	1.23	11.7	4.96	4.13	0.384	1.29	2.95
			7		9.881	7.76	0.286	81.0	170	24.4	41.7	14.7	2.86	1.57	1.22	13.5	5.70	4.72	0.382	1.33	3.00
			8		11.18	8.78	0.286	91.0	194	27.2	47.9	16.3	2.85	1.56	1.21	15.3	6.41	5.29	0.380	1.36	3.04
10/6.3	100	63	6	10	9.618	7.55	0.320	99.1	200	30.9	50.5	18.4	3.21	1.79	1.38	14.6	6.35	5.25	0.394	1.43	3.24
			7		11.11	8.72	0.320	113	233	35.3	59.1	21.0	3.20	1.78	1.38	16.9	7.29	6.02	0.394	1.47	3.28
			8		12.58	9.88	0.319	127	266	39.4	67.9	23.5	3.18	1.77	1.37	19.1	8.21	6.78	0.391	1.50	3.32
			10		15.47	12.1	0.319	154	333	47.1	85.7	28.3	3.15	1.74	1.35	23.3	9.98	8.24	0.387	1.58	3.40
10/8	100	80	6	10	10.64	8.35	0.354	107	200	61.2	103	31.7	3.17	2.40	1.72	15.2	10.2	8.37	0.627	1.97	2.95
			7		12.30	9.66	0.354	123	233	70.1	120	36.2	3.16	2.39	1.72	17.5	11.7	9.60	0.626	2.01	3.00
			8		13.94	10.9	0.353	138	267	78.6	137	40.6	3.14	2.37	1.71	19.8	13.2	10.8	0.625	2.05	3.04
			10		17.17	13.5	0.353	167	334	94.7	172	49.1	3.12	2.35	1.69	24.2	16.1	13.1	0.622	2.13	3.12
11/7	110	70	6	10	10.64	8.35	0.354	133	266	42.9	69.1	25.4	3.54	2.01	1.54	17.9	7.90	6.53	0.403	1.57	3.53
			7		12.30	9.66	0.354	153	310	49.0	80.8	29.0	3.53	2.00	1.53	20.6	9.09	7.50	0.402	1.61	3.57
			8		13.94	10.9	0.353	172	354	54.9	92.7	32.5	3.51	1.98	1.53	23.3	10.3	8.45	0.401	1.65	3.62
			10		17.17	13.5	0.353	208	443	65.9	117	39.2	3.48	1.96	1.51	28.5	12.5	10.3	0.397	1.72	3.70
12.5/8	125	80	7	11	14.10	11.1	0.403	228	455	74.4	120	43.8	4.02	2.30	1.76	26.9	12.0	9.92	0.408	1.80	4.01
			8		15.99	12.6	0.403	257	520	83.5	138	49.2	4.01	2.28	1.75	30.4	13.6	11.2	0.407	1.84	4.06
			10		19.71	15.5	0.402	312	650	101	173	59.5	3.98	2.26	1.74	37.3	16.6	13.6	0.404	1.92	4.14
			12		23.35	18.3	0.402	364	780	117	210	69.4	3.95	2.24	1.72	44.0	19.4	16.0	0.400	2.00	4.22

续表

型号	截面尺寸(mm)				截面面积 (cm²)	理论质量 (kg/m)	外表面积 (m²/m)	惯性矩(cm⁴)					惯性半径(cm)			截面模数(cm³)			tan α	重心距离(cm)	
	B	b	d	r				I_x	I_{x1}	I_y	I_{y1}	I_u	i_x	i_y	i_u	W_x	W_y	W_u		X_0	Y_0
14/9	140	90	8	12	18.04	14.2	0.453	366	731	121	196	70.8	4.50	2.59	1.98	38.5	17.3	14.3	0.411	2.04	4.50
			10		22.26	17.5	0.452	446	913	140	246	85.8	4.47	2.56	1.96	47.3	21.2	17.5	0.409	2.12	4.58
			12		26.40	20.7	0.451	522	1100	170	297	100	4.44	2.54	1.95	55.9	25.0	20.5	0.406	2.19	4.66
			14		30.46	23.9	0.451	594	1280	192	349	114	4.42	2.51	1.94	64.2	28.5	23.5	0.403	2.27	4.74
15/9	150	90	8	12	18.84	14.8	0.473	442	898	123	196	74.1	4.84	2.55	1.98	43.9	17.5	14.5	0.364	1.97	4.92
			10		23.26	18.3	0.472	539	1120	149	246	89.9	4.81	2.53	1.97	54.0	21.4	17.7	0.362	2.05	5.01
			12		27.60	21.7	0.471	632	1350	173	297	105	4.79	2.50	1.95	63.8	25.1	20.8	0.359	2.12	5.09
			14		31.86	25.0	0.471	721	1570	196	350	120	4.76	2.48	1.94	73.3	28.8	23.8	0.356	2.20	5.17
			15		33.95	26.7	0.471	764	1680	207	376	127	4.74	2.47	1.93	78.0	30.5	25.3	0.354	2.24	5.21
			16		36.03	28.3	0.470	806	1800	217	403	134	4.73	2.45	1.93	82.6	32.3	26.8	0.352	2.27	5.25
16/10	160	100	10	13	25.32	19.9	0.512	669	1360	205	337	122	5.14	2.85	2.19	62.1	26.6	21.9	0.390	2.28	5.24
			12		30.05	23.6	0.511	785	1640	239	406	142	5.11	2.82	2.17	73.5	31.3	25.8	0.388	2.36	5.32
			14		34.71	27.2	0.510	896	1910	271	476	162	5.08	2.80	2.16	84.6	35.8	29.6	0.385	2.43	5.40
			16		39.28	30.8	0.510	1000	2180	302	548	183	5.05	2.77	2.16	95.3	40.2	33.4	0.382	2.51	5.48
18/11	180	110	10	14	28.37	22.3	0.571	956	1940	278	447	167	5.80	3.13	2.42	79.0	32.5	26.9	0.376	2.44	5.89
			12		33.71	26.5	0.571	1120	2330	325	539	195	5.78	3.10	2.40	93.5	38.3	31.7	0.374	2.52	5.98
			14		38.97	30.6	0.570	1290	2720	370	632	222	5.75	3.08	2.39	108	44.0	36.3	0.372	2.59	6.06
			16		44.14	34.6	0.569	1440	3110	412	726	249	5.72	3.06	2.38	122	49.4	40.9	0.369	2.67	6.14
20/12.5	200	125	12		37.91	29.8	0.641	1570	3190	483	788	286	6.44	3.57	2.74	117	50.0	41.2	0.392	2.83	6.54
			14		43.87	34.4	0.640	1800	3730	551	922	327	6.41	3.54	2.73	135	57.4	47.3	0.390	2.91	6.62
			16		49.74	39.0	0.639	2020	4260	615	1060	366	6.38	3.52	2.71	152	64.9	53.3	0.388	2.99	6.70
			18		55.53	43.6	0.639	2240	4790	677	1200	405	6.35	3.49	2.70	169	71.7	59.2	0.385	3.06	6.78

注：截面图中的 $r_1=1/3d$ 及表中 r 的数据用于孔型设计，不作交货条件。

附表 35

热轧槽钢规格及截面特性

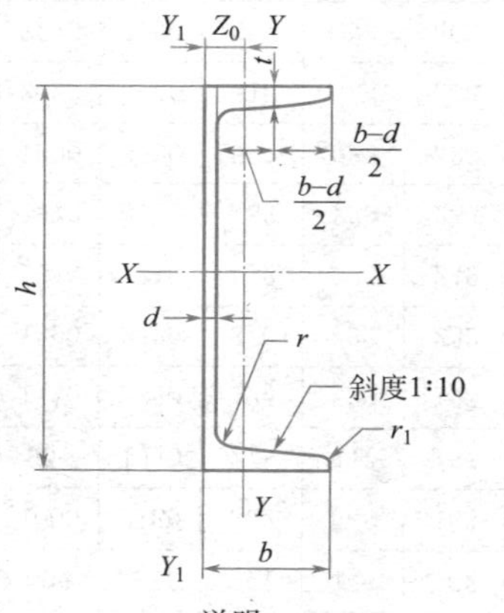

说明：

h——高度；

b——腿宽度；

d——腰厚度；

t——腿中间厚度；

r——内圆弧半径；

r_1——腿端圆弧半径；

Z_0——重心距离。

型号	截面尺寸(mm)						截面面积	理论质量	外表面积	惯性矩(cm^4)			惯性半径(cm)		截面模数(cm^3)		重心距离(cm)
	h	b	d	t	r	r_1	(cm^2)	(kg/m)	(m^2/m)	I_x	I_y	I_{y1}	i_x	i_y	W_x	W_y	Z_0
5	50	37	4.5	7.0	7.0	3.5	6.925	5.44	0.226	26.0	8.30	20.9	1.94	1.10	10.4	3.55	1.35
6.3	63	40	4.8	7.5	7.5	3.8	8.446	6.63	0.262	50.8	11.9	28.4	2.45	1.19	16.1	4.50	1.36
6.5	65	40	4.3	7.5	7.5	3.8	8.292	6.51	0.267	55.2	12.0	28.3	2.54	1.19	17.0	4.59	1.38
8	80	43	5.0	8.0	8.0	4.0	10.24	8.04	0.307	101	16.6	37.4	3.15	1.27	25.3	5.79	1.43
10	100	48	5.3	8.5	8.5	4.2	12.74	10.0	0.365	198	25.6	54.9	3.95	1.41	39.7	7.80	1.52
12	120	53	5.5	9.0	9.0	4.5	15.36	12.1	0.423	346	37.4	77.7	4.75	1.56	57.7	10.2	1.62
12.6	126	53	5.5	9.0	9.0	4.5	15.69	12.3	0.435	391	38.0	77.1	4.95	1.57	62.1	10.2	1.59

续表

型号	截面尺寸(mm)						截面面积 (cm^2)	理论质量 (kg/m)	外表面积 (m^2/m)	惯性矩(cm^4)			惯性半径(cm)		截面模数(cm^3)		重心距离(cm)
	h	b	d	t	r	r_1				I_x	I_y	I_{y1}	i_x	i_y	W_x	W_y	Z_0
14a	140	58	6.0	9.5	9.5	4.8	18.51	14.5	0.480	564	53.2	107	5.52	1.70	80.5	13.0	1.71
14b		60	8.0				21.31	16.7	0.484	609	61.1	121	5.35	1.69	87.1	14.1	1.67
16a	160	63	6.5	10.0	10.0	5.0	21.95	17.2	0.538	866	73.3	144	6.28	1.83	108	16.3	1.80
16b		65	8.5				25.15	19.8	0.542	935	83.4	161	6.10	1.82	117	17.6	1.75
18a	180	68	7.0	10.5	10.5	5.2	25.69	20.2	0.596	1270	98.6	190	7.04	1.96	141	20.0	1.88
18b		70	9.0				29.29	23.0	0.600	1370	111	210	6.84	1.95	152	21.5	1.84
20a	200	73	7.0	11.0	11.0	5.5	28.83	22.6	0.654	1780	128	244	7.86	2.11	178	24.2	2.01
20b		75	9.0				32.83	25.8	0.658	1910	144	268	7.64	2.09	191	25.9	1.95
22a	220	77	7.0	11.5	11.5	5.8	31.83	25.0	0.709	2390	158	298	8.67	2.23	218	28.2	2.10
22b		79	9.0				36.23	28.5	0.713	2570	176	326	8.42	2.21	234	30.1	2.03
24a	240	78	7.0	12.0	12.0	6.0	34.21	26.9	0.752	3050	174	325	9.45	2.25	254	30.5	2.10
24b		80	9.0				39.01	30.6	0.756	3280	194	355	9.17	2.23	274	32.5	2.03
24c		82	11.0				43.81	34.4	0.760	3510	213	388	8.96	2.21	293	34.4	2.00
25a	250	78	7.0	12.0	12.0	6.0	34.91	27.4	0.722	3370	176	322	9.82	2.24	270	30.6	2.07
25b		80	9.0				39.91	31.3	0.776	3530	196	353	9.41	2.22	282	32.7	1.98
25c		82	11.0				44.91	35.3	0.780	3690	218	384	9.07	2.21	295	35.9	1.92
27a	270	82	7.5	12.5	12.5	6.2	39.27	30.8	0.826	4360	216	393	10.5	2.34	323	35.5	2.13
27b		84	9.5				44.67	35.1	0.830	4690	239	428	10.3	2.31	347	37.7	2.06
27c		86	11.5				50.07	39.3	0.834	5020	261	467	10.1	2.28	372	39.8	2.03
28a	280	82	7.5				40.02	31.4	0.846	4760	218	388	10.9	2.33	340	35.7	2.10
28b		84	9.5				45.62	35.8	0.850	5130	242	428	10.6	2.30	366	37.9	2.02
28c		86	11.5				51.22	40.2	0.854	5500	268	463	10.4	2.29	393	40.3	1.95

续表

型号	截面尺寸(mm)						截面面积 (cm^2)	理论质量 (kg/m)	外表面积 (m^2/m)	惯性矩(cm^4)			惯性半径(cm)		截面模数(cm^3)		重心距离(cm)
	h	b	d	t	r	r_1				I_x	I_y	I_{y1}	i_x	i_y	W_x	W_y	Z_0
30a	300	85	7.5	13.5	13.5	6.8	43.89	34.5	0.897	6050	260	467	11.7	2.43	403	41.1	2.17
30b		87	9.5				49.89	39.2	0.901	6500	289	515	11.4	2.41	433	44.0	2.13
30c		89	11.5				55.89	43.9	0.905	6950	316	560	11.2	2.38	463	46.4	2.09
32a	320	88	8.0	14.0	14.0	7.0	48.50	38.1	0.947	7600	305	552	12.5	2.50	475	46.5	2.24
32b		90	10.0				54.90	43.1	0.951	8140	336	593	12.2	2.47	509	49.2	2.16
32c		92	12.0				61.30	48.1	0.955	8690	374	643	11.9	2.47	543	52.6	2.09
36a	360	96	9.0	16.0	16.0	8.0	60.89	47.8	1.053	11900	455	818	14.0	2.73	660	63.5	2.44
36b		98	11.0				68.09	53.5	1.057	12700	497	880	13.6	2.70	703	66.9	2.37
36c		100	13.0				75.29	59.1	1.061	13400	536	948	13.4	2.67	746	70.0	2.34
40a	400	100	10.5	18.0	18.0	9.0	75.04	58.9	1.144	17600	592	1070	15.3	2.81	879	78.8	2.49
40b		102	12.5				83.04	65.2	1.148	18600	640	1140	15.0	2.78	932	82.5	2.44
40c		104	14.5				91.04	71.5	1.152	19700	688	1220	14.7	2.75	986	86.2	2.42

注：表中的 r、r_1 的数据用于孔型设计，不作交货条件。

附表 36

热轧工字钢规格及截面特性

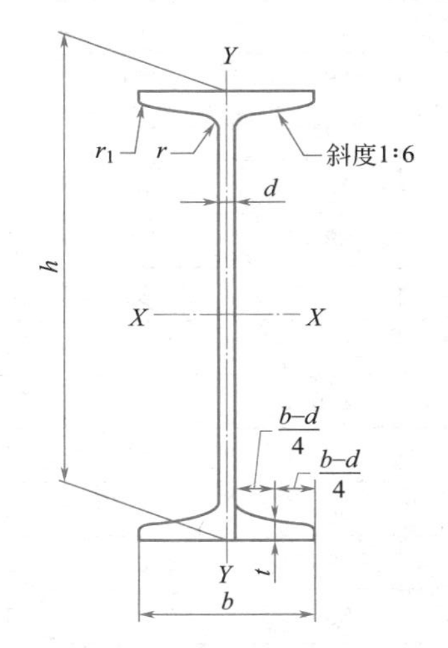

说明：

h——高度；

b——腿宽度；

d——腰厚度；

t——腿中间厚度；

r——内圆弧半径；

r_1——腿端圆弧半径。

型号	截面尺寸(mm)						截面面积 (cm^2)	理论质量 (kg/m)	外表面积 (m^2/m)	惯性矩(cm^4)		惯性半径(cm)		截面模数(cm^3)	
	h	b	d	t	r	r_1				I_x	I_y	i_x	i_y	W_x	W_y
10	100	68	4.5	7.6	6.5	3.3	14.33	11.3	0.432	245	33.0	4.14	1.52	49.0	9.72
12	120	74	5.0	8.4	7.0	3.5	17.80	14.0	0.493	436	46.9	4.95	1.62	72.7	12.7
12.6	126	74	5.0	8.4	7.0	3.5	18.10	14.2	0.505	488	46.9	5.20	1.61	77.5	12.7
14	140	80	5.5	9.1	7.5	3.8	21.50	16.9	0.553	712	64.4	5.76	1.73	102	16.1
16	160	88	6.0	9.9	8.0	4.0	26.11	20.5	0.621	1130	93.1	6.58	1.89	141	21.2

续表

型号	截面尺寸(mm)						截面面积	理论质量	外表面积	惯性矩(cm^4)		惯性半径(cm)		截面模数(cm^3)	
	h	b	d	t	r	r_1	(cm^2)	(kg/m)	(m^2/m)	I_x	I_y	i_x	i_y	W_x	W_y
18	180	94	6.5	10.7	8.5	4.3	30.74	24.1	0.681	1660	122	7.36	2.00	185	26.0
20a	200	100	7.0	11.4	9.0	4.5	35.55	27.9	0.742	2370	158	8.15	2.12	237	31.5
20b		102	9.0				39.55	31.1	0.746	2500	169	7.96	2.06	250	33.1
22a	220	110	7.5	12.3	9.5	4.8	42.10	33.1	0.817	3400	225	8.99	2.31	309	40.9
22b		112	9.5				46.50	36.5	0.821	3570	239	8.78	2.27	325	42.7
24a	240	116	8.0	13.0	10.0	5.0	47.71	37.5	0.878	4570	280	9.77	2.42	381	48.4
24b		118	10.0				52.51	41.2	0.882	4800	297	9.57	2.38	400	50.4
25a	250	116	8.0				48.51	38.1	0.898	5020	280	10.2	2.40	402	48.3
25b		118	10.0				53.51	42.0	0.902	5280	309	9.94	2.40	423	52.4
27a	270	122	8.5	13.7	10.5	5.3	54.52	42.8	0.958	6550	345	10.9	2.51	485	56.6
27b		124	10.5				59.92	47.0	0.962	6870	366	10.7	2.47	509	58.9
28a	280	122	8.5				55.37	43.5	0.978	7110	345	11.3	2.50	508	56.6
28b		124	10.5				60.97	47.9	0.982	7480	379	11.1	2.49	534	61.2
30a	300	126	9.0	14.4	11.0	5.5	61.22	48.1	1.031	8950	400	12.1	2.55	597	63.5
30b		128	11.0				67.22	52.8	1.035	9400	422	11.8	2.50	627	65.9
30c		130	13.0				73.22	57.5	1.039	9850	445	11.6	2.46	657	68.5
32a	320	130	9.5	15	11.5	5.8	67.12	52.7	1.084	11100	460	12.8	2.62	692	70.8
32b		132	11.5				73.52	57.7	1.088	11600	502	12.6	2.61	726	76.0
32c		134	13.5				79.92	62.7	1.092	12200	544	12.3	2.61	760	81.2
36a	360	136	10.0	15.8	12.0	6.0	76.44	60.0	1.185	15800	552	14.4	2.69	875	81.2
36b		138	12.0				83.64	65.7	1.189	16500	582	14.1	2.64	919	84.3
36c		140	14.0				90.84	71.3	1.193	17300	612	13.8	2.60	962	87.4

续表

型号	截面尺寸(mm)						截面面积	理论质量	外表面积	惯性矩(cm^4)		惯性半径(cm)		截面模数(cm^3)	
	h	b	d	t	r	r_1	(cm^2)	(kg/m)	(m^2/m)	I_x	I_y	i_x	i_y	W_x	W_y
40a	400	142	10.5	16.5	12.5	6.3	86.07	67.6	1.285	21700	660	15.9	2.77	1090	93.2
40b		144	12.5				94.07	73.8	1.289	22800	692	15.6	2.71	1140	96.2
40c		146	14.5				102.1	80.1	1.293	23900	727	15.2	2.65	1190	99.6
45a	450	150	11.5	18.0	13.5	6.8	102.4	80.4	1.411	32200	855	17.7	2.89	1430	114
45b		152	13.5				111.4	87.4	1.415	33800	894	17.4	2.84	1500	118
45c		154	15.5				120.4	94.5	1.419	35300	938	17.1	2.79	1570	122
50a	500	158	12.0	20.0	14.0	7.0	119.2	93.6	1.539	46500	1120	19.7	3.07	1860	142
50b		160	14.0				129.2	101	1.543	48600	1170	19.4	3.01	1940	146
50c		162	16.0				139.2	109	1.547	50600	1220	19.0	2.96	2080	151
55a	550	166	12.5	21.0	14.5	7.3	134.1	105	1.667	62900	1370	21.6	3.19	2290	164
55b		168	14.5				145.1	114	1.671	65600	1420	21.2	3.14	2390	170
55c		170	16.5				156.1	123	1.675	68400	1480	20.9	3.08	2490	175
56a	560	166	12.5				135.4	106	1.687	65600	1370	22.0	3.18	2340	165
56b		168	14.5				146.6	115	1.691	68500	1490	21.6	3.16	2450	174
56c		170	16.5				157.8	124	1.695	71400	1560	21.3	3.16	2550	183
63a	630	176	13.0	22.0	15.0	7.5	154.6	121	1.862	93900	1700	24.5	3.31	2980	193
63b		178	15.0				167.2	131	1.866	98100	1810	24.2	3.29	3160	204
63c		180	17.0				179.8	141	1.870	102000	1920	23.8	3.27	3300	214

注：表中的 r、r_1 的数据用于孔型设计，不作交货条件。

附表 37

热轧 H 型钢规格及截面特性

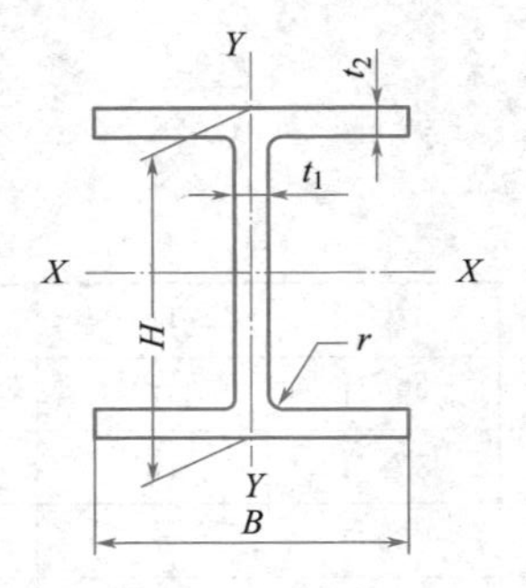

说明：

H——高度；

B——宽度；

t_1——腹板厚度；

t_2——翼缘厚度；

r——圆角半径。

类别	型号(高度×宽度)(mm×mm)	截面尺寸(mm)					截面面积(cm^2)	理论质量(kg/m)	表面积(m^2/m)	惯性矩(cm^4)		惯性半径(cm)		截面模数(cm^3)	
		H	B	t_1	t_2	r				I_x	I_y	i_x	i_y	W_x	W_y
HW	100×100	100	100	6	8	8	21.58	16.9	0.574	378	134	4.18	2.48	75.6	26.7
	125×125	125	125	6.5	9	8	30.00	23.6	0.723	839	293	5.28	3.12	134	46.9
	150×150	150	150	7	10	8	39.64	31.1	0.872	1620	563	6.39	3.76	216	75.1
	175×175	175	175	7.5	11	13	51.42	40.4	1.01	2900	984	7.50	4.37	331	112
	200×200	200	200	8	12	13	63.53	49.9	1.16	4720	1600	8.61	5.02	472	160
		*200	204	12	12	13	71.53	56.2	1.17	4980	1700	8.34	4.87	498	167
	250×250	*244	252	11	11	13	81.31	63.8	1.45	8700	2940	10.3	6.01	713	233
		250	250	9	14	13	91.43	71.8	1.46	10700	3650	10.8	6.31	860	292
		*250	255	14	14	13	103.9	81.6	1.47	11400	3880	10.5	6.10	912	304

续表

类别	型号(高度×宽度)(mm×mm)	截面尺寸(mm)					截面面积(cm^2)	理论质量(kg/m)	表面积(m^2/m)	惯性矩(cm^4)		惯性半径(cm)		截面模数(cm^3)	
		H	B	t_1	t_2	r				I_x	I_y	i_x	i_y	W_x	W_y
HW	300×300	*294	302	12	12	13	106.3	83.5	1.75	16600	5510	12.5	7.20	1130	365
		300	300	10	15	13	118.5	93.0	1.76	20200	6750	13.1	7.55	1350	450
		*300	305	15	15	13	133.5	105	1.77	21300	7100	12.6	7.29	1420	466
	350×350	*338	351	13	13	13	133.3	105	2.03	27700	9380	14.4	8.38	1640	534
		*344	348	10	16	13	144.0	113	2.04	32800	11200	15.1	8.83	1910	646
		*344	354	16	16	13	164.7	129	2.05	34900	11800	14.6	8.48	2030	669
		350	350	12	19	13	171.9	135	2.05	39800	13600	15.2	8.88	2280	776
		*350	357	19	19	13	196.4	154	2.07	42300	14400	14.7	8.57	2420	808
	400×400	*338	402	15	15	22	178.5	140	2.32	49000	16300	16.6	9.54	2520	809
		*394	398	11	18	22	186.8	147	2.32	56100	18900	17.3	10.1	2850	951
		*394	405	18	18	22	214.4	168	2.33	59700	20000	16.7	9.64	3030	985
		400	400	13	21	22	218.7	172	2.34	66600	22400	17.5	10.1	3330	1120
		*400	408	21	21	22	250.7	197	2.35	70900	23800	16.8	9.74	3540	1170
		*414	405	18	28	22	295.4	232	2.37	92800	31000	17.7	10.2	4480	1530
		*428	407	20	35	22	360.7	283	2.41	119000	39400	18.2	10.4	5570	1930
		*458	417	30	50	22	528.6	415	2.49	187000	60500	18.8	10.7	8170	2900
		*498	432	45	70	22	770.1	604	2.60	298000	94400	19.7	11.1	12000	4370
	500×500	*492	465	15	20	22	258.0	202	2.78	117000	33500	21.3	11.4	4770	1440
		*502	465	15	25	22	304.5	239	2.80	146000	41900	21.9	11.7	5810	1800
		*502	470	20	25	22	329.6	259	2.81	151000	43300	21.4	11.5	6020	1840

续表

类别	型号(高度×宽度)(mm×mm)	截面尺寸(mm)					截面面积(cm^2)	理论质量(kg/m)	表面积(m^2/m)	惯性矩(cm^4)		惯性半径(cm)		截面模数(cm^3)	
		H	B	t_1	t_2	r				I_x	I_y	i_x	i_y	W_x	W_y
HM	150×100	148	100	6	9	8	26.34	20.7	0.670	1000	150	6.16	2.38	135	30.1
	200×150	194	150	6	9	8	38.10	29.9	0.962	2630	507	8.30	3.64	271	67.6
	250×175	244	175	7	11	13	55.49	43.6	1.15	6040	984	10.4	4.21	495	112
	300×200	294	200	8	12	13	71.05	55.8	1.35	11100	1600	12.5	4.74	756	160
		*298	201	9	14	13	82.03	64.4	1.36	13100	1900	12.6	4.80	878	189
	350×250	340	250	9	14	13	99.53	78.1	1.64	21200	3650	14.6	6.05	1250	292
	400×300	390	300	10	16	13	133.3	105	1.94	37900	7200	16.9	7.35	1940	480
	450×300	440	300	11	18	13	153.9	121	2.04	54700	8110	18.9	7.25	2490	540
	500×300	*482	300	11	15	13	141.2	111	2.12	58300	6760	20.3	6.91	2420	450
		488	300	11	18	13	159.2	125	2.13	68900	8110	20.8	7.13	2820	540
	550×300	*544	300	11	15	13	148.0	116	2.24	76400	6760	22.7	6.75	2810	450
		*550	300	11	18	13	166.0	130	2.26	89800	8110	23.3	6.98	3270	540
	600×300	*582	300	12	17	13	169.2	133	2.32	98900	7660	24.2	6.72	3400	511
		588	300	12	20	13	187.2	147	2.33	114000	9010	24.7	6.93	3890	601
		*594	302	14	23	13	217.1	170	2.35	134000	10600	24.8	6.97	4500	700
HN	*100×50	100	50	5	7	8	11.84	9.30	0.376	187	14.8	3.97	1.11	37.5	5.91
	*125×60	125	60	6	8	8	16.68	13.1	0.464	409	29.1	4.95	1.32	65.4	9.71
	150×75	150	75	5	7	8	17.84	14.0	0.576	666	49.5	6.10	1.66	88.8	13.2
	175×90	175	90	5	8	8	22.89	18.0	0.686	1210	97.5	7.25	2.06	138	21.7
	200×100	*198	99	4.5	7	8	22.68	17.8	0.769	1540	113	8.24	2.23	156	22.9
		200	100	5.5	8	8	26.66	20.9	0.775	1810	134	8.22	2.23	181	26.7
	250×125	*248	124	5	8	8	31.98	25.1	0.968	3450	255	10.4	2.82	278	41.1
		250	125	6	9	8	36.96	29.0	0.974	3960	294	10.4	2.81	317	47.0

续表

类别	型号(高度×宽度)(mm×mm)	截面尺寸(mm)					截面面积(cm^2)	理论质量(kg/m)	表面积(m^2/m)	惯性矩(cm^4)		惯性半径(cm)		截面模数(cm^3)	
		H	B	t_1	t_2	r				I_x	I_y	i_x	i_y	W_x	W_y
HN	300×150	*298	149	5.5	8	13	40.80	32.0	1.16	6320	442	12.4	3.29	424	59.3
		300	150	6.5	9	13	46.78	36.7	1.16	7210	508	12.4	3.29	481	67.7
	350×175	*346	174	6	9	13	52.45	41.2	1.35	11000	791	14.5	3.88	638	91.0
		350	175	7	11	13	62.91	49.4	1.36	13500	984	14.6	3.95	771	112
	400×150	400	150	8	13	13	70.37	55.2	1.36	18600	734	16.3	3.22	929	97.8
	400×200	*396	199	7	11	13	71.41	56.1	1.55	19800	1450	16.6	4.50	999	145
		400	200	8	13	13	83.37	65.4	1.56	23500	1740	16.8	4.56	1170	174
	450×150	*446	150	7	12	13	66.99	52.6	1.46	22000	677	18.1	3.17	985	90.3
		450	151	8	14	13	77.49	60.8	1.47	25700	806	18.2	3.22	1140	107
	450×200	*446	199	8	12	13	82.97	65.1	1.65	28100	1580	18.4	4.36	1260	159
		450	200	9	14	13	95.43	74.9	1.66	32900	1870	18.6	4.42	1460	187
	475×150	*470	150	7	13	13	71.53	56.2	1.50	26200	733	19.1	3.20	1110	97.8
		*475	151.5	8.5	15.5	13	86.15	67.6	1.52	31700	901	19.2	3.23	1330	119
		482	153.5	10.5	19	13	106.4	83.5	1.53	39600	1150	19.3	3.28	1640	150
	500×150	*492	150	7	12	13	70.21	55.1	1.55	27500	677	19.8	3.10	1120	90.3
		*500	152	9	16	13	92.21	72.4	1.57	37000	940	20.0	3.19	1480	124
		504	153	10	18	13	103.3	81.1	1.58	41900	1080	20.1	3.23	1660	141
	500×200	*496	199	9	14	13	99.29	77.9	1.75	40800	1840	20.3	4.30	1650	185
		500	200	10	16	13	112.3	88.1	1.76	46800	2140	20.4	4.36	1870	214
		*506	201	11	19	13	129.3	102	1.77	55500	2580	20.7	4.46	2190	257
	550×200	*546	199	9	14	13	103.8	81.5	1.85	50800	1840	22.1	4.21	1860	185
		550	200	10	16	13	117.3	92.0	1.86	58200	2140	22.3	4.27	2120	214

续表

类别	型号(高度×宽度)(mm×mm)	截面尺寸(mm)					截面面积(cm^2)	理论质量(kg/m)	表面积(m^2/m)	惯性矩(cm^4)		惯性半径(cm)		截面模数(cm^3)	
		H	B	t_1	t_2	r				I_x	I_y	i_x	i_y	W_x	W_y
HN	600×200	*596	199	10	15	13	117.8	92.4	1.95	66600	1980	23.8	4.09	2240	199
		600	200	11	17	13	131.7	103	1.96	75600	2270	24.0	4.15	2520	227
		*606	201	12	20	13	149.8	118	1.97	88300	2720	24.3	4.25	2910	270
	625×200	*625	198.5	13.5	17.5	13	150.6	118	1.99	88500	2300	24.2	3.90	2830	231
		630	200	15	20	13	170.0	133	2.01	101000	2690	24.4	3.97	3220	268
		*638	202	17	24	13	198.7	156	2.03	122000	3320	24.8	4.09	3820	329
	650×300	*646	299	12	18	18	183.6	144	2.43	131000	8030	26.7	6.61	4080	537
		*650	300	13	20	18	202.1	159	2.44	146000	9010	26.9	6.67	4500	601
		*654	301	14	22	18	220.6	173	2.45	161000	10000	27.4	6.81	4930	666
	700×300	*692	300	13	20	18	207.5	163	2.53	168000	9020	28.5	6.59	4870	601
		700	300	13	24	18	231.5	182	2.54	197000	10800	29.2	6.83	5640	721
	750×300	*734	299	12	16	18	182.7	143	2.61	161000	7140	29.7	6.25	4390	478
		*742	300	13	20	18	214.0	168	2.63	197000	9020	30.4	6.49	5320	601
		*750	300	13	24	18	238.0	187	2.64	231000	10800	31.1	6.74	6150	721
		*758	303	16	28	18	284.8	224	2.67	276000	13000	31.1	6.75	7270	859
	800×300	*792	300	14	22	18	239.5	188	2.73	248000	9920	32.2	6.43	6270	661
		800	300	14	26	18	263.5	207	2.74	286000	11700	33.0	6.66	7160	781
	850×300	*834	298	14	19	18	227.5	179	2.80	251000	8400	33.2	6.07	6020	564
		*842	299	15	23	18	259.7	204	2.82	298000	10300	33.9	6.28	7080	687
		*850	300	16	27	18	292.1	229	2.84	346000	12200	34.4	6.45	8140	812
		*858	301	17	31	18	324.7	255	2.86	395000	14100	34.9	6.59	9210	939
	900×300	*890	299	15	23	18	266.9	210	2.92	339000	10300	35.6	6.20	7610	687
		900	300	16	28	18	305.8	240	2.94	404000	12600	36.4	6.42	8990	842

续表

类别	型号(高度×宽度)(mm×mm)	截面尺寸(mm)					截面面积(cm^2)	理论质量(kg/m)	表面积(m^2/m)	惯性矩(cm^4)		惯性半径(cm)		截面模数(cm^3)	
		H	B	t_1	t_2	r				I_x	I_y	i_x	i_y	W_x	W_y
HN	900×300	*912	302	18	34	18	360.1	283	2.97	491000	15700	36.9	6.59	10800	1040
	1000×300	*970	297	16	21	18	276.0	217	3.07	393000	9210	37.8	5.77	8110	620
		*980	298	17	26	18	315.5	248	3.09	472000	11500	38.7	6.04	9630	772
		*990	298	17	31	18	345.3	271	3.11	544000	13700	39.7	6.30	11000	921
		*1000	300	19	36	18	395.1	310	3.13	634000	16300	40.1	6.41	12700	1080
		*1008	302	21	40	18	439.3	345	3.15	712000	18400	40.3	6.47	14100	1220
HT	100×50	95	48	3.2	4.5	8	7.620	5.98	0.362	115	8.39	3.88	1.04	24.2	3.49
		97	49	4	5.5	8	9.370	7.36	0.368	143	10.9	3.91	1.07	29.6	4.45
	100×100	96	99	4.5	6	8	16.20	12.7	0.565	272	97.2	4.09	2.44	56.7	19.6
	125×60	118	58	3.2	4.5	8	9.250	7.26	0.448	218	14.7	4.85	1.26	37.0	5.08
		120	59	4	5.5	8	11.39	8.94	0.454	271	19.0	4.87	1.29	45.2	6.43
	125×125	119	123	4.5	6	8	20.12	15.8	0.707	532	186	5.14	3.04	89.5	30.3
	150×75	145	73	3.2	4.5	8	11.47	9.00	0.562	416	29.3	6.01	1.59	57.3	8.02
		147	74	4	5.5	8	14.12	11.1	0.568	516	37.3	6.04	1.62	70.2	10.1
	150×100	139	97	3.2	4.5	8	13.43	10.6	0.646	476	68.6	5.94	2.25	68.4	14.1
		142	99	4.5	6	8	18.27	14.3	0.657	654	97.2	5.98	2.30	92.1	19.6
	150×150	144	148	5	7	8	27.76	21.8	0.856	1090	378	6.25	3.69	151	51.1
		147	149	6	8.5	8	33.67	26.4	0.864	1350	469	6.32	3.73	183	63.0
	175×90	168	88	3.2	4.5	8	13.55	10.6	0.668	670	51.2	7.02	1.94	79.7	11.6
		171	89	4	6	8	17.58	13.8	0.676	894	70.7	7.13	2.00	105	15.9
	175×175	167	173	5	7	13	33.32	26.2	0.994	1780	605	7.30	4.26	213	69.9
		172	175	6.5	9.5	13	44.64	35.0	1.01	2470	850	7.43	4.36	287	97.1

续表

类别	型号(高度×宽度)(mm×mm)	截面尺寸(mm)					截面面积(cm^2)	理论质量(kg/m)	表面积(m^2/m)	惯性矩(cm^4)		惯性半径(cm)		截面模数(cm^3)	
		H	B	t_1	t_2	r				I_x	I_y	i_x	i_y	W_x	W_y
HT	200×100	193	98	3.2	4.5	8	15.25	12.0	0.758	994	70.7	8.07	2.15	103	14.4
		196	99	4	6	8	19.78	15.5	0.766	1320	97.2	8.18	2.21	135	19.6
	200×150	188	·149	4.5	6	8	26.34	20.7	0.949	1730	331	8.09	3.54	184	44.4
	200×200	192	198	6	8	13	43.69	34.3	1.14	3060	1040	8.37	4.86	319	105
	250×125	244	124	4.5	6	8	25.86	20.3	0.961	2650	191	10.1	2.71	217	30.8
	250×175	238	173	4.5	8	13	39.12	30.7	1.14	4240	691	10.4	4.20	356	79.9
	300×150	294	148	4.5	6	13	31.90	25.0	1.15	4800	325	12.3	3.19	327	43.9
	300×200	286	198	6	8	13	49.33	38.7	1.33	7360	1040	12.2	4.58	515	105
	350×175	340	173	4.5	6	13	36.97	29.0	1.34	7490	518	14.2	3.74	441	59.9
	400×150	390	148	6	8	13	47.57	37.3	1.34	11700	434	15.7	3.01	602	58.6
	400×200	390	198	6	8	13	55.57	43.6	1.54	14700	1040	16.2	4.31	752	105

注：1. 表中同一型号的产品，其内侧尺寸高度一致；

2. 表中截面面积计算公式为：$t_1(H-2t_2)+2Bt_2+0.858r^2$；

3. 表中“*”表示的规格为市场非常用规格。

部分 T 型钢规格及截面特性

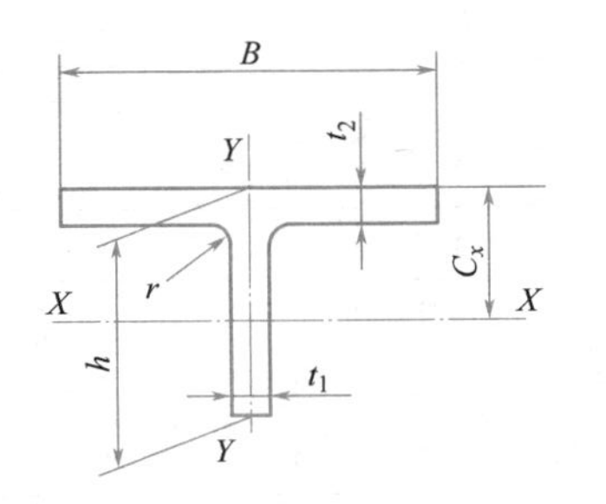

说明：

h——高度；　t_2——翼缘厚度；

B——宽度；　r——圆角半径；

t_1——腹板厚度；　C_x——重心。

类别	型号(高度×宽度)(mm×mm)	截面尺寸(mm)					截面面积(cm^2)	理论质量(kg/m)	表面积(m^2/m)	惯性矩(cm^4)		惯性半径(cm)		截面模数(cm^3)		重心 C_x(cm)	对应 H 型钢系列型号
		H	B	t_1	t_2	r				I_x	I_y	i_x	i_y	W_x	W_y		
TW	50×100	50	100	6	8	8	10.79	8.47	0.293	16.1	66.8	1.22	2.48	4.02	13.4	1.00	100×100
	62.5×125	62.5	125	6.5	9	8	15.00	11.8	0.368	35.0	147	1.52	3.12	6.91	23.5	1.19	125×125
	75×150	75	150	7	10	8	19.82	15.6	0.443	66.4	282	1.82	3.76	10.8	37.5	1.37	150×150
	87.5×175	87.5	175	7.5	11	13	25.71	20.2	0.514	115	492	2.11	4.37	15.9	56.2	1.55	175×175
	100×200	100	200	8	12	13	31.76	24.9	0.589	184	801	2.40	5.02	22.3	80.1	1.73	200×200
		100	204	12	12	13	35.76	28.1	0.597	256	851	2.67	4.87	32.4	83.4	2.09	
	125×250	125	250	9	14	13	45.71	35.9	0.739	412	1820	3.00	6.31	39.5	146	2.08	250×250
		125	255	14	14	13	51.96	40.8	0.749	589	1940	3.36	6.10	59.4	152	2.58	
	150×300	147	302	12	12	13	53.16	41.7	0.887	857	2760	4.01	7.20	72.3	183	2.85	300×300
		150	300	10	15	13	59.22	46.5	0.889	798	3380	3.67	7.55	63.7	225	2.47	
		150	305	15	15	13	66.72	52.4	0.899	1110	3550	4.07	7.29	92.5	233	3.04	

续表

类别	型号(高度×宽度)(mm×mm)	截面尺寸(mm)					截面面积(cm²)	理论质量(kg/m)	表面积(m²/m)	惯性矩(cm⁴)		惯性半径(cm)		截面模数(cm³)		重心 C_x(cm)	对应H型钢系列型号
		H	B	t_1	t_2	r				I_x	I_y	i_x	i_y	W_x	W_y		
TW	175×350	172	348	10	16	13	72.00	56.5	1.03	1230	5620	4.13	8.83	84.7	323	2.67	350×350
		175	350	12	19	13	85.94	67.5	1.04	1520	6790	4.20	8.88	104	388	2.87	
	200×400	194	402	15	15	22	89.22	70.0	1.17	2480	8130	5.27	9.54	158	404	3.70	400×400
		197	398	11	18	22	93.40	73.3	1.17	2050	9460	4.67	10.1	123	475	3.01	
		200	400	13	21	22	109.3	85.8	1.18	2480	11200	4.75	10.1	147	560	3.21	
		200	408	21	21	22	125.3	98.4	1.2	3650	11900	5.39	9.74	229	584	4.07	
		207	405	18	28	22	147.7	116	1.21	3620	15500	4.95	10.2	213	766	3.68	
		214	407	20	35	22	180.3	142	1.22	4380	19700	4.92	10.4	250	967	3.90	
TM	75×100	74	100	6	9	8	13.17	10.3	0.341	51.7	75.2	1.98	2.38	8.84	15.0	1.56	150×100
	100×150	97	150	6	9	8	19.05	15.0	0.487	124	253	2.55	3.64	15.8	33.8	1.80	200×150
	125×175	122	175	7	11	13	27.74	21.8	0.583	288	492	3.22	4.21	29.1	56.2	2.28	250×175
	150×200	147	200	8	12	13	35.52	27.9	0.683	571	801	4.00	4.74	48.2	80.1	2.85	300×200
		149	201	9	14	13	41.01	32.2	0.689	661	949	4.01	4.80	55.2	94.4	2.92	
	175×200	170	250	9	14	13	49.76	39.1	0.829	1020	1820	4.51	6.05	73.2	146	3.11	350×250
	200×300	195	300	10	16	13	66.62	52.3	0.979	1730	3600	5.09	7.35	108	240	3.43	400×300
	225×300	220	300	11	18	13	76.94	60.4	1.03	2680	4050	5.89	7.25	150	270	4.09	450×300
	250×300	241	300	11	15	13	70.58	55.4	1.07	3400	3380	6.93	6.91	178	225	5.00	500×300
		244	300	11	18	13	79.58	62.5	1.08	3610	4050	6.73	7.13	184	270	4.72	
	275×300	272	300	11	15	13	73.99	58.1	1.13	4790	3380	8.04	6.75	225	225	5.96	550×300
		275	300	11	18	13	82.99	65.2	1.14	5090	4050	7.82	6.98	232	270	5.59	
	300×300	291	300	12	17	13	84.60	66.4	1.17	6320	3830	8.64	6.72	280	255	6.51	600×300
		294	300	12	20	13	93.60	73.5	1.18	6680	4500	8.44	6.93	288	300	6.17	
		297	302	14	23	13	108.5	85.2	1.19	7890	5290	8.52	6.97	339	350	6.41	

续表

类别	型号(高度×宽度)(mm×mm)	截面尺寸(mm)					截面面积(cm^2)	理论质量(kg/m)	表面积(m^2/m)	惯性矩(cm^4)		惯性半径(cm)		截面模数(cm^3)		重心 C_x(cm)	对应H型钢系列型号
		H	B	t_1	t_2	r				I_x	I_y	i_x	i_y	W_x	W_y		
TN	50×50	50	50	5	7	8	5.920	4.65	0.193	11.8	7.39	1.41	1.11	3.18	2.950	1.28	100×50
	62.5×60	62.5	60	6	8	8	8.340	6.55	0.238	27.5	14.6	1.81	1.32	5.96	4.85	1.64	125×60
	75×75	75	75	5	7	8	8.920	7.00	0.293	42.6	24.7	2.18	1.66	7.46	6.59	1.79	150×75
	87.5×90	85.5	89	4	6	8	8.790	6.90	0.342	53.7	35.3	2.47	2.00	8.02	7.94	1.86	175×90
		87.5	90	5	8	8	11.44	8.98	0.348	70.6	48.7	2.48	2.06	10.4	10.8	1.93	
	100×100	99	99	4.5	7	8	11.34	8.90	0.389	93.5	56.7	2.87	2.23	12.1	11.5	2.17	200×100
		100	100	5.5	8	8	13.33	10.5	0.393	114	66.9	2.92	2.23	14.8	13.4	2.31	
	125×125	124	124	5	8	8	15.99	12.6	0.489	207	127	3.59	2.82	21.3	20.5	2.66	250×125
		125	125	6	9	8	18.48	14.5	0.493	248	147	3.66	2.81	25.6	23.5	2.81	
	150×150	149	149	5.5	8	13	20.40	16.0	0.585	393	221	4.39	3.29	33.8	29.7	3.26	300×150
		150	150	6.5	9	13	23.39	18.4	0.589	464	254	4.45	3.29	40.0	33.8	3.41	
	175×175	173	174	6	9	13	26.22	20.6	0.683	679	396	5.08	3.88	50.0	45.5	3.72	350×175
		175	175	7	11	13	31.45	24.7	0.689	814	492	5.08	3.95	59.3	56.2	3.76	
	200×200	198	199	7	11	13	35.70	28.0	0.783	1190	723	5.77	4.50	76.4	72.7	4.20	400×200
		200	200	8	13	13	41.68	32.7	0.789	1390	868	5.78	4.56	88.6	86.8	4.26	
	225×150	223	150	7	12	13	33.49	26.3	0.735	1570	338	6.84	3.17	93.7	45.1	5.54	450×150
		225	151	8	14	13	38.74	30.4	0.741	1830	403	6.87	3.22	108	53.4	5.62	
	225×200	223	199	8	12	13	41.48	32.6	0.833	1870	789	6.71	4.36	109	79.3	5.15	450×200
		225	200	9	14	13	47.71	37.5	0.839	2150	935	6.71	4.42	124	93.5	5.19	
	237.5×150	235	150	7	13	13	35.76	28.1	0.759	1850	367	7.18	3.20	104	48.9	7.50	475×150
		237.5	151.5	8.5	15.5	13	43.07	33.8	0.767	2270	451	7.25	3.23	128	59.5	7.57	
		241	153.5	10.5	19	13	53.20	41.8	0.778	2860	575	7.33	3.28	160	75.0	7.67	

续表

类别	型号(高度×宽度)(mm×mm)	截面尺寸(mm)					截面面积(cm^2)	理论质量(kg/m)	表面积(m^2/m)	惯性矩(cm^4)		惯性半径(cm)		截面模数(cm^3)		重心 C_x (cm)	对应H型钢系列型号
		H	B	t_1	t_2	r				I_x	I_y	i_x	i_y	W_x	W_y		
TN	250×150	246	150	7	12	13	35.10	27.6	0.781	2060	339	7.66	3.10	113	45.1	6.36	500×150
		250	152	9	16	13	46.10	36.2	0.793	2750	470	7.71	3.19	149	61.9	6.53	
		252	153	10	18	13	51.66	40.6	0.799	3100	540	7.74	3.23	167	70.5	6.62	
	250×200	248	199	9	14	13	49.64	39.0	0.883	2820	921	7.54	4.30	150	92.6	5.97	500×200
		250	200	10	16	13	56.12	44.1	0.889	3200	1070	7.54	4.36	169	107	6.03	
		253	201	11	19	13	64.65	50.8	0.897	3660	1290	7.52	4.46	189	128	6.00	
	275×200	273	199	9	14	13	51.89	40.7	0.933	3690	921	8.43	4.21	180	92.6	6.85	550×200
		275	200	10	16	13	58.62	46.0	0.939	4180	1070	8.44	4.27	203	107	6.89	
	300×200	298	199	10	15	13	58.87	46.2	0.983	5150	988	9.35	4.09	235	99.3	7.92	600×200
		300	200	11	17	13	65.85	51.7	0.989	5770	1140	9.35	4.15	262	114	7.95	
		303	201	12	20	13	74.88	58.8	0.997	6530	1360	9.33	4.25	291	135	7.88	
	312.5×200	312.5	198.5	13.5	17.5	13	75.28	59.1	1.01	7460	1150	9.95	3.90	338	116	9.15	625×200
		315	200	15	20	13	84.97	66.7	1.02	8470	1340	9.98	3.97	380	134	9.21	
		319	202	17	24	13	99.35	78.0	1.03	9960	1160	10.0	4.08	440	165	9.26	
	325×300	323	299	12	18	18	91.81	72.1	1.23	8570	4020	9.66	6.61	344	269	7.36	650×300
		325	300	13	20	18	101.0	79.3	1.23	9430	4510	9.66	6.67	376	300	7.40	
		327	301	14	22	18	110.3	86.59	1.24	10300	5010	9.66	6.73	408	333	7.45	
	350×300	346	300	13	20	18	103.8	81.5	1.28	11300	4510	10.4	6.59	424	301	8.09	700×300
		350	300	13	24	18	115.8	90.9	1.28	12000	5410	10.2	6.83	438	361	7.63	
	400×300	396	300	14	22	18	119.8	94.0	1.38	17600	4960	12.1	6.43	592	331	9.78	800×300
		400	300	14	26	18	131.8	103	1.38	18700	5860	11.9	6.66	610	391	9.27	
	450×300	445	299	15	23	18	133.5	105	1.47	25900	5140	13.9	6.20	789	344	11.7	900×300
		450	300	16	28	18	152.9	120	1.48	29100	6320	13.8	6.42	865	421	11.4	
		456	302	18	34	18	180.0	141	1.50	34100	7830	13.8	6.59	997	518	11.3	

非焊接的构件和连接分类　　附表 39

项次	构造细节	说明	类别
1		• 无连接处的母材 轧制型钢	Z1
2		• 无连接处的母材 钢板 (1)两边为轧制边或刨边 (2)两侧为自动、半自动切割边(切割质量标准应符合现行国家标准《钢结构工程施工质量验收标准》GB 50205)	Z1 Z2
3		• 连系螺栓和虚孔处的母材 应力以净截面面积计算	Z4
4		• 螺栓连接处的母材 高强度螺栓摩擦型连接应力以毛截面面积计算;其他螺栓连接应力以净截面面积计算 • 铆钉连接处的母材 连接应力以净截面面积计算	Z2 Z4
5	d　d	• 受拉螺栓的螺纹处母材 连接板件应有足够的刚度,保证不产生撬力。否则受拉正应力应考虑撬力及其他因素产生的全部附加应力 对于直径大于 300mm 螺栓,需要考虑尺寸效应对容许应力幅进行修正,修正系数 γ_t: $\gamma_t=\left(\frac{30}{d}\right)^{0.25}$ d——螺栓直径,单位为"mm"	Z11

注:箭头表示计算应力幅的位置和方向。

纵向传力焊缝的构件和连接分类　　附表 40

项次	构造细节	说明	类别
1		• 无垫板的纵向对接焊缝附近的母材 焊缝符合二级焊缝标准	Z2

续表

项次	构造细节	说明	类别
2	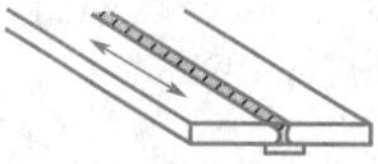	•有连续垫板的纵向自动对接焊缝附近的母材 (1)无起弧、灭弧 (2)有起弧、灭弧	Z1 Z2
3	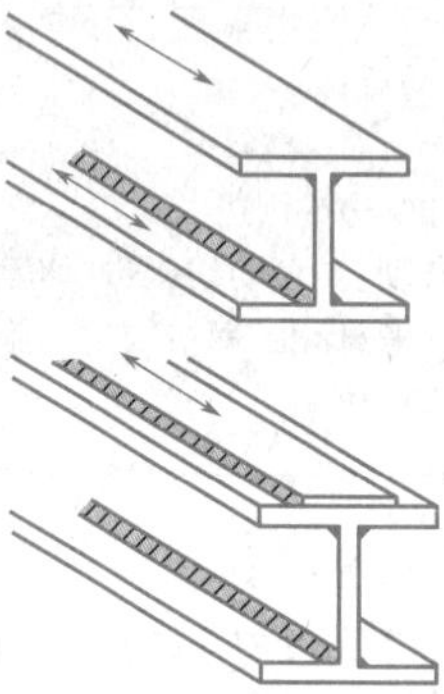	•翼缘连接焊缝附近的母材 翼缘板与腹板的连接焊缝 自动焊,二级T形对接与角接组合焊缝 自动焊,角焊缝,外观质量标准符合二级 手工焊,角焊缝,外观质量标准符合二级 双层翼缘板之间的连接焊缝 自动焊,角焊缝,外观质量标准符合二级 手工焊,角焊缝,外观质量标准符合二级	Z2 Z4 Z5 Z4 Z5
4	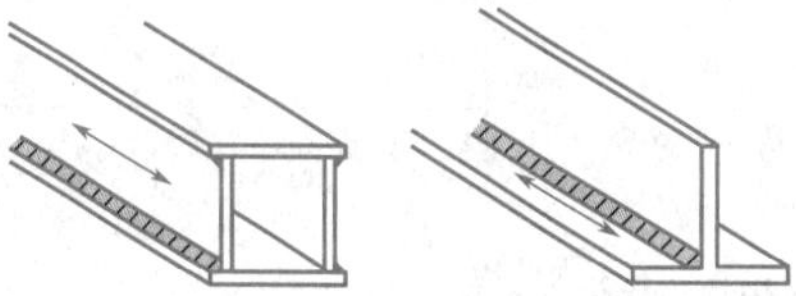	•仅单侧施焊的手工或自动对接焊缝附近的母材,焊缝符合二级焊缝标准,翼缘与腹板很好贴合	Z5
5	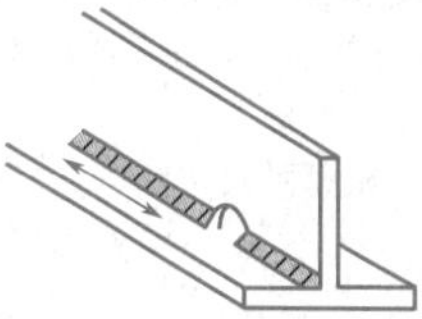	•开工艺孔处焊缝符合二级焊缝标准的对接焊缝、焊缝外观质量符合二级焊缝标准的角焊缝等附近的母材	Z8
6	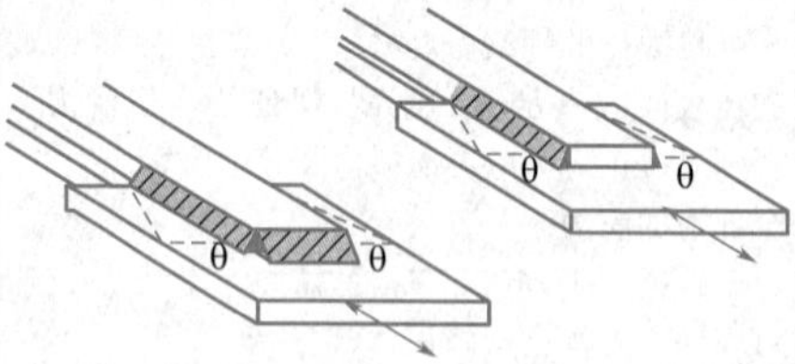 θ θ θ θ	•节点板搭接的两侧面角焊缝端部的母材 •节点板搭接的三面围焊时两侧角焊缝端部的母材 •三面围焊或两侧面角焊缝的节点板母材(节点板计算宽度按应力扩散角 θ 等于30°考虑)	Z10 Z8 Z8

横向传力焊缝的构造和连接分类 附表 **41**

项次	构造细节	说明	类别
1	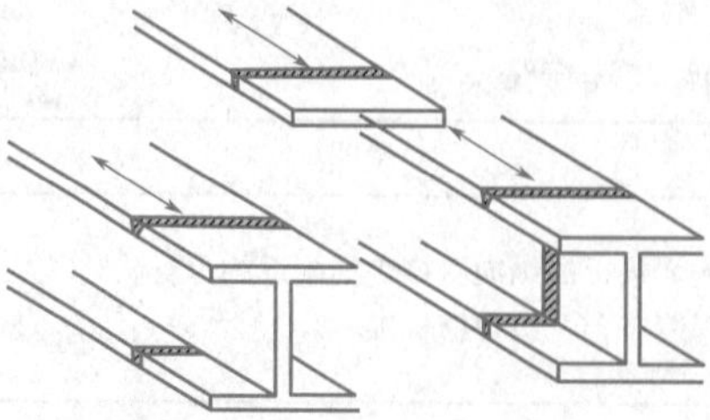	•横向对接焊缝附近的母材,轧制梁对接焊缝附近的母材 符合现行国家标准《钢结构工程施工质量验收标准》GB 50205的一级焊缝,且经加工、磨平 符合现行国家标准《钢结构工程施工质量验收标准》GB 50205的一级焊缝	Z2 Z4

续表

项次	构造细节	说明	类别
2	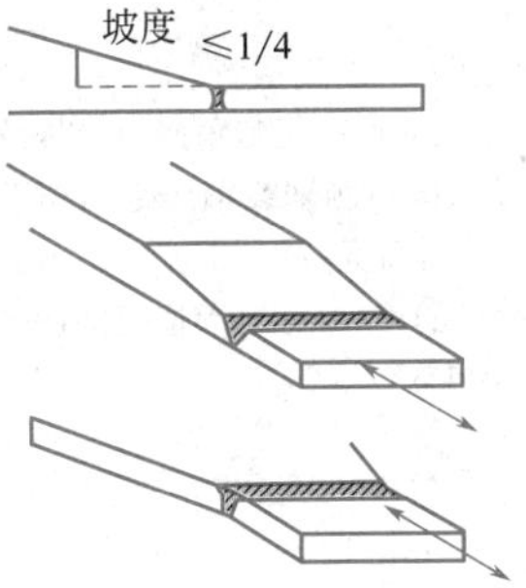 坡度 ≤1/4	• 不同厚度(或宽度)横向对接焊缝附近的母材 符合现行国家标准《钢结构工程施工质量验收标准》GB 50205 的一级焊缝,且经加工、磨平 符合现行国家标准《钢结构工程施工质量验收标准》GB 50205 的一级焊缝	Z2 Z4
3	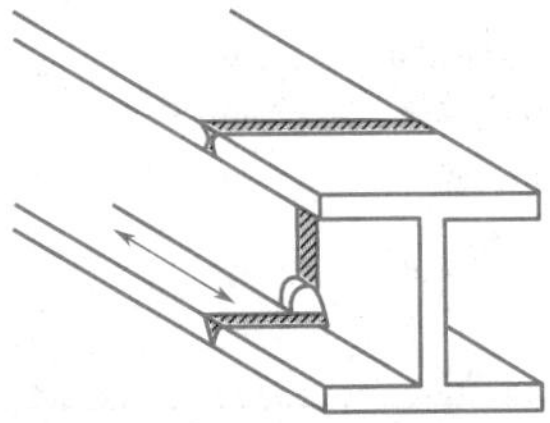	• 有工艺孔的轧制梁对接焊缝附近的母材,焊缝加工成平滑过渡并符合一级焊缝标准	Z6
4	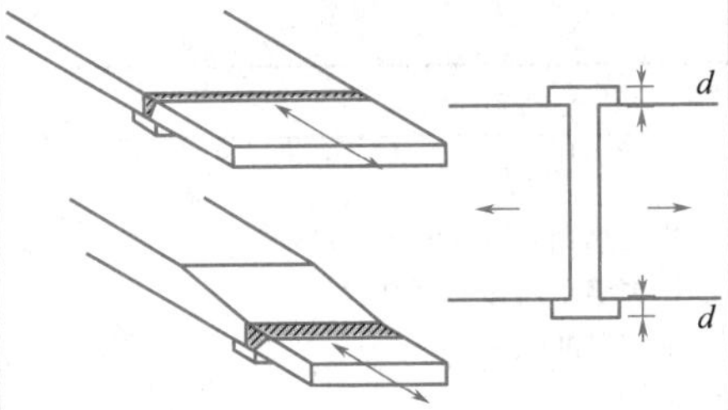 d d	• 带垫板的横向对接焊缝附近的母材 垫板端部超出母板距离 d $d \geqslant 10$mm $d < 10$mm	 Z8 Z11
5	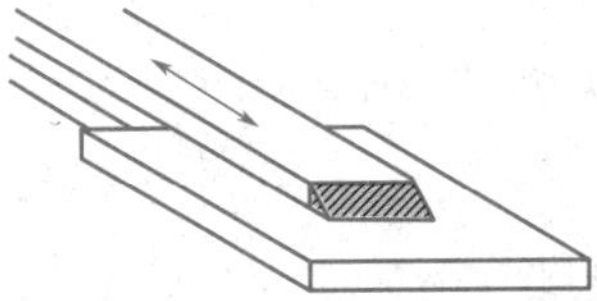	• 节点板搭接的端面角焊缝的母材	Z7
6	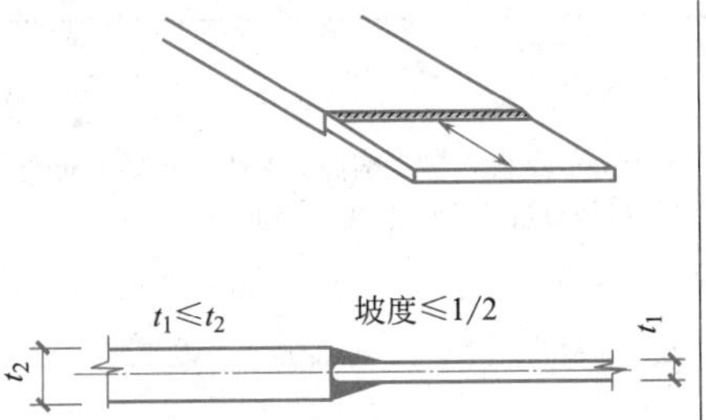 $t_1 \leqslant t_2$ 坡度≤1/2 t_1 t_2	• 不同厚度直接横向对接焊缝附近的母材,焊缝等级为一级,无偏心	Z8
7	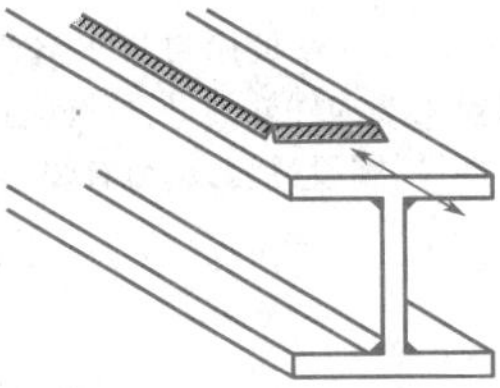	• 翼缘盖板中断处的母材(板端有横向端焊缝)	Z8

续表

项次	构造细节	说明	类别
8	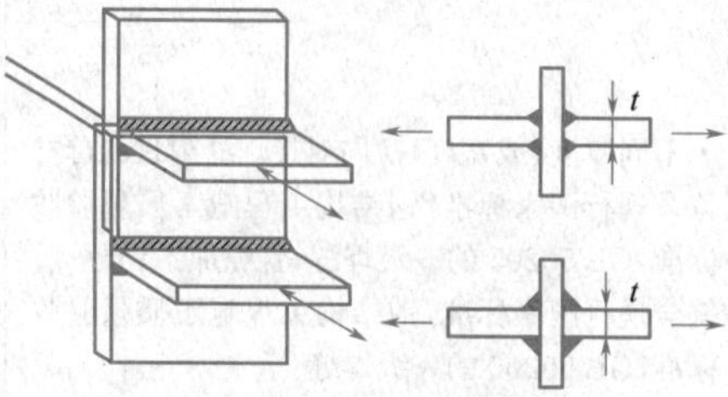	• 十字形连接、T形连接 (1)K形坡口、T形对接与角接组合焊缝处的母材，十字形连接两侧轴线偏离距离小于 $0.15t$，焊缝为二级，焊趾角 $\alpha \leqslant 45°$ (2)角焊缝处的母材，十字形连接两侧轴线偏离距离小于 $0.15t$	Z6 Z8
9	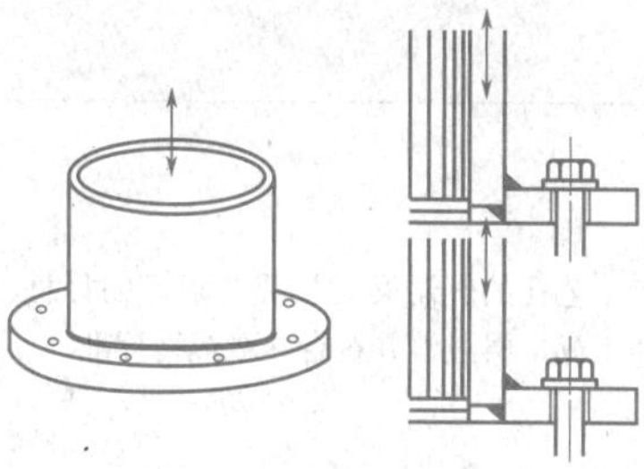	• 法兰焊缝连接附近的母材 (1)采用对接焊缝，焊缝为一级 (2)采用角焊缝	Z8 Z13

非传力焊缝的构件和连接分类　　附表 42

项次	构造细节	说明	类别
1	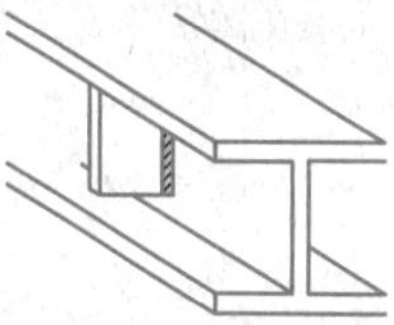	• 横向加劲肋端部附近的母材 肋端焊缝不断弧(采用回焊) 肋端焊缝断弧	Z5 Z6
2	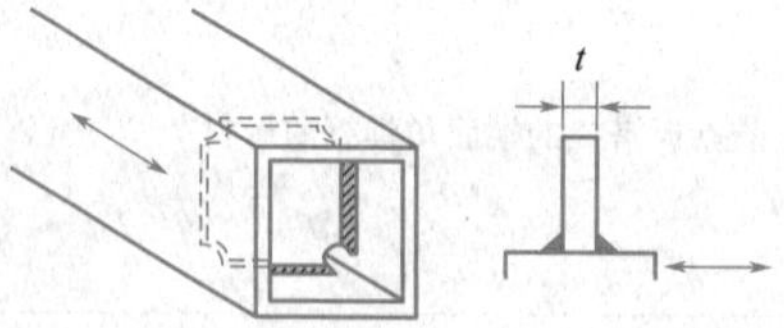	• 横向焊接附件附近的母材 (1) $t \geqslant 50$mm (2) 50mm $< t \leqslant 80$mm t 为焊接附件的板厚	Z7 Z8
3	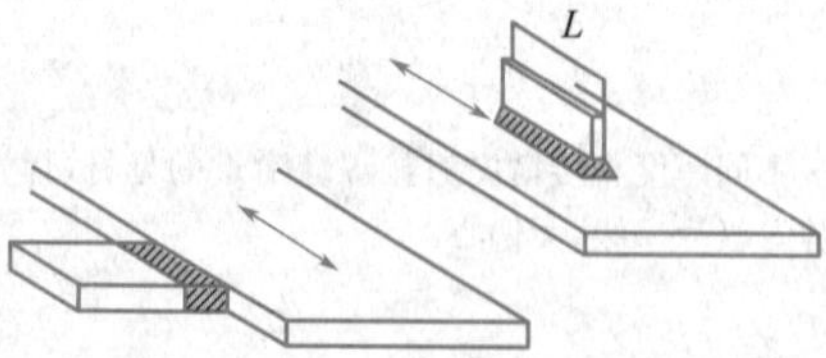	• 矩形节点板焊接于构件翼缘或腹板处的母材 (节点板焊缝方向的长度 $L > 150$mm)	Z8
4	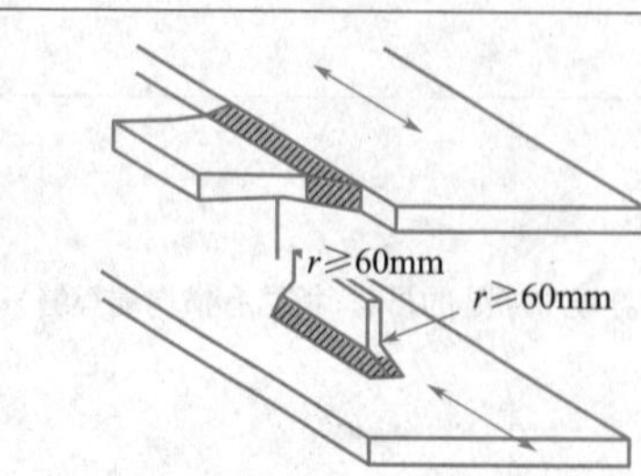	• 带圆弧的梯形节点板用对接焊缝焊于梁翼缘、腹板以及桁架构件处的母材，圆弧过渡处在焊后铲平、磨光、圆滑过渡，不得有焊接起弧、灭弧缺陷	Z6

续表

项次	构造细节	说明	类别
5		• 焊接剪力栓钉附近的钢板母材	Z7

螺栓的有效面积 附表 43

螺栓直径 d (mm)	螺距 p (mm)	螺栓有效直径 d_e(mm)	螺栓有效面积 A_e(mm^2)	螺栓直径 d (mm)	螺距 p (mm)	螺栓有效直径 d_e(mm)	螺栓有效面积 A_e(mm^2)
10	1.8	8.3113	54.3	45	4.5	40.7781	1306
12	1.8	10.3113	83.5	48	5	43.3090	1473
14	2	12.1236	115.4	52	5	47.3090	1758
16	2	14.1236	156.7	56	5.5	50.8399	2030
18	2.5	15.6545	192.5	60	5.5	54.8399	2362
20	2.5	17.6545	244.8	64	6	58.3708	2676
22	2.5	19.6545	303.4	68	6	62.3708	3055
24	3	21.1854	352.5	72	6	66.3708	3460
27	3	24.1854	459.4	76	6	70.3708	3889
30	3.5	26.7163	560.6	80	6	74.3708	4344
33	3.5	29.7163	693.6	85	6	79.3708	4948
36	4	32.2472	816.7	90	6	84.3708	5591
39	4	35.2472	975.8	95	6	89.3708	6273
42	4.5	37.7781	1121	100	6	94.3708	6995

压弯和受弯构件的截面板件宽厚比等级及限值 附表 44

构件	截面板件宽厚比等级		S1 级	S2 级	S3 级	S4 级	S5 级
压弯构件（框架柱）	H 形截面	翼缘 b/t	$9\varepsilon_k$	$11\varepsilon_k$	$13\varepsilon_k$	$15\varepsilon_k$	20
		腹板 h_0/t_w	$(33+13\alpha_0^{1.3})\varepsilon_k$	$(38+13\alpha_0^{1.39})\varepsilon_k$	$(40+18\alpha_0^{1.5})\varepsilon_k$	$(45+25\alpha_0^{1.66})\varepsilon_k$	250
	箱形截面	壁板(腹板)间翼缘 b_0/t	$30\varepsilon_k$	$35\varepsilon_k$	$40\varepsilon_k$	$45\varepsilon_k$	—
	圆钢管截面	径厚比 D/t	$50\varepsilon_k^2$	$70\varepsilon_k^2$	$90\varepsilon_k^2$	$100\varepsilon_k^2$	—
受弯构件（梁）	工字形截面	翼缘 b/t	$9\varepsilon_k$	$11\varepsilon_k$	$13\varepsilon_k$	$15\varepsilon_k$	20
		腹板 h_0/t_w	$65\varepsilon_k$	$72\varepsilon_k$	$93\varepsilon_k$	$124\varepsilon_k$	250
	箱形截面	壁板(腹板)间翼缘 b_0/t	$25\varepsilon_k$	$32\varepsilon_k$	$37\varepsilon_k$	$42\varepsilon_k$	—

1. 参数 α_0 应按下式计算：

$$\alpha_0=\frac{\sigma_{max}-\sigma_{min}}{\sigma_{max}}$$

式中 σ_{max}——腹板计算边缘的最大压应力（N/mm^2）；

σ_{min}——腹板计算高度另一边缘相应的应力（N/mm^2），压应力取正值，拉应力取负值。

2. ε_k 为钢号修正系数，其值为 235 与钢材牌号中屈服点数值的比值的平方根；
3. b 为工字形、H 形截面的翼缘外伸宽度，t、h_0、t_w 分别是翼缘厚度、腹板净高和腹板厚度，对轧制型截面，腹板净高不包括翼缘腹板过渡外圆弧段；对于箱形截面，b_0、t 分别为壁板间的距离和壁板厚度；D 为圆管截面外径；
4. 箱形截面梁及单向受弯的箱形截面柱，其腹板限值可根据 H 形截面腹板采用；
5. 腹板的宽厚比可通过设置加劲肋减小；
6. 当按国家标准《建筑抗震设计标准》GB/T 50011—2010（2024 年版）第 9.2.14 条第 2 款的规定设计，且 S5 级截面的板件宽厚比小于 S4 级经 ε_σ 修正的板件宽厚比时，可视作 C 类截面，ε_σ 为应力修正因子，$\varepsilon_\sigma=\sqrt{f_y/\sigma_{max}}$。

参考文献

[1] 丁大钧．钢筋混凝土构件抗裂度、裂缝和高度 [M]．南京：南京工学院出版社，1986.

[2] 舒士霖．钢筋混凝土结构 [M]．3 版．杭州：浙江大学出版社，2019.

[3] 沈蒲生，梁兴文．混凝土结构设计原理 [M]．5 版．北京：高等教育出版社，2020.

[4] 邱洪兴．混凝土结构设计原理 [M]．北京：高等教育出版社，2017.

[5] 中华人民共和国住房和城乡建设部．混凝土结构设计标准：GB/T 50010—2010（2024 年版）[S]．北京：中国建筑工业出版社，2024.

[6] 聂建国，刘明，叶列平．钢-混凝土组合结构 [M]．北京：中国建筑工业出版社，2005.

[7] 薛建阳，王静峰．组合结构设计原理 [M]．北京：机械工业出版社，2020.

[8] 程远兵．组合结构设计原理 [M]．北京：机械工业出版社，2021.

[9] 王静峰，种迅，陈安英．组合结构设计 [M]．北京：化学工业出版社，2011.

[10] 中华人民共和国住房和城乡建设部．组合结构设计规范：JGJ 138—2016 [S]．北京：中国建筑工业出版社，2016.